“十二五”普通高等教育本科国家级规划教材
普通高等教育土建学科专业“十二五”规划教材
高校城市规划专业指导委员会规划推荐教材

城市规划原理（第四版）

Principles of Urban Planning(4th Edition)

同济大学 吴志强 李德华 主编

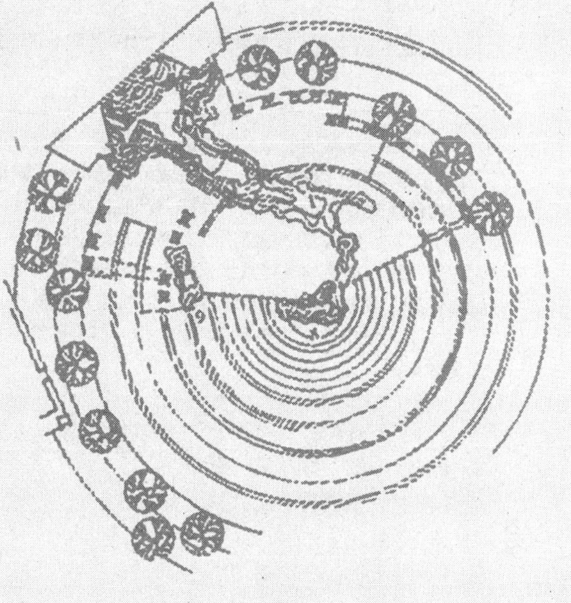

中国建筑工业出版社

审图号：GS京（2022）0435号

图书在版编目（CIP）数据

城市规划原理/同济大学吴志强，李德华主编. —4版. —北京：中国建筑工业出版社，2010.8（2024.6重印）
“十二五”普通高等教育本科国家级规划教材
普通高等教育土建学科专业“十二五”规划教材
高校城市规划专业指导委员会规划推荐教材
ISBN 978-7-112-12415-2

Ⅰ.①城… Ⅱ.①同…②吴…③李… Ⅲ.①城市规划 Ⅳ.①TU984

中国版本图书馆CIP数据核字（2010）第168033号

本书系统地阐述了城乡规划的基本原理、规划设计的原则和方法，以及规划设计的经济问题。主要内容分22章叙述，包括城市与城市化、城市规划思想发展、城市规划体制、城市规划的价值观、生态与环境、经济与产业、人口与社会、历史与文化、技术与信息、城市规划的类型与编制内容、城市用地分类及其适用性评价、城乡区域规划、总体规划、控制性详细规划、城市交通与道路系统、城市生态与环境规划、城市工程系统规划、城乡住区规划、城市设计、城市遗产保护与城市复兴、城市开发规划、城市规划管理。

本书为城市规划学科专业教材，也可作为建筑学专业及从事城市规划和建筑设计的工作人员参考。

责任编辑：杨　虹　王　跃
责任校对：王雪竹　王　颖

“十二五”普通高等教育本科国家级规划教材
普通高等教育土建学科专业“十二五”规划教材
高校城市规划专业指导委员会规划推荐教材
Principles of urban planning（4th Edition）
城市规划原理（第四版）
同济大学　吴志强　李德华　主编
*
中国建筑工业出版社出版、发行（北京海淀三里河路9号）
各地新华书店、建筑书店经销
北京嘉泰利德公司制版
北京市密东印刷有限公司印刷
*
开本：787×1092毫米　1/16　印张：45¾　字数：1200千字
2010年9月第四版　2024年6月第七十八次印刷
定价：78.00元
ISBN 978-7-112-12415-2
（19706）

第四版前言

—Preface 4—

《城市规划原理》作为教科书，已经历了50年岁月，编写工作可以追溯到1960年同济大学印制的油印本教材《城乡规划原理》。1960年代，由建设部组织在该教材的基础上编写了统编教材《城乡规划原理》。改革开放后，来自全国各高校几十位教师参与了《城市规划原理》第一版的编撰工作，由李德华先生领衔，于1980年正式在中国建筑工业出版社出版了第一版的《城市规划原理》。此后又以李德华先生为主，同济大学的教授们对教材进行了修订，并于1989年出版了新一版《城市规划原理》，2000年开始第三版的修订工作，除第二版的老一代教授全部参加外，还加入了部分中年教师，并于2001年完成了第三版《城市规划原理》的出版。《城市规划原理》自1980年在中国建筑工业出版社出版第一版以来，已经印刷44次。今天，根据全国高等院校城市规划专业指导委员会历经三年的摸底调查，全国已经有近180余所高等院校开设了城市规划专业，全国所有院校的城市规划专业都把这本《城市规划原理》列为核心教材。同时它还被评定为国家级“九五”重点教材，普通高等教育“十五”和“十一五”国家级规划教材。

《城市规划原理》曾经培养和影响了我国几代城乡规划师，为我国城乡规划专业的发展，为我国城市科学理性的发展，作出过历史性的重要贡献。今天全国城市规划专业队伍中的许多专家学者和管理干部，都是在这本专业教科书的启蒙下成长起来的。该书对城市规划基本框架和原理的阐述被引为经典，成为深受广大师生信赖的融科学性、实用性、先进性于一体的精品教材，先后获得国家优秀教学成果二等奖，原建设部优秀教材一等奖和上海市优秀教材一等奖。

所谓“原理”，通常指某一领域、部门或科学中具有普遍意义的基本规律。采用“原理”命名城市规划核心教材，有四个要义：第一，是具有普适意义的基本规律；第二，是在大量实践观察基础上，经过概括归纳的重要思想；第三，是经过提升的思想方法；第四，是指导规划实践操作又受实践检验的操作理论。

本教材的修编遵循以下原则：1. 立足城市规划专业本科生的整体培养目标设定教材内容深度，聚焦于经典的理论；2. 作为城市规划专业本科生职业教育的教材，以行业要求为目标，注重城市规划专业基本概念、基本原则、基本规律、基本方法的介绍与讨论；3. 作为纲领性的专著，为各领域的其他专著提供载体，成为城市规划专业本科生的引导性读物，以此来带动学生阅读其他的相关教材和专著，启发学生联系实际拓展对城市规划专业问题的思考。

为修编《城市规划原理》第四版，我收集了世界各国城市规划理论和操作规范的大量核心教材。其中，《城市土地使用规划》(Urban Land Use Planning)，出版时间较早，时间跨度大，再版连续性强，具有广泛的国际影响。在认真研读 1957 ~ 2006 年共 5 版《城市土地使用规划》(Urban Land Use Planning) 的基础上，我于 2009 年完成了该书第 5 版中文版的翻译，并由中国建筑工业出版社出版，作为本教材的重要对照读本和参考文献。

为顺应新的城市规划专业人才培养要求，本次修订将全书结构调整为 5 篇 22 个章节，分别回答“哪里来”（第 1 篇“城市与城市规划”）、“如何想”（第 2 篇“城市规划的影响要素及其分析方法”）、“如何编”（第 3 篇“城乡空间规划”、第 4 篇“城市专项规划”）和“如何建”（第 5 篇“城市规划的实施”）等城市规划基本规律性问题，主要完成了以下新内容的贡献：

1. 建立了从永续发展到“和谐城市”的城市规划核心价值柱锥模型；

2. 新增了生态与环境、经济与产业、人口与社会、历史与文化、信息与技术新的 5 章，作为城市规划分析与思考的基础；

3. 构建了空间层面和技术层面相结合的城市规划知识体系；

4. 贯彻了《城乡规划法》中城乡统筹的理念和方法；
5. 更新了各章案例和增加了新时代要求的内容；
6. 增加了各章的参考文献与开放性思考题。

参加本版《城市规划原理》编写的各章分工执笔教授如下：
第 1 章　城市与城镇化　吴志强　董鉴泓；
第 2 章　城市规划思想发展　吴志强　董鉴泓；
第 3 章　城乡规划体制　吴志强　李德华；
第 4 章　城市规划的价值观　吴志强　李德华；
第 5 章　生态与环境　李京生　吴志强；
第 6 章　经济与产业　赵　民　吴志强；
第 7 章　人口与社会　王　德；
第 8 章　历史与文化　张冠增；
第 9 章　技术与信息　宋小冬　王　德；
第 10 章　城市规划的类型与编制内容　吴志强　李德华；
第 11 章　城市用地分类及其适用性评价　吴志强　朱锡金；
第 12 章　城乡区域规划　彭震伟　陈秉钊；
第 13 章　总体规划　张尚武　陶松龄；
第 14 章　控制性详细规划　夏南凯　唐子来；
第 15 章　城市交通与道路系统　潘海啸　宗　林；
第 16 章　城市生态与环境规划　沈清基　李京生；
第 17 章　城市工程系统规划　戴慎志　董鉴泓；
第 18 章　城乡住区规划　杨贵庆　王仲谷；
第 19 章　城市设计　王伟强　邓述平；
第 20 章　城市遗产保护与城市复兴　张　松　周　俭；
第 21 章　城市开发规划　夏南凯　唐子来；
第 22 章　城市规划管理　赵　民　吴志强。

本教材涉及的内容庞大，修订版中难免还有问题和不足之处，希望全国读者对本教材多提宝贵意见，读者的反馈将推动我们继续在“十二五”更好地修编这本核心教材。

2010 年 8 月

第三版前言

—— Preface 3 ——

本教材最初是在 1979 年着手编写的。出版后使用了 9 年，曾作了一次修订，到如今差不多又十个年头了。

在这以往的十年间，在改革开放正确的政策下，我国的城市有了突飞猛进的发展，其规模之大、速度之快，在世界的城市发展史上是未曾有过的。在这样的形势之下，城市规划的实践面临着不少新的问题，领域的扩展也得到体验。顺应这一客观要求，教材再一次做了修订。增添了发展战略、城市更新、行政法制等章，其余各章也都有不同程度的调整。有的章如城市和学科的发展、总体布局、规划实施等有较大的变动，同时增加了新的编写人员。各章分工执笔如下：

董鉴泓　第一章、第八章；
吴志强　第二章、第三章；
朱锡金、吴志强　第四章；
陈秉钊　第五章；
陶松龄　第六章；
宗　林　第七章；
王仲谷　第九章；
邓述平　第十章；
周　俭　第十一章；
唐子来　第十二章；
赵　民　第十三章。

恳切希望读者对本教材多提宝贵意见，不胜感谢。

李德华

2001 年 2 月 20 日

第二版前言

—— Preface 2 ——

本教材自 1981 年出版以来，已多次印刷。这些年来，城市建设突飞猛进，形势在不断发展，问题和挑战也不少，有必要加以适当的修订。为了简化一些组织工作，修订由同济大学担任，参加的人员有李德华、董鉴泓、邓述平、陶松龄、朱锡金、王仲谷、宗林。由清华大学吴良镛主审。

修订本中难免还有问题和不足之处，万望读者指正。

李德华

1989 年 9 月

第一版前言

—— Preface 1 ——

《城市规划原理》对于城市规划专业教学是一本主要的教材。城市规划涉及政治、经济、建筑、技术、艺术等多方面的内容，是一门在发展中的学科。长时期来我国城市规划工作所受干扰甚大，目前这方面工作正处于积极调整发展的阶段，对我国社会主义的城市规划、建设的经验与理论，还有待于进一步总结。本书主要是为了适应当前高等院校城市规划课程教学的急迫需要而编写的一本试用教材，无疑是很不成熟的。

本教材是在 1961 年出版的高等学校教学用书《城乡规划》的基础上，结合我国实际情况补充了一些较新的材料，力求反映我国解放以来城市规划、建设的实践和问题。为了贯彻少而精的原则，突出城市规划原理主要部分，教材中涉及的城市建设史、区域规划、工业、道路、交通、给排水、园林绿化、环境保护等方面的详细内容另有单独的教材。

本教材适用于高等院校城市规划专业，也可作建筑学专业的教学用书。

本书由同济大学、重庆建筑工程学院、武汉建材学院三院校编写，同济大学主编，清华大学主审。参加编写的人员有：李德华、董鉴泓、陶松龄、朱锡金、王仲谷、宗林（同济大学）、白深宁、黄光宇、赵长庚、朱大庸、熊德生（重庆建筑工程学院）、田瑞英（武汉建材学院）等同志。主审的人员有：吴良镛、赵炳时、李康等同志。

本教材编写过程中得到了兄弟院校、科研单位、城市建设部门的大力支持，在此一并致谢。

由于编写人员水平有限、时间仓促，书中缺点、错误在所难免，望读者批评指正，以便今后进一步修改补充。

《城市规划原理》教材编写小组

1980 年 6 月

目 录

Contents

第2篇　城市规划的影响要素及其分析方法　Planning Determinations and Analysis

第1篇

城市与城市规划

作为本书的开篇，本篇从城市的起源入手，详细介绍了城市发展中的经典规划模式和案例，然后转入本书中的规划理论核心部分，按照规划思想历史发展的脉络，重点介绍和剖析了各种规划思想的重要流派和理论，并引导读者解析城市、城市化、规划等城市规划学科的基本概念，以期让读者在进入城市规划的各分项学科的学习之前，把握城市发展的基本规律，把握规划思想渊源和理论发展的基本规律。本篇最后重点阐述了城市规划学科应坚守的核心价值观，通过“和谐城市”柱锥模型的引入，指出城乡规划必须建立自己的两条纲领：1）城乡规划的底线纲领——通过城乡社会、经济和生态的全面协调理性的发展，实现“永续城市”；2）城乡规划的高线纲领——通过城乡区域的环境和谐、社会和谐和历史文化与未来创新间的发展和谐，追求“和谐城市”，作为专业工作的理想目标。本篇的内容奠定了城市规划专业人员的理论素养基础和核心价值观，是城市规划专业学习的重要基础。

第1章　城市与城镇化

本章从城市的基本概念及其最初形成入手，阐述了城市在历史不同阶段所取得的进展和布局特征，以及影响城市发展的主要决定因素，介绍了城市化现象的一般概念和表现特征，指出了中国未来的城市化道路与国家发展前途的关系。未来的中国城市化发展应当是立足于城乡区域的协调发展，走向理性、健康、永续、和谐。

第1节　城市的产生与定义

1　居民点的形成

在原始社会漫长的岁月中，人类过着依附于自然的采集经济生活。当时的原始人过着穴居、树居等群居形式，没有形成固定的居民点。在长期与自然的斗争中，人类创造了工具，提高了自身的生存能力，开始有了捕鱼、狩猎，形成了比较稳定的劳动集体——母系社会的原始群落。随着生产能力的提高，从采集果实中发现一些更适宜人们食用的植物予以集中栽植，出现了农业；从狩

猎中发现一些较温顺的动物可以集中牧养，出现了畜牧业；于是原始群落中就产生了从事农业与从事畜牧业的分工。这是人类的第一次劳动大分工。到新石器时代的后期，农业成为主要的生产方式，逐渐产生了固定的居民点。人们的生活与农业均离不开水，所以原始的居民点大都靠近河流、湖泊，而且大多位于向阳的河岸台地上。为了防御野兽的侵袭和其他部落的袭击，往往在原始居民点外围挖筑壕沟，或用石、土、木等材料筑成墙及栅栏。这些沟、墙是一种防御性构筑物，也是城池的雏形。我国的黄河中下游、埃及的尼罗河下游、西亚的两河流域都是农业发展较早的地区，这些地区的农业居民点以及在居民点的基础上发展起来的城市也出现得最早。

2 城市的形成

物资交换形式是从以物易物开始的，也就是我国古代《易经》中所说的“日中为市，致天下之民，聚天下之货，交易而退，各得其所”。随着交换量的增加及交换次数的频繁，逐渐出现了专门从事交易的商人，交换的场所也由临时的地点改为固定的市。由于原始部落中生产水平的提高，生活需求的多样化，劳动分工的加强，逐渐出现一些专门的手工业者。商业与手工业从农业中分离出来，这就是人类的第二次劳动大分工。原来的居民点也发生了分化，其中以农业为主的就是农村，一些具有商业及手工业职能的就是城市。所以，也可以说城市是生产发展和人类的第二次劳动大分工的产物。有了剩余产品就产生私有制，原始社会的生产关系也就逐渐解体，出现了阶级分化，人类开始进入奴隶社会。所以也可以说，城市是伴随着私有制和阶级分化，在原始社会向奴隶制社会过渡时期出现的。世界上几个古代文明的地区，城市产生的时期有先有后，但都是这个社会发展阶段中产生的。

从我国文字的字义来看，“城”是以武器守卫土地的意思，是一种防御性的构筑物。“市”是一种交易的场所，即“日中为市”、“五十里有市”的市。但是有防御墙垣的居民点并不都是城市，有的村寨也设防御的墙垣。城市是有着商业交换职能的居民点。城市与农村的区别，主要是产业结构，也就是居民从事的职业不同，还有居民的人口规模，居住形式的集聚密度。

3 城镇与城市的界定

世界上大多数国家都存在村庄—镇—城市这样的居民点序列。村庄是乡村型居民点，居民主要从事农业活动；镇和城市是城镇型居民点，统称城镇，居民主要从事非农业活动。实际上，世界上目前还没有统一的关于城镇的定义标准，世界各国都根据各自社会经济的特点，制定了不同的城镇定义标准。尽管如此，各国对现代城镇的定义都包含三个本质特征：产业构成、人口数量和职能。具体地说：城镇是以从事非农业活动人口为主体的居民点，在产业构成上不同于村庄；相对于村庄，城镇一般聚居更多的人口；城镇一般是工业、商业、交通和文教的集中地，是一定地域的政治、经济和文化中心。除此之外，城镇一般还具有如下特征：城镇一般拥有较高的人口密度和建筑密度，在景观上不同于村庄；城镇一般拥有相对于村庄更为完备的市政设施和公共设施。

世界各国在界定城镇标准时，基本都强调了城镇的一项或若干项本质特征。国务院在 1955 年公布了建国后第一个确定城镇的标准，采用居民点的人口下限数量和职业构成两个要素相结合的办法。规定常住人口 2000 人以上、居民 50%以上为非农业人口的居民区即为城镇。工矿企业、铁路站、工商业中心、交通要口、中等以上学校、科学研究机关的所在地和职工住宅区等，常住人口虽然不足 2000 人，但在 1000 人以上，非农业人口超过 75%的地区；以及具有疗养条件，每年来疗养或休息的人数超过当地常住人口 50%的疗养区均可列为城镇型居民区。城镇和城镇型居民区以外的地区列为乡村。聚居人口 10 万以上的城镇可以设市，聚居人口不足 10 万的城镇，如果是重要工矿基地、省级地方国家机关所在地、规模较大的物资集散地或边远地区的重要城镇，确有必要时也可设市。市的近郊区无论它的农业人口所占比例大小，一律视为城镇区。县级或县级以上地方国家机关所在地以及聚居 2000 人以上的城镇可设置镇的建制，少数民族地区标准从宽。

为了应付“大跃进”期间城镇人口增长过快带来的困难，1963 年底国务院对上述标准做了较大修改：①设镇的下限标准提高到居住人口 3000 人以上，非农业人口 70%以上或聚居人口达 2500 ~ 3000 人，非农业人口占 85%以上；②缩小了市的郊区范围，规定市镇人口中农业人口所占比重一般不应超过 20%；③市区和郊区的非农业人口列入市的城镇人口，市区和郊区的农业人口不再作为城镇人口而列入乡村人口。

1984 年“人民公社”被撤销并恢复了乡作为县以下的乡村基层行政单位。同时规定在 20000 人以下的乡，假如乡政府所在地的居民点非农业人口和自理口粮常住人口在 2000 人以上可以设镇。20000 人以上的乡，假如乡政府所在地的非农业人口和自理口粮常住人口超过总人口的 10%也可以设镇。简单地说，镇应该至少有 2000 以上的非农业人口和自理口粮常住人口聚居。

1986 年对设市标准也做了较大调整：①非农业人口 6 万以上，年国民生产总值 2 亿元以上，已成为该地经济中心的镇，可以设市。少数民族地区和边远地区的重要城镇、重要工矿科研基地、著名风景名胜区、交通枢纽和边境口岸，虽不足以上标准，如确有必要，也可以设市。②总人口 50 万以下的县，县人民政府驻地所在镇的非农业人口 10 万以上，常住人口中农业人口不超过 40%，年国民生产总值 3 亿元以上，可以撤县设市。总人口 50 万以上的县，县人民政府所在镇的非农业人口在 12 万以上，年国民生产总值 4 亿元以上，也可撤县设市。自治州人民政府或地区（盟）行署驻地所在镇，虽不足以上标准，如确有必要，也可以撤县设市。③市区非农业人口 25 万以上，年国民生产总值 10 亿元以上的中等城市，可以实行市领导县的体制。

其他国家对城镇的典型界定如下：肯尼亚规定 2000 人以上的居民点即为镇；埃及规定省和地区的首府为城镇；在印度，居民 5000 人以上，人口密度不低于每平方公里 390 人，3/4 以上成年男子从事非农业活动，并有明显城镇特征的居民点被定义为城镇。

按照行政区划标准，我国的城镇可以划分为直辖市、市和镇；其中，按行政管辖的不同，还可把市进一步划分为地级市和县级市；建制镇无可争议地是

城镇的一种类型。

第2节 城市的发展

城市的产生、发展和建设都受到社会、经济、文化科技等多方面因素的影响。城市因人类在聚居中对防御、生产、生活等方面的要求而产生，并随着这些要求的变化而发展。人们聚居形成社会，城市建设要适应和满足社会的需求，同时也受到科学技术发展的促进和制约。城市的发展，大致可以分为两个大的社会发展阶段，即农业社会和工业社会，也可以称前工业化时期、工业化时代，或称为古代的城市和近代的城市。

1 古代城市的发展

1.1 城市与防御要求

人类最初的固定居民点，就具防御的要求。最初是防止野兽的侵袭，后来由于原始部落之间的战争，进而加强了防御的功能。陕西半坡、姜寨等原始居民点外围的深沟，就是防御设施，其他原始居民点也有石头垒成的墙或木栅栏等防御设施。

春秋战国时期的《墨子》，已经记载了有关城市建设与攻防战术的内容，还记载了城市规模大小如何与城郊农田和粮食的储备保持相应的关系，以有利于城市的防守。春秋战国之际，各诸侯国之间攻伐频繁，也正是在这个时期，形成了中国古代历史上一个筑城的高潮。

中国古代一些城市的平面也曾由一套方城发展成两套城墙，都城则有三套城墙，每层城墙外均有深而广的城壕。这些都是从防御要求出发的。

西亚巴比伦城（Babylon）的平面呈矩形，筑有两重墙。两重墙间隔 12m，四周城墙又高又厚，城墙外有很深的壕沟环绕，有明显的防御目的（图 1–2–1）。

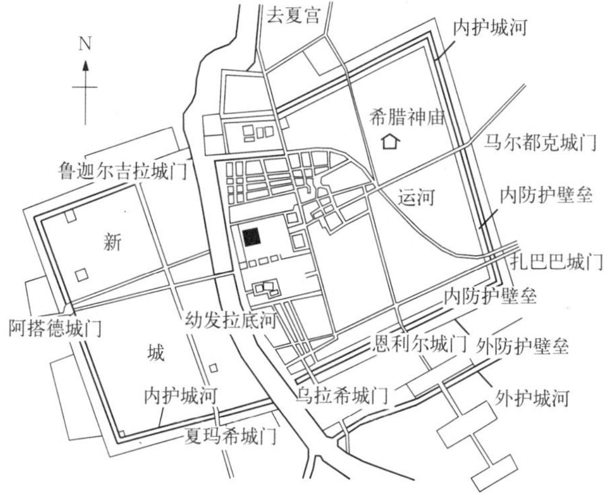

图 1–2–1 巴比伦城平面图

资料来源：同济大学李德华．城市规划原理（第三版）．北京：中国建筑工业出版社，2001：3.

欧洲罗马帝国盛期，环地中海地区都在罗马帝国的军事统治之下，罗马人在其统辖的地区大量建造驻兵的营寨城，其平面相当规范。位于今阿尔及利亚的提姆加得城（Timgad）至今保存得最为完整（图 1–2–2）。不少罗马营寨城也成为欧洲城市的发展基础，一些具有良好交通条件的营寨城后来发展成为欧洲的大城市，如伦敦、巴黎等都可以在其古城地区找到罗马营寨的遗迹。

欧洲中世纪时期，主要从防御要求出发，将封建主的城堡选在山顶或湖边、河边，或在其外围开人工水沟、架设吊桥。从防守要求出发，在城市的平面布置中，考虑了组织多层次、多方位的射击等问

图 1-2-2 提姆加得城平面图

资料来源：同济大学李德华．城市规划原理（第三版）．北京：中国建筑工业出版社，2001：3．

图 1-2-3 新帕尔马城

资料来源：http://en.wikipedia.org/wiki/Palmanova．

题。当时还出现了一些完全从防御要求出发的平面模式，如建筑师文琴佐 · 斯卡莫奇（Vincenzo Scamozzi）设计的新帕尔马城（Palmanova）（图 1-2-3）。

兵器技术的进步也影响到了城市建设。中国在宋代，火药已大量用于战争，并直接影响到城市建设，使得一些城墙或加厚，或在土墙外包砖。火药传入欧洲，对欧洲的城市建设也产生了很大的影响。

1.2 社会形态发展与城市的布局

社会的阶级分化与对立在城市建设方面也有明显的反映。在中国的古代城市中，统治阶级专用的宫城居中心位置并占据很大的面积。商都“殷”城以宫廷区为中心；近宫外围是若干居住聚落（邑），居民多为奴隶主和部分自由民，各邑之间空隙地段大多数为农业用地；居住聚落的外圈为散布的手工业作坊，也有居穴，居穴可能是手工业奴隶栖息之所；再外围疏松地环布居邑，以务农为主，居住有下等自由民和农业奴隶，还有部分小奴隶主。曹魏邺城以一条东西干道将城市划为两部分：北半部为贵族专用，其西为铜雀园，正中为举行典礼的宫殿，其东为帝王居住和办公的宫廷，再向东为贵族专用居住区——戚里；南半部为一般居住区。隋唐长安城，中间靠北为统治阶级专用的宫城，其南为集中设置中央办公机构及驻卫军的皇城，均有城墙与其他东南西三面的一般居住坊里严格分开。坊里有坊墙坊门，早启晚闭实行宵禁，以便于管制。

埃及公元前 2500 年为修建金字塔而建造的卡洪城（Kahun）是奴隶制的典型城市（图 1-2-4）。城为长方形，用墙分为两部分，墙西为贫民居住区，挤满 250 多个小屋；墙东路北为贵族居住区，面积与贫民区相同，有 10 ~ 11 个大院，墙东路南为中等阶层的居住区。

罗马帝国时期，奴隶主依靠掠夺奴隶和殖民地大量的财富，驱使奴隶无偿地为他们建造罗马城及豪华的宫殿、寺庙、浴池、斗兽场等，过着奢华的生活。保存至今的斗兽场、宫殿广场遗址及多层输水渠等，都可作为当时城市建设高度水平的见证。公元 69 年维苏威火山爆发时所掩埋的庞贝（Pompeii）城，在 18 世纪开始被发现并陆续发掘，可以看到其中整齐的列柱大街、石板铺砌的

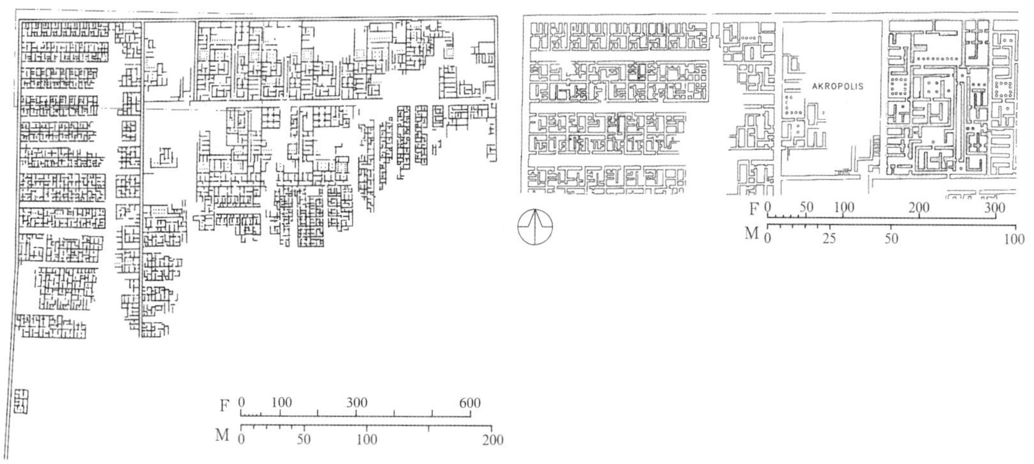

图 1-2-4 卡洪城平面图

资料来源：http://richtextformat.net/blog/wp-content/uploads/2009/07/el-kahun.jpg.

街道、贵族宅第中用大理石拼花装饰的浴室等。

欧洲中世纪时期，在封建主的城堡外围发展起来的城市很多，如德国的吕贝克（Lübeck）。市民要向封建主纳税并受其统治。随着生产的发展，市民阶层的人数不断增加，市区也不断扩大。通过市民阶层与封建主的斗争，市民阶层摆脱了封建主的政治统治，代表市民力量的市政厅逐渐取代了封建城堡的地位，而成为城市的政治和生活中心。有的城市完全摆脱了封建统治而成为自由市，如位于波兰的格但斯克（Gdansk）和德国的汉堡等。

1.3 政治体制对城市的影响

社会政治体制对城市建设也有着直接的影响。中国的封建社会，自秦始皇统一全国，实行郡县制后，直至清王朝，大多数朝代是统一的中央集权的国家。各朝代的都城规模都很大，有几个朝代还在新王朝建立之际，即按照规划新建规模很大、布局严整的都城，如隋唐长安城、东都洛阳城、元大都等。这些都城都是集中全国的财力、物力，以超经济的手段，役使人民在短期内建成的。除了都城外，府、州、县就是不同行政管辖区的政治和军事中心。欧洲的封建社会，在很长时期内分裂成许多小国，城市规模小，直至 17 世纪，英、法、德建立君权专制的国家，这些国家的都城伦敦、巴黎、柏林才有较大的发展。中国封建城市中的中心是政权统治的中心，如宫殿、官府衙门。而欧洲封建城市的中心往往是神权统治的中心——教堂。

1.4 经济发展对城市的影响

经济制度直接影响城市的发展形态。在整个漫长的封建社会中，小农经济是社会的经济基础，然而欧洲与中国在土地所有制上有很大的差别。中国是地主所有制，地主可通过其代理人向农民征收实物或货币地租，地主阶级尤其是大中地主可以离开农村集中居住在城市，而封建统治的官僚阶级本身即是地主阶级或他们的代表人物。欧洲是封建领主制，封建主大多数住在自己的城堡或领地的庄园中。中国的城市是政治、经济生活的中心，而欧洲往往政治中心在城堡，经济中心在城市。

商品经济的发展是促进城市发展的主要因素。古代中国，在一些商路交通要地、河流的交汇点等，商业发达、手工业集中，形成了众多的商业都会，如苏州、扬州、成都、广州等。南北朝以后，政治军事中心在关中地区，而经济中心转移至江淮，隋代大运河修通后，在运河沿线，发展起繁荣的商业都会，如汴州（开封）、泗州、淮阴、扬州、苏州、杭州等。元代后，建都北京，南北大运河仍为经济命脉。天津、沧州、德州、临清、济宁等地也相继繁荣起来，与原来已有的一些商业城市形成一个沿运河的城市带，并与长江中下游的一些商业城市如汉口、九江、芜湖、安庆、南京、镇江联系起来，成为中国经济发达的地带。

中国虽有很长的海岸线，航海技术也较发达，但始终未把海外贸易作为发展经济的重要手段。沿海城市如泉州、广州、明州（宁波），在宋元时期，由于海外贸易的发展，曾一度繁荣。但自明中叶后，为防御海寇侵扰，沿海修筑大量防卫的卫所，并实行闭关政策，所以未能作为发展的重点。而发展的重点却是内地沿江河的城市或地区性的中心城市，这一点与欧洲和美洲有很大的差异。

欧洲罗马帝国盛期，地中海沿岸尽为罗马帝国统辖地区。很早这些地区就发展了海上交通，一些港口城市成为商旅交通繁荣的中心。中世纪时期，一些海港城市、通航河流的重要渡口和交汇点的城市也成为商业都会，如意大利的威尼斯、那不勒斯，法国的马赛，德国的汉堡、莱比锡等。14 ～ 15 世纪开辟印度和美洲的新航路后，这些航路成为一些殖民国家称霸海上和掠夺殖民地的交通命脉，沿海一些港口城市成为他们所统治的商业中心。城市发展往往由沿海城市带动内陆城市，如北美洲是先发展东海岸的一些城市然后逐步发展中西部城市。

商市的发展是城市诞生与发展的重要驱动因素之一。随着生产力的提高，剩余产品的数量、种类的扩大，交换活动也因之扩大，商市也由小到大，由不固定到固定的场所。中国在西周奴隶社会，大规模的交换活动被奴隶主贵族所控制，都城的宫市是专为他们服务的。春秋末叶到战国时期，为适应封建经济要求，开始打破了奴隶主贵族控制的宫市，在都城出现了各个阶层共同享用的市。汉长安城设有集中的九市，隋唐长安城设有集中的规模很大的东市和西市。这种集中的市规模大，管理严，但却不便于居民。北宋以后，随着城市商品经济的进一步发展，汴梁出现了店铺密集的商业街，城市的集中市制也逐渐废弃。这一改变给城市的结构布局带来了变革。

2　近代城市的发展

通常把农业的产生称为第一次产业革命，使人类社会出现了定居的居民点。近代的工业革命，也称为第二次产业革命，使城市产生了巨大的变化。

2.1　城市工业的发展与人口的聚集

一般把英国人瓦特在 1784 年发明蒸汽机作为工业革命的标志。实际上这是个能源和动力的革命，它使人们开始摆脱依赖风力、水力等天然能源的局面。有了人工的能源就有可能把生产集中在城市，从而使加工工业迅速地在城市发

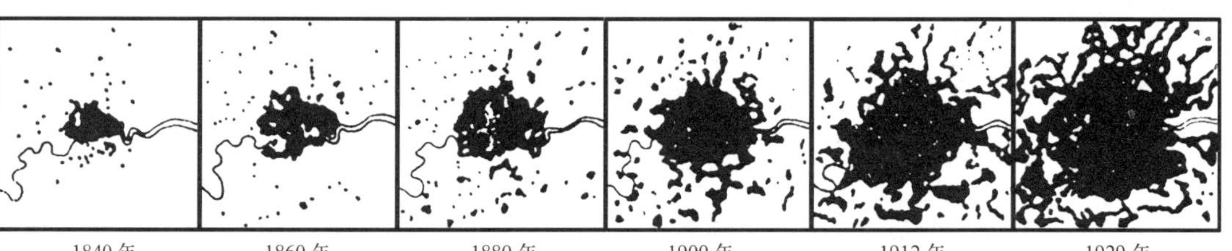

图 1-2-5　伦敦在 1840 ~ 1929 年期间的空间发展
资料来源：同济大学李德华．城市规划原理（第三版）．北京：中国建筑工业出版社，2001：6．

展，并随之带动商业和贸易的发展，城市人口迅速膨胀，正如马克思所说："人口也像资本一样集中起来"。图 1-2-5 表示从 1840 ~ 1929 年伦敦自发发展的状况。工业化吸收了大量农业人口，使之转化为城市人口，城市扩展也吞并了周围的农业用地，失去土地的农民流入城市成为工人，这些都加速了城镇化。

2.2　工业化带来的城市布局变化

工业化初期，在工厂的外围修建了简陋的工人居住区，也相应聚集了为他们生活服务的面包房、裁缝铺……，以后又在外面修建工厂及工人住宅区，这样圈层式地向外扩张，成为工业化初期城市发展的典型形态。

随着工业的进一步发展，产业的部类也日益增多，工业需要大量原料，产品要运输至外地，原料及产品均需要储运，就出现了城市仓储用地。

城市人口聚集，生活水平的提高和需求的多样化，应运而生了许多新类型的商业以及工业建筑，经济活动的增加、金融机构的产生，城市中又出现商务贸易活动的地区。

火车、轮船出现并成为城市对外交通运输的主要工具，铁路、车站、码头均有自己的用地选址要求，这些也大大改变了城市的结构布局。19 世纪末汽车逐渐成为城市主要交通工具，对原来马车时代的道路系统也带来很大冲击。城市的道路系统布局发生了很大变化。

城市的类型也有增加，出现了港口贸易城市、矿业城市、交通枢纽城市，或以某种产业为主的城市等等。原来的一些大城市则发展成为工业、商业、金融、贸易等综合功能经济中心。

2.3　城市与环境

城市空间范围的拓展也就意味着市民与城郊田野的距离的增加，城市越大，市民接触自然环境的机会就越小。城市的拓展过程，就是自然环境变为人工环境的过程，城市成为人类改造自然最彻底的地方，也使城市居民减少或丧失了原有的与自然密切接触的种种优点和乐趣。如何在城镇化、城市发展过程中处理好人工环境与自然环境的关系，就成为现在城市规划学科的重要课题。

城市中的工业在生产过程中产生的废气、污水等对居民的生活环境造成了不利的影响。城市居民生活水平的提高也会产生大量的生活污水及固体废弃物，致使城市在物质生活水平提高的同时，也对环境造成了负面效应。

2.4　科学技术发展带来城市的聚集效益及高质量的城市生活

生产和人口的聚集，促使城市发展，带来了前所未有的生产力的聚集，创造了巨大的物质财富。工业的发展、工业门类的增加、科技的进步、多种产业

的协作、科技的交流，给城市带来了巨大的聚集效益和规模效益。商品的交流和集散、信息的发达、人口的集中和流动使城市成为物流、人流、信息流的中心。

科技的发展，促进了市政工程及城市公用设施的发展，自来水、电灯、电话、煤气、公共汽车、电车、地下铁道、污水处理系统……等技术上的不断改进，使城市的物质生活达到很高的水平。学校、剧院、图书馆、博物馆、娱乐设施的集中也使城市的文化生活水平不断提高。

工业社会使城市高度发展，是社会经济发展的必然结果，是社会进步的表现，但同时也出现了由于工业化及人口增加产生的土地问题、住房问题、交通问题、环境污染问题及社会问题等。这些问题在城市规划中不断地解决，也不断出现新的问题。

中国进入农业社会比西方早，而进入工业社会比西方晚，直至 1840 年鸦片战争后，资本主义生产方式及现代工业随着帝国主义势力的入侵进入中国，使东部沿海一些城市发生较大的变化，如由帝国主义侵占或由他们控制的租界发展起来的香港、大连、青岛、上海、汉口等，出现了近代工业、港口及一些现代的城市市政工程及公用设施。这些城市发展基本特征与西方近代城市相近，不同的是具有殖民地特征，而中国大部分地区的城市还处在农业社会阶段中，这种发展的不平衡也是近代中国社会及城市的特征。

3　第二次世界大战后的城市发展

第二次世界大战中，欧亚大陆许多城市受到战火的严重破坏。战后一段时间，城市都面临着恢复重建，许多城市都制定了重建及发展的城市规划，其中也不乏一些创新的思路。至1950年代中，世界范围内经过了经济恢复，进入新的发展时期。经济的恢复，工业的发展，也带来了城镇化进程的加快，城市人口规模不断扩大。到 2008 年，世界城市人口已经达到总人口的 50%，地球开始进入城市时代。

城市集中发展虽然带来了较高的经济效益，提升了人们的物质、文化生活质量。同时也使城市居民变得远离自然，城市成为人类改造自然最彻底的地方，带来大量的生态环境问题，如大气及水质的恶化、热岛效应、人口的拥挤。所以在城市集中发展的同时，也出现了城市分散发展的理论和实践，如在郊区建造卫星城。例如，英国的新城运动等。

城市对外交通发展也有很大变化，航空、汽车取代了火车及轮船的远程或市际客运的地位。机场和航空港与火车客运站一样成为城市“大门”。国际经济的全球化，使海上货运也有很大的发展，船体的大型化、集装箱化，使城市以及大型工业靠海发展致使港口城市的结构布局发生变化。

美国等一些发达国家在第二次世界大战以后，由于私人汽车交通的快速发展和城市中心居住环境的恶化，出现了人口和就业向郊区转移的现象，原来的城市中心地区逐渐衰退。由于城市中心的区位优势，及城市产业结构的变化，1980 年代以来许多西方城市实施了城市复兴计划，由政府及企业采取土地置换、产业更新及财政政策与税收政策的倾斜，对原来的码头仓储用地进行再开发，推动创意文化、旅游休闲等新兴产业在城市中心的发展。

经济发展的不平衡，在城市的发展上也出现较大差异，发达国家已高度城

镇化，城市的空间扩展逐渐为城市内部的更新改造所代替。在一些发展中国家，城镇化的进程还要加快，城市的外延扩展已成为主要的发展形式，并呈现不同的发展形态，尤其是大城市呈中心向外圈层式扩展的形态；单中心沿交通干线放射发展的形态；中心城与周边卫星城的发展形态；多中心开放组合式发展形态；以中心城为核心形成紧密联系的城镇群形态等。

第二、第三产业在城市中的集中，产业门类的增加与分工协作，使城市具有强大的聚集效应，使得城市的规模不断扩张。城市强大的经济实力也使其向周围的地区及城镇具有较强的辐射效应。大量相互交换的物流、人流、信息流，使城市与区域城镇的联系更为密切。大城市的原有中心向外圈层式扩展的模式，逐渐向在空间上有隔离、由便利的交通网络联系、在产业上有协作分工的城镇群，或城镇密集地区的方向发展。

第二次世界大战后世界经济的发展，世界经济的一体化趋势、跨国公司企业集团的发展，使一些发达的城镇密集地区的影响更大，如美国的东北部、芝加哥地区、西海岸城市带，日本的阪神地区，英国的东南部地区，欧洲中部地区（德、荷、比、法）等。中国的城镇密集地区有以上海为中心的长江三角洲地区、广州为中心的珠江三角地区、京津唐地区、辽中地区和成都地区等。

由于经济的高度发展，人类对自然的改造及对地球资源的开发利用，逐渐发展到对环境的破坏，已危及人类自身的生存环境，人们在严酷的事实中逐渐认识到“只有一个地球”的现实，联合国 1992 年在巴西里约热内卢召开的政府首脑会议上发表宣言，提出了关于永续发展的号召，规划工作者也逐渐认识到要把环境与城市永续发展的思想，体现在城市与区域规划发展中。

科学技术发展带来物质生产的高度发达及人们物质生活水平的提高，同时也引发了人们对精神文明的重视，对不可再生的历史文化遗产的重视，以及对城市是人类历史文化发展的积淀成果这一特征的认同，使人们认识到必须实现将高度发达的生产技术与传统的历史文化相和谐。随着全球经济一体化的趋势和交通的发展，各国之间经济、文化交流愈加密切，导致了世界范围内的某种趋同性。这种趋同性如何与保持各民族及地区特色文化的多样性相协调，是未来城市发展面临的一个新课题，未来的城市应该是多姿多彩的城市。

人工能源及加工工业的集中造成城市的发展和城市规模的扩大，这构成了工业社会城市发展的模式。随着科学技术的发展，特别是以计算机技术为代表的信息产业的发展，一些发达国家已进入后工业社会，即信息社会。计算机进入社会的各个方面，如：城市中办公、教育、医疗、购物等方面实现信息化、远程化，居住建筑功能扩大，生产的分散化、小型化，这种种因素可能带来城市发展形态、发展模式的变化。

第3节　城镇化

城镇化（或城市化）是工业革命后的重要现象，城镇化速度的加快已成为历史的趋势，我国当前正处于城镇化加速发展的重要时期，研究各国城镇化的历程，结合我国国情，预测城镇化的趋势及水平对指导城市规划与发展具有特别重要的意义。

1　城镇化的含义

城镇化这一概念最简单的解释就是农业人口和农用土地向非农业人口和城市用地转化的现象及过程，具体包括以下几个方面：

（1）人口职业的转变，即由农业转变为非农业的第二、第三产业，表现为农业人口不断减少，非农业人口不断增加。

（2）产业结构的转变，工业革命后，工业不断发展，第二、第三产业的比重不断提高，第一产业的比重相对下降，工业化的发展也带来农业生产的现代化，农村多余人口转向城市的第二、第三产业。

（3）土地及地域空间的变化，农业用地转化为非农业用地，由比较分散、低密度的居住形式转变为较集中成片的、密度较高的居住形式，从与自然环境接近的空间转变为以人工环境为主的空间形态。城市拥有比较集中的用地和较高的人口密度，便于建设较完备的基础设施，包括铺装的路面、上下水道、其他公用设施，可以有较多的文化设施，这与农村的生活质量相比有很大的提高。

城镇化也可以称为城市化，因为城市与镇均是城市型的居民点，均以第二、第三产业为主，其区别仅是文字使用的习惯或其规模的不同。

城镇化水平指城镇人口占总人口的比重。

人口按其从事的职业一般可分为农业人口与非农业人口（第二、第三产业人口）。按目前的户籍管理办法又可分为城镇人口与农村人口。

2　城镇化进程的表现特征

（1）城镇化是城市人口占总人口的比重不断上升。城镇化首先表现为大批乡村人口进入城市，城市人口在总人口中的比重逐步提高。

（2）城镇化是产业结构转变的过程。随着城镇化的推进，原来从事传统低效的第一产业的劳动力转向从事现代高效的第二、第三产业，产业结构逐步升级转换，国家和区域创造财富的能力不断提高（表 1–3–1）。

国际产业结构变化（1960 ~ 2004 年）　　表 1–3–1

	各产业占 GDP 的百分比								
	1960 年			1995 年			2004 年		
产业类型	I	II	III	I	II	III	I	II	III
低收入经济	50	17	33	25	38	35	23	25	52
中等收入经济	22	32	46	11	35	52	10	34	56
高收入经济	6	40	54	2	32	66	6	24	70

资料来源：世界银行历年报告 .

农业的比重持续下降不可逆转，工业的比重有一个上升时期，也有停滞和下降，第三产业的比重增加，总的发展趋势如此。但是，不同性质城市的第二、第三产业比重的发展趋势也不尽相同。表 1–3–1 中引用世界银行三个不同年代的发展报告中的数据展现了国际产业结构的变化趋势。虽然不同年份报告对高收入经济有不同的界定，但对长期趋势的影响不大。从表中所反映的产业结

构变化的总体趋势看，第一产业占 GDP 的比重逐渐下降，第二、第三产业则趋于上升，但在长期趋势中第三产业随发展而上升，而第二产业则下降。截至 2008 年，全世界第一产业比重仅占 3%，第二产业降至 28%，而第三产业已上升为 69%。[1]

（3）城镇化水平高，不仅是建立在第二、第三产业发展的基础上，也是农业现代化的结果。农业人口的减少产生在农业发展的基础上，农业人口的剩余是城镇化的推动力。

3　世界城镇化的历史过程

18 世纪在西欧开始产业革命后，出现了现代化的工厂化大生产，资本和人口在城市集中起来，农民向城市集中，城市的用地扩大，把周围的农田变成了城市，村镇变成了城市，小城市又发展成为大城市。

城镇化的发展历程可以用 S 形曲线表示（图 1–3–1）。1979 年，美国城市地理学家诺瑟姆（Ray Northam）发现并提出了该曲线，因此又称为“诺瑟姆曲线”。诺瑟姆在总结欧美城镇化发展历程的基础上，把城镇化的轨迹概括为拉长的 S 形曲线，并将城镇化划分为起步、加速和稳定三个阶段。

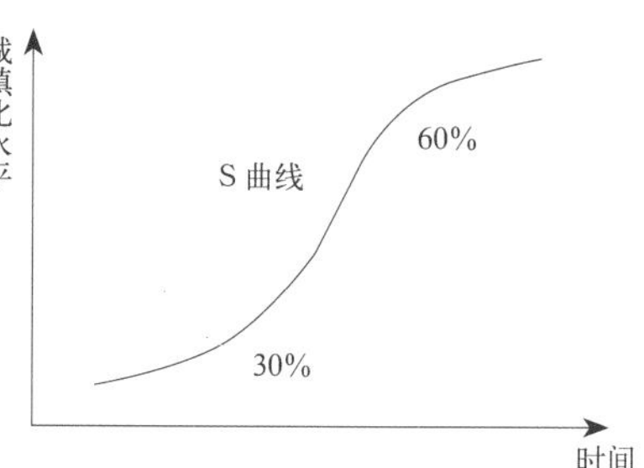

图 1–3–1　城镇化发展的 S 形曲线
资料来源：本书编写组自绘.

起步阶段——生产力水平尚低，城镇化的速度较缓慢，较长时期才能达到城市人口占总人口的 30%左右。

加速阶段——当城镇化超过 30%时，进入了快速提升阶段。由于经济实力明显增加，城镇化的速度加快，在不长的时期内，城市人口占总人口的比例就达到 60%或以上。

稳定阶段——农业现代化的过程已基本完成，农村的剩余劳动力已基本上转化为城市人口。随着城市中工业的发展和技术的进步，一部分工业人口又转向第三产业。

根据联合国人居署的统计数据，1970 年世界城镇化水平只有 37%，到 2000 年上升为 47%，在 2008 年的某个时间，世界城市人口首次超过了农村人

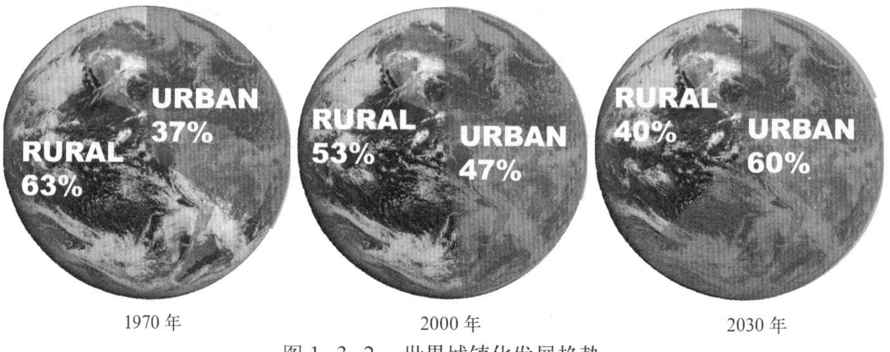

图 1–3–2　世界城镇化发展趋势
资料来源：联合国人居署编．和谐城市：世界城市状况报告 2008/2009.

口。根据预测，到 2030 年，全球将有 60%的人居住在城市中（图 1–3–2）。[2]

从时间上说，城镇化发展的历史进程在各个国家存在着极大的不平衡。英国在 19 世纪末即进入稳定期，美国在 20 世纪城镇化进程最快，现已稳定。当前发展中国家是城市增长速度最快的地区，平均每个月吸纳 5 万个新市民，贡献 95%的世界城市人口增长率。在 1990 年代，发展中国家平均每年的城市增长率为 2.5%。根据联合国人居署的预测，到 2050 年，发展中国家的城镇人口将达到 53 亿，仅亚洲就将容纳世界 63%的城市人口，或者说是 33 亿人；而非洲的城市人口将达到 12 亿，占世界城市人口的近 1/4。

4 中国的城镇化道路

城镇化是社会经济发展的结果，是历史的必然趋势。中国的城镇化进程比西方晚，在 19 世纪后半期开始，速度很慢，发展也不平衡，东南部沿海较快，而内地大部分地区仍处在农业社会。新中国成立后城镇化速度加快，但是由于经济发展及政策上的某些波动几起几伏，与同时期一些国家比较仍较慢，至 1970 年代末约达 14%，至 20 世纪末还处在初期阶段。改革开放以来，城镇化速度加快，至 1986 年，按当时的户口划分标准达到 26%，但实际上要比这个数字高，1999 年达到 29.5%，2000 年，第五次人口普查结果为 36%，截至 2009 年，全国城镇人口按统计口径已达 6.22 亿，城镇化水平 46.6%（图 1–3–3）。30 年时间内，中国城镇化水平提高了超过 30 个百分点，城市规模快速扩张，城市建设也日新月异，城市发展取得了前所未有的推进。但在国家内部，由于自然环境和区位条件的差异，社会经济发展不平衡，我国的城镇化水平在东、中、西部地区也存在着较大的差异（图 1–3–4）。城镇化水平的差异在相当长时间内将长期存在。

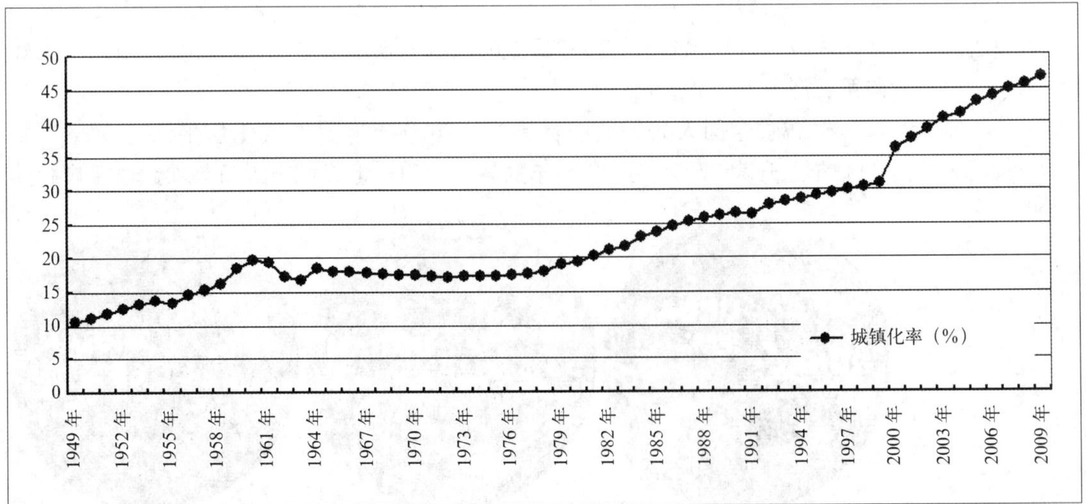

图 1–3–3 1949 ~ 2009 年我国城镇化水平变化

资料来源：本书编写组根据统计数据自绘.

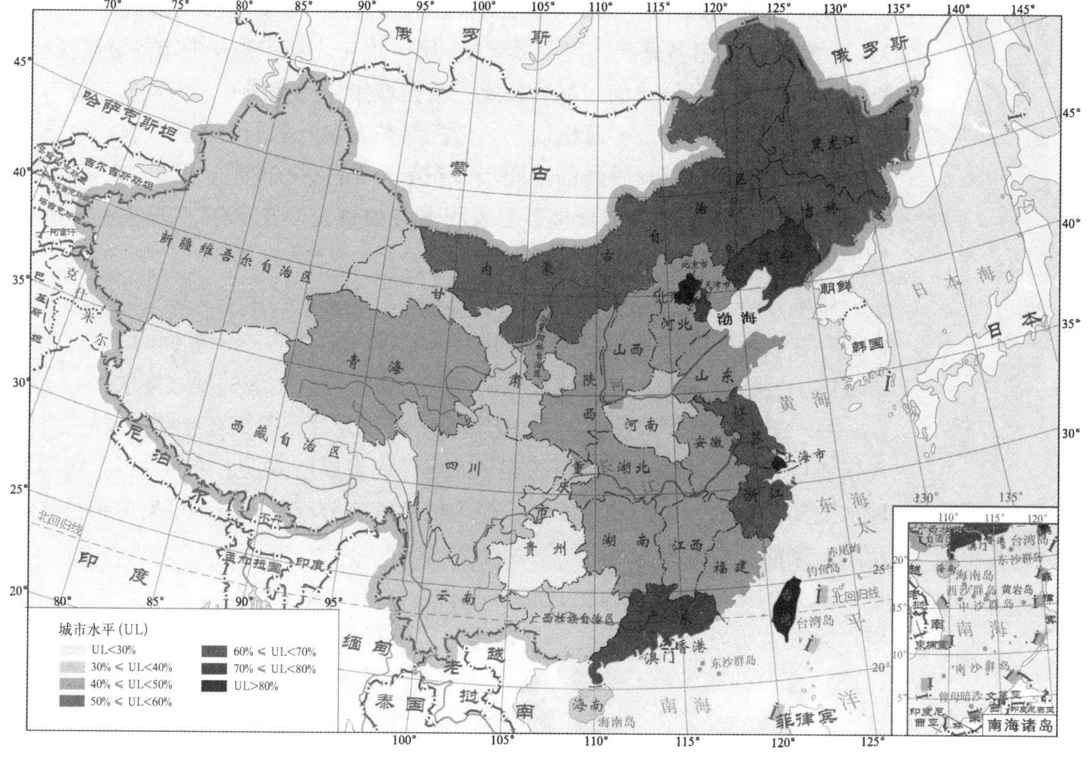

图 1-3-4 不同省市的城镇化水平差异

资料来源：本书编写组根据统计数据自绘.

从当前的发展趋势来看，中国城镇化已经步入城镇化加速发展的第二阶段，在世界范围内而言，中国正在经历的是人类历史上规模最大、速度最快的一次城镇化浪潮。联合国发布的《世界城镇化展望（2009 年修正版）》报告预计，在未来 50 年，中国还将增加 100 个左右 50 万人以上人口的城市。根据相关研究，直到 2030 ~ 2040 年，中国城市化才会真正达到稳定阶段，届时中国的城镇化水平将达到城镇化稳定期 70%～80%的一般水平。这也就是说，在接下去的 20 ~ 30 年，仍将有数亿人口从乡村走向城市，这对国家社会、经济和环境的各个方面都会产生深远的影响。20 世纪的城镇化发展实践已经证明，城市虽然在诸多方面推动了人类文明和进步的整体发展，但也产生了众多的问题，城市与城乡区域之间的和谐关系不断被打破，已经威胁到了地球的整体环境安全。我国正在经历的大规模快速城镇化之路如何去走无疑也将对国家整体的永续发展产生重要的影响，未来的城镇化过程必须走向理性、健康和永续。

我国以往的城镇化政策，曾经长期将城市规模作为国家城镇化政策的指针，一度将城乡人口流动视作洪水猛兽，唯恐其对城市发展和稳定造成冲击，因此在很长时间内都是以限制城镇化和城市发展规模为政策标准。1989 年 12 月，全国人大通过的《城市规划法》第四条明确规定“国家实行严格控制大城

市规模、合理发展中等城市和小城市的方针"。这一政策主张背后的基本思想是：大城市存在诸多弊端，因而需严格控制；而中小城市则是城市的适度规模，是中国城镇化的发展方向。尽管如此，我国城镇化的实践并未表现出与城市发展方针的一致性，相反，却出现了"越控制越发展"的局面。另一方面也导致了工业化发展与城镇化发展的不同步，带来了新的城市问题。因此，在学术界，对中国城镇化道路如何选择也存在着相当多的争议。在2007年通过的《城乡规划法》中已经废除了这一条款。

中国是一个幅员辽阔的大国，不同地区之间的社会经济发展条件和环境条件都存在着巨大的差异，因此，试图用一项统一的标准来衡量中国城镇化和城市发展，并以此来制定城镇化政策必然无法满足不同地区的发展需求。

另一方面，必须认识到，城镇化作为一种现象并不是人类社会发展的目标，仅仅将目光落在城镇化上反而忽略了人居环境发展所真正追求的目标，即实现城市及其区域的永续与和谐发展，使人们能够充分享受人居环境发展和社会进步所带来的积极成果。

未来的中国城镇化模式应该是一种多元化的模式，即改变过去仅仅以规模作为政策标准的方法。在一些地区，需要有大城市来带动整个区域的发展，形成强有力的区域核心去参与全球的竞争；而在另外一些地区，则需要中小城市和城镇的开发来带动当地的发展。总之，未来的城市和区域发展应当是超越单个城市的传统思维，走向区域协调，从更大区域范围来思索永续的城镇化发展道路，走向和谐的城市区域，这也将是中国城镇化未来发展的必由之路。

本章小结

作为城市规划工作者的研究对象，城市的发展已经经历了8000多年的漫长历史。本章从城市的基本概念及其最初形成开始，阐述了城市在历史不同阶段所取得的进展和布局特征，以及影响城市发展的主要决定因素。本章最后介绍了城镇化作为一种现象的一般概念和表现特征。城镇化发展进程的一般规律是遵循S形曲线的三个阶段。当前，中国已经进入了加速城镇化的第二发展阶段，城市的规模、数量急剧扩张。正在发生的中国城镇化也是全球历史上规模最大、速度最快的城乡人口转移。正确选择中国未来的城镇化道路关系到国家发展的前途，未来的中国城镇化发展应当是立足于城乡区域的协调发展，走向理性、健康、永续、和谐。

注 释

[1] 世界银行．世界发展指标2010（WORLD DEVELOPMENT INDICATORS 2010）．Green Press Initiative，2010.

[2] 联合国人居署编．和谐城市——世界城市状况报告2008/2009．吴志强译制组译．北京：中国建筑工业出版社，2008.

复习思考题

1. 城市由哪些基本要素构成？

2. 工业前城市与工业城市各自的特征是什么？

3. 中国城市化面临的主要挑战是什么？依你的预测，2030 年中国城市化的水平将达到多少？

4. 城市化有哪些基本规律？城市化发展与全球气候变化有哪些关系？

第2章　城市规划思想发展

本章在介绍了东西方古代的城市规划思想及经典规划案例之后，重点阐述了现代城市规划思想发展。在分析了城市规划工作所面对的城市发展趋势与挑战之后，提出了城市规划思想方法的变革，指出城市规划必须从单向封闭转向复合开放，从最终理想状态的静态蓝图走向动态过程的把握和导控，从刚性转向弹性，从指令性转向引导性，以此应对新的社会、经济和文化发展趋势。

第1节　古代的城市规划思想

经过了漫长的历史，人类在为生存奋斗的实践中，逐步认识如何改善自我的生存环境，使之满足生存安全、生活及生产的需要。从现有资料可以看到，世界各地原始群居地点的选择和居民点的选址，普遍利用有利地形，建在近水、向阳和避风的地段。而居民点内部的空间结构，则充分体现了原始社会人类的社会关系、生产关系以及与自然环境的共存关系。

1　中国古代的城市规划思想

中国古代文明中有关城镇修建和房屋建造的论述，总结了大量生活实践的经验，其中经常以阴阳五行和堪舆学的方式出现。虽然至今尚未发现有专门论述规划和建设城市的中国古代书籍，但有许多理论和学说散见于《周礼》、《商君书》、《管子》和《墨子》等政治、伦理和经史书中。

夏代（公元前21世纪起）对"国土"进行全面的勘测，国民开始迁居到安全处定居，居民点开始集聚，向城镇方向发展。夏代留下的一些城市遗迹表明，当时已经具有了一定的工程技术水平，如陶制排水管的使用及夯打土坯筑台技术的采用等，但总体上，在居民点的布局结构方面都尚原始。夏代的天文学、水利学和居民点建设技术为以后中国的城市建设规划思想的形成奠定了基础。

商代开始出现了我国城市的雏形。商代早期建设的河南偃师商城，中期建设的位于今天郑州的商城和位于今天湖北的盘龙城，以及位于今天安阳的殷墟等都城，都已有大量的考古发掘证据。商代盛行迷信占卜，崇尚鬼神，这直接影响了当时的城镇空间布局。

中国中原地区在周代已经结束了游牧生活，经济、政治、科学技术和文化艺术都得到了较大的发展，这期间兴建了丰、镐两座京城。在修复建设洛邑城时，"如武王之意"完全按照周礼的设想规划城市布局。召公和周公曾去相土勘测定址，进行了有目的、有计划、有步骤的城市建设，这是中国历史上第一次有明确记载的城市规划事件。

成书于春秋战国之际的《周礼·考工记》记述了关于周代王城建设的空间布局："匠人营国，方九里，旁三门。国中九经九纬，经涂九轨。左祖右社，面朝后市。市朝一夫"（图2–1–1）。同时，《周礼》书中还记述了按照封建等级，不同级别的城市，如"都"、"王城"和"诸侯城"在用地面积、道路宽度、城门数目、城墙高度等方面的级别差异；还有关于城外的郊、田、林、牧地的相关关系的论述。《周礼·考工记》记述的周代城市建设的空间布局制度对中国古代城市规划实践活动产生了深远的影响。《周礼》反映了中国古代哲学思想开始进入都城建设规划，这是中国古代城市规划思想最早形成的时代。

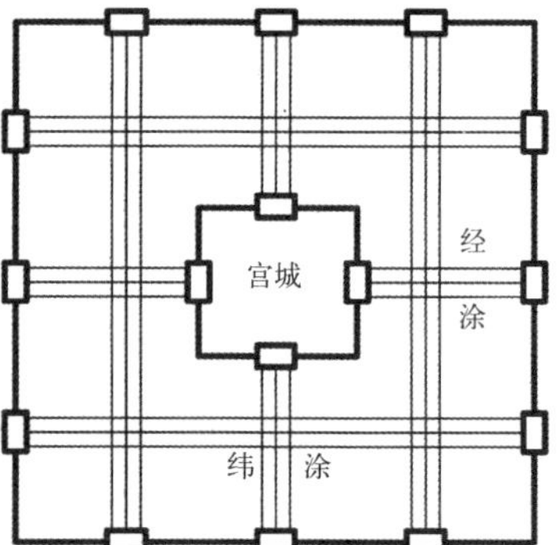

图2–1–1　周王城平面想象图

资料来源：同济大学李德华．城市规划原理（第三版）．北京：中国建筑工业出版社，2001：14．

战国时代，《周礼》的城市规划思想受到各方挑战，向多种城市规划布局模式发展，丰富了中国古代城市规划布局模式。除鲁国国都曲阜完全按周制建造外，吴国国都规划时，伍子胥提出了"相土尝水，象天法地"的规划思想．他主持建造的阖闾城，充分考虑江南水乡的特点，水网密布，交通便利，排水通畅，展示了水乡城市规划的高超技巧。越国的范蠡则按照《孙子兵法》为国都规划选址。齐国临淄城的规划锐意革新、因地制宜．根据自然地形布局，南北向取直，东西向沿河道蜿蜒曲折，防洪排涝设施精巧实用，并与防御功能完美结合。即使在鲁国，济南城也打破了严格的对称格局，与水体和谐布局，城门的分布并不对称。赵国的国都建设则充分考虑北方的特点，高台建设，壮丽的视觉效果与城市的防御功能相得益彰。而江南淹国国都淹城，城与河浑然一体，自然蜿蜒，利于防御。

战国时代丰富的城市规划布局创造，首先得益于不受一个集权帝王统治的制式规定，另外更重要的是出现了《管子》和《孙子兵法》等论著，在思想上丰富了城市规划的创造。《管子·度地篇》中，已有关于居民点选址要求的记载："高勿近阜而水用足，低勿近水而沟防省"。《管子》认为"因天材，就地利，故城郭不必中规矩，道路不必中准绳"，从思想上完全打破了《周礼》单一模式的束缚。《管子》还认为，必须将土地开垦和城市建设统一协调起来，农业生产的发展是城市发展的前提。对于城市内部的空间布局，《管子》认为应采用功能分区的制度，以发展城市的商业和手工业。《管子》是中国古代城市规划思想发展史上一本革命性的也是极为重要的著作，它的意义在于打破了城市单一的周制布局模式，从城市功能出发，建立了理性思维和与自然环境和谐的准则，其影响极为深远。

另一本战国时代的重要著作《商君书》则更多地从城乡关系、区域经济和交通布局的角度对城市的发展以及城市管理制度等问题进行了阐述。《商君书》中论述了都邑道路、农田分配及山陵丘谷之间比例的合理分配问题，分析了粮食供给、人口增长与城市发展规模之间的关系，开创了我国古代区域城镇关系研究的先例。

战国时期形成了大小套城的都城布局模式，即城市居民居住在称之为"郭"的大城，统治者居住在称为"王城"的小城。列国都城基本上都采取了这种布局模式，反映了当时"筑城以卫君，造郭以守民"的社会要求。

秦统一中国后，在城市规划思想上也曾尝试过进行统一，并发展了"相天法地"的理念．即强调方位，以天体星象坐标为依据，布局灵活具体。秦国都城咸阳虽然宏大，却无统一规划和管理，贪大求快引起国力衰竭。由于秦王朝信神，其城市规划中的神秘主义色彩对中国古代城市规划思想影响深远。同时，秦代城市的建设规划实践中出现了不少复道、甬道等多重的城市交通系统，这在中国古代城市规划史中具有开创性的意义。

汉代国都长安的遗址发掘表明，其城市布局并不规则，没有贯穿全城的对称轴线，宫殿与居民区相互穿插，说明周礼制布局在汉朝并没有在国都规划实践中得到实现。王莽代汉取得政权后，受儒教的影响，在城市空间布局中导入祭坛、明堂、辟雍等大规模的礼制建筑，在国都洛邑的规划建设中有充分的表现。洛邑城空间规划布局为长方形，宫殿与市民居住生活区在空间上分隔，整个城市的南北中轴上分布了宫殿，强调了皇权，周礼制的规划思想理念得到全面的体现。

三国时期，魏王曹操于公元 213 年营建的邺城在规划布局中已经采用城市功能分区的布局方法。邺城的规划继承了战国时期以宫城为中心的规划思想，

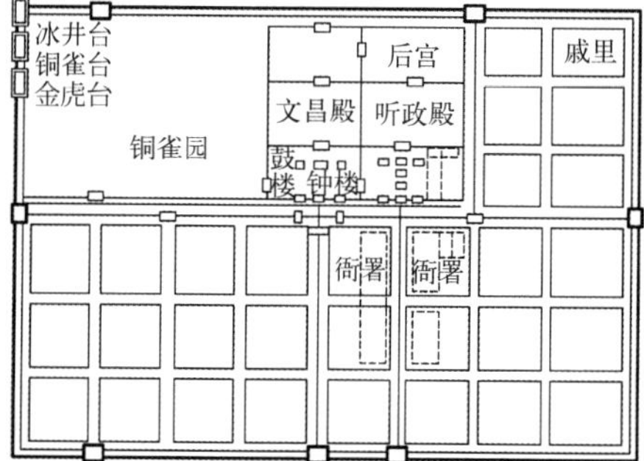

图 2-1-2　曹魏邺城平面
资料来源：同济大学李德华．城市规划原理（第三版）．北京：中国建筑工业出版社，2001：15.

改进了汉长安布局松散，宫城与坊里混杂的状况。邺城功能分区明确，结构严谨，城市交通干道轴线与城门对齐，道路分级明确（图 2-1-2）。邺城的规划布局对此后的隋唐长安城的规划，以及对以后的中国古代城市规划思想发展产生了重要影响。

三国期间，吴国国都原位于今天的镇江，后按诸葛亮军事战略建议迁都，选址于金陵。金陵城市用地依自然地势发展，以石头山、长江险要为界，依托玄武湖防御，皇宫位于城市南北的中轴上，重要建筑以此对称布局。"形胜"是对周礼制城市空间规划思想的重要发展，金陵是周礼制城市规划思想与自然结合理念思想综合的典范。

南北朝时期，东汉传入中国的佛教和春秋时代创立的道教空前发展，开始影响中国古代城市规划思想，突破了儒教礼制城市空间规划布局理论一统天下的格局。其影响主要体现在两方面：一是城市布局中出现了大量宗庙和道观，城市的外围出现了石窟，拓展和丰富了城市空间内容；二是城市的空间布局强调整体环境观念，强调形胜观念，强调城市人工环境和自然环境的整体和谐，强调城市的信仰和文化功能。

隋初建造的大兴城（长安）汲取了曹魏邺城的经验并有所发展。除了城市空间规划的严谨外，还规划了城市建设的时序：先建城墙，后辟干道，再造居民区的坊里。

建于公元 7 世纪的隋唐长安城（图 2-1-3），是由宇文恺负责制定规划的。长安城的建造按照规划利用了两个冬闲时间由长安地区的农民修筑完成。先测量定位，后筑城墙、埋管道、修道路、划定坊里。整个城市布局严整，分区明确，充分体现了以宫城为中心，"官民不相参"和便于管制的指导思想。城市干道系统有明确分工．设集中的东西两市。整个城市的道路系统、坊里、市肆的位置体现了中轴线对称的布局。有些方面如旁三门、左祖右社等也体现了周代王城的体制。里坊制在唐长安得到进一步发展，坊中巷的布局模式以及与城市道路的连接方式都相当成熟。而 108 个坊中都考虑了城市居民的社会活动场所和寺庙用地。在长安城建成后不久，新建的另一都城东都洛阳，也由宇文恺制定规划，其规划思想与长安相似，但汲取了长安城建设的经验，如东都洛阳的干道宽度较长安缩小。

五代后周世宗柴荣在显德二年（公元 955 年）关于改建、扩建东京（汴梁）而发布的诏书是中国古代关于城市建设的一份杰出文件。它分析了城市在发展中出现的矛盾，论述了城市改建和扩建要解决的问题：城市人口及商旅不断增加，旅店货栈不足，居住拥挤，道路狭窄泥泞，城市环境不卫生，易发生火灾等。提出了改建、扩建的规划措施，如扩建外城，将城市用地扩大 4 倍，规定道路宽度，设立消防设施，还提出规划的实施步骤等。此诏书为中国古代"城

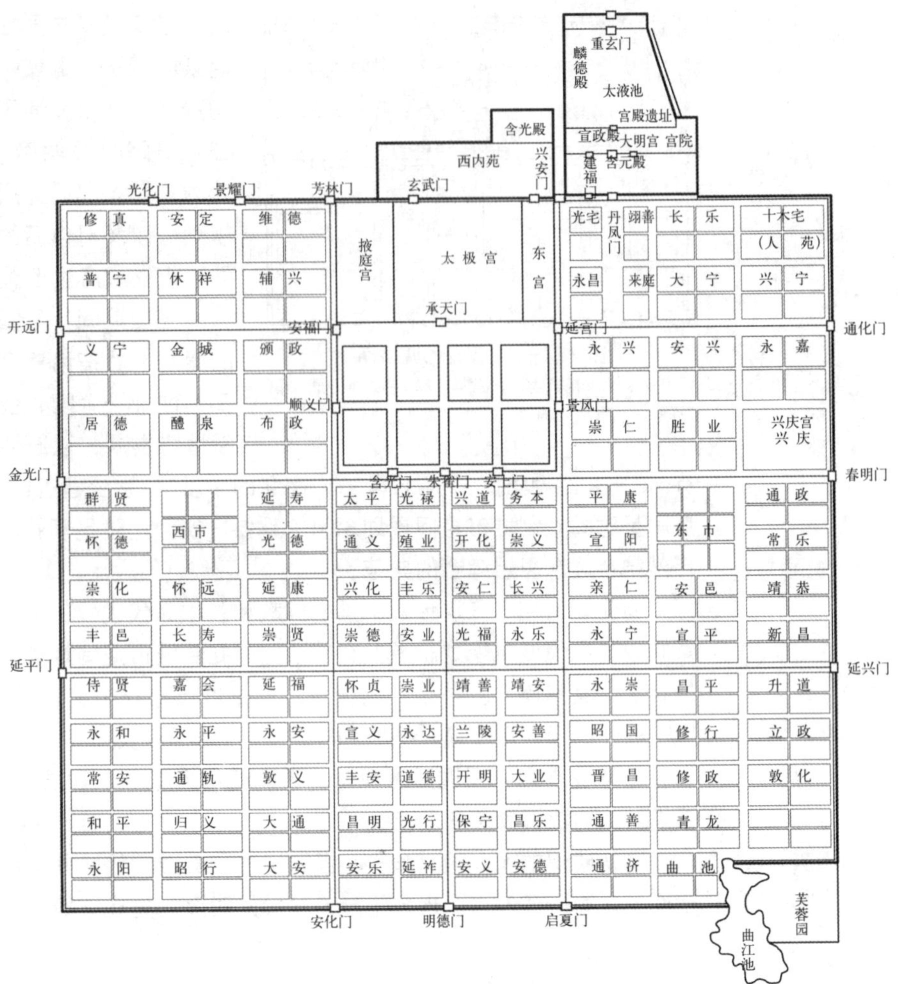

图 2–1–3　唐长安复原图

资料来源：同济大学李德华．城市规划原理（第三版）．北京：中国建筑工业出版社，2001：16．

市规划和管理问题”的研究提供了重要依据。

宋代开封城的扩建，延续了五代后周世宗柴荣诏书的思想，进行了有规划的城市扩建，为中国古代城市扩建问题研究提供了代表性案例。随着商品经济的发展，从宋代开始，中国城市建设中延绵了千年的里坊制度逐渐被废除，在北宋中叶的开封城中开始出现了开放的街巷制度。这种街巷制成为中国古代后期城市规划布局与前期城市规划布局区别的基本特征，反映了中国古代城市规划思想重要的新发展。

元代出现了中国历史上另一个全部按城市规划修建的都城——大都（图2–1–4）。城市布局更强调中轴线对称，在几何中心建中心阁，在很多方面体现了《周礼·考工记》上记载的王城的空间布局制度。同时，城市规划又结合了当时的经济、政治和文化发展的要求，并反映了元大都选址的地形地貌特点。

中国古代民居多以家族聚居，并多采用木结构的低层院落式住宅，这对城市的布局形态影响极大。由于院落组群要分清主次尊卑，从而产生了中轴线对称的布局手法。这种南北向中轴对称的空间布局方法由住宅组合扩大到大型的

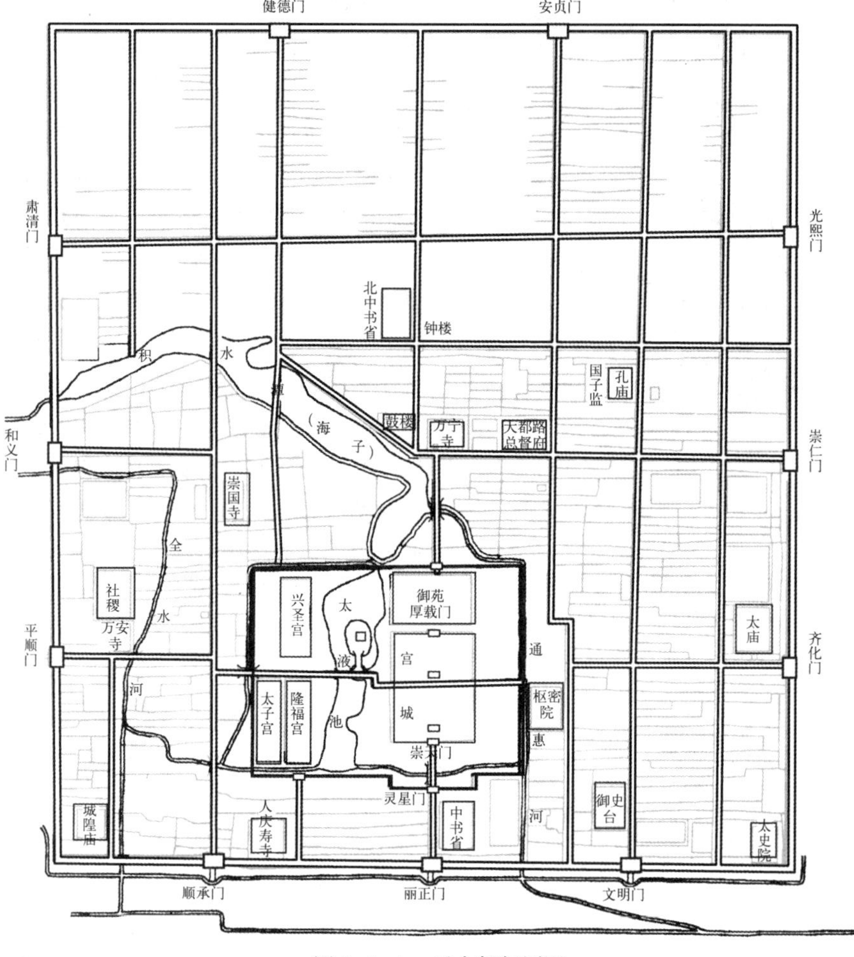

图 2-1-4　元大都复原图

资料来源：同济大学李德华．城市规划原理（第三版）．北京：中国建筑工业出版社，2001：17．

公共建筑，再扩大到整个城市。表明中国古代的城市规划思想受到占统治地位的儒家思想的深刻影响。除了以上代表中国古代城市规划的、受儒家社会等级和社会秩序而产生的严谨、中心轴线对称规划布局外，在中国古代的城市规划和建设中，还大量可见“天人合一”思想的影响，体现的是人与自然和谐共存的观念。大量的城市规划布局中，充分考虑了当地地质、地理、地貌的特点，城墙不一定是方的，轴线不一定是一条直线，自由的外在形式下面是富于哲理的内在联系。

中国古代城市规划强调整体观念和长远发展，强调人工环境与自然环境的和谐，强调严格有序的城市等级制度。这些理念在中国古代的城市规划和建设实践中得到了充分的体现，同时也影响了日本、朝鲜等东亚国家的城市建设实践。

2　西方古代的城市规划思想

公元前 500 年的古希腊城邦时期，提出了城市建设的希波丹姆（Hippodamus）模式，这种城市布局模式以方格网的道路系统为骨架，以城市广场为中心。广

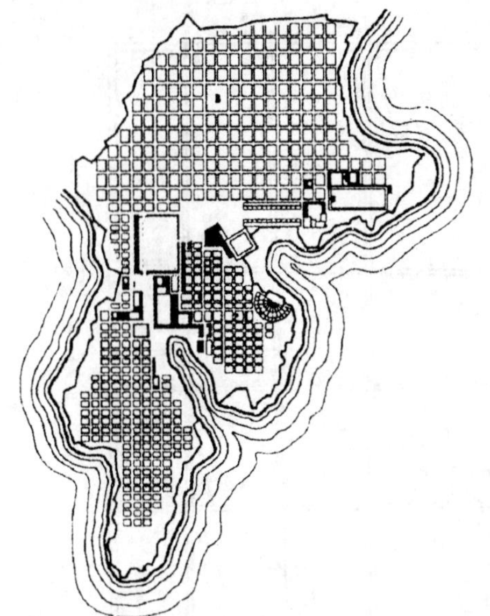

图 2-1-5 米列都城平面

资料来源：同济大学李德华．城市规划原理（第三版）．北京：中国建筑工业出版社，2001：18.

场是市民集聚的空间，城市以广场为中心的核心思想反映了古希腊时期的市民民主文化。因此，古希腊的方格网道路城市从指导思想方面与古埃及和古印度的方格网道路城市存在明显差异。希波丹姆模式寻求几何图像与数之间的和谐以及秩序的美，这一模式在希波丹姆规划的米列都城（Milet）中得到了完整的体现（图 2-1-5）。

公元前的 300 年间，罗马几乎征服了全部地中海地区，在被征服的地方建造了大量的营寨城。营寨城有一定的规划模式，平面呈方形或长方形，中间十字形街道，通向东、南、西、北四个城门，南北街称 Cardos，东西道路称 Decamanus，交点附近为露天剧场或斗兽场与官邸建筑群形成的中心广场（Forum）。古罗马营寨城的规划思想深受军事控制目的影响，用以在被占领地区的市民心中确立向着罗马当臣民的认同感。

公元前 1 世纪的古罗马建筑师维特鲁威（Vitruvius）的著作《建筑十书》(De Architectura Libri Decem)，是西方古代保留至今唯一最完整的古典建筑典籍。该书分为十卷，在第一卷"建筑师的教育，城市规划与建筑设计的基本原理"、第五卷"其他公共建筑物"中提出了不少关于城市规划、建筑工程、市政建设等方面的论述。

欧洲中世纪城市多为自发成长，很少有按规划建造的。由于战争频繁，城市的设防要求提到很高的地位，产生了一些以城市防御为出发点的规划模式。

14 -- 16 世纪，封建社会内部产生了资本主义萌芽，新生的城市资产阶级势力不断壮大，在一些城市中占了统治地位，这种阶级力量的变化反映在文化上就是文艺复兴。许多中世纪的城市，由于不能适应这种生产及生活发展变化的要求而进行了改建，改建往往集中在一些局部地段，如广场建筑群。当时意大利的社会变化较早，因而城市建设也较其他地区发达，其中具代表性的如威尼斯的圣马可广场，它成功地运用不同体形和大小的建筑物和场地，巧妙地配合地形，组成具有高度建筑艺术水平的建筑组群。

16 ～ 17 世纪，国王与资产阶级新贵族联合反对封建割据和教会势力，在欧洲先后建立了君权专制的国家，它们的首都，如巴黎、伦敦、柏林、维也纳等，均发展成为政治、经济、文化中心型的大城市。新的资产阶级的雄厚势力，使这些城市的改建扩建规模超过以往任何时期。其中巴黎的改建规划影响较大。巴黎是当时欧洲的生活中心，路易十四在巴黎城郊建造凡尔赛宫，并改建了附近整个地区。凡尔赛的总平面采用轴线对称放射的形式，这种形式对建筑艺术、城市设计及园林均有很大的影响，成为当时城市建设模仿的对象。但其设计思想及理论内涵还是从属于古典建筑艺术，未形成近代的规划学。

1889 年出版的西特（Camillo Sitte）的著作《按照艺术原则进行城市设计》(Der Stadtebau nach seinen knnstlischen Grundsgtzen）是一本较早的城市设计

论著。该书1902被译成法文，1926年被译成西班牙文，1945年被译成英文，1982年被译成意大利文，引起了人们对城市美学问题的兴趣，产生了较大的影响。西特的书力求从城市美学和艺术的角度来解决当时大都市的环境、卫生和社会问题，所以说，他还停留在建筑学的角度，但是把工作对象扩大到了整个城市，这种扩大的建筑学与现代意义上的城市规划还存在着差距。

3　其他古代文明的城市规划思想

世界其他古代文明也有各自的城市规划思想和实践。

大约公元前3000年，在小亚细亚已经存在耶立科（Jericho），在古埃及有赫拉考波立斯（Hierakonpolis），在波斯有苏达（Suda）等古文明地区的城市。在公元前4000年至公元前2500年的1500年间，世界人口数量增加了一倍，城市数量也成倍增长。已掌握的考古资料表明，这些城市主要分布在北纬20°～40°之间，且绝大部分选址于海边或大河两岸。

从全球范围，这个时期的城市分布西起今天的西班牙南部，东至中国的黄海和东海（表2-1-1）。

古代两河流域文明发源于幼发拉底河与底格里斯河之间的美索不达米亚平原，当地的居民信奉多神教，建立了奴隶制政权，创造出灿烂的古代文明。古代两河流域的城市建设充分体现了其城市规划思想，比较著名的有波尔西巴（Borsippa）、乌尔（Ur）以及新巴比伦城。

波尔西巴建于公元前3500年，空间特点是南北向布局，主要考虑当地南北向良好的通风；城市四周有城墙和护城河，城市中心有一个"神圣城区"，王宫布置在北端，三面临水，住宅庭院则杂混布置在居住区（图2-1-6）。

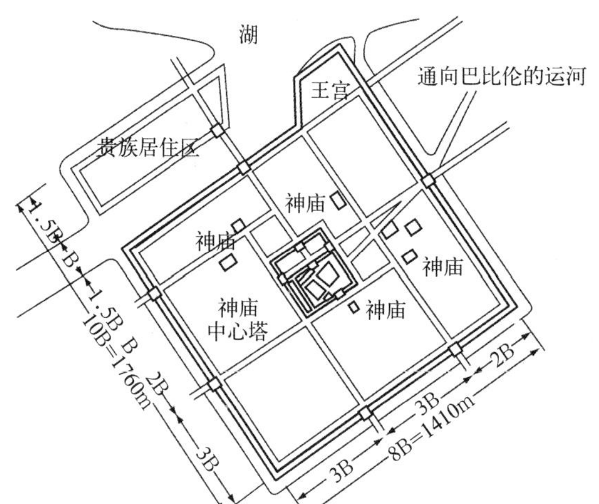

图2-1-6　波尔西巴城复原图

资料来源：同济大学李德华．城市规划原理（第三版）．北京：中国建筑工业出版社，2001：19．

现已发掘的其他古代文明城市数　　**表2-1-1**

公元前	3000年	2500年	2000年	1500年
古埃及	4	6	10	12
美索不达米亚	5	12	22	22
西亚	4	6	13	20
波斯	2	3	3	5
小亚细亚	—	3	6	9
克里特岛	—	—	—	4
古希腊	—	—	—	10
南西班牙	—	—	—	2
古印度	—	—	—	10

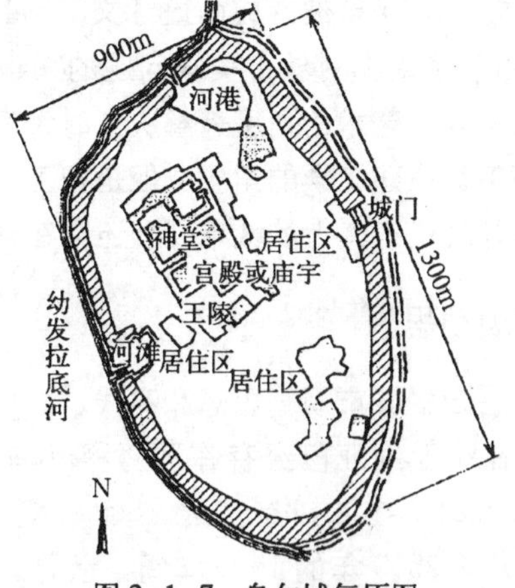

图 2–1–7　乌尔城复原图
资料来源：同济大学李德华．城市规划原理（第三版）．北京：中国建筑工业出版社，2001：20．

乌尔的建城时间约在公元前 2500 年到公元前 2100 年。该城有城墙和城壕，面积约 $88hm^2$。人口约 30000 ~ 35000 人。乌尔城平面呈卵形，王宫、庙宇以及贵族僧侣的府邸位于城市北部的夯土高台上，与普通平民和奴隶的居住区间有高墙分隔。夯土高台共 7 层，中心最高处为神堂，之下有宫殿、衙署、商铺和作坊。乌尔城内有大量耕地（图 2–1–7）。

波尔西巴和乌尔具有非常相似的土地用途分类以及由于土地利用形成的道路系统，但两城市的建设时间相差近 1000 年，这期间社会经济有了很大的发展变化，波尔西巴城有独立的贵族区，而乌尔城由于农业文明的发展，城市用地出现了农田与居民点的混合分布。

巴比伦城始建于公元前 3000 年，作为巴比伦王国的首都，公元前 689 年被亚述王国所毁，亚述王国也随后于公元前 650 年灭亡。新巴比伦王国重建了巴比伦城，并成为当时西亚的商业和文化中心。新巴比伦城（参见图 1–2–1）横跨幼发拉底河东西两岸，平面呈长方形，东西约 3000m，南北约 2000m，设 9 个城门。城内有均匀分布的大道，主大道为南北向，宽约 7.5m，其西侧布置了圣地。圣地位于城市的中心，筑有观象台，其门的东侧和北侧布置了朝圣者居住的方形庭院。圣地的南面是神庙，神像在中轴线的尽端，神庙面向的是夏至日的日出方向。城内的其他大道相对较窄，约 1.5 ~ 2.0m。新巴比伦城的城墙两重相套，以加强防御功能。城中为国王和王后修建的“空中花园”位于 20 多 m 的高处，通过特殊装置用幼发拉底河水浇灌，被后人称为世界七大奇迹之一。

在古埃及，英霍特（Imhote）可以被称作是第一位城市规划师。据载在公元前 2800 年，他受埃及法老 Djoser 之命规划了孟菲斯（Memphis）城市的总图。据说他以死城撒卡拉（Sakkarah）的映象规划了作为生命载体的孟菲斯城的布局，这反映了古埃及文明时期，城市规划思想受到对死神、对自然力神秘崇拜的影响。英霍特按照古埃及文明中对于人的灵魂永生，千年后复活，而人只是短暂在世的信仰，将陵墓、庙宇以及狮身人面像等规划选址于城市的主要节点。孟菲斯内城与陵墓区的用地规模基本相等，均坐北朝南，遥相呼应。

建于公元前 2000 年的卡洪城（Kahun）（参见图 1–2–4）是代表古埃及文明的重要城市。它位于通往绿洲的要道上，是开发绿洲人的必经之路，也是修建金字塔的大本营。卡洪城平面呈矩形，正南北朝向。城市内部由厚墙分为东西两部分：墙西为奴隶居住区，迎向西面沙漠吹来的热风；墙东侧北部的东西向大道又将东城分为南北两部分，路北为贵族区，排列着大的庄园，面向北来的凉风，路南主要是商人、小吏和手工业者等中等阶层的居住区，建筑物零散分布呈曲尺形，在城市的东南角为墓地。整个卡洪城布局严谨，社会空间严格区分。

第2节 现代城市规划思想的产生与发展

1 现代城市规划的理论渊源

近代工业革命给城市带来了巨大的变化，创造了前所未有的财富，同时也给城市带来了种种日益尖锐的矛盾，诸如居住拥挤、环境质量恶化、交通拥挤等，危害了劳动人民的生活，也妨碍了资产阶级自身的利益。因此从全社会的需要出发，诞生了各种用以解决这些矛盾的理论。资本主义早期的空想社会主义者、各种社会改良主义者及一些从事城市建设的实际工作者和学者都提出了种种设想。到 19 世纪末 20 世纪初，逐步形成了有特定的研究对象、范围和系统的现代城市规划学。

（1）空想社会主义的乌托邦（Utopia）是托马斯 · 莫尔（Thomas More，1477 ~ 1535）在 16 世纪时提出的。当时资本主义尚处于萌芽时期，针对资本主义城市与乡村的脱离和对立，私有制和土地投机等所造成的种种矛盾，莫尔设计了由 50 个城市组成的乌托邦，城市与城市之间最远一天能到达。城市规模受到控制，以免城市与乡村脱离。每户有一半人在乡村工作，住满两年轮换。街道宽度定为 200 英尺（比当时的街道要宽），城市通风良好。住户门不上锁，以废弃财产私有的观念。生产的东西放在公共仓库中，每户按需要领取，设公共食堂、公共医院。以莫尔为代表的空想社会主义者在一定程度上揭露了资本主义城市矛盾的实质，但他们实际代表了封建社会小生产者，由于新兴资本主义对他们的威胁，引起畏惧心理及反抗，所以企图倒退到小生产的旧路上去。乌托邦对后来的城市规划理论有一定影响。

（2）康帕内拉（Tommaso Campanelta，1568 ~ 1639）的“太阳城”方案中财产为公有制。居民从事畜牧、农业、航海、防卫等。城市空间结构由 7 个同心圆组成。康帕内拉的主要著作有 1593 年的《论基督王国》，1602 年的《太阳城》和 1638 年的《形而上学》，以及 1613 ~ 1614 年发表的 30 卷的《神学》。

（3）当资本主义制度已经形成，开始暴露其种种矛盾时，有一些空想社会主义者，针对当时已产生的社会弊病，提出了社会改良的设想。罗伯特 · 欧文（Robert Owen，1771 ~ 1858）是英国 19 世纪初有影响的空想社会主义者，他 10 岁起开始当学徒，后来成为一名大工厂的经理和股东。他提出解决生产的私有性与消费的社会性之间的矛盾的方式是“劳动交换银行”及“农业合作社”。他所主张建立的“新协和村（New Harmony）”，居住人口 500 ~ 1500 人，有公用厨房及幼儿园。住房附近有用机器生产的作坊，村外有耕地及牧场。为了做到自给自足，必需品由本村生产，集中于公共仓库，统一分配。他宣传的这些设想，遭到了当时政府的拒绝。1852 年他在美国印第安纳州买下 3 万英亩土地，带了 900 名志同道合者去实现“新协和村”。随后还有不少欧文的追随者建立了多个新协和村形式的公社（Community）。

（4）在资本主义由巩固到发展的时期，城市的矛盾更加突出。这时的空想社会主义者提出了很多种社会改革方案。与上述主张不同的是，他们并不反对资本主义方式，也不想倒退到小生产去，而是提出一些超阶级的主观空想。傅立叶（Charles Fourier，1772 ~ 1837）对资本主义的种种罪恶和矛盾进行了尖锐而深刻的揭露和批判。他的理想社会是以名为法郎吉（Phalange）的生产者联合会为单位，由 1500 ~ 2000 人组成的公社，生产与消费结合，不是家庭小生产，而是有组织的大生产。通过公共生活的组织，减少非生产性家务劳动，以提高社会生产力。公社的住所是很大的建筑物，有公共房屋也有单独房屋。他曾设计了这些公社新村的布置图，将生产与生活组织在一起。傅立叶的主要著作有 1808 年的《四种运动和人的命运》，1822 年的《关于家庭农业联合》和 1830 年的《新的工业世纪》。傅立叶强调社会要适应人的需要，警惕竞争的资本主义制度造成的浪费。他在法国和美国建立起协助移民区，其中最著名的是 1840 ~ 1846 年在美国马萨诸塞州和新泽西州建立的法郎吉。

这些空想社会主义的设想和理论学说，把城市当作一个社会经济的范畴，更努力为适应新的生活而改变，这显然比那些把城市和建筑停留在造型艺术的观点要更深刻。他们的一些理论，也成为以后的“田园城市”、“卫星城市”等规划理论的渊源。他们的追随者也不断地提出新观点和新思想，在各大洲建立的各种形式的“公社”，至今仍还有存在和发展。

2　田园城市（Garden City）理论

1898 年英国人霍华德（Ebenezer Howard）提出了“田园城市”的理论。他经过调查，写了一本书：《明天——一条引向真正改革的和平道路》（Tomorrow：a Peaceful Path towards Real Reform），希望彻底改良资本主义的城市形式，指出了工业化背景下城市所提供的生产生活环境与人们所希望的环境存在着矛盾、大城市与自然之间的关系相互疏远。霍华德认为，城市无限制发展与城市土地投机是资本主义城市灾难的根源，他建议限制城市的自发膨胀，并将城市土地归于城市的统一机构。

他认为，城市人口过于集中是由于城市吸引人口的“磁性”所致，如果把这些磁性进行有意识的移植和控制，城市就不会盲目膨胀；如果将城市土地统一归城市机构，就会消灭土地投机，而土地升值所获得的利润，应该归城市机构支配。他为了吸引资本实现其理论还声称，城市土地也可以由一个产业资本家或大地主所有。霍华德指出“城市应与乡村结合”。他以一个“田园城市”的规划图解方案更具体地阐述其理论（图 2–2–1）：城市人口 30000 人，占地 404.7hm^2。城市外围有 2023.4hm^2 土地为永久性绿地，供农牧产业用。城市部分由一系列同心圆组成。有 6 条大道由圆心放射出去，中央是一个占地 20hm^2 的公园。沿公园可建公共建筑物，包括市政厅、音乐厅兼会堂、剧院、图书馆、医院等，它们的外面是一圈占地 58hm^2 的公园，公园外圈是一些商店、商品展览馆，再外一圈为住宅，再外面为宽 128m 的林荫道，大道当中为学校、儿童游戏场及教堂，大道另一面又是一圈花园住宅。

霍华德除了在城市空间布局上进行了大量的探讨外，还用了大量篇幅研究城市经济问题，提出了一整套城市经济财政改革方案。他认为城市经费可从房租中获得。他还认为城市是会发展的，当其发展到规定人口时，便可在离它不

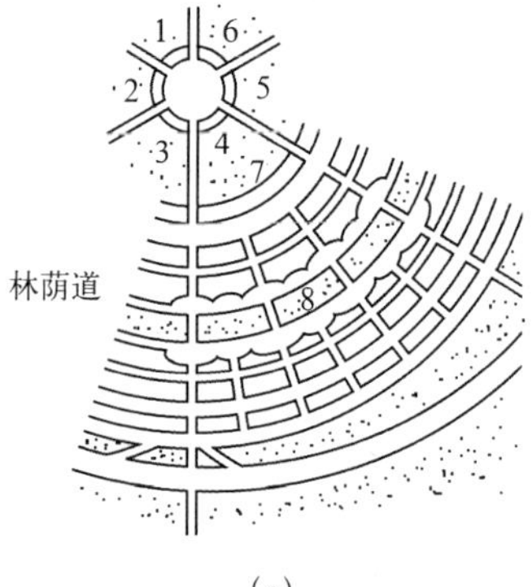

(*a*)

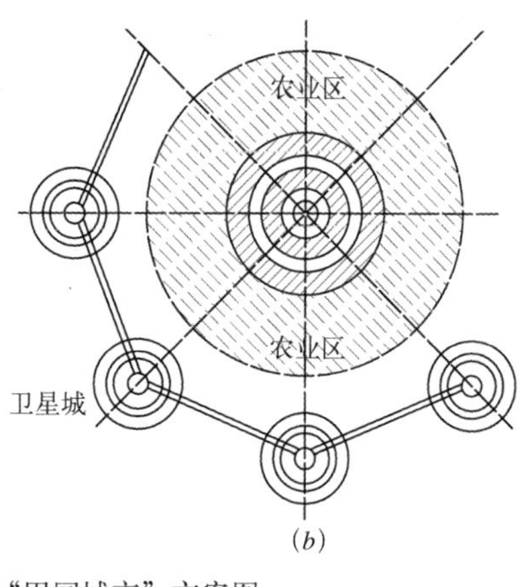

(*b*)

图 2-2-1 霍华德“田园城市”方案图

1- 图书馆；2- 医院；3- 博物馆；4- 市政厅；5- 音乐厅；6- 剧院；7- 水晶宫；8- 学校运动场

(*a*) 田园城市平面的局部；(*b*) 各田园城市之间与农牧区相隔

资料来源：同济大学李德华．城市规划原理（第三版）．北京：中国建筑工业出版社，2001：14．

远的地方，另建一个相同的城市。他强调要在城市周围永久保留一定绿地的原则。霍华德的书在 1898 年出版时并没有引起社会的广泛关注。1902 年他又以《明日的田园城市》（Garden City of Tomorrow）为名再版该书，迅速引起了欧美各国的普遍注意，影响极为广泛。

霍华德的理论比傅立叶、欧文等人的空想进了一步。他把城市当作一个整体来研究，联系城乡的关系，提出适应现代工业的城市规划问题，对人口密度、城市经济、城市绿化的重要性等问题都提出了见解，对城市规划学科的建立起了重要的作用，今天的规划界一般都把霍华德“田园城市”理论的提出作为现代城市规划的开端。

霍华德提出的“田园城市”与一般意义上的花园城市有着本质上的区别。一般的花园城市是指在城市中增添了一些花坛和绿地，而霍华德所说的“Garden”是指城市周边的农田和园地，通过这些田园控制城市用地的无限扩张。

霍华德的这一理论受到了广泛的注意，并在英国出现了两种以“田园城市”为名的建设试验，一种是房地产公司经营的、位于市郊的、以“花园城市”为名以中小资产阶级为对象的大型住区；另一种为根据霍华德的“田园城市”思想进行的试点，例如始建于 1902 年的莱切沃斯（Letchworth），位于伦敦东北，距伦敦 64km，但到 1917 年时，人口才 18000 人，与霍华德的理想相距甚远。

3 卫星城镇规划的理论和实践

20 世纪初，大城市的恶性膨胀，使如何控制及疏散大城市人口成为突出的问题。霍华德的“田园城市”理论由他的追随者昂温（Unwin）进一步发展成为在大城市的外围建立卫星城市，以疏散人口控制大城市规模的理论，并在 1922 年提出一种理论方案。同时期，美国规划建筑师惠依顿也提出在大城市周围用绿地围起来，限制其发展，在绿地之外建立卫星城镇，设有工业企业，和大城市保持一定联系。

1912 ~ 1920 年，巴黎制定了郊区的居住建设规划，意图在离巴黎 16km

的范围内建立28座居住城市，这些城市除了居住建筑外，没有生活服务设施，居民在生产工作和文化生活上的需求尚需去巴黎解决，一般称这种城镇为“卧城”。1918年，芬兰建筑师伊利尔·沙里宁（Eliel Saarinen）与荣格（Bertel Jung）受一私人开发商的委托，为赫尔辛基新区明克尼米－哈格（Munkkiniemi-Haaga）制订了一个17万人口的扩张方案。虽然该方案远远超出了当时财政经济和政治处理能力，缺乏政治经济的背景分析和考虑，只有一小部分得以实施，但由此建筑师沙里宁在第二次世界大战以前被看成一个规划师。沙里宁的方案主张在赫尔辛基附近建立一些半独立城镇，以控制其进一步扩张。这类卫星城镇不同于“卧城”，除了居住建筑外，还设有一定数量的工厂、企业和服务设施，使一部分居民就地工作，另一部分居民仍去母城工作。

不论是“卧城”还是半独立的卫星城镇，在疏散大城市的人口方面并无显著效果，所以不少人又进一步探讨大城市合理的发展方式。1928年编制的大伦敦规划方案中，采用在外围建立卫星城镇的方式，并且提出大城市的人口疏散应该从大城市地区的工业及人口分布的规划着手。这样，建立卫星城镇的思想开始和地区的区域规划联系在一起。

第二次世界大战中，欧洲不少城市受到不同程度破坏。在城市的重建规划时，郊区普遍地新建了一些卫星城市。英国在这方面作了很多工作，由阿伯克隆比（Patrick Abercrombie）主持的大伦敦规划，通过在外围建设卫星城镇的方式，计划将伦敦中心区人口减少60%，这些卫星城镇独立性较强，城内有必要的生活服务设施．而且还有一定的工业，居民的工作及日常生活基本上可以就地解决，这类卫星城镇是基本独立的。第一批先建造了哈罗（Harlow）、斯特文内奇（Stevenage）等8个卫星城镇，吸收了伦敦市区500多家工厂和40万居民。目前英国这样的卫星城镇已有40多个。

哈罗是1947年规划设计的，1949年开始建造，距伦敦37km，规划人口7.8万人，用地约2590hm^2，由伦敦迁出一部分工业和人口来此。生活居住区由多个邻里单位组成，每个邻里单位有小学及商业中心。几个邻里单位组成一个区。城市主要道路在区与区之间的绿地穿过，联系着市中心、车站和工业区。

英国的各新城开发公司，为吸引工厂迁入卫星城镇创造了种种条件：修好道路，划好工业区，修建了长期出租的厂房。同时，新城也采取许多措施吸引居民迁入，如提供较好的居住条件，人均绿化面积达50多m^2，房租及地税也比较低。

在瑞典首都斯德哥尔摩附近建立的卫星城市魏林比（Vallinby）是半独立的，对母城有较大的依赖性．距母城16km，以一条电气化铁路和一条高速干道与母城联系。人口为24000人，用地1.7km^2。车站是居民必经之处，采用地下通过。在车站上面建立商业中心，靠近中心为多层住宅，外围为低层住宅。这种规划方式也反映了这类对母城有较大依赖性的卫星城镇的特点。

前苏联在1930年代曾规定在莫斯科、列宁格勒（今圣彼得堡）等大城市不再建设大的工业项目，把在外围建立卫星城镇作为控制大城市人口的一种手段。在莫斯科等大城市的总体规划中考虑了卫星城市的布点，将它作为大城市发展的一种形式。莫斯科规划人口为700万人，500万人分布在市区，100万人分布在15个卫星城镇中，另外100万人分布在其他城镇中。

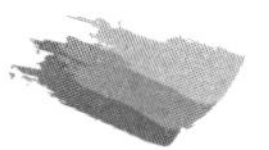

第三代的卫星城实质上是独立的新城。以英国在1960年代建造的米尔顿·凯恩斯（Milton-Keynes）为代表。其特点是城市规模比第一、第二代卫星城大，并进一步完善了城市公共交通和公共福利设施。该城位于伦敦西北与利物浦之间，与两城各相距80km，占地90km^2，规划人口25万人。该城于1967年开始规划，1970年开始建设，1977年底已有居民8万人。规划的特点是城镇具有多种就业机会，社会就业平衡，交通便捷，生活接近自然，规划方案具有灵活性和经济性。城市平面为方形，纵横各约8km，高速干道横贯中心。方格形道路网的道路间距为1km。邻里单位内设有与机动车道完全分开的自行车道与人行道。城市中心设大型商业中心；邻里单位设小型商业点，位于交通干道的边缘。

从卫星城镇的发展过程中可以看出，由"卧城"到半独立的卫星城，到基本上完全独立的新城，其规模逐渐趋向由小到大。英国在1940年代的卫星城，人口在5～8万人之间，1960年代后的卫星城，规模已扩大到25～40万人。日本的多摩新城，规模也由原计划的30万人扩大到40万人。规模大的新城可以提供多种就业机会，也有条件设置较大型完整的公共文化生活服务设施，可以吸引较多的居民，减少对母城的依赖。

4 现代建筑运动对城市规划的影响与《雅典宪章》(Charter of Athens)

法国人勒·柯布西耶（Le Corbusier）在1925年发表了《城市规划设计》一书，将工业化思想大胆地带入城市规划。早在1922年他就曾提出一个称为"300万人口的当代城市"的巴黎改建设想方案来阐述他的观点。

柯布西耶的理论面对大城市发展的现实，承认现代化的技术力量。他认为，大城市的主要问题是城市中心区人口密度过大；城市中机动交通日益发达，数量增多，速度提高，但是现有的城市道路系统及规划方式与这种要求存在矛盾；城市中绿地空地太少，日照通风、游憩、运动条件太差。因此要从规划着眼，以技术为手段，改善城市的有限空间，以适应这种情况。他主张提高城市中心区的建筑高度，向高层发展，增加人口密度。

柯布西耶认为，交通问题的产生是由于车辆增多，而道路面积有限，交通愈近市中心愈集中，而城市因为是由内向外发展，愈近市中心道路愈窄。他主张市中心空地、绿化要多，并增加道路宽度和停车场，以及车辆与住宅的直接联系，减少街道交叉口，或组织分层的立体交通。按照这些理论，他在1922年提出的巴黎建筑规划方案中，将城市总平面规划为由直线道路组成的道路网，城市路网由方格对称构成，几何形体的天际线，标准的行列式空间的城市。城市分为三大功能区，市中心区为商业区及行政中心，全部建成60层的高楼，工业区与居住区有方便的联系，街道按交通性质分类。改变建筑沿街建造的密集式街道空间形态，增加街道宽度及建筑的间距．增加空地、绿地，改善居住建筑形式，增加居民与绿地的直接联系。

柯布西耶以建筑美学的角度，从根本上向旧的建筑和规划理论发起了冲击。这意味着20世纪初期"新建筑运动"向学院派及古典主义的冲击扩大到城市规划的领域。

在这一位提出空间集中的规划理论的时候，另一位却相反地提出反集中的空间分散的规划理论。赖特（Frank Lloyd Wright）在1935年发表的《广亩城市：一个新的社区规划》（Broadacre City：A New Community Plan）充分地反映了他倡导的美国化的规划思想，强调城市中的人的个性，反对集体主义。赖特在1920～1930年代成为一名社会革命者，但他并未参加社会主义的左翼阵营。相反，他呼吁城市回到过去的时代。而他的社会思想的物质载体就是“广亩城市”。他相信电话和小汽车的力量，认为大都市将死亡，美国人将走向乡村，家庭和家庭之间要有足够的距离，以减少接触来保持家庭内部的稳定。

在对比柯布西耶和赖特的两个极端的规划理论时，我们也可以发现他们的共性，即：都有大量的绿化空间在他们“理想的城市”中；都已经开始思考当时所出现的新技术：电话和汽车对城市产生的影响。

1933年国际现代建筑协会（CIAM）在雅典开会，中心议题是城市规划，并制定了一个《城市规划大纲》，这个大纲后来被称为《雅典宪章》。这个大纲集中地反映了当时“现代建筑”学派的观点。大纲首先提出，城市要与其周围影响地区作为一个整体来研究，指出城市规划的目的是解决居住、工作、游憩与交通四大城市功能的正常进行。

居住的主要问题是：人口密度过大，缺乏敞地及绿化；太近工业区，生活环境不卫生；房屋沿街建造影响居住安静，日照不良，噪声干扰；公共服务设施太少而且分布不合理。因而建议居住区要用城市中最好的地段，规定城市中不同地段采用不同的人口密度。

工作的主要问题是：工作地点在城市中的布局缺少统一规划，与居住区距离过远。“从居住地点到工作场所的距离很远，造成交通拥挤，有害身心，时间和经济都受损失”。因为工业在城郊建设，引起城市的无限制扩展，又增加了工作与居住的距离，形成过分拥挤而集中的人流交通。因此《大纲》中建议有计划地确定工业与居住的关系。

游憩的主要问题是：大城市缺乏开敞空间，城市绿地面积少，而且位置不适中，无益于市区居住条件的改善；市中心区人口密度本来就已经很高，难得拆出一小块空地，应将它辟为绿地，改善居住卫生条件。因此建议新建居住区要多保留空地，旧区已坏的建筑物拆除后应辟为绿地，要降低旧区的人口密度，在市郊要保留良好的风景地带。

城市道路完全是旧时代留下来的，宽度不够，交叉口过多，未能按功能进行分类。并指出，过去学院派那种追求“姿态伟大”、“排场”及“城市面貌”的做法，只可能使交通更加恶化。《大纲》认为，局部的放宽、改造道路并不能解决问题，应从整个道路系统的规划入手；街道要进行功能分类，车辆的行驶速度是道路功能分类的依据；要按照调查统计的交通资料来确定道路的宽度。《大纲》认为，大城市中办公楼、商业服务、文化娱乐设施过分集中在城市中心地区，也是造成市中心交通过分拥挤的重要原因。

《大纲》还提出，城市发展中应保留名胜古迹及历史建筑。

《大纲》最后指出，城市的种种矛盾，是由大工业生产方式的变化和土地私有引起。城市应按全市人民的意志进行规划，要以区域规划为依据。城市按

居住、工作、游憩进行分区及平衡后，再建立三者联系的交通网。居住为城市主要因素，要多从居住者的要求出发．应以住宅为细胞组成邻里单位，应按照人的尺度（人的视域、视角、步行距离等）来估量城市各部分的大小范围。城市规划是一个三度空间的科学，不仅是长宽两方向，应考虑立体空间。要以国家法律形式保证规划的实现。

《大纲》中提出的种种城市发展中的问题、论点和建议，很有价值，对于局部地解决城市中一些矛盾也起过一定的作用。这个《大纲》中的一些理论，由于基本想法上是要适应生产及科学技术发展给城市带来的变化，而敢于向一些学院派的理论、陈旧的传统观念提出挑战，因此具有较强的生命力。《大纲》中的一些基本论点，至今还有着深远的影响。

5 马丘比丘宪章（Charter of Machu Picchu）

1978 年 12 月，一批建筑师在秘鲁的利马集会，对《雅典宪章》40 多年的实践作了评价，认为实践证明《雅典宪章》提出的某些原则是正确的，而且将继续起作用，如把交通看成为城市基本功能之一，道路应按功能性质进行分类，改进交叉口设计等。但是也指出，把小汽车作为主要交通工具和制定交通流量的依据的政策，应改为使私人车辆服从于公共客运系统的发展；要注意在发展交通与“能源危机”之间取得平衡。《雅典宪章》中认为，城市规划的目的在于综合城市四项基本功能——生活、工作、游憩和交通，其解决办法就是将城市划分成不同的功能分区。但是实践证明，过于追求功能分区却牺牲了城市的有机组织，忽略了城市中人与人之间多方面的联系，城市规划应努力去创造一个综合的多功能的生活环境。这次集会后发表的《马丘比丘宪章》还提出了城市急剧发展中如何更有效地使用人力、土地和资源，如何解决城市与周围地区的关系，提出生活环境与自然环境的和谐问题。

6 邻里单位和小区规划

1930 年代，开始在美国，不久又在欧洲，出现一种“邻里单位”（Neighbourhood Unit）的居住区规划思想。它与过去将住宅区的结构从属于道路划分方格的那种形式不同。旧的方式，道路网格很小，每个街区内居住人口不多，难于设置足够的公共设施。儿童上学及居民购买日常的必需品，必须穿越城市道路。在机动交通不多的情况下，尚不会造成太大的不便。1920 年代后，城市道路上的机动交通日益增长，交通量和车速都增大，车祸经常发生，对老弱及儿童穿越道路的威胁更加严重，而且过多的交叉口也降低了城市道路的通行能力。旧的住宅布置方式，大都是围绕道路形成周边和内天井的形式，结果住宅的朝向不好，建筑密集。机动交通发达后．沿街居住环境受到很大干扰。

“邻里单位”思想要求在较大的范围内统一规划居住区，使每一个“邻里单位”成为组成居住区的“细胞”。开始时，首先考虑的是幼儿上学不要穿越交通干道，“邻里单位”内要设置小学，以此决定并控制“邻里单位”的规模。后来也考虑在“邻里单位”内部设置一些为居民服务的、日常使用的公共建筑及设施，使“邻里单位”内部和外部的道路有一定的分工，防止外部交通在“邻

里单位”内部穿越。

“邻里单位”思想还提出在同一邻里单位内安排不同阶层的居民居住，设置一定的公共建筑，这些也与当时资产阶级进行阶级调和和社会改良主义的意图相呼应。“邻里单位”理论在英国及欧美一些国家盛行，而且也按这种方式建造了一些居住区。

这种思想因为适应了现代城市由于机动交通发展带来的规划结构上的变化，把居住的安静、朝向、卫生、安全放在重要的地位，因此对以后居住区规划影响很大。

第二次世界大战后，在欧洲一些城市的重建和卫星城市的规划建设中。“邻里单位”思想更进一步得到应用、推广，并且在其基础上发展了“小区规划”的理论。试图把小区作为一个居住区构成的“细胞”，将其规模扩大，不限于以一个小学的规模来控制，也不仅是由一般的城市道路来划分，而趋向于由交通干道或其他天然或人工的界线（如铁路、河流等）为界。在这个范围内，把居住建筑、公共建筑、绿地等予以综合解决，使小区内部的道路系统与四周的城市干道有明显的划分。公共建筑的项目及规模也可以扩大，不仅是日常必需品的供应，一般的生活服务都可以在小区内解决。

7　有机疏散思想

针对大城市过分膨胀所带来的各种“弊病”，伊利尔 · 沙里宁在1934年发表了《城市——它的成长、衰败与未来》(The city：Its Growth，Its Decay，Its Future）一书，书中提出了有机疏散的思想。

有机疏散的思想，并不是一个具体的或技术性的指导方案，而是对城市的发展带有哲理性的思考，是在吸取了前些时期和同时代城市规划学者的理论和实践经验的基础上，在对欧洲、美国一些城市发展中的问题进行调查研究与思考后得出的结果。在上文“卫星镇规划的理论与实践”中提到的1918年沙里宁与荣格受一私人开发商的委托，为赫尔辛基新区明克尼米－哈格制订的17万人口的扩展方案与其有机疏散的思想一脉相承。

沙里宁认为，一些大城市一边向周围迅速扩展，同时内部又出现他称之为“瘤”的贫民窟，而且贫民窟也不断蔓延，这说明城市是一个不断成长和变化的机体。城市建设是一个长期的缓慢的过程，城市规划是动态的。他认为对待城市的各种“病”就像对人体的各种病一样。根治城市有些病靠吃药、动点小手术是不行的，要动大手术，就是要从改变城市的结构和形态做起。

他用对生物和人体的认识来研究城市，认为城市由许多“细胞”组成，细胞间有一定的空隙，有机体通过不断地细胞繁殖而逐步生长，它的每一个细胞都向邻近的空间扩展，这种空间是预先留出来供细胞繁殖之用，这种空间使有机体的生长具有灵活性，同时又能保护有机体。

他从生物的这种成长现象中受到启示，认为有机疏散就是把扩大的城市范围划分为不同的集中点所使用的区域，这种区域内又可分成不同活动所需要的地段。他认为，由于城市的功能产生某种力量，而使城市具有一种膨胀的趋势，当分散的离心力大于集中的向心力时就会出现分散的现象。他认为，有机分散

的过程如同缓慢、持续地进行的化学过程一样。存在正反应与逆反应，通过这两种作用，能逐渐把城市的紊乱状态转变为有序状态。这两种作用将在城市内部产生出对日常活动的功能性集中，在这些集中点又产生有机的分散。他认为，街道交通拥挤对城市的影响与血液不畅对人体的影响一样，主动脉、大静脉等组成输送大量物质的主要线路，毛细血管则起着局部的输送作用。输送的原则是简单明了的，输送物直接送达目的地，并不通过与它无关的其他器官，而且流通渠道的大小是根据运量的多少而定。按照这种原则，他认为应该把联系城市主要部分的快车道设在带状绿地系统中，也就是说把高速交通集中在单独的干线上，使其避免穿越和干扰住宅区等需要安静的场所。他认为，以往的城市是把有秩序的疏散变成无秩序的集中，而他的思想可以把无秩序的集中变为有秩序的分散。在他的著作中还从土地产权、价格、城市立法等方面论述了有机疏散的必要性和可能性。有机疏散的思想在第二次世界大战后许多城市规划工作中得到应用。但是1960年代以后，也有许多学者对这种把其他学科里的规律套用到城市规划中的简单做法提出了尖锐的质疑。

8　理性主义规划理论及其批判

1960～1970年代的西方城市规划操作的指导理论可以用三个词来概括：系统、理性和控制论。

第二次世界大战结束以后，刘易斯·凯博（Lewis Keeble）1952年出版的《城乡规划的原则与实践》（Principles and Practice of Town and Country Planning）全面阐述了当时被普遍接受的规划思想。经过十几年的实践，1961年该书再版了。这本书中集中反映了城市规划中的理性程序，城市规划的对象还主要局限在物质方面，规划编制程序步步相扣，从现状调查、数据收集统计、方案提出与比较评价、方案选定、各工程系统规划的编制都在理论上达到了至善至美的严密逻辑。在规划实践中这本书成为当时城市规划编制工作的操作指导手册，其思想方法代表了理性主义的标准理论。

与理性主义规划相辅的是1960年代末，1970年代初，在城市规划中系统工程的导入和数理分析的大量推广，大型计算机的出现是其技术基础。系统工程的导入使城市更多地可以被看成一个巨型系统，而规划则更多地从运筹学和系统结构方面着手。城市规划的前期调查变得越来越严密，工作量也越来越大，大型计算机的出现使得大量调查数据的处理成为可能。城市规划工作中开始大量运用数理模型，包括用纯粹数理公式表达的城市发展模型和城市规划控制模型。在这一时期的规划理论中城市规划编制的程序更加强调理性，理性主义成为主导的规划思想。

理性主义规划理论认为，规划方案是对城市现状问题的理性分析和推导的必然结果。但是在理性主义使规划变得越来越严密的时候，城市规划专业也变得越来越让人看不懂，大堆复杂的数理模型对城市发展的实际意义让人无法理解。对理性主义理论的批判除了针对其工作方法以外，还有很多声音认为理性主义理论在规划过程中过多局限于物质形态，对城市中的社会问题关心太少。对理性主义理论的批判还来自于行政管理过程，理性主义理论对决策者的立场观点缺乏充分的认识。查尔斯·林德伯伦姆（Charles Lindblom）在1959年发表《紊乱的科学》（The science of "Muddling Through"）一文，针对战后各国编制的几乎是清一色的越来越繁琐的城市综合规划（Comprehensive Planning），林德伯伦姆尖锐地指出，这类城市综合规划要求太多的数据和过高综合分析水平，都远远超出了一名规划师的领悟能力，实际上，一名规划师在实践中真的太累了，太综合了，而这些忙于细部处理的综合性总体规划却往往放弃了最重要的城市发展战略。林德伯伦姆在文中呼吁，必须冲破综合性总体规划的繁文缛节，重新定义规划自己的能力作用，去达到真正能达到的规划目的。

9　城市设计研究

第二次世界大战之后，西方社会沉浸在一种和平恢复和社会经济高速发展的气氛之下。从总体上看，主导的社会意识是乐观的，绝大多数的规划师正忙于工程，像凯博这样的规划师则在制定操作色彩很浓的理性的系统规划。在规划物质环境方面，规划师一方面忙于工程实践，另一方面亟需形态设计的理论指导和一套操作性很强的分析方法。大家关心的是如何设计得更漂亮、更美观、更能让人们满足、信服。吉伯德（F. Gibberd）和凯文·林奇（Kevin Lynch）分别在1952年和1960年出版了《市镇设计》（Town Design）和《城市意象》（The Image of the City），并立刻成为市场上的畅销书和规划师、设计师的工作手册。

当时城市设计研究的重点集中于城市空间景观的形态构成要素方面，林奇在做了大量第一手的问卷调查分析后，认为城市空间景观中界面、路径、节点、场地、地标是最重要的构成要素，并有基本规律可以把握，在塑造城市空间景观的时候，应从对这些要素的形态把握入手。历史上城市设计被看作为纯粹的艺术灵感创作，1960年代，城市设计研究的贡献就在于对城市设计进行了全面的理性分析，发现其中是有科学规律可循的，这不仅大大加强了对城市空间景观形象的理性认识，更重要的是把城市空间景观的创作过程理性化了。

1970年代，西方社会经济出现了大动荡，战后物质建设的高潮也已过去，吉伯德和林奇等人有关物质形态的分析不仅被冷落，而且受到众多规划师的批判，主要被攻击的目标是，城市设计分析理论在关心美的创造时，却忽视了为谁创造美这一规划师的根本立场问题. 规划设计师通过城市设计将城市当作了表现个人才华的舞台，变得更加孤芳自赏。在挥霍政府和百姓钱财的同时填满了自己的腰包，城市设计沦落为规划师名利双收的工具和职业精神退化的鸦片。

1980年代中期，城市设计又一次在规划理论的论坛中被提起，重新出现关于城市物质形态设计的研究成果。例如，1985年布罗西（J. Brothie）等编著的《论新技术对城市形态的未来的影响》（The Future of Urban Form：The Impact of New Technology）和格里斯（Walter L.Greese）的《美国景观的桂冠》（The Crowning of the American Landscape）。而1987年，埃伦·雅各布斯（Allen Jacobs）与阿普亚德（Donald Appleyard）的《走向城市设计的宣言》（Towards an Urban Design Manifesto）影响很大，这本书不是单纯地采取对城市环境的批判态度，而是以积极的态度确定城市设计的新目标：良好的都市生活，创造和保持城市肌理、再现城市的生命力。1990 年以后，城市设计在新的层面上被看做是解决城市社会问题的工具之一。

10　城市规划的社会学批判、决策理论和新马克思主义

简 · 雅各布斯(Jane Jacobs)于 1961 年发表的《美国大城市的死与生》(The Death and Life of Great American cities）被一些学者称作当时规划界的一次大地震。雅各布斯在书中对规划界一直奉行的最高原则进行了无情的批判。她把城市中大面积绿地与犯罪率的上升联系到一起，把现代主义和柯布西埃推崇的现代城市的大尺度指责为对城市传统文化的多样性的破坏。她批判大规模的城市更新是国家投入大量的资金让政客和房地产商获利，让建筑师得意，而平民百姓都是旧城改造的牺牲品。在市中心的贫民窟被一片片地推平时，大量的城市无产者却被驱赶到了近郊区，在那里造起的一片片新的住宅区实际上是一片片未来的贫民窟。

无论雅各布斯的观点正确与否，这是现代城市规划几十年来第一次被赤裸裸地暴露在社会公众面前，包括现代城市规划的一条条理念及其工作方法，也包括规划师的灵魂与钱袋。雅各布斯是位嫁给了建筑师的新闻记者，作为一个“外行”，对城市规划理论的发展起到了一个里程碑式的作用。更重要的是，从专业理论的发展角度，规划师们过去集中讨论的是如何做好规划，而雅各布斯让规划师开始注意到是在为谁做规划。

整个 1960 ~ 1970 年代的城市规划理论界对规划的社会学问题的关注超越了过去任何一个时期，其中影响较大的有 1965 年达维多夫 (Paul Davidoff) 发表的《规划中的倡导与多元主义》(Advocacy and Pluralism in Planning)，及其在此之前的 1962 年与雷纳(T.Reiner)合著的，发表于 JAIP 上的《规划选择理论》(A Choice Theory of Planning)。达维多夫的这两篇论文在当时的城市规划理论界取得了很高的荣誉。他对规划决策过程和文化模式的理论探讨，以及对规划中通过过程机制保证不同社会集团的利益，尤其是弱势团体利益的探索，都在规划理论的发展史上留下了重要的一笔。

而罗尔斯 (J.Rawls) 在 1972 年发表了《公正理论》(Theory of Justice) 在规划界第一次把规划公正的理论问题提到了论坛上。半年之后，新马克思主义地理学家大卫 · 哈维 (David Harvey) 写了《社会公正与城市》(Social Justice and the City) 一书，把这个时代的规划社会学理论推向高潮，成为以后的城市规划师的必读之书。

1970 年代后期，城市学中新马克思主义的另一位掌门人卡斯泰尔斯 (Manuel castells) 于 1977 年发表了《城市问题的马克思主义探索》(The Urban Question：A Marxist Approach) 正面打出了马克思主义的旗号。1978 年，他又发表了专著《城市，阶级与权力》(City，Class and Power) 反映出 1960 年代培养的一代马克思主义青年在规划理论界开始占据了城市学理论的制高点。这一方面是因为这些热血青年开始走向大学教授的岗位；另一方面，规划理论界开始摆脱雅各布斯对城市表象景观的市民式的抨击，进入了针对这些表象之下的社会、经济和政治制度本质的深入的分析和批判。

1992 年前后，国际规划界中出现了大量关于妇女在城市规划中的地位、作用和特征的讨论，约翰·弗里德曼（John Friedmann）也加入其中，发表了《女权主义与规划理论：认识论的联系》（Feminist and Planning Theories：The Epistemological Connections）。他认为至少有两点是女权主义对规划理论的重要贡献：一是性别问题相对于社会关系中的个人职业精神（Ethics），更强调社会的联系和竞争的公平；二是女权主义的方法论中强调差异性和共识性，挑战了传统规划中的客观决定论，使规划实践中的权利更加平等。

11 全球城（Global City）、全球化理论到全球城镇区域

进入 1990 年代后，规划理论的探讨出现了全新的局面。1980 年代讨论的“现代主义”之后迅速隐去，取而代之的是大量对城市发展新趋势的研讨。

大城市全球化方面最早的有影响的研究是约翰·弗里德曼组织的世界大都市比较，这项研究形成的成果发表于 Development and Change 期刊 1986 年第 117 期上，题为《世界城的假想》（The World City Hypothesis）。早期发表的文献还有费恩斯坦（S. S. Fainstein）1990 年的《世界经济的变化与城市重构》（The Changing World Economy and Urban Restructuring）和同年金（Anthony King）发表的专著《全球城》（Global Cities）。1991 年萨森（Saskia Sassen）也随后写了一本几乎同名的书《全球城》（The Global City）。

全球化是 20 世纪末世界范围内最典型的，也是影响面最广的社会经济现象。所谓全球化，通常是指世界各国之间在经济上越来越相互依存，各种发展资源（如信息、技术、资金和人力）的跨国流动规模越来越扩大，而世界贸易所涉及的商品和服务越来越多，超过了历史上的任何时期。1990 年代以来，西方国家的产业结构及全球的经济组织结构发生了巨大的变化：管理的高层次集聚、生产的低层次扩散、控制和服务的等级体系扩散方式构成了信息经济社会的总体特征。霍尔（P.Hall）早在 1966 年便前瞻性地提出了基于新型全球经济重组背景下将产生一些世界城市（World City）的论断，描述了其政治、经济、社会、信息、文化等方面的特征。沃夫、弗里德曼、莫斯、萨森等人提出了世界城市体系假说，他们认为各种跨国经济实体正在逐步取代国家的作用，使得国家权力空心化，全球出现了新的等级体系结构，分化为世界级城市、跨国级城市、国家级城市、区域级城市、地方级城市——即形成了“世界城市体系”。

在这个全球城市的网络中，决定城市地位与作用的因素将不仅取决于其规模和经济功能，而且也取决于其作为复合网络节点的作用。

1990 年代后半期，关于大都市全球化的研究成果迅速增加，这些研究既与规划理论结合，也与政策和城市形象结合，但尚显单薄。与全球化直接相关的研究是城市的信息化和网络化研究，国际范围中有影响的文献有卡斯泰尔斯（Manual Castells）于 1989 年发表的《信息化的城市》（The Informational City）和 1994 年他与霍尔（Peter Hall）合著的《世界技术极》（Technopoles of the World）。

近年的城市规划理论的发展除了全球化和信息化的高屋建瓴的研究外，规

划理论也没有放弃对规划本身核心问题的研究，其中值得推荐的文献有曼德鲍姆（S.J.Mandelbaum）等1996年编写的《规划理论的探索》(Exploration in Planning Theory)，1997年海蒂（N. Hadmdi）和格特尔特（Goethert）的《城市的行动规划：城市实践指引》(Action Planning for Cities：A Guide to Community Practice)，同年海利（Patsy Healey）等编写的《空间战略规划的编制：欧洲的革新》(Making Strategic Spatial Plans：Innovation in Europe)，1998年，海利又出版了一本《合作规划：在破碎的社会中创造空间》(Collaborative Planning：Shaping PLaces in Fragmented Societies)。而格雷德（C.Greed）和罗伯兹（M—Roberts）合著的《城市设计：调停与反映》(Introducing Urban Design：Intervention and Responses) 则把古老传统的城市设计引入了一个新境地。

经济全球化进一步以功能性分工强化不同层级都市区在全球网络中的作用，带来了全球范围全新的地域空间现象——全球城市区域 (Global City Region)。2001年斯考特（Allen Scott）等发表《全球城市区域：趋势、理论、政策》(Global City—Regions：Trends，Theory，Policy) 一书，提出“全球城市区域不同于普通意义的城市，也不同于仅有地域联系的城市群或城市连绵区，而是在高度全球化下以经济联系为基础，由全球城市及其腹地内经济实力较雄厚的二级大中城市扩展联合而形成的独特空间现象”。根据斯考特的例证，一旦“都市区”、“大都市带”、“城市密集区”（Desakota）及“大都市连绵区”（MIR）被赋予全球经济的战略地位，就足以成为全球城市区域。

考虑到全球城市体系由“树枝纵向结构”向“网络状横向结构” 的转变，本书主编在2002年又进一步提出了“Global Region”（GRS）的概念，从区域角度更好地解决都市区域的城市社会经济问题，这是一种城市要素集聚和全球化时代的新形态。另外，区域不是一个泛指的概念，它与社会经济发展紧密相关。城市不是一个绝对独立发展的单元，而是处于一定的区域经济背景之下的相对独立单元，以区域整体的力量进行全球合作与竞争。因此，GRS是在城市之间竞争向以区域为主导的竞争演变背景下提出的一种新的城市区域发展模式和形态。

12 从环境保护到永续发展的规划思想

1970年代初，石油危机对西方社会意识形成了强烈的冲击，第二次世界大战后重建时期的以破坏环境为代价的乐观主义人类发展模式被彻底打破，保护环境从一般的社会呼吁逐步在城市规划界成为思想共识和一种操作模式。西方各国相继在城市规划中增加了环境保护规划部分，对城市建设项目要求进行环境影响评估（Environmental Impact Assessment）。

1980年代，环境保护的规划思想又逐步发展成为永续发展的思想。其实，人类对于永续发展问题的认识可以追溯到200多年前，英国经济学家马尔萨斯（T. R. Malthus）的《人口原理》已经指出了人口增长、经济增长与环境资源之间的关系。100年前，当工业化引起城市环境恶化，霍华德提出了“田园城市”的概念。1950年代，人居生态环境开始引起人类的重视。1960年代，人们开始关注考虑长远发展的有限资源支撑问题，罗马俱乐部《增长的极限》代

表了这种思想。1972 年联合国在斯德哥尔摩召开的人类环境会议通过的《人类环境宣言》，第一次提出"只有一个地球"的口号。1976 年人居大会（Habitat）首次在全球范围内提出了"人居环境（Human Settlement）"的概念。1978 年联合国环境与发展大会第一次在国际社会正式提出"永续发展（Sustainable Development，又译"可持续发展"）"的观念。1980 年由世界自然保护同盟等组织、许多国家政府和专家参与制定了《世界自然保护大纲》，认为应该将资源保护与人类发展结合起来考虑，而不是像以往那样简单对立。1981 年，布朗的《建设一个永续发展的社会》，首次对永续发展观念作了系统的阐述，分析了经济发展遇到的一系列的人居环境问题，提出了控制人口增长、保护自然基础、开发再生资源的三大永续发展途径，他的思想在最近又得到了新的发展。

1987 年，世界环境与发展委员会向联合国提出了题为《我们共同的未来》的报告，对永续发展的内涵作了界定和详尽的立论阐述，指出我们应该走资源环境保护与经济社会发展兼顾的永续发展的道路。1992 年，第二次环境与发展大会通过的《环境与发展宣言》和《全球 21 世纪议程》的中心思想是：环境应作为发展过程中不可缺少的组成部分，必须对环境和发展进行综合决策。大会报告的第七章专门针对人居环境的永续发展问题进行论述，这次会议正式地确立了永续发展是当代人类发展的主题。1996 年的人居二大会（Habitat II），又被称为城市高峰会议（The City Summit），总结了第二次环境与发展会议以来人居环境发展的经验，审议了大会的两大主题"人人享有适当的住房"和"城镇化进程中人类住区的永续发展"，通过了《伊斯坦布尔人居宣言》。1998 年 1 月，联合国经济和社会事务部（Department for Economic and Social Affairs）署在巴西圣保罗召开地区间专家组会议，1998 年 4 月召开永续发展委员会（Commissiou on Sustainable Development）第六次季会，讨论研究各国永续发展新的经验。

1990 年代，在国际城市规划界出现了大量反映永续发展思想和理论的文献。1992 年，布雷赫尼（M. Breheny）编著了《永续发展与城市形态》（Sustainable Development and Urban Form）。1993 年布劳尔斯（A.Bloowers）编著了《为了永续发展的环境而规划》（Planning for a Sustainable Environment）。同年瑞德雷（Matt Ridley）和罗（Bobbi S.Low）的《自私能拯救环境吗？》（Can Selfishness Save the Environment?）将永续发展的环境问题与资本主义本质的社会意识联系起来，显示了其思想的力度，这样的环境学与社会学方法引入远比一般泛泛地谈环境的永续性的理论框架高明得多，也深刻得多。除此之外较有影响的文献还有：1995 年巴顿（H. Barton）等著的《永续人居：为规划师、设计师和开发商所写的导引》（Sustainable Settlements：A Guide for Planners, Designers and Developers），同年里杰特（H.Lilggett）和派兹（D.C.Pezzy）合编的《专家与环境规划》（Experts and Environmental Planning），1996 年 S.Buckingham 和 B.Evans 的《环境规划与永续性》（Environmental Planning and Sustainability），同年詹克斯（M.Jenks）等合写的《紧凑城市：一种永续的城市形态？》（The Compact City：A Sustainable Urban Form?）。这些文献从城市的总体空间布局、道路与工程系统规划等各个层面进行了以永续发展为目标的分析，提出了城市永续发展规划模式和操作方法。

近年来，随着全球气候变化成为不容忽视的事实，并已经和正在产生着一系列严重的后果，在城市规划领域，如何应对气候变化日益凸显出其必要性和紧迫性。尤其是 2009 年 12 月哥本哈根联合国气候会议之后，在城市发展中减少温室气体排放、降低能源消耗，成为全世界城市共同关心的议题。“低碳城市”、“零碳城市”、“共生城市”等新的城市永续模式应运而生。

除了以上的第 11 和第 12 小点提到的走向全球城市区域和走向永续城市之外，城市规划思想领域的新近研究重点还有规划本位的讨论、城市社区规划的讨论、城市永续规划的技术研制、城市动力机制研究、城市管治与规划的讨论，以及城市化与全球气候变化关系的研究等等。应该说，城市规划思想的未来发展重点将会是研究城市规划与全球气候、区域发展等之间的关系，研究城市生命体和城市人的永续与和谐发展，并促进城市规划理念、技术方法和城市管理的向前推进。

第3节 城市规划面临的城市发展趋势

1 城市全球化

世界经济结构格局的变化，全球性地影响到城市空间结构的深刻变化。资本和劳动力全球性流动，产业的全球性迁移，经济活动中心的全球性集聚，促使全球城市体系的多级化，中心城市将更加发展，以实现其对全球经济的控制和运作。城市中心区的结构、建筑的综合体的组织以实现更高的效率，全球化时代的城市建筑风格将在城市规划师和建筑师的不断创造性劳动中诞生。

2 区域一体化

在世界范围内的城市更新中，由于市场经济的地域在 20 世纪末大规模扩大，在土地级差的作用下，城市用地出现重构和置换，原有建筑的功能将得以改变和改造，如仓库变为购物中心，码头改为娱乐中心等现象越来越频繁地出现。城市和城市的发展竞争进入了更高的区域层次，没有一个城市可以独立于周边的乡镇而提升起发展的持续性。而在全球范围内观察可以发现，区域城镇群的发展已经成为一个国家实现永续发展战略，提升民族竞争力和达到区域和谐发展的重要突破点。

3 信息网络化

交通与通信的进步使得城镇在地理上的分散成为可能，因而更接近自然。但在另一方面，对环境构成新的损害。

在 18 世纪，蒸汽机使得以家庭为基础的生产单位分解，而 1964 年计算机的发明引起了更为深远的变革，即信息革命。这场革命仅半个世纪，电脑网络已覆盖全球，电子货币、电子图像、电子声音、信息高速公路出现，生产自动化、办公自动化、家庭自动化迟早会重新定义公共空间和私有空间。

工业革命使人们向城市集聚而疏远大自然，信息革命则使人们居住和工作空间扩散并亲近大自然；工业革命使人们从郊外到市中心工作，信息革命则使人们在郊外工作而到市中心娱乐、消费、社交等等。

人类将步入信息社会，信息化社会将使城市建设的时空关系发生革命性变革。“全球村庄”、“城市解体”引起人类的生活工作模式重大变化，通过现代信息网络，家庭将重新与工作场所相结合。电子社区、虚拟银行等将出现，但人们更盼望共享空间、交往场所、更多新类型建筑的涌现。因此，新的城市建筑形式将成为新城市景观的一部分。

4　全球城镇化

发达国家大致在1970年代相继完成了城镇化进程（城镇化水平≥70%），步入后城镇化阶段。发达国家的城市规划师和建筑师主要面临的是大量的城市更新换代的改造任务。

而对于大多数发展中国家，当前还处于城镇化从起步到快速发展的过渡期（城市化水平转折点为30%）。近年来，对城镇化有了积极的认识，城镇化被纳入国家发展政策中。

中国城镇化从1980年代的14%，提高到2009年的47%，已经进入城镇化快速发展期。交通与通信技术的发展使发展中国家在城镇化过程中，有可能避免重复发达国家城市先集中后分散的老路，探索更为合理的城镇化道路。这对于发展中国家的城市规划师和建筑师来说使命更大，但也是一个挑战。

伴随着全球城镇化的推进，人类在过去100年对自然资源和能源的消耗，达到人类历史上空前的程度，造成全球环境的恶化。城市的环境问题，已经不再是城市本身的问题，而是牵涉到整个地区，跨国界的乃至全球范围的问题。

从1970年代起，永续发展的战略思想逐步形成，并已得到全世界的共识。但永续发展战略的实施，必须在区域开发、城市建设和建筑营造各个层面得到全面贯彻。

全球的城镇化和中国的城镇化的发展，都已经达到或即将超越50%的历史性的关键点。发展中国家、新兴工业国家的快速城镇化，以及发达工业国家城镇化的衰退，提出了整个人类的居住环境和生活方式重大变革的问题。相对较低的城镇化水平可能会给中国提供结合国情发展城市政策的机会。

第4节　当代城市规划思想方法的变革

任何思想方法的变革都是相对过去传统的思想方法而言的，任何思想方法意义上的进步都是对于过去传统思想方法中的不合理的东西的抛弃以及创新。而思想方法的变革总是依托社会活动的发展进行的，所以理解城市规划思想方法的变革，首先是认识城市规划思想发展背后的社会、经济和文化背景，它们是思想方法的附着物，是进行思想方法变革的基础。

1 当代城市规划思想方法的变革

1.1 由单向的封闭型思想方法转向复合开放型的思想方法

所谓单向的封闭型思想方法包含了两层涵义：其一，思维的单向性，这与现代思想方法的双向联系和多环联系的思想方法相违，是一种最简单的思维方法，否定了思维过程中思维的后一阶段成果对前一阶段成果的作用；其二，封闭型，就是指思想过程中单系统的思维方式，它否定了该系统外的环境对系统的作用。通俗地说，单向性否定了思维过程中的反馈作用，封闭型否定了系统外的作用。

在城市规划存在的问题中，有许多是属于这种思想方法造成的结果。例如规划与管理的关系中，我们往往把管理看做是被动的，规划是主动的。规划设计工作向管理部门提供编制完成的总体规划或近期建设图纸，管理部门按总体规划或近期建设规划图纸和说明书执行规划实施规划。而实践告诉我们，一个城市的开发或改造的成效如何很大程度上取决于管理部门的组织。而且管理工作对规划设计工作有很大的作用，这就是反馈。规划设计工作必须与管理工作协调起来，规划设计成果的内容和形式都必须与管理工作的方法相适应，才能使规划设计工作的成果得以实现。正是由于这种单一性的思想方法，使得我们在规划设计工作中忽视了管理工作对规划工作本身的作用，造成规划成果与实际状态脱离，规划成果难以实现。管理工作与规划设计是同等重要的，它们是分析问题解决问题的整个过程中的两个不同阶段，不但存在规划成果是管理工作的依据的正关系，还应看到管理工作对规划设计工作的反馈和反作用，从这个角度看，管理实施规划也是一种“再创造”。

又如在规划实施过程中，城市的建设与发展受到社会经济诸因素的共同作用。然而我们在编制城市总体规划、确定城市规模问题上往往缺乏必要的弹性，按照城市人口和用地规模的统计资料和指标体系得到的规划规模，往往与实际发展的结果相差甚远，所以出现了很多城市在规划报批时，城市的实际规模已超过规划规模的笑话。这就是一种封闭型的思想方法造成的结果，只考虑规划在系统内的发展规律和因素，忽视了该系统之外的作用。

所谓复合与单向是在思维途径上相对而言的，在复合性思维的过程中要求有多条思维途径，这里包括反馈思维、平行思维等。平行思维否定过去工作中一些被理解为前后关系的环节，而将它们视为共同作用的环节。在编制规划时应同时考虑该方案的实施方案、管理方案、集资方案以及实现方案后的维持方案。

发散与开放也相对存在，就是要求在考虑某一问题时，不但要有该分析系统中复合性思维，还要求思维有一定广度，要考虑系统外因素的作用，利用与分析对象的特征联系与相关的其他因素。这样，规划编制工作过程就会将广泛地听取社会学、心理学、经济学、管理学等方面的建议视为必然。

1.2 由最终理想状态的静态思想方法转向过程导控的动态思想方法

所谓最终理想状态的静态思想方法特征就是指否定动态发展的思想方法，追求最终的理想状态，忽视发展过程中的协调，缺乏运行概念。这种思想方法

曾经造就了空想社会主义大师，产生了乌托邦的理想。但在规划界中过去还是经常受到这种最终理想状态的迷惑，静态的思想方法干扰着规划的发展，使规划脱离城市建设发展的实际。

比如在编制总体规划时，我们往往重视规划最终方案实现时城市的各系统之间的比例是否协调，空间布局结构是否合理，但是却忽视了在实现这种状态过程中若干年内城市各系统内及各系统之间的关系是否运行得协调、合理，运行的效益（经济效益、社会效益和环境效益）是否高。然而，城市是一个不断发展中的大系统．运行过程的效益是否高，城市各系统间是否协调发展远远比最终状态的合理性来得重要，更何况最终的合理性还要受到更长远发展的检验。

动态过程的思想方法要求把城市规划工作的对象确定为动态过程，城市规划工作的成果是一种对动态过程的控制和引导方法，城市规划管理的控制手段也是一种动态过程。

城市规划的目的就是要使城市在发展的各个阶段上其整个系统运行保持良性运转，因此绝对不应该只是强调最终的理想状态，依靠一张总体规划就能完成工作，而是需要说明在城市发展过程中，每阶段内如何使城市良性运行，如何使城市发展过程中的各个阶段良好地衔接起来。

1.3 由刚性规划的思想方法转向弹性规划的思想方法

所谓刚性规划思想方法特征即缺乏多种选择性。在城市规划工作中表现为欲求唯一的最佳方案，但这种最佳方案往往只是编制者自身价值观的集中表现，这种缺乏选择性的唯一的规划成果是极难适应城市这个综合复杂的社会团体发展需要的，这种刚性思想是不严肃的，不科学的。以这种思想方法编制规划本身已经孕育了城市实际发展对规划的否定。

造成刚性规划思想方法的原因之一是机械的社会观，以机械性代替社会的综合性。原因之二是把规划与设计混为一谈，以设计工作的思想方法代替规划工作的思想方法。规划工作不是为城市设计最美好的一幅蓝图，而是为城市的发展提供优化的、可行的选择。

弹性规划思想方法要求抛弃刚性规划思想方法。首先需要明确城市的发展是一个社会发展过程。在社会发展进程中，构成社会的各系统之间是互相作用的，其中由社会经济水平决定的社会意识形态具有最重要的决定性意义。在城市发展进程中，城市规划作为其中一个作用力与诸作用力共同发挥效果，规划的作用力的大小与规划本身的合理性有关，但根本上取决于整个社会意识形态和社会经济水平。所以说，城市规划只是以政府意愿形式出现的反映社会经济水平的普遍市民愿望，它是维护城市社会发展过程平衡中的诸多力量之一。

由此可见，城市发展的结果如何受到诸如城市社会意识、城市社会经济水平和政策体制等诸因素的影响，城市用地布局形态和物质（physical）构成都是服从于它们的。城市社会意识和社会经济水平构成的多样性、发展时间上的摆动决定了为其服务的城市规划必须提供多种的可能性和选择性，即需要弹性的规划思想方法。弹性规划的思想方法在城市规划工作中表现为规模的必要弹性、时效期的必要弹性、用地形态上的必要弹性等等。

1.4 由指令性的思想方法转向引导性的思想方法

指令性的思想方法首先假设了城市诸系统的发展是由某一中心的枢纽控制的，而城市规划编制及管理就是这个伟大的枢纽，它控制了整个城市中的任何系统的发展。这种思想方法的危害性极大，使城市规划工作从城市诸系统孤立了出来。

规划绝不是在实际城市发展中起指令性控制作用的中心枢纽。从城市规划工作阶段上分析，在规划编制阶段，在技术设计阶段应该集思广益，广泛综合各方面的分析研究成果；在管理实施规划阶段，每一个城市用地开发案例或建设项目也是需要投资方、接受投资方和管理部门协同努力，如果城市中有组织开发的机构，则更是依靠经济规律等诸因素共同作用进行工作。

在指令性思想方法指导下编制总体规划时，使规划者脱离城市实际受多方作用的事实，随心所欲地更动城市用地现状。不顾客观能力，缺乏依据地划定开发用地的性质和规模，这是造成规划成果肤浅、脱离实际、无法深入的一个重要的思想方法根源。理论和实践都已经告诉我们，找错位置的城市规划是不能发挥其应有的作用的。

引导性的思想方法也是一种控制论思想，它强调各系统发挥自身的选择性，强调规划在城市发展进程中的引导性控制作用，城市规划是向各系统提供正确的发展选择的引导者。

例如在城市开发过程中，城市发展方向的选择就受到城市的经济效益的检验，而在实施城市规划过程中，城市开发者的经济效益和社会效益如何也起着重大作用。因此引导性的思想方法首先要了解城市发展的需求，城市开发者的价值观，其次根据布局结构关系拟定出城市发展的引导性措施，充分利用经济规律的作用，政策的影响等诸因素，将城市的发展引入良性的运行轨道。

2 思想方法的变革对工作的冲击和影响

新的城市规划思想体系针对传统的城市规划思想方法中存在的问题在实践中酝酿产生，以适应新形势的要求，使得城市规划工作向更深入、更严谨、更切合实际的方向发展，在城市规划工作中，新的思想方法的发展会带来一系列的影响和冲击。

2.1 对工作方法的冲击和影响

城市规划工作将向分析的广泛性、论证的严谨性、成果的弹性方面发展。

分析的广泛性包括收集数据资料的广泛性，以及分析角度和分析对象的多样性，其中规划前提的分析工作将受到更大的重视。复合发散性思维要求我们更多考虑对规划工作产生影响的因素。这些因素首先是规划系统内部的因素，如规划工作方法必须与管理工作方法结合起来，必须与组织开发实施的工作方法结合起来。其次是规划系统外部的经济规律的作用因素、政策影响因素等等。

论证的严谨性主要指规划论证工作中思想方法的严谨、论证手段的严谨，

包括应用数理统计论证，利用计算机辅助论证等。

城市规划工作成果的弹性是指规划成果形式的弹性和规划成果内容的弹性。成果形式的弹性反映的规划成果不再仅仅是一套规定的图纸，规划成果通过非图纸表达的方式会有新发展；针对不同的城市特性，不同的城市发展阶段规划图纸会有新变化，增加必要的图纸，除去为形式而做的图纸；针对城市规划管理实施的要求，规划图纸应有专供管理参考依据使用的管理控制规划图等等。成果内容的弹性反映的规划成果不再是一个最终状态的理想布局，而是有多种发展可能性的、反映不同发展阶段的规划成果。

2.2　对工作中的传递方式的影响

这里的传递方式是指城市规划工作在参加规划的单位相互间的传递关系或程序。城市规划编制工作、城市技术设计工作和管理实施工作中将按照工作的性质，分为技术设计论证工作、政府立法执行工作和组织开发经营活动，这是新的改革形势的要求，是城市建设的客观规律的要求，是规划向纵深发展的要求，也是新的规划思想方法体系在工作过程中的体现。

(1) 规划技术设计论证工作是一项科学技术性工作，其内部的工作传递关系是横向的、复合的。随着规划力量的发展，某一项规划中的技术设计论证工作不再是完成行政指令性的任务，而是由各方面的技术力量共同研究分析、合作来完成的，这是一种发展趋势。

(2) 政府立法执行工作是指确认规划的法律效果。在该工作中的传递关系应该是纵向为主的，即指令性的控制为主，同时运用经济规律和其他社会规律进行引导性和指导性的控制。这对传统的工作方法也是一次变革。

(3) 组织开发经营活动的传递关系是相互配合性的，强调社会总效益和参加开发经营单位集体效益的结合，所以这种传递关系也是横向为主的传递关系。

本章小结

城市经历了八千年的发展历史，城市规划理论本身发展变化的过程从一个侧面反映了近现代各时期人们对发展的观点态度。本章首先介绍了中国古代“师法自然”、“天人合一”的规划思想，以及西方古代以古希腊、古罗马为代表的规划思想。其次重点阐述了工业革命以来，为了应对各种城市矛盾而产生的一系列现代城市规划理论，主要包括田园城市、卫星城镇、雅典宪章、马丘比丘宪章、邻里单位和小区规划、有机疏散、理性主义、城市设计、社会学和新马克思主义、永续发展、全球化理论等。在分析当前城市规划面临的城市发展趋势的基础上，提出了城市规划思想方法的变革，城市规划必须从单向封闭转向复合分散，从最终理想状态的静态转向动态过程，从刚性转向弹性，从指令性转向引导性，以此应对新的社会、经济和文化发展趋势。

复习思考题

1．中国古代的城市格局反映了哪些重要的城市规划思想？

2．你认为哪些古代经典城市的规划案例，对未来的城市发展仍然具有重要意义？

3．你认为哪些城市规划理论深刻影响了城市的发展？

4．联想你所居住的城市中所存在的问题，思考这些问题是否与城市规划思想方法有关？

第3章 城乡规划体制

本章首先从世界各国规划体制比较的视野入手，对规划体制所涉及的4个子系统的概念、可能的表现形式进行了阐述，帮助读者理解城乡规划体制在不同国家的差异以及背后的影响因素。其次重点介绍了我国现行城乡规划体制，对规划所应遵循的法律法规系统、规划行政体系的组织以及开发控制的程序与方法等进行了简单的描述。

第1节 城乡规划体制概述

在人类文明发展史上，很早就有了城市和城市规划。但是，现代城市规划作为政府干预工具的职能，却是经济基础和上层建筑之间的关系发展到一定阶段的产物。一个国家的城乡规划体制界定了城乡规划活动运转的空间、城乡规划活动所应当遵循的规则与逻辑。具体而言，城乡规划体制是通过规划法规系统、规划行政系统、规划技术系统，以及规划运作系统来共同构建的。规划法规体系则为规划活动提供了法定依据和法定程序，并决定了城乡规划体系的基本特征，城市规划体系的演进常常表现在规划行政、规划编制和开发控制三个方面所发生的重大变革。

1 规划法规系统

规划法规系统是规划行政体系、规划技术系统和规划运作系统的法律固化总和。法规系统又构成了整个规划体制的基础，为规划行政、规划编制和开发控制方面提供了法定依据和法定程序。规划体制的产生与发展常常是以法规系统的重大变化为标志的。1909 年，英国颁布了世界上第一部城市规划法，随后一些工业国家也相继制定了城市规划法，这标志着城市规划成为政府的法定职能。然而，直到第二次世界大战之后，这些国家才形成了比较成熟的现代城市规划体系，并且在其后始终处于不断演进之中（表 3–1–1）。作为现代城市规划体系的核心，每一部城市规划法的诞生都标志着城市规划体系又进入了一个新的历史阶段，主要表现在规划行政、规划编制和开发控制等方面产生了重大的变革。

各国和地区的城市规划法及现代城市规划体系的形成　　表 3–1–1

	第一步规划法的诞生，标志着城市规划成为政府行政管理的法定职能	第二次世界大战以后的规划法为现代城市规划体系奠定了基础
英国	1909 年的《住房和城市规划诸法》	1947 年的《城乡规划法》
德国	只有地方性法规	1960 年的《联邦建设法》
日本	1919 年的《城市规划法》	1968 年的《城市规划法》
新加坡	1927 年的《新加坡改善条例》	1959 年的《规划条例》
中国香港	1939 年的《城市规划条例》	1974 年的《城市规划条例》
美国（纽约）	1916 年的《区划条例》	1961 年的《区划条例》

注：美国没有联邦的规划立法；新加坡当时为殖民地，中国香港当时被英国强占，只能制定条例。
资料来源：唐子来，吴志强．若干发达国家的城市规划体系评述．规划师．1998，3：95–100．

城市规划的法规体系包括主干法及其从属法规、专项法和相关法。各国（地区）规划法规体系的基本构成是相似的（图 3–1–1），但是各个组成部分的具体内容会有所差别。

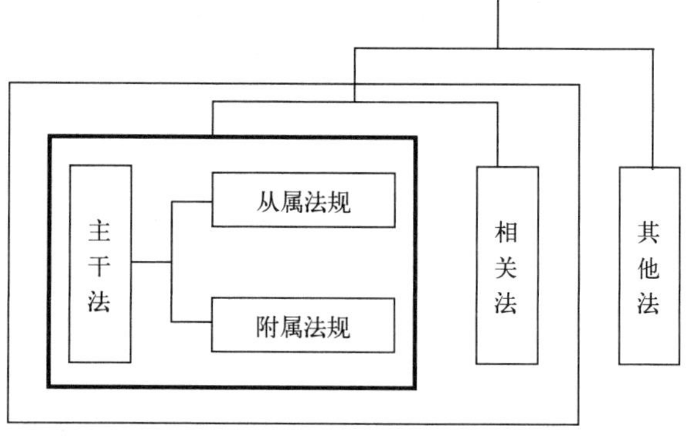

图 3–1–1　城市规划法规体系的基本构成
资料来源：唐子来，吴志强．若干发达国家的城市规划体系评述．规划师．1998，3：95–100．

1.1　主干法

规划法是城乡规划法规体系的核心，因而又被称作主干法（Principal Act），其主要内容是有关规划行政、规划编制和开发控制的法律条款。尽管各国规划法的详略程度不同，但都具有纲领性和原则性的特征，不可能对各个实施细节作出具体规定，因而需要有相应的从属法规（Subsidiary Legislation）来阐明规划法相关条款的实施细则，特别是在规划编制和开发控制方面。根据立法体制，规划法由国家立法机构如议会制定，从属法规则由法律所授权的政府部门制定。

1.2　专项法

城乡规划的专项法是针对规划中某些特定议题的立法。由于主干法具有普遍的适用性和相对的稳定性，这些特定议题（也许会有空间上和时间上的特定性）不宜由主干法来提供法定依据。以英国为例，1946 年的《新城法》、1949 年的《国家公园法》、1965 年的《产业分布法》、1978 年的《内城法》和 1980 年的《地方政府、规划和土地法》等都是针对特定议题的专项立法，为规划行政、规划编制或开发控制等方面的某些特殊措施提供法定依据。

1.3　相关法

由于城市物质环境的建设和管理包含多个方面，涉及多个行政部门，因而需要各种相应的立法加以规范，城市规划法规只是其中的一个领域。尽管有些立法不是特别针对城市规划的，但是会对城市规划产生重要的影响，较为典型的是有关地方政府机构在环境方面的立法。

2　规划行政系统

规划行政系统是指从国家中央政府到地方城镇政府规划管理部门的机构设置，以及各个层面上机构权责的界定。各国和地区的规划行政体系可以分为两种基本体制，分别是中央集权和地方自治，可以分别以英国和美国为代表。

英国的规划行政系统是中央集权型的代表。中央政府的城市规划主管部门对地方政府的规划行为有着较大的影响力，其权限包括制定相关法规和政策以确保城市规划法的实施；指导地方政府的规划工作；审批郡政府的结构规划；受理规划上诉；并有权干预地方政府的发展规划（地方规划）和开发控制（一般是影响较大的开发项目）。

美国作为一个联邦制国家，其规划行政系统则是地方自治型的代表。联邦政府并不具有法定的规划职能，只能借助财政手段（如联邦补助金）发挥间接的影响。地方政府的规划行政管理职能由州的立法授权。

3　规划技术系统

规划技术系统指各个层面的规划应完成的目标、任务和作用，以及完成这些任务所必需的内容和方法，也包括各层面上规划编制的技术规范。规划的技术系统是建立一个国家完整的空间规划系统的基本框架，包括国土规划、区域规划、城市空间战略规划和建设控制规划等多个层面。

各国和地区的规划体系虽然有所不同，但是，城市规划体系却是大致相同的，基本可以分为两个层面，分别是战略性的发展规划和实施性的开发控制规划。编制城市规划是大多数国家地方政府的法定职能。战略性发展规划是制定城市的中长期战略目标，以及土地利用、交通管理、环境保护和基础设施等方面的发展准则和空间策略，为城市各分区和各系统的实施性规划提供指导框架，但不足以成为开发控制的直接依据。英国的空间发展战略（Spatial Development Strategy）、美国的综合规划（Comprehensive Plan）、日本的地域区划（Area Division）、新加坡的概念规划（Concept Plan）和中国香港的全港和次区域发展策略（Development Strategy）都是战略性发展规划。

以战略性发展规划为依据，针对城市中的各个分区，制定实施性发展规划，作为开发控制的法定依据。美国的区划条例（Zoning Regulation）、日本的土地利用分区（Land Use District）和分区规划（District Plan）、新加坡的开发指导规划（Development Guide Plan）和中国香港的分区计划大纲图（Outline Zoning Plan）都是开发控制的法定依据。

4 规划运作系统

城乡规划运作系统是指规划实施操作机制的总和。规划组织系统和规划技术系统作为静态结构系统，包括了各个层面的规划如何编制，编制的规定前提条件，编制过程各阶段上的条件制约规定、公众参与的过程规定，规划终稿的法定审定程序，规划成果实施的移交，规划实施的政策制定程序、土地一级市场的控制机制，城乡土地开发的规划审批程序，审批过程的权限监督机制，违反法定规划诉讼机制程序的规定，规划实施过程的准核程序制度，规划修正修订程序等。

第2节 我国现行城乡规划法规系统

1 我国的法规系统构成

任何国家城乡规划法规体系的构建必然服从该国的法律框架，对一国城乡规划法规体制的理解必须基于对该国的法律体制深刻的认识。在我国，立法包含两层含义：从狭义层面讲，立法是指宪法规定的国家立法机构所制定的普遍使用的规则；从广义层面讲，一切有权制定普遍性规则的机构所制定的具有普遍约束力的规则都是立法。这些“具有普遍约束力的规则”绝大部分是国家法律的深化和具体化，或者是旨在有效实施国家法律的法规，需要强调的是，这些规则不得与国家法律相冲突。上述“有权制定普遍性规则的机构”主要是指由国家立法机构依法授权制定相关法规的国家行政机关和地方立法机构。在我国，广义层面的立法形式包括以下几类：

（1）中华人民共和国宪法。宪法具有最高的法律效力。

（2）法律。由全国人民代表大会及其常务委员会制定的调整特定社会关系的法律文件，是特定范畴内的基本法。根据所调整的社会关系的不同，法律一般可分为行政法、财政法、经济法、民法、刑法、诉讼法等。

（3）行政法规。在我国，行政法规专指国务院制定的行政法律规范。行政法规是国务院在领导和管理国家的各项行政工作中，根据宪法和法律而制定有关经济、建设、教育、科技、文化、外交等各类法规的总称。国务院是国家行政的最高机关，制定行政法规是国务院领导全国行政工作的一种重要手段。

（4）地方性法规。地方性法规是地方各级人民代表大会及其常务委员会根据宪法和《中华人民共和国地方人民代表大会和地方各级政府组织法》的规定制定的法律规范。我国有三级地方人民代表大会及其常务委员会可以制定地方性法规：一是省、自治区、直辖市的人民代表大会及其常务委员会；二是省、自治区人民政府所在地城市的人民代表大会及其常务委员会；三是经国务院批准的较大城市的人民代表大会及其常务委员会。地方性法规主要规范地方行政管理问题，是地方各级人民政府从事行政管理工作的依据。

（5）部门规章。国务院各部、委员会等具有行政管理职能的机构，可以根据法律和国务院的行政法规（以及决定和规定等），在本部门的权限范围内制定部门规章。部门规章规定事项的目的在于执行法律或国务院行政法规特定事项。

（6）地方政府规章。省、直辖市和自治区以及省、自治区人民政府所在城市或由国务院指定城市的人民政府，可以根据法律、行政法规和本省、自治区、直辖市的地方性法规，制定在其行政区范围内普遍适用的规则。

（7）技术标准（规范）。我国实行技术标准（规范）的管理，技术标准（规范）的制定属于技术立法的范畴。技术标准（规范）包括国家标准（规范）、地方标准（规范）和行业标准（规范）。

对我国城乡规划法规体制的理解必须从两个维度展开：第一，从城乡规划专业角度来看，与核心法之间的关系如何；第二，从一般性法律规范角度来看，该法律规范属于哪一类。

2 主干法

《中华人民共和国城乡规划法》（以下简称《城乡规划法》）是我国城乡规划领域的主干法。

2.1 《城乡规划法》的法律地位与作用

《城乡规划法》是约束城乡规划行为的准绳，是我国各级城乡规划行政主管部门行政的法律依据；也是城乡规划编制和各项建设必须遵守的行为准则。

《城乡规划法》是由全国人民代表大会及其常务委员会通过，并由国家主席签署发布的城乡规划领域的基本法，在我国城乡规划法规体系中拥有最高的法律效力。《城乡规划法》是制定规范其他层次的城乡规划法规与规章的法律依据，根据各种具体实际，该法确定的原则和规范可以通过体系内各层次的法律法规进行细化和落实，但是，城乡规划法规体系内的这些下位法律规范不得违背《城乡规划法》确定的原则和规范。

《行政诉讼法》规定："人民法院审理行政案件，以事实为依据，以法律为准绳。"在城乡规划行政领域，《城乡规划法》就是人民法院审理城乡规划行政诉讼案件时的法律依据，即该法是人民法院审理和裁判被诉有关城乡规划具体行政行为的合法性和适当性的标准与准绳。

2.2 《城乡规划法》的基本框架

《城乡规划法》全面定义与界定了城乡规划行政的各个维度：城乡规划的制定，主要界定了各类法定规划的编制主体与审批主体、主要编制内容，以及各自的审批程序；城乡规划的实施，不仅强调了新区开发和建设，旧城区改建，历史文化名城、名镇、名村保护和风景名胜区周边建设中的城乡规划实施要点，还详细界定了"一书两证"的适用条件以及申请与受理程序；城乡规划的修改，主要规定了各类法定城乡规划修改的前提和审批程序；监督检查，主要阐述了城乡规划编制、审批、实施、修改等环节的监督检查主体以及有权采取的相应措施；法律责任，主要阐述了违反本法相关规定的组织和责任人应当承担的法律责任。

3 从属法规与专项法规

《城乡规划法》作为我国城乡规划领域的主干法，必然需要一系列的从属法规和专项法规进行落实和补充。从城乡规划行政管理角度出发，我国城乡规划法规体系的从属法规和专项法规主要在《城乡规划法》的几个重要维度展开，对城乡规划的若干重要领域进行了深入细致的界定，包括：城乡规划管理、城乡规划组织编制和审批管理、城乡规划行业管理、城乡规划实施管理，以及城乡规划实施监督检查管理。上述具体某一维度内部又可能由不同类型的若干法律法规组成，它们反映了特定地方政府或国家行政部门对特定城乡规划问题的意愿和原则。

城乡规划法规体系的从属法规和专项法规主要形式如下表 3-2-1 所示。

我国现行城乡规划从属法规和专项法规体系 表 3-2-1

分类	法律	行政法规	部门规章	技术标准（规范）
城乡规划管理		□ 村庄和集镇规划建设管理条例	□ 开发区规划管理办法 □ 建制镇规划建设管理办法	□ 城市规划基本术语标准
城乡规划组织编制和审批管理			□ 城市规划编制办法 □ 城市规划编制办法实施细则 □ 近期建设规划工作暂行规定 □ 城市规划强制性内容暂行规定 □ 城市总体规划审查工作规则 □ 城镇体系规划编制审批办法 □ 县域城镇体系规划编制要点（试行） □ 村镇规划编制办法（试行） □ 省域城镇体系规划编制审批办法	□ 城市用地分类与规划建设用地标准 □ 城市用地分类代码 □ 城市规划工程地质勘察规范 □ 城市用地竖向规划规范 □ 建筑气候区划标准 □ 城市居住区规划设计规范 □ 城市道路交通规划设计规范 □ 停车场规划设计规则（试行） □ 城市工程管线综合规划规范 □ 防洪标准 □ 城市排水工程规划规范 □ 城市给水工程规划规范 □ 城市电力规划规范 □ 城市道路绿化规划与设计规范 □ 风景名胜区规划规范 □ 城市绿地分类标准 □ 城市规划制图标准 □ 村镇规划标准 □ 两次文化名城保护规划规范

续表

分类	法律	行政法规	部门规章	技术标准（规范）
城乡规划实施管理		□ 风景名胜区条例 □ 历史文化名城名镇名村保护条例	□ 城市国有土地使用权出让转让规划管理办法 □ 建设项目选址规划管理办法 □ 城市地下空间开发利用管理规定 □ 城市抗震防灾规划管理规定 □ 城市绿线管理办法 □ 城市紫线管理办法 □ 城市黄线管理办法 □ 城市蓝线管理办法 □ 停车场建设和管理暂行规定 □ 城市绿化规划建设指标的规定 □ 风景名胜区建设管理规定	
城乡规划行业管理			□ 城市规划编制单位资质管理规定 □ 注册城市规划师执业资格制度暂行规定	
城乡规划实施监督检查管理			□ 城市监察规定	

资料来源：全国城市规划执业制度管理委员会．城市规划管理与法规．北京：中国计划出版社，2008．

3.1　行政法规

主要是国务院根据《宪法》和相关法律制定的关于城乡规划特定领域的法律性文件，典型的如《风景名胜区条例》。

3.2　地方性法规

主要是特定地方人民代表大会及其常务委员会根据本行政区域的具体情况和实际需求制定的城乡规划领域的地方性法规，典型的如：北京市人大常委会通过颁布的《北京城市建设规划管理暂行办法》和河南省人大批准的《河南省城市建设规划管理办法》。

3.3　部门规章

中华人民共和国住房和城乡建设部（以下简称住房城乡建设部）是我国国家层面的城乡规划行政主管部门。建设部（住房城乡建设部的前身）根据《城乡规划法》制定了一系列的城乡规划部门规章，典型的如《城市规划编制办法》。建设部还会同国务院其他相关部门共同制定发布了一些与城乡规划关系紧密的部门规章，典型的如《建设项目选址规划管理办法》。

3.4　地方政府规章

省、自治区、直辖市和较大的市的人民政府，可以制定城乡规划方面的地方规章，典型的如：上海市人民政府颁布的《上海市城市规划管理技术规定》和天津市人民政府颁布的《天津市城市建筑规划管理细则》。

3.5　城乡规划技术标准（规范）

城乡规划技术标准与技术规范是城乡规划行政的重要技术性依据，也是城乡规划行政管理具有合法性的客观基础。它们所规范的主要是城乡规划内部的技术行为，它们的内容应当覆盖城乡规划过程中所有的、一般化的技术性行为，也就是在城乡规划编制和实施过程中具有普遍规律性的技术依据。目前国家已经颁布了大量的城乡规划技术标准（规范），涉及城市规划基本术语，城市用

地分类与规划建设用地，城市居住区规划设计，城市道路，城市排水，城市给水，城市供电，工程管线，风景名胜区规划等城乡规划的多个领域。技术标准与规范同样包括国家和地方两个层次，地方性的技术标准可以根据行政区域内的具体条件作出相应的修正。

4 相关法

在我国，与城乡规划相关的法律法规覆盖法律法规体系的各个层面，涉及土地与自然资源保护与利用、历史文化遗产保护、市政建设等众多领域，是城乡规划活动在涉及相关领域时的重要依据。同时，城乡规划作为政府行为，还必须符合国家行政程序法律的有关规定（表 3—2—2）。

我国现行的与城乡规划相关的法律规范体系 **表 3—2—2**

分类	法律	行政法规	部门规章	技术标准、技术规范
综合	□ 立法法 □ 行政许可法 □ 测绘法 □ 物权法 □ 节约能源法	□ 信访条例		
土地及自然资源	□ 土地管理法 □ 环境保护法 □ 环境影响评价法 □ 水法 □ 森林法 □ 矿产资源法	□ 土地管理法实施办法 □ 建设项目环境保护管理条例 □ 城镇国有土地使用权出让和转让暂行条例 □ 外商投资开发经营成片土地暂行管理办法 □ 基本农田保护条例 □ 自然保护区条例 □ 规划环境影响评价条例		
历史文化遗产保护	□ 文物保护法	□ 文物保护法实施条例		
市政建设与管理	□ 公路法 □ 广告法	□ 城市道路管理条例 □ 城市绿化条例 □ 城市市容和环境卫生管理条例 □ 城市供水条例	□ 城市生活垃圾管理办法 □ 城市燃气管理办法 □ 城市排水许可管理办法 □ 城市地下水开发利用保护规定	
建设工程与管理	□ 建筑法 □ 标准化法	□ 建设工程勘察设计管理条例 □ 注册建筑师条例	□ 工程建设标准化管理规定 □ 中外合作设计工程项目暂行规定 □ 关于外国企业在中华人民共和国境内从事建设工程设计活动的管理暂行规定	□ 各类建筑设计规范 □ 建筑抗震设计规范 □ 住宅设计规范
房地产管理	□ 城市房地产管理法	□ 城市房地产开发经营管理条例 □ 城市房屋拆迁管理条例 □ 城镇个人建造住宅管理规定	□ 城市新建住宅小区管理办法	
城市防灾	□ 人民防空法 □ 防震减灾法 □ 消防法			□ 城市防洪工程设计规范
保密管理	□ 军事设施保护法 □ 保守国家秘密法			
行政执法与法制监督	□ 国家公务员法 □ 行政复议法 □ 行政诉讼法 □ 行政处罚法 □ 国家赔偿法			

资料来源：全国城市规划执业制度管理委员会．城市规划管理与法规．北京：中国计划出版社，2008．

第3节　我国现行城乡规划行政系统

行政作为一种管理活动，包括城乡规划管理活动，必须具备一系列的要素，管理主体就是构成管理活动的要素之一。管理主体是管理活动中具有决定性影响的要素，一切管理活动都要通过管理主体发挥作用。

1　各级城乡规划行政主管部门的设置

城乡规划管理是在国家行政制度框架内实施的一项管理工作，我国的城乡规划行政体系由不同层次的城乡规划行政主管部门组成，即国家城乡规划行政主管部门；省、自治区、直辖市城乡规划行政主管部门；城、镇城乡规划行政主管部门。

具体来说，国家城乡规划行政主管部门为中华人民共和国住房和城乡建设部，具体工作由其内设机构城乡规划司负责；省、自治区城乡规划行政主管部门为省、自治区的住房和城乡建设厅（有些省、自治区为建设厅），具体工作由其内设机构城乡规划处负责；直辖市城乡规划行政主管部门为市规划局；市、县的城乡规划行政主管部门为市、县规划局（或建委、建设局）。另外，根据各城市行政事权界定的不同，城乡规划主管部门可能有不同的称谓，典型的如上海市的城乡规划行政主管部门为上海市规划和国土资源管理局。

2　城乡规划主管部门的职权

各级城乡规划行政主管部门分别对各自行政辖区的城乡规划工作依法进行管理；各级城乡规划行政主管部门对同级政府负责；上级城乡规划行政主管部门对下级城乡规划行政主管部门进行业务指导和监督。

根据《城乡规划法》和相关法律法规，城市城乡规划行政主管部门拥有以下职权：

行政决策权。即城乡规划行政主管部门有权对其具有管辖权的管理事项作出决策，如核发“一书两证”。

行政决定权。即城乡规划行政主管部门依法对管理事项的处理权，以及法律、法规、规章中未明确规定事项的规定权。前者如对建设用地的使用方式作出调整；后者如制定管理需要的规范性文件或依法对某些规定内容的执行作出行政解释。

行政执行权。即城乡规划行政主管部门依据法律、法规和规章的规定，或者上级部门的决定等，在其行政辖区内具体执行的管理事务的权力。如贯彻执行以法律程序批准的城乡规划。

第4节 我国现行城乡规划技术系统

1 法定规划体系

《中华人民共和国城乡规划法》第二条规定："本法所称城乡规划，包括城镇体系规划、城市规划、镇规划、乡规划和村庄规划。城市规划、镇规划分为总体规划和详细规划。详细规划分为控制性详细规划和修建性详细规划。" 根据战略性和实施性城乡规划二元划分的标准：各种城镇体系规划都是战略性规划；对于城市而言，城市（镇）总体规划是战略性规划，控制性详细规划和修建性详细规划是实施性规划（表 3—4—1）。

我国法定城乡规划类型 表 3—4—1

层面	规划属性	法定规划类型
国家层面	战略性规划	全国城镇体系规划
省（自治区）域层面	战略性规划	省域城镇体系规划
城市、城镇层面	战略性规划	城市总体规划
	实施性规划	控制性详细规划 修建性详细规划
乡村层面	战略性规划	乡规划
	实施性规划	村庄规划

资料来源：本书编写组整理.

2 规划依据

2.1 上位规划

城乡规划是对一定地域空间的规划。依法制定的上一层次规划的控制力大于下一层次规划，城乡规划的制定必须以上一层次的规划为依据。《城市规划编制办法》第二十一条规定："编制城市总体规划，应当以全国城镇体系规划、省域城镇体系规划以及其他上层次法定规划为依据"。《城市规划编制办法》第二十四条规定："编制城市控制性详细规划，应当依据已经依法批准的城市总体规划或分区规划，考虑相关专项规划的要求……编制城市修建性详细规划，应当依据已经依法批准的控制性详细规划"。

2.2 国民经济和社会发展规划

城乡规划是在空间上对城乡各项事业的发展所作的统筹安排，而城乡各项事业的发展又是由国民经济和社会发展规划所确定的。《城乡规划法》第五条规定，城市总体规划、镇总体规划以及乡规划和村庄规划的编制，应当依据相应的国民经济和社会发展规划。

2.3 城乡规划相关法律规范和技术标准（规范）

《城市规划编制办法》规定："城市规划编制单位应当严格依据法律、法规的规定编制规划，提交的规划成果应当符合本办法和国家有关标准"。又规定："编制城市规划，应当遵守国家有关标准和技术规范，采用符合国家有关规定的基础资料。”

2.4　国家政策

城乡规划是落实国家政策的重要工具，《城乡规划法》第四条规定：“制定和实施城乡规划，应当遵循城乡统筹、合理布局、节约土地、集约发展和先规划后建设的原则，改善生态环境，促进资源、能源节约和综合利用，保护耕地等自然资源和历史文化遗产，保持地方特色、民族特色和传统风貌，防止污染和其他公害，并符合区域人口发展、国防建设、防灾减灾和公共卫生、公共安全的需要”。这些中央政府所珍视的价值观是各层级城乡规划编制的重要指针。

2.5　城市政府及其城乡规划主管部门的指导意见

对城市土地使用的调控是城市政府实现其愿景的重要工具，所以，城市政府及其城乡规划主管部门非常重视各类城乡规划对城市各种事业发展进行的空间安排。

第5节　我国现行城乡规划运作体制

我国城乡规划运作体制的核心是程序合法、依据合法。

1　开发控制制度

我国城市规划运作实施“一书两证”制度，即建设项目选址意见书、建设用地规划许可证和建设工程规划许可证。乡村规划运作实施规划许可证制度开发控制程序和要求在城市规划区和乡、村庄规划区有所不同。

1.1　对于城市规划区

1.1.1　建设项目选址意见书申请阶段

按照国家规定需要有关部门批准或者核准的建设项目，以划拨方式提供国有土地使用权的，建设单位在报送有关部门批准或者核准前，应当向城乡规划主管部门申请核发选址意见书。根据1991年建设部、国家计委关于印发《建设项目选址规划管理办法》的通知，建设项目选址意见书，按建设项目计划审批权限实行分级规划管理。县人民政府（地级市、县级市、直辖市、计划单列市）计划行政主管部门审批的建设项目，由该人民政府城市规划行政主管部门核发选址意见书；省、自治区人民政府计划行政主管部门审批的建设项目，由项目所在地县、市人民政府城市规划行政主管部门提出审查意见，报省、自治区人民政府城市规划行政主管部门核发选址意见书；中央各部门、各公司审批的小型和限额以下的建设项目，由项目所在地县、市人民政府城市规划行政主管部门核发选址意见书；国家审批的大中型和限额以上的建设项目，由项目所在地县、市人民政府城市规划行政主管部门提出审查意见，报省、自治区、直辖市、计划单列市人民政府城市规划行政主管部门核发选址意见书，并报国务院城市规划行政主管部门备案。但是，上述项目以外的建设项目不需要申请选址意见书。

1.1.2　建设用地规划许可证申请阶段

在城市、镇规划区内以划拨方式提供国有土地使用权的建设项目，经有关部门批准、核准、备案后，建设单位应当向城市、县人民政府城乡规划主管部门提出建设用地规划许可申请，由城市、县人民政府城乡规划主管部门依据控制性详细规划核定建设用地的位置、面积、允许建设的范围，核发建设用地规划许可证。

在城市、镇规划区内以出让方式提供国有土地使用权的，在国有土地使用权出让前，城市、县人民政府城乡规划主管部门应当依据控制性详细规划，提出出让地块的位置、使用性质、开发强度等规划条件，作为国有土地使用权出让合同的组成部分。在签订国有土地使用权出让合同后，建设单位应当持建设项目的批准、核准、备案文件和国有土地使用权出让合同，向城市、县人民政府城乡规划主管部门领取建设用地规划许可证。

1.1.3 建设工程规划许可证申请阶段

在城市、镇规划区内进行建筑物、构筑物、道路、管线和其他工程建设的，建设单位或者个人应当向城市、县人民政府城乡规划主管部门或者省、自治区、直辖市人民政府确定的镇人民政府申请办理建设工程规划许可证。申请办理建设工程规划许可证，应当提交使用土地的有关证明文件、建设工程设计方案等材料。需要建设单位编制修建性详细规划的建设项目，还应当提交修建性详细规划。对符合控制性详细规划和规划条件的，由城市、县人民政府城乡规划主管部门或者省、自治区、直辖市人民政府确定的镇人民政府核发建设工程规划许可证。

1.2 对于乡、村庄规划区

在乡、村庄规划区内进行乡镇企业、乡村公共设施和公益事业建设的，建设单位或者个人应当向乡、镇人民政府提出申请，由乡、镇人民政府报市、县人民政府城乡规划主管部门核发乡村建设规划许可证。

2 开发控制的依据

城乡规划行政主管部门在实施城乡规划时的依据主要有：法律规范依据、城乡规划依据、技术规范依据和政策依据。

（1）法律规范依据。城乡规划实施必须贯彻《城乡规划法》及其配套法规和相关法律法规；遵循当地由省、自治区和直辖市依法制定的城乡规划地方性法规、政府规章和其他规范性文件。

（2）城乡规划依据。根据《城乡规划法》，城市、县人民政府城乡规划主管部门不论是核发建设用地规划许可证，还是建设工程规划许可证都将控制性详细规划作为最为重要的依据。

（3）技术规范、标准依据。包括国家制定的城乡规划技术规范、标准；城乡规划行业制定的技术规范、标准；各省、自治区、直辖市根据国家技术规范编制的地方性技术规范、标准。

（4）政策依据。城乡规划运作是行政管理工作。各级人民政府根据经济社会发展的实际情况，为城市建设和管理需要制定的各项政策，也是城乡规划运作的依据。

表3–5–1所示为北京市建设规划用地许可证（建筑工程）申请的审查依据。

北京市建设规划用地许可证（建筑工程）申请审查依据　　表 3–5–1

	法规	适用条款
1	《中华人民共和国城乡规划法》	第 40、41、42、44 条
2	《北京市城市规划条例》	第 26、27、28、29、30、31、32、33、34、35、36、37 条
3	《北京市生活居住建筑间距暂行规定》	全部条款
4	《北京市人民政府关于在城市道路两侧和交叉路口周围新建、改建建筑工程的若干规定》	第 1、2、3 条
5	《关于在城市干道两侧划定隔离带的规定》	第 1、2、3 条
6	《关于城市干道两侧隔离带内现有村镇建设管理的若干规定》	第 2、3、4、5、6、7 条
7	《北京市铁路干线两侧隔离带规划建设管理暂行规定》	第 2、3、4、5、6 条
8	《北京市密云水库怀柔水库和京密引水渠水源保护管理条例》	第 23 条
9	《关于划定市区河道两侧隔离带的规定》	第 1、2、3、4 条
10	《北京市城市自来水厂地下水源保护管理办法》	第 5、6、7 条
11	《人民防空工程建设与使用管理规定》	第 10、11 条
12	《北京市水利工程保护管理条例》	第 11 条
13	《关于加强规划管理保护机场净空的通知》	第 3、4 条
14	《北京市人民政府关于加强对涉外建设项目进行国家安全事项审查的通知》	第 1、2 条
15	《文物保护法》	第 18 条
16	《北京市文物保护管理条例》	第 22、23 条
17	《北京市历史文化名城保护条例》	第 24、25 条
18	《北京市文物保护单位保护范围及建设控制地带管理规定》	第 2、3、4、5、6、7 条
19	《北京市长城保护管理办法》	第 12 条
20	《北京市人民政府关于加强八达岭—十三陵风景名胜区规划管理的规定》	第 2、3、4、5、6 条
21	《北京市人民政府关于严格控制颐和园、圆明园地区建设工程的规定》	第 2、3、4、5、6 条
22	《中华人民共和国传染病防治法》	第 30 条
23	《北京市生活饮用水卫生监督管理条例》	第 8 条
24	《中华人民共和国食品卫生法》	第 19 条
25	《中华人民共和国无线电管理条例》	第 32 条
26	《广播电视设施保护条例》	第 18、19 条
27	《北京市工程建设场地地震安全性评价管理办法》	第 5、9 条
28	《北京市实施〈中华人民共和国防震减灾法〉办法》	第 17 条

资料来源：北京市规划委员会官方网站 Http：//www．bjghw．gov．cn/．

本章小结

对城乡规划体制的理解是规划师开展工作的基本前提，它为城乡规划活动提供了应当遵循的规则，如城乡规划责任主体所拥有责任和权力的界定，规划工作内容与程序等。规划法规系统、规划行政系统、规划技术系统，以及规划运作系统等构成了城乡规划体制的 4 个子系统。从历史演进来看，城乡规划体制总是与一定的政治社会背景、技术条件等紧密相关的。

本章首先从世界各国规划体制比较的视野入手，对规划体制所涉及的 4 个子系统的概念、可能的表现形式进行了阐述，从而帮助我们理解城乡规划体制在不同国家的差异以及背后的影响因素。接着，本章将重点放在了对我国现行城乡规划体制的介绍上，对规划所应遵循的法律法规系统、规划行政体系的组织以及开发控制的程序与方法等进行了简单的描述。规划师应当紧密掌握规划法规系统的发展动态，确保对城乡规划体制的认知全面、及时，并最终保证在工作中的合法性和合理性。

复习思考题

1. 城乡规划体制除了本章介绍的 4 个子系统外，你认为还应包含哪些子系统？

2. 我国现行城乡规划法规体系由哪几部分构成？你认为我国城乡规划法律体系下一步应重点补充哪方面的法规？

3. 结合你所了解的城乡建设中的事件，思考城乡规划体制在其中的作用。

第4章 城市规划的价值观

本章在分析全球城市发展所面临的主要问题和核心挑战的基础上，提出了城市规划应把“永续发展”作为专业发展的基本价值观，把永续发展的思想贯彻到城市规划具体工作的每一个环节当中。但在坚守底线的同时，城市规划不应放弃对和谐发展高线的追求，也就是建立和谐城市。本章对和谐城市的理念提出、核心内容进行了详细的阐述，并介绍了“和谐城市”的柱锥模型。这是城市规划工作者在任何时候都必须坚守的基本价值观，为创建城市的美好未来贡献力量，这也是城市规划百年历程不变的追求。

第1节 城市规划的任务

1 规划

“规划”（Planning）是一个被普遍使用的术语，规划行为是一种无处不在的人类活动。规划不仅存在于城市发展领域，而且遍布各个行业和领域，甚至渗透到我们的生活细节。霍尔（Peter Hall）在《城市与区域规划》一书中就列

举了规划（Planning）广泛的应用场合："有人需要一个发动战争的规划；外交家则制定维持和平的应急规划。我们谈论教育规划，只要学生达到一定年龄，需接受某种教育，就需要教室、图书馆和教师，就需要预先做规划；我们谈论拟定经济规划，以尽量缩小暴涨、暴跌，减轻失业之苦；我们也听到过制定住房规划和社会服务设施规划。现在，工业也需要编制庞大的规划：如生产一种新型汽车或打印机，必须在投入市场以前做多年的工作。"[1]

一般来讲，规划是一种有意识的系统分析与决策过程，规划者通过增进对问题各方面的理解以提高决策的质量，并通过一系列决策保证既定目标（desired goals）在未来能够得到实现[2]。这里的规划者可以是个人、家庭、企业，也可以是社区、国家和国际组织。不同的规划者可能有着不同的诉求和目标。可见，规划必然以某项目标为前提，而该目标的实现又受制于一系列相关决策的制定。Hans Blumenfeld[3]的研究显示，制定规划是人类区别于动物的基本属性之一，他的研究还显示，即使是人类本身，不同个体的规划能力也不尽相同，某些人要比另一些人更善于规划，也就是说，他们更具思考能力（thoughtful）和更富于技巧（skillful）。

不同领域的学者给"规划"下了不同的定义。德罗尔（Y. Dror）[4]认为，规划即拟定一系列的决策以指导未来的行动，最终实现既定目标，并且在此基础上形成新的决策集合与新的追求目标。麦克劳林[5]（I.B.Mcloughlin）认为，规划就是建立一整套广泛且具体的目标，并通过对个人和集团的行为进行管理和控制，以减少其消极外部性同时引导物质环境产生积极影响。霍尔[6]认为，规划是指设计一个行动序列，以保证既定目标得以实现。还有学者认为，规划是一种有组织、有意识和连续的尝试，规划者通过选择最佳的方法来实现既定的目标。尽管上述定义各自有所侧重和延伸，但我们仍可以从中读出规划的几条基本要素或属性：第一，既定目标，即规划必定是基于既定的、特定的目标；第二，行动或决策集合或序列，即规划必定包含一系列对于实现目标有贡献的决策或行动；第三，这些决策或行动的内在逻辑在于后向传递性，即上一项决策或行动引发下一项决策或行动，最终导致既定目标的实现。

2 城市规划

2.1 城市规划职业的起源

不同国家和地区都以相似的方式规划与管理城市的土地开发。城市规划泛指政府，特别是地方政府有意识地管理与干预城市土地开发过程（urban development process）的活动。有组织的城市规划职业起源于19世纪末，工业革命和快速城市化带来城市问题的激增，卫生、供水、交通、住房等领域的状况极度恶化，在欧洲和北美的许多城市，产业工人寄居在卫生条件极差的租屋内。霍尔将19世纪晚期的工业城市称之为"暗夜城市"（the city of dreadful night）。在此背景下，许多专业人士致力于城市危机的化解：工程师设计了大规模的给排水设施；建筑师和公共卫生工作者致力于住宅管理以保证必要的通风和日照；景观建筑师成为环境运动的中坚，并在19世纪末与建筑师一起推动城市美化的理念。城市规划学科从其诞生之日起就致力于化解城市矛盾与危机，为创造更为美

好的生活提供解决方案。进入20世纪后，伴随着社会经济的发展，城市问题与矛盾层出不穷，城市规划学科始终以增进公共利益为基本方针。

2.2　城市规划的任务

城市规划是人类为了在城市的发展中维持公共生活的空间秩序而作的未来空间安排。这种对未来空间发展的安排意图，在更大的范围内，可以扩大到区域规划和国土规划，而在更小的空间范围内，可以延伸到建筑群体之间的空间设计。因此，从更本质的意义上，城市规划是人居环境各层面上的以城市层次为工作对象的空间规划。在实际工作中，城市规划的工作对象不仅仅是行政级别意义上的城市，包括行政管理设置在市级以上的地区、区域，也包括够不上城市行政设置的镇、乡和村等人居空间环境。因此，有些国家采用城乡规划的名称，我国在2007年颁布的《城乡规划法》中也正式将“城市规划”的提法改为“城乡规划”，将镇规划、乡规划和村庄规划纳入我国规划体系中，而所有这些对未来空间发展不同层面上的规划统称为“空间规划体系”。

在计划经济体制下，城市规划的任务是根据已有的国民经济计划和城市既定的社会经济发展战略，确定城市的性质和规模，落实国民经济计划项目，进行各项建设投资的综合部署和全面安排。

在市场经济体制下，城市规划的本质任务是合理地、有效地和公正地创造有序的城市生活空间环境。这项任务包括实现社会政治经济的决策意志及实现这种意志的法律法规和管理体制，同时也包括实现这种意志的工程技术、生态保护、文化传统保护和空间美学设计，以指导城市空间的和谐发展，满足社会经济文化发展和生态保护的需要。

关于城市规划的任务，各国由于社会、经济体制和经济发展水平的不同而有所差异和侧重，但其基本内容是大致相同的。日本一些文献中提出“城市规划是城市空间布局，建设城市的技术手段，旨在合理地、有效地创造出良好的生活与活动的环境”。德国把城市规划理解为整个空间规划体系中的一个环节，“城市规划的核心任务是根据不同的目的进行空间安排，探索和实现城市不同功能的用地之间的互相管理关系，并以政治决策为保障。这种决策必须是公共导向的，一方面解决居民安全、健康和舒适的生活环境，另一方面实现城市社会经济文化的发展”。《不列颠百科全书》中关于城市规划与建设的条目指出“城市规划与改建的目的，不仅仅在于安排好城市形体——城市中的建筑、街道、公园、公用设施及其他的各种要求，而且，最重要的在于实现社会与经济目标。城市规划的实现要靠政府的运筹，并需运用调查、分析、预测和设计等专门技术”。所以，可以把城市规划看成是一种社会运动、政府职能，更是一项专门职业。现在，在许多国家里，城市规划的范围扩大了，包括大面积土地空间，因为人们认识到，整个自然环境必须有秩序地加以开发。在一些较小的国家里，可使用的土地有限，规划可能包括全部国土。在英国这种广义的规划叫“城乡规划（Town and Country Planning)”，在美国则通称为“城市与区域规划（City and Regional Planning)”。美国国家资源委员会认为“城市规划是一种科学、一种艺术、一种政策活动，它设计并指导空间的和谐发展，以满足社会与经济的需要”。前苏联长期实行计划经济体制，认为城市规划是经济社会发展计划的

继续和具体化，是从更大空间的经济社会发展计划层次讨论确定城市的功能性质和发展规模。由此可见，各国城市规划的共同和基本的任务是通过空间发展的合理组织，满足社会经济发展和生态保护的需要。

中国现阶段城市规划的基本任务是保护创造和修复人居环境，保障和创造城市居民安全、健康、舒适的空间环境和公正的社会环境，达到城乡经济、文化和社会协调、稳定地永续、和谐发展。

第2节　城市规划的目标与价值观

1　城市规划的目标

人类的有意识活动都是目标导向的。不同的人类活动有着不同的目标体系，城市规划作为一项实践活动同样也是目标导向的，目标是建构城市规划工作相关环节，如立法、机构设置、程序设计等的出发点，也是城市规划各个环节绩效评价的重要准则。城市规划体制运行的意义就在于保证特定规划目标在一定时期内得到实现，因此，规划目标在城市规划体制中居于核心地位。基于此，麦克劳林认为目标确立是城市规划诸环节中最为重要的一项，因为规划目标将直接影响后续的一系列决策和结果。

从本质来看，城市规划的目的在于消除或抑制发展的消极影响，并增进积极影响。城市规划价值观的发展历程，实质上反映了人们对开发的消极影响和积极影响的认识发展过程。

利维（J. M. levy）[7]对城市总体规划的一般目标进行了总结：①健康，即土地使用要有助于保证公众健康；②公共安全，即在城市的各个层面全方位地保障市民的安全；③交通，即为社区提供便利的交通条件；④公共设施的提供，即为社区提供诸如公园、学校、医院等公共设施；⑤财政健康，即城市开发要考虑社区的财政状况；⑥经济目标，即促进经济增长或维持现有经济水平；⑦环境保护，即限制城市开发和土地使用对环境造成的压力；⑧再分配的目标，即将城市规划作为再分配的工具。[8]

2　价值观影响城市规划目标的形成

2.1　价值观

价值观是指个人对客观事物（包括人、物、事）及对自己的行为结果的意义、作用、效果和重要性的总体评价，是对什么是好的、是应该的总看法，是推动并指引一个人采取决定和行动的原则、标准，是个性心理结构的核心因素之一。它使人的行为带有稳定的倾向性。它反映人对客观事物的是非及重要性的评价。人不同于动物，动物只能被动适应环境，人不仅能认识世界是什么、怎么样和为什么，而且还知道应该做什么、选择什么，发现事物对自己的意义，设计自己，确定并实现奋斗目标。

2.2　价值观的作用

价值观决定人的自我认识，它直接影响和决定一个人的理想、信念、生活

目标和追求方向的性质。价值观的作用大致体现在以下两个方面：①价值观对动机有导向的作用，人们行为的动机受价值观的支配和制约，价值观对动机模式有重要影响，在同样的客观条件下，具有不同价值观的人，其动机模式不同，产生的行为也不相同，动机的目的方向受价值观的支配，只要那些经过价值判断被认为是可取的，才能转换为行为的动机，并以此为目标引导人们的行为；②价值观反映人们的认知和需求状况，价值观是人们对客观世界及行为结果的评价和看法，因而，它反映了人的主观认知世界。

心理学和认知科学已经揭示出，人们根据特定的价值来勾画可能的情景，并据此对未来的不确定性作出分析和判断，并对当前的行动进行决策。这些可能的情景设定无一不是某种价值观导向下的预期的理想结果。

爱因斯坦曾告诫科学家："对人类自身及其命运的关注，从来都必须成为一切技术工作的目的。"科学哲学家则认为："一个社会的进化，包括它的经济系统的进化在内，都和构成它所有表现形式的价值体系的变化有着密切的联系。一个社会的价值观将决定其世界图景和宗教制度，科学事业和技术以及政治和经济的格局。一旦一套共同的价值观和目标被提出和确立后，它将构成社会的观念、看法以及对创新和社会适应性的变化的选择框架。文化价值体系变化常常是对环境的挑战作出的响应，每当这种变化产生时便将出现新的文化进化模式。"价值体系研究对于所有社会科学都是极为重要的。

2.3 价值观对城市规划目标的影响

在政策分析家看来，目标的形成有以下几个来源：①权威——专家的意见将影响目标的确定；②洞察力——某些人群对特定问题具有良好的直觉和判断力，他们的意见对于目标的形成具有积极的意义；③分析方法——分析方法的创新有助于目标的确立，如对多个相互冲突的目标进行排序；④科学理论——自然科学和社会科学的理论解释是目标确立的重要依据；⑤动机——特定群体的动机和目标将决定总体目标的确立；⑥类似事件——其他国家和城市的类似经验是目标形成的重要参照；⑦类推——不同问题中的共通之处是政策目标的又一来源，如在美国，用来增加妇女平等就业机会的法案就是比照保护少数民族权益的相关政策制定的；⑧价值体系——即人类积淀的思想与价值体系。在上述8个政策目标的重要来源中，价值体系是最为基础、直接和本质的，是政策目标形成的基石。因此，价值观关乎政策目标的形成，更决定政策活动的开展以及政策结果的走向。城市规划目标的实质就是依据价值观对城市未来的发展状况进行预设。

3 城市规划价值观的确立

城市规划作为一项社会实践，价值观对于目标的确立、执行、调整和评估具有重要的意义，价值观的影响更是贯穿于规划立法、规划编制、开发控制和项目实施等所有环节和阶段。长期以来，城市规划一直以保护与促进公共利益作为学科的价值观，具体来说，主要涉及以下方面[9]：健康与安全（Health/Safety）；方便与效率（Convenience/Efficiency）；公平与平等（Equity）；美观与有序（Beauty/Orderliness）；环境与资源（environment/resource）等。尽管这些

价值观可能会有纷繁的表述形式，强调的维度也不尽相同，但我们还是可以从中读出最为基本的价值观。城乡规划学科发展的基本目标是“城乡空间中的居民生命财产的安全保障。”这是学科建设发展的底线，假如规划学科脱离了这个底线，学科发展就会轻浮，规划学科必须坚持底线上的课题开展、学者培养和组织投入。[10]

任何规划都不可能是脱离价值观的中立的工作，只有真正明确了规划的价值观，才能在城市规划工作中进行有目的的协调，规划编制、规划实施和规划评价才能有明确的准则与标准。城市规划的终极目标是创造更优的人居环境，但是对于良好人居环境的理解却一直处于发展演变之中。不同时期的规划基于其所处的特定背景和认识水平持不同的价值观。但是，近 20 年来，永续发展正在逐渐成为城市规划的基本价值观。

第3节 永续发展作为城市规划的基本价值观

1 永续发展的概念与思想形成

1.1 永续发展的概念

永续发展的概念来源于生态学，最初应用于林业和渔业，用来描述一种对资源的战略管理方式，即如何使用或消耗全部资源中的适当比例，而不致使资源受到毁灭性破坏，并且，新成长的资源数量足以弥补耗用的数量。其后，经济学家由此提出永续产量的概念，这是对永续性进行正式分析的开始，这一概念后来被广泛应用于社会经济的各种领域。

世界环境与发展委员会对“永续发展”（sustainable development）的定义是：“既满足当代人的需要，又不对后代人满足其需要的能力构成危害的发展。”并指出：“永续发展包括两个重要的概念：①‘需要’的概念，尤其是世界上贫困人民的基本需要，应将此放在特别优先的地位来考虑；②‘限制’的概念，技术状况和社会组织对环境满足眼前和将来需要的能力施加的限制。因此，世界各国——发达国家或发展中国家，市场经济国家或计划经济国家，其经济和社会发展的目标必须根据持续性的原则加以确定。解释可以不一，但必须有一些共同的特点，必须从持续发展的基本概念上和实现持续发展的大战略上的共同认识出发。”[11]

1.2 永续发展思想的形成

人类对永续发展的认识可追溯到两百多年前，英国经济学家马尔萨斯（T. R. Malthus）1798 年在《人口学》一书中就已经提出了人口增长应当与经济增长和环境资源相协调的观点。

第二次世界大战后，经济增长和城市化对环境造成了巨大压力。《我们共同的未来》指出：“在世界的某些地区，特别是 1950 年代中期以来，增长和发展大大地改善了人们的生活水平和生活质量。带来这些进步的许多产品和技术具有较高的原料和能源的消耗率，造成了大量污染，给环境的影响比人类史上任何时候都要大。”工业化社会强调功能和效率，却忽视了对人类自身生存环

境的营造与维护，由此造成了全球环境的恶化。19 世纪初大气中 CO_2 含量为 280ppm，由于人们大量耗能，到 20 世纪中期这一指标上升为 350ppm，如此高的 CO_2 浓度加剧大气的温室效应（滞留于大气中的 CO_2，如同温室的玻璃，挡不住阳光却能吸收热量，同时阻挡了地面热气向上空散发，使地面温度上升）。冰川融化导致海平面上升，全球各三角洲面临被淹没的危险。人类大量使用制冷剂氟氯化碳，使得保护人体免受紫外线伤害的天然屏障臭氧层已出现 2200 万 km^2（中国国土的 2 倍多）的空洞。素有"地球之肺"之称的亚马逊河流域集中了世界 1/3 的原始热带雨林，生态专家的研究显示若这些雨林遭到破坏，欧洲将可能面临冰冻化的危机。

在这样的背景下，人们开始反思与质疑增长与发展的关系。1962 年，美国学者卡森（Rachel Carson）发表了著作《寂静的春天》，这部轰动一时的专著即使在今天也颇具影响。作者在书中描绘了一幅农药污染引发的可怕场景，并以此警醒人类将失去"明媚的春天"。这部专著在世界范围引发了关于人类发展观的讨论。1972 年，另外两位美国学者沃德（Barbara Ward）和杜博斯（Rene Dubos）发表专著《只有一个地球》，该书将人类的生存与环境统一到了永续发展的语境下。同年，罗马俱乐部发表《增长的极限》（The Limits to Growth），该研究报告明确提出了"持续增长"和"合理的持久的均衡发展"的理念。还是在 1972 年，联合国在斯德哥尔摩召开人类环境会议，通过了《人类环境宣言和行为计划》。

此后环境问题逐渐成为全球关注的热点：1976 年联合国在温哥华召开第一次人类住区大会[12]。1980 年，联合国向全世界发出呼吁："必须研究自然的、社会的、生态的、经济的以及利用自然资源过程中的基本关系，确保全球持续发展。" 1981 年国际建筑师协会（UIA）发表"华沙宣言"——《人类 · 建筑与环境》。1983 年联合国成立世界环境与发展委员会（WCED），挪威首相布伦特兰（Gro Harlem Brundland）出任主席，成员包括来自科学、教育、经济、社会及政治等领域的 22 位代表，其中有 14 位来自发展中国家。联合国要求该组织以"永续发展"为基本纲领，制定"全球变革日程"。1987 年该委员会向联合国大会提交了题为《我们共同的未来》（Our Common Future）的报告，正式阐述了永续发展（Sustainable Development）的理念，并建议召开联合国环境与发展大会。1992 年联合国在里约热内卢召开环境与发展大会（UNCED）——"地球峰会"（Earth Summit），通过《环境与发展宣言》（以下简称《宣言》），标志着世界各国普遍接受了"永续发展观念"。《宣言》指出，人类在经济和社会发展的同时，要防治污染；人类要走经济、社会与环境协调发展的道路，改变人类是宇宙的主宰，人类驾驭自然的观念，从而缓解和消除人类与自然的对立和冲突。《宣言》强调当代人在寻求发展和进步的同时，应当考虑到后代的利益。人类只有一个地球，应当建立生态文明的新观念。本次大会还同时通过了《全球 21 世纪议程》[13]（以下简称《议程》），《议程》是一份更具操作性的、涵盖广泛的纲领性文件，涉及人类永续发展的所有领域，提出了经济、社会和环境协调发展的行动纲领，也强调了永续发展在管理、科技、教育和公众参与等方面的能力建设。《议程》提出："永续发

展包含了社会、经济和环境的因素……"，并要求各国政府在寻求发展的同时统筹考虑经济、社会和环境问题，以实现经济效益，社会公平和环境保护三者的平衡。《宣言》和《议程》认为，社会和人的发展是永续发展的核心。各国的发展阶段不同，发展的具体目标也不尽相同，但发展的内涵却应该是一致的，即改善人类的生活质量，提高人类的健康水平，创造一个保证人们享受平等、自由、教育和人权，并免受暴力的社会环境。人类在以与自然和谐相处的前提下享有过健康而富足生活的权利。

联合国环境规划署，国际自然资源保护联盟、世界野生动物基金会编辑出版了《保护地球——永续生存战略》(Caring for the Earth: A Strategy for Sustainable Living)（以下简称《战略》)。《战略》提出 9 项永续生存原则：①尊重并保护生活社区；②改善人类生活质量；③保持地球生命力及生物多样性；④对非再生资源的消耗降低到最低程度；⑤维持在地球的承载力之内；⑥改变个人的态度和行为；⑦使社区和公民团体关心自己的环境；⑧提供协调发展与保护的国家网络；⑨创建全球性联盟。《战略》指出，这些原则所折射出的价值观念，特别是关心他人和尊重自然，在若干世纪前就已经得到世界范围许多文化和宗教的认同。

1.3 永续发展的战略意义

从永续发展的思想出发，我们今天的发展不要对明天的发展带来危害，应是支持型的发展，而非掠夺性的开发；少用不可再生的资源，有条件地使用可再生资源；减少废弃物及对自然的污染，为子孙留下蓝天碧水。

永续发展逐渐突破了自然环境的范围，即生态的永续性，扩展到社会、文化、经济领域的永续性。当然生态的永续是最基本的内涵。

永续发展的核心是发展，人类不求发展，不求进步，人类就不可能获得完美的生活。特别对于发展中的国家，发展更是硬道理。问题是要从全局，长远的观点去认识发展，达到永续地发展，这正是最本质的战略目标。如果只顾眼前的短期局部效益出发，从长远全局看可能得不偿失，这种发展只能是饮鸩止渴，最终和发展的战略目标反而相悖，如：森林减少、水土流失、土地沙化、洪水泛滥、空气水体与大地受到污染、臭氧层破坏、气温上升、海水上涨……例如，为了扩大耕地面积，垦荒毁林使我国水土流失面积达 367 万 km^2，占国土 38.2%，每年 50 亿 t 的土壤流入大海，导致淤积库容 200 亿 m^3，黄河河床每年上升 10cm，每年因水土流失带走 4000 万吨氮、磷、钾，相当于我国全年化肥生产总量。从全局、从长远看，这些发展显然得不偿失。最明显的是，1998 年夏天长江出现百年不遇的大洪灾，直接损失 1600 亿元。亡羊补牢，为保护森林资源，改善长江上游生态环境，四川决定立即无条件全面停止天然林采伐，关闭木材交易市场，停建输运木材工程，湖北省也决定退耕还湖……正如恩格斯在《自然辩证法》中早就告诫："我们不要过分陶醉于我们对自然界的胜利，对于每一次这样的胜利，自然界都报复了我们"。

城市是人类、经济、社会、活动最为集中的地域，城市的永续发展对实现全人类永续发展，关系重大。城市规划正是着眼于长远、从全局利益出发，全面地、综合权衡局部利益和全局利益、眼前利益和长远利益、经济利益和社会

利益的重要工作，因此在城市规划中贯彻、落实永续发展的战略方针具有重大的历史意义。

2 永续住区与永续城市

2.1 永续的人类住区发展（Sustainable Human Settlement Development）

《全球21世纪议程》把人类住区的发展目标总结为改善人类住区的社会、经济和环境质量和所有人，特别是城市和乡村贫民的生活和工作环境。在此基础上，在8个领域提出了实现这一目标的一系列方案，这8个领域分别为：①向所有人提供适当的住房；②改善人类住区的管理；③促进永续的土地使用规划和管理；④促进综合供应环境基础设施，包括供水、卫生、排水和固体废物管理；⑤促进人类住区永续发展的能源和运输系统；⑥促进灾害易发地区的人类住区规划和管理；⑦促进永续的建筑业活动；⑧促进人力资源开发和能力建设以促进人类住区发展。

《伊斯坦布尔人居宣言》（Istanbul Declaration on the Human Settlement）确立了两个全球目标，即保证人人享有适当住房和使人类住区更安全、更健康、更舒适、更公平、更持久，也更具效率。宣言认为："为改善人类住区中的生活质量，我们一定要与条件恶化作斗争，在大多数情况下，特别是发展中国家，条件恶化已达到危机的程度。为此，我们必须全面重点地解决特别是工业化国家的非持续性的消费和生产方式问题；非持续性的人口变化问题，包括结构和分布，要优先考虑人口过于集中的趋势；无家可归问题；贫困加剧问题；失业问题；社会排斥问题；家庭不稳定问题；资源缺乏问题；基础设施和服务不足问题；规划欠缺问题；不安全因素及暴力日益增加问题；环境恶化和抗灾能力不断减弱问题。"宣言强调："城市发展和乡村发展密不可分。除改善城市生活环境外，我们还必须努力为农村地区提供适当的基础设施、公共服务设施和就业机会……"宣言主张："人是我们所关心的永续发展的中心，因此当我们采取行动实施《人居议程》时，要以他们为基础……我们将加大力度消除贫困和歧视，推动和保护所有人的一切人权和基本自由，并满足人们的基本需求，如教育、营养和终身医疗服务，尤其是人人享有适当的住房。为此，我们决心根据当地的需要和实际情况，改善人类住区的生活条件；而且我们认为需要对全球的经济、社会和环境发展趋势予以关注，以确保为所有的人创造更好的生活环境，我们还将确保所有的妇女和男人能全面、平等地和青年有效地参与政治、经济和社会生活。我们特别要为《人居议程》所界定的十多亿生活赤贫的人们和易受伤害和处境不利的群体作出如此的承诺。"[14]

2.2 永续的城市发展（Sustainable Urban Development）

城市是人类住区的一种形式。就永续发展来看，城市既符合人类住区的普遍特征，又具有某些独特的属性。

1996年的《人居议程》指出："根据预测，至20世纪末，将有30多亿人（即世界人口的一半以上）生活和工作在城市地区。城镇及其居民面临的最严重问题，包括资金不足，缺乏就业机会，无家可归者不断增加和棚户区蔓延，贫穷加剧和贫富悬殊扩大，不安全感加剧和犯罪率上升，建筑材料，公共服务及基

础设施不足和恶化，缺乏保健和教育设施，土地使用不当，土地使用权无保障，交通堵塞加剧，污染增多，缺少绿地，供水和卫生设施不足，城市发展不协调，以及遭受灾害的易损性增加”。

1996 年，《伊斯坦布尔人居宣言》指出：“我们认为城镇是文明的中心，推动了经济的发展和社会、文化、精神及科学的进步。我们必须利用我们住区所带来的机遇，保护其丰富多彩的形式，以促进全人类的团结”；“我们的城市必须成为人类能过上有尊严、身体健康、安全、幸福和充满希望、生活美满的地方”。

城市不仅是人类发展中各种问题的症结点，同时也是传承与发展人类文明的主阵地。

《人居议程》强调：“我们承诺在城市化地区实现永续的人类住区目标，为此，我们要推动社会进步，使其在生态系统的承受能力之内，充分利用资源，并考虑到预防原则，为所有人，特别是易受伤害或处境不利的群体，获得与大自然及其文化遗产、精神和文化价值观相协调的健康、安全和富于成效的生活提供平等机会，这将能确保经济和社会的发展以及环境的保护，从而促进国家永续发展目标的实现。”

3 城市规划与永续城市发展

根据联合国人居署报告《和谐城市：世界城市状况报告 2008/2009》，截至 2008 年，世界城镇化水平已经在人类历史上第一次超越了 50%的关口，而在未来 20 年，城市更将容纳 60%的世界人口。也就是说城市的前途将决定人类的前途，城市发展必须走向永续，城市规划师责任重大。与此同时，气候变化等世界所面临的环境问题和由此而来的国际争端已经突出到无法视而不见的地步。地球的资源、全球气候变化对人类的挑战已然处在危机的边缘。我们的城市未来将采取什么样的发展模式，规划师如何应对已经是人类高度的一个命题。实现城市的永续发展，城市规划承担了特别重要的历史使命，也能够通过自身的努力实现这一目标，将城市从威胁地球生存的问题来源转化为解决全球问题的答案所在。世界各国的规划界都在为此而努力，并将其确立为专业发展的基本价值观。

以英国为例，《规划与强制收购法 2004》（Planning and Compulsory Purchase Act 2004）明确提出，城乡规划有责任实现城乡永续发展的目标。英国的规划制度认为：“规划不仅塑造作为人们生活与工作场所的城市，还影响作为我们家园的乡村。规划在政府实现社会、环境和经济等方面的目标，以及建设永续社区过程中扮演着重要的角色”[15]。英国副首相办公室发布的《规划政策陈述 1：实现永续发展》（Planning Policy Statement 1：Delivering Sustainable Development）对城乡规划在社会、生态和环境永续发展中应当发挥的作用作了较为细致的界定。

在社会维度，该政策强调社会的融合和包容（social cohesion and inclusion）。该政策认为，单凭物质环境的更新并不能解决贫困、社会不公以及社会排斥。城乡规划应当考虑开发活动对社会结构造成的影响；减少社会不公平；保证所有居民都能够方便地享用健康、住房、教育、商业和休闲等设施；兼顾所有居民的需求，包括因年龄、性别、种族、宗教、残疾和收入等因素而产生的特殊需求；创造安全、健康和富有魅力的居住地。

在环境维度，该政策强调政府应当致力于城乡自然与历史环境品质的保护与提升：对于极其珍贵的城镇景观、生物栖息地以及自然资源，政府应当采取严格的保护措施；对于那些具有国家甚至国际意义的资源更应当实施最为严厉的保护措施。城乡规划应当考虑一系列环境问题，诸如：减少温室气体排放；使用可再生资源；减少空气与土地污染；减少噪声与光污染；保护大地景观；保护野生动物及其栖息地；保护物种的多样性；改善城乡地区的自然与建成环境；减少废物排放等。

在经济维度，该政策强调政府有责任推动稳定并富有活力的经济发展，惟其如此，才会社区繁荣，人民乐业。城乡规划应当：保证工业、商业、零售、公共服务、旅游、休闲等开发能够获得适宜区位的土地；未雨绸缪，为应对地方经济变化做好准备；在适宜的区位供应充足的高品质的住房；保证基础设施和服务的供应以适应经济活动及其变化；识别潜在的经济发展与投资机遇。

对我国来说，由于正处于快速发展期，加速发展的压力巨大，产业和技术又在全球格局中相对低端，这让我国城镇发展与世界发达国家相比面临着更大的挑战，主要表现为[16]：①资源的瓶颈效应；②农村日益增长的富余劳动力与城镇有限吸纳能力之间的矛盾；③经济发展、社会发展以及人民日益增长的物质和文化需要与相对滞后的城镇功能和物质基础设施之间的矛盾；④城镇自然和人文资源面临的来自城镇发展的压力。在此背景下，我国的《城乡规划法》规定，制定和实施城乡规划，应当遵循城乡统筹、合理布局、节约土地、集约发展和先规划后建设的原则，改善生态环境，促进资源、能源节约和综合利用，保护耕地等自然资源和历史文化遗产，保持地方特色、民族特色和传统风貌，防止污染和其他公害，并符合区域人口发展、国防建设、防灾减灾和公共卫生、公共安全的需要[17]。但在具体的规划实践中，我国致力于实现永续城市的相关法规体系、技术体系还处在探索之中，未来更需要城市规划师把永续发展放在规划工作的核心理念，贯彻在城市规划编制和实施的每一个细节当中。城市规划师需要树立这样的信心，通过合理的空间安排和运转、管理，城市可以更加集约地使用地球资源，通过永续的规划可以提升城市中人的生活质量。

第4节　“和谐城市”作为城市发展的理想目标

在中国古代哲学中，和谐意味着对待一切事物适度而平衡的态度，这是一个古老的社会理想。今天，和谐被赋予了更多的现代思想，如社会公平、环境永续性、性别平等、包容和善治等。今天，我们站在一个新时代的门槛上。我们即将进入人类历史上的一个全新时代——全球的城市时代，人类的大多数将第一次告别乡村居住生活，50%以上的人口将在城市里生活。8000 年的城市历史，是一部人类文明的发展历史，同时也是一部站在自然对立面的人类建设

史。如果前工业社会和工业化社会还能维持这样的城市发展的话，当全球城市化超过50%之后，站在自然对立面的城市不得不被终结，这个星球无法承担更多的人口向这种自然对立面的城市集结。人类未来只有两种选择：要么城市化停止于现在的状态，要么另辟蹊径创造"更好的城市"来满足"更好的生活"。这样，我们就必须回答：如何设计新时代的城市空间形态，如何规划城市空间的发展进程，如何创造人类城市社会生活的环境。因为这些问题将直接决定半数以上人类的生活质量，甚至影响到整个人类的命运。

1 "和谐城市"哲学思想的形成与发展

1997年在北京的国际会议上，50多位国内外学者，老中青三代规划师签署了《21世纪城市规划师宣言》。宣言在回顾20世纪城市及其规划发展历史的基础上，于核心纲领提出了"三个和谐"，即人与自然的环境和谐、人与人的社会和谐以及历史与未来的发展和谐。2003年春，在世博会高层战略思考报告中，第一次提出了"和谐城市"的理念。2004年3月，同济大学世博会规划方案把"和谐城市"作为核心思想，使上海2010世博会主题"城市，让生活更美好"在规划上得以落实。2008年联合国人居署（UN–Habitat）第四届"世界城市论坛"（World Urban Forum）在我国南京举办，论坛将"和谐城镇化"这一主题分解为社会和谐的城市、经济和谐的城市、环境和谐的城市、空间和谐的城市、历史和谐的城市、代际和谐的城市等六个分议题。"和谐城镇化"是对前三届大会主题的整合与提升[18]。同年，联合国人居署出版了《和谐城市：世界城市状况报告2008/2009》（Harmonious City：The State of World Cities 2008/2009），正式以联合国文献题目的形式提出了"和谐城市"。和谐城市就是城市在规划未来发展中应当探寻更为美好的城市生活的理想目标。

2 永续城市与和谐城市

相比于西方思想体系中的永续发展，和谐城市扎根于东方思想体系。《文心雕龙·声律》曰"异音相从，谓之和"，《左传》又言"如乐之和，无所不谐"。"和"主要表现为"相杂"和"相济"，也就是世界有不同，但按照一定的规律相互配合将这些不同和矛盾的事物转化为令人愉悦的新事物。在这里，"谐"——按照协同的方式共同工作就成为了实现"和"的手段，"和"来源于"谐"，就像乐队不同乐器按照共同乐谱协同工作才能奏出美妙的乐章。

从永续发展到和谐发展，反映了人类为建设更美好城市的思索有了更新的认识。永续发展提出的初衷是为了应对危机，其核心诉求是人类的生存；而和谐发展则是在永续发展的基础上，创造更美好、更有意义的人类生存方式。或者说，和谐城市以永续性（sustainability）为底线，但又不满足于人类生存的底线，而是追求更高境界的发展模式。在这种模式下，不仅基本生存与发展的条件能够得到满足，人类还可以在物质层面和精神层面得到更大的愉悦。因此，坚守永续城市的底线，追求和谐城市的高线，两者同样对城市的发展具有重要的意义，分别构成了东西方文明对人类社会发展的贡献。

3　和谐城市的价值观

3.1　人与自然的环境和谐

从诞生的第一天起，城市就是人类脱离野蛮的象征，造就文明的归宿。然而与之相悖的却是从其诞生的第一天起，城市的特质中就始终存在着与自然的对立。工业革命以后，人类的都市生活与自然生活进一步疏离。这种现象引发了对理想城市的探索："田园城市"、"广亩城市"、"光辉城市"、"带状城市"……然而这些理想城市的范式始终未能解决人类城市的自然对立特质。直到 1970 ～ 1980 年代"生态城市"的概念被提出后，人类才开始把城市的终极理想范式定格于自然资源和能源使用的极小化上，即自然消耗的"极小主义"(Minimalism)。

"人与自然的环境和谐"是对工业城市的建设思想中以现代工业文明战胜自然环境的哲学理念的一次反思和扬弃。21 世纪的城市，应该以一种对自然尊重的态度，从自然的生存中间汲取智慧，得到启发。"和谐城市"不再是站在自然环境对立面的一个人工环境，它应该成为自然整体系统中间的一个部分，它不再是自然资源和能源的"消费者"，而应该是生态系统循环中间的一个环节。它不仅以理性和智慧最大可能地减少资源和能源消费，更应该能够成为自然资源和能源生产和再生产的场所。

3.2　人与人的社会和谐

人与人在不同的个体背景条件下和谐共存、共生，人类这一最基本的社会需求和最高理想无论是在历史上还是在今天都没有在世界范围的城市化地区得到体现。相反城市化越发达的地区，人与人之间出现的问题不仅大量地造成生理上的压迫，还更密集地造成心理和精神上的压迫。城市化程度高的城市中的犯罪率、自杀率、心理疾病的发病率，普遍高于城市化发展落后的地区，人类社会心理疾病伴随着城市化的进程同步提高。假如不终结这样的城市发展模式，城市化程度越高，人类得到的幸福就会越少。

"人与人的社会和谐"强调城市中不同文化背景和不同社会集团之间的社会和谐，重视区域中各城市之间、城市中不同文化背景和社会集团之间居民生活的和谐。避免城市范围内的社会空间的强烈分割和对抗。城市全体市民的社会生活和谐，是城市在 21 世纪发展努力的社会目标，坚持为全体城市居民服务，是都市发展的根本立场。

3.3　历史与未来的发展和谐

城市是一个动态物，从人类脱离愚昧的古代人类文明智慧体系的出现，伴随着古埃及城市文明、古希腊城市文明、古中华城市文明和两河流域城市的文明的发展，人类的智慧体系、人类的宗教体系、人类的文化体系和人类的科学体系在城市中间诞生并集聚。但随着技术体系的不断提升，尤其是现代社会的出现，城市的建造规模和改造规模不断扩大，城市所占用的资源和能量不断集聚。在这种快速变化的时代，城市的遗产和城市的发展成为一种对立。城市在"发展"的同时却在失去更多的城市文明传统，牺牲的是人类的文化遗产、精神、社会亲情。城市中文明的发展成为文明传统自身的杀手。这样的对立于传统的

城市也应该终结。

“历史与未来的发展和谐”，即强调保持城市发展过程中历史的延续性，保护文化遗产和传统生活方式，促进新技术在城市发展中的运用并使之为大众服务，努力追求城市文化遗产保护与新的科学技术运用之间的协调。实现城市发展过程中时间序列的和谐将是21世纪城市发展的重大课题，也是城市能够实现让城市生活更加美好的重要内容。

《伊斯坦布尔人居宣言》称：“我们将推动具有历史、文化、建筑、自然、宗教和精神价值的建筑物、纪念物、开阔空间、风景名胜和住区风貌的保护、修复和维护。”《和谐城市》评估了城市中各种有助于促进和谐的无形资产，如文化遗产、认同感、集体记忆等，该报告认为，这些无形资产代表了“城市的灵魂”，并和有形资产共同促进城市的和谐发展。[19]

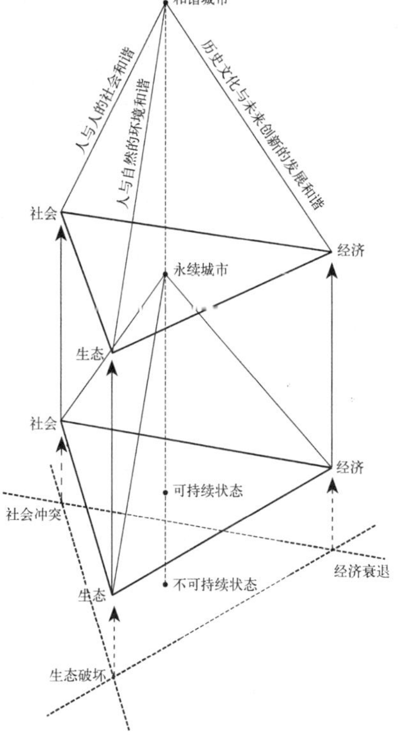

图4-4-1　和谐城市的“柱锥模型”
资料来源：本书编写组自绘.

4　和谐城市“柱锥模型”

在永续发展三角形模型的基础上，根据永续城市与和谐城市的高线与低线关系，可以建构起和谐城市的“柱锥模型”（图4-4-1）。在永续发展的三角形模型中，社会、环境和经济构成了三角形的三个顶点，三角形的三条边代表了不同利益诉求直接的冲突，永续的状态就来源于冲突之间的平衡。

这种平衡构成了和谐城市“柱锥模型”的基本面，也就是能够维持可持续状态。而一旦任何一方面的冲突使得城市脱离这一基本面造成无法容忍的社会动荡、环境破坏、经济衰退状况时，城市将处于不可持续状态。

当各方面冲突最小化到一定程度，这样的城市可以称之为“永续城市”。“永续城市”构成了“和谐城市”的基本面，也就是社会、环境和经济各自发展，不相冲突。当三大要素之间的关系从不冲突上升到相互协同，实现了人与人的社会和谐、人与自然的环境和谐，以及历史与未来的发展和谐，这样的城市可以称之为“和谐城市”。

注　释

[1]（英）P. 霍尔著．城市和区域规划．邹德慈，金经元译．北京：中国建筑工业出版社，1985：1.

[2] Stephen M. Wheeler.Planning for Sustainability.New York.Routledge.2004：11.

[3] Hans Blumenfeld（1892 ~ 1988，德国／加拿大），城市与区域规划师、教育家，曾担任多伦多大学教授，主要著作有《现代大都市》（The Modern Metropolis）（1967）等。

[4] 德罗尔（Y.Dror，1928 ~，以色列），公共政策学派代表人物。

[5] 麦克劳林（J.B.Mcloughlin），英国系统规划理论学家。

[6] 霍尔（Peter Hall，1932 ~，英国），著名城市地理学家，伦敦大学巴特利特建筑与规划学院规划学教授，英国社会科学院院士。

[7] 列维（J.M.Levy），美国弗吉尼亚州立大学理工学院城市事务与规划教授。

[8] （美）约翰 · M · 利维著. 现代城市规划. 孙景秋等译 . 北京：中国人民大学出版社，2003.

[9] 参考 Hok-Lin Leung，Land Use Planning Made Plain，University of Toronto Press，Toronto，2003.

[10] 吴志强. 重大事件对城市规划学科发展的意义及启示. 城市规划学刊，2008，6：16-19.

[11] 世界环境与发展委员会，国家环保局外事办公室译 . 我们共同的未来. 1980.

[12] 考虑到 1976 年在加拿大的温哥华举行的联合国第一届人类住区会议以来的经验，“人居二”重申近年来各有关世界会议的成果，并归结这些经验，形成人类住区议程：《人居议程》。1992 年在巴西里约热内卢举行的联合国环境与发展会议（政府首脑会议）制定了《21 世纪议程》。在该会议上，国际社会商定了可持续人类住区建设框架。其他各会议，包括第四届世界妇女会议（1995 年，北京）、社会发展世界首脑会议（1995 年，哥本哈根）、国际人口与发展会议（1994 年，开罗）、小岛屿发展中国家可持续发展全球会议（1994 年，巴巴多斯）、世界减轻自然灾害会议（1994 年，横滨）、世界人权会议（1993 年，维也纳）以及儿童问题世界首脑会议（1990 年，纽约）和普及教育世界会议（1989 年，泰国宗甸），也都讨论了重要的社会、经济和环境问题，包括可持续发展议程的内容，其成功地实施则要求在地方、国家和国际各级采取行动。1988 年通过的《到 2000 年全球住房战略》强调需要改进住房建设和转让、修订国家住房政策和拟订可行的发展战略，为下个世纪实现人人享有适当住房的目标提供了有益的指南。

[13] 随后，许多国家都相继制定了本国的持续发展计划。1994 年 3 月 25 日中国国务院通过了《21 世纪议程——中国 21 世纪人口、环境与发展白皮书》。

[14] 伊斯坦布尔人居宣言。

[15] Planning Policy Statement 1：Delivering Sustainable Development.

[16] 中共中央宣传部理论局组织编写. 科学发展观学习读本. 北京：学习出版社，2006.

[17] 《中华人民共和国城乡规划法》第四条。

[18] 世界城市论坛是关于世界城市发展的联合国最高端论坛，也是全球人类居住问题的第一大会。前三届论坛的主题分别是“可持续的城市化”、“城市—文化十字路口，包容与综合”和“可持续发展的城市——由理念到行动”。

[19] 联合国人居署 . 和谐城市 .2008/2009 世界城市状况报告 . 吴志强等译 . 北京：中国建筑工业出版社，2008.

本章小结

城市规划作为一种确定集体未来的活动，无可避免地受到价值观的深刻影响。本章从规划作为一种有意识决策过程的概念出发，阐述了价值观对城市规划活动的影响力。在分析了全球城市发展所面临的主要问题和核心挑战的基础上，本章提出了城市规划应把“永续发展”作为专业发展的基本价值观，把永续发展的思想贯彻到城市规划具体工作的每一个环节当中。但作为西方文明成果的永续发展仅仅是城市发展的生存底线，在坚守底线的同时，城市规划不应放弃对和谐发展高线的追求，也就是建立和谐城市。最后本章对和谐城市的理念提出、核心内容进行了详细的阐述，并介绍了和谐城市的柱锥模型。城市规划工作者在任何时候都必须坚守这些基本的价值观，为创建城市的美好未来贡献力量，这也是城市规划百年历程不变的追求。

复习思考题

1. 城市规划的根本目标是什么？
2. 永续发展的概念是什么？为什么说永续是城市发展的生存底线？
3. 和谐城市的概念是什么？如何理解“和谐城市”的柱锥模型？

第2篇

城市规划的影响要素及其分析方法

城乡发展及其空间规划受到生态、经济、社会、文化、技术等基本要素的共同影响。城乡空间是生态、经济、社会、文化、技术等要素作用力的空间投影，受到这些要素的深刻影响；同时，城乡空间的规划和建设又作用于一个地域空间的生态、经济、社会、文化、技术等各项基本要素，成为这些要素发展的良性助推或阻尼力量。本篇集中阐述城市规划的思想方法论和城市分析方法工具，从城市发展中的生态与环境、经济与产业、人口与社会、历史与文化、技术与信息5个方面的基本要素，分章探讨了各项要素的基本内涵和基本规律，解析了这些要素对城市发展影响的思考方法，每章还介绍了在城市规划中对各项影响要素进行基本分析的方法。通过本章的学习和讨论，可以帮助读者以不同影响要素把握城乡发展，以不同视角审视城市规划和建设，以不同分析方法剖析城市规划编制中的多元诉求，为本书下面介绍的城乡空间规划的编制操作做好思想方法和分析工具的准备。

第5章　生态与环境

本章以生态与环境为主题，着重论述了人与自然、人与资源、资源与环境，以及人、自然、资源、环境与城市之间的相互关系。在城市生态系统的论述中，着重阐释了系统的结构、功能、流态与运行，最后针对人类所居住的城市环境着重解析了其特征与效应、容量与质量，以及城市环境影响评价的要点和意义等。

第1节　人与环境

1　自然与人类文明

不同的历史阶段，人与自然的关系经历了不同的历史演变过程。人类社会作为自然界的一个生物种群，在自然的发展演化过程中不断地进行着自身的组织结构的发展演化，从而不断地适应和利用自然。城市的出现就是这些演化的重要结果之一。

在原始社会，人类崇拜和依附于自然。农业文明时期，人类敬畏和利用

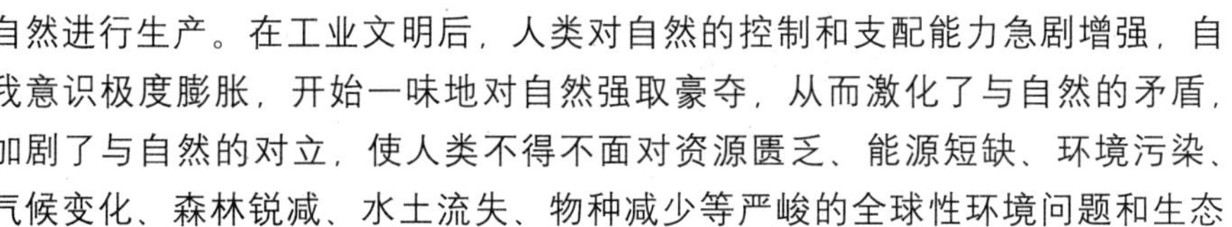

自然进行生产。在工业文明后，人类对自然的控制和支配能力急剧增强，自我意识极度膨胀，开始一味地对自然强取豪夺，从而激化了与自然的矛盾，加剧了与自然的对立，使人类不得不面对资源匮乏、能源短缺、环境污染、气候变化、森林锐减、水土流失、物种减少等严峻的全球性环境问题和生态危机。

经历了近200年的工业文明后，人类积累和创造了农业文明无法比拟的财富，开发和占用自然资源的能力大大提高，人与自然的关系发生了根本性颠倒，人确立了对自然的主体性地位，而自然则被降低为被认识、被改造，甚至被征服和被掠夺的无生命客体的对象。[1]

2 人口与资源

人类的生存和发展离不开资源。近200年来，随着生产力的提高、近代医疗保健的进步和基本生活资料的不断丰富，人口数量和平均期望寿命明显增长，1930年全球人口为29亿，1960年为30亿，1987年突破50亿大关，目前已达60多亿。世界人口总量不断增加，生活水平不断提高，人类对资源的开发利用强度愈来愈高，这些都造成了资源的短缺与环境破坏。人口增长对资源和环境具有深刻的影响，成为环境问题的核心，与永续发展息息相关。

人口增长使得人类对能源的需求量迅速增加。能源是指人类取得“能量”的来源，尚未开发出的能源应被称作为资源，不能列入能源的范畴，能源的稀缺性是由于资源的有限性导致的。尽管人类已发现的矿物有3300多种，而当前人类大量使用的能源主要是不可再生的化石燃料，如煤炭、石油和天然气等。考虑到科学、技术和市场因素，尽管人类用能效率不断提高，但能源消耗总量仍然呈增长趋势，目前已探明的石油储量只可供人类使用30年，天然气可用70年。由于燃煤的效率低，将会受到严格的限制，这些传统化石燃料的大量使用则是造成当前地球环境问题的主要原因。

土地资源是生态系统中最为宝贵的资源，是人类及其他生物的栖息之地，也是人类生产活动最基本的生产资料与生活资料。随着城市面积不断扩大，耕地面积随指数递减，生态足迹严重扩展，自然生态系统的修复功能减退。同时大面积的耕作和过度放牧，造成水土流失，使全球每年损失300多万hm^2的土地，土地荒漠化成为全球最严重的环境危机之一。

水是生命之源。人类水资源利用主要是生产、生活和运输用水。由于降水时空分布不均，世界上有60%以上的地区缺水。随着人口的增加，城镇化的加速，淡水紧缺已成为当前世界性的生态环境问题之一，将构成社会经济发展和粮食生产的制约因素。

森林和湿地是自然界发挥自净功能的重要组成部分，荒漠化带来了水资源、森林和湿地的减少，与此同时生物多样性也遇到严峻的挑战。人类大规模的生产和生活活动，导致了物种减少的速度加快。过去的30年间，全球的生物种类减少了35%，目前地球上可供生物生长的土地和海洋面积总共为114亿hm^2，全球人均仅有1.9hm^2的土地或海洋可供利用。世界自然保护基金会（WWF）《地球资源状况报告》指出，目前人类对自然资源的利用超出其更新能力的20%。[2]

3 资源与环境

资源，一般是指自然界存在的天然物质财富，或是指一种客观存在的自然物质，地球上和宇宙间一切自然物质都可称作资源，包括矿藏、地热、土壤、岩石、风雨和阳光等。广义的资源指人类生存发展和享受所需要的一切物质的和非物质的要素。联合国环境规划署（UNEP）对资源下过这样的定义：在一定时间、地点的条件下能够生产经济价值，以提高人类当前和未来福利的自然环境因素和条件的总称。[3] 而狭义的资源仅指自然资源。

按资源属性不同，可将资源划分为自然资源和社会资源。自然资源是具有社会有效性和相对稀缺性的自然物质或自然环境的总称，包括土地资源、气候资源、水资源、生物资源、矿产资源等。社会资源是自然资源以外的其他所有资源的总称，是人类劳动的产物，包括人力、智力、信息、技术和管理等资源。

人类为生存和发展会不断地向自然界索取。工业社会以机器动力为主要工具，提供了比农业社会大得无法比拟的动力，驱动巨大的流水线、交通、通信、贸易，以及整个社会的快速运转。人类一方面掠夺式地从自然环境中获取资源，另一方面又将生产和消费过程中产生的废弃物排放到自然环境中去，加之不可再生资源的大规模消耗，导致了自然资源的渐趋枯竭和生态环境的日益恶化，人与自然的关系完全对立起来，气候变暖、海平面上升、臭氧层损耗、酸雨蔓延等全球性环境问题与大量开采、大量运输、大量生产、大量消费和大量废弃的资源消耗线性模式有关。

据专家预测，至21世纪中叶，全球能源消耗量将是目前水平的两倍以上。如果按照目前全球人口增长及城镇化发展的速度，以及所消耗的自然资源的速度来推算，未来人类对自然资源的“透支”程度将每年增加20%。这意味着，到21世纪中叶，人类所要消耗的资源量将是地球资源潜力的1.8～2.2倍。也就是说，到那时需要两个地球才能满足人类对于自然资源的需求。

4 城市化与资源和环境

城市是人类文明的产物，也是人类利用和改造自然的集中体现。从18世纪的工业革命开始，大规模的集中生产和消费活动促进了人口的聚集，现代化的交通和基础设施建设加快了城镇化的进程，城市数量和规模迅猛发展。

城镇化和城市人口的规模增加与资源消耗的关系十分密切。目前城市集中了全人类50%以上的人口，大量能源和资源向城镇化地区输送，城市是地球资源主要的消费地。一般认为，城市消耗的能源占人类能源总消耗的75%，城市消耗的资源占人类资源总消耗的80%。同时，城镇化进程对能源的消耗有着巨大的影响。世界银行2003年的一份分析报告表明，人均国民生产总值（GNP）每增加一个百分点，能源消耗会以同样的数值增加（系数为1.03）。城市人口每增加一个百分点，能源消耗会增加2.2%。即能源消耗的变化速度是城镇化过程变化速度的两倍。从人类文明历程来看，工业化和城镇化的过程，是社会财富积累加快、人民生活水平迅速提高的一个过程，也是人类大量消耗自然资源的过程。按照经济地理学界的城镇化理论，当城镇化率超过30%时，就进入了城镇化的快速发展时期，中国的城镇化正处在这个快速发展的关键时期，对能源和资源的需求急剧上升，绝大部分能源和资源用于制造业、交通和建设过程之中。

城镇化可以促进经济的繁荣和社会的进步。城镇化能集约地利用土地，提高能源利用效率，促进教育、就业、健康和社会各项事业的发展。同时，城镇化不可避免地影响了自然生态环境，造成维持自然生态系统的土地面积和天然矿产物的减少，并使之在很大区域内发生了持续的变化，甚至消失，使自然环境朝着人工环境演化，致使生物种群减少、结构单一，生物与人的生物量比值不断降低，生态平衡破坏，自然修复能力下降，生态服务功能衰退。

从城市自身发展来看，由于人口密集和资源的大量消耗，城市生活环境恶化，提高了城市的生活成本，使城市自身发展失去活力。城市产生和排放的大量有害气体、污水、废弃物，加剧了城市地区微气候的变化和热岛效应，使城市的自然生态系统受损，危及人类健康，人为地加大了改善环境的投资和医疗费用等。此外，大量的物质消耗造成各种自然资源的短缺，加重了城市的负担，加剧了城市的生态风险，对城市的永续发展形成了制约。

第2节 城市生态系统

1 生态系统

生态系统是指由生物群落与无机环境构成的统一整体。生态系统的范围可大可小，相互交错。最大的生态系统是生物圈，地球上有生命存在的地方均属生物圈，生物的生命活动促进了能量流动和物质循环，并引起生物的生命活动发生变化。生物要从环境中取得必需的能量和物质，就得适应环境，环境发生了变化，又反过来推动生物的适应性发生变化，这种反作用促进了整个生物界持续不断的变化。而人类只是生物圈中的一员，主要生活在以城乡为主的人工生态系统中。

生态系统是开放系统，是一定空间内生物和非生物成分通过物质循环、能量流动和信息交换而相互作用和依存所构成的生态功能单位。许多物质在生态系统中不断循环，其中碳循环与全球气候变化密切相关。

城市作为一种人口高度集中、物质和能量高度密集的生态系统，一方面极大地推动了人类经济和社会的发展，同时也对城市及其周围的自然环境产生了不利的影响，甚至殃及整个生物圈的结构和功能。因此，研究城市生态系统的结构和功能特点，对于协调人与自然的关系，实现人类经济和社会的永续发展，具有非常重要的意义。

2 城市生态系统的特点

城市生态系统是城市居民与周围生物和非生物环境相互作用而形成的一类具有一定功能的网络结构，也是人类在改造和适应自然环境的基础上建立起来的特殊的人工生态系统，由自然系统、经济系统和社会系统复合而成。

城市中的自然系统包括城市居民赖以生存的基本物质环境，如能源、淡水、土地、动物、植物、微生物、阳光、空气等；经济系统包括生产、分配、流通和消费的各个环节；社会系统主要表现为人与人之间、个人与集体之间以及集体与集体之间的相互关系。这三大系统之间通过高度密集的物质流、能量流和信息流相互联系，其中人类的管理和决策起着决定性的调控作用。因此，与自然生态系统相比，城市生态系统具有以下特点：

第一，城市生态系统是人类起主导作用的人工生态系统。城市中的一切设施都是人制造的，人类活动对城市生态系统的发展起着重要的支配作用，具有一定的可塑性和调控性。与自然生态系统相比，城市生态系统的生产者绿色植物的量很少；消费者主要是人类，而不是野生动物；分解者微生物的活动受到抑制，分解功能不强。因此，城市生态系统的演化是由自然规律和人类影响叠加形成的。

第二，城市生态系统是物质和能量的流通量大、运转快、高度开放的生态系统。城市中人口密集，城市居民所需要的绝大部分食物要从其他生态系统人为地输入；城市中的工业、建筑业、交通等也必须大量从外界输入物质和能量。城市生产和生活产生大量的废弃物，其中有害气体必然会飘散到城市以外的空间，污水和固体废弃物绝大部分不能靠城市中自然系统的净化能力自然净化和分解，如果不及时进行人工处理，就会造成环境污染。由此可见，城市生态系统不论在能量上还是在物质上，都是一个高度开放的生态系统。这种高度的开放性又导致它对其他生态系统具有高度的依赖性，同时会对其他生态系统产生强烈的干扰。

第三，城市生态系统是不完整的生态系统。城市自我稳定性差，自然系统的自动调节能力弱，容易出现环境污染等问题。城市生态系统的营养结构简单，对环境污染的自动净化能力远远不如自然生态系统。城市的环境污染包括大气污染、水污染、固体废弃物污染和噪声污染等。按照现代生态学观点，城市也具有自然生态系统的某些特征，具有某种相对稳定的生态功能和生态过程。尽管城市生态系统在生态系统组成的比例和作用方面发生了很大变化，但城市生态系统内仍有植物和动物，如果城市生态系统得以正常进行，必须与周围的自然生态系统发生着各种联系。

第四，城市生态系统的人为性、开放性和不完整性决定了它的脆弱性。在自然生态系统中，能量的最终来源是太阳能，在物质方面则可以通过生物地球化学循环而达到自给自足。城市生态系统则不同，它所需求的大部分能量和物质，都需要从其他生态系统（如：农田生态系统、森林生态系统、草原生态系统、湖泊生态系统、海洋生态系统）人为地输入。同时，城市中人类在生产活动和日常生活中所产生的大量废物，由于不能完全在本系统内分解和再利用，必须输送到其他生态系统中去。由此可见，城市生态系统也是非常脆弱的生态系统。由于城市生态系统需要从其他生态系统中输入大量的物质和能量，同时又将大量废物排放到其他生态系统中去，它就必然会对其他生态系统造成强大的冲击和干扰，最终影响到城市自身的生存和发展。

3 城市生态系统的运行

3.1 结构

城市生态系统的结构在很大程度上不同于自然生态系统，是因为除了自然系统本身的结构外，还有以人类为主体的社会、经济等方面的结构。在对城市生态系统结构研究的过程中，常常根据其系统特色划分不同领域，包括经济结构、社会结构、生物群落结构、物质空间结构等。针对城市经济子系统的结构研究涉及城市的能源结构、物质循环、经济实体构成等众多方面；针对城市社会子系统的结构研究涉及年龄结构、性别结构、职业结构、素质结构、社会关系等众多方面；针对城市自然子系统的结构研究涉及物种构成、物种分布、食物链网等方面；从城市物质空间系统出发又涉及空间类型、空间组织结构等。这些子系统的结构关系相互作用、相互制约，通过各种复杂的网络联系为一个独特的整体。

3.2 功能

3.2.1 生产功能

人工生态系统的生产分为生物生产和非生物生产两种类型。生物生产是指在该生态系统中的所有生物（包括人、动物、植物、微生物）从体外环境吸收物质、能源，并将其转化为自身内能和体内有机组成部分，以及繁衍后代、增加种群数量的过程。非生物生产是人工生态系统所特有的，它指人类利用各种资源生产人类社会所需的各种事物，不仅包括衣食住行所需物质产品的生产，还包括各种艺术、文化、精神财富的创造。城市生态系统具有强大的生产力，并以非生物性生产为主导。

3.2.2 能量流动

城市生态系统的能量流动与自然生态系统所不同之处集中在来源和传播机制两方面。在能量来源方面，与自然生态系统绝大部分依赖太阳辐射不同，城市生态系统的能量来源趋于多样化，有太阳能、地热能、原子能、潮汐能等多种类型。在能量传播机制方面，自然生态系统的能量传递是自发地寓于生物体新陈代谢过程之中，而城市生态系统的能量传递大多是通过生物体外的专门渠道完成的，例如输电线路、输油与供气的管网等。城市中大量的能量流转是非生物性的流动与转化，消耗在人类制造的各种机械运转的过程中，而且主要受人工控制。

3.2.3 物质循环

城市生态系统的物质循环主要指各项资源、产品、货物、人口、资金等在城市各个区域、系统、部门之间以及城市外部之间反复作用的过程。城市生态系统中的物质有两大来源：第一是自然来源，包括各种环境要素，例如空气流、水流、自然的植被等；其次是人工来源，各种人类活动产生或无意排出的，以及从城市之外输入的物质，例如食品、原材料、废物等。

3.2.4 信息传播

城市作为以人类为主导的生态系统，其最突出的特点之一是各类信息汇集的焦点。在认识自然和社会发展规律的同时，人类积累和创造着更多信息，这

些信息因为城市是人口密集、生产密集、生活集中的场所而汇集和储存于城市。处理各类信息是城市的重要功能之一，城市是信息处理的重要基地，也是高水平信息处理人才汇集的重要场所。城市生态系统信息传播具有总量巨大、信息构成复杂、通过各类传递媒介进行传递并依赖辅助设施进行处理和储存、在信息传递和处理过程中存在大量信息歧义现象等特点。

3.3　流态

城市生态系统功能的发挥是靠系统中连续不断和密集的物质流、能量流、信息流、人口流和资金流等生态流来实现和维持的，正是这些生态流以物质循环、能量流动和信息传递的运动方式和过程，实现了城市的支持、生产、消费和还原功能，因此这些生态流是城市生态系统的功能过程和动态表现。

3.4　运行结构

城市生态系统的各要素是组成系统的基础，是系统运行结构的基本功能单元，称为生态元。各生态元之间通过相互联系、相互作用，行使着支持、生产、消费和还原的功能，形成了一个完整的系统。城市生态系统的生态元之间的连接，构成了一种链状的运行结构，链与链之间又耦合成为网状结构，最后由链与网、网与网之间相互作用耦合成为具有一定时间性的复杂的立体网络结构。因此，城市生态系统的运行结构是由"元—链—网"耦合而成的复杂运行体系。链状运行结构是城市生态系统各生态元的直接耦合，体现着系统内各生态元之间的物质流动、能量转化和信息传递等关系，它是城市生态系统运行的基础。城市生态系统网络结构是人工网和自然网的结合，是由城市物理网络、经济网络、社会网络等构成的，是一种多维的立体的网络体系。

第3节　城市环境

1　城市环境的概念与组成

1.1　概念

城市环境（urban environment）是指影响城市人类活动的各种自然的或人工的外部条件。狭义的城市环境主要指物理环境，包括地形、地质、土壤、水文、气候、植被、动物、微生物等自然环境及房屋、道路、管线、基础设施、不同类型的土地利用、废气、废水、废渣、噪声等人工环境。广义的城市环境除了物理环境外还包括人口分布及动态、服务设施、娱乐设施、社会生活等社会环境，资源、市场条件、就业、收入水平、经济基础、技术条件等经济环境，以及风景、风貌、建筑特色、文物古迹等美学环境。

1.2　组成

城市环境由城市自然环境、城市人工环境、城市社会环境、城市经济环境和城市美学环境等组成。城市自然环境是构成城市环境的基础，它为城市这一物质实体提供了一定的空间区域，是城市赖以存在的地域条件。城市人工环境是实现城市各种功能所必需的物质基础设施，没有城市人工环境，城市与其他人类聚居区域或聚居形式的差别将无法体现，城市本身的运行也将受到抑制。

城市社会环境体现了城市这一区别于乡村及其他聚居形式的人类聚居区域在满足人类在城市中各类活动方面所提供的条件。城市经济环境是城市生产功能的集中体现，反映了城市经济发展的条件和潜势。城市景观环境（美学环境）则是城市形象、城市气质和韵味的外在表现和反映。

2 城市环境的特征与效应

2.1 城市环境特征

（1）界限相对明确。城市有明确的行政管理界限及法定范围，城市环境的界限相对明确，这同江河、森林、草原、山川等的自然环境分布界限是有区别的。

（2）构成独特、结构复杂、功能多样。城市环境的构成既有自然环境因素，又有人工环境因素，还有社会环境因素与经济环境因素。城市环境所具有的空间性、经济性和社会性及美学性特征，又使得其结构呈现多重及复式特征。城市环境所具有的多元素构成、多因素复合式结构又保证了其能够发挥多种功能。

（3）开放性并对外界具有依赖性。城市生态系统必须由外部输入生产原料与生活资料，再把生产产品和生活废弃物转送到外部去。当城市系统对外的物质、能量、信息交流失去平衡，系统内的生态环境和条件便出现中断或梗阻。

（4）影响和制约因素众多。城市环境不仅受自然环境（地形、地质、土壤、水文、气候、植物等），而且还受包括城市社会环境（人口、服务、社会生活等）与城市经济环境（资源、能源、土地等）在内的诸多因素的制约。此外，国际、国内政治形势及国家宏观发展战略的取向与调整也对城市环境产生种种直接或间接的影响，并直接作用于城市环境，影响城市环境的质量。

（5）具有脆弱性，一旦有一个环节发生问题，将会使整个城市环境系统失去平衡，造成其他环节的相关失衡，使环境问题变得严重。例如，当城市供电发生故障，会使工厂停产、给水排水停顿，而城市排水不畅，会造成污水外溢乃至横流，这又会影响城市交通，带来社会生活的一系列问题。

2.2 城市环境效应

环境对于人类活动或自然力的作用是会有响应的，对环境施加有利的影响，在环境系统中就会产生正效应；反之亦然。城市环境效应（urban environmental effect）是指城市人类活动给自然环境带来一定程度的积极影响和消极影响的综合效果，包括污染效应、生物效应、地学效应、资源效应、美学效应等。

2.2.1 城市环境的污染效应

城市环境的污染效应指城市人类活动给城市自然环境所带来的污染作用及其效果。城市环境的污染效应从类型上主要包括大气、水体质量下降、恶臭、噪声、固体废弃物、辐射、有毒物质污染等几个方面。

2.2.2 城市环境的生物效应

城市环境的生物效应（biological effect）是指城市人类活动给城市中除人类之外的生物的生命活动所带来的影响。城市中除人类以外的生物有机体大量

地、迅速地从城市环境中减少、退缩以至消亡，这是目前城市环境生物效应的主要表现。应该指出，城市环境的生物效应并非总是对生物不利。在采取有效措施后，各类生物是能与城市人类共存共生的。

2.2.3 城市环境的地学效应

城市环境的地学效应是指城市人类活动对自然环境（尤其是与地表环境有关的方面）所造成的影响，包括土壤、地质、气候、水文的变化及自然灾害等。城市热岛效应、城市地面沉降、城市地下水污染等都属于城市环境的地学效应。

2.2.4 城市环境的资源效应

城市环境的资源效应指城市人类活动对自然环境中的资源，包括能源、水资源、矿产、森林等的消耗作用及其程度。城市环境的资源效应体现在城市对自然资源极大的消耗能力和消耗强度方面，反映了人类迄今为止具有的以及最新拥有的利用资源的方式，不仅对城市经济和社会生活产生影响，而且还对除城市以外的其他人群具有深远的影响和作用。

2.2.5 城市环境的美学效应

城市环境的景观效应是包含城市物理环境与人工环境在内的所有因素的综合作用的结果。这些景观在美感、视野、艺术及游乐价值方面具有不同的特点，对人的心理和行为产生了潜在的作用和影响。同时，城市人类如何利用城市的物理环境，按何种总体构思及美学思想进行城市景观体系的构塑，也会对城市环境的美学效应产生影响，这表明，城市人类对城市环境的美学效应具有积极的作用。

3 城市环境的容量与质量

3.1 城市环境容量

3.1.1 概念与内容

城市环境容量是环境对于城市规模及人的活动提出的限度。即城市所在地域的环境，在一定的时间、空间范围内，在一定的经济水平和安全卫生条件下，在满足城市生产、生活等各种活动正常进行的前提下，通过城市的自然条件、经济条件、社会文化历史等的共同作用，对城市建设发展规模及人们在城市中各项活动的状况提出的容许限度。

城市环境容量包括城市人口容量、自然环境容量、城市用地容量以及城市工业容量、交通容量和建筑容量等内容。

(1) 城市人口容量。城市人口容量是指在特定的时期内，在城市这一特定的空间区域所能相对持续容纳的具有一定生态环境质量和社会环境质量水平及具有一定活动强度的城市人口数量。

(2)城市大气环境容量。城市大气环境容量是指在满足大气环境目标值(即能维持生态平衡及不超过人体健康阈值）的条件下，某区域大气环境所能承受污染物的最大能力，或允许排放污染物的总量。

(3) 城市水环境容量。城市水环境容量是指在满足城市用水以及居民安全卫生使用城市水资源的前提下，城市区域水资源环境所能承纳的最大污染物质的负荷量。水环境容量与水体的自净能力和水质标准有密切的关系。

3.1.2 城市环境容量分析

城市规划中，对城市环境容量的分析主要从影响和制约环境容量的主要因素入手，一般包括以下几个方面：

（1）城市自然条件：自然条件是城市环境容量中最基本的因素，它包括地质、地形、水文及水文地质、气候、矿藏、动植物等条件的状况及特征。由于现代科学技术的高度发展，人们改造自然的能力越来越强，容易使人们轻视自然条件在城市环境容量中的地位和作用，但其基本作用仍然不可忽视。

（2）城市现状条件：城市的各项物质要素的现有构成状况对城市发展建设及人们的活动都有一定的容许限度。这方面的条件包括工业、仓库、生活居住、公共建筑、城市基础设施、郊区供应等综合起来的现状城市用地容量。在城市现状条件中，城市基础设施即能源、交通运输、通信、给水排水等方面的建设是社会物质生产以及其他社会活动的基础，基础设施的容量对整个城市环境容量具有重要的制约作用。

（3）经济技术条件：城市拥有的经济技术实力对城市发展规模也提出容许限度。一个城市所拥有的经济技术条件越雄厚，它所拥有的改造城市环境的能力就越大。

（4）历史文化条件：城市中的历史文化条件都会对城市环境容量产生影响。现代化进程对历史文化的“侵扰”，促使人们愈加强烈地意识到历史文化遗产的重要性，历史文化条件对城市环境容量的影响也随之增加。

3.2 城市环境质量

3.2.1 基本概念

城市环境质量指城市环境的总体或某些要素对人群的生存和繁衍以及社会经济发展的适宜程度，是反映人类的具体要求而形成的对环境评定的一种概念。它包括城市环境的综合质量和各种环境要素的质量，如大气环境质量、水环境质量、土壤环境质量、生物环境质量、生产环境质量、文化环境质量等。用环境质量的好坏来表征环境遭受污染的程度，一个区域的环境质量，是人们制定开发资源、发展经济和控制污染、保护环境具体计划和措施的主要依据。

3.2.2 城市环境质量评价

城市环境质量评价是对城市的一切可能引起环境发生变化的人类社会行为，包括政策、法令在内的一切活动，从保护环境的角度进行定性和定量的评定。从广义上来说是对城市环境的结构、状态、质量、功能的现状进行分析，对可能发生的变化进行预测，对其与社会经济发展活动的协调性进行定性或定量的评估。

城市环境质量的发展变化与越来越多的城市居民的生产和生活甚至生命安全密切相关。客观地认识和了解城市生态环境质量的变化，对调控、建设城市生态环境具有无比重要的意义。从城市生态的角度看，城市环境质量评价是为了促进城市生态系统的良性循环，保证城市居民有优美、清洁、舒适、安全的生活环境与工作环境。从社会经济角度来看，是为了用尽可能小的代价获取尽可能好的社会经济环境，取得最大的经济效益、社会效益与环境生态效益。

3.2.3　城市环境质量评价的内容

环境质量评价包括回顾评价、现状评价和影响评价三类。

回顾评价是在对环境区域的历史环境资料的分析基础上，对该区域的环境质量发展演变进行评价。回顾评价是环境质量评价的组成部分，是环境现状评价和环境影响评价的基础。回顾评价时一方面收集过去积累的环境资料，同时进行环境模拟，或者采集样品分析，推算出过去的环境状况。它包括对污染浓度变化规律、污染成因、污染影响环境的程度的评估，对环境治理效果的评估等。回顾评价还可作为事后评价，对环境质量预测的结果进行检验。

环境现状评价是依据一定的标准和方法，着眼当前情况对区域内的人类活动所造成的环境质量变化进行评价，为区域环境污染综合防治提供科学依据。环境现状评价包括环境污染评价、自然环境评价、美学评价等。

环境影响评价，又称环境影响分析，是指对建设项目、区域开发计划及国家政策实施后可能对环境造成的影响进行预测和估计。环境影响评价根据开发建设活动的不同，可分为单个开发建设项目的环境影响评价、区域开发建设的环境影响评价、发展规划和政策的环境影响评价（又称战略影响评价）三种类型，它们构成完整的环境影响评价体系；按评价要素不同，可分为大气环境影响评价、水环境影响评价、土壤环境影响评价、生态环境影响评价等。

3.3　城市规划环境影响评价

3.3.1　规划环境影响评价的意义

规划环境影响评价对于克服建设项目环境影响评价的局限性，落实“环境保护、重在预防”的基本政策，优化城市建设规划方案，增强规划决策的科学性，强化城市规划的环境保护功能具有积极的意义。

3.3.2　城市规划环境影响评价要点

城市规划不同于建设项目，因而评价原则、评价内容、评价方法和评价程序等都有所不同。同时，城市规划环境影响评价也针对城市规划程序和工作方法带来的影响。

（1）注意城市特点引致的规划环境影响评价特点。城市规划的环境影响评价在空间上不仅应包括规划实施区域，还应该包括实施区域以外的受影响区域。规划的环境影响评价在时限上不仅应包括规划实施阶段的环境影响，还应包括规划实施后的长期环境影响。

（2）慎重确定规划环境影响的技术方案。规划环境影响评价的技术方案应根据规划的性质，以及规划对象所在地域的特点及生态环境的敏感性程度等来确定；应针对规划的内容、规划实施的方式、规划环境效应的复杂性、影响程度、影响方式等，采用适宜的规划环境影响评价方法。

（3）对城市（发展）政策进行环境影响评价。城市政策是城市发展的纲领，城市政策上的随意性，是造成城市生态环境问题的重要原因之一，不从这个源头上把关，城市生态环境问题就很难得到控制，城市对周边地区的不利环境效应也很难得到减少和遏制。城市政策有宏观、中观和微观之分，对其进行环境影响评价时应有所区别。

注　释

[1] 张远传. 社会本体论[M]. 武汉：武汉大学出版社，1999.

[2] 活着的地球——世界自然保护基金会（WWF）地球资源状况报告。

[3] 联合国环境规划署（UNEP）。

本章小结

本章以生态与环境为主题，着重论述了人与自然、人与资源、资源与环境，以及人、自然、资源、环境与城市之间的相关关系。其出发点是站在人类文明发展和地球环境保护的高度来论述生态与环境对城市发展的重要作用。

随后在城市生态系统的论述中，则着重阐释了系统的结构、功能、流态与运行，并认为城市生态系统功能的发挥是靠系统中连续不断的物质流、能量流、信息流、人口流和资金流等生态流来实现和维持的，正是这些生态流以物质循环、能量流动和信息传递的运动方式和过程，实现了城市的支持、生产、消费和还原功能。

最后针对人类所居住的城市环境着重解析其特征与效应、容量与质量，以及城市环境影响评价的要点和意义等。

复习思考题

1. 城市发展会带来哪些可能的生态压力？城市可以为生态系统贡献哪些有益要素？

2. 观察你所在的校园，从城市生态系统的角度出发，你认为你所在校园的生态系统缺少了哪些要素？试用拓扑关系图表述该生态系统的运行过程。

3. 什么是城市环境的容量与质量？请查询一种方法，试计算你自己一年中的生态足迹。

第6章　经济与产业

本章着重介绍城市经济与产业的运行规律，涉及城市经济发展的相关理论、经济发展路径的综合影响因素以及城市经济和产业发展模式等；阐述了在城市规划中如何理解经济与产业发展，其相关分析方法有哪些。旨在帮助规划工作者理解和把握城市及其区域的经济与产业发展动态，并对城市之间经济联系作出准确判断，进而制定出适合城市和区域发展的战略。

第1节　经济增长与城市发展

1　经济视角的城市

1.1　城市的经济特征

“城市”作为对象物看似明了，却十分难以定义。因为，城市中不仅包含了经济活动，也包含了政治、社会、文化等各种活动，它是人类各种活动的复杂有机体。从经济产业角度看，城市有着区别于乡村的三个基本特征：

（1）城市是人口和经济活动的高度密集区。在城市建成区的相对较小的面积里集聚了大量人口和经济活动，且其人口密度和经济活动密度要高于周边其他地区。这是从小城镇到大城市等不同规模的城市有别于乡村的最基本特征。

（2）城市以农业剩余为存在前提，以第二产业和第三产业为发展基础。虽然城市最初的产生也有宗教、军事、管制等因素，但自工业革命以来，第二产业和第三产业已经成为了大部分城市存在和发展的最主要驱动力。

（3）城市是专业化分工网络的市场交易中心。经济分工不仅存在于城市内部，也发生在城乡之间及城市之间。大量厂商和居民集中在城市内，通过分工协作而生产产品或提供服务；在换取农民种植的粮食的同时，更多的是城市内和城市间的相互交换。

1.2 城市的空间范围

在行政意义上有“建制市”和“建制镇”，但从经济角度看，一个城市的影响力并不局限在其行政边界内。行政边界只是基于历史渊源、文化习俗，以及行政管理的需要而划定的空间范围。在现实中，为了方便，往往将行政边界作为城市的空间界限，例如人口、土地、国内生产总值等均以行政边界为统计单元。并且，由于城市经济辐射能力会随着自身的产业波动而发生动态调整，现实中对城市“经济区”十分难界定。但辨识“经济区”与“行政区”这两个不同概念，对于理解区域之中的“城市”和“城镇体系”是十分必要的。

1.3 城市的维系和成长

为什么城市能够维系自身的存在？为什么部分城市会持续成长，有的甚至成为人口超千万的特大城市？一个简短的回答是“集聚经济”。集聚经济，或者说不同经济活动的频繁接触是城市经济的本质特征，也是城市形成、生存和发展的重要动力和基础。正因为存在集聚经济，城镇化水平才能代表发展水平的高低。

2 城市和经济

2.1 城市发展离不开经济增长

城市经济增长可以从多个方面来衡量：首先，可以用地区生产总值（GDP）来衡量；其次，增长也反映在城市平均工资的增长或人均收入的增长上；最后，经济增长也表现在城市总就业人数的增长和福利水平的提高。除此之外，传统的、非地理意义上的经济增长来源主要包括以下几个方面：

（1）资本构成深化。物质资本包括人类用以生产所有产品和服务的物质资料，如机器、装备和建筑。资本构成深化常被定义为工人人均资本数量的提高——它意味着劳动生产率和收入的提高，其背后是产业发展投入更多的资本。

（2）人力资本增长。人力资本包括人的知识和技能，是通过教育、培训和实践获取的。人力资本的增长也将促进劳动生产率和收入的提高。

（3）技术流程。任何提高劳动生产率的途径——从改进工业生产组织，到发明和运用计算机和信息技术，都是技术流程的改进。其结果是提高劳动生产率。

2.2 城市是经济发展的主要发生地

在现代社会，经济变迁对城市开发、城市增长，以及生产空间变化等方面

的兴衰起到决定性的作用。制造业、服务业这些决定现代经济增长的部门主要集中在城镇，它们是城镇发展最主要的动力源。“工业化—城镇化”、“服务化—城镇化”的关系已经密不可分。

城市是国民经济增长的发动机。对于一个大国而言，如果没有工业化和城市化，没有城市的增长，没有朝气蓬勃的城市，就不可能得到长足发展，也难以跨入高收入国家之列。国家日益繁盛，经济活动也就日趋集中到城市和大都市区域里。鉴于城镇化所伴随的经济活动的密度增加与农业经济向工业经济、再向后工业经济的转变密切相关，城镇化的推进在所难免。

2.3 把握城市发展需要认识经济活动

推动和塑造城镇化的核心动力是经济活动。从经济角度，认识城市运行背后的经济动力，认识市场机制在城市建设发展中是怎样发挥作用的，将有助于理解城市的运行规律，进而科学把握经济发展对城市空间的需求，以及制定合理的城市政策。

城市规划以土地使用规划为核心。传统的土地利用规划机制仅仅能够有效防止不合需要的发展不会发生，但不能保证真正需要的发展在它们所需要的地方和时间发生。在城市规划实践中，从总体筹划到具体地块的操作性规划，均不能仅停留在物质形态规划和蓝图设计。脱离了人类活动的真实社会经济背景，各种先验性的规划或构想都不会真正奏效。

2.4 城市规划机制是基于市场失灵

一般认为，市场机制是社会资源配置的最具效率的机制，所以市场机制要在资源配置中起基础性作用。但不完善的市场及现实中的多种因素均会导致市场失灵。市场失灵证实了包括城市规划在内的公共政策干预的必要性。为了理解城市规划的使命，需要认识市场失灵的各种原因，进而自觉提升城市规划的各种策略工具的针对性和有效性。

市场运行的基本机制是竞争，但由于垄断行为存在，竞争会失效。造成垄断行为的原因，包括规模经济造成的自然垄断，或者政策管制引起的垄断。自然垄断通常指“企业生产的规模经济需要在一个很大的产量范围和相应的巨大的资本设备的生产运行水平上才能得到充分的体现，以至于整个行业的产量由一个企业来生产”。一般情况下，城市中的供水行业、供电行业、通信行业等都具有这一特征。自然垄断作为垄断的一种形式，由于缺乏竞争，会造成垄断厂商的高价格、高利润以及低产出水平等经济效率的损失。所以在成熟的市场经济体中，政府对一些具有自然垄断特征的经济部门和行业均会施以一定的管制措施。

经济学认为，具有外部性的产品或行为，其私人成本（收益）与社会成本（收益）是不一致的，其差额就是外部成本（收益）。由于存在外部性，成本和收益不对称，就会影响市场配置资源的效率。例如企业直排废水到河流中，却不用承担治污成本，企业就没有减排或治污的压力和动力。在城市中，一个地块的建筑过高，可能造成另一个地块的阳光被遮挡；一座化工厂的兴建，可能严重损害周边居民的健康……因此，必须要有政府部门的介入和干预来控制外部性的负面后果。

市场失灵还涉及公共物品的提供。一般说来，不具备“排他性”的物品会

存在如何提供的问题，对某些“公共物品”采用公共提供的方式会比市场更有效率。例如城市公园等开放空间不仅可给市民提供休憩的去处，也会给周边房地产带来增值的正外部性，但对开放空间的投资难以获得直接经济回报，所以一般也只能由城市政府来投资建设。在城市中，还存在许多不具备“排他性”，却具备“竞用性”的公共资源，存在着如何避免过度使用的问题。例如，一些城市道路会被过度使用，当汽车拥有量较多时，对道路空间的“竞用”就会造成交通拥挤等一系列不利问题。因而合理规划路网和有效组织交通十分必要。

更进一步而言，城市中各类经济活动均有赖于空间资源，各部门的微观经济行为不会自发导致空间资源配置的整体优化；唯有基于集体选择和安排的城市规划才能导向空间资源配置的结构性优化。

第2节 产业分类与产业结构

1 产业分类

1.1 统计上的分类

出于统计的需要，国标《国民经济行业分类》(GB/T 4754—2002) 对产业分类作出了规定（表6–2–1）。

《国民经济行业分类》中产业的分类　　表6–2–1

<table>
<tr><th>领域</th><th colspan="3">产业</th><th>行业</th></tr>
<tr><td rowspan="3">物质生产领域</td><td colspan="3">第一产业</td><td>农业（林业、畜牧业、渔业），农、林、牧、渔服务业</td></tr>
<tr><td colspan="3">第二产业</td><td>工业（采矿业，制造业，电力、燃气及水的生产和供应业），建筑业</td></tr>
<tr><td rowspan="4">第三产业</td><td colspan="2">流通部门</td><td>交通运输、仓储和邮政业，批发和零售业，餐饮业</td></tr>
<tr><td rowspan="3">非物质生产领域</td><td rowspan="3">服务部门</td><td>为生产和生活服务部门</td><td>信息传输、计算机服务和软件业，金融业，科学研究、技术服务和地质勘察业，水利、环境管理业，房地产业，租赁和商务服务业，居民服务和其他服务业</td></tr>
<tr><td>为提高科学文化水平和居民素质服务部门</td><td>教育业，卫生、社会保障和社会福利业，文化、体育和娱乐业</td></tr>
<tr><td>为公共需要服务部门</td><td>公共设施管理业，公共管理和社会组织，国际组织</td></tr>
</table>

资料来源：《国民经济行业分类》(GB/T 4754—2002).

第一产业 (Primary Industry)，指以利用自然力为主，生产不必经过深度加工就可消费的产品或工业原料的部门。

第二产业 (Secondary Industry)，是对第一产业和本产业提供的产品（原料）进行加工的部门，包括采矿业，制造业，电力、燃气及水的生产和供应业，建筑业。

第三产业 (Tertiary Industry)，指不生产物质产品的行业，即服务业。在国标中第三产业包括15个门类，计48个大类，为分类最多的产业。

1.2 从要素角度的分类

根据劳动、资本、技术等生产要素在不同产业部门中密集的程度和不同的

比例，可以将产业分成三大类：劳动密集型产业、资金密集型产业、技术密集型产业（知识密集型产业）。

1.3　城市产业功能分类

根据产业在城市经济中所发挥的作用，可以将各类城市经济活动大致分为三类，即主导产业、辅助产业与服务产业。主导产业又称专业化产业，是决定城市在区域分工格局中的地位与作用的产业，对城市整体发展具有决定意义；辅助产业是围绕主导产业发展起来的产业；服务产业是为保证城市主导产业与辅助产业发展以及满足城市生活需要而形成的产业。

2　基础产业与非基础产业

在城市经济中，把以区外市场为中心进行生产活动的输出产业，称为“基础产业”。与此相对，把以区内市场为中心而进行生产的地方性产业，称为“非基础产业”。因为是基础产业使得城市的持续成长成为可能，所以要从分析基础产业入手来理解城市的成长。

2.1　区位商分析

做“基础产业”和“非基础产业”的分类，最普遍的方法就是“区位商”分析（LQs）。区位商有多种描述方式，常用的方式是城市或区域中任一产业的就业份额相对于该产业在国家就业份额的比例。由此，一个区域的区位商 LQs 可定义为：在给定的区域 r 中部门 i 的区域就业比率 E，相对于在同一部门国家 n 的就业比率。这样，一个区域的区位商可以用下式表达：

$$LQs=(E_{ir}/E_r)/(E_{in}/E_n) \quad (6\text{-}2\text{-}1)$$

2.2　最小需求法

区位商的分析存在着两个隐含的假设，即不同城市和区域的生产部门的生产效率是一样的，生产同种产品所需要的要素投入是一样的；同时，不同城市和区域的家庭消费同样种类和数量的商品。而实际上，各城市和区域的生产部门的生产效率及家庭的消费函数并不一致。

针对这个问题，最小需求法将城市或区域的就业结构与类似规模的其他区域相比，而不是与全国的就业结构相比。对于规模相似的区域，人们可以在另一城市中找出最小的部门就业份额来代表该类规模城市的部门性消费需求，所有大于这个数值的城市部门的就业份额被假定为代表在城市出口产业中的就业。依据这个论点，最小需求区位商可写成下式表达：

$$MRLQ_{ir}=(E_{ir}/E_r)/(E_m/E_{im}) \quad (6\text{-}2\text{-}2)$$

这里，m 代表部门就业份额最小的地区。这个表达式看起来与等式（6-2-1）所描述的区位商法相似，但内涵有所不同。

3　就业规模预测

3.1　就业乘数效应

根据基础产业与非基础产业的划分，一个城市的总就业规模等于出口部门的就业和本地部门的就业之和。两种类型的就业通过乘数效应相关联。例如钢铁厂雇佣 1000 个工人来扩大再生产，生产的钢铁用于出口；工人们获得收入后会在当地消费，从而带动本地部门的就业，本地部门的企业转而又会雇佣更多的劳动力去增加产出。因此，“基础产业”的就业增加会带来“非基础产业”的就业提高。而“非基础产业”的就业人员又会购买本地产品，从而支撑了本地部门的就业。这种消费和再消费的行为，会一直传导下去，因此，总就业的增加规模将超过出口部门就业的初始增加额。

当地的就业结构可以被定义为：$T=B+N$

这里，T 是城市总就业，B 是基础性部门的就业，N 是非基础性部门的就业。

3.2 总就业规模的变化预测

在谋划城市发展时必须对未来的就业规模进行预测。城市规划应用预测的就业规模去规划公共服务设施，例如学校和医院；而一些企业则利用这些就业数据来预测未来的企业发展规模。可用如下公式预测总就业规模的变化量：

$$\text{总就业规模的变化量} = \text{出口部门的变化量} \times \text{就业乘数} \qquad (6-2-3)$$

各种类型的产业都有自己的就业乘数。根据就业乘数和出口部门就业规模的预计变化量，政策制定者和企业可以预测城市未来的就业规模。但预测未来涉及很多不确定的情况，难以仅用“科学性”标准来处理，这就在一定程度上限制了其应用性。

4 经济发展与产业结构转型

4.1 关于产业结构演变规律的理论

不同城市有着不同的经济发展水平和产业结构，而对经济发展和产业结构的解释也有多种不同理论。

4.1.1 配第—克拉克定律

配第—克拉克定律由英国经济学家配第发现并由克拉克经实证研究而系统归纳。其基本结论是：随着经济的发展，第一产业的就业比重下降，第二产业、第三产业的就业比重增加，亦即劳动力会由第一产业向第二产业与第三产业转移。在工业化过程中，劳动力从生产率低的部门向生产率高的部门转移，反映了经济增长方式的转变过程。因而，可用就业结构数据来描述一个国家或地区的经济发展阶段或工业化阶段。

4.1.2 库兹涅茨人均收入影响论

库兹涅茨在继承配第和克拉克等人研究成果的基础上，仔细地分析了各国的历史资料；并利用现代经济统计体系，对产业结构变动与经济发展的关系进行了较彻底的考察。库兹涅茨发现，现代经济增长过程中产业结构变化呈现出以下特点：①伴随着现代经济增长，产业结构发生变化。即农业为主的第一产业比重下降，工业比重增加；在工业内部明显存在着由非耐用消费品向耐用消费品、由消费资料生产向生产资料生产的转移趋势。②农业劳动力比重下降，且下降速度低于农产品比重的下降速度。工业的劳动力有所增加，但工业劳动力增长率低于工业生产增长率，因为工业在提高劳动生产率的同时其所占比重扩大了。服务业的劳动力明显增加；随着劳动生产率提高，规模也不断扩大。③在资本结构中，农业资本比例下降，工业与服务业资本比例增加。④伴随上述变化，农业由小规模分散经营向大规模专业化生产过渡；同时，工业与服务业企业由小规模业主制企业向大规模法人制企业发展。⑤在工业内部，各产业的雇佣率（从事生产的就业者分为业主、家庭从业者与雇佣者三类，雇佣人数与总就业人数之比即为雇佣率）与附加值率同时增长，而采掘业的比重下降。⑥在服务业中商业的比重上升；家庭服务业比重降低；个人服务业、专门服务业和政府服务业的比重提高。⑦生产技术变化对产业结构的变化起很大的作用。⑧上述变动引发产业与产业间、工种间、区域间的劳动力转移，并且导致人口的城镇化转移。

4.1.3　罗斯托主导产业扩散效应理论和经济成长阶段论

罗斯托通过长期研究首先提出了主导产业及其扩散理论和经济成长阶段理论。他认为，无论在任何时期，包括在一个已经成熟并继续成长的经济体系中，经济增长之所以能够保持，可归于为数不多的主导部门迅速扩大的结果；而且这种扩大还会对其他产业部门产生重要作用，即主导产业产生的扩散效应，包括回顾效应、旁侧效应和前向效应。罗斯托的这些论述被称为罗斯托主导产业扩散效应理论。

此外，按照罗斯托设想的经济成长阶段，可将人类社会发展划分为六个阶段：①传统社会阶段；②起飞创造前提的阶段；③起飞阶段；④向成熟推进阶段；⑤高额群众消费阶段；⑥追求生活质量阶段。罗斯托认为，六个阶段中，起飞阶段最重要，它是社会发展过程中的重大突破。经济成长阶段依次更替的原因主要是主导部门的不断更替和人类需求的不断更替。前者是客观原因，主导部门是经济增长中起主导作用的先导部门；在经济发展的六阶段中，区域经济的主导部门依次是基本消费品工业、轻纺工业、重工业、制造业、汽车工业和服务业。

4.1.4　霍夫曼工业化经验法则

德国经济学家霍夫曼对工业化问题进行了许多富有开创性的研究，提出了被称为“霍夫曼工业化经验法则”的工业化阶段理论。他根据消费品工业净产值与资本品工业净产值的比例——即霍夫曼指数，把工业化划分为四个发展阶段：①第一阶段，消费资料工业在制造业中占统治地位，资本物品工业不发达，霍夫曼指数为5左右；②第二阶段，资本物品工业的增长速度高于消费资料工业，但消费资料工业在制造业总产值中所占的比重仍大于资本物品工业比重，霍夫曼指数为2.5左右；③第三阶段，消费资料工业所占比重与资本物品工业比重大致相同，霍夫曼指数约为1；④第四阶段，资本物品工业所占比重大于消费资料工业，霍夫曼指数小于1。

4.1.5　赤松要雁行形态理论

日本经济学家赤松要认为产业结构演进的一个重要趋势就是与国际市场相适应，一国的经济发展需要有内外贸相结合的完善产业结构。由此他提出了著名的“雁行形态理论”。这一理论要求将本国产业发展与国际市场密切联系起来，使产业结构国际化。该理论认为，在需求与供给的相互作用、相互制约下，落后国家的产业结构要经历三个阶段的变化：①进口阶段，即在对某些产品的需求增加，而国内生产困难时，靠进口满足需求；②国内替代阶段，在国内生产该种产品的条件成熟后，以国内产品满足需求，即替代进口产品；③出口阶段，随着国内生产条件日益改善，该种产品生产成本大大降低，市场竞争力加强，产品转而进入国际市场。该理论的基本结论是，落后国家的崛起要先发展轻工业，后发展重工业。亦即后进国家应遵循进口→国内生产→出口的"雁行发展形态"。

4.2 产业结构演进的一般趋势

产业结构演变与经济增长具有内在的联系。产业结构的适时调整会导致经济总量的高增长，而经济总量的高增长也会导致产业结构的进一步演进。一个国家和其城市的产业结构高度化和合理化演进主要包括以下几个方面的内容：

（1）随着经济总量的增长，整个产业结构会发生变化。如第二产业的产值和就业人数所占比重逐渐降低，第三产业的产值和就业人数所占比重逐渐上升，而第一产业的产值和就业人数所占比重持续趋低。产业结构的位序演进将经历一、二、三次产业到二、三、一次产业，再到三、二、一次产业的转变过程。

（2）工业的内部结构逐渐由以轻工业为中心向以重工业为中心演进。

（3）从主导产业的转换过程来看，在重工业化的过程中，逐渐由以原材料、初级产品为中心向以加工组装工业为中心；逐渐由以原材料、初级产品为中心向以加工组装工业为中心，再进一步向以高、精、尖工业为中心演进。

（4）在向区域外输出产业的过程中，逐渐由低附加值产业向具有高附加值的产业演进。

（5）在产业结构的要素密集程度上，逐渐由劳动密集型产业为主向资金密集型产业为主，再向技术密集型产业为主演进。

4.3 工业化阶段的判断

综合考察世界各国和我国的经济发展历程，可以对一个国家或地区的工业化发展阶段作如下判断：

当一产比重大于10%时，表示尚停留在工业化的初始阶段；

当一产比重小于10%，且二产比重高于三产比重时，表明已处于工业化的加速阶段；

当一产比重小于5%，且二产比重与三产比重大致相当时，表明已处于工业化的成熟阶段；

当一产比重进一步下降，而三产比重超过二产比重并达到70%以上时，表明已进入后工业化阶段。

以此衡量，我国大部分地区已处于工业化的加速阶段，少部分地区则进入了工业化的成熟阶段，还有一部分地区尚停留在工业化的初始阶段。

5 主导产业的选择

5.1 比较优势原则

绝对优势和比较优势概念来自于国际贸易学说。绝对优势是指当A国（或个体，下同）生产某种产品比B国有更高的生产率时，A国在这种商品上就拥有绝对优势。而比较优势是指虽然B国在两种商品上的生产效率都比A国要低，但是在一种产品生产率上的差距没有另一种大，那么B国在这种商品上就具有比较优势。也就是说，有绝对优势时，一定有比较优势；有比较优势时，不一定就有绝对优势。因而，即使一个国家在生产任一商品上都没有绝对优势，但只要存在着比较优势，它就能像在所有商品生产上都有绝对优势的国家一样，能从国际贸易中获得好处（表 6–2–2）。

专业化分工的决定模式比较　　表 6–2–2

决定模式	外生比较优势（外生因素）	内生比较优势（内生因素）
定义	事前的资源禀赋条件的差别引起的生产率的差别	由于选择不同的专业化方向的决策而造成事后的生产率的差别
学说	李嘉图的比较成本优势理论 H－O要素禀赋理论	杨小凯的新兴古典经济学，克鲁格曼的新贸易理论

资料来源：陈秀山，张可云．区域经济理论[M]．北京：商务印书馆，2009：278.

除了基于劳动生产效率的比较优势之外，各个国家的要素禀赋结构也会产生比较优势。要素禀赋结构是指一个经济体中自然资源、劳动力和资本的相对份额关系。如果一个地区劳动力相对丰富，资本相对稀缺，则应发展劳动力相对密集的产业，生产劳动力相对密集的产品，采用劳动力相对密集的技术。反过来，如果资本相对丰富，劳动力相对匮乏，就应该发展资本密集产业，生产资本比较密集的产品，采用资本比较密集的技术。针对自然资源也是同样的道理。发挥比较优势就可以形成竞争优势，并获得永续的发展。

5.2　产业的关联效应

在社会再生产过程中，各产业间存在着横向及纵向的复杂联系。一个地区或城市所选择的主导产业不仅自身要有较强的增长潜力，还应有较大的“前、后向”关联和影响，通过这种关联推动和诱导其他产业发展，形成产业集群，并拉动市场需求，进而产生对整体经济的带动作用。

“前向”关联效应是指一个产业在生产、产值、技术等方面的变化引起吸收它的产出的部门在这些方面的变化，表现为导致新技术的出现、新产业部门的创建等，例如电子行业零部件生产部门对整机生产部门具有前向连锁效应。

“后向”关联效应就是指一个产业在生产、产值、技术等方面的变化引起它的后向关联部门在这些方面的变化，表现为由于某产业自身对投入品的需求增加或要求提高而引起提供这些投入品的供应部门相应地扩大投资、提高产品质量、完善管理、加快技术进步等变化。例如汽车生产部门对零部件生产部门，以及钢材、橡胶等加工业及其上游基础工业部门等具有一系列的后向连锁效应。

根据产业的连锁效应特征，可将全部产业分为四类（表 6–2–3）。

不同产业部门的连锁效应特征　　表 6–2–3

	产业部门	连锁效应特征
Ⅰ	中间投入型初级产品	前向连锁效应大，后向连锁效应小
Ⅱ	中间投入型制造业产品	前向连锁效应大，后向连锁效应大
Ⅲ	最终需求型制造业产品	前向连锁效应小，后向连锁效应大
Ⅳ	最终需求型初级产品	前向连锁效应小，后向连锁效应小

资料来源：冯云廷．城市经济学[M]．沈阳：东北财经大学出版社，2007：232.

5.3 产业周期与发展波动

任何产业都会经历从产生到衰落的发展周期。理论而言，每种产品都会经历一个从创新到标准化的循环过程，其投入要素及区位特征等会发生显著变化（图 6–2–1、表 6–2–4）。

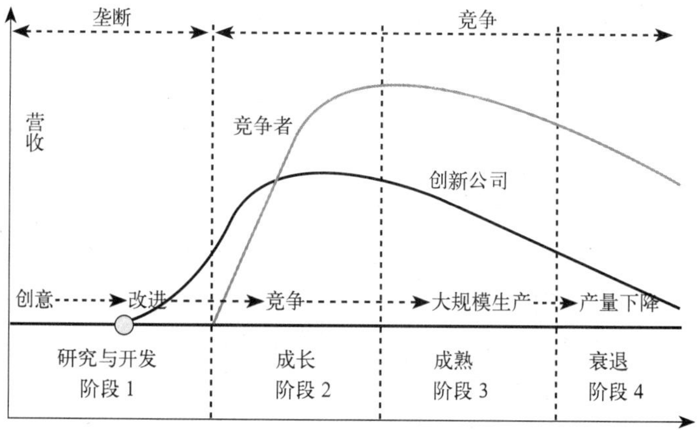

图 6–2–1　产品生命周期的一般化过程

资料来源：陈秀山，张可云．区域经济理论．北京：商务印书馆，2009：326–328.

产品生命周期与产业区位　　**表 6–2–4**

	初始期	成长期	成熟期	衰退期	消亡期
需求条件	少	增长	顶峰	下降	少
技术	生产周期短，技术变化快速	规模生产的引进；一些技术上的改变	生产周期长，技术稳定，重要的创新少		
资本密集度	低	高，因为过时率高		高，因为大量专业化设备的投资	
产业结构	大量公司提供专业化服务；竞争者少	竞争企业大量增加；企业的垂直一体化程度增加	金融资本对进入该产业非常关键；公司数量减少	开始较稳定，随后一些公司撤出	
关键生产要素	专业技能；外部经济	管理；资金	半熟练和不熟练的劳动力；资本		
区位特征	集中在大都市区及大学区，国内国际交通通信业务较好	集中于大城市、重要的交通中心	原材料产地和交通中心	劳动力受教育程度较低、工资较低的地区	集中于大城市（因为免受国际竞争的影响）

资料来源：王缉慈．现代工业地理学 [M]．北京：中国科学技术出版社，1994.

（1）早期创新阶段，科研与工程技术是关键性的投入，生产者依赖于外部经济与分包合同。

（2）增长阶段，企业组织从内部和外部进行调整以适应大规模标准化生产需要，竞争导致加工产业的重组，先是主要企业获得垄断地位，随后竞争企业大量增加。

（3）成熟阶段及其后。在成熟期，大规模生产技术使得生产过程标准化，可以由低技能劳动力来完成。其资本密集度依然较高，这样使得劳动力成本低廉的外围地区（追随者）变得有吸引力。随着营收的下降，生产转移到海外以获得新市场和廉价劳动力；最终可能是企业从海外生产基地向母国市场出口产

品。在生产周期的最后阶段，将形成劳动力的跨国空间分工。而某些发展中国家则成为这一阶段最有吸引力的区位。

产业周期理论隐含了产品生命周期与比较优势具有时空变迁特征；在经济全球化背景下的城市发展中，对此需要加以高度重视和认真把握。

6 城市经济和产业发展模式

6.1 增长极模式

增长极概念最初由法国经济学家弗朗索瓦 · 佩鲁提出，他认为，如果把发生支配效应的经济空间看做力场，那么位于这个力场中的推进性单元就可以描述为增长极。增长极是围绕推进性的主导工业部门而组织的有活力的、高度联合的一组产业，它不仅能迅速增长，而且能通过乘数效应推动其他部门的增长。因此，增长并非出现在所有地方，而是以不同强度首先出现在一些增长点或增长极上，这些增长点或增长极通过不同的渠道向外扩散，对整个经济产生不同的最终影响。

6.2 点轴开发模式

点轴开发模式由波兰经济学家萨伦巴和马利士提出。点轴开发模式是增长极理论的延伸，从区域经济发展的过程看，经济中心总是首先集中在少数条件较好的区位，成斑点状分布。随着经济的发展，经济中心逐渐增加，点与点之间由于生产要素交换需要交通线路以及动力供应线、水源供应线等来相互连接，从而形成轴线。这种轴线首先是为区域增长极服务的，但轴线一经形成，对人口、产业也具有吸引力。人口、产业向轴线两侧集聚，会产生新的增长点。点轴贯通，就形成点轴系统。

6.3 梯度模式与反梯度模式

梯度是指地区之间经济发展水平的差距，以及由低水平向高水平过渡的空间演变过程。根据梯度发展模式，一个落后地区要实现经济起飞，必须循阶梯而上，从发展初级产业、简单劳动密集型产业和本土资源密集型产业起步，并尽快接过从高梯度地区外溢出的产业。

反梯度理论认为，在承认和接受高新技术、资本和产业从发达地区向落后地区梯度转移扩散的过程中，落后地区要发挥主观能动性，利用信息化条件，充分发挥后发优势，改变被动地被辐射、被牵引发展的态势，改变三次产业渐次发展的顺序；可跨越某些中间发展阶段，重点发展高新技术产业和自身具有优势的高端产业，形成相对较高的产业分工梯度，成为新的“次极化”经济核。

6.4 进口替代和出口导向模式

进口替代战略是指用本国产品来替代进口品，或者说，通过限制工业制成品的进口来促进本国工业化的战略。此战略是两位来自发展中国家的经济学家普雷维什和辛格提出的，之后亚非拉许多发展中国家都在不同程度上实行了进口替代战略。在国际市场上，发展中国家生产的农、矿初级产品价格曾不断下跌，而发达国家生产的消费品价格不断上升，不平等贸易关系日益突出。为了克服发达国家与发展中国家之间的不平等贸易，发展本国的民族工业，因而一些发展中国家曾试图发展一些原来依靠进口的货物的生产以供国内消费从而实现进口替代。

第3节 城市空间经济发展的内在机制

1 规模经济与集聚经济

1.1 规模经济

从经济学角度看，城市是“规模报酬递增”的产物。规模报酬变化是指在其他条件不变的情况下，企业内部各种生产要素按相同比例变化时所带来的产量变化。企业的规模报酬变化可分为规模报酬递增、规模报酬不变和规模报酬递减三种情况。

1.2 范围经济

范围经济最初用来解释当两个或多个产品生产线联合在一个企业内生产，比把它们分散到只生产一种产品的不同企业中时更节约，这时就存在所谓的“范围经济”。范围经济主要来源于可用于多种输出的共用要素的充分利用，由于共用要素具备不可分割性，把多种输出集中在一个企业生产就更为节约。另一方面，如果两家厂商分别生产两种产品相比一家企业要更为节省，那么这时就出现了“范围不经济”，在这种情况下就应选择在企业间进行分工。

1.3 集聚经济

集聚经济（Economics of Agglomeration）的概念相对宽泛，它包含了多种经济类型，主要可以分为内部规模经济（Scale economy）、地方化经济（Localization economy）和城镇化经济（Urbanization economy）。内部规模经济指企业的规模报酬递增，地方化经济源自产业内的互动，城镇化经济源自产业间的互动（表6–3–1）。

1.4 自我强化机制

正由于存在集聚经济，从而产生了空间经济实际运行中的一个重要的机制，即“自我强化效应”，这是指促使已经发生变化的事物朝着相同的方向产

集聚经济的类型　　表6–3–1

集聚经济的类型			案例
地方化	静态	1. 交易的规模经济	购买者被吸引到有更多购买者的地方
		2. 亚当 · 斯密的专业化	专业化提高了生产率，使得上下游公司均受益
		3. 马歇尔的劳动力蓄水池	特定技能的工人被吸引到就业机会较多的地区
		4. 马歇尔的专业化的中间投入品	产业集聚使得专门的中间投入品获得规模经济
	动态	5. 马歇尔 – 阿罗 – 罗默的干中学	学习曲线使得生产成本下降，并且受到距离递减制约
城镇化	静态	6. 搜寻成本节约	企业集聚降低消费者搜寻成本，满足其多样性偏好
		7. 简 · 雅各布斯的创新	生产活动的多样化，提升了技术和知识溢出的可能性
		8. 马歇尔的劳动力蓄水池	类似第3条，产业间人力资本共享促进技术和知识溢出，推动创新
		9. 亚当 · 斯密的劳动分工	类似第2条，多样化产业使得劳动分工继续深化
	动态	10. 罗默的内生增长	市场越大，利润就越高，地区对公司的吸引力就越大；工作越多，劳动力就越多，市场就越大等等
11. 纯集聚			基础设施成本分摊；运输的规模经济；拥挤和污染增加了成本

资料来源：《2009年世界发展报告》，第128页，有改动 .

生额外变化的过程。例如，假设汽车销售商最初均匀分布在城市内部，如果一个销售商迁移后与另一个销售商相邻，形成汽车一条街。这之后会发生什么呢？消费者在购买汽车之前会对不同品牌进行详细比较，而在汽车一条街上的两个销售商为了吸引更多的购买者，都会积极推出比较购物模式。在汽车一条街上不断增加的交易额进一步增加了该地区的吸引力，其他地区的销售商也将纷纷迁移到这里。最终的结果是，众多销售企业的集聚形成了汽车销售产业带；在产业带中，商家之间形成了共同竞争的态势。可以说需求的区位决定了供应的区位，供应的区位又强化了需求的区位。在城市和区域经济活动的空间组织和区位选择中，有许多这类源于初始集聚的自我强化效应，其循环关系一旦形成就具有惯性，它趋于将任何业已形成的“中心—外围”模式锁定。

2　外部性与纠正

2.1　外部性的概念

在第1节中已经初步讨论了外部性的概念及其后果。由于私人成本(收益)与社会成本（收益）会有不一致，其差额就是外部成本（收益）。外部性是非价格因素相互作用的结果，它既可以是正效应，也可以是负效应。当一个人并没有因为它的行为给其他人带来收益而得到补偿时，就产生了正外部效应；而当一个人并没有因为他的行为给其他人带来损害而支付额外的成本时，就产生了负外部效应。

根据经济活动的主体是生产者还是消费者，外部经济可以分类为“生产的外部经济”和“消费的外部经济”。外部不经济也可以视经济活动主体的不同而分为“生产的外部不经济”和“消费的外部不经济”。

2.1.1　生产的外部不经济

当一个生产者采取的行动使他人付出了代价而又未给他人以补偿时，便产生了生产的外部不经济。生产的外部不经济的例子很多。例如，一个企业可能因为超标排放而污染了河流，或者因为排放烟尘而污染了空气。这种行为使附近的人们和整个社会都遭受了损失。

2.1.2　消费的外部不经济

当一个消费者采取的行动使他人付出了代价而又未给他人以补偿时，便产生了消费的外部不经济。与生产者造成污染的情况类似，消费者也可能造成污染而损害他人。一些城市中的助力摩托车便是一个明显的例子，驾车产生的有害排放危害路人的身体健康，但驾车者并未为此而向路人支付补偿费。

外部性可以说是无所不在、无时不在。尽管单个生产者或消费者所造成的外部经济或外部不经济可能微不足道，但加总起来，其效果将是巨大的；城市中各个个体所产生的外部不经济，其影响叠加起来会使得城市整体环境质量下降，甚至导致环境灾害，会导致道路拥挤，甚至造成交通瘫痪，这类现象已在很多城市出现。

2.2　外部性的内部化

外部性问题的产生，与公共领域的产权未能界定有关。由于产权不明确，外部效应很难通过市场交易来解决。因而，为了克服外部性造成的资源配置不当，需要有公共干预，政府可采取征税或给予补贴的方式来使外部性内在化，以趋于让所有人都为自己的行动承担全部社会成本或是获取全部社会收益，进而使当事人在此基础上作出自己的行动选择。

但在现实世界中以权属界定来解决外部性问题并不一定可行。因为并不是所有物品的财产权都能够明确规定。例如空气是不具备“排他性”的公共资源，不可能确定产权；而环境污染对健康造成的损害也难以定价。在这样的情形下，就需要采用包括城市规划在内的手段来直接配置空间资源或是施以环境管制。

3 城市土地使用的竞标——地租理论

3.1 城市土地使用中的“资本”和“土地”的替代

自从有了电梯之后，摩天楼拔地而起，货币“资本”与“土地”要素更易于实现边际替代。在任何一个现代的大城市，从市中心向郊区延伸，均可观察得到建筑高度的变化，即市中心区的建筑高度远高于外围地区。其背后的事实是，越靠近市中心，土地价格越高，促使“资本”替代“土地”要素，即以建造高层建筑来集约使用土地。

在“资本”和“土地”这两种要素替代的背后，隐藏着各个微观主体的竞争，即越接近城市中心便利区位，土地价格越不断趋高；每个微观主体在自身竞租能力的约束下，选择在城市中的位置。其基本空间特征，一是土地价格随着与城市中心距离的增加而以递减的速率下降，二是作为微观主体的家庭和商业活动占据的土地面积随着与城市中心距离的增加而趋向扩大。

曾经有过很多关于城市土地的分配及土地价格与区位关系的研究，包括通过构建模型来解释家庭和厂商的空间竞价行为。

3.2 阿隆索的企业竞租模型

竞租模型最早由阿隆索所研究，其后被许多学者改进。在竞租模型中，当企业远离城市中心时，土地价格越来越低，企业会偏好用土地投入来替代非土地要素投入，即随着距离增加会占用更大的土地面积，而减少资本等要素投入。所以，当企业逐渐远离城市中心时，非土地投入／土地投入的比率会降低；反之，比率会上升。因而，如果单位距离的运费率是常量，那么随着距离增加，竞租曲线会趋于平缓。

假设城市里只有商业、居住和制造业三种行业，各行业对于可达性的要求是不一样的。例如商业由于需要面对面接触，以及“交易规模经济”，对中心区位的支付意愿更高。居住则为商业和制造业的就业人员服务，需要靠近就业岗位的位置。而制造业不仅为城市中心提供产品，也要为城市外的市场提供产品，所以制造业对城市内和城市外市场的可达性均有要求。同时，现代制造技术倾向于较大的场地空间。

根据“理性人”假设，家庭需要最大化自身效用，企业需要最大化利润，因而造成土地市场上的竞争。在均衡市场状态下，土地被分配给出价最高的竞标者。家庭和企业的竞价租金曲线共同决定了均衡土地利用模式。因此一旦知道每个部门愿意支付的土地价格，就可以预测土地的用途。在基本的竞

标—地租理论（bid-renttheory）中，对于同样的中心地块，一些公司、银行、旅馆等高端商务机构更愿意且能通过竞标而进入，居住功能会被挤出；因为地处市中心的居住所能节约的通勤费用将抵不上中心区位的高端商务收益。将不同曲线放在一起，其中的陡峭的曲线代表了某些使用者更愿意占用市中心的土地，而平坦一些的曲线代表了另一些使用者（居住用地、制造业）愿意选择在外围地区。这种区位均衡可演绎成一种简单的同心圆模型（图 6–3–1）。

3.3　择居的竞租模型

在城市中，由于家庭从事的职业不同，收入也并不相同，可以简单划分为低收入家庭、中等收入家庭和高收入家庭。在不同的交通状况及家庭的行为和偏好下，可以得出不同的家庭竞租模型。

第一种情形：公共交通比较发达，但小汽车交通却不方便。这种情况下，远距离出行将由于时间花费较多，或者需要采用不太舒适的公共交通。在这种情况下，交通的机会成本会比较高，为了追求对城市中心的可达性，高收入家庭将在城市中心安家，而低收入家庭则乘坐相对廉价的公共交通，花费更多时间，分布在城市边缘（图 6–3–2）。

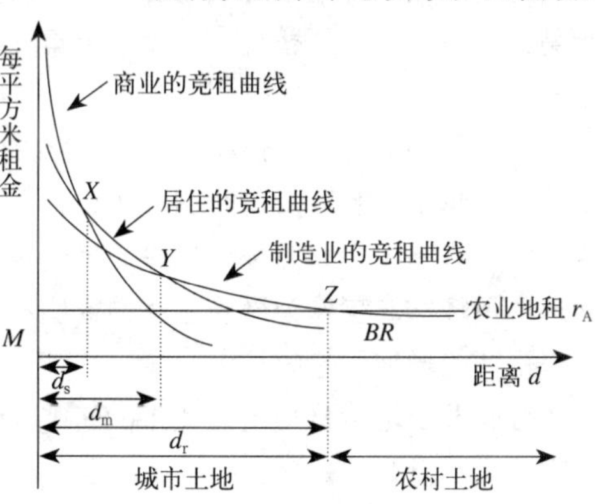

图 6–3–1　不同行业之间的土地分配

资料来源：（英）菲利普 · 麦卡恩. 城市与区域经济学[M]. 李寿德，蒋录全译. 上海：格致出版社 / 上海人民出版社，2010：97.

第二种情形：私人交通比较发达，公共交通却由于人口密度较低难以有效配置，或需要多次换乘。这种情况下，高收入家庭的工资足以承担远距离通勤的成本，并且私人交通也相对舒适。而低收入家庭则工资较低、预算有限，限制了远距离通勤。这样，低收入家庭的竞租曲线将十分陡峭，分布在城市中心，但由于市中心地价昂贵，低收入家庭不得不住得非常拥挤以减少费用。高收入家庭则愿意花费较高的通勤费用以换取更大的居住空间，因而居住在环境优美的郊区图 6–3–3）。

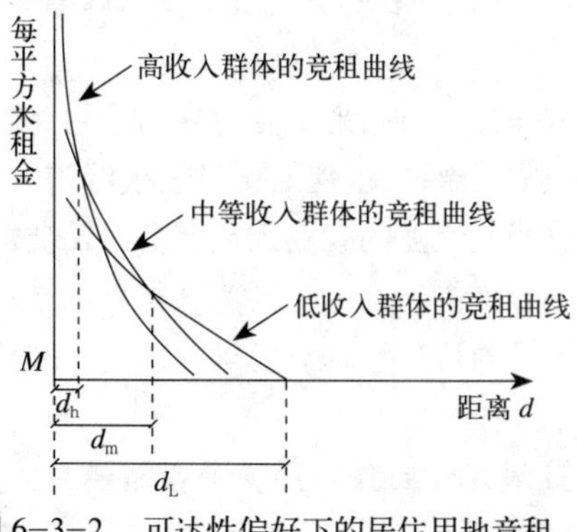

图 6–3–2　可达性偏好下的居住用地竞租

资料来源：（英）菲利普 · 麦卡恩. 城市与区域经济学[M]. 李寿德，蒋录全译. 上海：格致出版社 / 上海人民出版社，2010：97.

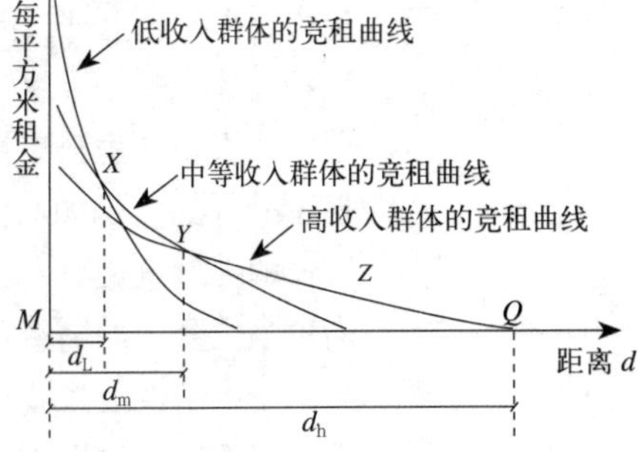

图 6–3–3　公共交通滞后而私人交通发达条件下的居住用地竞租

资料来源：（英）菲利普 · 麦卡恩. 城市与区域经济学[M]. 李寿德，蒋录全译. 上海：格致出版社 / 上海人民出版社，2010：97.

第三种情形：在第二种情形的基础上，增加考虑环境质量因素。一方面，简单假定由于城市交通废气，加上工厂烟雾以及城市中心办公通风系统中的气体，城市中心的环境不准。那么同样，低收入群体因无力支付长途交通成本的限制而驻留在城市附近。另一方面，中等收入及高收入群体可能愿意而且能够支付更高的租金以获得远离城市中心的土地，从而减少污染的有害影响。中等收入和高等收入群体的竞租曲线在一大段距离范围内会有向上的斜率，因为为了躲避污染对环境造成的破坏而愿意支付更高的租金。然而超过一定距离，污染的效应减少到可以忽略不计，这时关于距离的租金支付行为和第二种情形类似。而如果进一步考虑低收入群体中的“社会犯罪”因素，那么中高收入群体为了与低收入群体隔离，将趋于更加远离城市中心，从而可能造成一个几乎无人居住的遗弃地区（图 6–3–4）。

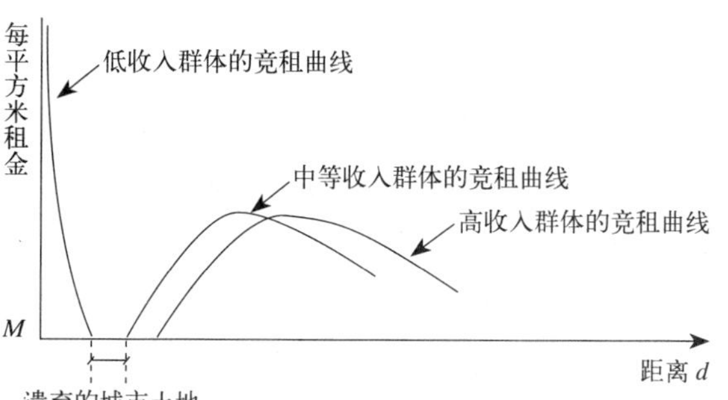

图 6–3–4　考虑环境变量或社会犯罪变量时的居住用地竞租

资料来源：（英）菲利普 · 麦卡恩．城市与区域经济学[M]．李寿德，蒋录全译．上海：格致出版社／上海人民出版社，2010：97．

4　城市规模

在了解了产业类型、规模经济之后，我们需要理解城市规模问题。虽然规模报酬导致城市规模不断扩大，但是还存在制约城市规模的种种因素。

4.1　城市规模与本地产品

无论大城市还是小城市，本地区生产的一些产品在这些城市都可以买到。如果产品的人均需求量与生产该产品的规模经济有很大的关系，那么即使小城市也能够产生足够的需求，以支撑该产业的发展。例如，即便是一个小城镇也至少需要一个理发师。类似地，几千个居民可以支撑一家餐厅，因此一个小城镇甚至可以有几家餐厅和许多与餐厅相关的工作岗位。当然，在大城市可以有更多人需要理发，也有更多人需要吃饭，因此在大城市将有更多的理发师和餐厅服务员。事实上可以预期，理发师和餐厅服务员的数量将会随着城市规模成比例地增长。

大一些的城市都有种类丰富的消费品。在大城市，消费者可以购买到任何在小城市出售的产品，也可以购买到在小城市买不到的产品（如歌剧和脑外科手术）。实际上，小城市居民可以到大城市旅行，并购买那些在小城市买不到的产品。相反，大城市的居民可以购买到任何他们需要的产品，因此他们很少因购物而到小城市旅行。

4.2　产业的数量

城市本身可能会专业化于某几个产业，然而，像上海或广州那样的特大城市却是高度多样化的，容纳了许多并无关联的产业。拥有高科技公司或信息化产业链，或二者兼具的工业园区。

综合性城市能够抗御特定产业的波动，当一种生产活动受到了不利的影响时，工人们还有机会转移到其他的生产部门中去。同时，如果不同的产业共同布局在同一个城市，它们就能享受到大量的中间产品和更多的公共服务，这些产业因此而具有更高的劳动生产率；因而，对于单个城市而言，尽量容纳更多的生产活动是有利的。另一方面，随着产业规模扩大，城市需要有更多的工人，劳动力的机会成本不断趋高，加之生活成本也不断提高，导致产品生产部门的厂商必须支付更高的工资。工资上升到厂商的集聚收益消失的时候，厂商就会从集聚中退出。

4.3　产业的类型

当然，在经济发展中，产业门类的选择也十分重要。对于不同产业门类的城市，其所能提供的就业岗位和带动相关产业的能力并不相同，这也就决定了不同类型城市的最优规模是不相同的，例如一个金融中心城市的最优规模就大于以纺织为主导产业的制造业城市。

城市规模为什么如此不同？如果外部经济往往在特定的产业发生，不经济则往往是由于整个城市的规模，而不论该城市生产了什么，则这种不对称性会产生具有两方面的意义：①由于城市规模具有不经济性，因此把不存在相互溢出的产业布局在同一个城市是毫无意义的，例如如果钢铁生产和书籍出版商之间几乎产生不了外部经济，那么钢铁厂和出版社应位于不同的城市，这样它们既不会彼此造成拥堵也不会抬高地租，所以，每个城市都要专攻一个或几个可以产生外部经济的行业；②行业间外部不经济的差异可能会很大，例如一个纺织城或许不必建太多的纺织厂，但一个金融中心如果几乎囊括了一个国家所有金融机构的话，它可能做得更好，所以，一个城市的最佳规模取决于它的功能。

4.4　外部不经济的制约

城市人口规模的增长导致了居民区的扩大，而它又导致了更高的地租水平和更多的交通事件。因而人口规模增大会导致城市交通的不经济，即高昂的交通成本构成了一个城市在相当长时期内规模扩张的上限。例如，大城市的居住费用会较高，工人们还必须支付更高的交通成本。反过来，较低的交通成本会推动城市规模的扩展和引发人口导入。

这种相互作用中的向心力来自于那些允许交换信息的企业之间的交流：在其他条件一样的情况下，每个企业都有动力在区位上与其他企业相接近，这就促成了集聚。离心力的作用没有这么直接，它主要是间接地通过土地和劳动力市场起作用的。许多企业在同一地区的集聚增加了工人上下班的交通距离，这也使得围绕在这一集聚核心的周边地区的工资率和地租上涨。高企的工资和地租会使得企业不愿再在同一地区集聚。这样，在这两种相反的力量相互作用的过程中，企业和家庭的空间分布达到了均衡。

在外部经济与不经济之间存在一股合力，前者与一个城市内产业的地理集中有关。

第4节 全球化背景下的城市与产业发展

1 经济空间组织的模式转型

1.1 经济全球化与全球城市的出现

跨国界的经济活动由来已久——包括资本、劳动力、货物、原材料、旅行者的活动等。随着全球化的深入，越来越多的国家和地区融入全球市场中。全球化对城市产生了很多深远的影响。最为显著的是导致了全球城市（global cities）的出现，公认的中心有纽约、伦敦和东京。萨森提出了全球城市的七个假说，分别如下：

首先，标志着全球化的经济活动在地域上的分散性及其同时一体化过程，是催生中心功能发展并使其日益重要的关键因素。一家公司在不同国家开展业务，在地域上越是分散，其中心功能就越是复杂和具有战略性。

其次，因中心功能变得如此复杂，以至于越来越多的跨国企业总部采取了外包策略。它们从高度专业化的服务性企业那里采购一部分中心功能，包括会计、法律、公共关系、程序编制、电信及其他服务。

第三，那些在复杂而全球化了的市场中参与竞争的专业服务公司，很可能受到融合经济的影响。它们需要提供的服务相当复杂，其直接涉足的市场或者为大公司总部定制服务的市场都充斥着不确定性，快速完成所有交易的重要性也与日俱增，这些情况交织在一起构成了一个新的融合变化趋势。

第四，公司总部将其最为复杂和非标准化的那部分职能，特别是那些容易遭受不确定因素、变化中的市场和速度影响的部分分包出去越多，其在区位选址上越有挑选余地。

第五，这些专业服务公司必须提供全球服务，这意味着一个全球的分支机构或其他形式的合作伙伴关系。金融及专业服务的全球市场发展、由国家投资激增而引发的跨国服务网络的需求、政府管制国际经济活动的角色的弱化以及其他制度型场所的相应优势，特别是全球市场和公司总部——所有这些都指向一系列跨国城市网络的存在。这也可能意味着，这些城市的经济发展与其广阔腹地乃至其国家经济状况的联系越来越不紧密。

第六，高级专业人员及高利润专业服务公司的不断增加，对扩大社会经济及其空间分布不平等程度的影响，在这些城市有明显的反映。这些专业服务作为战略性投入的角色，提高了高级专业人士的价值及其人员数量。

第七，假设六所描绘的情景将导致一系列经济活动的信息化程度提高，并在这些城市中找到其有效的需求，但其利润水平上不允许同那些位于体系顶端创造高利润的公司争夺各种资源。对部分或是全部的生产和分销活动包括服务进行信息化改造，是在这些条件下的一条生存路径。

1.2 全球生产网络

全球化是一个过程，其中，跨国公司在生产领域和市场领域的运作日益以全球尺度来整合，致使产品在多个区位由多个不同地方的零部件制造厂所生产。此外，尽管产品（如汽车）需要考虑当地市场的状况，但仍有可分享的共同要素（如发动机和脚踏板），这样就可通过规模经济而减少成本。

2　生产组织的产业集群趋向

被广泛认知的企业区位选择的行为特征是，绝大多数的行业活动在空间上都趋向于产业集聚。诸如工业园、小城镇或者大城市等形式的产业集聚证明了这一特征是存在的，同时许多生产和商业活动都出现在这些行业活动的紧密相邻区。基于这些事实，我们需要思考为什么这些经济活动会在地理位置上趋于集中。同时，并不是所有的经济活动都发生在同一个地区。有些经济活动分散在广阔的区域里，这些企业通常要远距离运输它们的产品。尽管如此，普遍的观察依然认为经济活动在空间上趋于集聚。根据迈克尔 · 波特(1998)的定义，产业集群是在某特定领域中，一群在地理上邻近、有交互关联性的企业和相关法人机构，以彼此的共通性和互补性相联结的一种创新协作网络。

2.1　产业集群现象

产业集群是在经济、技术、组织、社会等一系列结构变化的背景下应运而生的。在由传统的"福特式"大规模生产方式（受标准化商品和服务所支配，用标准化生产方法、廉价熟练劳动力和价格竞争）向"柔性专业化"生产方式（面向客户的生产和服务，运用灵活通用的设备和适应性强的熟练劳动力）转变的过程中，集群处于领导地位（王缉慈，2004）。

1970 ~ 1980 年代，以英国为代表的西方发达国家的传统产业开始衰落，意大利中部和东北部地区（通常被称为"第三意大利"）的许多传统产业却因为"柔性专业化（flexible specialization）"的中小企业集群而表现出强大的产业竞争优势和惊人的增长势头。之后，以高技术企业为主的美国硅谷地区更是创造了经济神话，成为世界高技术产业发展的成功典范；在其他国家（尤其在欧洲）也可见到了大量的产业集群。产业集群的出现以及其令人瞩目的经济绩效逐渐引起学术界的普遍关注。在实践探索的促导下，对产业集群理论的系统整理以及进一步多学科的深入研究也终于崭露头角。

2.2　四种典型的产业集群（图 6–4–1）

有关研究发现，存在着四种典型的企业集群，分别为：

(1) 马歇尔式产业区 (Marshallian district)。意大利式产业区为其变体形式。马歇尔式产业区由小的地方性企业支配，对地方的根植性很强。产业类型主要是规模经济相对较低的类型，与区外企业的合作和联系程度亦低。

(2) 轮轴式产业区（hub–and–spoke district）。其地域结构围绕一种或几

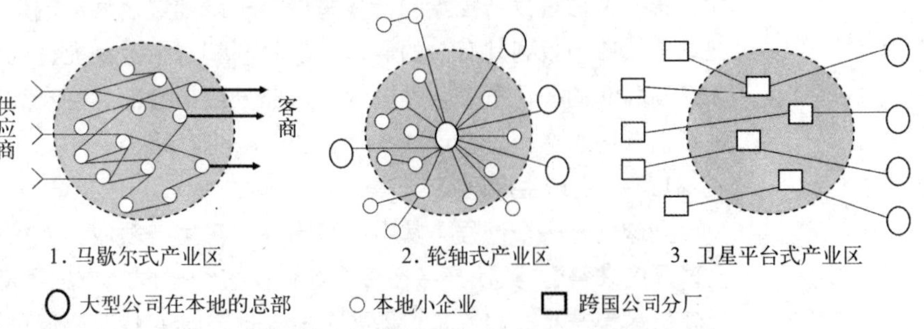

图 6–4–1　马库森的产业分类（Markusen，1996）

资料来源：王缉慈．创新的空间 [M]．北京：北京大学出版社，2001：157.

种工业的一个或多个主要企业。以相当数量的关键企业或设施作为核心，在其周围有供应商和相关活动的区域，它的结构可以比拟为轮子和轴。这种产业区的例子有美国的底特律、日本丰田汽车城等。

(3) 卫星平台式产业区 (satellite platform district)。主要由跨国公司的分支工厂组成。这些分支工厂可能是高技术的，或主要由低工资、低税、公众资助的机构组成。它是在外部的多工厂企业的分厂设施的集合。它往往是在落后地区，在距城市有一定距离的地方所建开发区基础上发展起来的。在各卫星平台的承租者中，既有日常装配企业又有高深的研究机构，它们必须能够在空间上与上下游运营保持独立，或者独立于竞争者集群和外部的供应商和客商。卫星平台式产业区比较普遍，它与国家发展水平无关。

(4) 国家力量依赖型产业区 (state centered district)。国家力量依赖型产业区是公共或者非营利的实体。区域内关键的承租者可能是军事基地、国防工厂、武器研究室、大学或政府机构。地方的商业机构是由这些设施支配的，那里的经济关系取决于政府部门而不是私营部门。这种产业区很难用理论分析，它看起来很像轮轴产业区，但其设备与区域经济联系很少，因此，又很像卫星产业区。

现实的产业区可能是这几种类型的混合形式，或现在是其中一种，经过一段时间会转变为另一种。在不同地区，主导的产业区类型也不一样。例如在美国，一般认为轮轴式和卫星平台式产业区相比另外两种重要。

第5节 城市规划中经济与产业的分析方法

1 城市之间经济联系的测量

对城市之间经济联系的准确判断是制定城市和区域发展战略的基本依据。国际上普遍认为地区经济联系是普遍存在的，是客观的。以量化的方式研究城市的经济联系，具有急迫感和深刻的实践意义。著名地理学家塔费 (E.F.Taaffe) 认为，经济联系强度同它们的人口成正比，同它们之间距离的平方成反比。计算两个城市经济联系的典型公式如下式：

$$P_{ij}=k\frac{\sqrt{P_i \cdot V_i} \times \sqrt{P_j \cdot V_j}}{D_{ij}^2}$$

式中，P_i、P_j 是两个城市的人口指标，通常为市区非农人口数，V_i、V_j 是两个城市的经济指标，通常为城市（或市区）的 GDP 或工业总产值，D_{ij} 是两个城市的距离，k 为常数。这一经济联系的量化模型建立于诸多假设之上，例如各城市经济活动类同，城市辖区内的经济现象集中于代表该城市的那个点上、城市间的联系方式相同、无其他障碍等。

2 经济基础分析

经济基础分析 (Economic-base analysis)，其理论依据是将城市经济分为两部分：基本经济活动把一个地区生产的产品输出到区域以外，或是向参观者、

旅游者和学生提供产品和服务；非基本经济活动（或者称为人口服务）为当地消费提供产品和服务。该理论认为，基本经济部分依靠输出产品和服务换取资金创造就业岗位，是一个地区经济实力和未来发展的关键要素。基本经济活动的扩张可以带来非基本经济活动的增长，尤其表现在零售业、建筑业和服务业上；基本经济活动的萎缩带来相反的效果，就像多米诺效应，会引起整个地方经济的衰退。

3　投入产出分析

投入产出分析是另一种基于构成的经济分析方法，多应用于评价经济的影响，而不是预测。该方法将区域经济看做一个不同经济成分相互联系组成的网络，从区域内部和外部研究购买或销售产品与服务。经济成分可以划分为10～500个甚至更多的部门，具体的划分数量和标准根据当地经济的表现特征、经济研究的目的、数据的有效性、时间以及计算能力等因素确定。

投入产出分析与经济基数理论乘数方法相比具有一个显著的优点，即经济基础只计算一个乘数，而投入产出分析则对每个经济部门对其他经济部门的影响均要计算出乘数，以便追踪一个经济部门的增长或衰退对其他部门的不同影响。如果规划师要了解一个特定经济部门预期增长的影响，他可以运用投入产出分析，找出哪些部门会增长、如何增长，以满足特定部门初始增长的预计需求。投入产出分析方法详细展示了一个研究区域的各经济部门之间是如何联系的，并揭示了地方经济中一些特定经济部门的相对重要性。

4　趋势外推法

这种方法是确定发展趋势并将其外推至未来。趋势外推法可直接应用于总人口或就业水平分析、总量中各部分总数的分析（如老年人口或者基本就业），还可以用于确定某些更为复杂模型的输入项（如对生育率和迁移率进行外推并输入群体生存模型，或者对特定产业就业乘数进行外推并输入投入—产出模型）。外推法隐含的假设前提是：时间有效地代表了基本影响变量的累积效果，这些影响要素包括出生、死亡、企业开业以及经济结构转变等。

外推法常常是通过数学公式来表达的，该公式描述了增长或衰退曲线，与纸上的图形等价。的确，将历史数据标注在图形中来“观察”曲线的轨迹及其随时间的连续变化，是一个非常好的方法。通常可用四种数学模式来描述历史上的人口和经济增长并将这种发展趋势外推至未来：

①线性模型；②几何模型，有时又称为指数模型；③修正指数模型；④多项式模型。

趋势外推法用简单易行的方法，依据过去数据预测未来的人口数量和就业岗位以及其他人口和经济指标。影响人口和经济变化的众多要素都可以以时间的流逝为代表，因此，趋势模型仅需要吻合历史上的时间、人口和经济指标。分析中有如下两点假定：①曲线越吻合历史数据，模型越反映了内在要素的影响；②同样的作用力将持续到未来。当然，对趋势模型需要进行判断和必要修正，包括允许时间、人口和就业数据与曲线有一些偏离（图6–5–1）。

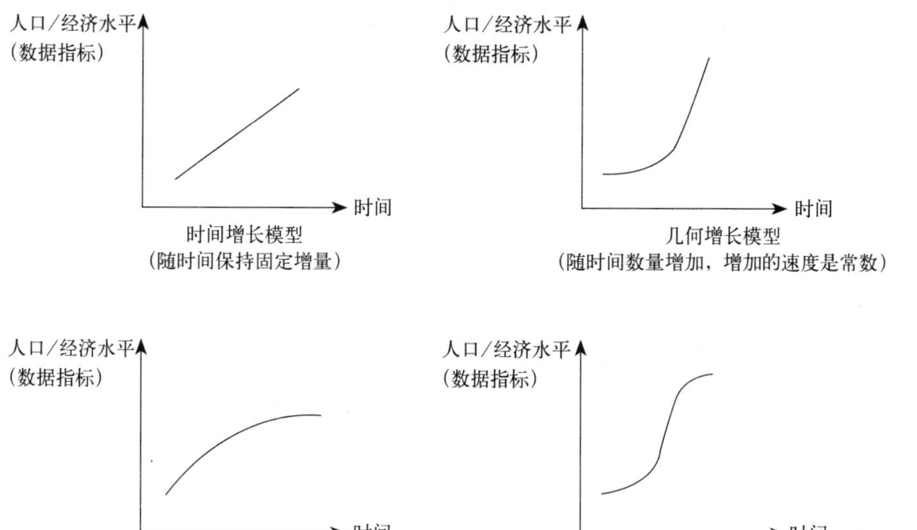

图 6-5-1 趋势外推模型

资料来源：本书编写组自绘.

本章小结

本章立足经济与产业对城市发展的影响，着重介绍了城市经济与产业的运行规律，涉及城市经济发展的相关理论、经济发展路径的综合影响因素以及城市经济和产业发展模式等。在经济全球化的今天，技术、产业、市场和制度因素的变革不断地催生和改变着城市间的复杂联系和城市职能，城市体系也因此而改变。与此同时，城市空间也受到经济发展与产业转型的影响，产业经济的规模不断扩大、产业持续升级成为推进城市空间变革的主导力量。本章中还论述了在城市规划中如何理解经济与产业发展，其相关分析方法有哪些。要在各类分析方法的基础上，力求对城市之间的经济联系作出准确判断，从而制定适合城市和区域发展的战略。此外，以量化的方式研究城市的经济联系，具有急迫感和深刻的实践意义。

复习思考题

1. 结合你身边最新发生的经济与产业现象，思考它们可能对城市未来发展产生的影响。

2. 选取一个你所熟悉的城市，思考其主导产业对城市的发展产生了哪些影响。

3. 经济全球化和区域经济联系对城市发展有何影响？城市规划应如何应对？

第7章　人口与社会

本章聚焦城市人口与社会的发展规律，着重探讨了城市规划中如何考虑人口与社会要素的影响，指出城市人口的规模、结构与空间分布三个维度的要素与城市规划有着密切的联系。在社会层面，社会要素对于城市规划最本质的影响在于城市发展中多方利益的互动和协调。最后，本章重点介绍了城市人口与社会的分析方法，包括城市人口统计、城市人口结构分析、城市人口预测、社会经济影响评价法、社会指标分析法等。

第1节　城市人口与社会要素的定义

1　城市人口

1.1　城市人口界定

从城市规划的角度来看，城市人口应该是指那些与城市活动有密切联系的人群，他们长年居住生活在城市的范围内，构成了该城市的社会主体，是城市经济发展的动力、建设的参与者，又是城市服务的对象；他们依赖城市

生存，又是城市的主人。城市人口规模与城镇地区的界定及人口统计口径直接相关。

1.2 城市人口统计的范围

各国对城市人口的统计更着重于城市人口的统计范围——城市化地区的界定。包括美国、英国、澳大利亚、加拿大、新西兰、日本在内都以人口规模、人口密度其中一项或者两项指标作为划分城镇化地区的标准。我国城乡的划分标准也几经变更。目前，我国的城镇化地区包括城区和镇区，按照《关于统计上划分城乡的暂行规定》（国统字[2006]60号文），城区是指在市辖区和不设区的市中符合以下规定的区域：①街道办事处所辖的居民委员会地域；②城市公共设施、居住设施等连接到的其他居民委员会地域和村民委员会地域。镇区是指在城区以外的镇和其他区域中符合以下规定的区域：①镇所辖的居民委员会地域；②镇的公共设施、居住设施等连接到的村民委员会地域；③常住人口在3000人以上独立的工矿区、开发区、科研单位、大专院校、农场、林场等特殊区域。

1.3 城市人口统计的口径

城市人口是指城区（镇区）的常住人口，即停留在该城市（镇）半年以上，使用各项城市设施的实际居住人口。

2 城市社会要素的定义

从城市规划的角度来看，城市社会是指以城市为主体的社会空间组织，城市社会要素包括城市中的各种社会问题、社会结构、城市生活方式、社会组织、社会心理、社会发展规律等，主要研究内容有：①人类生态学；②城市社区的划分；③城市问题（如失业、住房紧张、环境恶化、种族歧视、阶级冲突、贫富不均、犯罪等）对策与规划；④城镇化等。

第2节 城市人口与社会发展规律

1 城市人口发展规律

由于城市人口是一个具有许多规定和关系的丰富的总体，所以客观上存在着多种人口规律。它们构成人口规律体系，完整地反映人口发展过程中各个主要方面的联系和发展变化的趋势，从不同侧面反映人口现象之间的本质联系。人口规律可分为诸如人口经济规律、人口再生产规律、人口的社会变动规律、人口的地区变动规律、人口的自然变动规律等等。

人口理论和人口科学各个分支，从社会生活的不同领域来揭示反映人口过程各个不同方面的人口规律。城市人口规律是社会规律，各种人口规律毫无例外地是由人类社会发展的普遍规律即生产力和生产关系辩证统一规律或一定社会生产方式决定的。人口发展过程受自然因素的影响，探讨人口规律必须充分分析这种影响，但这些自然因素本身也受社会条件制约，因此不应离开历史上各种不同的社会结构形式抽象地研究人口规律。

2　城市社会发展规律

城市社会发展规律是通过人们的活动表现出来的社会生活过程诸现象间的内在的必然联系。按其作用范围的不同，可分为一般规律、特殊规律和个别规律。存在于人类历史一切阶段并始终起作用的，属于一般规律，如生产关系适合于生产力状况的规律；只在历史上某些发展阶段起作用的，属于特殊规律，如阶级斗争规律；仅在某一社会发展阶段起作用的，属于个别规律，如资本主义基本经济规律。一般规律、特殊规律和个别规律反映人类社会发展的多样性和统一性的关系。其中，一般规律通过特殊和个别规律来表现；特殊和个别规律受一般规律的支配。个别规律、特殊规律和一般规律在一定条件下互相转化，在一种联系下是一般规律，在另一种联系下又是个别规律。

社会发展规律是历史发展中的一种必然的联系。承认历史必然性丝毫也不损害人在历史上的作用，不否认人在社会活动中可以获得自由。因为全部的社会历史都是由人们的活动构成的，社会发展规律只是揭示在什么条件下可以保证人们的活动得到成功，从而获得自由。历史唯物主义把自由的实现看作对必然性的认识，并根据这种认识进行对社会的改造。人们不能改造或废除社会发展规律，但可以在实践中认识和掌握这些规律，在自己的行动中遵循和利用它们来改造社会，获得自由。在社会生活中，归根结底人们只能在已经获得的生产力所允许的限度和范围内实现自由。

第3节　人口与社会要素的影响

人口和社会要素对城市规划的各种需求测定非常重要。人口预测可以用来测算居住用地、公共事业用地以及零售业用地的需求；就业岗位预测可以用来测算包括商业在内的各种经济部门的用地需求。居住、商业、行政办公以及工业用地的需求又是计算交通和其他基础设施用地需求的基础，因此，人口和社会预测在很大程度上决定了城市发展对土地、基础设施、城镇设施和城镇服务设施的需求。此外，它们也构成城市发展对自然资源需求的基础，是造成环境压力的根源。

1　人口要素对于城市规划的影响

人口有三个维度的要素与城市规划关系特别密切：规模、结构和空间分布。

（1）人口规模是决定未来城镇化发展的最基本标杆，是估算未来居住、零售、办公空间需求，工业生产空间需求以及城镇设施空间需求，甚至一些类型的开放空间（如公园）需求的基础。

（2）人口结构同样具有高度的相关性。这里的结构指的是整体规模中特定组群的比重。人口结构可以按照年龄、性别、家庭类型（如单身、有子女）、种族／文化、社会经济水平以及健康状况等进行分组。年龄对规划师而言可能是最重要的一个因素，因为它们隐含了服务的需求：例如儿童对学校的需求、

老人对健康设施和特殊住宅的需求。

与土地使用规划中的一般研究相比，人口结构的预测与评估需要更详细的分析。人口结构的变化源自人口老龄化，以及人口迁移、成活率和出生率在不同人群中的差异。因此，需要对这些变化的成分进行模拟，使土地使用规划可以反映城乡人口中诸多不同群体的需求。

（3）人口和就业的空间分布是第三个重要维度。人口分布是评价公共服务设施的配置、工作地点、商业以及其他设施可达性的必要依据。此外，它还可用来揭示城乡面临的各种问题（如防洪等）并区分对不同人群的影响。可以说，空间分析是运用土地使用模型对人口统计和经济模型所预测的人口和就业增长在空间上的分布进行研究。然而在编制城市规划时，应把未来人口的水平与结构作为输入项，通过规划在空间上进行分配，而不是进行空间分布的推测。

2　社会要素对于城市规划的影响

城市规划作为一种公共政策，其根本目的在于实现社会公共利益的最大化。因此，社会要素对于城市规划最本质的影响，在于城市发展中多方利益的互动和协调，以此保障社会公平，推动社会整体生活品质的提高。城市规划中的主要社会目标包括：一是物质供给与社会需求的协调。尽可能实现城市物质空间资源供应的多元化和适宜性，即及时、密切地应对社会各群体的需求，并提供多样的、开放性的选择机会。二是社会群体内部公共资源的公平分配。保证住房、教育、休闲、就业和公共交通等社会公共资源分配过程和分配结果的公正性与均衡性，即对社会各阶层群体的一视同仁。三是保障社会底层群体的基本生活空间。为社会弱势群体提供必需的基本生存空间和公共服务设施，推动社会结构向更稳定形态的转型。四是改进空间环境满足精神文化需求。创造宜人的城市景观和安全的城市环境，为社会的永续发展提供良好支撑的空间环境。五是社会与经济、生态系统的统筹发展。在城市空间资源分配和调整过程中，强调将社会要素与经济、生态等各方面共同纳入城市发展目标和绩效的考核，以及成本和收益的全面核算与合理评价。六是规划制定与实施中的民主决策。尊重并动员各社会群体参与城市规划与建设活动的意识，为他们提供反映利益诉求的渠道和平等协商的平台。

第4节　城市人口与社会的分析方法

1　城市人口分析方法

城市人口统计

1.1.1　城市人口静态统计

城市人口的统计必须依赖我们国家现有的人口统计制度和机构，包括统计局、公安局、计生办等。我国关于人口统计的概念较多，包括户籍人口、流动人口、暂住人口、常住人口、非农业人口和农业人口等。这些人口统计的概念

存在于各种数据统计资料中，与城市人口的概念都有所区别，因此要统计城市人口就必须对现有的这些人口统计的概念有清晰的了解。

(1) 户籍人口

户籍人口是指在当地公安派出所登记户口的人口。户籍人口的概念来自我国的户籍管理制度。户籍人口目前可以区分为城镇户籍人口（非农业人口）和农村户籍人口（农业人口）。对一个人口流动较少的城镇，其城镇户籍人口是该城镇人口的重要组成部分；而对于一个流动人口较多的城镇，其城镇户籍人口是该城镇人口的一部分，甚至是一小部分，如深圳 2000 年城市人口 700 万人左右，而户籍人口仅 120 多万人。近年来随着我国户籍制度的改革，一些地区取消了农村户籍，实行城镇农村居民户籍一元化，因此在统计城市人口时要特别注意。

(2) 流动人口

流动人口一般是指离开了户籍所在地到其他地方居住一定期限（一般有半年以下，半年以上，一年以上几种分法）的人口。在流动人口的统计上，随着人口调查的变化，界定离开户籍所在地的标准和居住时限标准都有进一步缩小的趋势。离开户籍所在地的标准从跨县（市、区）到跨乡（镇、街道）。居住的时限从一年到 2005 年 1%人口抽样调查时的不足半年。流动人口可以分为流入人口和流出人口，流入人口是指来到该地区的非本地户籍人口，流出人口是指离开该地区到其他地方居住的本地户籍人口。从城市人口规模统计的角度，在整体上应不包括规划范围内的跨街道、跨区人户分离的流动人口；应包括居住在规划范围内期限在半年以上的流入人口和离开本地半年以内的流出人口。对流动人口的统计一般要依赖大规模的人口普查或人口抽样调查。

(3) 暂住人口

暂住人口是指离开户籍所在地，在该地区暂时居住一定期限的人口。因此暂住人口相当于流动人口中的流入人口。在公安部门人口统计上，暂住人口通常按照不同的暂住时限进行统计，如有一年以上、半年以上、三个月以上、一个月以上等不同的暂住人口统计。

(4) 常住人口

常住人口是指实际居住在某地半年以上的人口。常住人口在统计上包括满足居住时限的户籍人口、流动人口中居住半年以上的流入人口和居住半年以下的流出人口。2000 年第五次人口普查时常住人口的统计更是包括在现居住地不满半年，但是已离开户籍所在地半年以上的人口。

1.1.2　城市人口动态统计

一个城市的城市人口无时不在增减变化，它主要来自两个方面：自然增长与机械增长。两者之和便是城市人口的增长值。

(1) 自然增长

自然增长是指人口再生产的变化量，即出生人数与死亡人数的净差值。通常以一年内城市人口的自然增减数与该城市总人口数（或期中人数）之比的千分率表示其增长速度，称为自然增长率。

$$自然增长率 = \frac{本年出生人口数 - 本年死亡人口数}{年平均人数} \times 1000‰$$

出生率的高低与城市人口的年龄构成、育龄妇女的生育率、初育年龄和胎数、人民生活水平、文化水平、传统观念和习俗、医疗卫生条件以及国家计划生育政策有密切联系。死亡率则受年龄构成、卫生保健条件、人民生活水平等因素影响。目前，我国城市人口自然增长已由解放初期的高出生、低死亡、高增长的趋势转变为低出生、低死亡、低增长。我国的城市人口自然增长率一般在10‰左右。近年来我国人口的自然增长率呈现出逐渐下降的趋势。如上海户籍人口自然增长率从上个世纪90年代中期开始已连续多年负增长。就城市性质与规模不同的城市来说，其自然增长率还有所区别，一般大城市低于小城市，新城市高于老城市。经济发达、文化程度高的城市低于经济次发展的城市。

（2）机械增长

机械增长是指由于人口迁移所形成的变化量。即一定时期内，迁入城市的人口与迁出城市的人口的净差值。机械增长的多少与社会经济发展速度、城市的建设和发展条件以及国家对城市的发展方针政策密切相关。如在我国三年自然灾害与经济调整时期，就有大量城市职工转为农村人口；改革开放政策实施后，随着工业化，社会经济的发展，促进了城镇化，大量农村人口转化为城市人口；如国家对大城市的人口实行严格控制政策制约了大城市人口的机械增长。而改革开放的政策，又大大刺激了城市暂住人口数量的膨胀；近年来随着城市产业结构的调整，经济发展对人口的素质要求日益提高，又采取政策积极吸引高级科技人才。对于具体城市来说，其建设发展条件则是机械增长的重要因素。尤其是新建城市，初期人口的增长以机械增长为主。

机械增长的速度用机械增长率来表示，即一年内城市机械增长的人口数与年平均人数（或期中人数）之比的千分率。

$$机械增长率 = \frac{本年迁入人口数 - 本年迁出人口数}{年平均人数} \times 1000‰$$

2 城市人口结构分析

2.1 年龄结构

年龄构成是指城市人口各年龄组的人数占总人数的比例。一般将年龄分成六组：托儿组（0～3岁）、幼儿组（4～6岁）、小学组（7～11岁）、中学组（12～17岁）、成年组（男：18或19～60岁，女：18～55岁）和老年组（男：61岁以上，女：56岁以上）。为了便于研究，常根据年龄统计作出百岁图（俗称人口宝塔图）和年龄构成图（图7-4-1）。

了解年龄构成的意义，在于：

（1）比较成年组人口数和就业人数，可以看出就业情况和劳动力潜力。

（2）掌握劳动后备军的数量，对研究经济有重要作用。

（3）掌握学龄前儿童和学龄儿童的数量和发展趋向，是制定托儿、幼儿及中小学等公共设施规划指标的重要依据。

（4）掌握老年组的人口数及比重，分析城市老龄化水平及发展趋势，是城

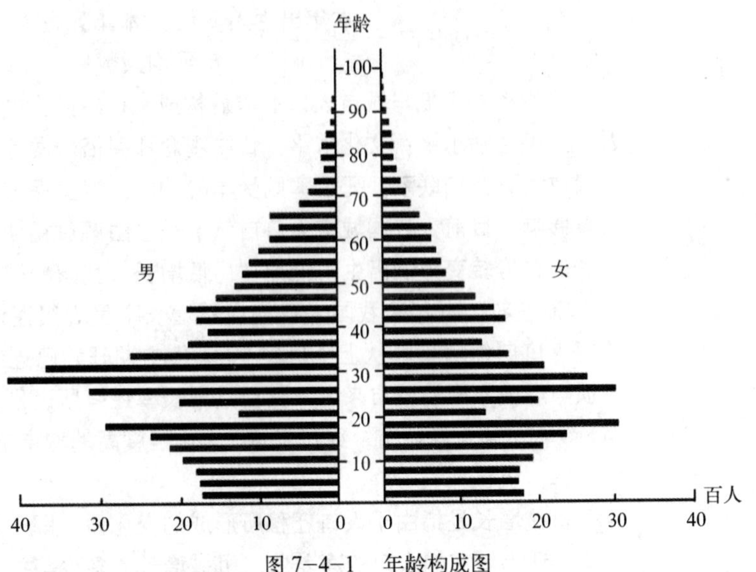

图 7-4-1　年龄构成图

资料来源：同济大学李德华．城市规划原理（第三版）．北京：中国建筑工业出版社，2001：178．

市社会福利服务设施规划指标的主要依据。

（5）分析年龄结构，可以判断城市人口自然增长变化趋势；分析育龄妇女人口数量，是预测人口自然增长的主要依据。

影响年龄构成特点的因素是多方面的。主要有：

（1）计划生育的累积影响。

（2）城市不同发展阶段：旧城中老年人、青年人比重一般较高；在新城，建设初期，单身职工多，带眷系数小，成年组的比重高，老年人、青少年的比重小；随着城市进一步发展，年龄构成将逐渐变化。

（3）城市的性质与规模。如以科研、教育为主的城镇，由于学生人数多，学生年龄组比重较高；小城市劳动人口年龄组和未成年年龄组的比重一般高于大城市，而大城市的老年人比重则高于小城市等等。

2.2　职业结构

城市人口的职业构成是指城市人口中的社会劳动者按其从事劳动的行业性质（即职业类型）划分，各占总就业人口的比例。按国家统计局现行统计职业类型如下：

（1）农、林、牧、渔业；

（2）采矿业；

（3）制造业；

（4）电力、燃气及水的生产和供应业；

（5）建筑业；

（6）交通运输、仓储和邮政业；

（7）信息传输、计算机服务和软件业；

（8）批发和零售业；

（9）住宿和餐饮业；

（10）金融业；

(11) 房地产业；
(12) 租赁和商务服务业；
(13) 科学研究、技术服务和地质勘察业；
(14) 水利、环境和公共设施管理业；
(15) 居民服务和其他服务业；
(16) 教育；
(17) 卫生、社会保障和社会福利业；
(18) 文化、体育和娱乐业；
(19) 公共管理和社会组织；
(20) 国际组织。

按三次产业分类，以上第 1 类属第一产业；第 2 ～ 5 类属第二产业；第 6 ～ 20 类属第三产业。

按三次产业划分能较科学地反映城市社会、经济发展水平。一般社会经济发展水平越高，第三产业比重越大，通常中心城市第三产业比例较高。同时这种分类还便于取得统计资料。

产业结构与职业构成的分析可以反映城市性质、经济结构、现代化水平城市设施的社会化程度、社会结构的合理协调程度，是制定城市发展政策与调整规划定额指标的重要依据，在城市规划中，应提出合理的职业构成和产业结构建议，协调城市各项事业的发展，达到生产与生活配套，提高城市的综合效益。

2.3　家庭结构

家庭结构反映城市人口的家庭人口数量、性别、辈分等组合情况。它对于城市住宅类型的选择，城市生活和文化设施的配置，城市生活居住区的组织等都有密切联系。家庭结构的变化对城市社会生活方式、行为、心理诸方面都带来直接影响，从而对城市物质要素的需求也有变化。我国城市家庭组成由传统的复合大家庭向简单的小家庭发展的趋向日益明显。因此，城市规划时应详细地调查家庭构成情况、户均人口数，并对其发展变化进行预测，以作为制定有关规划指标的依据。

2.4　空间结构

城市人口的空间结构是指人口在城市内部的空间分布特征，包括人口密度、人口按各种属性在空间上的分布情况等。城市发展伴随着城市人口空间结构的变化，城市人口空间结构的变化能够反映城市内部空间结构的变化。一般城市中心区、旧城区人口密度较高，而城区边缘人口密度较低。定量描述这一规律的是人口密度模型。它可以理解为城市某地的城市人口密度是城市中心人口密度和该地距城市中心距离的函数，可以用来描述人口密度随距城市中心距离变化而变化的规律。其中较为常见的人口密度模型有 Clark 模型（图 7–4–2）、Sherratt 模型、Newling 模型。以 Clark 模型为例，其函数形式为：

$$D_d=D_0\times e^{-bd}$$

式中，D_d 城市某地的人口密度，D_0 城市中心的人口密度，d 为该地距城市中心的距离。它反映了城市人口密度在城市中心最高，然后随远离市中心，人口密度起初快速递减，然后平缓递减的城市人口密度分布形态。

城市人口空间的变化影响城市居住、产业、交通等各类用地和设施的规划布局。城市规划应调研城市人口空间结构的现状及存在的问题，预测人口空间结构的变化趋势，制定人口空间结构调整的目标，配合以相应的各类用地、设施和政策的规划安排。

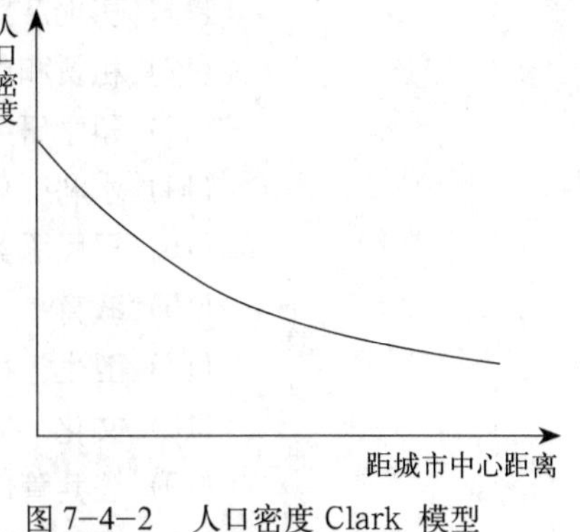

图 7-4-2　人口密度 Clark 模型
资料来源：本书编写组自绘.

3　城市人口预测

预测城市人口发展规模是一项政策性、科学性很强的工作。既要了解城市人口现状和历年来人口变化情况，更要研究城市社会、经济发展的战略目标，城市发展的有利条件和制约因素。从中找出规律和发展趋势，预测城市人口发展，确定城市人口发展规模。

城市人口系统是一个复杂开放的系统，其增长变化规律更难把握，因此进行城市人口的预测应通过采用不同方法、分类预测、对参数及自变量采用不同赋值、引用相关预测值等，获得多个预测方案。我国城市类型多，劳动构成和人口增长又各有特点，各地有关人口资料的完备程度也不同，预测城市人口规模的方法不能强求一致，可以以某几种方法为主，辅以其他方法校核，特别是与当地环境承载力、生态环境容量相校核，最终确定城市未来人口规模。现将城市人口预测的几个主要方法简介如下：

3.1　综合增长率法

综合增长率法是以预测基准年上溯多年的历史平均增长率为基础，预测规划目标年城市人口的方法。根据人口综合年均增长率预测人口规模，按下式计算：

$$P_t=P_0\ (1+r)^{n}$$

式中　P_t——预测目标年末人口规模；

P_0——预测基准年人口规模；

r——人口综合年均增长率；

n——预测年限（t_n-t_0）。

人口综合年均增长率 r 应根据多年城市人口规模数据确定，缺乏多年城市人口规模数据的城市可以将综合年均增长率分解成自然增长率和机械增长率，分别根据历史数据加以确定。综合年均增长率法预测城市人口应在上述工作的基础上，考虑城市经济发展的趋势、机遇和资源环境等方方面面的条件，参考可比城市同样发展阶段的人口增长情况，确定多个综合年均增长率 r，形成多个人口预测方案。

综合增长率法主要适用于人口增长率相对稳定的城市，对于新建或发展受外部条件影响较大的城镇则不适用。

【例】某城市从 1995 ～ 2000 年城市人口年均增长 25.7‰，其中自然增长率为 9.6‰，机械增长率为 16.1‰，而从 2001 ～ 2005 年，人口年均增长率提高到 30.9‰，但其中自然增长率 6.6‰，机械增长率提高到 24.3‰。2005 年

的人口达到88.72万人。因此对未来15年即到2020年的城市人口预测计算如下:

高方案：由于育龄妇女年龄段人口正步入高峰期，在今后10年将面临生育高峰，自然增长率会有所上升，参照前10年的自然增长率，取后15年的自然增长率为7‰。而机械增长率将因铁路干线建成，国家对开发中西部地区的政策倾斜，机械增长人口还将保持24.0‰的水平。因此形成人口预测的高方案：$r_{高}$=7‰+24‰=31‰。

中方案：按照10年的平均年综合增长率形成人口预测的中方案：$r_{中}$=(25.7‰+30.9‰)/2=28.3‰。

低方案：考虑随着计划生育政策继续落实，人口素质的进一步提高，生育率将进一步下降，虽然未来存在一个生育高峰，自然增长率在未来15年仍然可能维持在6‰这个较低的水平上。而机械增长率因为该城市的城镇化水平已经超过了50%，城镇化过程将进一步放缓，综合考虑中西部政策倾斜，其未来15年机械增长率能保持在1995～2000的水平16‰已经不低了。因此形成人口预测的低方案：$r_{低}$=6‰+16‰=22‰。

因此根据综合增长率法预测2020年城市人口规模如下：

高方案：城市人口规模=88.72×(1+31‰)^{15}=140.25万人；

中方案：城市人口规模=88.72×(1+28.3‰)^{15}=134.84万人；

低方案：城市人口规模=88.72×(1+22‰)^{15}=122.97万人。

3.2 时间序列法

时间序列法是对一个城市的历史城市人口数据的发展变化进行趋势分析，直接预测规划期城市人口规模的方法。

它通过建立城市人口与年份之间的相关关系预测未来人口规模，这种相关关系一般包括线性和非线性的，在城市规划人口预测时，多以年份作为时间单位，一般采用线性相关模型。按下式计算：

$$P_t=a+bY_t$$

式中 P_t——预测目标年末城市人口规模；

Y_t——预测目标年份；

a、b——参数。

通过一组年份与城市人口的历史数据，拟合上述回归模型，如回归模型通过统计检验，则视为有效模型可以进行预测；否则，应视为不相关或相关不密切，不能用该方法进行预测。

时间序列法适用于城市人口有长时间的统计，人口数据起伏不大，未来发展趋势不会有较大变化的城市。

【例】某城市从1996～2005年城市人口数据（表7-4-1、图7-4-3），时间序列法预测2010年城市人口的方法是根据前10年的城市人口数据，建立城市人口与时间的线性回归模型，根据拟合出的方程，R_2值达到0.8757，可以进行预测。预测2020年城市人口=0.9382×2020−1842=53.16万人。

3.3 增长曲线法

增长曲线模型用来描述变量随时间变化的规律性，跟之前的方法一样，这种模型需要在以往数据找出这种规律性。增长曲线模型包含众多形式，用以描

1996 ~ 2005 年城市人口　　表 7-4-1

年份	城市人口（万人）	年份	城市人口（万人）
1996	29	2001	36.4
1997	31	2002	35.1
1998	33.5	2003	37.5
1999	34	2004	37.9
2000	36	2005	38.2

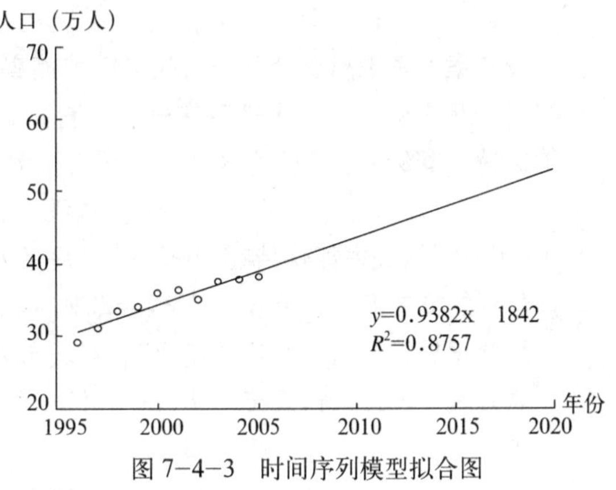

图 7-4-3　时间序列模型拟合图

资料来源：本书编写组自绘.

述社会生活中各种事物的发展规律，常见的有多项式增长曲线、指数型增长曲线、逻辑（Logistic）增长曲线和龚珀兹增长曲线。时间序列法中线性方法其实就是多项式增长曲线中一种形式。逻辑增长曲线和龚珀兹增长曲线有两个特点使其更加适合人口预测。一是存在一个极值，随时间的增加，函数越来越趋近这一极值，在进行城市人口预测时，这能够反映一个城市发展的极限人口规模；二是逻辑增长曲线有一个拐点，拐点之前曲线的斜率（增长率）随时间逐渐变大，拐点之后曲线的斜率随时间逐渐变小，最终趋近于零。这一变化过程基本符合城市人口的变化过程。因此城市规划中进行城市人口预测时，采用增长曲线法时一般使用逻辑增长曲线。其计算公式为：

$$P_t=\frac{P_m}{1+aP_mb^n}$$

式中　P_m——城市最大人口容量，

n——预测年限（$n=t-t_0$，t_0 为预测基准年份，t 为预测目标年份）。

参数 a 和 b 可利用软件从历史数据回归中求得。曲线中人口容量 P_m 一般需结合城市的资源承载力、生态环境容量、经济发展潜力等来确定，也可以直接借用各个角度对城市极限人口规模的研究结论。

增长曲线法适合于较为成熟的城市的人口预测，并不适用于新建城市或者发展存在较大不确定性的城市。然而，在该方法的应用过程中，人口极限规模往往难以确定或者说有一定的不确定性，给该方法的应用带来了一定的困难。

【例】继续使用上一小节时间序列法例中 1996 ~ 2005 共 10 年的城市人口数据（参见表 7-4-1），同时根据该市的资源环境条件等相关研究成果，该市城市人口容量为60万。利用软件对10年人口数据进行逻辑（Logistic）增长曲线拟合（图7–4–4），得到R^2=0.881，a=0.017，b=0.938。则：

$$该城市2020年城市人口=\frac{60}{1+0.017\times60\times0.938^{25}}=49.76万人$$

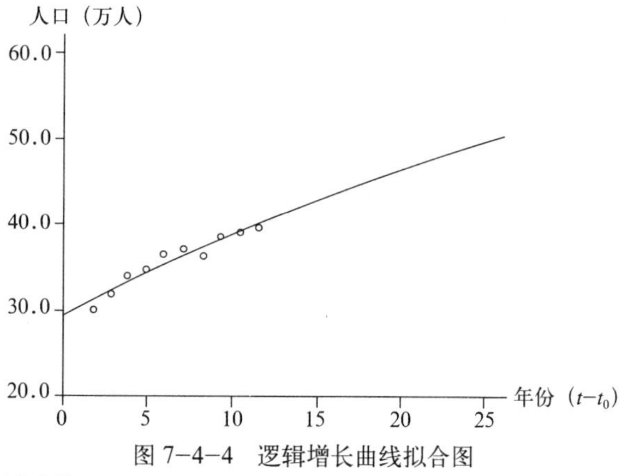

图7–4–4 逻辑增长曲线拟合图

资料来源：本书编写组自绘.

3.4 劳动平衡法

劳动平衡法是我国过去城市规划中较多采用的一种方法。它主要是建立在"按一定比例分配社会劳动"的基本原理、社会经济发展计划以及相互平衡的原则基础上，以社会经济发展计划的基本人口数和劳动构成比例的平衡关系来确定的。

基本的思路是及时根据国民经济发展计划、经济的增长，确立新增基本人口数量，然后按照基本人口占城市人口的比例，推算城市的总人口。这方法在理论上是正确的，但即使在计划经济时期，国民经济计划一般能提供年度计划已属不易，要提供城市规划期限内，即近期5年、远期20年的计划数几乎是不可能的。在市场经济下，由于投资来源多元化，甚至连当年的建设投资量都难以掌握，加上前述基本人口在如何界定及统计资料的难以获得，这种方法实际很少被采用了。

3.5 职工带眷系数法

本法系根据新增就业岗位数及带眷情况预测城市人口的方法。其公式为：

规划总人口数=带眷职工人数×（1+带眷系数）+单身职工

运用上式时，可参阅表7–4–2。

职工带眷有关指标 表7–4–2

类别	占职工总数比重	备注
1. 单身职工	40%～60%	带眷职工比要根据具体情况而定。独立工业城镇采用上限，靠近旧城采用下限；迁厂采用上限；建设初期采用下限，建成后采用上限。单身职工比相应变化。带眷系数已考虑了双职工因素。双职工比例高的采用下限，比例低的采用上限
2. 带眷职工	40%～60%	
3. 带眷系数	3～4，1～3	
4. 非生产性职工	10%～20%	

资料来源：同济大学李德华. 城市规划原理（第三版）. 北京：中国建筑工业出版社，2001：183.

职工带眷比，指带有家属的职工数占职工总人数的比例。带眷系数，指每个带眷职工所带眷属的平均人数。这对于估算新建工业企业、小城镇人口的发展规模以及确定住户形式都可提供依据。这两种比值随着工厂的规模、新旧等情况而不同。

这种预测方法对于新建工矿城镇，根据建设的企业规模推算建成后的城镇人口是可行的，其他则难以应用。

【例】某大城市郊区新建石油化工工业小城镇。在估算近期人口规模时，先根据国家批准的设计任务书中第一期工程定员人数，以及市级政府批准的铁路支线、内河装卸区、汽车运输站和保养厂等的职工人数，确定生产性职工为24000人。其次，从整个城镇考虑，生活配套建设的需要，生产性职工与非生产性职工的比例按4：1计，确定非生产性职工为6000人。从而近期职工总数为3万人。再根据其为郊区小镇以及职工来源具体情况，确定单身职工占职工总数2/3，同地双职工占带眷职工的30%，带眷系数3。代入公式得：

$$该镇近期总人口数 = 30000 \times \frac{1}{3} \times (1-\frac{30\%}{2}) \times (1+3)+30000 \times \frac{2}{3} = 54000 人$$

4 社会分析方法

4.1 社会经济影响评价法

在规划过程中运用社会经济影响评价的方法在西方已经相对较为成熟，但在我国还处在探索阶段。理解规划政策的社会影响对于公平公正和构建和谐城市有着特别重要的意义，对其进行分析也是未来规划师必须理解和掌握的方法。在这类研究中，规划师关注的是诸如一个产业园区的建立、一个主要企业的入驻或撤离之类的经济活动所带来的外在影响，或是人口的职业和年龄分布变化的潜在影响。这类事件可能是实际发生的也可能是规划方案建议的，但它们都会对就业、人口和未来的土地需求产生影响，而人口和社会模型为评估这些影响提供了部分基础。

社会影响评价运用的方法分为两类，一类是研究的主要依据为指标资料的数理分析方法，也称技术性评估（Technical SIA）。技术性评估主要着重于可量化的人居活动，例如人口变化等，是资料化、精确的分析结果。另一类则是利用大量的社会调查作为评估判断依据的定性分析方法，也称为参与性评估（Participatory SIA）。参与性评估主要研究当地目标人群的社会背景及形成原因，建立在主观、概念及叙述性的研究结果之上。因为收集数据及分析层面的不同，技术性与参与性评估通常被看作为两个完全不同的方法。技术性评估通过问卷方式假设个人及社区的回答并过滤一些不能量化的社会指标，最常用的是多准则分类法（Multi–criteria Analysis）、成本收益分析法（Cost Benefit Analysis）等。而参与性评估则真实地反映个人及社区的反应，并如实将所有社会指标以描述性方式列出，最常用的有数据分类法（Data Classification）、焦点小组访谈法（Focus Group）、情景分析法（Scenario Analysis）及人口情况研究（Demographic Analysis）等。1970～1990年代中，西方早期技术派系的社会影响评价试图通过纯技术角度对一个开发事件所产生的社会问题进行分析计算，但价值判断

上的冲突导致了计算结果的偏差。只有引入相同的价值判断体系，才能提高社会影响评价的效率。从现有社会影响评价的应用情况来看，公共参与更多地体现“政治民主”，是调和不同利益方价值观最有效的方法，也是调控城市开发问题的最适合的应用型工具之一。近年来，西方大量的社会影响评价研究开始运用更综合的定量与定性结合的研究方法。

4.2 社会指标分析法

社会指标作为“衡量和监测社会发展数量关系的一把尺子”，是研究社会发展各要素的现状、发展趋势和发现各种社会问题的一种重要量化手段。它最早为美国学者提出，旨在研究“通常不易于定量测量或不属于经济学家专业范围的领域”。图 7–4–5 简要总结了社会指标迅速发展时期的三个重要发展方向。其中可以看出，面向规划等政策应用的指标研究中间一列，更多注重对于社会生活水平、基本需求和分配状况的数据测量，以及面向发展的数据整合。

1980 年代以来，我国在社会指标体系的研究领域取得了显著成果，形成了如社会发展综合评价指标体系、现代化指标体系、生活质量指标体系等综合性指标体系，以及关于社会保障、小康社会、体育事业、公安统计等多项专题性指标体系。近几年来，又不断出现安全城市评价体系、和谐社会指标体系、宜居城市科学评价标准等新的评价体系。其中体现出对社会发展的内涵和外延的拓展，从早期标准中关于万人医生数、人均道路面积等基本物质投入的测量，转向多维度的生活质量评价，即不仅包含福利的经济内涵，还包含社会公正、社会资本和休闲文化环境等影响现代生活品质的非经济要素，

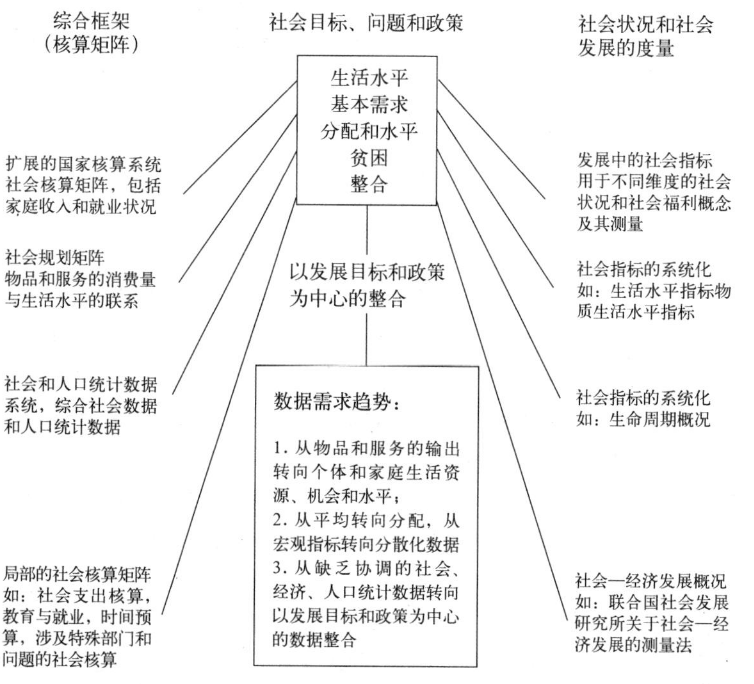

图 7–4–5 社会指标的发展与应用

资料来源：Baster N. (1985) “Social Indicator Research: Some Issues and Debates” in Hilhorst J., Klatter M. eds Social Development in the third World, Worcester: Billing & Sons Limited.

并且还纳入了居民的主观意向评价，例如用“满意度”或“幸福感”来衡量居民收入、住房、市政建设、社会治安和文教卫生事业等的发展。

4.3　常用社会指标

4.3.1　关于社会组织系统的指标

基本人口特征：人口规模、人口自然增长率、人口密度、出生婴儿性别比、老龄化比例、人均预期寿命、婴儿存活率等。

人口素质水平：学龄儿童入学率、人均受教育年限、高等教育入学率、每万人口拥有在校大学生人数、每万人口拥有大专以上学历人数、15岁以上人口识字率、劳动者文盲和不同教育水平人口比例、中级以上科技人员占科技人员总数的比重、每万职工拥有专业技术人员等。

社会结构：中等收入群体在总人口中所占比例（具体收入水平需要界定）第三产业劳动者占社会劳动者比例、城镇化水平、三人户占总户数的比例、每一就业人口负担人口数等。

外来人口状况：城市外来人口的规模、务工比例、养老保险、医疗保险覆盖率、收入水平、子女就学率等。

社会公平：基尼系数、贫困人口比例、城乡收入水平差异、最富有家庭收入与最贫困家庭收入比值、最高收入者与最低收入者的收入差距、最低工资群体与平均工资比值、残疾人就业率、城镇单位女性就业人员比例、高中阶段毕业生性别比等。

行政效率与城市政策：群众民主评议满意度、腐败案件立案与查处率、重复上访率、拆迁人口规模比例、非自愿强制拆迁比例、平均补偿标准与平均房价的对比、城市社会空间分异程度、城市周边失地农民就业率、投资性购房比例等。

社会组织能力：注册社团总量、居民个体集资建房投资量、业主委员会数与小区数比、本地因城市建设居民上访案例数等。

公民意识：城市基层选举参选率、消费者投诉率、行政诉讼案件诉讼率、无偿献血人数、社区志愿者数、业主维权诉讼率等。

4.3.2　关于社会文化环境的指标

社会投资水平：公共教育经费占比重、人均教育经费、城市文化产业支出、人均日生活用水量、城乡居民人均日生活用电量、人均道路占有长度、每万人拥有病床数、每万人拥有医生数、人均图书拥有量、每万人拥有公交车辆、人均公共绿地面积等。

物质生活质量：城镇居民人均可支配收入、城镇人均居住面积、恩格尔系数、城市家庭负债比例、住房价格与年收入水平对比系数、人均消费支出、每万人家庭电话拥有量、各种现代化家庭消费品普及率、各种现代化厨具普及率等。

精神文化生活：教育娱乐支出比重、有线电视普及率、千人国际互联网用户数、公共图书馆总流通人次、博物馆参观人次、公共图书馆人均图书拥有量、报纸人均发行量、人均文化娱乐旅游消费支出、每周工作日、生活服务支出比重等。

社会安全与治安控制：万人刑事案件发案率、每万人大案与要案发案率、八类暴力型案件比重、外来人口犯罪比重、青少年犯罪率、城镇失业率、每万人口拥有律师数、每万人拥有警察数、治安案件查处数、刑事案件破案率、每

万人交通事故死亡率、每万人火灾损失额等。

社会保障：养老保险参保人数、城镇医疗保险参保人数、享受低保占社会救济人数比例、法律援助人次、赡养比、最低工资标准等。

社会整合：百万人口自杀率、百万人口精神病发病率、离婚率、外来人口犯罪率、居民社会网络状况家庭与邻里关系纽带、社区认同、社区归属感、公共活动参与状况、社会排斥与歧视对外来人口的态度等。

社区建设：城镇每万人口拥有社区服务设施数等。

4.3.3　关于主观评价的指标

城市环境评价：城市建筑风格、街头家具、户外布告栏等。

公共设施的供给和可达性评价：教育、健康、商业、公共交通、图书馆、体育馆和运动场、剧院和音乐厅等公共设施，以及公园、休闲娱乐场所、邻里聚会场所等。

城市生活中的现状问题评价：城市安全抢劫和偷盗、儿童玩耍的安全、对于犯罪的恐惧感、夜间出行、紧急服务的回应度、交通出行的便利、安全和选择的多样性、住房区位、价格、面积和邻里选择、生活压力就业、通勤、生活成本等。

公共事业的发展状况评价：城市对于音乐和艺术、公共学校、体育赛事、发展和创新计划等公共事业的投入情况，以及社区聚会活动、兴趣团体的参与、社会生活如夜间活动的丰富度等。

政治和社会氛围评价：政治氛围开放、透明、诚实、社区问题的表达和利益诉求、不同社会群体间的宽容或冲突、邻里间的互助合作、社会组织的建设、交友情况等。

地方归属感：对于城市的历史和传统文化、地理特征的感受、对城市未来发展的预期和对未来规划的关注、成员归属感、长久居住意愿尤其是青年人等。

本章小结

本章聚焦城市人口与社会的发展规律，着重探讨了城市规划中如何考虑对于人口与社会要素的影响，指出城市人口的规模、结构与空间分布三个维度的要素与城市规划有着密切的联系。在社会层面，社会要素对于城市规划最本质的影响在于城市发展中多方利益的互动和协调。

最后，本章重点介绍城市人口与社会的分析方法，人口层面包括城市人口统计，城市人口结构分析，城市人口预测等；社会层面包括社会经济影响评价法、社会指标分析法等。

复习思考题

1. 结合书中所介绍的方法，预测中国2049年的人口总量以及人口结构。

2. 透过身边的城市人口与社会现象，思考城市规划未来可能的对策。

3. 在中国城镇化道路上，农村地区大量劳动力流失，会对农村居民点规划产生哪些影响？

第8章 历史与文化

本章主要介绍了城市历史与文化对城市规划的影响。阐述了城市历史的研究方法，城市文化结构以及传统文化与城市规划的关系，并结合规划专业分别从城市历史与城市文化的角度予以说明。

第1节 城市历史

1 城市历史的内涵与意义

历史学是一门关于人类发展的科学，是对人类已掌握的自然知识与社会知识的总和进行记录、归纳和研究的学问。其主要任务是：记述与编纂（文献、分类与年代记）；考证与诠释（传统文字、实物的考察方法，结合运用当代的科技手段）；评估与设想（对已经实践过的部分进行综合或跨学科的研究，并在汲取经验教训的基础上提出创新思维的未来构想）等。而城市史的研究只是其中的一个专业门类。

近年来，随着中国学术界对研究领域的清晰划分和研究内容的不断深化，历史地理学、古都学和城市史学已经成为城市史研究中的核心组成。当然再进一步划分，还可以有城市规划史、城市社会史、城市建筑史、城市人口史等研究领域。简而言之，城市历史是以一个城市、区域城市、城市群、城市类型为对象，包含了它们的结构和功能，城市作用、地位和发展过程，各城市之间、城乡之间的关系及变化，以及城市发展的规律等。

2 城市历史的研究内容

任何专业都有比较明确的研究边界，包括与之相关的延伸领域。就城市史而言，其研究范围并不局限在城市的地域之内。从广义的角度来说，城市历史在纵向上主要表现为城市形成、发展、脉络的阶段性，比如原始社会、农业社会、工业社会、后工业社会中的城市形态和发展状况及其历史特点；横向上与城市环境、城市生活、城市人口、城市阶级和阶层等内容相联系。

一般来说，与城市规划专业有关的城市历史研究包括：

（1）城市的起源与发展机制

城市起源与城市形态因不同的地质地貌、文化背景、时代变迁而大不相同，对早期城市的继承和创新又依赖于某种独特的发展机制，与物理环境、政治环境、经济、宗教、社会等各种因素密切相关。因此，这一方面的研究会涉及多元文化或地域文化的问题，包括城市的空间位置和形态（肌理）改变、城市发展的内外动力、更大范围内政治、经济、自然环境变化的影响等。

（2）城市发展过程中的社会问题

每个国家的城市都存在社会构成（身份制度、阶层、阶级）和社会活动的问题（政治活动、经济活动、宗教活动），并因其所处的空间位置和时代节点有所变化；在历史过程中形成的城市制度、法规、习俗（比如古代和中世纪欧洲的法体系、法家族等）又有非常复杂的背景和动因，这些都反作用于城市的尺度、空间结构、人口规模、政治取向及经济特色等。从古代、中世纪到现代的城市规划思想的变迁，也与城市的社会发展、城市的权利分布、城市的经济基础等相关联。

（3）城市体系与城市文化特征

除了最远古的时代之外，城市文明从来都不是独立的存在的。不同地域、不同国家的城市通过文化辐射、殖民扩张、地域联盟、国家的统一或分裂等进行交流，包括经济贸易、科学技术、建筑风格、制度法规、生活形态等，并在一定时空范围内形成某种城市体系（如汉帝国的城市体系、欧洲中世纪的汉萨同盟、前苏联时代的社会主义城市体系）等。这些时代或者空间范围内的城市，因其独特的文化现象而格外引起史学研究者的关注。

（4）针对更新改造的城市历史遗产保护

顾名思义，城市历史遗产保护首先就是要对某个历史阶段内城市空间、城市建筑、街道机理或社会活动进行界定，然后才能划分保护的范围和内容（如上海市在国家级、市级文物之外指定的优秀近代建筑保护），所以这个门类的研究离不开城市史的基础知识。本书已有专门的章节进行分析，因此不再赘述。

当然，还有一些共同的历史学研究方法，比如对史料的筛选与鉴别，提出疑问并进行假设，建立合乎逻辑的推理模型，最终通过综合学科的考证，寻求客观的解答等。因此，要切忌对手头上的一些有限资料进行夸大或断章取义，包括城市的地理位置、建筑规模、人口结构、经济特点等，并用以作为当前规划的依据。

3　东西方城市历史的差异

城市的形成与发展都因其所处的时代和地理位置而表现出鲜明的个性。从大的方面来看，世界范围内各大文化圈（儒教文化圈、阿拉伯文化圈、西方发达工业国文化圈等）是包容这些城市个性的基础平台，地理环境因素、宗教民族因素、社会结构因素、城市文明之间的冲突与融合因素等，又是这些文化圈的内在构成。城市本身又是一个历史的积累，有着其最初的源头，而研究城市历史绝不能脱离其本源。今天世界各国的城市发展都与当地最早形成的哲学思想体系有着密切的关系。因此，以中国为代表的东方城市和以希腊为代表的西方城市之间有很多的差异。本节将对这两种不同城市起源的思想体系和特点进行简要的分析。

3.1　古代中国的哲学思想体系

培育古代中国哲学的基础是大农业社会，因此，哲学研究的对象与自然、包括季节与土地有着割不断的关联，当然，更重要的还是人类自身的生存活动原理。概括而言，古代中国哲学的研究范畴包括："天"（对天象与人类社会的认知和解释，所以既是物质的，也是精神的）；"道"（按照宇宙运行的规律制定的人为准则与最高社会行动规范）；"气"（本指一种自然存在的极细微的物质，是宇宙万物的本原。对气的研究在一定程度上就是探知自然界物质的形态与结构，特别是运用于医学领域，与城市建设的风水观也不无关系）；"数"（研究自然万物与人文社会的规律，并把社会等级、文化价值的概念渗透其中，既有唯物的观点，也有唯心的成分），后来还发展了"理"等，主要研究物类形体之间彼此不同的形式与性质，以及内在的运行规律。

虽然古代中国的哲学思想主要与天文、历法相关，并直接和农业生产及万物更新相结合，但作为一种精神文化的产物，必然会直接反映在城市这个物质的载体之上（比如关系到城市建设的天人合一、阴阳八卦、堪舆风水理论）等。还有，"数"直接用于卦象、计算、组合与建筑的规则制定，"气"则力求探索城市发展的内在规律，并结合了化学、物理、医学、人文等各个领域的成果，带动了古代的社会进步（如四大发明、《天工开物》、《本草纲目》等），也促进了城市的繁荣与发展。

3.2　古代中国的哲学思想与城市发展的关系

由于古代中国的文明以高度发达的农耕经济为基础，并以强大的集权制度统一了黄河、长江流域的广大地区，不仅创造出独特的社会制度和法律，在科学技术的发展方面也攀登上当时世界的顶峰。而这一切成就的集大成之作，就是古代中国的城市，其中既体现了典型的东方宇宙观（天圆地方：人法地、地法天、天法道），又表现出极强的社会等级观念（为政之道，以礼为先：遵循礼制的城市空间、建筑规格、排列与形态），还有中国特有的华夷世界划分标准，即所有城市的尺度、建筑形态都取决于其在华夷秩序（《礼记王制》："东曰夷、西曰戎、南曰蛮、北曰狄"）和五服文化圈（《禹贡》与《国语 · 周语》）中的位置。参看图（图 8–1–1、图 8–1–2）：

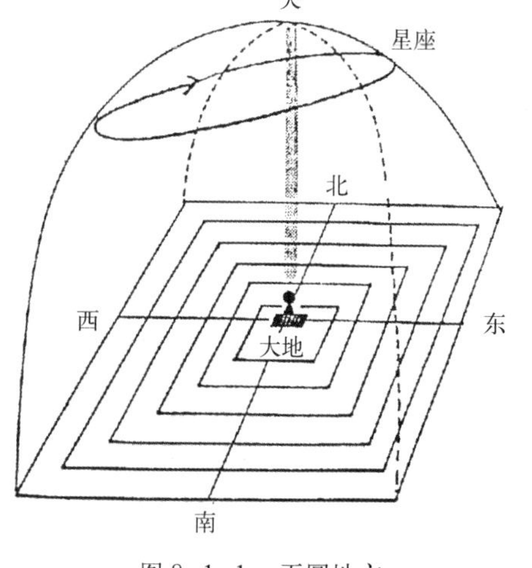

图 8-1-1　天圆地方

资料来源：本书编写组自绘．

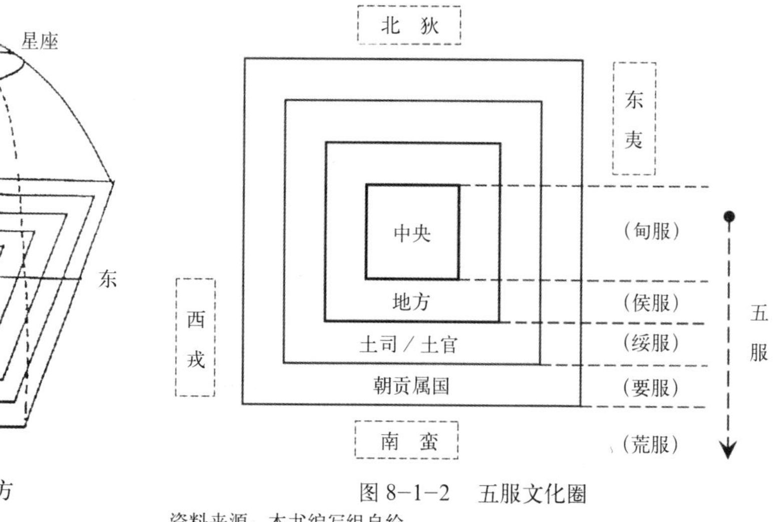

图 8-1-2　五服文化圈

资料来源：本书编写组自绘．

古人观测天象，因北半球的星座都围绕着北极星而转动，因此视北极星为天极和天帝的居所，代表至高无上的权威；其星微紫，所以紫色也代表了最神圣的地方（如故宫称为紫禁城）。而与天对应的是人工建筑的城市，遵循天圆地方的概念，一般规划为方形或长方形，其中南北轴线的北端与北极星相呼应，是为尊位，即皇宫和官衙的所在地；随后按照礼的秩序来确定不同等级和不同功能的城市建筑及设施的位置。而城市的大小和建筑的规格，甚至包括色彩与材料，又必须根据五服的概念来确定。这样，一个尊卑有序、符合天意的城市规划理论便诞生了。

3.3　古代西方的哲学思想与城市发展

古希腊人也非常注重观察自然，并热心于对世界本源的探索，但和古代中国相比，希腊哲学中蕴藏着更多的科学成分，因此在很多方面为现代科学与现代哲学奠定了基础。恩格斯曾经指出，希腊人对世界总的认识和描述都是比较正确的，也有一定的深度。当然，不能排除他们在思维方面的缺陷："在古希腊人那里——正因为他们还没有进步到对自然界的解剖，分析——自然界还被当做一个整体从总的方面来观察，自然现象的总联系还没有在细节方面得到证明，这种联系对希腊人来说是直接的、直观的结果。"（《自然辩证法》第 30 ~ 31 页）。

古希腊人的宇宙观和古代中国的不同，他们主张：地球是宇宙的中心，是永远静止不动的，太阳、月亮、各种行星和恒星在天球上都是围绕着地球在运转（图 8-1-3）。亚里士多德的哲学思想就支持这样的地心说，他把这种不变和永恒视为最高的价值体现。这样的思想最终也反映在城市的规划和建设当中（帕拉图的《理想国》、亚里士多德的《政治学》、小国寡民与乌托邦等）。

同时，通过对自然万象的观察，古希腊人把物体的形状和大小抽象为一种空间形象，即无论是什么样的质量、重量或者材料，古希腊人只关注它的"空间形象"，或者说是几何特征，从而形成了"几何空间"和"几何图形"的概念。因此，把数学和哲学实现完美的结合是古希腊人的重要贡献，数学不仅是哲学家进行思维和创造的工具，也是追求真理的手段，而几何学尤其被认为代表了美的本质。

独特的地理环境会孕育出独特的城市形态。希腊半岛被山峦和海湾分割成

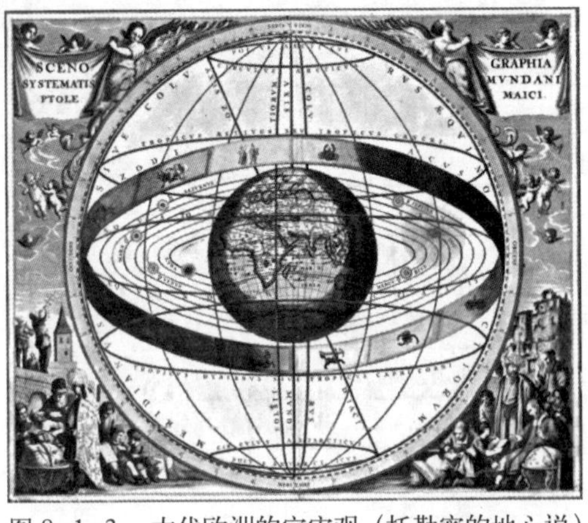

图 8-1-3　古代欧洲的宇宙观（托勒密的地心说）
资料来源：http://www.patrickhe.info/blog/.

很多狭小的地块，海岸线破碎陡峭，几乎没有大片的平原，极不利于政治上的统一，所以没有形成东方国家那样的集权政府。这样的地理环境造就了希腊人独特的意识形态，他们本身的生产力相对落后，但面对的是大海，海外有早已存在的高度发达的东方城市文明，又有爱琴海（克里特岛）这样的跳板，因此希腊人的知识摄取源是非常丰富的。他们的城市与东方截然不同：由于相对稳定的奴隶制度，古希腊人能相对地安心于自足的生活，加之人口流动的缓慢，于是便形成了以城邦为中心的、比较强烈的共同体概念。城邦(polis) 很好地利用了崎岖破碎的海岸线，也为古希腊城市保护神的出现创造了条件（卫城及神庙的建设）；同时，培育了尊重市民权利和私有财产的传统，以及对小国寡民的城邦模式和贵族化的民主制度的推崇。

在城市建设方面，古希腊人提倡合理主义，即遵从自然规律与理性（阳光、和平、健康），强调人本主义思想；城市的形态不一定公式化，但一定要体现出和谐与美感，要给市民带来精神上的抚慰与幸福感。古希腊城市可以用一个直观的公式来表达：

哲学思想 + 几何与数学 + 城市的公共空间（文化核心）

希腊城市的空间形态与构成要素主要有：符合人的尺度的建筑形态，截然划分的公共空间与私密空间，前者如广场、圣殿、卫城、街道、元老院等。民主政治与城市的文化核心就是广场（Agora），这个传统被后来的罗马人所继承并一直延续到今天。罗马人在希腊城市的基础上继续发展，并做出了更加卓越的贡献，如引水渠、公共浴室、公共娱乐场（角斗场和剧院）等城市基础设施、以及连接城市的道路体系和罗马法等。

到了希腊化时代，帝国的概念打破了小城邦的封闭意识，形成规模更大、集权力量更强大的城市，并且把这种模式推广到古代的地中海世界及东方各国。这个时代城市的规划尤其注重人的要素，而其渊源则可追溯到希波达姆斯。

4　基于城市历史的规划分析内容

城市历史对城市规划的影响涉及方方面面，最直接的规划手段反映在城市历史文化遗产保护规划和城市复兴的过程中，其基本方法包括历史文化名城的保护规划、历史文化街区保护规划和历史建筑的保护利用等。该部分内容将在后续篇章中作详细介绍。

除此以外，基于城市历史的规划研究是城市规划的编制基础，对于正确指导一座城市的发展建设具有重要的作用。城市历史对城市规划的影响是以规划师和决策者建立起对城市结构和功能发展演变的认识为基本内容的。在对城市历史环境条件的分析中，规划师和决策者需同时关注城市发展演变的自然条件和历史背景，以及在此基础上形成的城市空间格局和文化遗产。主要可包括几个方面的内容：

（1）对城市历史沿革的认识和分析，包括城市历史的发展、演进以及城市发展的脉络。

（2）分析城市格局的演变，包括城市的整体形态、功能布局、空间要素（如道路街巷、城市轴线）等。

（3）分析城市历史发展中的自然与社会条件，包括政治、经济、文化、交通、气候、景观等内容。物质性的历史要素包括文物古迹、革命史迹、传统街区、名胜古寺、古井、古木等；非物质性的历史要素包括历史人物、历史事件、体现地方特色的岁时节庆、地方语言、传统风俗、文化艺术等。

具体可采用的工作方法包括：历史与文献资料研究、历史资源调查、自然资源调查和面向市民的社会调查等。

第2节　城市文化

1　城市文化的内涵、类型与作用

不同学科基于不同的视角对文化有不同的释义，但基本上可概括为两种：一是广义的文化，指普遍的物质生产、社会关系与精神生活：生产力（经济活动）——人际关系（社会活动）——精神和道德规范（思维活动）——趣味与倾向（大众化价值观）——个人修养（理想、素质）等，这几乎囊括了人类整个社会生活；二是狭义的文化，指意识形态及与之相适应的制度和组织结构，具有鲜明的时空特点：时代的产物（石器时代、青铜器时代、十月革命后的政治版图、改革开放等）；地区性表现（楚文化、沿海城市、金砖四国）；国家／民族文化（图腾崇拜、唐人街、美式快餐、欧洲的慢城组织）；社会制度（封建制、移民法、城乡规划法）等。

1.1　文化结构

在文化学及文化地理学研究中，一般将文化分为三个层次：①物质文化，指人类利用和创造的一切物质产品；②制度文化（或行为文化），指人们的理论创建、制度规范和行为约束，比如政治制度、经济制度、法律制度以及教育制度等；③精神文化，指人类的思想活动、意识形态、价值观和传统习俗等。这三个层次相互关联、相互制约。比如，精神文化是行为文化的内化产物，反过来又指导、支配、升华和约束人类的行为；物质文化是行为文化的外化产物，反过来又对行为文化提出要求，以便与其发展阶段相适应。这三种文化的相互影响与制约就形成了文化发展的内在机制。

1.2　城市文化结构

作为人类文明的结晶，城市人类文化的物质载体。根据城市文化的功能目的和实施手段，在城市规划和建设中所涉及到的城市文化，也可以分为物质环境、制度环境和人文环境三种类型。

物质环境——城市空间布局、自然景观、建筑风格、街道肌理、城市标志物等，这些构成城市空间的各种物质元素都是可直接观察到和触摸到的部分。城市文化的物质载体是一种物化手段，既为人类的行为活动提供物质支撑，又影响和制约着人在城市空间的行为活动。

制度环境——各种法律法规，比如城乡规划法、土地管理法、文物保护法等各种城市规划建设法律法规，地方性的城市管理规章制度，以及城市规划中制定的相关实施政策等。制度环境是在人文环境指导下建立的、用来约束人类行为的保障体系，目的是促进物质环境和人文环境有序和稳定的发展。它是城市文化中的一种隐性手段。

人文环境——主要围绕着人展开，包括个人自身的基本活动，社会活动（人与人之间的关系），精神活动（人的价值观念和思想意识）等。人的基本活动是围绕生产与生活方式展开的，包括衣食住行的各个方面；社会关系则包括显性的和隐性的两部分：显性的如各种公共社区活动，从属团体的社群活动等；隐性的如家庭／家族关系、政治倾向和阶层分化等，这些是需要分析研究才能了解的；精神活动包括道德观念、思想意识、宗教信仰、职业伦理等。这些属于城市文化的主体和功能目标系统。行为活动是人的基本需求和存在方式，离不开物质环境的支撑，也不能没有制度环境的保障和约束，因而是物质和制度环境建设的直接目的。

人文环境处于城市文化中的支配地位，物质环境和制度环境的建设是为了满足人文环境的功能目的而实施的手段和途径。但物质环境和制度环境的建成往往不能随着人文环境的变化而变化，有一定的滞后性，其结果就对人文环境形成一定的制约和影响。我们常说，城市空间是人类精神的物质产物，是人类行为的空间载体，并为人类的行为活动提供物质的支撑。但从另一个角度看，城市空间往往是影响和制约人们行为活动的关键所在。由于城市空间的特殊性，即一旦形成后在很长的时间内将难以改变，因此对规划师而言，就必须全面和细致地研究物质环境对人的行为活动、特别是对城市的人文精神所产生的长期而深刻的影响。总之，上述的三者之间是相辅相成、相互制约、并行不悖的，城市文化的最终使命是达到物质、制度、人文共同协调的可持续发展（图 8–2–1）。

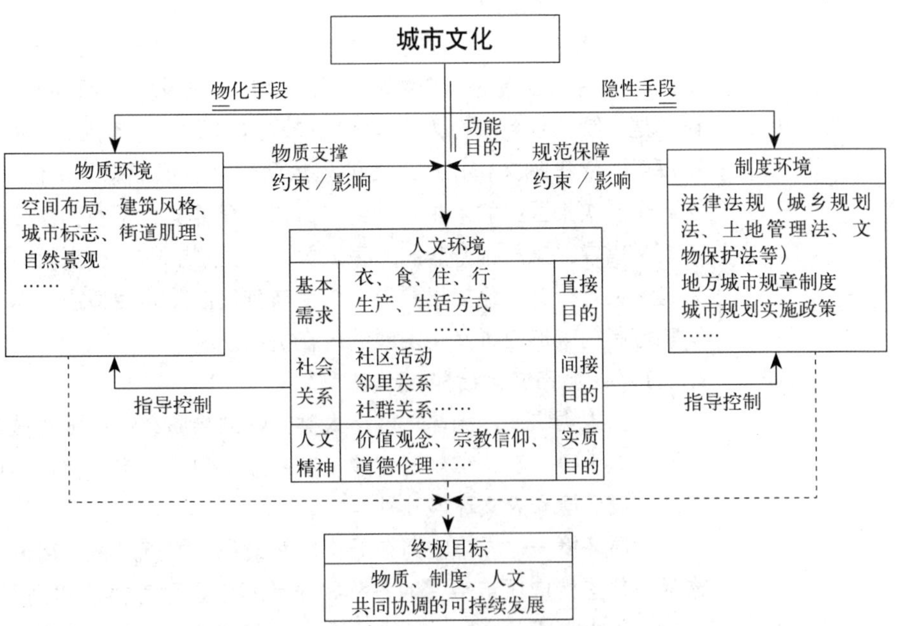

图 8–2–1　城市文化结构及发展目标示意图

资料来源：本书编写组自绘．

2 城市文化对城市规划的影响

2.1 传统文化对城市规划的影响

城市的传统价值取向可体现在城市的形态与规模方面，城市形态在特定的历史时期受到神人关系、君民关系的影响，也受到城市经济，特别是工商业结构的影响。例如中国古代城市受到儒家思想和礼制的影响，产生了以《周礼 · 考工记》为代表的规划思想；受佛教文化的影响，南北朝时期在城市内兴建了大量的寺庙；而历代都城的选址大都受到风水理论的影响等。不同的城市文化也体现在不同的城市性质中，反映在城市规划上则表现为城市性质与城市功能布局的差异，如宗教城市、政治城市、商业城市、自治城市等，都在形态上有所区别。

2.2 历史变革期的城市文化对城市规划的影响

在城市文化历史变革期，城市文化思潮对城市规划往往具有较大的冲击力。如文艺复兴时期的城市文化对当时的欧洲城市建设产生了巨大的影响。公元 1452 年，建筑师列昂 · 巴蒂斯塔 · 阿尔伯蒂的建筑理论专著《论建筑》继承了古罗马建筑师马可 · 维特鲁威的思想理论，对当时流行的古典建筑比例、柱式以及城市规划理论和经验作了科学的总结。他主张首先应从城市的环境因素来合理地考虑城市的选址和造型。公元 1464 年，佛罗伦萨建筑师费拉锐特在他的著作《理想的城市》中向人们呈现出一个理想城市的设计方案，打破了中世纪城市以宗教建筑为中心的沉疴，大型世俗性公共建筑如市政厅、广场等占据了城市的中心地带，给城市的人文景观带来了根本性的变化。文艺复兴时期建造的理想城市虽然凤毛麟角，但对当时整个欧洲的城市规划具有深远的影响，许多具有军事防御意义的城市都采用了这种模式。

文艺复兴时期还诞生了城市规划的概念，但是当时的城市仍强调“封闭”的特征，随后巴洛克风格的城市则更加“外向”。巴洛克城市首次被看做一个空间的系统，用透视法展现城市，把城市作为君权的象征。这样的风格始于罗马，如通往教堂的大轴线，以强调教堂的重要地位，典型的例子就是罗马圣彼得大教堂广场、波波洛广场等。之后在 17 世纪的沃 · 勒 · 维康府邸、凡尔赛宫乃至巴黎城市广场的设计中大量运用，其中凡尔赛宫最为典型。巴洛克的城市建设就其形式而言，是当时欧洲宫廷中形成的戏剧性场面和仪式的缩影和化身，实际上是宫廷显贵生活方式和姿态的集中展示。

2.3 当代城市文化对城市规划的影响

在当代城市规划实践中，城市文化通过塑造城市规划决策者（包括决策者、规划师及公众）的意识形态来影响城市规划方案的编制，同时，通过制约城市规划决策制度的法理基础，直接干预规划方案的选择，包括城市总体格局、城市肌理、城市形象和建设效果等。两方面共同作用最终确定城市规划方案。由于城市文化通常依托具有强烈的可识别性的城市空间而存在，因此，当某个范围内的城市建设按照规划方案完成后，也就意味着原来的城市文化空间载体在可识别性程度方面的变化：强化的可识别性增强了原来空间的文化集聚效应，反之，弱化的可识别性将削弱原来空间的文化集聚效应。这种强弱变化从正反

两方面改变了地域特色，原先的地域特色经过较长时间的漂洗、过滤，积淀成为新的城市文化，从而又对城市建设产生影响，引起新一轮循环。城市文化对规划决策个体的意识形态的塑造具体表现在：通过影响规划决策者的社会观而确定城市总体格局；通过影响规划师的价值观进而干预城市肌理；通过影响公众个体的人生观间接塑造城市形象。

西方著名城市规划师如刘易斯 · 芒福德、约翰 · 弗里德曼、克里斯托夫 · 科尔及彼得 · 霍尔等人，都十分强调城市文化在城市规划与建设中的作用。他们认为任何城市不可能脱离它存在的文脉，脱离它所扎根的文明。芒福德还把“文化储存、文化传播与交流、文化创造与发展”称为“城市的三项最基本功能”；而科尔更是站在未来城市规划与发展的角度批评了 20 世纪的城市规划与建设。他认为目前“在创建既适合于‘现代的城市’又包容‘未来的城市’的理论是不成功的”。他告诫欧洲人：不仅要从书本上学习建筑城市的艺术，还要通过对存在于人类居住形式中的整个文化史的学习来把握建筑城市的艺术。

3 基于城市文化的规划设计方法

城市文化不是孤立的、抽象的概念，它必须依托于城市的各项建设，通过空间的变化来培育和实现。建筑、桥梁、道路都是城市文化的载体，所以在规划时，只有用城市文化之“神”来塑造城市之“形”，才能使城市的“形”处处折射出城市文化的精神与内涵。城市规划的不同阶段对城市空间的影响是不一样的，而且是分层次的。具体的规划设计方法可从以下几个角度出发：

（1）在城市总体规划阶段通过城市定位诠释城市文化形象。城市总体规划的一个重要任务就是确定城市的性质，即城市定位。城市定位与城市文化是紧密相关的，正确把握城市性质，有利于确定城市的发展方向和布局结构，而对城市文化发展而言，城市性质的确定实际上也给城市文化描绘了基本形象。如英国伦敦提出了作为“世界卓越的创意和文化中心”的目标定位，并相应地制定了打造世界级文化城市的措施；又如苏州的城市定位是“历史文化名城”，因此苏州的城市文化形象就不能像上海那样朝着“国际化大都市”的方向建设。

（2）根据城市文化特征安排城市的空间布局。无论是历史文化还是现代文明都是城市文化的有机构成部分，它们都必须借助一定的空间展示自己的特色，即城市空间隐含着一个城市的文化信息。比如城市街道，在组织城市景观轴线的同时，也同时在组织着城市居民的生活。因此，如何对城市各级街道空间进行设计；如何从城市整体对道路系统进行分级；如何为城市居民提供方便、安全、舒适的交通等等，都需要同时考虑如何去反映城市文化的特色。再如，在处理老城与新城的关系上，如何在尊重和传承历史文化遗产的基础上进行旧城区改造；在新城建设方面，如何协调好与老城区的功能分区等，这些问题的解决都应考虑城市文化的独特需求。

（3）根据城市文化选择城市产业发展。结合区域条件和现代产业发展趋势，科学选取城市主要产业，不仅是城市文化发展的要求，更是城市发展的内在规律。例如倡导生态文化的城市，其产业无论是在材料的选取、能源的使用，还是产品的生产等方面都需显示出生态化的特点，构建包括生态农业、生态工业、生态旅游、生态商务等生态型经济体系。内在的创新文化城市。

(4) 在城市设计阶段通过对城市肌理的分析诠释城市文化历史。每一座城市都有独特的历史，在空间上的表现就是各式各样的城市肌理。如苏州的“水道脉分棹鳞次，里闾棋布城册方”，就是其水乡文化的鲜活反映；天津市中心城区的“河、道垂直与河、路平行”的路网格局，则是海河文化和殖民地文化共同作用的结果。城市设计是城市规划全过程中与城市空间结合最紧密的阶段，规划方案直接影响到城市肌理的发展。如果规划方案注重城市的文化基因传承，则城市肌理将作为一种空间传统特色被延续下去；如果规划方案选择脱离城市原有肌理，将导致城市文化的“变异”。

(5) 根据城市文化指导城市景观设计。城市规划虽然不涉及景观风格的设计，但应对城市景观设计提出原则性要求。市容景观等城市外在形态是彰显城市个性内涵的载体，景观所蕴涵的文化理念、价值取向及象征意义等都是城市文化的重要组成部分。无论是建筑的布局、建筑的式样、建筑的色彩都浓墨重彩地传达着城市文化的信息。用城市文化作指导，进行城市景观的设计与创造，既能体现建筑的特色性、多样化与协调性，又能表达城市自身的内涵与精神。

(6) 通过城市环境要素诠释城市文化基调。城市环境要素由软硬质景观要素构成，软质景观要素主要指城市植被，各个城市因地理条件不同而植被各异，而人们选择的市树、市花等更被赋予了特定的文化意义，因此在不同的城市地段分布以不同植被对其文化环境具有重要影响；硬质景观要素指道路铺装、围墙、栏杆、标牌和电话亭等，这部分的内容与人们日常生活关系最为密切，是人可触摸的范围，也是视觉可精细辨认的领域，最能直接体现城市文化的基调。

本章小结

本章主要介绍城市文化与历史对城市规划的影响。文化与历史是极为泛义的概念，当以城市为主体时则表现为城市的精神延续及文化内涵，在城市建设中发挥着长远的至关重要的作用。其次，基于城市历史的规划分析内容有哪些，传统文化对城市规划的影响表现在什么方面，本章立足于此，结合规划专业分别从城市历史与城市文化的角度予以简述。

复习思考题

1. 查询除了本章提及的分析方法外，还有哪些可能创新的城市历史分析方法。

2. 编绘你生活过的城市的历史年表。

3. 结合地域文化的特征，思考你所在的城市有哪些性格，在城市空间中可以做哪些改进？

第9章 技术与信息

本章立足信息与技术对城市规划的重要影响，着重阐述了城市规划中常用的技术方法，包括规划编制所包含的技术，收集资料的方法以及数据描述的分析方法等，在城市规划的预测方法论述中，重点介绍因果推断、趋势外推、情景分析、交叉影响分析等方法。针对城市规划的评价与决策，相关的技术方法有层次分析法、SD法、特征价格法、线性规划法等。

第1节 人类技术的进步及其对城市的影响

人类的技术进步无论是在历史上，还是在未来都持续地对城市产生着关键的影响。在人类文明的漫长历史过程中，技术大背景的发展可以分为若干个历史阶段。除却原始社会阶段，人类技术发展可以简单地分为手工技术阶段、工业技术阶段和信息技术阶段。这些技术的发展不断地改变着人类的生活方式、社会组织形式、经济运转方式、人类改变自然的能力，最终影响了人类如何建设自己的城市。

在手工技术时代，城市发展进程缓慢，城市建址受自然因素约束较大。在这一时期，由于落后的手工技术与自然相抗衡的能力较弱，因此，城市分布很大程度上要受到自然因素的约束，这就是为什么这一时期的城市更多地建址在河川港湾地带和交通要道的主要原因。尽管曾经出现过像长安和罗马这样的大城市，但总体而言这一阶段的城市规模有限，其尺度很少发展到 3km 以上，在城市周围出现的一些集镇，其间距都不超过一日步行的距离。城市的道路、市政等设施也较为简单，城市生态环境基本协调。手工技术时代的城市结构一般较为简单，城市职能单一。城市虽都有数量不等的手工业作坊、工场分布其中，但主要是政治和军事中心、商业中心。

1784 年蒸汽机的发明标志着以机器技术为主导的技术时代到来，这一阶段的技术发展对城市产生了巨大的影响，城市的方方面面都发生了巨大的变化。首先是城镇化进程大大加快。机动交通工具使得城市不受或少受地理和自然因素的约束，可以把工业城市布局在原材料产地和能源丰富的地方，城市的分布也不再受到自然环境的严重制约。城市规模急剧扩大是这一阶段城市发展的显著特征。工业摆脱了对人力和畜力、水力的依赖，有了在城市集中的可能，许多村镇逐渐变成了小城市，而小城市又逐渐变成了大城市。城市愈大，工厂建在里面就愈有利，这就使得大工业城市迅速发展起来，城市规模迅速扩大。机器技术时代的大工业生产方式，使城市的结构日益复杂，出现了古代城市不曾有的大片工业区、仓库码头区、商业区等新的城市职能。这些技术的革命在很大程度上改变了城市的组织形态，带来了越来越多需要城市规划师去深入解决的问题，也是现代城市规划得以诞生的根源。

当技术的发展将整个社会带动到信息技术的时代，无论是城市的组织形式还是城市规划学科自身的进步都同样发生着巨大的变化。人类社会的沟通与交往途径变得越来越丰富，信息传递的速度越来越快，信息交流受到的环境制约越来越少，知识的生产也呈现了几何级别的增长。在机动化交通改变了物质流动的速度，使得全球产业布局可以跨越遥远的距离来配置之后，通信技术的进步则改变了信息流动的速度，更加降低了企业和各种资源在大区域乃至全球进行重新布局的成本。全球化发展正是这样一种技术进步所导致的结果。城市之间再也无法孤立在自身的地域之中来审视自身的发展，而是必须从更大的范围来思索自身发展的动力所在。西方发达城市的原有工业地区由于产业迁出经历了一个衰败的过程，城市也经历了从依赖工业部门到依赖新的产业，如文化产业、旅游休闲等的一段过程，城市中的很多功能经历了升级和替代。一些城市走向衰败，中国等新兴经济国家的城市则迎来了快速的发展。这构成了 20 世纪后期和 21 世纪初期城市变化的最大图景。

技术的发展影响了城市中人类的生活组织形式，影响了城市经济与产业组织，也对环境造成了深刻的影响，但最终这些影响会在地球表面留下它的空间投影。这也就回到了城市规划研究的核心问题，也就是技术的进步如何影响了城市空间的构成以及组织关系，未来的城市规划应当如何应对技术进步所带来的新问题和新挑战，如何应用新技术去创建美好的城市空间。

城市作为一种生活空间，技术进步在一定程度上塑造和改变了人类的生活方式与共处方式，从而带来了对空间的不同需求。工业化给城市社会带来了新的文明，人们的居住方式、工作组织都发生了巨大的变化，城市空间与之相应也在不断改变。例如，汽车的普及推动了居住空间不断地向城市外围扩张，接着又造成企业和商业的外迁，导致了郊区化过程的产生。大量移民破坏了原有居民的市民结构，社会关系也发生了重构，城市越来越成为一个陌生人的社会，同时也产生了各种各样的社会群体，社会分化和寻求认同的过程同时在发生。这对城市社区空间的构成同样产生了重要的影响。

城市作为经济活动的空间，技术进步改变了经济组织方式，不断催生新的产业类型，回过头来又改变了城市物质空间的形态。马克思主义认为，生产力的发展是推动社会制度变革的决定性力量。在人类漫长的历史进程中，城市生活组织变化的每一次进步无不是技术进步所带来的生产力提高的结果。中国唐代以前的严厉的街坊制度在宋代逐渐瓦解是商业发展的后果。工业革命释放了人类的力量，把城市带到了工业时代，使城市的格局发生了翻天覆地的变化，工业成为城镇化的根本性推动力量，工业及其相关的储运交通设施也成为城市空间布局最重要的因素之一。交通成本的降低使得城市之间的交流变得更加便利，城市之间开始产生分工，经济成为改变传统区域格局的重要力量。信息传输的加快进一步加剧了城市间分工的步伐，许多企业在全球配置资源，将全球的城市组织成为一个紧密联系的网络，作为网络中不同节点的每个城市都不得不受到其深刻影响。

城市作为最大的人工构筑物，技术进步改变了人类改造自然的能力，也改变了人与环境共处的方式。今天的城市扩张已经对自然环境造成了非常严重的破坏，水体、空气不断受到城市工业发展所造成的污染；自然生态空间由于城市的扩张不断缩减。然而，城市作为寄生于自然环境的生命体无法脱离母体而存在。城市始终需要与外部环境进行能量、物质的交换才能生存和维持其生命体的健康。幸好在这个新的技术时代，信息和各种测量监控技术的发展能够使我们充分认识到城市无序发展所带来的问题，也有可能提出相应的解决方案。未来的城市必须重新思索与自然之间的和谐相处关系，才能真正实现永续的发展。

随着技术进步的速度进一步加快，人类的知识越来越多，信息也不断增长。1990 年代，市场上销售的电脑硬盘容量是百兆级别，到了 1990 年代末已经是千兆级别，2003 年达到万兆级别，2006 年已经是十万兆级，2010 年达到百万兆级，短短十数年时间，人们日常存储的信息容量扩大了一万倍。互联网的传输速度、各种电子设备接入网络的速度也在日益提高，不需 2 ~ 3 年，就可提高一倍或几部，而且接入方式逐渐从有线向无线转变。这一切都对今天城市经济的组织、市民共处的途径，以及环境造成了深刻的影响。认识城市，无法回避这些催生城市发生转变的革命性力量。

第2节　城市规划自身技术的发展

1　城市规划技术

技术进步对城市规划学科同样有着重要的影响，是推动这一学科发展的重要力量之一。在过去的几十年中，越来越多的新技术在城市规划中得到了应用。新技术的进步对城市规划领域的促进主要表现在三方面：①城市规划中的计量模型的应用；②城市规划的成果表现与沟通交流方法的改善；③城市规划管理能力的提高。城市规划中的计量模型的发展必须依靠学科自身的发展，反而言之，计量模型的发展就是城市规划学科自身的发展。城市规划成果的表现和城市规划管理手法的提高相对来说是辅助性的，它的发展主要依靠其他学科特别是计算机技术的提高。

现代城市规划在早期被认为是一种物质空间形态的规划与设计行为，规划编制在很长时间内更多地依赖于思想和理念而存在。虽然格迪斯在很早就已经提出了“调查—分析—规划”的城市规划工作方法，但深入到这一规划编制过程的内部，由于当时对城市系统认识的不足，对导致城市发生变化的各种机制缺乏足够的了解，并不能在技术层面更多地引入理性的分析工具。

1960 年代以后，城市规划引入了系统规划理论，规划工作被定义为系统控制的一种形式，这一思想带来了规划技术的重大变化。第一，需要了解城市这一复杂系统是怎样运行的；第二，一旦城市被看成不同区域位置的功能活动相互联系和作用的系统，那么一个局部所发生的变化将会引起其他局部的相应变化；第三，认识到了城市是处于不断变化过程中的，城市规划被看做一个在不断变化的情形下持续地监视、分析、干预的过程；第四，把城市看做一个相互关联的功能活动系统，规划需要处理的范围更广，影响更深远了。在这种认识的基础之上，大量相关学科技术被引入城市规划学科，极大地丰富了城市规划编制的技术手段。同时，计算机技术的快速发展也使得大规模的数据处理成为可能，在这样的双重背景之下，出现了许许多多可以用于城市规划分析的计量模型。

2　城市规划模型的类型

就当前而言，城市规划中的模型可大致分为三类：宏观模型、微观模型和基于 GIS 模型。覆盖内容包括社会经济规划、土地使用规划、公共设施规划三方面。社会经济规划决定城市的性质、发展方向和发展水平，土地使用规划是社会经济规划在空间上的投影，公共设施规划包括交通等基础设施的配置。

宏观模型的主要对象是社会经济规划和土地使用规划，规划的要素包括人口、劳动力、总产值、各产业比例、各类土地利用总量等。规划人员可以在不完全弄清各要素之间相互作用机制的情况下建立变量之间的单纯宏观模型。这类模型以集合的形式出现（Aggregate Model），可以用来指导政策的制定和预测。由于城市系统的复杂性，模型往往建立得非常庞大而被称为大尺

度城市模型（Large Scale Urban Models：LSUM）。这些模型本身虽然没有充分考虑内在的数学严密性，但对于那些自律发展的城市进行短期预测却比较有效。

大尺度城市模型从 1950 ～ 1960 年代起先在美国和英国开发，随着计算机技术的突飞猛进，强劲的处理器和存储容量给这些模型带来了新的生机。这些模型中内含的理论并不新，例如，劳瑞的匹兹堡重力模型；一些建立在线性统计关系上的更注重实用效果的模型，如用于波士顿研究的 EMPIRIC 城市计量经济模型；或者有对城市市场运作的模拟，如 Herbert 与 Stevens 的 Penn—Jersey 交通研究，其中反映的是阿隆索关于城市土地市场的理论。但其最大的直接成就在于将这些理论与快速发展的计算机数据处理能力的融合，使得模型的处理能力也相应提升。到 1990 年代初已有大约 22 种大尺度城市模型。

在社会经济和土地等宏观总量作为外部条件给定的情况下，微观模型的本质是描述城市各项活动的主体（个人、企业、部门等）行为。由于城市内部活动多种多样，要全面描述城市土地使用的方方面面就需要建立与这些活动主体数量相等的行为模型。行为模型的形式是离散模型（Disaggregate Model），此类模型的数学严密性强，但操纵性弱，对许多复杂的社会经济需作出单纯化的假设。离散模型的开发始于 1960 年代初，当初是以交通方式的选择为中心的。进入 1970 年代，美国麻省理工学院的 McFadden 等人在理论上取得了很大的进展，从而使离散模型从研究进入了应用。如今，离散模型不仅可以描写人的交通行为，还可以描写消费、休闲、旅游、居住、教育、选举、犯罪、就职、迁移等行为，也可以研究企业和部门的选址、雇佣的决策行为，发展正方兴未艾。

3 GIS 与城乡发展监测

进入 1990 年代后期，各类城市模型往往把地理信息系统（geographic information system，GIS）作为自己的建立与运行平台，在空间相关问题的处理、分析上更为方便、简洁、精确，GIS 自身的发展也和城市规划的计量方法相结合，因此传统城市模型与 GIS 的结合构成了当前发展的热点。

与这同时，遥感影像的获取成本持续下降，质量不断提高，遥感影像处理也和 GIS 相互结合，取长补短；而且社会经济统计资料涉及的范围日益扩大，内容不断公开；上述两个趋势为城乡发展监测提供了便利的条件。

从目前的形势来看，一方面，遥感、统计数据等的大规模存储和使用、借助 GIS 的各种计算机分析工具使得规划师在城市规划编制中的技术方法越来越强调动态性，通过大规模连续数据和实时数据的监测准确反映城市的动态变化，城市规划的分析功能也越来越强、越来越精确，城市规划对城市系统的调控功能也越来越具有可行性。另一方面，城市规划学科发展越来越强调信息的交互与沟通，可视化技术和互联网技术的发展改善了规划师与决策者、不同行业专家，以及公众之间的沟通途径。这两大方向构成了城市规划自身技术发展的方向。

第3节 城市规划常用的技术方法

1 城市规划编制所包含的技术

现代城市是一个复杂而庞大的系统，是一个不断变化发展的有机体。要科学规划、有效管理现代城市，离不开对城市系统准确的认识，这就必须有科学的手法。今天对技术方法的运用已经能够覆盖城市基础研究、发展前景预测、规划方案拟订、规划评估，乃至规划方案过程中和编制后的展示与沟通的全过程。总的来说，城市规划编制的常用技术包括了以下四个方面。

（1）发现和描述

1）发现并描述城市的历史、现状、政策和决策的规则；

2）监控、记录和解释城市的变化。

（2）预测

预测城市的未来。

（3）分析与评估

1）诊断城市规划和开发中的问题；

2）评估供需平衡；

3）模拟其变化、关系、影响和可能的费用。

（4）展示与沟通

1）传达清晰和可靠的信息给决策者与相关利益者；

2）建立不同学科专家的协同工作平台。

这些方面都有相应的核心技术手段，但需要指出的是，一项技术在城市规划中的应用并不是固定在单一的某个方面，同样也可能应用于多个方面。规划师应当在规划编制过程中根据不同阶段的不同需求，恰当选择和灵活运用不同的技术手段，以服务于规划编制的分阶段目标。本书所罗列的技术手段也远远不是城市规划所涉及的全部，规划师更应当结合规划编制的具体情况合理选择更为有效和更加精准的技术手段，强化规划编制过程的理性一面。

2 收集资料方法

收集资料的方法主要有访谈法、问卷法、现场调查法等几种，现分别简要介绍如下。

2.1 现场调查法

现场调查法指观察者带着明确目的，用自己的感觉器官及辅助工具直接地、有针对性地收集资料的调查研究方法。现场调查法是城市规划最基本的调查手段和工作方法。通过直接踏勘、观测和访谈，规划师可以掌握物质空间现状的第一手资料，建立对城市的感性认识，为发现现状特征、挖掘核心问题、提出切合实际的解决方法提供基础。现场调查法具有能够直接获取及时生动资料、直接观察调查对象并建立感性认识等优点，但也受调查者自身的限制，还受时间空间条件、调查对象（如调查期间并未发生预想的事件）的限制等。

依据在城市规划编制中所处的不同阶段，现场调查法可以分为两大类：一

类是在城市规划编制初期使用的现场勘查法。根据事先制订好的调研计划，对规划对象（城市、城市片区或地块）进行现场勘查，了解规划对象的现状，如城市的自然条件、重大基础设施布局（包括水源地、区域交通线路、污水处理厂等），建立对城市的感性认识和直观印象。现场调查法的第二类是应用于城市规划编制中期阶段的。在前期调研的基础上，规划师进行方案编制时，遇到特定问题需要对特定区域现场条件作进一步确认，从而前往规划城市或地块进行现场踏勘，如城市地铁沿线的自然地质条件、建筑地物条件、城市污水处理厂选址点的考察等。

现场调查法在城市规划中的应用一般分为三个阶段：准备阶段、实施阶段和整理阶段。在调查准备阶段，需要做好如下工作：熟悉城市用地分类及相关规范；根据调查，选择比例尺合适的最新比例图；选择调查人员，并进行调查任务分配；调查人员预先熟悉地形图，并在图上划分若干小地块，标出尚未弄清楚的问题，明确调查重点；为防止图上标注混乱，预先设计调查表格用于标注的记录。调查实施阶段则依据预先确定的任务分配和方式进行调查，做到调查有序、内容全面、重点突出、标注清晰，并建立对调查对象的感性认识。调查整理阶段则需要进行如下工作：整理调查资料，讨论和分析调查的重点、难点，对其中的疑点可以和当地规划部门讨论或进行补充调查，在地形图上画出土地使用现状图并撰写现状调查报告。

2.2 访谈法

访谈法是指调查者和被调查者通过有目的的谈话收集研究资料的方法。它是城市规划研究中经常使用的一种方法。访问按双方接触的方式可分为直接访谈和间接访谈两种，直接访谈即面谈，间接访谈则以电话等为媒介。面谈是访谈法的主要方式。实施访谈时需要注意保持价值中立，通过踏勘、访谈等方式深入了解调查对象，如访谈相关领导，了解领导人的想法和意见，访谈群众，了解群众意愿等。

访谈法包括访问和座谈，按照访谈时调查者是否遵循一个既定的、较详细的提纲或调查表而区分。使用访谈法收集资料有许多优越之处，比如，调查者可以及时掌握被访问者的情绪反应，能够判断其回答的可靠程度；可大大减少因被调查者文化水平低和理解能力差而给调查效果造成的不良影响；总体回答的比率高；资料也较充实；可以调查一些比较复杂的问题。使用访谈法也有一些缺点，比如，花费的人力、物力、时间较多；对于敏感问题，面对面的交谈可能会影响被访者的回答；保密性较差等。

用访谈法收集资料的过程实际是调查者与被调查者相互交往的过程，访谈的成败取决于交往是否成功，为了顺利地进行交往以获得需要的资料，调查者应该注意做到如下几点：①在访谈之前，调查者应该熟悉和掌握所要问及的问题，并对被访问者的身份、他与该问题的利害关系有尽量深入的了解；②在访谈过程中，要尽量保持活跃的气氛，又不脱离所要了解的中心问题；③调查者应该对所问问题持中立态度，不能作引导性提问；④对不清楚的问题和关键问题要追问；⑤应随时注意被调查者的情绪、态度的变化，在整个谈话过程中，调查者必须抱着虚心求教的态度，尊敬被调查者，始终表示出对对方谈话的兴

趣，这是保证访谈取得成功的重要条件之一。

2.3 问卷法

问卷法是通过填写问卷（或调查表）来收集资料的一种方法，这是现代社会调查使用得最多的收集资料的方法之一，也是近年来在城市规划调查中普遍使用的方法。使用这种方法不仅可以使调查得来的资料标准化，易于进行定量分析，而且可以节省大量人力、物力和时间。

问卷的类型分为封闭式和开放式两种。封闭式问卷是把所要了解的问题及其答案全部列出的问卷形式，调查时只需被调查者从已给答案中选择某种答案。如果只提出问题，不给出答案，就是开放式问卷。在城市规划调查研究中，封闭式问卷得到了广泛的运用。这主要在于：①封闭式问卷使各种答案标准化了，这便于进行统计；②这种答案可以事先进行编码，给资料的整理带来很大方便；③面对已给出的答案，被调查者回答“不知道”的很少；④由于对答案作了简要的规定，被调查者只是选择或排列已有的答案，这就减少了许多不相干的回答。当然，要设计好一个封闭式问卷，则要求研究者对所研究的对象有一定的了解，只有这样，提出的问题、列出的答案才是合乎实际的。

开放式问卷也有其优点。首先，可以利用开放式问卷去征求被调查者对某些复杂问题或研究者尚不明白有多少答案的问题的意见；再者，由于没有固定答案的约束，被调查者可以自由而详尽地陈述自己的观点。显而易见，使用开放式问卷收集到的资料是不规范的，也难以整理；有些人可能会答非所问；对一些比较复杂的问题，思考和回答可能要占用较多的时间，这可能会引起被调查者的不快，以致拒绝回答。

问卷法也不是尽善尽美的。比如，用问卷法取得的资料往往不太深入、不太细致，用它往往不能了解复杂问题和事情的来龙去脉。另外，对于不识字或文化程度较低者，使用问卷法可能会遇到一些困难。因此，如果把访谈法与问卷法结合起来使用，调查研究可能会收到更好的效果。

3 数据描述分析

对收集到的数据所作的分析可分为描述性分析和说明性（解释性）分析。描述性分析的目的在于陈述被调查对象的特征。下面，通过几个统计量对描述性分析的方法作简单介绍。

3.1 频数和频率

频数是反映某类事物绝对量大小的统计量。如果用频数同总数相比，得到的相对数则是该类事物的频率。例如，在某个总体中，具有初等、中等、高等文化程度者的频率分别为25%、60%和15%。频数和频率说明的都是总体中不同类别事物的分布状况。它们可以直接以数字的形式表示出来，也可以用条形图、直方图、圆形结构图、统计表反映。频数和频率是对社会现象特征最简单、最基本、最粗略的描述，这种分析适用于用各种尺度测量所获得的资料的分析。

3.2 众数值

众数值是被研究总体中频率最多的变量值，它表示的是某种特征的集中趋势。由于众数值是总体中某一特征出现最多的变量的数值，所以，它对总体有

一定的代表性。一般而言，对于名称衡量等级的变量，众数值是最合适的选择。

3.3 平均数

平均数也叫均值，它是总体各单位某一指标值之和的平均，它说明的是总体某一数量标志的一般水平。在对社会现象进行分析时，常用的是算术平均数，简称平均数。

如果所用资料为原始资料，则求平均数的公式为式（9–3–1）。

$$\overline{X}=\frac{\sum X_i}{n} \quad (9-3-1)$$

式中，$\overline{X}$表示总体的某一指标的平均数；X为总体各单位该指标的数值；$\sum$为加和符号；n为总体单位数。

上面提及的众数值、平均数都是要用一个数值来代表总体的一般水平，但它们的灵敏度、对总体的代表程度各不相同。由于平均数的求得应用了所有资料，因此它最灵敏、最有代表性，从而在统计分析中应用也最广泛。这就是说，如果要反映总体的一般水平，最好使用平均数。

3.4 标准差

在对调查资料进行统计分析时，不但要用平均数等反映总体各单位的集中趋势，即一般水平，还要指出总体各单位在该特征上的差异，即指出它们的离散趋势。反映社会现象的离散趋势的统计量即标准差。标准差S也叫均方差，它是方差S^2的平方根。

求标准差的公式是式（9–3–2）。

$$S=\frac{\sqrt{\sum (X_i-\overline{X})^2}}{n-1} \quad (9-3-2)$$

式中各字母所代表的意义与前面相同。

4 说明性分析

说明性分析可揭示现象内部的联系以及何以存在这些特征与联系，主要方法有相关分析和回归分析。

4.1 相关分析

相关分析是研究一个变量（y）与另一个变量（x）之间相互关系密切程度和相关方向的一种统计分析方法。城市中的各种现象往往是相互依存又相互联系的，例如，人口规模与能源消费量、居住水平与居民收入水平、小汽车普及率与通勤距离等。

相关分析的作用大致可以归纳为：①确定现象之间有无依存关系。②判定相关关系的密切程度和方向。

相关系数是反映两变量间直线相关关系密切程度的统计分析指标。其值是一个在0到±1之间的系数。相关系数等于0，表示变量间不相关，若为相关系数等于±1，为完全相关。相关系数是正数，为正相关；相关系数是负数，为负相关。

相关系数计算公式为式（9–3–3）。

$$R=\frac{n\sum xy-(\sum x)(\sum y)}{\sqrt{n\sum x^2-(\sum x)^2}-\sqrt{n\sum y^2-(\sum y)^2}} \quad (9-3-3)$$

式中，R 表示相关系数；n 表示资料项数。

下面我们通过一个实例说明相关系数的计算。表 9–3–1 是某市 10 套住宅的单价与住宅离市中心距离的资料，计算相关系数的过程是首先计算$\sum x$、$\sum y$、$\sum x^2$、$\sum y^2$、$\sum xy$，再代入公式（9–3–3）计算。

$$R=\frac{10\times 510-74\times 81}{\sqrt{10\times 600-74^2}-\sqrt{10\times 845-81^2}}=-0.899$$

计算结果是两者之间存在高度的负相关关系，表明，住宅距离市中心越远价格越低。

4.2 回归分析

相关分析揭示了要素之间的相关程度，回归分析是研究要素之间具体数量关系的统计方法，表达要素之间关系的函数表达式称为回归方程，按照回归方程所绘制的直线称为回归直线，由于回归分析的结果是要素之间关系的进一步具体化，因此具有较高的应用价值，常常被用于预测类的城市规划量化分析工作中，也可用于分析两要素作用的机理。

回归分析中，当研究的因果关系只涉及因变量和一个自变量时，叫做一元回归分析；当研究的因果关系涉及因变量和两个或两个以上自变量时，叫做多元回归分析。此外，回归分析中，又依据描述自变量与因变量之间因果关系的函数表达式是线性的还是非线性的，分为线性回归分析和非线性回归分析。通常线性回归分析法是最基本的分析方法，遇到非线性回归问题可以借助数学手段转化为线性回归问题处理。

在回归分析模型中，一元线性回归模型最为简单，它描述两个要素之间的线性关系。以表 9–3–1 为例，城市要素变量 x 代表距离市中心距离，是模型中的自变量，y 代表房价，是因变量，则一元线性回归模型的结构形式为：

$$y=a+bx$$

a 和 b 为参数拟合值，可通过对 x 与 y 的一系列观察值作统计分析获得。具体步骤与原理请参考相关专业书籍。

某市住宅单价与住宅离中心距离相关系数计算表　　表 9–3–1

住宅编号	单价（千元）x	离市中心距离（公里）y	x^2	y^2	xy
1	12	1	144	1	12
2	6	10	36	100	60
3	9	6	81	36	54
4	4	15	16	225	60
5	10	3	100	9	30
6	7	10	49	100	70
7	6	14	36	196	84
8	5	9	25	81	45
9	7	9	49	81	63
10	8	4	64	16	32
合计	74	81	600	845	510

其中，$b=\dfrac{\sum xy-\frac{1}{n}(\sum x)(\sum y)}{\sum x^2-\frac{1}{n}(\sum x)^2}=\dfrac{\sum (x-\bar{x})(y-\bar{y})}{\sum x^2-\frac{1}{n}(\sum x)^2}$

$$a=\bar{y}-b\bar{x}$$

在表 9–3–1 案例中，$b=-0.473$，$a=11.233$。参数 a 的意义是 x 为零时的 y 值，即城市中心点的平均房价，b 的意义是单位 x 变化引起 y 的变化，这里即代表距离市中心距离每增加单位公里所导致的房价平均变化值。由于回归模型简单明了，在城市规划预测和分析中可发挥强大的作用。

5　城市规划预测方法

城市规划的核心问题是依据已有知识对未来影响城市的资源的配置。而这需要在配置之前即有所前瞻，城市规划预测成为城市规划的一个必须步骤，而对其方法的研究也是城市规划研究的一个重要方面。

从大的方面划分，城市规划预测方法可分为定性和定量两方面。定性的如"城市人口增加，用地规模相应扩大"，但因其可操作性不强，故常用作定量分析的一个约束条件，或检验定量预测结果的工具。定量预测方法，因其便于解释、可验证性和实践上的可操作性，成为城市规划常用的或主要的预测方法。定量预测方法分为因果预测法和时间序列预测法。因果预测法利用预测变量与其他变量之间的因果关系进行预测，时间序列预测法则根据预测变量历史数据的结构推断其未来值。

5.1　因果推断法

这是一种从事物因果关系出发进行预测的方法，是计量经济学最常用的方法，并被引入城市规划领域，用于规划预测等。其原理非常简单，即通过若干已知事实推断其可能引起的结果，并对这种结果的量和程度进行估计。在操作中，根据统计资料求得因果关系的相关系数，相关系数越大，因果关系越密切。通过相关系数就可确定回归方程，预测今后事物发展的趋势。举例来说，城市规划中最常见的是对城市空间资源的配置，而对其平面投影——城市用地需求的预测数据，通常通过城市人口来求得。即有一种先验的理论："城市人口增加，则城市用地也相应增加；但增加得没有城市人口增加得多，或比城市人口增加得更多，这取决于其他因素的影响。"如果我们已从若干已经发生的案例中找出这种比例关系，并且找出其他影响因素对其的影响程度及范围，那么，我们可以运用这一因果关系规则对我们所要规划的城市的未来进行预测。

5.2　趋势外推法

利用若干期统计数据，找出预测对象从过去到现在的发展变化趋势，外推到未来的一类方法统称为趋势外推法。根据预测对象的发展变化趋势不同，可以分为线性趋势外推法、曲线趋势外推法和对数趋势外推法等多种。在选择趋势预测的具体方法时，一般先将时间序列的各期统计数据在坐标纸上描出散点图，观察其曲线的形状和变化趋势，即可初步确定用哪一种方法配合什么样的趋势线比较合适。不过有的时候，同样一组时间序列资料有多种曲线可以配合，而且又没有好办法直接断定哪一种预测效果最好时，就需要配合多种趋势线，再根据数理统计的一般原理进行检验判别，如计算均方误差、平均相对误差等。计算这些指标可以作为选择趋势预测模型时的参考，最后确定还要和规划分析结合起来。

5.3 情景分析法

情景分析法，又称前景描述法或脚本法，是在推测的基础上，对可能的未来情景加以描述，同时将一些有关联的单独预测集合形成一个总体的综合预测。它是一项提供环境全景描述的方案，并随时监测影响因素的变化，对方案作相应调整，最终为决策服务。情景分析法产生于经济界，适用于资金密集、产品／技术开发周期长、战略调整所需投入大、风险高的产业，如石油、钢铁等产业；以及不确定因素太多，无法进行惟一准确预测的情况，如制药业、金融业等。城市作为一个复杂的巨系统，其发展受到诸多不确定因素的干扰，故城市规划预测采用情景分析法以提高预测的准确度是非常必要的。情景分析法的建模步骤如图 9–3–1 所示。

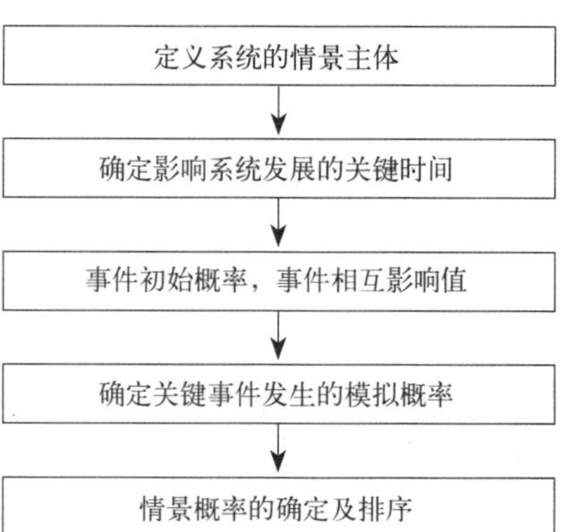

图 9–3–1 情景分析法的建模步骤

资料来源：余艳春，邵春福，董威．情景分析法在交通规划中的应用．武汉理工大学学报（交通科学与工程版），2007（2）：304–307．

以某市 2020 年综合交通发展规划为例。首先确定某市 2020 年综合交通发展规划的情景主体是“某市 2020 年综合交通”，利用情景分析法解决的主要问题是准确描述“某市 2020 年综合交通发展情景”。影响该市综合交通发展的关键事件用 Ei 表示，包括 E_1：城市空间发展战略和土地利用布局；E_2：该市的经济发展与交通建设资金的投入；E_3：智能交通技术在该市的应用；E_4：该市政府的交通发展政策；E_5：该市社会舆论和市民对交通建设的评价以及出行行为的变化。然后对专家定性知识进行量化，根据公式确定关键事件的初始概率和模拟概率。再利用最小二乘法对模拟概率进行优化拟合，确定情景概率。最后确定最有可能发生的三种情景及其概率，供决策者考虑。最大概率对应的情景方案可以描述为：2020 年的某市，城市发展符合总体规划，建成了“一主两次多核”的多中心城市空间结构，城市的经济得到了发展，交通资金的投入加大，智能交通技术在城市交通中得到很好的应用，政府的交通发展政策有效地促进了交通的发展，社会舆论和居民的出行行为没有明显变化。

情景分析法也存在缺陷：其在一定程度上依赖于多个专家组成的集体智慧和经验，没有程序化的固定模式，可验证性较差，而且其结果很大程度上依赖于初始概率的设定，操作也比较困难，在应用时应加以注意。

5.4 交叉影响分析

城市发展等宏观问题的相关决策之难，主要在于其涉及的因素过多，关联过于复杂。如图 9–3–2 所示，图示一中的目标问题直接受到战略的单向

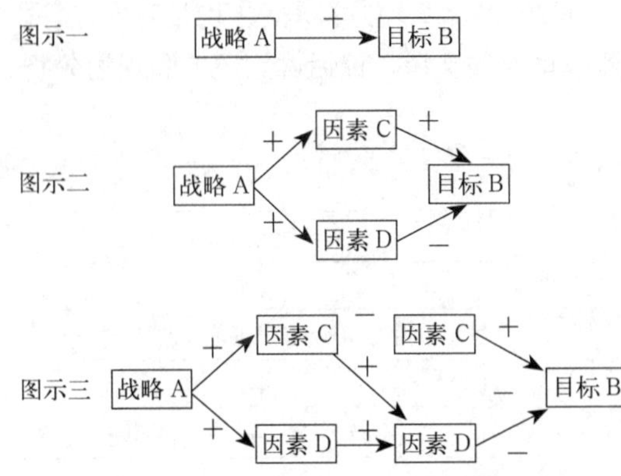

图 9-3-2 战略影响目标的结构关系示意

资料来源：钱欣，王德等．交叉影响分析在战略规划决策中的应用——以TM软件在南京战略规划研究应用为例．城市规划学刊，2009，2：69-74．

影响，这时的战略决策简明而不存在疑虑；图示二中目标与战略之间增加了两个间接因素，而且影响方向也不再是单向，这时的决策不再是一目了然，但是通过仔细的分析，并不需要什么特别的方法依然可以做出准确的决策；图示三中目标和战略之间的关系就煞费脑筋了，没有有效的方法无法做出准确的判断。在城市发展战略研究实践中，我们所面临的城市发展目标与行动战略之间的复杂关系和涉及要素远远超出图示三中所展示的内容，因此，我们需要现代技术条件支撑下的系统运算方法来协助我们理清复杂关系下研究对象的相互影响。交叉影响分析方法即是这样的一种方法。

交叉影响法，也称为交叉概率法，是美国学者戈登和海沃德（Gordon and Hayward，1968）于 1968 年在专家评分法和主观概率法基础上创立的一种定性预测方法。它试图解决的核心问题是：是否有可能通过把握未来事件的相互影响来预测未来？这种方法通过主观估计每个事件在未来发生的概率，以及事件之间相互影响的概率，利用交叉影响矩阵考察预测事件之间的相互作用，进而预测目标事件未来发生的可能性。它的价值在于把大量可能结果进行有系统的整理，以此提高决策者对复杂现象的认识程度，从而提升有效制定计划和政策的能力。

交叉影响法是通过对目标事件及影响目标事件的一系列事件未来发生与否的反复模拟来摸索目标事件发生的概率，重复次数越多，可靠性也越强。海量计算成为使用该方法的必要条件。人力和传统的计算工具都无法承担这项工作。该方法创立者的试验是通过一大堆的卡片和骰子来完成的，一个影响因素不多的应用也需要耗费长久的时间。最终，计算机的出现并普及使得这个方法具有实践应用的可能。海尔默于 1970 年代将基于现代计算机技术的算法引入到交叉影响分析中，使得交叉影响分析方法进行实证研究成为可能。

6 评价与决策方法

城市规划所面临的对象是一种充满竞争而又富于挑战的复杂环境。在这样的环境中，无论是宏观制定战略规划或总体规划，中观编制分区规划或地块开发的总体方案，以及专项规划或详细规划设计等，都必须对复杂的事物进行评价，必须权衡各方利益，考虑多种要素进行决策。与此类工作相关的方法包括层次分析法、SD 法、特征价格法、线性规划法等。

6.1 层次分析法

层次分析法（Analytic Hierarchy Processes，AHP）是由美国运筹学家 A.L.Saaty 在 1973 年提出的一种定量与定性相结合的系统分析方法。层次分析法是针对多目标问题作出决策的一种简易的新方法，它特别适用于那些难于完全定量进行分析的复杂问题，是对人们的主观判断进行客观描述的一种有效的方法。

在多目标决策中，人们常常把各因素对目标的贡献或作用相互进行比较，Saaty 正是对人们这种成对比较因素之间的作用强弱的定性概念给了一种定量化标度的方法。如果有一组物体，需要知道它们的重量，而又没有衡器，那么就可以通过两两比较它们的相互重量，得出每一对物体重量比的判断，从而构成判断矩阵；然后通过求解判断矩阵的最大特征值和它所对应的特征向量，就可以得出这一组物体的相对重量。这一思路提示我们，在复杂的决策问题研究中，对于一些无法度量的因素，只要引入合理的度量标度，通过构造判断矩阵，就可以用这种方法来度量各因素之间的相对重要性，从而为有关决策提供依据。这一思想就是 AHP 决策分析方法的基本思想。

6.2　城市感知评价法

感知评价是从使用者的角度出发，分析他们对城市空间的心理感受，从而进行评价的方法。其中，凯文 · 林奇的城市意象地图调查方法被奉为城市规划界的经典，并广泛应用于城市规划与设计之中。

SD 法（Semantic Differential）即语义差别法，又称感受记录法，是通过言语尺度进行心理感受的测定，将被调查者的感受构造为定量化数据的方法。SD 法要求围绕评价对象尽可能多地收集相关的形容词对，并按照一定原则进行筛选，构成语义差异量表。标准的语义差异量表包含一系列形容词和它们的反义词，在每一个形容词和反义词之间有约 7 ~ 11 个区间，我们对城市空间的感觉可以通过我们所选择的两个相反形容词之间的值反映出来，它要求记下人们对性质完全相反的不同词汇的反应强度。图 9-3-3 所示是语意差别量表的基本形式及其对上海市八条街道的调查结果。运用统计分析方法可以提取感知的共同要素和影响因素。

SD 法能够获得对感知对象的评价，借助客体指标，从而寻找那些心理感知的依据与来源，通过对影响心理的客体指标的改进，达到改善空间品质、改变心理感知的目的。

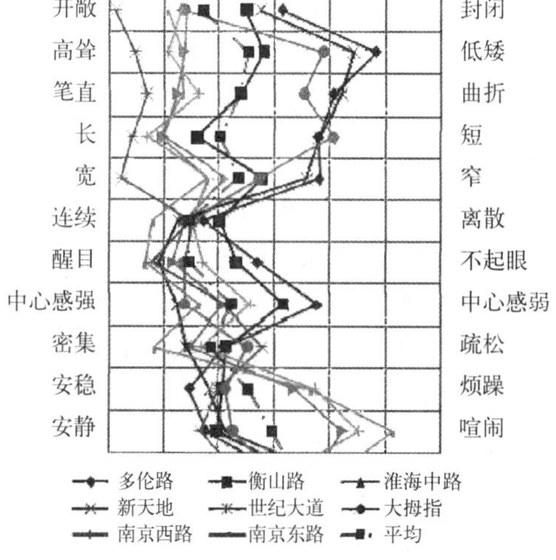

图 9-3-3　上海市八条街道空间感知 SD 曲线图

资料来源：本书编写组自绘.

6.3　Hedonic 价格法

公共项目产生的效益，会由该项目提供的商品和服务的使用者通过市场，以各种形式扩散出去，最终反映到地价上。这就是被称之为资本化的假说，根据这个假说，运用各个地区的地价数据，可以推算出各个地区因城市设施等的建设水平的不同而对地价产生的影响，进而可以测算出某公共项目因改变了原来的设施建设水平而带来的效益。这就是 Hedonic 价格法。这种方法可以测出绿地、公园等城市福利设施以及大气污染差异等对地价产生的影响，从而推算出这些物品的价值。但是需注意的是，特征价格法只有在评价对象能对市场商品产生影响时才可以使用。在具体的项目评价中，经常使用的是地价、住宅价格等房地产价值方式和劳动者工资差异这两种方式。

Rosen（1974）提出了具体的Hedonic住宅价格模型，之后在住宅价格与居住环境的研究中广泛应用。通常影响住宅价格的因素有三大类：区位（Location）、建筑结构（Structure）、邻里环境（Environment），因此，住宅价格P就可以用公式（9–3–4）表达：

$$P=f\ (L,\ S,\ E) \tag{9–3–4}$$

式（9–3–4）中的区位（L）指就业、生活的便利性，包括到城市中心、就业地点的距离等；建筑结构（S）指住宅的物质形态特征，包括建筑面积、建筑年龄、房间数、楼层、室内设备如空调等；邻里环境（E）指住宅所处社区类型、服务水平、景观、环境污染状况，包括学校质量、服务设施规模与距离、景观视线、噪声、空气污染水平等。

在运用Hedonic价格法进行效益测算时，首先需要设定测算对象区域，然后用地价数据推导地价函数，再计算项目实施前后的价格变化，乘上测算对象区域的土地面积算出效益值。

6.4　假想市场法

假想市场法（CVM法）是评价诸如城市景观、环境保护等不存在市场交易的物品、服务（非市场商品）的为数不多的方法之一。CVM法直接向人们询问关于某种难以用市场价格衡量的物品的看法，也叫做价值意识法、意愿调查价值评估法等，是从自然环境、生态系统评价等环境经济学领域发展起来的方法。

新古典经济学对价值概念有另一种角度的定义：价值是为获得某种物品而愿意付出的最大可能金额（willings to pay，WTP），或者是能够忍受失去某种物品而接受的最小赔偿金额（willings to accept，WTA）。CVM法进行价值评估的核心内容正是通过构建假想市场，揭示人们对评价对象的最大支付意愿（WTP）或最小补偿意愿（WTA），再对结果进行统计分析，从而测算出评价对象的效益。

CVM法对价值的量化是基于人们自述的偏好，这相当于越过了对价值构成的理解，直接从最终价值判断节点获取结果，因此，CVM法本身对于理解所得到价值结果的组成成分帮助是很少的。也正是由于存在这一弱点，在CVM法研究中对价值组成的独立补充分析是相对较多的。例如，有学者在历史文化建筑保护研究中，按照利用方式将评估价值分解为使用价值（当代人现在的使用）和非使用价值，其中非使用价值又进一步分解为选择价值（当代人将来可能的使用）、遗产价值（子孙后代的使用）和存在价值（继续保留存续的愿望）；而按照市民的认知则将评估价值分解为历史文化建筑自身的价值、街区特色景观的价值和地方风俗传统的价值。虽然不同研究对象会具有不同的价值组成，但是按照利用方式它们绝大部分都可以划分为使用价值和非使用价值。对于大气环境、水资源、历史文化建筑等具有公共物品特性的被研究对象由于非使用价值所占比例远较一般经济物品要大得多，因此，能够评价非使用价值的特性使得CVM法在这些对象所涉及的价值评估领域具有其他方法所难以匹敌的优势地位。

另一方面，CVM法有待解决的课题是如何确保评价的信赖度。用CVM法得到的评价结果，被认为有可能包含各种误差。例如，回答者因考虑到自己回答的金额会对政策产生影响而故意作答，可能产生战略误差，或者调查者设计的支付手段被误解，如因捐款这一支付手段本身具有价值（伦理的满足，moral satisfaction）而产生的支付手段误差等。此外，因调查时期不同而导致评价结果出现很大差异的情况也可能存在。

使用 CVM 法进行评价时，为了得到高可信度的评价结果，必须明确评价对象，确保问题条件的设定可信、现实，同时充分考虑支付手段、评价尺度等（用 WTP 还是 WTA）是否恰当。并且，在确保足够的样本数量的同时，考察确认调查结果是否含有误差。关于确保 CVM 法调查可信度的注意事项，可参照美国商务部国家海洋大气管理局（National Oceanic and Atmospheric Administration，NOAA）制定的相关指南。

6.5 线性规划法

线性规划是决策系统的静态最优化数学规划方法之一，是解决多变量最优决策的方法，是在各种相互关联的多变量约束条件下，解决或规划一个对象的线性目标函数最优的问题，即给予一定数量的人力、物力和资源，如何应用而能得到最大经济效益。线性规划具有适应性强、应用面广、计算技术相对简便的特点。它作为经营管理决策中的数学手段，在规划中应用得也是非常广泛，它可以用来协助主导产业的选择、用地结构的调整，也可在交通方式安排和交通设施选择中发挥作用。

线性规划中的目标函数是决策者要求达到目标的数学表达式，以决策变量的线性函数形式表达，根据具体问题可以是最大化（max）或最小化（min），约束条件是指实现目标的能力资源和内部条件的限制因素，也是决策变量的线性函数，用一组等式或不等式来表示。

目标函数：　$Z=c_1x_2+c_2x_2+\cdots+c_nx_n$ 最大或最小

制约条件：

$$
\begin{aligned}
&a_{11}x_1+a_{12}x_2+\cdots+a_{1n}x_n \leqslant b_1\\
&a_{21}x_1+a_{22}x_2+\cdots+a_{2n}x_n \leqslant b_2\\
&\qquad\vdots\\
&a_{m1}x_1+a_{m2}x_2+\cdots+a_{mn}x_n \leqslant b_m\\
&x_j \geqslant 0\ (j=1,\ \cdots,\ n)
\end{aligned}
$$

满足线性约束条件的解叫做可行解，由所有可行解组成的集合叫做可行域，求解线性规划问题的基本方法是单纯形法，现在已有单纯形法的标准软件，可在电子计算机上求解约束条件和决策变量数达 10000 个以上的线性规划问题。

第4节 城市规划模型

1 城市规划模型的定义

利用模型对客观环境进行研究分析是城市研究中常用的手段。规划模型的基本作用是描述一座城市或环境系统的运行规律，从而可以帮助我们评价一个经规划带来的变化所产生的效应。在揭示和描述城市现状规律、展开未来预测、

进行现状与方案的分析与评估等不同领域，城市规划模型都是非常有用的工具。

例如，我们可以用土地使用／交通模型来描述有关未来新增的交通设施对土地使用模式的影响，或描述土地使用变化对于交通网络中“流”的影响。可以用环境模型评价当某一流域中土地从乡村变为城市时，溪流的水质和流量的变化。分析模型常配合 GIS 数据库使用并引用其中数据，但是它们之间合作所衍生的分析功能要比 GIS 软件包所具有的功能更加深入和更加专业。

最简单的模型建构方法是使用 Excel 等电子表格工具，它可以为能在二维表格中表示的定量问题提供分析的逻辑结构。这对检验那些对分析“假如如何”的问题是十分理想的。例如，在土地使用规划中，表格能够被用来显示在规划区中各种类型的土地用途各有多少面积。继而当我们测试各种方案的差异时，就可以直接考量它们对特定土地使用或者街区产生了多大的变化？它们总体上对社区土地供给产生了多大的影响？它们对未来交通或服务的要求是否能够得到满足？

模拟模型将城市或环境的多维度的子系统相互联系起来，并使之与规划后的变化建立关系。举例来说，Harris 和 Batty 基于宏观或微观经济理论的区位模型是这样建构的：城市是市场体系，土地是商品，地租遵循价格机制，由此，消费者和生产者对土地和住房的需求与开发商的供给在价格机制中运作，这其中收入和交通成本也计入效用和利润。交通模型也同样是依靠消费者效用最大化的观念的。大多数模拟模型是动态的，通过在它们的子系统中反复运算，寻找需求／供给之间的平衡点。

数学方法和电子计算机在城市规划和区域规划中的应用，不是单纯的数学领域的问题，更不是数学定理的推导和证明，它涉及相当广泛的方面。在建立城市模型之前，首先必须对城市的实际问题及其有关要素进行深入细致的分析，这一工作乃是建立高质量城市和区域模型的前提条件，离开了这一基础无论在数学推理上如何严密，都不可能构造出有实际意义的城市和区域数学模型，这一步工作，可以说是经验性阶段，规划理论、规划的实际经验在这一关键步骤中起着决定性作用，离开了城市规划的原理、方法和丰富经验，不可能产生正确的城市数学模型，以为可以脱离规划训练和规划素养去进行城市数学模型的研究的想法是没有根据的，相反，正是规划理论、方法和实际经验才能赋予城市数学模型以实质内容和生命力。从这个意义上说，城市数学模型的建立完全是城市规划工作者的专业职能，它是任何其他领域的工作人员所无法代替的，自然，规划工作者也必须熟悉构造数学模型的一些原理和方法，必须具备一定的数学和计算机科学的素养。

另外，在应用这些方法之前我们必须谨记，数学，包括数理推断，仅仅是一种工具；理论或思想存在于表达之前，数学本身是不能揭示真实世界所蕴涵的规律的。数学在城市规划领域的应用边界：①不能用数学的分析代替规划的分析；②不能用统计回归来推断规划中的因果关系；③统计回归只能对已有假说进行证伪和（在一定条件下）获取数量关系；④数学推理只能局限于规划中数的运算。

2 城市规划模型示例

2.1 土地使用模型

土地使用模型首先是 1950 年代末到 1960 年代初在美国的一些城市中被开发出来的。当时的美国，随着汽车化的发展和城市的扩大，对综合性的交通规划的需求日益迫切，而在制订交通规划的时候就需要对城市的土地使用进行预测，因此需要用到土地使用模型。这些模型的代表有，以匹兹堡城市圈为研究对象的 Lowry 模型，交通调查的 Hervert—Stevens 模型，以旧金山的沿海地区为对象的 BASS 模型等。在用于交通规划时，土地使用模型和交通需求预测模型往往被统一称作交通—土地使用模型（Transport/Land—use Model）。土地使用模型的开发在 1970 年代被迅速推广到其他国家，特别是在英国，在编制交通规划和农村规划的战略计划时，就进行了土地使用模型的开发和应用。

考虑土地使用和交通的相互作用的综合性模拟系统，以劳瑞模型最具代表性。劳瑞模型是将整个地区的生产活动和生活活动的总量作为一个控制量，将其分配到地区内的小区域中。模型的基本构造如图 9—4—1 所示，先将产业分为基础产业和非基础产业两类，并假设基础产业是具有定位指向性布局特性的布局主体、非基础产业是具有市场指向性布局特性的布局主体，基础产业的布局首先由外部因素决定，再决定基础产业职工的住宅用地以及为其配套的生活类、产业服务等非基础产业的布局，随后决定非基础产业职工的住宅用地，这就是其基本构造。基础产业部门又包含大规模制造业、批发业、公益事业、研究所、中央行政机构、大医院、郊外休闲设施、大规模农业等，这些企业的布局点及雇佣水准不是由对象城市的社会经济规模决定的，而是由先决的外部需求模型赋予的。非基础产业部门包含与地区居民有直接关系的企业群和向基础产业部门所属的企业群提供服务的企业群，由商业、服务业、地方行政机构等 14 种行业组成。由于这些行业是以向本地居民提供服务为目的，所以其总职工数取决于城市范围内的人口，再按照各地方的潜力指数将总职工数分配到各个区。模型主要的内部变量是人口、从业者数及土地使用面积，人口和从业者数之间通过就业率、人口和土地使用面积之间通过人口密度来实现相互转换。土地使用面积是主要的制约条件，人口和从业者数通过解模型获得。

总之，劳瑞模型是一个由等式和不等式构成的比较简单的方程式体系，是非常富有操作性的实用手法，在国外有不少属于该模型系谱的应用案例。

劳瑞模型之后有了很多的改进。比如不将对象区域视作一个封闭的空间，而是将其与其他区域的相互作用考虑在内；将时间变化的动态因素考虑进去；考虑土地市场的竞争机制，或设立土地供给方的行动假说；等等，使得模型更符合城市的实际。

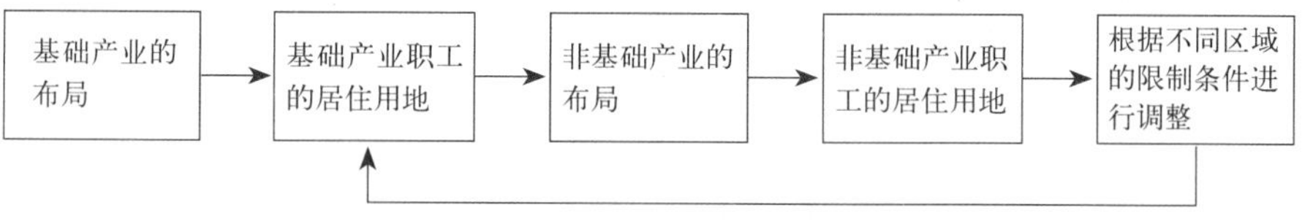

图 9—4—1　模型的基本构造

资料来源：本书编写组自绘.

2.2 系统动力学模型

系统动力学（System Dynamics）是美国麻省理工学院福瑞斯特（Jay W.Forrester）首创的一种结构、功能、历史相结合的系统仿真方法，它有效地把信息反馈的控制原理与因果关系的逻辑分析结合起来，面对复杂的实际问题，从研究系统的内部结构入手，建立系统的模拟模型，并对模型实施各种不同的政策方案，通过计算机模拟展示系统的宏观行为，寻求解决问题的正确途径。

系统动力学最有影响的成果是在1970年代对全球人口、资源、粮食、环境等方面的未来发展研究，通过在全世界以多种文字发行的一本罗马俱乐部研究报告即《增长的极限》（The Limits to the Growth）一书，提出了著名的世界动力学模型（World Dynamics）。

在系统动力学中，元素之间的联系或关系可以概括为因果关系，正是这种因果关系的相互作用，最终形成系统的功能和行为，所以因果关系分析是系统动力学建模的基础，也是对系统内部结构关系的一种定性描述。某因果关系中的结果经常是另一因果关系中的原因，若干因果链串联起来，形成一个因果序列。一个指定的初始原因依次对整个因果链发生作用，最后影响自身，这种闭合的因果序列叫因果反馈回路。反馈的意义就是信息的传递与返回。一组相互连接的反馈回路的集合构成了反馈系统。

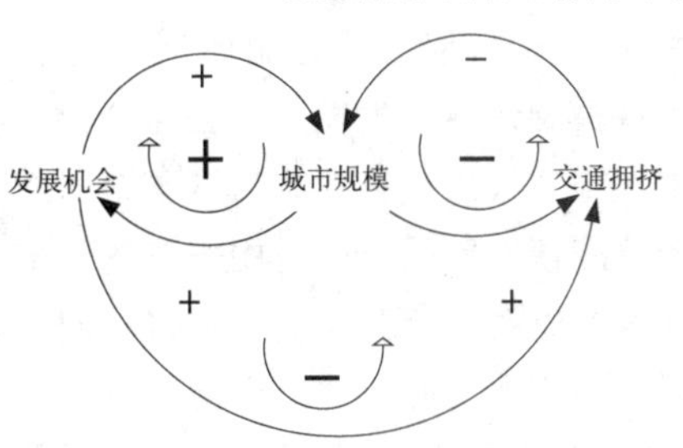

图 9-4-2　城市规模作用因素模型
资料来源：本书编写组自绘.

图9-4-2所示是关于影响城市规模发展的反馈结构，图上反映了两个负反馈回路和一个正反馈回路，城市规模与企业发展机会构成正反馈回路，但与交通拥挤构成负反馈回路。同时，企业发展也增加交通拥挤，使得城市规模→企业发展机会→交通拥挤→城市规模的因果关系构成负反馈回路，也使本来简单的系统变得复杂，在一定条件下，城市规模将趋于稳定。

系统动力学可通过计算机仿真模拟所建立的系统运转，观察达到平衡状态下的过程及在平衡状态下的各个要素量值。1990年代，众多软件公司推出了相关系统动力学软件，其中以美国Ventana公司的系统动力学专用软件包Vensim的使用较为普及，该软件可以对系统动力学模型进行构思、模拟、分析，并可对系统进行优化。

2.3 空间句法模型

空间句法是一种通过对包括建筑、聚落、城市甚至景观在内的人居空间结构的量化描述，来研究空间组织与人类社会之间关系的理论和方法，是进行城市形态分析的一种工具。由伦敦大学巴利特学院的比尔 · 希利尔（Bill Hillier）等人发明。

希利尔认为建筑及城镇的空间布局会对人类活动、社会交往的方式及强度产生影响，此后学者们开始结合图论的思想对空间通达性、空间网络格局特征、空间结构与人类活动间的关系等进行了一系列研究。

在宏观层面，空间句法研究城市中某一空间与其他空间集聚或离散的程度，空间句法将空间之间的相互联系抽象为连接图，再按图论的基本原理对轴线或特征点各自的空间可达性进行拓扑分析，最终导出一系列的形态分析变量，包括连接值、控制值、深度值、集成度等。

众多的空间分析技术中最常用和最有效的参数是集成度（Integration Index）。集成度反映了从一点出发遍访空间中其他各点所需的总步数，体现了空间单元对其他单元所具有的可达性。希利尔在伦敦的研究中发现，"半径3的集成度和车流量的相关值超过0.7，而它和步行人流量的相关值大约是0.6。我们发现不用考虑用地性质，城市空间结构作为单纯的几何对象就和人车流相关了，这才是真正对设计有重要意义的"。以上的分析表明，城市形态可以决定人车流量，因此空间句法可以成为城市形态研究的重要技术工具。

在微观层面，空间句法认为当人在自然状态下只是简单地向有进一步行走空间的地方运动，而该空间是通过最简单直接的感觉来决定的，典型的就是视域，称之为视域法则。因此可以预先计算个体在环境中的各种视域，利用该信息来指导个体的运动行为和各种分析决策。空间可视分析的研究表明，空间布局对城市社会功能的各个方面有普遍的影响，其中80%是对行人和交通的影响。城市形态中的空间可视分析主要研究城市布局中的空间要素（如街道网）及人在其中的可视性，通过构建城市空间的可视域，可以揭示其空间内的运动趋势和空间模式，包括连通性、通达性、分隔性、次序性和分组性，进而经过人类的感知和认知映射，特征化城市空间布局，分析人的行为和指导城市规划。

空间句法在城市中的应用主要体现在城市的空间结构及其演变、城市交通中人流与车流流向流量的预测和分析、城市土地使用、城市犯罪制图、城市建筑的结构布局与社会及文化间的关联等方面。

2.4 投入产出模型

投入产出模型，又称"产业联系"分析，是通过编制投入产出表及建立相应的数学模型，分析经济系统各个产业部门之间的相互关系。自1960年代以来，被广泛应用于城市与区域产业构成的分析，资源利用与环境保护的分析。

投入产出的核心工作是建立城市产业的投入产出表，它是在一定期间内，对城市所有产业部门之间的实物运转或价值流动所作的静态统计（表9–4–1）。在表的横方向上列出的是某个产业部门的某种产品，有多少卖给了另一个产业部门（中间需要），有多少被最终消费，收回了多少投资（国内最终净需要）。在这个基础上，加上和国外的贸易量（输入和输出），就构成了该产品的"销

三部门投入产出表　　表9–4–1

部门		中间需求			最终需求	总产值
		第一产业	第二产业	第三产业		
中间投入	第一产业	8	20	10	12	50
	第二产业	10	45	25	40	120
	第三产业	10	20	15	35	80
毛增加值		22	35	30		
总产值		50	120	80		

路结构”。在表的纵方向列出的是一个产业部门购买了另一个产业部门的多少产品（中间投入），支付了员工多少工资，剩下了多少纯利润和设备更新的预备金（粗附加价值），这构成了一个产业的“费用结构”。

产业关联分析为实际的经济计划制订提供了有力的分析工具。以下使用简单的模型来分析乘数效果。

设定 j 产业的产值为 X_j，对于 i 产品的最终需求为 Y_i，j 产业购买的 i 产品量为 x_{ij}。根据投入产出表的概念，“投入系数”可以反映产业的固有技术，它是指每生产 1 单位的产品 j 时所需要产品 i 的数量，即 $a_{ij}=x_{ij}/X_j$。在投入产出分析中的计算是矩阵运算，为了进行这样的运算，需要得到生产量 X_j，最终需要 Y_i，投入系数 a_{ij} 的向量数据，构成矩阵 X，Y 和 A。那么，

$$AX+Y=X$$

代表各部门生产量由最终需求量与生产过程的中间需求量构成。因而，可以用下面这个算式来求出为了达到最终需要 Y 所需的 X：

$$X=(I-A)-1Y$$

在这里，$(I-A)^{-1}$ 被称为莱昂契夫逆行列式，用来表现乘数效果。如果在现在计划的基础之上追加了 $\Delta\Upsilon$ 的投资，那么将会诱发 $\Delta X=(I-A)-1\Delta Y$ 的生产量，这个数额可以用来评价该计划在生产方面的效果。

2.5　离散选择模型

离散选择模型用于描述人的选择行为，随着 20 世纪 70 年代麻省理工学院（MIT）McFadden 等人在随机效用理论上的突破和离散模型方法的出现，个体行为研究进入了一个全新的领域，McFadden 因此获得 2000 年诺贝尔经济学奖。

离散选择模型起源于对交通方式选择的分析和预测。基本假设是个体选择应使自己利益最大化，即选择对自己最有利的方案。如个体在权衡利弊之后选择公交车而不是出租车出行，选择购买离单位较近但价格较贵的住宅，而不是较远但价格较低的住宅等。个体之所以作出这些选择是因为他认为这样的选择会给他带来更大的综合效益，在离散选择模型中称之为效用（Utility），效用由一系列选项要素和个体要素组成，如选择公交车是考虑到费用低、环保、减少交通拥挤，但需付出较多时间和牺牲舒适度，这些都是选项要素，同时影响选择的还有个人年龄、收入、出行目的等，这些就是个体要素。这些要素构成效用函数 V，V 经常被假定为这些变量的线性加和，即 $V_i=\sum\beta x$，其中 β 为模型所要估计和检验的变量参数。效用函数也可以采用其他形式，如乘积或混合。但为了方便模型拟和过程中的计算，研究者大多使用线性效用函数。McFadden 等人根据随机效用理论，证明了在一定假设前提下，个体从 j 个选项中选择 i 的概率为：

$$P_i=\exp(V_i)/\sum\exp(V_j)$$

这就是离散模型中最为常见的 Logit 基本形式——多项分对数模型（Multinomial Logit Model，MNL）。这类模型又被称为离散选择模型（Discrete Choice Model）；而之所以属于离散模型是由于它的研究对象是个人的选择行为，而非集合的人流表现，使得行为的解释获得了更坚实的基础；同时由于研究对象是参观者个人，使得数据收集工作也大量减轻，以往需要的大量集合数

据变为对相对少量的参观者个人抽样数据即可；效用函数的灵活性又使研究不同属性参观者行为偏好成为可能；计算机技术的成熟使更多对数学并不精通的学者都能参与到个人选择行为研究的行列。从 1980 年代起，以随机效用理论为基础的消费者选择行为研究逐渐形成主流。在交通、消费者研究、住房等众多领域获得广泛应用。

在城市规划领域，该模型可以用来分析政策实施的效果，根据政策的力度改变模型的变量所得到的个体行为变化就是政策实施后的效果。也可对规划方案进行比较，研究者只需改变变量值、约束条件以及评价标准，就可以对不同规划方案的实施效果进行比较。但无论计算机的工作何等精确，模型本身的假设、对不可知外在因素的假设都限制了模拟预测作为最终的结果。

2.6 多代理人模型

大约从 1990 年代开始，随着计算机硬件运算能力的不断提高以及基于对象编程技术的发展，多代理人系统（Multi—Agent System，MAS）也逐渐成熟。发展至今，将基于个体行为的模型和 MAS 结合模拟、支持决策，已成为众多领域的研究热点。多代理人系统并非特指某个系统，而是指一种模拟的框架，其核心是对个体（代理人）行为的模拟。通常系统都通过计算机编程实现。代理人可被认为是一个自动的、目标导向的软体，可以具备属性、实施行动。因此从定义上看，代理人不仅仅可以代表人，也可以代表任何符合这一定义的实体，如随时间或事件自发改变或被人的行为改变的空间环境。这种开放灵活的框架还允许定义复杂的代理人之间的交互作用。当计算机运算能力足够模拟众多的代理人同时行动时，就可以实现对现实世界运行的逼真模拟，有时会呈现仅从观察个体行为中看不到的集合现象，称为集成行为（Emergent Behavior）或者自组织行为（Self—Organization Behavior）。因此，多代理人系统有时也被归为一种集成算法，这种算法所表达的整体行为不是通过中枢控制来达到的，而是通过相邻个体的交互作用体现出来的。

多代理人模型可以模拟规划实施后对人（群）的行为产生的影响，并根据模拟的结果对方案进行修改，使规划更加符合人的行为特征，被认为是城市规划方法发展的方向之一。

第5节 城市规划信息技术

1 地理信息系统

地理信息系统（Geographic Information System，GIS）最初是以计算机处理地理信息的综合技术出现的。GIS 系统可以将城市的空间数据实现数字化，从而建立包含城市经济、社会、环境等各种属性的模型，为研究城市不同系统的空间规律和空间影响提供了有力的武器。GIS 还提供了一项直观的观察工具，使原本复杂的空间规律变成可以向不同人群展示的图形，大大加强了城市规划的沟通与展示能力。GIS 系统的查询功能更为规划管理提供了方便的检索空间数据和规划信息工具，有效地加强了城市规划管理工作的效率。

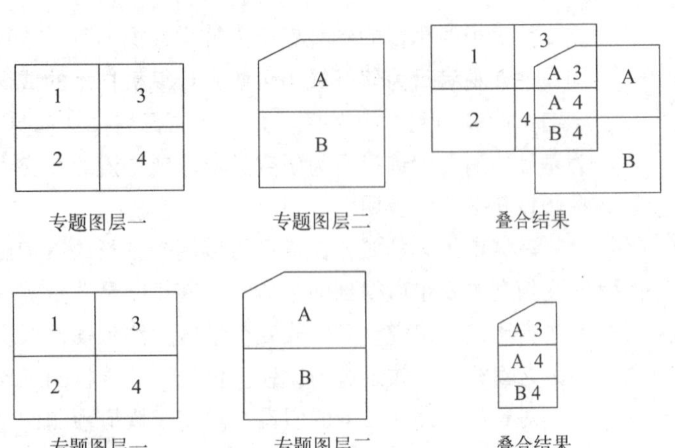

图 9–5–1　用叠合方法展开 GIS 分析示意

资料来源：本书编写组自绘.

1.1　描述功能

GIS 系统有强大的空间模型建构能力，可以生成各种分类、分级专题分析图。人口密度、土地使用、建筑质量、交通流量等属性，均可由 GIS 产生专题地图，可灵活设定分类、分级的规则、表达形式，当事物的属性发生变化，只需局部修改，专题地图就按原定的规则自动更新。

1.2　分析功能

GIS 系统是进行规划分析的有力工具。以土地适宜性评价为例，一般要作多因素、多准则分析，借助 GIS 可以将每种因素对应一个专题图层，将不同专题图层叠合起来，进行综合评价，这是 GIS 的经典应用（图 9–5–1）。

GIS 系统还可以对公共服务设施的服务能力展开分析。简单的方法是根据空间距离、服务半径等对重要设施按距离远近，划分各自的服务范围（图 9–5–2、图 9–5–3）。高级的方法还可以加入与实际环境更为接近的各种变量对模型进行优化，从而改善分析的效果。例如，居民出行会受交通条件的限制，如道路走向、车速限制、交叉口禁止转弯、公交站点的布置、线路运营速度等，简单地用直线表示空间距离、服务半径，往往会有较大误差。基于 GIS 的网络分析，可以使不同交通条件下的时空距离接近实际情况，还可以灵活设置，进行多种交通模式的相互比较（图 9–5–4、图 9–5–5）。

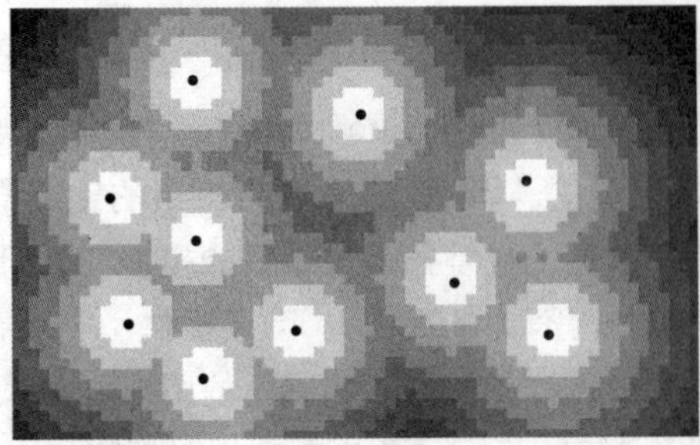

图 9–5–2　设施的服务距离计算

资料来源：本书编写组自绘.

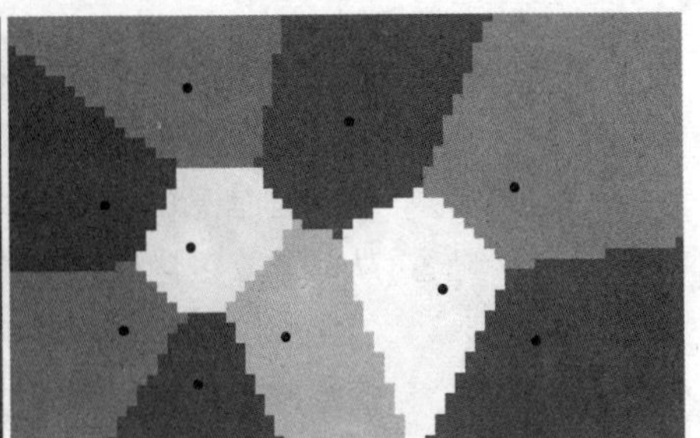

图 9–5–3　设施的服务范围划定

资料来源：本书编写组自绘.

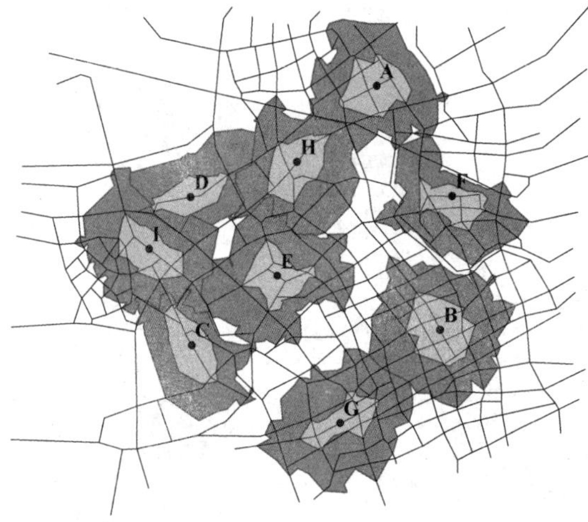

图 9-5-4 基于网络的公园服务范围

资料来源：本书编写组自绘.

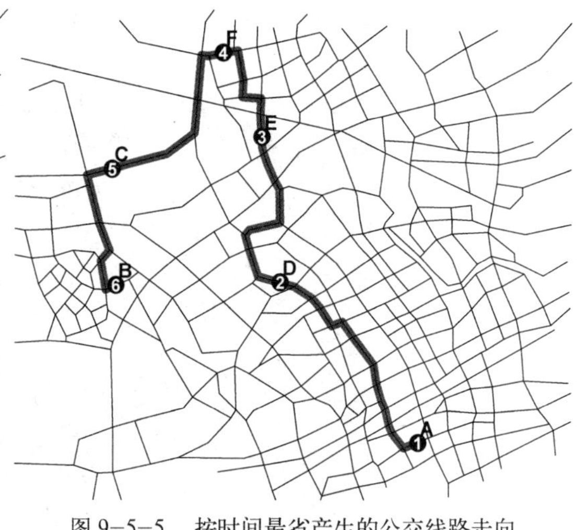

图 9-5-5 按时间最省产生的公交线路走向

资料来源：本书编写组自绘.

1.3 查询功能

GIS 系统可以对空间、属性信息进行查询。某个建设单位在某城市有哪几个建设项目，在什么位置；某个地块，规划控制指标如何；土地出让边界和地籍管理边界、道路红线是否一致；某地块的规划控制指标历史上曾经发生过哪些变化等。上述城市规划的日常典型业务，均可靠 GIS 的查询功能解决。

2 互联网技术

互联网已经越来越成为规划师、政府、投资商和公众获取各种数据、交流规划信息的重要工具。通过互联网，公共信息能够在不同时间、不同地点被快速传递和广泛传播，也使得城市规划编制的过程变得更为公开化和透明化。

2.1 获取数据

在今天的城市规划编制过程中，互联网络是规划师获取信息的重要来源之一。相当多的规划所需基础资料都可以通过互联网方便地获取，如城市概况、统计数据、卫星影像、市民所关心的热点、相关城市的发展案例等。例如，以谷歌（Google）为代表，将 GIS、遥感影像和互联网相结合，不仅能向公众提供城市、乡村的平面、地图、影像图，还可提供三维地形、建筑物，当然也被规划师所使用（图 9–5–6）。

2.2 信息发布

互联网络还是规划方案、管理规则、办事流程发布的重要窗口。市民可以通过相关网站查询城市和所关心地区的规划情况，了解城市规划的相关动态。投资商和开发商可以随时查询法定规划、指导性文件，帮助投资决策。

2.3 沟通与交流

随着城市规划透明度的增强和公众参与程度的提升，互联网络还是社会各界就城市规划展开沟通与交流的重要平台。在规划编制过程中，通过互联网征求各方意见，就特定规划议题开展讨论，是方便、快捷和透明的交流工具。通过互联网，规划机构还可以回答公众提问，如办事程序、审批手续，对规划方

图 9-5-6　Google Earth 提供的平面和三维卫星影像

案或法律、法规进行解释，强化政府与民众之间的良性互动关系。公众还可以监督城市建设活动，举报违法建设，提高城市规划管理工作的效能。

2.4　网络协作

网络化办公是提高政府绩效的有效途径。通过网络，建设开发方可以在线办理各类建设申请，如上传申请、待批材料，下载审批结果，规划管理人员可以远程办案，大大节约了时间和人员成本，提高了办事效率。

现代城市规划已经是一个越来越注重协作的过程，包括不同规划设计机构之间的协作，也包括城市规划过程中不同领域专家之间的相互沟通协调过程，这些传统上需要耗费大量人力、物力、财力的过程通过互联网络方便地完成。

本章小结

本章立足信息与技术对城市规划的重要影响，着重论述了城市规划中常用的技术方法，包括规划编制所包含的技术、收集资料的方法以及数据描述的分析方法等，在城市规划的预测方法论述中，则重点介绍因果推断、趋势外推、情景分析、交叉影响分析等方法。针对城市规划的评价与决策，相关的技术方法有层次分析法、SD法、特征价格法、线性规划法等。

与本章介绍的其他知识、技术相比，信息技术可能是更新周期最短、变化最快的，规划专业人员不得不经常学习，才能及时更新知识。任何技术再好，专业人员不了解、不掌握，就难以发挥作用。除了依靠书本，主动地接触、实践，是了解、掌握、应用的重要途径。

复习思考题

1. 列举对城市发展产生重大影响的技术，阐述这些技术是如何影响城市发展的？

2. 城市规划信息与技术对城市规划专业本身有哪些作用与影响？

3. 畅想未来会有哪些新的技术产生？这些会对城市及城市规划产生怎样的影响？

第3篇 城乡空间规划

城乡空间规划是人类为了在城乡区域发展中维持公共生活的空间秩序而做的对未来空间的安排。从本质意义上，是人居环境各层面上、以城市层次为主导对象的空间规划。在市场经济条件下，城乡规划的作用一般是通过从宏观到微观，从发展战略到操作管理的决策来实现的。

本书的第 1 篇中，我们阐述了城乡空间规划的理论和工作的价值观模型，强调了城乡规划的价值取向，强调了城市走向“永续城市”的价值纲领和走向“和谐城市”的价值纲领，在此基础上建立了城市规划价值观的“和谐城市”柱锥模型。

本书的第 2 篇中，我们从生态与环境、经济与产业、人口与社会、历史与文化、技术与信息 5 个方面，分别阐述了不同要素对城乡空间的影响，以及城乡空间的规划建设反过来对这些要素所产生的影响作用。在第 2 篇中，我们已经学到了分析 5 个方面要素对城乡发展影响的大量分析工具，为本篇的规划实际操作做好了思想和工具的准备。

第 3 篇首先介绍了城乡空间规划不同层面的规划类型及其主要的编制要求，接着阐述了城市用地分类及其适用性评价的标准和方法，随后重点论述了城乡区域规划、总体规划、详细规划两个层面三种类型规划的编制原则、编制主体、编制内容和编制方法。读者在掌握前两篇的理论、思想和分析方法的基础上，通过本篇的学习，开始进入城乡规划编制实践，学会在实践中针对地域的不同特性，针对不同的发展时期，针对不同的规划层面，综合运用前两篇的方法和工具，形成对城乡空间规划体系的整体概念，掌握设计城乡空间规划的程序，学会在各个规划层面中与上下层面的规划进行衔接。

第10章　城市规划的类型与编制内容

本章主要介绍了城市规划的工作内容和工作特点，论述了调查研究与资料收集分析方法，根据《城乡规划法》，详细阐述不同类型城市规划的主要内容、强制性要求和审批程序。

第1节　城市规划的工作内容和工作特点

1　城市规划工作的基本内容

城市规划工作的基本内容是依据城市的经济社会发展目标和环境保护的要求，根据区域规划等上层次空间规划的要求，在充分研究城市的自然和生态、经济、社会和技术发展条件的基础上，制定城市发展战略，预测城市发展规模，选择城市用地的布局和发展方向，按照工程技术和环境的要求，综合安排城市各项工程设施，并提出近期控制引导措施。具体主要有以下几个方面：

（1）收集和调查基础资料，研究满足城市经济社会发展目标的条件和措施；

（2）研究确定城市发展战略，预测发展规模，拟订城市分期建设的技术经济指标；

（3）确定城市功能的空间布局，合理选择城市各项用地，并考虑城市空间的长远发展方向；

（4）提出市域城镇体系规划，确定区域性基础设施的规划原则；

（5）拟订新区开发和原有市区利用、改造的原则、步骤和方法；

（6）确定城市各项市政设施和工程措施的原则和技术方案；

（7）拟订城市建设艺术布局的原则和要求；

（8）根据城市基本建设的计划，安排城市各项重要的近期建设项目，为各单项工程设计提供依据；

（9）根据建设的需要和可能，提出实施规划的措施和步骤。

由于每个城市的自然条件、现状条件、发展战略、规模和建设速度各不相同，规划工作的内容应根据具体情况而变化。新建城市第一期的建设任务较大，同时当地的原有物质建设基础较差，就应在满足建设需要的同时妥善解决城市基础设施和生活服务设施的建设。而对于现有城市，在规划时要充分利用城市原有基础，依托老区，发展新区，有计划地改造老区，使新、老城区协调发展。不论新区或老区都在不断地发生着新陈代谢，城市的发展目标和建设条件也在不断地发展，所以城市规划的修订、调整是周期性的工作。

性质不同的城市，其规划的内容都有各自的特点和重点。如在工业为主的城市规划中，要着重于原材料、劳动力的来源、能源、交通运输、水文地质、工程地质的情况，工业布局对城市环境的影响，以及生产与生活之间矛盾的分析研究。而在风景旅游城市中，风景区和风景点的布局、城市的景观规划、风景资源的保护和开发、生态环境的保护、旅游设施的布置及旅游路线的组织等都是规划工作要特别予以注意的。历史文化名城更要充分考虑有价值的建筑、街区的保护和地方特色的体现。尤其应当特别重视影响城市发展的制约性因素的研究，每个城市由于客观条件的不同存在着不同的制约城市发展的因素，妥善解决城市发展的主要矛盾是搞好城市规划的关键。社会因素也是城市规划应当考虑的重要问题，少数民族地区的城市要充分考虑并体现少数民族的风俗习惯，就业岗位的安排、老年人问题的解决以及城市中不同职业、不同收入水平、不同文化背景的社会团体之间的协调等社会发展条件也应在城市规划中予以高度重视。

总之，必须从实际出发，既要满足城市发展普遍规律的要求，又要针对各种城市的不同性质、特点和问题，确定规划的主要内容和处理方法。

2　城市规划工作的特点

由于生产力和人口高度集中，城市问题十分复杂，城市规划涉及政治、经济、社会、生态、技术与艺术，以及人民生活的广泛领域。为了对城市规划工作的性质有比较确切的了解，必须进一步认识其特点。

2.1　城市规划是综合性的工作

城市的社会、经济、环境和技术发展等各项要素，既互为依据，又相互制约，城市规划需要对城市的各项要素进行统筹安排，使之各得其所、协调发展。综合性是城市规划工作的重要特点，它涉及许多方面的问题：当考虑城市的建设条件时，涉及气象、水文、工程地质和水文地质等范畴的问题；当考虑城市发展战略和发展规模时，又涉及大量社会经济和技术的工作；当具体布置各项建设项目、研究各种建设方案时，又涉及大量工程技术方面的工作；至于城市空间的组合、建筑的布局形式、城市的风貌、园林绿化的安排等，则又是从建筑艺术的角度来研究处理的。而这些问题都密切相关，不能孤立对待。城市规划不仅反映单项工程设计的要求和发展计划，而且还综合各项工程设计相互之间的关系。它既为各单项工程设计提供建设方案和设计依据，又须统一解决各单项工程设计相互之间技术和经济等方面的种种矛盾，因而城市规划部门和各专业设计部门有较密切的联系。城市规划工作者应具有广泛的知识，树立全面的观点，具有综合工作的能力，在工作中主动和有关单位协作配合。

2.2　城市规划是法治性、政策性很强的工作

城市规划既是城市各种建设的战略部署，又是组织治理生产、生活环境的手段，涉及国家的经济、社会、环境、文化等众多部门。特别是在城市总体规划中，一些重大问题的解决都必须以有关法律、法规和方针政策为依据。例如城市的发展战略和发展规模、居住面积的规划指标、各项建设的用地指标等，都不单纯是技术和经济的问题，而是关系到生产力发展水平、人民生活水平、城乡关系、永续发展等的重大问题。因此，城市规划工作者必须加强法治观点，努力学习各项法律法规和政策管理知识，在工作中严格执行。

2.3　城市规划工作具有地方性

城市的规划、建设和管理是城市政府的主要职能，其目的是促进城市经济、社会的协调发展和环境保护。城市规划要根据地方特点，因地制宜地编制；同时，规划的实施要依靠城市政府的筹划和广大城市居民的共同努力。因此，在工作过程中，既要遵循城市规划的科学规律，又要符合当地条件，尊重当地人民的意愿，和当地有关部门密切配合，使规划工作成为市民参与规划制定的过程和动员全民实施规划的过程，使城市规划真正成为城市政府实施宏观调控、保障社会经济协调发展、保护地方环境和人民利益的有力武器。

2.4　城市规划是长期性和经常性的工作

城市规划既要解决当前的建设问题，又要预计今后一定时期的发展和充分估计长远的发展要求；它既要有现实性，又要有预计性。但是，社会是在不断发展变化的，影响城市发展的因素也在变化，在城市发展过程中会不断产生新情况，出现新问题，提出新要求。因此，作为城市建设指导的城市规划不可能是一成不变的，应当根据实践的发展和外界因素的变化，适时地加以调整或补充，不断地适应发展需要，使城市规划逐步更趋近于全面、正确反映城市发展的客观实际。所以说城市规划是城市发展的动态规划，它是一项长期性和经常性的工作。

虽然规划要不断地调整和补充，但是每一时期的城市规划是建立在当时的经济社会发展条件和生态环境承载力的基础上，经过调查研究而制定的，是一定时期指导建设的依据，所以城市规划一经批准，必须保持其相对的稳定性和严肃性，只有通过法定程序才能对其进行调整和修改，任何个人或社会利益集团都不能随意使之变更。

2.5 城市规划具有实践性

城市规划的实践性，首先在于它的基本目的是为城市建设服务，规划方案要充分反映建设实践中的问题和要求，有很强的现实性。其次是按规划进行建设是实现规划的唯一途径，规划管理在城市规划工作中占有重要地位。规划实践的难度不仅在于要对各项建设在时空方面作出符合规划的安排，而且要积极地协调各项建设的要求和矛盾，组织协同建设，使之既符合城市规划的总体意图，又能满足各项建设的合理要求。因此要求规划工作者不仅要有深厚的专业理论和政策修养，有丰富的社会科学和自然科学知识，还必须有较好的心理素质、社会实践经验和积极主动的工作态度。当然，任何一个规划方案对实施过程中问题的预计和解决都不可能十分周全，也不可能一成不变。这就需要在实践中进行丰富、补充和完善。城市建设实践也是检验规划是否符合客观要求的惟一标准。

第2节 城市规划的调查研究与基础资料

调查研究是城市规划必要的前期工作，没有扎实的调查研究工作，缺乏大量的第一手资料，就不可能正确认识对象，也不可能制订合乎实际、具有科学性的规划方案。实际上，调查研究的过程也是城市规划方案的孕育过程，必须引起高度的重视。

调查研究也是对城市从感性认识上升到理性认识的必要过程，调查研究所获得的基础资料是城市规划定性、定量分析的主要依据。城市的情况十分复杂，进行调查研究既要有实事求是和深入实际的精神，又要讲究合理的工作方法，要有针对性，切忌盲目繁琐。

城市规划的调查研究工作一般有三个方面：

(1) 现场踏勘。城市规划工作者必须对城市的概貌、新发展地区和原有地区有明确的形象概念，重要的工程也必须进行认真的现场踏勘。

(2) 基础资料的收集与整理。主要应取自当地城市规划部门积累的资料和有关主管部门提供的专业性资料。

(3) 分析研究。这是调查研究工作的关键，将收集到的各类资料和现场踏勘中反映出来的问题，加以系统地分析整理，去伪存真、由表及里、从定性到定量研究城市发展的内在决定性因素，从而提出解决这些问题的对策，这是制订城市规划方案的核心部分。当现有资料不足以满足规划需要时，可以进行专项性的补充调查，必要时可以采取典型调查的方法或进行抽样调查。

城市建设是一个不断变化的动态过程，调查研究工作要经常进行，对原有

资料要不断地进行修正补充。

城市规划所需的资料数量大、范围广、变化多，为了提高规划工作的质量和效率，要采取各种先进的科学技术手段进行调查、数据处理、检索、分析判断工作，如运用遥感技术、航测照片，可以准确地判断出地面及其地下的资源，可以准确地测绘出城市建筑的现状、绿化覆盖率、环境污染程度；又如与计算机相连，可以判读出准确的数据。运用计算机贮存数据、进行分析判断的技术已广泛应用于估算人口的增长、交通的发展、用地的综合评价等，进一步提高了城市规划方法的科学性。根据城市规模和城市具体情况的不同，基础资料的收集应有所侧重，不同阶段的城市规划对资料的工作深度也有不同的要求。一般地说，城市规划应具备的基础资料包括下列部分：

(1) 城市勘察资料（指与城市规划和建设有关的地质资料），主要包括工程地质，即城市所在地区的地质构造，地面土层物理状况，城市规划区内不同地段的地基承载力以及滑坡、崩塌等基础资料；地震地质，即城市所在地区断裂带的分布及活动情况，城市规划区内地震烈度区划等基础资料；水文地质，即城市所在地区地下水的存在形式、储量、水质、开采及补给条件等基础资料；

(2) 城市测量资料，主要包括城市平面控制网和高程控制网、城市地下工程及地下管网等专业测量图以及编制城市规划必备的各种比例尺的地形图等；

(3) 气象资料，主要包括温度、湿度、降水、蒸发、风向、风速、日照、冰冻等基础资料；

(4) 水文资料，主要包括江河湖海水位、流量、流速、水量、洪水淹没界线等。大河两岸城市应收集流域情况、流域规划、河道整治规划、现有防洪设施等基础资料。山区城市应收集山洪、泥石流等基础资料；

(5) 城市历史资料，主要包括城市的历史沿革、城址变迁、市区扩展以及城市规划历史等基础资料；

(6) 经济与社会发展资料，主要包括城市国民经济和社会发展现状及长远规划、国土规划、区域规划等有关资料；

(7) 城市人口资料，主要包括现状及历年城乡常住人口、暂住人口、人口的年龄构成、劳动力构成、自然增长、机械增长、职工带眷系数等；

(8) 市域自然资源资料，主要包括矿产资源、水资源、燃料动力资源、农副产品资源的分布、数量、开采利用价值等；

(9) 城市土地利用资料，主要包括现状及历年城市土地利用分类统计、城市用地增长状况、规划区内各类用地分布状况等；

(10) 工矿企事业单位的现状及规划资料，主要包括用地面积、建筑面积、产品产量、产值、职工人数、用水量、用电量、运输量及污染情况等；

(11) 交通运输资料，主要包括对外交通运输和市内交通的现状和发展预测（用地、职工人数、客货运量、流向、对周围地区环境的影响以及城市道路、交通设施等）；

（12）各类仓储资料，主要包括用地、货物状况及使用要求的现状和发展预测；

（13）城市行政、经济、社会、科技、文教、卫生、商业、金融、涉外等机构以及人民团体的现状和规划资料，主要包括发展规划、用地面积和职工人数等；

（14）建筑物现状资料，主要包括现有主要公共建筑的分布状况、用地面积、建筑面积、建筑质量等，现有居住区的情况以及住房建筑面积、居住面积、建筑层数、建筑密度、建筑质量等；

（15）工程设施资料（指市政工程、公用设施的现状资料），主要包括场站及其设施的位置与规模、管网系统及其容量、防洪工程等；

（16）城市园林、绿地、风景区、文物古迹、优秀近代建筑等资料；

（17）城市人防设施及其他地下建筑物、构筑物等资料；

（18）城市环境资料，主要包括环境监测成果，各厂矿、单位排放污染物的数量及危害情况，城市垃圾的数量及分布，其他影响城市环境质量有害因素的分布状况及危害情况，地方病及其他有害居民健康的环境资料。

第3节　城市规划的层面及其主要内容

城市规划是城市政府为达到城市发展目标而对城市建设进行的安排，尽管由于各国社会经济体制、城市发展水平、城市规划的实践和经验各不相同，城市规划的工作步骤、阶段划分与编制方法也不尽相同，但基本上都按照由抽象到具体、从发展战略到操作管理的层次决策原则进行。一般城市规划分为城市发展战略和建设控制引导两个层面。城市发展战略层面的规划主要是研究确定城市发展目标、原则、战略部署等重大问题，表达的是城市政府对城市空间发展战略方向的意志，当然在一个民主法制社会，这一战略必须建立在市民参与和法律法规的基础之上。我国的城市总体规划以及土地利用总体规划都属于这一层面。

建设控制引导层面的规划是对具体每一地块的未来开发利用作出法律规定，它必须尊重并服从城市发展战略对其所在空间的安排。由于直接涉及土地的所有权和使用权，所以建设控制引导层面的规划必须通过立法机关以法律的形式确定下来，但这一层面的规划也可以依法对上一层面的规划进行调整。我国的详细规划属于这一层面的工作。

在实际工作中，为了便于工作的开展，在正式编制城市总体规划前，可以由城市人民政府组织制定城市总体规划纲要，对确定城市发展的主要目标、方向和内容提出原则性意见，作为规划编制的依据。根据城市的实际情况和工作需要，大城市和中等城市可以在城市总体规划基础上编制分区规划，进一步控制和确定不同地段的土地的用途、范围和容量，协调各项基础设施和公共设施的建设，并为下一层面的规划提供依据。建设控制引导性的规划根据不同的需要、任务、目标和深度要求，可分为控制性详细规划和修建性详细规划两种类型。

从行政层面上来区分，我国的城乡规划可以分为城镇体系规划、城市规划、镇规划、乡规划和村庄规划，其中乡规划和村庄规划是在《城乡规划法》新纳入城乡规划范围的，其内容包括：划定规划区范围，拟定住宅、道路、供水、排水、供电、垃圾收集、畜禽养殖场所等农村生产、生活服务设施、公益事业等各项建设的用地布局、建设要求，并对耕地等自然资源和历史文化遗产保护、防灾减灾等做出具体安排。乡规划还应当包括本行政区域内的村庄发展布局。[1]

根据我国2007年颁布的《城乡规划法》和2005年颁布的《城市规划编制办法》，现将我国城乡规划工作中具体各个阶段的有关内容如下。

1　城市总体规划纲要的主要内容

城市总体规划纲要的主要任务是：研究确定城市总体规划的重大原则，并作为编制城市总体规划的依据。其主要内容如下：

（1）市域城镇体系规划纲要，内容包括：提出市域城乡统筹发展战略；确定生态环境、土地和水资源、能源、自然和历史文化遗产保护等方面的综合目标和保护要求，提出空间管制原则；预测市域总人口及城市化水平，确定各城镇人口规模、职能分工、空间布局方案和建设标准；原则确定市域交通发展策略。

（2）提出城市规划区范围。

（3）分析城市职能、提出城市性质和发展目标。

（4）提出禁建区、限建区、适建区范围。

（5）预测城市人口规模。

（6）研究中心城区空间增长边界，提出建设用地规模和建设用地范围。

（7）提出交通发展战略及主要对外交通设施布局原则。

（8）提出重大基础设施和公共服务设施的发展目标。

（9）提出建立综合防灾体系的原则和建设方针。[2]

2　城市总体规划和镇总体规划的主要内容

城市总体规划、镇总体规划的内容应当包括：城市、镇的发展布局，功能分区，用地布局，综合交通体系，禁止、限制和适宜建设的地域范围，各类专项规划等。

规划区范围、规划区内建设用地规模、基础设施和公共服务设施用地、水源地和水系、基本农田和绿化用地、环境保护、自然与历史文化遗产保护以及防灾减灾等内容，应当作为城市总体规划、镇总体规划的强制性内容。

城市总体规划、镇总体规划的规划期限一般为20年。城市总体规划还应当对城市更长远的发展作出预测性安排。[3]

2.1　城市、镇总体规划的内容

城市总体规划包括市域城镇体系规划和中心城区规划。城市总体规划的强制性内容包括：

（1）城市规划区范围；

（2）市域内应当控制开发的地域，包括基本农田保护区，风景名胜区，湿地、水源保护区等生态敏感区，地下矿产资源分布地区等；

（3）城市建设用地规划，包括规划期限内城市建设用地的发展规模，土地使用强度管制区划和相应的控制指标（建设用地面积、容积率、人口容量等），城市各类绿地的具体布局，城市地下空间开发布局等；

（4）城市基础设施和公共服务设施布局，包括城市干道系统网络、城市轨道交通网络、交通枢纽布局，城市水源地及其保护区范围和其他重大市政基础设施，文化、教育、卫生、体育等方面主要公共服务设施的布局；

（5）城市历史文化遗产保护，包括历史文化保护的具体控制指标和规定，历史文化街区、历史建筑、重要地下文物埋藏区的具体位置和界线等；

（6）生态环境保护与建设目标，污染控制与治理措施；

（7）城市防灾工程，包括城市防洪标准、防洪堤走向，城市抗震与消防疏散通道，城市人防设施布局，地质灾害防护规定。[4]

2.2　市域城镇体系规划的主要内容

（1）提出市域城乡统筹的发展战略。其中位于人口、经济、建设高度聚集的城镇密集地区的中心城市，应当根据需要，提出与相邻行政区域在空间发展布局、重大基础设施和公共服务设施建设、生态环境保护、城乡统筹发展等方面进行协调的建议。

（2）确定生态环境、土地和水资源、能源、自然和历史文化遗产等方面的保护与利用的综合目标和要求，提出空间管制原则和措施。

（3）预测市域总人口及城镇化水平，确定各城镇人口规模、职能分工、空间布局和建设标准。

（4）提出重点城镇的发展定位、用地规模和建设用地控制范围。

（5）确定市域交通发展策略；原则确定市域交通、通信、能源、供水、排水、防洪、垃圾处理等重大基础设施、重要社会服务设施、危险品生产储存设施的布局。

（6）根据城市建设、发展和资源管理的需要划定城市规划区。城市规划区的范围应当位于城市的行政管辖范围内。

（7）提出实施规划的措施和有关建议。[5]

2.3　中心城区规划的主要内容

（1）分析确定城市性质、职能和发展目标。

（2）预测城市人口规模。

（3）划定禁建区、限建区、适建区和已建区，并制定空间管制措施。

（4）确定村镇发展与控制的原则和措施；确定需要发展、限制发展和不再保留的村庄，提出村镇建设控制标准。

（5）安排建设用地、农业用地、生态用地和其他用地。

（6）研究中心城区空间增长边界，确定建设用地规模，划定建设用地范围。

（7）确定建设用地的空间布局，提出土地使用强度管制区划和相应的控制指标（建筑密度、建筑高度、容积率、人口容量等）。

（8）确定市级和区级中心的位置和规模，提出主要的公共服务设施的布局。

（9）确定交通发展战略和城市公共交通的总体布局，落实公交优先政策，确定主要对外交通设施和主要道路交通设施布局。

（10）确定绿地系统的发展目标及总体布局，划定各种功能绿地的保护范围（绿线），划定河湖水面的保护范围（蓝线），确定岸线使用原则。

（11）确定历史文化保护及地方传统特色保护的内容和要求，划定历史文化街区、历史建筑保护范围（紫线），确定各级文物保护单位的范围；研究确定特色风貌保护重点区域及保护措施。

（12）研究住房需求，确定住房政策、建设标准和居住用地布局；重点确定经济适用房、普通商品房等满足中低收入人群住房需求的居住用地布局及标准。

（13）确定电信、供水、排水、供电、燃气、供热、环卫发展目标及重大设施总体布局。

（14）确定生态环境保护与建设目标，提出污染控制与治理措施。

（15）确定综合防灾与公共安全保障体系，提出防洪、消防、人防、抗震、地质灾害防护等规划原则和建设方针。

（16）划定旧区范围，确定旧区有机更新的原则和方法，提出改善旧区生产、生活环境的标准和要求。

（17）提出地下空间开发利用的原则和建设方针。

（18）确定空间发展时序，提出规划实施步骤、措施和政策建议。[6]

3　城市近期建设规划的主要内容

近期建设规划的期限原则上应当与城市国民经济和社会发展规划的年限一致，并不得违背城市总体规划的强制性内容。

近期建设规划到期时，应当依据城市总体规划组织编制新的近期建设规划。

近期建设规划的内容应当包括：

（1）确定近期人口和建设用地规模，确定近期建设用地范围和布局；

（2）确定近期交通发展策略，确定主要对外交通设施和主要道路交通设施布局；

（3）确定各项基础设施、公共服务和公益设施的建设规模和选址；

（4）确定近期居住用地安排和布局；

（5）确定历史文化名城、历史文化街区、风景名胜区等的保护措施，城市河湖水系、绿化、环境等的保护、整治和建设措施；

（6）确定控制和引导城市近期发展的原则和措施。

近期建设规划的成果应当包括规划文本、图纸，以及包括相应说明的附件。在规划文本中应当明确表达规划的强制性内容。[7]

4　分区规划的主要内容

根据《城市规划编制办法》，大中城市根据需要，可以依法在总体规划的基础上组织编制分区规划。

编制分区规划的主要任务是：在总体规划的基础上，对城市土地利用、人口分布和公共设施、城市基础设施的配置作出进一步的安排，以便与详细规划更好地衔接。分区规划应当包括下列内容：

（1）确定分区的空间布局、功能分区、土地使用性质和居住人口分布；

（2）确定绿地系统、河湖水面、供电高压线走廊、对外交通设施用地界线和风景名胜区、文物古迹、历史文化街区的保护范围，提出空间形态的保护要求；

（3）确定市、区、居住区级公共服务设施的分布、用地范围和控制原则；

（4）确定主要市政公用设施的位置、控制范围和工程干管的线路位置、管径，进行管线综合；

（5）确定城市干道的红线位置、断面、控制点坐标和标高，确定支路的走向、宽度，确定主要交叉口、广场、公交站场、交通枢纽等交通设施的位置和规模，确定轨道交通线路的走向及控制范围，确定主要停车场的规模与布局。[8]

5　详细规划的主要内容

详细规划的主要任务是：以总体规划或者分区规划为依据，详细规定建设用地的各项控制指标和其他规划管理要求，或者直接对建设作出具体的安排和规划设计。详细规划分为控制性详细规划和修建性详细规划。

根据城市规划的深化和管理的需要，一般应当编制控制性详细规划，以控制建设用地性质、使用强度和空间环境，作为城市规划管理的依据，并指导修建性详细规划的编制。

控制性详细规划应当包括下列内容：

（1）确定规划范围内不同性质用地的界线，确定各类用地内适建、不适建或者有条件地允许建设的建筑类型；

（2）确定各地块建筑高度、建筑密度、容积率、绿地率等控制指标；确定公共设施配套要求、交通出入口方位、停车泊位、建筑后退红线距离等要求；

（3）提出各地块的建筑体量、体形、色彩等城市设计指导原则；

（4）根据交通需求分析，确定地块出入口位置、停车泊位、公共交通场站用地范围和站点位置、步行交通以及其他交通设施。规定各级道路的红线、断面、交叉口形式及渠化措施、控制点坐标和标高；

（5）根据规划建设容量，确定市政工程管线位置、管径和工程设施的用地界线，进行管线综合。确定地下空间开发利用具体要求；

（6）制定相应的土地使用与建筑管理规定。

控制性详细规划确定的各地块的主要用途、建筑密度、建筑高度、容积率、绿地率、基础设施和公共服务设施配套规定应当作为强制性内容。[9]

修建性详细规划应当包括下列内容：

（1）建设条件分析及综合技术经济论证；

（2）建筑、道路和绿地等的空间布局和景观规划设计，布置总平面图；

（3）对住宅、医院、学校和托幼等建筑进行日照分析；

（4）根据交通影响分析，提出交通组织方案和设计；

（5）市政工程管线规划设计和管线综合；

（6）竖向规划设计；

（7）估算工程量、拆迁量和总造价，分析投资效益。[10]

6　城乡规划的调整与修改

城乡规划的调整，是指城市人民政府根据城市经济建设和社会发展情况，按照实际需要对已经批准的规划作局部性变更。例如，由于城市人口规模的变更需要适当扩大城市用地，某些用地的功能或道路宽度、走向等在不违背总体布局基本原则的前提下进行调整，对近期建设规划的内容和开发程序的调整等。局部调整的决定由城市人民政府作出，并报同级人民代表大会常务委员会和原批准机关备案。

城乡规划的修改，是指城市人民政府在实施城乡规划的过程中，发现城乡规划的某些基本原则和框架已经不能适应城市经济建设和社会发展的要求，必须作出重大变更。例如，由于产业结构的重大调整或经济社会发展方向的重大变化造成城市性质的重大变更；由于城市机场、港口、铁路枢纽、大型工业等项目的调整或城市人口规模大幅度增长，造成城市空间发展方向和总体布局的重大变更等。修改总体规划由城市人民政府组织进行，并须经同级人民代表大会或其常务委员会审查同意后，报原批准机关审批。

根据《城乡规划法》规定，可以按照规定的权限和程序修改省域城镇体系规划、城市总体规划、镇总体规划的情形有：上级人民政府制定的城乡规划发生变更，提出修改规划要求的；行政区划调整确需修改规划的；因国务院批准重大建设工程确需修改规划的；经评估确需修改规划的；或者是城乡规划的审批机关认为应当修改规划的其他情形。

修改后的省域城镇体系规划、城市总体规划、镇总体规划，应依照《城乡规划法》规定的审批程序报批。[11]

7　城乡规划的审批

城市规划必须坚持严格的分级审批制度，以保障城乡规划的严肃性和权威性。

国务院城乡规划主管部门会同国务院有关部门组织编制全国城镇体系规划，用于指导省域城镇体系规划、城市总体规划的编制。全国城镇体系规划由国务院城乡规划主管部门报国务院审批。省、自治区人民政府组织编制省域城镇体系规划，报国务院审批。

直辖市的城市总体规划由直辖市人民政府报国务院审批。省、自治区人民政府所在地的城市以及国务院确定的城市的总体规划，由省、自治区人民政府

审查同意后，报国务院审批。其他城市的总体规划，由城市人民政府报省、自治区人民政府审批。

县人民政府组织编制县人民政府所在地镇的总体规划，报上一级人民政府审批。其他镇的总体规划由镇人民政府组织编制，报上一级人民政府审批。

省、自治区人民政府组织编制的省域城镇体系规划，城市、县人民政府组织编制的总体规划，在报上一级人民政府审批前，应当先经本级人民代表大会常务委员会审议，常务委员会组成人员的审议意见交由本级人民政府研究处理。

镇人民政府组织编制的镇总体规划，在报上一级人民政府审批前，应当先经镇人民代表大会审议，代表的审议意见交由本级人民政府研究处理。

规划的组织编制机关报送审批省域城镇体系规划、城市总体规划或者镇总体规划，应当将本级人民代表大会常务委员会组成人员或者镇人民代表大会代表的审议意见和根据审议意见修改规划的情况一并报送。

镇人民政府根据镇总体规划的要求，组织编制镇的控制性详细规划，报上一级人民政府审批。县人民政府所在地镇的控制性详细规划，由县人民政府城乡规划主管部门根据镇总体规划的要求组织编制，经县人民政府批准后，报本级人民代表大会常务委员会和上一级人民政府备案。

乡、镇人民政府组织编制乡规划、村庄规划，报上一级人民政府审批。村庄规划在报送审批前，应当经村民会议或者村民代表会议讨论同意。[12]

其他国家由于政体和经济、社会发展水平的不同，对城市规划的内容、深度、方法、规划侧重点和审批制度等都各有不同的要求和规定，了解和研究他们的情况，有助于改进我们的规划编制工作。

在国外，城市规划编制方法的更新，主要是由于城镇化的进程加快，城市发展与更新的速度加快，由此而引起的对城市与城市规划观念的变化：城市是一个发展变化很快的机体，城市规划不仅是追求达到静态平衡或追求某种理想的境界，更要以动态的观点来编制城市规划，要引导和控制城市合理地发展。在规划方法上，多年来是以调查—分析—规划的模式进行的；在 1960 年代后，以控制论的理论基础来改进规划的方法程序："目标—连续的信息—各种有关未来的比较方案的预测及模拟—方案评价—方案选择—继续地监督"。在规划程序上提出了"连续规划"、"规划实施—规划及管理—反馈及修改规划"，形成不停止的循环；也有的提出了"滚动式发展"。英国在 1968 年的新规划法中提出"结构规划—局部规划"的阶段划分，也有的称为"战略规划—战术规划"。德国城市规划的特点是与各层次的区域规划密切联系起来，它将联邦各州以下地区的各种不同范围、不同比例尺及不同表现深度的区域规划衔接起来，形成从联邦规划到州规划、城市总体规划的完整规划体系。德国城市规划的重点放在有相当深度并准确表现的城市土地使用规划图上，用地划分较细，如高速公路和城市干道均经过道路线形设计后加以缩绘，具有较高的科学性和严密性，并规定此项图纸每隔若干年（一般为 5 年）修改公布一次，公布期间具有法律约束力。在规划（设计）的程序和实施（计划）的程序方面也有明确的分工，规划（设计）由规划设计部门的专业人员进行逐步深入，前一程序指导后一程序，后一程序丰富及深化前一程序。而实施或管理（计划）则由城市政府的规划管理部门负责，通过制定具有法律效力的文件依法进行管理。有的国家在总体规划基础上进行城市区划（zoning），以控制城市地区的土地使用和建设标准，同时制定区划法规来控制建设。

注　释

[1] 2007年颁布的《中华人民共和国城乡规划法》，以下简称《城乡规划法》。

[2] 2005年颁布的《城市规划编制办法》。

[3] 2007年颁布的《城乡规划法》。

[4] 2005年颁布的《城市规划编制办法》。

[5] 2005年颁布的《城市规划编制办法》。

[6] 2005年颁布的《城市规划编制办法》。

[7] 2005年颁布的《城市规划编制办法》。

[8] 2005年颁布的《城市规划编制办法》。

[9] 2005年颁布的《城市规划编制办法》。

[10] 2005年颁布的《城市规划编制办法》。

[11] 2007年颁布的《城乡规划法》。

[12] 2007年颁布的《城乡规划法》。

本章小结

城市规划是一项兼具综合性、法治性、地方性、长期性和实践性的工作，需要综合考虑城市经济、社会、环境、技术的发展条件和发展目标，并在上层次空间规划指导下，制定合理的城市发展战略，预测城市用地的布局和发展方向，安排各项工程设施，并提出近期控制引导措施。这是城市规划的工作内容和工作特点。

城市规划进一步工作的开展，仰赖于前期深入细致的调查研究工作。在现场踏勘获得对城市的初步印象之后，需要进行基础资料的收集与整理。城市规划基础资料面广量大，因此必须在收集过程中根据实际需要有所侧重，并利用先进的科技手段，确保基础资料的完整性与准确性。分析研究针对的是已经收集好的基础资料，必要时要进行补充调查以充实分析研究得出的结论。

本章最后主要讲述不同类型的城市规划的主要内容和强制性要求。从各国的规划实践来看，一般将城市规划分为城市发展战略和建设控制两个层面，总体规划和土地利用总体规划属于发展战略层面，而详细规划属于建设控制层面。我国的《城乡规划法》对城乡规划的分类从行政管理的角度出发。此外，《城乡规划法》中对城乡规划的修改和审批也有明确的规定。

复习思考题

1. 试比较 2007 年颁布的《城乡规划法》与 1989 年颁布的《城市规划法》的异同。

2. 试比较各层面规划类型在内容与深度上的不同。

3. 结合本章所学内容，试进行一次城市基础资料的系统搜集工作。

第11章 城市用地分类及其适用性评价

本章对于土地和城市用地的概念、性质、评价以及划分进行了一个概括的说明，特别指出在永续发展、绿色与低碳的背景下，关注城市与环境的关系，保护自然生态是城市规划师的历史责任，我们必须用更新的认识角度、分析方法和技术手段，对城市用地有更进一步的认识。在不断进步的共识、理念、方法和技术之上，对城市用地进行有效整理、综合评价与选择。

第1节 城市用地概述

1 城市用地的概念

土地，是人类赖以生存与发展的基本资源，是人类社会活动的载体。我国古代学者管仲曾言"地者，万物之本原，诸生之根苑也"。在现代社会，土地对于农业、矿业、或是土地空间开发等活动，乃是基本的生产要素，因此威廉 · 佩第[1]认为，劳动是财富之父，土地是财富之母。

城市用地是城市规划区范围内赋以一定用途与功能的土地的统称，是用于城市建设和满足城市机能运转所需要的空间。如工厂、住宅、公园等城市设施的建筑活动，都要由土地来承载，而且各类功能用途的土地经过规划配置，更能够成为一个整体而有机地运营。

通常所说的城市用地，既是指已经建设利用的土地，也包括已列入城市规划区域范围内尚待开发建设的土地。城市用地，包括按照城乡规划法所确定的城市规划区内的非建设用地，如农田、林地、山地、水面等。为了适应城市功能多样性的要求，城市用地可以施以高度的人工化处理，也可以保持某种自然的状态。

城市土地利用规划乃是城市规划的重要工作内容之一，同时也是国土规划的基本内容之一。通过规划过程，具体地确定城市用地的规模与范围，划分土地的用途、功能组合以及土地的利用强度等，以臻合理地利用土地，发挥土地的效用。

土地作为一项基本资源，在我国有着特殊的价值与涵义。我国虽然国土辽阔，但可用的土地并不多。随着人口的增加，大量土地用于非农用途，全国可耕地面积逐年减少，由 1949 年的人均耕地 0.18hm^2（2.7 亩），下降到 2008 年的大约 0.092hm^2（约 1.37 亩）左右。

2　城市用地的属性

土地利用的社会化过程，已不断地强化了土地的本质属性，扩展了它的社会属性。这些属性已使得城市土地在城市发展、土地经济和城市规划与建设中显示出越来越重要的作用。

2.1　自然属性

土地的自然属性，即是土地各自具有的自然环境性能的附着与不可变更的特性，它将影响到城市用地的选择、城市土地的用途结构以及建设的经济性等方面。土地的自然生成，具有不可移动性，即有着明确的空间定位，由此导致每块土地所具有相对的地理优势或劣势，以及具有独特土壤和地貌特征。另外土地还有着耐久性和不可再生性。一般来说，土地始终存在着，不可能生长或毁失[2]。常见的变化只是人为地或自然地改变土地的表层结构或形态。

2.2　社会属性

土地的社会属性是指在自然属性以外，由于人的政治、经济和社会活动而赋予土地的特性，也被称为土地的社会经济属性。随着人类社会的发展和社会行为的变化，土地的社会属性可能发生变化。土地的社会属性体现但不限于以下几个方面：

权力表征：在今天地球表面，绝大部分的土地已有了明确的隶属，即是土地已依附于一定的社会权力。在不同的社会形态下，政治和社会权力不同程度地是地权的延伸和表达。

经济表征：土地的经济性是指通过人类社会活动而体现出的经济价值[3]。城市用地可因人为的土地利用方式，得以开发土地的经济潜力，如通过不同的城市用地结构，改变土地用途等，造成土地的价值差异；也可能通过

增加土地的容积率、完善土地的基础设施等法规和建设条件，提高土地的经济价值。

法律表征：我国土地产权的国有或集体所有，或是地权中部分权益转让等社会隶属形式，都有国家法律的明确保障，因而土地具有明确的法律属性。

3 城市用地的价值

土地是一项资源，当然也具有价值。它的价值表现在以下两个方面：

3.1 使用价值

在土地上可以施加各种城市建设工程，用作城市活动的场所，而当然地具有使用价值。这一价值还可通过人为地对土地加工，使之向深度与广度延伸，如对地形地貌的塑造，而使具有景观的功能价值；又如对土地上下空间的开发，使土地得到多层面的利用，从而扩大了原有土地的使用价值。城市用地的形状、地质、区位、高程，以及土地所附有的建筑设施等状况，将影响土地使用价值的高低。

3.2 交换价值

当土地作为商品或其某方面权利的有偿转移而进入市场，就显示出它的交换价值。这种价值转化以地价、租金或费用为其表现形式。由于土地的自然性状或在城市中地理位置的差别，而有不同的价值，这被称为“价值级差”，如大都市城市中心区的地价比之郊区，可能相差几十或几百倍。

地价、租金或费用的市场调节机制，使城市的土地利用结构同用地的价格产生深刻的相互依存与制约关系。我国建国初期实行土地国有化政策，并进行国家划拨，把土地无偿地供给集体、单位或个人使用。随着改革开放的推进，曾以征收土地使用费的方式，来体现土地的经济价值。1987年年底起，城市开始将土地使用权从土地所有权中分离出来，并进行公开地，有偿、有限期地转让土地使用权，将其作为一项经济活动。这一重大决策经立法过程，现已得到普遍的推行，在一些大中城市已经或正在形成活跃的多级土地市场。通过土地市场的营运，土地的经济价值得以充分的发挥。2009年一年，全国土地出让面积达到20余万hm^2，出让成交价款16000亿元[4]，约占全国地方财政收入的一半，土地的经济产出在城市发展中起着非常重要的作用。

4 城市用地的区划

城市地域因不同的目的和不同的使用方式，而需将用地划分成不同的范围或区块，以表达一定的用途、权属、性质、或量值等。城市规划过程中，需要了解和考虑各种既定的、或是有关专业可能应用的各种城市用地的区划界限与规定，以作为规划的依据。通常城市用地的区划有如下几种：

4.1 行政区划

按照国家行政建制等有关法律所规定的城市行政区划系列，如市区、郊区；市、区、县、乡、镇、街道等；还有如特别设置或临时设置而具有行政管辖权限的各种开发区、管理区等。城市的行政区划的性质和界限，是城市用地规划和城市规划管理的基本依据。

4.2　用途区划

按照城市规划所确定的土地利用的功能与性质，对土地作出的划分，每块土地都具有一定的用途，如用于工业生产的称为工业用地，用于绿化的称为绿化用地等。随着规划的深化，土地的用途可以相应地进一步细划。

4.3　房地产权属区划

由地产或房产所有权所作的权属土地区划，如我国土地权属划分为国有土地、集体所有土地；或按照房屋所有权或者土地使用权划分的地籍区划等。这类土地区划因涉及业主的所有权益，是城市用地规划需要参照和慎重对待的依据。

4.4　地价区划

土地作为商品进入市场，是以地价（在我国实际为土地使用权的地租）等形式来体现土地的区位、环境、性状以及可使用程度等价值的。为了优化土地利用、保障土地所有者的合理权益，规范土地市场和土地价格体系，我国对城市用地按照其所具条件，进行价值鉴定，由此作出城市土地的价格或租金的区划。如上海市于1998年起在全市范围实施基准地价，规定上海全市区土地划分为11级，并按级规定基准地价。此外，全国各个城市也根据自身的情况编制了适应使用要求的基准地价区划，如沈阳，是按照不同的用地性质分别制订地价区划（图11−1−1～图11−1−3）。

城市现状、规划的用地功能区划与城市用地结构，是制定土地地价区划的基本依据，而城市各项设施建设也要充分考虑地价的因素，作出合理的规划布置。此外，与城市规划和建设相关的还有环境区划、农业区划等等专业性类别。

以上用地区划中行政区划与地权区划一般都有明确的立法支持，而如用途

图11−1−1　2010年沈阳市居住用地基准地价区划

资料来源：沈阳市规划和国土资源局．

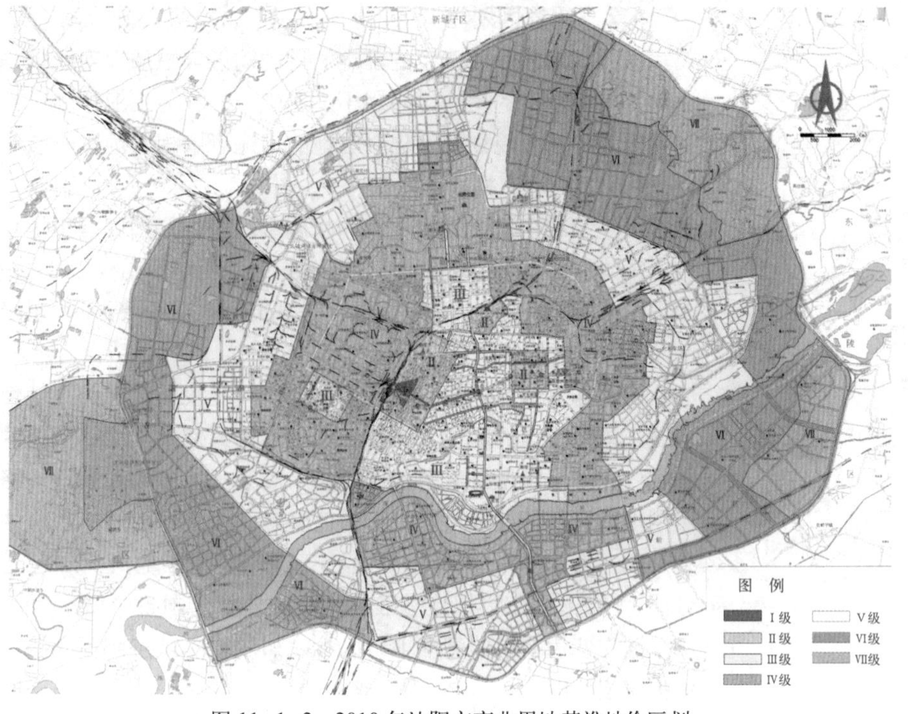

图 11-1-2 2010 年沈阳市商业用地基准地价区划

资料来源：沈阳市规划和国土资源局 .

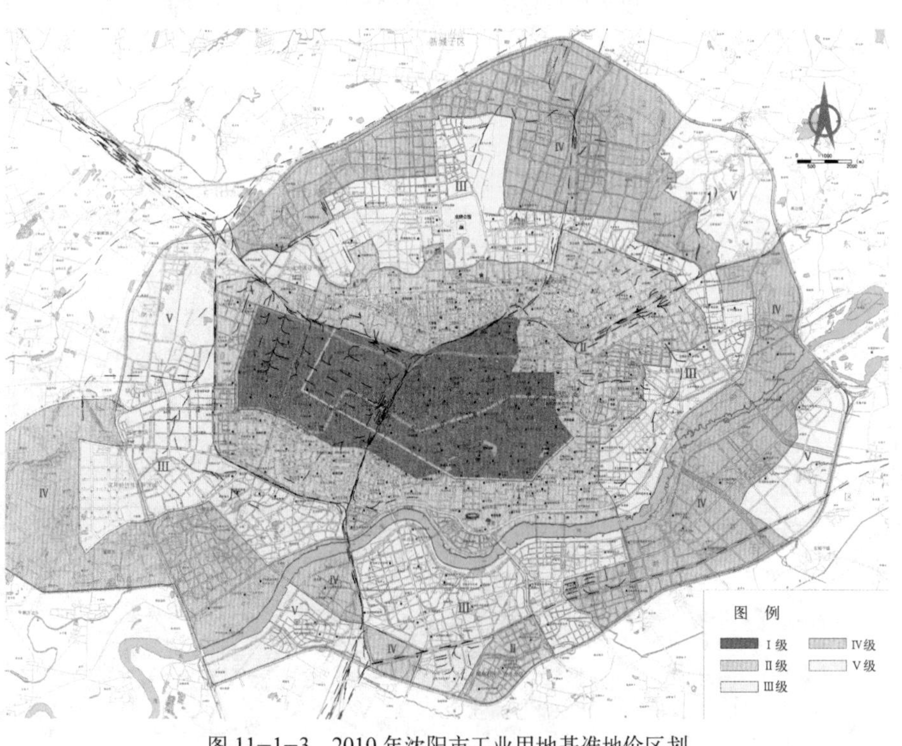

图 11-1-3 2010 年沈阳市工业用地基准地价区划

资料来源：沈阳市规划和国土资源局 .

区划等专业性区划可以是城市规划和专业规划的一项结果，当被法定化后，同样具有法律性质。上述各种用地区划的界限、范围或数量等都是有可能变动的。城市规划过程中，既要考虑到各种区划的作用和所涉及方面的利益，同时在必要时亦可按照规划的合理需要提出维持或调整的建议。

5　城市用地的归属与管理

5.1　城市用地的归属

土地是国家的基本资源，对土地的拥有权限和归属，各个国家制定有相应的法律给予规定和保障。《中华人民共和国土地管理法》的第一章第二条明确规定"中华人民共和国实行土地的社会主义公有制，即全民所有制和农民集体所有制"。并规定除农民集体所有外，属于全民所有制国家所有的土地所有权由国务院代表国家行使。在第二章的第八条中规定："城市市区的土地属国家所有"，在第九条中又规定"国有土地和农民集体所有的土地，可以依法确定给单位或者个人使用"，即是按照土地所有权与土地使用权可以分离的原则，单位或个人虽无土地产权，但可通过合法手续获得土地使用权，在有效的使用期内，同样受到法律保护。

5.2　城市用地的管理

为了维护土地的社会主义公有制，保护和合理利用土地资源，促进社会经济持续发展，我国实行严格的土地用途管制制度。在《中华人民共和国土地管理法》第一章第五条明确了"国务院土地管理部门统一负责全国土地的管理和监督工作"，并相应设置县级以上的土地管理机构，行使管理职能。在城市建设用地管理方面，通过土地利用总体规划和城市总体规划的相衔接，通过城市规划管理、城市土地管理相协调的过程，以合理而有效地利用城市土地，推进城市的建设和发展。

第2节　城市用地适用性评价

1　城市与自然环境

城市是人类活动聚集而活跃的地域，需要占用大量的自然空间。在城市长期的形成过程中，自然环境作为一个基本的条件深深地影响着城市的发展。在城市，人类为自身的生存与发展所构筑的人工环境，与所处地域的自然环境通过不断地交互作用，而形成特有的城市环境形态。

在古代，我国先民在生存实践中所创立和崇尚的"天人合一"的哲学思想，深刻地表达了尊重自然，同自然息息相通的自然观。这观念也影响着城市的选址与营造的理念与过程。春秋时代《管子》一书，就总结了立国建城的一些原则，如"凡立国都，非于大山之下，必于广川之上。高毋近旱而水用足，下毋近水而沟防省。因天材，就地利，故城郭不必中规矩，道路不必中准绳"[5]。

中国历代都城大邑的建设，大都选择山环水足，避害趋利，具有良好自然环境条件的地方，也即是自然环境阻力最小的地方，以保障城市的发展与营运（图 11-2-1）。在尼罗河、恒河流域以及中亚、欧洲等一些文明古城的择址建

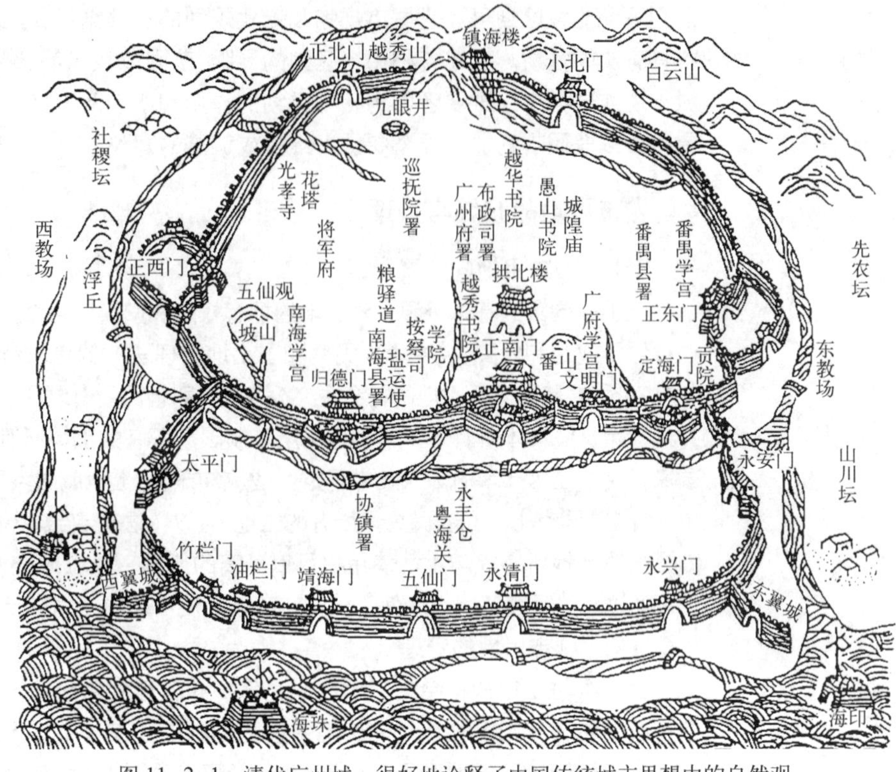

图 11-2-1　清代广州城，很好地诠释了中国传统城市思想中的自然观

资料来源：贺业钜．中国古代城市规划史．北京：中国建筑工业出版社，1996．

城中，都遵循相同的原则。

自然环境条件关系到城市职能的发挥，如一些军事要塞城市多选择在易于攻守的有利地形；商业城市大都有着优良的水陆交通条件，如我国的扬州，因位处大运河和长江的交汇处，历史上曾经是商业繁华的大都市；有的是因为矿产资源的开发利用而形成城市，如我国的唐山、大庆等。

自然条件的变迁可以使城市兴起，也可造成城市的衰落，因剧烈自然灾害、土地沙漠化或水运条件的变迁等原因，造成了古今中外诸多名城的湮灭或衰微。

自然环境条件还关系到城市的空间形态和形象特征。如天水因受地形的限制，城市只得在沿河的狭长河谷延展，而呈带状城市形态。我国疆域辽阔，因地形与气候环境的差异而使城市具有不同的个性特征。如江南的苏州、绍兴等水乡城市风貌同山城重庆、攀枝花市等，表现出迥异的城市景观。

此外，自然环境条件还对城市工程的建设经济等多方面产生更为直接的影响。

进入工业时代，随着城镇化的进程，人类的经济活动与建设活动的加剧，原有相对平衡的自然生态格局，不断地受到破坏。为了实现社会经济发展的目标，人类越来越多地向自然索取，超越了自然环境的承受能力，导致了全球性生态危机的发生。城市作为高强度的社会经济活动的集聚地，大量的能耗与物耗，三废的无度排放和环境保护的不力，所造成的城市生态失衡与恶化的环境问题尤为严重。

随着人类对环境作用与影响的认知与觉醒，为了维护自身的生存与发展，人们已逐步树立了积极的自然生态观，并以之重新审视和评价人类活动与自然环境

的共生与共存的关系，尤其是对快速城镇化所带来负面的环境影响。在 1972 年斯德哥尔摩联合国环境会议以后，全球已掀起关注城市生态，建设“绿色城市”的热潮。20 世纪末和 21 世纪初，人类更将环境意识逐步转化为从国家到地方的积极行动。时至今日，已经出现了一系列关于永续发展和解决环境问题的国际公约、国家法律和部门规章，而作为人类有史以来创造的最大的“产品”，城市在其中必须肩负起自身的重任，简言之，就是城市要与自然环境和谐相融，维护人类社会和城市的永续发展。(“城市生态与环境规划”的相关内容详见本书第 16 章)。

2　自然环境条件分析

在城市规划与建设中，自然环境的作用与影响是作为一项基础条件而存在并给予考虑的，通常称之为自然环境条件或简称为自然条件。城市自然条件的分析，包括资料的勘察、搜集和按规划阶段的需要进行整理、分析和研究，这是城市规划的基础性工作之一。

影响城市规划与建设的自然条件是多方面的，如物理的、化学的、生物的等。组成的自然环境要素有地质、水文、气候、地形、植被，以及地上地下的自然资源等。这些要素以不同的程度、不同的方式和从不同的范围对城市产生着影响（图 11—2—2）。鉴于城市是自然演进和人为改造适应自然的综合产物，城市自然环境的原生状态和人为开发活动所影响的状态同时存在与作用。

图 11—2—3 所示为自然条件对城市规划和城市发展影响的关系框架。

自然环境条件对城市规划与建设的影响分析，还须考虑下列一些情况：

（1）由于地域的差异，自然条件的相殊，同样的自然要素对于不同城市的影响并不相同，有的可能是气候影响为主，有的也许是地质条件较为突出；且一项环境要素，往往可能对城市产生既有利又不利的两方面影响。对此，在城市自然环境条件的分析中应着重于主导要素，研究它的作用规律与影响程度。

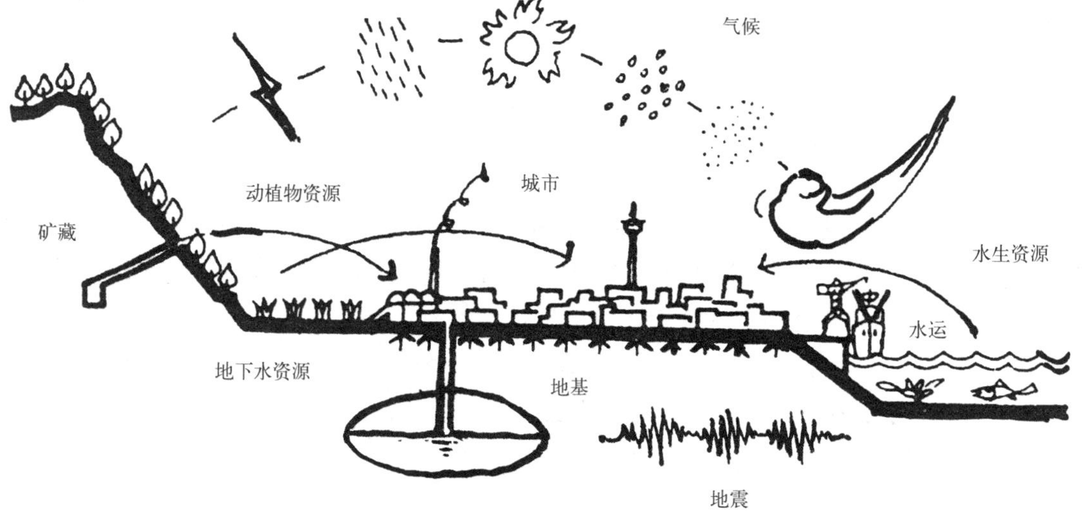

图 11—2—2　城市与自然环境的关系示意

城市的建设与运营，受惠或受制于外界多方面的自然环境条件。

资料来源：同济大学李德华．城市规划原理（第三版）．北京：中国建筑工业出版社，2001：64．

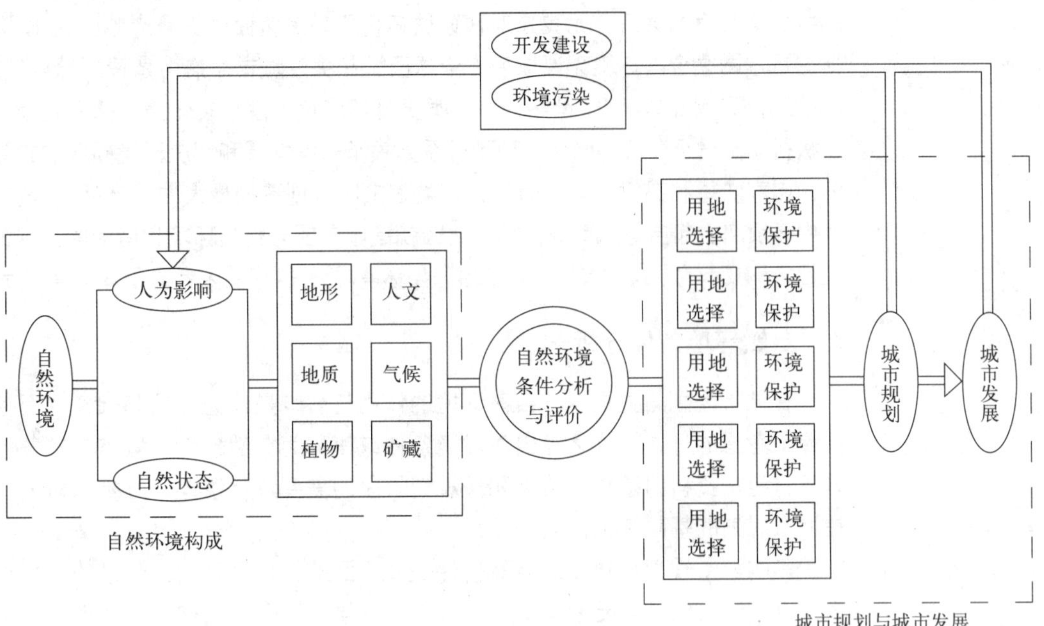

图 11–2–3　自然环境与城市规划关系图解

资料来源：同济大学李德华．城市规划原理（第三版）．北京：中国建筑工业出版社，2001：64.

(2) 有些自然要素的影响，须要超越所在的局部地域，从更大的区域范围来评价其利弊。如江河洪水侵害等的水文情况，常受上游或下游区域的自然与人为的条件所制约。

(3) 各种自然环境要素之间，有的有着相互制约或抵消的关系；有的则相互配合加剧了某种作用。前者例如某城区土层为膨胀土，由于当地降水量少，因而减低了土质对建筑地基的破坏作用。后者如在地震发生时，由于某城区土层为砂质土，加以地下水位较高，从而引起地面的砂土液化，加剧了震害。自然环境条件的分析主要是在地质、水文、气候气象和地形等几个方面，下面就它们与城市规划和建设的相互影响分述之：

2.1　地质条件

地质条件的分析主要着重在与城市用地选择和工程建设有关的工程地质方面的分析。

2.1.1　建筑地基

城市各项工程建设都由地基来承载。自然地基的构成无非是土与石。由于地层的地质构造和土层的自然堆积情况不一，其组成物质也各有不同，因而对建筑物的承载力也就不一样（表 11–2–1）。了解建设用地范围内不同的地基

自然地基类别与建筑物承载力　　表 11–2–1

类别	承载力（t/m^2）	类别	承载力（t/m^2）
碎石（中密）	40 ~ 70	细砂（很湿）（中密）	12 ~ 16
角砾（中密）	30 ~ 50	大孔土	15 ~ 25
黏土（固态）	25 ~ 50	沿海地区淤泥	4 ~ 10
粗砂、中砂（中密）	24 ~ 34	泥炭	1 ~ 5
细砂（稍湿）（中密）	16 ~ 22		

资料来源：同济大学李德华．城市规划原理（第三版）．北京：中国建筑工业出版社，2001：65.

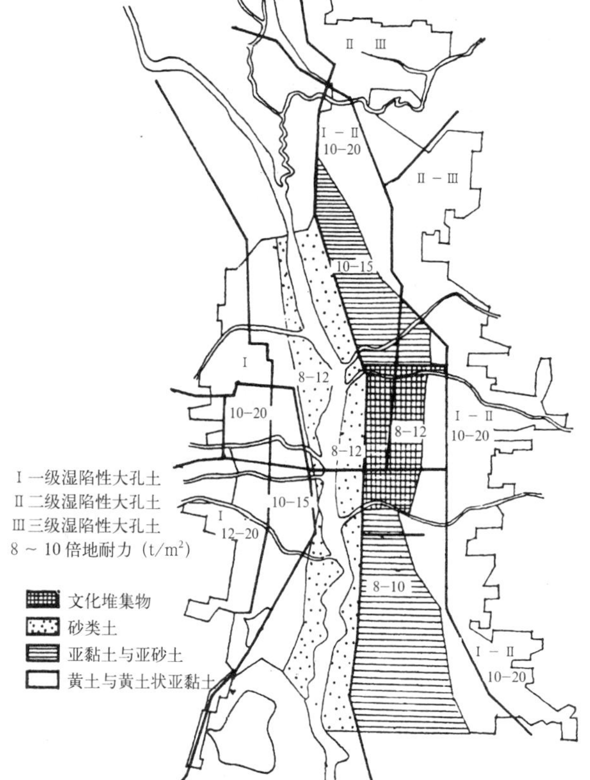

图 11-2-4　某城市用地地基土分类及地基承载力分析
资料来源：同济大学李德华．城市规划原理（第三版）．北京：中国建筑工业出版社，2001：65．

承载力，对城市用地选择和建设项目的合理分布以及工程建设的经济性，无疑是重要的（图 11-2-4）。

有些地基土常在一定条件下改变其物理性状，从而对地基的承载力带来影响。例如湿陷性黄土，在受湿后引起结构变化而下陷，导致建筑的损坏。另如膨胀土的受水膨胀、失水收缩的性能，也给工程建设带来问题。因此在调研各种地基土物理性能的基础上，按照各种建筑物或构筑物对地基的不同要求，在城市用地规划中作出相应安排，并采取防湿或水土保持等措施来减少其影响。在沼泽地区，由于经常处于水饱和状态，地基承载力较低。当必须选作城市用地时，可采取降低地下水位、排除积水的措施，以提高地基承载能力和改善环境卫生状况。

城市建设对工程地基的考虑，不仅限于地表的土层，也必须通过勘探掌握确切的地质资料。例如在具有可溶性岩石（如石灰岩、盐岩、石膏等）的地质构造地区，由于水的溶蚀作用，而形成地下溶洞——岩溶，它将造成水工构筑物的渗水和建筑物的塌陷。因此就需要查清溶洞的分布及其构造特点，然后确定地面建设的内容。有的条件适合的溶洞，还可以考虑作为城市人防、地下活动或储存的场所。此外，因矿藏的开掘所形成的地下采空区会波及地面，而致使地面陷塌，对地面的建筑和设施的荷载带来限制条件（图 11-2-5），这就须从采空矿层的深度、地面沉陷的稳定情况以及该地区的地质条件进行勘查分析，来确定这类用地的使用条件和相宜的建筑与设施的分布。

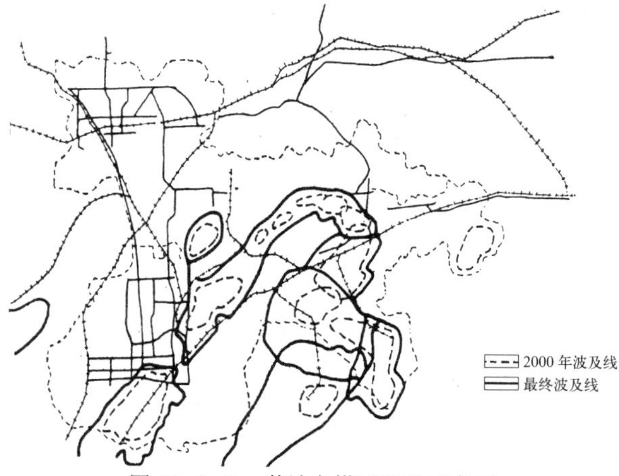

图 11-2-5　某城市煤田波及示意图
资料来源：同济大学李德华．城市规划原理（第三版）．北京：中国建筑工业出版社，2001：66．

2.1.2　滑坡与崩塌

斜坡上的岩土体在重力作用下整体向下滑动的地质现象称为滑坡；峭斜坡上的岩土体突然崩落、滚动，堆积在山坡下的地质现象称为崩塌。滑坡和崩塌如同孪生姐妹，甚至有着无法分割的联系。它们常常相伴而生，产生于相同的地质构造环境中和相同的地层岩性构造条件下，且有着相同的触发因素，容易产生滑坡的地带也是崩塌的易发区。在现实生活中，往往统称为塌方、坍塌、岩崩、山崩等。

滑坡与崩塌现象常发生在丘陵或山区，在选用坡地或紧靠崖岩建设时往往出现这种情况造成工程的损坏；当裂隙比较发育，且节理面顺向崩塌的方向则更易于崩落，尤其是因争取用地，过分的人工开挖，导致坡体失去稳定而崩塌（图11–2–6、图 11–2–7）。滑坡与崩塌的破坏作用还会发生在河道、路堤，使河岸、堤壁滑塌。为避免滑坡所造成的危害，须对建设用地的地形特征、地质构造、水文、气候以及土或岩体的物理力学性质作出综合分析与评定。

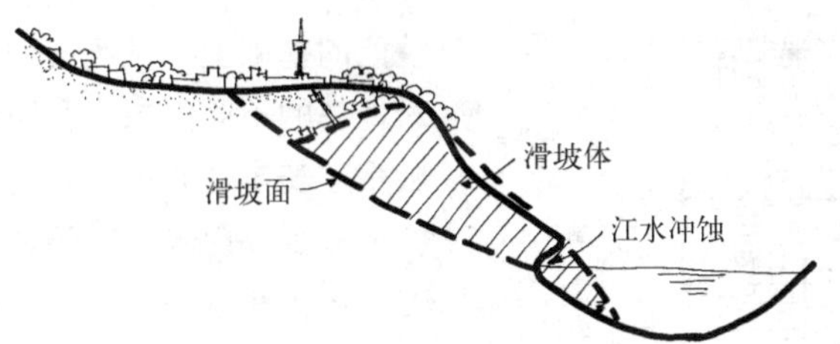

图 11–2–6　城市建设导致滑坡的形成

资料来源：同济大学李德华．城市规划原理（第三版）．北京：中国建筑工业出版社，2001：67.

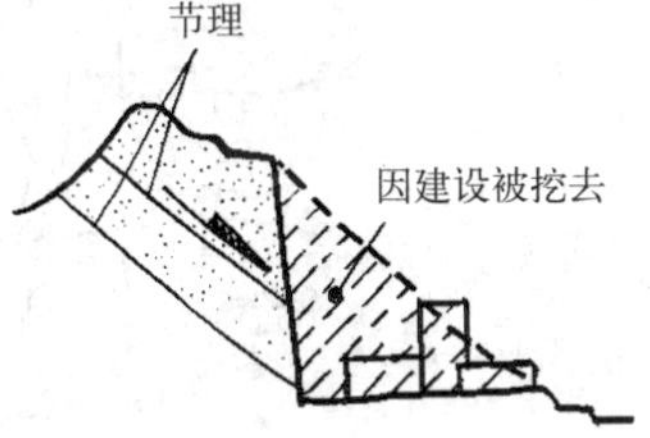

图11–2–7　城市建设导致崩塌的形成

资料来源：同济大学李德华．城市规划原理（第三版）．北京：中国建筑工业出版社，2001：67.

在选择建设用地时应避免不稳定的坡面。在用地规划时，应确定滑坡地带与稳定用地边界的距离。在必须选用有滑坡可能的用地时，则应采取具体工程措施。如减少地下水或地表水的影响；避免切坡和保护坡脚等。

2.1.3　冲沟

冲沟是由间断流水在地表冲刷形成的沟槽。适宜的岩层或土层、地形以及气候条件是形成冲沟的主要条件。冲沟切割用地，使之支离破碎，对土地使用造成不利。道路线穿越或者平行于冲沟常因此而增加土石方工程或桥涵、排洪工程等。尤其在冲沟发育地带，水土的流失，更给建设带来困难。所以在用地选择时，应分析冲沟的分布、坡度、活动与否，以及弄清冲沟的发育条件，采取相应的治理措施，如对地表水进行导流或通过绿化、修筑护坡工程等办法，或防止沟壁水土流失等。

2.1.4　地震

地震是一种自然地质现象，地球上每年约发生 500 多万次地震，不过，它们之中的绝大多数太小或离我们太远，我们感觉不到。真正能对人类造成严重破坏的地震，全世界每年大约有一二十次；能造成唐山、汶川等特别严重灾害的地震，每年大约一两次。我国属于多震国家，历史上多次发生强烈地震。由于目前尚不能精确地预报，因此对于地震灾害的预防必须引起人们的重视（图 11–2–8）。

在可能发生较强地震的地区，地震是城市规划必须考虑的问题之一。它对城市用地选择、规划布局、具体的建筑布置，以及各项工程的抗震设防等方面都有一定的影响。造成破坏的绝大多数是构造地震，即由于地质构造运动所引起的地震，如在有着活动断裂带的地区，最易频发震害。而在断裂带的弯曲突出处和两端或断裂带的交叉处，岩石多破碎，应力集中，又往往是震中所在（图

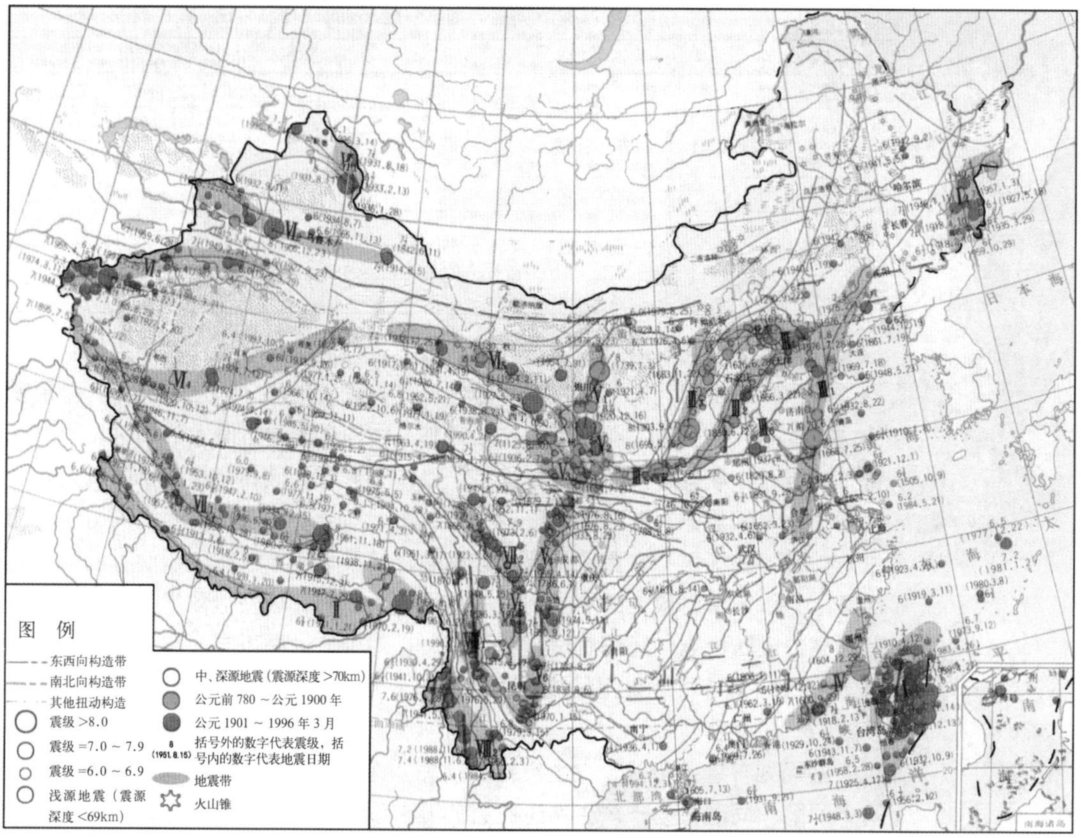

图 11-2-8　中国的断裂带和发生过的强地震

资料来源：中学教师地图集．北京：中国地图出版社，2001.

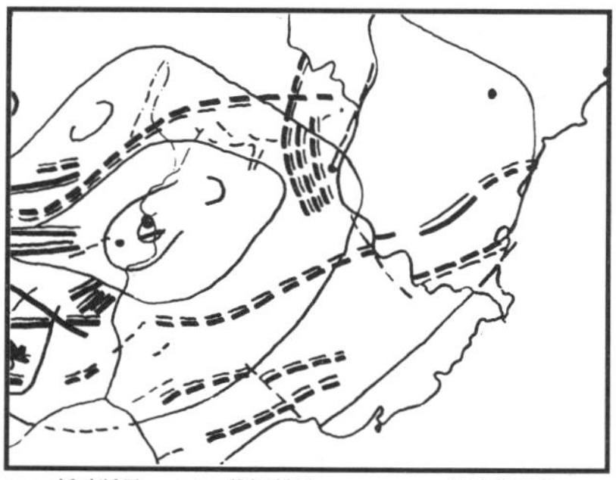

图 11-2-9　某地区主要地质构造与地震强烈关系图

资料来源：同济大学李德华．城市规划原理（第三版）．北京：中国建筑工业出版社，2001：68.

11-2-9）。

目前对地震这一自然灾害，只能消极预防，尽量减少其破坏程度。在城市规划中的防震措施主要考虑以下几个方面：

（1）确定建设地区的地震烈度。以便制定各项建设工程的设防标准。地震烈度有基本烈度与设计烈度之分。前者通常是以一百年内在该地区可能遭遇的地震最大烈度为准，它是设防的依据。如 1976 年唐山的地震，由于过去对地震基本烈度定得偏低，因而加重和扩大了震害。

设计烈度则是在地区宏观基本烈度的基础上，考虑到地区内的地质构造特点，地形、水文、土壤条件等的不一致性所出现小区域地震烈度的增减，而据此来制定更为切实而经济的小区域烈度标准（表 11-2-2）。例如在山坡、陡岸等倾斜地形比之平地震害要重一些；疏松且水饱和度大的土壤比之干燥致密的土壤易于出现砂土液化，而加重地基的形变等。

地质构造类别与地震烈度局部增加量　　表 11–2–2

类　别	地震烈度局部增加量（度）
花岗岩	0
石灰岩和砂岩	0 ~ 1
半坚硬土	1
粗状碎屑土（碎石、卵石、砾石）	1 ~ 2
砂质土	1 ~ 2
黏质土	1 ~ 2
疏松的堆积土	2 ~ 3

(2) 避免在强震区建设城市。在 9 度以上地区则不宜选作城市用地。

(3) 在城市规划时，应按照用地的设计烈度及地质、地形情况，安排相宜的城市设施。如重要工业不宜放在软地基、古河道或易于滑塌的地区。同时在排布建筑时，尽量避开断裂破碎地带，以减少震时的破坏。如某市的规划方案考虑到地下断层的存在，在地下有断裂带的地面上，设置 100m 宽的居住区卫生防护带，在这里不布置设防要求较高的建筑及设施，以减少震时可能引起的破坏。为保证震时救灾的需要，对一些通信、消防、公安、救护等机构不仅应有较高的设防标准，还须有适宜的位置。在对外交通联系方面要保证畅通。在供水、供电、道路等公用设施方面也须有安全措施，如采用多水源、多电源、多线路、多套管网等。

在规划布置中为减少次生灾害的损失。建筑不宜连绵成片，应留以适当的防火间隔，同时对易于产生次生灾害的城市设施，要先期措置合适的位置，如油库、有害的化工工厂及贮存库等不宜放在居民密集地区的上风或上游；大型水库不宜建在强震区的上游，以免震时洪水下泄，危及城市。如果必须建造，则应考虑提高坝体的设防标准，或采取可靠的泄洪、导流措施。

2.2　水文条件

2.2.1　水文条件

江河湖泊等水体，不但可作为城市水源，同时它还在水运交通、改善气候、稀释污水、排除雨水以及美化环境等方面发挥作用。但某些水文条件也可能带来不利的影响，如洪水侵患，年水量的不均匀性，流速变化，水流对河岸的冲刷以及河床泥沙的淤积等等。

城市用地范围内的江、河、湖水的水文条件与较大区域的气候特点，流域的水系分布，区域的地质、地形条件等有密切关系。而城市建设也可能造成对原有水系的破坏，过量地取水、排水，改变水道和断面等都能导致水文条件的变化。所以在城市规划与建设之前，以及在城市建设实施的过程中，就有必要不断地对水体的流量、流速、水位等水情资料进行调查分析，随时掌握水情动态。

江河等的水文条件，对规划与建设的一些影响和关系，可用下列图解来表示（图 11–2–10）。

在建设实践中，由于对水文条件的考虑不足造成不良后果的例子是屡见不鲜的。例如，某市在江流上游修建水闸，使得下泄水量减少，对江底的冲刷作用削弱，江口被外海海水潮汐带来的泥沙逐渐淤积，使河床抬高而影响通航，并影响到沿岸工厂、仓库的水运作业，同时也增加了疏浚航道的经常费用（图

11-2-11)。又如图 11-2-12 所示，因大江流速大于夹江，使得原以为可通过大江稀释的污水，被逼流入布有多处取水口的夹江，从而影响了水质。

在沿江河的城市，常会受洪水的威胁。由于周期性的全球性气候变化，加上区域性的自然与人为的原因，导致一些江间的洪水频发。1998 年在我国长江中下游流域范围和松花江流域所发生的超百年纪录特大洪水，严重地影响到沿岸城市的安全。如位于长江北岸的沙市，地面标高为 30 ~ 32m 左右，为防洪分洪而建的荆江大堤，高出地面 10 多 m，倘若一旦决口，对城市及广大地区将是毁灭

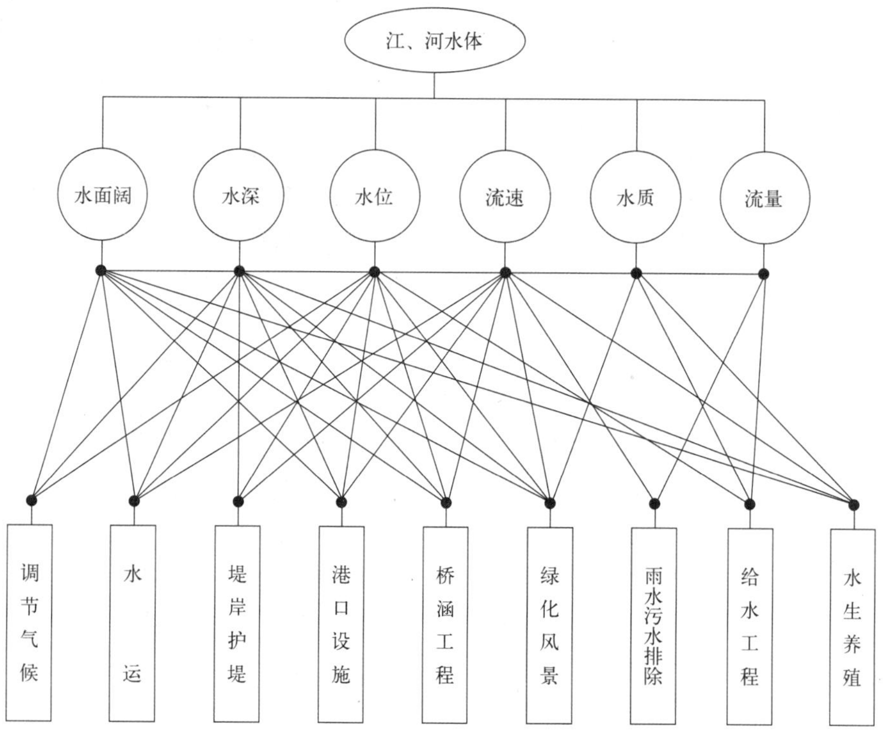

图 11-2-10 江河水情要素同城市规划与建设关系图解
资料来源：同济大学李德华．城市规划原理（第三版）．北京：中国建筑工业出版社，2001：70.

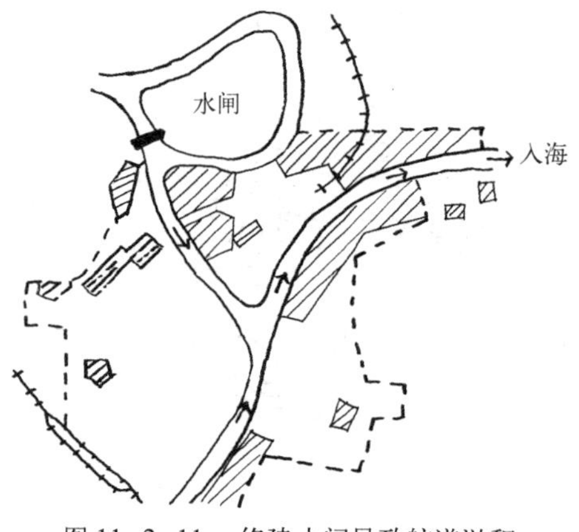

图 11-2-11 修建水闸导致航道淤积
资料来源：同济大学李德华．城市规划原理（第三版）．北京：中国建筑工业出版社，2001：70.

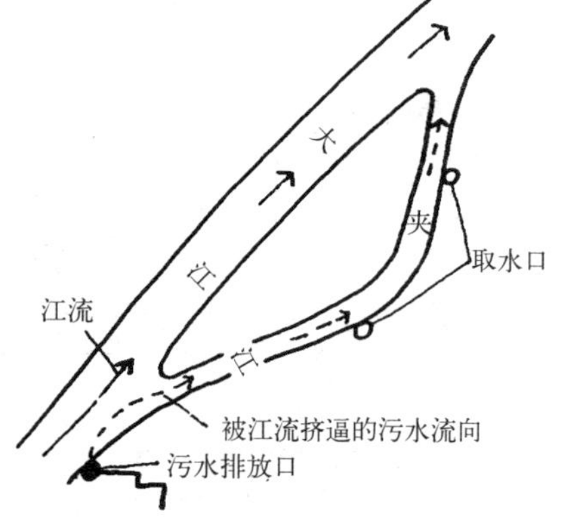

图 11-2-12 污水排放口未考虑水文状况导致的污染
资料来源：同济大学李德华．城市规划原理（第三版）．北京：中国建筑工业出版社，2001：70.

性的灾害。为防治洪水，在城市用地选择时要按照洪水频率，利用高亢地形，同时要避开在洼地、滞洪区等部位建设。城市防洪标准要区别不同城市及设施的重要性，采用不同的设计标准频率。如重要城市，重要工业区以及面积达100万～500万亩的农业地区，设计洪水标准频率为2～3，即洪水的重现期为50～100年，更重要的城市及设施，要采用1～0.33标准频率，重现期为100～300年。

2.2.2 水文地质条件

它指地下水的存在形式、含水层厚度、矿化度、硬度、水温以及动态等条件。地下水常常是城市的水源，特别是远离江湖或是地面水量、水质不敷需用的地区。勘明地下水资源对于城市选址、确定工业建设项目和城市规模等都有重要关系。

地下水按其成因与埋藏条件，可以分成上层滞水、潜水和承压水三类（图11–2–13）。具有城市用水意义的地下水，主要是潜水和承压水。潜水基本上是渗入成因，大气降水是其补给来源。所以潜水位及其动态与地面状况是有关的。潜水埋深因各地的地面蒸发、地质构造（如隔水层深浅）和地形等不同而相差悬殊。承压水因有隔水顶板，受大气影响较小，也不易受地面污染，因此往往是主要水源。

地下水的水质、水温由于地质情况和矿化程度不一，对城市用水和建筑工程的适用性应予注意。以地下水作为城市水源，若盲目过量地抽用，将会出现地下水位下降，形成“漏斗”，严重的甚至水源枯竭。地下水位下降几十米的城市并不少见。有的还因井距不合理或井点分布不当，而加剧了水位的变化。

长期大量抽用地下水还可能引起地面下沉。在一些大工业城市，这一后果十分明显。如上海市由于超采地下水，1921年开始出现明显沉降，1925年到1965年，市区地面平均下降1.69m，最严重地区下沉2.37m，市区及邻近地区形成一碟形洼地（图11–2–14）。之后通过限制地下水井采和采取冬灌等措施，遏制了地面下沉的程度。1966～2003年全市地面沉降累计为0.248m，每年平均下降不足10mm，控沉效果显著。又如无锡市也因大量抽取地下水，在1980年代末以后的10年间，地面已下沉达1m。

地面下沉将导致江、海水倒灌，或地面积水等，给防汛、排水、通航等市

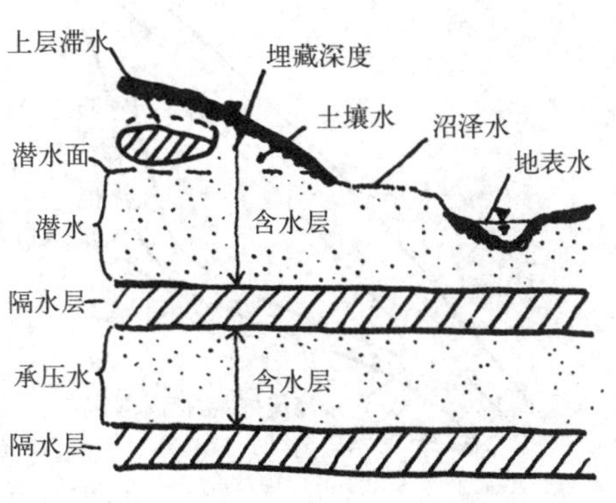

图 11–2–13 地下水的构成

资料来源：同济大学李德华．城市规划原理（第三版）．北京：中国建筑工业出版社，2001：71.

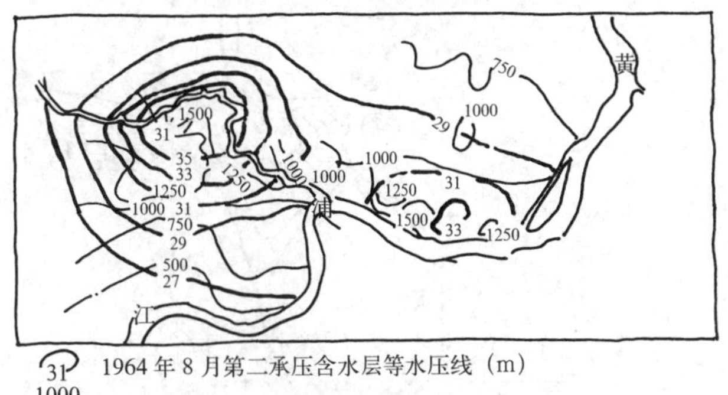

1964年8月第二承压含水层等水压线（m）

1948年～1963年累计沉降曲量线（mm）

图 11–2–14 1965年上海市地下水位降落漏斗与地面沉降中心关系图

资料来源：同济大学李德华．城市规划原理（第三版）．北京：中国建筑工业出版社，2001：72.

政工程造成麻烦。特别在沿海城市，要考虑到地球气候变暖而引起海平面上升的可能趋势，更要控制地面下沉，加强防汛、防洪和排涝等措施。

在城市规划布局中，地下水的流向应与地面建设用地的分布以及其他自然条件（如风向等）一并考虑。防止因地下水受到工业排放物的污染，影响到供水水源的水质。如某市因工业对地下水污染不断扩大，进而波及城市水厂，只得耗用巨资到几十公里外的河源取水。但也必须注意到，有的规划虽然合理，然而因地下水漏斗的出现，造成地下水流向紊乱，从而恶化水质。如某地原有有害工业布置在居住区的下风和地下水下游一侧。城市水厂的水质受工业排放物的污染较少。但在新建用水量较大的工业后，由于大量抽取地下水，形成地下水漏斗，改变了地下水的流向，使得城市水厂的水质受到有害工业的严重污染。

对污染地下水的污染源（如工业的三废、农药、化肥、生活污水等）应严加管制。同时弄清地面水与地下水的补给关系，对防止地下水污染也很重要。

当地下水位过高时，将不利于工程的地基，在必要时可采取降低地下水位的措施。

我国是水资源贫乏的国家，随着城市的发展和城市生活的逐渐现代化，使城市用水量不断增大，保护水资源的重要性已十分突出。为了合理地利用水资源，应综合勘察地下、地上水源，按工农业生产与城市生活对水量、水质、用水时间的不同要求，进行全面规划，合理分配，使城市用水与水源供水的可能相适应。

2.3　气候条件

气候条件对城市规划与建设有着多方面的影响，尤其在为居民创造适宜的生活环境、防止环境污染等方面，关系十分密切。我国地域广袤，南北从热带到寒温带跨越纬度47°；东西也因距海远近而气候相差悬殊。气候条件对城市的影响有着有利与不利两个方面。它的作用往往通过其他自然环境条件的“协作”，而变得缓和或是加强。为了研究气候条件对城市规划的影响，需要搜集当地有关的气象资料，必要时必须协同气象部门对建设地区进行气象测定；尤其是在地形复杂的地区，气候的状况对于城市用地选择和详细规划方案的制订等都有着直接的影响。城市的气候除了大气环流和海陆位置不同所形成的大气候外，在较小的地区范围还存在地方气候与小气候。

在城市地区，由于城市所造成的大气下垫面层的改变，以及城市与外界的温差所形成的热力差异，将促使某些气象要素的变化，而出现“城市气候”的特征。影响规划与建设的气象要素主要有：太阳辐射、风象、温度、湿度与降水等几方面。

2.3.1　太阳辐射

太阳辐射具有重要的卫生价值，同时也是取之不竭的能源。太阳辐射的强度与日照率，在不同纬度和不同地区存在着差别。分析研究城市所在地区的太阳运行规律和辐射强度，对建筑的日照标准、间距、朝向的确定、建筑的遮阳设施以及各项工程的热工设计，将有所依据。其中建筑日照间距的考虑还将影响到建筑密度、用地指标与用地规模。此外，由于太阳辐射的强弱所造成不同的小气候形态，对城市建筑群体的布置也有一定的关系。

2.3.2　风向

风对城市规划与建设有着多方面的影响，如防风、通风、工程的抗风设计

等。特别是在环境保护方面，由于其与风向的密切关系，对城市风气候的研究已成为一个重要课题。风是以风向与风速两个量来表示的。风向一般是分 8 个或 16 个方位观测。累计某一时期中（如一月、一季、一年或多年）各个方位风向的次数，并以各个风向次数所占该时期不同风向的总次数的百分比值（即风向的频率）来表示。表 11–2–3 和图 11–2–15 为某城市累年的风向观测记录和根据记录所绘制的风向频率图。各个风向的风速值，也可用同样的方法，按照每个风向的风速累计平均值，绘制成风速图。为了给城市规划提供较为可靠的风向资料，要有该地方多年长期的记录资料为依据。

某城市地区累年风向频率和平均风速　　　　表 11–2–3

方　位	北	东北北	东北	东北东	东	东南东	东南	东南南
风向频率	12	18	16	4.5	3.1	4.5	4.7	6.2
平均风速（m/s）	3.2	3.5	3.2	2.2	1.9	2.3	2.7	3.6

方　位	南	西南南	西南	西南西	西	西北西	西北	西北北	静风
风向频率	4.7	2.9	5.4	3.2	2.1	1	3.5	3.3	7.6
平均风速（m/s）	3.6	4.0	3.7	2.7	2.7	2.3	2.6	3	0

资料来源：同济大学李德华．城市规划原理（第三版）．北京：中国建筑工业出版社，2001：73.

盛行风向是按照城市不同风向的最大频率来确定的。由于我国地处欧亚大陆东岸，东半部受季风环流的影响，风向呈现明显的季节变化：夏季为偏南风，冬季则盛行偏北风。因此在我国东部广大地区，一年中基本上有两个盛行风向。西南地区因受印度洋环流控制，夏季多西南风。但在一些地区因地貌或地物的特点，风向与风速也会有局部变化。在有些环境条件特殊的地区，还有着多个方位的盛行风。

为了在规划布局中正确运用气象，每个城市应分析本地全年占优势的盛行风向，最小风频风向、静风频率以及盛行风的季节变化规律。在城市规划布局中，为了减轻工业排放的有害气体对居住区的危害，一般工业区应按当地盛行风向位于居住区下风向。图 11–2–16 为适于我国东部地区季风气候特征的城市用地布局的参考图式。

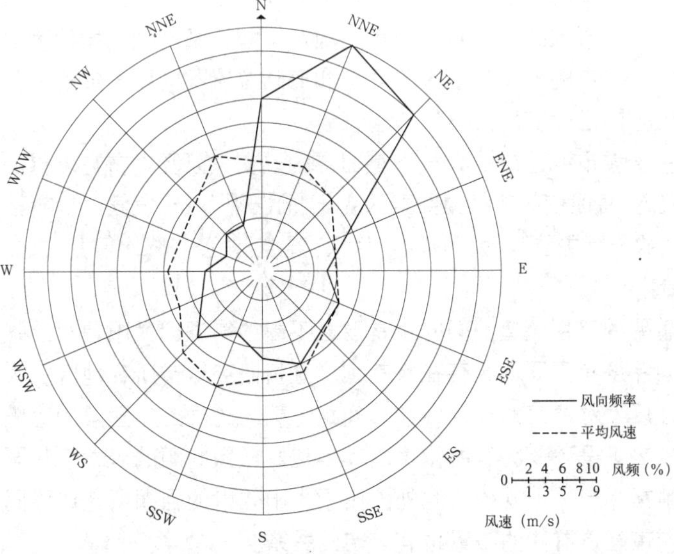

图 11–2–15　某城市地区累年风向频率、平均风速图，俗称风玫瑰
资料来源：同济大学李德华．城市规划原理（第三版）．北京：中国建筑工业出版社，2001：73.

（1）如果全年只有一个盛行风向，且与此相对的方向风频最小（图 11–2–16*a*），或最小风频风向与盛行风向转换夹角大于 90°（图 11–2–16*b*），则工业用地应放在最小风频之上风向，居住区位于其下风向。

（2）在全年拥有两个方向的盛行风时，应避免使有污染的工业处于两盛行风向的上风方向，

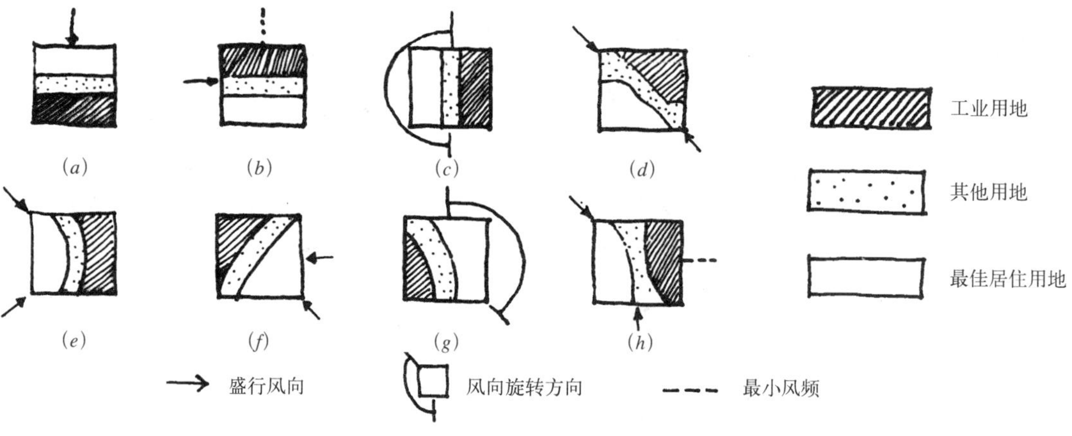

图 11-2-16　工业与居住用地典型布置图式

资料来源：同济大学李德华．城市规划原理（第三版）．北京：中国建筑工业出版社，2001：74.

工业及居住区一般可布置在盛行风向的两侧（图 11-2-16c、d、e、f、g、h）。

在分析、确定城市盛行风向和进行用地分布时，特别要注意微风与静风的频率。在一些位于盆地或峡谷的城市，静风往往占有相当比例。如果只按盛行风向作为分布用地的依据，而忽视静风的影响，则有可能加剧环境污染之害。某城市工业布置虽是在盛行风向的下风地带，但因该地区静风占全年风频的 70%，结果大部分时日烟气滞留上空，在水平向扩散影响到邻近上风侧的生活居住区，在出现逆温时尤甚。又如国外某一大城市由于位于北部的高山挡住了海上吹来的劲风，形成城市少风的气候特点，全年有 200 天因城市上空的有害烟气滞留而严重地影响到市民的健康，甚至要关闭小学，以缓解对儿童健康的危害。

为了有利于城市的自然通风，在城市布局、道路走向和绿地分布等方面，考虑与城市盛行风向的关系，而留出楔形绿地、风道等开敞空间。

除大气候风外，城市地区由于地形的不同特点，所受太阳辐射的强弱不一，以及热量聚散速度的差异，而会形成局部地区的空气环流，即地方风，如城市风、山谷风、海陆风等（图 11-2-17 ～图 11-2-19）。

在城市局部地段，当在静风或大气候风微弱的情况下，也会由于地面设施的不同（如散热量大的工业、建筑地区和绿地、水面等），在温差热力作用下，出现小范围空气环流，这将有利于该地区的自然通风。但若地面设施布置不当，局部环流也可能对环境带来不良影响（图 11-2-20）。

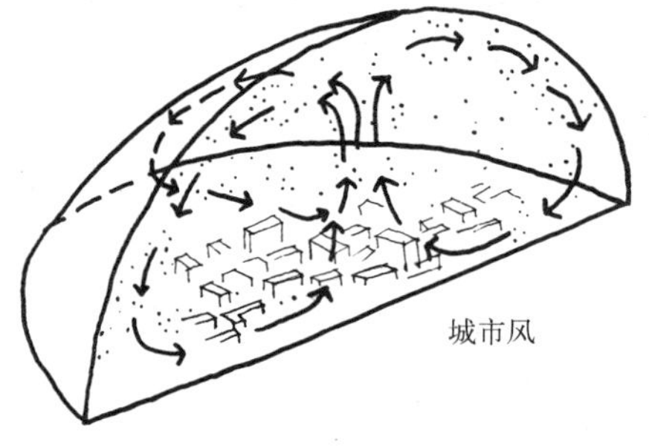

图 11-2-17　城市风示意

资料来源：同济大学李德华．城市规划原理（第三版）．北京：中国建筑工业出版社，2001：75.

此外，在山地背风面，会产生机械涡流，如在该处布置住宅等建筑，将有利于通风。但若上风为污染源时，则反将因之而加剧污染（图 11-2-21）。

2.3.3　温度

由于地表是球面，所接受的太阳辐射强度不一。纬度由赤道向北每增

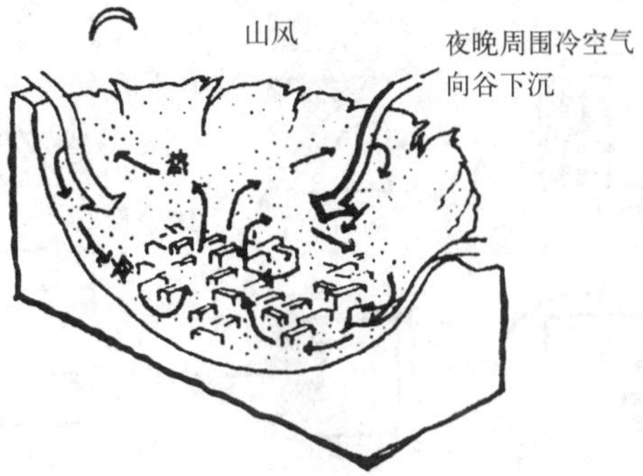

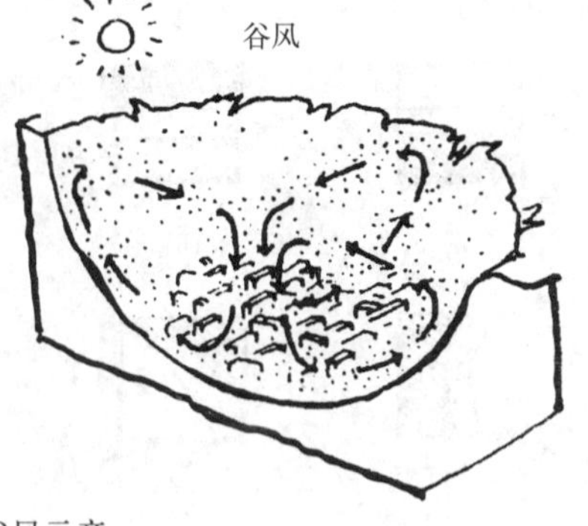

图 11-2-18　山谷风示意

资料来源：同济大学李德华．城市规划原理（第三版）．北京：中国建筑工业出版社，2001：75.

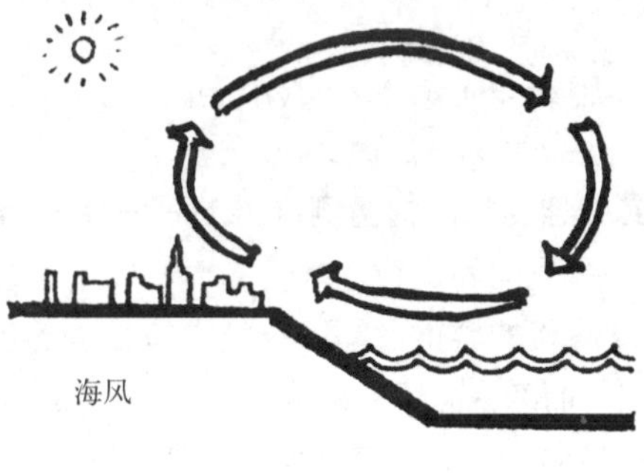

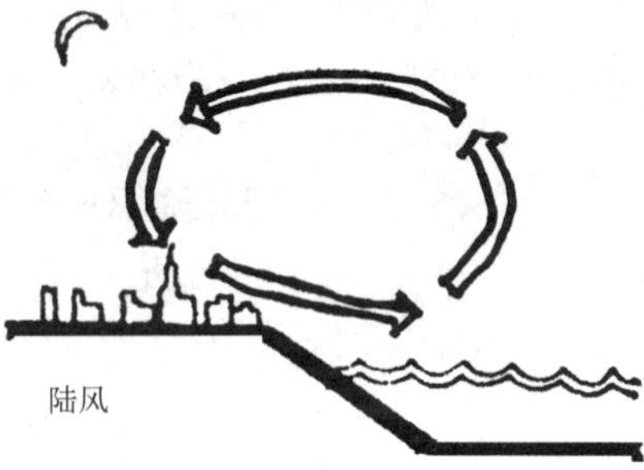

图 11-2-19　海陆风示意

资料来源：同济大学李德华．城市规划原理（第三版）．北京：中国建筑工业出版社，2001：75.

图 11-2-20　城市地区的局部空气环流

资料来源：同济大学李德华．城市规划原理（第三版）．北京：中国建筑工业出版社，2001：75.

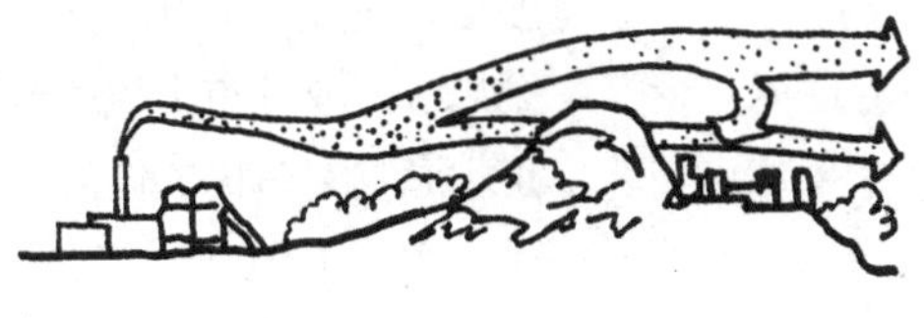

图 11-2-21　山地背风面涡流

资料来源：同济大学李德华．城市规划原理（第三版）．北京：中国建筑工业出版社，2001：75.

加1°，气温平均降低1.5℃左右。气温经向的变化是由海陆位置不同所引起的。海陆气流对温度影响很大。

气温对城市规划与建设的影响主要反映在：如地区的气温日较差、年较差较大，给建筑、工程的设计与施工会带来影响；在城市的工厂选址时，根据气温的条件，考虑工业工艺的适应性与经济性问题，以及根据气温状况考虑城市地区的降温、采暖设备的设置、能源耗费等问题。

温度影响还表现在垂直方向因逆温的产生，加剧对城市大气的污染。在气

温日较差较大的地区（尤其在冬天），常因夜晚地面散热冷却比上部空气快，在城市上空出现逆温层结，或称逆温层（图 11–2–22）。这时大气比较稳定，有害的工业烟气不易扩散，滞留在城市上空，尤其在静风或地处谷地，因山坡冷气流下沉，更加剧了逆温层的形成和增厚，所以须对当地气温的变化规律，结合地形和其他自然条件以及城市设施热量散发状况等，进行测定与分析，以便为工业的布置、环境保护，以至于工厂烟囱的设计等提供依据。

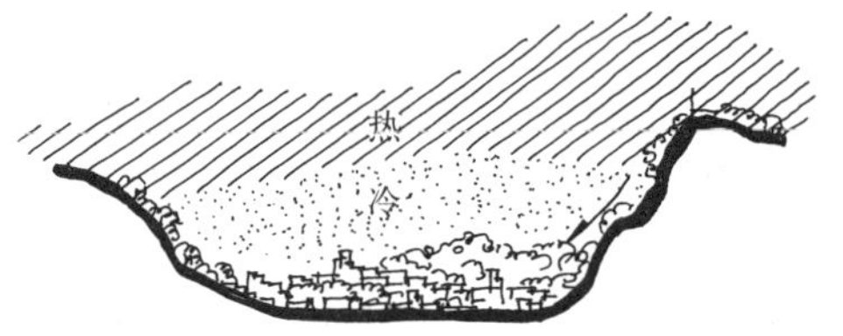

图 11–2–22　谷地逆温层

资料来源：同济大学李德华．城市规划原理（第三版）．北京：中国建筑工业出版社，2001：76.

在大中城市，由于建筑密集，绿地、水面偏少，生产与生活活动过程散发大量的热量，出现市区气温比郊外要高的现象，即所谓“热岛效应”（图 11–2–23）。尤其在夏天“热岛效应”的作用加剧了地区的高温酷热，不仅为防暑降温，要增加大量的能耗，还明显增高诸如心脑血管、呼吸道等疾病的发病率。如上海市近 40 年来夏季平均最高气温市区比郊区出现持续增高的现象。1997 年市区最高气温已普遍比郊区高出 3℃。据 1997 年 6 月 6 日实测，市区温度为 37.1℃，比边缘宝山区的 32.6℃竟然高出有 4.5℃。图 11–2–24 为华盛顿地区在 1990 年 8 月 8 日的红外线图片，体现出大城市建筑与热岛现象的关系。为了减弱城市热岛效应，改善城市气候环境，要十分重视城市规划的布局与城市人口与建筑密度的控制，尤其是要重视绿地建设，保持水面等自然开敞空间。仍以上海为例，在 2003 年以后，由于进行了大规模的绿化建设，从而使“城市热岛”已经出现了明显的负增长，城市中心区与郊区的温差不断减小。

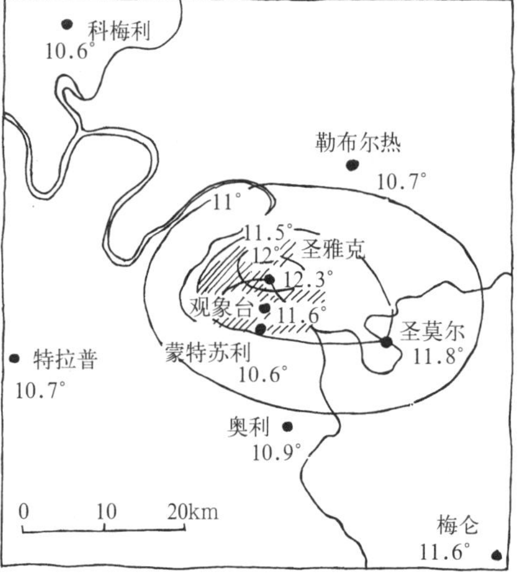

图 11–2–23　典型的大城市热岛（巴黎地区，以年平均等温线表示）

资料来源：同济大学李德华．城市规划原理（第三版）．北京：中国建筑工业出版社，2001：76.

2.3.4　降水与湿度

我国大部分地区是受季风影响，夏季多雨，且时有暴雨。雨量的多少及降水强度对城市排水设施有较为突出的影响。此外，山洪的形成，江河汛期的威胁等也给城市用地选择及防治工程带来问题。相对湿度随地区或季节不同而异。一般城市因人工构筑物覆盖，相对湿度比郊区要低。湿度的大小不但对某些工业生产工艺有所影响，同时对居民有否舒适的温热感的居住环境，也有一定的关系。

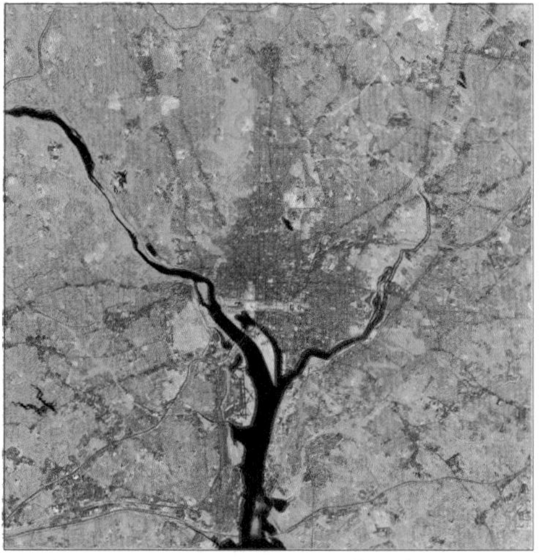
图 11–2–24　华盛顿地区在 1990 年 8 月 8 日的红外线图片（红色表示温度高的地区，蓝色表示则表示凉爽地区）

资料来源：Baumann Paul R.http://employ-ees.oneonta.edu.

2.4　地形条件

城市各项工程建设总是要体现在城市用地上。不同的地形条件，对规划布局、道路走向、线型、各种工程的建设以及建筑的组合布置、城市的轮廓、形态等都有一定的影响。但是，经过规划与建设，也将对自然地貌进行某种程度的塑造。而呈现出新的地表形态。从自然地理宏观地来划分地形的类型，大体有山地、丘陵与平原三类（表 11–2–4）。

我国地形分类　　表 11–2–4

名　称	绝对高度（m）	相对高度（m）	名　称	绝对高度（m）	相对高度（m）
极高山	>5000	>1000	高丘陵	200 ~ 500	>200
高　山	3500 ~ 5000	>1000	低丘陵	>200 ~ 500	50 ~ 200
高中山	1000 ~ 3500	>1000	高　原①	>1500	<200
中　山	1000 ~ 3500	500 ~ 1000	高平原	200 ~ 1500	20 ~ 50
低中山	1000 ~ 3500	200 ~ 500	低平原	<200	<20
低　山	500 ~ 1000	200 ~ 500			

注：①按地貌组合形态，高原可分为山原和台原。
资料来源：同济大学李德华．城市规划原理（第三版）．北京：中国建筑工业出版社，2001：77.

由于城市需占有较大地域，且为了便于城市的建设与营运，多数城市是选择在平原、河谷地带或是低丘山冈、盆地等地方修建。平原大都是沉积或冲积地层，具有广漠平坦的地貌景观。在丘陵地区，可能会有一些棘手的工程问题，但在一些低丘地区，恰当地选择用地，通过因地制宜地细致规划，也可以有良好的建设效果。山区由于地形、地质、气候等情况比较复杂，在用地组织和工程建设方面往往会遇到较多困难。受限于中国人口众多、可用地较少，且耕地极为有限的状况，城市对山地的利用强度在逐渐加强，通过愈发强大的工程技术手段和长期的实践经验总结，山地城市已经逐步形成了有别于一般城市的规划和设计方法，需要规划职业人员根据具体情况分别对待。但是一般而言，山地城市的工程建设投入大，且使用上多有不便，还是应当慎重选择。

在小地区范围，地形还可以进一步划分为多种形态，如山谷、山坡、冲沟、盆地、谷道、河漫滩、阶地等等。城市用地一般除了十分平坦而且简单的地形外，往往是多种地形的组合。

地形条件对规划与建设的影响，具体有以下方面：

（1）影响城市规划的布局、平面结构和空间布置。如河谷地带、低丘山地和水网地区等，往往展现不同的布局结构；随之，这些城市的市政等工程建设也有着相应的特色，如水网地区河道纵横，桥梁工程就比较多。此外，利用地形结合建设，还可使城市轮廓丰富，空间生动，形成一定的城市外观特征。

（2）地面的高程和用地各部位之间的高差是对制高点的利用、用地的竖向规划、地面排水及洪水的防范等方面的设计依据。

（3）地面的坡度，对规划与建设有着多方面的影响。如在平地常要求不小于0.3% 的坡度，以利于地面水的排除、汇集，减少排水管道泵站的设置。但地形过陡也将出现水土冲刷等问题。地形坡度的大小对道路的选线、纵坡的确定及土石方工程量的影响尤为显著。城市各项设施对用地的坡度都有所要求，

《城市用地竖向规划规范》（CJJ 83—99）规定了城市主要建设用地的适宜规划坡度，见表 11–2–5。

（4）地形与小气候的形成有关，分析不同地形及与之相伴的小气候特点，有利于可更合理地布局建筑、绿地等设施。如在山地利用向阳坡面布置居住建筑，以获得良好日照等。

城市主要建设用地适宜规划坡度　　　　**表 11–2–5**

用地名称	最小坡度（%）	最大坡度（%）
工业用地	0.2	10
仓储用地	0.2	10
铁路用地	0	2
港口用地	0.2	5
城市道路用地	0.2	8
居住用地	0.2	25
公共设施用地	0.2	20

资料来源：《城市用地竖向规划规范》（CJJ 83–99）.

（5）地貌对通信、电波有一定的影响。如微波通信、电视广播、雷达设备等对地形都有一定的要求。

在现代城市规划的理念中，对于城市自然环境的分析和利用不仅仅是为了节省城市建设的投资，减少城市和居民使用的成本，更有着积极的生态意义。如城市对于太阳辐射能量的使用能够成为城市能源系统的有效补充，或可直接利用热能，减少采暖能量的消耗；城市布局和空间形态对城市风向的有效引导可以带走城市建筑和设施产生的废热、废气，减少能源的使用（图 11–2–25）；对城市地形的充分利用可以在最大程度上减少人类对于土壤表层的干扰，维持自然生态系统的相对稳定等等。所有这些措施都将减少以化石能源为基础的能量消耗，达到节能减排的目的。相比于建筑单体的生态技术，城

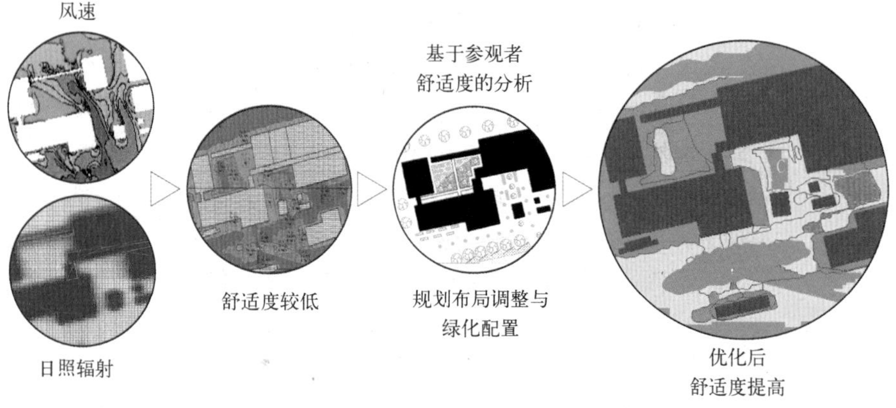

图 11–2–25　2010 年上海世博会中对城市区域中小气候的塑造与利用
资料来源：吴志强．上海世博会可持续规划设计[M]. 北京：中国建筑工业出版社，2009：44.

市规划中的生态技术更能够产生数倍甚至数十倍的生态产出，值得规划专业工作者深入研究。城市规划的生态技术和手段处于一直不断地在进步和发展中，本书的第 16 章对此有所涉及。

3　城市用地适用性评定

3.1　用地评定的要求

城市用地的自然环境条件适用性评定，是对土地的自然环境，按照生态系统需求、城市规划与建设的需要，进行土地使用的功能和工程的适宜程度，以及城市建设的经济性与可行性的评估。其作用是为城市用地选择和用地布局提供科学依据。

按照我国建设部 1995 年颁布的《城市规划编制办法实施细则》[6]（以下称《实施细则》）第七条关于总体规划成果内容的规定：对于新建城市和城市新发展地区应绘制城市用地工程地质评价图。内容主要为：①不同工程地质条件和地面坡度的范围、界线、参数；②潜在地质灾害（滑坡、崩塌、溶洞、泥石流、地下采空、地面沉降及各种不良性特殊地基土等）空间分布、强度划分；③活动性地下断裂带位置，地震烈度及灾害异常区；④按防洪标准频率绘制的洪水淹没线；⑤地下矿藏、地下文物埋藏范围；⑥城市土地质量的综合评价，确定适宜性区划（包括适宜修建、不适宜修建和采取工程措施方能修建地区的范围）。

由于城市建设必然要落实在土地上，因此用地的工程地质的条件有着更为直接的影响和特别的重要性。但是工程地质条件也可能会不同程度地受到其他相关自然因素的间接影响，前者与后者有着互动或互制的关联性，一些工程地质条件较佳的地区可能也是生态环境的敏感地带，如湿地或某种生物栖息地。在永续发展已经成为全球共识的背景下，对于城市用地自然环境条件，需作为一个整体加以考察与评价。进行城市用地条例的综合评定，须要注意以下几点：

(1) 用地评定是城市规划的一项基础工作。用地评定工作主要是为城市总体规划服务的。但在进行局部地区的详细规划时，有时也须对环境条件做更为具体的分析与评价，以适应规划与工程设计的需要，所以用地评定的内容与深度要根据不同规划阶段的需要相应地拟定。

(2) 城市用地评定需要超越狭隘的建设视野，转变为全球的人居视野。对于城市用地的评价不能仅仅考虑建设的经济性和安全性，还需要考虑该用地在自然生态系统中的作用和意义，保证城市社会的永续发展和人类与自然的生态和谐。

(3) 用地评定不应只是各个环境要素单独作用的总和。而是要从环境的整体意义上考察它们相互的作用及其后果，综合地鉴定其利弊。同时也要尽可能预计到城市建设的人为影响给自然环境条件带来的变化，对用地质量造成新的影响，并作为评价环境质量的一个因素先期加以考虑。

(4) 要注意用地所在区域的环境背景的可能影响。城市用地无论是工程地质、水文地质以及气候等条件，往往都受到区域状态的牵制，如地震、洪水侵

害，地下水的补给、滑坡与泥石流等方面的区域关联性。

（5）用地评定要因地制宜，按照用地的自然特性，抓住主导环境条件对之分析与评价，并对与之相关的其他自然环境因素相互作用，可能产生次生的、后发的、联动的影响作出评价。

3.2　用地评定的分类

根据2006年4月1日开始执行的《城市规划编制办法（中华人民共和国建设部令第146号）》第三十一条第三款规定：（中心城区规划应包括）划定禁建区、限建区、适建区和已建区，并制定空间管制措施。由于目前相应《实施细则》缺位，目前除已建区含义相对明晰外，对于其他三种区域的划分标准仍没有确定的标准。在划定"四区"的背后，是对城市各个系统的分析和评价。

我国城市规划实践中最先受到重视，至今依然应当重视的是建筑适宜性评价，即评价城市建设的工程地质和自然地理条件，一般将之分成三类：

一类用地：是指用地的工程地质等自然环境条件比较优越，能适应各项城市设施的建设需要，一般不需或只需稍加工程措施即可用于建设的用地。

二类用地：是指需要采取一定的工程措施，改善条件后才能修建的用地。它对城市设施或工程项目的分布有一定的限制。

三类用地：是指不适于修建的用地。现代工程技术几无绝对难以修建的用地，所谓不适于修建的用地是指用地条件极差，必须付以特殊工程技术措施后才能用作建设的用地，这取决于科学技术和经济的发展水平。

用地类别的划分是需要按各地区的具体条件相对来拟定的，如甲城市的一类用地在乙城市可能只是二类用地。同时，类别的多少也要视环境条件的复杂程度和规划的要求来确定，如有的分四类，有的只需二类即可。所以用地分类具有地方性和实用性，不同地区不能作质量类比。

在山区或丘陵地区，地面坡度的大小往往影响着土地的使用和建筑布置。因此坡度也是用地评定的一个必要因素。一般是按适用程度划分为<10%、10%～25%、>25%三类（也有分成0～8%，8%～15%，15%～25%和>25%四类的）。

为了具体说明用地类别划分，可以平原地区的划分为例，供作参考（表11–2–6）。

平原地区用地分类　　表11–2–6

用地类别		地基承载力 (kg/cm^2)	地下水位埋深 (m)	坡度 (%)	洪水淹没程度	地貌现象
类	级					
一	1	>11.5	<2.0	<10	在百年洪水位以上	无冲沟
	2	>1.5	1.5～2.0	10～15	在百年洪水位以上	有停止活动的冲沟
二	1	1.0～1.5	1.0～1.5	<10	在百年洪水位以上	无冲沟
	2	1.0～1.5	<1.0	15～20	有些年份受洪水淹没	有活动性不大的冲沟
三	1	<1.0	<1.0	>20	有些年份受洪水淹没	有活动性不大的冲沟
	2	<1.0	<1.0	>25	洪水季节淹没	有活动性冲沟

资料来源：同济大学李德华．城市规划原理（第三版）．北京：中国建筑工业出版社，2001：79.

用地评定的内容方法与深度随着城市规划与工程建设学科的发展，在不断地充实和深化。今天的用地适用性评价不仅表现在影响工程经济方面，而且对诸如地域生态、自然景观等环境条件的评价，也在逐渐地产生影响。在目前的城市用地评定操作中，还深入研究了城市地域中的水环境敏感区（水源、地下水补给区、湿地等），大气环境（环境空气质量功能区等），生物网络（生物栖息地、迁徙点、廊道等），文化和地理条件（人文历史遗迹，特色地貌景观区等）、自然生产系统（基本农田、物种保护区、矿产区等）以及敏感设施影响（核电站，放射性材料生产与储存地，机场控制区等）等相关内容。

由于生态和地理系统的脆弱性、关联性和不可逆性，这些新出现的要素的核心区往往直接被划入“禁建区”范围，而其周边则划定一定范围的缓冲空间和防护空间，作为限建区。四区的划分标准可参见本书第 13 章“总体规划”部分相关部分。

用地评定的成果包括图纸和文字说明，它是城市规划文件之一。用地评定图可以按用地的具体情况分别表出各项分析与评定的内容，如地下水深线、洪水淹没线、地形坡度、地基承载力等。经过综合评价加以分类，并划定不同类别用地的范围。图纸的比例宜与规划图纸的比例相一致，以便于对照。图 11–2–26 和图 11–2–27 为北川新县城在新版《城市规划编制办法》指导下编制的工程地质条件评价以及禁建区、适建区和限建区范围。

4　城市用地的选择

4.1　用地选择的影响因素

在对城市用地的适用性进行评定后，就需要在适建区、限建区和已建区范围中确定符合城市规模和性质的用地。城市用地选择是城市规划的重要工作内容。它是根据城市各项设施对用地环境的要求、城市规划布局与用地组织的需要来对用地进行鉴别与选定的。新城市建设需要选择适宜的城址，旧城扩建也有选择所需用地的问题。城市用地选择恰当与否，关系到城市的功能组织和城市规划布局形态，同时对城市的生态友好性，建设的工程经济和城市的运营管理都有一定影响。

城市用地选择需有用地适用性评定的成果作为依据，同时还需要进一步按照规划与建设的要求，综合考虑社会、经济、文化、环境等多方面问题，进行进一步的比选，以确定规划期限内城市的明确边界。由于在用地适用性评价中已经对危及环境安全和城市安全的要素进行了识别，并将之划定为禁建区，因此，在城市用地选择阶段，相对关注各种社会、经济和制度要素。通常涉及的方面诸如：

4.1.1　建设现状和使用

是指用地内已有的建筑物、构筑物状态，如现有村、镇、或其他地上、地下工程设施。新城址的选择和城市的扩张往往需要占用原有的村镇聚居点和乡镇厂矿或军事设施等用地。城市需要对它们的迁移、拆除的可能性、动迁的数量、保留的必要与价值、可利用的潜力以及经济代价作出评估。

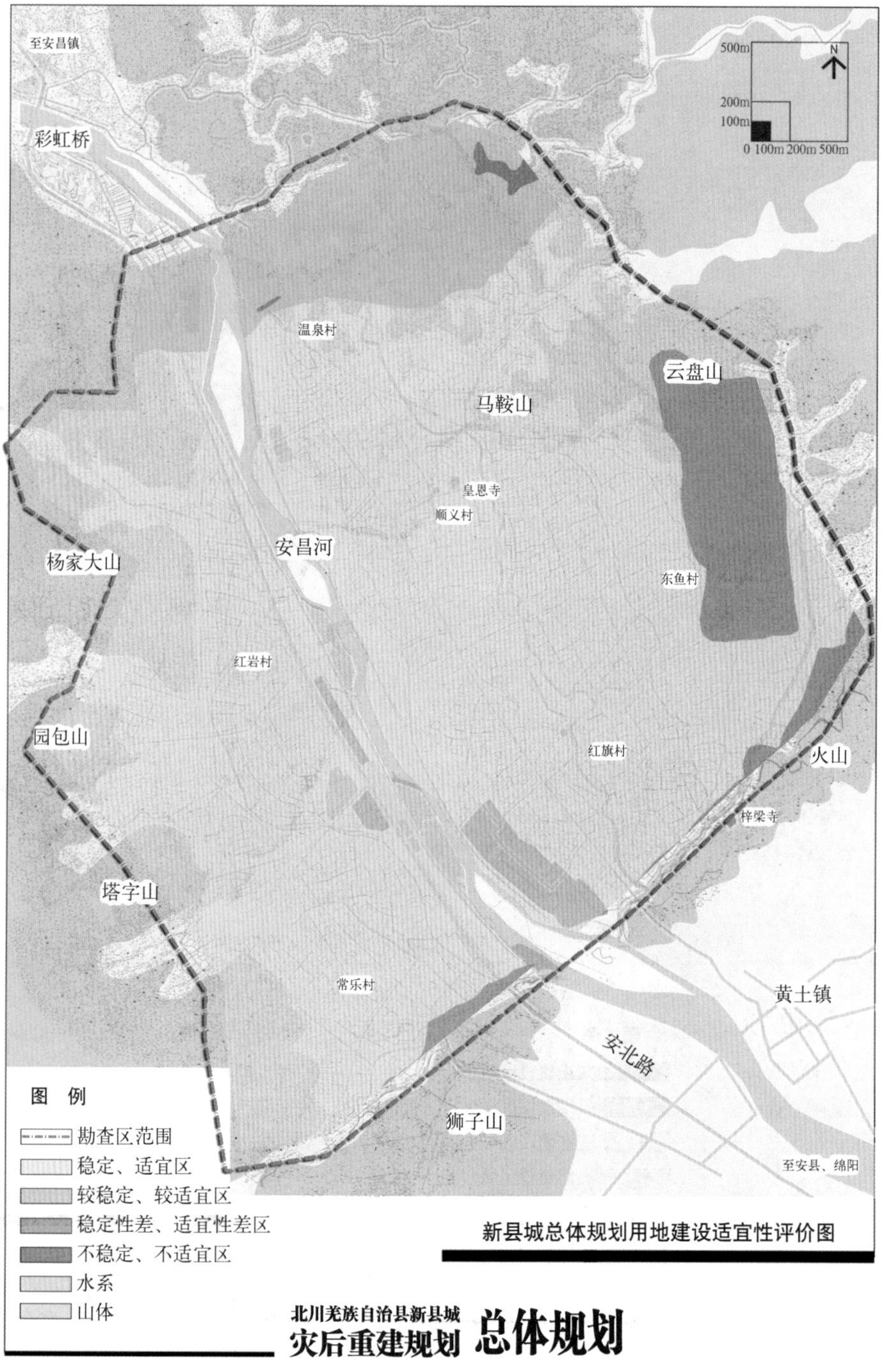

图 11-2-26　北川新县城建设适宜性评价

资料来源：中国城市规划设计研究院．北川羌族自治县新县城灾后重建规划．

4.1.2　重大基础设施

指限制或促进城市发展的区域重大基础设施，如高速公路、铁路和重大水利、能源设施。随着我国经济的快速发展，区域基础设施的建设以一种前所未有的速度健全和丰富着。在进行城市用地选择前，除对现状建设进行调查外，还需要对

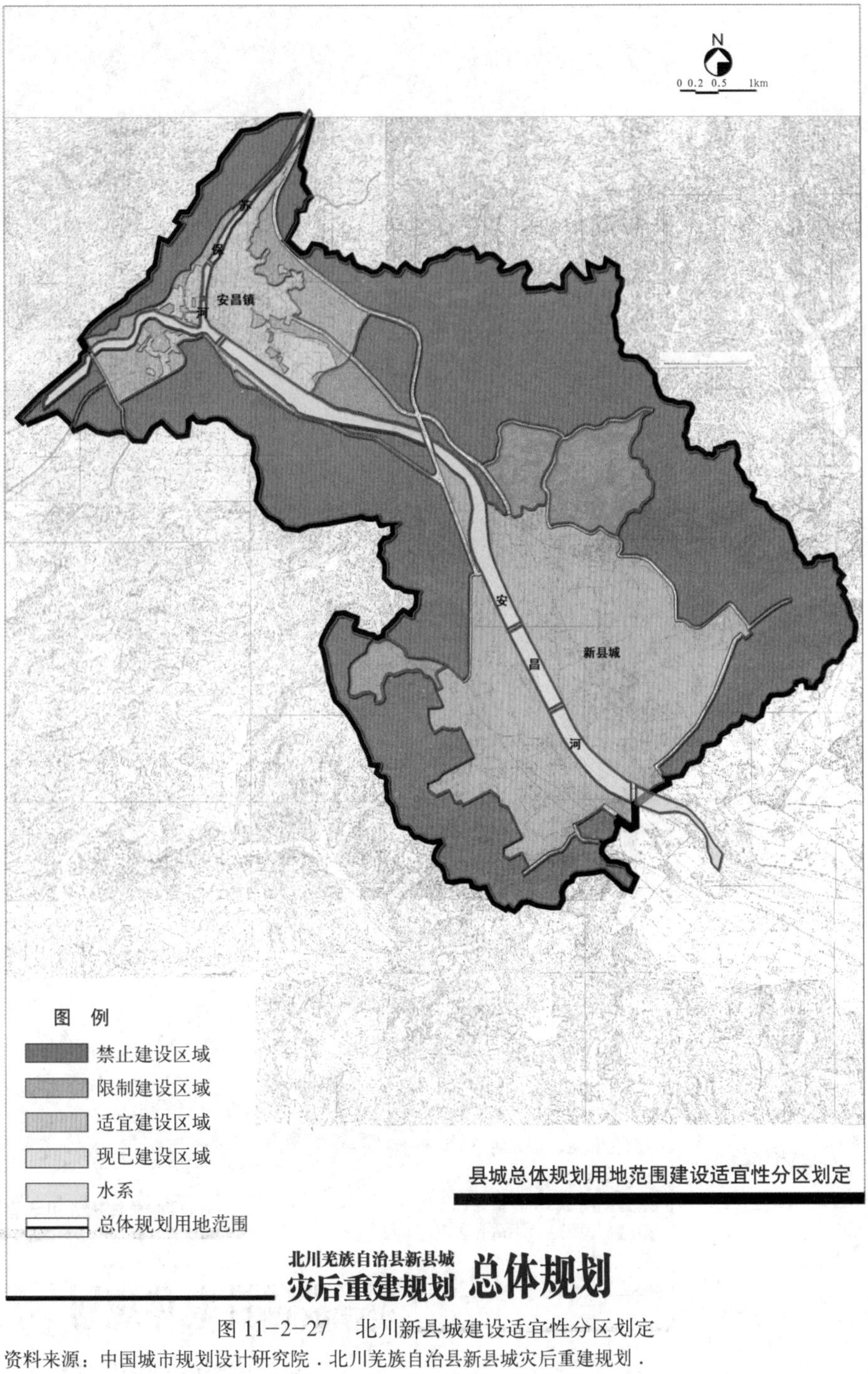

图 11-2-27　北川新县城建设适宜性分区划定

资料来源：中国城市规划设计研究院．北川羌族自治县新县城灾后重建规划．

目前尚未开始建设，但在国家或省市层面已经安排的重要基础设施进行调查研究，以确定其对于城市将产生何种影响，并制订相应的策略。如高速公路可能对城市有一定割裂作用，但其出入口可能对城市产业的开发有强烈的吸引作用，又如穿越高速铁路线路有较大的困难，但其站场则成为城市开发的热点地区。

4.1.3 区域关系

指一个城市与周边其他城市或者地区的关联程度。当今城市的发展主要依靠各种人员、信息、资本和物资的“流”来支撑，这些有形或者无形的“流”都可能在空间上有所反映；当今的城市更逐渐依靠区域整体的实力进行竞争，各个城市或依靠强大的经济实力辐射其他城市、或接受更高层次的城市的辐射，这种辐射在空间上往往体现为空间的相互吸引。例如以上海为中心的长三角城市群，各个毗邻上海的城市几乎都选择向上海方向拓展，以降低自身到上海的交通时距，以更好地接受上海辐射出的经济能量。这种经济吸引力并不仅仅存在于两个城市之间。例如京津都市圈中，由于天津滨海新区的独特地位，天津市的主要发展空间偏重于东南向，而不是接近北京的西北部。

4.1.4 市政设施配套

指可能选择的用地周边区域的水、电、气、热等供应网络以及道路桥梁等状况，即市政设施环境条件。基础设施是城市建设的主要支出领域，基础设施的容量与水平关系到相应建设的规模（如城市跨河发展时，桥梁的通行能力）、建设经济（如建设成本投入和日常运营的经济性）以及建设周期等问题（参见本书第17章“城市工程设施规划”）。美国城市出现的无序蔓延有很大程度上是由于在“使用者付费”的完全市场经济条件下，富人住区基本无视基础设施的集约使用原则，造成了城市拓展的无序，交通量畸形增长，导致产生了更大的碳排放量（图11–2–28）。

4.1.5 土地利用总体规划

这里指国土管理部门制定的土地利用总体规划，目前我国国土资源部编制的《土地利用总体规划》也对城市用地的边界作出了规定。从法理上说，两图应当保持一致，但由于由两个不同的单位编制针对同一个对象的规划，造成在修编时间和研究内容上协调困难。从长远看，两个部门编制的土地利用总体规划应当向一体化的方向发展，便于维护土地利用总体规划的严肃性和权威性。在当前规划部门编制城市规划，特别是总体规划时，应当对该用地在国土部门编制《土地利用总体规划》中各个空间的用途规定及调整的可能性有所了解，并做好必要的沟通协调工作。

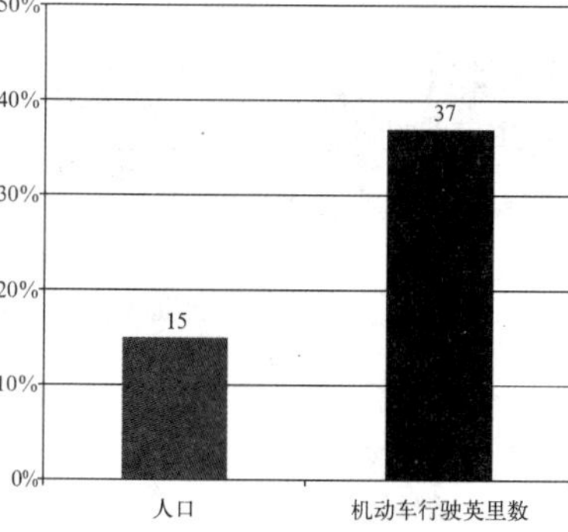

图11–2–28 北卡罗来纳州人口增长变化和机动车行使英里数变化之间的比较（1989～1998）

资料来源：Triangle J 政府议会 2004，转引自菲利普 · 伯克等．城市土地使用规划（第五版）．吴志强译制组译．北京：中国建筑工业出版社，2009：204．

4.1.6 生态环境与自然环境

指用地所在的区域自然环境背景以及用地自身的自然基础和环境质量。经过用地适用性评定，在此阶段进入选择土地的应该都没有决定性的环境问题，但各个发展方向之间还是存在优劣之分，可以根据上文自然环境条件分析的内容，对其进行更细致的分析比选。

4.1.7 文化遗存

指用地范围内地上、地下已发掘或

待探明的文化遗址、文物古迹以及有关部门的保护规划与规定等状况。原则上，重要文化遗存都应该列入禁建区范围，但我国文明发展史源远流长，一方面许多城市的文化遗存星罗棋布，不胜枚举，不可能将所有的文化遗存范围都列入禁建区保护；另一方面对于一些重要遗存非常丰富的城市，城市空间的选择也必须在遗址保护区的夹缝中寻找，如十三朝古都洛阳市几乎所有可能的发展方向都有遗址保护区的制约（图 11–2–29）。尽管不在这些禁建区和文化遗存的用地上进行开发，但城市发展接近或包围这些遗存仍然存在一定的风险，因此在进行城市用地选择时有相对的优势和劣势之分。

4.1.8　社会问题

指用地的产权归属、涉及原住民或企业的社会、民族、经济等方面问题。随着 2007 年我国颁布《中华人民共和国物权法》，以法律的形式明确了“所有权人对自己的不动产或者动产，依法享有占有、使用、收益和处分的权利（第三十九条）”，同时第四十一条指出：“为了公共利益的需要，依照法律规定的权限和程序可以征收集体所有的土地和单位、个人的房屋及其他不动产。征收集体所有的土地，应当依法足额支付土地补偿费、安置补助费、地上附着物和青苗的补偿费等费用，安排被征地农民的社会保障费用，保障被征地

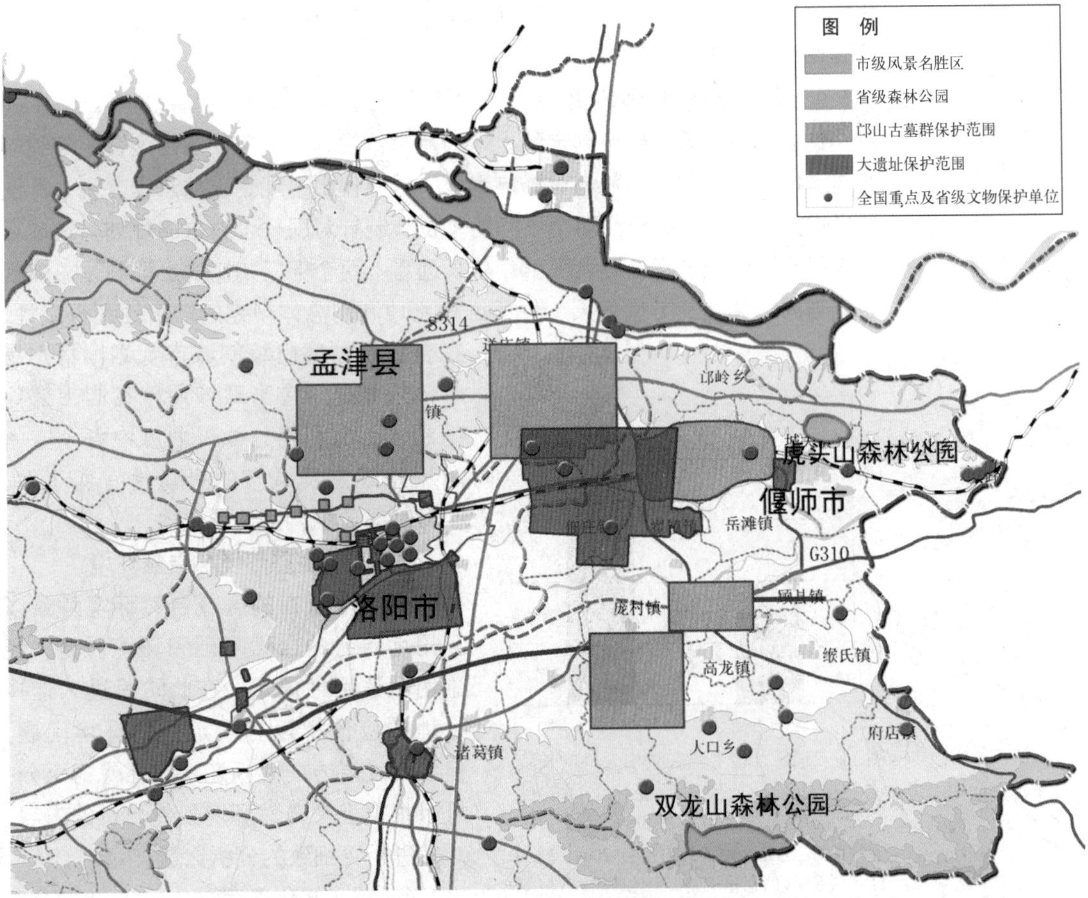

图 11–2–29　洛阳市的遗址保护区分布

资料来源：洛阳市市政府 .

农民的生活，维护被征地农民的合法权益。征收单位、个人的房屋及其他不动产，应当依法给予拆迁补偿，维护被征收人的合法权益；征收个人住宅的，还应当保障被征收人的居住条件"。这些都对城市用地的选择提出了更高的要求。

同时，各社会族群对于自身权利的诉求也日趋强烈，在一些城市中，已经出现了一些具有统治性地位的企业可以左右城市发展方向的状况。我们可以预见不久的将来，更多的团体会将自身的城市发展主张通过有力的方式加以表达。伴随全民财富的增长和社会主义民主建设的推进，城市用地的选择必须对社会问题赋予足够的重视。

4.2 用地选择的原则

（1）遵守《中华人民共和国城乡规划法》、《中华人民共和国土地管理法》、《城市规划编制方法》以及相关法律、法规和技术规定中有关土地利用的规定。

（2）了解并遵循《中华人民共和国物权法》、《中华人民共和国环境保护法》、《中华人民共和国水法》等相关国家法律中对于土地利用的相关条文规定。

（3）用地选择应对用地的工程地质条件作出科学的评估，要结合城市不同功能地域对用地的不同空间与环境质量要求，尽可能减少用地的工程准备费用，降低城市工程建设所产生的碳排放，同时做到地尽其利，地尽其用，合理利用土地资源和自然环境资源。

（4）注意保护环境的生态结构，原有的自然资源和水系脉络。要注意保护地域的文化遗产。

（5）城市用地选择应当有经济、社会的意识与视角，充分体现出城市空间对于城市对于城市经济与产业、社会发展与和谐、区域共生与协作的支撑作用与促进作用。

（6）新城选址或各种开发区选址既要满足建设空间与环境的需要，同时要为将来进一步发展预留余地与方向；旧城扩建用地选择，要结合旧区的布局结构考虑城市扩展重构城市功能布局的合理性；要充分利用旧城的设施基础，节省建设投资。

上述城市用地选择的原则构成的是一个复杂的决策体系，除了法律的刚性规定以外，其他影响因素之间以及内部都可能构成相互冲突的两难困境；并且这些要素之间也不存在绝对的优先度划分，不同的城市，不同的发展阶段以及不同的发展愿景，都可能造成各个要素在城市管理者、市民和规划师心目中权重的变化。在很多情况下，对这些影响因素和选择原则的认识、排序与调和决定了城市规划的质量与水平，而在很大程度上，这依赖于城市规划师的知识能力、实践经验、投入程度与沟通技巧。

第3节 城市用地的分类与用地构成

1 城市用地的分类

城市用地对应于所担负的城市功能，划分为不同的用途。自从在1933

年国际建协所拟订的“城市规划大纲”中，将城市活动归结为居住、工作、游憩与交通四大活动以来，四大功能用地的划分就被世界上绝大多数国家所采纳。

城市用地的用途分类在城市的发展历史中，曾有不同的分类方法与用途名称。随着城市功能的变异与增减，用途分类也随之改变与增减。而且即使同一用途名称，会有不同的涵义。

城市用地的分类方法，各个国家和地区并不一样，例如日本将市街化区域的用途地域分成八种，即：①居住专用地域；②居住专用地域；③居住地域；④近邻商业地域；⑤商业地域；⑥准工业地域；⑦工业地域；⑧工业专用地域。我国台湾省由各个城市自行制订城市用地分类方法，例如中国台北市 2002 年修订的《台北市土地使用分区管理规定》中，将城市用地分为：住宅区、商业区、工业区、行政区、文教区、仓库区、行水区、保存区、风景区、农业区和保护区等十一个方面的用途，并有进一步的划分。

1.1　现行城市用地分类的标准

我国早年城市用地功能地域划分有住宅区、工业区、商业区及文教区等类别。为了使城市用地分类有统一而规定的划分方法与名称，并且使之具有法定性，建设部于 1990 年制定并颁布了《城市用地分类与规划建设用地标准（建标字第 322 号）》（以下称用地国标）的国家标准，该标准将城市用地划分为大类、中类和小类三级，计有 10 大类，46 中类和 73 小类。表 11–3–1 所列为城市用地的大类项目。

现行《城市用地分类与规划建设用地标准》对城市用地的划分　表 11–3–1

用地代码	用地名称	范围
R	居住用地	居住小区、居住街坊、居住组团和单位生活区等各种类型的成片或零星的用地
C	公共设施用地	
M	工业用地	工矿企业的生产车间、库房及其附属设施等用地，包括专用的铁路、码头和道路等用地，不包括露天矿用地，该用地应归入水域和其他用地（E）
W	仓储用地	仓储企业的库房、堆场和包装加工车间及其附属设施等用地
T	对外交通用地	铁路、公路、管道运输、港口和机场等城市对外交通运输及其附属设施等用地
S	道路广场用地	市级、区级和居住区级的道路、广场和停车场等用地
U	市政公共设施用地	市级、区级和居住区级的市政公用设施用地，包括其建筑物、构筑物及管理维修设施等用地
G	绿地	市级、区级和居住区级的公共绿地及生产防护绿地，不包括专用绿地、园地和林地
D	特殊用地	特殊性质的用地
E	水域和其他用地	除以上各大类用地之外的用地

在详细规划阶段，用地进一步细分，在用地名称上，除相同功能性质的仍然沿用外，还需增加新的用途类别，例如根据《城市居住区规划设计规范》（GB 50180—93）规定，在居住区详细规划中用地又可细分为：住宅用地、道路用地、绿地、公共服务设施用地等（详见本书第 18 章“城乡住区规划”）。

1.2　城市用地分类体系的调整

城市用地分类的规范化与标准化，有利于土地的利用与管理，在不同城市、不同规划方案之间可以进行类比，以及便于规划指标的定量与统计。但是自《城市用地分类与规划建设用地标准》颁布以来，历经 20 年的时间，城市用地的分类方法就没有进行过更新。在此期间，中国经历了从计划经济到市场经济的转型，经历了国家财税制度的改革，已经从国家投资建城市转变为中央－地方政府和市场合力建设城市的新格局。在规划实践中，现有的用地分类体系早已不敷使用；用地复杂一些的城市不得不“创新”出一些用地目类，以便于更有效地控制城市土地使用，例如深圳市就有符合自身状况的土地使用分类标准（表 11–3–2）。

目前，新版的用地国标正在审定过程中，从目前的提案中看，新版用地国标将适应新《城乡规划法》的要求，增加城乡用地分类体系，首先界定了建设用地和非建设用地两大类别，并对其进行细分；在中心城市内，将大幅度调整城市建设用地分类体系，共分为 8 大类、35 中类、44 小类，并对各种用地的定义和内涵进行了较大幅度的调整（表 11–3–3）。

1.3　城市用地分类体系的发展

城市用地分类体系的制订受到很大的制约：

（1）用地分类标准的制订先天滞后于规划实践。用地分类方法是现有社会实践和城市运行状况的总结，需要一个相对较长时间的积累和总结，才能形成

深圳市城市用地分类　　　　**表 11–3–2**

用地类型中文名称	代号	用地类型英文名称
居住用地	R	Residential Land
商业服务业设施用地	C	Commercial and Service Facility Land
政府社团用地	GIC	Government and Community Land
工业用地	M	Industrial Land
仓储用地	W	Warehouse Land
对外交通用地	T	Intercity Transportation Land
道路交通用地	S	Roads and Squares
市政公用设施用地	U	Municipal Utilities
绿地	G	Green Space
特殊用地	D	Specially-designated Land
水域和其他非城市建设用地	E	Water bodies and Other Non-urban Development Land

注：该表中的用地名称和代码即使与用地国标相同，在内涵上也有较大差异。
资料来源：深圳市规划局 http://szplan.gov.cn/.

《城市用地分类与规划建设用地标准》调整提案　　表 11-3-3

用地代码	用地名称	范围
R	居住用地	住宅和相应服务设施的用地
A	公共管理与公共服务用地	行政、文化、教育、体育、卫生等机构和设施的用地，不包括居住用地中的服务设施用地
B	商业服务业设施用地	各类商业、商务、娱乐康体等设施用地，不包括居住用地中的服务设施用地以及公共管理与公共服务用地内的事业单位用地
M	工业用地	工矿企业的生产车间、库房及其附属设施等用地，包括专用的铁路、码头和道路等用地，不包括露天矿用地
W	物流仓储用地	物资储备、中转、配送、批发、交易等的用地，包括大型批发市场以及货运公司车队的站场等用地（不包括加工）
S	交通设施用地	城市道路、交通设施等用地
U	公用设施用地	供应、环境、安全等设施用地
G	绿地	公园绿地、防护绿地等开放空间用地，不包括住区、单位内部配建的绿地

注：该分类方法还不具有法规规范的地位，应以建设部最终颁布的条文为准。

国家的共识；

（2）统一的用地分类标准对于不同的城市适用程度显然不同。中国幅员辽阔，经济发展水平差异大，存在着众多类型迥异的城市和城市用地使用方式，且我国城市空间的开发模式还在不断地探索和创新中，总会存在一些无法准确描述的用地类型；

（3）制订用地分类标准存在一定的制度惯性。即使我们对一些用地类型的出现有所认识，但受限于传统习惯，计量和管理水平，仍然无法体现。如创意产业和孵化园在外部影响上接近于办公，而在土地价格上不宜作为商业设施用地划定基准地价，但由于目前还缺少对创意产业定性标准，还没有独立划出。

但是这些对于现实制约条件的认识并不影响我们对于城市用地分类体系的合理性有更高的要求，城市用地分类体系在“细分”基础上的“混合”应当是发展的方向：

（1）各种相关功能用地的混合已经是世界各个城市的普遍现象

交通枢纽中的商业、居住与商业混合的大厦，工业区中的产品展示等等，这些现象不仅在我国，更在世界的各个角落普遍存在，这种混合不仅仅在水平方向上展开，更在垂直方向上延伸。而土地使用性质的限制导致这些混合的物业产权没有明确的法律保护。

（2）功能混合有利于城市的节能与减排

用地的分类在制度上影响着地块的划分方式、规模尺度和指标制订，这些都将最终反映在城市各种活动的强度、频度和关联度上。相关功能的混合有利于在有限的空间中最大程度集聚经济和社会活动，集约土地使用，集中使用资源，重复利用资源，减少无谓交通量，降低碳排放。

（3）功能混合有利于城市的良性成长

从1960年代以来，人们普遍认识到城市的魅力和活力来源于城市多样性和复杂性，而城市土地使用的功能混合正是形成区域、街道、建筑多样性的决定性要素；从经济角度看，各种行业之间的碰撞、激发和链接可能创造更多的城市产业，搭建牢固的产业链条，提升城市的抗风险能力。

2 城市用地的构成

2.1 城市用地的功能构成

城市用地的构成，是基于城市用地的自然与经济区位，以及由城市职能所形成的城市功能组合与布局结构，而呈现不同的构成形态。

城市用地构成，按照行政隶属的等次，宏观上如分为市区、地区、郊区等。按照功能用途的组合，如分为工业区、居住区、市中心区、开发区等等。

城市用地构成为某种功能需要，可以由用途相容的多种用地，构成混合用途的地域。

不同规模的城市和不同的城市区域，因各种功能内容的不同，其构成形态也不一样。如大城市和特大城市，由于城市功能多样而较为复杂，在行政区划上，常有多重层次的隶属关系，如市辖县、建制镇、一般镇等；在地理上有中心城区、近郊区、远郊区等。

图11–3–1为大、中、小三类城市用地的构成示意图。在现实的城市发展中，不同城市的功能构成受到外界环境的影响可能具有自身独特的特征，在规划实践中应认真分析，因地制宜。

2.2 各种用地的比例构成

由于在不同层面上，各种用地具体的结构比例和布局特点各有不同，将在本书后文中各个层面的规划中详述。

在总体规划层面，我国目前执行的《城市用地分类与规划建设用地标准》规定了规划人均单项城市建设用地标准以及规划城市建设用地结构。值得注意

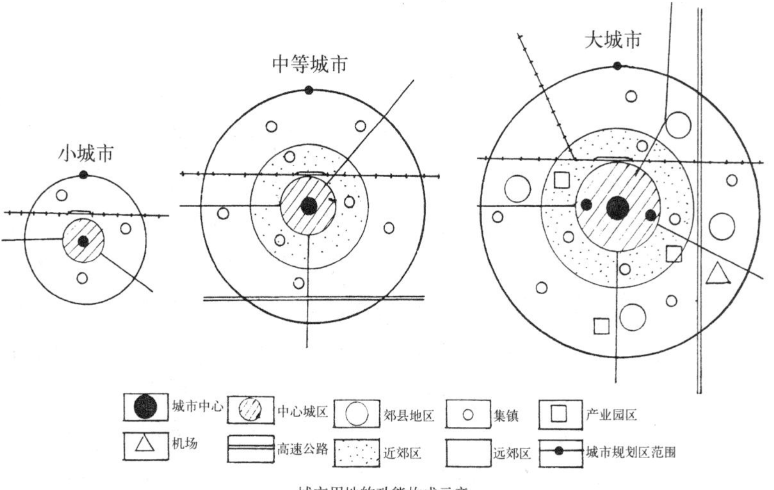

图11–3–1 城市用地的功能构成示意

资料来源：同济大学李德华．城市规划原理（第三版）．北京：中国建筑工业出版社，2001：85.

的是，这一标准中的指标制订依据是当时所处历史阶段下对多个城市经验总结的结论。其出发点是避免城市用地的浪费，保护土地资源。

该标准的制订既有现实的合理性，也明显具有历史的局限性，多数指标缺乏清晰的科学依据，因此也是此次标准修订中重点调整的部分。由于新版用地标准颁布在即，在本文中不对旧版的国家标准作过多解说。规划专业的学生和专业从业人员应当高度关注新的用地标准及条文说明。

注释

[1] 威廉·佩第（William Petty，1623～1687），英国古典政治经济学创始人，统计学家。

[2] 实际上，土地总量还是有变化的。一方面，水土流失可能造成土地总量的减少，另一方面，由于人口增长与土地空间的矛盾不断加大，也出现了围海造地或填湖造地的现象。在这个意义上，土地总量是可以增长的。但是这样向自然要土地的方式往往伴随着诸多环境问题，因此，在此类活动的环境影响还缺乏科学论证的条件下，我们并不能依赖于这样的“土地增长”。

[3] 土地的经济性也表现在土地的某些自然属性直接地或间接地转化为经济效益，如土地的肥瘠所造成农产的丰歉，但这种经济性是归于自然属性还是社会属性依然存在争议，部分学者认为农业生产附着了人类的生产活动，因此是社会属性；但也有观点认为，土地的农业产出能力是自然的特征。又如土地的位置和形态构造的可利用程度是自然特征，但都可能转化为城市规划的技术经济或工程经济的优劣表现。

[4] 数据来源于中华人民共和国国土资源部，《国土资源公报 2009》。

[5] 《管子·乘马·第五》。

[6] 随着 2005 年新版《城市规划编制办法》的颁布，1993 年颁布的《实施细则》从法理上已经废止，但是由于新版《实施细则》尚未颁布，在实际工作中仍然基本采用旧版的技术标准。

本章小结

本章对于土地和城市用地的概念、性质、评价以及划分进行了一个概括的说明。相对于本书以往版本编制时的背景，永续发展、绿色与低碳成为本版本修编时的一个显著历史特征。关注城市与环境的关系，保护自然生态本就是城市规划师的历史责任，而在全球共识的推动下，最近几年以来，我们拥有了更多的认识角度、分析方法和技术手段，使我们对于城市用地有了更进一步的认识。城市用地评价与选择，应当是建立在这些不断进步的共识、理念、方法和技术之上，并应当将之进行有效整理与综合。我们应当始终明确，城市的土地在亿万年以来，并将在亿万年以后都将属于自然，而人类仅仅是在短短的几千年时间中占有了它、使用了它，尊重和善用它远远比改造它更为重要。

从 1987 年深圳进行全国第一宗土地拍卖开始计算，中国土地制度的市场化改革进行了 23 个年头。土地制度的改革带动了城市土地使用方式的不断探索和创新，也推动着中国城市土地使用规划和使用制度的改革和发展。尽管对

于城市土地规划和管理的规范化获得了长足的进步，但在有限的时间内，仍然称不上达到了完善和成熟。在具体实践中，仍然存在着大量的问题留待规划师认识和解决。

复习思考题

1. 哪些要素决定了不同城市土地的价值级差？有学者认为，我国实施的土地拍卖制度提升了房产价格，是否应该叫停土地拍卖？

2. 城市用地评价应当考虑哪些要素？在你所居住的城市中，对城市安全影响最大的自然或工程要素是什么？

3. 城市用地选择的影响要素是什么？如果你所居住的城市需要进一步发展，主导方向应当是什么？为什么？

第12章　城乡区域规划

本章介绍了有关区域及区域规划的内容，讨论了依不同学科和不同的研究目的对区域的定义和分类，在章末重点阐述了国土规划、都市区规划和城市群规划三种类型区域规划各自的产生背景、主要内容和适用范围，并通过案例加以具体说明。

第1节　区域

1　区域的概念

由于研究的对象不同，不同学科对“区域”的概念有不同的界定。政治学认为区域是国家管理的行政单元；社会学将区域看做是具有相同语言、相同信仰和民族特征的人类社会聚落；而经济学则视区域为由人的经济活动所造成的、具有特定地域的经济社会综合体；地理学把区域定义为地球表壳的地域单元，认为是区域特定的地理空间范围，整个地球是由无数不同地域层次和范围的区域组成的，大到整个地球，小到市、县、乡或村。

1950年代，美国地理学家惠特尔西（D.Whittlesey）主持的国际区域地理学委员会研究小组在探讨了区域研究的历史及其哲学基础后，对区域作了比较全面和本质化的界定，提出“区域是选取并研究地球上存在的复杂现象的地区分类的一种方法”，认为“地球表面的任何部分，如果它在某种指标的地区分类中是均质的话，即为一个区域”，并认为“这种分类指标，是选取出来阐明一系列在地区上紧密结合的多种因素的特殊组合”。

按照分类指标的不同，区域可以分为各种类型。

如按照区域的物质内容来划分，区域可以分成自然区域和社会经济区域两大类。在自然区域中，有综合自然区、地貌区、土壤区、气候区、水文区、植物区、动物区等，是根据自然地理环境的地域要素组合规律，依照一定的目的去揭示自然地理环境结构的特定性质而划分出来的自然地理综合体。社会经济区域包括社会区域和经济区域，前者是指根据人类社会活动的特征，由人口、民族、宗教、语言、政治等要素交互影响并形成特定文化景观而划分的地域单元，如宗教区、语言区、文化区等；后者是指人类运用科学技术、工程措施和管理手段等对自然环境进行利用、改造和开发建设过程中形成的具有特定特征的经济地域单元，如行政区、各类经济区等。

如按照区域的内在结构特征，即根据区域内部各组成部分之间在特性上存在的相关性来划分，区域可以分成均质区和枢纽（结节）区两大类。其中均质区具有单一的面貌，是根据内部的一致性和外部的差异性来划分的，其特征在区内各部分都同样表现出来，气候区即是均质区，农业区也具有均质区的特性，城市内部根据职能划分而出现的与周围毗邻地域存在着明显职能差别的区域如城市中成片的居住区、工业区、商业区、文教区等，都可看成是均质区。枢纽（结节）区的形成取决于区域内部结构或组织的协调，这种结构或组织包括一个或多个核（中心），以及围绕核（中心）的区域。枢纽（结节）区的内部靠核向外引发流通线路来连接周围一定的地域，起到功能一体化的作用，如城市内商业中心和其服务范围共同形成的区域即可看成是枢纽（结节）区。枢纽（结节）区应该具备三个主要的特性，即核心、结节性和影响范围。核心即在区域中能够产生聚集性能的特殊地段，结节性即该核心能在一定地域范围内对人口、物质、能量、信息等要素的交换产生聚集作用的程度，这些要素聚集的地域范围即为影响范围。

美国地理学家惠特尔西根据区域功能和内在联系程度等的不同，将区域划分为三大类。第一类是单一特征的区域，如坡度区。第二类是多种特征的综合区域，其中又可分为几个亚区：第一亚区是产生于同类过程、形成高度内在联系的区域，如气候区、土壤区、农业土地利用区等；第二亚区是由不同类过程作用、形成较少内在联系的区域，如根据资源基础及其综合利用而划出的经济区；第三亚区是仅具有松散的内在联系的区域，如按地理环境要素的结合划分的传统自然区。第三类是根据人类对地域开发利用的全部内容而分异的总体区域，即为研究和教育服务的一般地理区。

2　区域的特征

2.1　区域的可度量性和空间性

每一个区域都是地球表壳的一个具体部分，并占有一定的空间，可以在地图上被画出来。它有一定面积，有明确的范围和边界，可以度量。区域的范围有大有小，是依据不同要求、不同指标体系而划分出来的，其边界可以用经纬线和其他地物控制。例如，我国的国界有着明确的经纬度范围，国界线用界碑来控制。

与可度量性紧密联系的是区域的空间性，即区域和区域之间在位置上的排列关系、方位关系和距离关系。如我国位于亚洲东部，与俄罗斯、蒙古、印度等国相邻；上海在我国的东部沿海，西与江苏、浙江两省接壤。同样是平原地区，在大中城市周围的地区因受到较强的经济辐射作用，经济发展水平、发展速度就较远离大中城市的地区为高。

2.2　区域的系统性

区域是有系统的，区域的系统性反映在区域类型的系统性、区域层次的系统性和区域内部要素的系统性三个方面。

区域的性质取决于具体客体的性质，具体客体的多样性决定区域类型的多样性，地表上的任何自然客体、社会经济客体都要落实到一定的区域。而且，这些自然和社会经济客体存在着相互联系、相互制约的关系，只有综合协调社会、经济、生态、环境等各个方面，才能获得最佳的整体性能。

任何一类空间范围较大的区域都可以分解成若干空间范围较小、等级较低的区域。以行政区域为例，我国分成省、自治区、直辖市，它们可分成市、州、地区，以下又可分成县、旗，县、旗以下又再分成乡、镇。每一个区域都是上一级区域的局部，除了最基层的区域，每一个区域都由若干个下一级区域组成。若干个下一级区域在构成上一级区域时，不是简单的组合，而是会发生质的变化，出现新的特征。

每一个区域都是内部要素按照一定秩序、一定方式和一定比例组合成的有机整体，不是各要素的简单相加。例如，每一个自然区域都是自然要素的有机组合，每一个经济区域都是经济要素的有机组合。

2.3　区域的动态性

随着时间的变化，区域所处的环境会不断变化，按照相同的区域划分的标准，区域的边界也会不断变化。此外，由于研究目的不同，区域划分的角度、指标不同，区域的划分方案也会不同。如我国学术界在研究长江三角洲时将该地域界定为包括上海市和江苏省沿江地区 8 市（南京、苏州、无锡、常州、扬州、镇江、南通、泰州）以及浙江省环杭州湾 7 市（杭州、宁波、湖州、嘉兴、绍兴、舟山、台州）共 16 个城市的地域，该地域的国土面积约为 11 万 km^2，占全国的 1.1%。2007 年 5 月，国务院召开长江三角洲地区经济社会发展座谈会，在会上提出了长江三角洲的概念，即江苏、浙江和上海“两省一市”，成为中央政策对“长江三角洲”的新注解。根据该种划分方法，长江三角洲地区的国

土面积约为21万km^2，占全国的2.2%。

2.4　区域的不重复性

按同一原则、同一指标划分的区域体系，同一层次的区域不应该重复，也不应该遗漏。行政区的区域划分如有重叠，就会引起不必要的纠纷，行政区划如果不能覆盖全地域，出现遗漏，出现"三不管"的"独立王国"，那就会后患无穷。

3　区域与城市

城市是区域经济社会活动的核心，是经济社会活动的聚集体。同时，任何一个城市的发展都离不开一定的区域背景作为其形成的条件和发展的基础。城市是区域的核心，区域是城市的基础。

3.1　城市在区域发展中的作用

城市作为区域的中心，是指它在国家或地区一定地域范围的发展中承担着不可替代的任务和作用，即城市职能。它的任务和作用是与其影响所及的地域范围联系在一起的。城市通过人流、物流、能量流和信息流与外围区域发生多种联系，通过对外围腹地的吸引作用和辐射作用，成为区域的中心。外围区域则通过提供农产品、劳动力、商品市场、土地资源等而成为城市发展的依托。

城市经济基础理论认为，一个城市的全部经济活动，根据其服务对象的不同，可以分为基本活动和非基本活动两部分。前者是为城市以外的需要服务的，是城市得以存在和发展的经济基础，是城市发展的主要内在动力。后者是为本城市居民的正常生产和生活服务的，会随着前者的发展而发展。城市发展的内在动力主要来自输出活动即基本活动部分的发展。由于城市基本活动的建立和发展，从输出产品和劳务中获得的收入增加。收入的一部分导致基本部分的职工对本地消费和服务需求的扩大，也就导致了本城市非基本活动部分就业岗位的增加和收入的增加。基本活动收入的另一部分则用于本身的扩大再生产，继续为城市从外部获得更多的收入……基本和非基本活动每一次的增加都要引起当地人口的进一步增加，这样反过来又增加本城市的需求和人口。城市基本活动部分的每一次投资、收入和职工的增加，最后在城市所产生的连锁反应的结果总是数倍于原来投资、收入和职工的增加。城市基本活动所引起的这样一种放大的机制被称作"乘数效应"。

城市的职能一般包括社会政治职能、经济职能和文化职能。其中社会政治职能又称为行政管理职能，城市是各种政治和管理机构的集中地，承担着区域政治中心的作用；经济职能是指城市内部的经济活动状况及其在区域中的地位和作用，又可细分为工业、交通运输、商业、金融、旅游等职能。城市的经济活动是以第二、三产业为主的集聚性经济活动，由于生产技术的不断革新，以及企业之间的分工协作和集聚，带来生产效率的不断提高，已明显高于城市以外的区域。城市已经成为区域生产力最高水平的代表，特别是在组织社会经济、创新、信息交流等方面发挥着巨大作用。城市还是区域商贸流通中心和交通中心。随着生产力的发展而出现的产品剩余产生了交换的需求，而城市则为这种交换的需求提供了必要的场所。这种交换场所从最原始的自然的商品集散地，

发展到城市的现代化的贸易中心。随着城市社会经济的发展，城市必然对整个社会的发展起主导和推动作用，用在城市中发展起来的先进技术和生产出来的产品，彻底改造整个区域经济，特别是传统农村经济。文化职能是指城市的科学、教育、文化传统、生活方式、价值观念等对城市本身的发展及城市以外地区的影响力。城市中集中了高等院校、图书馆、博物馆、体育馆、体育场、文化馆等各类文化设施，成为区域的文化中心，同时也是社会交际和信息交流之地，思想和产品在此流通，实现其社会的或经济的价值。

城市中多个职能的有机组合构成了城市的职能体系。每一个城市都可以其中的某一项或若干项职能在不同的区域范围内发挥其中心作用，但是作为一个区域的中心，必须是对整个区域的发展有很大影响，能在多种职能（尤其是经济职能）上发挥综合中心作用的城市。

3.2 区域条件对城市发展的影响

城市的产生和发展取决于区域自然地理和自然资源、区域经济地理以及地理位置等区域基础条件。

3.2.1 区域自然地理和自然资源

一个地区的地质、地形地貌、气候、水文、土壤、植被等自然地理条件，是影响人类生存和发展的重要自然条件，它们通过影响人口的生存环境和人口的空间分布而影响城市的形成和发展。一般而言，自然条件越有利于人类的生存和聚集，城市产生和发展的自然基础就越优越，城市发展的规模就越容易扩大。例如，人类早期城市的产生都是在中纬度地区的河谷平原地带。直到现在，尽管城市的分布范围已是非常广泛，但世界上的城市，特别是大城市，主要还是集中分布在气温适中、降水适度的中纬度地区。同样，自然条件也影响了城市的特色。正如，美国著名城市史学家刘易斯 · 芒福德（Lewis Mumford）所说："每一个城市都受到自然环境的影响；自然的影响愈多样化，城市的整体特征就愈复杂，愈有个性。"如山区城市受地貌和水文条件影响，其空间布局与平原城市有明显区别，如兰州市沿狭长谷地呈带状发展，重庆市被山体和丘陵分割而形成组团布局结构。

自然资源是自然条件中可以利用的部分，是在当前生产力水平和研究水平下，为了满足人类对生产和生活的需要，可以被利用的自然物资和自然能量。自然资源一般包括矿产、土地、水、生物等，一个地区自然资源的种类、数量和质量以及开采条件是影响城市形成和发展的重要因素。如城市的发展离不开水资源，区域内的水资源富集程度是决定城市发展规模的重要因素。我国水资源南丰北歉，北方大部分城市都缺水，一遇旱年，生产、生活用水不足，影响城市的正常运行。水资源成为我国北方城市规模扩大的严重制约因素。又如，随着盐水淡化技术的进一步发展，淡化盐水的成本降低到城市生产生活可接受的程度，海水可能成为城市用水的重要来源。区域内自然资源的大规模开采可导致城市特别是资源开采与加工型城市的形成和发展。如我国在 1950 年代初发现和开发了克拉玛依油田，1959 年发现了著名的大庆油田，形成重要的油气生产基地，在石油开采和加工的基础上形成了大庆、克拉玛依等专业化的石油工业城市。我国铁矿资源分布的特点决定了辽宁鞍山和本溪、四川攀枝花等

成为我国重要的钢铁工业城市。

3.2.2　区域经济基础

城市形成和发展的区域经济地理基础是指城市发展中人类活动必须凭借的经济要素，这些经济要素，有的是自然条件的衍生转化，如矿产、淡水、动植物资源的丰饶程度及其组合；有的是区域经济发展的历史积淀，如城市和区域基础设施状况、区域劳动力的数量和质量、经济发展的历史传统和现状特征等；有的是城市未来发展的可能性，如自然资源的潜力、国家和地区的政策倾向等。

1970年代，钱学森教授在研究社会工程时，就提出了“巨系统”的观点，认为社会工程的“范围和复杂程度是一般系统工程所没有的。这不只是大系统，而是‘巨系统’，是包括整个社会的系统。”之后，他在研究地理科学时又进一步对“巨系统”进行了阐述，认为地球表层是个巨系统，它“不是一个封闭的，是与环境有物质和能量交换的，是一个开放系统，其复杂性就在于它是个开放的系统，不是封闭的系统。”以后，又不断发展形成了“开放的复杂巨系统”的概念。

城市就是一个复杂的系统。一个由若干城市及其周围地区组成的区域就是复杂的巨系统。城市发展所需要的各种经济要素，都不可能完全在城市内部产生，城市的生产和生活所产生的成果和代谢产物也不可能靠城市本身完全消耗、分解或转化，城市的发展必须建立在与区域社会经济发展的全面开放基础上，并以区域为主要依托。为了保证城市正常的生产和生活，城市必须与所在区域保持密切的物质、能量交换，既从区域中获得各种各样的物质资料和生产要素，也为区域提供各种各样的产品和服务。城市所在区域的经济基础条件越好，城市发展得到的各类经济要素越多，就能促进城市的生产并提供更多的产品和服务。区域经济基础越强，就越能吸收和消化城市提供的产品和服务，并刺激城市的进一步发展。因此，区域经济基础也是城市发展的根本动力，要确定一个城市的发展方向和在更大区域范围内劳动地域分工中的地位和作用，必须深入分析影响城市发展的各种区域因素，进行区域经济基础条件的评价以及区域经济结构和区域经济联系的分析。缺乏对区域经济基础的合理分析和把握，难以发挥对区域经济的带动作用，也就失去了城市发展的根本动力。

3.2.3　地理位置

地理位置指地表上某一事物与其外在客观事物间的空间关系，这种空间关系由方向和距离这两个基本的要素组成。精确的方向可以用角度来表示，某一事物与另一事物间的空间关系必须有距离要素。方向和距离要素就确定了城市的确切位置。城市或区域与山脉、平原、江河、海洋等的空间关系为自然地理位置，与交通线、产业区、港口及其他城市或区域的空间关系为经济地理位置。地理位置对城市与区域的自然、社会、经济等各个领域都有着广泛的影响。在一定历史条件下，地理位置是城市形成和发展的决定性因素。优越的地理位置有利于城市的人口集聚、促进城市繁荣、扩大城市规模和完善城市职能。不好的地理位置则相反。

地理位置有历史性。地理环境的变化引起地理位置的变化。沙漠扩张、海岸升降、河流改道、洪水淹没、港口淤塞引起自然地理位置的变更。交通技术改进、交通网扩展、行政区变更，引起经济地理位置的变更。地理位置的历史性是城市迁移和兴衰的重要因素。由于近代铁路这一先进交通方式的出现，改变了以前我国陆路交通向来以驿道为主要交通线路和以车、马为主要交通工具的运输状况，对我国城市的兴起和发展带来了很大的影响。由于铁路修建，形成了郑州、徐州、石家庄、蚌埠等一批铁路枢纽城市。位于古代中国南北主要交通线——大运河沿岸的城市淮阴（现淮安），远在隋唐时代就已成为我国经济繁荣的“淮、扬、苏、杭”四大城市之一。随着近代先进、廉价的海轮运输代替了落后的运河运输，以及 1911 年津浦铁路通车后，中国南北陆上运输几乎以铁路运输代替了大部分的水路运输，大运河的运输量因此而大量减少，作为运河沿线重镇的城市淮阴自然失去了它原有的经济地位，城市的地位一落千丈，商业衰退，人口减少，成为相对衰落的城市。

对城市在区域内的分工和布局产生重大影响的地理位置概念有中心位置和门户位置。在相对封闭的区域，中心位置起主导作用；在开放的区域，门户位置地位上升。中心位置和门户位置常常发生历史变迁，交通条件改变是历史变迁的主要原因。如广西在漫长的封建社会，其主要联络方向是经湖南向中原，桂林是首要门户，经济和文化发展比较繁荣。五口通商，广州开埠，西江成为广西出海的主要通道，梧州晋升为广西第一门户。改革开放后，北海被确定为我国 14 个沿海开放城市之一，钦州和防城港两港相继开发，北部湾上的北海、钦州、防城港等三港成为广西走向世界的大门。

第2节　区域规划的发展

1　区域规划的概念

尽管区域是一个比较普遍化的概念，不同学科可以有不同的理解和解释，但区域规划中的“区域”具有一定的指向性，其主要含义是指地理学和经济学意义上的。“规划”是指对事物发展的较全面或长远的谋划。因此，从字面上加以理解，区域规划就是通过对区域发展规律的认知而描绘未来较全面或长远的发展蓝图。

国际学术界对“区域规划”有多种不同的理解。大多数学者把区域规划看做是空间属性的规划。如英国学者 Peter Hall 爵士认为区域规划是物质环境规划或空间规划，并认为区域规划作为一项普遍活动是指编制一个有条理的行动顺序，使预定目标得以实现。它的主要技术成果是书面文件，适当地附有统计预测、数字描述、定量评价以及说明规划方案各部分关系的图解。德国在 1965 年颁布的《区域规划法》中指出区域规划就是空间规划，是在重视自然条件的现状及特别重视区域之间相互关系的前提下，改善经济、社会、文化条件，为个人在社会中的自由发展提供良好的空间结构。美国规划界普遍认为区域规划是指城乡物质环境建设的空间布局规划，其内涵重物质形态的开发与建设、形式与功能、空间的布局等，重在编制指导区域未来发展的建设方案图纸。

有的国际文献把区域规划定义为广义层面上的土地利用规划，使各种用地达到平衡和有效的使用；也有的把区域规划定义为狭义层面的规划，认为区域规划是以大城市为核心的、对大城市都市化影响所及地区的综合规划，以使整个区域构成一个经济社会整体。也有的文献将区域规划看做是决策的过程，是实现未来社会经济发展目标或达到未来发展状态的行动顺序和步骤的决策。我国学者胡序威先生将国际上的有关文献概括为广义的和狭义的两种不同的对区域规划的理解，广义的区域规划可包括区际规划（Inter–Regional Planning）和区内规划（Intra–Regional Planning）。认为区际规划是在各有关区域之间进行分区规划，着重解决区域之间的发展不平衡或区际分工协作问题；区内规划即对某一特定区域的发展和建设进行内部协调的统一规划，既包括该区域的国土建设规划（Physical Planning），也包括该区域经济与社会的发展规划（Development Planning）。狭义的区域规划主要指一定区域内的国土建设规划。

相比国际上对区域规划多种含义的理解，国内学者对区域规划的定义相对比较一致，绝大多数学者都对区域规划作狭义的理解。1956 年，国家建委制定的《区域规划编制和审批暂行办法（草案）》把区域规划定义为：“在将要开辟若干新工业区和将要建设若干新工业城镇的地区，根据当地的自然条件、经济条件和国民经济的长远发展计划，对工业、动力、交通运输、电信、水利、农业、林业、城镇、建筑基地和供水、排水等各项工程设施的建设，进行全面的规划，使一定地区内国民经济的各个组成部分之间和各个工业企业之间有良好的协作配合，城镇的布局更加合理，各项工程建设更有秩序”。国内学术界大多认同区域规划是在一定地域范围的国土上进行国民经济建设的总体部署的定义。其他相近的对区域规划的定义还有区域规划是指一定地域范围内对未来一定时期的经济社会发展和建设以及土地利用的总体部署；区域规划是为了实现某一地区一定时期内社会经济发展的总目标而制定发展蓝图。近年来，区域规划不仅注重区域的物质建设规划，也更多地关注了区域的社会发展规划，以促进区域的社会发展。也有的学者认为区域规划包括区域开发规划、区域发展规划、区域建设规划等三大部分内容，其中区域开发规划侧重于资源开发和新区开发的规划，区域建设规划侧重于物质实体具体设计（如选址等）的规划，而区域发展规划不仅包含有开发规划与建设规划的许多内容，而且还包括各种非物质实体的规划，是开发与建设规划的最终成果，并认为区域规划的演变趋势依次呈现出区域开发规划—区域建设规划—区域经济发展规划—区域社会发展规划的总体趋势，区域经济发展规划是目前我国规划的重点，区域社会发展规划则是长期奋斗的目标。

2　国外区域规划发展

纵观 100 多年以来世界区域规划的发展过程，各国区域规划的发展与各国区域经济发展的进程是密切相关的。早期的区域规划实践始于对经济发展迅猛超常地区基础设施的统一协调性规划，如美国的纽约城市区域规划。1920 年代初，西方尤其美国正处于经济繁荣时期，经济基本上已经从 19 世纪末的萧条中恢复过来，并逐步进入发展的鼎盛时期。1923 年纽约成立了一个非营利的、非

政府的区域规划组织——区域规划委员会，研究编制了纽约的区域规划。他们反对大城市不加选择地扩散，对城市的无计划蔓延尤为愤慨，希望通过运用最新的城市经济分析技术，并通过有机和均衡的规划，来实现全新的、城市发展与区域布局相结合的整体发展模式。该规划首先从居住地到工作地的合理出行时间、城市边缘大型娱乐区与城市中心区方便的联系、分水岭和航道等自然地形特征等要素，划定了有1000多万人口和地域空间覆盖5528mile^{2}的纽约区域规划范围。规划建议将该地域高度拥挤地区的密度降到适当程度，通过郊区的发展来接受这些过度拥挤地区疏解出来的人口。在发展郊区的同时，应将城市中心的功能疏解，在城市外围建设新的、分散的第三产业中心。在交通发展方面，规划认为要解决城市交通问题就必须通过交通系统大规模扩张以及随之而来的基础设施的完善来实现。纽约区域规划实际上起到了现代区域规划的启蒙作用，既创设了现代区域规划的理念，同时也促进了各地区域规划的开展。美国1930年代各州区域组织的成立和区域规划的开展，与纽约区域规划有极大的关系。

在西方国家普遍开始重视区域规划的同时，在建立了社会主义制度的前苏联，由于意识形态和实际发展的需要，在十月革命以后的快速城市发展和建设中，也高度重视区域规划对社会经济发展的作用，而其建立在新的制度体系框架下的区域生产力和人口聚居地规划为这一时期城市和区域规划理论提供了试验的舞台，同时也对后来的西方区域规划产生了多重影响。较典型的有前苏联从1920年起在全国实施的电气化计划，在各地建设发电站，并在当时资源开发比较落后的地区开始建设大工厂，工厂周边建设城市和集镇。新城市在不断地新建，老城市又随着工业的迅速发展而急剧增长，城市问题得到了广泛的重视。政府采取有计划地配置生产力和在国土上均衡发展城市的政策，促进了对城市和区域规划新原则和新方法的探索，很多新城市就建设在边远地区，如东西伯利亚、西西伯利亚、远东等地区。

1933年美国以流域为对象进行的田纳西河流域区域规划则是以水资源开发利用改变该流域地区摆脱贫困的最为著名的区域规划。田纳西河原始状况的特点是春季流量大，经常有毁灭性的洪水，而夏季枯水，不能航行。这种灾害事件的强度和频率抑制了开发，使这一地区一直处于贫困状态。1933年，建立了田纳西河流域管理局（TVA），处理这个地区内与水资源开发和政策有关的所有问题，其动机既包括创造就业机会，也包括减轻该地区长期的贫困。结合洪水治理在田纳西河上修建了很多水坝，同时用来发电。水电使工业实现了电气化，并且提供了工业所需的能源。修建的水利工程而形成的湖为居民带来了娱乐活动，也为该地区通过旅游业创造收入而发展经济提供了条件，从而使整个处于欠发达州的区域富于竞争力。

1930年代开始，尤其是第二次世界大战以后，经济工业化和社会城市化的急剧发展，以及生产力的巨大进步和生产力的广泛应用，迅速改变了原有的区域经济结构、社会结构和生活环境：工业和交通设施高度集中，大城市人口持续增长，土地供应越来越紧张，空气、水体等环境卫生状况严重恶化等，导致社会经济区域空间组织矛盾日益复杂化、尖锐化。在这种情况下，为了建立和保持区域生产、生活的适宜条件和状况，各国的区域发展纷纷提出要对经济

社会的地域结构进行重新调整，将工业生产适当分散布局，规划开发新区，控制疏散大城市人口，加强土地利用管理，改善原有的区域交通运输网，进行环境保护与整治等。由此，区域规划被认为是解决这些问题的重要前提，成为区域立法和行政部门制定有关法令及区域政策的基础，得到了广泛的推行。

1940 年代中期起，是区域规划进入繁荣的时期。第二次世界大战开始后，各个国家的城市经济均遭到严重破坏，城市建设基本上都处于停顿状态。随着战争的推进，有很多专业人士和国家机构开始策划如何开展战后的建设和发展，以城市为核心的区域规划在战后得到迅速发展。其中，最具影响的是 1944 年英国学者阿伯克隆比的以大城市为中心的大伦敦区域规划。该规划的范围覆盖了 6735km^2，涉及 134 个地方政府，当时有人口 1250 万人。该规划既考虑到城市建成区本身的延续性和进行全面改造的困难，同时也兼顾了城市向外扩散的需要，采用了降低已建成区的人口密度，在城市的建成区之外有计划地建设新城的方式来整合整个区域，使城市及其周边地区均纳入到有序的发展之中。该规划反映出控制伦敦市区内工业数量增加和规模扩大的思想，限制城区的工业扩建；城市的居住区和工业区相分离；在整个区域范围内停止人口的迁入，使整个区域的人口密度能够下降，同时将市区的人口向郊区迁移等。通过对区域现实状况的详细审查，规划将整个规划地区划分为城市内环、郊区环、绿带环和乡村环等 4 个同心圆地区，在乡村环有计划地集中建设一系列卫星城，规划设置 8 个卫星城，每个卫星城人口规模应在 6 万～ 8 万人，可以安置迁入 50 万人。每个卫星城均具有一定的吸引力，满足其自身发展的需要，同时容纳来自伦敦的疏解人口（图 12–2–1）。

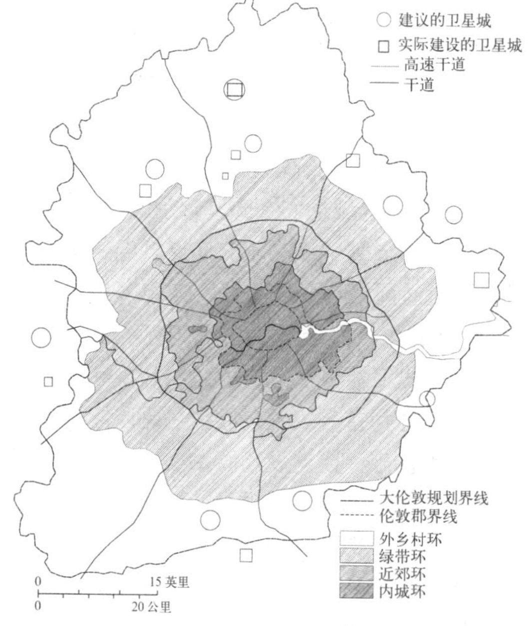

图 12–2–1 大伦敦区域规划示意图

资料来源：P. 霍尔著，邹德慈、金经元译．城市与区域规划．北京：中国建筑工业出版社，1985.

同时期，欧美许多国家也伴随着国内经济的复苏，先后在大城市地区（如巴黎、莫斯科、华盛顿、华沙、斯德哥尔摩等）和重要工矿地区（如前苏联巴斯地区、德国鲁尔区、伊尔库茨克—契列姆霍夫工业区以及若干新建大型水电站等）开展了以工业和城镇布局为主体内容的区域规划，对国家和城市经济的恢复起到了建设性的作用。

1950 ～ 1960 年代，由于工业迅速发展和城市化进程加快，城市环境日益恶化，人口、资源、环境和区域发展不平衡等问题突显出来，许多国家和地区越来越意识到区域规划的重要性，成立了各种专门的区域规划机构，相继开展了各种层次、各种类型的区域规划，规划理论如区位理论、增长极核理论等也得到了广泛的应用和发展，使区域规划进入了新的发展阶段。如德国在 1945 ～ 1965 年期间，各州、县都着手编制区域规划，到 1965 年后，区域规划体系日趋完善。

日本经济的高速增长在1960年前后进入了新的阶段，重化工业的急剧发展，加速了沿海工业地带的形成。"国民收入倍增计划"又提出所谓"太平洋工业地带构想"，这一构想引起太平洋沿岸以外地区的不满、不平和强烈反对。如此背景下，日本于1962年通过了以地区间均衡发展为目标的全国性综合开发计划（一全综），目标定位于缩小收入差别、地区差别和国土的均衡发展。鉴于当时日本经济过分偏重于东京、大阪、名古屋和北九州四大工业基地，政府决定使工业向地方扩散。考虑到财力、物力的制约，不可能全面铺开、遍地开花，从经济效益出发，只能按工业开发适应性的大小顺序，采取"据点开发方式"。1969年又通过了第二次全国综合开发计划（新全综），针对大城市人口过度集中的问题，采取大规模开发即大型项目开发的方式，在"过疏"发展地区建立大工业基地、大型粮食基地和大型旅游基地，并将中枢管理职能和劳动密集型加工组装工业集中于太平洋沿岸地带。该规划的大型项目可分为三种类型：①对日本列岛全域有波及效应的新网络，如信息通信网、新干线铁路网、高速公路网、航空网、大型港口等；②大型产业开发项目，如大型农业基地、工业基地、流通基地、观光基地等；③以环保为目的的自然、历史文物保护与保存、国土保全及水资源开发、住宅建设、城乡环保等大项目。规划的目标是实现高福利社会，为人们创造丰富的环境。尽管由于国际石油危机、大规模经济开发对环境和居民产生的巨大压力等因素使"新全综"计划遭挫，但通过现代化的高速铁路、高速公路网将工业地带和各个新产业城市的"点"连接起来，使日本的国土开发从"点"的开发转向线和面的开发，具有战略意义。"石油危机"改变了日本的经济环境，使日本经济转入低速增长阶段。1977年批准的"三全综"以综合整治居住环境为目标提出了"定居构想"，旨在弘扬历史和传统文化，构筑自然、生活及生产相和谐的人居综合环境，抑制人口和产业向大城市集中，在解决过密过疏问题的同时，确立新的生活圈，振兴地方经济。该规划主要通过加强中小城市的基础设施建设，吸引大城市工业向中小城市转移，并用服务业及高层次组装产业吸引城市人口向外流动。重点选择距离中心城市较远地区的中小城市作为"地方据点城市"进行辐射开发，通过城市功能的积聚作用，形成具有发展潜力的城乡一体化区域。如1980年代初提出了"技术城市构想"——产学官结合共建技术城市，着眼点在于充实区域经济与产业的发展。1987年批准的"四全综"，以交通网络为开发手段，实现多极分散型的国土开发政策目标，以缓解"东京一极化"的矛盾。在规划内容上，在继承"三全综"的理念和目标的基础上，提出了能够适应产业结构转换和国际化新情况的理念及开发方式。仍把"以东京圈为首，以关东圈、名古屋圈及地方中枢、中心城市为核心的广域圈域"作为基础，以建设和整治交通、信息、通信体系作为构成全国国土整治的战略性项目，建立"全国一日交通圈"，强调地方圈的产业振兴项目和城市综合整治项目。交通网络由硬件和软件构成。硬件方面包括：①形成国际交通中心和信息、通信中心，并提高各种中心的连接能力；②在全国普及高速交通服务和高效物流服务及高度信息通信服务；③构筑防范灾害、事故和犯罪的安全体制。软件方面包括城市和农、山、渔村之间的广泛交流、产业间的交流、地方区域水平的国际交流等。"四全综"的

战略重点是大城市的再开发，即首都圈的再开发和在农、山、渔村兴建大规模"度假村"的构想。四全综的实施标志着日本的综合国土开发已经过"点"和"线"的开发全面转向"面"的开发，进而加速了日本"后工业化"的进程。

1990年代以后，为了解决日益突出的人口、资源、环境与经济社会发展问题，区域规划出现了新的发展，永续发展的理念越来越多地体现在区域规划中。从区域规划的内容上看，更多地从物质建设规划开始转向社会发展规划，规划中的社会因素和生态因素越来越受到重视，生态最佳化成了区域规划的新方向。从范围看，更加重视以整个国家为对象的区域规划，如荷兰、英国、泰国、德国、马来西亚的区域规划。1998年日本批准的新的全国综合开发计划以"21世纪国土的宏伟蓝图——促进区域自立和创造美丽国土"为议题，确立了国土均衡开发、丰富生活、美化环境、向世界开放特别是向亚洲开放的观点，规划提出要构筑四条国土轴，即西日本国土轴、东北国土轴、日本海国土轴和太平洋新国土轴，由此为日本国土均衡开发奠定新的基础。此次规划和以往的四次全国综合开发计划的最根本区别之处在于：以前的计划都是适应经济发展形势变化的产物，主要在于通过产业布局，充实高速铁路、公路交通网等社会资本，通过大规模开发来缩小地区间差别，侧重点在硬件方面。而此次规划主要是有效地利用现有社会资本，保护自然环境，侧重点在软件方面。本次规划倡导的开发方式为"参与和协作"，即呼吁行政、居民、志愿者组织和民间企业踊跃参加区域建设，地方政府和国家协调合作予以支援。

由于全球化进程的加快和全球国际贸易体系的形成，世界经济结构发生转型，在生产、分配和资源利用上影响了世界上所有国家的主要城市。全球竞争越来越集中地体现在城市间的竞争，城市成为全球竞争的基本空间单元，而城市的空间形态也逐步由单一城市向城市区域转变。因此，城市地区规划再次成为区域规划的热点，许多国际性城市都运用全球化的视野对其原有的城市地区规划进行调整、发展。如英国伦敦于2000年创建了大都市区政府，覆盖32个伦敦自治市镇和伦敦市政府，其主要职责是促进大伦敦地区的经济社会发展和环境改善。伦敦规划提出要在增长、公平和永续发展三个相互交织的主题下，将伦敦发展成为一个典范的、永续的世界城市。据此，该规划提出了具体的发展目标，包括在伦敦边界内不侵蚀开敞空间的条件下容纳伦敦的发展；使伦敦成为更适宜人居的城市；使伦敦成为经济强劲、多元增长的繁荣之城；促进社会包容性，消除剥夺和歧视；改善伦敦的可达性；使伦敦成为更具吸引力、具有更好设计的绿色城市。澳大利亚墨尔本于1999年底开始编制墨尔本2030发展战略规划，地域覆盖了墨尔本31个地方政府所管辖的范围，目的是引导政府部门的基础设施投资、公共设施选址、土地使用与政策制定。规划确立了未来墨尔本的发展目标为更紧凑的城市、更好的大都市增长管理、良好的区域城市网络关系、更具活力的城市、高品质的场所、更公平的城市、更环保的城市、更方便的交通联系以及更有效的规划决策与更缜密的管理。该规划更多关注了与周边地区的一体化发展，针对整个墨尔本大都会区以及周边区域的增长与变化展开研究，强调墨尔本与周边地区的相互依赖与联系，对周边市镇的发展给予充分的关注，其目标导向为实现整个维多利亚州的利益最大化。规划预测在

未来30年内墨尔本将新增100万人口，规划需要考虑如何在容纳新增人口的同时，着眼于永续发展的目标，减少生态足迹，保持基础设施的协调增长，保持墨尔本作为一个著名宜居城市的环境品质。同时，规划将为协调新基础设施的选址与管理，实现成本最低、环境影响最小、经济社会效益最大化而提供战略框架。2008年起，法国针对大巴黎地区空间、经济、社会等领域进行了一次全面的审视和对未来的诠释，开展了大巴黎都市区域空间战略规划国际咨询。参与该国际咨询的多家设计机构从城市区域管治、全球气候变化、城市区域社会空间等多个方面构想了大巴黎地区未来40年的城市区域格局和发展模式，反映出欧洲当今城市地区战略规划的新动向。其他如第三次纽约区域规划和大多伦多、大温哥华等大都市地区规划也都以提升城市的国际竞争力为目标来重组这些特大城市区域的空间体系。发展中国家的城市地区规划也随着全球化进程的加快、自身城市化的加速而蓬勃发展。

3　中国区域规划发展

我国的区域规划工作是伴随着新中国成立后大规模的基本建设而开展的。在"一五"期间，为了落实重点工业建设项目，主要围绕156项重点建设项目，起初由各部门单独选厂，各自建设。稍后发现，在一个地区由各部门单独选厂，在用地、用水、用电、交通等基础设施方面的问题不易解决，或者重复建设增加投资，很不经济；或者要拖延建设进度，造成不应有的损失。于是由国家计委、国家建委组织有关部门到一些地方联合选厂，成组布置工业，协调部门发展，起到了良好的作用。随着建设项目越来越多，且多在无工业的地区建设，基础设施要从头做起，有时要在不很大的范围内配置几个工业区和城镇，需要把该地区作为一个整体来进行统一规划。这样，联合选厂的形式和方法也不能胜任，而逐步发展为多学科、多部门、多工种、联合攻关、协作配合、统一规划、协调矛盾、多方案分析论证的区域规划。1956年3月，国家建委作出《关于开展区域规划工作的决定》。在同年国务院通过的《国务院关于加强新工业区和新工业城市建设工作几个问题的决定》中，对区域规划做了明确的概念界定。同年，国家建委据此拟定了《区域规划编制和审批暂行办法（草案）》，用以指导当时的区域规划编制和审批。该《区域规划编制和审批暂行办法(草案)》决定了区域规划的任务和重点开展地区（综合发展工业的地区、修建大型水电站的地区和重要的矿山地区）、拟解决的重大问题和编制过程。

在第二个五年计划的头三年，全国各地基本建设大量上马，客观形势要求广泛开展区域规划工作。这期间，有贵州、四川两省按省内经济区划分的方式开展全省的区域规划。还有许多省（区）按行政区或重点地区进行了区域规划。1960年初，国家建委在辽宁省朝阳地区召开了区域规划经验交流的现场会议，推广朝阳地区区域规划工作的组织领导、规划方法和区域规划中各专业规划编制工作等方面的经验。1960年冬，在长春召开了经济地理学术讨论会，集中讨论了区域规划的理论与方法等问题。当时所编制的区域规划由于原定的"二五"计划的指标和建设项目早已被客观形势所突破，所以是在没有国民经济长期计划的情况下自行拟定的。受当时高指标、浮夸风的影响，区域规划也

存在着脱离实际的倾向，经受不住实践的检验。当国民经济出现暂时困难以后，大批可不建或缓建的基本建设项目纷纷下马，国家主管区域规划的职能部门被撤销，各地的区域规划工作也随之停顿下来。但“三五”期间决定加快内地工业发展步伐，生产力布局的主要目的是备战，片面强调新建企业要“靠山、分散、进洞”，决策上的失误和十年动乱使我国的区域规划工作几乎处于停顿状态。在经历了十余年的发展低潮后，从 1970 年代末起，随着国家工作中心转移到经济建设上来，区域规划工作出现了又一次发展高潮。但当时我国在资源开发利用、国土整治和生产力布局上面临着一系列亟待解决的问题，包括资源家底不清、在资源开发和建设上存在一定的盲目性；在生产力布局中多数就项目论项目，对发挥地区优势重视不够；城镇规划和建设缺乏区域规划的指导，就城镇论城镇，规模确定不当，性质职能确定不准，产业结构趋同，土地浪费；经济布局缺乏统筹规划，导致对资源开发利用不当，对生态环境造成不良影响，如水土流失加剧、沙化面积不断扩大、环境污染等。1981 年 4 月，中央书记处作出了开展国土整治工作的指示，同年 10 月设置了国土局，开始组织力量研究编制《京津唐地区国土规划纲要》，同时进行了豫西地区、湖北宜昌地区、浙江宁波滨海地区、吉林松花湖地区、新疆巴音郭楞蒙古自治州等不同类型的区域规划试点，试点的区域规划类型包括以大城市为中心，经济比较发达的地区；自然资源开发，尤其以能源资源开发为重点的地区；边远落后地区；江河流域；专业规划的地区。经国务院批准，上海经济区和山西能源重化工基地、东北能源交通规划，重庆市及其管辖的各县等区域先后开展了区域规划工作，出现了以大城市为中心的经济区规划，强调以中心城市为依托，带动整个地区的发展。

1985 年 3 月，国务院再次强调要编制全国及各省市区国土总体规划。此后，全国各地都组织力量陆续开展了国土资源的调查工作，积累了大量资料，规划工作也全面铺开。这一时期全国进行了 33 个地区的国土规划试点工作。1987 年 8 月，在国土规划试点的基础上，国家计委发布了《国土规划编制办法》。1990 年，国家计委在总结全国各地经验与借鉴国外经验的基础上，组织编制了《全国国土总体规划纲要》，内容包括国土资源的基本状况；国土开发整治的目标；国土开发的地域总体布局；综合开发的重点地区；基础产业布局；国土整治与保护；国土开发中几个问题的对策（耕地问题、水资源供需平衡问题、人口的地域分布和劳动就业问题、城市化问题等）；有待进一步研究的若干问题和规划纲要的实施。该规划纲要提出了以沿海地带和横贯东西的长江、黄河沿岸地区为主轴线，以其他交通干线为二级轴线的我国国土开发与生产力布局总体框架，确定了未来综合开发的 19 个重点地区。同时，我国七大江河如海河、珠江、辽河、黄河、淮河、松花江和长江开始了新一轮的整治开发规划，提出了治理整顿和综合开发利用江河水资源的总体设想，其中包括水土综合平衡、梯级开发以及防洪、灌溉、航运、水力发电、水产发展、水资源保护等一系列措施，同时考虑了江河整治的经济、社会和生态环境的综合效益，成为国土整治规划的组成部分。

但是，随着 1990 年代我国社会主义市场经济的逐步建立和政府职能的转

变，国土规划和管理职能摇摆不定，国土规划发展进入低谷。1996 年，国土规划工作完全停顿。随着社会主义市场经济体制的完善，对作为宏观调控与管理有效手段的国土规划也提出了更高的要求，赋予其新的内涵。2001 年 8 月，国土资源部发出了《关于国土规划试点工作有关问题的通知》，决定在天津市和深圳市开展国土规划试点工作。2003 年 6 月，国土资源部又在辽宁、新疆开展国土规划试点。2004 年 12 月，广东被正式纳入国土规划试点。随后，国土资源部围绕国家重大战略部署，启动全国国土总体规划纲要编制研究。分析了改革开放以来国土开发的变化，以及影响未来 20 年国土开发格局的基本因素，重点针对国土开发和建设布局无序乃至失控、空间开发不协调、区域发展不平衡等问题，提出了未来国土开发的目标、空间格局和保障国土空间安全的支撑体系。新一轮国土规划试点除了认识到国土的资源价值外，还认识到国土的空间价值，即国土规划配置的不仅仅是土地资源本身，更重要的是在配置相应的空间，任何经济活动都要依附于一定的空间之上，并可以在时间维度上发生转换。国土规划的主要任务是协调经济社会发展与资源环境之间的关系，在地域空间上保障永续发展目标的实现。

2003 年中共十六届三中全会通过了《中共中央关于完善社会主义市场经济体制若干问题的决定》，提出要按照“五个统筹”即统筹城乡发展、统筹区域发展、统筹经济社会发展、统筹人与自然和谐发展、统筹国内发展和对外开发的要求，更大程度地发挥市场在资源配置中的基础性作用；坚持以人为本，树立全面、协调、可持续的发展观，促进经济社会和人的全面发展。之后，在国家的“十一五”规划中，区域规划被放在了突出重要的位置，认为区域规划是区域调控的重要依据，是战略性、空间性和有约束力的规划，不是纯粹的指导性和预测性规划。区域规划的作用是划定主要功能区的“红线”，主要内容是把经济中心、城镇体系、产业聚集区、基础设施以及限制开发地区等落实到具体的地域空间。编制区域规划，要着眼于打破地区行政分割，发挥各自优势，统筹重大基础设施、生产力布局和生态环境建设，提高区域的整体竞争能力。

另一方面，随着 1980 年代我国城市发展又一次高潮的到来，城市发展中对区域研究的忽视和“就城市论城市”的弊端逐渐显露出来。而我国城市规划编制体系中没有专门的区域规划，区域城镇体系规划实际上起到了区域规划的部分作用，于是推进了城镇体系规划的产生和发展。1984 年公布的我国城市规划条例提出：“直辖市和市的总体规划应当把行政区域作为统一的整体，合理布置城镇体系。”进一步明确了城市的发展不能就城市论城市，应从较大区域范围来分析该城市在发展中所处的地位和作用，及其与周围城镇的关系，城市的发展和空间布局需要与区域开发建设的总体布局相互协调。1990 年 4 月 1 日开始施行的《中华人民共和国城市规划法》中进一步明确了“全国和各省、直辖市都要编制城镇体系规划，用以指导城市规划的编制”，“设市城市和县城的总体规划应有包括市和县的行政区域的城镇体系规划”。该阶段，首先由我国的地理工作者开始探索市域城镇体系规划编制实践，如山东济宁（1985）、浙江温州（1986）、山东泰安（1987）、福建漳州（1988）、广西玉林

(1988）等。此后，国内在各个不同的地域层次上更多地开展了城镇体系规划，积累了大量的经验。1994 年建设部颁布《城镇体系规划编制审批办法》。在区域城镇体系规划基础上发展起来的县域规划、市域规划也陆续展开。1989 年 3 月建设部、全国农业区划委员会、国家科委、民政部联合提出《关于开展县域规划工作的意见》，指出县域规划是县和县级市行政区划范围内的经济社会发展的综合性空间规划，并提出了县域规划的具体内容和要求，如研究提出县的发展方向和目标，制订产业结构和乡镇企业布局方案，制订宏观的土地利用结构和布局规划，提出基础设施的发展方案和布局规划，确定城镇体系及布局方案等。

自 1990 年代中期以来，我国区域规划呈现不同的发展态势，城镇体系规划得到提升，结合城镇群体发展特征的新的城镇体系规划和城市区域规划的类型正在不断兴起，如南京、徐州、苏锡常都市圈规划（2002），珠江三角洲城市群协调发展规划（2004），长江三角洲城镇群规划（2005）等。

第3节　区域规划的内容

1　区域规划的类型

早期的区域规划的类型主要分为两类。一类是以城市为中心的区域规划。主要是为了解决工业革命以后社会经济发展出现的问题，如大量乡村人口流入城市地区，城市规模迅速扩大，城市出现了大量超越自身范围的用地、居住、交通、供排水和环境等问题。如 1920 年代的纽约市区域规划就是以解决就业和住房问题为主要目标，通过交通网络和聚居点的分布和组织而进行的区域规划实践。另一类是以整治落后地区和以开发资源为目标的区域规划。随着大都市地区的高速度发展，边远地区和经济后进地区的劳动力、技术等要素资源流向发达地区，加剧了经济发达地区和经济后进地区发展的差异。这些正是此类区域规划需要重点解决的问题。如 1920 年前苏联的电气化计划的目的就是尽量利用地方的能源条件，恢复和建设发电站，以此为动力，带动能源基地周围的工业发展。1933 年的美国田纳西河流域规划就是以综合开发国土资源、振兴落后地区经济发展为目标的区域规划。

随着区域规划的发展和完善，对区域规划的任务和作用的理解也不断完善。根据区域规划自身的特点，可以依据不同的分类方法进行区域规划类型的分类。尤其是区域规划以特定区域为研究对象，不同属性和特征的区域，往往在规划目标和内容上有所不同。因此，按照不同的分类方法，区域规划划分的类型也不同。

1.1　按规划地域的结构特征来划分

1.1.1　枢纽区的区域规划

此类区域规划的最主要类型即为城市地区的区域规划。城市地区区域规划的范围主要包括以大城市或特大城市为中心，包括周围若干中小城市或城镇的区域。这类规划主要以大城市或特大城市的发展战略性问题为核心，全面协调区域发展和合理配置区域空间，同时解决好区域内各城市（镇）的合理分工与协作，尤其以提升大城市或特大城市的核心竞争力、提高大城市发展质量为首要目标。

1.1.2 均质区的区域规划

均质区内部结构的主要特征指标基本一致，可根据其内部结构的特征来进一步细分为工业地区区域规划、农业地区区域规划、风景旅游区区域规划、大中河流流域综合开发利用规划等，并根据其特征确定规划的重点内容。

1.2 根据区域的行政管理属性来划分

按区域的行政管理属性来划分，可分为按行政管理区域划分的区域规划和按区域发展轴线编制的跨行政区域的区域规划。前者如省域规划、地级市或地区规划、县域或县级市域规划等。有些由于不在单一行政区的区域，其空间资源不合理开发、重复建设、生态环境破坏以及建设项目空间布局失控等，需要开展跨行政区的区域规划，也可归入此类。如湖南长株潭城市群区域规划的规划范围包括了长沙、株洲和湘潭三市的市域范围，江苏苏锡常都市圈规划的范围包括了苏州、无锡、常州三市的市域范围。后者中比较常见的规划类型有以流域为规划范围、以河流为发展轴的规划，如以长江为轴线的江苏沿江区域规划；以交通轴线为发展轴的区域规划，如陇海兰新地带城镇体系规划。

2 区域规划的内容

区域规划是对区域经济社会发展和空间资源配置的总体部署，所涉及的内容十分庞杂，规划工作不能将规划区域的所有发展问题全部囊括进来，只能根据区域规划的综合性和战略性的特点，确定区域规划编制的主要内容。

我国学者已总结了新中国成立以来早期的区域规划的基本内容。认为我国计划经济时期的区域规划以前苏联地域生产综合体理论为基础，即把规划地区各类经济活动作为一个整体来看待，综合组织安排。规划基本上是以新建工业企业选址为核心，通过大型企业布局带动新城镇建设，组织地区经济协作，规划主要考虑的是避免重复建设和迂回运输，使各项建设得以在时间和空间上相互协调。具体内容包括：划分经济区，明确区域地位和发展方向；合理布局工业建设，正确处理集中与分散的关系；开展农业区划，合理安排各项农林生产用地；城镇居民点布局和基础设施布局。

根据对我国自1980年代以来的区域规划实践的概括，基本可以归纳出区域规划的以下主要内容。

2.1 区域发展条件评价和发展定位

准确评价区域发展条件是合理确定区域发展方向的重要基础，可以明确区域未来发展的有利条件和不利因素，扬长避短，有的放矢。评价区域发展条件通常包括区域自然条件、资源条件、区位条件、社会经济发展基础条件等。当前，区域的社会、文化、科技实力、投资环境以及生态环境等“软”条件也越来越成为区域发展的重要评价条件。

区域发展条件的评价可以采用定性和定量相结合、单因子和复合因子相结合的方法，利用横向纵向比较手段进行。近年来，在区域发展条件评价中引入了管理学的“SWOT”分析方法，即通过分析区域发展的优势、劣势、机遇、挑战等，作为确定区域发展战略的依据。

区域发展定位的内容包括：区域发展性质与功能定位，经济、社会和生态发展的目标定位等。区域发展定位的确定不能仅就本区域的分析而“就区域论区域”，而是要跳出本区域，从更大区域乃至国家、全球层面分析本区域。

2.2 区域发展战略

区域发展战略是对区域整体发展的分析、判断而作出的重大的、具有决定全局意义的谋划，是区域规划的关键性内容。区域发展战略包括战略方针、战略模式、战略阶段、战略重点和战略措施等。

传统区域规划的区域发展战略侧重在区域经济发展战略，过多强调区域经济总体发展和部门的、行业的发展战略。而当前的区域发展战略则包含了经济发展、社会发展、城镇发展、生态发展等内容，并明确具体的发展战略目标。尤其是应突出区域空间规划作为区域规划的核心，将区域发展战略目标在空间上予以落实，制定明确的区域空间发展战略。

2.3 经济结构与产业布局

区域经济结构包括生产结构、消费结构、就业结构等多方面的内容。我国现阶段的区域规划多侧重于产业结构研究，即研究区域内部各种产业之间的比例关系与组合形式，包括产业的部门结构和空间结构。通常对产业的分类按照三次产业的分类方法，即按照生产力发展变化过程进行划分。第一产业包括农业、林业、畜牧业、渔业等；第二产业包括加工工业、建筑业和采掘业等；第三产业包括交通运输、邮电、商业、金融、信息、饮食服务、公用事业、科研、教育、文化、卫生等各种服务业。

一个区域的经济发展与其产业结构有密切的关系，人类的经济活动最终都要落实在产业部门和具体地域上。对区域产业结构的现状、存在的问题、影响和决定区域产业结构的主要因素进行分析研究，根据区域在更高层次区域乃至国家及全球的产业分工及市场变化的趋势，明确区域产业结构的发展趋势、确定区域内各主要产业之间的比例关系、确定区域的主导产业及产业链等，是区域规划的重要内容之一。同时，区域规划要考虑各产业部门在地域空间上的相互关系与地域上的组合形式，协调好各产业部门的空间布局。除了传统的工农业生产部门的空间布局外，近年来各地编制的区域规划已更多关注新兴的第二产业和第三产业的发展与空间布局，如高新技术产业、创意产业、物流产业、旅游产业等。

2.4 城镇化与城乡居民点体系规划

城镇化与城乡居民点体系规划是区域规划的相对传统和成熟的内容，但传统区域规划相对而言更关注区域城镇体系的发展，而对乡村居民点体系则相对忽视。近年的区域规划更关注城乡统筹，将城乡居民点体系作为区域人居环境体系加以整体考虑。

城镇化水平预测是预测规划期内区域城镇人口占总人口的比重，其中包括对区域总人口的预测、区域城镇化水平的预测。区域总人口预测通常从区域人口的自然增长和机械增长两方面加以考虑，人口自然增长一般与区域内计划生育的要求与执行情况密切相关，机械人口的变化则取决于区域的发展活力和发展水平，可参照近10年人口的迁移情况进行趋势分析，并应考虑规划期内的区域经济社会发展变化因素。区域总人口不仅应包括户籍人口，还应该包括非户籍的常住人口。城镇化水平预测可采用时间序列趋势预测法、剩余劳动力转化预测法、城镇人口预测转换法等方法。

城乡居民点体系规划是社会生产力和人口在地域空间组合上的具体落实，重点是建立完善的城乡居民生活和生产网络，集聚空间和资源、设施区域共享，培育重点城镇和乡村居民点，成为区域城乡社会经济发展的节点和人口集聚的核心，促进资源环境的保护及区域生产生活水准的整体提升。区域城乡居民点体系规划包括城镇体系规划和乡村居民点体系规划两部分，两者在功能定位、人口空间配置、建设标准以及设施共享等方面有着密切的联系。其中城镇体系规划要研究其演变过程和规律，分析现状特征和存在问题，并据此开展城镇体系规划。

城镇体系规划的基本内容包括：确定区域城镇发展战略和总体布局；确定城镇体系等级规模结构、职能组合结构和地域分布结构以及城镇体系网络系统（三结构一网络）；提出重点发展城镇及其近期建设的建议。

乡村居民点体系是指县城（县级市政府所在地）以下的乡村居民点所构成的体系（一般不含县城或县级市政府所在地），从乡村居民点的行政等级和作用的层次来划分，一般可分为城镇、集镇、中心村、基层村等，重点为集镇及以下的居民点。

乡村居民点体系规划的基本内容包括：依据区域城镇化发展的目标，明确区域内的农村人口容量，确定各级乡村居民点的人口配置及空间布局；确定各等级乡村居民点的功能定位；配置相应的社会服务设施和市政基础设施；确定乡村居民点发展和完善的策略等。乡村居民点体系规划必须统筹城乡体系，并纳入到区域城镇化的大背景下进行整体的规划。

2.5　区域基础设施布局规划

区域基础设施是用以保证区域经济发展和人民生活正常进行的必要的物质条件，也是衡量社会经济发展现代化水平的重要标志，具有公共性、系统性、超前性等特点。区域基础设施对生产力和城乡地域的发展与空间布局有着重要影响，应与社会经济发展同步或者超前发展。

基础设施可分为生产性基础设施和社会性基础设施两大类。生产性基础设施是为生产力系统的运行直接提供条件的设施，包括交通运输、能源、邮电、通信、供水、排水、供电、供热、供气、仓储以及防灾设施等。社会性基础设施是为生产力系统运行间接提供条件的设施，又称为社会服务事业或福利事业设施，包括教育、文化、体育、医疗、商业、金融、贸易、旅游、园林、绿化等设施。

区域规划要在对各类基础设施发展现状进行分析的基础上，根据区域人口和社会经济发展的要求，预测未来对各种基础设施的需求量，确定各类基础设施的数量、等级、规模、建设项目及空间布局。区域基础设施规划应考虑永续发展、生态环境优先、适当超前和讲求效益等原则。

2.6　区域生态与环境保护规划

区域生态系统是区域内的人口、资源、环境通过各种相生相克的关系建立起来的人类聚居地或社会、经济、自然的复合体。区域的社会经济发展必须保持这个复合体内部各类要素的平衡关系不被打破，自然环境不遭到破坏，一个部门的经济活动不对另一个部门造成损害，因此，需要在区域规划中应用生态学的原理，计算并合理安排天然资源的利用及组织地域的利用。

区域规划中的生态环境保护规划内容主要有：

(1) 调查分析区域生态环境质量现状与存在问题，重点是人类活动与自然环境的长期影响和相互作用的关系和结果，包括经济、社会、自然生态方面，并关注其在空间上的反映，如资源枯竭、土地退化、水体和大气污染、自然生境破坏等生态环境问题。

(2) 区域空间的生态适宜性评价，即对区域内各项经济社会活动及其空间安排对区域土地的要求与土地质量实际供给之间匹配程度的评价。生态适宜性评价工作包括明确区域内各项活动对土地质量的要求，分析影响土地质量的自然和社会经济因素，抓住主导因素并选取评价因子，确定各因素分析评价的标准等。该评价结果可以为区域空间开发潜力评价和空间管治提供依据。

(3) 分析生态环境对区域经济社会发展可能的承载能力，即主要针对区域内土地可能达到最大的生产利用水平或某项资源最大可能承载的人口规模、空间开发规模以及开发强度的分析等。区域规划中的承载能力主要表现为土地资源、水资源，以及针对人口适宜规模的生态环境承载力。

(4) 制定区域生态环境保护目标和总量控制规划。根据区域经济和社会发展的总体目标，预测环境状况，制定区域各阶段生态环境保护规划目标，包括环境污染控制目标和自然生态保护目标。

(5) 进行生态环境功能分区。根据区域生态系统结构及其功能特点，划分不同的类型单元，研究其结构、特点、环境污染、环境负荷以及承载力等，分别对各功能区提出所要达到的质量标准。

(6) 提出生态环境保护、治理和优化的对策。

2.7　空间管制与协调规划

主要明确区域社会经济活动在空间上的落实与上一层次空间、周边区域空间的协调，以及区域空间内部的次区域空间之间的协调。协调的重点是区域功能分区、基础设施的共建共享和生态环境建设等。一般使管制要求落实到区域空间上，将区域整体分成优化开发区、重点开发区、限制开发区和禁止开发区等4种类型。区域空间管制的主要依据是区域生态环境保护规划，尤其是区域空间生态适宜性的评价结果。

2.8　区域政策与实施措施

区域政策是运用相关干预，解决区域发展中出现的各种问题，推动区域协调发展而实施的政策与政策体系。从层次上看，区域政策可以是宏观政策，也可以是微观政策。前者通过改变投入和产出的区域格局来体现，后者则主要是通过影响区域发展要素如劳动力、资本以及资源的区域配置。区域规划中的发展政策研究主要侧重于微观政策的研究。从性质上看，区域政策可以是支持性

政策，也可以是限制性之策。

区域规划中的政策研究应注意与国家其他政策之间的相互协调一致。

2.9 区域规划中其他内容的探索和创新

近年来的区域规划实践中，大多在区域规划实施和深化方面进行了更多的探索。如在规划中按照区域空间的差异性和相似性，将规划的区域空间划分为若干个次区域空间，提出次区域空间的空间发展战略和空间布局框架，明确区域重点空间，对区域重点空间提出进一步的规划引导，作为对下一层次规划的具体指导。

此外，对区域规划目标分期实施的策略，也是近期区域规划探讨的一个重点内容。规划中对区域空间发展的目标进行合理分解，确定近、中、远期和远景不同时段的发展范围和开发重点，以保证区域规划的实施性和操作性。其中，近期建设规划是区域规划分期规划的重要环节，一般明确未来 3 ～ 5 年的期间，明确阶段性的区域发展目标、区域空间开发的基本格局、区域建设的重点项目和开发的重点地区，并提出可行的策略建议。同时，近期建设规划最好和国民经济与社会发展五年规划保持同步和协调。

第4节 区域规划的新类型

1 国土规划

1.1 新国土规划的产生背景

1980 年代实施的国土规划是根据国家社会经济发展总的战略方向和目标以及规划区的自然、经济、社会、科学技术等条件，按规定程序制定的全国的或一定地区范围内的国土开发整治方案。国土规划是国民经济和社会发展计划体系的重要组成部分，是资源综合开发、建设总体布局、环境综合整治的指导性计划，是编制中、长期计划的重要依据。国土规划的基本任务是根据规划地区的优势和特点，从地域总体上协调国土资源开发利用和治理保护的关系，协调人口、资源、环境的关系，促进地域经济的综合发展。但是，进入 1990 年代以来，随着社会主义市场经济的逐步建立和政府（特别是各级计划委员会）职能的转变，国土规划开始进入低谷阶段。主要表现为：国土规划的管理机构先后被撤销或名存实亡，人员精简改行，经费大幅度削减，规划方案编制工作处于停顿或半停顿状态，规划成果的作用难以发挥等。同时，该时期国土规划工作所处的宏观背景也发生了较大变化，资源环境与经济社会发展之间的矛盾更加尖锐，粮食安全、区域发展不协调、城乡差距拉大等深层次问题更加突出，国土规划任务更加艰巨。

新时期国土规划的一个重要变化是摆脱了作为国民经济和社会发展计划的落实与延伸的地位。对我国这样一个地域辽阔但人均资源严重不足的国家，更需要科学协调地利用有限的空间和资源，而不能只强调国民经济和社会的发展规划。因此，新的国土规划淡化了发展规划的属性，同时强调其空间规划的性质，以空间管制或土地用途管制为基本实施手段，是一项具有战略性、长期性、综

合性和调控性的地域空间规划。区域经济、社会与人口、资源、环境的协调发展，不仅体现在发展规模、速度和产业结构上，而且应当落实到国土空间上。新的国土规划正是体现出了对人地关系的协调，突出重视了对环境的治理和保护。

1998 年，我国的国土规划职能由国家计委划转至国土资源部。党中央、国务院更加重视国土规划工作，党的"十七大"报告明确强调要"加强国土规划"。

1.2 国土规划的主要内容

我国新一轮国土规划刚刚开始，对国土规划的认识与内容还没有统一的规定和取得共识。一般认为我国编制新一轮国土规划必须在思路方面实现四个转变，即：①以行政手段为主的计划型向市场经济的引导型转变。在保持国土规划原有的综合性、地域性和战略性的同时，规划目标着重解决国土开发整治中带有长远性和方向性的问题，通过实施引导性的政策措施（如以优惠政策引导资源、人力、物力、财力的有效流动），使规划从过去为各部门被动执行型转变为主动参考型，真正成为政府加强宏观调控的有效手段。②从资源开发利用转向开发、利用与保护相结合。通过国土规划，从全局的利益出发，为政府提供对国民生计最重要的资源（如水资源、土地资源、关键性矿种等）的开发利用与保护方案（包括开发时序、强度及资源开发中的生态保护与污染治理等），实现经济效益、社会效益和生态效益的统一。③从主要追求经济发展目标转向经济、社会同人口、资源、环境多目标持续协调发展。新一轮的国土规划必须以永续发展战略为指导，遵循公平性、持续性和共同性原则，在不断提高人类的生活质量、又不超越资源环境承载能力的条件下，既满足当代人和本区域发展的需要，又不对后代人和其他区域满足其需求的能力构成危害。从这个意义上讲，国土规划实质上就是区域永续发展规划。在新一轮国土规划中，从规划目标到指标体系的设置都要体现区域永续发展的思想，并通过国土空间布局规划、资源环境的合理供给和重大基础设施的优化配置，使永续发展战略具体化和空间化。④规划重点从产业规划转向协调地区经济社会建设的空间布局规划。根据国土规划的性质及功能，新一轮国土规划的内容应具有长期性和相对稳定性，并同地区经济社会发展规划的侧重点有明显不同。规划的重点应从产业规划转向协调地区经济社会建设空间布局的有关问题，如地区生产力的总体布局框架，地区的分工与区际协调，产业布局的协调，地区人口流动、城镇化与城镇体系建设，地区公用基础设施的空间布局，水土资源的合理开发利用，生态建设与环境保护，经济、社会发展与人口、资源、环境的综合协调，以及制定同地区国土开发整治配套的空间政策和地方性法规。

通过国土规划的试点工作，有学者总结了新一轮国土规划的内容主要应包括以下几个方面：一是确定国土开发利用战略，包括明确区域的战略地位、目标和重点等。要避免不切实际或模糊、抽象地定位、定目标。二是搞好区域功能划分。规划不可能对发展指标和项目等一一作出安排，但可以规定可以开发、限制开发和禁止开发的地区，并作出明确的刚性约束。三是城镇和各类园区规模与布局。要按照区位、资源和环境条件，合理确定城镇和各类园区发展的规模、结构和布局，保障城镇和各类园区健康有序发展。四是战略性资源的开发、利用、整治和保护规划。五是重大基础设施工程布局。

1.3 国土规划的实践

1.3.1 深圳市国土规划

深圳市国土规划定位为以人地和谐为主线的综合战略规划，以资源承载力与环境容量研究为支撑，以综合发展策略为指导，以空间利用和布局为规划的落脚点，对深圳市域国土资源与国土环境及其开发利用保护进行了比较系统的研究。尤其把有限资源环境制约下的城市空间结构、功能布局、分区管制等作为重点研究内容，把人口、经济、环境、资源和发展的协调问题统一到空间部署上来，为实现永续发展提供保障。规划在分析深圳市现状国土条件的基础上，提出四大发展策略——国际化策略、环境领先策略、集约均衡发展策略、产业升级引导策略，提出了全市三级节点构成的网络体系结构，并将全市划分为五个功能区——城市中心功能区、西部产业功能区、东部产业功能区、中部服务功能区和东部沿海港口旅游功能区。

深圳市国土规划的主要内容包括了资源承载力与环境容量、城市发展现状与趋势、发展目标与策略、空间开发与管理、环境建设与资源利用等。

1.3.2 天津市国土规划

天津市国土规划以可持续发展为核心，定位为对天津经济、人口、资源和环境的协调发展进行统筹规划，以到 2030 年把天津市建设成为现代化国际港口大都市和我国北方的经济中心，资源有效利用、生态环境良好、舒适安全等作为国土规划的关键问题，以生态环境的建设、保护、治理为出发点，以生态环境评价和资源承载力研究为基础，以全面提升城市竞争力、推进区域及城乡一体化、优化国土资源配置为主线，提出建设充满活力的经济国土、区域合作的开放国土、城乡一体的均衡国土、生态文明的绿色国土、继承创新的文化国土、保障有力的安全国土为国土规划的六大目标。

规划将全市划分为五个一级区：都市协调发展区、中部城市化促进发展区、南部城市化发展区、北部生态协调发展区、海洋经济生态协调发展区；提出“三横三纵”、“三个绿心”的国土开发利用空间结构，以及都市区—新城—新市镇—一般城市的四级城市体系等级规模结构（图 12–4–1）。

1.3.3 辽宁省国土规划

改革开放以来，特别是国务院实施振兴东北老工业基地战略以来，辽宁省经历了高速发展，但同时也带来了地区发展的趋同性、资源开发利用的粗放性、盲目性等问题，不仅资源浪费严重，生态环境也遭到严重破坏。2008 年 3 月，国土资源部和辽宁省政府共同签署推进辽宁省国土规划实施备忘录，以利于辽宁省国土资源的优化配置和高效利用，从而使辽宁老工业基地在更高层级上走出一条低资源消耗、低环境成本、高经济社会生态效益的振兴之路。

辽宁省国土规划的主题确定为“振兴与可持续发展”，其规划主要内容包括四个重点：一是规划调控国土空间，包括生产、生态、生活空间；二是优化配置国土资源，提出各项资源开发利用方向和重点；三是保护和整治国土环境；四是强化科学国土管理。

在编制国土规划的过程中，辽宁省充分考虑环境功能区划、经济区划、主体功能区划的基本原则和要求，提出了辽宁国土空间开发的总格局：优化提升

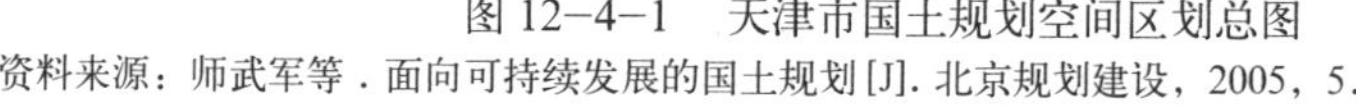

图 12-4-1　天津市国土规划空间区划总图

资料来源：师武军等．面向可持续发展的国土规划[J]. 北京规划建设，2005，5.

中部，组织产业生态聚焦，实现高密度、高效益；重点开发沿海，集约高效利用海陆资源，实现高起点、集群化；强调沿海与中部互动，做强做优沈大带，并向北发展，连接长春、哈尔滨形成哈大经济带，打造中国的第四增长极；保育东西两厢，优先生态补偿，拓殖生物工程和生态功能，实现多元化、生态化；推进点式发展，实现差异化、特色化。

1.3.4　广东省国土规划

广东省国土规划是省部合作开展国土规划编制的试点省之一，从 2004 年底启动到 2008 年底编制完成。广东省国土规划的最终成果包括项目设计书、顶层设计报告、国土规划基本思路、15 个专题研究报告、专题研究初步观点、广东省国土规划文本和国土规划纲要、图集、国土规划空间分析和数据上报系统及用户手册等。

广东省国土规划的基本定位集中在"为省域国土资源开发和国土空间利用的综合性空间规划"，一是有利于把重点放在解决当前广东省国土开发与利用中存在的秩序混乱等主要问题上；二是有限目标，一次规划，一个重点——统筹安排省域国土资源开发和合理布局国土空间利用；三是立足于国土资源管理部门的职能范围，有利于国土规划的尽快实施，也有利于节约行政协调成本。

广东省国土规划在借鉴国内外空间规划经验的基础上，针对广东省率先实现现代化的战略和转型升级的紧迫需求，整合和充分利用了相关规划成果，形成了系统、完整的规划报告。规划明确了以国土资源合理开发利用和国土空间的整体部署为主线，阐述了国土功能区划、点轴系统总体布局、海陆统筹与区域协调途径。规划以优化空间结构为目标导向，把调整生产空间、优化生活空间和整治生态空间作为国土规划的核心内容。同时，把土地资源的统筹配置等作为规划目标和主要内容的引导和支撑。

2　都市区规划

2.1　都市区规划的产生背景

城市作为以空间与环境资源利用为手段，社会、经济以及物质性设施的空间地域集聚体，其大多数都可以在自己的市辖区范围内安排各项功能，但也有相当一部分大城市或特大城市，其城市功能作用的发挥已远远超出了自己的市辖区范围，而与周边的县市有着密切的城市社会、经济、文化等功能联系。

大都市区是城市功能地域概念，其一般概念是包括一个高密度的人口核心地区和围绕这个核心的具有高度经济与社会融合的相邻社区，即以某一个大城市或特大城市为中心，包括周围相邻地域单元的城市化地区。作为城市功能地域概念，大都市区主要的着眼点在于中心城市对周边地域的功能影响和联系，这种影响和联系综合地反映在社会经济的各个方面。

大都市区的形成与发展是城市在区域背景下集聚和扩散的过程。城市作为一定地域范围的中心，其自身的发展贯穿着对周边区域的吸引，资金、技术、劳动力等各种要素向城市的核心地域集中，同时体现出城市核心地域的空间扩张。当城市的向心集聚达到了一定程度后，便开始对周边地域产生影响。城市核心的综合实力越强，对周边地域所产生的影响和辐射也就越强。当城市核心与周边地域的社会经济联系达到足够密切时，便形成了大都市区。

大都市区的发展是城市化发展到一定阶段的产物。1950 年代后，西方国家由于工业和科学技术高速发展，人民的生活水平不断提高，交通和通信事业迅速发展以及大城市和特大城市出现环境恶化等，城市化过程出现了一个不同于以往的逆向的流动过程，即由向心集聚向相对分散的郊区化发展。这个过程首先是以居住郊区化为先导的。交通设施与基础设施的完善为城市人口居住的郊区化创造了条件，郊区相对低廉的住宅价格、中心城无法相比的居住环境不断吸引着中心城的人口向郊区搬迁。在美国，由于人口外迁，中心城市所占的人口比重迅速下降。人口的外迁直接导致了工业和零售业的外迁。商业服务部门、超级市场、购物中心等纷纷在郊区出现，办公事务部门也由于现代电子通信技术的发展而使其业务方式发生了根本性的变化，得以远离市区进入郊区。工业企业则更多地受到市区土地的成本高、环境保护的压力大以及工业生产占地需求的影响而向郊区外迁。

我国自 1980 年代初开始确立了由中心城市带动地区发展的道路，一些区位条件良好、具有交通优势和各种资源优势的城市迅速发展成为大城市。随着中心城市集聚能力的不断提高，带动产业规模迅速扩大，由此带来对产业发展空间的需求。1980 年代末开始的跨出原有城市建成区发展的各类经济开发区，成为城市空间扩展的主要途径。同时，产业发展带动了人口的集聚，人口规模的扩大和居住空间的外拓是城市地域空间迅速扩展的又一主导因素。区域交通基础设施条件的完善也是城市空间扩张的主要诱导因素。因此，我国经济发达地区率先由单一城市发展阶段推进到大都市区发展的阶段和空间形态特征，有些地区甚至有多个大都市区彼此间密切联系，形成了大都市带。

同时，城市空间的快速扩张和大都市区发展受到行政区划因素的制约，造成了我国大都市区发展存在不少问题，如空间开发无序、资源利用浪费、生态环境破坏严重、区域基础设施建设水平较低且缺乏协调等。其根源即在于“行政区经济”，即由于行政区划对区域经济的刚性约束而产生的一种特殊区域经济现象，及由这种经济现象所引发的其他社会现象。因此，迫切需要研究该类城市地区如何超越行政区划界限实现大都市区空间合理发展以及区域内部的协调发展机制和手段。

2.2 都市区规划的主要内容

从 21 世纪初开始，我国已经开始在广域层面上开展了特大城市的空间发展战略规划（概念规划）——大都市区规划的研究探索。通过近 10 年的实践，我国已基本明确大都市区规划的主要内容要求。

大都市区规划应在对区域社会经济发展条件分析的基础上，侧重大都市区的空间发展规划。大都市区规划应当包括下列内容：

（1）大都市区发展的背景。包括：大都市区所处的区域背景分析、大都市区形成和发展的诱导因素分析。

（2）大都市区社会经济发展的空间需求。包括：大都市区产业发展前景分析、产业发展对大都市区空间的需求、产业发展的空间优化。

（3）大都市区空间构成要素及空间发展条件。包括：大都市区空间层次分析、大都市区功能地域范围界定、大都市区空间发展条件评价。

（4）大都市区空间结构规划。包括：大都市区空间发展规模预测、大都市区总体空间结构、大都市区各功能区空间管制、大都市区空间布局规划。

（5）大都市区综合交通网络规划。包括：大都市区机场、铁路、高速公路、航运等对外交通及大都市区公共交通网络综合规划、大都市区道路交通网络系统与城市内部道路交通系统的衔接。

（6）大都市区基础设施规划。包括：大都市区水源保护、供水、排水、防洪、供电、通信、燃气、供热、消防、环保、环卫等设施的发展目标与规划。

（7）大都市区生态系统规划。包括：大都市区生态系统发展目标、生态功能区划分、各类生态功能区开发管制。

（8）大都市区规划实施的制度保障和政策措施。包括：大都市区管理的组织结构体系、实施大都市区规划的措施和政策建议。

2.3　都市区规划的实践

目前的大都市区规划主要有两种模式：一种是团体和战略规划模式。这种模式强调大都市区的竞争战略，其核心是通过提升竞争力使区域在全球竞争中处于强势地位。如美国纽约大都市区规划。另一种是环境和社会规划模式。这种模式强调适宜居住性、社会凝聚力以及区域差异性的保持，核心是适宜居住性，即营造优美宜人的环境。如加拿大大温哥华地区规划。

2.3.1　美国纽约大都市区规划

美国纽约大都市区又称为三州大都市区，位于美国东北部、大西洋西岸，包括康涅狄格州西南部、纽约市的五个区、长岛、哈得逊河流域下游地区，以及新泽西州北部。这是一个以纽约市为核心的、由31个县组成的大都市区，面积近13000$mile^2$，人口近2000万人，这一区域中有800个城市、镇和村庄。

纽约市早在1920年代就已经编制过城市地区的区域规划，旨在解决该地区的就业和住房问题。1960年代，纽约市又编制了第二次区域规划，提出五项原则来解决该地区存在的问题，即建设新的城市中心区来刺激就业，以多中心模式重构纽约大都市；提供多样的住宅满足不同收入水平的居民需求；更新老城区的基础设施和环境，并为穷人提供更多的培训机会，重新提升老区的吸引力和活力；强调对原生态区域的保护；建设发达的公共交通体系来确保区域多中心之间的联系。该区域规划促成了近100万英亩濒于危险的开敞空间得到保护，推进了纽约城市地铁与多个郊区铁路系统合并运行，并与大都市区运输中心和新泽西州的运输系统联系起来，此举带来了数十亿美元的新增投资计划，为纽约大都市区域在1980年代的增长高潮奠定了基础。

1996年2月13日，区域规划协会（RPA）发布了纽约大都市区第三次区域规划，主题为“危险中的区域”，指出全球经济增长缓慢和未来发展的不确定性、发展方式的不可持续性、多元化下严重的社会分化、环境污染和城市蔓延等问题使得该区域正处于危机之中，面临未来全球经济的竞争，新的挑战和机遇并存。规划从提高区域竞争力的广阔视野，提供了纽约大都市区迈向21世纪的方向和议程。

该规划拟通过五大行动来达成3E目标。3E的目标是经济（Economy）、环境（Environment）和公平（Equity），五大行动是植被（greensward）、中心（centers）、机动性（mobility）、劳动力（workforce）和管治（governance），从而提高区域的生活质量。同时，顺应市民社会的发展要求，从治理的角度通过新的途径来组织政治机构、企业与市民共同参与规划行动，并制定了77条针对五大行动的专门措施。规划从整体上描绘了纽约与相邻两州区域共同增强经济繁荣、社会公平与环境质量的前景，强调了社会公平与环境的重要性，其目标为提升区域永续发展的竞争力，并提出了具体的实施五大行动的规划措施。第一，建设区域性的生态绿地。规划创建一个由11个自然系统组成的生态网络，这个网络将长期保护区域的生态设施，如分水岭、野生动物种群、森林、农场和河道等。这些生态设施按照逻辑性的原生态必须以区域为单位来实施协同管理。第二，强化中心区增长。规划2020年前整个区域拟增加200万个就业岗位，发展城市中心区的目标是要将新增岗位的一半吸引在曼哈顿商务中心区和11个区域性的城市中心区内。提升每个中心社区的创造性，为中心区提供住房和经济发展资金，以提高交通转换枢纽能力为手段，加强中心区与区域就业中心的联系。第三，提高可流动性。以高速铁路体系的建设为重点，通过整合现有7个轨道交通系统的部分，形成新型的区域性高速铁路交通系统。建设新的交通线路，重建原有节点，只需将现有区域内的3000km铁路线延伸2%，就可以提升通行能力、极大地减少换乘时间和实现集聚作用。第四，投资于具有竞争能力的劳动力。规划提出改革学校财务的策略，把学校与就业联系起来，并建立一个终身学习系统，为当地居民（尤其包括移民和少数民族）提供技能培训的机会，因为这些技能是参与到未来建立快速发展的信息产业所必需的。第五，改进治理的规划措施，包括建立更加宽容和更加多样化的城市空间，可以为不同主体、不同民族在区域发展中提供空间平台，通过多元融合和参与，创造出永续发展的经济社会。

2.3.2 加拿大大温哥华地区规划

加拿大大温哥华地区（Great Vancouver Regional District，GVRD）位于加拿大西海岸，北临山区，南与美国华盛顿州接壤，以加拿大第三大城市和西海岸最大港口温哥华为中心，是一个包含21个市和1个选区的大都市区。该地区总面积为3292km^2，其中已开发的地区面积为797km^2，2000年总人口为201万人，已开发地区的人口密度为25.2人/hm^2，其中中心城市温哥华市人口为54万人，占大温哥华地区人口的27%。

至1990年，大温哥华地区经济的迅速发展和人口增长产生了许多负面影响，如城市郊区蔓延，占用大片绿地和农用地，破坏生态环境；居住的分散增加了就业中心与居住地之间的通勤时间和距离，造成市中心交通拥挤，塞车现象日益频繁，出行时间加长；通勤距离的增加使人们过分依赖小汽车，汽车尾气污染严重（1990年代初期大温哥华地区空气污染的70%来自汽车尾气）；城

市郊区蔓延，难以经济有效地提供各种基础设施和服务，加重了政府的财政负担。在这种背景下，大温哥华地区开始着手编制整个大都市区的战略性规划(Livable Region Strategic Plan)，确定其发展战略目标为：能够达到以下目标的世界上第一个大都市区，即能够实现整个人类的追求；通过人类的活动改善而不是降低自然环境；人类建筑的质量会接近优美的自然环境；居民文化和宗教的多元化成为团结的力量而不是斗争的根源；每个居民的衣、食、住、行和安全等基本需求都会得到充分的保证。规划的指导思想是：保证良好的自然生态环境，保护水土资源；适应不断增长、变化的人口需要；促进区域经济的健康发展；实现有效的区域发展管理。

大温哥华地区规划（图 12-4-2）主要包括三个方面的内容：①绿色地带规划。具体制定四种需要保护的绿地：社区健康发展用地，即对社区的生存和发展有重要意义的陆地和水面，如水源保护区、容易产生和引发自然灾害的地段等；生态保护区，即保持生态系统完整和稳定的地段以及重要物种保护区等；户外休闲和具有景观价值的陆地和水面；可再生资源用地，即可以为区域带来收入、增加就业机会的农业用地。到 1999 年，大温哥华地区的绿色地带区域面积为 2055km^2，占大温哥华地区总面积的 62.4%。②多中心体系规划。以温哥华市中心为核心，瑟瑞（Surrey）、本那比（Burnaby）、里士满（Richmond）等市中心为区域中心及多个次级中心的居民点空间体系。③交通规划。包括交通设施布局（主要是陆路交通）、交通需求管理等诸方面的综合性规划，其目

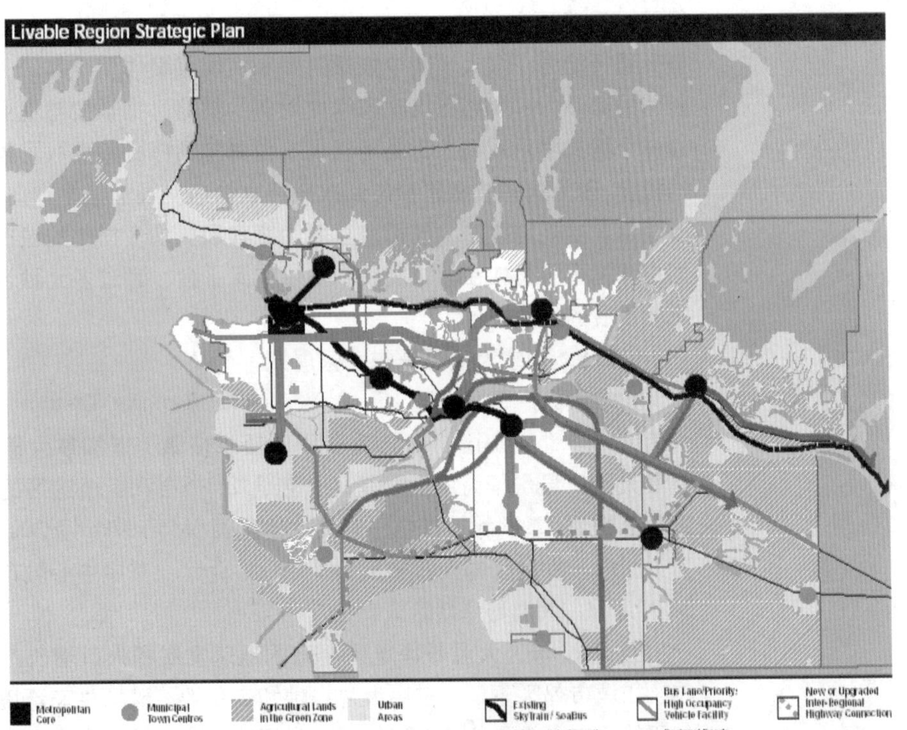

图 12-4-2　大温哥华地区综合规划图

资料来源：GVRD，1993.

的在于支持绿色地带规划及多中心体系规划，包括适应增长变化的人口需求；防止城市土地的蔓延对绿地的侵蚀，减少交通拥挤及其对居住区的空气和噪声污染等。具体而言，交通设施的布局和建设主要集中在接纳人口增长的温哥华市区及周围地带，发展连接区域核心和区域中心的高架铁路和轻轨，修建巴士和多乘客车辆优先行驶的车道，鼓励使用公共汽车、自行车和步行，抑制小汽车的发展。

规划提出了四个基本策略：①保护绿色地带。旨在保护大温哥华地区的自然资源，包括主要公园、供水区、自然保护区和农业用地。②建立设施完善的社区。以区域次级中心为核心来发展，以促进住房和就业地点平衡。提供更多样化的、容易负担得起的住房，同时改善公共设施的布局和提供更有效的交通服务。③创建布局紧凑的大都市区。把将来的发展集中到温哥华市区及周围地带，尤其是各市市区，以使更多的人就近工作地点居住，同时节约用地，防止对土地的进一步侵蚀。④增加交通选择。交通的重点依次放在步行、自行车、公交系统和货物运输方面，最后才是私人小汽车。鼓励人们使用公交系统而限制对私人小汽车的依赖，通过交通需求管理改变人们的出行习惯。

3 城市群规划

3.1 城市群规划产生的背景

城市群是在特定的地域范围内具有相当数量的不同性质、类型和等级规模的城市，依托一定的自然环境条件，以一个或两个超大或特大城市作为地区经济的核心，借助于现代化的交通工具和综合运输网的通达性，以及高度发达的信息网络，发生与发展着城市个体之间的内在联系，共同构成一个相对完整的城市“集合体”。

现代城市的形成和发展是生产力逐步集聚和高度集中的结果，也是人类社会进步的充分体现。城市不是孤立、封闭的，它与周边的区域和许多城市（镇）有着密切的社会经济联系。区域内各个城市的发展过程是一个极为复杂的社会经济现象，它们的集聚、扩散都依赖区域的基础和各种物质条件，包括地理区位、自然条件、经济条件、历史基础和基础设施建设等。当生产力达到一定水平时，区域内各个城市之间的联系不断密切，分工协作逐步合理，并依托交通网络逐渐形成为一个相互制约、相互依存的统一体。尤其是1980年代以来，随着工业化在全球范围的延伸、后工业化经济组织关系的巨大变革，城市发展的区域化和区域发展的城市化日益增强。区域内各个城市通过产业的协作分工、生产要素的自由流动和基础设施的高度联系，形成更具竞争力的城市群。如荷兰的兰斯塔德地区（Randstad Holland）、英格兰东南部地区（South East England）、巴黎地区（Paris Region）等。

我国自1980年代改革开放以来，城市化的加速发展极大地推进了以强大的集聚效应和辐射力为特点的中心城市发展战略。随着区域工业化、现代化以及区域性基础设施建设的完善，目前我国已经出现了若干个规模大小不同的城市群，其中比较成熟的有沪宁杭地区、珠江三角洲地区、辽宁中南部地区、环渤海京津唐地区和四川盆地地区等。城市群日益成为区域内社会经济发展的先导和区域竞争力的集中体现，其经济发展速度和城市化进程在区域中起到支柱作用，并成为我国社会经济发展的重要载体。在城市群区内部，各个城市及其区域的发展构成了互相依存和互相联结的网络，城市群区内的各种要素流越来越复杂。但同时，城市群地区的发展也面临着一系列社会和环境问题，如资源短缺、交通拥挤、环境问题、行政管理协调难度大等，给区域的持续发展带来了不稳定因素（表 12–4–1）。

我国五大城市群区域重要变化分析 **表 12–4–1**

集聚区	1953 年		1980 年		2004 年	
	城市数	首位城市人口（万人）	城市数	首位城市人口（万人）	城市数	首位城市人口（万人）
沪宁杭	9	上海 563	12	上海 608.6	42	上海 1024.99
京津唐	3	北京 206	6	北京 466.5	10	北京 789.43
珠江三角洲	3	广州 130	6	广州 233.8 香港 480.5	36	广州 586.35 香港 780.60
辽宁中南部	4	沈阳 120	14	沈阳 280	17	沈阳 480.50 大连 245.20
四川盆地	7	成都 95	16	成都 170.1 重庆 261.5	33	成都 281.40 重庆 441.46

资料来源：姚士谋．中国城市群（第三版）．合肥：中国科学技术大学出版社，2006：98.

为了引导我国城市群区域向着现代化、市场化完善协调发展，在我国沿海许多重要地区，如广东珠江三角洲和山东半岛城市群，以“五个统筹”为指导，开展了一种战略性、前瞻性的体现区域空间布局的城市群规划，以探求建立区域协调发展的新机制，构建区域的人与自然、人与社会经济的和谐发展。

3.2 城市群规划的主要内容

城市群规划是在区域层面的总体发展战略性部署与调控，以协调城市空间发展为重点，以城市（镇）群体空间管治为主要调控手段，强调局部与整体的协调，兼顾眼前利益与长远利益，处理好人口适度增长、社会经济发展、资源合理开发利用与配置和保护生态环境之间的关系，以增强区域综合竞争力。当前的城市群规划反映出了全球经济一体化和信息化对区域发展的影响和要求，体现了区域经济社会发展对区域与城市、城市之间以及城市内部空间优化整合的要求，也反映出城市化和现代化发展的要求。开展城市群规划的目的是为了实现城市群区域经济社会发展的地域均衡，减少人口与产业在核心城市过度集中而带来的社会和生态的负面影响，保持城市群区域经济社会的持续健康发展和发展水平的整体提升。

由于我国的城市群规划实践尚处于起步阶段，各个城市群地区都在根据各区域的发展特点进行相应的规划编制探索，还没有形成统一的规范性规划编制要求。有不少专家认同城市群规划是一种战略性的空间规划，具有宏观

性、综合性、协调性和空间性的特点。它的主要目的是提供关于城市和空间发展战略的框架，旨在打破行政界限的束缚，从更大的空间范围协调城市之间和城乡之间的发展，协调城乡建设与人口分布、资源开发、环境整治和基础设施建设布局的关系，使区域经整合后具有更强大的竞争力。其内容应以城市群经济社会的整体发展策略、区域空间发展模式以及交通等基础设施布局方案为重点。城市群规划的主要内容可包括：①城市群经济社会整体发展策略；②城市群空间组织；③产业发展与就业；④基础设施建设；⑤土地利用与区域空间管制；⑥生态建设与环境保护；⑦区域协调措施与政策建议等。规划的重点可以城市群内各城市（地区）需共同解决的问题为主：如城市群的快速交通体系建设、严格控制城市群内城市发展的无序蔓延、加强区域生态环境保护等。

也有研究者提出城市群规划应包括研究城市群形成演化的动力机制；确定城市群的功能定位和产业发展方向，并进一步明确城市（镇）间的联系网络；基于区域空间资源保护、生态环境保护和永续发展的城市群空间规划，在更高的空间层次上构建城市网络的空间组织，构建跨行政区的区域性协调发展机制；城市群支撑体系规划；城市群区域管治及营造良好的区域发展政策环境和制度环境等内容。

3.3 城市群规划的实践

3.3.1 珠江三角洲城镇群协调发展规划（2004 ~ 2020）

（1）规划背景

自1980年代我国改革开放以来，珠江三角洲地区成为我国经济最发达的地区之一。1995年，广东省政府编制了珠江三角洲经济区城市群规划，包括了25个城市和3个县的4.16万km^2国土面积，现状人口2065万人。该规划以广州为珠江三角洲经济区的核心城市，深圳和珠海为副核心城市，佛山、江门、惠州、肇庆、中山、东莞为次中心城市，其他包括县级市、县城和有实力的镇为地方性城市，划定了以广州为中心的中部都市区、珠江口东岸都市区和珠江口西岸都市区等三大都市区，并确定了都会区、市镇密集区、开敞区和生态敏感区等四类用地发展模式。

该规划经过数年的实施，三大都市区的格局已基本形成。广东省根据城市群规划，对该区域内城市总体规划的城市性质、规模、发展方向及重大基础设施布局、对外交通网络等提出了相应的意见，也为该地区内各城市的总体规划调整完善及其他地区性的协调规划提供了依据。对用地模式中的开敞区和生态敏感区普遍接受和认同。但是，该规划在实施过程中还存在着不少问题，如规划内容还停留在“远景蓝图”的概念上，缺乏对规划实施动态过程的研究；用地模式特别是开敞区、生态敏感区的确定和划分仍停留在概念阶段，没有具体落实到空间上，也没有切实的保障手段；对珠江三角洲外来人口的关注较少，对港澳地区与珠江三角洲的关系考虑还不够深入；缺乏对区域性重大项目的研究和统一部署，如区域交通、垃圾及污水处理设施等重复建设、各自为政的问题。此外，由于外部环境的制约，规划立法工作滞后，实施规划缺乏依据，实施规划的手段也不足。

进入到 21 世纪，珠江三角洲地区已成为高度连绵的城镇密集地区，在经济高速增长的同时，区域发展表现出以下特征：三角洲内外圈和珠江口东西岸的发展存在明显差异；城市型和产业聚集型两种模式并存，在政府建设投资、外资、民间产业投资推动下，区域城镇化发展表现出政府主导与地区自发增长相结合的特征；区域发展中明显存在外延扩张的粗放发展模式，对于珠三角大部分地区来说，经济的发展意味着土地消耗和外来劳工的进入；区域基础设施出现结构性失衡，生产型与环保型基础设施建设不平衡，地区间基础设施建设不协调，交通基础设施结构性矛盾突出；人居环境建设滞后，生态环境问题日趋严重，存在生态隐患，公共服务设施供给滞后于经济发展水平，城乡规划建设水平滞后于经济发展水平。

2004 年，建设部和广东省联合开展了《珠江三角洲城镇群协调发展规划(2004 ~ 2020)》。规划范围为珠江三角洲经济区范围，包括广州、深圳、珠海、佛山、东莞、中山、江门七个市和肇庆市的端州区、鼎湖区、高要市、四会市以及惠州市的惠城区、惠阳区、惠东县、博罗县，现状总人口 4230 万人，土地面积 4.16 万 km^2，其中建设用地面积 $6640km^2$。

(2) 规划目标控制

规划提出珠江三角洲城镇群协调发展总的战略目标是：抓住机遇期，加快发展、率先发展、协调发展，全面提升区域整体竞争力，进一步优化人居环境，建设成为世界级的制造业基地和充满生机与活力的城镇群。具体落实为五大发展目标，即中国参与国际合作与竞争的“排头兵”、国家经济发展的“发动机”、文明发展的“示范区”、 深化改革与制度创新的“试验场”、区域和城乡协调统筹发展的“先行地区”。

规划提出合理控制人口规模，优化人口结构，提高人口素质。预测至 2020 年，人口规模按 6500 万人控制；基础设施规划按 8000 万人口规模进行预留。合理控制建设用地规模，集约利用，优化布局。至 2020 年，建设用地总面积控制在 $9300km^2$ 以内，占土地总面积的 22.3%，其中新增建设用地 $2660km^2$。大力推行区域绿地建设，保障区域生态安全，改善城乡环境质量。至 2020 年，生态保育用地规模达到 $8300km^2$，占土地总面积的 20% 左右。

(3) 空间发展战略

规划提出珠江三角洲城镇群空间发展的五大战略，即①强化中心，打造“脊梁”，增强区域核心竞争力；②拓展内陆，培育滨海，开辟更广阔的发展空间；③提升西岸，优化东岸，提升整体发展水平；④扶持外圈，整合内圈，推动区域均衡发展；⑤保育生态，改善环境，实现人与自然和谐发展。

未来珠江三角洲城镇群的空间结构为“一脊三带五轴”(图 12-4-3)。

“一脊”——聚合区域核心功能的区域发展“脊梁”。连通广州、深圳、珠海中心区，衔接香港、澳门并沿京广大动脉向北延伸；沟通轴线上重要城镇节点和产业功能区，聚合区域高端服务功能、交通枢纽功能和高新技术产业，形成连接东西、辐射南北的区域性服务与创新中心，提升区域核心竞争力。

“三带”——增强区域对外辐射的三大功能拓展带。

1) 北部城市功能拓展带；

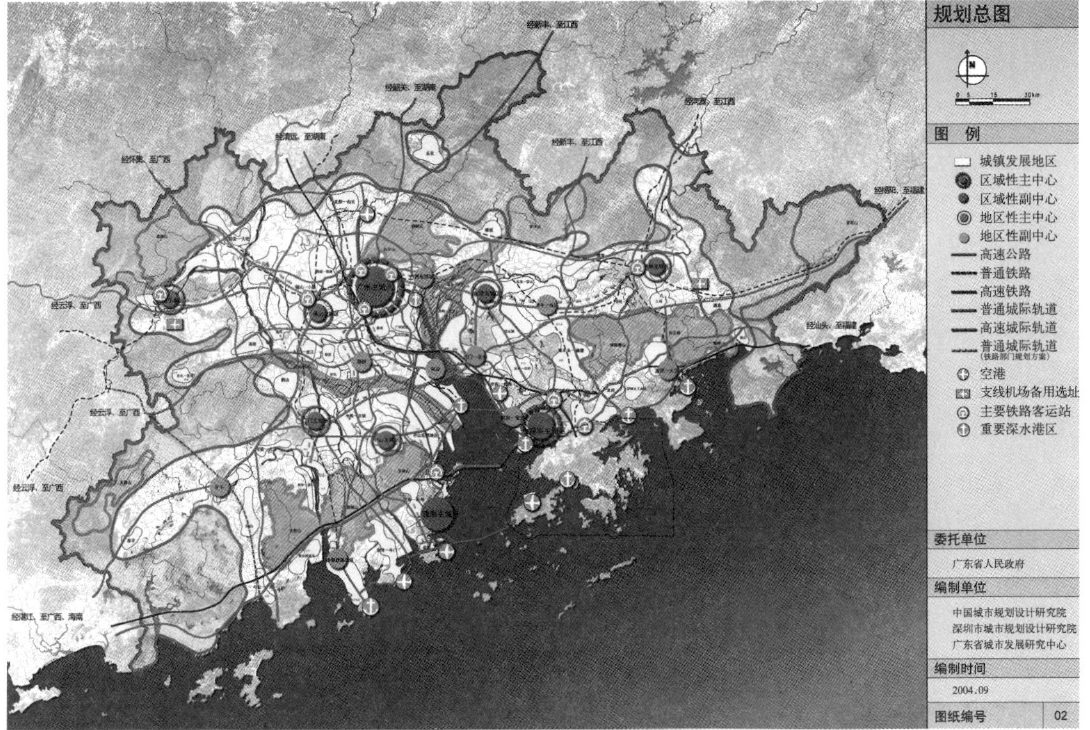

图 12-4-3　珠江三角洲城镇群协调发展规划图（2004 ~ 2020）

资料来源：珠江三角洲城镇群协调发展规划工作组．珠江三角洲城镇群协调发展规划（2004 ~ 2020）．

2）南部滨海功能拓展带；

3）中部产业功能拓展带。

“五轴”——整合地区功能的五大“城镇—产业”轴。

1）莞深高速公路沿线“城镇—产业”轴；

2）广深铁路沿线“城镇—产业”轴；

3）惠澳大道沿线“城镇—产业”轴；

4）105 国道沿线“城镇—产业”轴；

5）江肇、江珠高速公路沿线“城镇—产业”轴。

（4）中心等级体系

规划提出“两核三级”的中心等级体系。

1）两大核心都会区

广佛都会区和港深都会区。

2）区域性中心

主中心：广州、深圳；

副中心：珠海。

3）地区性中心

主中心：佛山、江门、东莞、中山、惠州、肇庆；

副中心：广州东部地区、广州南沙、深圳前海－宝安、珠海西部地区、佛山顺德、江门开平、东莞虎门－长安、常平－横沥，惠州惠阳－大亚湾。

4） 地方性中心

县（市、区）：广州花都－白云、从化、增城，深圳龙岗，珠海金湾－斗门，佛山三水、高明，江门鹤山、台山、恩平，惠州惠东、博罗，肇庆四会－大旺；

重点区、镇：深圳沙井－松岗、龙华－观澜，佛山狮山－小塘、九江－龙江，江门司前－大泽、斗山－广海，东莞樟木头－塘厦，中山东部地区、小榄－古镇、三乡－坦洲。

（5）三大都市圈

规划提出东江、西江经珠江口入海，将珠三角城镇群分为地域空间特征差异明显的三大都市圈，分别为由广州、佛山、肇庆组成的中部都市圈，由深圳、东莞、惠州组成的东岸都市圈，由珠海、中山、江门组成的西岸都市圈。

（6）区域生态环境发展

规划提出区域生态环境发展的目标为：确保区域永续发展的生态环境"底线"，包括基于水环境和大气环境容量约束的环境容量底线、基于水资源和土地资源容量约束的发展底线、基于区域生态结构的基本要素充分保护的开发底线，区域绿地能够长久有效控制，防止出现环境衰退和城市无序蔓延，形成有序的空间结构和建设形态；构建安全的生态体系，提高资源利用效率与城镇环境品质；加强生态恢复和环境重育，切实预防和治理环境污染。

规划根据珠江三角洲自然格局及城镇分布特点，基于区域与城乡生态环境自然本底、资源环境条件及承载能力，提出以珠江水系为主骨架，以自然因素为基本要素，形成"一环一带三核网状廊道"的生态体系结构。

规划划分了区域生态功能分区，包括外围山林生态屏障区、中部平原城镇密集区和南部近海沿海生态防护区，并明确生态控制要求。

（7）八大行动计划

行动一：强化"外联"。推进"泛珠三角"区域合作进程，在拓展珠江三角洲城镇群自身发展空间的同时，带动"泛珠三角"地区的整体发展。

行动二：发展"湾区"。打造成国际级的新兴产业基地、高端服务中心和环境优美的新型社区。

行动三：实施"绿线管制"。确保生态保护有"线"可依，有"线"必依，坚守珠三角区域的自然生态"底线"，维护区域自然生态格局，优化城乡发展空间结构。

行动四：推进"产业重型化"。为将珠三角地区打造成"世界制造业基地"提供长远支撑。

行动五：实现"交通一体化"。在交通需求的引导下，提高主要城市之间的交通可达性，缩短时空距离，增强交通运输能力，建立引导城镇群一体化的综合交通运输网络。

行动六：营造"阳光海岸"。塑造风貌独特、内涵丰富的"蓝色"滨海生活旅游岸线和珠三角地区的"阳光地带"。

行动七：建设"新市镇"。通过调整行政区划及其他手段，走以城市（区）

为基本单元的新型城市化道路，提高其规划建设标准，改善村镇风貌，把小城镇建设成为人居环境良好、服务功能完善的新型市镇。

行动八：构筑“区域空间信息平台”。整合国土、规划、交通、环保、水利、农业、海洋、林业等各政府部门的空间信息资源，按照共建共享原则，依据统一的技术标准，共建“区域空间信息平台”，为珠江三角洲各级政府沟通协调和重大决策提供更可靠的空间信息保障。

(8) 政策分区与空间管制

规划确定的政策分区包括区域绿地、经济振兴扶持地区、城镇发展提升地区、区域性临港基础产业与重型装备制造业聚集区、区域性交通通道、区域性重大交通枢纽地区、城际规划建设协调地区、粤港澳跨界合作发展地区、一般性政策地区。每一类政策分区均明确了其空间范围和具体的政策指引要求。

规划确定了四级空间管制，遵循依法行政、有限干预、明晰事权的原则，在对各类政策分区进行分类管制的同时，进一步将各类管制要求具体落实到空间上，对不同地区提出相应的分级管制要求，以实现优化空间结构、改善环境质量的目的。

规划确定的一级管制为监督型管制，包括政策分区中的区域绿地和区域性重大交通通道地区；二级管制为调控型管制，包括政策分区中的区域性基础产业与重型装备制造业集聚地区和区域性重大交通枢纽地区；三级管制为协调型管制，包括政策分区中的城际规划建设协调地区和粤港澳跨界合作发展地区；四级管制为指引型管制，包括政策分区中的经济振兴扶持地区、城镇发展提升地区和一般性政策地区。

3.3.2 长江三角洲城镇群协调发展规划

长江三角洲城镇群协调发展规划（图 12–4–4）的范围为上海市、江苏省、浙江省和安徽省全部行政辖区，陆地面积约 35 万 km^2，2005 年现状总人口约 2.0 亿人，占全国总人口的 15.4%。

规划以国家战略下对长江三角洲地区的总体定位为导向，围绕国际化、创新能力、区域一体化程度、资源与人居环境、社会文化发展、综合交通支撑等方面的差距与问题，提出了创新发展的五大功能体系和“3+8”整体协调发展框架。为全面落实中央政府对长江三角洲地区“提升、融合、率先、带动”的发展要求，顺应产业全面升级和发展海洋经济、文化经济等新兴经济的趋势，提出“建设具有国际竞争力的世界级城市群、承载国家综合实力的核心区域、率先实现区域一体化的示范地区以及资源节约、环境友好、文化特色鲜明的城乡体系”的目标。

规划明确了三省一市的区域功能体系，如城镇功能、生态与农业保障、资源保障、文化旅游休闲等功能体系等方面；明确了门户枢纽、区域枢纽以及都市区交通系统等不同层次的交通设施支撑体系；确立了沪—苏—锡、沪—杭—甬—金(义)和宁—合—芜三大重点推进地区，并提出了环太湖、上海港及宁波－舟山港等八大协调区域；划定了环太湖地区、沿江地区、杭州湾地区等七大环境综合治理地区；明确了促进区域提升与融合发展的行动计划。

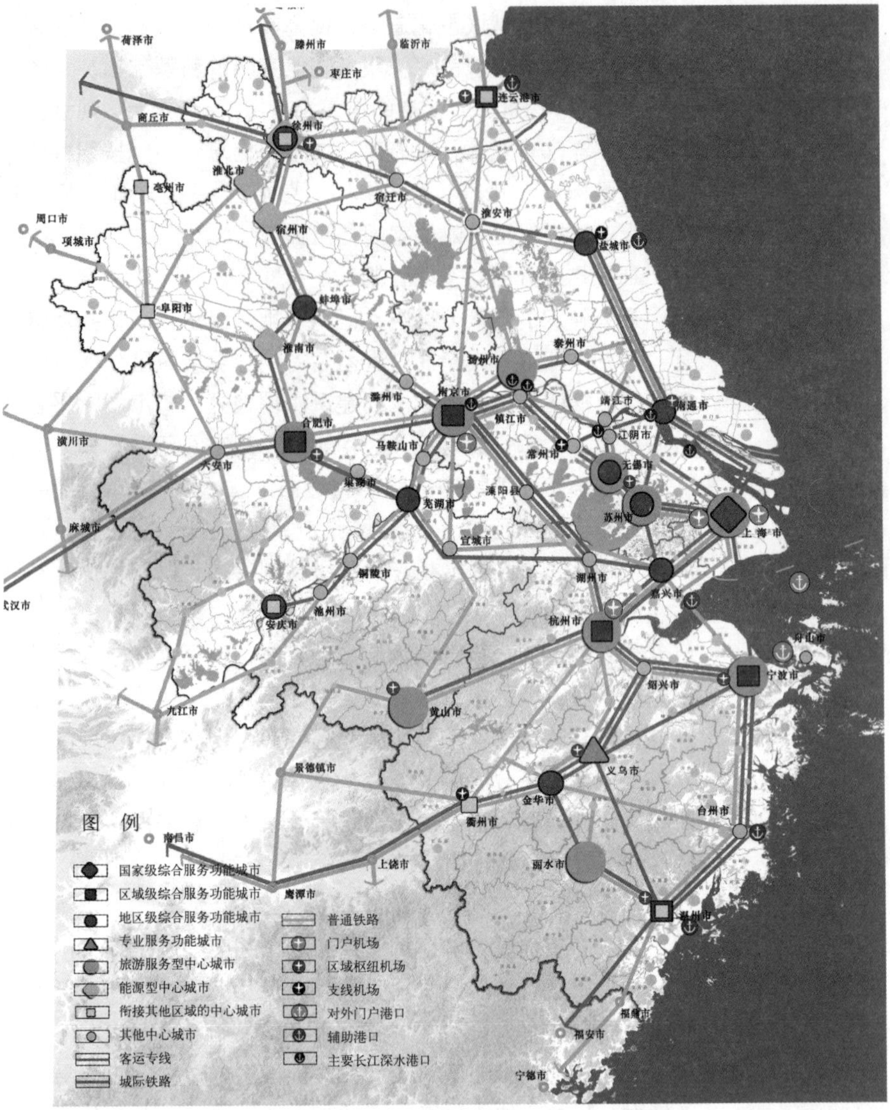

图 12-4-4　长江三角洲城镇群协调发展规划图

资料来源：王凯．城镇群规划．中国城市规划行业发展报告（2007 ~ 2008）．北京：中国建筑工业出版社，2008．

本章小结

本章介绍了有关区域及区域规划的内容。首先，对区域的定义和分类都依不同学科和不同的研究目的而有所不同。一般情况下，所有区域都具有可度量性和空间性、系统性、动态性、不重复性。简单地说，城市是区域的核心，而区域的自然环境和自然资源、经济基础以及区位因素构成城市发展的底线。

对区域规划的定义国内外也有不同看法，这在很大程度上是由于经济社会发展的不同情况所导致的。区域规划的发展历程也可以印证这一点。在我国，国土规划和区域城镇体系规划是区域规划的主要表现形式。

区域规划的种类可以从规划地域的结构特征或行政属性来划分。我国的区域规划包括区域发展战略、经济产业布局、居民点体系规划、生态环境保护、空间管制在内的一系列内容，结合实际情况和具体要求，规划还应作适当的增补。

本章末篇介绍了三种类型的区域规划，分别是国土规划、都市区规划和城市群规划。三种规划都有各自的产生背景和适用范围。都市区规划在国外尤其是北美地区应用较多，我国则正在开展新一轮国土规划的试点和城市群规划的编制工作。

复习思考题

1. 结合城镇化进程中产生的问题，试分析在我国推行城乡统筹、实行城乡区域规划的重要意义。

2. 结合你所熟悉的城市，思考其在区域中与周边城市的相互关系。

3. 结合先进案例，思考我国现阶段城乡区域规划存在的不足之处以及未来发展的新趋势。

第13章 总体规划

本章从总体规划和战略性规划的作用与特点着手，阐述了城市发展战略研究以及城市总体布局的主要内容、原则和方法，重点描述了总体规划的法定编制程序、技术要求、主要内容和关注重点，指出城市总体规划的战略性特点贯穿于总体规划整个编制过程中。在总体规划的城市战略研究阶段，需要研究城市职能，确定城市性质，预测城市规模。在总体布局阶段，要求综合协调城市功能、结构、形态的关系，依据不同功能要素的布局要求合理规划不同的用地性质，在此基础上，进行多方案比较，选择最佳方案。最后的成果编制阶段，要严格按照法定的编制要求和制定程序，在做好前期资料的收集整理和分析研究的基础上，形成总体规划的成果。

城市是由经济、社会等各项活动构成的空间有机体，是一个复杂的大系统，因此，城市规划工作必须着眼于对城市整体和全局进行协调与平衡。总体规划是对一定时期内城市性质、发展目标、发展规模、土地利用、空间布局以及各项建设的综合部署和实施措施。由此可以认为，城市总体规划是城市规划工作体系中的高层次规划，是城市规划综合性、整体性、政策性和法制性的集中体现。

第1节 总体规划的作用与特点

1 总体规划作为战略性规划

1.1 战略性规划的特点

城市发展战略是指“对城市经济、社会、环境的发展所作的全局性、长远性和纲领性的谋划”。其核心是要解决一定时期的城市发展目标和实现这一目标的途径，一般包括战略目标、战略重点、战略措施等内容。比如，2009年国务院在批复上海建设“两个中心”战略的文件中提出：“到2020年，将上海基本建成与我国经济实力和人民币国际地位相适应的国际金融中心、具有全球航运资源配置能力的国际航运中心”。这就是上海城市未来10年的战略发展目标，要求上海形成以服务经济为主的产业结构，同时也要加快发展现代服务业和先进制造业。围绕这一战略目标的实现，需要上海的城市规划在物质空间上针对功能开发要求相应作出全局性的、长期性、决定全局的谋划和安排。

从本质上说，城市总体规划就是对城市发展的战略安排，是战略性的发展规划。总体规划工作是以空间部署为核心制定城市发展战略的过程，是推动整个城市发展战略目标实现的组成部分。

1.2 战略性规划的形成

战略性规划（Strategy Plan）并没有统一的定义，各国战略性规划的名称、目的、内容和作用也不尽相同，如英国的空间发展战略、美国的综合规划、德国的城市土地利用规划、日本的地域区划、新加坡的概念规划和中国香港的全港／次区域发展策略都是战略性发展规划。这些规划都着眼于城市和地区的长远发展与宏观战略部署，表达城市和地区在一个长久阶段内发展的整体方向，以及可以指导当前行动的整体空间政策框架。

20世纪，城市人口与经济活动的空间迅速扩展，规划逐步认识到需要从更大的范围和更长远的角度对城市发展进行控制和引导。第二次世界大战后，更加注重区域整体的空间规划与经济发展规划相结合，战略性规划扩展到更大的范围和不同的空间层次。

英国是世界上最早开展城市与区域规划的国家，也是最早开展战略规划研究与实践的国家之一。第二次世界大战后，英国的城市规划主要依据1947年颁布的城乡规划法，以编制土地使用规划（Land Use Plan）为主，但由于这种规划缺乏机动性而受到多方质疑。结构规划（Structure Plan）从1965年开始酝酿，1968年形成法律，最后于1971年修订城乡规划法时肯定了结构规划。据1971年的城乡规划法，英国的城市规划分为两个层次，一是结构规划，二是地方规划（Local Plan）。2005年，英国通过《规划与强制购买法》，对城乡规划体系作了较大的调整。原结构规划被空间发展战略所取代，地方规划则变为地方发展框架，在编制要求中，更强调规划的战略性和实施性。虽然名称改变了，但仍旧保留了这两层次规划的体系。在其他如美国、澳大利亚等国家也有类似的发展，澳大利亚首都规划委员会于1965～1970年完成了《明日堪培

拉》(Tomorrow's Canberra)的战略性发展规划研究。

战略规划的发展经历了一个起伏涨落的历程。1970年代末1980年代初，由于里根和撒切尔时代的保守主义和新自由主义盛行，空间规划处于瓦解的边缘。随着经济全球化和区域一体化进程加快，世界范围内城市竞争越来越激烈，城市面对快速多变和日益严峻的挑战，为了谋求更加有利的生存环境和发展机遇，针对城市、区域、国家甚至跨国界的空间战略规划受到更加广泛和空前的重视。不仅关注提出未来发展的理想蓝图，更关注可能的实施途径。

1983年《欧洲区域／空间规划宪章》正式发表，是空间规划走向复兴的重要文件。1990年代以来，战略规划正经历一个复兴的过程，掀起了一轮战略规划编制的热潮。1999年通过的《欧洲空间发展展望》更成为具有里程碑意义的规划，对欧洲的城市发展影响深远。

几乎与西方国家战略规划的复兴同步，我国也开始了对城市发展战略规划的研究实践及讨论。自2001年广州开展战略规划研究之后，包括北京、上海、沈阳和众多的省会城市，乃至许多中小城市都开展战略规划的研究工作。需要指出，目前国内开展的战略规划工作就其工作定位来看是针对城市总体发展需要的战略性指导研究，仍然还不是法定性规划。许多城市将战略研究的成果用于指导总体规划，这对于体现总体规划的战略性具有非常重要的作用。因此，现行版城市规划编制办法中，充分肯定了这项工作的意义，并要求在城市总体规划编制的前期必须开展战略研究工作。

2　新时期对总体规划的要求

著名的城市学家刘易斯·芒福德指出“真正影响城市规划的是深刻的政治和经济的转变”。回顾现代城市发展，不同的城市发展理念包含和反映了一定时期社会发展的价值导向，对城市总体规划思想、处理各种问题的思路和方法以及规划的工作重点和内容产生很大的影响和差异。当前我国总体规划正面临新宏观发展环境，必须树立引导城市科学理性发展的思想和理念，这不仅是正确制定城市发展战略的核心，也是指导总体规划工作开展的前提。

2.1　可持续发展的理念

促进可持续发展是城市发展的一项基本战略，也是城市规划应当遵循的基本战略思想。城市是人类经济和社会活动最为集中的地域，城市的可持续发展对实现全人类可持续发展关系重大。必须从人类住区可持续发展的角度，在住房、环境与土地资源、能源结构与利用效率、消费模式、建筑节能、文化背景与社会发展、科技发展与教育发展等诸多领域谋划未来的协调发展。

2.2　建设和谐社会的理想

和谐城乡是建设和谐社会的重要载体，城乡规划作为实现城乡经济和社会发展目标的重要手段，具有非常重要的地位和作用。当前，我国城乡发展遇到了诸多问题，表现在居住分化、耕地占用、城乡差距、环境问题、资源耗竭等方面。规划应更加注重城乡统筹和区域协调发展；加强科学编制，探索研究集约、合理的城市发展布局；加强城市绿地、自然地貌、植被、水系、湿地等生态敏感地区的保护；加强城市的历史文化遗产和风景名胜资源的保护；加强规

划编制的公开性和规划实施的舆论监督等等。

2.3 科学发展观对新时期总体规划工作的要求

科学发展观是在总结长期以来我国发展实践经验的基础上提出来的。总体规划体现科学发展观就是要从系统角度建构城市经济、社会、生态、空间、制度等要素之间的协调，时间与空间的协调，落实社会经济发展的科学目标，统筹安排城市经济社会发展的空间。在总体规划编制方法和编制内容上适应指导城市科学发展的要求。

在编制方法上，要加强区域研究、城市问题研究，城市政策研究，增强编制方法的科学性。在我国经济体制转轨过程中的城市规划，除了更有效地发挥市场在资源配置中的基础性作用外，还应看到市场作用的局限性，发挥城市规划，尤其是总体规划在资源要素配置上的全局性、综合性和战略性作用，推动经济社会的全面、协调和持续发展。

在编制内容上，体现资源节约、环境友好、高效低耗、社会和谐要求，促进社会、经济和环境的协调发展，建设节约型城市。城市的发展必须结合资源能源短缺的国情特点，将节地、节水及能源资源综合利用作为城市发展的前提；城市发展必须积极应对我国社会经济快速发展与生态环境脆弱的矛盾，树立生态文明、可持续发展的理念，以环境友好作为城市发展的基本要求；充分认识我国社会经济发展所处的阶段特点，城市发展路径必须适应走新型工业化道路的要求，积极发展循环经济，促进经济高效低耗的发展；促进社会和谐是城市发展的一项基本原则，对教育、医疗、住房、就业等全面考虑，关注社会公平和保障公众利益，注重协调不同利益主体之间的关系，合理安排与人民群众生活密切相关的公共服务、公益设施、住房建设和交通发展，坚持以人为本，方便群众生活，全面改善城市人居环境，维护社会稳定和公共安全。

3 总体规划与相关规划的关系

3.1 总体规划与区域规划

区域规划和城市总体规划的关系十分密切，两者都是在明确长远发展方向和目标的基础上，对特定地域的发展进行的综合部署，但在地域范围、规划内容的重点与深度方面有所不同。

区域规划是城市总体规划的重要依据。一个城市总是和它对应的一定区域范围相联系。反之，一定的区域范围内必然有其相应的地域中心城市。城市规划必须从区域性的经济建设发展总体规划着眼，否则，就城市论城市，就难以把握城市基本的发展方向、性质和规模，以及布局结构形态。实际上，我国各级城市建成区的迅猛发展，不仅已超越了空间形态上一个个孤立的“点”，而且是拥有了一定地域广度的“面”，其功能要素的布局向周围区域呈跳跃性发展，促使城市总体规划和区域规划之间形成一种更为密切的关系。因此，在尚未编制区域规划的地区编制城市总体规划时，首先必须进行城市发展的区域分析，为城市性质、规模以及布局结构的确定提供科学的基本依据。

区域规划应与总体规划相互配合协同进行。从区域的角度,确定产业布局、基础设施和人口布局等总体框架。总体规划中的交通、动力、供排水等基础设施的布局应与区域规划的布局骨架相互衔接协调。区域规划分析和预测城镇人口增长趋势，规划人口的合理分布，并根据区内各城镇的不同条件，大致确定各城镇的性质、规模、用地发展方向和城镇之间的合理分工与联系，并通过总体规划使其进一步具体化。在总体规划具体落实过程中有可能需对区域规划作某些必要的修订和补充。

3.2　总体规划与国民经济和社会发展规划

我国国民经济和社会发展规划包括短期的年度计划、中期的 5 ～ 10 年规划和 10 年以上的长期规划，主要由发改委负责组织编制，是国家和地方从宏观层面指导和调控社会经济发展的综合性规划。

国民经济和社会发展规划源于计划经济时期的“发展计划”,自“十一五”开始，首次将“计划”改为“规划”，使之从具体、微观、指标性的产业发展计划向宏观、综合的规划转变。内容包括从生产、流通、消费到积累，从发展指标到基本建设投资，从部门到地区发展，从资源开发利用到生产力布局等。

国民经济和社会发展规划是制定城市总体规划的依据，是编制和调整总体规划的指导性文件。国民经济和社会发展规划注重城市近期、中长期宏观目标和政策的研究与制定，总体规划强调规划期内的空间部署，两者相辅相成，共同指导城市发展。尤其是近期建设规划，原则上应当与城市国民经济和社会发展规划的期限一致。在合理确定城市发展的规模、速度和重大发展项目等方面，应在国民经济和社会发展规划做出轮廓性安排基础上，落实到城市近期的土地资源配置和空间布局中。

3.3　城市总体规划与土地利用总体规划

土地利用总体规划是在一定区域内，根据国家社会经济可持续发展的要求和当地自然、经济和社会条件，对土地的开发、利用、治理和保护在空间上、时间上所做的总体安排和布局，是国家实行土地用途管制的基础。

土地利用总体规划属于宏观土地利用规划，是各级人民政府依法组织对辖区内全部土地的利用以及土地开发、整治和保护所作的综合部署和统筹安排。是在我国土地管理法颁布以后，由国土资源部主持的由上而下逐级开展的一项规划工作，正逐渐走向规范化。根据我国行政区划，土地利用总体规划分为全国、省（自治区、直辖市）、市（地）、县（市）和乡（镇）五个层次。上下级规划必须紧密衔接，上一级规划是下级规划的依据，并指导下一级规划，下级规划是上级规划的基础和落实。

《中华人民共和国土地管理法》规定土地利用总体规划编制的原则为：严格保护基本农田，控制非农业建设占用农用地；提高土地利用率；统筹安排各类各区域用地；保护和改善生态环境，保障土地的可持续利用；占用耕地与开发复垦耕地相平衡。

总体规划和土地利用总体规划有着共同的规划对象，都是针对一定时期、一定行政区范围内的土地使用或利用进行的规划,但在内容和作用上是不同的。

土地利用总体规划是从土地开发、利用和保护制定的土地用途的规划和部署，其中保护耕地是一项重要任务。而总体规划则是从城市功能与结构完善的角度对土地使用做出的安排。因此在规划目标、内容、方法以及土地使用类型的划分等方面存在差异。

总体规划应与土地利用规划相协调。总体规划为土地利用总体规划确定区域土地利用结构提供宏观依据，土地利用总体规划通过对土地用途的控制保证城市的发展空间。总体规划中的建设用地规模不得超过土地利用总体规划确定的建设用地规模。总体规划应建立耕地保护的观念，尤其是保护基本农田。

第2节 城市发展战略的研究

城市是一个开放的复杂巨系统，它的发展是社会、经济、文化、科技等内在因素和外部条件综合作用的结果。正如雅典宪章开宗明义宣言："城市与乡村彼此融洽为一体，而各为构成所谓区域单位的要素。""城市是构成一个地理的、经济的、社会的、文化的和政治的区域单位的一部分，城市依赖这些单位而发展。因此我们不能将城市脱离它们所在区域单独的研究……"。总体规划工作的开展必须研究城市和区域发展背景，以及城市的社会、经济发展，以城市社会、经济、文化、科技的全面发展为城市发展的目标，对在城市发展一定时期内的城市性质、城市发展可能规模的预测和城市空间发展结构作出正确分析，进而提出合理的引导、调控的策略和手段，使总体规划建立在可靠的、科学的基础之上。

1 城市发展战略的内容

城市发展战略的核心是要解决一定时期的城市发展目标和实现这一目标的途径。城市发展战略的内容一般包括确定战略目标、战略重点、战略措施等。

1.1 战略目标

战略目标是发展战略的核心，是在城市发展战略和城市规划中拟定的一定时期内社会、经济、环境发展应选择的方向和预期达到的指标。战略目标可分为多个层面，包括总体目标和从经济、社会、城市建设等多个领域明确的城市发展方向，总体目标和发展方向一般采用定性的描述。

为更好地指导战略目标的实施，还需要对发展方向提出具体发展指标的定量规定。这些对应发展方向的具体指标一般包括：

经济发展指标，如经济总量指标（国内生产总值、增长速度等）、经济效益指标（人均国内生产总值、单位产值能耗指标等）、经济结构指标（三次产业比例等）等；

社会发展指标，如人口总量指标（总人口控制规模、城市人口规模等）、人口构成指标（城乡人口比例、就业结构等）、居民物质生活水平指标（人均居住面积）、居民精神文化生活水平指标等；

城市建设指标，如建设规模指标、空间结构指标、基础设施供应水平指标、环境质量指标等。

城市发展战略目标的确定既要针对现实中的发展问题，也要以目标为导向，对核心问题的把握与宏观趋势判断至关重要，因此开展城市发展战略研究是保证其科学合理的前提。必须从社会经济整体运行的关系中认识空间发展问题，而不是局限在某一领域之中，需要对人口、经济、环境、土地使用、交通和基础设施等系统进行分析并提出关键性发现，从大区域、长时段来考虑城市发展的未来。

1.2　战略重点

战略重点是指对城市发展具有全局性或关键性意义的问题，为了要达到战略目标，必须明确战略重点。城市发展的战略重点所涉及的是影响城市长期发展和事关全局的关键部门和地区的问题。战略重点通常表现在以下方面：

城市竞争中的优势领域。遵循客观的市场竞争规律，把自己的优势作为战略重点，在比较优势的基础上，不断提升核心竞争优势，争取主动，求得不断创新和发展。如有的城市虽然交通区位突出，但并没有转化为经济区位优势，对此就应注重对交通资源的整合，处理好交通发展与城市功能布局的关系。

城市发展中的基础性建设。科技是推动社会经济发展的根本动力，资源、能源是工业发展和社会经济发展的基础，教育是提高劳动力素质和产生人才的基础，交通是经济运转和流通的基础。因此，科技、能源、教育和交通经常被列为城市发展的重点。

城市发展中的薄弱环节。城市是由不同的系统构成的有机联系和互相制约的整体，如果系统或某一环节出现问题将影响整个战略的实施，该系统或环节也会成为战略重点。如受到资源约束的城市，要深入分析本地区的资源环境承载能力。

城市空间结构和拓展方向。城市空间增长的过程反映了社会经济发展的需求，诸如城市发展的方向、空间布局结构以及在时序关系上都会因不同阶段城市发展的需求而改变。

需要指出的是，战略重点是阶段性的，随着内外部发展条件的变化，城市发展的主要矛盾和矛盾的主要方面也会发生变化，重点发展的部门和区域会发生转换，因而城市发展战略重点会发生转移。战略重点的转移往往成为划分城市发展阶段的依据。

1.3　战略措施

战略措施是实现战略目标的步骤和途径，是把比较抽象的战略目标、重点加以具体化、使之可操作的过程。战略措施通常包括基本产业政策、产业结构调整、空间布局的改变、空间开发的顺序、重大工程项目的安排等方面。政策研究在战略措施中占有重要地位。

城市发展战略的制定必须具有前瞻性、针对性和综合性。既要有宏观的视角，也必须有微观的可操作的抓手，必须考虑城市发展的“软件”因素，同时注意体现“软中有硬”的整体发展思路。

2 城市职能

城市是一定区域范围内的中心，由于各个城市所处的地位与担负的任务不同，所具有的职能也有所不同。合理认识城市职能和确定城市性质是充分发挥城市在区域中作用的重要前提，决定城市最基本的特征和总的发展方向。

2.1 城市职能的概念

城市职能是指城市在一定地域内的经济、社会发展中所发挥的作用和承担的分工（GB/T 50280—98）。城市内部各种功能要素的相互作用是城市职能的基础，城市与外部（区域或其他城市）的联系和作用是城市职能的集中体现。城市是外部作用与内部功能相统一的整体。《雅典宪章》提出，城市具有居住、工作、游憩、交通四大"功能活动"，这一认识基于支撑城市运行的基本需求出发的，而非对城市在区域中地位的考虑。

城市职能是由该城市为外部提供的产品和服务来体现的，由专业化部门（对外服务部门）、职能强度（对外服务部门的专业化程度，反映该职能在该城市经济中的作用大小）、职能规模（某一职能对外服务规模大小，反映该职能在区域或国家经济中的贡献）三个要素组成。分析城市的职能一般可以根据以下的城市职能构成来考虑：

特殊职能与一般职能：特殊职能是指代表城市特征的、不为每个城市所共有的职能，如金融中心、风景旅游、采掘工业、冶金工业等，特殊职能一般较能体现城市性质；一般职能则是指每个城市必须具备的功能，如为本城市居民服务的商业、饮食业、服务业和建筑业等。

基本职能与非基本职能：基本职能是指为城市以外地区服务的职能，非基本职能是指城市为自身居民服务的职能。基本职能是城市发展的主动和主导的促进因素。

主要职能和辅助职能：主要职能是城市职能中比较突出的、对城市发展起决定性作用的职能；辅助职能是为主要职能服务的职能。

城市的特殊职能与一般职能、基本职能与非基本职能、主要职能与辅助职能相互交织，构成了城市职能的整体。每类的前者体现了城市对外的关联作用，其重要性在于对国家建设和经济社会发展的直接贡献。而每类的后者虽然不能直接体现对外的作用，却直接制约着整个城市的协调运转和有序发展，对前者有着不可忽视的影响。

2.2 城市职能的分类

城市职能分类的研究是为确定城市性质而进行的。总体规划一般采用分析现状和未来各经济部门的产值和就业结构比例，以及各功能用地结构来确定主导职能，从而作为城市性质的主要依据。较具代表性的城市职能定性分类大致有以下几种方式。

2.2.1 以各级行政中心职能划分

城市按行政机构等级划分为：首都、省会城市、地区中心城市、县城、片区中心乡镇等。这类城市一般具有行政、经济、文化、交通中心等功能。其中，

县城在我国城市中数量最多，是联系广大农村的纽带、工农业物资的集散地。在城乡经济迅速发展、城乡关系更加密切的情况下，建制镇、集镇、村镇都成为城市规划工作服务的范围。

2.2.2 以经济职能划分

(1) 综合性中心城市

综合性中心城市既有经济、信息、交通等方面的中心职能，也有政治、文教、科研等非经济机构的主要职能。中心城市功能与其影响范围相关，国际性或全国性的中心城市如北京、上海、天津、重庆等，区域性或省域中心城市如一般的省会、自治区首府等，此外还有一些更小范围的地区性的中心城市。这类城市一般相比周边城市规模较大，服务业发达，在用地组成与布局上较为综合复杂。

(2) 以某种经济职能划分

以某种经济职能划分可以分为工业城市、商贸城市、交通城市等。

工业城市以工业生产职能为主，一般工业用地及对外交通用地占较大比例。这类城市又可按工业构成情况划分为单一性工业城市和综合性工业城市。单一性工业城市有多种类型，例如东营市、玉门市、茂名市等是石油化工城市，伊春市等是林业城市，平顶山市、淮南市等是矿业城市等。综合性工业城市则由多种工业部门构成，如株洲市、常州市等。

商贸城市，如义乌市、台州市的独立组团路桥区等。

交通城市往往是由对外交通运输发展起来的，对外交通运输职能决定了城市的性质，对外交通用地及由此发展的工业用地比重突出，按运输条件可划分为：铁路枢纽城市，如徐州、鹰潭、襄樊、阜阳等市；海港城市，如大连、塘沽、湛江、秦皇岛、连云港等市；内河港口城市，如裕溪口、宜昌、九江、张家港等市；水陆交通枢纽城市，如武汉、重庆等市。

2.2.3 以其他特殊职能划分的城市

有些城市因具有特殊职能，城市建设和布局有异于一般城市。

(1) 科研、教育城市

这类城市在国外很多，如牛津、剑桥等。随着我国大力推进科教兴国，近年不少地方纷纷在建设大学城，如陕西以西北农林大学为核心的国家杨凌农业高新技术产业示范区等。

(2) 历史文化名城

我国于1982年、1986年、1994年批准了三批国家级历史文化名城，共99座，后来增补到110座，并于2003年以后先后公布了133座历史文化名镇，108个历史文化名村。

(3) 风景旅游和休疗养城市，如桂林市、北戴河市、黄山市、三亚市等。

(4) 边贸城市，如二连浩特、满洲里、景洪市、伊宁市等。

(5) 经济特区城市，如深圳市、珠海市等。

城市本身是一个多功能的综合体，因而城市职能往往也是多方面的，这是现代城市发展的重要特点。城市的形成和发展是历史演进的产物，城市职能会随着科学技术的进步，生产和交通方式的发展，社会、政治和经济的改革而不

断发展变化的。城市职能与城市规模也有着紧密的关系，往往一个城市越大，城市职能也更加综合。

3 城市性质

3.1 城市性质的概念

城市性质是指城市在一定地区、国家以至更大范围内的政治、经济与社会发展中所处的地位和所担负的主要职能。城市性质代表了城市的个性、特点和发展方向。城市性质是由城市形成与发展的主导基础因素决定的，是由该因素组成的基本部门的主要职能所体现的。

城市性质是城市建设的总纲，确定城市性质是总体规划的首要内容。不同的城市性质实际上决定着不同城市的特征和工作重点，是指导城市建设发展的方向和用地构成的重要依据，对确定城市规模，城市用地组织的特点以及各种市政公用设施的配置水平等起着重要的作用。正确拟定城市性质是决定一系列技术经济措施及其相应的技术经济指标的前提和依据，有利于合理选定城市建设项目，突出规划结构的特点，为规划方案提供可靠的技术经济依据。如交通枢纽城市和风景旅游城市在城市用地构成上有明显的差异。

城市性质也不是一成不变的，由于建设的发展，或因客观需要，或因客观条件变化，都会促使城市有所变化，从而影响城市性质。例如北京在建国后提出变消费性城市为生产性城市，随着政治中心和文化中心地位的确立，又提出发展成为工业经济中心城市。庞大的综合功能，特别是过多发展高能耗、高水耗、大运量、大占地量和污染严重的钢铁、石油化工等多项工业，给城市发展带来了很重负担，导致交通组织、水电供应、环境条件等方面的一系列问题。1980 年代以来，控制和削减不宜在北京发展的若干工业部门，突出其政治、文化中心的职能。2004 年新一轮北京总体规划提出的城市性质是“中华人民共和国的首都，全国的政治中心、文化中心，世界著名古都和现代国际城市”。

3.2 确定城市性质的依据和方法

确定城市性质，就是综合分析城市的主导因素和特点，明确城市的主要职能，指出其发展方向，一般可以从三个方面来认识和确定：

3.2.1 城市的宏观综合影响范围和地位

城市的地位是与城市的宏观影响范围相联系的，这一范围往往是一个相对稳定的、综合的区域，即城市的区域功能作用的范围，也可以概括为宏观区位。在界定宏观区位的基础上，如可以分为国际性的、全国性的、地方性的或流域性的等，再明确城市在其中的地位，如中心城市、交通枢纽、能源基地、工业基地等。

3.2.2 城市的主导产业结构

分析主导产业结构是认识城市在国民经济中的职能和分工的重要方法。这种方法强调通过对主要部门经济结构的系统研究，拟定具体的发展部门和行业方向。对一个具体城市而言，可以采用规范的经济统计数据，如某一门类产业

职工人数、产值或产量所占的比重，分析认识主导产业，如钢铁、汽车工业的地位突出，则可以将这一城市定位为以钢铁工业、汽车工业等为主的城市。构成城市主导职能的各行业或部门会因新的经济形势而发生变化，要避免以静态的部门结构来主导城市性质。

3.2.3 城市的其他主要职能和特点

城市的其他主要职能是指在以政治、经济、文化中心作用为内涵的宏观范围分析和以产业部门为主导的经济职能分析之外的职能，一般包括历史文化属性、风景旅游属性、军事防御属性等。城市自身所具备的条件，包括资源条件、自然地理条件、建设条件和历史及现状基础条件，也是确定城市性质时的重要考虑因素。

城市性质的确定往往会在综合以上三个方面的分析基础上，进行对应的具体表述。如杭州市城市性质为“长江三角洲中心城市之一，浙江省省会和经济、文化、科教中心，国家历史文化名城和重要的风景旅游城市”。在确定城市性质时，还应注意以下几个方面：

首先，城市性质和城市职能是既有联系又有区别的概念。城市性质是最主要、最本质职能的反映，是对城市职能中的特殊职能、基本职能、主要职能的综合概括。城市职能一般是通过城市现状资料的分析，对城市现状客观存在的职能的描述。而城市性质则一般表示城市规划期内的目标或方向，带有明显的未来发展指向。既要避免把现状城市职能照搬到城市性质上，又要避免脱离现状职能，完全理想化地确定城市性质。同时也要避免城市性质与城市特色混淆，城市特色一般是城市的自然、社会、人文等方面突出的特点，内容较为宽泛。

其次，确定城市性质要从区域视角，采取定量和定性分析的方法。确定城市性质既要分析城市本身发展条件和需要，也必须从地区乃至更大的范围着眼，研究国家的宏观区域政策和上一层次的区域规划的要求，开展区域分析和城市对比研究，分析该城市在国家或区域中的独特作用，根据国民经济合理布局及区域城市职能的合理分工来分析确定城市性质，使城市性质与区域发展条件相适应。与相关区域中其他城市，或与发展条件和职能类型相似的城市进行对比分析。定性分析主要研究城市在一定区域内政治、经济、文化等方面的作用和地位。定量分析是在定性基础上对城市职能，特别是经济职能，采用一定的技术指标，从数量上确定主导产业部门的性质。也只有从区域宏观范畴深入地分析和比较城市的区域条件、经济结构和职能特点，充分考虑发展变化的因素，预测其发展的前景，根据城市的实情，扬长避短发挥优势，才能够更准确地把握各个城市性质的特殊性。

城市性质的表述要准确、简练、明确。一要突出特色，充分反映城市特点，避免将城市的“共性”作为城市的性质，或者是不区分城市基本因素的主次；二要不回避“雷同”，如一般县城都有政治、经济、文化、交通等中心职能，但可以“中心城市”来概括；三要避免罗列，如将城市的主导产业方向按照产业门类一一罗列。

部分城市总体规划提出的城市性质 表 13–2–1

级别	名称	时间	城市性质
直辖市	北京	2004	北京是中华人民共和国的首都，是全国的政治中心、文化中心，是世界著名古都和现代国际城市
	上海	2001	上海是我国重要的经济中心和航运中心，国家历史文化名城，并将逐步建成社会主义现代化国际大都市，国际经济、金融、贸易、航运中心之一
	天津	2006	天津市是环渤海地区的经济中心，要逐步建设成为国际港口城市、北方经济中心和生态城市
	重庆	2007	重庆市是我国重要的中心城市之一，国家历史文化名城，长江上游地区经济中心，国家重要的现代制造业基地，西南地区综合交通枢纽
省会城市	拉萨	2009	拉萨市是西藏自治区首府，国家历史文化名城，具有高原和民族特色的国际旅游城市
	杭州	2007	杭州市是浙江省省会和经济、文化、科教中心，长江三角洲中心城市之一，国家历史文化名城和重要的风景旅游城市
	西安	2008	西安市是陕西省省会，国家重要的科研、教育和工业基地，我国西部地区重要的中心城市，国家历史文化名城
	成都	2005	成都是四川省省会，中国西部重要中心城市之一，西南地区科技、金融、商贸中心和交通、通信枢纽，国家历史文化名城和旅游中心城市
	石家庄	2000	石家庄市是河北省省会，华北地区重要商埠，全国医药工业基地之一
	长春	2005	长春市是吉林省省会，东北地区中心城市之一，全国重要的汽车工业、农产品加工业基地和科教文贸城市
	太原	2000	太原市是山西省省会，是以能源、重化工为主的工业基地，华北地区重要的中心城市之一
	海口	2005	海南省省会，全省中心城市，具有热带海岛风光的生态花园城市，健康型宜居城市，滨海旅游度假休闲胜地
地级城市	大连	2004	大连是我国北方沿海重要的中心城市和港口、旅游城市
	无锡	2009	无锡市是长江三角洲的中心城市之一，国家历史文化名城，重要的风景旅游城市
	苏州	2007	苏州市是国家历史文化名城和风景旅游城市，国家高新技术产业基地，长江三角洲重要的中心城市之一
	湘潭市	2010	湘潭市是长株潭地区中心城市之一，湖南省重要的工业、科技和旅游城市
	徐州市	2007	徐州市是陇海—兰新经济带东部的中心城市，国家历史文化名城
	株洲	2006	株洲市是湖南省重要的工业城市，长株潭地区重要的交通枢纽和中心城市之一
	淮北	2006	淮北市是安徽省东北部地区的中心城市，国家重要的能源城市
	宁波	2006	宁波市是我国东南沿海重要的港口城市，长江三角洲南翼经济中心，国家历史文化名城
	洛阳	2002	洛阳是国家历史文化名城，著名古都和旅游城市，河南省西部中心城市和交通枢纽
	丹东	2002	丹东市是辽宁省重要的边境口岸、港口城市和辽东地区的中心城市
	锦州	2001	锦州市是辽宁省重要的工业、港口城市，辽宁省西部地区的中心城市
	本溪	2001	本溪市是辽宁省东部的中心城市，是以钢铁、化学工业为主的综合性工业城市
	齐齐哈尔	2001	齐齐哈尔市是东北地区重要的工业基地和商品粮基地之一，黑龙江省西部中心城市
	淄博	2000	淄博市是全国重要的石油化工基地，山东省的中心城市之一
	包头	2000	包头市是内蒙古自治区的经济中心之一，是我国以冶金、稀土、机械工业为主的综合性工业城市
	厦门	2000	厦门市是我国经济特区，东南沿海重要的中心城市，港口及风景旅游城市
	郴州	2005	湘南地区重要的中心城市，湖南省重要的有色金属、能源、电子工业基地和风景旅游地，省级历史文化名城
	淮南	2005	皖北地区重要中心城市，以煤炭、电力、煤化工为主的工业城市，国家能源基地
	宜昌	2005	世界著名的水电能源基地和旅游名城，长江中上游的区域性中心城市，湖北省域副中心城市

4　城市规模

4.1　城市规模的构成

城市规模是指以城市人口总量和城市用地总量所表示的城市的大小，包括人口规模和用地规模两个方面。城市性质影响了城市建设的发展方向和用地构成，而城市规模则决定城市的用地及布局形态。城市规模是科学编制城市规划的前提和基础，是市场经济条件下，合理配置资源、提供公共服务、协调各种利益关系、制定公共政策的重要依据。

规划人口规模确定得合理与否，对城市建设影响很大。因为城市用地规模的多少和各项设施的内容、指标和数量，无不与城市人口的数量与构成有着密切的关系。

在本书第 7 章有关人口和社会问题的专门论述，这里仅就总体规划中人口和城市规模问题做进一步的分析。

城镇人口指城镇建成区内实际居住人口，由三部分构成，即建成区内的户籍非农业人口、户籍农业人口和居住一年以上的暂住人口。这三部分人口的确定都离不开相关的统计和调查的准确性，其中三个方面应当说明：

第一，统计范围的一致。在确定人口规模和用地规模时，必须保证统计的人口与相应的地域范围一致，即现状城镇人口与现状建成区、规划城镇人口与规划建成区要相互对应。

城市建成区指城市行政区内实际已成片开发建设、市政公用设施和公共设施基本具备的地区，包括城区集中连片的部分以及分散在城市近郊但与核心有着密切联系、具有基本市政设施的城市建设用地（如机场、铁路编组站、污水处理厂等）。在实际工作中，可根据地形图、航空或卫星影像图确定现状建成区范围，统计现状城市人口。由于人口的统计口径（通常按街道办事处、居委会、乡、村等行政管辖边界）与城市建成区一般不重合，需要尽可能详尽地收集人口数据或实地走访调查。

第二，暂住人口的确定。暂住人口已经成为影响我国城市人口规模的主要因素。从 1980 年代开始，随着区域、城乡间发展水平差异的扩大，人口出现了从乡村到城镇、从内陆到沿海的大规模人口流动。流动人口占全国总人口的比例从 1990 年的 3.0% 提高到 2005 年的 11.3%。由于同期城市户籍人口增长非常缓慢，暂住人口成为城镇人口增长的主要因素，2000 年全国 1.44 亿流动人口中，78.6% 流入城镇，在深圳、东莞等地区暂动人口甚至超过本地人口。暂动人口对城市各项设施都产生了压力。

在第五次全国人口普查中，国家统计局将已在本乡（镇、街道）居住半年以上、常住户口在本乡（镇、街道）以外的人，以及在本乡（镇、街道）居住不满半年、但已离开常住户口登记地半年以上的人作为本地常住人口登记，故在实际工作中可将居住在城镇半年以上的暂住人口计入城镇人口规模中。

我国尚缺乏时间连续、准确的正式暂住人口数据。受经济发展水平、产业结构调整和政策影响，城镇暂住人口流动性强，难以统计，对城镇暂住人口尚缺乏准确的统计制度和手段。公安部门负责登记暂住人口，但大部分城镇登记的暂住人口不到实际总量的一半。国家统计局人口普查有详细的暂住人口资料，但普查工作10年进行一次，资料不连续。在实际工作中需要走访公安、统计、劳动等部门综合确定。

一些城镇为统计暂住人口采取多种手段和方法，如广州市采用生活用水量、东莞市用食盐消耗量作为暂住人口数量估算的辅助手段。深圳市在2004年组织了8000人左右的队伍对暂住人口进行拉网式普查，其结果较以前统计数据超出。

第三，加强人口结构的研究。人口构成是研究城镇公共服务与公共设施需求差异的基础。人口年龄结构变化带来教育设施、医疗卫生、福利设施、住房设计、社区服务的需求变化。人口文化素质提高带来文化设施、生态健康空间需求的变化。人口收入、阶层差异加大带来设施供给标准、娱乐休闲度假需求的变化。家庭规模和家庭构成变化带来住房需求的变化等。随着市场经济的发展，我国城市暂住人口持续增加，人口构成更趋多元化，消费取向和需求层次的差异更加明显。在城市规划编制中要重视研究人口构成，分析不同人群对城市功能和服务的需求和发展愿望，以发挥城市规划对公共资源配置的指导作用。

4.2 城市规模预测

城市的人口规模和用地规模两者是相关的。在开展城市规模预测时，一般是先从预测人口规模着手，再根据城市性质与用地条件加以综合协调和采取多种方法进行校核，然后确立合理的人均用地指标，再推算城市的用地规模。

4.2.1 城市人口规模的预测

城市规模的预测方法及相关案例详见本书第7章。在城市总体规划中预测规划期人口发展规模，并非以制定一个硬性的控制指标为目的，而是为了使人口规模与资源环境条件、社会经济发展、城市建设相适应，促进城市健康持续发展。这一人口规模应该是适度人口规模，是总体规划中预留城镇发展空间的基础与前提。

在我国城市快速发展时期，需要对现有人口规模预测方法的局限性有足够的认识，一方面可将根据不同方法预测、校核得来的人口规模数值作为一个大致范围（数值区间）来看待，不必片面追求数值的精确程度，同时考虑到市场的不确定性和政府的宏观调控能力，留有一定的弹性幅度。另一方面，在考虑城市设施的建设以及城市建设用地规模时，可以考虑降低时间因子的作用，按照人口增长的实际情况，灵活、科学地设定城市设施建设目标。

4.2.2 城市建设用地规模的确定

（1）建设用地规模与人口增长的关系

人口规模（P）和用地规模（A）是相关的，根据人口规模以及人均用地的指标就能确定城市的用地规模。因此，在城市发展用地无明显约束条件下，一般是根据已确定的城市人口规模，选用合理的人均用地指标（a），继而推算城市的用地规模，公式为：$A = P \cdot a$，重点在于人均城市建设用地指标的选取。

（2）人均建设用地指标的选取

人均城市建设用地指标是指城市规划区各项城市用地总面积与城市人口之比值，单位为m^2/人，是衡量城市用地合理性、经济性的一个重要指标。影响城市用地规模的因素较多，人均城市用地指标有一定的幅度范围，如大城市人口集中，用地一般比较紧张，建筑层数和建筑密度比较高，建设用地指标就较低。而小城市，特别是边远地区小城市，建筑层数低，建筑密度较低，用地较为宽绰。矿业城市和交通枢纽城市受矿区与交通枢纽的要求，用地指标相应大一些；风景旅游城市主要根据风景区情况的不同而各不相同。

我国人口基数大，土地资源十分有限，城市用地规模和用地指标的确定必须坚持节约用地的原则，合理地使用城市土地，适当地提高土地利用率。当然也不是指标越低越好、用地越少越好，因为过度拥挤，不能创造良好的生活和生产环境，可能会带来其他城市交通和环境等问题，不符合现代化城市的要求。

在贯彻节约土地资源、充分挖掘现有城镇建设用地潜力的基础上，要根据现状的城镇建设用地使用状况以及规划城市布局，区分老城区和新区，确定建设用地分布，并提出引导调控城市建设用地的措施。老城区现状土地使用强度大，在规划中着重优化居民生活环境，应在现有基础上适当提高人均建设用地指标，新城区是规划重点发展地区，建设条件较好，一般人均建设用地指标高于老城区。

在我国目前所执行的《城市建设用地分类与规划建设用地标准》（GBJ 137—90）中，人均城市用地标准被划分为60～120m^2/人的4个等级（表13-2-2），作用不同城市的建议选用值。Ⅰ级为60.0～75.0m^2/人，Ⅱ级为75.1～90.0m^2/人，Ⅲ级为90.1～105.0m^2/人，Ⅳ级为105.1～120.0m^2/人。

规划人均建设用地标准分级 **表13-2-2**

指标级别	Ⅰ	Ⅱ	Ⅲ	Ⅳ
用地指标（m^2/人）	60.1～75.0	75.1～90.0	90.1～105.0	105.0～120.0

资料来源：《城市建设用地分类与规划建设用地标准》（GBJ 137—90）.

按照现行规范，在确定规划人均用地指标等级时，必须根据现状人均建设用地的水平，按照表13-2-3的规定确定。所采用的规划人均建设用地指标应同时符合表中指标级别和允许调整幅度双因子的限制要求。调整幅度是指规划人均建设用地指标比现状人均建设用地增加或减少的数值。

建议首都和特区城市可按Ⅳ级确定，当用地偏紧时可在Ⅲ级内考虑；新建城市人均用地指标在Ⅲ级内考虑，当用地偏紧时可在Ⅱ级内考虑；对边远地区和少数民族地区地多人少的城市，可根据实际情况在低于150m^2/人的指标内确定。

国标确定的规划人均建设用地指标　　表 13-2-3

现状人均建设用地水平（m^2/人）	允许采用的规划指标		允许调整幅度（m^2/人）
	指标级别	规划人均建设用地指标（m^2/人）	
≤ 60.0	Ⅰ	60.0 ~ 75.0	0.1 ~ 25.0
60.1 ~ 75.0	Ⅰ	60.0 ~ 75.0	>0
	Ⅱ	75.1 ~ 90.0	0.1 ~ 20.0
75.1 ~ 90.0	Ⅱ	75.1 ~ 90.0	不限
	Ⅲ	90.1 ~ 105.0	0.1 ~ 15.0
90.1 ~ 105.0	Ⅱ	75.1 ~ 90.0	−15.0 ~ 0
	Ⅲ	90.1 ~ 105.0	不限
	Ⅳ	105.1 ~ 120.0	0.1 ~ 15.0
105.1 ~ 120.0	Ⅲ	90.1 ~ 105.0	−20.0 ~ 0
	Ⅳ	105.1 ~ 120.0	不限
>120.0	Ⅲ	90.1 ~ 105.0	<0
	Ⅳ	105.1 ~ 120.0	<0

资料来源：《城市建设用地分类与规划建设用地标准》（GBJ 137—90）.

第3节　城市总体布局

城市总体布局是城市的社会、经济、环境以及工程技术与建筑空间组合的综合反映。确定城市总体布局是总体规划工作的重要内容，其任务是在城市的性质和规模基本确定之后，在城市用地适用性评定的基础上，根据城市自身的特点与要求，对城市各组成用地进行统一安排，合理布局，使其各得其所，有机联系，并为今后的发展留有余地。城市总体布局的合理性，关系到城市建设与管理的整体有序性、经济性，关系到长远的社会效益与环境效益。

1　城市功能、结构、形态

1.1　城市发展与城市功能演化

城市的活力和发展动力取决于城市综合功能的协调。《雅典宪章》明确指出城市的四大功能是居住、工作、游憩和交通，并且认为，城市的种种矛盾是由大工业生产方式的变化以及土地私有引起，应该科学地制定城市总体规划，城市应按居住、工作、游憩进行分区及平衡后，再建立三者联系的交通网。这些观念对现代城市空间产生了巨大影响。1977 年，《马丘比丘宪章》指出："雅典宪章为了追求分区清楚却牺牲了城市的有机构成"。主张"不应当把城市当作一系列孤立的组成部分拼凑在一起，必须努力去创造一个综合的多功能环境"。同济大学冯纪忠教授曾指出："城市是人类当然的城市空间，是积极的生活空间，是许多交织着的功能的高度集中，是复杂事物的特定领域"，"单纯化不能成为城市"、"功能单一不能构成真正的城市"。

城市功能的演变体现了社会不断发展进步的过程，城市功能的多元化是城市发展的基础，也是城市发展的重要特征，表现在城市的综合服务功能、社会再生产功能、组织管理和协调经济社会发展功能，通过物资流、资金流、人才流、信息流不断提高集聚与辐射能力（表 13–3–1）。

城市功能演变与社会发展进步（年） **表 13–3–1**

发展阶段对比项目	1782 ~ 1845	1845 ~ 1892	1892 ~ 1948	1948 ~
技术创新	蒸汽机的发明和应用	铁路、交通运输革命，冶金技术进步	电力、化工和内燃机发明	电子技术的革命，全球网络化
城市产业结构	农业部门占主体，制造业比重上升，服务部门比重小	制造业比重上升，服务部门增加，农业比重下降	制造业占主要地位，服务业比重加大农业比重减少	第三产业为主体，第二产业<30%，第一产业<5%
城镇化水平	城镇化水平 6% 左右，人口向城市集中，城市围绕旧城扩大	城镇化水平 13% 左右，人口向大城市集中，大城市郊区化开始	城镇化水平 25% 左右，产业向郊区迁移，城市分散化开始	城镇化水平 42% 左右，城市中心区呈现衰退，城市分散化普通
城市功能	生产功能	生产、服务功能	生产、服务、集散和管理功能	文化、创新功能
世界经济增长重心	伦敦到利物浦城市群雏形	大巴黎地区，莱茵—鲁尔地区城市群	纽约至波士顿地区形成大片城市群	东京、名古屋至大阪城市群

资料来源：1. 徐巨洲．探索城市发展与经济长波的关系．城市规划，1997，5.
2. 蔡来兴．国际经济中心城市的崛起．上海：上海人民出版社，1995.11.

1.2 城市问题与城市结构优化

城市问题不同程度地存在于每个城市的各个方面和城市发展的不同阶段，表现各异。城市问题的影响及探索解决对策的过程，其结果都会在城市布局结构中体现出来。

跨入 21 世纪，我国的城市发展正面临着结构性重整。城市结构由封闭型向开放型转变，城市活动由限于行政区划范围向区域市场转变。这些转变一方面必将对城市功能提出更高的要求，推动城市结构的整体变革；另一方面，需要通过城市结构的调整和完善实现城市功能的重塑。

1.3 城市功能、结构、形态的关系

城市的功能是主导的、本质的，是城市发展的动力因素。城市功能的不断创新推动了城市发展。"城市的主要功能是化力为形，化能量为文化，化死物为活生生的艺术形象，化生物繁衍为社会创新"（芒福德）。

城市结构是城市功能活动的内在联系，是社会经济结构在土地使用上的投影，反映构成城市经济、社会、环境发展的主要要素，在一定时间形成的相互关联、相互影响与相互制约的关系。结构不仅强调事物之间的联系，也是认识事物本质的一种方法。

城市形态是表象的，是构成城市所表现的发展变化着的空间形式的特征，是一种复杂的经济、社会、文化现象和过程，是在特定的地理环境和一定的社会经济发展阶段中，人类各种活动与自然环境因素相互作用的综合结果。

城市功能、结构与形态是紧密相关的。城市功能的变化是结构变化的先导，决定结构的变异和重组。而城市结构的调整必然促使城市功能的转换，催生新的功能与之相配合，两者相互促进，推动城市的发展。从城市形态的变化则可

看到城市发展轨迹的缩影，带有变幻难测、不易把握的特点，但恰恰又是探求城市发展规律的一个重要方面（表 13–3–2）。吴良镛教授指出，"城市形态的探求不仅是模式的追求，而是一种发展战略研究，它来自更高的目标的追求"。

城市功能、结构和形态的相关性 **表 13–3–2**

	功能	结构	形态
表征	城市发展的动力	城市增长的活力	城市形象的魅力
涵义	城市存在的本质特征 系统对外部作用的秩序和能力 功能缔造结构	城市问题的本质性根源 城市功能活动的内在联系 结构的影响更为深远	城市功能与结构的高度概括 映射城市发展的持续与继承 鲜明的城市个性与景观特色
相关的影响因素	社会和科技的进步和发展 城市经济的增长 政府的决策	功能变异的推动 城市自身的成长与更新，土地利用的经济规律	政府的决策 功能的体现 市民价值观的变化
基本构成内容	城市发展的目标进取 发展预测 战略目标	城市增长方法与手段的制定 空间、土地、产业、社会结构的整合	人与自然的和谐 传统与现代并存 物质与精神文明并进 城市规划设计的成果
总体要求	强化城市综合功能	完善城市空间结构	创建完美的空间形态

资料来源：张尚武，陶松龄．城市功能与结构课程．讲义．2008.

1.4 城市功能与结构的协调发展

1.4.1 不同空间层次的协调

不同空间层次之间相互影响、相互作用构成了城市作为整体系统运行的基本环境和特点。不同空间层次的协调是基于整体性和开放性角度，促进城市功能与结构协调发展的重要方面。

（1）内部与外部的协调

内部和外部的协调可以理解为城市与区域的关系的协调。外部既是城市发展的外部因素和条件，也是城市布局和空间结构的延伸和扩展。城市内部与外部关系的变化，构成城市作为开放系统存在的基础和背景。

城市发展外部条件的变化在很大程度上会改变城市用地的发展方向。例如，江苏省沿江城市随着区域性交通基础设施的建设而形成新的发展形态。1990 年代只有南京长江大桥作为唯一的跨江交通，极大制约了长江北岸沿江城市的发展。随着江阴大桥、润扬大桥、苏通大桥等多个跨江交通设施的建设，苏南地区大批纺织、冶金、化工等传统产业向苏北转移，苏北城市迅速发展，同时，苏州、无锡、常州等城市在东西发展的基础上，逐步形成整体"北靠"的态势。

城市的发展也会带来外部结构的变化，建成区范围和城市外围地区的人口在城市的经济和社会活动方面有着密切的联系，其直接结果是城市周边的更大的地域被纳入到了城市功能的范围，从而改变城市地域的空间结构和空间形态。

内、外部结构的协调需要一系列推动城市与区域整体发展的政策和措施。过去经常由于受到行政区划的制约，许多城市难以向理想方向发展，而人口、产业密集的旧城区也未能得以合理疏解。近年来，杭州、广州、桂林等城市，有的采取撤市建区的办法、有的在更大的空间范畴内设置大型市政工程设施为城市的合理布局创造条件，取得了积极的成效。

（2）局部与整体的协调

局部与整体是事物有机组成的两个范畴，城市局部地区规划建设合理与否会促进或牵制城市整体的发展，而城市关键部位和重要节点的开发决策也会带来全局性的影响。在城市发展的实际过程中，两者的关系会使城市发展的矛盾得以转化，有时甚至会激化，但最终应以寻求优化组合、动态平衡为目标。局部服从整体，整体指导局部，是处理局部与整体关系的基本原则。例如，北京平安大街道路红线宽度修改即是从全局角度作出的调整。上海铁路枢纽西移则是通过局部地区的调整使城市整体结构得以改善的案例。

1.4.2　不同城市系统的协调

（1）不同空间系统的协调

城市的空间系统如用地系统、交通系统、基础设施系统等，相互之间都存在着相互依赖、相互支撑、相互影响的关系，其中对两个方面的认识最为关键。

其一，城市道路交通是城市结构的骨架。西方工业化国家经历了较为完整的交通方式进化的历程，从中可以看到城市结构与形态扩张清晰的年轮：步行时代城市局限在有限的范围之内；电车对马车交通的替代，运输容量更大、更有效率，也更加便宜，居民的活动范围扩展，中产阶级开始外迁；随后是铁路刺激经济扩张的时代。铁路线尤其是站点可以使城市的重心发生改变，通勤距离的增长，推动城市向外扩展。特别是大运量轨道交通的发展，强化了城市放射型的拓展形态。车站的设置影响了地区的居住建设模式、土地价值和人口密度，商业和居住都向这些节点集聚；到了汽车主导的时代，居民日常生活范围更加灵活和扩大，城市向郊区低密度蔓延，带来居住和商业相分离、大量建设停车场、机动车快速路分割城市、环境质量下降等种种矛盾。从中可以看出，不同交通方式影响了城市结构特征及其演变。

其二，城市道路、给水、排水、电力、电信、绿化、垃圾处理等基础设施，具有项目类型多、系统性强、资金投入大、长期性等特点，对经济增长有重要影响，需要适度超前建设。基础设施中尤以可靠的能源、水源供应、高效的道路交通网、便捷的通信设施最为关键。另外，城市空间结构还需要与城市地下空间的开发与利用协调，诸如人防建设、大型地下交通设施，地下商业街以及地下水资源的利用与保护、地质灾害防治等方面。上海在市中心人民广场地下，建成4.9万m^2可停放600辆大轿车的停车场，以及2万t地下水库和220kV的地下变电站，其直径为60m，埋深24m，有力地缓解了市中心地区供水、供电以及停车场地的紧张状况。同时结合地铁站建设，开发建成了大规模的地下商业中心和地铁换乘枢纽。

基础设施对城市用地发展方向和城市结构组织具有重要支撑作用；基础设施项目对城市布局会产生影响，对电厂、燃气厂、水厂、污水处理厂以及大型变电站等设施的选址要十分谨慎，尤其要结合城市近远期发展；注重城市地下空间的综合开发；注重对自然环境和资源的保护，如地下水的合理开发，防止地面下沉，避免无序开发造成地表水体调洪蓄洪能力下降等。

（2）空间系统与非空间系统的协调

在城市诸多的系统中，除了构成空间系统本身物质层面的要素外，也包括非物质的构成要素如政策、体制、机制等。而且往往这些非空间因素占有十分重要的导向和控制作用，对城市的合理发展也具有决定性的影响。城市人口发展规模的控制，城市建设增长速度的调控，包括城市建设用地增长、房地产开发数量、市政基础设施增长速度、公共服务设施配置等方面都与城市政策因素密切相关。

积极制定和推行行之有效的城市发展策略与建设政策是推动城市健康发展的重要保证。借助政策的作用，包括重点建设项目的确定、建设资金的筹措与分配、管理体制的改革、城市户籍政策与外来人口管理、产业结构的调整方向等，都有助于促进规划的实施，使城市空间与非空间系统协调发展。

1.4.3 不同发展阶段的协调

城市在不断发展，综合协调城市不同发展阶段的关系，是保证城市健康可持续发展的重要方面。《马丘比丘宪章》指出："城市规划师和决策者要把城市看作连续发展与变化过程中的一个结构体系"。城市各建设阶段用地的选择，先后秩序的安排和联系等，都要建立在城市总体布局的基础上。同时，对各阶段的投资分配、建设速度要有统一的考虑，使得现阶段城市建设和社会服务设施，符合长远发展规划的需要。

城市近期建设具有很突出的现实性和针对性，要深入实际解决问题。有些问题即使一时无法彻底解决，也要尽量考虑不要成为下一阶段发展的障碍。1970 年代在深圳机场筹建时，曾决定在深圳湾畔、紧靠深圳大学，后因规划专家的据理力争，才改回原规划选址，即现今城市西部，珠江出海口的一侧，这一选址充分考虑了城市长远发展以及尽量减少机场对周围环境的干扰，避免了由于选址不当带来的无法估量的影响。

2 城市布局形态的不同类型

城市空间结构的集中发展和分散发展始终是两种重要力量。已有的各种理想城市形态也都可以回归到这两种基本发展模式。有关城市布局形态出现过许多类型的研究，综合不同的研究成果，按照城市的用地形态和道路骨架形式，可以大体上归纳为集中和分散两大类。

2.1 集中式布局的城市

所谓集中式的城市布局，就是城市各项主要用地集中成片布置。其优点是便于设置较为完善的生活服务设施，城市各项用地紧凑、节约，有利于保证生活经济活动联系的效率和方便居民生活。一般情况下，鼓励中小城市集中发展，此类城市在布局中需要处理近期和远期的关系，规划布局要有弹性，为远期发展留有余地，避免虽然近期紧凑，但远期出现功能混杂和干扰的现象。

集中式的城市布局可进一步划分为网格状、环形放射状等类型。

2.1.1 网格状

网格状城市是最为常见和传统的空间布局模式，由相互垂直的道路网构成，城市形态规整，易于适应各类建筑物的布置，但如果处理得不好，也易导致布局上的单调。这种城市形态一般容易在没有外围限制条件的平原地区形成，不适于地形复杂地区。这一形态能够适应城市向各个方向上扩展，更适合于汽车交通的发展。由于路网具有均等性，各地区的可达性相似，因此不易于形成显著的、集中的中心区。主要案例城市如洛杉矶（Los Angeles）、密尔顿凯恩

斯（Milton–Keynes）等。华盛顿（Washington）在网格状路网的基础上，增加了放射型道路，可视作这一形态的改进型。

2.1.2　环形放射状

环形放射状是大中城市比较常见的城市形态，由放射形和环形的道路网组成，城市交通的通达性较好，有很强的向心紧凑发展的趋势，往往具有高密度的、展示性、富有生命力的市中心。这类形态的城市易于利用放射道路组织城市的轴线系统和景观，但最大的问题在于有可能造成市中心的拥挤和过度集聚，同时用地规整性较差，不利于建筑的布置。这种形态一般不适于小城市。主要案例城市如北京、巴黎等。

2.2　分散式布局的城市

这种类型的布局形态最主要的特征是城市空间呈现非集聚的分布方式，包括组团状、带状、星状、环状、卫星状、多中心与组群城市等多种形态。

2.2.1　组团状

组团状形态的城市是指一个城市分成若干块不连续的城市用地，每块之间被农田、山地、较宽的河流、大片的森林等分割。这类城市的规划布局可根据用地条件灵活编制，比较好处理城市发展的近、远期关系，容易接近自然，并使各项用地各得其所。关键是要处理好集中与分散的“度”，既要合理分工、加强联系，又要在各个组团内形成一定规模，使功能和性质相近的部门相对集中，分块布置。组团之间必须有便捷的交通联系。

2.2.2　带状（线状）

带状形态的城市大多是由于受地形的限制和影响，城市被限定在一个狭长的地域空间内，沿着一条主要交通轴线两侧呈长向发展，平面景观和交通流向的方向性较强。这种城市的空间组织有一定优势，但规模应有一定的限制，不宜过长，否则交通物耗过大，必须发展平行于主交通轴的交通线。主要案例城市如深圳、兰州等。

2.2.3　星状（指状）

星状形态的城市通常是从城市的核心地区出发，沿多条交通走廊定向向外扩张形成的空间形态，发展走廊之间保留大量的非建设用地。这种形态可以看成环形放射城市的基础上叠加多个线形城市形成的发展形态。放射状、大运量公共交通系统的建立对这一形态的形成具有重要影响，加强对发展走廊非建设用地的控制是保证这种发展形态的重要条件。主要案例城市如：哥本哈根（Copenhagen）等。

2.2.4　环状

环状形态的城市一般围绕着湖泊、山体、农田等核心要素呈环状发展。在结构上可看成是带状城市在特定情况下首尾相接的发展结果。与带状城市相比，由于形成闭合的环状形态，各功能区之间的联系较为方便。由于环形的中心部分以自然空间为主，可为城市创造优美的景观和良好的生态环境条件。但除非有特定的自然条件限制或严格的控制措施，否则城市用地向环状的中心扩展的压力极大。典型案例如：新加坡、浙江台州、荷兰兰斯塔德地区（Randstad）等。

荷兰的兰斯塔德地区，也被称为绿心（Green Heart）地区，由阿姆斯特丹、鹿特丹、海牙和乌特勒之等共同组成的城市地区。位于莱茵河口的鹿特丹是重要

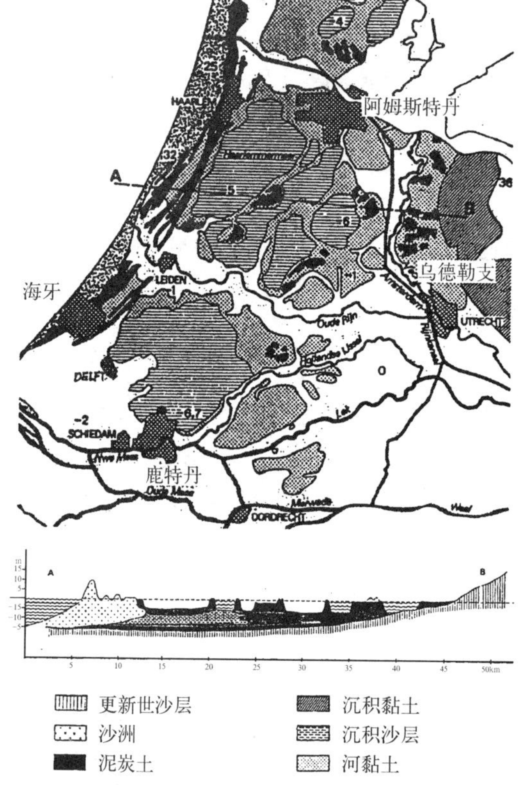

图 13-3-1 荷兰的兰斯塔德地区

资料来源：同济大学李德华．城市规划原理（第三版）．北京：中国建筑工业出版社，2001：200.

的商业和重工业中心，其货物吞吐量曾长期位居世界第一。阿姆斯特丹是荷兰的首都和经济、文化、金融中心，海牙是国际事务和外交活动中心，乌特勒支是重要的交通运输枢纽城市。四个主要城市之间相距在 60km 范围以内，这些城市共同组成了职能分工明确，专业化特点明显，相互关系密切的多中心的城镇群体。在这个城镇群体的中心是绿心，是荷兰精细农业和畜牧业最为发达的地区，也是周边城市群的游憩缓冲区。这一地区独特的空间形态源于其自然地理条件，但也是长期的规划控制的结果（图 13–3–1）。

2.2.5 卫星状

卫星状形态的城市一般是以大城市或特大城市为中心，在其周围发展若干个小城市而形成的城市形态。一般而言，中心城市有极强的支配性。而外围小城市具有相对独立性，但与中心城市在生产、工作和文化、生活等方面都有非常密切的联系。这种形态基本上是霍华德的田园城市和昂温的卫星城理论提出的城市空间形式，这种形态有利于在大城市及大城市周围的广阔腹地内，形成人口和生产力的均衡分布，但在其形成阶段往往受自然条件、资源情况、建设条件、城镇形状以及中心城市发展水平与阶段的影响。

实践证明，为控制大城市的规模，疏散中心城市的部分人口和产业，有意识地建设远郊卫星城是有一定效果的。但卫星城的建设仍要审慎研究卫星城的现有基础、发展规模、配套设施以及与中心城市的交通联系等问题，否则效果可能并不理想。主要案例城市如伦敦、上海等。

2.2.6 多中心与组群城市

这种空间形态是城市在多种方向上不断蔓延发展的结果。多个不同的片区或组团在一定的条件下独自发展，逐步形成不同的多样化的焦点和中心以及轴线。这种空间形态的典型城市如底特律、洛杉矶等。而在一些城镇密集地区呈现更加明显的组群化发展的特征，如日本的京阪神地区，以大阪为中心，在大阪湾东北沿岸半径 50km，呈新月形的区域，包括京都、神户和历史古都奈良等城市在内构成的大阪都市圈，人口达 1700 万人。随着关西国际航空港、关西文化学术研究城市、大阪湾跨地区开发等重大项目的建成，在上述城市相互连接的轴心上，组成了人口、产业、文化等高度集中的多中心网络型的都市圈结构，以建成国际交流的中枢城市为目标，激发城市活力，创造良好的城市环境。

城市在不同的发展阶段，用地扩展形态和空间结构类型可能会不一样。一般规律是，早期城市是集中式，连片地向郊区拓展。当城市再扩大或遇到“障碍”时，往往又以分散的“组团式”发展。其后，由于发展能力加强，各组团彼此

吸引，城市又趋集中。最后，城市规模太大需要控制时，又不得不以分散的方式，在其远郊发展卫星城或新城。当然，有些组团式城市由于自然阻隔和人为控制，不以集中的方式发展，而是各自发展成小城镇或城区，形成组群式城市形态。

选择合理的城市发展形态，需要考虑城市所处发展阶段的特点。英国规划学者霍尔在总结欧洲城市发展经验时认为，以绿环控制城市扩张，在外围建设新城的伦敦和指状发展的哥本哈根是两种典型的形态，而绿带模式适用于人口比较稳定的城市，对于人口迅速增长的城市，主张采用线形扩展和楔形绿地的形成，将更具发展的弹性。

3 城市总体布局的基本原则

城市总体布局应体现前瞻性、综合性和可操作性，紧密结合我国城镇化发展的基本方针，即坚持走中国特色的城镇化道路，按照循序渐进、节约土地、集约发展、合理布局的基本要求，努力促进资源节约、环境友好、经济高效、社会和谐的城镇发展新格局。一般要考虑以下几个方面的基本要求。

3.1 立足区域，讲求整体

3.1.1 增强区域整体发展观念

城市总体布局的形成与发展取决于城市所在地域的自然环境、工农业生产、交通运输、动力能源和科技发展水平等因素，同时也必然受到国家政治、经济、科学技术等发展阶段与政策的作用。城市总体布局必须从区域整体发展出发，坚持以人为本，为城市居民服务的宗旨，加速城市的社会发展和经济发展，取得社会效益、经济效益和环境效益的统一。

3.1.2 把握影响城市与区域整体性发展的因素

把握区域空间演化的整体态势。在发达地区已经出现了城市群、大都市连绵区等多种形式的空间模式，呈现空间扩展、经济联系、交通组织一体化的态势。而在欠发达地区，具有城镇化水平低，城镇规模小、功能弱、基础设施不健全等特点。

分析区域性产业结构调整和产业布局的影响。区域性产业结构调整和转型的重点在于城市功能的转变。对于一个区域经济中心城市，应将产业结构的高级化作为主要方向，推动区域经济整体发展。对于一般城市，根据自身的条件，调整和完善城市产业结构，明确具有竞争能力又富有效益的产业，也就是发展优势较高的产业，并在规划布局中为之提供积极发展的条件。

区域性生态资源条件的影响。区域不仅是促进经济增长、建立新经济秩序的地理单元，更是生态与环境永续发展的基本单位。良好城市环境的创造和生态环境的永续发展必须基于区域的尺度寻求解决的方案和对策。

区域性重大基础设施建设影响。一方面应加强对支撑城市发展的战略性基础设施的研究，例如上海提出国际性中心城市和航运中心的目标，浦东国际机场及洋山深水港的建设是支撑上海城市功能建设的战略性基础设施，需要研究机场周边和临港地区布局与城市整体发展的关系。另一方面，重视新的区域性重大基础设施项目的建设对城市布局形态可能产生的影响，如浙江的杭州湾大桥建设对嘉兴和宁波地区的发展会产生新的影响。

3.1.3 促进城乡融合，建立合理的城乡空间体系

在城镇化进程中，应注重实现城市现代化和农村产业化同步发展。在发展大中城市的同时，有计划地积极发展小城镇，通过建立合理的城乡空间体系，以市域土地资源合理利用规划和城镇体系布局为重点，通过各级城镇作用的充分发挥，推动实现农村现代化，使城乡逐步融合，共同繁荣。

经济发达地区农村的用地空间正面临着重大改组，具体表现为三大用地的重构，工业向园区集中，居住向集镇集中，耕地向农场集中，即“三集中”模式。通过一系列政策导向和经济手段，引导分散于农村地区的工业企业向工业园区集中，以发挥工业经济的规模效应，减少不必要的重复建设，也利于对工业污染进行集中治理。村镇建设是实现有序城镇化的重要环节，对历史遗留村落数量大、规模小、布局过于分散的现象，实行村镇结构的重新组合，促进村镇空间布局的相对集中，以达到节约土地资源的目的，减少居住点内市政基础设施的配套费用。此外，还要改变城镇建成区与农业用地交叉混杂的布置方式，使农业用地相对集中，实现农业的规模化和集约化经营。

3.2 节约紧凑、强化结构

3.2.1 集中紧凑，节约用地

城市总体布局在充分发挥城市正常功能的前提下，应尽量使布局集中紧凑，不仅可以节约用地，缩短各类工程管线和道路的长度，节约城市建设投资，有利于城市运营，方便城市管理，而且可以减少居民上下班的出行路程和时间消耗，减轻城市交通压力。城市总体布局能否集中紧凑是检验规划是否经济合理的重要标志。当然集中的程度、紧凑的密度，应视城市性质、规模和城市自然环境等条件而定。此外，城市总体布局要十分珍惜有限的土地资源，尽量少占农田，不占良田，兼顾城乡，统筹安排农业用地和城市建设用地。

3.2.2 明确重点，抓住城市建设和发展的主要矛盾

在制定城市布局方案时，要努力找出并抓住规划期内城市建设发展的主要矛盾，作为进行总体规划构思切入点。如为充分发挥城市的主要职能，对以工业生产为主的生产城市，其规划布局应从工业布局入手；交通枢纽城市则应以有关交通运输的用地安排为重点；风景旅游城市应先考虑风景游览用地和旅游设施的布局。不过，城市往往是多职能的，因此要在综合分析基础上，分清主次，抓住主要矛盾，并进而促成各组成要素的有序布局。

3.2.3 规划结构清晰，内外交通便捷

城市规划用地结构清晰是城市用地功能组织合理的一个标志，要求城市各主要用地功能明确，各用地间相互协调，同时有安全便捷的联系。需要根据城市各组成要素布局的总体构思，明确城市主、次要发展内容，明确用地的发展方向及相互关系，在此基础上确定城市规划结构，为城市的各主要组成部分用地的合理组织和协调提供框架，并规划出清晰的道路骨架，从而在综合平衡的基础上，把城市组织成一个有机的整体。

城市总体布局要充分利用自然地形、江河水系、城市道路、绿地林带等空间来划分功能明确、面积适当的各功能用地，在明确道路系统分工的基础上促进城市交通的高效率，并使城市道路与对外交通设施和城市各组成要素之间均

保持便捷的联系。

3.3 近远结合，弹性生长

3.3.1 近期建设与远期发展相结合

城市远期规划要坚持从现实出发，同时，城市近期建设规划也必须以城市远期规划为指导，以使方向明确，否则近期建设规划将是盲目的，甚至可能造成城市布局混乱而影响到远期规划目标的实现。城市近期建设要坚持紧凑、经济、现实，由内向外，由近及远，成片发展，并在各规划期内保持城市总体布局的相对完整性。合理确定近期建设的项目，对于发挥城市用地功效、节省投资是极为重要的。

3.3.2 旧区与新区发展的兼顾

城市总体布局要把城市现状要素有机地组织进来，既要充分利用现有物质基础发展新区，又要能为逐步调整或改造旧区创造条件，这对于加快城市建设，节约城市建设用地与投资均十分重要。在旧城更新中要防止两种倾向，其一是片面强调改造，过早大拆大迁，其结果就可能使城市原有建筑风貌和文物古迹受损；其二是片面强调利用，完全迁就现状，其结果必然会使旧城区不合理的布局长期得不到调整，甚至阻碍城市的发展。

3.3.3 注重发展弹性

城市的建设和发展总有一些预见不到的变化，在规划布局中需要留有发展余地，或者留有足够的"弹性"。所谓弹性即是城市总体布局中的各组成部分对外界变化的适应能力。特别是对于经济发展的速度调整、科学技术的新发展、政策措施的修正和变更，城市总体布局都要有足够的应变能力和适应性。

规划布局中某些合理的设想，在眼前或一时实施有困难，就要通过规划管理严加控制，等待适当的时机，留有实现的可能性。例如湖南长沙的铁路客站向城东搬迁、江苏无锡的大运河向城南重新开拓、重庆新机场用地的长期控制等，这些都是早在二三十年前提出的设想，经过长期的用地管理与控制，后来如愿实现，为提高交通运输效率、促进旧城改造与新区发展和后来城市总体布局趋向合理创造了有利条件。

3.4 保护环境，突出特色

3.4.1 以生态与环境资源作为城市发展的前提

生态与环境资源的承载力不仅影响城市规模，也是影响城市布局形态的重要因素。在城市总体布局中，强化增长边界，控制无序蔓延，要十分注意保护城市地区范围内的生态环境，力求避免或减少由于城市开发建设而带来的自然环境的生态失衡。严格按照环境要求和标准选择城市水源地、污染物排放及垃圾处理场地的位置，防止天然水体和地下水源遭受污染。

3.4.2 保护环境，营造和谐的城市空间

城市总体布局要有利于城市生态环境的保护与改善，创造优美的城市空间景观，提高城市的生活质量。慎重安排污染严重的工厂企业的位置，防止工业生产与交通运输所产生的废气污染与噪声干扰。注意按照卫生防护的要求，在居住区与工业区、对外交通设施之间设置防护林带。注意加强城市绿化建设，尽可能将原有水面、森林、绿地有机地组织到城市中来，因地制宜地创造与自然环境和谐发展的城市环境。

3.4.3 注重城市空间和景观的布局艺术

城市空间布局是一项艺术创造活动。城市中心布局和干道布局是体现城市布局艺术的重点。前者反映了城市意象中的节点景观，后者反映一种通道景观。两者都是反映城市面貌和个性的重要因素，要结合城市自然条件和历史特点，注意位置的选择，运用各种城市布局艺术手段，创造出具有特色的城市中心和城市干道的艺术面貌。如陆家嘴地区利用黄浦江凸岸开阔的视野，通过整体轮廓控制，成为上海城市形象的标志。

城市轴线是组织城市空间的重要手段。通过轴线可以把城市空间布局组成一个有秩序的整体，在轴线上组织布置主要建筑群、广场和干道，使之具有严谨的空间规律关系。城市轴线本身又是城市建筑艺术的集中体现，因为在城市轴线上往往都集中了城市中主要的建筑群和公共空间。城市轴线的艺术处理也是城市建筑艺术上着力描绘的精华所在，因而也最能反映出城市的性质和特色。

4 城市总体布局的内容

4.1 城市发展方向的确定

城市发展方向是指城市各项建设规模需求扩大所引起的城市空间地域扩展的主要方向。确定城市发展方向需要以用地的适用性评价为基础，对城市发展用地作出合理选择。城市用地选择就是合理地选择城市的具体位置和用地范围。对新建城市就是选定城址，对老城市则是确定城市用地的发展方向。城市用地选择的基本要求如下。

4.1.1 选择有利的自然条件

尽量选择有利的自然条件是城市规划布局的重大原则。有利的自然条件一般是指地势较平坦，地基承载力良好，不受洪水威胁，不需花费很多的工程建设投资，并能保护城市生产生活安全等。城市建设的自然条件因素复杂，常常是各种条件相互矛盾和相互制约。如地形平坦的地段往往易被洪水淹没且地基较差，而地形起伏较大的丘陵，地基承载力则较好。因此要全面分析比较，并应估算工程措施的费用，这样才能得出合理的选择。现代技术条件下，一些不利的自然条件可以通过一定的工程改造措施加以利用，但是这些改造都必须注意经济上的合理性与工程上的可行性，要从现实的经济水平和技术能力出发，按近期和远期的规模要求来合理地选择用地。

4.1.2 尽量少占耕地农田

保护农田是我国的基本国策，少占耕地农田是城市用地选择时必须遵循的原则。尽量利用劣地、荒地、坡地，在可能情况下，应结合工程建设造田、还田。

4.1.3 保护自然和历史资源

城市用地选择应避开历史文物古迹、水源地、生态敏感地区、风景区及已探明有开采价值的矿藏的分布地区。对历史资源丰富的地区，必需取得文物考古部门和相关部门的协助，掌握确实可靠的科学依据，在不十分清楚的情况下，应持慎重态度。

4.1.4 满足重大建设项目的要求

城市建设的项目和内容有主次之分。对城市发展关系重大的建设项目，应优先满足其建设的要求，在选择用地时不仅要研究这些项目本身的用地要求，还要研究它们的配套设施如水、电、运输等用地的要求，以使这些主要建设项目能迅速建成并经济地运行。

4.1.5　要为城市合理布局和长远发展创造良好条件

城市用地选择直接关系到城市布局的合理性，需要结合城市规划的初步设想，反复分析比较。充分尊重和利用自然条件是城市合理布局的基础。若忽视自然条件的种种制约，则会造成城市发展的长期不良后果。

4.2　城市主要功能要素布局

合理组织城市用地功能是城市总体布局的核心。各种功能的城市用地之间，有的相互联系、依赖，有的相互间有干扰，存在矛盾，这就需要在城市总体布局中按照各类用地的功能要求以及相互之间的关系加以合理组织。

4.2.1　城市居住与生活系统的布局

居住生活是城市的首要功能活动，而居住用地是承担居住功能和生活活动的场所。随着城市功能的不断拓展，城市居住的概念已远远超出了满足城市居民居住需求的范畴，提升到人居环境的层面上，在日益竞争的市场环境中，城市竞争已扩展为广义的人居环境的竞争。基于为城市居民创造良好的居住环境，不断提高生活质量，乃是"人类住区"规划的主旨之一，也是城市规划的主要目标之一。

随着对城市宜居环境和人文环境的日益重视，以邻里导向、公交导向、适度就业的混合等已成为城市近年来国外在社区组织方面的重要原则。相关内容详见本书第18章。

4.2.2　城市工业生产用地的布局

工业用地的组织方式与布置形式对城市活动的组织有着很大的影响。工业需要大量的劳动力并产生客货运量，对城市的主要交通的流向、流量起着决定性影响。新工业的布置和原有工业的调整，可能直接影响到城市功能结构和城市形态。许多工业在生产过程中产生大量污染，引起城市环境质量的下降和生态破坏。需要全面分析工业对城市的影响，使城市中的工业布局既能满足工业发展的要求，又有利于城市本身健康地发展。

在城市总体布局中，工业生产用地的安排需要综合考虑自身的发展要求、对城市的影响以及与和居住、交通运输等各项用地之间的关系。相关内容详见本书第6章。

4.2.3　城市公共设施系统的布局

城市公共设施是以公共利益和设施的可公共使用为基本特性。城市公共设施的内容设置与城市的职能相关联，在一定程度上反映出城市的性质、生活水平和城市的文明程度。

（1）城市公共设施系统的组成

城市公共设施的种类繁多。如按照用地分类划分为不同的功能类型；按照公共设施所属机构的性质及其服务范围，可以分为非地方性公共设施和地方性公共设施；按照其公共属性可以分为公益性设施、营利性设施等。

不同的公共设施因功能、性质、服务对象与范围的不同，对空间布局各有不同的要求。如公益性设施（包括中小学校、社区卫生医疗、文化设施等），其配置与人口规模和分布密度密切相关，具有地方性；有些公共设施则与城市的职能相关，并不完全涉及城市人口规模的大小，如旅游城市的交通、宾馆等设施，多为外来游客服务，具有非地方性；另外也有些公共设施是兼而有之，如学校、医疗设施等，既要服务城市，也要服务更大的区域范围。

公共设施具有很大的相关性和兼容性，用地分布也不是孤立的，它们与城市的其他功能用地有着配置的相宜关系，需要通过规划，加以有机组织，形成功能合理、有序、高效的布局。

(2) 城市公共设施系统的组织与布局

城市公共服务设施布局需要考虑分类的系统分布和分级集聚两方面的要求。按照各项公共设施与城市其他用地的配置关系，使之各得其所。

非地方性的公共服务设施分布往往有其自身的服务区位要求。地方性的公共服务设施一般是按照用地性质，根据城市用地结构进行，分级和分类配置，按照与居民生活的密切程度确定合理的服务半径。一般分成三级：城市级，包括市级商业中心、行政中心、文化中心等；居住区级，如街道办事处、派出所、街道医院等；社区级，如中小学、菜市场等。

不同功能类型的公共设施具有不同的布局特点。商业、服务业、娱乐业等一般以中心地方式布局，形成中央商务区（CBD）、分区中心、居住区中心、小区中心等，也会形成一些其他形式，如商业一条街、购物中心等。

大专院校、科研机构用地布局较为多样。一些新建的大学占地大，往往布置在城区边缘；科研机构和专科学校，常常与生产性机构相结合，形成一定的专业化地区。科技园区(高新技术园区)与综合性大学相毗邻,利于相互促进、共同发展。

大型体育设施一般应均匀布置在城市中心区外围或边缘，需要有良好的交通疏解条件。而服务居民的体育、文化设施，常与居住用地、公建中心相结合，构成社区级公共活动中心。

医疗卫生设施根据不同的级别和服务范围，均匀布置在城区。有些小城市担负着为较大地区服务的职能（如县城），应在长途汽车站、火车站等附近增设一些医疗设施。

城市公共设施的系统布置与组合形态是城市布局结构的重要构成要素和形态表现。同时，由于城市公共设施的多样性，中心区往往形成丰富城市的景观环境，成为展示城市形象特征的重点。

城市公共设施的分布与城市布局的结构形态存在着对应的组构关系。通常应根据城市的功能与用地构成，拟定公共设施的级别和设置指标。如果城市是分散布局，形成了多个相对独立的地域单元，例如在有多个矿点组成的矿区城市或是特定自然条件形成的带形、链形城市等，为保证各单元利用公共设施的方便性与齐备性，在设置门类数量以及公共设施总量指标上，可能较之城市集中布局的形式多而高。

4.2.4 城市道路交通系统的布局

(1) 城市道路系统的架构

按交通性质和交通速度划分城市道路的类别，形成城市道路交通体系。在城市总体布局中，城市道路与交通体系规划占有特别重要的地位，必须与城市工业区和居住区等功能区的分布相关联，同时又必须遵循现代交通运输对城市本身以及对道路系统的要求，即按各种道路交通性质和交通速度，对城市道路按其从属关系合理划分类别和等级。具体内容详见本书第 15 章第 3 节。

（2）对外交通设施与城市布局的关系

对外交通是以城市为基点与城市外部进行联系的各类交通运输方式的总称，包括铁路、航运、航空、公路运输等。对外交通对城市形成和发展有重要的影响，相应的对外交通设施也是决定城市布局的重要因素。各种交通设施与城市布局的关系详见本书第 15 章。

（3）交通联运和交通枢纽地区的综合开发

交通联运是提高交通运输效率的重要手段。促进不同交通系统之间的有效衔接是道路交通布局的一项重要原则，包括不同运输方式之间、内外交通之间、枢纽节点与网络之间的有效衔接。多种交通方式和线路的汇聚将会促进交通枢纽的形成，并带来周边综合开发的需求。

4.2.5　城市绿地与开敞空间系统的布局

（1）城市绿地系统的组织

城市绿地是城市用地的组成部分，也是城市自然环境的构成要素。城市绿地系统要结合用地自然条件分析，有机组织，同时城市绿地指标的确定要结合城市的用地条件，考虑居民的需求，合理而有效地组织，一般遵循以下原则：

因地制宜，结合河湖山川自然环境。绿地是改善城市环境、调节小气候和构成休憩游乐场所的重要空间，应均衡分布在城市各功能组成要素之中，并尽可能与郊区大片绿地（或农田）相连接，与江河湖海水系相联系，形成较为完整的城市绿地体系，构筑城乡一体的生态绿化环境，充分发挥绿地在总体布局中的功能作用。

均衡分布，有机构成城市绿地系统。绿地要适应不同人群的需要，分布要兼顾共享、均衡和就近分布等原则。居民的休息与游乐场所，包括各种公共绿地、文化娱乐和体育设施等，应合理地分散组织在城市中，最大程度地方便居民使用。在城市总体布局中，既要考虑在市区（或居住区）内设置供居民休憩与游乐的场所，也要考虑在市郊独立地段建立营地或设施，以满足城市居民的短期（如节假日、双休日等）休憩与游乐活动。布置在市区内的一般以综合性公园的形式，布置在市郊的则多为森林公园、风景名胜区、夏令营地和大型游乐场等。城市绿地在城市环境中的作用详见本书第 16 章。

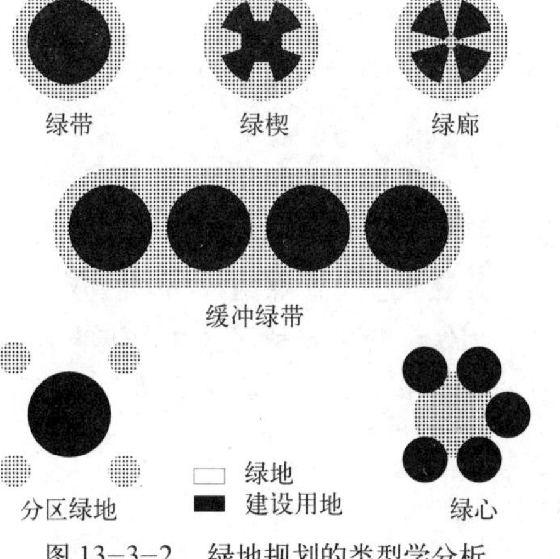

图 13–3–2　绿地规划的类型学分析
资料来源：Burtenshaw D.，M.Bateman，G. J.Ashworth.The European City：a western perspective [M].Halsted press，1991：187.

（2）城市开敞空间体系的布局方式

城市的绿地、公园、道路广场以及周边的自然空间共同组成了城市开敞空间系统。开敞空间不仅是城市空间的组成部分，也要从生态、舒适度、教育、社会以及文化等多方面加以评价。1990 年代，伦敦提出将建立开敞空间系统作为一个绿色战略（Green Strategy），而不仅是一个公园体系。

城市开敞空间体系的具体布局方式有多种形式，如绿心、走廊、网状、楔形、环状等（图 13–3–2、

图 13—3—3)。如德国科隆的环状加放射状结合的开敞空间系统；大伦敦绿环内的开敞空间系统；印度昌迪加尔城规划方案中，通过方格路网和宽窄变化的公园网络组成相互叠合的网络结构。

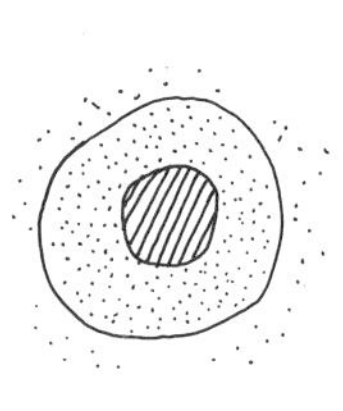

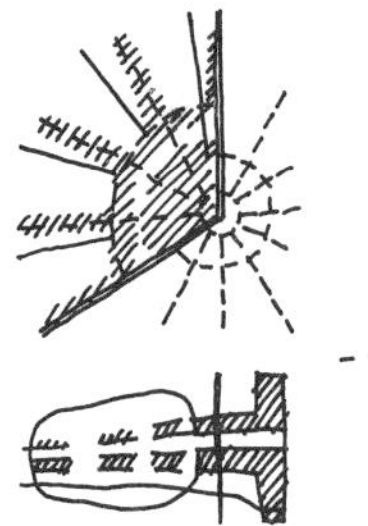
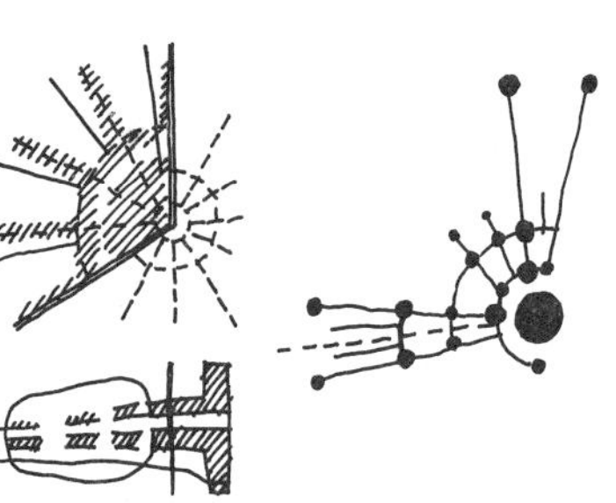

A. 环绕的形态与方式　大伦敦规划的绿带与农村绿带　B. 嵌合的形态与方式　大哥本哈根指状规划

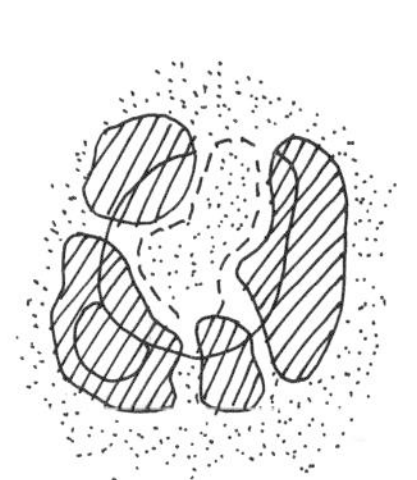

C. 核心的形态与方式　荷兰兰德斯塔德城镇布局示意　D. 带形相接的形态与方式　巴黎地区规划示意

图 13—3—3　区域开敞空间系统战略的四种形态方式

资料来源：孙施文，张尚武．城市规划原理（讲义）．

4.3　城市整体结构的控制

在总体布局过程中，不仅要合理选择城市发展方向，处理好不同功能要素的分布关系，还应从整体的角度，研究城市整体结构的组织原则，以下几个方面是城市整体结构控制的重点。

4.3.1　土地使用与交通系统的整合

建立起城市空间形态与交通组织相匹配的关系是城市结构控制的首要原则。近年来城市开发过程中普遍受到重视的交通导向模式（TOD）即是从这一原则提出的。英国规划师汤姆逊（J.M.Thomson）在《城市布局与交通规划》一书中，调查研究了世界上 30 多个大城市，认为一个城市的结构，除受到地理上的约束外，大部分主要是由交通的相对可达性决定的，并总结出城市布局与交通组织的经验。

城市布局与交通网络形态密切相关，不同的交通策略会成为影响城市空间组织的重要因素，也会直接决定城市空间扩张的形式。中国的城市仍然面临大规模的空间增长和结构重组的过程，尤其是面对高密度人居环境，积极发展公共交通，将交通策略与城市布局的整合发展将是必然选择。详见本书第 15 章第 2 节。

4.3.2　城市分区与组合关系

城市整体结构控制要处理好功能性分区和综合性分区的关系。功能性分区

是保证整体结构清晰的重要方面，而综合性分区则有利于城市各种活动的协调和保持城市的活力。如工业区和生活区的关系，既要保证两者相对清晰的空间关系，也要保证两者的有机联系，平衡就业和居住的关系。许多单一功能的工业区，最终往往走向综合性功能的新区，如苏州新加坡工业园区在新玫轮总体规划中更加注重功能的综合。

为了更有效地指导城市空间的整体发展，在城市布局中需要采取非均衡的空间开发策略，制定相应的政策性分区，在不同的发展阶段明确相应的空间发展重点，避免均质发展对整体结构造成损害。除了提出基于城市开发控制导向的分区，还应结合城市资源与生态保护要求提出保护性的政策分区。

伦敦的绿环是城市长期控制的结果和城市空间结构的特点所在，新一轮的《伦敦规划》提出“不侵蚀开敞空间的条件下，在伦敦边界内容纳伦敦的发展”，作为未来空间结构的首要目标，同时将城市内部划分优先增长区、机遇区等。广州在城市空间发展战略中也针对不同的空间发展方向提出“南拓、北优、东进、西联”，其目的也在于从整体方向上加强对城市空间发展的引导，形成“山、城、田、海”的山水型城市格局。

4.3.3　城市中心体系与城市形态的关系

促进核心功能聚合，是当前应当关注的重点。城市中心或节点共同构成的中心体系在整合城市空间发展关系方面具有引领性的作用，会影响城市空间的整体组织效率，因而在城市布局控制中促进城市中心体系的聚合是非常关键的内容。

城市规模越大，城市中心体系也更复杂，对整体结构的组织作用也更重要，例如东京始终将“多极构造”中的多中心结构作为城市空间结构发展的重点。对于大城市一般会在多中心网络基础上，形成中心体系主次结构和许多专业化的节点，对于中小城市而言，城市中心的功能则应相对集中，行政、文化、商业的集中有利于增强城市功能的影响力。

中心体系的分布形态需要与具体城市的布局形态相协调。如带形城市，一般会是多中心的组团结构，相对分散组团状城市中心则会采用一主多辅的形式。

城市中心体系不是独立的，与交通和分区具有密切的关系。要保证中心区交通的可达性和土地使用功能的相对混合，规模更大的中心需要在外围保证有更大的发展余地。

城市在规模扩张和功能进化过程中往往会催生新的城市中心。需要分析新的城市中心的选址、功能和分布形式，促进城市中心体系功能的完善，并且最大程度地创造更好的城市生活环境。

4.3.4　各类保护地区与城市布局的关系

保护地区包括城市已有的一些独特的自然资源地区、历史保护地区，也在城市布局中需要控制发展的地区。城市布局应突出这些保护地区的作用，并有机地组织到新的城市结构之中。

城市建成空间与生态保护和开放空间构成图底关系，是城市形态生成的两个方面。不能只关注城市实体空间的建设而忽略了生态开敞空间的作用。杭州基于对“半城山色半城湖”自然格局的保护和强化，提出“西湖西进”，而城

市向东、向南拓展，走向沿钱塘江发展。

一些历史城市在处理老城保护与新区开发方面有许多成功与失败的教训。例如北京作为我国最重要的历史文化名城，在解放初期梁思成、陈占祥曾提出著名“梁陈方案”，即北京的城市发展应在古城西面另建新城，但这一方案未被采纳，最终失去了完整保护老城的机会，也使北京始终面临历史保护与城市发展之间的矛盾。平遥古城保护则吸取了我国许多历史文化名城保护的经验，选择在古城之外建设新城，从而使城市历史资源得以完整保护。

在城市布局中应将保护地区的范围和控制要求作为城市布局发展的基本条件，合理制定城市布局的基本策略，严格划定保护地的控制范围和城市空间的增长边界，并以此塑造城市空间布局的特色。如伦敦规划中将保护历史地区的空间轮廓作为未来内域发展的前提条件。

4.3.5　空间资源配置的时序关系

在城市连续扩展过程中，需要将城市局部视作完整的系统进行规划建设，在满足城市增长需求的同时，从时空视角保持城市功能系统的合理配置关系。

从城市空间扩张方式来看，有同心圆扩张、星状扩张、带状生长、跳跃式生长等多种方式，每种方式均有其形成的原因和条件。对城市生长过程不加控制或引导往往会造成城市空间蔓延或预期的目标难以实现。

注重城市地域开发序列的衔接与过渡。处理好新发展地区与老城的关系，选择新区发展应当兼顾与老城的依托关系，充分分析城市跨越门槛的成本和条件，不切实际而一味追求新区的发展，反而会制约新区开发的进程，甚至造成新区开发的失败。同时，随着城市规模的不断扩大，尤其是对于一些大城市，城市空间的均质发展会加剧城市蔓延的趋势，需要运用综合手段促进城市定向发展，突出重点地区发展。

4.4　城市总体布局方案的比较

4.4.1　多角度、多场景的方案比较

综合比较是城市总体布局设计的重要工作方法，在城市规划设计的各个不同阶段，都应进行方案比较。

开展方案比较要充分掌握城市发展的内部和外部因素与条件。城市发展的内部条件主要指城市自身的资源、自然条件及限制条件，如矿藏、物产、地形、地貌、用地等等。城市布局中要充分地利用与发掘这些条件。城市发展的外部条件主要指外部的环境及因素，如中小城市需要考虑邻近大城市、中心城市或区域性基础设施，对城市发展的影响。还包括规划及上级部门对本城市的要求，在大区或经济区中，城市所处的地位与作用，有无新设厂矿、机构、设施，国家或地区规划、计划对城市的影响。

在掌握了方案比较的基本条件后，方案比较应围绕城市规划与建设中的主要矛盾来进行，包括城市重要功能分区的选址、城市发展方向的选择及对周边地区的影响、城市结构组织方式的差异、空间发展时序上的考虑、重大项目选址的影响等方面。

方案比较考虑的范围可以由大到小、由粗到细，分层次、分系统、分步骤地逐个解决。整个城市用地布局的方案比较，应配合各专业工程，特

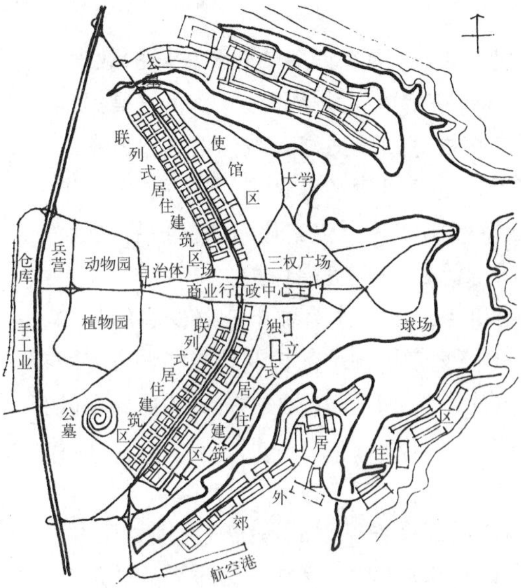

图 13-3-4　巴西利亚规划布局示意图
资料来源：同济大学李德华．城市规划原理（第三版）[M]．北京：中国建筑工业出版社，2001：242．

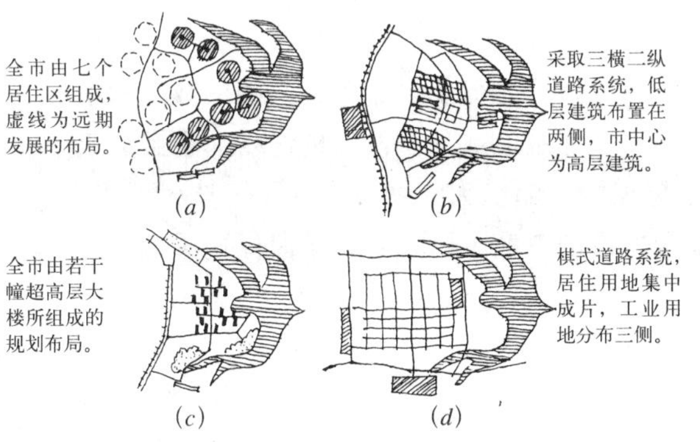

图 13-3-5　巴西利亚规划竞赛中入围的四个方案
资料来源：同济大学李德华．城市规划原理（第三版）[M]．北京：中国建筑工业出版社，2001：243．

别是城市道路交通工程和市政建设工程等进行专项研究。既要分析影响城市总体布局的关键性问题，还要研究解决问题的方法与措施是否可行，通过比较筛选、优化综合才能得出符合客观实际，用以指导城市建设的方案。

例如，巴西于1958年开始建造新首都——巴西利亚，城市人口规模约为50万人，当时曾经过多方案比较，确定最终方案。该市经过多年的建设与经营，已基本建成。巴西利亚规划布局的基础是两条正交的轴线，成为城市的特殊象征。城市中横贯东西的主轴线，布置行政、公共建筑，另一条是呈“弓”形的贯通居住区的横轴线。两轴线相交处为商业、文化娱乐等公共建筑中心。铁路和高速公路从城市西侧经过，机场布置在城南，都有方便的城市干道相连接。居住区是由统一而有变化的街坊所组成，并列布置在南北干道的两侧。巴西利亚的规划，用地分工明确，功能清楚，布局合理，接近自然，也便于组织居民生活，形成宜人的生活环境，是目前世界上唯一一座被联合国教科文组织列为世界文化遗产的现代城市（图13-3-4、图13-3-5）。

上海在城市空间研究中比较了不同空间扩张方式的可能性和相应的条件（表13-3-3）。

4.4.2　方案比较的内容

城市总体布局方案比较的内容，通常可归纳为以下几项：

（1）自然条件与环境的适宜性

地理位置及工程地质等条件：地形、地下水位、土质承载力大小等情况。

生态与环境保护：工业“三废”及噪声等对城市的污染程度，城市用地布局与自然环境的结合情况，生态地区受到的压力等。

（2）工程条件的可行性

防洪、防震、人防等工程设施：各方案的用地是否有被洪水淹没的可能，工程方面所采取的措施，以及所需的资金和材料等。

市政工程及公用设施：给水、排水、电力、电信、供热、燃气以及其他工程设施的布置是否经济合理，包括水源地和水厂位置的选择、给水和排水管网系统的布置、污水处理及排放方案、变电站位置、高压线走廊及其长度等工程设施逐项的比较。

（3）城市布局的合理性

城市总体布局：城市用地选择与规划结构是否合理，城市各项主要用地之

上海城市不同空间扩展方式 **表 13-3-3**

模式一：空间蔓延模式 以中心城为核心大规模向外蔓延，是现状趋势的延续，若不加以积极引导，将使地区发展陷入无序和难以控制的局面	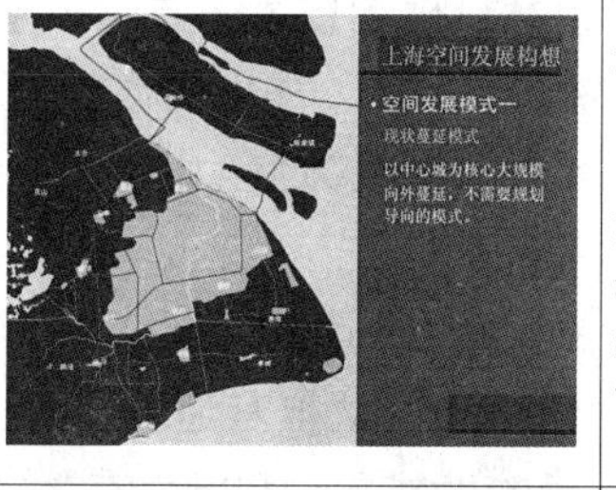	模式二：轴向延伸模式 依托主要道路和轨道交通发展，但必须防止城镇空间连绵发展，沿线交通与土地开发的协调是规划管理的重点	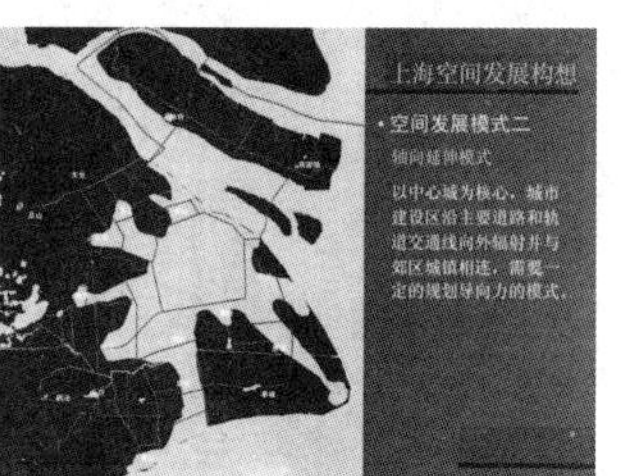 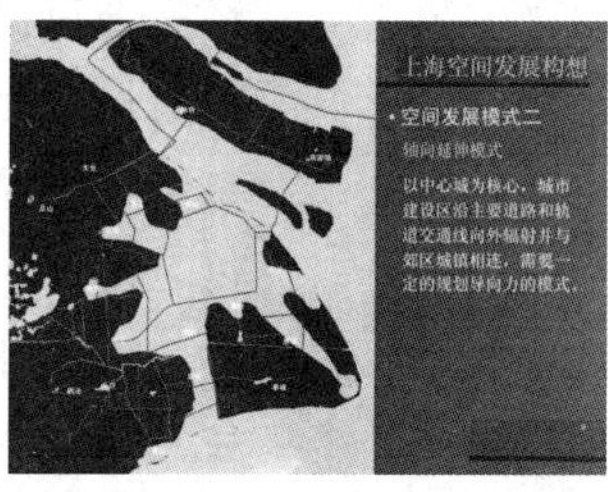
模式三：近郊城市模式 在中心城市近郊选择重点地区发展，但在城市快速发展和对土地需求量很大的情况下，这一模式容易演变成空间蔓延模式		模式四：远郊城市模式 这一模式与城市在市场化下的空间扩张模式相背，必须依靠大量的投资，和强有力的规划控制手段	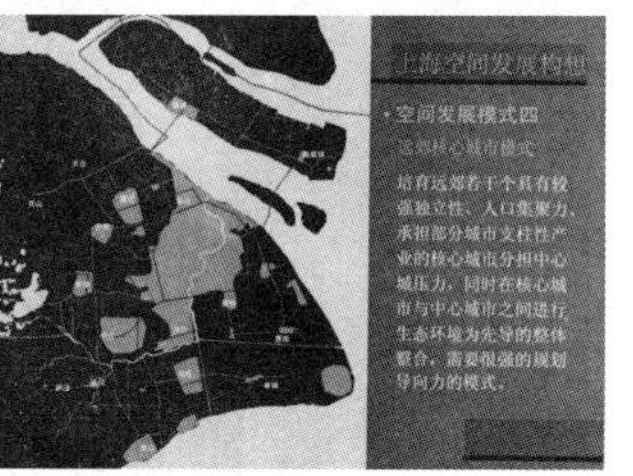

资料来源：叶贵勋等．上海城市空间发展战略研究．北京：中国建筑工业出版社，2003．

间的关系是否协调，在处理城市与区域、城市与农村、市区与郊区、近期与远景、新建与改建、需要与可能、局部与整体等关系中的优缺点。此外，城市总体布局中的艺术性构思，也应纳入规划结构比较的范围。

居住用地组织：居住用地的选择和位置是否恰当，分析用地布局与合理组织居住生活之间的关系，各级公共建筑的配置情况等。

生产协作：工业用地的组织形式及其在城市布局中的特点。重点工厂的位置，工厂之间在原料、动力、交通运输、厂外工程、生活区等方面的协作条件等。

交通运输：包括铁路走向与城市用地布局的关系，客运站与居住区的联系，货运站的设置及与工业区的交通联系情况；机场与城市的交通联系情况；主要跑道走向和净空等方面的技术要求；过境公路交通对城市用地布局的影响，长途汽车站、燃料库、加油站位置的选择及与城市干道的交通联系情况；城市道路系统是否明确、完善，居住区、工业区、仓储区、市中心、车站、货场、港口码头、机场以及建筑材料基地等之间的联系是否方便、安全。

(4) 经济上的可行性及社会成本的比较

城市建设投资及收益：估算各方案的近期造价和总投资及可能的收益情况，综合分析经济上的可行性。

社会成本比较：是否符合区域性发展规划和政策要求，市民的接受程度，各方案用地范围和占用耕地情况，需要动迁的户数以及占地后对农村的影响，在用地布局上拟采取的补偿措施及费用要求等。

方案比较是一项复杂的工作，在方案比较中，表述上述几项内容，应尽量做到文字条理清楚，数据准确明了，分析图纸形象深刻。方案比较所能涉及的问题是多方面的，要根据各城市的具体情况有所取舍，抓住对城市发展起主要作用的因素进行评定与比较。例如，以钢铁、化工为主的工业城市不能牺牲城市生活功能、环境等因素去求得经济发展。城市总体布局的合理性

在于综合优势，所以要从环境、经济、技术、艺术等方面比较方案的优缺点，经充分讨论，并综合各方意见，然后确定以某一方案为基础，在吸取其他方案的长处后，进行归纳、修改、补充和汇总，提出优化方案。优化方案确定后，再依据总体规划的要求，进一步开展布局方案、土地使用及各专项规划的深化工作。

城市环境是历史演进的产物。理想的城市环境，其标准和观念会随着社会、经济、科学、文化的发展而不断变化。要从追求“最佳方案”的思想观念中解脱出来，努力去寻求城市正确的发展方向和行之有效的实践操作方案（图13–3–6）。

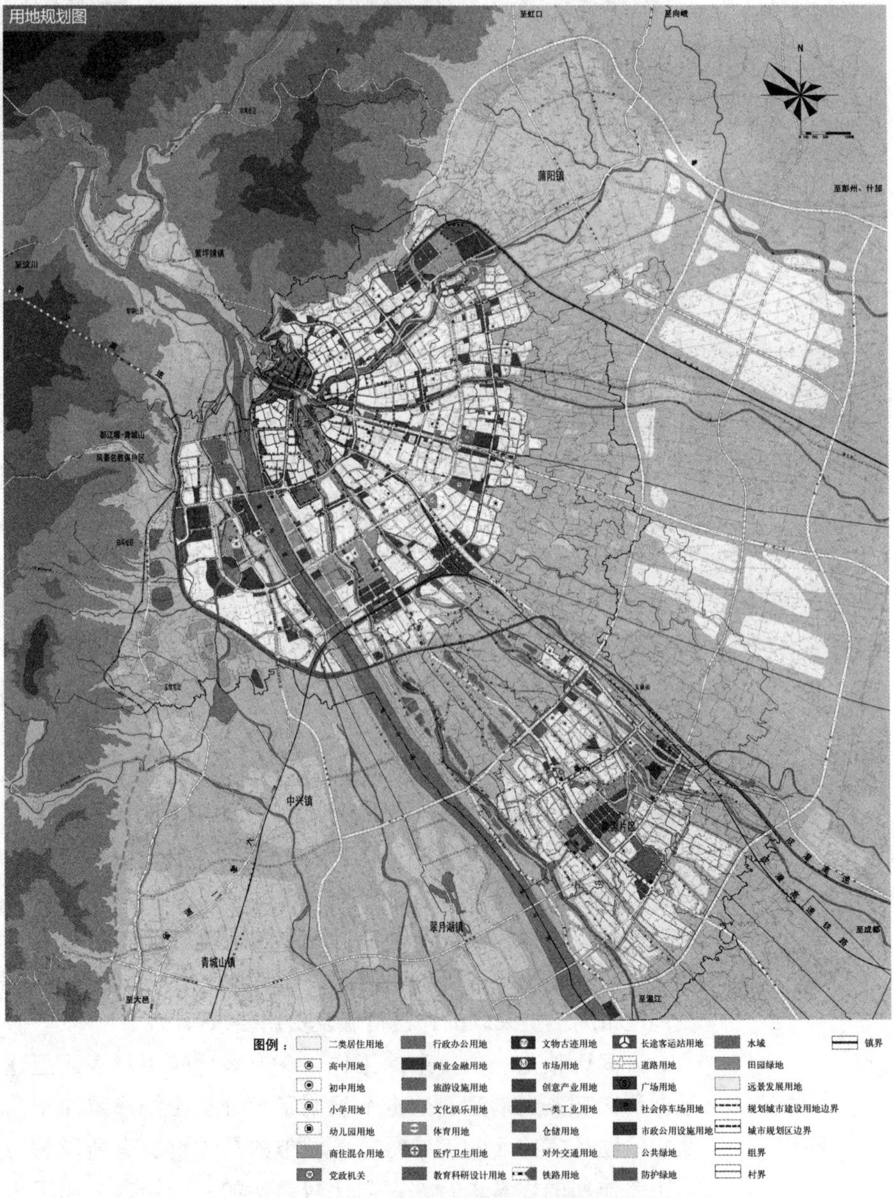

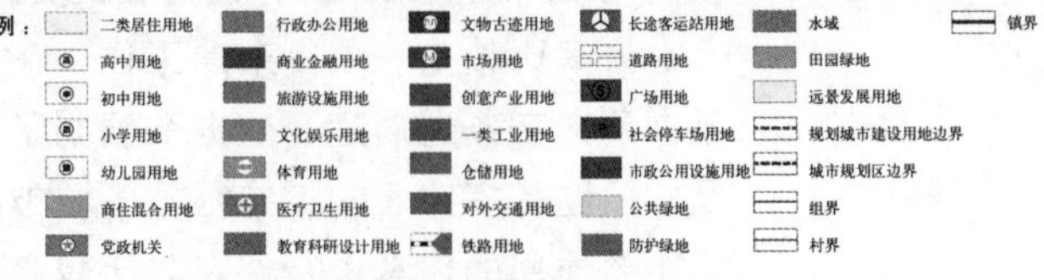

图 13–3–6　都江堰城市总体规划图

资料来源：上海同济城市规划设计研究院．都江堰城市总体规划．2008．

第4节 总体规划的编制

1 总体规划编制的技术要求和制定程序

1.1 总体规划编制的技术要求

1.1.1 总体规划编制内容的要求

总体规划包括城市总体规划和镇总体规划。城市总体规划包括市域城镇体系规划和中心城区规划。大、中城市根据需要，可以在总体规划的基础上组织编制分区规划。每个城市还应当在总体规划的基础上，还应单独编制近期建设规划。

城市总体规划的期限一般为 20 年，同时应对城市远景发展的空间布局提出设想。确定城市总体规划具体期限，应当符合国家有关政策的要求。

总体规划编制应体现城市规划的基本原则，妥善处理城乡关系，引导城镇化健康发展，体现布局合理、资源节约、环境友好的原则，保护自然与文化资源、体现城市特色，考虑城市安全和国防建设需要。对涉及城市发展长期保障的资源利用和环境保护、区域协调发展、风景名胜资源管理、自然与文化遗产保护、公共安全和公众利益等方面的内容，应确定为必须严格执行的强制性内容。

《城乡规划法》规定：规划区范围、规划区内建设用地规模、基础设施和公共服务设施用地、水源地和水系、基本农田和绿化用地、环境保护、自然与历史文化遗产保护以及防灾减灾等内容，应作为城市总体规划、镇总体规划的强制性内容。

编制城市总体规划，应先组织编制总体规划纲要，研究确定总体规划中的重大问题，作为编制规划成果的依据。

城市总体规划的成果应包括规划文本、图纸及附件（规划说明、研究报告和基础资料等）。在规划文本中应明确表述规划的强制性内容。

1.1.2 总体规划编制的依据

编制城市总体规划，要遵循党和国家政策的要求，遵循“城乡规划法”、“土地管理法”、“环境保护法”等相关法规，充分考虑上位规划的要求，特别是全国城镇体系规划、省域城镇体系规划的要求，与省市国民经济和社会发展规划、土地利用总体规划、环境保护规划等其他相关规划的协调。从区域经济社会发展的角度研究城市定位和发展战略，按照人口与产业、就业岗位的协调发展要求，控制人口规模、提高人口素质，按照有效配置公共资源、改善人居环境的要求，充分发挥中心城市的区域辐射和带动作用，合理确定城乡空间布局，促进区域经济社会全面、协调和永续发展。

全国城镇体系规划是全国城镇发展的综合规划，涵盖城镇化政策、全国城镇空间结构、交通等重大基础设施布局、生态与环境保护等重要内容，对由国务院审批城市总体规划的城市和国家发展需要重点关注的城市均有指导性的意见。

省域城镇体系规划是省域范围内城镇发展的纲领性文件。对省域范围内城镇化政策、城镇空间结构、省域范围内各类城市的规模、不同类别资源的保护、基础设施建设等方面均有明确的要求。

总体规划是对上层次城镇体系规划的具体落实和深化，要充分考虑城镇体系规划的指导性要求，合理控制城市的规模、资源保护、区域基础设施建设等。

同时，总体规划的编制也应与其他专业规划相协调，如交通、防灾、基础设施等专业规划。总体规划需要一个综合的视角，对这些专业规划已经确定的内容或即将实施的项目，总体规划的相关内容应与之保持一致。而总体规划也是指导这些规划编制的依据，如交通规划中的交通需求分析、给排水工程主要设施的位置等需建立在总体规划提出的未来土地使用模式的基础上。

1.1.3　总体规划涉及的规划范围

总体规划涉及多个层次的规划范围，包括市域、市区、规划区、中心城区和建成区。其中市域、市区是从行政管辖范围划分的，而规划区、中心城区、建成区是从规划建设层面划分的。

市域是城市行政区划范围，包括市区及外围市（县）城市行政管辖的全部地域。市区则是城市政府直接管辖的范围，不包括外围市（县）。

规划区是指城市、镇和村庄的建成区及因城乡建设和发展需要，必须实行规划控制的区域。一般要求城市规划区应在市区范围内，即城市政府直接管辖的范围。城市规划区的具体范围，由城市人民政府在编制的城市总体规划中划定。《城乡规划法》规定，规划区的具体范围由有关人民政府在组织编制的城市总体规划、镇总体规划、乡规划和村庄规划中，根据城乡经济社会发展水平和统筹城乡发展的需要划定。城市规划区也是实施规划管理，即发放“两证一书”的范围界限。

中心城区是城市发展的核心地区，包括规划城市建设用地和近郊地区，中心城区是城市总体规划的重点范围。

城市建成区是城市行政区内实际已成片开发建设、市政公用设施和公共设施基本具备的地区。包括市区集中连片以及分散在郊区、与城市有着密切联系的城市建设用地（如机场、铁路编组站、污水处理厂等）。

1.2　总体规划的制定程序

1.2.1　总体规划编制的组织程序

城市人民政府负责组织编制城市总体规划和城市分区规划。具体工作由城市人民政府城乡规划主管部门承担。城市总体规划的编制要贯彻“政府组织、专家领衔、部门合作、公众参与、科学决策”的原则。

1.2.2　总体规划编制的工作程序

总体规划编制的工作程序包括：

（1）组织前期研究，按规定提出开展编制工作的报告，经上级规划行政主管部门同意后方可组织编制。其中，组织编制直辖市、省会城市、国务院指定市的城市总体规划的，应向国务院建设主管部门提出报告；组织编制其他市的城市总体规划的，应向省、自治区建设主管部门提出报告。

（2）组织编制城市总体规划纲要，按规定提请审查。其中，组织编制直辖市、省会城市、国务院指定市的城市总体规划，应报请国务院建设主管部门组织审查；组织编制其他市的城市总体规划，应报请省、自治区建设主管部门组织审查。

（3）依据国务院建设主管部门或者省、自治区建设主管部门提出的审查意见，组织编制城市总体规划成果，按法定程序报请审查和批准。

在城市总体规划的编制中，对于涉及资源与环境保护、区域统筹与城乡统

等、城市发展目标与空间布局、城市历史文化遗产保护等重大专题，应在城市人民政府组织下，由相关领域的专家领衔进行研究。

编制城市总体规划，应在城市人民政府的组织下，充分吸取政府有关部门和军事机关的意见，对于所提出意见的采纳结果，应作为城市总体规划报送审批材料的专题组成部分。

《城乡规划法》特别强调了城乡规划报送审批前必须开展意见征询的要求：

城乡规划报送审批前，组织编制机关应当依法将城乡规划草案予以公告，并采取论证会、听证会或者其他方式征求专家和公众的意见。公告的时间不得少于30日。组织编制机关应当充分考虑专家和公众的意见，并在报送审批的材料中附具意见采纳情况及理由。

同时，《城乡规划法》严格规定了总体规划修改的法定程序，有下列情形之一的，组织编制机关方可按照规定的权限和程序修改：

1）上级人民政府制定的城乡规划发生变更，提出修改规划要求的；

2）行政区划调整确需修改规划的；

3）因国务院批准重大建设工程确需修改规划的；

4）经评估确需修改规划的；

5）城乡规划的审批机关认为应当修改规划的其他情形。

总体规划修编前，组织编制部门应当对原规划的实施情况进行总结，并向原审批部门报告；修改涉及城市总体规划、镇总体规划强制性内容的，应当先向原审批机关提出专题报告，经同意后，方可编制修改方案。修改后的城市总体规划按照法定审批程序报批。

1.2.3　总体规划的审批程序

依据《城乡规划法》总体规划实行分级审批制度，执行严格的分级审批过程和要求。具体审批程序详见本书第10章。

2　总体规划的编制的内容

总体规划编制从工作阶段上可以分为总体规划编制的前期工作、总体规划纲要的编制和总体规划技术成果的编制三个阶段。从总体规划内容上可以分为城镇体系规划、中心城区规划、近期建设规划及专项规划四个组成部分。

2.1　总体规划编制的前期工作

2.1.1　基础资料的收集与调研

对城市现状基础资料的收集与调研是整个总体规划编制的基础工作。需要通过文献、访谈、现场踏勘等多种方法，对城市的区域、社会、经济、自然、历史环境展开全面和细致的调研。

在收集与调研过程中，对城市建设用地调查是一项重要内容。要对城市存量建设用地的数量和用地性质进行核查和分析，切实掌握土地使用的真实状况、效益，分析人均用地水平、用地结构和区域建设用地分配等资料。通过城市建设用地现状的全面、细致掌握，为提出合理、高效的土地使用策略提供依据。

调查研究的成果形成城市基础资料汇编，包括城市现状图和一套完整的现状基础资料报告。

2.1.2　总体规划编制的前期研究

按照《城市规划编制办法》要求，城市人民政府提出编制城市总体规划前，应当对现行城市总体规划以及各专项规划的实施情况进行总结，对基础设施的支撑能力和建设条件做出评价；针对存在问题和出现的新情况，从土地、水、能源和环境等城市长期的发展保障出发，依据全国城镇体系规划和省域城镇体系规划，着眼区域统筹和城乡统筹，对城市的定位、发展目标、城市功能和空间布局等战略问题进行前瞻性研究，作为城市总体规划编制的工作基础。

因此，在前期研究中，对现行城市总体规划评价和战略问题的前瞻性研究是两项重要工作内容。

(1) 现行城市总体规划评价

首先要系统地回顾历版城市总体规划的编制背景和技术内容，研究城市发展的阶段特征，把握好城市发展的自身规律。特别是对现行城市总体规划以及各专项规划的实施情况和遗留问题要进行认真的总结，对基础设施的支撑能力和建设条件做出评价，在此前提下，对总体规划编制（修编）的必要性进行分析。

(2) 战略问题的前瞻性研究

深入分析和总结城市面临的主要问题，针对城市现状问题和新的发展趋势，从落实土地、水、能源和环境等影响城市长期发展保障要素、区域协调和城乡统筹发展、节约和集约使用土地等前提出发，依据全国城镇体系规划和省域城镇体系规划，前瞻性地研究城市的发展条件和动力机制，科学合理地研究城市的定位、发展目标、城市功能和空间布局等战略问题，为总体规划的修编提供依据。

2.2　总体规划纲要的编制

城市总体规划纲要，是确定城市总体规划的重大原则的纲领性文件，是编制城市总体规划的依据。总体规划纲要是对城市进行全面深入认识、对规划中的重大问题进行研究、为规划编制确定重大原则、方向和框架的重要阶段，防止和避免规划编制出现重大的方向性、原则性的失误和偏差。规划纲要经审批后，作为编制城市总体规划的依据。

城市总体规划纲要具体内容详见本书第 10 章。

总体规划纲要成果包括纲要文本、说明、相应的图纸和研究报告。城市规划成果的表达应当清晰、规范，成果文件、图件与附件中说明、专题研究、分析图纸等表达应有区分。

2.3　城镇体系规划的编制

城镇体系规划区域范围一般按行政区划划定，分为全国城镇体系规划、省域城镇体系规划、市域城镇体系规划、县域城镇体系规划等四个基本层次。根据国家和地方发展的需要，可以编制跨行政地域的城镇体系规划。不同层次的城镇体系规划编制的重点和内容各有侧重。其中市域和县域城镇体系规划在具体的操作过程中，被纳入所在地域中心城市的总体规划一并编制审批。

城镇体系规划具体内容详见本书第 10 章。

2.4　中心城区规划的编制

中心城区是城市发展的核心地域，包括规划城市建设用地和近郊地区。中

心城区规划的编制要从城市整体发展的角度，在综合确定城市发展目标和发展战略的基础上，统筹安排城市各项建设。在以下几个方面体现城市规划工作的特点。首先，要体现城市规划对中心城区建设和发展所具有的引导和控制功能，既要从发展需求的角度合理安排城市的功能和布局，同时要处理好保护和发展关系问题，对各类资源和环境实施有效保护和空间管制，以强制性规定加以明确。其次，在提高中心城区发展效率的同时，要充分关注社会的公共利益，在居住、交通及公益性公共服务和基础设施配置等方面体现城市规划的公共政策属性。最后，要处理好前瞻性和操作性的关系，既要从长远角度提出中心城区发展的重点和方向，同时要从规划实施和控制角度，明确规划管理的标准和任务，为保证规划落实提供依据。

中心城区规划主要内容详见本书第 10 章。

此外，在城市总体规划阶段，涉及的专项规划包括综合交通、环境保护、商业网点、医疗卫生、绿地系统、河湖水系、历史文化名城保护、地下空间、基础设施、综合防灾等。在总体规划阶段应当明确这些专项规划的原则。

2.5 近期建设规划的编制

近期建设规划主要依据城市总体规划要求，确定近期建设目标、内容和实施部署，并对城市近期内的发展布局和主要建设项目作出安排。近期建设规划的规划期限为 5 年，原则上应与国民经济和社会发展规划的年限一致，并不得违背城市总体规划的强制性内容。

近期建设规划的内容详见本书第 10 章。

近期建设规划的成果应当包括规划文本、图纸，以及包括相应说明的附件。在规划文本中应当明确表达规划的强制性内容。

近期建设规划是实施城市总体规划的第一阶段工作。城市规划工作要贯彻城市建设远景与近期相结合、以近期为主的方针，因此，城市近期建设规划对安排城市各项近期建设项目、解决近期建设的实际问题、指导当前各项建设，具有很大的现实和经济意义。

3 总体规划编制中应关注的重点

3.1 新时期总体规划编制思路的转变

传统的总体规划工作，过度强调由政府统一配置资源，难以适应市场经济体制下市场对资源配置的基础作用，也难以满足政府职能转变过程中，引导和调控城市建设健康发展的要求。表现在规划引导和调控城市建设与发展的强制性和灵活性都存在明显不足；过于偏重对建设开发的指导作用，对人文和自然资源环境的保护强调不足，对社会公平和公众利益的关注也显不够；在城乡关系上体现了较强的城乡二元特点，难以保证城市规划在促进区域统筹和城乡统筹发展方面应当发挥的作用；在技术上体现了较强的工程技术属性，缺乏公共政策理念；在组织工作上体现的是单一政府行政部门原则，缺少其他部门与公众参与的程序保障。

2005 年颁布的《城市规划编制办法》和 2007 年正式颁布的《城乡规划法》，相对原有的《城市规划编制办法》和《城市规划法》，对总体规划编制的思路、

方法提出了新的要求。表现在：

规划的前提，从确定增长规模为发展目标转向注重控制合理的环境容量和确定科学的建设标准。

规划编制的内容，从重点确定开发建设项目和用地安排转向各类资源的有效保护和空间管制，在功能上体现从技术文件走向公共政策的转变。

规划调控和管理范围，从局限于城市规划区，转向更加突出强调区域统筹和全市域城乡统筹的概念。

规划编制的组织方式，从以行政手段为主转向依法行事、社会监督、公众参与，从单一政府行政主管部门组织编制转向建立健全政府、专家、多部门与公众参与的程序保障。

3.2　总体规划编制工作需要突出的重点

3.2.1　突出区域协调和城乡统筹作为引导城市合理发展的基础

随着全球化进程的深入和我国政治经济体制的逐步完善，城市的发展逐步区域化，区域的发展逐步城镇化。在总体规划编制中要充分分析城市在区域中的地位和作用，分析城市与区域的功能关系，根据具体地区的发展特点和情况，协调好资源、环境等关系，协调好重大基础设施的布局与建设。例如城市密集地区群需要突出基础设施建设共建共享、重大设施区域统筹布局等，要避免城市蔓延的负面影响。而在经济相对落后的地区，要更加关注资源的合理配置，突出发展重点、循序渐进，强化中心城市和小城镇的在市域规划中的带动作用。

同时，我国的城乡关系正进入新的发展时期，总体规划必须强调统筹城乡发展，推进城乡社会公平。城乡统筹发展需要突出城市带动农村，集约使用土地，严格保护耕地，注重区域经济的一体化发展。城镇密集地区的中心城市，应当根据需要，提出与相邻行政区域在空间发展布局、重大基础设施和公共服务设施建设、生态与环境保护、城乡统筹发展等方面进行协调的建议。

3.2.2　突出人文与自然资源保护和空间管制

走资源节约型、环境友好型的城镇化道路，突出保护生态与环境，保护土地和水资源，保护自然和历史文化遗产，合理利用能源。合理确定区域开发管制区划，划定优先发展和鼓励发展的地区，需要严格保护和控制开发的地区，以及有条件地许可开发的地区，并分别提出开发的标准的控制的措施，作为政府进行开发管理的依据。

中心城区规划要求“划定禁建区、限建区、适建区和已建区，并制定空间管制措施”、“研究中心城区空间增长边界，确定建设用地规模，划定建设用地范围”，突出对人文与自然资源、环境问题的保护。

禁止建设区为保护生态环境、自然和历史文化环境，满足基础设施和公共安全等方面的需要，在总体规划中划定的禁止安排城镇开发项目的地区。①限制建设区为在总体规划中划定的，不宜安排城镇开发项目的地区；确有进行建设必要时，安排的城镇开发项目应符合城镇整体和全局发展的要求，并应严格控制项目的性质、规模和开发强度。适宜建设区为在总体规划中划定的可以安排城镇开发项目的地区。②适宜建设地区是城市发展优先选择的地区，但建设行为也要根据资源环境条件，科学合理地确定开发模式、规模和强度，满足各类保护区要求。

3.2.3　突出总体规划的实施性和法定性

(1) 总体规划中的强制性规定

为区分城市规划对城市建设和发展所具有的引导和控制功能，增强城市规划的法定效力，促进规划立法，强化上级政府和社会公众对规划实施的监督，总体规划要求划定强制性内容，详见本书第 10 章。

总体规划的强制性内容不仅是实施规划的措施也是建设管理的依据。城乡规划行政主管部门提供规划设计条件，审查建设项目，不得违背城市规划强制性内容。调整城市总体规划强制性内容的，城市人民政府必须组织论证，就调

城市空间管治的“四区”划分参考　表 13-4-1

类型	要素	禁止建设区	限制建设区	适宜建设区中的低密度控制区
自然与文化遗产	自然保护区	核心区	非核心区	
	风景名胜区	核心区	一、二级区	三级区
	历史文化保护区	文保单位保护范围	文保单位建设控制地带、历史文化街区、地下文物富集区	环境协调区
绿线控制	基本农田	基本农田保护区		
	河湖湿地	河湖湿地绝对生态控制区	河湖湿地建设控制区	
	绿地	城区绿线控制范围、铁路及城市干道绿化带	绿化隔离地区、生态保护林带、经济林、森林公园、退耕还林区	城市生态绿地
水源保护	地表饮用水源保护区	一级保护区	二级保护区	三级保护区
	地下水源保护区	核心区	防护区	补给区
	地下水超采区		建成区以外地下水超采区	
生态安全	蓄滞洪区		蓄滞洪区	
	地质环境		不适宜和较不适宜区	
	山区泥石流	高易发区	中易发区	
	山体	坡度大于 25% 或相对高度超过 250m	坡度介于 15% ~ 25% 的山体及其他山体保护区	
其他	大型市政通道	大型市政通道控制带	机场噪声控制区	
	矿产资源区	禁止开采区	限制开采区允许开采区	

资料来源：全国城市规划执业制度管理委员会．科学发展观与城市规划［M］．北京：中国计划出版社，2007．

总体规划中的“四线”规定　表 13-4-2

名称	范围	控制规定
城市绿线	城市各类绿地范围的控制线。它应该包括城市规划区内一切已经建成的绿地、已经规划但未建设的绿地、以前没有规划但拟在规划修编时新增加的绿地等。包括城市公共绿地、生产防护绿地、风景林地 3 大类	参见《城市绿线管理办法》（建设部 [2002]112 号令）
城市紫线	指国家历史文化名城内的历史文化街区和省、自治区、直辖市人民政府公布的历史文化街区的保护范围界线，以及历史文化街区外经县级以上人民政府公布保护的历史建筑的保护范围界线	参见《城市紫线管理办法》（建设部 [2003]119 号令）
城市黄线	指对城市发展全局有影响的、城市规划中确定的、必须控制的城市基础设施用地的控制界线	参见《城市黄线管理办法》（建设部 [2005]144 号令）
城市蓝线	指城市规划确定的江、河、湖、库、渠和湿地等城市地表水体保护和控制的地域界线	参见《城市蓝线管理办法》（建设部 [2005]145 号令）

资料来源：全国城市规划执业制度管理委员会．科学发展观与城市规划［M］．北京：中国计划出版社，2007．

整的必要性向原规划审批机关提出专题报告，经审查批准后方可进行调整。调整后的总体规划，必须依据《城乡规划法》规定的程序重新审批。违反城乡规划强制性内容进行建设的，应当按照严重影响城市规划的行为，依法进行查处。城市人民政府及其行政主管部门擅自调整城市规划强制性内容，必须承担相应的行政责任。

（2）突出对城乡建设标准和重要社会服务设施及基础设施控制

在总体规划中需要突出对城乡建设标准的确定和控制，从而确定合理的空间布局和空间管制措施，为有效实施控制和管理、保证规划的空间落实提供依据。

在城镇化发展水平预测和资源承载力分析的基础上，合理地确定市域各城镇的人口规模、职能分工，并对空间布局、建设标准、用地规模标准提出规定。

社会服务设施包括医疗、教育文化等公共服务设施，强调全市统一规划和布局，既要强调服务的网络化，又强调避免重复建设。

重要基础设施，要综合考虑市域通信、供水、排水、防洪、垃圾处理等重大基础设施，以及危险品生产储存设施的布局。

此外，要确定旧区更新及中心城区内村镇发展与控制的原则和措施，提出村镇建设控制标准，要根据建设用地的空间布局，提出土地使用强度管制区划和相应的控制指标。

3.2.4 突出总体规划的公共政策属性

突出城市规划的公共政策属性，要关注民众的公共利益和公共安全，保护弱势群体的利益。中心城区规划要研究交通发展战略和落实公共交通优先政策；要研究住房政策、住房需求，特别是重点确定经济适用房、廉租房等满足中低收入人群住房需求的居住用地布局及标准以及对城市公共空间、城市公共安全的强制性要求。

本章小结

城市总体规划是指导和控制城市发展和建设的蓝图，在规划体系中，属于较高层次的规划，具有不可替代的作用。总体规划的编制工作深受经济社会环境的影响，当前，永续发展与和谐发展的理念在总体规划的编制过程中越来越受到重视。

同区域规划、国民经济和社会发展规划以及土地利用总体规划一样，城市总体规划也具有战略性规划的特点。这一特点贯穿于总体规划的整个编制过程中。在总体规划的城市战略研究阶段，需要研究城市职能，确定城市性质，预测城市规模。在总体布局阶段，则要求我们综合协调城市功能、结构、形态的关系，依据不同功能要素的布局要求合理规划不同的用地性质，在此基础上，进行多方案比较，选择最佳方案。最后的成果编制阶段，要严格按照法定的编制要求和制定程序，在做好前期资料的收集整理和分析研究的基础上，形成总体规划的成果。

总体规划虽然是法定性规划，有相对固定的编制要求，但在经济社会不断变化，科学技术日新月异的今天，也应当与时俱进，关注社会热点，反映时代

旋律。当前，要注重在总体规划中突出区域与城乡统筹、文化传承与环境保护的要求，并在具体的实施过程中促进更大范围的公众参与。

复习思考题

1. 选取 2 ~ 3 个你感兴趣的城市，比较它们在城市定位、城市规模和城市形态等方面的异同，并分析造成这种差异的原因。

2. 为什么编制总体规划的城市还要编制土地利用总体规划？两者在具体内容上有什么不同？是否可以合二为一？如果可以的话，应当怎样整合？

3. 你所知道的国外城市战略性规划有哪些？比较它们与我国城市总体规划在内容上的区别。

第14章　控制性详细规划

本章详细介绍了控制性详细规划（简称控规）的编制程序和内容，并详细介绍了地块控制层面上针对用地使用控制和环境容量、建筑建造控制和城市设计引导、市政工程设施和公共服务设施配套，以及交通活动控制和环境保护中各控制要素的确定方法。最后一节主要讲述了控制性详细规划在实施与管理过程中的主要问题。

控制性详细规划主要以对地块的用地使用控制和环境容量控制、建筑建造控制和城市设计引导、市政工程设施和公共服务设施的配套，以及交通活动控制和环境保护规定为主要内容，并针对不同地块、不同建设项目和不同开发过程，应用指标量化、条文规定、图则标定等方式对各控制要素进行定性、定量、定位和定界的控制和引导。

作为一种切实有效的、强有力的规划手段，控制性详细规划已经成为协调规划设计与建设管理的桥梁，针对城市规划管理的一切政策的制定和制度改革几乎都和它有关。经过审批的控制性详细规划成为政府实施规划管理的核心层次和最主要的依据。控制性详细规划的作用有以下 4 个方面：

（1）承上启下，强调规划的延续性。控制性详细规划的核心价值即在于“承上启下”。在规划设计上，控制性详细规划以量化指标将总体规划的原则、意图、宏观的控制转化为对城市土地乃至三维空间定量、微观的控制，从而具有宏观与微观、整体与局部的双重属性，确保了规划体系的完善和连续。在规划管理上，控制性详细规划将总体规划宏观的管理要求转化为具体的地块建设管理指标，使规划编制与规划管理及城市土地开发建设相衔接。

（2）与管理结合、与开发衔接，作为城市规划管理的依据。控制性详细规划将抽象的规划原理和复杂的规划要素进行简化和图解化，将规划控制要点用简练、明确的方式表达出来，最大程度实现了规划的可操作性，作为控制土地批租、出让的依据，通过对开发建设的控制正确引导开发行为，是规划管理的必要手段和主要依据，是进行建设项目许可的重要前提条件，并直接为规划管理人员服务。

（3）体现城市设计构想。控制性详细规划可将城市总体规划、分区规划中宏观的城市设计构想，以微观、具体的控制要求加以体现，按照美学和空间艺术处理的原则，从建筑单体环境和建筑群体环境两个层面对建筑设计和建筑建造提出指导性的综合设计要求和建议，并直接指导修建性详细规划及环境景观设计等的编制，为开发控制提供管理准则和设计框架。

（4）城市政策的载体。控制性详细规划作为管理城市空间、土地资源和房地产市场的一种公共政策，在编制和实施过程中都包含诸如城市产业结构、城市用地结构、城市人口空间分布、城市环境保护等各方面广泛的政策性内容，通过传达城市政策方面的信息，在引导城市社会、经济、环境协调发展方面具有综合能力。

控制性详细规划编制的目标是指在城市总体规划的指导下，制定所涉及的城市局部地区、地块的具体目标，并提出各项规划管理控制指标，直接指导各项建设活动。具体表现在：①明确所涉及地区的发展定位，与上位的城市总体规划、分区规划中的相应内容相衔接，使之能够进一步分解和落实，确定该地区在城市中的分工；②依据上述发展定位，综合考虑现状问题、已有规划、周边关系、未来挑战等因素，制定所涉及地区的城市建设各项开发控制体系的总体指标，并在用地和公共服务设施、市政公用设施、环境质量等方面的配置上落实到各地块，为实现所涉及地区的发展定位提供保障；③为各地块制定相关的规划指标，作为法定的技术管理工具，直接引导和控制地块内的各类开发建设活动。

控制性详细规划产生于1980年代，在我国开展已有20多年的历史。这20余年的发展过程，大致可以分为三个阶段：①第一阶段：从形体设计走向形体示意，即通过“摆房子”的形式制定规划管理依据，以约束不合实际的高密度开发及见缝插针式的盲目发展。②第二阶段：从形体示意到指标抽象。形体示意的灵活程度往往掌握在具体办事人员的手中，缺乏规范化，且由于城市建设的不确定因素较多，易造成脱离实际的后果。量化指标的抽象控制摒弃了形体示意规划的缺陷，对规划地区进行地块划分并逐一赋值，通过控制指标约束城市开发建设。③第三阶段：从指标抽象逐步走向完整、系统的控制性详细

规划。这一阶段的特点是文本、图则及法规三者互相匹配，且各自关联，共同约束着城市开发建设活动。2006 年 4 月 1 日，新的《城市规划编制办法》开始实施，对控制性详细规划的内容、要求及其中的强制性内容进行了明确规定，控制性详细规划变得更加规范和完善。2008 年 1 月 1 日，新的《城乡规划法》开始实施，进一步加强了控制性详细规划的地位和作用。

第1节　控制性详细规划的编制内容与方法

1　编制的程序

1.1　任务书的编制

1.1.1　任务书的提出

根据城市建设发展和城市规划实施管理的需要，为进一步贯彻城市总体规划和分区规划的要求，需编制控制性详细规划。由控制性详细规划组织编制主体（包括城市人民政府城乡规划主管部门、县人民政府城乡规划主管部门及镇人民政府）制定控制性详细规划编制任务书。

1.1.2　任务书的编制

城市人民政府或经授权的城市规划行政主管部门作为控制性详细规划编制组织主体，选择确定规划编制的主体。任务书一般包括以下部分：①受托编制方的技术力量要求，资格审查要求；②规划项目相关背景情况，项目的规划依据、规划意图要求、规划时限要求；③评审方式及参与规划设计项目单位所获设计费用等事项。

1.2　编制过程与工作要点

1.2.1　工作阶段划分

按常规委托的控制性详细规划设计项目，编制工作一般分为五个阶段[1]：①项目准备阶段；②现场踏勘与资料收集阶段；③方案设计阶段；④成果编制阶段；⑤上报审批阶段。

1.2.2　各阶段工作要求

（1）项目准备阶段

1）熟悉合同文本，了解项目委托方的情况。明确合同中双方各自的权利与义务。

2）了解进行项目所具备的条件。

3）编制项目工作计划和技术工作方案。

4）安排项目所需专业技术人员。

5）确定与委托方的协作关系。

（2）现场踏勘与资料收集阶段

现场踏勘包括以下内容：

1）实地考察规划地区的自然条件，现状土地的使用情况，土地权属占有情况，绘制现状图，现状图纸绘制应按相应要求进行；

2）实地考察现状基础设施状况、建筑状况；

3）实地考察规划地区的周围环境；

4）实地考察规划地区内文物保护单位和拟保留的重点地区、地段与构筑物的现状及周围情况；

5）走访有关部门；

6）实地考察规划地区所在城市概貌。

控制性详细规划现场踏勘调查应收集以下基础资料：

1）已经依法批准的城市总体规划或分区规划对本规划地段的发展目标定位，相关专项规划对本规划地段的控制要求，相邻地段已批准的规划资料；

2）土地利用现状、使用权属及边界，用地地质、水文、地貌、气象等资料，用地性质应分至小类统计；

3）人口分布现状规模、分布、年龄、职业构成等；

4）建筑物现状，包括房屋用途、产权、布局、建筑面积、层数、建筑质量、保留价值等；

5）公共设施种类、规模、分布状态、类型；

6）工程设施及管网现状，老城区应着重调查现有工程管网建设年代、技术类型、走向、规格、使用情况及旧损程度等情况；

7）土地经济分析资料，包括地价等级类型、土地级差效益、有偿使用状况、地价变化、开发方式等；

8）所在城市及地区历史文化传统、建筑特色、环境风貌特征等资料。

（3）方案设计阶段

1）方案比较：方案编制初期要有至少两个以上方案进行比较和技术经济论证。

2）方案交流：方案提出后要与委托方进行交流，向委托方汇报规划构思，听取有关专业技术人员、建设单位和规划管理部门的意见，并就一些规划原则问题做深入沟通；在此过程中同时应当采取公示、征询等方式，充分听取规划涉及的单位、公众的意见。

3）方案修改：根据多方达成的意见进行方案修改，必要时做补充调研。

4）意见反馈：修改后的方案提交委托方再次听取意见，对方案进行修改，直至双方达成共识，转入成果编制阶段，对公众参与的有关意见采纳结果予以公布。

（4）成果编制阶段

规划编制内容和深度、成果形式详见本节第三部分内容。

控制性详细规划文本是城市规划主管部门制定地方城市规划管理法规的基础，应在编制时征询城市规划主管部门的意见反复修改完成。

（5）规划审批阶段

城市控制性详细规划由城市人民政府审批，一般分三步：

1）成果审查。控制性详细规划项目在提交成果时一般要先开成果汇报会后再上报审批，重要的控制性详细规划项目要经过专家评审会审查和城市规划委员会审议后再上报审批。

2）上报审批。已编制并批准分区规划的城市控制性详细规划，除重要的控制性详细规划由城市人民政府审批外，可由城市人民政府授权城市规划管理部门审批。

3）成果修改。已批准的城市控制性详细规划若需要进行修改，组织编制机关应当对修改的必要性进行论证，征求规划地段内利害关系人的意见，严格执行《城乡规划法》，方可编制修改方案。修改后的控制性详细规划，应当依照原审批程序报批。控制性详细规划修改如涉及城市总体规划、镇总体规划的强制性内容，应当先修改总体规划。

2　控制性详细规划指标的确定方法

控制性详细规划的管理是通过指标的制定来实现的，其核心内容是其各项控制指标，可以分为规定性控制指标和引导性控制指标 2 大类、13 小项（表 14–1–1）。

控制性详细规划控制指标一览表　　**表 14–1–1**

编号	指　标	分　类	注　解
1	用地性质	规定性	
2	用地面积	规定性	
3	建筑密度	规定性	
4	容积率	规定性	
5	建筑高度／层数	规定性	用于一般建筑／住宅建筑
6	绿地率	规定性	
7	公建配套项目	规定性	
8	建筑后退道路红线	规定性	用于沿道路的地块
9	建筑后退用地边界	规定性	用于地块之间
10	社会停车场库	规定性	用于城市分区、片的社会停车
11	配建停车场库	规定性	用于住宅、公建、地块的配建停车
12	地块出入口方位、数量和允许开口路段	规定性	
13	建筑形体、色彩、风格等城市设计内容	引导性	主要用于重点地段、文物保护区、历史街区、特色街道，城市公园以及其他城市开敞空间周边地区

资料来源：编写组依据《城市规划编制办法》整理而成．

控制性详细规划控制指标体系的确定通常是以建筑密度和容积率的确定为核心的。在规划实践中，对于建筑密度和容积率的指标赋值方法多种多样，一般有以下几种：城市整体强度分区原则法、人口指标推算法、典型实验法、经济推算法和类比法。

2.1　城市整体强度分区原则法

根据微观经济学区位理论，从宏观、中观、微观三个层面，确定城市开发总量和城市整体强度（即核心指标建筑密度和容积率），建立城市强度分区的基准模型和修正模型，进行各类主要用地的强度分配，为确定地块容积率，制定地块密度细分提供原则性指导。此方法优点是在区位理论基础上，将分区管

理控制向系统化、数据化、精细化方向大大推进，使城市规划控制管理中各项指标的确定更具严密性，进一步提高控制性详细规划编制、指标制定的科学性。但分区推导模型内容体系构建尚待进一步探讨，模型中各项因子选择和推导过程中各因子所占比重的确定等因素，对于分区控制合理性程度、密度分配结果有很大影响。以下就城市密度分区原则方法和城市容积率分区原则方法的具体应用——《深圳经济特区城市密度分区研究》[2] 和《武汉市主城区用地建设强度研究》[3] 做简要介绍。

2.1.1 深圳经济特区城市密度分区研究

在《深圳经济特区城市密度分区研究》中（图 14–1–1），宏观层面以城市总体规划确定的用地规模人口为土地供应的基本参考，根据城市社会和经济发展的未来趋势，结合相关经验类比、分析、推测各类建筑的需求数量以及占城市建筑总量的比例。通过综合权衡“社会经济发展建筑需求总量”与“环境标准可接受程度”两方面因素，确定城市整体密度。

中观层面采用“计量化的精细方法”，通过建立“基准模型”、“修正模型”对城市进行密度分区。这一阶段策略制定方法较目前我国一些城市（如上

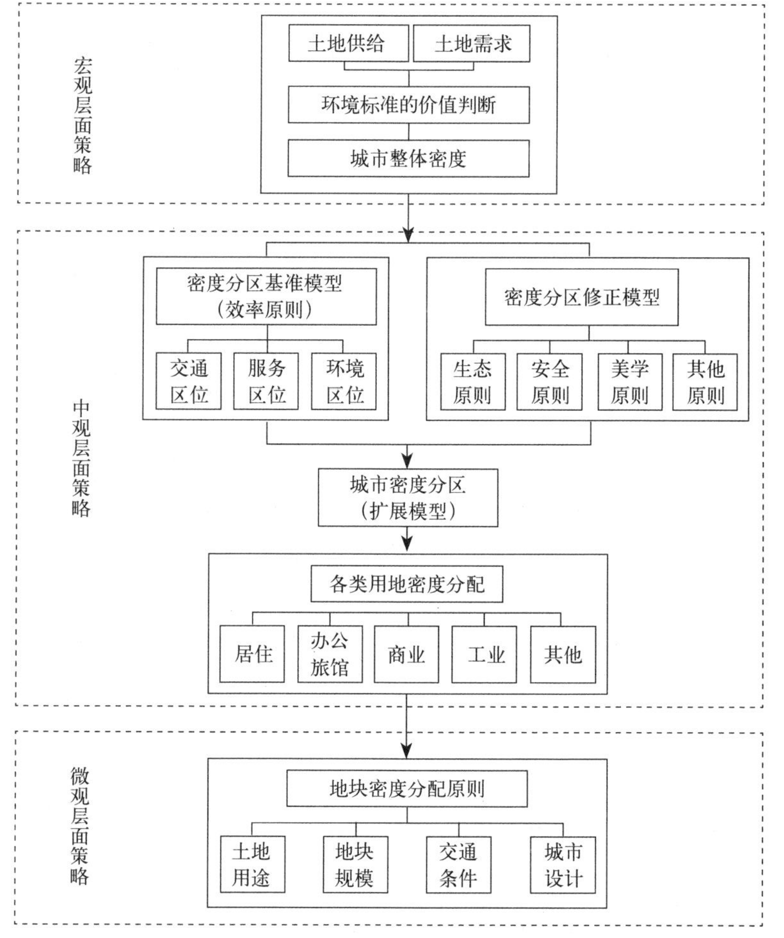

图 14–1–1 城市密度分区方法体系结构图

资料来源：唐子来，付磊．城市密度分区研究——以深圳经济特区为例．城市规划汇刊，2003，4.

海、广州和厦门等）所采用的城市密度分区法不同（表 14–1–2），比之更加系统化和精细化。“基准模型遵循微观经济学效率原则，以交通区位（如大容量轨道交通线路和城市主次干道）、服务区位（如城市主次商业中心）和环境区位（如城市主要公共绿地）作为密度分区基本影响因素”，按照各因素“空间格局和影响权重，将城市空间划分为若干基准密度分区”，确定不同开发强度区域的整体结构。而“修正模型”则是在效率原则基础上，“引入生态原则（生态敏感地区）、安全原则（不良地质地区）、美学原则（城市设计形态考虑）或文化原则（历史保护地区）等等”来修正“基准模型”，将“模型”进行扩展，形成基于效率原则的基准密度分区和基于其他原则的修正密度分区。修正的结果“可能提高或降低城市局部地区的开发强度”（图 14–1–2）。

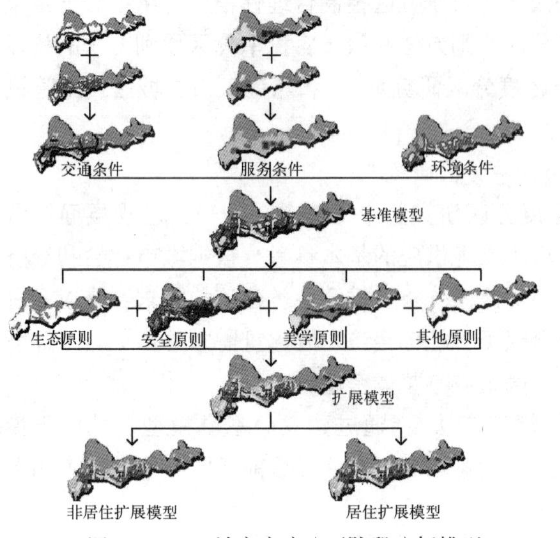

图 14–1–2　城市密度分区阶段分析模型

资料来源：唐子来，付磊．城市密度分区研究——以深圳经济特区为例．城市规划汇刊，2003，4.

微观层面则是对各密度分区当中具体地块密度进行细分，总体原则是各地块密度分

上海城市密度分区表　　　　**表 14–1–2**

类别（区位 / 建筑容量）		中心城（外环线以内地区）				中心城外（外环线以外地区）					
		内环线以内地区		内外环线之间地区		新城		中心镇		一般镇和其他地区	
		D（%）		*FAR*		*D*（%）		*FAR*		*D*（%）	
		20	0.4	18	0.35	18	FAR	D（%）	FAR	D（%）	FAR
低层独立式住宅		30	0.9	27	0.8	25	0.3	18	0.3	18	0.3
其他低层居住建筑		多层	33	1.8	30	1.6	0.7	25	0.7	25	0.7
居住建筑（含酒店式公寓）	高层	25	2.5	25	2.0	30	1.4	30	1.0	30	1.0
	多层	50	2.0	50	1.8	25	1.8				
商业、办公建筑（含旅馆建筑、公寓式办公建筑）	高层	50	4.0	45	3.5	50	1.6	40	1.2	40	1.2
	低层	60	1.2	50	1.0	40	2.5				
工业建筑（一般通用厂房）仓储建筑	多层	45	2.0	40	1.6	40	1.0	40	1.0	40	1.0
	高层	30	3.0	30	2.0	35	1.2	35	1.2	35	1.2
公共绿地	按建设部《公园内部用地比例》的规定执行					—	—	—	—	—	—

注：1. *D* ——建筑密度，*FAR*—建筑容积率；

2. 本表仅适用于未编制详细规划的、小于或等于 3 万 m^2 的单一基地；

3. 本表规定的指标为上限。

资料来源：上海市城市规划管理技术规定（土地使用、建筑管理），2003 年．

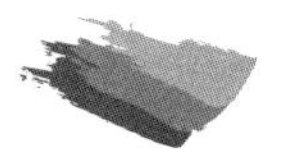

配结果总和不能导致“建筑总量的明显突破”。这一层面的地块密度分配考虑到“土地用途、地块规模、交通条件和城市设计”四方面影响。土地使用性质不同，地块密度也就不同，而“地块具备两种或两种以上的用途类型，综合用途地块的容积率显然会不同于单一用途地块容积率”。而地块规模、交通条件和各地区地块面临的城市设计要求不同，地块密度也就应当相应调整。

2.1.2 武汉市主城区用地建设强度研究

《武汉市主城区用地建设强度研究》在尊重现状强度分布的基础上，以确定城市总体发展方向和建设增长模式为先导，并以引导中心城区人口疏散为切入点，首先在宏观层面确定城市总体建设目标及人口的合理分布；其次在中观层面确定城市合理的强度分布结构，形成强度分区体系，测算用地基准容积率；最后在微观层面上分析用地建设强度的变化规律，制定出基准容积率在交通区位、用地规模、场地朝向等条件发生变化的情况下用地建设强度的调整系数，并最终确定出各强度分区内的各类建设用地的强度指标上限，作为控制性详细规划编制和用地建设管理的执行标准（图 14–1–3）。

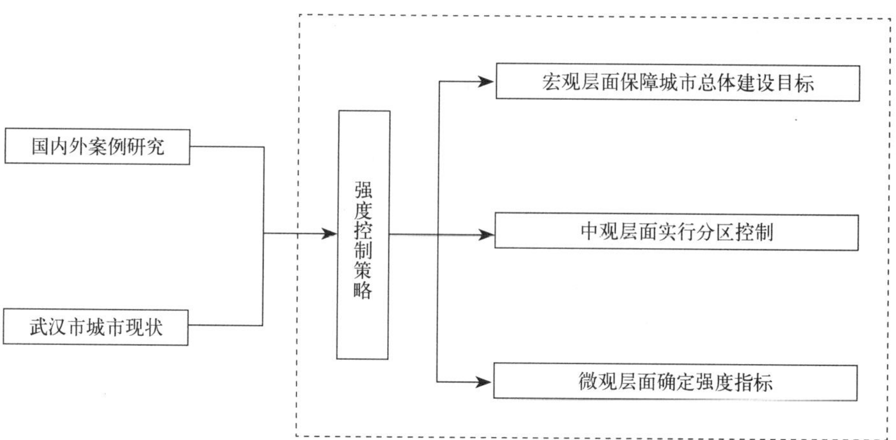

图 14–1–3 《武汉市主城区用地建设强度研究》分析框架

资料来源：武汉市城市规划设计研究院．武汉市主城区用地建设强度研究．

通过《深圳经济特区城市密度分布研究》以及《武汉市主城区用地建设强度研究》的介绍可以看出，城市整体强度分区原则法从城市建筑总量确定到地区强度分配，再到具体地块强度分配，逐级进行强度控制，系统结构清晰明了。较之传统从单个局部地块出发，就地块论地块制定容积率的做法，城市整体强度分区法从全局出发，宏观控制规划地块开发总量，进而确定局部地块开发强度和建筑密度，层层推进，为控制性详细规划指标确定提供参考与外部框架，更显其全局性与科学性的特点，适用性也较强。

2.2 人口指标推算法

人口指标推算法，即通过总体规划或分区规划确定的分区人口密度和地块环境容量等来确定规划区内的规划人口总量，并以人口总量与人均用地指标的乘积来推算地块内的建筑总量，从而确定该地块的容积率的方法。

2.2.1　环境容量推算法

基于环境容量的可行性来制定控制指标，即根据建筑条件、道路交通设施、市政设施、公共服务设施的状况及可能的发展规模和需求，按照规划人均标准推算出可容纳的人口规模及相应的容积率等各项指标。此方法优点在于计算比较简便，其结果在一定情况下较为准确，缺点是指标确定因素较单一，综合适应性不强。

环境容量指标较多，这里就供水容量推算主要控制性指标过程介绍如下：

建设用地面积＝现状或规划用水量／单位建设用地综合用水量[4]

人口容量＝建设用地面积／人均建设用地指标值

建筑总量＝规划人均建筑面积 × 人口容量[5]

2.2.2　分区人口密度推算法

根据总体规划或分区规划对控制性详细规划范围内的人口容量以及城市功能的规定，提出人口密度和居住人口的要求；按照各个地块的居住用地面积，推算出各地块的居住人口数；再根据规划期内的人均居住用地、人均居住建筑面积等，就可以推算出某地块的容积率、建筑密度、建筑高度等控制指标。此方法资料收集简单，计算方法简易，缺点是对上位规划依赖性强，对新出现的情况适应性不够，且只适用于以居住为主的地块。

人口推算法推算主要控制性指标过程如下：

规划范围内居住用地总面积＝人口容量 × 人均居住用地面积

按功能分区组织要求划分地块，分配居住用地；

地块人口容量＝地块居住用地面积／近期人均居住用地面积

地块居住建筑量＝地块人口容量 × 人均居住建筑面积

同理，计算出其他类型建筑量，与地块居住建筑量加和求得地块建筑总量；

地块容积率＝地块建筑总量／地块面积

根据上位城市规划及其他法定规划、规范对建筑限高控制，综合确定建筑限高值和建筑平均层数；

地块停车位个数＝地块建筑量 × 停车位配置标准。

2.3　典型实验法

根据规划意图，进行有目的的形态规划，依据形态规划平面计算出相应的规划控制指标，再根据经验指标数据，选择相关控制指标，两者权衡考虑，用作地块的控制指标。这种方法的优点是形象性、直观性强，便于掌握，对研究空间结构布局较有利，缺陷在于工作量大并存在较大局限性和主观性。

在实践中，针对一个地段可以先进行城市设计，确定出主要的城市控制要素和指标，然后根据城市设计导则编制控制性详细规划。

2.4　经济测算法

地块的不同容积率有着不同的产出效益，经济测算法就是根据土地交易、房屋搬迁、项目建设等方面价格与费用等市场信息，在对开发项目进行成本—效益分析的基础上，确定一个合适的容积率，使开发建设主体能获得合理的经济回报，保证项目的顺利实施。这种方法的优点是科学性和可实施性强，缺点在于采用静态匡算的方法，一些重要的测算指标如房地产市场供求与价格等处于不断变化中，就难免导致测算结果不够准确。

2.5　类比法

通过分析比较与规划建设在性质、类型、规模等方面具有相类似特性的控制性详细规划项目案例，选择确定相关控制指标，如容积率、建筑密度、绿地率等。这种方法的优点是简单、直观、明确，缺点是只能在相类似的规划项目中选取控制指标数值，如有新情况出现，则难以准确把握。通常情况下，新区开发等现状条件单一的地块更适于使用这种方法。

3　控制性详细规划的编制内容深度与成果要求

3.1　深度要求

3.1.1　基本要求

(1) 既能深化、补充、完善落实总体规划、分区规划意图，又能落实到每块具体用地上；

(2) 土地租让、招（议）标、标底条件和管理的依据与建设的指导；

(3) 直接指导修建性详细规划和个案建设（规划设计条件）。

3.1.2　内容深度

按照我国《城市规划编制办法》中的要求，控制性详细规划的内容深度要求如下：

(1) 确定规划范围内不同性质用地的界线，确定各类用地内适建、不适建或者有条件地允许建设的建筑类型。

(2) 确定各地块建筑高度、建筑密度、容积率、绿地率等控制指标，确定公共设施配套要求、交通出入口方位、停车泊位、建筑后退红线距离等要求。

(3) 提出各地块的建筑体量、体型、色彩等城市设计指导原则。

(4) 根据交通需求分析，确定地块出入口位置、停车泊位、公共交通场站用地范围和站点位置、步行交通以及其他交通设施。规定各级道路的红线、断面、交叉口形式及渠化措施、控制点坐标和标高。

(5) 根据规划建设容量，确定市政工程管线位置、管径和工程设施的用地界线，进行管线综合。确定地下空间开发利用具体要求。

(6) 制定相应的土地使用与建筑管理规定。

总体而言，控制性详细规划应以用地的控制和管理为重点，因地制宜，以实施总体规划、分区规划的意图为目的，成果内容重点在于规划控制指标的体现。

1) 掌握合适的规划编制内容和深度，一般按《城乡规划法》及《城市规划编制办法》的要求完成。此外，还应体现城市规划强制性内容要求[6]。

2) 控制性详细规划成果应当包括规划文本、图件和附件。图件由图纸和图则两部分组成，规划说明、基础资料和研究报告收入附件。

3.2　控制性详细规划图纸成果及深度要求

规划用地位置图（区位图）（比例不限）。标明规划用地在城市中的地理位置，与周边主要功能区的关系，以及规划用地周边重要的道路交通设施、线路及地区可达性情况；

规划用地现状图（1：1000～1：2000）。标明土地利用现状、建筑物现状、

人口分布现状、公共服务设施现状、市政公用设施现状。

土地使用规划图（1：1000 ～ 1：2000）。规划各类用地的界线，规划用地的分类和性质、道路网络布局，公共设施位置；须在现状地形图上标明各类用地的性质、界线和地块编号，道路用地的规划布局结构，标明市政设施、公用设施的位置、等级、规模，以及主要规划控制指标。

道路交通及竖向规划图（1：1000～1：2000）。确定道路走向、线型、横断面、各支路交叉口坐标、标高、停车场和其他交通设施位置及用地界线，各地块室外地坪规划标高。

公共服务设施规划图（1：1000 ～ 1：2000）。标明公共服务设施位置、类别、等级、规模、分布、服务半径，以及相应建设要求。

工程管线规划图（1：1000 ～ 1：2000）。各类工程管网平面位置、管径、控制点坐标和标高，具体分为给排水、电力电信、热力燃气、管网综合等。必要时，可分别绘制。

环卫、环保规划图（1：1000 ～ 1：2000）。标明各种卫生设施的位置、服务半径、用地、防护隔离设施等。

地下空间利用规划图（1：1000 ～ 1：2000）。规划各类地下空间在规划用地范围内的平面位置与界线（特殊情况下还应划定地下空间的竖向位置与界线），标明地下空间用地的分类和性质，标明市政设施、公用设施的位置、等级、规模，以及主要规划控制指标。

五线规划图（1：1000 ～ 1：2000）。标明城市五线：市政设施用地及点位控制线（黄线）、绿化控制线（绿线）、水域用地控制线（蓝线）、文物用地控制线（紫线）、城市道路用地控制线（红线）的具体位置和控制范围。

空间形态示意图（比例不限，平面一般比例为 1：1000 ～ 1：2000）。表达城市设计构思与设想，包括规划区整体空间鸟瞰图，及重点地段、主要节点立面图和空间效果透视图及其他用以表达城市设计构思的示意图纸等。

城市设计概念图（空间景观规划、特色与保护规划）（1：1000 ～ 1：2000）。表达城市设计构思、控制建筑、环境与空间形态、检验与调整地块规划指标、落实重要公共设施布局。

地块划分编号图（比例 1 ： 2000 ～ 1：5000）。标明地块划分具体界线和地块编号，作为分地块图则索引。

地块控制图则（比例 1：1000 ～ 1：2000）。表示规划道路的红线位置，地块划分界线、地块面积、用地性质、建筑密度、建筑高度、容积率等控制指标，并标明地块编号。一般分为总图图则和分图图则两种。地块图则应在现状图上绘制，便于规划内容与现状进行对比。

3.3　控制性详细规划文本基本内容要求

3.3.1　总则

说明编制规划的目的、依据、原则及适用范围，主管部门和管理权限。

（1）规划背景、目标

一般是就规划区与周边环境的目前经济发展情况与未来变动态势，以及由此带来的相应社会结构变化和城市土地资源、空间环境面临重大调整，城市开

发需求与规划管理应对等情况予以说明，突出在新形势下进行规划编制的必要性，明确规划的经济、社会、环境目标。

（2）规划依据、原则

简要说明与规划区相关联并编制生效使用的上级规划、各级法律法规行政规章及政府文件和技术规定。规划原则是对规划内容编制具体行为在规划指导思想和重大问题价值取向上的明确和限定。

（3）规划范围、概况

简要说明规划区自然地理边界，说明规划区区位条件，现状用地的地形地貌、工程地质、水文水系等对规划产生重大影响的情况。

（4）文本、图则之间的关系、各自作用、适用范围、强制性内容的规定

控制性详细规划文本与图则是相辅相成的关系，一般应当将两者结合使用。规划文本、图则的法律地位、强制性条款指标内容设置也要明确说明。

（5）主管部门、解释权

规划文本的技术性和概括性较强，所以需要明确规划实施过程中，由谁来对各种问题的协调进行处理和解释，明确规划实施主管单位和规划解释主体及权限。

3.3.2 规划目标、功能定位、规划结构

确定规划期内的人口控制规模和建设用地控制规模，提出规划发展目标，确定本规划区用地结构与功能布局，明确主要用地的分布、规模。

3.3.3 土地使用

对土地使用的规划要点进行说明。特别要对用地性质细分和土地使用兼容性控制的原则和措施加以说明，确定各地块的规划控制指标。同时，需要附加如：《用地分类一览表》、《规划用地平衡表》等土地使用与强度控制技术表格。

3.3.4 道路交通

明确对规划道路及交通组织方式、道路性质、红线宽度、断面形式的规定，对交叉口形式、路网密度、道路坡度限制、规划停车场、出入口、桥梁形式等及其他各类交通设施设置的控制规定。

3.3.5 绿化与水系

标明规划区绿地系统的布局结构、分类以及公共绿地的位置，确定各级绿地的范围、界限、规模和建设要求；标明规划区内河流水域的来源，河流水域的系统分布状况和用地比重，提出城市河道“蓝线”的控制原则和具体要求。

3.3.6 公共服务设施规划

明确各类配套公共服务设施的等级结构、布局、用地规模、服务半径，对配套设施的建设方式规定进行说明。

3.3.7 五线规划

对城市五线——市政设施用地及点位控制线（黄线）、绿化控制线（绿线）、水域用地控制线（蓝线）、文物用地控制线（紫线）、城市道路用地控制线（红线）提出控制原则和具体要求。

3.3.8 市政工程管线

主要包括，给水规划、排水规划、供电规划、电信规划、燃气规划及供热

规划等内容。

3.3.9 环卫、环保、防灾等控制要求

主要包括环境卫生规划，提出环境控制的基本要求，安排相关设施。防灾规划主要制定各种防灾规划，确定防灾设施的安排，划定防灾通道。

3.3.10 地下空间利用规划

主要明确地下空间的使用。包括地下空间的使用性质，地下通道的布置。

3.3.11 城市设计引导

在上一层次规划提出的城市设计要求基础上，提出城市设计总体构思和整体结构框架，补充、完善和深化上一层次城市设计要求。

根据规划区环境特征、历史文化背景和空间景观特点，对城市广场、绿地、水体、商业、办公和居住等功能空间，城市轮廓线、标志性建筑、街道、夜间景观、标识及无障碍系统等环境要素方面，重点地段建筑物高度、体量、风格、色彩、建筑群体组合空间关系，及历史文化遗产保护提出控制、引导的原则和措施。

3.3.12 土地使用、建筑建造通则

一般包括：土地使用规划、建筑容量规划、建筑建造规划等三方面控制内容。

3.3.13 其他

包括公众参与意见采纳情况及理由、说明规划成果的组成、附图、附表与附录等。

3.4 控制性详细规划说明书的基本内容

规划说明书是编制规划文本的技术支撑，主要内容是分析现状、论证规划意图、解释规划文本等，为修建性详细规划的编制以及规划审批和管理实施，提供全面的技术依据。规划说明书的基本内容可分为以下部分。

3.4.1 前言

阐明规划编制的背景及主要过程。

3.4.2 概况

通过分析论证，阐明规划区区位环境状况的优劣和建设规模的大小，对规划区建设条件进行分析。

3.4.3 背景、依据

阐明规划编制的社会、经济、环境等背景条件，阐明规划编制的主要法律、法规依据和技术依据。

3.4.4 目标、指导思想、功能定位、规划结构

对规划区发展前景作出分析、预测，在此基础上提出近、中期发展目标；阐明规划的指导思想与原则；阐明规划区在区域环境中的功能定位与发展方向，深化落实总体规划和分区规划的规定；阐明规划区用地结构与功能布局，明确主要用地的分布、规模。

3.4.5 土地使用规划

在分析论证的基础上，对土地分类和土地使用兼容性控制的原则和措施进行说明，合理确定各地块的规划控制指标。

3.4.6 公共服务设施规划

阐明各类配套公共服务设施的等级、布局、用地规模、服务半径，对配套设施的建设方式规定进行说明。

3.4.7 道路交通规划

(1) 对外交通

说明铁路、公路、航空、港口与城市道路的关系及保护控制要求。

(2) 城市交通

1) 阐明现状道路、准现状道路红线、坐标、标高、断面及交通设施的分布与用地面积等；

2) 在城市专项交通规划指导下对新区交通流进行预测；

3) 确定规划道路功能构成及等级划分，明确道路技术标准、红线位置、断面、控制点坐标与标高等；

4) 道路竖向及重要交叉口意向性规划及渠化设计；

5) 布置公共停车场（库）、公交站场；

6) 明确规划管理中道路的调整原则。

3.4.8 绿地、水系规划

详细说明规划区绿地系统的布局结构以及公共绿地的位置规模，说明各级绿地的范围、界限、规模和建设要求；分析规划区内河流水域基本条件，结合相关工程规划要求，确定河流水域的系统分布，说明城市河道“蓝线”控制原则和具体要求。

3.4.9 市政工程规划

说明各项市政工程设施的问题；提出各项市政设施的定量要求，如供水量，供电量，燃气量等等；明确各项市政设施安排的各项要求，如各项市政设施用地规模，市政管网的布置标准。

3.4.10 环保、环卫、防灾等

(1) 环境卫生规划

选择适当预测方法，估算污染量；确定处理方式，提出环境卫生控制要求。

(2) 防灾规划

分析该地区灾害的类型，提出城市防灾对策和标准，确定各种防灾通道，提出布局要求等。

3.4.11 地下空间规划

分析地下空间使用要求。明确地下空间的使用方式，提出地下空间的使用范围，划定地下通道的路线和界线。

3.4.12 城市五线控制规划

明确对城市五线——市政设施用地及点位控制线（黄线）、绿化控制线（绿线）、水域用地控制线（蓝线）、文物用地控制线（紫线）、城市道路用地控制线（红线）的控制规定。

3.4.13 地块开发

对开发地区（规划区）资金投入与产出进行客观分析评价，目的是为确定规划区科学合理的开发模式提供依据，同时验证控制性详细规划方案建筑总量、各类建筑量分配的合理性。

在控规说明书内容中应附上规划区各地块土地使用强度控制表及用地兼容性和替代性一览表，方便查阅。

第2节　规定性控制要素

从城市规划管理的眼光来看，任何城市建设活动，不管是综合开发还是个体建设，其内在构成都包括以下 6 个方面：土地使用、环境容量、建筑建造、城市设计引导、配套设施和行为活动。这 6 个方面的内容基本概括了城市建设活动的主要范围。因此，城市规划管理对建设项目的控制一般也是通过这 6 个方面进行。

下面的结构图（图 14–2–1）归纳出以上 6 个方面的控制内容，它们共同形成控制性详细规划控制体系的内在构成。由于控制内容的选取受多种因素的

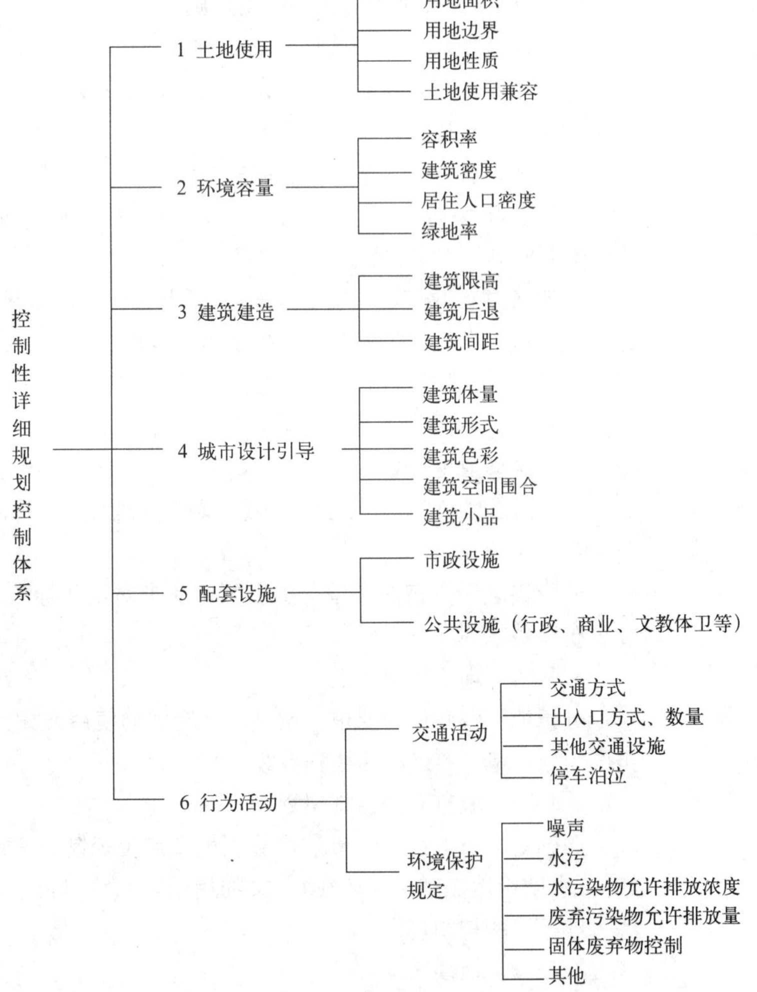

图 14–2–1　控制性详细规划控制体系图

资料来源：同济大学夏南凯，田宝江．控制性详细规划．上海：同济大学出版社，2005：31.

影响，因此对每一规划用地不一定都需要从这6个方面来控制，而应视用地的具体情况，选取其中部分或全部内容来进行控制。

上述6个方面的内容，可以用相应的控制指标加以落实。这6个方面可派生出12个主要控制指标，这12个控制指标又分为规定性指标和指导性指标两类。

规定性指标（指令性指标）指该指标是必须遵照执行，不能更改。包括：用地性质、用地面积、建筑密度、建筑限高（上限）、建筑后退红线、容积率（单一或区间）、绿地率（下限）、交通出入口方位（机动车、人流、禁止开口路段）、停车泊位及其他公共设施（中小学、幼托、环卫、电力、电信、燃气设施等）。

指导性指标（引导性指标）是指该指标是参照执行的，并不具有强制约束力，包括：人口容量（居住人口密度）；建筑形式、风格、体量、色彩要求；其他环境要求（关于环境保护、污染控制、景观要求等的指导性指标，可根据现状条件、规划要求、各地情况因地制宜的设置）。

本节将对上述规定性指标展开并加以说明。

1 土地使用控制

1.1 土地使用控制的内容及作用

1.1.1 控制内容

土地使用控制，即是对建设用地的建设内容、位置、面积和边界范围等方面作出规定，其具体控制内容包括土地使用性质、土地使用兼容性、用地边界和用地面积等。

1.1.2 控制作用

土地使用控制是控制性详细规划中规定性控制要素的核心部分，具有重要的作用：

(1) 控制性详细规划是实施性的法定规划，衔接总体规划（包括分区规划）和修建性详细规划，对上落实总体规划的战略部署，对下指导修建性详细规划的编制。

(2) 控规土地使用控制中对地块面积、边界、用地性质和兼容性要求提供了明确的要求，即将总规中有关土地利用的信息转译给修建性详细规划，使总体规划与修建性详细规划之间在土地利用方面不产生脱节和背离现象。

(3) 用地边界反映了用地的区位和用地面积的大小，用地性质和兼容性决定了土地及其附属建筑使用的用途，这些都关系到土地权益的分配和调整，与业主切身利益休戚相关。

1.2 用地面积

1.2.1 用地面积的概念

用地面积，即建设用地面积，是指由城市规划行政部门确定的建设用地边界线所围合的用地水平投影面积，包括原有建设用地面积及新征（占）建设用地面积，不含代征用地的面积。用地面积是控规中各种规定性指标要素计算的基础。

在用地面积的计算中，必须特别注意的是：用地面积（Ap）和征地面积（Ag）

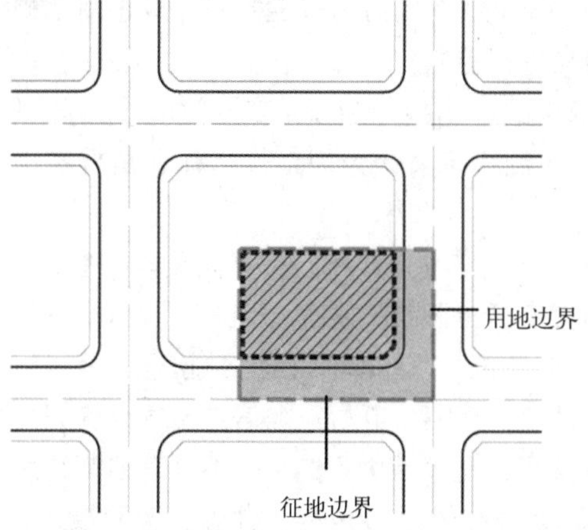

图 14-2-2　用地与征地边界范围对照示意图
资料来源：同济大学夏南凯，田宝江．控制性详细规划．上海：同济大学出版社，2005：32．

是有区别的。用地面积是规划用地红线围合的面积，是确定容积率、建筑密度、人口容量所依据的面积，用地面积不包括代征用地面积，如图 14-2-2 中短虚线划定部分；征地面积是由土地部门划定的征地红线围合而成，包含用地面积和代征用地面积两部分，如下图中长虚线划定部分，显然用地面积小于征地面积，即

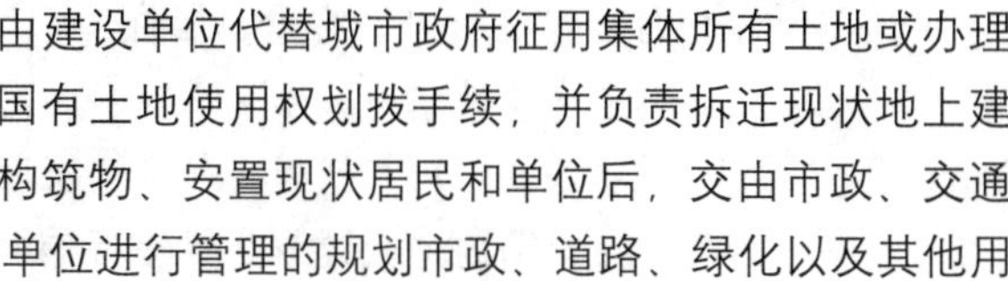

$$Ap \leqslant Ag$$

而代征用地面积 $=Ag-Ap$

代征用地是指由城市规划行政部门确定范围，由建设单位代替城市政府征用集体所有土地或办理国有土地使用权划拨手续，并负责拆迁现状地上建构筑物、安置现状居民和单位后，交由市政、交通部门、绿化行政部门等行政单位进行管理的规划市政、道路、绿化以及其他用地，通常有代征道路用地面积、代征绿化用地面积、代征其他用地面积等。

1.2.2　用地面积确定的原则

(1) 用地面积通常与用地边界的四至范围有关，在城市新区开发中，用地面积的大小通常由道路、河流、行政边界、各种规划控制线围合而成的地块大小决定。

(2) 用地面积应当根据用地的使用性质，结合实际使用情况具体确定，不应盲目划定，避免土地资源浪费或用地不足的情况出现。

(3) 用地面积与城市开发模式有关，采用小规模渐进式开发时，控规中划分的地块面积往往较小，采用大规模整体式开发时，控规中划分的地块面积通常较大。

(4) 用地面积与城市的区位也有较大关系，城市中心区地块往往划分的面积相对郊区用地面积较小，主要原因是城市中心区土地稀缺、权属复杂，取得较大的地块经济代价较大，操作难度高。

(5) 在实际操作中，某些地块形状怪异，如扁长带形用地或钝角三角形用地，虽然面积较大，但实际可以利用的面积较小，在这种情况下，往往需要根据实际使用要求对用地边界和用地面积进行合理的调整。

(6) 在一些城市建成区，由于各种原因，地块划分不均，部分用地面积较小，不适合作为独立地块单独建设，需要在控规中作出调整或者说明。

1.3　用地边界

1.3.1　用地边界的概念

用地边界是规划用地与道路或其他规划用地之间的分界线，用来划分用地的范围边界。

用地边界是用来界定地块使用权属的法律界线，"地块是用地控制和规划信息管理的基本单元，是土地买卖、批租、开发的基本单元。地块标示出了所有的产（用）权关系，精确地记录了城市土地的划拨位置，界定了不同土地所有者或使用者，以及相应的用地性质和开发强度控制，因而界定了每块土地的

责、权、利。”通过用地边界的清晰界定，将城市用地划分成各个地块，便于规划控制管理。

1.3.2　用地边界划分的原则

确定用地面积与边界不应停留于简单的表面形式上，而应以用地性质规划为基础，综合考虑街坊开发建设管理的灵活性以及小规模成片更新的可操作性等因素，对地块进行合理划分。地块用地边界的划分一般有如下原则：

严格根据总体规划和其他专业规划，根据用地部门、单位划分地块；

尽量保持以单一性质划定地块，即一般一个地块只有一种使用性质；

建议每一个地块至少有一边和城市道路相邻；

结合自然边界、行政界线划分地块；

考虑地价的区位级差；

地块大小应和土地开发的性质规模相协调，以利于统一开发；

有利于保护文物古迹和历史街区，对于文物古迹风貌保护建筑及现状质量较好、规划给予保留的地段，可单独划块，不再给定指标；

规划地块划分必须满足“专业规划线”的要求（表14–2–1、图14–2–3）；

规划地块划分应尊重地块现有的土地使用权和产权边界；

满足标准厂房、仓库、综合市场等特殊功能要求，适应建筑群体组合及城市设计需要；

地块划分可根据开发模式和管理要求，在规划实施中进一步重组（小地块合并成大地块，或大地块细分为小地块）；

地块划分规模可按新区和旧城改建区两类区别对待，新区的地块规模可划分得大些，旧城改建区地块，旧城改建中则宜划分的较小。

规划控制线一览表　　**表14–2–1**

线形名称	线形作用
红线	道路用地和地块用地边界线
绿线	生态、环境保护区域边界线
蓝线	河流、水域用地边界线
紫线	历史保护区域边界线
黄线	城市基础设施用地边界线
禁止机动车开口线	保证城市主要道路上的交通安全和通畅
机动车出入口方位线	建议地块出入口方位、利于疏导交通
建筑基底线	控制建筑体量、街景、立面
裙房控制线	控制裙房体量、用地环境、沿街面长度、街道公共空间
主体建筑控制线	延续景观道路界面、控制建筑体量、空间环境、沿街面长度、街道公共空间
建筑架空控制线	控制沿街界面连续性
广场控制线	控制各种类型广场的用地范围、完善城市空间体系
公共空间控制线	控制公共空间用地范围

资料来源：同济大学夏南凯，田宝江．控制性详细规划．上海：同济大学出版社，2005：34.

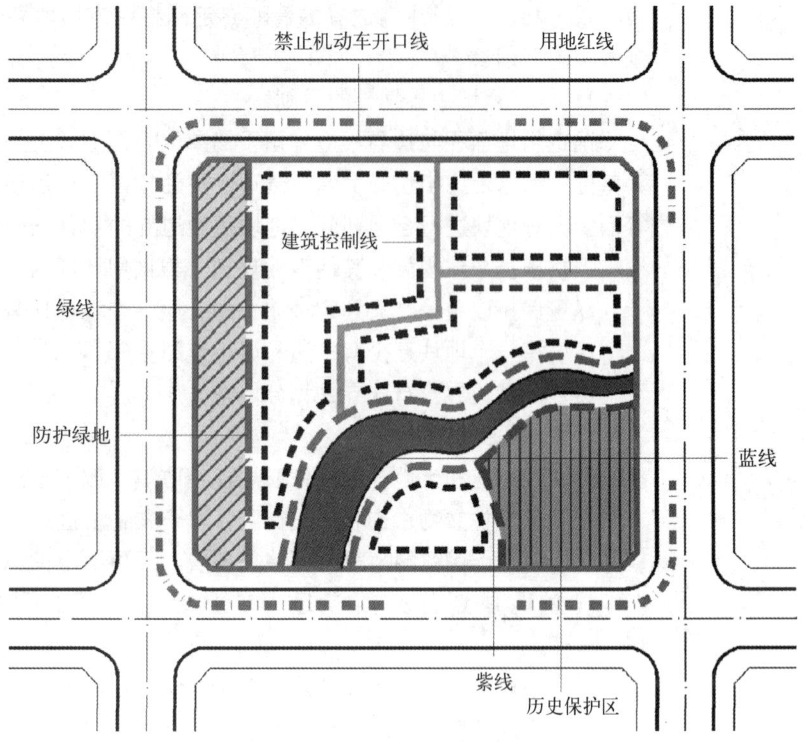

图 14-2-3 用地边界专业规划线图示

资料来源：同济大学夏南凯，田宝江．控制性详细规划．上海：同济大学出版社，2005：34.

1.4 用地性质

1.4.1 用地性质的概念

用地性质是对城市规划区内的各类用地所规定的使用用途。用地性质包含两方面的意思：一是土地的实际使用用途，如绿地、广场等；二是附属于土地上的建（构）筑物的使用用途，如商业用地、居住用地等。大部分用地的使用性质需要通过土地上的附属建构筑物的用途来体现。

1.4.2 用地性质确定的原则

用地性质是一项非常重要的用地控制指标，关系到城市的功能布局形态。用地性质的划分应参照国家标准《城市用地分类与规划建设用地标准》（GBJ 137—90）来确定。《城市用地分类与规划建设用地标准》（GBJ 137—90）是控制性详细规划用地分类的基本依据，城市用地分类采用大类、中类和小类三个层次的分类体系，在目前采用的版本中，共分 10 大类、46 中类、73 小类，采用字母数字混合型代号，大类采用大写英文字母表示，例如居住用地为大写的R，中类和小类各加一位阿拉伯数字表示，如中类的 R1 和小类的 R11。一般根据所在城市规模、城市特征、所处区位、土地开发性质等确定土地细分类别。

具体的确定原则如下：

1）根据城市总体规划、分区规划等上位规划的用地功能定位，确定具体地块的用地性质。

2）当上位规划中确定的地块较大，需要进一步细分用地性质时，应当首先依据主要用地性质的需要，合理配置和调整局部地块的用地性质。

3）相邻地块的用地性质不应当冲突，消除用地的外部不经济性，提高土地的经济效益。

1.5 土地使用兼容性

1.5.1 土地使用兼容性的概念

土地使用兼容性包括两方面涵义："其一是指不同土地使用性质在同一土地中共处的可能性，即表现为同一块城市土地上多种性质综合使用的允许与否，反映不同土地使用性质之间亲和与矛盾的程度。就这个意义而言，也可以用'土地使用相容性'来替换；其二是指同一土地，使用性质的多种选择与置换的可能性。表现为土地使用性质的'弹性'、'灵活性'与'适建性'，主要反映该用地周边环境对于该地块使用性质的约束关系。"即建设的可能性和选择的多样性。

土地使用性质的兼容主要由用地性质和用地上建筑物的适建表来反映，给规划管理提供一定程度的灵活性。适建范围规定表目前尚无法定的统一格式，各地一般根据具体情况和实际建设需求制定切合实际的土地兼容规定表。需要注意的是土地使用性质的兼容并不是无区别的兼容，同一块土地上有多种使用性质兼容在一起时，应当分清主体性质和附属性质，不能过于强调兼容性质的开发，而忽视了土地本身已经确定的使用性质。

1.5.2 国外个别城市及我国香港地区土地使用兼容的规定

纽约市将土地分为居住用途区、商业用途区和工业用途区3大类，根据共同的功能及对外界的影响程度，建立了18个使用组（Use Group）：其中居住2组，社区设施2组，零售与商业7组，娱乐4组，基本服务1组及工业2组，并分别规定了在居住用途区、商业用途区和工业用途区中允许设立的使用组（表14–2–2）。

纽约市用地允许设立的使用组（Use Group）　　表14–2–2

使用规划 用地区	居住			社区设施			零售与商业			娱乐			基本服务			工业		
	1	2	3	4	5	6	7	8	9	10	11	12	13	14	15	16	17	18
独立式单户住宅区 R12	●		●	●														
基本住宅区 R310	●	●	●	●														
地区性零售区 C1	●	●	●	●	●	●												
地区性服务区 C2	●	●	●	●	●	●	●	●	●					●				
滨水娱乐区 C3	●	●	●	●										●				
基本商业区 C4	●	●	●	●	●	●		●	●	●		●						
有限中心商业区 C5	●	●	●	●	●	●		●	●	●	●							
基本中心商业区 C6				●	●	●	●	●	●	●	●	●						
商业性娱乐区 C7									●	●	●	●	●	●	●			
基本服务区 C8				●	●	●	●	●	●	●		●	●	●		●		
轻型工业区 M1				●	●	●	●	●	●	●	●	●	●	●		●	●	
中型工业区 M2						●	●	●	●	●	●	●	●	●		●	●	
重型工业区 M3						●	●	●	●	●	●	●	●	●		●	●	●

注：未设置的组别用"▒"表示；允许设置的组别用"●"表示。

资料来源：同济大学夏南凯，田宝江．控制性详细规划．上海：同济大学出版社，2005：37．

香港对土地使用兼容性的规定非常细致。香港的用地兼容性规定，对每一种土地用途可以兼容的建筑类型（全部的建筑类型接近 100 个）都做了详细的规定。因此，对于每种土地用途，相应地都有一个表。表中规定两栏：第一栏是通常准许的用途（Uses Always Permitted）；第二栏是须先向城市规划委员会申请、可能在有附带条件或无附带条件下获准的用途。

1.5.3　国内土地使用兼容的规定

用地性质的确定要有一定的弹性余地，要制定土地兼容规划。所谓"兼容"，是指某一类性质的用地内允许建、不许建或经过某规划部门批准后许建的建筑项目。为了适应市场变化和城市建设发展的需要，各地拟定了控制性详细规划土地使用性质兼容表。表中分别列出了控制性详细规划指标中确定的用地性质和可以被兼容的用地性质。表中的"十"表示可以兼容，"—"表示不可以兼容。在城市建设管理工作中，管理人员可以依据控制性详细规划指标进行管理，也可以按照兼容表的内容，对指标中的用地性质加以改变，这样做可以有效地解决用地性质兼容性的问题，使控制性详细规划具有一定的"弹性"。在按照兼容表改变用地性质时，其他的控制指标不应改变。

用地兼容关系是对各类用地的使用进行定性控制的基本依据，也具有通则意义。将各种机构、建筑、社会服务和市政设施分为一定数量的种类，确定这些建筑、设施在各类用地上允许建设、不允许建设或有条件允许建设的关系。

土地使用兼容包括用地上的兼容和建筑的兼容，相比之下，建筑性质的兼容更加详细，更能达到控制的目的，表 14–2–3 是上海市的土地使用兼容表，偏重于用地性质的兼容。表 14–2–4 是上海市各类建设用地的适建范围表，分类详细明确，属于偏重于建设项目的兼容。

上海市用地兼容表（偏重于用地性质的兼容）　　表 14–2–3

兼容性质 \ 兼容性质		R				C							M			W			S		U						
		R1	R2	R3	R5	C1	C2	C3	C4	C5	C6	C9	M1	M2	M3	W1	W2	W3	S2	S3	U1	U2	U3	U4	U5	U6	U7
R	R1		−	−	+	−	−	−	−	−	−	−	−	−	−	−	−	−	+	+	−	+	+	−	−	−	−
	R2	+		+	+	+	+	+	−	−	−	−	−	−	−	−	−	−	+	+	−	+	+	−	−	−	−
	R3	+	+		+	+	+	+	−	−	+	+	+	−	−	−	−	−	+	+	−	+	+	−	−	−	−
	R5	−	−	−		−	−	−	−	−	−	−	−	−	−	−	−	−	−	−	−	−	−	−	−	−	−
C	C1	−	−	−	−		−	+	−	−	+	−	−	−	−	−	−	−	+	+	−	+	+	−	−	−	−
	C2	−	+	+	−	+		+	+	−	−	−	−	−	−	−	−	−	+	+	−	+	+	−	−	−	−
	C3	−	−	−	−	+	+		+	−	+	−	−	−	−	−	−	−	−	−	−	−	+	−	−	−	−
	C4	−	−	−	−	−	−	−		−	−	−	−	−	−	−	−	−	−	−	−	−	−	−	−	−	−
	C5	−	−	−	−	−	−	−	−		+	−	−	−	−	−	−	−	−	−	−	−	−	−	−	−	−
	C6	−	−	−	+	+	−	−	−	−		−	−	−	−	−	−	−	−	−	−	−	−	−	−	−	−
	C9	−	−	−	−	−	−	−	−	−	−		−	−	−	−	−	−	−	−	−	−	−	−	−	−	−
M	M1	−	−	+	−	+	+	+	−	−	−	−		−	−	+	−	+	−	−	+	+	+	+	+	−	+
	M2	−	−	−	−	+	+	−	−	−	−	−	+		−	+	−	+		−	+	+	+	+	+	−	+
	M3	−	−	−	−	−	−	−	−	−	−	−	+	+		+	−	+	−	−	+	+	+	+	+	−	+
W	W1	−	−	−	−	−	−	−	−	−	−	−	+	+	−		−	−	−	−	−	−	−	−	−	−	−
	W2	−	−	−	−	−	−	−	−	−	−	−	−	−	−	−		+	−	−	−	−	−	−	−	−	−
	W3	−	−	−	−	−	−	−	−	−	−	−	+	+	−	+	−		−	−	−	−	−	−	−	−	−
备注		T,S,U,G,D,E 类用地不具有兼容性。T,D,E 类用地不被任何用地兼容。G 类用地可被任意兼容。R5 特指中学、小学、幼托。其余代号均同国际。																									
		+ 表示兼容；− 表示不兼容																									

资料来源：同济大学夏南凯，田宝江．控制性详细规划．上海：同济大学出版社，2005：39．

上海市各类建设用地适建范围表（偏重于建设项目的兼容） 表 14-2-4

序号	用地类别 / 建设项目	居住用地			公共设施用地		工业用地			仓储用地		市政公用设施用地U	绿地	
		第一类R1	第二类R2	第三类R3	商贸办公C1C2	教科文卫C3～C6	第一类M1	第二类M2	第三类M3	普通W1	危险品W2		G1	G2
1	低层独立式住宅	✓	✓	○	×	○	×	×	×	×	×	×	×	×
2	其他低层居住建筑	✓	✓	○	×	○	×	×	×	×	×	×	×	×
3	多层居住建筑	×	✓	✓	×	○	○	×	×	×	×	×	×	×
4	高层居住建筑	×	○	✓	×	○	○	×	×	×	×	×	×	×
5	单身宿舍	×	✓	✓	×	✓	✓	○	×	○	×	○	×	×
6	居住小区教育设施（中小学、幼托机构）	✓	✓	✓	×	✓	○	×	×	×	×	×	×	×
7	居住小区商业服务设施	○	✓	✓	✓	✓	✓	○	×	○	×	×	×	×
8	居住小区文化设施（青少年和老年活动室、文化馆等）	○	✓	✓	✓	✓	○	×	×	×	×	×	×	×
9	居住小区体育设施	✓	✓	✓	×	✓	○	×	×	×	×	×	×	○
10	居住小区医疗卫生设施(卫生站、街道医院、养老院等)	✓	✓	✓	×	✓	○	×	×	×	×	×	×	×
11	居住小区市政公用设施(含出租汽车站)	✓	✓	✓	✓	✓	✓	✓	○	✓	○	✓	×	○
12	居住小区行政管理设施(派出所、居委会等)	✓	✓	✓	○	✓	✓	○	×	○	×	○	×	×
13	居住小区日用品修理、加工厂	×	✓	○	○	○	✓	○	×	○	×	×	×	×
14	小型农贸市场	×	✓	○	×	×	✓	○	×	○	×	×	×	○
15	小商品市场	×	✓	○	○	○	✓	○	×	○	×	×	×	○
16	居住区级以上（含居住区级、下同）行政办公建筑	×	✓	✓	✓	✓	✓	○	×	×	×	×	×	×
17	居住区级以上商业服务设施	×	✓	✓	✓	×	○	○	×	○	×	×	×	×
18	居住区级以上文化设施(图书馆、博物馆、美术馆、音乐厅、纪念性建筑等)	×	○	○	○	✓	×	×	×	×	×	×	×	×
19	居住区级以上娱乐设施(影剧院、游乐场、俱乐部、舞厅、夜总会)	×	×	×	✓	×	○	×	×	○	×	×	×	×
20	居住区级以上体育设施	×	○	×	×	✓	✓	×	×	×	×	×	×	○
21	居住区级以上医疗卫生设施	×	○	○	×	✓	○	×	×	×	×	×	×	×
22	特殊病院（精神病院、传染病院）——需单独选址	×	×	×	×	○	×	×	×	×	×	×	×	○
23	办公建筑、商办综合楼	×	○	○	✓	○	○	×	×	○	×	×	×	×
24	一般旅馆	×	○	○	✓	○	✓	×	×	○	×	×	×	×
25	旅游宾馆	×	○	○	✓	○	○	×	×	×	×	×	×	×

续表

序号	用地类别 / 建设项目	居住用地			公共设施用地		工业用地			仓储用地		市政公用设施用地U	绿 地	
		第一类R1	第二类R2	第三类R3	商贸办公C1C2	教科文卫C3～C6	第一类M1	第二类M2	第三类M3	普通W1	危险品W2		G1	G2
26	商住综合楼	×	✓	✓	✓	○	○	×	×	×	×	×	×	×
27	高等院校、中等专业学校	×	×	×	×	✓	✓	×	×	×	×	×	×	×
28	职业学校、技工学校、成人学校和业余学校	×	○	○	○	✓	✓	○	×	○	×	×	×	×
29	科研设计机构	×	○	○	○	✓	✓	×	×	×	×	×	×	×
30	对环境基本无干扰、污染的工厂	×	○	×	×	○	✓	○	×	✓	×	○	×	×
31	对环境有轻度干扰、污染的工厂	×	×	×	×	×	○	✓	×	○	×	○	×	×
32	对环境有严重干扰、污染的工厂	×	×	×	×	×	×	×	✓	×	×	×	×	×
33	普通储运仓库	×	×	×	×	×	✓	○	×	✓	×	○	×	×
34	危险品仓库	×	×	×	×	×	×	×	×	×	✓	×	×	×
35	农、副、水产品批发市场	×	×	×	×	×	✓	○	×	✓	×	×	×	×
36	社会停车场（库）	×	○	○	✓	○	✓	✓	○	✓	×	✓	×	○
37	加油站	×	○	○	○	○	✓	✓	×	✓	×	✓	×	○
38	汽车修理、专业保养场和机动车训练场	×	×	×	×	×	✓	✓	×	✓	×	✓	×	×
39	客、货运公司站场	×	×	×	×	×	✓	✓	×	✓	×	✓	×	×
40	施工维修设施及废品场	×	×	×	×	×	✓	✓	×	✓	×	○	×	×
41	污水处理厂、殡仪馆、火葬场	×	×	×	×	×	×	×	✓	○	○	✓	×	○
42	其他市政公用设施	×	×	×	×	×	✓	○	○	✓	○	✓	×	○

注：✓允许设置；× 不允许设置；○允许或不允许设置，由城市规划管理部门根据具体条件和规划要求确定。

资料来源：《上海市城市规划管理技术规定（土地使用建筑管理）》，2003.

2　环境容量控制

2.1　环境容量控制的内容及作用

2.1.1　控制内容

环境容量控制即是为了保证良好的城市环境质量，对建设用地能够容纳的建设量和人口聚集量作出合理规定。其控制内容为容积率、建筑密度、人口密度、绿地率等。容积率是反映建设强度的综合性指标，反映一定用地范围内的建筑物的总量；建筑密度为平面控制指标，反映一定用地范围内的建筑物的覆盖程度；人口密度规定建设用地上的人口聚集的密集程度；绿地率表示在建设用地里绿地所占的比例，反映用地内的环境质量。这几项控制指标分别从建筑、环境、人口等方面综合、全面地控制了环境容量。

2.1.2 控制作用

1）在控规中对环境容量的各种指标控制只是约束底线水平，而不是提供最优方案。只有符合相关环境容量的各种指标控制，城市才能保证基本的环境品质。

2）设置环境容量指标，使土地使用效率和环境品质达到一定的平衡。

3）土地的容积率和人口密度等环境容量指标应当与市政基础设施的建设情况相匹配，以免造成基础设施的超负荷运转，加大城市经营运行的成本。

2.2 容积率

2.2.1 容积率的概念

容积率又称楼板面积率，或建筑面积密度，是衡量土地使用强度的一项指标，英文缩写为 *FAR*，是地块内所有建筑物的总建筑面积之和 *Ar* 与地块面积 *Al* 的比值（万 m^2 / hm^2）（图 14–2–4）。

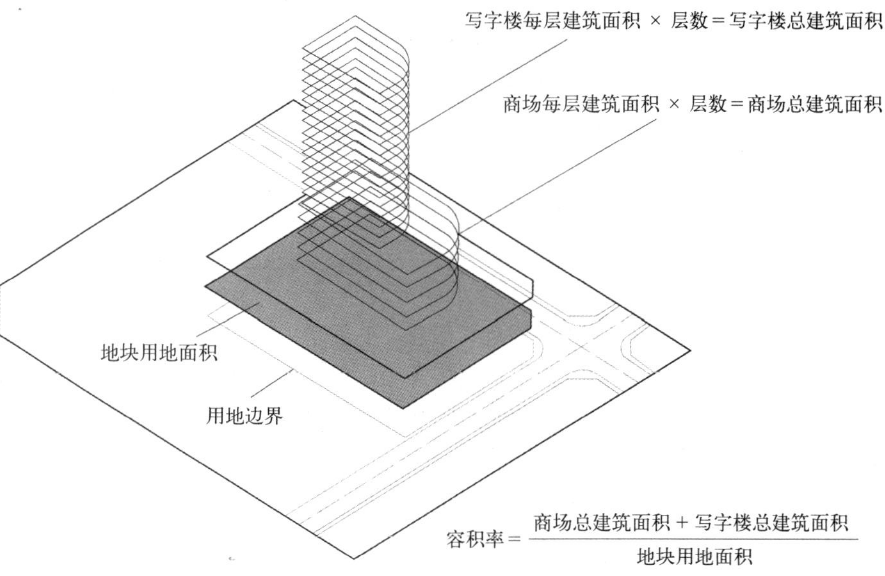

图 14–2–4 容积率概念示意图

资料来源：同济大学夏南凯，田宝江．控制性详细规划．上海：同济大学出版社，2005：41.

$$FAR=Ar/Al$$

容积率可根据需要制定上限和下限。容积率的下限保证开发商的利益，可综合考虑征地价格和建筑租金的关系；容积率上限防止过度开发带来的城市基础设施超负荷运行及环境质量下降。

2.2.2 容积率指标的计算

规划用地的容积率计算一般主要分为两种类型：单一性质用地的容积率计算和混合性质用地容积率计算。

（1）单一用地性质的容积率计算方法

单一性质用地的容积率计算方法比较简单清晰：

$$容积率=\frac{总建筑面积（地上）}{建设用地面积}$$

（2）混合用地的容积率计算方法

混合用地因涉及多种用地性质，因此在其容积率指标的确定中需要考虑各种用地性质的具体需要和比例问题。当计算一个比较复杂的地块容积率时，应参考各个地方规范的规定。以商住综合用地的容积率指标计算方法为例，《佛山市城市规划管理技术规定》中采取如下计算方法：

商住综合楼（或商办综合楼）的容积率控制指标，按不同性质的建筑面积比例换算合成，其建筑密度按照相关规定执行。高层商住综合楼商业用房的建筑面积应至少占总建筑面积的10%，不足10%的，其容积率和建筑密度的控制指标按高层居住建筑的规定执行；多层商住综合楼商业用房应至少占两层以上（含两层），仅设底层商店的，其容积率和建筑密度控制指标按多层居住建筑的规定执行。

其中，综合楼容积率指标的换算按下式计算：

$$A = (A_1 \times M_1 + A_2 \times M_2) / M$$

式中 A ——折算的容积率；

A_1 ——商业建筑容积率指标；

M_1 ——商业建筑面积；

A_2 ——居住（或办公）建筑容积率指标；

M_2 ——居住（或办公）建筑面积；

M ——商住综合楼（或商办综合楼）的总建筑面积。

2.2.3 容积率的相关问题

（1）容积率与城市开发的关系

容积率指标对城市开发建设活动经济效益的影响，主要表现在前期投资费用、开发利润总额以及开发资金的循环速度三个方面。容积率指标对前期投资费用单方均摊额的影响表现在城市开发建设过程中，开发者先通过有偿征地或其他方式有偿获得城市土地的开发建设权，接着进行场地平整和基础设施建设（有时此项工作已先行完成，但其费用计入土地使用费中），然后进行地面建设，将建造的各类商品房投入市场销售。在商品房的单方售价中，除了包含建筑工程成本、各类设计和管理费用成本、一定的开发利润和税收外，还包含土地使用费、场地平整和基础设施建设费用（统称为前期投资费用）。在商品房单方售价和其他成本保持不变的情况下，提高容积率指标，在同样的开发用地上得到更多的建筑面积，就可以降低单方建筑面积上所分摊到的前期投资费用额，进而降低总成本，提高开发利润。反之，容积率指标降低，前期投资费用上升，开发利润自然会有所下降。提高利润率，开发者可以在保持一定的利润率的前提下，增加开发总量以获取更多的利润。此外，有关调查资料表明，我国城市开发建设周期中征地、规划设计、审批等几项前期准备工作往往要占去一半左右的时间，这在很大程度上延缓了资金周转速度。如果增加容积率，减少开发项目，将开发资金相对集中，提高开发建设强度，就可以减少前期准备工作对开发周期的影响，加速资金周转，提高经济效益。

（2）容积率与永续发展的关系

容积率的高低直接关系到永续发展的问题。容积率过高，造成过分拥挤和

环境恶化，将引起人们心理上的紧张和不安定感，进而诱发一系列的社会问题。另一方面，环境因素对开发建设活动的经济效益也至关重要，环境质量的下降无疑会引起地租及房价下跌，导致开发利润减少。

容积率的制定，既要考虑到地块的使用性质、土地的利用效率，又要考虑到环境效益和建筑空间艺术质量，同时要兼顾当地的社会经济发展水平和环境承载力。这就要求在其指标的制定中，不能从孤立的角度看问题，要综合各种相关因素，与建筑密度、建筑高度、建筑后退红线、绿地率等指标综合考虑。同时也可给出一定的幅度控制来增强指标的应变能力，采用容积率奖励法来增强其灵活性。这样制定出来的指标，既有切合实际的可操作性，又有应变未来的可调控性和灵活性，使城市规划设计和规划管理具备一定的弹性空间，使城市开发建设得以持续健康发展，充分体现永续发展的理念。

(3) 容积率的奖励

由于城市市区内、尤其是建筑密集地段大多为功能综合的组合建筑群，各种交通市政公共设施规模也较大，为促进节约用地，完善配套设施，加速城市建设的社会化进程，应提倡在建筑综合体内统一规划公共停车场站、地下或半地下区域变电站等设施，并对所在用地的建筑容积率予以酌量递补。这在美国、日本、中国香港等地城市中已有先例。

在我国现行的《民用建筑设计通则》(GB 50352—2005) 中已规定："当建设单位在建筑设计中为城市提供永久性的建筑开放空间，无条件地为公众使用时，该用地的既定建筑密度和容积率可给予适当提高，且应符合当地城市规划行政主管部门有关规定。"

《上海市城市规划管理技术规定（土地使用、建筑管理）》中规定："市政设施用地选址确有困难的，可在浦西内环线以内的建筑基地内，设置为地区服务的市政公用设施（如变电站、电话局等）。设置在拟建建筑物内的，在计算容积率时，可不计该设施的建筑面积；单独设置的，在计算容积率时，可不计该设施的建筑面积和占地面积，但在计算建筑密度时，必须计入该设施占地面积。"

例如，佛山市为鼓励公共开放空间空间的开发，在《佛山市城市规划管理技术规定》中做了如下建筑面积奖励规定（表 14–2–5）。

(4) 容积率与建筑密度、建筑平均层数的关系

容积率与建筑密度、建筑平均层数三者之间存在一定的数学关系。

开放空间增加建筑面积指标 **表 14–2–5**

允许建筑容积率	每提供 $1m^2$ 有效面积的开放空间，允许增加的建筑面积 (m^2)
< 2	1.5
≥ 2 ~ < 4	2.0
≥ 4 ~ < 6	2.5
≥ 6	3.0

资料来源：佛山市城市规划管理技术规定.

容积率＝用地内所有建筑的总建筑面积／用地面积

建筑密度＝用地内所有建筑的基底面积总和／用地面积

建筑平均层数＝用地内所有建筑的总建筑面积／用地内所有建筑的基底面积总和

因此，容积率＝建筑密度 × 建筑平均层数

即，在建筑密度确定的条件下，容积率与建筑平均层数成正比；同理，在建筑平均层数确定的条件下，容积率与建筑密度成正比。

(5) 建筑面积的计算方法对容积率的影响

容积率是用地内所有建筑的总建筑面积与用地面积的比值。对于一个地块的开发，用地面积是一个定值，建筑面积的计算方法直接影响了容积率的高低。《建筑工程建筑面积计算规范》(GB/T 50353—2005) 中对建筑面积的计算规则做了明确的规定，提供了计算的依据。但在实际开发建设中仍存在不少规范未涉及或定义不清的地方，例如规范中明确规定“建筑物的阳台，不论是凹阳台、挑阳台、封闭阳台、不封闭阳台均按其水平投影面积的一半计算。”不少开发商以此为据，建设封闭式大阳台，成为“偷面积”的一种方法。一些城市的地方规定中对此进行了修订，深圳市规定“全封闭阳台建筑面积按其外围水平投影面积计算；未封闭阳台建筑面积按其围护结构外围水平投影面积的一半计算。” 另外对于层高不足 2.2m 的建筑，建筑面积的计算方法也存在不同，上海市规定“对于在室外地坪标高以上，且层高小于 2.2m (含 2.2m) 的建筑(除设备层、半地下室外)，在容积率计算中应计入建筑面积。对于层高小于 2.2m 的半地下室，在室外地坪标高以上部分的高度不超过 1m 时，在容积率计算中不计建筑面积；在室外地坪标高以上部分的高度超过 1m 时，在容积率计算中应计折算的建筑面积（半地下室室外地坪标高以上的高度与其层高之比乘以半地下室建筑面积)。”

LOFT 风格住宅因其层高较普通住宅高，可以分隔成两层使用，相对于普通住宅，在同等建筑面积的情况下可以获得较大的使用空间，因而受到部分购买者的青睐，但也为规划容积率的确定带来一定困扰。同等高度的住宅建筑，如果按层数计算建筑面积，LOFT 住宅的建筑面积小于普通住宅建筑的建筑面积，因而容积率也低于普通住宅建筑的容积率，但两者对于外界空间质量的影响是一样的，这种容积率的高低对比无法反映两种不同建筑形式的居住区的差别。近几年不少开发商利用这种差异开发了许多 LOFT 类型的居住区。

针对这种情况，一些城市的规划行政部门出台了针对建筑层高和建筑面积计算方法的相关规定。杭州市规划局《关于建筑层高控制及容积率指标计算规则》中规定“住宅建筑当层高大于等于 4.5m，不论层内是否有隔层，计算容积率指标时，建筑面积均按该层面积乘 1.5 倍计算。跃层式住宅、别墅等当起居室（厅）层高在户内通高时可按其实际面积计入容积率。办公建筑当层高大于等于 4.8m，不论层内是否有隔层，计算容积率指标时，建筑面积均按该层面积乘 1.5 倍计算。门厅、大堂、中庭、内廊、采光厅等可按其实际建筑面积计算容积率。”

(6) 容积率与地下空间开发的关系

需要指出，容积率计算范围是指建筑物地上建筑面积与用地面积之比。

《深圳市房屋建筑面积测绘技术规程》中明确规定：

建筑容积率：在建设用地范围内，所有建筑物地面以上各层建筑面积之和与建设用地面积的比值。

1）当无半地下室，或半地下室地面高度不超过 1.5m 时：

建筑容积率＝地面以上建筑面积／建设用地面积

2）当半地下室地面高度超过 1.5m 时：

建筑容积率＝（地面以上建筑面积＋半地下室建筑面积）／建设用地面积

《北京建设工程规划设计通则（试用稿）》（北京市规划委员会 2003 年 3 月）中也明确规定：

容积率＝总建筑面积（地上）／建设用地面积

最新公布的《建筑工程建筑面积计算规范》中明确规定：地下室、半地下室、底层车库，杂物间，坡地的建筑吊脚架空层，建筑物顶部有围护结构的楼梯间、水箱间、电梯机房，雨篷结构等建筑都要把建筑面积计入总建筑面积（以上高度大于 2.2m 的计算全面积，高度不足者应计算 1/2 面积），但在一些地区和城市的规定中，这部分建筑面积不计入容积率的计算，主要理由如下：

1）地下空间的开发不影响地上空间的环境品质；

2）可以鼓励开发商充分利用地下空间，提高土地的使用效率；

3）为市政设施的设置、解决停车问题提供空间，方便居民生活。

但容积率指标并不简单的反映土地开发强度所造成的空间环境质量的影响。容积率是一个综合性的指标，涉及经济收益、开发强度、环境质量、基础设施等多种因素。当前的容积率指标不能反映地下空间的开发建设强度，这样会造成一些不良的现象：

1）地下空间开发缺少统一规划，统一协调，各个地块地下空间开发各自为政，为以后的整体衔接造成困难。

2）当地上开发强度一定的时候，开发商会从地下空间开发中获取额外经济利益。《城市地下空间开发利用管理规定》（1997 年 10 月 27 日建设部令第 58 号发布）中明确规定：地下工程应本着“谁投资、谁所有、谁受益、谁维护”的原则，允许建设单位对其投资开发建设的地下工程自营或依法进行转让、租赁。这样会造成：不同地块地下空间的开发主要取决于开发商的经济实力，有些地块的地下空间开发会过度，有些地块地下空间开发不足。地下空间的开发也应当体现开发权益的公平性和开发强度的合理性。

3）地下空间开发虽然不对地上空间环境质量造成影响，但会增加市政基础设施的负荷，并对地下市政管线敷设和地下轨道交通的设置造成一定影响。因此地下空间开发强度也应当与市政基础设施相协调。

当前城市中心区区位价值显著，但地上开发空间有限，因此地下空间的开发成为焦点。地下空间不再简单的是地上建筑物的附属，而是一个相对独立的体系，开发强度日益增大。在容积率不能反映地下开发强度的情况下，控规中需要设置合理的指标和规定对地下空间的开发强度进行约束，也可以制定地下空间专项规划，对地下空间的开发性质、规模布局、开发强度、实施步骤进行

统一规划，并与地面建筑、地下其他市政工程的建设相协调。

控规中有关地下空间开发控制的思考。地下空间开发在控制性详细规划编制过程中，同样也应兼顾规划控制和设计引导两方面的需求。在关于地下空间开发的控规中，应体现规划的弹性，综合考虑规划的强制性、多元性、实施性和可操作性，因此可以参照土地控制性详细规划的经验，将地下空间开发的控制要素作规定性要素和指导性要素的区分。建议地下空间开发控详编制中的规定性要素应包括开发性质、边界、开发深度、和周边地块衔接的接口、地下公共通道、市政控制线（是指包括轨道交通系统等的大市政）、出入口位置（相对位置）等。另外，对于地下空间控规中某些地块的地下空间建设有特殊要求的，可作为指导性要素在控规成果中体现[7]。

2.3 建筑密度

建筑密度是指规划地块内各类建筑基底面积占该块用地面积的比例，它可以反映出一定用地范围内的空地率和建筑密集程度。

建筑密度＝（规划地块内各类建筑基底面积之和／用地面积）×100%

与容积率概念相区别的是它注重的是建筑基底面积，反过来理解就是表示了一个地块除了建筑以外的用地所占的比例多少，规划控制其上限。建筑密度着重于平面二维的环境需求，保证一定的空地率、绿地率。

建筑密度的计算可参考图 14-2-5，图中是一个小区，该小区的建筑密度就是住宅总基底面积加上商业服务设施基底面积、公共服务中心基底面积、小学幼托基底面积，即所有建筑的基底面积（图中黑色填充部分）除以用地面积（整块深灰色填充部分）得出的百分比。

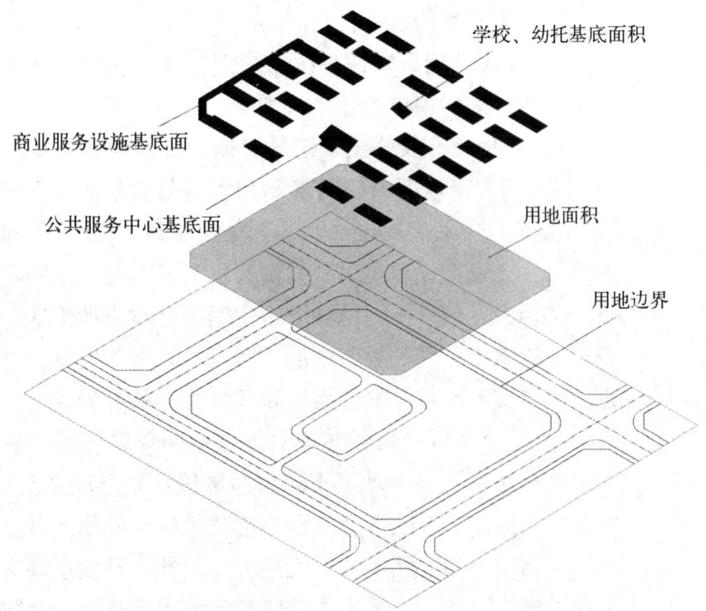

$$\text{建筑密度}=\frac{\text{商业服务设施基底面积}+\text{公共服务中心基底面积}+\text{住宅总基底面积}+\text{学校、幼托基底面积}}{\text{用地面积}}$$

图 14-2-5　某小区建筑密度概念示意图

资料来源：同济大学夏南凯，田宝江．控制性详细规划．上海：同济大学出版社，2005：46.

2.4 绿地率

绿地率指规划地块内各类绿化用地总和占该用地面积的比例，是衡量地块环境质量的重要指标（图 14—2—6）。

绿地率 =（地块内绿化用地总面积／地块面积）×100%

绿地率指标是以控制其下限为准。这里的绿地包括公共绿地、中心绿地、组团绿地、公共服务设施所属绿地和道路绿地（道路红线内的绿地），不包括屋顶、晒台的人工绿地，公共绿地内占地面积不大于百分之一的雕塑、亭榭、水池等绿化小品建筑可视为绿地。

通过绿地率的控制可以保证城市的绿化和开放空间，为人们提供休憩和交流的场所。

图 14—2—6 中，绿地率为绿地面积（包括公共绿地，不包括住宅用地中的绿化用地和树冠覆盖其他用地的面积）占总用地面积的百分比，即（$A1+A3$）／$S\times100\%$。

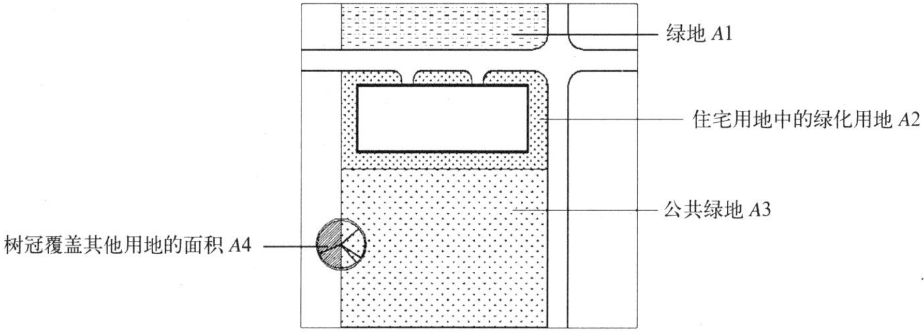

图 14—2—6 绿地率概念示意图

资料来源：同济大学夏南凯，田宝江．控制性详细规划．上海：同济大学出版社，2005：47.

3 建筑建造控制

3.1 建筑建造控制的内容及作用

3.1.1 控制内容

建筑建造控制是为了满足生产、生活的所需的良好环境条件，对建设用地上的建筑物布置和建筑物之间的群体关系作出必要的技术规定。其主要控制内容有建筑高度、建筑间距、建筑后退、沿街建筑高度、相邻地段的建筑规定等。

3.1.2 控制作用

1）通过将建筑建造的一些关键数据抽象提炼出来作为控制指标，便于城市规划行政主管部门在具体的开发建设中能切实可行的对建筑建造进行控制和引导。

2）设置建筑建造指标，可以抽象地勾勒出地块开发建设的粗略形态，指导下一阶段的修建性详细规划和具体的城市设计，使其有据可依。

3）设置建筑建造的指标是为了满足城市市政建设、防灾建设、信息通信、环境卫生等方面的专业要求。

4）为了提高城市环境品质和保护特殊地块，需要对建筑建造指标进行定量化控制。

5）建筑建造指标的量化控制也是对土地使用性质、容积率、建筑密度指标的一种具体反映。通常容积率高的地块，建筑高度较高；用地性质对周边影响较大的地块，如加油站、油库等设施用地，具体的建筑建造与周边地块的建筑退后距离也较大。

6）建筑建造的指标设置是为了保障周边地块现实或未来的开发权益。

3.2 建筑限高

3.2.1 建筑限高的概念

建筑高度一般指建筑物室外地面到其檐口（平屋顶）或屋面面层（坡屋顶）的高度。

为了克服经济利益的驱动而盲目追求建筑高度，造成千篇一律的城市景观，并根据建筑物所处不同区位及其对城市整体空间环境的影响程度，规划部门需要对建筑建造提出一个许可的最大限制高度（上限），这就是建筑限高这一指标的由来。

3.2.2 建筑物高度的确定原则

1）符合建筑日照、卫生、消防和防震抗灾等要求；

2）符合用地的使用性质和建（构）筑物的用途要求；

3）考虑用地的地质基础限制和当地的建筑技术水平；

4）符合城市整体景观和街道景观的要求；

5）符合文物保护建筑、文物保护单位和历史文化保护区周围建筑高度的控制要求；

6）符合机场净空、高压线及无线通信通道（含微波通道）等建筑高度控制要求；

7）考虑在坡度较大地区，不同坡向对建筑高度的影响。

3.2.3 建筑高度的确定

1）平屋面建筑：挑檐屋面的建筑，其建筑高度为自室外自然地坪计算至檐口顶加上檐口挑出宽度；带女儿墙屋面的建筑，其建筑高度为自室外自然地坪计算至女儿墙顶，如图 14–2–7 所示。

2）坡屋面建筑：屋面坡度小于或等于 45° 的建筑，其建筑高度为自室外自然地坪计算至檐口顶加上檐口挑出宽度；屋面坡度大于 45° 的建筑，其建筑高度为自室外自然地坪计算至坡顶高度一半处高，如图 14–2–7 所示。

3）在以下两种情形下，水箱、楼梯间、电梯间、机械房等突出屋面的附属建筑的高度应记入建筑高度：附属建筑的单边边长大于对应主体建筑边长的 1/2；两个以上附属建筑同一单边累加边长大于对应主体建筑边长 1/2，且水平投影面积之和超过屋面水平投影面积 1/4。

4）相临两幢建筑室外自然地坪存在高差的，应按图 14–2–8 所示，确定建筑高度。

5）在同一用地单位的建设用地内，如两幢建筑物首层均为架空层，南向（或东向）建筑物的建筑高度可自北面（或西面）建筑物架空层的楼面标高起计（图 14–2–9）。

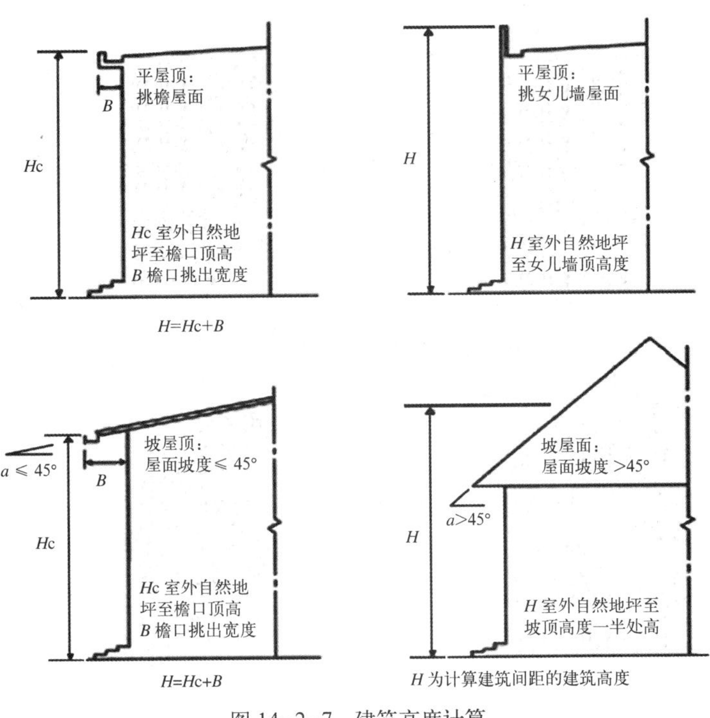

图 14-2-7　建筑高度计算

资料来源：同济大学夏南凯，田宝江．控制性详细规划．上海：同济大学出版社，2005：53.

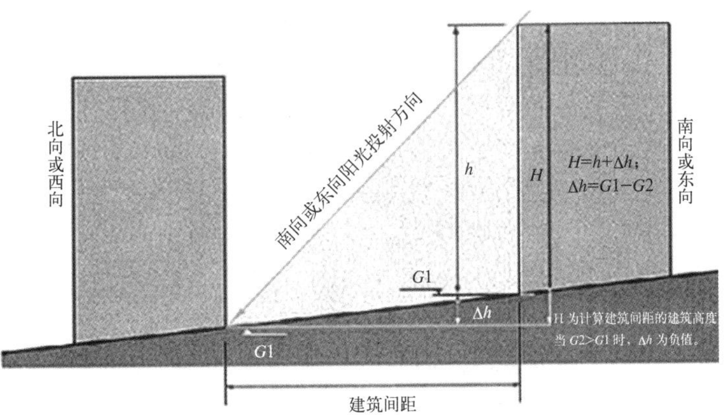

图 14-2-8　建筑间距计算(一)

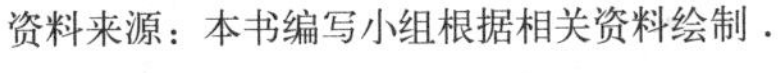

资料来源：本书编写小组根据相关资料绘制．

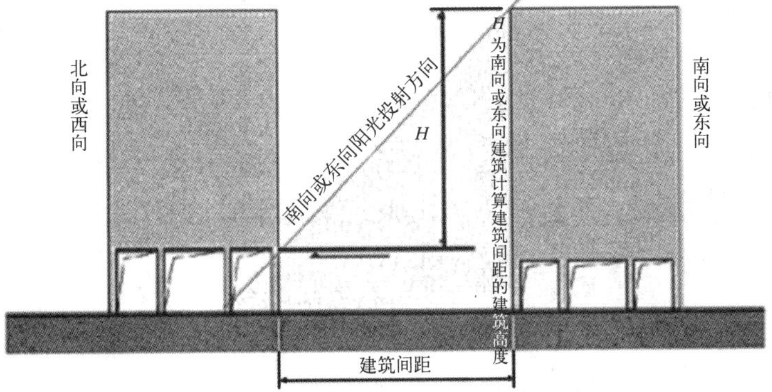

图 14-2-9　建筑间距计算(二)

资料来源：本书编写小组根据相关资料绘制．

3.3 建筑后退

3.3.1 建筑后退概念

建筑后退是指在城市建设中，建筑物相对于规划地块边界和各种规划控制线的后退距离，通常以后退距离的下限进行控制。建筑后退控制线和用地红线一样，也是一个包括空中和地下空间的竖直的三维界面。

建筑后退主要包括退线距离和退界距离两种。退线距离是指建筑物后退各种规划控制线（包括：规划道路、绿化隔离带、铁路隔离带、河湖隔离带、高压走廊隔离带）的距离；退界距离是指建筑物后退相邻单位建设用地边界线的距离。

3.3.2 保证必要的建筑后退距离

（1）避免城市建设过程中产生混乱

在用地规划范围内，建筑物的建造必须后退用地红线一定的距离，假设两块相邻地块的建筑均紧邻用地红线建造，如何能保证建筑物之间的日照采光和通风要求。在利益的驱动下，没有哪个开发商愿意主动退让自己的建筑，因为退让意味着用地的损失。互不相让的结果肯定会造成城市建设的混乱。这样的例子，我们可以从19世纪末纽约的城市景观中看到，可以从1980年代深圳的“握手楼”现象中看到（图14–2–10）。

（2）保证必要的安全距离

沿城市道路、公路、河道、铁路、轨道交通两侧以及电力线路保护区范围内的建筑物，应保证必要的建筑退让，以满足消防、环保、防汛和交通安全等方面的要求。另外，对于道路两侧的建筑物，还应考虑防灾规划等方面的要求，比如地震发生时考虑到房屋倒塌可能对作为救援疏散通道的道路造成堵塞，如图14–2–11所示。

（3）保证必要的城市公共空间和良好的城市景观

在城市公共绿地、公共水面等景观价值较高的地区，其周边建筑均希望更多地享用这种公共景观资源，建筑建造会尽量贴近景观区域，尤其在周边地块大多为高层建筑的情况下，更会对公共景观产生较大的负面影响。因此，一些

图14–2–10 深圳城中村握手楼

资料来源：同济大学夏南凯，田宝江．控制性详细规划．上海：同济大学出版社，2005：56.

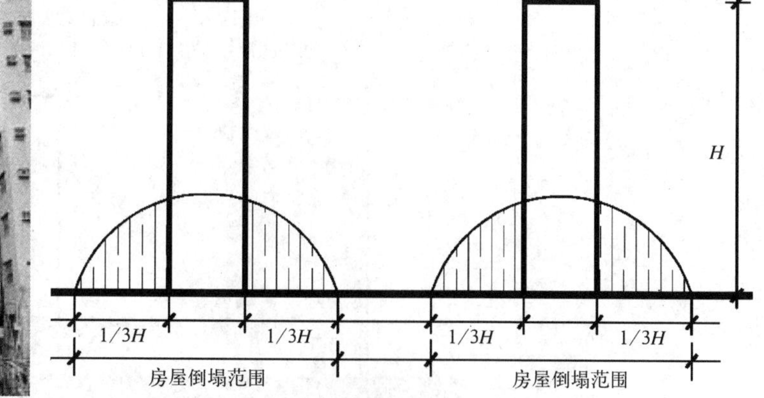

图14–2–11 道路两侧建筑物的避灾退让

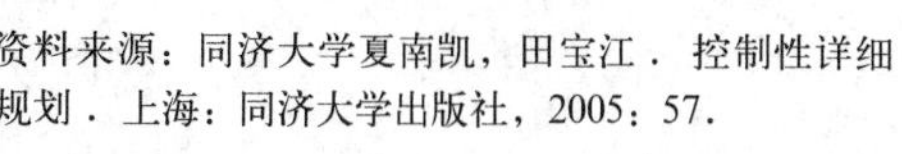

资料来源：同济大学夏南凯，田宝江．控制性详细规划．上海：同济大学出版社，2005：57.

城市对在公共绿地周边的建筑退让，不仅规定其建筑基底轮廓的退让，还规定在不同高度范围内建筑必须后退的距离，从而最大限度的保证城市景观的开敞。

3.4 建筑间距

3.4.1 建筑间距的概念

建筑间距是指两栋建筑物或构筑物外墙之间的水平距离。建筑间距的控制使建筑物之间保持必要的距离，以满足防火、防震、日照、通风、采光、视线干扰、防噪、绿化、卫生、管线敷设、建筑布局形式以及节约用地等方面的基本要求。

建筑间距是一个综合概念，通过对建筑间距进行控制，可以影响建筑密度的控制。建筑间距具有多种综合功能，根据间距的主体功能可以分为日照间距、侧向间距、消防间距、通风间距、生活私密性间距、城市防灾疏散间距等。

1）日照间距。指前后两排房屋之间，为保证后排房屋在规定的时日获得所需日照量而保持的一定间隔距离。

2）侧向间距。即山墙间距，是指建筑山墙之间为满足道路、消防通道、市政管线敷设、采光、通风等要求而留出的建筑间距。

3）消防间距。即防火间距，是指相邻两栋建筑物之间，保持适应火灾扑救、人员安全疏散和降低火灾时热辐射的必要间距。

4）通风间距。通风间距是为了获得较好的自然通风，两幢建筑间为避免受由于风压而形成的负风压影响所需保持的最小距离。

5）生活私密性间距。应在设计中注意避免出现对居室的视线干扰情况，一般最小为 18m。

6）城市防灾疏散间距。城市主要防灾疏散通道两侧建筑间距应大于 40m，且应大于建筑高度的 1.5 倍。

3.4.2 建筑日照间距的确定

控制建筑建筑间距可以满足市政工程建设要求、留出防灾通道、满足卫生防疫要求、提供绿化空间和交通通道，除此之外，从人们居住的生理和心理健康需求考虑，建筑物之间必须保持一定的间距以满足日照、通风的要求。根据各地区的气候条件和居住卫生要求确定的，居住建筑正面向阳房间在规定的日照标准日获得的日照量，是编制居住区规划确定居住建筑间距的主要依据。一般居住建筑之间的间隔距离采用日照间距来控制（图 14–2–12）。

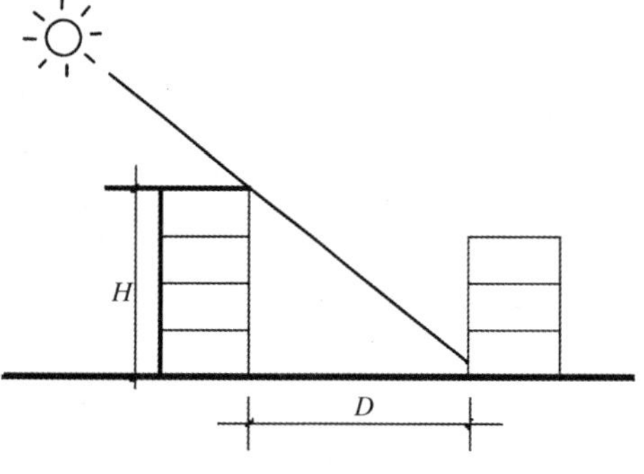

图 14–2–12　日照间距简图

资料来源：同济大学夏南凯，田宝江．控制性详细规划．上海：同济大学出版社，2005：60.

日照量的标准包括日照时间和日照质量。日照时间是该建筑物在规定的某一日内能收到的日照时数为计算标准的。通常以太阳高度角最低的冬至日作规定，也有些地区，由于气候特点，采用其他日子作规定。日照质量是指每小时室内地面和墙面阳光投射面积累计的大小及太阳中紫外线的效用。日照标准的拟定涉及的因素较多，目前尚无统一的规定。一般要求在冬至日中午前后至少要有 2h 的连续日照时间。

3.4.3　建筑侧向间距的确定

建筑侧向间距是建筑山墙之间的距离，控制建筑侧向间距主要是为了满足道路和消防通道建设、市政管线敷设、建筑保护、消除视线干扰等方面的要求。建筑侧向间距最低要满足消防通道的设置宽度要求，建筑高度、使用性质、布局形式对确定建筑侧性间距有重要影响。

3.4.4　建筑防火间距的确定

防火防灾是控制建筑间距的一个重要功能，设置建筑防火间距比较复杂，与建筑的性质、高度、材质、建筑形式等因素密切相关。为了便于规划管理和控制，需要抽取影响建筑防火间距的主要因素，进行合理的间距控制。

3.4.5　建筑最小间距的确定

通常情况下，建筑的布局形式多种多样，例如平行布置、垂直布置、点式和板式混合布置等，建筑之间的间距也需要满足多种间距的控制要求，不同性质的建筑之间间距要求也各不相同。为了便于管理和控制，一些城市的规划管理部门对最小建筑间距做了明确规定。

4　行为活动控制

4.1　行为活动控制的内容及作用

4.1.1　控制内容

行为活动控制是从外部环境要求出发，对建设项目就交通活动和环境保护两方面提出控制规定，其控制内容为：交通出入口方位、数量，禁止机动车出入口路段；交通运行组织规定；地块内允许通过的车辆类型；地块内停车泊位数量和交通组织；装卸场地规定、装卸场地位置和面积等。环境保护的控制通过制定污染物排放标准，防止在生产建设或其他活动中产生的废气、废水、废渣、粉尘、有毒有害气体、放射性物质以及噪声、振动、电磁波辐射等对环境的污染和危害，达到环境保护的目的。

控制内容的选取受多种因素的影响，对每一个规划地块不一定都需要从两个方面来控制，而应视用地的具体情况，有针对性的选取其中的部分控制内容。因为区域环境的多样化、用地的差异性、城市建设发展的长期性等多种因素的影响，行为活动控制的各类指标更多的是针对当前现实情况的一种规定，主要起着引导性的作用。

4.1.2　控制作用

城市建设发展的目的是为人们提供宜居的生活空间，在满足物质、精神全面发展的同时，实现与自然环境的和谐共存。仅仅建设一个合理的物质环境是不够的，还需要对城市的运行模式和人们的生活方式提出一定的要求。通过在控规中设置有关行为活动的控制指标，可以在提升城市环境质量和提高城市运行效率等方面起到重要作用。

1）在具体地块内进行交通活动控制，可以形成合理的交通组织方式，并减少对外界的干扰。扩大到整个城市，通过对各个地块的交通活动控制，可以正确引导城市的交通需求和影响城市的整体出行结构。

2）通过对城市环境保护相关指标的控制，可以维护城市生态系统，提升

城市整体环境容量，为人们的优质生活提供良好的外部自然环境。

3）在控规中通过对行为活动的控制，可以促使人们形成良好的生活习惯，降低城市整体运营成本，实现城市的永续发展。

4.2 交通活动控制

控制性详细规划阶段的道路及其设施控制，主要指对路网结构的深化，完善和落实总体规划、分区规划对道路交通设施和停车场（库）的控制。在主次干道确定的条件下，根据规划用地规模及地块的使用性质，增设各级支路路网，确定规划范围内道路的红线、道路横断面、道路主要控制点坐标、标高、交叉口形式；对交通方式、出入口设置进行规定；对社会停车场（库）进行定位、定量（泊位数）、定界控制；对配建停车场（库），包括大型公建项目和住宅的配套停车场（库），进行定量（泊位数）、定点（或定范围）控制。

4.2.1 交通运行组织

根据用地的性质、布局结构、地形条件等因素，确定允许通行的车辆类型，做出合理的交通运行组织，并确定经济、便捷的道路系统和断面形式；符合人车交通分行、机动车与非机动车交通分道的要求。

4.2.2 交通出入口方位、数量

规划地块内允许设置出入口的方向、位置和数量。具体分为：机动车出入口方位、禁止机动车开口路段和主要人流出入口方位。

地块出入口方位要考虑周围道路等级及该地块的用地性质。一般规定对城市快速路不宜设置出入口，城市主干道出入口数量要求尽量少，相邻地块可合用一个出入口。城市次干道及支路出入口根据需求设定，数量一般不限制。机动车出入口距离交叉口道路路缘石的切点长度应符合行车视距的要求，并应右转出入车道。

步行出入口主要根据用地的具体人流流向确定，避免将大量行人引入城市快速干道交通上，与交通产生冲突。通常步行出入口的设置需要考虑与公交站点、轨道站点、公共服务设施等相互衔接。

《民用建筑设计通则》（GB 50352—2005）中规定：

基地机动车出入口位置应符合下列规定：

1）与大城市主干道交叉口的距离，自道路红线交叉口起不应小于 70m；

2）与人行横道线、人行过街天桥、人行地道（包括引道、引桥）的最边缘线不应小于 5m；

3）距地铁出入口、公共交通站台边缘不应小于 15m；

4）距公园、学校、儿童及残疾人使用建筑的出入口不应小于 20m；

5）当基地道路坡度大于 8% 时，应设缓冲段与城市道路连续；

6）与立体交叉口的距离或其他特殊情况，应符合当地城市规划行政主管部门的规定。

4.2.3 公共交通组织

1）城市公共交通线路网应与总体规划紧密衔接，市区线、近郊线和远郊线紧密衔接，各线的客运能力应与客流量相协调。线路的走向应与客流的主流向一致；主要客流的集散点应设置不同交通方式的换乘枢纽，方便乘客停车与

换乘（表 14–2–6）。

2）在市中心区规划的公共交通线路网的密度，应达到 3 ～ 4km/km²；在城市边缘地区应达到 2 ～ 2.5km/km²。

3）大城市乘客平均换乘系数不应大于 1.5；中、小城市不应大于 1.3。

4）公共交通线路非直线系数不应大于 1.4。

5）市区公共汽车与电车主要线路的长度宜为 8 ～ 12km；快速轨道交通的线路长度不宜大于 40min 的行程。

不同规模城市的最大出行时耗和主要公共交通方式　　表 14–2–6

城市规模		最大出行时耗（min）	主要公共交通方式
大	> 200 万人	60	大、中运量快速轨道交通、公共汽车、电车
	100 万 ~ 200 万人	50	中运量快速轨道交通、公共汽车、电车
	< 100 万人	40	公共汽车、电车
中		35	公共汽车
小		25	公共汽车

资料来源：《城市道路交通规划设计规范》（GB 50220—95）.

4.2.4　配建停车位

停车场（库）是城市交通基础设施的重要组成部分，根据服务对象不同，又可分为社会公共停车场和建筑物配建停车场。根据社会经济发展状况和不同性质用地的需要配置合理数量的停车位，是规划中应当解决的问题。在控制性详细规划的编制中需要落实总体规划中布局的社会公共停车场，并针对不同性质的用地设置最低停车位限额指标，来指导下一阶段的修建性详细规划中的停车场地建设。

规划地块内规定的停车车位数量，包括机动车车位数和非机动车车位数。对社会停车场（库）进行定位、定量（泊位数）、定界控制；对配建停车场（库），包括大型公建项目和住宅的配套停车场（库），进行定量（泊位数）、定点（或定范围）控制。各地块内按建筑面积或使用人数必须配套建设的机动车停车泊位数。

停车场车位数的确定：机动车停车位控制指标，是以小型汽车为标准当量表示，其他各型车辆的停车位，应按表 14–2–7 中相应的换算系数折算。

当量小汽车换算系数　　表 14–2–7

车种	换算系数	车种	换算系数
自行车	0.2	旅行车	1.2
两轮摩托	0.4	大客车或小于 9t 的货车	2.0
三轮摩托或微型汽车	0.6	9 ～ 15t 货车	3.0
小客车或小于 3t 的货车	1.0	铰接客车或大平板拖挂货车	4.0

资料来源：《城市道路交通规划设计规范》（GB 50220—95）.

4.2.5 其他交通设施

主要包括大型社会停车场、公交站点停保场、轻轨站场、加油站。其中，城市公共加油站服务半径 0.9 ~ 1.2km，且以小型为主。相关内容详见本书第 15 章第 4 节。

第3节 引导性控制要素

1 城市设计引导与控制

1.1 控制性详细规划阶段的城市设计的作用

《城市规划基本术语标准》(GB/T 50280—98) 中对城市设计的定义为："对城市体型和空间环境所做的整体构思与安排，贯穿于城市规划的全过程"。2006 年 4 月 1 日起实施的《城市规划编制办法》明确提出控规中"各地块的建筑体量、体型、色彩等城市设计指导原则"。

控制性详细规划从两个方面决定和影响着城市形态：其一是地块的总体格局和整体形象，这方面影响是决定性的；其二是控制性详细规划中的各种细则直接或间接地影响城市设计的品质。控规在实践中强于"量"上的控制，是属于预防性和弥补性的，具有消极的特征。城市设计则恰恰相反，它在实践中强于对空间"质"的引导，它是属于期望型和推进性的。城市设计对空间品质的引导可以作为控制性详细规划工作的一个重要组成部分，也可以作为同步进行相互补充的工作内容。

在控制性详细规划阶段，城市设计对城市空间形成的指导作用，主要在于要比较准确地把握规划地区与城市整体空间的关系和特色。控制性详细规划阶段的城市设计主要是对城市局部地区空间环境作进一步控制与整合，同时还可以针对控制性详细规划用地地块划分较为机械、小地块之间互联不够的状况，运用整体城市设计的手法，解决控制性详细规划系统内部无法克服与协调的弊端。其主要任务是弥补控制性详细规划在城市区段空间环境设计方面的缺陷，并在操作层面实现城市设计的可操作性。

控制性详细规划中的城市设计引导是为了创造美好的城市环境，依照空间艺术处理和美学原则，从城市空间环境对建筑单体和建筑群体之间的空间关系提出指导性综合设计要求和建议，其中成果一部分转译为各项控制指标，纳入到控规成果中，另一部分表现为设计导引，以图则的形式补充到控规成果中，必要时可用具体的城市设计方案进行示意与引导。

1.2 宏观和微观层面的城市设计

控制性详细规划中城市设计应以宏观层面城市设计（内涵研究）为重点，微观层面城市设计（引导研究）为配合，以配合控制指标的城市设计为手段。

在进行控制性详细规划时，可首先进行宏观层面的城市设计，强调整体结构的"控制"，如构建适宜的布局结构、整体景观设计等，宏观层面研究工作内容是城市设计运作的核心工作。控制性主要涉及以下内容：城市历史环境特色的研究、自然环境的保护与利用、结构骨架构思、绿化及步行系统设计、景

观视廊组织、街道空间的连续性、城市节点系统的构思等。

微观层面城市设计内容是相对于宏观层面而言的，它是对城市待定元素的设计，是城市公共空间的具体化，应归入“引导”控制的范畴之中，涉及内容列举如下：空间组织、景观组织、建筑群体形态、环境设计、轮廓线组织、重要节点等。对建筑单体环境的控制引导，包括建筑体量、风格形式、建筑色彩等内容，此外还包括绿化布置要求及对广告标牌、夜景照明及建筑小品的规定和建议。微观层面城市设计中尤其要注意设计的弹性，以便于和修建性详细规划衔接；同时，控制性详细规划阶段的城市设计应注重整体的有序性，避免在细枝末节上进行过多的雕琢。

1.3 加强控制性详细规划适应性的城市设计

城市设计在控规表达中应结合不同城市功能区特点，加强控制性详细规划适应性。

如城市中心区控制的重点应放在与城市空间公共性塑造相关的控规要素上，以增强城市中心区的公共性和联系性，提高中心区环境的场所感与舒适性。同时，为强化城市中心区的强大活力和生命力，对与土地利用强度相关指标适当放松。

历史风貌区应着力历史环境特色的发掘和社区邻里感的创造，保持原有城市文脉的延续等。根据传统风貌保护区的发展历史、保存现状及周边环境状况划定保护区域，明确保护范围和周围环境的影响范围是控规的基本控制内容。控规中传统风貌保护区保护控制内容编制的重点应该放在对其整体风貌的把握上，其核心区和重要历史建筑的保护由于可在下层次的规划和建筑设计中进一步得到控制，在控规层面其控制内容的编制不宜过细，以防止控规“越权”。对其建设控制区和环境协调区需加强有针对性的、可操作的城市设计导则设置。

2 建筑高度、体量、形式与色彩控制

控规中的常用指标从本质上说都与城市设计内容密切相关。在控规指标中，涉及城市设计的内容有两个方面：一方面规定性指标如建筑高度、绿地率、建筑后退红线等都与城市空间环境密切联系；另一方面控规中形成建筑外观特征的引导性指标如建筑形式、建筑色彩、建筑体量等都与建筑体型环境紧密联系。当从城市设计的角度审视城市空间时，城市设计的引导控制在控规指标中应包括“建筑高度”、“建筑体量”和“建筑形式与色彩”控制指标，通常需要制定明确可行的控制条文和图则来保证其实施。

2.1 建筑高度控制

2.1.1 建筑高度控制问题分析

建筑高度在城市设计空间构图的作用十分重要。因为它所能达到的视觉高度极易被人感知，它是城市建筑形态的主要构成因素之一。“争创最高”和“高度失控”是目前全国许多城市建设中最突出、最急迫的问题之一。上海的浦东新区是我国重要的经济开发区，高层建筑鳞次栉比，中国大陆最高建筑数次出现在这块仅有 $1.7km^2$ 的土地上。据统计，截止 2008 年 9 月，上海超过 100m 的超高层建筑有 400 多栋。

不可否认，建筑高度与开发商、政府对各自利益的追求而造成的建筑开发强度失控有直接的联系，但控规编制对建筑高度的界定过于依赖于容积率的大小，缺乏从城市设计角度出发的独立控制观念，也是重要原因之一。

控规中从城市设计的角度实施建筑高度控制，应从两方面入手：一方面，从街道空间角度控制建筑高度，重点控制临街建筑高度；另一方面，运用街道空间宽高比与建筑最佳高度协同控制的方法，对建筑高度进行控制。

2.1.2 从街道空间角度控制建筑高度

从城市设计的角度看，建筑高度的界定应该与以下因素相关：街道尺度、视觉空间走向、街道空间轮廓线组织以及历史文物建筑街区保护的要求。其中，在控规阶段从街道尺度角度控制建筑高度是最为直接的方法。建筑高度对城市空间环境产生的影响，是通过城市街道空间的舒适度而被人们所感知的。也就是说建筑本身的绝对高度数值并不是那么重要，关键在于对建筑高度的控制要有利于创造舒适的城市空间。从街道空间角度控制建筑高度包括以下内容：

(1) 街道空间 D/H 值控制

1960 年代，日本著名建筑师芦原义信在他的《外部空间设计》中对街道尺度与建筑高度的关系进行了研究和探讨。芦原义信认为，如果以 D 代表建筑之间的距离，而 H 代表建筑高度的话，$D/H=1$ 的状态是空间质的转折点。随着 D/H 的值比 1 增大时，建筑产生远离之感；随着 D/H 的值比 1 减小时，则产生压迫感；当 $D/H=1$ 时，空间的间距与高度之间有一种匀称存在。当 $D/H>4$ 时，相互之间的影响已经薄弱；而当 $D/H<1$ 时，两幢建筑开始相互干扰，再近就会产生一种封闭现象。在关于空间的尺度上，他认为 $1 \leqslant D/H \leqslant 2$ 是空间的最佳比例。

同时，芦原义信关于 D 与 H 的比例关系的研究来源于传统的中、低层建筑形式，而现代高层建筑的高度已远远超出它的衡量范围。对于高层建筑，控规中可以通过控制符合 D/H 最佳比值的高层裙房高度与街道空间的关系，在一定程度上缓解高层建筑对人的视觉压迫感，但仍然对高层建筑主体缺乏控制手段。也即通过界定街道空间 D/H 值控制建筑高度在应用范围上有其局限性。从街道空间角度控制建筑高度还需引入对高层建筑高度的控制方法。

(2) 高层建筑投影面积控制

建筑高度控制的核心是降低建筑高度对城市公共空间的不良影响，所以通过对建筑阴影在城市公共空间投影面积上的限定，对建筑高度控制手段加以补充，是一个较好的控制方法。《上海市城市规划管理技术规定》中对一般的沿街高层建筑，按下式控制：

$$A \leqslant L \times (W+S)$$

式中 A——建筑以 1：1.5 的高度角在地面上投影的总面积；

L——建筑基地沿道路规划红线的长度；

W——道路规划红线宽度；

S——建筑后退距离。

以上控制手段不必对各个地块的建筑限高逐个标注，操作简便。

但是应该注意到，当太阳高度角不变的情况下，由于太阳光与同一建筑

图 14-3-1　同一建筑不同阴影面积比较图
资料来源：柳健．控制性详细规划中的城市设计．重庆大学硕士学位论文，2005.

体量所成的角度不同，所得阴影面积 A 值也是不同的（图 14-3-1）。所以假设 L、W、S 等值不变，通过调节建筑布置的角度，即可突破建筑阴影面积控制方法对建筑高度的限制，所以它不适合反推建筑最大高度，但尽管如此，其仍不失为一个较好的判断高层建筑高度是否适宜的验证性指标。

（3）街道空间宽高比与建筑最佳高度协同控制

所谓最佳高度并不是传统的建筑高度的极限值，它是运用城市设计思想，从街道范围以外的更大区域，以对视觉空间走向、街道空间轮廓线组织以及历史文化保护要求的分析为基础，对规划区各地块建筑高度提出建议值。它既是对沿街建筑高度控制的修正，又对地块内其他非沿街建筑提出高度控制要求。它允许实施的建筑高度在这个最佳高度上下做一定范围的浮动，可以看作弹性控制的一项内容，同时也可根据控规奖励机制对建筑高度进行调整。

街道空间宽高比与建筑最佳高度协同控制的方法是：先通过城市设计整体研究，对规划区进行分地块建筑高度控制，提出各个地块建议的建筑最佳高度。然后，将地块建筑最佳高度值与沿街建筑高度控制值进行比较，修正沿街建筑高度控制数值。

总之，从城市设计的角度对建筑高度的控制，其方法应该包括从街道空间角度控制建筑高度和街道空间宽高比与建筑最佳高度协同控制两项内容，它们互为补充，应综合运用。

2.2　建筑体量控制

2.2.1　建筑体量控制问题分析

目前，控规对建筑体量的控制和引导可用的控制手段还很少，主要通过文本中城市设计导则内容进行描述性界定，如“体量不宜过大，要突出时代感”等内容。从实际控制效果来说，即使在控规中通过对建筑高度和建筑宽度指标进行体量控制，但在开发商经济利益最大化的驱使下，控制效果也收效甚微。事实证明，即使建筑立面的二维空间尺度都在控规的严格控制之下，建筑体量也不一定能达到良好的预期效果。开发商希望建筑红线内的每一平方米用地和每一层楼面都最大化，追求最大可能的建筑面积，以保证其经济收益，而留给城市的只剩下了这些体态臃肿的建筑形象。这种状况的产生，一方面是由于建筑体量控制一直是作为控规中的引导性指标而被规划人员、管理人员和开发商看待的，并没有得到应有的重视；另外也应该看到，建筑体量控制存在控制手段不到位的问题。

建筑体量控制是对建筑竖向尺度和横向尺度的综合限定，但这种限定并不仅仅局限于对建筑高度和建筑面宽的二维控制，应该从二维平面扩展到立体空间，将建筑体量控制要求分解为对建筑主要要素的控制，为建筑设计提供明确

而条理化的限制条件。建筑体量控制必须保证街道、广场等人流聚集和停留场所有合理的日照时间，保证沿街建筑外轮廓线的视觉效果，并以行人感受的角度作为分析建筑体量的依据。

2.2.2 低层、多层建筑体量控制

低层、多层建筑体量的控制首先需要明确与建筑体量相关的控制要素，主要包括建筑的体积大小、凹凸、外墙面宽、高度等内容。通常情况下，低层、多层建筑的绝对体积比较小，高度也不会太高，对建筑体积、高度和凹凸要素的控制，不是低层、多层建筑体量控制的重点。而低层、多层建筑体量控制中建筑外墙面宽这一控制要素却相对更为重要，因为它直接关系到人对建筑形成的城市空间界面的感受。所以，控规可通过建筑最大外墙面宽分类控制的方法实施小尺度空间格局地块的建筑体量控制。温州信河街地段控规中，建筑体量控制就采用了这样的方法（表 14-3-1）。

温州信河街地段建筑体量分类及控制要求 表 14-3-1

类型代号	体量控制要求	适用条件	说 明
A	位于一条建筑轴线上的临街建筑外墙面宽≤ 3 开间	需表现温州地方传统小巧风格的地段，如商业步行街及松台山前区	相邻平行轴线间距小于 2m 按一条轴线计。 下列情况外墙面宽可按≤ 5 开间控制：对于 5 层的建筑；采用竖向虚实对比立面成多变体形变化时；商店外装修可形成≤ 3 开间效果时
B	位于一条建筑轴线上的临街建筑外墙面宽≤ 4 开间	一般临街巷地块	
C	需经规划部门研究后确定特殊控制要求	位于功能中心的重要建筑及对景观有影响的建筑	
D	保留现状或不控制临街外墙面宽	保留现状的规划地块及对城市面貌和景观无影响的规划地块	

资料来源：文国玮．控制性详细规划阶段的城市设计控制——温州信河街地段城市设计控制规划的实践，1990 年中国城市规划学术年会论文，1990.

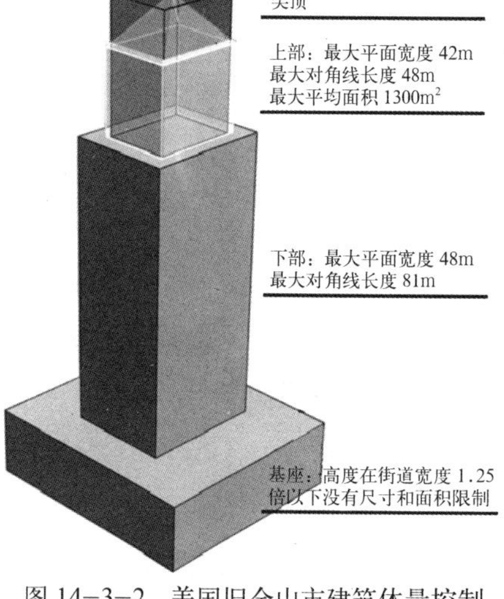

图 14-3-2 美国旧金山市建筑体量控制
资料来源：柳健．控制性详细规划中的城市设计．重庆大学硕士学位论文，2005.

2.2.3 高层建筑体量控制

建筑外墙面宽的控制在小尺度空间格局地块的建筑体量控制上，能起到有效控制的作用，但对于城市高层建筑的体量控制作用有限，而高层建筑体量对城市空间环境的影响显然比低层、多层建筑体量的影响大得多。城市建筑体量控制的难点在于高层建筑体量控制。控规中城市设计对高层建筑的体量控制，可通过对高层建筑的体量进行分段控制来实现，并在控规分图图则中进行表达。

例如，美国旧金山市通过分别对高层建筑体量的底部（建筑裙房）、中部（建筑主体）、顶部以及屋顶形式进行控制。控制要素包括最大平面宽度、最大平面对角线长度和最大平面面积、建筑基座的最小高度和最大高度等内容，从而有效地保护了城市的整体景观（图 14-3-2、表 14-3-2）。

美国旧金山市建筑体块控制要素统计表　　表 14–3–2

高层建筑塔楼部分	塔楼最大对角线长度
	塔楼最大平面宽度
	塔楼最大平均面积
	塔楼高度限制
高层建筑裙房部分	裙房最小高度
	裙房最大高度（与街道宽度相关）
高层建筑顶部	最大平面面积或做成倾角为 50° 的斜面

资料来源：柳健．控制性详细规划中的城市设计．重庆大学硕士学位论文，2005.

控规中高层建筑体量控制内容包括：

（1）高层建筑塔楼外墙控制线

对于在高层建筑区内行走的人来说，空间感受主要是对高层建筑裙房界面的视觉感受，塔楼部分对行人视觉影响力较小。在保证街道空间适宜的尺度比例情况下，高层建筑塔楼的放置位置并不是控制行人视觉感受的主要因素。对于高层建筑塔楼与周围建筑塔楼之间的位置关系控制，只要满足建筑防火间距、日照间距等修建性详细规划的设计规范即可，在控规中并不需要进行严格的限定。从表 14–3–2 中可以看出，旧金山的建筑体量控制要素中也并没有对高层建筑塔楼的位置进行控制。只有当控制地块有特殊的景观视线要求时，高层建筑塔楼外墙控制线才需要在控规分图图则上进行标注说明。

（2）高层建筑塔楼平均楼板面积和建筑高宽比

控制高层建筑塔楼的平均楼板面积的最大作用在于控制塔楼对城市空间的占用程度，即控制高层建筑主体的空间密度，这是一个相当有效的控制办法。塔楼平均楼板面积的控制一般是以具体的面积数值来表示的，即可以规定塔楼一定建筑标高以上部分水平投影面积的总和占总用地面积比例的上限。例如日本《建筑基准法》中对商务办公区内建筑物体量的控制手段：建筑物 5m 以上部分水平投影面积的总和不得超过其用地面积的 15%。

对高层建筑塔楼沿街面最大面宽的控制在于避免过分庞大的建筑体型出现，它有利于建筑之间的采光通风和空气流通以及自然景观的引入，并能减弱建筑体量对行人视觉的压迫感。考虑为下层次设计留出足够的创作自由度，可以用塔楼平均面宽与建筑高度的比值来代替对最大面宽的控制。当建设项目满足街道空间宽高比并符合建筑最佳高度值变动范围以内的条件下，塔楼平均面宽与建筑高度同时变化，被称之为建筑宽高比。

粗略统计，陆家嘴鱼形区高层建筑宽高比在 1/3 至 1/6 之间，建筑挺拔秀丽。而北京金融街 C 片区建筑宽高比在 5/7 至 7/8 之间，接近于 1，建筑过于敦实厚重。在控规地块控制中，结合高层建筑塔楼的平均楼板面积的限定，建筑宽高比的控制可以极大地影响城市空间形象的塑造。

（3）高层建筑裙房的位置及高度

在高层聚集的城市区域，行人对高层建筑的视觉感受往往由对其裙房所形成界面的感受而决定，对裙房位置和高度的控制是有效的控制手段。它不仅可以对街道形成有效界定，取得较好的整体效果，同时还能减少高大体量的裙房对街道形成的压抑感。

在现实中我们看到虽然新建或改建的建筑物都遵循着控规建筑红线的控制要求，建筑设计质量也无可挑剔，但建筑物之间缺乏基本的环境关系，或随意退后、或体量突变，削弱了街道墙的连续性和韵律感，加上不断增多的商业广告的影响，街道空间给人的感受仍是杂乱和无秩序。街道墙需要在控规的控制下保持一定的长度，长度适中的街道墙才能保证空间秩序性与多样性的统一。

所以，高层建筑裙房应该以分段独立控制为原则，在控规控制中对相邻几个地块裙房沿街界面的位置、高度进行控制，而在各段之间考虑较强的对比和变化，并允许建筑师采用对裙房局部处理的方式达到裙房高度彼此联系、相互对话的效果。只有在特定的景观需要下，才统一建筑裙房的高度甚至层高和层数。例如塑造美国纽约第五大街特色和意象的城市设计中，规定在沿街 85 英尺（约 25.9m）以下的建筑垂直面必须压在建筑红线建造，85 英尺以上的垂直面则要退居红线 50 英尺（约 15.2m）建造，从而保证了与街道尺度相配合的连续界面这一特征。

2.3 建筑形式和色彩控制

2.3.1 建筑形式和色彩控制问题分析

建筑形式和建筑色彩指标属于控规引导性指标内容，虽然它们与建筑密度、建筑限高等控规规定性指标相比控制力度相对较小，但仍是控规内容中十分重要的组成部分。

在指标的界定中，建筑形式的多样化已经超过了文字可以准确描述的范畴，同一基调的色彩也可以通过色相、明度和彩度的变化组合产生千变万化的效果，因此在控规中试图通过文字对建筑的形式、色彩进行控制引导有一定的难度，我们往往会看到“应与某某相协调”、“应与某某保持统一”之类的控制条例。但“协调性”、“统一性”说得太多也太笼统，反而等于一纸空文。建筑依然随意进退，建筑造型千奇百怪，没有任何联系，这样的实例在我国城市大街上不胜枚举。所以，长久以来，建筑形式和色彩的控制流于形式，变成了可有可无的、没有实质性控制手段的内容，无法起到其应有的辅助创造良好城市空间的作用。

在控规中对建筑形式和建筑色彩这类指标的控制，既要有明确可行的控制技术方法，又要保持一定的灵活性。具体控制方法包括。

2.3.2 选定参照建筑

没有制约个体建筑的参照物，建筑形式、色彩的控制就没有依据，没有章法。所以，为保证城市的整体性和景观的协调性，首要的工作是要确定参照物[8]。参照物的选择，有以下原则：艺术性原则，它应是一件艺术品，能丰富城市空间环境；代表性原则，它应是某一时期特定风格的代表作；历史性原则，它应在城市建设发展史上具有一定的历史地位或与重大人物、事件相联系；延续性原则，它的存在应使周围环境具有一种历史沿革上的延续感。

具有以上特征的物体是城市特色的载体，可对其周围一定范围内建筑的形态设计产生影响。控规选择这样的物体作为控制参照，可减少建筑形式和色彩控制的盲目性，明确其控制方向。

2.3.3 分级确定控制区域

控规对建筑形式和色彩的控制要求，不能一概而论，应在规划范围内根据不同的用地性质和所处的不同位置有区别的对待。根据控制对象的重要性差异，可进行如下分区：

重点控制区，它要求控规对建筑形式和色彩做出较详细要求，并严格执行。有时还需要将指标控制类型由引导性指标提升为规定性指标。

一般控制区，控规对建筑形式和色彩的控制可只针对建筑的某个重点部位或某个特定构成元素，对建筑的其他部分可适当放宽控制，在整体统一协调的前提下，由下一层次规划或建筑设计自由决定。

自由选择区，控规对这类区域在建筑形式和色彩方面无具体控制要求，设计可自由发挥，以此达到创造丰富多彩的城市空间环境的目的。

控规中对建筑形式和色彩的控制，应注意将分级控制和参照物控制的要求条理化的表达。针对不同对象，确定不同的控制内容和要求，进行科学分类，这对保证控规最终控制效果至关重要。

3 其他引导性控制要素

3.1 建筑空间组合控制

建筑群体环境的控制引导，即是对由建筑实体围合成的城市空间环境及其周边其他环境要求提出控制引导原则，一般通过规定建筑组群空间组合形式、开敞空间的长宽比、街道空间的高宽比和建筑轮廓线示意等达到控制城市空间环境的空间特征的目的[9]。

城市建筑群体整体空间形态可以分为封闭空间形态、半开放空间形态和全开放空间形态。不同的建筑空间组合给人不同的空间感受。根据不同的情况和要求，建筑空间组合采用不同的形式，形成公共或私密的空间形态。

对建筑空间组合的引导控制，一般可以运用具体图示的方式推荐建筑组群空间组合的形式，规定或推荐开敞空间的长宽比值、街道空间的高宽比值和控制建筑轮廓线起伏示意，从而对城市空间环境进行引导和控制。

3.2 建筑小品

控制性详细规划中对绿化小品、商业广告、指示标牌等街道家具和建筑小品的引导控制一般是规定其布置的内容、位置、形式和净空限界。在我国城市规划体系中，由于对城市设计的法律地位还未有明确的定位，城市设计成果往往只作为某种参考，难以成为规划管理的依据，因而近年来城市重要地区的控制性详细规划往往与城市设计一同编制，二者互为补充，将城市设计导则视为控制性详细规划成果的一部分。例如，大同市中心区城市设计对户外设施进行了分类引导与规定，对户外广告标识的位置、色彩、净空高度、大小等进行了较为详细的规定。

3.3 居住人口密度

居住人口密度指单位建设用地上容纳的居住人口数，单位为人/hm^2，它是表示不同地块人口密集程度的指标，具体表现在一块用地上时，就是用该块用地的总人口除以用地面积得出的数值。公式为：居住人口密度 =（地块内的总人口数 / 地块的面积）×100%。

规划地块人口密度应该根据总体规划的居住人口预测、人均居住建筑面积标准等数据进行合理的测算，具体方法有如下三种：①根据总体规划或分区规划对规划范围居住人口的预测进行具体地块的居住人口测算，然后获得地块人口密度；②根据当地城市规划的人均居住建筑面积以及户均人口等指标规定进行居住人口测算，然后计算地块人口密度；③根据地块使用性质，进行合理的形态规划模拟，得出具体的居住建筑面积或住房套数，反推地块人口规模，并通过类似地块的对比分析，得出合理的地块人口密度。

人口规模是确定居住用地的公共服务设施、公共绿地的依据。居住区配套公建的配建水平，必须与居住人口规模相对应。通过预测居住用地的人口规模，按照公共服务设施的控制指标（千人总指标和分类指标），可以得出应当配置的公建用地规模和建筑容量。通过人均公共绿地指标，获得居住用地的公共绿地面积。

在控制性详细规划中，人口密度指标属于引导性指标，在规划实践中针对具体地块确定人口密度指标存在一定的困难。因此控制性详细规划中的居住人口密度指标更多的起着一种指导性作用，为公共设施配套和基础设施建设提供基础数据。与居住人口密度指标相比，住宅建筑套密度更具有说服力和可操作性。通常一个城市中，户均人口大致均衡，通过居住用地上的住宅套密度可以确定用地上的居住人口规模。

3.4 环境保护规定

根据城市总体规划阶段环境保护的要求及当地环境保护部门制定的环境保护要求，提出该地区的环境保护规定。

3.4.1 噪声振动等允许标准值

噪声是一种环境污染，被认为是仅次于大气污染和水污染的第三大公害。强烈的噪声及其振动会损伤人的听力，干扰人的神经系统的正常工作，严重的还会对心血管系统造成危害。当噪声超过 90dB，人的听力将受到损伤；噪声超过 70dB，人就不能正常工作；噪声超过 50dB，人就难以入睡。城市生活中到处充斥着噪声，规划中需要制定一定的标准，对噪声源进行控制，降低噪声危害。

3.4.2 水污染允许排放量和排放浓度

水污染主要由人类活动产生的污染物而造成的，它包括工业污染源，农业污染源和生活污染源三大部分。污染物主要有：①未经处理而排放的工业废水；②未经处理而排放的生活污水；③大量使用化肥、农药、除草剂的农田污水；④堆放在河边的工业废弃物和生活垃圾；⑤水土流失；⑥矿山污水。面对严峻的缺水、水污染问题，有必要在规划中对城市的水源地和自然水体的保护作出规定性要求。

3.4.3 固体废弃物的控制

固体废弃物通常是指在生产建设、日常生活和其他活动中产生的污染环境的固态、半固态废弃物质，通俗地说，就是“垃圾”。固体废弃物主要包括城市生活固体废弃物、工业固体废弃物和农业废弃物。城市规划中需要对固体废弃物的收集和处理做出规定，通过设置垃圾填埋场、转运站、垃圾收集点、垃圾桶等环卫设施进行分类收集，尽可能地收集城市固体废弃物，并进行无害化处理和回收再利用，实现资源的循环利用。

第4节　公共服务设施设置控制

1　公共服务设施的定义

公共服务设施是保障生产、生活的各类公共服务的物质载体。城市公共服务设施一般分为两类，一是城市总体层面落实的公共服务设施，包括市级或为更大范围内区域服务的行政办公、商贸、经济、教育、卫生、体育、市政以及科研设计等机构和设施，主要应根据城市总体规划、分区规划要求，结合规划用地的具体条件和未来发展需要，对每个项目进行“定性、定量、定位”的具体控制。二是为满足城市居民基本的物质与文化生活需要，与居住人口规模相对应配套建设的公建项目，一般在详细规划阶段按《城市居住区规划设计规范》（GB 50180—93）（2002 年版）进行具体控制。

近年来，深圳、上海、北京、广州和天津等大城市结合规划层次以及本地的行政管理体制，编制了地方性的公共服务设施规划标准。大致分为两种形式：一种是将公共服务设施规划标准作为城市规划管理技术规定的一个组成部分来颁布，如深圳和南京；另一种是将公共服务设施规划标准作为地方性的工程建设标准单独颁布，如上海和广州。

2　城市公共服务设施配置要求

2.1　高中及其他教育设施

高中占地面积较大，服务半径和服务人口往往超出居住区范畴。因此建议高中应作为必设的公共设施在分区规划层面合理布点并落实用地，在居住区级则作为宜设项目，当周边条件不具备时由居住区实施配建。高中规模不宜低于 36 班，居住人口不足时可以为 24 班或 30 班。36 班高中用地一般为 $3.0hm^2$。

其他教育设施如中专、工业技术学校、高等学校的设置不能以人口或土地的比率形式来确定，而应以教育部门的长远规划来确定。中专及工业技术学校的规模可参照中学的上限执行。

2.2　图书馆

不同的城市根据人口数量、分区布局有不同的指引标准。以深圳为例，根据《深圳市城市规划标准与准则》，全市设一处大型图书馆，藏书量在百万册以上，按 5 ～ 10 座／万册设阅览席。每区设一处区级图书馆，藏书量宜在 50 万册以上，按 10 座／万册设阅览席。

2.3　影剧院

影剧院的设置标准，不同地区也有较大的差别。比如根据《深圳市城市规划标准与准则》，每区应至少设一座 1000 座规模的综合性多功能影剧院，选址宜位于公共服务设施较集中的地段，且应交通便捷、便于人流疏散；宜与文化中心相邻。

2.4 老年福利院

在国标及各城市标准中，出现了养老院、敬老院、老年人福利院、老人公寓、托老所、老年人服务站点等多项设施。上述设施可分为两大类，一类为孤寡、残障和生活自理能力不足的老人提供全天候的生活及保健护理，包括敬老院、福利院，它们属于政府民政部门无偿提供的福利机构，是社会保障体系的组成部分，应由指令性标准控制，独立征地建设；另一类为老年人提供收费服务，包括老人公寓、托老所、老年人服务站点等。

其中老年福利院属于政府民政部门无偿提供的福利机构，宜在居住区级以上的城市分区统筹配置。《老年人居住建筑设计标准》（GB/T 50340—2003）中规定：福利院建筑面积标准不得低于 $25m^2$/床。

2.5 综合医院

根据《综合医院建设标准》（建标（1996）547号）规定：综合医院的建设规模按病床数量可分为200、300、400、500、600、700、800床七种，一般情况下，宜建设300、400、500、600床四种建设规模的综合医院。200床以上的综合医院宜作为区域统筹公共设施，在城市分区规划层面合理布局，独立用地。若周边不具备设置大中型医院的条件，则应在居住区设200床综合医院。

3 居住区公共服务设施配置要求

对居住区公共服务设施一般是在详细规划阶段按国标《城市居住区规划设计规范》（GB 50180—93）（2002年版）的第六章，针对城市居住区、小区和组团，将公共服务设施分为教育、医疗卫生、文化体育、商业服务、金融邮电、社区服务、市政公用和行政管理八类进行项目控制，并落实到相应的建设地块上，再对其进行“定性、定量、定位”的具体控制。具体参见本书第18章《城乡住区规划》中关于公共服务设施配置的相关内容。

4 城市公共服务设施的控制指标

城市公共设施的控制指标主要有：千人指标（又可分为人口千人指标、用地面积千人指标、建筑面积千人指标）、建筑规模、用地规模等。

4.1 千人指标

千人指标可较为直观地反映开发项目公共服务设施须配套的总量，同时在居住规模不足小区（居住区），需与其他小区（居住区）协调共享公共资源的时候，千人指标有助于直接量化和平衡各开发商所需承担的建设责任，以保证一定区域内资源的合理配置。对于与人口规模直接相关的公共服务设施，如综合医院、综合文化中心、居民运动场、社区服务中心、托老所等，千人指标是主要的实施依据。

4.2 用地控制

在公共服务设施指标体系中，对于用地要求有三种类型：第一类设施由于运动、交通、安全等方面的使用必须要求独立用地，如学校、医院、居民运动

场（馆）、垃圾压缩站等；第二类设施应尽量独立用地，若条件确有困难可以考虑在满足技术要求的前提下与其他用房联合布置，但是应该保证一定的底层面积或场地要求，如卫生服务中心、街道办事处、派出所、社区服务中心等；第三类设施则对用地无专门要求，可结合其他建筑物设置，如卫生站、居委会、文化活动站。国标的居住区公建用地比例为15% ~ 25%、居住小区公建用地比例为12% ~ 22%。考虑到鼓励公共服务设施集约综合布置，公建用地比例可以适当下调5%。

第5节　市政设施配套控制

市政设施配套规划属于专业规划，在总体规划、分区规划、控制性详细规划和修建性详细规划四个规划层次中均包括相关内容要求。在这四个规划层次中，总体规划和分区规划中的市政设施规划一般解决城市宏观层面基础设施系统的基础布局，完成重要基础设施的基本格局与主干网络；在控制性详细规划和修建性详细规划中一般根据上一层次专业规划，完成具体区域内的基础设施配置和支线网络。

1　市政设施配套控制的工作流程

1.1　现状资料分析

现状基础资料的收集与分析是市政配套控制工作的基础。根据所收集资料的性质与专业类别，可分为自然资料、城市现状与规划资料、专业工程资料等。控制性详细规划中市政配套资料分析的目的，一方面是市政的控制需要与城市建设的现状相适应，另一方面是需要与上一层面也即与总体规划的市政配套控制进行协调。

1.2　源的控制

整个市政设施配套控制的是各种支撑城市正常运转的流的流动，比如能源流（电力、燃气、供热）、水流（自来水、污水、雨水）或者信息流（电信）。这些流的源包括各种流入的源头，比如自来水厂、变电站、燃气站等，也包括控制流流出的源头，比如污水处理场（站）、雨污水受纳水体或者用地。与总体规划控制整个城市的市政配套源头不同，控制性详细规划中市政配套源头的控制涉及与规划地块相关的特定源的分布、体量及流向等，比如供给地块水源的给水干管位置与走向、变电站的位置、发电量或变电容量，或者排水干管的位置、管径及走向等。

1.3　场站控制

场站控制是指市政设施类别及其用地界限的控制。设施类别的控制包括确定各类市政设施的数量和体量，比如电力设施（变电站、配电所、变配电箱）、环卫设施（垃圾转运站、公共厕所、污水泵站）、电信设施（电话局、邮政局）、燃气设施（燃气调气站）、供热设施（供热调压装置）等。用地界限控制指市政公用工程在地面上构筑物的位置、用地范围和周边一定范围内的用地和设施控制要求的引导性规定。用地控制应参照《城市用地分类与规划建设用地标准》

(GBJ 137—90)，对地块控制到中类和小类。

1.4　管线控制

市政控制中管线规划涉及工程管线的走向、管径、管底标高、沟径等管线要素的确定，以明确各条管线所占空间位置及相互的空间关系，减少建设中的矛盾。

2　专项规划的主要内容

2.1　给水工程

依据上层次专项规划，参照《城市给水工程规划规范》(GB 50282—98)，首先进行用水量的计算和预测，根据城市规划布局、规划期给水规模并结合近期建设布置加压泵站等给水设施和给水管网，其走向应沿现有或规划道路布置，并宜避开城市交通主干道。管网宜布置成环状。干管尽可能布置在两侧有用水量较大的道路上，并尽可能布置在高地，若城市地形高差较大时，可考虑分压供水或局部加压。

以最高日最高时各管段的计算流量为依据，计算输配水管渠管径，校核配水管网水量及水压，并根据实际要求选择管材。同时，参照《城镇消防站布局与技术装备配备标准》(GNJ 1—82) 布置消防栓。

相关内容详见本书第 17 章。

2.2　排水工程

首先分别计算污水排放量和雨水量，污水量依据《城市排水工程规划规范》(GB 50318—2000) 中的相关参数确定分类污水排放系数，根据城市综合用水量（平均日）乘以城市污水排放系数进行计算；雨水量采用当地的城市暴雨强度公式或采用地理环境及气候相似的邻近城市暴雨强度公式进行计算。

根据上层次城市规划和专项规划确定城市排水体制，并布置排水设施和排水管网。排水设施包括污水处理厂、污水泵站、雨水泵站等，污水处理厂需要根据上层次城市规划落实规模和布局，排水管沟断面尺寸应按规划最大流量设定。管沟平面位置和高程，应根据地形、图纸、地下水位、道路情况、原有的和规划的地下设施以及施工条件等因素综合考虑确定，必要时设置泵站。

相关内容详见本书第 17 章。

2.3　供电工程

根据《城市电力规划规范》(GB 50293—1999) 确定各类用地或人口的规划用电指标，可采用电量预测和负荷密度两种方法进行负荷预测，两种方法可以相互校核。在控制性详细规划中，电力负荷预测较为常见的方法为建设用地负荷指标法，这一方法首先确定规划区中各类用地的规划电力负荷密度指标，然后根据各类用地地块面积乘积后相加。

在此基础上，依据城市电力总体规划和分区规划中所确定的电源容量、位置及其用地，以及规划区域内的电力负荷预测，确定规划区供电电源的容量、数量、位置及用地，同时布置规划区内中压配电网或中、高压配电网，确定其变电所、开关站的容量、数量、结构形式、位置及用地。

电力线路规划中，需要确定规划区中的中高压电力线路的路径、敷设方式及高压线走廊（或地下电缆通道）宽度。

相关内容详见本书第 17 章。

2.4 通信工程

城市固定电话容量的预测基于以下指标进行：居民用户电信容量以居民户数及每户拥有的电话数；公建用地电信容量以公建用地面积或公建建筑面积；工业用地电信容量以一定面积的工业用地面积或工业建筑面积。规划区的固定电话容量为以上几方面的预测之和。

通信设施布局包括电信局所、邮政局所和电台的选址布置。电信局所选址原则为：接近计算的线路网中心；避开靠近 110kV 及以上变电站和线路的地点，避免强电对弱电的干扰；便于近局电缆两路进线和电缆管道的敷设。电信局所分枢纽局、汇接局、端局，局所规划趋向少局所、大容量、多模块。

邮政局选址要交通便利，考虑规划范围邮政支局所的分布位置、规模等，并落实涉及总体规划中上述设置的位置与规模。

电台选址应有安全、卫生、安静的环境，应考虑临近的高压电站、电气化铁道、广播电视、雷达、无线电发射台等干扰源的影响。微波站应设置在电视发射台（转播台）内或人口密集的待建台地区。

通信线路敷设方式有管道、直埋、架空、水底敷设等方式。管道宜敷设在人行道下，若在人行道下无法敷设，可敷设在非机动车道下，不宜敷设在机动车道下。

相关内容详见本书第 17 章。

2.5 燃气工程

详细规划阶段燃气负荷的计算多采用不均匀系数法，一般以小时计算流量为依据确定燃气管网及设备的通过能力。

根据燃气的年用气量指标可以估算城市年燃气用量。城镇居民生活用气量标准和公共建筑用气量标准可根据《城镇燃气设计规范》(GB 50028—93) (2002 年版）确定。

燃气气源选择通常在详细规划的上一层次规划编制或者燃气专项规划中确定。

城市燃气管道的压力分级直接决定了燃气设施及管网布置。城市燃气输配管网可以根据整个系统中管网的不同压力级制数量分为一级管网系统、二级管网系统、三级管网系统和混合管网系统。

城市燃气输配设施和燃气输配管网的干管布局规划主要依据上层规划所确定。管网支管沿路布置，同时燃气管网要避免与高压电缆平行敷设。

相关内容详见本书第 17 章。

2.6 供热工程

城市的热负荷预测主要为采暖热负荷，特别是冬季的采暖热负荷。采暖热负荷一般采用面积热指标法估算。

供热设施包括各类锅炉房、热力站、中继泵站。供热规划中布置各类供热设施的用地可参考《城市基础设施工程规划手册》。

供热管网按照相关规范进行热水管网、管径的估算。供热管网布置要尽量避开主要交通干道和繁华的街道，通常敷设在道路的一边或是敷设在人行道下面。

相关内容详见本书第 17 章。

2.7 管线综合

工程管线综合规划的任务是分析各类现状及规划工程管线，解决各种工程管线平面、竖向布置时管线之间以及与道路、铁路、构筑物存在的矛盾，作出综合规划设计，用以指导各类工程管线的工程设计。主要内容包括：

确定城市工程管线在地下敷设时的排列顺序和工程管线间的最小水平净距、最小垂直净距；

确定城市工程管线在地下敷设时的最小覆土深度；

确定城市工程管线在架空敷设时管线及杆线的平面位置及周围建（构）筑物、道路、相邻工程管线间的最小水平净距和最小垂直净距。

编制工程管线综合规划设计时，应减少管线在道路叉口处交叉。当工程管线竖向位置发生矛盾时，按工程设施规划相应规定进行避让处理。

相关内容详见本书第 17 章。

2.8 环卫工程

规划范围内固体废弃物一般从两方面进行估算，包括城市生活垃圾和工业固体废物。

城市生活垃圾的估算主要有两种方法：一是人均指标法。据统计，目前我国城市人均生活垃圾产量为 0.6 ~ 1.2kg。由人均指标乘以规划的人口数可得到城市生活垃圾的总量。二是增长率法，由递增系数利用基准年数据算得规划年的城市生活垃圾总量。

工业固体废物产量估算主要有三种方法：一是单位产品法。即根据各行业的数据统计，得出每单位原料或产品的产废量。二是万元产值法。根据规划的工业产值乘以每万元的工业固体废物产生系数得出产量。参照我国部分城市的规划指标，可选用 0.04 ~ 0.1t/ 万元。三是增长率法，根据历史数据和城市产业发展规划，确定了增长率后计算。

环卫设施布置包括废物箱、垃圾收集点、垃圾转运站、公厕、环卫管理机构等，需要确定其位置、服务半径、用地、防护隔离措施。

相关内容详见本书第 17 章。

2.9 防灾规划

防灾规划的内容包括消防规划、防洪规划、人防规划和抗震规划等。

详细规划层面上防灾工程系统规划的主要内容包括：

1）确定规划范围内各种消防设施的布局及消防通道间距等。

2）确定规划范围内的防洪、防涝工程设施的布局。防洪、防涝工程设施包括防洪堤墙、排洪沟、防洪闸及排涝设施。

3）确定规划范围内人防设施的规模、数量、位置、配套内容、抗力等级，明确平战结合的用途。一般说来，战时留城人口数约占城市总人口数的 30% ~ 40% 左右。按人均 1 ~ 1.5m^2 的人防工程面积标准，则可计算出城市所需的人防工程面积。按照相关标准，在成片居住区内应按总建筑面积的 2%

设置人防工程，或按地面建筑总投资的 6% 左右进行安排。

4）确定规划范围内疏散通道、疏散场地布局；疏散通道的宽度不应小于15m，一般为城市主干道，通向市内疏散场地和郊外旷地，或通向长途交通设施。

相关内容详见本书第 17 章。

第6节 控制性详细规划的实施与管理

1 控制性详细规划实施的概念

1.1 控制性详细规划实施

控制性详细规划的实施，即通过法律和行政管理手段把制定的规划变为现实。因此，控制性详细规划的实施主要体现为政府等国家公共部门的职能，政府在实施控制性详细规划方面居主导地位。

控制性详细规划的实施关系到城市的长远发展和整体利益，也关系到公民、企事业单位和社会团体方方面面的根本利益，城市的建设和发展要靠政府的公共投资，更要靠商业性的投资。所以，控制性详细规划的实施离不开非公共部门的支持，社会非公共部门起到不可或缺的作用。

控制性详细规划的实施与管理是城市规划工作极其重要的组成部分和关键环节，控制性详细规划经规划管理部门或地方政府批准后产生法律效应。根据自 2006 年 4 月 1 日起实施的《城市规划编制办法》规定，控制性详细规划是建设主管部门（城乡规划主管部门）作出建设项目规划许可的依据。同时，它也是规划管理部门进行土地审批的主要依据。

在自 2008 年 1 月 1 日起实施的《中华人民共和国城乡规划法》（以下简称《城乡规划法》）中，赋予了控制性详细规划在城市开发、土地出让等方面的法律地位，从而使得控制性详细规划进一步成为我国城市开发控制体系的核心和主要管理工具。

1.2 控制性详细规划在实施中存在的问题

控制性详细规划是我国规划体系中的重要组成部分，是规划行政主管部门审批建设项目最直接的依据，也是土地出让的前提条件。由于现行控制性详细规划编制办法形成于向市场经济转型的初期，从实践及操作角度看已呈现出一系列的不适应性，控制性详细规划在具体实践中面临诸多问题。

1）控制性详细规划的编制和执行应该是政府行为，代表全民的共同利益，但现在有些地方的实践中，控制性详细规划的编制常常是由开发商委托、控制和决定，使控制性详细规划成了为特定人群利益服务的工具。

2）在编制程序上，控制性详细规划延续了规划体系内部化操作方式，并且由于编制周期缩短而更加强化，加深了规划与公众之间本已存在的隔阂。

3）控制性详细规划的制定、执行和修改缺乏法制化程序，没有法律强制力的保障，也缺乏公开和公众参与的程序，因而在实施中易受各种非正常力量的干扰，实施效果又缺少有效的评判标准和监督机制，对市场的公平性产生了负面影响。

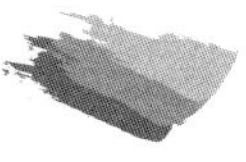

4）管理实施程序不完善，法制不健全。现行控制性详细规划在规划编制方式上偏重于“技术”上的合理，不够重视法律程序，缺乏必要的法律保障，使规划制定后如何管理、依法实施等环节无章可循。特别是控制性详细规划成果的实施性、操作性不够强，面对现实不得不进行经常性的调整。其主要原因除了自身依据不足外，更重要的是没有真正把控制性详细规划提升到法律文件的高度来看待。

5）在规划实施上，控制性详细规划弃整体控制而取地块控制，无暇顾及建设策略而追求“全覆盖”，妥协于市场选择的无序性和随意性。当不规范的规划管理造成功能混乱后，通过修改规划又可自圆其说，实施效果不尽理想。由于频繁地修改、调整和更新原规划，有的片区的规划在实施中经过多次变更，导致多种规划版本并存，片区整体规划难以把握。

6）在编制内容上，控制性详细规划过分追求“可操作性”，只能满足开发建设的基本功能，而对城市美学和人的行为环境较少涉及。由于没有与城市设计很好的结合，易造成城市景观混乱，城市特色消失。

7）目前，我国的控制性详细规划仅仅依靠用地的可兼容性以及控制指标的区间值，来形成规划的一定弹性，这远远达不到发展所需要的弹性，因而规划不能得到很好的落实。

1.3 建立面向规划实施的控制性详细规划编制制度政策体系

控制性详细规划编制工作的水平高低将直接影响规划管理工作的好坏以及城市建设的发展。应将控制性详细规划由“终极蓝图”式的规划调整为“过程规划”，这就要求对目前的控制性详细规划编制内容和审批过程进行精简，并迅速地对市场的变化做出反映。在投资主体不明朗的情况下，应改变那种动辄上百页图纸、内容大而全的规划编制方法，可以制定大地块的控制指标，而非细化到每个地块。投资主体明朗之后，在大指标的指导之下，再进行各个地块详细指标体系的编制。这样，将原来一次性完成的控制性详细规划分解为若干次“过程规划”，可以使控制性详细规划更好地适应经济发展的要求，对土地开发真正起到调控作用。

2 建设项目审批管理

由于国情和体制的历史与现实差异，各国所采用的城市规划管理制度都不尽相同。美国经过近百年的实践，逐步确立了以法令形式运作的区划制度，其他发达国家和地区也形成了类似的做法。例如，日本的土地分区管理体系、新加坡的总体规划和香港的分区计划大纲等，其共同特点是具有法律地位。

2.1 我国规划管理的一般程序

控制性详细规划在审批前，其规划图纸和文本不直接决定开发的许可性，建设方必须申请用地许可和建设许可。

在建设工程的管理方面，《城乡规划法》第四十条规定，“申请办理建设工程规划许可证，……对符合控制性详细规划和规划条件的，由城市、县人民政府城乡规划主管部门或者省、自治区、直辖市人民政府确定的镇人民政府核发建设工程规划许可证。”因此，控制性详细规划也是建设工程获得批准和开工

建设所必备的先决条件。

开发商获取土地使用许可证后向规划管理部门申请建设用地规划许可证，进行项目立项后，将规划图纸报规划处审批。由规划处工作人员依据总体规划、控制性详细规划所规定的土地使用性质、土地开发强度及建筑（退线）情况，审查规划图纸内容是否违反上述规定。如规划图纸内容与规定相符，则项目审批通过，交由其他部门如市政、基建、防灾等部门审批。全部通过后颁发建设用地规划许可证。如规划土地使用性质或强度与规定不符，可向规划管理部门申请修改原规划，由规划管理部门召开技术委员会议决议是否批准。

2.2 规划审批管理中存在的主要问题

我国目前规划控制的审批享有较大的自由量裁权限。这是由我国城市建设的速度较快，规划的技术力量和规划工作的深度都还欠缺的现状以及部分体制原因所共同决定的。城市规划可以提供给规划控制和管理的依据主要还是轮廓性的，其确定性、严密性都还很不够，需要由规划行政主管部门根据规划原则和技术性规范，在个案分析的基础上加以定夺。

目前所编制的控制性详细规划为规划控制和管理提供了既定性、又定量的可操作性控制条件。根据目前各地的实践，控制性详细规划对开发活动还不具有直接的和法定的约束作用，规划审批仍是通行的程序。但是审批方式较不透明，对开发者来说具有不确定性，程序也较复杂。

2.3 规划审批管理的弹性

在市场经济的作用下，用地建设具有一定的不可预见性。因此，即使制定了用地控制法规，变更土地的使用性质和开发强度仍是无法避免的。日常变更是用地控制规划最为鲜明的特点，任何其他的市政法规都不具备如此强的弹性。因此，用地控制法制在控制内容和管理机制上必须适应和体现这种弹性，它应当既是一部静态的法规，又是一个动态的法制管理过程。

美国分区规划对开发管制的弹性体现在两方面：①每种区划的分类以最高限或最低限的形式，统一规定了开发强度的控制指标。只要不超出限制范围，开发者可以自由定量，审批者无权干涉。②如果开发者认为目前的区划分类不适应自己的拟建项目，可以通过法定程序，根据自身需要选择适用的分类，提出变更分类的申请，如获批准，则按照所批准分类的法定控制标准进行建设。这样的弹性机制既保证了建设开发在指标上的连续性和可变性，又保证了立法执法过程的统一性和严肃性以及审批管理程序的可操作性。

3 控制性详细规划在实施中的调整

在《城乡规划法》中规定，"经依法批准的城乡规划，是城乡建设和规划管理的依据，未经法定程序不得修改。"这一规定自然也包含了控制性详细规划这一重要类型，从而赋予了控制性详细规划的权威性、严肃性和稳定性。

控制性详细规划的核心意图是通过刚性指标尤其是容积率、建筑高度、配套公共设施等的规定，保护土地使用者的发展权和公众利益，达到刚性控制与弹性引导的统一。理论上来讲，这些与地块使用者经济利益密切相关的指标一经确定，不得随意修改。然而，在我国城市高速发展的转型期，市场经济瞬息

万变，即使再高明的规划师也无法预测未来的投资商是谁，对地块的使用有什么要求（尤其是新区开发的地块）。因此，仅凭规划师的主观臆想将地块的使用条件以法律形式确定下来，无异于作茧自缚。市场经济条件下城市发展的复杂性和多变性则要求控制性详细规划的控制内容更具弹性，要求研究控制指标的弹性和应变范围。

但目前我国控制性详细规划的编制在弹性方面明显不足，除了所谓的“用地兼容性”外再无其他考虑。弹性的缺失使得规划管理部门在实际操作中，或忽视控制性详细规划所制定的指标而根据个案情况重新确定指标体系，或收到大量涉及关键性指标的调整申请，不仅使得控制性详细规划的权威性受到挑战，而且滋生管理过程中的寻租现象，使得指标的调整成为某些管理者谋取自身私利的工具。

对于这种规划内容的调整，一方面要坚持依法批准的规划的权威性和严肃性，同时也应当允许其在必要的情况下进行调整。同时，由于控规涉及大量的经济社会利益，公众以及相关利益人群的参与也是其中所必须考虑的因素。对此，《城乡规划法》第四十三条规定，“规划条件……确需变更的，必须向城市、县人民政府城乡规划主管部门提出申请。变更内容不符合控制性详细规划的，城乡规划主管部门不得批准。”第四十八条规定，“修改控制性详细规划，组织编制机关应当对修改的必要性进行论证，征求规划地段内利害关系人的意见，并向原审批机关提出专题报告，经原审批机关同意后，方可编制修改方案。”

此外，现行控制性详细规划编制技术是计划经济下的产物，控制内容强求统一，面面俱到，缺乏弹性。控制性详细规划制定了一整套的控制指标及措施，但缺少动态的分级调整机制，造成规划的弹性和刚性在面对变化时，弹性不弹、刚性不刚，出现了“没有控制性详细规划管理不好，有了控制性详细规划不好管理”的情况。

对此，应建立刚性与弹性相结合的控制性详细规划分类分级调整制度。控制性详细规划由市政府审批，其中，总则对社会公布，不得随意调整。确需调整的，需在可行性研究论证的基础上，报原审批部门批准后方可实施。执行细则作为规划行政主管部门的内部管理图则，同样严格执行，确需调整的，要在可行性研究论证后，由局技术委员会集体审议批准，较大的调整还要经由专家论证程序。在内容刚性与弹性合理界定基础上的分级调整制度，既保证了对城市关键内容的强制性控制，也可以适应快速变化阶段对规划一定应变性的需要。

4　控制性详细规划的法制化

从理论上来讲，控制性详细规划一经审批通过，即具有法律效力，应经过相应的程序才能进行修改。然而，由于我国转型期城市高速发展带来的不确定性，控制性详细规划在我国的城市建设中并没有起到预期的作用。

从法律地位来看，目前我国控制性详细规划属于规划部门编制的技术文件，尚达不到法律条文的地位。这样在管理中就不可避免地迫于各种压力而不断调整，影响了控制性详细规划实施效果。现在，许多城市开始在控制性详细

规划的基础上制定土地使用与建筑管理技术规定，并在城市规划条例中确定其在城市规划编制体系中的地位。

4.1　我国控制性详细规划的立法要求

规划是对城市未来较长时间发展的控制与预测，城市发展有较多不可预测的因素，规划应有一定的弹性，而法律具有严肃性和确定性。控制性详细规划的控制指标既有控制性指标，又有引导性指标，引导性指标由于有一定的不确定性，不宜立法。而控制性指标用地性质，停车泊位及其他需要配置的公共设施也有一定的兼容性和弹性也不宜严格立法。因此，提高技术人员的专业水平，针对不同地段，不同情况，制定切实可行的规划，立法后才有严肃性。

由于控制性详细规划在内容、方法和控制指标的确定方面还有待深入研究，这就带来另一个问题，即规划法规化的程度和实践问题。首先，规划工作本身的特点要求规划设计具有弹性，适应滚动发展，注重理想目标与实际的发展变化相结合，这和法律的严格性、确定性相矛盾。因此，规划在法规化方面应达到什么程度，如何协调两者之间的矛盾，采取何种控制技术，需要进一步研究；其次，法规化需要一定的条件且是一个逐步完善的过程。我们的规划理论研究和工作程序还不够科学完善，大多数城市规划设计水平、管理人员的业务素质还有待提高。规划的内容、控制指标完全法规化，就如同把拍脑袋确定的指标用法律形式确定下来，难免会弄巧成拙，反而给规划建设带来十分被动的局面。因此，哪些内容和控制指标需要立法，按何种程序立法，需要进一步研究。

4.2　我国控制性详细规划阶段的立法构建

4.2.1　采取“法规＋控制性详细规划”的综合控制方式

根据规划控制的体例，西方区划控制方式可分为通则式开发控制和判例式开发控制。

通则式：德国通过城市规划以及“联邦建筑法”，“建筑使用限制条例”等一系列规划法规对城市土地使用进行控制，管理严格，弹性较小。德国区划法规出自于一种理论的认识，即理想的建筑环境不可能在整个城市一次实现，在现实条件下有可能做到的，是一步步改善既有建筑，逐步进行建筑的分区规范。

判例式：在英国，规划只是表明对某一地区和某个地方的发展方向和原则等，包括了多种的发展可能性，所以得视具体的申请而定，即基本上通过一个个案例来进行管理，其方法也较严格、复杂。

通则式的开发控制具有透明和确定的优点，但在灵活性和适应性方面较为欠缺。判例式的开发控制具有灵活性和针对性，但也难免会存在不透明和不确定的问题。由于通则式和判例式的开发控制各有利弊，我国大多城市在规划管理工作中采用“法规＋控制性详细规划”的综合控制方式。

4.2.2　明确控制性详细规划的法律地位及编制审批和公众参与的方式

如《深圳市城市规划条例》第十一条规定：“城市规划编制分为全市总体规划、次区域规划、分区规划、法定图则、详细蓝图五个阶段”确定了以法定图则为核心的深圳城市规划新体系。在《城市规划条例》中明确控制性详细规划的审批、变更的权限，明确争议的仲裁机构，成立规划委员会负责城市综合

规划以及各专项规划的审定；成立上诉委员会听取各方面的意见，协调不同利益主体的关系，接受不同利益主体的上诉；由规划局负责方案的实施与城市规划的日常管理；确定公众参与的方式，包括规划制定前的公开告示征求意见，规划执行过程中的听证和不同意见的仲裁等。

4.2.3 制定城市规划建设管理技术规定作为地方法规指导控规编制

编制《城市规划建设管理技术规定》，通过法律程序确认其技术条款的法律效力。技术条款中必须严格立法的内容主要有：土地使用性质及其兼容性；土地开发强度，主要为容积率与绿地率指标；道路交通组织；城市公益性基础设施与生活配套设施的安排。借鉴美国区划的技术，给予规划一定的弹性，制定“发展权转让”条例和“奖励”条例。借鉴英国的《特别开发规划》，界定特别开发地区（市中心区、生态敏感地区）由特定机构来管理，给予特定的开发控制条款。

4.2.4 法定图则与法规相结合

法定图则在控制性详细规划基础上根据地方法规的规定编制，具有相当于地方法规的法律效力，是控制性详细规划的法律表现形式，是对控制性详细规划的演绎和转化。法定图则一方面强化了规划的公共标准，将规划师从个人的社会理想投向现实社会；一方面提高了管理的技术性，将规划管理从管理者自由裁量权的任意发挥推向依法行政的轨道。这样，规划设计与管理“两张皮”便结合在一起，有效推进了城市规划工作的公开、公正、公平和科学化。

5 控制性详细规划的实施与管理的监督与公众参与

5.1 控制性详细规划管理的监督

在当前的控制性详细规划组织体系中，实际上仍是由城市规划部门一家编制、审批、实施与监督运行，缺少其他组织机构的实质性参与，城市规划部门成为众矢之的也就在所难免。随着市场经济的发展，越来越多的正式和非正式组织机构既有需要也十分必要加入到控制性详细规划的编制和实施管理中来，充分发挥其监督作用。这样，包括政府、城市规划管理部门、规划委员会等正式组织机构与各非正式组织机构之间，应建立明确的责、权、利关系，做好分工协作。

对此，《城乡规划法》为以上各类正式的组织结构和非正式机构对城市规划管理部分发展监督职能进行了明确的授权或规定。比如，《城乡规划法》第五十三条规定，“县级以上人民政府城乡规划主管部门对城乡规划的实施情况进行监督检查。”第五十二条规定，“地方各级人民政府应当向本级人民代表大会常务委员会或者乡、镇人民代表大会报告城乡规划的实施情况，并接受监督。”第五十四条规定，“监督检查情况和处理结果应当依法公开，供公众查阅和监督。”这些都为各类组织机构监督职能的发挥提供了法律保障。

此外，为推进控制性详细规划更好地接受社会的监督，还应通过新闻媒体等多种形式做好控规的宣传工作，动员全社会的力量来关心、支持和监督控规的实施工作。要创新规划管理体制，逐步推行规划成果展示制度，规划审批听证制度，规划管理行政追究制度。要严格依据控规内容要求，严把修建性详细

规划的审查关。

5.2 公众参与控制性详细规划的作用

在市场经济条件下，利益主体呈现多元化特征，要使一项技术工作成为一种公共决策并得到最广泛的支持，就必须要实现公开决策、民主决策。只有公众充分参与，才能体现社会公平。对此，必须加强控制性详细规划的公众参与。公众参与包括规划制定前的公开告示征求意见，规划执行过程中的听证和不同意见的仲裁等内容。

公众参与实质就是通过一定的方法和程序让众多的城市成员能够参与到那些与他们的生活环境息息相关的政策和规划的制定及决策过程中去。公众参与的目的并不在于让规划师能够借此说服公众，或是让公众藉此来指挥规划师，其最终目的在于通过此项活动达到规划师与公众间的相互了解、相互信任，收到集思广益的效果。

公众参与控制性详细规划可以达到以下目的：①促进规划师直接了解民意，为控制性详细规划提供良好的"自下而上"的反馈机制，使城市规划具备"上有指令，下有反馈"的双向信息系统，为开展控制性详细规划打好基础；②对控制性详细规划起到"集思广益"之效，尤其是某些引导性指标的确定；③有利于群策群力实施控制性详细规划。

5.3 《城乡规划法》对公众参与的要求

《城乡规划法》对我国城乡规划工作的公众参与提出了要求，这也为控制性详细规划实施和管理中的公众参与提供了法律依据和指导思想。

关于公众参与的总的原则，《城乡规划法》规定，"任何单位和个人都应……服从规划管理，并有权就涉及其利害关系的建设活动是否符合规划的要求向城乡规划主管部门查询。……任何单位和个人都有权向城乡规划主管部门或者其他有关部门举报或者控告违反城乡规划的行为。"

由于控规涉及相关人群的种种利益，因此其变更或调整均可能会给相关人群带来利益或损失，因此其中的公众参与是不可或缺的。关于控规调整中的公众参与，《城乡规划法》第四十三条规定，"规划条件……确需变更的，必须向城市、县人民政府城乡规划主管部门提出申请。变更内容不符合控制性详细规划的，城乡规划主管部门不得批准。城市、县人民政府城乡规划主管部门应当及时将依法变更后的规划条件通报同级土地主管部门并公示。"第四十八条规定，"修改控制性详细规划，组织编制机关应当对修改的必要性进行论证，征求规划地段内利害关系人的意见"。这些规定充分考虑了相关人群利益的表达与保护，同时也有助于控规更好的实施。

5.4 我国规划管理中的公众参与现状

在编制程序上，控制性详细规划延续了规划体系内部化操作方式，并且绝大部分城市由于控制性详细规划任务繁重、编制周期短、缺乏公开和公众参与的程序，违背了市场运作的公开、公平原则，规划的制定未能代表全体市民的整体利益，规划的实施缺少必要的社会基础，进而导致了规划成果的科学性、公正性、公平性受到严重质疑。

由于缺乏有效的公众参与途径，使得我国当前的控制性详细规划的编制和

实施缺乏“自下而上”的沟通过程，大多数现行控制性详细规划都是由当地政府或城市规划行政主管部门组织编制和审批，因而不能获得社会的最大认可，在实施中将会遇到各种阻力，影响其实施效果。虽然花很大力气制定规划，但在具体的建筑项目上又难以完全执行，与以往的那种“纸上画画、墙上挂挂”的规划没有本质差别。这也导致控制性详细规划实施过程缺乏应有的监督保障，以至于在规划管理中随意变更规划、越权审批，迁就开发商利益等现象时有发生。

近几年来，我国的城市管理已在公众参与方面取得了一定进展。深圳、上海、青岛、厦门等一些城市率先作出了有益的尝试。例如，重庆和青岛两市出台了《公众参与城市规划管理试行办法》，借助公众参与保障城市规划的科学性。

但总的来说，我国城市管理的“公众参与”基本上还是处于决策已经批准后的实施阶段的参与，未能实现对规划全程的参与。此外，我国公众参与还存在诸多不足，如公众参与管理的普遍性不足、制度缺失、效果不佳等。

5.5　加强控规实施与管理中的公众参与

5.5.1　增强公众参与城市管理的意识

城市管理是事关全社会发展前途的公众事业，必须让全社会认知、理解进而支持和最大限度地参与控城市规划的管理，而广泛宣传，让控制性详细规划的性质、目的和任务家喻户晓，城市管理部门责无旁贷。同时，必须将这一工作始终如一地贯彻到控制性详细规划管理的全过程中，这也是城市管理部门政务公开、增加透明度、公正公平工作必须常抓不懈的重要职责。例如，深圳市运用强大的宣传攻势令规划深入人心，全市有市级城市规划展示厅两处，先后宣传了五阶段城市规划体系、中心区建设、城市环境综合整治、海岸线规划等热点内容；除了规划展示厅外，报纸电视、网络、印刷宣传册等都是对规划进行宣传的重要方式，这些都为市民了解规划提供了多样途径，极大地提高了市民的规划素养。上海也在市中心地段建造了城市规划展示馆，为市民了解规划，参与管理提供了较好的条件。

5.5.2　加强公众参与控制性详细规划的决策参与，为公众参与城市管理提供制度支持

公众参与不只是市民被动地接受城市管理方案，也不只是让市民提些意见而不问结果，更重要的是公众利益的代言人能够进入城市管理的决策团体，真正实现公众参与的效力。城市管理的决策层具有合理的“公众成分”不会天然形成，必须从制度上予以支持和保证。例如，深圳市城市规划委员会章程明确规定：深圳市法定图则委员会（深圳市的城市规划决策机构）的19名委员组成中必须有一定数量是有本市户籍的有关专家和社会人士，这从制度上确保了公众通过公众代表的媒介参与决策，这是我国城市规划的公众参与发展进程中的一个有益尝试。

5.5.3　加强公众参与的程序性权力

公众参与在我国目前法律性文件中仅仅停留在原则性概念阶段，缺乏可供操作的程序性规范，如公众参与的范围、参与方式、参与途径及其保障等。随着法制的不断健全以及全民参与城市规划的意识不断提高，公众参与必将在我国的城市规划建设中发挥越来越重要的作用。

注 释

[1] 全国注册城市规划师执业资格考试指定参考用书之四．城市规划实务．北京：中国建筑工业出版社，2000.

[2] 唐子来，付磊．城市密度分区研究——以深圳经济特区为例[J]. 城市规划汇刊，2003，4.

[3] 武汉市城市规划设计研究院，武汉市主城区用地建筑强度研究。

[4] 相关指标参见《城市给水工程规划规范》GB 50282—98 及其他规范。

[5] 相关指标参见《城市给水工程规划规范》GB 50282—98 及其他规范。

[6] 《城市规划强制性内容暂行规定》建规 [2002]218 号第七条：城市详细规划的强制性内容包括：规划地段各个地块的土地主要用途；规划地段各个地块允许的建设总量；对特定地区地段规划允许的建设高度；规划地段各个地块的绿化率、公共绿地面积规定；规划地段基础设施和公共服务设施配套建设的规定；历史文化保护区内重点保护地段的建设控制指标和规定，建设控制地区的建设控制指标。以上六点都应该在控制性详细规划编制内容、控制指标体系中着重体现出来。

[7] 详见徐国强，郑盛．控制性详细规划中有关地下空间部分的控制内容和表达方法．上海市地下空间综合管理学术论文集。

[8] 田银生，刘韶军编著．建筑设计与城市环境 [M]. 天津：天津大学出版，2001.

[9] 控制性详细规划：城市规划资料集（第四分册）[M]：中国建筑工业出版社，2002：18.

本章小结

本章介绍了控制性详细规划的编制程序和内容，并详细论述了地块控制层面上针对用地使用控制和环境容量、建筑建造控制和城市设计引导、市政工程设施和公共服务设施配套，以及交通活动控制和环境保护中各控制要素的确定方法。最后一节主要讲述了控制性详细规划在实施与管理过程中的主要问题。

从本质上说，我国的控制性详细规划是指导城市开发的法定依据。它由我国城乡规划主管部门确定，是平衡社会各方空间权益的重要工具，具有很强的可操作性和实施性。随着永续发展和环境保护理念逐渐成为全球城市未来发展的共同诉求，控制性详细规划的内容也应当随着时代的发展而进行必要的调整和补充。可以预见，把生态低碳发展的技术要求与控规的开发控制体系相结合而产生的“绿色控规”将成为未来控规编制的新趋势。

复习思考题

1. 查阅世界相关国家（如德国、美国等）在城市开发控制方面的相关规划制度，结合我国的控制性详细规划，比较其优缺点。

2. 控制性详细规划中的各项指标是如何确定的，控制性详细规划如何与城市设计相衔接？

3. 建设生态城市的相关技术要求如何与控制性详细规划结合？

第4篇

城市专项规划

在上一篇中，我们讨论了城乡空间规划从宏观到微观、从发展战略到操作管理不同纵向层面的编制内容。读者应该已经在上一篇介绍的规划实践中，感受到每个层面的综合性规划都需要各个专业的支持和配合。

第 4 篇着重介绍城乡规划中各个横向系统的专项规划。作为解决城市空间布局和土地使用问题的重要手段，城乡规划涉及的内容极其广泛。本篇设独立章节详细介绍城市交通与道路规划、城市生态与环境规划、城市工程设施规划、城乡住区规划、城市设计、城市更新与遗产保护规划，并介绍了每一系统专项规划的编制原则、编制内容和编制方法，建议读者以本章为基础，进一步查阅相关专业书籍、技术标准与规范，结合课程设计与其他相关专业课程，学习专项规划的编制。通过本篇的研读和实践，读者应该理解各类城市专项规划，并学会系统的思想方法和工作方法。

城市专项规划是在城市总体规划的指导下，为更有效实施规划意图，对上述城市要素中系统性强、关联度大的内容或对城市整体、长期发展影响巨大的建设项目，从公众利益出发对其空间利用所进行的系统研究。简单地讲，就是对某一专项所进行空间布局规划，其内容除包括规划原则、发展目标、规划布局等外，一般还包括近期建设规划和实施建议措施。

第15章　城市交通与道路系统

本章主要介绍城市交通与道路系统，首先从城市交通与城市总体布局的关系出发，强调城市交通需要与用地规划协调统一，分析了城市交通构成与基本特征，城市交通对城市形成发展、规模和布局的影响。其次，从路网、道路的基本设置条件与停车场布置，介绍了城市道路系统规划必须注意的关键问题和重要指标，如道路宽度、路网密度和路网间距等。再次，从铁路、港口、公路与航空港等城市重要对外交通设施 4 个方面分别阐述其与用地布局的关系及需要注意的因素。最后，提倡扬长避短、优势互补的城市交通综合规划理念，发挥综合交通网络的整体效果。

第1节　城市交通系统与城市发展

城市中不论是创造财富的工作、商务活动，还是休闲、访友等社会活动都日益频繁，城市内部及城市间的联系也日益密切。这种联系必然伴随着人员和货物的移动。人们在空间的移动能力已经成为当今社会一个最基本的价值，成为实现社会变革，发展进步的前提条件。人们为克服空间距离因素制约实现自由移动能力已经是当今城市中人们的一项“基本权力”。这种能力必然会影响

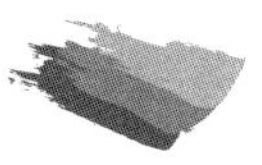

到人们的工作、居住、教育和健康服务等。

只有当城市交通发展达到一定水平，人们才能够更多地参与多样化的活动，才能创造出一个富有活力的城市。城市交通系统的目的是在永续发展的原则下，实现城市中各种人员和货物更加有效自由地移动，而这种移动一般是通过一定的交通系统来实现的。

我们将交通分为两部分，即城市交通与城市对外交通。前者主要指城市内部的交通，主要通过城市道路，公共交通系统来组织；城市对外交通则是以城市为基点与外部空间联系的交通，如铁路运输、水路运输、公路运输、航空运输以及管道运输等。交通出行和交通运输是一个连续的过程，在城市间联系日益密切的今天，如何加强城市内外交通的联系是一项重要的课题。

由土地经济学的基本原理可知可达性对城市土地使用的作用。一定的城市交通网络布局模式在很大程度上决定了一定的城市形态，一定的交通模式的组织也决定了城市地块的开发强度。城市交通已成为城市空间规划策略不可缺少的一个部分。没有什么比交通基础设施更能体现城市基础设施与城市发展的联系。一方面，诸如高速公路和轨道交通等大型交通基础设施项目会影响到未来地区发展的规模和类型。其影响程度取决于交通设施的具体特征及其与其他交通方式的比较优势。对交通设施的投资会使一块原本可达性很差的土地变得更有吸引力。换言之，在城市开发中，交通设施投资通过改善可达性可以提升土地供给能力。开发量越大，城市其他相关服务设施的需求就越大。当然土地的开发也会影响到交通系统的建设和服务水平。

交通规划与土地使用规划必须作为一个规划整体来考虑。但是，在实践中，土地使用与交通规划却是趋于分离的两项任务。这样的结果使交通规划或是加强了过去的发展趋势（如不断满足日益增长的小汽车的出行），或是诱导城市土地开发向我们所没有规划的地区发展。对土地使用规划来说也是一样，基于中心地理论的土地使用规划常常忽略了大型交通基础设施投资对土地开发的影响。在很多情况下，土地规划仅仅将交通规划的作为一个外部条件，而不是将其作为一个需要与土地使用相互协调的规划因素一并加以考虑。正是土地使用与交通之间缺乏相互协调，造成城市道路交通构筑物越来越多，但城市交通却越来越拥挤的状况。一味通过大量投资提高道路容量来减少交通拥挤，其结果是带来更多的交通量，人们反而越来越丧失了可以自由移动的能力。同时也带来了严重的污染、交通事故等问题。城市被各种交通构筑物割裂，毁坏了作为人们活动场所的环境。因此，城市交通问题是城市规划的重要任务之一。

第2节　城市交通与城市总体布局

1　城市与城市交通发展的关系

城市形成发展与城市交通的形成发展之间有着非常密切的关系，城市交通一直贯彻于城市的形成与发展过程之中。城市交通与城市同步形成，一般先有过境交通，再沿交通线形成城市的雏形。因此，城市对外交通（由外部对城市的交通）是城市交通的最初形态。随着城市功能的完善和城市规模的扩大，城市内部交通也随之形成与发展。同时，城市由于城市对外交通系统与城市对内交通系统的发展与完善而进一步发展与完善。这就是城市交通与城市相辅相成、相互促进的发展过程。

城市的活动范围在很大程度上取决于城市交通条件的改善。在马车时代城市的活动范围一般在 3 ~ 5km 内，有轨电车时代城市的活动范围可以达到 10 ~ 15km。今天多种交通方式并存使人们的活动范围可以扩大到 50 ~ 70km 以外。

2　城市交通构成与基本特征

现代城市交通是由多部门共同构成的一个组织庞大、复杂、严密而又精细的体系。就其空间分布来说，有城市对外的市际与城乡间的交通，有城市范围内的市区与市郊间的交通；就其运输方式来说，有轨道交通、道路交通（机动车、非机动车与步行）、水上交通、空中交通、管道运输与传送带等；就其运行组织形式来说，有公共交通、准公共交通和个体交通；就其输送对象来说，有客运交通与货运交通。

随着运输市场的发展，必然会出现各种运输方式之间的竞争局面。需求方也有了多种选择的机会，而对于城市规划来说，如何充分利用各种交通条件，是一项重要的工作。

现代城市的特征是高效率。交通是实现城市功能正常运转的重要基础。为了克服空间距离的制约，人们逐步发展了高速公路、高速铁路等交通工具，目前北京至天津的高速铁路速度已达到350km/h。快速交通适合于长距离的出行，慢速交通工具在现代城市交通体系中依然起着非常重要的作用。城市交通是由多种速度构成的一个体系，必须建立一种多模式集成的交通体系。

交通运输是一个不间断连续的过程，减少内外交通的中转障碍，提高门－门运输的程度，城市内外交通的界限将逐步消除。如铁路运输，有些城市已将国有铁路、市郊铁路与市区轻轨电车、地铁等线路连通；高速公路一般也与城区的快速路网（高架路）相衔接；水运方面，运河引进城市港区，成为港区的组成部分是非常普遍的。

城市中既要提高城市交通的效率，又要减少交通对城市生活的干扰，创造更宜人的城市环境。现代城市趋向于按不同功能要求组织城市的各类（交通性与生活性等）交通，并使它们互不干扰，或者成为各自独立的系统，或者在界面处相互协调。如一条城市主干道穿越中心区的部分在设计中就应适当降低车速，以保证行人穿越的安全。

在交通量大到一定程度以后，平面交通组织将是十分困难的，必须采取交通分层的办法。如上海的高架道路系统对解决长距离出行起到了积极的作用。当然，如果这个高架道路系统能够考虑公共交通的便捷性就更好。厦门和日本名古屋的高架公共交通系统，在提高公交车行驶速度方面效果明显。另一种分离的方法是平面分离，如北京、杭州和常州的快速公共交通体系（BRT）与其

他机动车道的分离，以及在许多城市中自行车道与机动车道的分离。

为了加强运输效能，采取相关功能的联合，即按货流的方向在城市外围的出入口附近或在城市的消费中心分别组织“货物流通中心”，既提高了运转的效能，又减少了不必要的迂回交通。在客运方面，充分发挥各类运输方式的长处，以车站为结点，将轨道交通与道路交通、公共交通与个体交通，机动交通与非机动交通紧密衔接，组织方便的客运转乘也是现代交通运输的重要方法。

3 城市交通与城市规划布局的关系

城市交通与城市的关系非常密切，对城市主要有以下几方面的影响。

3.1 对城市形成和发展的影响

交通是城市形成、发展的重要条件，交通运输方式配备的完善程度与城市规模、经济、政治地位有着密切的关系。绝大多数城市都具有水陆交通条件，大部分特大城市是水陆空交通枢纽。

3.2 对城市规模的影响

交通对城市规模影响很大，它既是发展的因素也是制约的因素，特别是城市对外交通联系的方便程度，在很大程度上会影响到城市人口的规模。

3.3 对城市布局的影响

城市交通对城市布局有重要的影响，城市的交通走廊一般也是城市空间布局发展的走廊，哥本哈根的指状结构空间形态与支撑这一结构的轨道交通密切相关。

第3节 城市道路系统规划

1 城市交通分布与城市道路系统

城市交通是城市用地空间联系的体现，而道路系统则联系着城市各功能用地。城市各组成部分对交通运输各有不同的需求，如工业企业、住宅区、公共服务区、车站、码头、仓库等是城市交通客、货流的吸引点，由此引起城市交通的发生、流向、流量，并形成了在城市内的全局分布，城市的道路系统使这种联系成为可能。

城市道路交通有以下主要特征：

(1) 在吸引点之间的车辆行人交通虽错综交织，但从其运输对象来说可以分为客流与物流两类，各有其特点。就城市客流交通可以分为必要性交通和其他交通，其中必要性交通主要包括上班和上学的交通，这类交通调节的灵活性小。

(2) 各类交通的流动路线、发生的强度随时间而变化，而且具有一定规律性。

(3) 城市道路交通由于交通工具（方式）的不同，而对道路系统提出不同的要求，如三块板道路方便了自行车的使用；为了提高公共汽车的行驶速度，必须设置公共交通专用的通道等。

（4）在一般城市道路系统中，道路的通过能力取决于交通方式的组织，一条小汽车专用道每小时可以通过 2000 ~ 3000 人，一条公交专用道每小时通过的人数就可以达到 1 万人甚至更高。

（5）静态交通（包括公共交通停靠站、停车场等）是城市道路交通的组成部分，必须在城市道路系统规划中统一考虑，并与步行通道和步行空间的设计结合起来。

城市道路系统的结构形式应该与城市交通联系的分布相配合，使主要交通流向有直接的道路联系，并使其流量大小与道路的等级相一致。应以城市用地规划布局为基础，同时在空间布局中要鼓励土地的混合使用，减少长距离出行。在城市的各类活动中心应加大道路网的密度，以便于各种有效的交通组织方案的实施，使地块间的联系更加便捷。

2　城市道路系统布置的基本要求

2.1　在合理的城市用地功能布局基础上，按照绿色交通优先的原则组织完整的道路系统

城市各个组成部分是通过城市道路构成一个相互协调、有机联系的整体。城市道路系统规划应该以合理的城市用地功能布局为前提，在进行城市用地功能组织的过程中，应该充分考虑城市交通的要求与步行、自行车和公共交通等绿色交通体系相结合，才能得到较为完善的方案。

城市道路系统也不是消极地适应拟定的城市总体布局，因为城市空间策略的实现都需要有相应交通体系的支撑，而缺乏相应交通体系支撑的城市空间布局策略，无异于空中楼阁。规划中要考虑到网络的影响作用和城市骨干公共交通走廊的设置，对城市总体布局中的各项用地，特别是吸引人流、车流集散点的用地提出具体布置的意见，做到相互协调、有机联系。

现代城市的道路必须满足交通安全、准时、便捷及城市环境品质提高的要求，在城市道路系统规划中，首先要考虑到城市空间的联系和功能布局。切忌仅仅从点和线的联系来考虑道路功能的布局，某些城市过于强调控制城市主干道两侧的商业和公建设施的安排，使城市丧失活力，甚至使人们感到不安全。城市用地按功能布局时，要使各分区内既有各类就业的用地，又有居住用地，并配置相应的商业、医疗、文化娱乐等日常生活公共设施，使居民上下班及日常生活活动在尽可能较小的范围内即可解决，这样就形成了各分区内部安全、便利的交通系统。而居住区、工业区、仓库码头区、铁路车站、机场、市中心区、风景游览区和郊区等分区之间的交通，形成了全市性的交通系统，主要解决各分区之间客、货运的流通。

在城市总体布局中要尽量使交通能够在全市范围内均衡分布，避免过于集中在少数干道上，使交通复杂化和造成突出的单向交通，仅仅依靠个别交叉口改造的立体化和某些通道的快速化来解决城市交通问题是不现实的。这种办法可能暂时提高某些路段的通行速度，但如果我们不对城市交通模式作出根本性的调整，其作用很快就会被快速增长的交通量所抵消。

城市道路系统中交通干道应占有一定比例，通常用干道网密度来衡量，单

位以 km/km^2 表示，即每平方公里城市用地面积内平均所具有的干道长度。干道网密度越大，交通联系也越方便，但密度过大，会造成城市用地不经济，增加建设投资。一般认为干道恰当的间距为 600 ~ 1000m，相应的干道网密度为 2 ~ 3km/km^2。

2.2　按交通性质区分不同功能的道路

城市客货运交通和汽车迅速增长，很多城市的交通问题日趋严重。大量客货运机动车交通、自行车上下班交通、日常生活的行人交通等，在城市干道和交叉口经常发生矛盾，形成交通拥挤、阻塞，引起交通事故。其中重要因素是道路使用效率最低的小汽车的快速增长。按客货流不同特性、交通工具不同性能、交通速度差异进行分流，将道路区分不同功能也是一种应对的方法。

我国城市道路交通正处于发展的阶段，在规划中，除大城市设有快速路外，大部分城市的道路都按三级划分，采取下述的规划指标：

(1) 主干道（全市性干道），主要联系城市中的主要功能区，主要交通枢纽和全市性公共活动中心等，为城市主要客货运输路线；

(2) 次干道（区干道），为联系主要道路之间的辅助交通路线；

(3) 支路（街坊道路），是各街坊之间的联系道路。

除上述分级外，为了明确道路的性质、区分不同的功能，道路系统也可以分为交通性道路和生活性道路两大类，并结合具体城市的用地情况。交通性道路是用来解决城市中各分区之间的交通联系以及与城市对外交通枢纽之间的联系。其特点为行车速度大、车辆多、行人少，道路平面线型要符合快速行驶的要求，如城市的快速路。生活性道路主要解决城市各分区内部联系的需要。其特点是车速较低，以行人、自行车和短距离交通为主。车道宽度可稍窄一些，两旁可布置为生活服务的人流较多的公共建筑，要保证有比较宽敞的人行和自行车使用的空间。

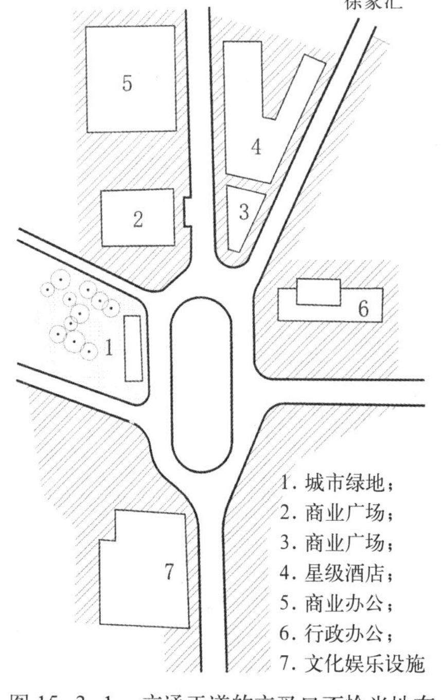

图 15-3-1　交通干道的交叉口不恰当地布置吸引大量人流的公共建筑物

资料来源：同济大学李德华. 城市规划原理（第三版）. 北京：中国建筑工业出版社，2001：288.

交叉口也是城市道路系统中的一环，交叉口的通行能力取决于交通方式的组织，在城市中心地区应尽量避免大型展宽交叉口，给行人穿越道路提供方便。在人流和车流都很密集的地区必须采取立体化和区域交通组织的措施。繁忙路口大型公共建筑的布置必须妥善考虑进出这些建筑的人流和车流组织。在这些地区缺乏适当的交通组织将会对大范围的交通产生影响（图 15-3-1）。

2.3　充分利用地形，减少工程量

在确定道路走向和宽度时，尤其要注意节约用地和节省投资费用。自然地形对规划道路系统有很大影响。在地形起伏较大的丘陵地区和山区，道路选线常受地形、地貌、工程技术经济等条件的限制，有时候不得不在地面上作较大的改变，纵坡也要作适当的调

整。如果片面强调平、直，就会增加土方工程量而造成浪费。因此，在规划道路系统时，要善于结合地形，尽量减少土方工程量，节约道路的基建费用，便于车辆行驶和地面水的排除。道路选线还要注意所经地段的工程地质条件，线路应选在土质稳定、地下水位较深的地段，尽量绕过水文地质不良的地段。

2.4　要考虑城市环境和城市面貌的要求

道路走向应有利于城市通风，一般应平行于夏季主导风向。南方海滨、江滨的道路要临水敞开，并布置一定数量且垂直于岸线的道路。北方城市冬季严寒且多风沙、大雪，道路布置应与大风的主导风向呈直角或一定的偏斜角度，避免大风直接侵袭城市。山地城市道路走向要有利于山谷风通畅。

在交通运输日益增长的情况下，对车辆噪声的防止应引起足够的重视。一般在道路规划时可采取的措施有：过境车辆不穿越市区；在道路宽度上考虑必要的防护绿地来吸收部分噪声。沿街布置建筑物时，在建筑设计中应做特殊处理：一般可采取建筑物后退红线，房屋山墙对道路，临街布置有专用绿地的公共建筑等措施，还可根据具体情况调整道路和横断面，另外道路两侧的公共建筑也可以起到隔离噪声的作用。

城市道路特别是干道反映着城市面貌。因此，沿街建筑和道路宽度之间的比例要协调，并配置恰当的树丛和绿带，同时还应根据城市的具体情况，把自然景色（山峰、湖泊、公共绿地）、历史文物（宝塔、桥梁、古建筑）、重要现代建筑贯通起来，在不妨碍道路主要功能的前提下，使之形成一个整体，使城市面貌更加丰富多彩。

2.5　要满足敷设各种管线及与人防工程相结合的要求

城市中各种管线一般都沿着道路敷设，各种管线工程的用途不同，性能和要求也不一样。它们相互之间要求一定的水平距离，以便在施工养护时不致影响相邻管线的工作和安全。因此，规划道路时要考虑有足够的用地。一般管线不多时，应根据交通运输等要求来确定道路的宽度。

在规划道路中的纵断面和确定路面标高时，对于给水管、燃气管等有压力的管道影响不大，因为它们可以随着道路纵坡度的起伏而变化。雨水管、污水管是重力自流管，排水管道要有纵坡度，道路纵坡设计应予以配合。

道路规划也应和人防、防灾工程规划相结合，以利战备、防灾疏散。城市要有足够数量的对外交通出口，有一个完善的道路系统，以保证平时、战时、受灾时交通通畅无阻。

3　城市道路系统组织及道路和横断面的确定

3.1　城市道路的形式与功能

城市道路系统一般可以归纳为方格棋盘式、环形放射式等几种形式（图15–3–2、图 15–3–3）。这些形式是在一定的社会条件、自然条件、现状条件以及当地的建设条件下，适应城市交通以及其他要求而逐步形成的，同一个城市的不同地区也可能有这几种不同的形式，或不同形式的组合。

城市道路系统可分为主要道路系统和辅助道路系统。前者是由城市干道和交通性的道路所组成，主要解决城市中各部分之间的交通联系和对外交通枢纽

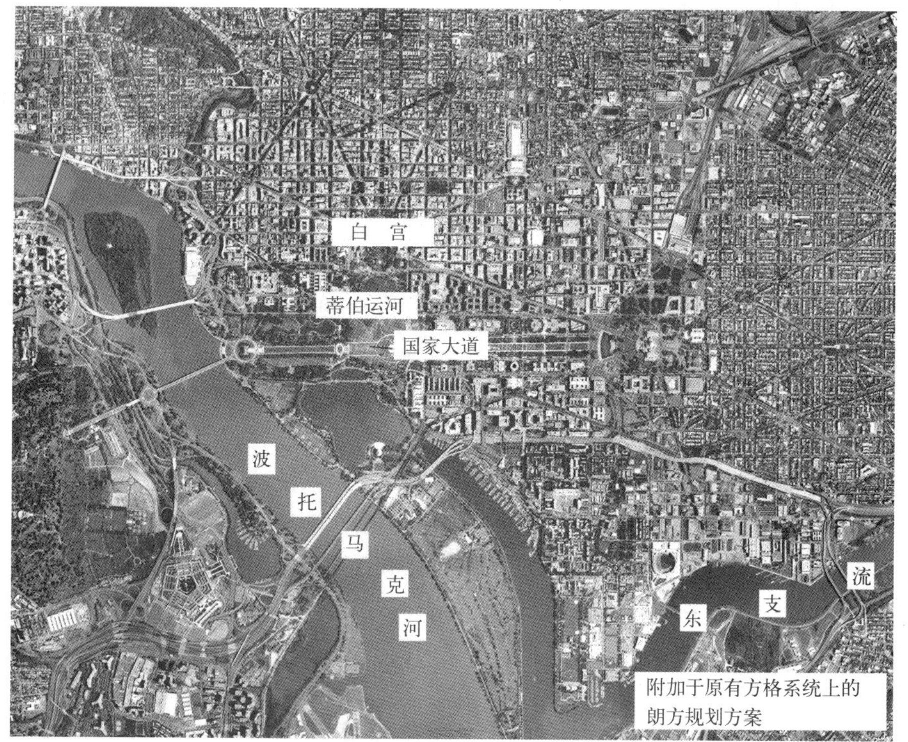

图 15-3-2 城市道路网形式（一）

资料来源：Google Earth.

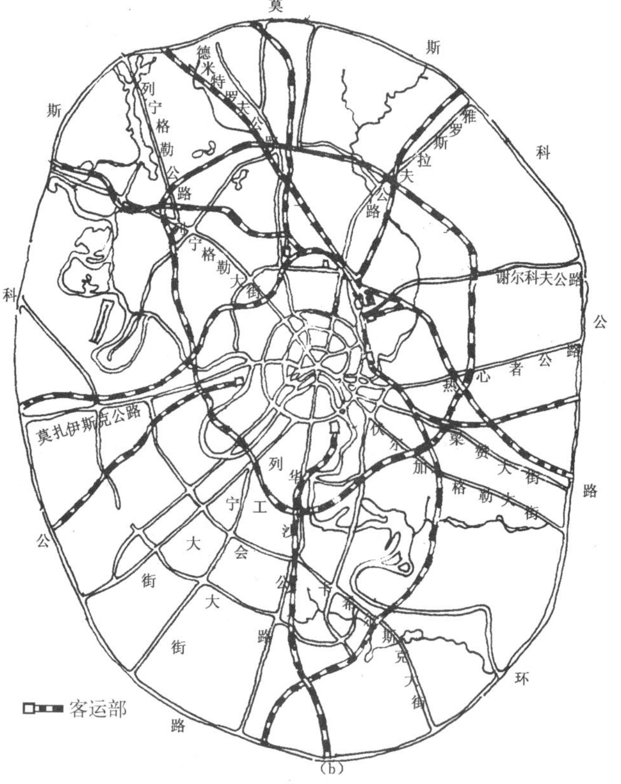

图 15-3-3 城市道路网形式（二）

资料来源：同济大学李德华．城市规划原理（第三版）．北京：中国建筑工业出版社，2001：290.

之间的联系。辅助道路系统基本上是城市生活性的道路系统，主要解决城市中各分区的生产和生活组织。这两种不同性质道路应根据城市总体布局的要求加以区分。应避免把两种类型重叠在一条干道上，以影响行车速度和行人安全。交通性道路系统的主要任务是把城市的大部分车流，包括货运交通以及必须进入市区的市际交通，尽最大可能组织和吸引到交通干道上来，给生活性道路增加安全、宁静，而使交通性干道上的车流通畅、快速。

为完善道路系统，通常采取交通分流的办法，即快与慢分流、客与货分流、过境与市内分流、机动车与非机动车分流。并采取开辟步行区、自行车道、快速公共交通专用道等辅助措施，以利于城市道路系统进一步完善提高。

3.2 旧城道路系统的改善

旧城道路系统是在一定的历史条件和当地具体情况下形成的，由于缺乏统一规划与有序建设，以致道路系统不完善，许多城市原来的道路迫切需要改善。由于用地布局的不合理，带来不必要的穿越交通，因此对吸引大量货流和人流的单位在用地上做适当的调整，可以减少一部分城市道路交通量。主要措施如下：

(1) 对原有道路做必要的分工，重新分配车流和人流，尽可能减少各种车流之间以及车流与行人之间的干扰；

(2) 利用平行的、路面宽度不足的街道，组织单向行车，提高行车的安全性和道路的通行能力；

(3) 为了疏散闹市地区和车流量大的街道，或者为了适应市区外围地区建设发展的需要，修建交通组织绕行干道，对减轻旧有道路的交通负担、改善城市道路系统很有成效；

(4) 封闭一些出入口或限制车流的转向。

仅仅依靠道路建设来改善城市交通，其作用是有限的。特别是在旧城区，我们既要保护旧城的风貌和肌理，又要改善旧城的可达性，以提高旧城居民的机动性，必须从交通运输系统的组织和交通需求管理方面结合道路改善和旧城的规划统一协调。

3.3 道路宽度及横断面的确定

城市道路宽度有路幅宽度与道路宽度两种含义。

路幅宽度，即道路红线之间的宽度，是道路横断面中各种用地宽度的总和。城市道路宽度的确定应根据城市的性质、规模和道路系统规划的要求，并综合考虑交通量（机动车、非机动车和行人）、日照、通风、管线敷设以及建筑布置等因素，同时要综合不同城市在各时期内城市交通和城市建设上的不同特点，远近结合，统筹安排，适当留有发展余地。道路宽度，只包括车行道与人行道宽度，不包括人行道外侧沿街的城市绿化等用地宽度，主要由道路的功能来决定。

城市道路横断面的基本形式有三种，简称为一块板、两块板和三块板（图15–3–4）。一般应根据道路性质、等级，并考虑机动车、非机动车、行人的交通组织以及城市用地等具体条件，因地制宜确定，不应受这三种基本形式的限制。一块板是所有车辆都在同一条车行道上双向行驶；两块板是由中间一条分

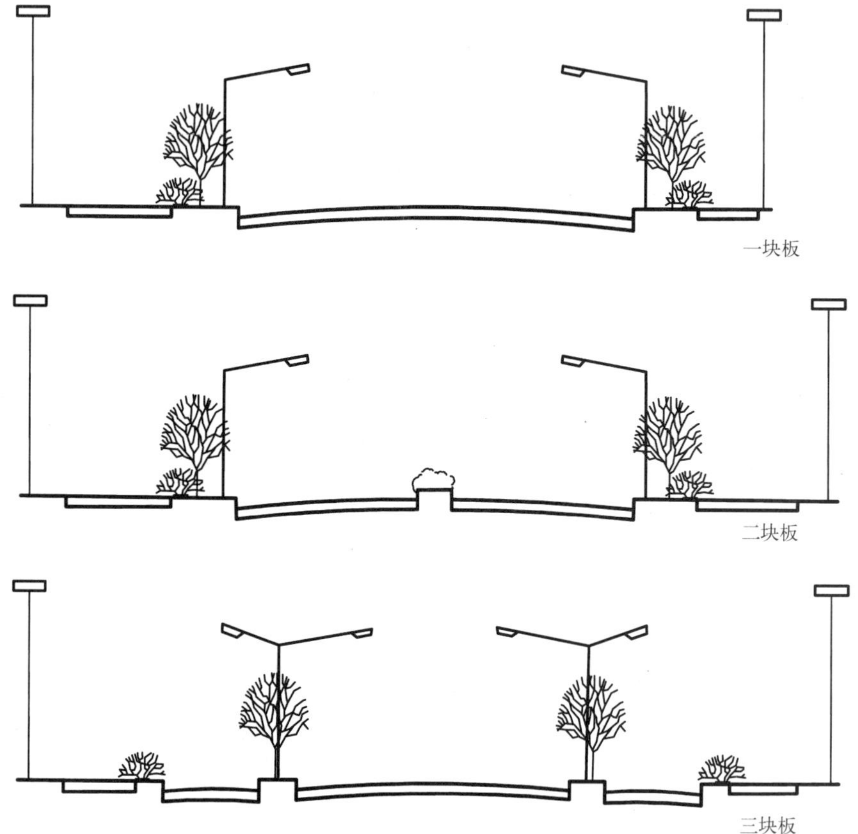

图 15-3-4　道路横断面形式示意图

资料来源：同济大学李德华．城市规划原理（第三版）．北京：中国建筑工业出版社，2001：294.

隔带将车行道分为单向行驶的两条车行道，机动车与非机动车仍为混合行驶；三块板有两条分隔带，把车行道分成三部分，中间为机动车道，两旁为非机动车道。除了这三种以外，横断面的组成还可以有其他形式。在确定人行道的宽度时要充分考虑到自行车停车的要求。

道路横断面设计要考虑近远期结合的要求，为了适应城市交通运输不断发展的需要，道路横断面的设计既要满足近期建设要求，又要能为向远期发展提供过渡条件。

第4节　停车场布置

停车场，是城市道路交通不可分割的组成部分。停车控制是城市交通政策的一个重要组成部分，一般都采取分地区、时段级差收费的办法，来控制城市中心区小汽车的过度使用。随着城市交通量的日益增长，停车问题已经非常迫切。一般城市较少设置公共停车场，车辆随意停在路边不仅占据街道空间，有碍市容，也严重影响街道的通行能力、行车速度和行车安全。因此，在进行城市规划时，应布置街道范围之外专用的公共停车场。城市中心区的停车场规模不宜过大，可避免车辆进出停车场造成交通拥挤。

1　停车场规模

当考虑停车场建设水平目标时，应考虑影响停车需要的多种因素。包括：城市规模、中心商业区吸引力的强弱、城市的土地利用、汽车保有状况、城市公共交通的服务水平、城市停车控制方法等。

城市规划中对停车场用地（包括绿化、出入口通道以及某些附属管理设施的用地）进行估算时，每辆车的用地可采取如下指标：小汽车为 30 ~ 50m^2，大型车辆为 70 ~ 100m^2，自行车为 1.5 ~ 1.8m^2。对小型停车场，在小城镇和城市中心用地紧张地区宜取低值。

我国城市道路交通规划设计规范规定，城市公共停车场的用地总面积按规划城市人口每人 0.8 ~ 1.0m^2 进行计算，其中机动车停车场的用地为 80% ~ 90%，自行车停车场的用地为 10% ~ 20%。

2　停车场的分布与位置选择

2.1　停车场的分布

停车场的分布应根据不同类型车辆的要求分别考虑。城市外来机动车公共停车场，主要为过境的和到城市来装运货物的机动车停车而设，由于这些车辆所装载的货物品种较杂，其中有些是有毒、有气味、易燃、易污染的货物以及活牲畜等，为了城市安全防护和卫生环境，不宜入城。装完待发的货车也不宜在市区停放过夜，应停在城市外围靠近城市对外道路的出入口附近。其车位数约占城市全部停车位的 5% ~ 10%。

市内机动车公共停车场主要为本市的和外来的客运车辆在市中心区和分区中心地区办事停车服务，所以设置了大量停车泊位，以客车为主。在市中心区和分区中心地区的停车位数应占全部停车位的 50% ~ 70%。

不同地块的停车需求量和停车高峰时段是不同的，视土地和建筑物的使用性质而定，可以将几处不同高峰时段的停车需求组合在一起，提高停车位的利用率。

市内自行车公共停车场主要为本市自行车服务，停车场宜多，可分散到各种公共设施建筑、对外交通站场、公共交通和轮渡站、公共设施和公共绿地的附近。

2.2　停车场的服务半径

公共停车场要与公共建筑布置相配合，要与火车站、长途汽车站、港口码头、机场等城市对外交通设施接驳，从停车地点到目的地的步行距离要短，所以，公共停车场的服务半径不能太大。用户至公共停车场的可达性好，吸引来此停放的车辆就多，反之，吸引停车量就少，不能很好地发挥作用。根据调查和观测，建议停车场的服务半径为：

机动车公共停车场的服务半径，在市中心地区不应大于 200m；一般地区不应大于 300m；自行车公共停车场的服务半径宜为 50 ~ 100m，并不得大于 200m。由大型停车场可以设置按驳交通系统。

2.3　停车场的位置选择

先要调查哪些地区是主要交通汇集处，再规划汽车停车场的具体地点。对已形成的城市繁华地区，因空余场地较少，宜作分散性多点设置，也就是采用小型的路侧和路外停车场相结合的方式。对一般地区和城市边远地区，则在主要交通汇集处和城市外围地区易于换乘公共交通的地段设置路外专用停车场。

国内很多城市将大型停车场设置在城市外环干道附近，以减少车辆进入市内。至于大型公共交通站场的布点，原则上要分散，要与客运负荷相协调。

2.3.1　对外交通设施附近

如火车站、港口码头和过境交通车辆汇集地段。

2.3.2　大量人流汇集的公共设施附近

如公园、体育场、影剧院、商业广场和重要商业街道进出口处。其特点是车辆多、与自行车的停放干扰大，因而组织停车和出入较为复杂。这类公共停车场有两种情况：一种情况是在人流大量集散的地段，配置路外综合性公共停车场。除大型设施布置汽车停车场外，还须在附近地段配置综合性公共交通站场，以利于人流的迅速疏散。另一种情况是在大型文化生活设施前布置停车场，如大型多功能体育设施，占地面积大，使用率低，其交通特点是交通量大、集中，又有单向不均衡性。它的停车场必须能容纳大量的多类型的车辆，可以停放大客车、小汽车和大量自行车；各类车辆的出入口须与周围街道相连接，达到互不干扰。合理组织几条客运能力较大的公共交通疏散线，在高峰人流时实施多方向疏散。同时规划附近的街道网与其环通，使之具有较大的集散能力。

一般中小型停车场和自行车停车场宜分散布置，特别是在城市的轨道交通站点地区要充分考虑自行车的停放，并配备相应的服务设施。发达国家一般都鼓励使用自行车，并提供尽可能完善的服务设施。

第5节　城市对外交通设施与用地布局

各种对外交通运输方式各有特点。铁路运输有较高的通过能力和较快的速度，运量大，投资多，成本较低，不受季节、气候条件限制，可保证经常不断的运行，并能连通广大城乡地区，适于中、长途运输，是我国客货运输的主要方式，与城市的关系密切，对城市的影响也较大。公路运输速度也比较高，但运量小，投资较省，容易修建，基本上可保证不间断运输，并能直接深入到城乡各处及工矿企业的装卸点，适合于中、短途运输。随着汽车工业的发展与高速公路的建设，公路交通的比重将不断增加。水路运输速度较低，但运输量大，投资省，成本低，我国有很长的海岸线以及大量江、河、湖泊可供航运。海洋及大江水运适合于中、长途运输，内河则适于中、短途运输。水运对城市的干扰较少，今后随着水运的发展，港口城市必将不断增加。航空运输速度最高，特别适合于长途客运。它将随经济的发展与人民生活水平的提高越来越成为城市不可缺少的运输方式。空运的缺点是运输成本高，受气候条件限制。另外，现代航空发展对城市的干扰较大，在城市周围确定机场位置时必须注意这些问题。

1　铁路在城市中的布置

铁路是城市对外交通的重要工具，许多城市的生产、生活都需要铁路运输，但由于铁路运输技术设备深入城市，又给城市带来了干扰。如何使铁路既方便城市，又能够合理地布置铁路车站线路设备，充分发挥运输效能，与城市互不干扰，是城市规划中一项复杂的工作。

从与城市的关系来看，城市范围内的铁路建筑和技术设备基本上可归纳为两类。一类是直接与城市生产和生活有密切关系的客、货运设备，如客运站、综合性货运站及货场等，应按照它们的性质分布在城市市区或接近城市中心，设在城市市区外围地区的客运车站不便于人们的使用和发挥城市公共交通体系的集散作用，为工业区和仓库区服务的工业站和地区站应设在该有关地区附近，一般在城市外围。另一类是与城市生产与生活没有直接关系的技术设备，如编组站、客车整备场、迂回线等以及其他设备，在满足铁路技术要求以及配合铁路枢纽总体布置的前提下，尽可能布置在离城市外围有相当距离的地方。

在城市铁路布局中，站场位置起着主导作用，线路的走向是根据站场与站场、站场与服务地区的联系需要而确定的。

铁路站场的位置及数量和城市的性质、规模，铁路运输的性质、流量、方向，自然地形的特点以及城市总体布局等因素有关。

1.1　中间站的位置选择

中间站在铁路网中分布普遍，它是一种客货合一的车站，多采用横列式布置，一般都设在小城镇。在城市中，它与货场的位置有很密切的关系。为了避免铁路切割城市，最好铁路从城市边缘通过，并将客站与货场均布置在城市一侧，使货场接近工业、仓库区，而客站位于居住用地的一侧（图 15–5–1）。

这种布置虽然比较理想，但是由于客货同侧布置的方式对运输量有一定的限制，因此这种布置方式只适用于一定规模的小城市及一定规模的工业。否则，由于在城镇发展过程中布置了过多的工业企业，运输量增加，专用线增多，必然影响正线的通过能力。此外，还应当注意在车站、货场之间留有适当的发展余地。

当货运量大，同侧又受用地限制，必须采取客货对侧布置时，应将铁路运输量大、职工人数少的工业企业有组织地安排在货场同侧，而将城市市区的主要部分仍布置在客站一边，同时还要选择好跨越铁路的立交道口，以尽量减少铁路对城市交通运输的干扰（图 15–5–2）。

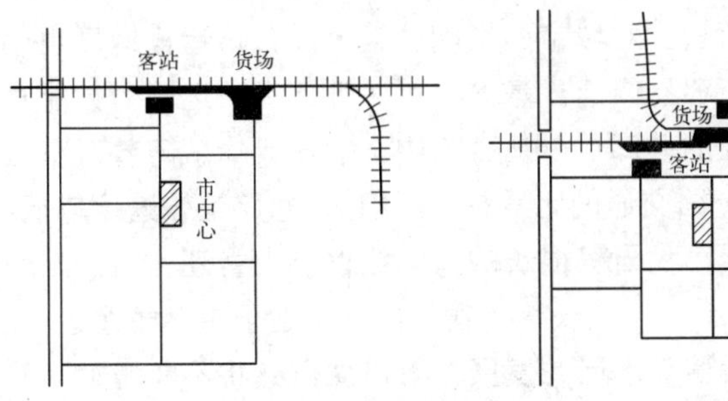

图 15–5–1　铁路客货站在城市同侧的布置

资料来源：同济大学李德华．城市规划原理（第三版）．北京：中国建筑工业出版社，2001：298．

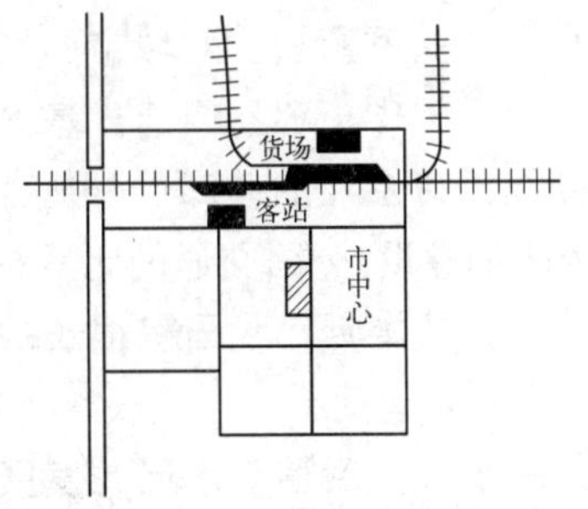

图 15–5–2　铁路货站在城市对侧、客站与城市同侧的布置

资料来源：同济大学李德华．城市规划原理（第三版）．北京：中国建筑工业出版社，2001：298．

大、中城市的铁路枢纽，由于铁路运输业务比较复杂，须根据服务性质设各种类型的专业车站。它们在城市的位置也应该按其性质特点来选择。

1.2 客运站的位置选择

客运站的位置要能方便旅客，提高铁路运输效能，并与城市布局有机结合，因此应靠近市中心。如果客运站距离城市中心在 2 ~ 3km 以内，不论是位于市中心边缘和市区边缘(城市用地过于分散的情况除外)，使用都是比较便利的。

我国绝大多数城市只设一个客运站，这样管理、使用都比较方便。但是在大城市和特大城市，由于用地范围大，旅客多，只设一个客运站，旅客过于集中会影响到市内交通；另外，因自然地形（如山、河）的影响，城市布局分散或呈狭长带形时，只设一个客运站也不便于整个城市的使用。因此，这类城市客运站宜分设（图 15—5—3）。上海浦东地区长期缺乏火车站，也是造成越江车辆交通拥堵的一个重要原因。

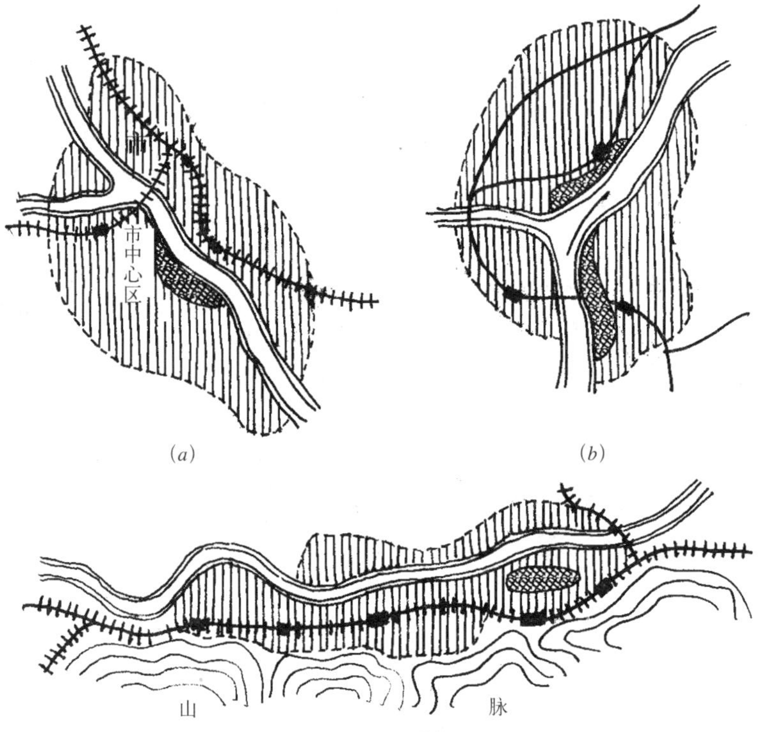

市中心区

(*a*)

(*b*)

山 脉

(*c*)

图 15—5—3 客运站的数量

(*a*) 特大城市；(*b*) 江河分割的城市；(*c*) 狭长带状城市

资料来源：同济大学李德华．城市规划原理（第三版）．北京：中国建筑工业出版社，2001：300.

1.2.1 客运站与城市道路交通的关系

对旅客来说，客运站仅是对外交通与市内交通的衔接点，最后到达旅行的最终目的地还必须由市内交通来完成。因此，客运站必须与城市的主要干道连接，直接通达市中心以及其他联运点（车站、码头等）。但是，也要避免交通性干道与车站站前广场的互相干扰。为了方便旅客，避免干扰，可将地下铁道直接引进客运站或者将客运站深入市中心地下（图 15—5—4），或者将国家铁路、市郊铁路、地铁、公共汽车终点站以及相关服务设施集中布置在一幢大楼里。

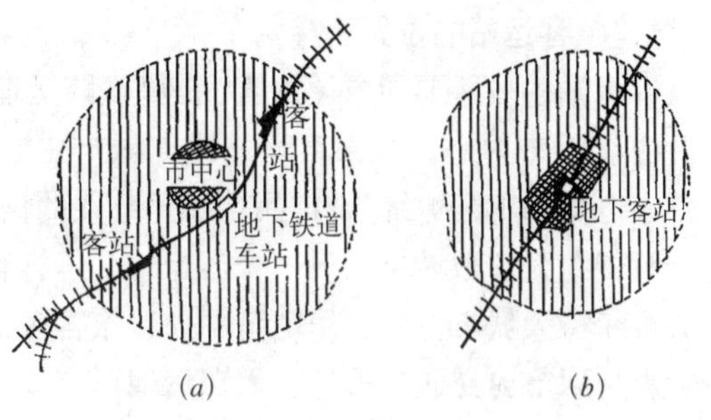

图 15-5-4　客运站与城市中心联系
(a) 以地下铁道连接引入市中心；
(b) 铁路直接深入市中心地下设客运站
资料来源：同济大学李德华．城市规划原理（第三版）．北京：中国建筑工业出版社，2001：300.

1.2.2　反映城市大门的面貌，体现城市的场所感

客运站作为城市的大门，反映城市的面貌，绝不是单纯依靠车站站屋本身所能达到的，它必须与广场周围的城市公共建筑有机结合，成为一个建筑群体。此外，还应该利用城市特有的自然环境，组成既反映该城市的现代化又体现地方风格的独特景色。我国近几年来新建的一些车站在这方面取得了较好的效果。国外有些城市还把客运站与城市公共建筑结合在一起，建成一座多层的综合交通、服务中心，不但布置紧凑，使用便利，而且成为城市的一个明显标志。

1.3　**货运站的位置选择**

在小城市，一般设置一个综合性货运站和货场即可满足货运量的要求；在大城市则要根据城市的性质、规模、运输量、城市布局（如工业、仓库的分布情况）等实际情况，分设若干综合性与专业性货运站以及综合、专业性相结合的货运站，其位置一方面要满足货物运输的经济、合理性要求（即加快装卸速度，缩短运输距离），另一方面也要尽量减少对城市的干扰。

2　港口在城市中的布置

港口是水陆联运的枢纽，也是水上运输的枢纽。它的活动是由船舶航行、货物装卸、库场储存以及后方集疏运四个环节共同完成的，这四个生产作业系统的共同活动形成了港口的综合通过能力——吞吐量。由此可见，港口的生产活动必须有港口城镇的相应设备、设施来保证；港口的综合通过能力将受到最薄弱环节的制约。因此，必须使各个环节紧密配合、相互协调。港口活动的特点要求港口与城市建设必须配套进行（图 15-5-5）。

港口分为水域与陆域两大部分。水域是供船舶航行、运转、停泊、水上装卸等作业活动用的，它要求有一定的水深和面积，并且风平浪静；陆域是供旅客上下、货物装卸、存放、转载等作业活动用的，它要求有一定的岸线长度、纵深与高程。

为了提高装卸效率，防止环境污染，方便港区管理，降低运输成本，现代港口的发展出现了船舶大型化、装卸机械化、码头专业化的趋势和特点。

港口后方集疏运是港口城市交通的重要组成部分。对城市而言，港口货物

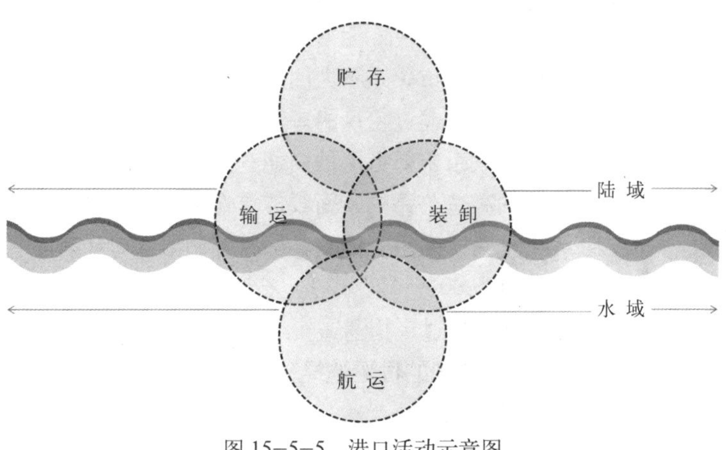

图 15-5-5　港口活动示意图

资料来源：同济大学李德华．城市规划原理（第三版）．北京：中国建筑工业出版社，2001：307.

的吞吐反映在两个方面：以城市为中转点向腹地集散；以城市为终始点，由城市本身消耗与产生。前者主要是以中长距离为主的城市对外交通；后者则主要是以短途运输为主的城市市内交通。它们之间必然产生互为补充的衔接联系，从而构成完善的城市交通运输网，以综合解决港口后方的集疏运问题。现代港口城市发展与建设，首先反映在新的快速高效的城市对外交通与城市道路系统的建立。必须摆脱城市原有道路的束缚，按现代港口集疏运的要求，将现在的各种集疏运方式，如高速公路、铁路、水运（包括近海、内河、运河）、空运以及管道等组成新的交通运输网。这种新的交通运输网与城市生活交通街道系统分离，成为快速、高效集疏运体系。

3　公路在城市中的布置

在城市范围内的公路，有的是城市道路的组成部分，有的则为城市道路的延续，在进行城市规划时，应结合城市的总体布局合理选定公路线路的走向及其站场的位置。

3.1　公路线路与城市的连接

我国许多城市是沿着公路两边逐渐发展形成的，有些旧城公路则是沿着城门向外伸展。在这些地区，公路与城镇道路并不分设，它既是城镇的对外公路，又是城镇的主要道路，两边商业、服务设施很集中，行人密集、车辆往来频繁，相互干扰很大。由于过境交通穿越、分割居住区，不利于交通安全，影响居民生活安宁（图15-5-6），因此这种布置远远不能适应城市发展的要求。

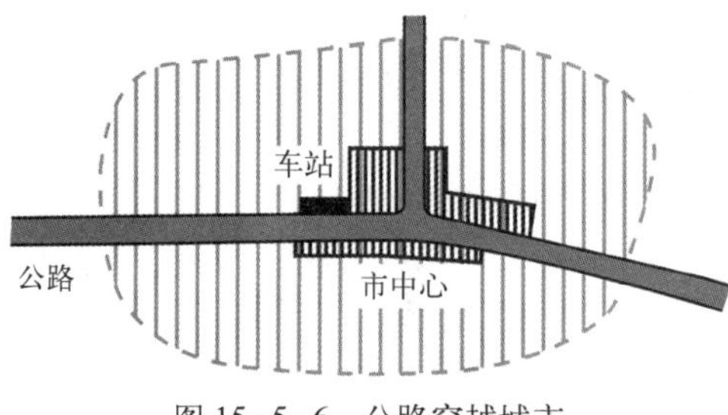

图 15-5-6　公路穿越城市

资料来源：同济大学李德华．城市规划原理（第三版）．北京：中国建筑工业出版社，2001：310.

城市规划中公路交通与城市的关系有以下三种情况：

（1）以城市为目的地的到达交通，要求线路直通市区，并与城市干道直接衔接；

(2) 同城市关系不大的过境交通，或者是通过城市但可不进入市区，客货作暂时停留（或过夜）的车辆，一般宜尽量由城市边缘通过；

(3) 联系市郊各区的交通一般多采用绕城干道解决。

我国高速公路的断面组成是在中央设分隔带，使车辆分向安全行驶，与其他线路交叉时采用立体交叉，并控制出入口；有完善的安全防护措施，是供高速（一般为 80 ~ 120km/h）行驶的汽车专用道。它的布置应离开市区，与市区的联系必须通过专用通道，或采用有效控制的互通式立体交叉（图 15-5-7）。

3.2 站场的位置选择

公路车场可分为客运站、货运站；按其车站所处的地位不同，可分为终点站、中间站、区段站。长途汽车站场的位置选择对城市规划布局有很大影响。在城市总体规划中考虑功能分区和干道系统布置的同时，要合理布置汽车站场的位置，使它既使用方便，又不影响城市的生产和生活，并要与铁路车站、港区码头有较好的联系，便于组织联运。大城市中我们可以将长途汽车站与铁路车站结合布置（图 15-5-8）。在大城市，客运量大，线路方向多，车辆也多，也可以采用分路线方向在城市中心区或中心区边缘设两个或几个客运站，货运站与技术站也可分开设置。

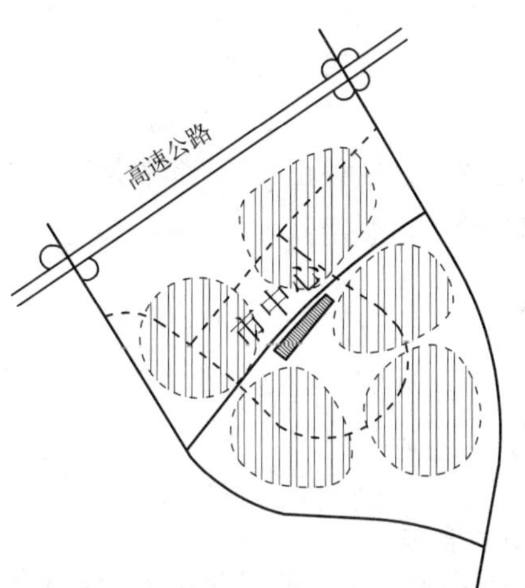

图 15-5-7 高速公路与城市的连接

资料来源：同济大学李德华．城市规划原理（第三版）．北京：中国建筑工业出版社，2001：312.

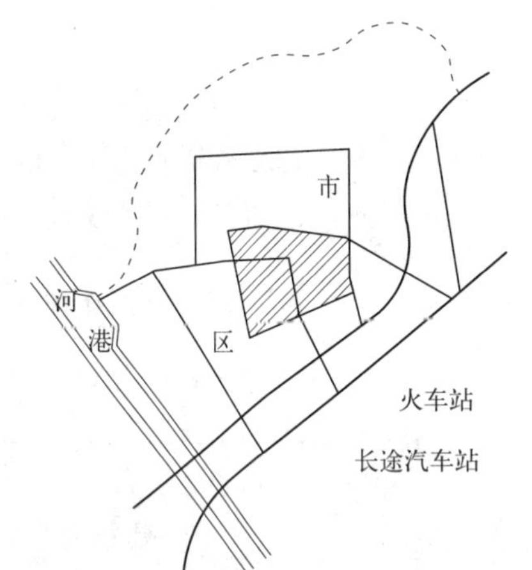

图 15-5-8 长途汽车站与铁路车站结合布置

资料来源：同济大学李德华．城市规划原理（第三版）．北京：中国建筑工业出版社，2001：312.

4 航空港在城市中的布置

现代航空运输给人们带来了便利，赢得了时间，缩短了距离，扩大了空间，促进了经济贸易、文化交流，但现代航空港也给城市带来了以下问题：

(1)航空港与城市之间的地面交通联系问题。根据国外一些航空港的统计，航空港与城市联系的地面交通客流比旅客量大 1 ~ 2 倍。因此，如何快速、便利地解决城市与航空港之间的地面交通联系，是当前航空港规划中的一个重要任务。

(2) 航空港对城市的干扰问题。航空港的活动，尤其是由于大型喷气客机的大量使用，扩大了净空限制与噪声干扰的范围。此外，机场、导航、通信设施往往与城市电力、电信等设施互相干扰，这就关系到航空港与城市的相对位置以及相互之间的距离。

正确选择航空港在城市的位置以及合理解决航空港与城市的交通联系是城市航空港规划的主要任务。

4.1　航空港的用地规模

航空港的用地规模与其类型、级别以及服务设施的完善程度有关，如跑道数量、布置形式、作业方式、候机楼及其附属设施，机库及其附属设施，停车场及其附属设施，机场与城市的地面交通联系方式、经营体制、管理水平等，都会影响到航空港的用地规模。最简单的民航站只需在一条跑道旁设置一幢小型建筑，用地不过几十公顷，而一个大型的国际航空港，除了本身庞大的设施以外，还有大量的为航空港服务或由于航空港设置而带来的相关设施，如旅游服务、职工生活、商业贸易、工业加工等，实际上形成了一个以航空交通为中心的航空港城市。

4.2　航空港的位置选择

航空港的选址关系到航空港本身与整个城市的社会、经济、环境效益，必须尽可能有预见性地、全面地考虑各方面因素的影响，以使航空港的位置有较长远的适应性，发挥其更大的效益。航空港位置的选择要考虑净空、噪声干扰和与城市的联系等。

从净空限制的角度来看，机场的选址应使跑道轴线方向尽量避免穿过城市市区，最好在城市侧面相切的位置。在这种情况下，跑道中心线与城市市区边缘的最小距离为 5 ～ 7km 即可。如果跑道中线通过城市，则跑道靠近城市的一端与市区边缘的距离至少应在 15km 以上。

飞机活动产生的噪声能对机场周围产生很大影响，一般认为，人们不能长期处于 85dB 的噪声环境中，否则将危害身体健康，因此，居住区不宜布置在 85dB 以上的噪声区以内。噪声强度的分布范围是沿着跑道轴线（或航线）方向扩展的，跑道侧面噪声的影响范围远比轴线方向要小得多，因此，为减少飞机噪声的影响，城市建设地区（特别是生活居住区）应尽量避免布置在机场跑道轴线方向，且居住区边缘与跑道侧面的距离最好在 5km 以上。在特殊情况下，跑道轴线不得穿越居住区。

随着航空事业的发展，机场的设置数量会越来越多，在以一个城市为中心的周围地区常常会设置几座机场，邻近的机场应保持一定的距离。否则，两机场相距较近，空域有交叉干扰，飞机活动相互受到制约。此外，对于一些航空交通量较小的城市，不足以单独设置航空港时，则航空港的选址要考虑到与相邻城市共同使用的问题。

4.3　航空港与城市的交通联系

由于机场对城市的噪声干扰越来越大，净空限制的要求越来越高，因此航空港与城市的距离也越来越大。由于航空交通量的增长，航空港的规模也越来越大，地面交通量迅速增长，车速下降，而空中航速不断提高，航时不断缩短，

这样就造成了地、空交通时间的比例差距不断扩大，即空中交通时间不断缩短，而地面交通时间不断增加，其所占全程时间的比重在不断增加，从而大大削弱了航空技术发展所带来的优势。因此，陆域地面衔接交通问题已成为航空交通的突出矛盾。有效地解决航空港与城市的交通联系问题，对于发展现代航空交通具有重要意义。

4.3.1　航空港与城市间的距离

为使航空港与城市的联系比较方便，航空港不宜远离城市，应在满足合理选址的各项条件下，适当靠近城市。从地面交通的条件来讲，在 30km 范围内是合适的，这样，可以保证将航空港与城市的交通时间控制在 30min 以内。10km 以内的距离太小，难以满足净空限制和防止噪声干扰等要求，旧航空港多属此种情况。新航空港在选址上应与城市边缘的距离至少保持在 10km。

4.3.2　航空港—城市联系的交通组织

航空港与城市的交通联系方式主要取决于港—城之间的交通流量、距离和服务质量要求等因素。汽车交通有直达性、速度快的优势，但是，汽车的容量有限，当港—城的交通量越来越大时，车辆数量也相应增加，特别是在私人小汽车为主要交通工具的国家，很容易出现公路拥挤、交通阻塞等现象，显然，仅用汽车交通不能适应航空运输迅速发展的需要。因此，一些国家也采用了其他交通方式：如铁路运输、高速列车和地铁等。

对于客运组织以公共交通为主的城市航空港，其港—城联系也可以通过市区的航空港站来组织。港—城联系的公共交通不可能通达每家门口，通过航空站接送集散往来于港—城的旅客以及有关客流，不仅可以减少港—城之间的车流量、客流量，提高运输效益，而且还可以在航空站办理旅行的有关手续，如售票、托运行李和联检等，节省了旅客集中等候的时间，提高了服务质量。

第6节　城市交通的综合规划

1　城市交通运输方式的类型与结构

在城市客运和货运交通中，各种不同交通方式在其总量中所占的比例称为城市交通结构。各种交通方式的速度、运载能力和占用道路的时空不同，对环境的污染也不同。因此，在规划中要寻求一种较合理的交通结构，在适应和满足各种出行活动需求的情况下，使这些交通方式所占用的道路时间和空间的总和为最小，让有限的道路面积发挥最大的效能，对城市环境污染最小，而且，又最经济。

1.1　城市客运交通方式与结构

城市客运交通由步行、自行车、摩托车、小汽车以及公共交通几部分组成。从我国城市客运交通结构的总体上看，个体机动车使用的比例上升很快，但非机动车交通出行依然占较高的比例。在大城市或都市区内应该鼓励公共交通的发展，特别是在长距离向心联系的走廊上，应该通过相应的交通组织管理，使城市公共交通占有较高的比例，如东京、伦敦这些城市到中心区的联系主要依

靠轨道交通。而轨道交通与自行车的换乘又可以有效地扩大轨道交通的影响范围，所以在规划中我们必须注意多模式绿色集成化交通体系的建设。

1.2　城市货运方式与结构

城市货运方式有道路（公路）、铁路、水运、航空和管道运输等。在组织货运时，应根据各种运输方式的特点和适用条件，以经济、便捷、灵活、安全为原则，充分发挥各种运输方式的优势，选择有效的联合运输方式，使货物在运输过程中尽可能实现门到门的直达运输，减少因中途多次转驳而造成的货损与时滞。

汽车运输的优点是门到门，运输灵活，中途转驳少，时效高，货损少的特点。在 200km 内的运输中有明显的竞争优势。

2　城市对外交通综合布局

城市对外交通综合布局一般需要注意以下一些原则：

（1）各类对外交通运输设施之间，应按其联运要求创造方便条件，以便于组织水、陆、空各种运输方式的综合运输。

（2）各类对外交通运输的客运部分应与城市市区靠近，联系直接方便。

（3）对外交通站场与城市交通性干道系统密切联系，由干道把城市大量货流的集散点（如工业区、仓库区、货站、码头等）串联起来，充分发挥市内交通与对外交通的运输效率。

（4）对外交通运输设施的布置与城市功能布局密切配合，尽量减少对城市的干扰。

3　城市客货运交通综合组织

在现代城市中，根据交通需求，使各种交通方式扬长避短、优势互补，发挥综合网络的整体效果，便是城市交通综合组织的目的。

城市客运与货运是两种不同的交通类型。前者主要属于生活性的交通，其出行的过程往往伴随着生活（购物、观光、休闲等）内容，要求方便、安全、舒适的交通环境，其形态常常呈面状分布。后者主要属于运输性交通，有明确的起始、终到点，要求以尽可能短的时间完成出行，其形态是两点一线的连接。

3.1　城市客运交通组织

公共交通、自行车、步行是我国城市客运的主要交通方式。

3.1.1　公共交通

城市公共交通方式包括公共汽车、无轨电车、有轨电车、快速轨道交通以及城市水上交通。

我国城市的空间形态属于集中紧凑型，居民的居住、购物、生活活动都集中在市区，为发展城市公共交通提供了良好的客运条件。

在客运繁忙的大城市，应实施“公交优先”的管理模式，充分发挥公共交通的主导作用。在国内外一些城市采取了以下一些“公交优先”的措施：如交叉口公交车优先放行、开辟公交车专用道、允许公交车在单向交通道路上逆向行驶、限制小汽车进入市中心区域，在沿市郊高速公路与城市公交线路的交会

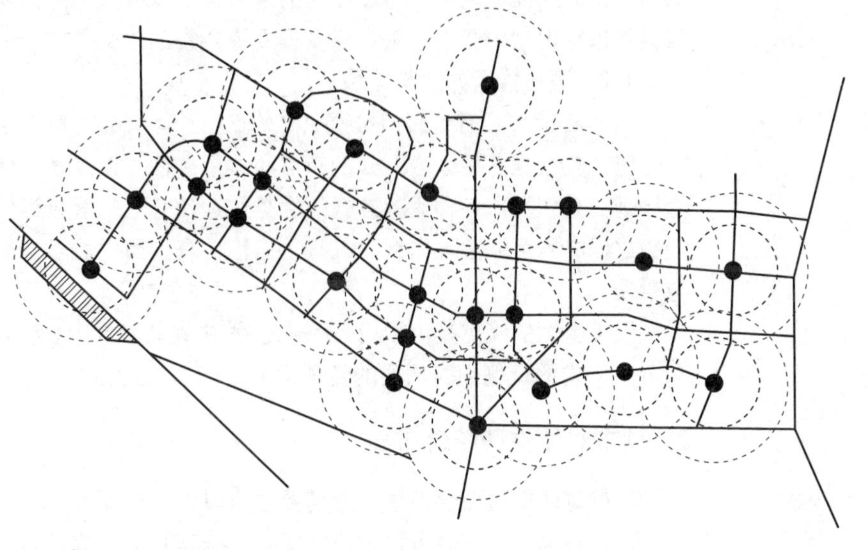

图 15-6-1　公共交通车站服务半径示意图

资料来源：同济大学李德华．城市规划原理（第三版）．北京：中国建筑工业出版社，2001：323．

处修建免费停车场以方便小汽车与公交换乘等。为了最大限度地接近居民、方便乘车，应将快速公共客运线路引进城区内部，并使住宅区布点与公共客运路线相结合。

选择公共交通方式时，应使其客运能力与线路上的客流量相适应。规划人口超过 50 万人的城市，应控制预留设置快速公共交通的用地。

城市公共交通线路网应综合规划。市区线、近郊线和远郊线应紧密衔接；各线的客运能力应与客流量相协调；线路的走向应与客流的主流向一致；主要客流的集散点应设置不同方式的交通枢纽，以方便乘客停车与换乘。

规划的公共交通线路网的密度，在市中心区应达到 3 ～ 4km/km^2；在城市边缘区应达到 2 ～ 2.5km/km^2。公共交通车站的服务半径一般为 300 ～ 500m。(图 15-6-1)

3.1.2　自行车交通

自行车是一种具有许多优点的交通工具，其最佳出行距离为 3 ～ 5km，其环保和便捷等特点是其他交通工具所无法代替的，在今后相当长的时期内，自行车交通仍将是城市客运的重要交通方式之一。

随着机动车交通日益增长，为了确保自行车交通安全与提高城市交通的效率，大、中城市干路网规划中要充分考虑自行车的使用要求，使自行车与机动车分道行驶。从自行车交通本身的要求和交通管理的要求出发，自行车的使用也应有良好的交通环境和空间的连续性。在规划中可通过设置独立的自行车专用路、城市干道两侧的自行车道、城市支路和居住区内的道路等，共同组成一个能保证自行车连续通行的网络。

3.1.3　步行交通

居民在城市中活动时，离不开步行。根据城市居民出行特征调查，以步行作为出行方式的比重约占 30% 以上；在山城（如重庆）和小城市中，步行的

比重甚至高达70%。因此，对这些步行者应予以关注，规划完善的步行系统，使步行者出行时不与车辆交通混在一起确保交通安全。对盲人和残疾人还应该考虑无障碍交通的特殊需要，我国许多城市正逐步进入老龄社会，步行系统的改善对老年人的日常活动和身体健康非常重要。

城市居民有时还将步行本身作为一种生活需要，例如：逛街、散步或跑步锻炼身体，都需要有良好的步行环境。城市步行道路系统应该是连续的，它是由人行道、人行横道、人行天桥和地道、步行林荫道和步行街等所组成的完整系统，保证行人可以不受车辆的干扰，安全地、自由自在地步行。

城市中步行人流主要的集散地点是市中心区、对外交通车站与公交换乘枢纽和居住区内。对不同地点聚集活动的步行人流，其步行的目的是不同的。市中心区是城市的“客厅”，接待外来的旅游观光者，也是市民的“起居室”。因此，步行者常结伴行走，步行速度慢，持续时间长，集聚的步行人流密度也较大，需要设置较宽敞的人行道，较多的步行街、步行广场和绿地，以适应步行者的活动要求。市中心区也是城市容积率最高的地方，聚集的工作人员最多，商务活动最为频繁，工作时间步行人流量很大，上下班时间步行者更多，需要设置宽敞的人行道和众多的人行天桥和地道。

对外交通的车站、码头是城市的“大门”，是进出城市的人流交通换乘的枢纽点，其活动的人流有脉冲性，高峰时到发量较大。因此，需要有较大的广场容纳步行人流和停放多种车辆，也需要就近设置公交站点，提供宽畅、便捷、安全的步行道路。

居住区内居民的主要交通方式是步行。它包括居民日常生活购买、锻炼、儿童上学、游戏及工作、出行（去公交车站和就近社交活动）等。这些要求在居住区规划中都应加以考虑，尽量将幼托、中小学、运动场地、门诊所、商业生活服务设施、公交车站用步行系统和绿地系统联系在一起，与机动车道分在两个系统内。

此外，在城市沿河临水的地方或城市山崖、高地也应设置林荫步道，供人们游憩和观光。

(1) 步行街

步行街是步行交通方式中的主要形式，其类型有以下几种：

1) 完全步行街

完全步行街，又称封闭式步行街。封闭一条旧城内原有的交通道路或在新城中规划设计一段新的街道，禁止车辆通行，专供行人步行，设置新的路面铺筑，并布置各种设施，如树木、座椅、雕塑小品等，以改善环境，使人乐意前往。如上海的南京路，北京的王府井步行街。

2) 公共交通步行街

公共交通步行街是完全步行街所做的改进，允许公共交通（汽车、电车或出租车）进入，以保持全城公共汽车网络系统的完整。它除了布置改善环境的设施外，还增加具有美观设计的停车站。这类步行街仍有车行道、人行道的高差之分。通常将人行道拓宽，车行道改窄，国外甚至有将车行道建成弯曲形，以降低车速的。

3）局部步行街

局部步行街又称半封闭式步行街。将部分路面划出作为专用步行街，仍允许客运车辆运行，但对交通量、停车数量以及停车时间加以限制，或每日定时封闭车辆交通，或节假日暂时封闭车辆交通。

4）地下步行街

步行街是1920年代兴起的，即在街道狭窄、人口稠密、用地紧张的市中心地区，开辟地下步行街。日本大阪是修建地下街最多的城市之一，我国的地下街已逐渐被人们所接受，特别是与大型公共交通枢纽结合的地下步行街，大多比较成功。

5）高架步行街

高架步行街是沿商业大楼的二层人行道，与人行天桥连成一体，成为全天候的空中走廊形式，雨、雪、寒、暑均可通行。如明尼阿波利斯的人行天桥系统在世界上享有盛名，已成为该城市的象征。

（2）人行天桥和地道

人行天桥和地道是步行交通系统重要的连接点，它们保证了步行交通系统的安全性与连续性。在城市中车速快、交通量大的快速路和主干道上，行人过街应不干扰机动车流，在建立人行天桥或地道时，要充分结合地形、建筑物、地下人防工程、公交站点，并将它们组成一体。香港的中环和湾仔地区将简单的人行天桥与建筑物、公交车站和地形结合起来，发展成为一个高架步行系统，取得了较好的效果。

3.1.4 客运交通集散点（枢纽）的布置

现代客运交通必须把步行、自行车、公共交通、汽车、铁路、飞机、轮船等交通工具通过交通转换点设施组织成为综合交通系统。通过广场、停车场、公交总站等各种形式，达到快速、安全、便捷、舒适地进行客运转乘的目的。

（1）合理组织广场平面交通

城市中吸引人流的集散点、枢纽点，如大型体育场、文化活动场所、大型商业中心、娱乐中心以及铁路旅客站、长途汽车站、客运码头、大型工厂等，会引起复杂的交通运输问题。因此，在城市总体布局时不要将主要吸引人流的公共建筑过分地集中，以免造成交通组织和管理上的困难。

对于大型多功能体育设施在城市中的布置更要引起注意。由于这类体育设施占地面积大，使用频率低，往往布置在城区的边缘，从而导致数量大、集中、单向不均衡的交通。在规划设计交通集散的过程中，要从城市交通着眼，妥善处理建筑物出入口、公共交通衔接部分、广场停车场地等与周围道路等方面的关系；大型体育设施附近的路网必须环通，以保证较大的疏散能力，避免局部交通堵塞。在规划中，还应当合理组织几条客运能力较大的公交疏散线，实行多向疏散。公共交通点以设在馆、场的同一侧面为宜，使上下车人流不必跨过交通干道。

有大量人流建筑（影剧院、商场）的进出口，要避免直接布置在交通干道上；已建成的项目，在交通干道上仍可保留其进口（有条件时尽可能结合大修、改建门面，退后建筑红线，以扩大人行道宽度），出口处为满足短时间内疏散大

量人流的要求，可分别通过邻近几条支路、小巷疏散人流，以免干扰主要交通干道。

（2）组织立体化的交通枢纽

随着城市交通的发展，平面的道路体系往往无法满足需要，这时候就可以考虑建设由行驶在不同空间层次的各种交通工具所组成的立体体系，以地面为主，空中和地下为补充。

城市地下公共交通日益发展，对换乘车辆枢纽点布局也提出了新的要求，不少城市采取了塔式和综合式的联合车站，有的地下车站不仅可以换乘好几种交通工具，而且还分层设置商店、仓库、停车场等设施，这样，旅客转乘、购物都很方便。例如瑞典首都斯德哥尔摩在 1951 年在市中心地区进行了现代化的商业街道建设，商业中心的地下第三层是与郊外直接相通的地下铁道；地下第二层是停车场，地下第一层供货物贮藏搬运之用。地上有两层，上层为高架汽车道，底层为行人专用广场，各种交通分设在不同平面上，上下联系十分方便。再如日本名古屋车站，将交通枢纽与服务系统集中布置在一栋高楼内，交通换乘十分方便（图 15–6–2）。

3.2　城市货运交通组织

城市货运交通的内容可分为三个层次。

3.2.1　过境货运交通

过境货运交通与城市在地域内的位置有关，与城市的生产、生活关系较小，有些经过市区，有些经城市中转。一般规律是城市生产水平越高，过境交通量越少；城市生产水平越低，过境交通量越大；中小城市过境交通量甚至大于市内交通量。为此，过境货运交通应布置在城市外围，避免对市区造成不必要的干扰。

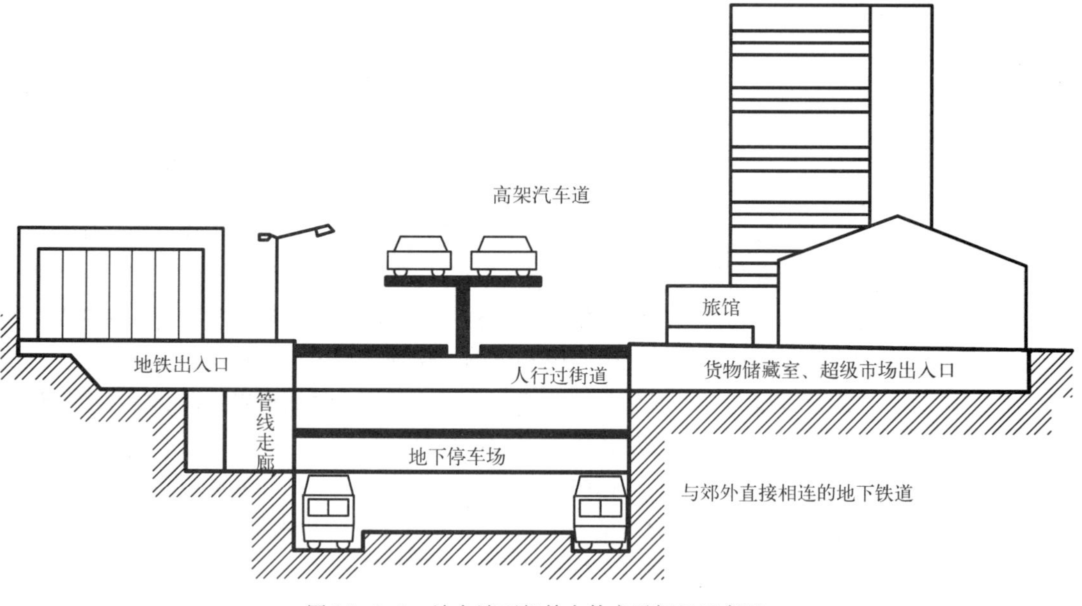

图 15–6–2　地上地下相结合的交通枢纽示意图

资料来源：同济大学李德华．城市规划原理（第三版）．北京：中国建筑工业出版社，2001：328.

3.2.2 出入市货运交通

出入市货运交通与城市对外辐射的活力有密切关系，一是中心城市与市辖范围内各县城之间的联系，二是市际间乃至国际间的联系。各种等级的城市在其经济区域内都有承上启下的功能。中心城市的职能越强，出入市货运交通量就越大。

3.2.3 市内货运交通

市内货运交通是和城市自身生产、生活和基本建设有关的货运。基建材料、燃料以及钢铁等货物的堆放因其占地面积大，有些还有污染，因而应放在郊区，平均运距较大，市民日常生活用品以及设在市区内工厂的原料及产品一般就近分散存在全市各地，平均运距不大。

城市货运道路是城市干道系统的重要组成部分，是城市货物运输的重要通道。它应满足城市内大型工业设备、产品和救灾物资、设备的运输要求。在道路标准、桥梁荷载等级、净空界限等方面均应予以特殊考虑。

城市货运的车辆日趋大型化，其尾气、噪声和振动对环境的污染与干扰较大，妥善规划货运道路可使其不良影响降低到最小，也可防止过境的运输车辆在市内乱穿。在城市主要货流集散点之间规划货运道路，可使货运距离缩短，减少货运周转量，有利于提高运输效率，改善城市环境。

货物流通中心是组织、转运、调节和管理物流的场所，是集货物储存、运输、商贸为一体的重要集散点，是为了加速物资流通而发展起来的新兴运输产业。按其功能和作用可分为集货、分货、配送、转运、储调、加工等组成部分，按其服务范围和性质，又可分为地区性货物流通中心、生产性货物流通中心、生活性货物流通中心三种类型：

(1) 地区性货物流通中心，是城市对外交往的重要环节，其规模较大、运输方式综合，应设置在城市边缘地区的货运干路附近。其数量视城市规模和经济发展水平而定，大城市一般至少应设两处，便于对外联系，以减轻市区交通压力。地区性货物流通中心的规模应根据货物流量、货物特征和用地环境的条件而确定。

(2) 生产性货物流通中心，是专用仓储设施向社会化发展的必然趋势，是将生产性物资与产品的运输、集散、贮存、配送等功能有机地结合起来的货物流通综合服务设施，是城市生产的重要基础设施。它对于节约用地、加速货物流通、提高运输效率、改善城市交通等均具有重要的价值。由于生产性货物流通中心的货物种类与城市的产业结构、产品结构、城市工业布局有着密切的联系，因此，一般均有明确的服务范围，规划选址应尽可能与工业区结合，服务半径不宜过大，一般采用 3 ~ 4km，用地规模应根据需要处理的货物数量计算确定，新开发区可按每处 6 ~ 10 万 m^2 估算。

(3) 生活性货物流通中心，一般是以行政区来划分服务范围的。生活性货物流通中心所需要处理的货物种类与城市居民消费水平、生活方式密切相关，处理的货物数量与人口密度及服务的居民数量有关，服务范围和用地规模均不宜太大。大中城市的规划选址宜采用分散方式，小城市可适当集中。服务半径以 2 ~ 3km 为宜，人口密度大的地区可适当减小服务半径。

本章小结

本章主要介绍城市交通与道路系统，首先从城市交通与城市总体布局的关系出发，强调城市交通需与用地规划协调统一，分析了城市交通的构成与基本特征，城市交通对城市形成发展、规模和布局的影响。接着，从路网、道路的基本设置条件与停车场布置出发，介绍了城市道路系统规划必须注意的关键问题和重要指标，如道路宽度、路网密度和路网间距等。然后，从铁路、港口、公路与航空港等城市重要对外交通设施四方面分别阐明其与用地布局的关系及需要注意的因素。总而言之，在城市交通与道路系统规划工作中，应贯彻扬长避短、优势互补的城市交通综合规划理念，发挥综合交通网络的整体效果。

复习思考题

1. 城市道路系统规划中必须注意的关键问题有哪些？
2. 如何确定城市交通系统的组织方式？
3. 低碳城市的建设对城市交通与道路系统将提出怎样的要求？

第16章 城市生态与环境规划

本章首先介绍了生态规划和城市生态规划的概念以及它们之间的关系，生态规划与其他规划的关系，提出了生态规划目标，即建设经济、社会、环境协调发展的永续城市，阐述了生态规划的原则、步骤及其相关概念。本章的第二部分谈的是城市环境系统的规划，介绍了城市环境规划概念、内涵、目标、原则和相关指标体系，从城市水环境、大气环境、噪声污染控制、固体废弃物等4个方面，具体阐述了环境质量控治所应采取的规划对策。本章的第三部分深入介绍了城市绿地系统的生态意义，提出在规划中应构建具有生态功能作用的城市绿地系统。

第1节 城市生态规划

1 城市生态规划的概念及与环境规划的关系

1.1 城市生态规划的概念

1.1.1 生态规划概念

生态规划（Ecological Planning）的思想起源于1960年代，联合国“人与

生物圈计划”第 57 期报告中指出：“生态规划就是要从自然生态和社会心理两方面去创造一种能充分融合技术和自然的人类活动的最优环境，诱发人的创造精神和生产力，提供高的物质和文化生活水平”。

据此，可以对生态规划的概念进行简单的归纳，即生态规划是应用生态学原理，以人居环境永续发展为目标，对人与自然环境的关系进行协调完善的规划类型。

1.1.2 城市生态规划概念

城市生态规划（Urban Ecological Planning）是生态规划在城市地区的具体化，其与生态规划具有内在的一致性。可以说，城市生态规划是生态规划的类型之一。

从一般意义上，城市生态规划可定义为：城市生态规划是以生态学及城市生态学的原理为指导，以实现城市人与环境的关系的平衡协调为目的，为城市居民创造最优城市环境的一种规划类型。

从决策角度，城市生态规划是在现有条件下寻求较佳对策的规划类型，是运用系统分析手段、生态经济学知识和各种社会、自然信息、经验，规划、调节和改造城市各种复杂的系统关系，在城市现有的各种有利和不利条件下寻找扩大效益、减少风险的可行性对策所进行的规划。

从城市生态系统角度，城市生态规划意图通过改善城市生态环境质量，寻求最佳的城市生态位，不断地开拓和占领空余生态位，充分发挥生态系统的潜力，促进城市生态系统的良性演进，和永续发展。

从城市布局角度，城市生态规划通过对人工生态与自然生态在城市中进行合理有序的规划组合，完善城市生态系统中各子系统的综合布局与安排，从而调整与改善城市人类与城市环境的关系，以维护城市生态系统的平衡，实现城市的和谐、高效、持续发展。

从规划内容上看，城市生态规划不同于传统的城市环境规划，不只考虑城市环境各组成要素及其关系，也不仅仅局限于将生态学原理应用于城市环境规划中，而是涉及城市规划的方方面面。致力于将生态学思想和原理渗透于城市规划的各个方面和部分，并使城市规划“生态化”。同时，城市生态规划在应用生态学的观点、原理、理论和方法的同时，不仅关注于城市的自然生态，而且也关注城市的社会生态。

1.2 城市生态规划与环境规划的关系

生态规划不同于环境规划，环境规划侧重于环境，特别是自然环境的监测、评价、控制、治理、管理等，而生态规划则强调系统内部各种生态关系的和谐与生态质量的提高。生态规划不仅关注区域或城市的自然资源和环境的利用与消耗对人类的生存状态的影响，也关注系统结构、过程、功能等的变化和发展对生态的影响。同时，生态规划还考虑社会经济因子的作用。因此，城市环境规划在某种程度上可考虑作为城市生态规划内容的组成部分（表 16–1–1）。

城市生态规划与城市环境规划的比较　　表 16–1–1

项目	城市生态规划	城市环境规划
理论指导	生态学、城市规划学	环境科学、城市规划学
研究内容	调控城市人类与城市环境的关系	预防和控制城市环境的负效应
规划要素	城市生态系统的自然、社会、经济环境	以自然基质环境为主
规划目标	实现经济、社会、自然的和谐统一	为城市提供良好的自然环境支撑
对“城市”的概念理解	将城市作为由经济、社会、自然环境构成的人工－自然复合生态系统	将城市作为与自然环境相互作用和影响的物质实体
对“环境”的概念理解	自然环境＋社会环境	主要指自然环境

资料来源：傅博．城市生态规划的研究范围探讨 [J]．城市规划汇刊，2002.1.

2　城市生态规划的目标与原则

2.1　城市生态规划的目标

2.1.1　致力于城市人与自然的环境和谐

在城市中实现人与自然的和谐是城市生态系统研究的重要目标，例如：人口的增长要与社会经济和自然环境相适应，抑制过猛的人口集聚，以减轻环境负荷；土地利用类型与利用强度要与区域环境条件相适应，并符合生态法则；城市人工化环境结构内部比例要协调。

2.1.2　致力于城市与区域发展的同步化

从生态角度看，城市生态系统与区域生态系统息息相关，密不可分。因此，要在城市与区域同步发展的前提下，解决城市生态环境问题，调节城市生态系统活性，增强城市生态系统的稳定性，建立城市与区域双重的和谐结构。

2.1.3　致力于城市经济、社会、生态的永续发展

城市生态规划的目的是使城市经济、社会系统在环境承载力允许的范围之内，在提升人类生活质量的前提下得到不断的发展；并通过城市经济、社会系统的发展为城市的生态系统质量的提高和进步提供源源不断的经济和社会推力，最终促进城市整体意义上的永续发展。

2.2　城市生态规划的原则

2.2.1　自然原则

城市的自然及物理组分是其赖以生存的基础，又往往成为城市发展的限制因素，为此，在进行城市生态规划时，首先要摸清自然本底状况，通过城市人类活动对城市气候的影响、城镇化进程对生物的影响、自然生态要素的自净能力等方面的研究，提出维护自然环境基本要素再生能力和结构多样性、功能持续性和状态复杂性的方案。同时依据城市发展总目标及阶段战略，制定不同阶段的生态规划方案。

2.2.2　经济原则

城市各部门的经济活动和代谢过程是城市生存和发展的活力和命脉，也是搞好城市生态的物质基础，因此城市生态规划应促进经济发展，而决不能抑制生产，生态规划应体现经济发展的目标要求，而经济计划目标要受环境目标制约。从这一原则出发进行生态规划，可以从城市高强度能流研究入手，分析各

部门间的能量流动规律、对外界依赖性、时空变化趋势等，并由此提出各生态区内能量利用效率的提高途径。

2.2.3 社会原则

这一原则存在的理论前提在于城市是人类集聚的结果，是人性的产物，人的社会行为及文化观念是城市演替与进化的动力泵。这一原则要求进行城市生态规划时，以人类对生态的需求值为出发点，规划方案应被公众所接受和支持。

2.2.4 系统原则

由于城市乃区域环境中的一个特殊生产综合体，城市生态系统是自然生态系统中的一个特殊组分，因此进行城市生态规划，必须把城市生态系统与区域生态系统视为一个有机体，把城市内各小系统视为城市生态系内相联系的单元，对城市生态系统和它的生态扩散区（如生态腹地）进行综合规划。

3 城市生态规划的步骤

目前国内外城市生态规划还没有统一的编制方法和工作规范，但不少专家学者对此已做过不同层次的研究，如美国的麦克哈格（McHarg）提出了如下的地区生态规划的步骤：

（1）制定规划研究的目标——确定所提出的问题。

（2）区域资料的生态细目与生态分析——确定系统的各个部分，指明它们之间的相互关系。

（3）区域的适宜度分析——确定对各种土地利用的适宜度。例如：住房、农业、林业、娱乐、工商业发展和交通。

（4）方案选择——在适宜度分析的基础上建立不同的环境组织，研究不同的计划，以便实现理想的方案。

（5）方案的实施——应用各种战略、策略和选定的步骤去实现理想的方案。

（6）执行——执行规划。

（7）评价——经过一段时间，评价规划执行的结果，然后作出必要的调整。

美国的弗雷德里克 · 斯坦纳（Frederick Steiner）的生态规划框架包括11个相互影响的步骤（图16–1–1）。

我国学者王如松等认为，城镇生态规划可采取以下步骤：

（1）明确规划范围及规划目标。在城镇永续发展这个总目标下，分解成具体联系的子目标。

（2）根据规划目标与任务收集城镇及所处区域的自然资源与环境、人口、经济、产业结构等方面的资料与数据。不仅要重视现状、历史资料及遥感资料，还要重视实地考察。

（3）城镇及所处区域自然环境及资源的生态分析与生态评价。在这个阶段，主要运用城镇生态学、生态经济学、地学及其他相关学科的知识，对城镇发展与规划目标有关的自然环境与资源的性能、生态过程、生态敏感性及城镇生态潜力与限制因素进行综合分析与评价。如果涉及的区域范围及生态过程有分异特征，则将区域划分为生态功能不同的地区，为制定区域发展战略提供生态学基础。

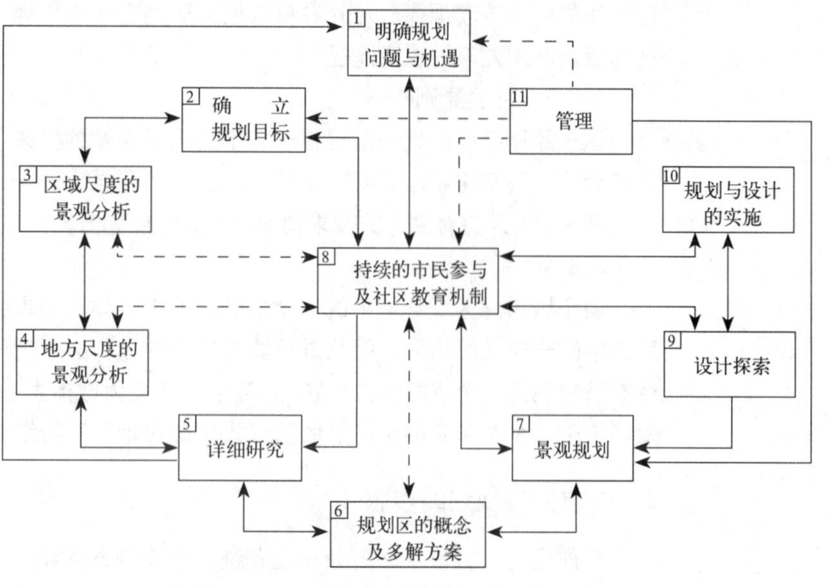

图 16-1-1　斯坦纳教授创立的生态规划框架

资料来源：（美）弗雷德里克 · 斯坦纳著．生命的景观——景观规划的生态学途径 [M]（第二版）．周年兴等译． 北京：中国建筑工业出版社，2004．

（4）城镇社会经济特征分析。主要目的是寻找城镇社会经济发展的潜力及社会经济问题的症结。

（5）按城镇建设与发展及资源开发的要求，分析评价各相关资源的生态适宜性；然后，综合各单项资源的适宜性分析结果，分析城镇发展及所处区域资源开发利用的综合生态适宜性空间分布因素。

（6）根据城镇建设和发展目标，以综合适宜性评价结果为基础，制定城镇建设与发展及资源利用的规划方案。

（7）运用城镇生态学与经济学的知识，对规划方案及其对城镇生态系统的影响以及生态环境的不可逆变化进行综合评价。

4　城市生态分析方法

城市生态规划中，常用的基础评价方法包括城市主要用地的生态适宜性分析、生态敏感性分析等，并形成相应的图件进行叠加，作为确定生态功能分区的依据。在确定规划方案时，则主要基于 RS 和 GIS 技术手段，采用网格叠加空间分析法、模糊聚类分析法和生态综合评价法等。

4.1　生态适宜性分析法

生态适宜性指土地生态适宜性，指由土地内在自然属性所决定的对特定用途的适宜或限制程度。生态适宜性分析的目的在于寻求主要用地的最佳利用方式，使其符合生态要求，合理地利用环境容量，以创造一个清洁、舒适、安静、优美的环境。城市土地生态适宜性分析的一般步骤如下：①确定城市土地利用类型。②建立生态适宜性评价指标体系。③确定适宜性评价分级标准及权重，应用直接叠加法或加权叠加法等计算方法得出规划区不同土地利用类型的生态适宜性分析图。

用地性质不同，生态适宜性评价指标与评价方法有所不同。下面以生态环境指标为例，介绍居住用地生态适宜性分析方法。

（1）评价指标与因子分级

居住用地要求"安静、舒适、健康、优美"，选择的评价因子分级标准和权重见表 16–1–2。

城市居住用地生态适宜性评价因子分级标准及权重　　表 16–1–2

指标类型	评价因子	分级标准			权重（%）
		适宜	基本适宜	不适宜	
生态环境指标	大气环境影响度	小	较小	大	15
	废水等标污染负荷强度	小	较小	较大	15
	废气等标污染负荷强度	小	较小	较大	15
	居住生态位	好	一般	差	15
生态限制指标	水面	无	无	有	
	保护区（自然、饮用水）	无	无	有	
自然特征指标	坡度	<10%	10% ~ 20%	>20%	10
	地基承载力	大	中	小	15
	土质	非耕地或耕地质量 4，5 级	耕地质量 2，3 级	耕地质量 1 级或一级基本农田	15

资料来源：杨志峰、徐琳瑜．城市生态规划学［M］．北京：北京师范大学出版社，2008．

（2）居住生态位因子分析

居住生态位是指影响居住条件的一切因素的总和。影响居住条件的因素很多，根据具体情况，可选择人口密度、噪声扰民度、居住生态环境协调性等指标（表 16–1–3）。

城市居住生态位评价因子分级指标　　表 16–1–3

描述	权重（%）	适宜	基本适宜	不适宜
评分值		1	2	3
人口密度	40	>860 人 /km^2	300–860 人 /km^2	<300 人 /km^2
噪声扰民度	30	小	较大	大
居住生态环境协调性	30	好	较好	较差

资料来源：杨志峰、徐琳瑜．城市生态规划学［M］．北京：北京师范大学出版社，2008．

1）人口密度。人口密度是一个城市发展水平的标志，人口密度越大的地方，土地利用程度也越高。

2）噪声扰民度。噪声扰民度表示居住用地受噪声干扰的程度，其值由某单元的噪声值确定；分值越小，噪声扰民度越小，越适合用作居住用地。

3）居住生态环境协调性。该因子主要表征居住环境和生活条件（如交通、商场、学校、医院、水电等城镇配套设施）的方便程度以及与周边环境功能的协调性。

（3）综合分析

综合以上因子可得出生态城市居住用地生态位等级结果。应用 GIS 中的网格叠加空间分析，将以上单因子进行综合，可得出居住用地的生态适宜性分析结果。

4.2　生态敏感性分析法

生态敏感性是指生态系统对人类活动反应的敏感程度，用来反映产生生态失衡与生态环境问题的可能性大小。也可以说，生态敏感性是指在不损失或不降低环境质量的情况下，生态因子抗外界压力或外界干扰的能力。

生态敏感性分析是针对区域可能发生的生态环境问题，评价生态系统对人类活动干扰的敏感程度，即发生生态失衡与生态环境问题的可能性大小，如土壤沙化、盐渍化、生境退化、酸雨等可能发生的地区范围与程度，以及是否导致形成生态环境脆弱区。相对适宜性分析而言，生态敏感性分析是从另一个侧面分析用地选择的稳定性，确定生态环境影响最敏感的地区和最具保护价值的地区，为生态功能区划提供依据。

（1）城市生态敏感性分析的程序

城市生态敏感性分析的一般步骤是：①确定规划可能发生的生态环境问题类型；②建立生态环境敏感性评价指标体系；③确定敏感性评价标准并划分敏感性等级后，应用直接叠加法或加权叠加法等计算方法得出规划区生态环境敏感性分析图。

（2）城市生态敏感性评价指标体系的建立

生态敏感性一方面受生态系统自身的特征影响，另一方面受人类活动对生态环境系统的影响。因此，生态敏感性评价指标体系包括反映区域自然环境现状指标和反映人类活动强度指标两个方面（表 16–1–4）。自然环境现状指标可选择洪涝灾害、酸沉降、自然保护区等。其中洪涝灾害指标可由地势高程、植被类型两个因子表示；酸沉降可由土壤类型、植被类型、降雨量和岩石类型四个因子表示；自然保护区主要指湿地、涵养水源等。人类活动强度指标包括大气污染程度、水环境质量等级、废水排放强度、废气排放强度、烟尘排放强度和人口密度等因子。

（3）评价因子分析

1）区域自然环境现状指标：区域自然环境现状的差异极大地影响着区域生态系统对人类活动的反应能力。自然条件较好的地区，生态系统的结构较复杂，系统的自调控能力较强，能较好地适应外界条件的变化，生态环境敏感性较弱；自然条件较差的地区，生态系统对外来影响的适应能力弱，生态敏感性较强。这里针对影响区域生态环境质量的主要因子包括酸沉降、洪涝灾害和重要的自然人文环境保护进行具体分析。

城市生态敏感性评价因子 表 16–1–4

一级指标	权重	二级指标	权重	三级指标	分级标准			
					极敏感	敏感	较敏感	弱敏感
区域自然环境现状	0.1	洪灾	0.6	地势高程	<10m	10 ~ 50m	50 ~ 100m	>100m
			0.4	植被类型	无植被、荒地	灌丛、草地	耕地	针、阔叶林
	0.2	酸沉降	0.2	土壤类型	赤红壤	红壤、潮土	水稻土	菜园土
			0.3	植被与土地利用	针叶林	灌丛	阔叶林	耕地、园地
			0.2	降雨量（mm）	>1900	1800 ~ 1900	1700 ~ 1800	<1700
			0.3	岩石类型	花岗岩、片麻岩、砂岩	砂岩、砾岩	泥石炭、泥灰岩	石灰岩、白云岩
	0.3	保护区		主要湿地	√			
人类活动强度	0.3	环境污染程度	0.3	大气污染程度	>3	2 ~ 3	1 ~ 2	<1
			0.3	水环境质量等级	V	IV	III	II，I
			0.2	废水排放强度 [(t/(m²·年)]	>0.30	0.20 ~ 0.30	0.10 ~ 0.20	<0.10
			0.1	废气排放强度 [(m³/(m²·年)]	>0.012	0.008 ~ 0.012	0.004—0.008	<0.004
			0.1	烟尘排放强度 [kg/(m²·年)]	>0.30	0.20 ~ 0.30	0.10 ~ 0.20	<0.10
	0.1	人口		人口密度（人／m²）	>0.0030	0.0021 ~ 0.0030	0.0012 ~ 0.0021	<0.0012

资料来源：杨志峰、徐琳瑜．城市生态规划学［M］．北京：北京师范大学出版社，2008.

A. 酸沉降

影响酸沉降的因子主要包括降雨量、基岩、土壤类型、植被与土地利用类型。

a. 降雨量　降雨量增加，土壤中水流量增加，盐基阳离子、铝离子和其他酸性离子的淋溶速率也增加。在雨量充沛的地区，更多的水通过土壤表层流动，降低了矿物土壤中和酸的能力，导致较多的酸排放到地表水中，降雨量越大的地区，其生态敏感性越高。

b. 岩石类型　根据岩石缓冲酸输入的能力，风化速率较低的岩石中和酸的能力也较低，对酸沉降敏感性强；相反，风化速率较高的岩石对酸沉降的敏感性弱。表 16–1–5 为基于酸沉降的岩石分类。

基于酸沉降的岩石分类 表 16–1–5

酸中和能力	岩石类型	敏感性
无、低	花岗岩、片麻岩、砂岩	敏感
低、中等	砂岩、砾岩	较敏感
中等、高	泥石炭、泥灰岩	较不敏感
无限	石灰岩、白云岩	不敏感

资料来源：杨志峰、徐琳瑜．城市生态规划学［M］．北京：北京师范大学出版社，2008.

c. 土壤类型：当土壤的 pH 值较小时，土壤中的活化铝容易被淋溶到地表水中，那么这类土壤对酸沉降的敏感性就高。

d. 植被类型与土地利用方式：不同的植被类型与土地利用方式对酸沉降的敏感性存在较大的差异，针叶林对空气的过滤作用强于阔叶林，酸性物质的干沉降较大；同时，针叶林还会产生酸性的粗腐殖质，营养物质的循环速率低，增加了土壤的酸度输入，使土壤对酸度的缓冲能力下降。对于农田，由于受耕作、施肥、灌溉等措施的影响较为频繁，对酸沉降不很敏感。表 16–1–6 为不同的植被类型与土地利用对酸沉降的敏感性。

不同植被类型与土地利用分类对酸沉降的敏感性　　表 16–1–6

植被类型与土地利用	敏感性
针叶林、阔叶混交林	敏感
落叶灌木	较敏感
常绿阔叶林、灌木林地	较不敏感
荒地、耕地、种植园（甘蔗、水果等）和苗圃	不敏感

资料来源：杨志峰、徐琳瑜．城市生态规划学［M］．北京：北京师范大学出版社，2008.

B. 洪涝灾害

影响洪涝灾害的因素主要包括地势高程、植被类型。地势高程低、植被稀疏的区域易受洪涝灾害的影响。

C. 重要的自然和人文保护区

重要的自然和人文保护区主要包括：对人民生活、生产起到关键作用的各种资源，对保护生物多样性具有特别意义的珍稀物种和资源，对传统人类优秀文化遗产有重要贡献的自然人文景观等。其敏感性级别为敏感。

2）人类活动强度指标：人类活动对生态系统的影响可通过人类活动强度来表示。人类活动强度是指一定面积的区域受人类活动的影响而产生的扰动程度或是人类社会经济活动造成该区域自然过程发生改变的程度，简单地说，就是人类行为对生态环境的破坏程度。人类活动强度大的地方，环境污染严重，生态环境敏感性强。人类活动强度主要通过环境污染程度、人口压力指标来反映。

A. 环境污染程度

环境污染程度主要从环境质量和环境污染状况两个方面考虑，其中反映环境质量的指标主要包括大气环境质量和水环境质量；反映环境污染状况的主要指标是废水排放强度、废气排放强度、烟尘排放强度。排放强度指的是单位面积上污染物的排放总量，它反映了人类对生态环境的影响以及潜在的威胁程度。

B. 人口压力

人口压力主要通过人口密度来反映。人口密度较大的地区，经济活动频繁，对自然资源的索取相对较多，对生态环境的影响相对较大。

（4）综合分析

在 GIS 支持下，采用网格叠加空间分析法进行生态敏感性分析。首先对单因子进行评价，得到单因子分级图；然后根据因子权重的不同，在

Modelbuilder 模型支持下，通过权重分析方法，得出综合因子的生态环境敏感性分析图，评价分级分为敏感、较敏感、较不敏感和不敏感四级。

5 城市生态功能区划的制定

城市生态规划的基本工作是建立生态功能分区，为区域生态环境管理和生态资源配置提供一个地理空间上的框架，以实现以下目标：①明确各区域生态环境保护与管理的主要内容；②以生态敏感性评价为基础，建立切合实际的环境评价标准，以反映区域尺度上生态环境对人类活动影响的阈值或恢复能力；③根据生态功能区内人类活动的规律以及生态环境的演变过程和恢复技术的发展，预测区域内未来生态环境的演变趋势；④根据各生态功能区内的资源和环境特点，对工农业生产布局进行合理规划，使区域内的资源得到充分利用，又不对生态环境造成很大影响，持续发挥区域生态环境对人类社会发展的服务支持功能。

5.1 城市生态功能区划原则

5.1.1 自然属性为主，兼顾社会属性原则

在城市复合生态系统中，经济结构、技术结构、资源利用方式是短时段作用因子，社会文化、价值观念、行为方式、人口资源结构是中时段作用因子，而城市的地理环境、自然资源则是长时段作用因子。在三种作用因子中，长时段作用因子是难以改变的，最好是适应它，所以一般采取的方式是通过克服中、短时段作用因子来改善城市发展条件，实现城市永续发展。因此城市生态功能区划必须以自然属性为主，根据城市自然环境特征，合理安排使用功能，首先应当考虑结构与功能的一致性，然后才考虑尽可能满足现实生产和生活需要。

5.1.2 整体性原则

城市生态系统具有开放性和非自律性，是一个依赖外部、不完善的生态系统，城市正常运行需要从外界输入大量的物质和能量，同时需要向外界输出产品和排放大量废物。城市生态系统的非独立性，决定了城市生态功能区划要坚持整体性原则，不仅要考虑市区内自然环境的特征、相似性和连续性，还要考虑城市与城市外缘的生态系统的联系，建立生态缓冲带和后备生态构架。

5.1.3 保护城市生态系统多样性，维护生态系统稳定性原则

城市生态系统是经人为构筑的生态系统。城市的形成和发展使城市中原有的自然生态系统发生剧烈变化，使自然生态系统趋于单一化，降低了城市生态系统的自我调节能力，使城市生态系统变得更为脆弱。因此，城市生态功能区划要注意保护城市生态系统结构多样性，以提高城市生态系统的稳定性。

5.1.4 注重保护资源，着眼长远利用原则

城市生态环境、生态资产和生态服务功能构成了城市持续发展的机会和风险，生态资产保护、生态服务功能强化是城市建设的一项重要内容，而城市生态功能区划又是合理利用和保护生态资产、强化生态服务功能的重要手段之一。因此，开展城市生态功能区划，必须从城市永续发展、资源保护和长远利用等角度出发，通过区划工作找出现实存在的城市结构与生态功能不相匹配的症结，然后逐步进行恢复调整。调整的一般原则是：对于自然资源使用不当的地方，

按照远近结合原则，从实际出发提出逐步改造计划；对于自然资源的潜在利用功能，应给予特别关注；对于自然资源的竞争利用功能，应保证主功能充分发挥。

5.2　生态功能区划程序

城市生态功能区划以土地生态学、城市生态学、景观生态学和永续发展理论为指导，以 RS 和 GIS 技术为支撑，以城市发展与城市土地生态系统相互作用机制为研究主线，以生态适宜性分析、生态敏感性分析、生态服务功能重要性分析等为重点，参考城市土地利用规划和城市经济社会发展规划，以实现城市土地永续利用为目标。生态功能区划的具体程序如图 16–1–2 所示。

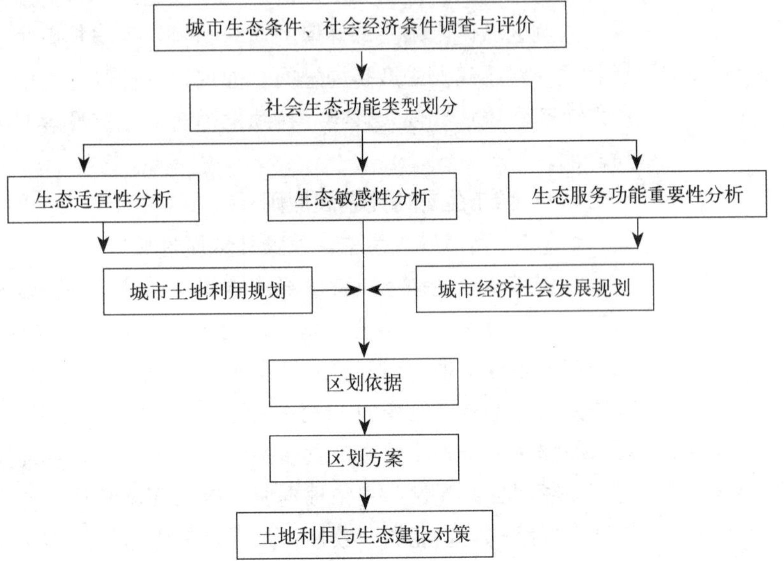

图 16–1–2　生态功能区划程序

资料来源：杨志峰、徐琳瑜．城市生态规划学［M］．北京：北京师范大学出版社，2008．

5.3　生态功能区划方法

生态功能区划按照工作程序特点可分为“顺序划分法”和“合并法”两种。其中前者又称“自上而下”的区划方法，是以空间异质性为基础，按区域内差异最小、区域间差异最大的原则以及区域共轭性划分最高级区划单元，再依次逐级向下划分，一般大范围的区划和一级单元的划分多采用这一方法。后者又称“自下而上”的区划方法，它是以相似性为基础的，按相似相容性原则和整体性原则依次向上合并，多用于小范围区划和低级单元的划分。目前多采用自下而上、自上而下综合协调的方法。

第2节　城市环境规划

1　城市环境规划的概念与内涵

1.1　城市环境规划的概念

城市环境规划是指对一个城市地区进行环境调查、监测、评价、区划以及

因经济发展所引起的变化预测；根据生态学原则提出调整产业结构，以及合理安排生产布局为主要内容的保护和改善环境的战略性部署。也就是说，城市环境规划是城市政府为使城市环境与经济社会协调发展而对自身活动和环境所作的时间和空间的合理安排。

城市环境规划的目的在于调控城市中人类的自身活动，减少污染，防止资源被破坏，从而保护城市居民生活和工作、经济和社会持续稳定发展所依赖的基础——城市环境。人类的经济和社会活动必须既遵循经济规律，又遵循生态规律，否则终将受到大自然的惩罚。城市环境规划就是人类为协调人与自然的关系，使城市居民与自然达到和谐，使经济和社会发展与城市环境保护达到统一而采取的主动行为。城市环境规划的目的是在发展经济的同时保护环境，使经济与环境协调永续发展；主要任务就是协调发展与环境的关系，促进生产、节约能源、保护环境，使经济发展目标与环境保护目标相统一、经济效益与环境效益相统一。

城市环境规划实质上是一种克服人类经济社会活动和环境保护活动盲目性和主观随意性的科学决策活动。

1.2　城市环境规划的内涵

(1) 城市环境规划研究对象是城市“社会—经济—环境”这一大的城市复合生态系统。

(2) 城市环境规划任务在于使该系统协调发展，维护系统良性循环，以谋求系统最佳发展。

(3) 城市环境规划依据永续发展理论、生态原理、地学原理、系统理论和循环经济原理，充分体现交叉性、边缘性。

(4) 城市环境规划的主要内容是合理安排人类自身活动和环境，其中既包括对人类经济社会活动提出符合环境保护需要的约束要求，还包括对环境的保护和建设作出安排和部署。

(5) 城市环境规划是在一定条件下的优化，它必须符合一定历史时期的技术、经济发展水平和能力。

2　城市环境规划的目标与指标体系

2.1　城市环境规划的目标

制定环境规划目标是城市环境规划的核心内容，是对规划对象（如城市、工业区、社区等）未来某一阶段环境质量状况的发展方向和发展水平所作的规定，它既体现了环境规划的战略意图，也为环境管理活动指明了方向，提供了管理依据。

2.1.1　环境规划目标的类型

(1) 按管理层次分类

1) 宏观目标：是对规划区在规划期内应达到的环境目标总体上的规定。

2) 详细目标：是按照环境要素、功能区划对规划区在规划期内规定的环境目标所做的具体规定。

(2) 按规划内容分类

1）环境质量目标：主要包括大气质量目标、水环境质量目标、噪声控制目标以及生态环境目标。环境质量目标依不同的地域或功能区而不同。环境质量目标由一系列表征环境质量的指标体系来体现。

2）环境污染总量控制目标：主要由工业或行业污染控制目标和城市环境综合整治目标构成。

污染排放总量控制目标实质上是以城市功能区环境容量为基础的目标，即把污染物排放量控制在功能区环境容量的限度内，多余的部分即作为削减目标或削减量。削减目标是污染总量控制目标的主要组成部分和具体体现。所谓目标的分解、实施、信息反馈、目标调整以及其他措施主要是围绕着削减目标进行的。

（3）按规划目的分类

1）环境污染控制目标：大气污染控制目标是在规划期内要把区域内的大气主要污染物的总量、浓度控制在一定的标准范围内，包括各项空气质量指标和大气污染治理指标。水体污染控制目标指控制区域工业废水和生活污水的排放总量以及水中的污染物的含量；控制城市区域内江河湖泊的工业废水和生活污水的纳入总量；控制地表水和地下水在一定的水质指标范围内，制定各类水体污染的治理目标。固体废物控制目标指控制区域内各产业部门的固体废物和生活垃圾的产生量和排放总量、占地面积；提出固体废物的综合利用率和生活垃圾处理率等项目标。噪声污染控制目标是按国家规划的标准要求，把区域内的交通噪声、工业噪声、建筑施工噪声和社会生活噪声控制在一定的范围内。

2）生态保护目标：自然生态环境是人类赖以生存和发展的物质条件，所以，在城市环境规划中要有保护森林资源、草原资源、野生生物资源、矿产资源、土地资源、水资源等生态资源的规划目标；同时还要有防止水土流失、土地沙化、土地荒漠化、土地盐碱化以及建立自然保护区和风景区的规划目标。

3）环境管理目标：城市环境规划的科学制定和实施要依靠环境管理来进行，因此，在环境规划中要包括组织、协调、监督等项管理目标，同时还包括实施环境规划、执行各项环境法规以及环境保护的宣传、教育等项管理目标。

（4）按时间分类

按时间划分，环境规划目标可分为短期（年度）、中期（5～10年）、长期（10年以上）目标。对于短期目标一定要准确、定量、具体，体现出很强的可操作性。对于中期目标，要包含具体的定量目标，也包含定性目标。对于长期目标主要是有战略意义的宏观要求。从关系上看，长期目标通常是中、短期目标制定的依据，而短期目标则是中、长期目标的基础。

（5）按空间分类

按空间划分，环境规划目标可分为城市、区（县、市）各级环境目标。对特定的森林、草原、流域、海域、山区也可规定其相应的目标。总体上看，上一级环境目标是下一级环境目标的依据，而下一级则是上一级的基础。

2.1.2 确定城市环境规划目标的原则

包括：①以规划区环境特征、性质和功能为基础；②以经济、社会永续发展的战略思想为依据；③环境规划目标应当满足人们生存发展对环境质量的基本要求；④环境规划目标应当满足现有技术经济条件；⑤环境规划目标要求能做时空分解、定量化。

2.2 城市环境规划指标体系的类别与内容

城市环境规划指标是直接反映环境现象以及相关的事物，并用来描述城市环境规划内容的总体数量和质量的特征值。城市环境规划指标包含两方面的含义：一是表示规划指标的内涵和所属范围的部分，即规划指标的名称。二是表示规划指标数量和质量特征的数值，即经过调查登记、汇总整理而得到的数据。环境规划指标是环境规划工作的基础，并运用于整个环境规划工作之中。

2.2.1 环境质量指标

环境质量指标主要表征自然环境要素（大气、水）和生活环境的质量状况，一般以环境质量标准为基本衡量尺度。环境质量指标是环境规划的出发点和归宿，所有其他指标的确定都是围绕完成环境质量指标进行的。

2.2.2 污染物总量控制指标

污染物总量控制指标是根据一定地域的环境特点和容量来确定的，其中又有容量总量控制和目标总量控制两种。前者体现环境的容量要求，是自然约束的反映；后者体现规划的目标要求，是人为约束的反映。中国现在执行的指标体系是将二者有机地结合起来，同时采用。

污染物总量控制指标将污染源与环境质量联系起来考虑，其技术关键是寻求源与汇（受纳环境）的输入响应关系，这是与目前盛行的浓度标准指标的根本区别。浓度标准指标里对污染源的污染物排放浓度和环境介质中的污染物浓度作出规定，易于监测和管理，但此类指标体对排入环境中的污染物量无直接约束，未将源与汇结合起来考虑。

2.2.3 环境规划措施与管理指标

环境规划措施与管理指标是首先达到污染物总量控制指标，进而达到环境质量指标的支持性和保证性指标。这类指标有的由环境保护部门规划与管理，有的则属于城市总体规划，但这类指标的完成与否与环境质量的优劣密切相关，因而将其列入环境规划中。

2.2.4 其余相关指标

主要包括经济指标、社会指标和生态指标三类，大都包含在国民经济和社会发展规划中，都与环境指标有密切联系，对环境质量有深刻影响，但又是环境规划所包容不了的。因此，环境规划将其作为相关指标列入，以便更全面地衡量环境规划指标的科学性和可行性。对于区域来说，生态类指标也为环境规划所特别关注，它们在环境规划中将占有越来越重要的位置。

环境规划指标类别与内容见表 16—2—1。

环境规划指标类别与内容 表 16-2-1

指标类别与内容	应用范围				要求
	省域	城市	部门行业	流域	
一、环境质量指标					
1. 大气					
大气 TM_{10} 浓度（年日均值）或达到大气环境质量的等级		0[①]			0
SO_2（年日均值）或达到大气环境质量的等级		0			0
NO_x（年日均值）或达到大气环境质量的等级		0			选择[②]
降尘（年日均值）		0			选择
酸雨频度与平均 pH 值 、	0	0			选择
2. 水环境					
饮用水源水质达标率：饮用水源数		0			0
地表水达到地表水水质标准的类别或 COD 浓度	0	0	0		0
地下水矿化度、总硬度、COD、硝酸盐氮、亚硝酸盐氮浓度		0			选择
海水达到近海海域水质标准类别或 COD、石油、氨氮、磷浓度	0	0		0	选择
3. 噪声					
区域噪声平均值和达标率		0			0
城市交通干线噪声平均声级和达标率		0			0
二、污染物总量控制指标					
1. 大气污染物宏观总量控制					
大气污染物（SO_2、烟尘、工业粉尘、NO_x）总排放量；燃烧废气总排放量、消烟除尘量；工艺废气排放量、消烟除尘量；工艺废气排放、处理量；工业废气处理量、处理率；新增废气处理能力	0	0	0		0
大气污染物（SO_2、烟尘、工业粉尘、NO_x）去除量（回收量）和去除率（回收率）	0	0			0（NO_x 选择）
1t/h 以上锅炉数量、达标量、达标率；窑炉数	0	0	0		选择
汽车数量、耗油量、NO_x 排放量		0			选择
2. 水污染物宏观总量控制					
工业用水量和工业用水重复利用率，新鲜水用量	0	0	0	0	0
废水排放总量；工业废水总量、外排放；生活污水总量	0	0	0	0	0
工业废水处理量、处理率、达标率、处理回用量和回用率，外排工业污水达标量、达标率		0	0	0	选择
新增工业废水处理能力		0	0	0	选择
万元产值工业废水排放量	0	0	0	0	0
废水中污染物（COD、BOD、重金属）的产生量、排放量、去除量	0	0	0	0	0
3. 工业固体废物宏观控制					
工业固体废物（冶炼渣、粉煤灰、炉渣、煤矸石、化工渣、尾矿、其他）生产量、处置率、堆存量，累计占地面积，占耕地面积	0	0	0		0
工业固体废物（冶炼渣、粉煤灰、炉渣、煤矸石、化工渣、尾矿、其他）综合利用量、综合利用率；产品利用量、产值、利润；非产品利用量	0	0	0		0

续表

指标类别与内容	应用范围				要求
	省域	城市	部门行业	流域	
有害废物产生量、处置量、处置率	0	0	0		选择
4. 乡镇环境保护规划					
乡镇工业大气污染物排放（产生）量、治理量、治理率、排放达标率	0	0			选择
水污染物排放（产生）量、削减量、治理量、治理率、排放达标率	0	0			选择
固体废物产生量、综合利用量、排放量	0	0			选择
三、环境规划措施与管理指标					
1. 城市环境综合整治					
燃料气化：建成区居民户数、使用气体燃料户数、城市气化率		0			0
型煤：城市民用煤量、民用型煤普及率		0			选择
集中供热：采暖建筑面积，集中供热面积，热化率，热电联产供热量		0			选择
烟尘控制区：建成区总面积，烟尘控制区面积及覆盖率		0			0
汽车尾气达标率		0			0
城市污水量、处理量、处理率、处理厂数及能力（一、二级）和处理量；氧化塘数、处理能力及处理量；污水排海量、土地处理量		0			0
地下水位、水位下降面积、区域水位降深；地面下沉面积、下沉量		0			0
工业固体废物集中处理厂数、能力、处理量	0			0	0
生活垃圾无害化处理量、处理率；机械化清运量、清运率；建成区人口、绿色面积、覆盖率；人均绿地面积		0			0
2. 乡镇环境污染控制					
污染严重的乡镇企业数，关、停、并、转、迁数目	0	0			选择
污灌水质	0	0			选择
3. 水域环境保护					
功能区：工业废水、生活污水、COD、氮氧纳入水量（湖泊加总磷、总氮纳入量）	0	0		0	0
监测断面：COD、BOD、DO、氨氮浓度或达到地表水水质标准类别（湖泊取 COD 值、氮、磷浓度）	0	0		0	0
海洋功能区划：工业废水和生活污水入海通量	0				选择
4. 重点污染源治理					
污染物处理量、削减量；工程建设年限、投资预算及来源	0	0	0		0
5. 自然保护区建设与管理					
重点保护的濒危动植物物种和保存繁育基地数目、名称	0				0
自然保护区类型、数量、面积、占国土面积百分比、新辟建的自然保护区	0				0
6. 投资					
环境保护投资总额占国民收入的百分比	0	0	0		0
环境保护投资占基本建设和技改资金的比例	0	0	0		0

续表

指标类别与内容	应用范围				要求
	省域	城市	部门行业	流域	
四、相关指标					
1. 经济					
国民生产总值：工、农业生产总值及年增长率；部门工业产值	0	0			选择
工业密度：单位占地面积企业数、产值	0	0			选择
2. 社会					
人口总量与自然增长率、分布、城市人口	0	0			选择
3. 生态					
森林覆盖率、人均森林资源量、造林面积	0	0			选择
草原面积、产量（kg/hm^2）、载畜量、人工草场面积	0	0			选择
耕地保有量、人均量；污灌面积；农药化肥污染土壤面积	0	0			选择
水资源：水资源总量、调控量、水资源面积、水利工程、地下水开采	0	0			选择
水土流失面积、治理面积、减少流失量	0	0			选择
土地沙化面积、沙化控制面积	0				选择
土地盐渍化面积、改良复垦面积					选择
农村能源、生物能源占能源的比重，薪柴林建设					选择
生态农业试点数量及类型					选择

注：省内城市按城市要求，城市内行业按行业要求。

① 0：指环境规划中一般必须考虑的指标。

② 选择：指根据城市环境规划、功能区类型不同有选择地应用。

资料来源：尚金城等．城市环境规划 [M]. 北京：高等教育出版社，2008.

3　城市环境质量评价与预测

3.1　城市环境质量评价

3.1.1　城市环境质量评价的内容

（1）环境回顾评价

环境回顾评价是为检验区域内各类开发活动已造成的环境影响和效应，以及污染控制措施的有效性，对区域的经济、社会、环境等发展历程进行总结，并对原区域环评预测模型和结论正确性进行验证，查找偏差及原因。通过环境回顾评价，可掌握区域环境背景状况，在较大时空尺度上分析区域环境发展趋势和环境影响累积特征，找出区域经济、污染源、环境质量的因果关系，从而为区域产业结构优化和环境规划提供重要支撑。

环境回顾评价需根据积累的资料进行环境模拟，或者采集样品，分析和推算以往的环境状况。如可通过污染物在树木年轮中含量的分析推知该地区污染物浓度变化状况。环境回顾评价包括对污染浓度变化规律、污染成因、污染影响环境程度的评估，对环境治理效果的评估等内容。此外，工程污染源、污染物、污染治理措施、环境影响现状、环保对策、公众反应等也是环境回顾评价的内容。

（2）环境现状评价

环境现状评价是依据一定的标准和方法，着眼当前情况，对区域内人类活动所造成的环境质量变化进行评价，为区域环境污染综合防治提供科学依据。环境现状评价包括环境污染评价和自然环境评价：

1）环境污染评价。是对污染源、污染物进行调查，了解污染物的种类、数量及其在环境中的迁移、扩散和变化，表征各种污染物分布、浓度及效应在时空上的变化规律，对环境质量的水平进行分析和评价。

2）自然环境评价。是以维护生态平衡，合理利用和开发自然资源为目的，对区域范围的自然环境各要素的质量进行的评价。

（3）环境影响评价

又称环境影响分析。是指对建设项目、区域开发计划及国家政策实施后可能对环境造成的影响进行预测和估计。1969 年，美国首先提出环境影响评价概念，并在《国家环境政策法》中定为制度，随后西方各国陆续推广。中国于 1979 年确定环境影响评价制度。根据开发建设活动的不同，可分为单个开发建设项目的环境影响评价、区域开发建设的环境影响评价、发展规划和政策的环境影响评价（又称战略影响评价）等三种类型。按评价要素，可分为大气环境影响评价、水环境影响评价、土壤环境影响评价、生态环境影响评价等。影响评价的对象包括大中型工厂；大中型水利工程；矿业、港口及交通运输建设工程；大面积开垦荒地、围湖围海的建设项目；对珍稀物种的生存和发展产生严重影响、或对各种自然保护区和有重要科学价值的地质地貌地区产生重大影响的建设项目；区域的开发计划；国家的长远政策等。值得注意的是，2003 年 9 月 1 日起施行的 《中华人民共和国环境影响评价法》对环境影响评价的定义包含了新的内容："本法所称环境影响评价，是指对规划和建设项目实施后可能造成的环境影响进行分析、预测和评估，提出预防或者减轻不良环境影响的对策和措施，进行跟踪监测的方法与制度。"

3.1.2 城市环境质量评价的步骤

城市环境质量评价的步骤包括：环境调查、环境污染监测、模拟实验、系统分析、综合评价等几个步骤。

（1）环境调查

包括自然环境调查、人工环境调查和污染源调查。自然环境调查主要内容有水文（地面水和地下水）、气象、地形地貌、地质、土壤、植被等；人工环境调查主要内容有人口、建筑物、绿地、交通、市政设施、服务设施和文化设施的数量及其空间分布等；污染源调查主要内容有污染源的位置、类型、排放污染物的种类和数量、污染物的排放方式和规律等。

（2）环境污染监测

包括环境质量、环境背景和污染物排放的监测，为环境质量评价提供数据。

（3）模拟实验

包括大气扩散风洞实验、河流污染自净实验、污染物渗透实验、动物毒理学实验等，从而获得进行环境现状评价和预测评价所需的各种数据。

（4）系统分析

根据上述各种调查研究工作所得的资料，从整体环境出发，运用系统工程方法分析环境系统中的各种问题，提出合理的调整、控制方案。

(5) 综合评价

在完成环境调查、环境污染监测和必要的模拟实验的基础上，对各种资料、数据进行综合分析研究，通过计算，以评价图的形式，近似地描述城市现状环境质量的总体状况，并指出城市环境存在的主要问题。

3.2 城市环境预测

环境预测是指根据人类过去和现有已掌握的信息、资料、经验和规律，运用现代科学技术手段和方法对未来的环境状况和环境发展趋势及其主要污染物和主要污染源的动态变化进行描述和分析。

3.2.1 环境预测的依据

(1) 社会经济发展规划

城市环境规划预测的主要目的，就是预先推测出实施经济社会发展达到某个水平年时的环境状况，以便在时间和空间上作出具体的安排和部署。所以这种环境预测与经济发展的关系十分密切，且把社会经济发展规划（发展目标）作为环境预测的主要依据。

(2) 城市规划区的环境质量评价

城市规划区的环境质量评价是环境预测的基础工作和依据，通过环境评价探索出经济社会发展与环境保护间的关系和变化规律，从而为建立规划预测或决策模型提供信息、数据和资料打下基础。

(3) 社会经济发展规划水平年的发展目标

城市规划区内经济开发和社会发展规划中各水平年的发展目标是环境预测的主要依据，这是因为一个地区的经济社会发展与环境质量状况存在一定的相关性，利用这种关系才能作出未来环境状况的科学预测。

(4) 城市建设发展规划的各种资料

城市建设总体发展战略和发展目标、交通运输等有关资料都是环境预测的依据资料，例如城市集中供热、发展型煤、煤气化、绿化、建立污水处理厂等，都直接关系未来环境的状况，这些数据资料都是环境预测所不可缺少的。

3.2.2 环境预测的类型

进行环境预测时，根据预测目的的不同，所采用的数据是不一样的，因而其结果也就不一样。按预测目的可分为：警告型预测（趋势预测）、目标导向型预测（理想型预测）和规划协调型预测（对策型预测）。

(1) 警告型预测

警告型预测是指城市在人口和经济按历史发展趋势增长、环境保护投资、防治管理水平、技术手段和装备力量均维持目前水平的前提下，未来环境的可能状况。其目的是提供环境质量的下限值。它也是指在工业结构等不发生重大变化，环境保护投资与总投资的比例不变的前提下，按目前的状况等比例发展下去，预测年环境污染所可能达到的状况。

(2) 目标导向型预测

目标导向型预测是指人们主观愿望想达到的水平。目的是提供环境质量的上限值。它是为了使水平年污染物浓度达到环境保护要求，排污系数应有的递减速率及污染排放量应达到的基准。

(3) 规划协调型预测

规划协调型预测是指通过一定手段，使城市环境与经济协调发展所可能达到的环境状况。这是预测的主要类型，也是规划决策的主要依据。它是指在充分考虑到技术进步、环境保护治理能力、企业管理水平、产业结构的更新换代等动态因素的前提下，对环境质量达到的切合实际的预测。

3.2.3 环境预测的主要内容

(1) 城市社会和经济发展预测

城市社会和经济发展预测的主要内容包括规划期内城市区域内的人口总数、人口密度、人口分布等方面的发展变化趋势；区域内人们的道德、思想、环境意识等各种社会意识的发展变化；人们的生活水平、居住条件、消费倾向、对环境污染的承受能力等方面的变化；城市区域生产布局的调查、生产力发展水平的提高和区域经济基础、经济规模和经济条件等方面的变化趋势。社会发展预测的重点是人口预测，经济发展预测的重点是能源消耗预测、国民生产总值预测、工业部产值预测。

(2) 城市环境容量和资源预测

根据城市区域环境功能的区划、环境污染状况和环境质量标准来预测区域环境容量的变化，预测区域内各类资源的开采量、储备量以及资源的开发利用效果。

(3) 环境污染预测

预测各类污染物在大气、水体、土壤等环境要素中的总量、浓度以及分布的变化，预测可能出现的新污染物种类和数量。预测规划期内由环境污染可能造成的各种社会和经济损失。污染物宏观总量预测的要点是确定合理的排污系数（如单位产品和万元工业产值排污量）和弹性系数（如工业废水排放量与工业产值的弹性系数），环境污染预测的要点是确定排放源与汇之间的输入响应关系。

沈阳市基于情景Ⅲ（指超常规发表）的主要污染物排放量预测见表16–2–2。表16–2–3为唐山市区各功能区两季代表时段大气污染物日平均浓度预测结果。

(4) 环境治理和投资预测

预测各类污染物的治理技术、装置、措施、方案以及污染治理的投资和效果，预测规划期内的环境保护总投资、投资比例、投资重点、投资期限、投资效益等。

(5) 生态环境预测

城市生态环境预测，包括水资源的贮量、消耗量、地下水位等，城市绿地面积、土地利用状况、城镇化趋势等；预测城郊农业生态环境，包括农业耕地数量和质量，盐碱地的面积和分布，水土流失的面积和分布；此外还要预测城市区域内的物种、自然保护区、旅游风景区的变化趋势等。

情景Ⅲ的预测结果　　表 16–2–2

指标	单位	2004 年状况	2010 年预测	2015 年预测
总人口数	万人	693.9	1000	1100
GDP	亿元	1900.7	3500	5600
工业生产总值	亿元	1493.4	3010	4500
第三产业总产值	亿元	849.5	1519	2500
三产比例	%	5.8 : 49.5 : 44.7	4.6 : 52 : 43.4	3 : 52 : 45
全市污水排放量	104t/ 年	67574.64	93075	102565
市内 7 区污水量	104t/ 年	61195.9	81500	83796
COD 排放量	104t/ 年	9.14	21.61	23.8
NH_3–N	104t/ 年	1.45	4.67	5.15

资料来源：尚金城等．城市环境规划［M］．北京：高等教育出版社，2008.

2002 年唐山市区各功能区两季代表时段大气污染物日平均浓度预测结果（mg/m^3）　　表 16–2–3

季节	区域	污染物	功能区						
			1	2	3	4	5	6	7
采暖季	中心区	SO_2	0.154	0.137	0.159	0.176	0.167	0.217	0.151
		TSP	0.362	0.310	0.344	0.386	0.328	0.443	0.319
		PM_{10}	0.199	0.170	0.207	0.240	0.214	0.295	0.184
	丰南区	SO_2	0.122	0.158	0.110	0.112	0.126	—	—
		TSP	0.397	0.453	0.411	0.422	0.423	—	—
		PM_{10}	0.184	0.225	0.199	0.208	0.205	—	—
	丰润区	SO_2	0.121	0.119	0.123	—	—	—	—
		TSP	0.313	0.314	0.331	—	—	—	—
		PM_{10}	0.181	0.175	0.187	—	—	—	—
	古冶区	SO_2	0.114	0.115	—	—	—	—	—
		TSP	0.333	0.351	—	—	—	—	—
		PM_{10}	0.179	0.187	—	—	—	—	—
非采暖季	中心区	SO_2	0.066	0.070	0.076	0.114	0.069	0.146	0.085
		TSP	0.341	0.312	0.332	0.406	0.301	0.447	0.327
		PM_{10}	0.175	0.183	0.199	0.271	0.185	0.310	0.207
	丰南区	SO_2	0.049	0.041	0.031	0.036	0.058	—	—
		TSP	0.335	0.352	0.335	0.336	0.349	—	—
		PM_{10}	0.174	0.188	0.179	0.178	0.185	—	—
	丰润区	SO_2	0.050	0.054	0.059	—	—	—	—
		TSP	0.309	0.316	0.348	—	—	—	—
		PM_{10}	0.172	0.176	0.202	—	—	—	—
	古冶区	SO_2	0.060	0.062	—	—	—	—	—
		TSP	0.341	0.361	—	—	—	—	—
		PM_{10}	0.183	0.196	—	—	—	—	—

资料来源：尚金城等．城市环境规划［M］．北京：高等教育出版社，2008.

3.2.4　环境预测方法

目前，有关环境预测的技术方法大致可分为两类：

(1) 定性预测技术

常常带有强烈的主观色彩，在某种意义上跟现代化的管理水平是不相适应的。但定性预测技术方法以逻辑思维为基础，综合运用这些方法，对分析复杂、交叉和宏观问题十分有效。如专家调查法（召开会议、书面征询意见）、历史回顾法、列表定性直观预测等。

(2) 定量（或半定量）预测技术

定量预测有时相当复杂，但由于计算机技术已得到广泛应用，因此，只要能够获取过去一段时间内的有效信息，便可通过建立一定的数学模型，再通过计算机来完成预测工作。由于城市环境规划是要达到合理投资、使用与支配环境保护资金的目的，所以应尽可能使预测定量化。定量预测技术以运筹学、系统论、控制论、系统动态仿真和统计学为基础，对于定量分析环境演变，描述经济社会与环境相关关系比较有效。常用方法有趋势外推法、回归分析法等。只有具有外推性的模型才具有预测功能。所谓外推性是指从时间发展来看，事物所具有的某种规律性。

3.2.5　环境预测结果的综合分析

对预测结果进行综合分析评价，目的是找出主要环境问题及其主要原因，并由此规定城市环境规划的对象、任务和指标。预测的综合分析主要包括下述内容。

(1) 城市资源态势和经济发展趋势分析

分析规划区的经济发展趋势和资源供求矛盾，并对重大工程的环境影响、经济效益进行分析说明。同时分析影响经济发展的主要制约因素，以此作为制定发展战略、确定环境规划区功能的重要依据。

(2) 城市环境污染发展趋势分析

明确城市须控制的主要污染物、污染源、污染地域或受污染的环境介质。明确大气、水体的环境质量变化趋势，指出其与功能要求的差距，确定重点保护对象。必要时，可定量给出污染造成的危害和损失（如经济损失、健康危害）等，以此加强环境规划的重要性和说服力。

(3) 城市环境风险分析

环境风险有两种类型：一类是指一些重大的环境问题，例如全球气候变化、臭氧层破坏或严重的环境污染问题等，一旦发生会造成全球或区域性危害甚至灾难；另一类是指偶然的或意外发生的事故对环境或人群安全和健康的危害。

这类事故所排放的污染物往往量大、集中、浓度高、危害也比常规排放严重。如核电站泄漏事故、化工厂爆炸、水库溃坝、交通运输中有毒物质的溢泄、尾矿库或电厂灰库溃坝等。对环境风险的预测和评价，有助于针对性地采取措施，防患于未然，或者制定应急措施，在事故发生时可减少损失。

4　城市水环境规划

4.1　城市水环境规划的技术路线

城市水环境规划是以城市水环境改善和水资源优化配置为目标，以水质改善、水生态修复、水生态及生态景观建设及水资源开发利用为核心，针对城市水环境主要问题，制订合理的水环境规划目标和指标体系，并提出实现目标和指标的规划方案。简言之，城市水环境规划是完成特定规划时期内的城市水环境保护目标所做的设计。

城市水环境规划的技术路线图 16–2–1 所示。

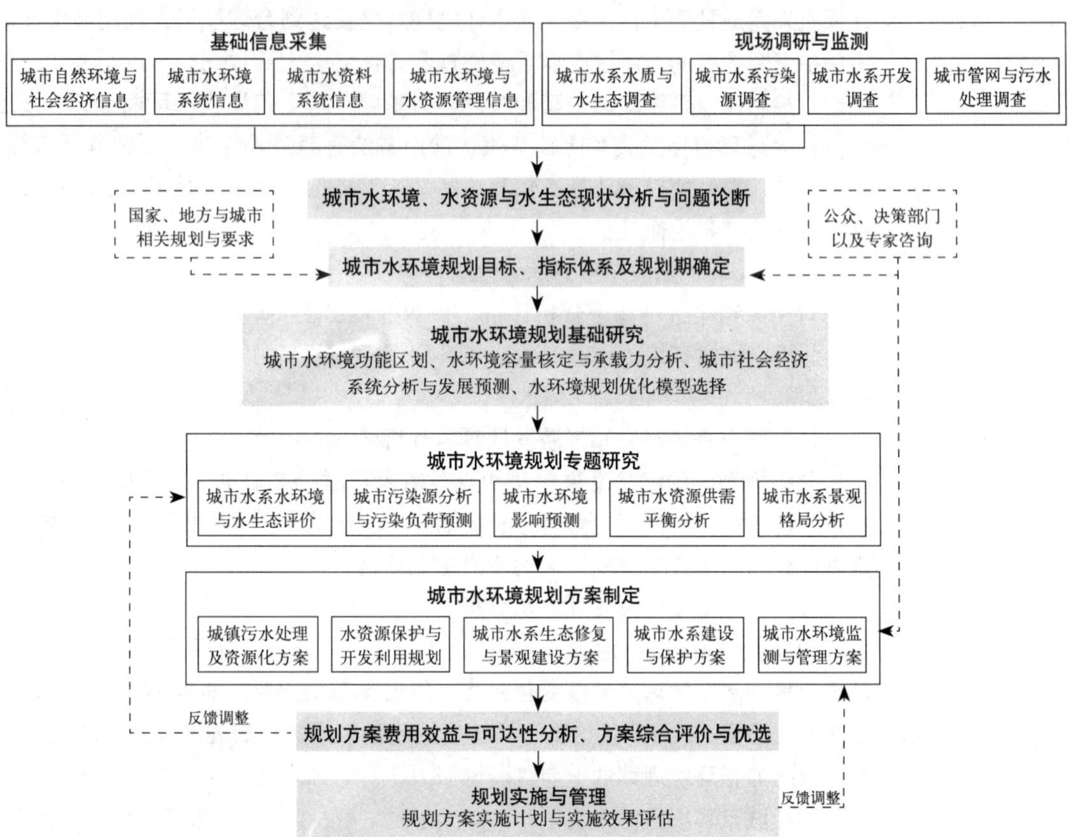

图 16–2–1　城市水环境规划的技术路线

资料来源：尚金城等．城市环境规划［M］．北京：高等教育出版社，2008.

4.2　城市水环境调查与评价

城市水环境调查与评价的主要内容为区域概况调查、污染源调查、水资源调查、水环境质量评价等几个方面。

区域概况调查主要包括城市自然环境、社会经济与管理信息调查。水污染源调查分为工业污染源、城市生活源和非点源等。调查内容包括不同污染源的数量和排放去向，分析城市管网分布以及不同污染源的入河量。

调查结果可在表 16–2–4 的表格中汇总。

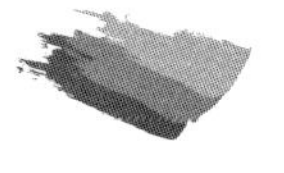

城市水环境污染源调查基础数据汇总　　表 16–2–4

接纳水体	污水排放量				主要污染物排放量				入河系数			
	工业	规模化养殖	生活	非点源	工业	规模化养殖	生活	非点源	工业	规模化养殖	生活	非点源
1												
2												
3												
…												
n												

资料来源：本书编写组自制．

城市水资源调查的主要内容是分析城市水资源供需平衡，按照行业分类城市需水可分为工业用水、生活用水、城郊农村用水以及生态环境用水等。其中，城市生态环境需水由生态需水和环境需水两部分构成，主要是指维护城市绿地和河流生态系统健康的水量，以及改善城市水体的水质和水量等。

水环境质量评价主要是对水质进行评价。水质评价的基本步骤为：基础检测数据收集、评价参数选择、评价标准确定、评价方法选择、评价结果与评价结论总结等。应注意，单因子评价方法虽然简便易行，但无法反映出水质的全部特征。在实际研究中，也可采用综合污染指数法、水质质量系数法、有机污染综合评价法等对水质进行评价。对于有长期检测资料的城市水系，可采取时间序列分析方法，对水质的长期变化趋势进行分析和评价。对于城市湖泊，尚需对其富营养化状况进行评价。

4.3 城市水环境容量分析

4.3.1 城市水环境容量定义及类型

水环境容量的定义来源于环境容量，是指在特定条件以及水体功能目标约束下水体的最大允许纳污量。水环境容量的大小与水体特征、水质目标和污染物特性有关。水环境容量是城市污染物总量控制的依据之一。在实践中，水环境容量是环境目标管理的基本依据，是水环境规划的主要环境约束条件，也是污染物总量控制的关键参数。

水环境容量按水环境目标分类有：①自然环境容量，以污染物在水体中的基准值为水质目标，则水体的允许纳污量称为自然环境容量。②管理（规划）环境容量：以污染物在水体中的标准值为水质目标，则水体的允许纳污量称为管理环境容量；以水污染损害费用与治理费用之和最小为约束条件所规划的允许向水体中的排污量，称为规划环境容量。

水环境容量按污染物性质分类有：①耗氧有机物的水环境容量。耗氧有机物能被水中生物氧化分解为简单的无机物，因此有较大的水环境容量。该容量即是通常所说的水环境容量；②有毒有机物的水环境容量；③重金属的水环境容量。

4.3.2 水环境容量的计算

水环境容量的计算需要根据不同的城市水系特征选用不同的模型，并确定

不同的参数。模型和参数可根据水系的特点确定，也可以参考同区域内的相关研究或者相关研究机构和政府部门发布的指导性意见，如：国家环境保护总局环境规划院发布的《全国水环境容量核定技术指南》。在此基础上，将模型计算得到的结果作为理想水环境容量，在扣除各控制单元非点源入河量以及来水本底污染物量的本底值后，作为水环境容量，按照各控制单元工业生活入河系数，折算到陆上，得到最大允许排放量。

传统的水环境规划确定的水体纳污能力只考虑点源污染，将可利用的水环境容量完全分配给点源污染排放，从而确定工业污染物的减排方案和污水处理厂等污水处理设施的建设方案。但随着非点源污染问题的日益突出，一些城市的非点源污染成为城市水环境污染的主要贡献者。因此，水环境规划必须既考虑点源污染，又考虑非点源污染（图 16–2–2）。

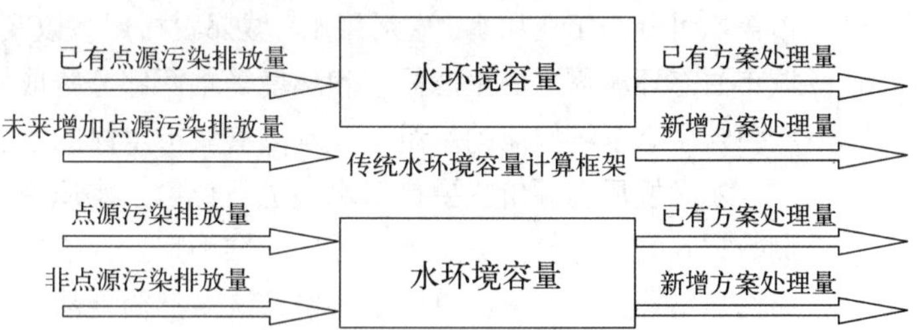

图 16–2–2 水环境容量计算框架示意图

资料来源：杨志峰、徐琳瑜．城市生态规划学[M]. 北京：北京师范大学出版社，2008.

沈阳市各水体容量分布见表 16–2–5。

沈阳市各水体容量分布（t/a） **表 16–2–5**

水体名称	理想水环境容量					
	COD	NH3–N	COD	NH3–N	COD	NH3–N
沈阳总计	67214	3356	66953	3319	78737	3901
浑河沈阳段	38779.18	2187.55	38671.21	2174.65	50865	2558
辽河沈阳段	20672.7	1093.9	20536.61	1073.5	25680	1260
北沙河	1762.5	75	1745.7	71.3	2192	83

资料来源：尚金城等．城市环境规划 [M]．北京：高等教育出版社，2008.

4.4 城市水环境功能区划与控制单元划分

城市水环境功能区划分为两个层次：水环境功能区划和水污染控制单元划分。功能区划的目的在于确定水体的使用功能，并依据功能目标确定环境质量目标，为水环境容量核算提供依据。在此基础上，为便于模拟、计算和容量分配，则需要划分水污染控制单元，即水域及其源所构成的可操纵实体。其中，水域是根据水体不同的使用功能并结合行政区划而定，在城市主要是河段；源则是排入相应受纳水域的所有污染源的集合。

4.4.1 城市水环境功能分区原则

城市地表水环境功能区划分的原则可归纳如下。

(1) 饮用水源地优先保护原则

据国务院发布的《关于落实科学发展观加强环境保护的决定》所示，饮用水源地是水环境保护的重中之重。因此，在规定的5类功能区中，以饮用水水源地为优先保护对象。在保护重点功能区的前提下，可兼顾其他功能区的划分。

(2) 现状使用功能保持原则

该原则要求不得降低现状使用功能，并兼顾规划功能。对于一些水资源丰富、水质较好的地区，在开发经济、发展工业、制订规划功能时，应经过严格的经济技术论证，并报上级批准。

(3) 统筹考虑专业用水标准要求的原则

对于专业用水区，如卫生部门划定的集中式饮用水取水口及其卫生防护区，渔业部门划定的渔业水域，排污河渠的农灌用水，均执行专业用水标准。

(4) 兼顾原则

该原则是指上下游、区域间互相兼顾，适当考虑潜在功能要求。划分功能区不应影响潜在功能的开发和下游功能的保障。在功能区划分中，要对可被生物富集的或环境累积的有毒有害物质所造成的环境影响给予充分的考虑。此外，地表水环境功能区划要充分考虑对地下饮用水源地污染的影响，如属地下饮用水源地的补给水，或地质结构造成明显渗漏时，应考虑对地下饮用水源地的影响。

(5) 合理利用水环境容量原则

该原则要求合理利用水体自净能力和环境容量。在功能区划分中，要从不同水域的水文特点出发，充分利用水体的自净能力和水环境容量。

(6) 与陆上用地布局综合统筹

该原则要求与陆上工业合理布局相结合，划分功能区要层次分明．突出污染源的合理布局，使水域功能区划分与陆上工业合理布局、城市发展规划相结合。

(7) 实用性和可行性原则

该原则要求分区要实用可行，便于管理。功能区的划分方案要实用可行，有利于强化目标管理，解决实际问题。

4.4.2 城市水环境功能分区依据

根据《地表水环境质量标准》(GB 3838—2002) 的规定，地表水环境保护功能区和水质类别的对应关系如下：

Ⅰ类：主要适用于源头水、国家自然保护区；

Ⅱ类：主要适用于集中式生活饮用水地表水源地一级保护区、珍稀水生生物栖息地、鱼虾类产卵场、幼鱼的索饵场等；

Ⅲ类：主要适用于集中式生活饮用水地表水源地二级保护区、鱼虾类越冬场、洄游通道、水产养殖区等渔业水域及游泳区；

Ⅳ类：主要适用于一般工业用水区及人体非直接接触的娱乐用水区；

Ⅴ类：主要适用于农业用水区及一般景观要求水域。

其中，饮用水源地、工业用水以及娱乐用水是城区的主要用水类型。

4.4.3　城市水环境功能区划的方法

城市水环境保护功能区划分的目的是提出明确的水质保护目标并最终加以实现。鉴于城市水环境系统的复杂性和整体性特征，对其功能的划分和水质目标的确定是一个系统的分析过程，主要包括：①分区保护目标的提出，这是一个系统分析和反馈修正的过程。从拟订的环境保护目标出发，到确定最终的环境目标，需要经过反复论证和考核。初定的环境目标往往不单一，且经济、技术可行性也有多个约束，所以一个环境目标必须经过多次重复过程才能确定。②环境质量标准的确定，将目标具体化为水环境质量标准中的数值。③可达性分析，主要是对功能可达性进行分析，进而确定污染源。④定量模拟与评价，建立污染源与水质目标之间的定量关系及影响评价。将各种污染源排放的污染物输入各类水质模型，以评价污染源对水质目标的影响。⑤分析实现环境目标的各种可能的途径和措施，为定量优化选择可行方案作准备。⑥通过对多个可行方案的优化决策，确定技术、经济最优的方案组合。⑦协调与决策，即政策协调和管理决策，最终确定环境保护目标和水环境功能区划分方案。如果第六步所提方案不合适，则返回到第一步，再重复后面的过程。

4.4.4　城市水污染控制单元

水污染控制单元作为可操作实体，既可体现输入响应关系时间、空间与污染物类型的基本特征，又可以在单元内与单元间建立量化的输入响应模型，反映出源与目标间、区域与区域间的相互作用；优化决策方案可以在控制单元内得以实施；复杂的系统问题可以分解为单元问题来处理，以使整个系统的问题得到最终解决。

（1）水污染控制单元的划分

在城市水环境污染分析的基础上，综合考虑行政区划、水域特征、污染源分布等特点，将源所在区域与受纳水域划分为若干个不同的水污染控制单元。在水污染控制单元划分时，需注意如下问题：①对于每一个控制单元，可单独进行环境评价，实施不同的控制路线；②针对不同的水质目标和不同的污染物，在同一区域可以有多种控制单元的划分方案，以适应解决不同环境问题的需要。对于不同的控制目的，可以有不同的控制单元与之相对应；③在每个控制单元内，污染物排放清单应齐全，水域控制断面应有常规监测资料；④对各控制单元间的相互影响，应根据水量与质量平衡关系，通过污染物的输入和输出来定量表达。

（2）水污染控制单元解析归类

解析归类的工作包括：①水污染控制单元划分；②对各控制单元的主要功能进行分析说明，包括单元控制范围内的主要功能区及其所在位置和范围等，以及各功能区应执行《地表水环境质量标准》（GB 3838—2002）的类别或专业用水标准；③水质现状及控制断面的确定，包括单元控制范围内设立的控制断面作用和水质情况；④排放情况和主要污染源情况分析。收集各单元内污染源的位置、排放方式、排放强度和排放量，分析不同污染物的主要污染源以及水

体污染现状，确定各个单元间的当前排放情况；⑤排污量与水质预测，说明预测年控制单元内污染物的排放情况。利用水量、质量平衡关系预测设计——水文条件下控制断面的水质；⑥主要水环境问题诊断。根据水质监测数据，以地表水水质标准为依据，对各控制单元水质状况进行评价，明确现阶段各单元的主要水环境问题；⑦控制路线的制订。分析单元内各污染源不同污染指标的控制路线，控制路线即指浓度控制、总量控制或浓度控制与总量控制相结合；⑧容许排放量的确定。在设计条件下，根据各控制断面控制因子应达到的标准值，计算单元内各排放口排入受纳水域的容许纳污量。

通过对各个控制单元的解析与评价，给出所研究水域内各单元的总体综合性结论。

5　城市大气环境规划

大气环境是城市生态系统的重要环境要素，直接关系到人类的健康状态。城市大气环境规划能够有效地保障人类的安全、维护环境的健康，是城市生态环境规划的重要内容。与城市水生态规划关注的角度不同，城市大气环境规划的主要目的是保障城市大气污染物排放在环境容量范围内，因此更侧重于大气环境污染控制。此外，由于能源燃烧排放和交通尾气排放均是主要的大气污染源，因此城市大气环境规划与城市能源利用规划、交通规划等有直接密切的关系，应相互协调、互为补充。

5.1　规划程序

城市大气环境规划即通过现场调查，确定主要污染源及污染物，在污染源及环境质量现状分析和发展趋势分析的基础上，根据污染气象特征和国家大气环境质量标准的要求，将大气环境划分成不同的功能区域并且确定环境容量，通过对污染源变化和环境影响进行预测，选择规划方法和相应的参数，制订城市大气污染综合整治规划，确保规划年大气污染物控制在环境容量范围内。城市大气环境规划程序如图16–2–3所示。

唐山市区大气环境质量全面达标规划的技术路线图16–2–4所示。

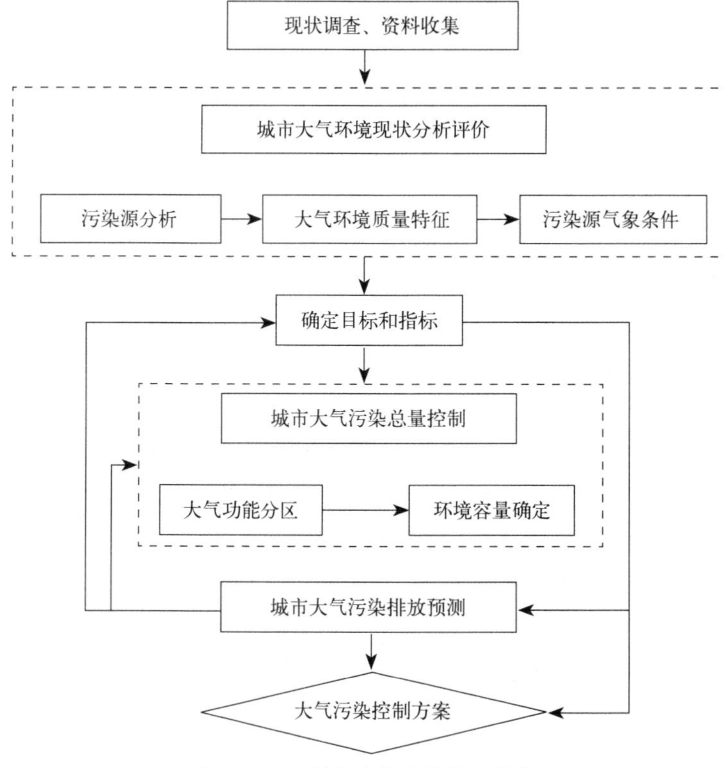

图16–2–3　城市大气环境规划程序

资料来源：杨志峰、徐琳瑜．城市生态规划学[M]．北京：北京师范大学出版社，2008.

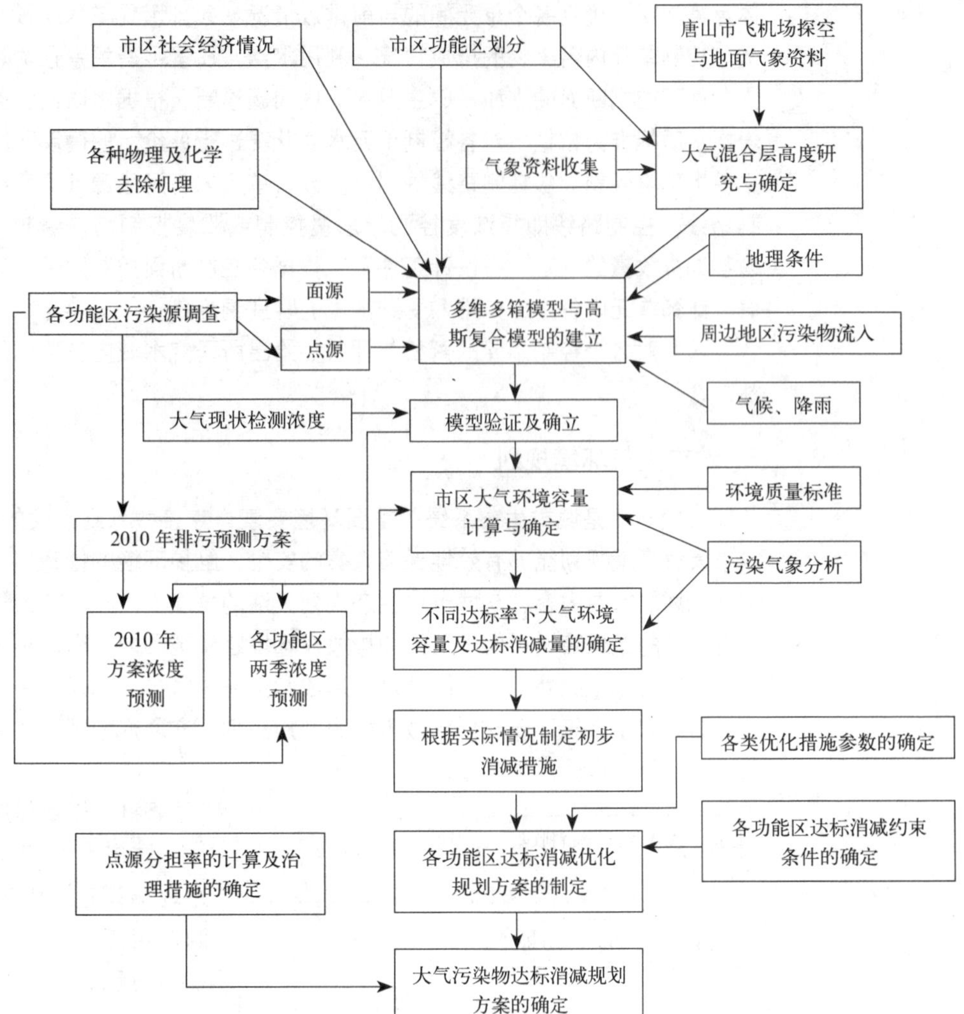

图 16-2-4　唐山市区大气环境质量全面达标规划技术路线图
资料来源：尚金城等．城市环境规划 [M]. 北京：高等教育出版社，2008.

5.2　主要内容

5.2.1　现状调查、资料搜集

主要是城市大气基础数据的搜集和整理分析。包含确定污染因子、基准年，污染源调查，污染源清单编制，城市大气污染现状数据搜集与分析，城市建设与发展规划、气象资料等其他相关资料的搜集与分析。数据资料要尽量详细，尤其是污染源调查与清单编制，其对容量计算结果有较大的影响。

5.2.2　大气环境质量现状分析

主要包括三部分：大气污染物与污染源分析、污染气象条件分析、大气环境质量现状评价。

(1) 大气污染物与污染源分析

大气污染物的种类与数量、排放方式、污染源位置，直接关系到其影响对象、范围和影响程度。大气环境规划涉及人为污染源，人为大气污染源可分为

三类：工业污染源、生活污染源和交通污染源。大气污染物包括烟尘、粉尘、SO_2、NOx、CO 等，可选取其中几种主要污染物进行分析。如果该地区还有污染严重的其他大气污染物（特征污染物），也要进行调查与分析。

（2）污染气象条件分析

地面大气污染物浓度是由污染物排放量及污染气象条件等因素共同决定的，相同的污染源排放的大气污染物，在不同的气象条件下可能产生不同的污染物浓度分布。污染气象条件的好坏反映了当地大气自净能力的高低，污染气象条件评述是大气环境规划不可缺少的重要内容。要全面地了解污染气象情况，首先需要全面地了解当地的气候特征，主要包括气温、降水、风和日照四要素，必要时可增加气压和湿度的统计；其次就是对主要的污染气象的分析，包括混合层高度、大气稳定度、风向频率、平均风速、污染系数等。

（3）大气环境质量评价

大气环境质量评价的目的是正确认识规划区的大气环境质量现状、地区差异和变化趋势，它是确定环境规划目标、大气污染综合整治方案及投资比例的基础。一般来说城市大气环境质量评价包括回顾性分析和现状评价两部分。回顾性分析是根据历年资料对城市环境空气中主要污染物（如城市大气污染指数 API、SO_2、NOx、PM_{10}）以及酸雨情况等）的变化及趋势进行分析。现状评价是对当年城市环境空气质量的分析评价，主要针对现状条件下大气污染物浓度变化、本地污染物和周围区域污染物的关系，找出城市存在的主要大气环境问题。

5.2.3 确定目标和指标

根据大气环境现状分析评价的结果，确定城市大气环境规划的总目标和阶段目标，并且选择城市大气主要污染物及反映城市大气环境质量水平的参数为指标。参考《环境空气质量标准》（GB 3095—1996）及发达国家平均水平等相关标准确定标准值。

5.2.4 大气环境容量分析

大气环境容量是指在特定区域、特定气象条件、特定的自然边界条件及特定的排放源结构条件下，满足该区域大气环境质量要求所允许的区域大气污染物的最大排放量。大气环境容量分析是污染物总量控制的基础和依据，因此核定大气容量至关重要。

5.2.5 城市大气污染物排放预测

城市大气污染物排放预测能够为规划方案的选择提供有效依据。在规划方案选择中，一般通过情景分析方法进行基准情景和控制情景预测。基准情景是假设保持城市目前的经济发展和能源利用趋势，并根据未来规划年可能的能源需求预测其大气污染物排放情况，其中包括基本的控制节能措施。控制情景是根据设定的控制措施及减排措施等情况，预测规划年可能的排污情况。

5.2.6 大气污染控制方案优化

大气污染控制方案应以永续发展战略思想为指导，发展循环经济、清洁生产以及生态建设，分别从宏观战略、中观管理、微观控制三个层次来确定。在实际操作中，根据大气环境容量核算以及城市大气污染物排放预测，在容量和

排放量比较的基础上确定城市污染物排放的最优化布局方案。优化布局方案是进行污染管理的最终目的。

5.3　大气环境功能区划

大气环境功能区划是以城市环境功能分区为依据，根据自然环境概况、土地利用规划、规划区域气象特征和国家大气环境质量的要求，将规划城市按大气环境质量划分为不同的功能区，其功能区划见表 16–2–6，对应于不同功能区的各种污染物的浓度限值见表 16–2–7。

大气环境功能区划分（HJ14—1996）　　　　表 16–2–6

功能区	范　围	执行《环境空气质量标准》(GB3095—1996)
一类区	自然保护区、风景游览区、疗养区	一级
二类区	规划居住区，商业、交通、居民混合区，文化区，名胜古迹及广大农村	二级
三类区	工业区及城市交通枢纽、干线	三级

注：凡位于二类功能区的工业、企业，应执行二级标准，凡位于三类功能区内的非规划居民区可执行三级标准（应设置隔离带）。

资料来源：《环境空气质量标准》(GB 3095—1996)（2000 年 1 月 6 日修订）.

各项污染物的浓度限值　　　　表 16–2–7

污染物名称	取值时间	浓度限值			浓度单位
		一级标准	二级标准	三级标准	
SO_2	年平均	0.02	0.06	0.1	mg/m^3(标准状态：温度为 273K，压力为 101.325kPa 时的状态)
	日平均	0.05	0.15	0.25	
	1 小时平均	0.15	0.50	0.7	
TSP	年平均	0.08	0.20	0.3	
	日平均	0.12	0.30	0.5	
PM_{10}	年平均	0.04	0.10	0.15	
	日平均	0.05	0.15	0.25	
NO_2	年平均	0.04	0.08	0.08	
	日平均	0.80	0.12	0.12	
	1 小时平均	0.12	0.24	0.24	
CO	日平均	4.00	4.00	6.00	
	1 小时平均	10.00	10.00	20.00	
O_3	1 小时平均	0.16	0.20	0.20	
PB	季平均		1.50		μg/m^3(标准状态)
	年平均		1.0		
苯并比	日平均		0.01		

资料来源：《环境空气质量标准》(GB 3095—1996)（2000 年 1 月 6 日修订）.

5.3.1 大气环境功能区划分原则

(1) 应充分利用现行行政区界或自然分界线。

(2) 功能区划分宜粗不宜细，严格限制三类区。

(3) 划分时既要考虑环境空气质量现状，又要兼顾城市发展规划。

5.3.2 大气环境功能区划分步骤

(1) 分析区域或城市发展规划，确定环境空气质量功能区划分的范围并准备工作底图。

(2) 根据调查和监测数据等进行综合分析，确定功能类别。

(3) 把区域类型相同的单元连成片，绘制在底图上；将监测的污染物和特殊污染物的日平均值等值线绘制在底图上。

(4) 确定该区域的环境空气功能区划分的方案。

5.3.3 大气环境功能区划分要求

(1) 一、二类功能区不得小于 $4km^2$。

(2) 三类区中的生活区，应根据实际情况和可能，有计划地分期、分批从三类区迁出。

(3) 在划分大气环境功能区时，应充分考虑规划区的地理、气候条件：一方面要充分考虑将自然环境的界线（如山脉、丘陵、河流及道路等）作为相邻功能区的边界线，尽量减少边界的处理；另一方面应特别注意风向的影响，如一类功能区应放在最大风频的上风向，三类功能区应安排在最大风频的下风向，不应设在一、二类功能区的主导风向的上风向。

(4) 各类型功能区之间要设置一定宽度的缓冲带（300 ~ 500m）。

(5) 位于缓冲带内的污染源，应根据其对环境空气质量要求高的功能区的影响情况，确定该污染源执行排放标准的级别。

(6) 各环境空气质量功能区分别执行国家标准《环境空气质量标准》(GB 3095—1996) 规定的环境空气污染物浓度限值。

5.4 大气环境容量计算

实施大气污染物的总量控制，大气环境容量的确定是一个很重要的环节，只有确定大气环境容量后，才能建立污染源排放总量与环境目标的输入响应关系，才能进行负荷分配以及总量控制方案的优化等。目前在大气环境容量计算中主要使用的是箱式模型，A 值法和 A–P 值法是箱式模型的具体运用。但是在实际应用中，A–P 值法的目标针对性和定量考察性不强，无法满足目前环境规划与评估的要求。目前，国内外研究建立了多种大气质量模式，如剑桥环境研究中心研制的 ADMS 模型、美国 Lakes 环境公司开发的 ISCAERMOD 大气扩散模型软件，都是多源模拟法中较好的软件。另外，在大气环境容量计算中，还有如等效点源模型、按排放标准计算大气环境容量的方法。

表 16–2–8 为采用试差法在达标率为 85% 时唐山市的大气环境容量。

达标率为 85% 时唐山市采暖季及非采暖季下的大气环境容量（t/ 年） 表 16–2–8

项目		市中心	丰润区	古冶区	丰南区	合计
采暖季	SO_2	15382.9	3297.8	4807.5	6198.2	29686.4
	TSP	22729.9	8070	5680.2	7154.7	43634.8
	PM_{10}	8156.3	2769.1	2157.6	3816.4	16899.4
	NO_2	5975.4	3361.3	2558.6	1449.1	13344.4
非采暖季	SO_2	36489.3	10441.9	10620.1	16720.2	74271.5
	TSP	45137.7	17003.2	12077.7	16751.3	90969.9
	PM_{10}	15439.6	5196.6	4009.3	8778.4	33423.9
	NO_2	12701.8	7188.9	6119.6	2699.7	28710
全年	SO_2	51872.2	13739.7	15427.6	22918.4	103957.9
	TSP	67867.6	25073.2	17757.9	23906	134604.7
	PM_{10}	23595.9	7965.7	6166.9	12594.8	50323.3
	NO_2	18677.2	10550.2	8678.2	4148.8	42054.4

资料来源：尚金城等．城市环境规划［M］．北京：高等教育出版社，2008.

5.5 大气污染物排放预测方法

城市大气污染物排放主要来自两部分：工业能源燃烧产生的大气污染物，机动车尾气排放的大气污染物。

5.5.1 工业源污染物排放量预测方法

大气污染物排放量和能源消耗密切相关，能源消耗产生的大气污染物排放量计算公式如下：

$$\text{污染物排放量} = \text{污染物排放系统} \times \text{能源消耗量} = \text{污染物生产系数} \times \left(\text{控制措施削减率}\right) \times \text{能源消耗量}$$

各类燃料污染物排放系数参考相关资料或者国家平均水平确定（表16–2–9），控制措施削减率根据当地工业、企业排污处理水平及相关统计数据确定。

厦门市各类燃料污染物排放系数 表 16–2–9

燃料类型	排放系数		
	SO_2（%）	NO_2(kg · t^{-1})	烟尘 (kg · t^{-1})
烟煤	16S*	9.08	6
燃料油	18.68S*	8.57	1.8
柴油	11.97S*	3.02	2.08

注：燃料油系数参考国家平均水平确定；S* 是指原料的含硫量（%）。
资料来源：杨志峰、徐琳瑜．城市生态规划学[M]．北京：北京师范大学出版社，2008.

5.5.2 机动车废气污染物排放量预测方法

流动源污染排放主要和机动车耗油量以及由于道路状况、车型和科技进步引起的机动车排放系数的变化相关。机动车废气污染物排放预测计算公式如下：

$$Q_{车}=\sum P_i\times L_i\times K_i\times 10^{-6}$$

式中：$Q_{车}$为机动车尾气污染物的年排放总量（t）；P_i为 i 类机动车保有量（辆）；L_i为 i 类机动车行驶里程（km）；n 为机动车的总类数；K_i为 i 类机动车排放系数[g/（辆·km）]。

其中，机动车的排放系数参照相关资料或者国家平均水平。以厦门市为例，厦门市各种机动车污染物排放系数见表 16–2–10。

厦门市机动车污染物排放系数[g/（辆·km）]　　表 16–2–10

车型	排放系数				
	SO_2	NO_2	烟尘	CO	HC
大型车	1.47	5.36	1.40	17.39	2.21
中型车*	0.79	4.60	0.96	51.7	8.10
小型车	0.11	1.74	0.53	18.54	2.80
微型车	0.05	1.5	0.24	33.5	3.34
摩托车	0.08	0.17	0.17	14.4	2.0

注：* 指中型车污染物排放系数中 SO_2 和烟尘参考国家平均系数值。
资料来源：杨志峰、徐琳瑜．城市生态规划学[M]. 北京：北京师范大学出版社，2008.

5.6 城市大气环境污染控制方案

城市大气环境规划方案可从宏观战略、中观管理和微观控制三个层次制订城市大气环境控制保护措施。

宏观战略首先是调整城市能源结构、提高能源利用效率。如厦门在生态市建设规划中，考虑到国家“西电东送”、“西电东输”重点建设项目，规划建议提高厦门电力和天然气的使用率，以有效地降低煤炭消耗，最终改善厦门大气环境。其次，从改变观念、革新技术以及建立相关机构等方面着手，加强清洁生产意识，提高清洁能源使用率，推进新能源及可再生能源的发展，从而减少大气环境污染，如沼气池建设、清洁煤技术推广等。

中观管理主要是对本地经济格局、工业布局、景观格局等方面的调整优化，最终建立生态经济发展模式，如：提高第三产业比例，发展循环经济，对工业园区推行热电联产、集中供热等措施；架高排污口，严格控制各排污点的排污量，推行排污交易制度；利用市场机制调整能源结构等。

微观控制主要是加强大气环境污染的末端治理，特别是重点污染工业、企业的末端治理。如：对于电厂特别是火电厂，实施各种脱硫工艺，减少煤炭使用量，推行清洁能源替代；对于钢铁行业，可推行煤气化工程，推行循环生产工艺，降低能耗。对于城市小气候，如酸雨、热岛效应，加强环境管理，严格控制 SO_2 排放量，并且加强酸雨的监测，增加城市水域面积，提高城市绿化面积，改善城市气候。表 16–2–11 为实现唐山市区空气质量达标的具体措施。

实现唐山市区空气质量达标的总费用统计一览表　　表 16–2–11

投资类型	具体措施	投资（万元）	年运行费用（万元／年）
需政府投资	绿化建设	18949.5	4162.8
	控制交通扬尘	1758	643.64
	集中供暖	258008.4	452.49
	清洁能源供给及替代	48500	1726.8
	机动车流动源防治	16131.9	2471.1
	合计	343347.8	9456.83
需企业或建筑施工单位投资	企业面源治理	20682.6	11665.34
	企业点源治理	135490	14149.8
	控制施工扬尘		5340.22
	修建料仓	1855.87	
	堆料苫盖或喷洒覆盖剂		328.5
	清洁生产	23077.9	
	企业搬迁	23130	
	合计	204236.4	31483.86
需政府与企业共同出资	居民搬迁	21200	
	唐山市区周边治理	48686.8	
	合计	69886.8	
总计		617471.0	40940.69

资料来源：尚金城等．城市环境规划［M］．北京：高等教育出版社，2008.

6　城市噪声污染控制规划

6.1　城市噪声污染控制规划程序

在城市总体规划目标的指导下，在城市声环境质量和噪声污染现状与发展趋势分析的基础上，根据城市土地利用规划和声环境功能区划，提出声环境规划目标及实现目标所采取的综合整治措施。声环境规划框架如图 16–2–5 所示。

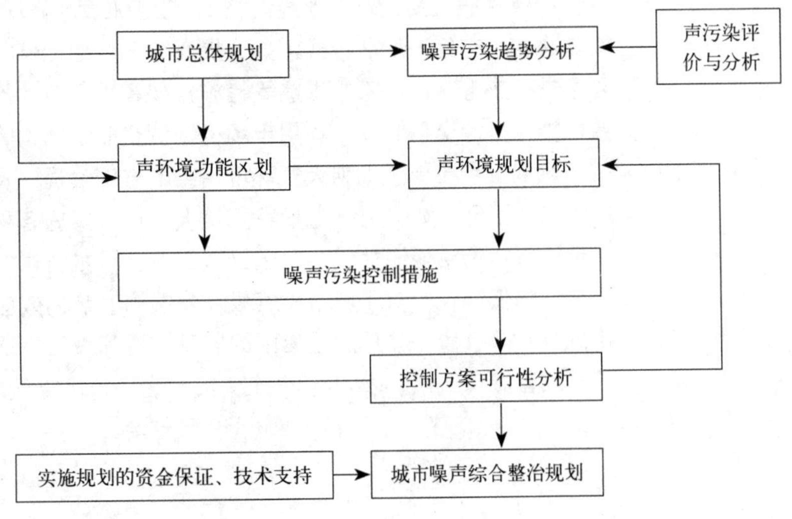

图 16–2–5　城市噪声综合整治规划框图
资料来源：杨志峰、徐琳瑜．城市生态规划学[M]．北京：北京师范大学出版社，2008.

6.2　城市噪声污染现状分析

6.2.1　交通噪声污染现状分析

根据交通噪声历年变化规律，在分析现状监测数据并考虑交通运输工具结构与特征的基础上，分析城市交通噪声污染特点。如，九江市建成区范围内的主要交通干线长约 55.3km，2002 年的交通噪声 Leq 平均值为 69.5dB（A），暴露在不同等效声级的路段分布及面积分布情况见表 16–2–12、表 16–2–13。

九江市暴露在不同等效声级下的路段分布状况　　**表 16–2–12**

声级范围 / [dB(A)]	70 以下	70 ~ 75	75 以上	超过 70dB(A) 的干线
路段长度（km）	32.20	23.10	0	23.10
占交通干线总长的比例（%）	58.20	41.80	0	41.80

资料来源：尚金城等．城市环境规划［M］．北京：高等教育出版社，2008.

九江市暴露在不同等效声级下的面积分布　　**表 16–2–13**

声级范围 [dB(A)]	45.1 ~ 50.0	50.1 ~ 55.0	55.1 ~ 60.0	60.1 ~ 65.0	65.1 ~ 70.0
声级覆盖面积（km^2）	5.50	13.75	7.00	2.00	0.50
占网络面积的比例（%）	19.13	47.83	24.35	6.96	1.74

资料来源：尚金城等．城市环境规划［M］．北京：高等教育出版社，2008.

6.2.2　区域环境噪声污染现状分析

根据城市总体规划、区域规划及经济建设的发展，判断城市噪声源结构及强度的变化趋势。按《声环境质量标准》（GB 3096—2008）（表 16–2–14），根据现状监测数据对城市区域各声环境功能区是否达标进行评价与分析。该标准中 0 类标准适用于疗养区、高级别墅区、高级宾馆区等特别需要安静的区域，位于城郊和乡村的这一类区域分别按严于 0 类标准 5dB 执行。1 类标准适用于以居住、文教机关为主的区域，乡村居住环境可参照执行该类标准；2 类标准适用于居住、商业、工业混杂区；3 类标准适用于工业区；4 类标准适用于城市中的道路交通干线两侧区域；穿越城区的内河航道两侧区域，穿越城区的铁路主、次干线两侧区域的背景噪声（指不通过列车时的噪声水平）限值也执行该类标准。

城市五类环境噪声标准 [dB（等效声级 LAeq）]　　**表 16–2–14**

类别	昼间	夜间
0	50	40
1	55	45
2	60	50
3	65	55
4	70	55

资料来源：《声环境质量标准》（GB 3096—2008）.

6.3　城市噪声污染预测

6.3.1　交通噪声预测

交通噪声预测方法常用的有多元回归预测、灰色预测和多车道多车种随机车流量噪声预测等。其中，多元回归预测即通过车流量、固定噪声源、本地噪声与噪声等效声级之间的关系，建立多元回归预测模型，其应用的前提是存在多年统计数据。

6.3.2　区域环境噪声预测

区域环境噪声受工业噪声、交通噪声影响，并与人口密度呈一定的相关关系，人口增加 1 倍，昼夜等效声级将提高 3dB（A）。预测采用点声源自由场衰减模式，仅考虑距离衰减值，忽略大气吸收、障碍物屏障等因素。

6.4　城市噪声污染综合防治规划

6.4.1　城市各区域环境噪声综合整治

（1）计算规划年城市环境噪声降低值

根据城市声学功能区划分结果、各功能区环境噪声控制目标以及噪声预测结果，确定各功能区环境噪声降低值，并填写表 16–2–15。

城市环境噪声降低值（规划年）　　表 16–2–15

声学功能区	预测值 [dB(A)]	控制目标 [dB(A)]	噪声降低值 [dB(A)]
全静区			
居民区			
一类混合区			
二类混合区			
工业区			
农贸市场			

资料来源：本书编写组自制 .

（2）制订区域环境噪声控制措施

可制订噪声控制小区建设计划，并通过逐步扩大噪声控制小区覆盖率有效控制城市环境噪声。人口密度过低、工业生产点与住宅民房犬牙交错现象严重、治理难度很大的街道、混合区，暂时不宜选作控制小区；人口适中、开发建设基本定型的工商业与居民住宅混合区，有一定的工厂企业或厂群矛盾户，治理有难度，但经过强化管理基本上可以达到要求的地区，根据噪声控制小区目标要求，可作为被选区域；人口密度高、主要以居住为主的区域，应优先考虑建设噪声控制小区。

对于混杂在居民区的工厂是严重扰民的噪声源，必须进行治理，如采用隔声、吸声、减振、消声等技术减少其噪声影响，无法治理的工厂应予以转产或搬迁。厂内可以通过合理调整布局解决噪声问题，噪声大、离居民区很近的噪声源，可迁至厂区适当位置，减少对居民区的干扰。工厂与居民区之间应留有一定的间隔，并建立隔离绿化带来防噪。工厂与居民点防噪距离的关系可以参考表 16–2–16。

工厂居民点防噪距离概值 表 16–2–16

声源点的噪声级 [dB(A)]	距居民点距离（m）
100 ~ 110	300 ~ 500
90 ~ 100	150 ~ 300
80 ~ 90	50 ~ 150
70 ~ 80	30 ~ 100
60 ~ 70	20 ~ 50

资料来源：杨志峰、徐琳瑜．城市生态规划学 [M]. 北京：北京师范大学出版社，2008.

6.4.2 交通噪声综合整治

(1) 计算主要交通干线噪声降低值

根据主要交通干线交通噪声的预测结果和主要交通干线交通噪声控制目标值，计算交通噪声降低值，并填写表 16–2–17。

主要干线交通噪声降低值 表 16–2–17

交通干线名称	交通噪声预测值 [dB(A)]	交通噪声控制目标 [dB(A)]	噪声降低值 [dB(A)]
A			
B			
C			

资料来源：本书编写组自制．

(2) 制订交通噪声综合整治措施

交通噪声综合整治措施应该由环保局会同城市规划部门、房屋开发部门、公安局交通管理部门、车辆管理部门、城市园林部门共同制订，所确定的措施应明确对噪声控制目标的贡献大小和措施所需的基金，在优化的基础上进行决策。

针对城市布局和道路建设规划，从减少交通噪声的角度，针对公路路网结构和布局、铁路建设和场站布局、机场和港口布局，提出改进建议和改造方案，加强流动噪声源的管理，分期、分批淘汰超标的交通工具。目前，我国城市交通噪声防治的措施可参考图 16–2–6。

6.4.3 工业噪声综合整治

对重点工业噪声源采用关、停、并、转、迁相结合的综合整治方案，规定在居民区中的建筑施工工地应使用低噪声设备，规定超标机械使用时间。

6.4.4 社会噪声综合整治

通过对文化娱乐、集贸市场的布局和开放程度提出相应指导建议，并加强管理来控制社会噪声。

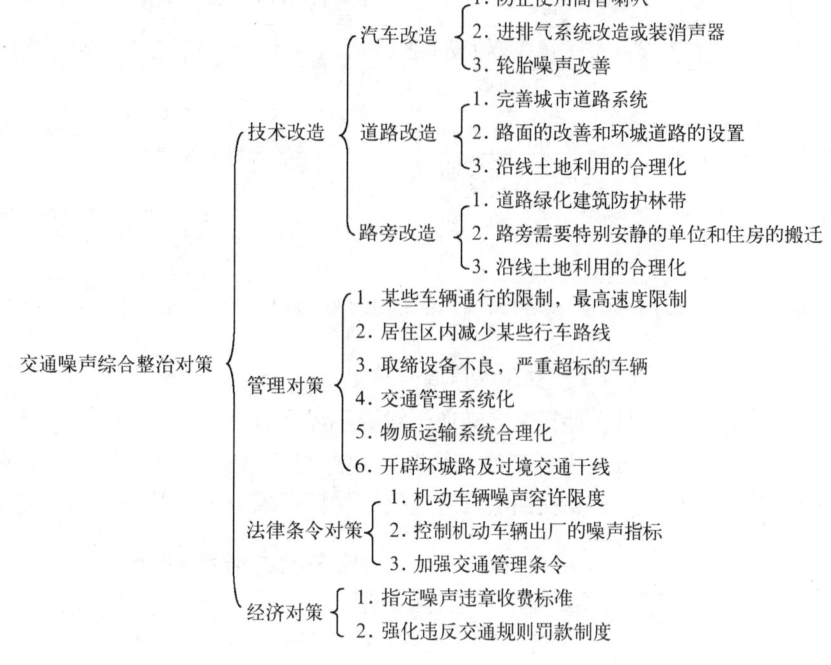

图 16–2–6 交通噪声综合整治对策图

资料来源：刘天齐，孔繁德，刘常海等．城市环境规划规范及方法指南 [M]. 中国环境科学出版社，1994.

7 城市固体废弃物污染防治规划

7.1 城市固体废弃物污染防治规划程序

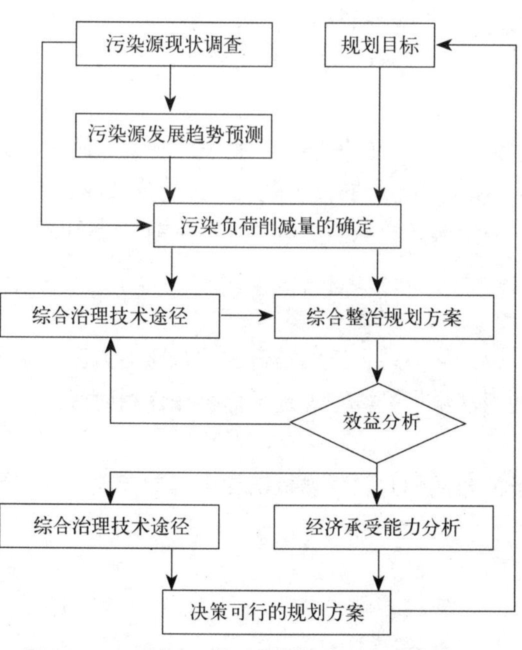

图 16–2–7 城市固体废物综合整治规划程序

资料来源：杨志峰、徐琳瑜．城市生态规划学 [M]. 北京：北京师范大学出版社，2008.

城市固体废弃物污染防治规划要在现状调查基础上进行预测及评价，将预测结果与规划目标相对应、比较，并参照评价结果按照行业的具体情况，确定各行业的分目标及具体污染源的削减量目标，确定不同的治理方案并进行环境经济效益的综合分析，根据经济承受能力确定最终规划方案。城市固体废弃物污染防治规划的基本程序如图 16–2–7 所示。

7.2 城市固体废弃物污染防治原则

7.2.1 总量控制原则

总量控制是污染物排放总量控制的简称，它将某一控制区域（例如行政区、流域、环境功能区等）作为一个完整的系统，采取措施将排入这一区域内的污染物总量控制在一定数量之内，以满足区域的环境质量要求。总量控制既是一种环境管理思想，也是一种环境管理手段。

总量控制一般包含三个方面的内容，一是污染物的排放总量，二是排放污染物的地

域，三是排放污染物的时间。因此，总量控制是指控制一定时间、区域内排污单位的污染物（需要控制的污染物由法律、法规确定）排放总量的环境管理手段。这里的时间单位可以是年、季或者月。区域可以是全球、全国、流域、省，当然也可以是城市或城市内划定的功能区。

7.2.2 循环经济原则

循环经济理论及思想要求改变传统的由“资源—产品—废弃物”组成的单向流动的线性经济，而转向“资源—产品—废弃物—再生资源”组成的循环反馈型流程，使物质和能源在这个不断进行的经济环境中得到合理和持久的利用，从而把经济活动对自然环境的影响降低到尽可能小的程度。

“减量化（Reduce）、再利用（Reuse）、再循环（Recycle）”是循环经济最重要的实际操作原则。减量化原则属于输入端方法，旨在减少进入生产和消费过程的物质量，从源头节约资源和减少污染物的排放；再利用原则属于过程性方法，目的是提高产品和服务的利用效率，要求产品和包装容器以初始形式多次使用，减少一次用品的污染；再循环原则属于输出端方法，要求物品完成使用功能后重新变成再生资源。

2005 年 5 月 29 日，我国建设部、国家环保总局、科技部联合发文规定应按照循环经济中的 3R 原则，加强对垃圾产生的全过程管理，从源头减少垃圾的产生，对已经产生的垃圾，要积极进行无害化处理和回收利用，防止污染环境。循环经济理念是城市固体废弃物污染防治原则中不可缺少的。

7.3 城市固体废弃物污染防治规划内容及相关技术方法

7.3.1 城市固体废弃物现状调查

城市固体废弃物的现状调查应从原始材料消耗，产生工业废物的工艺流程和物料平衡分析，工艺过程分析，固体废物的产出、运输、堆存、处理等主要环节入手，对各类城市固体废弃物的性质、数量及其对周围环境中大气、水体、土壤、植被以及人体的危害进行全面、深入的分析调查，以筛选出主要的污染源和主要污染物质。

7.3.2 确定规划目标

根据总量控制原则，结合城市特点以及经济承受能力确定有关综合利用和处理、处置的数量与程度的总体目标。

根据不同时间、不同类型废物的预测量与城市固体废弃物污染防治规划总目标，可初步确定城市垃圾及工业固体废物在不同时间的削减量。城市垃圾的清运、处理、处置及综合利用问题要作为环卫系统的目标。对于工业固体废物，要把此削减量首先分配到各行业中去，即确定各行业的固体废物控制分目标。在全市各行业固体废物控制分目标确定以后，还要把控制指标落实到具体污染源，在此基础上，规划总目标的确定要做到整体费用最小、效益最大。

7.3.3 城市固体废弃物的预测分析

在城市固体废弃物的预测分析中，对城市生活固体废物主要采取按人口预测的方法，对工业固体废物主要采取按行业划分产值或产量的方法。在现状调查的基础上预测城市固体废弃物发展趋势，并应特别注意城市固体废弃物的可积累性，尤其是工业固体废物的环境影响预测与分析也是很重要的。

7.3.4　城市固体废弃物综合整治方案

根据全过程管理以及减量化、资源化优先的原则，按照各种城市固体废弃物自身的特点，提出各类固体废物的防治措施。设定固体废物产生量、综合利用量、无害化处理处置量目标，并估算所需投资和效益。一般可以设计三四个备选方案，从中选出费用最少方案。

(1) 一般工业废渣的处理处置与利用

1) 处理处置量和综合利用量的计算

根据行业特点分别计算固体废物的处理处置率和综合利用率，并填写表16–2–18。

一般工业固体废物处理处置与综合利用量表　　表 16–2–18

工业行业	固体废物分类	预测产生量	处理处置		综合利用	
			率（%）	量（t.a/年）	率（%）	量（t.a/年）

资料来源：本书编写组自制．

根据总目标反推各行各业各类工业固体废物的处理处置率和综合利用率时，应着重考虑下列因素：行业特点；固体废物污染现状；处理处置和综合利用技术的可行性；整体优化。

2) 将处理处置率和综合利用量分配到具体污染源

在确定全市不同行业一般工业固体废物的处理处置量和综合利用量后，要将指标落实到具体污染源。这时要考虑以下因素：企业的性质及规模；企业一般工业固体废物产生量对环境影响大小及综合利用技术水平；企业有害废物产生量对环境影响大小及处理处置水平；企业经济承载能力；总费用最小、效益最大。

分配方案确定后填写表16–2–19。

固体废物处理处置与综合利用量分配表　　表 16–2–19

企业名称	固体废物分类	预测产生量	处理处置			综合利用
			率（%）	量（t/年）	率（%）	量（t/年）
……						
合计						

资料来源：本书编写组自制．

3) 制订一般工业固体废物的处理处置及综合利用措施

一般工业固体废物的处理处置及综合利用途径见表16–2–20。

常见工业固体废物的处理、处置和综合利用途径　　表 16–2–20

名称	主要用途
高炉渣	制造水泥、混凝土骨料、砖瓦、砌块、墙板、渣棉、铸石、玻璃、陶瓷、肥料、土壤改良剂、过滤介质、膨胀矿渣珠、建筑防水材料、防冻材料等
钢渣	用作钢铁炉料、填坑造地材料、制作铁路道床、筑路材料、水泥、肥料、防火材料等
赤泥	制造水泥、砖瓦、砌块、混凝土骨料，用以炼铁，回收钛、镓、钒、铝；
	作为气体吸收剂、净化剂、橡胶催化剂、塑料填料、保温材料，用于农业
重、有色金属	制造水泥、砖瓦、砌块、筑路材料、铸石、渣棉、回收金属等

续表

名称	主要用途
煤矸石	制造水泥、砖瓦、混凝土骨料、砌块、陶瓷、耐火材料、铸石、肥料、燃料等
粉煤灰	制造水泥、砖瓦、砌块、墙板、轻混凝土骨料、筑路材料、肥料、土壤改良剂、铸石、矿棉、回收铁、铜、锗、钪等
废石膏	用作建筑材料
铬渣	制造水泥、钙镁磷肥、砖瓦、铸石、玻璃着色剂、路基、石膏板填料等

资料来源：杨志峰、徐琳瑜．城市生态规划学［M］．北京：北京师范大学出版社，2008.

（2）有毒有害固体废物的处理与处置

有毒有害固体废物的处理与处置方法包括焚烧法、化学处理法、生物处理法。此外，安全掩埋法也是方法之一。掩埋危险废物必须预先进行地质和水文调查，选定合适的场地，保证不发生滤沥、渗漏等现象而使这些废物或淋溶液体涌入地下水或排入地面水体，也不会污染空气。对被处理的有害废物的数量、种类、存放位置等均应作出记录，避免引起各种成分间的化学反应。

（3）城市垃圾的处理与利用

城市垃圾处理与利用方法包括：根据目标要求，计算垃圾的处理量与利用量；根据处理量和利用量，会同城市环境卫生部门落实城市垃圾处理利用措施（制订城市垃圾的收集和输送计划，制订城市垃圾的处理计划）。

第3节 城市绿地规划

1 城市绿地的功能

1.1 生态功能

城市是由建筑、道路和绿地三大物质空间要素组成人工环境。城市中的建筑和道路铺装占据了自然的空间，改变了城市下垫面的特性，破坏了自然生态系统的循环结构，削弱了其生态自我维持和修复的功能，进而影响到城市的气候、水文、动植物生存环境等自然生态系统的基本要素，使城市无法全面地享受自然生态系统的服务而不得不采用人工的调节方式，使用更多的设备，消耗更多的能源和资源来维持城市的生活环境。城市绿地作为自然界生物多样性的载体，使城市具有一定的自然属性，具有固化太阳能、保持水土、涵养水源、维护城市水循环、调节小气候、缓解温室效应等作用，在城市中承担重要的生态功能。城市建筑绿化和道路绿化则是对这个功能的补充。同时，城市绿地对缓解城市环境污染造成的影响和防灾减灾具有重要作用。因此，城市规划中一项重要任务就是通过绿地的系统规划、制定相关法规和建设标准，以确保城市人工环境具有一定的自然属性，以便在城市和其周边更大的城镇化区域内将城市发展对自然环境的破坏降低到最小程度，维护区域的生态平衡，以换取有利于人类健康的生活环境。

1.2 社会经济功能

人类的自然属性决定了人类向往自然和寻求安全的本能，而人类的社会属性决定了其具有交往和精神的需求，从而决定了城市必须具有最大限度满足人类享受自然和精神生活双重欲望的功能。城市中的各种绿地，大到郊野公园，小至街头绿地，都为市民提供了开展各类户外休闲和交往活动的空间，不但增进了人与自然融合，还可以增进人与人之间的交往和理解，促进社会融合。同时，城市绿化还可以构成城市景观的自然部分，并以其丰富的形态和季节的变化不断地唤起人们对美好生活的追求，也成为紧张城市生活中人们的心理调节剂。随着城市的发展，市民收入的增加和生活方式的转变，对城市公园和绿地的需求日益的多样化，使城市生活更加丰富多彩。由大量绿化构成的优美的城市景观环境还可以提升城市的形象，进而成为吸引人才，改善投资环境，促进城市经济发展的动力。此外，通过城市绿地规划，系统地配置绿色经济作物，可以大大提高城市绿地的产出，扩大人的社会交往，降低一部分生活的成本，使城市绿地的生态功能与社会经济功能实现高度统一。因而，城市的农林业发展和可食用景观建设又赋予城市绿地新的使命，成为今后城市绿地规划和永续绿化建设的重要课题。

2　城市绿地的类型和建设标准

2.1　城市绿地的分类

由于城市绿地既有生态服务功能，又具有社会经济功能，不同研究领域和工作目标下的城市绿地分类是不同的。作为城市规划领域对城市绿地的分类是基于城市生态系统的运行原理，考虑不同规模、服务对象和空间位置的绿地所担当的城市功能，使城市绿地与其他功能性城市建设用地构成一个完整用地分类体系，以便形成一个完整的用地规划、建设标准和控制管理的系统。

2002 年，国家建设部颁布了《城市绿地分类标准》。该分类标准将城市绿地划分为五大类，即公园绿地 G1、生产绿地 G2、防护绿地 G3、附属绿地 G4、其他绿地 G5（表 16–3–1）。

城市绿地分类标准（CJJ/T 85—2002）　　表 16–3–1

大类	中类	小类	类别名称	大类	中类	小类	类别名称
G1			公园绿地	G2			生产绿地
	G11		综合公园	G3			防护绿地
		G111	全市性公园	G4			附属绿地
		G112	区域性公园		G41		居住绿地
	G12		社区公园		G42		公共设施绿地
		G121	居住区公园		G43		工业绿地
		G122	小区公园		G44		仓储绿地
	G13		专类公园		G45		对外交通绿地
		G131	儿童公园		G46		道路绿地
		G132	动物园		G47		市政设施绿地
		G133	植物园		G48		特殊绿地
		G132	历史名园	G5			其他绿地
		G135	风景名胜				
		G136	游乐公园				
		G137	替他专类				
	G14		带状公园				
	G15		街旁绿地				

资料来源：《城市绿地分类标准》（CJJ/T 85—2002）．中国建筑工业出版社．

公园绿地（G1）是指向公众开放，以游憩为主要功能，兼具生态、美化、防灾等作用的绿地，包括城市中的综合公园、社区公园、专类公园、带状公园以及街旁绿地。公园绿地与城市的居住、生活密切相关，是城市绿地的重要部分。

生产绿地（G2）是指为城市绿化提供苗木、花草、种子的苗圃，花圃，草圃的圃地，是城市绿化材料的重要来源，对城市植物多样性保护有积极的作用。

防护绿地（G3）是指对城市具有卫生、隔离和安全防护功能的绿地，包括城市卫生隔离带、道路防护绿地、城市高压走廊绿带、防风林、城市组团隔离带等。

附属绿地（G4）是指城市建设用地（除 G1、G2、G3 之外）中的附属绿化用地。包括：居住用地、公共设施用地、工业用地、仓储用地、对外交通用地、道路广场用地、市政设施用地和特殊用地中的绿地。

其他绿地（G5）是指对城市生态环境质量、居民休闲生活、城市景观和生物多样性保护有直接影响的绿地。包括风景名胜区、水源保护区、郊野公园、森林公园、自然保护区、风景林地、城市绿化隔离带、野生动植物园、湿地、垃圾填埋场恢复绿地等。

2.2 城市绿化建设标准

城市绿地指标是反映城市绿化建设质量和数量的量化方式，也是对城市绿地规划编制评定和绿化建设质量考核中主要指标，其中人均公园绿地面积、城市绿地率和绿化覆盖率是我国目前规定性的考核指标。人均公园绿地面积是城市绿化的最基本指标，不仅是人均所需自然空间和生物量的指标，也是体现城市社会公平的重要指标。城市绿地率是从城市土地使用控制角度实施和评价城市绿化水平的指标，是编制城市规划重要指标。城市绿化覆盖率指城市建设用地内被绿化种植物覆盖的水平投影面积与其用地面积的比例，包括屋顶花园、垂直墙面绿化等。城市绿化覆盖率对于降低城市热岛效应、改善城市小气候和创造良好的城市景观具有重要的作用。

根据《城市绿化规划建设指标的规定》和《城市绿地分类标准》（CJJ/T85—002），城市绿地指标的统计范围和计算公式为：

人均公园绿地面积（m^2/人）＝ 城市公园绿地面积（G1）÷ 城市人口数量；

城市绿地率（%）＝（城市建成区内绿地面积之和／城市的用地面积）×100%；

城市绿化覆盖率（%）＝（城市内全部绿化种植垂直投影面积／城市的用地面积）×100%。

我国各类城市，特别是大城市，人均城市建设用地十分有限，为保证规划各项城市绿地规划和建设指标的落实，维持城市绿化的最低水平，国家建设部于 1990 年颁布了《城市用地分类域规划建设用地标准》（GBJ 137—90）中，提出城市人均绿地指标为 ≥ 9.0m^2，其中人均公园绿地 ≥ 7.0m^2。1993 年，国家建设部颁布了《城市绿化规划建设指标的规定》784 号文件，提出了城市人均建设用地指标，其中还确定了人均公共绿地面积、城市绿地率和城市绿化覆盖率指标（表 16–3–2）。

城市人均建设用地指标与人均公共绿地面积指标　　表 16–3–2

人均建设用地（m^2/人）	人均公共绿地（m^2/人）		城市绿化覆盖率（%）		城市绿地率（%）	
	2000 年	2010 年	2000 年	2010 年	2000 年	2010 年
< 75	> 5	> 6	> 30	> 35	> 25	> 30
75 ~ 105	> 5	> 7	> 30	> 35	> 25	> 30
> 105	> 7	> 8	> 30	> 35	> 25	> 30

资料来源：《城市绿化规划建设指标的规定》784 号文件 .

改革开放以来，我国城市绿化建设进入了新的发展时期。从 1986 年到 1999 年，城市人均公园绿地面积由 3.45m^2 提高到 6.52m^2，城市绿地率由 15%提高到 23%，城市绿化覆盖率由 16.86%提高到 27.44%（表 16–3–3）。但是从我国不同区域的一些城市的绿化建设水平来看，与我国制定的《国家园林城市标准》（表 16–3–4）和欧美发达国家的城市绿化水平（16–3–5）相比尚有不小的距离，与 1970 年代末联合国生物圈生态与环境组织提出城市最佳人居环境标准达到人均 60m^2 公园绿地的指标存在巨大差距。

此外，为确保城市绿化的质量，充分发挥其生态功能和维护社会公平，《国家园林城市标准》对城市绿化其他相关的指标也作出了相应的规定。如：街道绿化普及率达 95%以上，各城区间城市绿化覆盖率、绿地率相差在 5 个百分点，人均公共绿地面积差距在 2m^2 内；新建居住小区绿地率应在 30%以上，改造旧居住区的绿地率不少于 25%；全市生产绿地总面积占城市建成区面积的 2%以上，苗木自给率达 80%以上。与此同时，城市绿地指标还应对城市绿地规划和建设提出规模、等级和空间分布等方面的要求，以满足城市居民在不同层次和不同范围的需求（表 16–3–6、图 16–3–1）。

2003 年我国城市绿化建设相关数据　　表 16–3–3

城市	人均公共绿地（m^2）	绿地率（%）	绿化覆盖率（%）
全国城市平均	5.36	25.8	29.75
西部城市平均	4.33	18.6	22.1
上海市区	5.6	—	23.8
重庆市区	4.9	21.0	—
兰州	4.4	17.0	21.0
郑州	5.7	25.9	34.5
宁波	10.1	32.3	35.7
苏州	7.6	32.2	37.1
百色	34.6	31.6	35.3
克拉玛依	10.0	30.9	34.6

资料来源：李铮生．城市园林绿地规划与设计．北京：中国建筑工业出版社，2006.

国家园林城市绿化指标要求　　表 16–3–4

绿化指标	城市所在区域	100 万以上人口城市	50 ~ 100 万以上人口城市	50 万以下人口城市
人均公共绿地率（%）	秦岭淮河以南	7.5	8	9
	秦岭淮河以北	7	7.5	8.5
绿地率（%）	秦岭淮河以南	31	33	35
	秦岭淮河以北	29	31	34
绿化覆盖率（%）	秦岭淮河以南	36	38	40
	秦岭淮河以北	34	36	38

资料来源：《国家园林城市标准》（建城 [2005] 43 号）.

世界不同区域主要城市人均公园绿地面积及相关指标比较　表 16–3–5

城市名	市区面积 (km^2)	人口 (万人)	公园面积 (hm^2)	面积比 (%)	人均公园面积 (m^2/人)	国家森林覆盖率 (%)
渥太华	102.90	29.1	740	7.2	25.4	35
华盛顿	173.46	75.7	3458	19.9	45.7	33
斯德哥尔摩	186.00	66.0	5300	28.5	80.3	57
莫斯科	994.00	880.0	约 15		18.0	35
伦敦	1579.50	717.4	21828	13.8	30.4	9
巴黎	105.00	260.8	20.8	20.8	8.4	25
柏林	480.10	210.0	11.4	11.4	26.1	29
罗马	1507.60	280.0	3186	2.1	11.4	20
堪培拉	243.2	16.5	1165	4.8	70.5	50
平壤	约 157		2200		14	69
东京	595.53	858.4	1356	2.3	1.6	68

资料来源：贾建中．城市绿地规划设计．北京：中国林业出版社，2001.

不同层级的公园绿地的规模和服务半径　表 16–3–6

城市公园划分	服务半径（标准）	占地面积（标准）
小区游园	250m	0.25ha
居住区公园	500m	2 ha
地区公园	1000m	4 ha
城市公园	5000m	10 ha

注：所有城市公园都具有防灾避难的功能。
资料来源：（日本）都市计划教育研究会．《都市计划教科书》（第 2 版）．彰国社，1994.

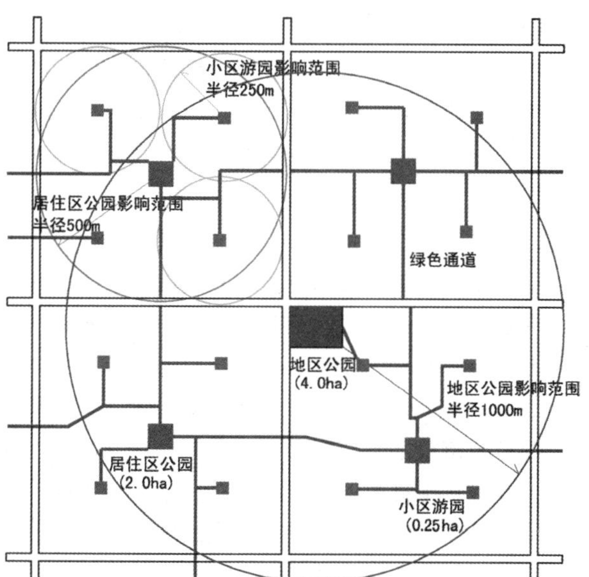

图 16–3–1　日本地区规划中对公园绿地系统规划的规定示意图
资料来源：日本都市计划学会，《都市计划图集》，技报堂出版株式会社，1978.

3　城市绿地系统规划

3.1　城市绿地系统

城市各类绿地不是孤立存在和建设的，只有通过规划进行有序的系统建设

才能实现其功能。根据景观生态学理论，城市各类绿地组成的，具有生态服务功能的绿色斑块、廊道和大型绿地构成的空间系统被称为城市的绿地系统（Urban green space system）。广义的城市绿地系统包括城市绿地和水系，即城市范围内一切人工的、半自然的以及自然的植被、水体、河湖、湿地。狭义的城市绿地系统是指城市建成区或规划区范围内，以各类绿地构成的空间系统。从这种意义上来解释城市绿地系统，可以将其定义为在城市空间内，以自然植被和人工植被为主要存在形态，能发挥生态平衡功能，对城市生态、景观和居民休闲生活有积极作用的城市空间系统。当城市绿地系统具有系统性、整体性、连续性、动态稳定性、多功能性和地域性的特征时，才能具备其系统的功能。因此，城市绿地系统的定义为城市绿地规划和绿地空间布局提供了基本的依据，使城市绿地系统规划成为城市绿地规划的核心内容。如果说城市的物质空间是由建筑、道路和绿地构成的，那么城市道路和绿地构成了城市空间的基本骨骼，而城市绿地系统就是城市空间中最具自然属性的部分。良好的城市绿地系统的形成在城市的景观风貌建设和提供生态服务功能方面，以及引导城市健康发展方面具有重要作用。

3.2　城市绿地系统规划的内容和方法

在我国的城市规划体系中，城市绿地系统规划是与用地规划、道路系统规划相并列的一项重要的规划内容，也是城市总体规划中的一项专业规划，其规划成果纳入城市总体规划加以落实。城市绿地系统规划不仅需要反映城市各类建设用地中绿地的分布状况、数量指标、绿地性质和各类绿地间的有机联系，而且要体现在市域大环境下的绿化体系。就其深度而言，应具有分区规划和控制性详细规划兼有的内容要求。具体来讲，它包括绿地结构、绿地分类、绿地布局、指标体系、绿化配置、绿地景观和近期建设等规划内容，并应具有较强的指导性和可操作性。

此外，作为一个系统的规划，城市绿地的规划应是多层次的，具体规划层次和内容如下：城市绿地系统专业规划，是城市总体规划阶段的多个专业规划之一，规划主要涉及城市绿地在总体规划层次上的统筹安排；城市绿地系统专项规划，是对城市绿地系统专业规划的深化和细化，该规划不仅涉及城市总体规划层面，还涉及详细规划层面的绿地统筹。在城市控制性详细规划和修建性详细规划阶段，城市绿地系统规划还涉及总体规划中规定的绿线和蓝线控制的落实、城市公园绿地布局、方案设计、绿地和开放空间引导等。

城市绿地系统规划的主要任务包括以下方面：

（1）根据城市的自然条件、社会经济条件、城市性质、发展目标、用地布局等要求，确定城市绿化建设的发展目标和规划指标；

（2）研究城市地区和乡村地区的相互关系，结合城市自然地貌，统筹安排市域大环境绿化的空间布局；

（3）确定城市绿地系统的规划结构，合理确定各类城市绿地的总体关系；

（4）统筹安排各类城市绿地，分别确定其位置、性质、范围和发展指标；

（5）城市绿化树种规划；

（6）城市生物多样性保护与建设的目标、任务和保护措施；

（7）城市古树名木的保护与现状的统筹安排；

（8）制定分期建设规划，确定近期规划的具体项目和重点项目，提出建设规模和投资估算等；

（9）从政策、法规、行政、技术经济等方面，提出城市绿地系统规划的实施细则；

（10）编制城市绿地系统规划的图纸和文件。

资料来源：李铮生．城市园林绿地规划与设计．北京：中国建筑工业出版社，2006.

城市绿地系统规划的目标通常着眼与当前效益与长远效益的统合，以城市发展定位和目标为依据，制定绿地空间布局和安排绿化建设的步骤。

城市绿地系统规划的工作方法通常包括区域生态环境状况和绿地现状调查，了解当地绿化结构和空间配置，绿地和水系的关系，绿地系统的演化趋势分析，以及绿地使用现状和问题的分析，进而开展城市绿地系统规划的编制。城市绿地系统规划的基本原则包括系统地整合城乡绿地网络系统，优化城市空间布局，维护生物多样性、开放空间优先、实现社会公平、保持地方特色等方面。

城市绿地的空间布局通常有散点布局、线性布局、环状布局、放射形布局和网状布局等形式。为实现城市绿地的生态和社会经济功能，城市绿地系统规划往往综合采用以上布局方式，以上海市城市总体规划为例，其绿地系统规划采用的就是“环、楔、廊、园、林”的复合式结构布局，其基本原理就是模仿自然生态系统的空间配置规律，形成完善的绿地网络系统，在充分保证实现城市绿地各项功能的基础上，利用自然规律，将城市绿地的服务功能最大化。

本章小结

本章介绍城市生态和环境规划，首先介绍了生态规划和城市生态规划的概念以及它们之间的关系，生态规划与环境规划的关系，紧接着提出生态规划目标，即建设经济、社会、环境协调发展的可持续城市，同时阐述了生态规划的原则、步骤及其相关概念，生态技术方法，以及划分不同生态功能区的过程。本章的第二部分详细介绍了环境保护规划的相关内容。从城市环境规划的概念内涵、目标、原则和相关指标体系出发，介绍了如何评价和预测城市环境。从城市水环境、大气环境、噪声污染控制、固体废弃物等四方面，具体阐述了相关概念及其保护措施。最后，本章谈到了城市绿地系统，分析了当前城市绿地建设中存在的问题，提出城市规划应当构建具有生态功能作用的城市绿地系统。

复习思考题

1．城市生态功能区划的制定目的是什么？它对于城市发展具有怎样的意义？

2．控制城市大气污染的策略与措施有哪些？

3．如何构建具有生态积极意义的城市绿地系统？

第17章　城市工程系统规划

本章简明扼要地阐述了城市给排水、能源、通信、环卫、防灾等工程系统规划的主要任务和内容，主要设施规划要点，以及城市工程管线综合、城市用地竖向规划的主要内容和方法。

城市能高速、正常地进行生产、生活等各项经济社会活动，有赖于城市基础设施的保障。城市基础设施是为物质生产和人民生活提供一般条件的公共设施，是城市赖以生存和发展的基础。城市基础设施是保障城市生存、持续发展的支撑体系。城市交通工程系统承担着保障城市日常的内外客运交通、货物运输、居民出行等活动的职能；城市给水排水工程系统承担供给城市各类用水、排涝除渍、治污环保的职能；城市能源工程系统承担供给城市高能、高效、卫生、可靠的电力、燃气、集中供热等清洁能源的职能；城市通信工程系统担负着城市各种信息交流、物品传递等职能；城市环境卫生工程系统担负着处理污废物、洁净城市环境的职能；城市防灾工程系统担负着防、抗自然灾害和人为灾害，减少灾害损失，保障城市安全等职能。

第1节　城市给水排水系统规划

水是城市生存和发展的必备条件，也是城市发展的关键性制约因素。我国是一个淡水资源贫乏的国家，人均淡水资源量远低于世界平均水平，做好水资源和水环境的保护工作，制订合理、高效、节约、生态的城市给水和排水工程系统规划，对于城市安全、健康、持续发展是十分重要的。

1　城市给水工程系统规划

1.1　城市给水工程系统的构成与功能

城市给水工程系统由城市取水工程、净水工程、输配水工程等组成。

1.1.1　城市取水工程

城市取水工程包括城市水源（含地表水、地下水）、取水口、取水构筑物、提升原水的一级泵站以及输送原水到净水工程的输水管等设施，还应包括在特殊情况下为蓄、引城市水源所筑的水闸、堤坝等设施。取水工程的功能是将原水取、送到城市净水工程，为城市提供足够的水源。

1.1.2　净水工程

净水工程包括城市自来水厂、清水库、输送净水的二级泵站等设施。净水工程的功能是将原水净化处理成符合城市用水水质标准的净水，并加压输入城市供水管网。

1.1.3　输配水工程

输配水工程包括从净水工程输入城市供配水管网的输水管道、供配水管网以及调节水量、水压的高压水池、水塔、清水增压泵站等设施。输配水工程的功能是将净水保质、保量、稳压地输送至用户。

1.2　城市给水工程系统规划的主要任务与内容

1.2.1　城市给水工程系统规划的主要任务

城市给水工程系统规划的主要任务是：根据城市和区域水资源的状况，最大限度地保护和合理利用水资源，合理选择水源，确定供水标准，预测供水负荷，进行城市水源规划和水资源利用平衡工作；确定城市自来水厂等给水设施的规模、容量；科学布局给水设施和各级给水管网系统，满足用户对水质、水量、水压等的要求；制订水源和水资源的保护措施。

1.2.2　城市给水工程系统规划的主要内容

根据城市规划编制层次，城市给水工程系统规划也分为总体规划和详细规划两个层次：

（1）城市给水工程系统总体规划的主要内容

1）确定城市用水标准，预测城市总用水量；

2）平衡供需水量，选择水源，进行城市水源规划；

3）确定给水系统的形式、水厂供水能力和用地范围；

4）布局供水重要设施、输配水干管、输水管网；

5）制订水源保护和水源地卫生防护措施。

（2）城市给水工程系统详细规划的主要内容

1）计算详细规划范围的用水量；

2）布置详细规划范围的各类给水设施和给水管网；

3）计算输配水管渠管径；

4）选择供水管材。

1.3 城市水源选择与保护

1.3.1 城市水资源

城市水资源是指可供城市人民生活、经济发展和城市建设所需的地表水和地下水，包括城市可以利用的河流、湖泊的地表水，逐年可以恢复的地下水，以及海水和可回用的污水等。

我国是一个缺水国家，人均径流量仅为世界人均占有量的1/4。水量在地区分布上极不平衡，与人口、耕地的分布不相适应；且水量在时程分配上也极不均匀，年际变化大。我国城市缺水十分严重，目前有超过一半的城市缺水。除了水资源先天不足外，由于污染造成的水质下降，也使得沿江、河的城市产生缺水现象。

1.3.2 城市水源种类

城市给水水源可分为地下水源及地表水源两大类，此外还要考虑其他形式的水源利用。

（1）地下水

地下水指埋藏在地下孔隙、裂隙、溶洞等含水层介质中储存运移的水体。包括潜水（无压地下水）、自流水（承压地下水）和泉水。一般具有水源良好，分布较广等特点。但有水量较小、矿化度高等缺点。可以靠近用户就近开采，投资费用较省，但要控制开采量，防止过量开采发生地面沉降。

（2）地表水

地表水主要指江河、湖泊、蓄水库等水体。其一般水量较大，矿化度及硬度低，但浑浊度大，易污染，开发的投资较大，处理费用较高。地表水是城市主要的水源。某些沿海城市或岛屿城市水源奇缺，也可利用海水作一些清洁水或消防用水。

（3）其他水源

海水含盐量很高，淡化比较困难。由于水资源缺乏，世界上许多沿海国家开始开发利用海水。海水作为水源一般用在工业用水和生活杂用水方面，如工业冷却、除尘、冲灰、洗涤、消防、冲厕等。也有对海水进行淡化处理，用作生产工艺用水和饮用水。海水腐蚀和海生物附着会对管道和设备造成危害，但这一问题从技术上和经济上都可以得到合理解决。

再生水是指经过处理后回用的工业废水和生活污水。城市污水具有量大、就近可取、水量受季节影响小、基建投资和处理成本比远距离输水低等优点。城市污水处理后，可以用在许多方面，如农业灌溉、工业生产、城市生活杂用、地下回灌、水景用水、消防用水、渔业养殖甚至饮用水等。再生水的利用应充分考虑对人体健康和环境质量的影响，按照一定的水质标准处理和使用。

1.3.3 城市水源选择

城市给水水源选择影响到城市总体布局和给水排水工程的布置，应进行认

真深入的调查、踏勘，结合有关自然条件、水资源勘测、水质监测、水资源规划、水污染控制规划、城市远近期发展规模等进行分析、研究。选择城市给水水源应符合以下原则：

（1）水源具有充沛的水量，满足城市近、远期发展的需要。天然河流（无坝取水）的取水量应不大于河流枯水期的可取水量；地下水源的取水量应不大于可开采贮量。采用地表水源时，须先考虑自天然河道和湖泊中取水的可能性，其次可采用挡河通坝蓄水库水，而后考虑需调节径流的河流。地下水贮量有限，一般不适用于用水量很大的情况。

（2）水源具有较好的水质。水质良好的水源有利于提高供水水质，可以简化水处理工艺，减少基建投资和降低制水成本。当城市有多种天然水源时，应首先考虑水质较好的容易净化的水源作生活供水水源，应考虑多水源分质供水。

（3）坚持开源节流的方针，协调与其他经济部门的关系。与水资源利用有关的其他经济部门有农业、水力发电、航运、水产、旅游、排水等，所以进行给水水源规划时要全面考虑、统筹安排，做到合理化综合利用各种水源。

（4）水源选择要密切结合城市近、远期规划和发展布局，从整个给水系统（取水、净水、输配水）的安全和经济来考虑。

（5）选择水源时还应考虑取水工程本身与其他各种条件，如当地的水文、水文地质、工程地质、地形、卫生、施工等方面条件。

（6）保证安全供水。大中城市应考虑多水源分区供水，小城市也应有远期备用水源。在无多个水源可选时，结合远期发展，应设两个以上取水口。

1.3.4　城市水源保护

为了更好地保护水环境，根据不同水质的使用功能，划分水体功能区，从而可以实施不同的水污染控制标准和保护目标。城市规划中，也必须结合水体功能分区进行城市布局。通常根据《地面水环境质量标准》（GB 3838—2002）将水体划分为5类，表17–1–1是水域功能分类与要求的排放标准及水污染控制区的关系。

在城市总体规划或区域范围较大的市域规划中应划定水源的保护地及保护范围。保护区可以分一级、二级保护区及准保护区。各级保护区的卫生防护规定如下：

地表水域功能分类与水污染防治控制区及污水综合排放标准分级之间关系　　表17–1–1

地表水环境质量标准中水域功能分类		水污染防治控制区	污水综合排放标准的分级
Ⅰ类	源头水、国家自然保护区	特殊控制区	禁止排放污水区
Ⅱ类	集中式生活饮用水水源地一级保护区、珍贵鱼类保护区、鱼虾产卵场等	特殊控制区	禁止排放污水区
Ⅲ类	集中式生活饮用水水源地二级保护区、一级鱼类保护区、游泳区	重点控制区	执行一类标准
Ⅳ类	工业用水区、人体非直接接触的娱乐用水区	一般控制区	执行二级或三级标准（排入城镇生物处理污水处理厂）
Ⅴ类	农业用水区、一般景观要求水域	一般控制区	

资料来源：《地面水环境质量标准》（GB 3838—2002）.

（1）地表水源取水点周围半径100m的水域内，严禁捕捞、停靠船只、游泳和从事可能污染水源的任何活动，并应设有明显的范围标志。地表水源取水点上游1000m至下游100m的水域，不得排入工业废水和生活污水，其沿岸防护范围不得堆放废渣，不得设立有害化学物品仓库、堆站或装卸垃圾、粪便和有毒物品的码头，沿岸农田不得使用工业废水或生活污水灌溉及施用持久性或剧毒的农药，不得从事放牧等有可能污染该段水域水质的活动。

（2）饮用水地下水源一级保护区位于开采井的周围，二级保护区位于一级保护区外，以保证集水有足够的滞后时间，以防止病原菌以外的其他污染。准保护区位于二级保护区外的主要补给区，以保护水源地的补给水源水量和水质。

1.4　城市给水设施规划

1.4.1　取水设施的选址要点

（1）地表水取水设施选址要点

地表水取水设施选址对取水的水质、水量、安全可靠性、投资、施工、运行管理及河流的综合利用都有影响。所以，应根据地表水源的水文、地质、地形、卫生、水力等条件综合考虑。选择地表水取水设施位置时，应考虑以下基本要求：

1）设在水量充沛、水质较好的地点，宜位于城镇和工业的上游清洁河段。取水构筑物应避开河流中回流区和死水区，潮汐河道取水口应避免海水倒灌的影响；水库的取水口应在水库淤积范围以外，靠近大坝；湖泊取水口应选在近湖泊出口处，离开支流汇入口，且须避开藻类集中滋生区；海水取水口应设在海湾内风浪较小的地区，注意防止风浪和泥沙淤积。

2）具有稳定的河床和河岸，靠近主流，有足够的水源，水深一般不小于2.5～3.0m。弯曲河段上，宜设在河流的凹岸，但应避开凹岸主流的顶冲点；顺直的河段上，宜设在河床稳定、水深流急、主流靠岸的窄河段处。取水口不宜放在入海的河口地段和支流向主流的汇入口处。

3）尽可能免受泥沙、漂浮物、冰凌、冰絮、水草、支流和咸潮的影响。

4）具有良好的地质、地形及施工条件。取水构筑物应建造在地质条件好、承载力大的地基上。应避开断层、滑坡、冲积层、流沙、风化严重和岩溶发育地段。

5）应考虑天然障碍物和桥梁、码头、丁坝、拦河坝等人工障碍物对河流条件引起变化的影响。

（2）地下水取水设施选址要点

地下水取水设施要求选择在水量充沛、水质良好的地下水丰水区，设于补给条件好、渗透性强、卫生环境良好的地段，同时有良好的水文、工程地质、卫生防护条件，以便于开发、施工和管理。

1.4.2　净水工程设施选址要点

为了使水质适应生产和生活使用的要求、符合规定的卫生标准，净水工程设施（给水处理厂）须将取出的原水加以净化，除去其中的悬游物质、胶体物质、细菌及其他有害成分。

给水处理厂（简称水厂）厂址选择必须综合考虑各种因素，通过技术经济比较后确定，其选址要点如下：

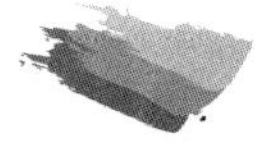

（1）水厂应选择在工程地质条件较好的地方。一般选在地下水位低、承载力较大、湿陷性等级不高、岩石较少的地层，以降低工程造价和便于施工。

（2）水厂应尽可能选择在不受洪水威胁的地方，否则应考虑防洪措施。

（3）水厂周围应具有较好的环境卫生条件和安全防护条件，并考虑沉淀池、料泥及滤池冲洗水的排除方便。

（4）水厂应尽量设置在交通方便、靠近电源的地方，以利于施工管理和降低输电线路的造价。

（5）水厂选址要考虑近、远期发展的需要，为新增附加工艺和未来规模扩大发展留有余地。

（6）当取水地点距离用水区较近时，水厂一般设置在取水设施附近，通常与取水设施在一起。这样，便于集中管理，工程造价也较低。当取水地点距离用水区较远时，厂址有两种选择：一是将水厂设在取水设施近旁；二是将水厂设在离用水区较近的地方。第一种选择的优点是：水厂和取水设施可集中管理，节省水厂自用水（如滤池冲洗和沉淀池排泥）的输水费用，并便于沉淀池排泥和滤池冲洗水排除，特别是浊度高的水源。但从水厂至主要用水区的输水管道口径要增大，管道承压较高，从而增加了输水管道的造价和管理工作。后一种方案的优缺点与前者正好相反。对高浊度水源，也可将预沉构筑物与取水设施合建在一起，水厂其余部分设置在主要用水区附近。以上不同方案应综合考虑各种因素，并结合其他具体情况，通过技术经济比较确定。

取用地下水的水厂，可设在井群附近，尽量靠近最大用水区，亦可分散布置。井群应按地下水流向布置在城市的上游。根据出水量和岩层的含水情况，井管之间要保持一定的间距。

1.4.3　给水管网规划要点

城市用水经过净化之后，还要铺设大口径的输水干管和各种配水管网，将净水输配到各用水地区。输水管道不宜少于两条。管网的布置一般有两种形式：树枝状和环状。

树枝状管网（图 17–1–1）的管道总长度较短，一旦管道某一处发生故障，供水区容易断水。环状管网的利弊（图 17–1–2）恰恰相反，配水管网一般敷设成环状，在允许间断供水的地方，可敷设树枝状管网。在实践中，可两者结合布置，即总体用环状，局部可用树枝状。

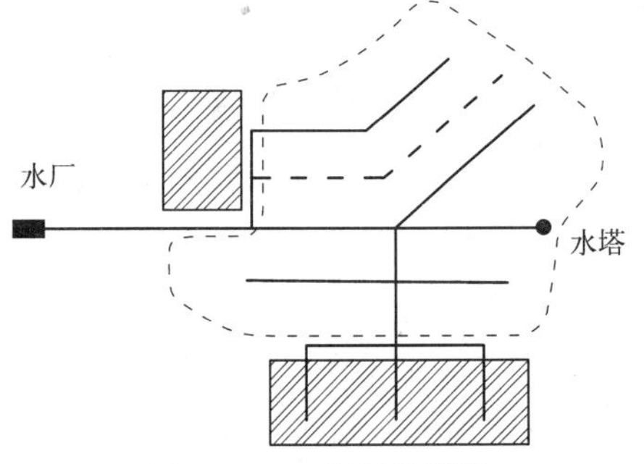

图 17–1–1　树枝状管网

资料来源：同济大学李德华．城市规划原理（第三版）．北京：中国建筑工业出版社，2001：336．

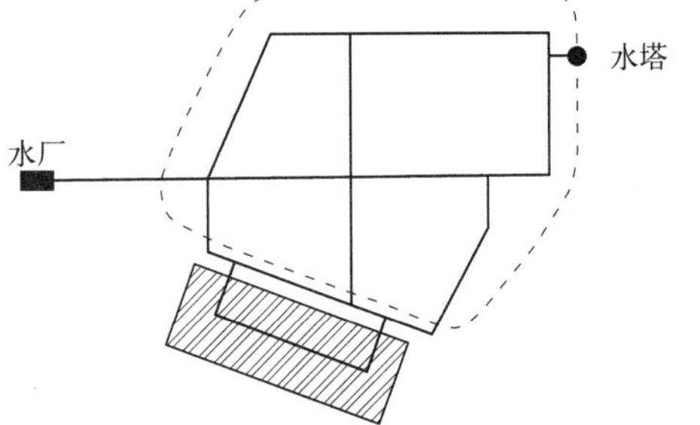

图 17–1–2　环状管网

资料来源：同济大学李德华．城市规划原理（第三版）．北京：中国建筑工业出版社，2001：336．

供水管网是供水工程的一个重要部分，它的修建费用约占整个供水工程投资的40%～70%。管网的合理布置，不仅能保证供水，并且有很大的经济意义。管网布置的基本要求如下：

（1）管网布置应根据城市地形、城市规划或发展方向、道路系统、大用水量用户分布、水压要求、水源位置以及与其他管线综合布置等因素进行规划设计。一般要求管网比较均匀地分布在整个用水地区。输水干管通向水量调节构筑物和水量大的用户。干管要布置在地势较高的一边，环状管网环的大小，即干管间距离应根据建筑物用水量和对水压的要求而定。管道应尽量少穿越铁路和河流。过河的管道，一般要设两条，以保安全。

（2）居住区内的最低水头，平房为10m，二层居住房屋为12m，二层以上每层增加水头4m。高层住宅大多自设加压设备，规划管网时可不予考虑，以免全面提高供水水压。

工业用水的水压，因生产要求不同而异，有的工厂低压进水再进行加压。如果工业用水量大，可根据对水压、水质的不同要求，将管网分成几个系统，分别供水。

（3）地形高低相差大的城市，为了满足地热较高地区的水压要求，避免较低地区的水压过大，应考虑结合地形，分设不同水压的管网系统；或按低地要求的压力送水，在高地地区加压。

（4）必须节约用水，在用水量很大的工业企业，应尽可能地考虑水的重复利用，如电厂的冷却用水循环使用，或供给其他工厂使用。进行管网规划时，必须多作方案比较，综合研究，才能得出比较经济合理的管网布置。

城市中生活用水、工业用水、消防用水对水质的要求差别又较大，如按生活用水的水质用作工业用水，会形成浪费。近年来一些城市采用分质给水系统。取水设施从同一水源或不同水源取水，经过不同程度的净化过程，用不同的管道，分别将不同水质的水供给不同的用户的系统称分质给水系统。在城市中，可以对工业集中区与生活居住区采用分质供水，也可在城市一定范围内对饮用水或杂用水进行分质供水（图17–1–3）。这样，可以保证城市中有限水源的优质优用；不过，这类系统费用较大，管理也较复杂。

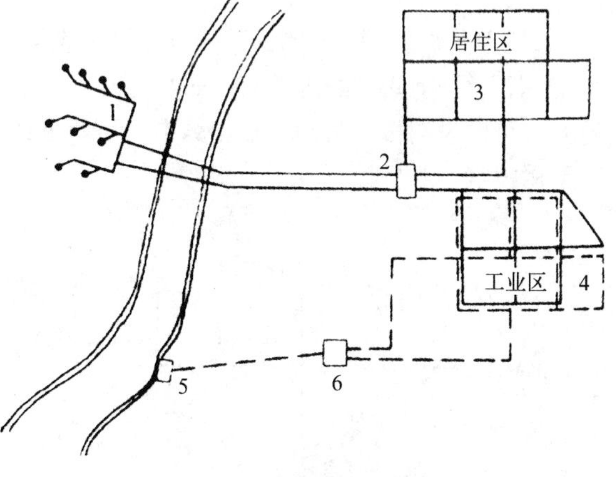

图17–1–3 分质给水系统

1—管井；2—泵站；3—生活用水管网；4—生产用水管网；5—地面水取水构筑物；6—工业用水处理构筑物

资料来源：同济大学李德华．城市规划原理（第三版）．北京：中国建筑工业出版社，2001：336.

2 城市排水工程系统规划

2.1 城市排水工程系统的构成与功能

城市排水工程系统由雨水排放工程、污水处理与排放工程组成。

2.1.1 城市雨水排放工程

城市雨水排放工程有雨水管渠、雨水收集口、雨水检查井、雨水提升泵站、排涝泵站、雨水排放口等设施，还应包括为

确保城市雨水排放所建的水闸、堤坝等设施。城市雨水排放工程的功能是及时收集与排放城区雨水等降水，抗御洪水、潮汛水侵袭，避免和迅速排除城区渍水。

2.1.2　城市污水处理与排放工程

污水处理与排放工程包括污水处理厂（站）、污水管道、污水检查井、污水提升泵站、污水排放口等设施。污水处理与排放工程的功能是收集与处理城市各种生活污水、生产废水，综合利用、妥善排放处理后的污水，控制与治理城市水污染，保护城市与区域的水环境。

2.2　城市排水工程系统规划的主要任务与内容

2.2.1　城市排水工程系统规划的主要任务

城市排水工程系统规划的主要任务，是根据城市自然环境和用水状况，合理确定规划期内的污水处理量、污水处理设施的规模与容量、降水排放设施的规模与容量；科学布局污水处理厂（站）等各种污水处理与收集设施、排涝泵站等雨水排放设施，以及各级污水管网；制定水环境保护、污水治理与利用等对策和措施。

2.2.2　城市排水工程系统规划的主要内容

根据城市规划编制层次，城市排水系统规划也分为总体规划和详细规划两个层次：

（1）城市排水工程系统总体规划的主要内容

1）确定排水体制；

2）划分排水区域，估算雨水、污水总量，制定不同地区污水处理排放标准；

3）进行排水管、渠系统规划布局，确定水闸雨、污水主要泵站数量、位置；

4）确定排水设施和污水处理设施的数量、规模、处理等级以及用地范围；

5）确定排水干管、渠的走向和出口位置；

6）提出污水综合治理利用措施。

（2）城市排水工程系统详细规划的主要内容

1）计算详细规划内雨水排放量和污水量；

2）确定规划范围内管线平面位置、管径、主要控制点标高；

3）提出污水处理工艺初步方案。

2.3　城市排水体制的选择

2.3.1　排水体制种类

对生活污水、工业废水和降水采用不同的排除方式所形成的排水系统，称为排水体制，又称排水制度。可分为合流制和分流制两类。

（1）合流制排水系统

合流制排水系统是将生活污水、工业废水和雨水混合在一个管渠内排除的系统。

1）直排式合流制。管渠系统的布置就近坡向水体，分若干个排水口，混合的污水经处理和利用直接就近排入水体（图 17–1–4）。

2）截流式合流制。在早期直排式合流制排水系统的基础上，临河岸边建造一条截流干管，同时，在截流干管处设溢流井，并设污水处理厂。晴天和初雨时，所有污水都排送至污水处理厂，经处理后排入水体。当雨量增加，混合

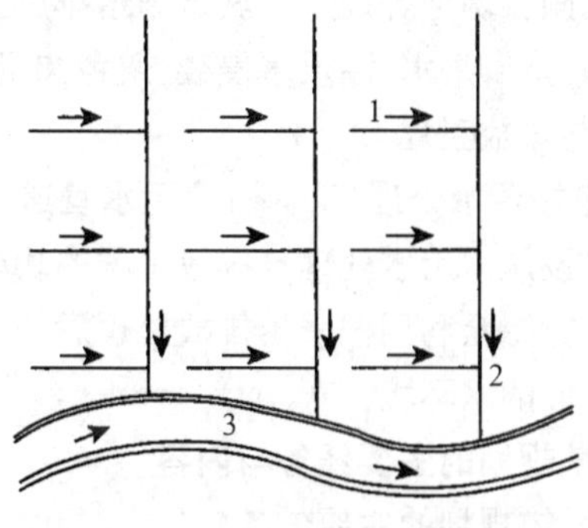

图 17–1–4 直排式合流制排水系统

1—河流支管；2—河流干管；3—河流

资料来源：同济大学戴慎志．城市工程系统规划（第二版）．北京：中国建筑工业出版社，2008：109．

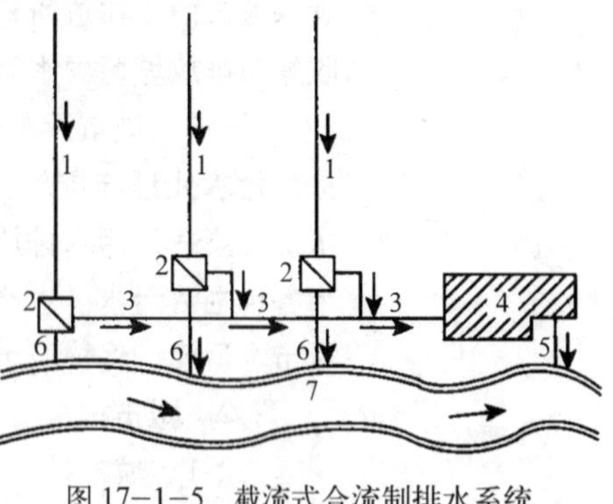

图 17–1–5 截流式合流制排水系统

1—合流干管；2—流溢井；3—截流主干管；4—污水处理厂；5—出水口；6—溢流干管；7—合流

资料来源：同济大学戴慎志．城市工程系统规划（第二版）．北京：中国建筑工业出版社，2008：109．

污水的流量超过截流干管的输水能力后，将有部分混合污水经溢流井溢出直接排入水体。这种排水系统比直排式有了较大改进。但在雨天，仍有部分混合污水不经处理直接排入水体，对水体有一定程度的污染（图 17–1–5）。

（2）分流制排水系统

分流制排水系统是将生活污水、工业废水和雨水分别在两个或两个以上各自独立的管渠内排除的系统。

1）完全分流制。分设污水和雨水两个管渠系统，前者汇集生活污水、工业废水，送至污水处理厂，经处理后排放和利用；后者汇集雨水和部分工业废水（较洁净），就近排入水体（图 17–1–6）。

2）不完全分流制。只有污水管道系统而没有完整的雨水管渠排水系统。污水经由污水管道系统流至污水处理厂，经过处理利用后，排入水体；雨水通过地面漫流进入不成系统的明沟或小河，然后进入较大的水体（图 17–1–7）。

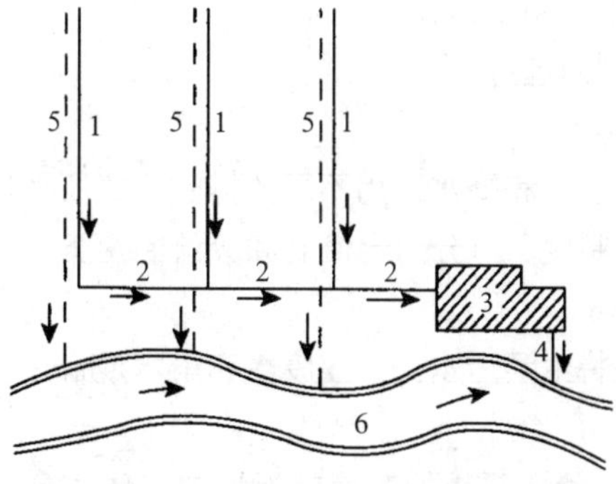

图 17–1–6 完全分流制排水系统

1—污水干管；2—污水主干管；3—污水处理厂；4—出水口；5- 雨水干管；6—河流

资料来源：同济大学戴慎志．城市工程系统规划（第二版）．北京：中国建筑工业出版社，2008：109．

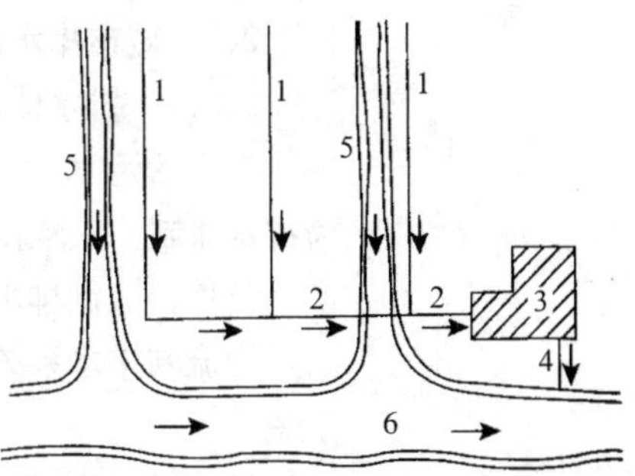

图 17–1–7 不完全分流制排水系统

1—污水干管；2—污水主干管；3—污水处理厂；4—出水口；5—明渠或小河；6—河流

资料来源：同济大学戴慎志．城市工程系统规划（第二版）．北京：中国建筑工业出版社，2008：110．

2.3.2 排水体制的优缺点

直排式合流制排水系统对水体污染严重，但管渠造价低，又不设污水厂，所以投资省；这种体制在城市建设早期多使用，不少老城区都采用这种方式，因其所造成的污染危害很大，目前一般不宜采用。截流式合流制排水系统比直排式有了较大改进，但在雨天，仍有部分混合污水不经处理直接排入水体，对水体有一定程度的污染。

完全分流制排水系统卫生条件较好，但仍有初期雨水污染问题，其投资较大。新建的城市和重要工矿企业，一般应采用该形式；工厂的排水系统，一般采用完全分流制，甚至要清浊分流、分质分流，有时需几种系统来分别排除不同种类的工业废水。不完全分流制排水系统投资省，主要用于有合适的地形，有比较健全的明渠水系的地方，以便顺利排泄雨水。对于新建城市或发展中地区，为了节省投资，常先采用明渠排雨水，待有条件后，再改建雨水暗管系统，变成完全分流制系统；对于地势平坦、多雨易造成积水地区，不宜采用不完全分流制。

2.3.3 排水体制选择要点

城市排水体制的确定，不仅影响排水系统的设计施工、投资运行，对城市布局和环境保护也影响深远。一般应根据城市总体规划、环境保护要求、污水利用处理情况、原有排水设施、水环境容量、地形、气候等条件，从全局出发，通过技术经济比较，综合考虑确定。主要考虑以下几个方面的因素。

(1) 环境保护方面

截流式合流制同时汇集了部分雨水输送到污水处理厂，有利于减少初期雨水的污染。但截流式合流制在暴雨时，把一部分混合污水通过溢流井泄入水体，易造成污染。分流制把城市污水全部送至污水厂进行处理，但初期雨水径流未加处理直接排入水体，对水体也有一定程度的污染。

(2) 工程投资方面

合流制泵站和污水处理厂的造价比分流制高，但管渠总长度短，不完全分流制初期只建污水排除系统而缓建雨水排除系统，便于分期建设，能节省初期投资费用。合流制的总造价要较分流制低。

(3) 近、远期关系方面

排水体制的选择要处理好近、远期建设的关系，在规划设计时应做好分期工程的协调与衔接，使前期工程在后期工程中得到全面应用，特别对于含有新旧城区的城市规划而言，更需注意。在城市发展的新区，可以分期建设，先建污水管，收纳污染严重的污水，后建雨水管或用明渠过渡；在城市发展进度很快、地形平坦、综合开发的新区，雨水系统宜于一次建成。而在地形平坦、下游有一条较充沛的水流、污水浓度较大、街道狭窄的地区，可采用合流制。

(4) 施工管理方面

合流制管线单一，减少了与其他地下管线、构筑物的交叉，管渠施工较简单。但合流管渠中流量变化较大，对水质也有一定影响，不利于泵站和污水厂的稳定运行，造成管理维护复杂，运行费用增加。而分流制水量水质变化较小，有利于污水处理和运行管理。

总之，城市排水体制的选择应因时因地而宜。一般新建的排水系统宜采用分流制。但在附近有水量充沛的河流或近海、发展又受到限制的小城镇地区，在街道较窄、地下设施较多、修建污水和雨水两条管线有困难的地区，或在雨水稀少、废水全部处理的地区等，采用合流制是有利的。

一个城市通常采用混合制的排水系统，既有分流制，也有合流制，这是与城市发展的不同时期相联系的。城市建设初期，周围水体良好，因受建设资金限制，多采用合流制，甚至直排式；随着城市发展和水环境恶化，逐渐在水体岸边进行污水截流，排入污水处理厂；而新建城区往往直接按雨、污分流制规划设计，有的结合旧区改造，变合流制为分流制，这样导致了城市中存在混合的排水体制。混合制有两种情况，一种是分流制区域和合流制区域相互独立，分别明显；另一种是同一区域既有分流制管道，又有合流制管道，甚至是同一干管中同时接纳污水和雨水混合水流。城市中由于各地区自然条件及建设情况的不同，因地制宜地采用不同的排水体制都是合理的。

2.4　污水处理设施选址要点

城市污水处理厂是城市污水处理的主要设施（图 17–1–8），恰当地选择污水处理厂的位置，对于城市规划的总体布局、城市环境保护、污水的合理利用、污水管网系统布局、污水处理厂的投资和运行管理等都有重要影响。其选址要点如下：

（1）污水处理厂厂址选择应与排水管道系统布置，以及水系规划统一考虑，充分考虑城市地形的影响。污水处理厂应设在地势较低处，便于城市污水自流入厂内。

（2）污水处理厂宜设在水体附近，便于处理后的污水就近排入水体。排入的水体应有足够环境容量，减少处理后污水对水域的影响。厂址必须位于给水水源的下游，并应设在城镇的下游和夏季主导风向的下方。厂址与城镇、工厂和生活区应有300m以上距离，并设卫生防护带。

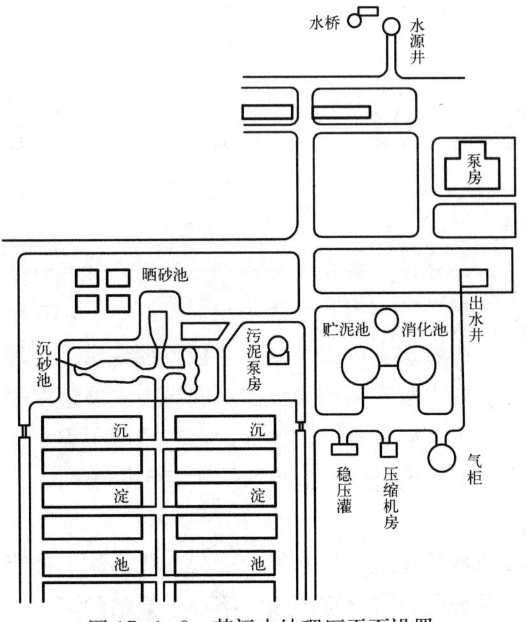

图 17–1–8　某污水处理厂平面设置
资料来源：同济大学李德华．城市规划原理（第三版）．北京：中国建筑工业出版社，2001：339．

（3）污水处理厂布局应结合污水的出路，考虑污水回用于工业、城市和农业的可能，厂址应尽可能与回用处理后污水的主要用户靠近。

（4）污水处理厂选址应注意城市近、远期发展问题，近期合适位置与远期合适位置往往不一致，应结合城市总体发展的要求一并考虑，规划的厂址用地应考虑保留扩建的可能性。

（5）污水处理厂不宜设在雨季易受水淹的低洼处；靠近水体的污水处理厂应不受洪水的威胁。

2.5　排水管网规划要点

2.5.1　排水区界

排水区界是排水系统敷设的界限，划分排

水区界是管网平面布置的起始工作。在排水区界内应根据地形和城市的竖向规划，划分排水流域。一般情况下，流域边界应与分水线相符合。在地形起伏及丘陵地区，流域分界线与分水线基本一致。在地形平坦无显著分水线的地区，应使干管在最大合理埋深的情况下，让绝大部分排水自流排出。

2.5.2 排水管网规划要点

城市排水管网规划应把握下列要点：

(1) 排水管网布置应尽可能在管线较短和埋深较小的情况下，让雨污水自流排出。地形、地貌是影响管道定线的主要因素，确定排水管网走线时应充分利用地形。在整个排水区域较低的地方，在集水线或河岸低处敷设主干管及干管，便于支管自流接入。地形较复杂时，宜布置成几个独立的排水管网。

(2) 污水主干管的走向与数量取决于污水处理厂和出水口的位置与数量。如大城市或地形平坦的城市，可能要建几个污水处理厂分别处理与利用污水。小城市或地形倾向一方的城市，通常只设一个污水处理厂，则只需敷设一条主干管。若一个区域内几个城镇合建污水处理厂，则需建造相应的区域污水管道系统。

(3) 管线布置应简捷顺直，尽量减少与河道、山谷、铁路及各种地下构筑物的交叉，并充分考虑地质条件的影响。排水管线一般沿城市道路布置。

(4) 管线布置考虑城市的远、近期规划及分期建设的安排，与规划年限相一致。应使管线的布置与敷设满足近期建设的要求，同时远期有扩建的可能。规划时，对不同重要性的管道，其设计使用年限应有差异，城市主干管的使用年限要长一些，并考虑扩建的可能。

(5) 城市排水管网规划中，应充分利用和保护现有水系，并注重排水系统的景观和防灾功能，将城市排水与水资源利用、防洪涝灾害、生态与景观建设结合起来，综合考虑，统筹协调。

第2节 城市能源工程系统规划

城市能源系统也称城市公共能源供应系统，主要包括城市供电工程系统、城市燃气工程系统以及城市（集中）供热工程系统等。因地制宜、具有前瞻性的城市公共能源供应系统规划显得非常重要。

1 城市供电工程系统规划

1.1 城市供电工程系统的构成和功能

城市供电工程系统由城市电源工程、输配电网络工程组成。

1.1.1 城市电源工程

城市电源工程主要有城市电厂、区域变电所（站）等电源设施。城市电厂是专为本城市服务的火力发电厂、水力发电厂（站）、核能发电厂（站）、风力发电厂、地热发电厂等电厂。区域变电所（站）是区域电网上供给城市电源所接入的变电所（站）。区域变电所（站）通常是大于等于 110kV 电压的高压变电所（站）或超高压变电所（站）。城市电源工程具有自身发电或从区域电网上获取电源，为城市提供电源的功能。

1.1.2　城市输配电网络工程

城市输配电网络工程由城市输送电网与配电网组成。城市输送电网含有城市变电所（站）和从城市电厂、区域变电所（站）接入的输送电线路等设施。城市变电所通常为大于10kV电压的变电所。城市输送电线路以架空电缆为主，重点地段采用直埋电缆、管道电缆等敷设形式。输送电网具有将城市电源输入城区，并将电源变压进入城市配电网的功能。

城市配电网由高压、低压配电网等组成。高压配电网电压等级为1～10kV，含有变配电所（站）、开关站、1～10kV高压配电线路。高压配电网具有为低压配电网变、配电源，以及直接为高压电用户送电等功能。高压配电线路通常采用直埋电缆、管道电缆等敷设方式。低压配电网电压等级为220V～1kV，含低压配电所、开关站、低压电力线路等设施，具有直接为用户供电的功能。

1.2　城市供电工程系统规划的主要任务和内容

1.2.1　城市供电工程系统规划的主要任务

城市供电工程系统规划的主要任务为：结合城市和区域电力资源状况，合理确定规划期内的城市用电标准、用电负荷，进行城市电源规划；确定城市输、配电设施的规模、容量以及电压等级；科学布局变电所（站）等变配电设施和输配电网络；制订各类供电设施和电力线路的保护措施。

1.2.2　城市供电工程系统规划的主要内容

根据城市规划编制层次，城市供电工程系统规划也分为总体规划和详细规划两个层次。

（1）城市供电工程系统总体规划的主要内容

1）确定用电标准，预测城市供电负荷；

2）选择供电电源，进行供电电源规划；

3）确定城市供电电压等级和变电设施容量、数量，进行变电设施布局；

4）布局高、中压送电网和高压走廊；

5）布局中、低压配电网；

6）制订城市供电设施保护措施。

（2）城市供电工程系统详细规划的主要内容

1）计算供电负荷；

2）选择和布局规划范围内的变配电设施；

3）规划设计高压配电网；

4）规划设计低压配电网。

1.3　城市供电设施规划要点

城市电力设施通常分为城市发电厂和变电所两种基本类型。

城市电力供应可以由城市发电厂直接提供，也可由外地发电厂经高压长途输送至电源变电所，再进入城市电网。变电所除变换电压外，还起到集中电力和分配电力的作用，并控制电力流向和调整电压。

1.3.1　城市发电厂选址要点

城市发电厂有火力发电厂、水力发电站、风力发电厂、太阳能发电厂、地热发电厂和原子能发电厂等。目前我国作为城市电源的发电厂以火电厂和水电站为主，水电站布局往往距离城市较远，但一些火电厂需要在城市内部和边缘

地区进行选址布局。

(1) 火电厂的选址要点

1) 城市火电厂应位于城市的边缘或外围，布置在城市主导风向的下风向，并与城市生活区保持一定距离。

2) 城市火电厂应有便利的运输条件，大中型火电厂应接近铁路、公路或港口，并尽可能设置铁路专用线。在城市附近有煤矿时，火电厂应尽可能靠近煤矿布局，或直接在矿区设置坑口电站。

3) 火电厂生产用水量大，城市火电厂应考虑靠近水源，尽可能直接供水。

4) 燃煤发电厂应有足够的贮灰场，贮灰场的容量要能容纳电厂 10 年的贮灰量。厂址选择时，同时要考虑灰渣综合利用场地或邻近使用灰渣为原材料的协作企业。

5) 城市火电厂厂址选择应充分考虑出线条件，留有适当的高压线进出线走廊宽度。

6) 城市火电厂选址应充分考虑防灾的要求，规划布局时要避开地质不良地区和易受洪涝灾害影响的地区。

(2) 水电站选址要点

1) 水电站一般选择在便于拦河筑坝的河流狭窄处，或水库水流下游处。

2) 建厂地段须是工程地质条件良好、地耐力高、非地质断裂带。

3) 有较好的交通运输条件。

(3) 原子能发电站（核电站）选址要点

1) 站址靠近区域负荷中心。

2) 站址要求在人口密度较低的地方。以核电站为中心，半径 1km 内为隔离区，在隔离区外围，人口密度也要适当。

3) 站址应取水便利。

4) 站址有足够的发展空间。一般均选择足够的场地，留有发展余地。

5) 站址要求有良好的公路、铁路或水上交通条件，以便运输电站设备和建筑材料。

6) 站址要有利于防灾。站址不能选在断层、断口、解离、折叠地带，以免发生地震时造成地基不稳定。最好选在岩石床区，以保持最大的稳定性。还应考虑防洪、防御、环境保护等条件。

1.3.2　城市电源变电所选址要点和布置原则

(1) 城市电源变电所选址要点

1) 位于城市的边缘或外围，便于进出线。

2) 宜避开易燃、易爆设施，避开大气严重污染地区及严重烟雾区。

3) 应满足防洪、抗震的要求：220 ~ 500kV 变电所的所址标高，宜高于百年一遇洪水水位；35 ~ 110kV 变电所的所址标高，宜高于五十年一遇洪水水位。变电所所址应有良好的地质条件，避开断层、滑坡、塌陷区、溶洞地带、山区风口和易发生滚石场所等不良地质构造。

4) 不得布置在国家重点保护的文化遗址或有重要开采价值的矿藏上，并协调与风景名胜区、军事设施、通信设施、机场等的关系。

(2) 城市电源变电所布置原则

城市电源变电所一般等级较高，应布置在市区边缘或郊区，宜采用全户外式和半户外式结构，少量电源变电所根据系统需要设置在城区内部。在这种情况下，变电所可以采用户内变电所或地下变电所形式，尽可能减少对周边地区环境和安全的影响。

城市内的变电所或配电所的设计应尽量节约用地面积，采用占地较少的户内型、半户外型布置；城市中心区的变电所或配电所应考虑采用占空间较小的全户内型，并考虑与其他建筑物混合建设，必要时也可考虑建设地下变电所。在主要街道，路间绿地及建筑物密集的地区，也可采用电缆进出线的箱式配电所。

1.4　城市供电线路规划布局要点

1.4.1　城市电力线路敷设方式

城市电力线路分为架空线路和地下电缆线路两类。

市区架空高、中压输电线路可采用双回线或与高压配电线同杆架设，可采用钢管型杆塔或窄基铁塔，以减少高压走廊占地面积。

从用地、景观和安全角度考虑不宜采用架空电力线路时，城市内的电力线路可以采用地下敷设的方式。电缆线路路径应与城市其他地下管线统一安排，通道的宽度、深度应考虑远期发展的要求，路径选择应考虑安全、可行、维护便利及节省投资等条件。

1.4.2　城市架空高压线路规划要点

城市架空高压电力线路规划要点有：

（1）高压线路应尽量短捷，减少线路电荷损失，降低工程造价。

（2）高压线路与住宅、建筑物、各种工程构筑物之间应有足够的安全距离，按照国家规定的规范，留出合理的高压走廊地带。尤其接近电台、飞机场的线路，更应严格按照规定，以免发生通信干扰、飞机撞线等事故。

（3）高压线路不宜穿过城市的中心地区和人口密集的地区。并考虑到城市的远景发展，避免线路占用工业备用地或居住备用地。

（4）高压线路穿过城市时，须考虑对其他管线工程的影响，并应尽量减少与河流、铁路、公路以及其他管线工程的交叉。

（5）高压线路应尽量避免在有高大乔木成群的树林地带通过，保证线路安全，减少砍伐树木，保护绿化植被和生态环境。

（6）高压走廊不应设在易被洪水淹没的地方，或地质构造不稳定（活动断层、滑坡等）的地方。

（7）高压线路尽量远离空气污浊的地方，以免影响线路的绝缘而发生短路事故，更应避免接近有爆炸危险的建筑物、仓库区。

2　城市燃气工程系统规划

2.1　城市燃气工程系统的构成和功能

城市燃气工程系统由燃气气源工程、储气工程、输配气管网工程等组成。

2.1.1　城市燃气气源工程

城市燃气气源工程包含煤气厂、天然气门站、石油液化气气化站等设施。煤气厂主要有炼焦煤气厂、直立炉煤气厂、水煤气厂、油制气煤气厂四种类型。

天然气门站收集当地或远距离输送来的天然气。石油液化气气化站是目前无天然气、煤气厂的城市用作管道燃气的气源，设置方便、灵活。气源工程具有为城市提供可靠的燃气气源的功能。

2.1.2　燃气储气工程

燃气储气工程包括各种管道燃气的储气站、石油液化气的储存站等设施。储气站储存煤气厂生产的燃气或输送来的天然气，调节满足城市日常和高峰小时的用气需要。石油液化气储存站具有满足液化气气化站用气需求和城市石油液化气供应站的需求等功能。

2.1.3　燃气输配气管网工程

燃气输配气管网工程包含燃气调压站、不同压力等级的燃气输送管网、配气管道。一般情况下，燃气输送管网采用中、高压管道，配气管为低压管道。燃气输送管网具有中、长距离输送燃气的功能，不直接供给用户使用。配气管则具有直接供给用户使用燃气的功能。燃气调压站具有升降管道燃气压力之功能，以便于燃气远距离输送，或由高压燃气降至低压，向用户供气。

2.2　城市燃气工程系统规划的主要任务与内容

2.2.1　城市燃气工程系统规划的主要任务

城市燃气工程系统规划的主要任务是结合城市和区域燃料资源状况，选择城市燃气气源，合理确定规划期内各种燃气的用气标准，预测用气负荷，进行城市燃气气源规划；确定各种供气设施的规模、容量；选择并确定城市燃气管网系统；科学布置气源厂、天然气门站、液化气气化站等产、供气设施和输配气管网；制订燃气设施和管道的保护措施。

2.2.2　城市燃气工程系统规划的主要内容

根据城市规划编制层次，城市燃气系统规划也分为总体规划和详细规划两个层次：

(1) 城市燃气工程系统总体规划的主要内容

1) 确定供热对象和供气标准，预测燃气负荷；

2) 选择气源种类，进行城市燃气气源规划；

3) 确定城市气源设施和储配设施的容量、数量和位置；

4) 选择燃气输配管网的压力级制；布局输配气管网；

5) 制订城市燃气设施的保护措施。

(2) 城市燃气工程系统详细规划的主要内容

1) 计算详细规划范围内的燃气用量；

2) 规划布局燃气输配设施，确定其容量、位置和用地范围；

3) 规划布局燃气输配管网；

4) 计算燃气管网管径。

2.3　城市燃气气源与输配设施规划

城市气源设施规划要点

城市燃气一般分为四类：天然气、人工煤气、液化石油气和生物气。城市燃气采用哪些燃气种类，要考虑多方面的因素。大多数国家的主要气种经历了煤制气、油制气至天然气的使用过程。针对我国幅员辽阔、能源资源分布不均，各地能源结构、品种、数量不一的特点，发展城市燃气事业要贯彻多种气源、

多种途径、因地制宜、合理利用能源的方针，从城市自身条件和环保要求出发，优先使用天然气，发展完善煤制气，合理利用液化石油气，大力回收利用工业余气，建立因地制宜、多气互补的城市燃气供给体系。

城市燃气气源设施主要是煤气制气厂、天然气门站、液化石油气供应基地等规模较大的供气设施。

(1) 煤气制气厂的选址要点

1) 煤气厂厂址应具有方便、经济的交通运输条件，与铁路、公路干线或码头的连接应尽量短捷。

2) 煤气厂厂址宜靠近生产关系密切的工厂，并为运输、公用设施、三废处理等方面的协作创造有利条件。

3) 煤气厂厂址应有良好的工程地质条件和较低的地下水位，不应设在受洪水、内涝和泥石流等灾害威胁的地带。

4) 煤气厂厂址必须避开高压走廊；在机场、电台、通信设施、名胜古迹和风景区等附近选厂址时，应考虑机场净空区、电台和通信设施防护区、名胜古迹等无污染间隔区等的特殊要求，并取得有关部门的同意。

(2) 天然气门站和液化石油气供应基地的选址要点

1) 天然气门站和液化石油气供应基地属于甲类火灾危险性企业。站址应选在城市边缘，与相邻建筑物应遵守有关规范所规定的安全防火距离，应远离名胜古迹、游览地区和油库、桥梁、铁路枢纽站、飞机场、导航站等重要设施。

2) 天然气门站和液化石油气供应基地应选择在城市所在地区全年最小频率风向的上风侧。

3) 天然气门站和液化石油气供应基地选址应是地势平坦、开阔、不易积存燃气的地段，并避开地震带、地基沉陷洪水威胁和雷击频繁的地区，不应选在受洪水威胁的地方。

4) 城市燃气输配设施规划要点

城市燃气输配设施一般包括燃气储配站、液化石油气气化站、混气站以及瓶装供应站、调压站等。由于燃气易燃易爆的特点，这些设施布局时除了满足系统本身的要求外，要尽量保证设施与周边建筑或用地的安全距离，减少安全隐患。

(3) 燃气储配站布局要点

燃气储配站主要有三个功能，一是储存必要的燃气量，以调峰；二是可使多种燃气进行混合，达到适合的热值等燃气质量指标；三是将燃气加压，以保证输配管网内适当的压力。对于供气规模较小的城市，燃气储配站一般设一座即可，并可与气源厂合设；对于供气规模较大、供气范围较广的城市，应根据需要设两座或两座以上的储配站；厂外储配站的位置一般设在城市与气源厂相对的一侧，即常称的对置储配站，在用气高峰时，实现多点向城市供气，一方面保持管网压力的均衡，缩小气源点的供气半径，另一方面也保证了供气的可靠性。

除上述燃气储配站布置要点外，燃气储配站站址选择还应符合防火规范的要求，并有较好的交通、供电、供水和供热条件。

(4) 液化石油气气化站与混气站布局要点

1) 液化石油气气化站与混气站的站址应靠近负荷区。作为机动气源的混气站可与气源厂、城市煤气储配站合设。

2）站址应与站外建筑物保持规范所规定的防火间距。

3）站址应处在地势平坦、开阔、不易积存液化石油气的地段。同时应避开地震带、地基沉陷、废弃矿井和雷区等地区。

（5）液化石油气瓶装供应站布局要点

在城市经济实力有限、条件不允许的情况下（如居民密集的城市旧区），可采用液化气的瓶装供应方式，此时需要设置液化石油气的瓶装供应站。瓶装供应站的主要功能是储存一定数量的空瓶与实瓶，为用户提供换瓶服务，供气规模以 5000 ～ 7000 户为宜。瓶装供应站的站址选址有以下要点：

1）瓶装供应站的站址应选择在供应区域的中心，供应半径一般不宜超过 1.0km。

2）有便于运瓶汽车出入的道路。

3）瓶装供应站的瓶库与站外建、构筑物的防火间距要符合规范要求。

（6）调压站布局要点

城市燃气有多种压力级制，各种压力级制间的转换必须通过调压站来实现。调压站是燃气输配管网中稳压与调压的重要设施，其主要功能是按运行要求将上一级输气压力降至下一级输气压力。当系统负荷发生变化时，通过流量调节，压力稳定在设计要求的范围内。调压站布置要点：

1）中低压调压站供气半径应控制在 0.5km 以下。

2）调压站应尽量布置在负荷中心。

3）调压站应避开人流量大的地区，并尽量减少对景观环境的影响。

4）调压站布局时应保证必要的防护距离。

2.4 燃气管网规划要点

城市燃气输配管网按布局方式分，有环状管网系统和枝状管网系统。环状管网系统中输气干管布局为环状，保证对各区域实行双向供气，系统可靠性较高；枝状管网系统输气干管为枝状，可靠性较低。对于通往用户的配气管来说，一般为枝状管网。

城市燃气输配管网可以根据整个系统中管网不同压力级制的数量来进行分类，可分为一级管网系统、二级管网系统、三级管网系统和混合管网系统四类，每一类管网形制都有其优点和缺点，适用于不同类型的城市或地区。

在选择输配管网的形制时，主要考虑两方面的因素，即管网形制本身的优缺点和城市的综合条件。管网形制本身的优缺点包括供气的可靠性、安全性、适用性和经济性；城市综合条件方面要考虑气源的类型、城市的规模、市政和住宅的条件、自然条件和近远期结合问题。

布置各种级别的城市燃气管网，应遵循的一般原则为：

（1）应采用短捷的线路，供气干线尽量靠近主要用户区。

（2）应减少穿、跨越河流、水域、铁路等工程，以减少投资。

（3）高压、中压管网宜布置在城市的边缘或规划道路上，高压管网应避开居民点，连接气源厂（或配气站）与城市环网的枝状干管，一般应考虑双线。中压管网是城区内的输气干线，网路较密。为避免施工安装和检修过程中影响交通，一般宜将中压管道敷设在市内非繁华的干道上。

3　城市（集中）供热工程系统规划

3.1　城市（集中）供热工程系统构成与功能

城市供热工程系统由供热热源工程和供热管网工程组成。

3.1.1　供热热源工程

供热热源工程包含城市热电厂（站）、区域锅炉房等设施。城市热电厂（站）是以城市供热为主要功能的火力发电厂（站），供给高压蒸汽、采暖热水等。区域锅炉房是城市地区性集中供热的锅炉房，主要用于城市采暖，或提供近距离的高压蒸汽。

3.1.2　供热管网工程

供热管网工程包括热力泵站、热力调压站和不同压力等级的蒸汽管道、热水管道等设施。热力泵站主要用于远距离输送蒸汽和热水，热力调压站调节蒸汽管道的压力。

3.2　城市（集中）供热工程系统规划的主要任务与内容

3.2.1　城市供热工程系统规划的主要任务

城市供热工程系统规划的主要任务是根据当地气候、生活与生产需求，确定城市集中供热对象、供热标准、供热方式；合理选择气源，预测供热负荷，进行城市热源工程规划，确定城市热电厂、热力站等供热设施的数量和容量；科学布局各种供热设施和供热管网；制订节能保温的对策与措施，以及供热设施的防护措施。

3.2.2　城市供热工程系统规划的主要内容

根据城市规划编制层次，城市供热系统规划也分为总体规划和详细规划两个层次。

3.2.3　城市供热工程系统总体规划的主要内容

(1) 确定集中供热对象和供热标准，预测供热负荷。

(2) 选择热源和供热方式。

(3) 确定热源设施的供热能力、数量和布局。

(4) 布局供热设施和供热干管网。

(5) 制定供热设施保护措施。

3.2.4　城市供热工程系统详细规划的主要内容

(1) 计算规划范围内的供热负荷。

(2) 布局供热设施和供热管网。

(3) 计算供热管道管径。

3.3　城市热源规划要点

将各种能源形态转化为符合供热要求的热能的装置，称为热源。热源是城市集中供热系统的起始点，集中供热系统热源的选择、规模确定和选址布局，对整个系统的合理性有决定性的影响。

当前，大多数城市采用的城市集中供热系统热源有以下几种：热电厂、锅炉房、低温核能供热堆、热泵、工业余热、地热和垃圾焚烧厂。热电厂是指用热力原动机驱动发电机的可实现热电联产的工厂。工业余热是指工业生产过程中产品、排放物及设备放出的热。地热是地球内部的天然热能。垃圾处理过程中，垃圾分类后将可燃部分进行焚烧，以减少垃圾量和产生热能的设施，称为垃圾焚烧厂。

在上述几种设施中，热电厂（包括核能热电厂）和锅炉房是使用最为广泛的集中供热热源。在一些发达国家的城市，采用低温核能供热堆和垃圾焚烧厂作为集中供热热源的较多，这样对城市环境保护较为有利。热泵一般用于区域供热。在有条件的地区，利用工业余热和地热作为集中供热热源是节约能源和保护环境的好方式。

3.3.1 热电厂规划布局要点

热电厂是在凝汽式电厂的基础上发展而来的。它主要针对汽轮发电机组能量损失大的缺陷，将一部分或全部温度压力适合的蒸汽引出，用于城市供热。以减少部分发电量为代价，提高了一次能源的总体利用率。热电厂选址要点如下：

(1) 热电厂应尽量靠近热负荷中心。如果热电厂远离热用户，压降和温降过大，就会降低供热质量，并使热网投资增加，远离热负荷中心将显著降低集中供热的经济性。

(2) 热电厂要有方便的水陆交通条件。

(3) 热电厂要有良好的供水条件，供水条件对厂址选择往往有决定性影响。

(4) 热电厂要有妥善解决排灰的条件。如果大量灰渣不能得到妥善处理，就会影响热电厂的正常运行。

(5) 热电厂要有方便的出线条件。大型热电厂一般都有十几回输电线路和几条大口径供热干管引出，特别是供热干管所占的用地较宽，一般一条管线要占 3 ~ 5m 的宽度，因此需留出足够的出线走廊宽度。

(6) 热电厂要有一定的防护距离，厂址距人口稠密区的距离应符合环保部门的有关规定和要求，厂区附近应留出一定宽度的卫生防护带。

(7) 热电厂的厂址应避开滑坡、溶洞、塌方、断裂带淤泥等不良地质的地段。

3.3.2 区域锅炉房规划布局要点

热电厂作为集中供热系统热源时，投资较大，对城市环境影响也较大，对水源、运输条件和用地条件要求高，相比之下，区域锅炉房作为集中供热热源显得较为灵活，适用面较广。

区域锅炉房位置的选择应根据以下要求分析确定：

(1) 便于燃料贮运和灰渣排除，并宜使人流和煤、灰车流分开。

(2) 有利于减少烟尘和有害气体对居住区和主要环境保护区的影响。全年运行的锅炉房宜位于居住区和主要环境保护区的全年最小频率风向的上风侧；季节性运行的锅炉房宜位于该季节盛行风向的下风侧。

(3) 蒸汽锅炉房布局时要位于供热区地势相对较低的地区，以有利于凝结水的回收。

3.4 城市集中供热管网规划要点

根据热源与管网之间的关系，热网可分为区域式和统一式两类。区域式网络仅与一个热源相连，并只服务于此热源所及的区域。统一式网络与所有热源

相连，可从任一热源得到供应，网络也允许所有热源共同工作。相比之下，统一式热网的可靠性较高，但系统较复杂。

根据输送介质的不同，热网可分为蒸汽管网和热水管网。蒸汽管网中的热介质为蒸汽，热水管网中的热介质为热水。一般情况下，从热源到热力站（或冷暖站）的管网更多采用蒸汽管网，而在热力站向民用建筑供暖的管网中，更多采用的是热水管网。

按平面布置类型分，供热管网可分为枝状管网和环状管网两种。枝状管网结构简单，运行管理较方便，造价也较低，但其可靠性较低。环状管网的可靠性较高，但系统复杂，造价高，不易管理。在合理设计、妥善安装和正确操作维修的前提下，供热管网一般采用枝状布置方式。

在城市内布置供热管网时，应满足以下要求：

（1）供热管网布局要尽量缩短管线的长度，尽可能节省投资和钢材消耗。

（2）主要干管应该靠近大型用户和热负荷集中的地区，避免长距离穿越没有热负荷的地段。

（3）供热管道要尽量避开主要交通干道和繁华的街道，以免给施工和运行管理带来困难。

（4）地下敷设时必须注意地下水位，沟底的标高应高于近30年来最高地下水位0.2m，在没有准确地下水位资料时，应高于已知最高地下水位0.5m以上，否则地沟要进行防水处理。

3.5　城市能源结构调整与新能源应用规划

我国城市能源结构比较落后，以燃煤为主的一次能源、非清洁能源仍占很大比重。在计划经济体制下形成的条块分割，各城市都力求设有可由本城市管理的电厂；因此，小型火力发电厂成为一些城镇的主要能源设施。在居民生活用能源方面，一些城市仍以煤（煤制品）为主，冬季多用分散小煤炉取暖，有许多地区村镇居民使用柴草。这些情况均会造成对大气环境的污染。

近年来，我国清洁能源发展的速度很快，核电和水电在一次能源中占的比例、天然气在民用燃料中所占比例迅速提高，一些综合利用能源的设施或项目（如工业余热利用、沼气利用、垃圾焚烧发电）也在迅速发展，太阳能、潮汐能、风能等新能源项目逐步进入推广实施阶段。

在这种形势下，城市公共能源供应系统规划应在传统的电力、燃气、集中供热三大部分的基础上，增加有关能源结构调整、新能源利用，以及节能减排的相关内容。特别是在总体规划层面，应对此提出具有前瞻性的能源供应系统改造要求，并在空间上进行安排。

城市能源结构调整与新能源应用规划应包括以下几个方面的内容：

（1）根据国家和地区有关节能减排、新能源发展的政策，提出各个规划时间段城市能源结构中清洁能源、可再生能源、新能源所占的比例目标。

（2）针对供电、燃气、集中供热等三个主要公共能源供应系统，提出节能减排和新能源利用方面改造的方向、要点、措施，并预估节能减排效益。

（3）从城市空间上控制预留清洁能源生产设施、新能源设施、能源综合利用设施的用地。

（4）提出城市发展新能源、清洁能源的分期实施策略和政策保障措施。

第3节 城市通信工程系统规划

1 城市通信工程系统的构成与功能

城市通信工程系统由邮政、电信、广播电视等分系统组成。

1.1 城市邮政系统

城市邮政系统通常有邮政局所、邮政通信枢纽、报刊门市部、售邮门市部、邮亭等设施。邮政局所经营邮件传递、报刊发行、电报及邮政储蓄等业务。邮政通信枢纽起收发、分拣各种邮件之作用。邮政系统具有快速、安全传递城市各类邮件、报刊及电报等功能。

1.2 城市电信系统

城市电信系统由电话局（所、站）和电话网组成，有长途电话局和市话局（含各级汇接局、端局等）、微波站、移动电话基站、无线寻呼台以及无线电收发讯台等设施，电话局（所、站）具有收发、交换、中继等功能。电信网包括电信光缆、电信电缆、光接点、电话接线箱等设施，具有传送包括语音、数据等各种信息流的功能。

1.3 城市广播电视系统

城市广播电视系统有无线电广播电视和有线广播电视两种发播方式。广播电视系统含有广播电视台站工程和广播电视线路工程。广播电视台站工程有无线广播电视台、有线广播电视台、有线电视前端、分前端以及广播电视节目制作中心等设施。广播电视线路工程主要有有线广播电视的光缆、电缆以及光电缆管道等。广播电视台站工程的功能是制作播放广播节目。广播电视线路工程的功能是传递信息，还有数据传输等互联网功能。

2 城市通信工程系统规划的主要任务和内容

2.1 城市通信工程系统规划的主要任务

城市通信工程系统规划的主要任务是结合城市通信实况和发展趋势，确定规划期内城市通信的发展目标，预测通信需求；合理确定邮政、电信、广播电视等各种通信设施的规模、容量；科学布局各类通信设施和通信线路；制订通信设施综合利用对策与措施，以及通信设施的保护措施。

2.2 城市通信工程系统规划的主要内容

根据城市规划编制层次，城市通信工程系统规划也分为总体规划和详细规划两个层次。

2.2.1 城市通信工程系统总体规划的主要内容

（1）预测近、远期通信需求量，预测与确定近、远期电话普及率和装机容量，确定邮政、电信、广播电视等发展目标和规模；

（2）提出城市通信规划的原则及其主要技术措施。

（3）确定邮政、电话局所、广播和电视台站等通信设施的规模、布局。

(4) 进行电信网与有线广播电视网的规划。

(5) 划分城市微波通道和无线电收发信区，制定相应主要保护措施。

2.2.2 城市通信工程系统详细规划的主要内容

(1) 计算详细规划范围内的通信需求量。

(2) 确定邮政、电信局所等设施的具体位置、规模和用地范围。

(3) 确定通信线路的位置、敷设方式、管孔数、管道埋深等。

(4) 划定规划范围内电台、微波站、卫星通信设施控制保护界线。

3 城市主要通信设施规划布局要点

3.1 城市主要邮政设施规划布局要点

城市的主要邮政设施包括邮政通信枢纽和邮政局所。邮政通信枢纽一般设置在规模较大、交通便利的城市飞机场、火车站、长途汽车站等附近，负责邮件的分拣转运；邮政局所设置主要考虑方便市民用邮，要根据人口的密集程度和地理条件所确定的不同的服务人口数、服务半径、业务收入等要素来确定其布局数量与位置。

3.1.1 邮政通信枢纽规划选址要点

(1) 枢纽应在火车站一侧，靠近火车站台；

(2) 有方便接发火车邮件的邮运通道；

(3) 有方便出入枢纽的汽车通道；

(4) 周围环境符合邮政通信安全；

(5) 在非必要而又有选择余地时，局址不宜面临广场，也不宜同时有两侧以上临主要街道。

3.1.2 邮政局所规划选址要点

(1) 局址应设在闹市区、居民集聚区、文化游览区、公共活动场所、大型工矿企业、大专院校所在地。车站、机场、港口以及宾馆内应设邮电业务设施。

(2) 局址应交通便利，运输邮件车辆易于出入。

(3) 局址应有较平坦地形，地质条件良好。

3.2 城市主要电信设施规划布局要点

3.2.1 电信局所规划布局要点

规划电信局所时，一般是在理论上计算出来的线路网中心基础上，综合考虑用地、经济、地质、环境等影响因素来确定选址。电信局址选择，必须符合环境安全、业务方便、技术合理和经济实用的原则。在实际勘定局址时，还应综合各方面情况统一考虑，一般应注意以下几点要求：

(1) 电信局所的位置应尽量接近线路网中心，便于电缆管道的敷设。

(2) 电信局址的环境条件应尽量安静、清洁和无干扰影响，应尽量避免在高压电力设施、有较大的振动或强噪声的地点、空气污染区，以及存储有易爆、易燃物的地点附近选址，不要将局所设在有腐蚀性气体或产生较多粉尘、烟雾与水汽的工厂的常年下风侧。

(3) 电信局址应选择地质条件良好，地形较平坦，不会受到洪涝灾害影响的地点，并应注意避开雷击区。

（4）要尽量考虑近、远期的结合，以近期为主并适当照顾远期需求，对于局所建设的规模、局所占地范围、房屋建筑面积等，都要留有一定的发展余地。

（5）要考虑电信技术设备维护管理便利性的需求，同时考虑不同营业部门共用营业场所以便于为市民服务。

3.2.2 微波站址规划要点

城市中的微波站选址应注意以下要求：

（1）广播电视微波站应当根据城市经济、政治、文化设施的分布，重要电视发射台（转播台）和人口密集区域位置而确定，以达到最大的有效人口覆盖率。

（2）微波站应设在电视发射台（转播台）内，以保障主要发射台的信号源。

（3）选择地质条件较好、地势较高的稳固地区，作为站址。

（4）站址通信方向近处应较开阔、无阻挡以及无反射电波的显著物体。

（5）站址能避免本系统干扰（如同波道、越站和汇接分支干扰）和外系统干扰（如雷达、地球站、有关广播电视频道和无线通信干扰）。

4 城市通信网规划要点

城市通信线路材料目前主要有：光纤光缆、电缆和金属明线等。城市通信线路敷设方式有架空、地埋管道、直埋、水底敷设等方式。

城市通信管道线路规划应注意以下要点：

（1）管道路由应尽可能短捷，避免沿交换区界线、铁路、河流等的地带敷设。

（2）管道宜建于光缆、电缆集中的路由上，电信、广电光电缆宜同沟敷设，以节省地下空间。

（3）管道应远离电蚀和化学腐蚀地带。

第4节 城市环境卫生工程系统规划

1 城市环境卫生工程系统的构成与功能

城市环境卫生工程系统由城市垃圾处理厂（场）、垃圾填埋场、垃圾收集站和转运站、车辆清洗场、环卫车辆场、公共厕所以及城市环境卫生管理设施组成。城市环境卫生工程系统的功能是收集与处理城市各种废弃物，综合利用，变废为宝，清洁市容，净化城市环境。

2 城市环境卫生工程系统规划的主要任务与内容

2.1 城市环境卫生工程系统规划的主要任务

城市环境卫生工程系统规划的主要任务是根据城市发展目标和城市规划布局，确定城市环境卫生设施配置标准和垃圾集运、处理方式；合理确定主要环境卫生设施的数量、规模；科学布局垃圾处理场等各种环境卫生设施；制订环境卫生设施的隔离与防护措施；提出垃圾回收利用的对策与措施。

2.2 城市环境卫生工程系统规划的主要内容

根据城市规划编制层次，城市环境卫生工程系统规划也分为总体规划和详细规划两个层次。

2.2.1 城市环境卫生工程系统总体规划的主要内容

（1）测算固体废弃量，分析其组成和发展趋势，提出污染控制目标；

（2）确定固体废弃物的收运方案；

（3）选择固体废弃物处理和处置方法；

（4）布局各类环境卫生设施，确定服务范围、设置规模和标准、运作方式、用地指标等。

2.2.2 城市环境卫生工程系统详细规划的主要内容

（1）估算规划范围内的废物量；

（2）提出规划范围的环境卫生控制要求；

（3）确定垃圾收集运送方式；

（4）布局废物箱、垃圾收集点、垃圾转运站、公共厕所、环境卫生管理机构等设施，确定其位置、服务半径、用地范围；

（5）制订垃圾收集、运送设施的防护隔离措施。

3 城市固体废弃物处理方式选择

城市固体废弃物处理的总体目标是减量化、无害化和资源化。目前城市固体废弃物的处理方式主要有以下几种。

3.1 卫生填埋处理

卫生填埋指将固体废物填入确定的谷地、平地或废沙坑等，然后用机械压实后覆土，使其发生物理、化学、生物等变化，分解有机物质，达到减容化和无害化的目的。卫生填埋的优点是技术比较成熟、操作管理简单、处置量大、投资和运行费用低，还可以结合城市地形、地貌开发利用填埋物。其缺点是垃圾减容效果差，需占用大量土地；因产生的渗沥水易造成水体和环境污染，产生的沼气易爆炸或燃烧，所以选址受到地理和水文地质条件的限制。

3.2 堆肥处理

堆肥处理指在有控制的条件下，利用微生物将固体废物中的有机物质分解，使之转化成为稳定的腐殖质的有机肥料，这一过程可以灭活垃圾中的病菌和寄生虫卵。堆肥化是一种无害化和资源化的过程，不足之处是占地较大、卫生条件差、运行费用较高，在堆肥前需要分选掉不能分解的物质（如石块、金属、玻璃、塑料等）。

3.3 焚烧处理

焚烧处理指通过高温燃烧，使可燃固体废物氧化分解，转换成惰性残渣，焚烧可以灭菌消毒，回收能量，达到减容化、无害化和资源化的目的。焚烧可以处理城市生活垃圾、工业固体废物、污泥、危险固体废物等。焚烧处理的优点是：能迅速而大幅度地减少容积，可以有效地消除有害病菌和有害物质；所产生的废气处理不当，容易造成二次污染；对固体废物有一定的热值要求。

选择城市生活垃圾的处理工艺要考虑多种因素：工艺技术可靠性；城市经济社会发展水平；垃圾的性质与成分；场地选择的难易程度；环境污染的危险性；资源化价值及某些特殊的制约因素等。通常一个城市的垃圾处理方式也不是单一的，而是一个综合系统。

填埋处理是各国主要的垃圾处理方式，也是我国城市处理固体废物的主要途径和首选方法。因为我国作为发展中国家，经济实力弱，固体废物处理利用率低，垃圾无机成分高，所以土地填埋应是主要的处理技术。不过我国大部分填埋场标准不高，技术落后，对环境有较大污染，特别是工业固体废物和危险废物填埋场的情况更严重。近年来，我国已在填埋的相关技术方面取得明显进展，建设了一批容量大、水平高的卫生填埋场。

我国垃圾中可堆腐有机物含量较高，比较适于堆肥。但产生肥料的肥效低、成本高、销路不畅，制约了推广，所以需要改进原料结构和工艺，降低成本。我国一些城市建立了具有一定能力的堆肥厂。

近年来，我国垃圾成分中的可燃物比例不断增大，热值提高，部分地区已达到焚烧工艺的要求。我国已有若干城市已经建成或正在建设垃圾焚烧厂，随着城市经济实力的增强，焚烧将成为我国城市固体废弃物的一种主要处理方式。焚烧目前也是许多发达国家固体废物处理的主要方式。

4　城市主要环卫设施规划布局要点

4.1　垃圾卫生填埋场布局要点

卫生填埋场的选址是环境卫生工程系统规划中的一项重要内容，它对城市布局、交通区位、项目的经济性等都有影响。场址选择应努力达到以下的目标：最大限度地减少对环境的影响；努力减少投资费用；尽量使建设项目的要求与场地特点相一致；尽量得到当地社区的支持与认可。

卫生填埋场距大、中城市城市规划建成区应大于5km，距小城市城市规划建成区应大于2km，距居民点应大于0.5km，且四周宜设置宽度不少于100m的防护绿地或生态绿地。卫生填埋场址选择应考虑以下的因素：

4.1.1　垃圾的性质

依据垃圾的来源、种类、性质和数量确定可能的技术要求和场地规模。应有充分的填埋容量和较长的使用期，不应少于10年，一般为15～20年。

4.1.2　地形条件

能充分利用天然洼地、沟壑、峡谷、废坑，便于施工；易于排水，避开易受洪水泛滥或受淹地区。

4.1.3　水文条件

离河岸有一定距离的平地或高地，避免洪水漫滩，距人畜供水点至少800m。底层距地下水位至少2m；厂址应远离地下水蓄水层、补给区；厂址周围地下水不宜作水源。

4.1.4　地质条件

基岩深度大于9m，避开坍塌地带、断层区、地震区、矿藏区、灰岩坑及溶岩洞区。

4.1.5 土壤条件

土壤层较深，但避免淤泥区，容易取得覆盖土壤，土壤容易压实，防渗能力强。

4.1.6 交通条件

要求交通便利、运距较短，有可以使用的全天候公路。

4.1.7 区位条件

远离居民密集地区，在夏季主导风向下方，距人畜居栖点800m以上。远离动植物保护区、公园、风景区、文物古迹区、军事区。

4.1.8 基础设施条件

场址处应有较好的供水、排水、供电、通信条件。填埋场排水系统的汇水区要与相邻水系分开。

4.2 生活垃圾焚烧厂布局要点

当生活垃圾热值大于5000kJ/kg，且生活垃圾卫生填埋场选址困难时，宜设置生活垃圾焚烧厂。生活垃圾焚烧厂宜位于规划城市建成区边缘或以外，综合用地指标（含防护隔离地区）不应少于1km^2，其中绿化隔离带宽度不应少于10m并沿周边设置。

4.3 生活垃圾堆肥厂布局要点

生活垃圾中生物可降解的有机物含量大于40%时，可设置生活垃圾堆肥厂。生活垃圾堆肥厂应位于城市规划建成区以外，其中绿化隔离带宽度不应小于10m并沿周边设置。

4.4 垃圾转运站布局要点

把用中、小型垃圾收集运输车分散收集到的垃圾集中起来，并借助于机械设备转载到有大型运输工具的中转设施，称为垃圾转运站。转运站的选址应可以靠近服务区域中心或垃圾产量最多的地方，周围交通应比较便利。

垃圾转运站服务半径与运距应符合下列规定：

(1) 采用人力方式进行垃圾收集时，收集服务半径宜为0.4km以内，最大不应超过1.0km；

(2) 采用小型机动车进行垃圾收集时，收集服务半径宜为3.0km以内，最大不应超过5.0km；

(3) 采用大、中型机动车进行垃圾收集运输时，可根据实际情况扩大服务半径；

(4) 当垃圾处理设施距垃圾收集服务区平均运距大于30km且垃圾收集量足够时，应设置大型转运站，必要时设置二级转运站。

供居民直接倾倒垃圾的小型垃圾收集、转运站，其收集服务半径不大于200m。

第5节 城市防灾工程系统规划

1 城市防灾工程体系的构成与功能

由于城市财富和人员高度集中，一旦发生灾害，造成的损失很大。所以，在区域减灾的基础上，城市应采取措施，立足于防。城市防灾工作的重点是防

止城市灾害的发生，以及防止城市所在区域发生的灾害对城市造成影响。因此，城市防灾不仅仅指防御或防止灾害的发生，实际上还应包括对城市灾害的监测、预报、防护、抗御、救援和灾后恢复重建等多方面的工作。

城市防灾措施可以分为两种，一种为政策性措施，另一种为工程性措施，二者是相互依赖、相辅相成的。政策性措施又可称为“软措施”；工程性措施可称为“硬措施”，必须从政策制定和工程设施建设两方面入手，“软硬兼施，双管齐下”，才能搞好城市的防灾工作。

城市防灾系统主要由城市消防、防洪（潮、汛）、抗震、防空袭等系统及救灾生命线系统等组成。

1.1 城市消防系统

城市消防系统有消防站（队）、消防给水管网、消火栓等设施。消防系统的功能是日常防范火灾、及时发现与迅速扑灭各种火灾，避免或减少火灾损失。

1.2 城市防洪（潮、汛）系统

城市防洪（潮、汛）系统有防洪（潮、汛）堤、截洪沟、泄洪沟、分洪闸、防洪闸、排涝泵站等设施。城市防洪系统的功能是采用避、拦、堵、截、导等各种方法，抗御洪水和潮汛的侵袭，排除城区涝渍，保护城市安全。

1.3 城市抗震系统

城市抗震系统主要在于加强建筑物、构筑物等抗震强度，合理设置避灾疏散场地和道路。

1.4 城市人民防空袭系统（简称人防系统）

城市人防系统包括防空袭指挥中心、专业防空设施、防空掩体工事、地下建筑、地下通道以及战时所需的地下仓库、水厂、变电站、医院等设施。有关人防设施在确保其安全要求的前提下，尽可能为城市日常活动使用。城市人防系统的功能是提供战时市民防御空袭、核战争的安全空间和物资供应。

1.5 城市救灾生命线系统

城市救灾生命线系统由城市急救中心、疏运通道以及给水、供电、燃气、通信等设施组成。城市救灾生命线系统的功能是在发生各种城市灾害时，提供医疗救护、运输以及供水、电、通信调度等物质条件。

2 城市防灾工程系统规划的主要任务和内容

2.1 城市防灾工程系统规划的主要任务

城市防灾工程系统规划的主要任务是根据城市自然环境、灾害区划和城市地位，确定城市各项防灾标准，合理确定各项防灾设施的等级、规模；科学布局各项防灾设施；充分考虑防灾设施与城市常用设施的有机结合，制订防灾设施统筹建设、综合利用、防护管理等的对策与措施。

2.2 城市防灾工程系统规划的主要内容

根据城市规划编制层次，城市防灾工程系统规划也分为总体规划和详细规划两个层次。

2.2.1 城市防灾工程系统总体规划的主要内容

(1) 确定消防、防洪、人防、抗震等的设防标准；

(2) 布局城市消防、防洪、人防等设施；

(3) 规划设置避灾疏散通道与疏散场地；

(4) 组织城市防灾生命线系统；

(5) 制订防灾对策与措施。

2.2.2　城市防灾工程系统详细规划的主要内容

(1) 确定规划范围内各种消防设施的布局及消防通道间距等；

(2) 确定规划范围内地下防空设施的规模、数量、位置、配套内容、抗力等级，明确平战结合的用途；

(3) 确定规划范围内的防洪堤标高、排涝泵站位置等；

(4) 确定规划范围内的疏散通道、疏散场地布局；

(5) 确定规划范围内生命线系统的布局，制订防护、维护措施。

3　城市防灾标准确定

3.1　城市防洪标准

防洪标准是防洪规划、设计、建设和运行管理的重要依据，指防洪对象应具备的防洪（或防潮）能力，一般用与可防御洪水（或潮位）相应的重现期或出现频率表示。根据防洪对象的不同，分为设计（正常运用）一级标准和设计、校核（非常运用）两级标准两种。

防洪工程设计是以洪峰流量和水位为依据的，而洪水的大小通常是以某一频率的洪水量来表示。防洪工程的设计是以工程性质、防范范围及其重要性的要求，选定某一频率作为计算洪峰流量的设计标准的。通常洪水的频率用重现期的倒数代替表示，例如重现期为 50 年的洪水，其频率为 2%，重现期为 100 年的洪水，其频率为 1%，显然，重现期愈大，则设计标准就越高。

城市根据其社会经济地位的重要程度和城（镇）区内城市人口数量分为四等，各等级的防洪标准，应按表 17–5–1 的规定确定。

3.2　城市抗震标准

城市的抗震标准即为抗震设防烈度。抗震设防烈度应按国家规定的权限审批、颁发的文件确定，一般情况下可采用基本烈度。地震基本烈度指一个地区今后一段时期内，在一般场地条件下可能遭遇的最大地震烈度，即现行《中国地震烈度区划图》规定的烈度。

城市的等级和防洪标准　　表 17–5–1

等　别	重 要 程 度	城市人口	防洪标准（重现期 · 年）		
		（万人）	河（江）洪、海潮	山洪	泥石流
Ⅰ	特别重要城市	≥ 150	≥ 200	100 ~ 50	> 100
Ⅱ	重要城市	150 ~ 50	200 ~ 100	50 ~ 20	100 ~ 50
Ⅲ	中等城市	50 ~ 20	100 ~ 50	20 ~ 10	50 ~ 20
Ⅳ	一般城镇	≤ 20	50 ~ 20	10 ~ 5	20

资料来源：《防洪标准》(GB 50201—94).

我国工程建设从地震基本烈度6度开始设防。抗震设防烈度有6、7、8、9、10几个等级(一般可以把"设防烈度为6度、7度……"简述为"6度、7度……")。6度及6度以下的城市一般为非重点抗震防灾城市，但并不是说，这些城市不需要考虑抗震问题，6度地震区内的重要城市与国家重点抗震城市和位于7度以上（含7度）地区的城市，都必须考虑城市抗震问题，编制城市抗震防灾规划。

对于建筑来说，可以根据其重要性确定不同的抗震设计标准。根据建筑重要性，分为甲、乙、丙、丁四类建筑：

甲类建筑——特殊要求的建筑，如遇地震破坏会导致严重后果的建筑等，必须经国家规定的批准权限批准；

乙类建筑——国家重点抗震城市的生命线工程的建筑；

丙类建筑——甲、乙、丁类以外的建筑；

丁类建筑——次要的建筑，如遇地震破坏不易造成人员伤亡和较大经济损失的建筑等。

各类建筑的抗震设防标准，应符合下列要求：甲类建筑的地震作用应高于本地区抗震设防烈度的要求，其值应按批准的地震安全性评价结果确定。抗震措施当设防烈度为6～8度时应按提高一度的要求，当为9度时应符合比9度抗震设防更高的要求。乙类建筑的地震作用应符合本地区抗震设防烈度的要求，抗震措施当设防烈度为6～8度时应提高一度的要求，当为9度时应符合比9度抗震设防更高的要求；地震基础的抗震措施，应符合有关规定。对较小的乙类建筑，当其结构改用抗震性能较好的结构类型时，应允许仍按本地区抗震设防烈度的要求采取抗震措施。丙类建筑的地震作用应符合本地区抗震设防烈度的要求。丁类建筑一般情况下地震作用仍应符合本地区抗震设防烈度的要求，抗震措施应允许比本地区抗震设防烈度的要求适当降低，但抗震设防烈度为6度时不应降低。

在选择建筑场地时，应按表17-5-2划分对建筑抗震有利、不利和危险地段。对不利地段，应提出避开要求；当无法避开时应采取有效措施；不应在危险地段建造甲、乙、丙类建筑。

存在饱和沙土和饱和粉土（不含黄土）的地基，除6度设防外，应进行液化判别；存在液化土层的地基，应根据建筑的抗震设防类别、地基的液化等级，结合具体情况采取相应的措施。

各类地段的划分 表17-5-2

地段类别	地质、地形、地貌
有利地段	稳定基岩，坚硬土或开阔平坦密实均匀地中硬土等
不利地段	软弱土，液化土，条状突出的山嘴，高耸孤立的山丘，非岩质的陡坡，河岸和边坡边缘，平面分布上成因、岩性、状态明显不均匀的土层（如故河道、断层破碎带、暗埋的塘浜沟谷及半填半挖地基）等
危险地段	地震时可能发生滑坡、崩塌、地陷、地裂、泥石流等及发震断裂带上可能发生地表位错的部位

资料来源：《建筑抗震设计规范》（GB 500011—2001）（2008年局部修订）.

3.3 城市消防标准

城市的消防标准，主要体现在建、构筑物的防火设计上。国家在消防方面颁布的法律、法规、规范和标准已超过130余种，而各地根据自身情况也制定了一些地方性消防要求。在城市消防工作中，这些法律、规范、标准是重要的依据。与城市规划密切相关的有关规范有《建筑设计防火规范》(GBJ 16—87)、《消防站建筑设计标准》(GNJ 1—81)、《城镇消防站布局与技术装备标准》(GNJ 1—82)、《高层民用建筑设计防火规范》(GB 50045—95) 等。以下简要介绍有关道路消防要求、建筑消防车道设置要求、建筑消防间距、建筑设计要求和消防用水等方面的内容。

3.3.1 道路消防要求

进行城市道路设计时，必须考虑消防车道：

(1) 消防道路宽度应大于等于3.5m，净空高度不应小于4m。

(2) 环形消防车道至少应有两处与其他车道连通。尽头式消防车道应设置回车道或回车场，回车场的面积不宜小于15m×15m；供大型消防车使用时，不宜小于18m×18m。

(3) 消防车道不宜与铁路正线平交。如必须平交，应设置备用车道，且两车道之间的间距不应小于一列火车的长度。

(4) 供消防车取水的天然水源和消防水池应设置消防车道。

3.3.2 建筑消防车道设置要求

(1) 街区内的道路应考虑消防车的通行，其道路中心线的间距不宜大于160m。当建筑物沿街道部分的长度大于150m或总长度大于220m时，应设置穿过建筑物的消防车道。当为多层建筑，穿过确有困难时，应设置环形消防车道。

(2) 有封闭内院或天井的建筑物，当其短边长度大于24m时，宜设置进入内院或天井的消防车道。

(3) 有封闭内院或天井的建筑物沿街时，应设置连通街道和内院的人行通道（可利用楼梯间），其间距不宜大于80m。

(4) 超过3000个座位的体育馆、超过2000个座位的会堂和占地面积大于3000m^2的展览馆等公共建筑，宜设置环形消防车道。

(5) 工厂、仓库区内应设置消防车道。

(6) 消防车道的净宽度和净高度均不应小于4m。供消防车停留的空地，其坡度不宜大于3%。消防车道距高层建筑外墙宜大于5m。

3.3.3 建筑消防间距

建筑的间距保持也是消防要求的一个重要方面，我国有关规范要求多层建筑与多层建筑的防火间距应不小于6m，高层建筑与多层建筑的防火间距不小于9m，而高层建筑与高层建筑的防火间距不小于13m。

3.3.4 建筑设计

关于高层建筑设计防火规范有如下要求：高层建筑的底边至少有一个长边或周边长度的1/4且不小于一个长边的长度，不应布置高度大于5m、进深大于4m的裙房，且在此范围内必须设有直通室外的楼梯或直通楼梯间的出口。

3.3.5 消防用水

3.4 城市人防标准

城市人防规划需要确定人防工程的大致总量规模，才能确定人防设施的布局，预测城市人防工程总量首先需要确定城市战时留城人口数。一般说来，战时留城人口约占城市总人口的30%～40%。按人均1～1.5m^2的人防工程面积标准，则可推算出城市所需的人防工程面积。

在居住区规划中，按照有关标准，在成片居住区内应按总建筑面积的2%设置人防工程，或按地面建筑总投资的6%左右进行安排。居住区防空地下室战时用途应以居民掩蔽为主，规模较大的居住区的防空地下室项目应尽量配套齐全。

4 城市主要防灾设施规划布局要点

4.1 消防站规划布局要点

4.1.1 我国城市消防站的设置要求为：

（1）在接警5min后，消防队可到达责任区的边缘，消防站责任区的面积宜为4～7km^2；

（2）1.5万～5万人的小城镇可设1处消防站，5万人以上的小城镇可设1～2处；

（3）沿海、内河港口城市，应考虑设置水上消防站；

（4）一些地处城市边缘或外围的大中型企业，消防队接警后难以在5min内赶到，应设专用消防站；

（5）易燃、易爆危险品生产运输量大的地区，应设特种消防站。

4.1.2 城市消防站布局要求：

（1）消防站应位于责任区的中心；

（2）消防站应设于交通便利的地点，如城市干道一侧或十字路口附近；

（3）消防站应与医院、小学、幼托以及人流集中的建筑保持50m以上的距离，以防相互干扰；

（4）消防站应确保自身的安全，与危险品或易燃易爆品的生产储运设施或单位保持200m以上间距，且位于这些设施的上风向或侧风向。

4.2 防洪堤设置要点

许多城市傍水而建，位置较低以及地处平原地区的城市，为了抵御历时较长、洪水较大的河流洪水，修建防洪堤是一种常用而有效的方法。例如武汉、株洲等城市修筑防洪堤已成为主要的工程措施。

根据城市的具体情况，防洪堤可能在河道一侧修建，也可能在河道两侧修建。

在城市中心区的堤防工程，宜采用防洪墙，防洪墙可采用钢筋混凝土结构，也可采用混凝土和浆砌石防洪墙。

堤顶和防洪墙顶标高一般为设计洪（潮）水位加上超高，当堤顶设防浪墙时，堤顶标高应高于洪（潮）水位0.5m以上。

堤线选择就是确定堤防的修筑位置，它与城市总体规划有关，也与河道的情况有关。对于城市而言，应按城市被保护的范围确定堤防总的走向。对河道

而言，堤线就是河道的治导线。因此堤线的选择应和城市总体规划和河流的治理规划协调进行。

堤线选择应注意以下几点：

(1) 堤轴线应与洪水主流向大致平行，并与中水位的水边线保持一定距离，这样可避免洪水对堤防的冲击和在平时堤防不浸入水中。

(2) 堤的起点应设在水流较平顺的地段，以避免产生严重的冲刷，堤端嵌入河岸 3 ～ 5m。

(3) 设于河滩的防洪堤，为将水引入河道，堤防首段可布置成“八”字形，这样还可避免水流从堤外漫流和发生淘刷。

(4) 堤的转弯半径应尽可能大一些，力求避免急弯和折弯，一般为 5 ～ 8 倍的设计水面宽。

(5) 堤线宜选择在较高的地带上，不仅基础坚实，增强堤身的稳定，也可节省土方，减少工程量。

4.3 人防设施规划布局要点

人防工程设施在布局时总体上有以下要求：

(1) 避开易遭到袭击的重要军事目标，如军事基地、机场、码头等；

(2) 避开易燃易爆品生产储运单位和设施，控制距离应大于 50m；

(3) 避开有害液体和有毒重气体贮罐，距离应大于 100m；

(4) 人员掩蔽所距人员工作生活地点不宜大于 200m。

另外，人防工程布局时要注意面上分散、点上集中，应有重点地组成集团或群体；便于开发利用，便于连通，单建式与附建式结合，地上地下统一安排，注意人防工程经济效益的充分发挥。

4.4 避震疏散通道和疏散场地规划布局要点

4.4.1 避震疏散场地分类

城市避震和震时疏散可分为就地疏散、中程疏散和远程疏散。就地疏散指城市居民临时疏散至居所或工作地点附近的公园、操场或其他旷地；中程疏散指居民疏散至约 1 ～ 2km 半径内的空旷地带；远程疏散指城市居民使用各种交通工具疏散至外地的过程。疏散场地可划分为以下类型：

(1) 紧急避震疏散场所：供避震疏散人员临时或就近避震疏散的场所，也是避震疏散人员集合并转移到固定避震疏散场所的过渡性场所。通常可选择城市内的小公园、小花园、小广场、专业绿地、高层建筑中的避难层（间）等。

(2) 固定避震疏散场所：供避震疏散人员较长时间避震和进行集中性救援的场所。通常可选择面积较大、人员容置较多的公园、广场、体育场地／馆、大型人防工程、停车场、空地、绿化隔离带以及抗震能力强的公共设施、防灾据点等。

(3) 中心避震疏散场所：规模较大、功能较全、起避难中心作用的固定避震疏散场所。场所内一般设抢险救灾部队营地、医疗抢救中心和重伤员转运中心等。

4.4.2 疏散通道规划布局要点

城市内疏散通道的宽度不应小于 15m，一般为城市主干道，通向市内疏散场地和郊外旷地，或通向长途交通设施。

对于 100 万人口以上的大城市，至少应有两条以上不经过市区的过境公路，其间距应大于 20km。

城市的出入口数量应符合以下要求：中小城市不少于 4 个。大城市和特大城市不少于 8 个。与城市出入口相连接的城市主干道两侧应保障建筑一旦倒塌后不阻塞交通。

计算避震疏散通道的有效宽度时，道路两侧的建筑倒塌后瓦砾废墟影响可通过仿真分析确定；简化计算时，对于救灾主干道两侧建筑倒塌后的废墟的宽度可按建筑高度的 2/3 计算，其他情况可按 1/2 ~ 2/3 计算。

紧急避震疏散场所内外的避震疏散通道有效宽度不宜低于 4m，固定避震疏散场所内外的避震疏散主通道有效宽度不宜低于 7m。与城市主入口、中心避震疏散场所、市政府抗震救灾指挥中心相连的救灾主干道不宜低于 15m。避震疏散主通道两侧的建筑应能保障疏散通道的安全畅通。

4.4.3　疏散场地规划布局要点

避震疏散场所的规模应符合以下标准：紧急避震疏散场所的用地不宜小于 0.1hm^2，固定避震疏散场所不宜小于 1hm^2，中心避震疏散场所不宜小于 50hm^2。

紧急避震疏散场所的服务半径宜为 500m，步行大约 10min 之内可以到达；固定避震疏散场所的服务半径宜为 2 ~ 3km，步行大约 1h 之内可以到达。

应对避震疏散场所用地和避震疏散通道提出规划要求。新建城区应根据需要规划建设一定数量的防灾据点防灾公园。在进行避震疏散规划时，应充分利用城市的绿地和广场作为避震疏散场所；明确设置防灾据点和防灾公园的规划建设要求，改善避震疏散条件。

城市抗震防灾规划时，应提出对避震疏散场所和避震疏散主通道的抗震防灾安全要求和措施，避震疏散场所应具有畅通的周边交通环境和配套设施。

避震疏散场所不应规划建设在不适宜用地的范围内。避震疏散场所距次生灾害危险源的距离应满足国家现行重大危险源和防火的有关标准规范要求；四周有次生火灾或爆炸危险源时，应设防火隔离带或防火树林带。避震疏散场所与周围易燃建筑等一般地震次生火灾源之间应设置不小于 30m 的防火安全带；距易燃易爆工厂仓库、供气厂、储气站等重大次生火灾或爆炸危险源距离应不小于 1000m。避震疏散场所内应划分避难区块，区块之间应设防火安全带。避震疏散场所应设防火设施、防火器材、消防通道、安全通道。

避震疏散场所每位避震人员的平均有效避难面积，应符合：

（1）紧急避震疏散场所人均有效避难面积不小于 1m^2，但起紧急避震疏散场所作用的超高层建筑避难层（间）的人均有效避难面积不小于 0.2m^2；

（2）固定避震疏散场所人均有效避难面积不小于 2m^2。

避震疏散场地人员进出口与车辆进出口宜分开设置，并应有多个不同方向的进出口。人防工程应按照有关规定设立进出口，防灾据点至少应有一个进口与一个出口，其他固定避震疏散场所至少应有两个进口与两个出口。

城市抗震防灾规划时，对避震疏散场所，应逐个核定，在规划中应列表给

出名称、面积、容纳的人数、所在位置等。当城市避震疏散场所的总面积少于总需求面积时，应提出增加避震疏散场所数量的规划要求和改善措施。

防灾据点、抗震设防标准和抗震措施可通过研究确定，且不应低于对乙类建筑的要求。

5 城市综合防灾体系构建对策

5.1 我国现有防灾体系的主要问题

由于观念、体制、方法上的原因，我国现有防灾体系存在以下主要问题：

(1) 现有防灾体系基本上以单灾种防抗为系统，在规划和建设中，往往各自为政，造成防灾设施布局不合理，配置重复，浪费投资；

(2) 忽视城市整体防灾组织指挥系统的建设、生命线系统的防护等重要环节，现有城市防灾系统难以快速、高效地防抗多元化、群发性的城市灾害；

(3) 缺乏平灾结合、综合利用防灾设施的观念、规划和措施，难以充分发挥防灾设施的效能，未能形成城市防灾设施投资、使用、维护的良好环境，严重影响了防灾系统在灾时的正常运作。针对城市灾害的特点和现有城市防灾体系的缺陷，有必要在全面认识城市灾害的基础上，树立城市综合防灾的观念，建立城市综合防灾体系。

5.2 城市综合防灾体系建构对策

城市综合防灾应包含对各种城市灾害的监测、预报、防护、抗御、救援和灾后的恢复重建等内容，注重各灾种防抗系统的彼此协调，统一指挥，共同作用，强调城市防灾的整体性和防灾设施的综合利用。同时，城市综合防灾还注重防灾设施建设使用与城市开发建设的有机结合，形成规划—投资—建设—维护—运营—再投资的良性循环机制。

5.2.1 加强区域减灾和区域防灾协作

城市防灾也是区域防灾减灾的重要组成部分，尤其是对洪灾和震灾等影响范围大的自然灾害，防灾工作的区域协作是十分重要的。我国已在大量研究和实践经验的基础上，对某些灾害做了相应的大区划，并成立了一些灾种固定或临时的管理协调机构，城市的防灾工作必须在国家灾害大区划的背景下进行，应根据国家灾害大区划，确定城市设防标准，同时，城市防灾工作应服从区域防灾机构的指挥协调和管理。此外，市际以及市域范围的防灾协作也十分必要。我国小城镇和城郊地区的防灾设施往往较为匮乏，一旦遇到较大规模的灾害发生，经常束手无策，如果能与其周边城镇联手，配置共用防灾设施，或依托邻近规模较大、经济实力较强的城市，与之进行防灾协作，能够较快地提高这些城镇的防灾能力。

5.2.2 合理选择与调整城市建设用地

城市总体规划必须进行城市建设用地的适用性评价，确定城市未来的用地发展方向和进行现状用地布局调整。地形、地貌、地质、水系等评价因子决定了地区未来可能遭受的灾害及其影响的程度，在用地布局规划中应避开灾害易发地区。另外，城市灾害小区划工作，是对城市用地的灾害与灾度的全面分析评估，为制订城市总体防灾对策、确定城市各地区设防标准提供充

分依据，可以节省并更合理地分配防灾投资。一些城市进行了抗震小区划后，对城市内的抗震设防标准作相应调整，合理使用城市抗震投资，取得了较好的效果。对于处在防灾不利地带的老城市，应该结合城市的旧区改造，降低防灾不利地区的人口与产业密度，逐步改变其内部的用地布局，使城市的居住、公建、工业等主要功能区完全避开防灾不利地带，实现城市总体布局的防灾合理化。

5.2.3 优化城市生命线系统的防灾性能

城市生命线系统是指维持城市居民生活和生产活动所必不可少的交通、能源、通信、水排水等城市基础设施。城市生命线系统是城市的"血液循环系统"和"免疫系统"。一方面，保证生命线系统自身的安全十分重要，道路、电力、煤气、通信线路、给水管道等设施，在大灾（尤其是地震灾害）发生时很容易受到破坏，城市高架路和液化土壤地区地铁的灾时安全也是一个严重问题。另一方面，由于城市防灾对生命线系统的依赖性极强，城市消防主要依靠城市的给水系统，城市灾时与外界联系和抗灾救灾指挥组织主要依靠城市通信系统，城市交通系统必须在灾时保证抗灾救灾和疏散通道畅通，应急电力系统要保证城市重要设施的电力供应，所以，生命线系统要在保证自身安全的前提下，为城市的抗灾服务，这就要求生命线系统必须建立健全相应的应急机制和应急备用设施，以防万一。城市灾害在对城市进行打击时，生命线系统的破坏不仅使城市生活和生产能力陷于瘫痪，而且使城市失去了抵抗能力，许多次生灾害由此而产生、发展和蔓延，直至失去控制。所以，城市生命线系统被破坏本身就是灾难性的。从体系构成、设施布局、结构方式、组织管理等方面，提高生命线系统的防灾能力和抗灾功能，是城市防灾的重要环节。

5.2.4 强化城市防灾设施的建设与运营管理

城市防灾设施是城市综合防灾体系主要的硬件部分，除城市生命线系统外，城市的堤坝、排洪沟渠、消防设施、人防设施、地震测报台网以及各种应急设施等，都属于城市防灾设施。这些设施一般专为防灾设置，直接面对灾害的考验，担负着城市灾前预报、灾时抗救的主要任务。防灾设施的标准和建设施工水平，直接关系到城市总体防灾能力。

提高防灾设施的使用效益，是防灾工作中的一个关键问题。我国城市的某种防灾设施，一般情况下都是针对单个灾种设置的，如堤坝为防洪而建，消防站为防火而建。各种设施分属于不同的防灾部门，在建设、使用和管理、运营上高度专门化，设施的使用频率较低，防护面较窄。我国城市防灾设施投入不足，设施维护保养不力状况的形成，与上述现象有很大关系。同时，防灾设施的布局和功能也很难适应城市灾害多元化、网络化、群发性的特点。

建设城市综合防灾体系，有利于防灾设施的综合利用。一方面，防灾设施的建设布局要充分考虑城市灾害的特点，尤其是针对灾害链的特点，综合组织布局防灾设施，并使它们的管理指挥机构之间保持畅通的联络协调渠道，以在对付连发性与群发性灾害时，形成防灾设施的联动机制；另一方面，防灾设施使用的平灾结合十分重要，近年来，城市的地下人防设施的综合利用已得到推广普及，产生了较好的社会效益和经济效益。一些省市开始实施"110"报警电话，

由单纯报警发展成为社会救助提供综合服务的网络，给城市防灾设施的综合利用提出了一条很好的思路。城市防灾设施也应融入整个社会服务体系中去，服务社会，并从社会服务中获得建设、维护、管理所需的部分经费，走上良性循环、自我发展的道路。

5.2.5　建立城市综合防灾指挥组织体系

城市防灾涉及的部门有很多，担负着各种灾害的测、报、防、抗、救、援以及规划与实施工作，但由于这些部门在防灾责任、权利方面既有交叉，又存在盲区，缺乏综合协调城市建设与防灾、城市防灾科学研究与成果综合利用关系的能力，使政府部门的防灾职能难以充分发挥。

在防灾工作中，灾前的预防预报工作、灾时的抗救工作和灾后的恢复重建工作同样重要。而在当前的防灾工作中，灾前灾后的工作往往得不到重视，这是因为在城市中，许多防灾组织指挥机构是临时性的，灾前组班子，灾后散班子。由于缺乏持久有力的领导，城市防灾对策的研究与制订、城市防灾规划的编制与实施、城市防灾部门设施的运营与管理、城市防灾的宣传教育等许多日常性事务无人过问，忽视了至关重要的防灾政策问题，影响了城市防灾能力的提高。如果在单项灾害管理的基础上，组建从中央到地方，条块结合，常设的综合性防灾指挥组织机构进行组织协调和统筹指挥，将有效地提高城市的总体防灾能力。

5.2.6　健全、完善城市综合救护系统

城市急救中心、救护中心、血库、防疫站和各类医院是城市综合救护系统的重要组成部分，具有灾时急救、灾后防疫等功能。无论发生何种城市灾害，城市综合救护系统是必不可少的。因此，城市规划必须合理布置城市救护设施，避免将这些设施布置在地质不稳定地区、洪水淹没区、易燃易爆设施与化学工业及危险品仓储区附近等城市不安全地带上。保证救护设施的合理分布与服务范围，以及设施自身安全。同时，不仅要加强这些设施平时的救护能力和自身防灾能力，而且要加强这些设施的灾时急救能力，从人员、设备、体制上给予保证。

5.2.7　增强城市生命线系统的抗灾能力

城市生命线系统包括交通、给水、能源、通信等城市基础设施，是城市的“血液循环系统”和“免疫系统”，是城市综合防灾的重要组成部分。增强城市生命线系统的抗灾能力是保障城市灾时和震后正常运行的关键所在，应采取下列措施。

(1) 城市生命线系统设施的高标准设防

一般情况下，城市生命线系统都采用较高的标准进行设防。如广播电视和邮电通信建筑，一般都为甲类或乙类抗震设防建筑，而交通运输建筑、能源建筑，都应为乙类建筑；高速公路和一级公路路基，都应按百年一遇洪水设防；城市重要的市话局和电信枢纽，防洪标准为百年一遇；大型火电厂的设防标准为百年一遇或超百年一遇。各项规范中关于城市生命线系统的设防标准普遍高于一般建筑，而我们在城市规划设计中也要充分考虑这些设施的较高设防要求，将其布局在较为安全的地带。

（2）城市生命线系统设施的地下化

城市生命线系统设施的地下化，被证明是一种有效的防灾手段。这些设施地下化后，可以不受地面火灾和强风的影响，减少战争时的受损程度，减轻地震的作用，并为城市提供部分避灾空间。地铁和地下车库、地下人行通道等交通设施的作用，已在人防工程中有了较详细的介绍。通信、能源、给水设施和管线的地下化，也大大提高了它们的可靠度。城市市政管网综合汇集，城市管线共同沟通后，能够方便地进行维护和保养。城市生命线系统地下化是城市防灾的一项重要工作。

当然，地下生命线系统也有其自身的防灾要求，较为棘手的有防洪、防火问题。另外，由于地下敷设管网与建设设施的成本较高，一些城市在短期内难以做到。

（3）城市生命线系统设施节点的防灾处理

城市生命线系统设施的一些节点，如交通线的桥梁、隧道，管线的接口，都必须进行重点防灾处理。高速公路和一级公路的特大桥，其防洪标准应达到300年一遇；在震区，预应力混凝土给水排水管道应采用柔性接口；燃气、供热设施的管道出、入口处，均应设置阀门，以便在灾情发生时，及时切断气源和热源；各种控制室和主要信号室，防灾标准又较一般设施提高。可见节点防灾处理对生命线系统防灾的重要性。

（4）提高生命线系统设施的备用率

确保城市生命线系统在灾时发生设施部分损毁时，仍保持一定服务能力，必须保证有充足的备用设施和容量，满足灾时和灾后一定时期的城市最低需求。这种设施备用率应高于平时生命线系统的故障备用率，具体备用水平应根据系统情况、城市灾情预测和城市经济水平决定。

第6节　城市管线综合规划

1　城市管线的种类

城市工程管线种类多而复杂，根据不同性能和用途、不同的输送方式、敷设形式、弯曲程度等有不同的分类。

1.1　按工程管线性能和用途分类

（1）给水管道：包括工业给水、生活给水、消防给水等管道。

（2）排水沟道：包括工业污水（废水）、生活污水、雨水、降低地下水等管道和明沟。

（3）电力线路：包括高压输电、高低压配电、生产用电、电车用电等线路。

（4）电信线路：包括市内电话、长途电话、电报、有线广播、有线电视等线路。

（5）热力管道：包括蒸汽、热水等管道。

（6）可燃或助燃气体管道：包括燃气、乙炔、氧气等管道。

（7）空气管道：包括新鲜空气、压缩空气等管道。

（8）灰渣管道：包括排泥、排灰、排渣、排尾矿等管道。

(9) 城市垃圾输运管道。

(10) 液体燃料管道：包括石油、酒精等管道。

(11) 工业生产专用管道：主要是工业生产上用的管道，如氯气管道，以及化工专用的管道等。

在我国，作为一般意义上的城市工程管线来说，主要指上述前六种管线。

1.2　按工程管线输送方式分类

(1) 压力管线：指管道内流动介质由外部施加力使其流动的工程管线，通过一定的加压设备将流体介质由管道系统输送给终端用户。给水、燃气、供热管道一般为压力输送。

(2) 重力自流管线：指管道内流动着的介质在重力作用下沿其设置的方向流动的工程管线。这类管线有时还需要中途提升设备将流体介质引向终端。污水、雨水管道一般为重力自流输送。

(3) 光电流管线：管线内输送介质为光、电流。这类管线一般为电力和通信管线。

1.3　按工程管线敷设方式分类

(1) 架空敷设管线：指通过地面支撑设施在空中布线的工程管线。如架空电力线、架空电话线以及架空供热管等。

(2) 地铺管线：指在地面铺设明沟或盖板明沟的工程管线，如雨水沟渠。

(3) 地下敷设管线：指铺设在地面以下有一定深度的工程管线。地下敷设管线有直埋和综合管沟两种敷设方式。地下直埋管线又依据埋置深度可分为深埋和浅埋两类。埋设深度是根据土壤冰冻层的深度和管线上面所承受荷载而定的，即管道内介质是水或易冰冻的液体，该管道应埋置在冰冻层下。

1.4　按工程管线弯曲的难易程度分类

(1) 可弯曲管线：指通过某些加工措施易将其弯曲的工程管线。如电信电缆、电力电缆、自来水管道等。

(2) 不易弯曲管线：指通过加工措施不易将其弯曲的工程管线或强行弯曲会损坏的工程管线。如电力管道、电信管道、污水管道等。

工程管线的分类方法很多，通常根据工程管线的不同用途和性能来划分。各种分类方法反映了管线的特征，是进行工程管线综合时管线避让的依据之一。

1.5　常规需综合的城市工程管线

按性能和用途分类的11种管线并不是每个城市都会遇到的，如某些工业生产特殊需要的管线（石油管道、酒精管道等）就很少需要在厂外敷设。

常规需综合的工程管线主要有六种：给水管道、排水（雨、污水）沟管、电力线路、通信线路、热力管道、燃气管道等。城市开发中常提到的“七通一平”即道路与上述六种管道和场地平整。

工程管线的分类反映了管线的特性，是进行工程管线综合时的管线避让依据之一。

2　城市工程管线综合规划的主要任务与内容

城市管线工程种类很多，各有一定的技术要求。如何使这些管线工程在空

间安排上、在建造时间上很好地配合而不发生矛盾，需要城市规划部门全面地综合解决。

2.1 城市工程管线综合规划的主要任务

根据城市规划布局和城市各专业工程系统规划，检验各专业工程管线分布的合理程度，提出对专业工程管线规划的修正意见，调整并确定各种工程管线在城市道路上的水平排列位置和竖向标高；确认或调整城市道路横断面；提出各种工程管线的基本埋深和覆土要求。

2.2 城市工程管线综合规划的主要内容

2.2.1 城市工程管线综合总体规划的主要内容

（1）确定各种管线的干管走向，在道路路段上的大致水平排列位置。

（2）分析各种工程管线分布的合理性，避免各种管道过于集中在某一城市干道上。

（3）确定必须而有条件的关键点的工程管线具体位置。

（4）提出对各工程管线规划的修改建议。

2.2.2 城市工程管线综合详细规划的主要内容

（1）检查规划范围内各主要工程详细规划的矛盾。

（2）确定各种工程管线的平面分布位置。

（3）确定规划范围内的道路横断面和管线排列位置。

（4）初定道路交叉口等控制点工程管线的标高。

（5）提出工程管线基本深埋和覆土要求。

（6）提出对各专业工程详细规划的修正意见。

3 城市工程管线综合规划的原则与规定

3.1 管线综合布置的一般原则

城市工程管线综合布置应遵循下列原则：

（1）规划中各种管线的定位应采用统一的城市坐标系统及标高系统。工厂企业、单位内的管线可以采用自定的坐标系统，但其区界、管线进出口则应与城市主干管线的坐标一致。如存在几个坐标系统，必须加以换算，取得统一。

（2）管线综合布置应与道路规划、竖向规划协调进行。道路是城市工程管线的载体，道路走向是多数工程管线走向的依据和坡向的依据。竖向规划和设计是城市工程管线专业规划的前提，也是进行管线综合规划的前提，在进行管线综合之前，必须进行竖向规划。

（3）管线敷设方式应根据管线内介质的性质、地形、生产安全、交通运输、施工检修等因素，经技术经济比较后择优确定。

（4）管线带的布置应与道路或建筑红线平行。

（5）必须在满足生产、安全、检修等条件的同时节约城市地上与地下空间。当技术经济比较合理时，管线应共架、共沟布置。

（6）应减少管线与铁路、道路及其他干管的交叉。当管线与铁路或道路交叉时应为正交。在困难情况下，其交叉角不宜小于45°。

（7）当规划区需分期建设时，管线布置应全面规划，近期集中，近远期结合。

近期管线穿越远期用地时，不得影响远期用地的使用。

(8) 管线综合布置时，干管应布置在用户较多的一侧或管线分类布置在道路两侧。

(9) 工程管线与建筑物、构筑物之间以及工程管线之间的水平距离应符合规范规定。当受道路宽度、断面以及现状工程管线位置等因素限制难以满足要求时，可重新调整规划道路断面或宽度。而在一些有历史价值的街区进行管线敷设和改造时，如果管线间距不能满足规范规定，又不能进行街道拓宽或建筑拆除，可以在采取一些安全措施后，适当减小管线间距。

(10) 在同一条城市干道上敷设同一类别管线较多时，宜采用专项管沟敷设。

(11) 在交通运输十分繁忙和管线设施繁多的快车道、主干道以及配合兴建地下铁道、立体交叉等工程地段、不允许随时挖掘路面的地段、广场或交叉口处，道路下需同时敷设两种以上管道以及多回路电力电缆的情况下，道路与铁路或河流的交叉处，开挖后难以修复的路面下以及某些特殊建筑物下，应将工程管线采用综合管沟集中敷设。

(12) 敷设主管道干线的综合管沟应在车行道下，其覆土深度必须根据道路施工和行车荷载的要求，综合管沟的结构强度以及当地的冰冻深度等确定。敷设支管的综合管沟，应在人行道下，其埋设深度可较浅。

(13) 电信线路与供电线路通常不合杆架设。在特殊情况下，征得有关部门同意，采取相应措施后（如电信线路采用电缆或皮线等），可合杆架设。同一性质的线路应尽可能合杆，如高低压供电线等。高压输电线路与电信线路平行架设时，要考虑干扰的影响。

3.2 管线交叉避让原则

道路下工程管线在路口交叉时或综合布置管线产生矛盾时，应按下列避让原则处理：

(1) 压力管让自流管；

(2) 可弯曲管让不易弯曲管；

(3) 管径小的让管径大的；

(4) 分支管线让主干管线。

以上避让原则中，前两条主要针对不同种类的管线产生矛盾的情况，后两条主要针对同一种管线产生矛盾的情况。

3.3 管线共沟敷设规定

管线共沟敷设应符合下列规定：

(1) 排水管道应布置在沟底。当沟内有腐蚀性介质管道时，排水管道应位于其上面。

(2) 腐蚀性介质管道的标高应低于沟内其他管线。

(3) 火灾危险性属于甲、乙、丙类的液体，液化石油气，可燃气体，毒性气体和液体以及腐蚀性介质管道，不应共沟敷设，并严禁与消防水管共沟敷设。

(4) 凡有可能产生互相影响的管线，不应共沟敷设。

3.4 管线排列顺序

(1) 管线水平排列顺序

在进行管线平面综合时，管线的布置顺序是：

1）在城市道路上，由道路红线至中心线管线排列的顺序宜为：电力电缆、通信电缆（或光缆）、燃气配气管、给水配水管、热力管、燃气输气管、雨水排水管、污水排水管。

2）在建筑庭院中，由建筑边线向外，管线排列的顺序宜为：电力管线、通信管线、污水管、燃气管、给水管、供热管。

3）在道路红线宽度大于等于30m时，宜双侧布置给水配水管和燃气配气管；道路红线宽度大于等于50m时，宜双侧设置排水管。

（2）管线竖向排列顺序

在进行管线竖向综合时，管线竖向排序自上而下宜为：电力和通信管线、热力管、燃气管、给水管、雨水管和污水管。交叉点各类管线的高程应根据排水管的高程确定。

第7节 城市用地竖向规划

1 城市用地竖向规划的目的和工作内容

1.1 城市用地竖向规划的目的

在城市规划工作中合理利用地形，是达到工程安全合理、经济实用、美观宜人的重要途径。往往有这样的情况，为了追求某种形式的构图，完全没有考虑实际地形的起伏变化，任意开山填沟，既破坏自然地形的景观，又浪费大量的土石方工程费用，尤其会埋下引发坍方、滑坡等灾害的隐患；有时，各单项工程的规划设计，各自进行，互不配合，结果造成标高不统一，互不衔接，桥梁的净空不够，或一些地区的地面水无出路，道路标高与街区地面标高相差悬殊，居住区道路与城市道路在标高上难以衔接等。因此需要在总体规划及详细规划阶段，按照当时的工作深度，将城市用地的一些主要的控制标高综合考虑，使建筑、道路、排水的标高相互协调。配合城市用地的选择，对一些不利于城市建设的自然地形给予适当的改造，或提出一些工程措施，使土石方工程量尽量减少，确保城市和规划地区的工程安全。还要根据环境规划的需要，注意在城市地形地貌、道路线形、建筑物高度和城市大空间的美观要求等方面深入研究。

1.2 城市用地竖向规划的工作内容

城市用地竖向规划工作的基本内容应包括下列方面：

（1）结合城市用地选择，分析研究自然地形，充分利用地形，尽量少占或不占良田。对一些需要经过工程处理才能用于城市建设的地段，提出工程措施方案要求。

（2）综合解决城市规划建设用地的各项关键性控制标高问题，如防洪堤、排水口、桥梁和道路交叉口等。

（3）使城市道路的纵坡度既能满足交通的要求，又能结合地形地貌。

（4）合理可靠地解决城市建设用地的地面排水。

(5) 经济、科学地进行山区土地的土方工程，尽可能达到填方、挖方平衡。避免填方无土源，挖方土无出路，或填挖方土运距过大。

(6) 合理利用地形，注意城市环境的立体空间美观要求。

城市用地竖向规划的工作，应与城市规划各工作阶段配合进行，一般分为总体规划与详细规划阶段。各阶段的工作内容与具体做法要与该阶段的规划深度、所能提供的资料以及要求综合解决的问题相适应。在总体规划阶段确定的一些控制标高应作为确定详细规划阶段标高的依据。

2　城市总体规划阶段的竖向规划

2.1　总体规划阶段竖向规划的主要内容

在城市总体规划编制的同时，应结合城市用地评定，对城市规划建设用地范围进行粗略的竖向规划，结合城市用地功能分区和城市干路网明确城市干道关键性交叉点的控制标高、干道的控制纵坡度；城市一些关键性主要控制点的控制标高，如铁路与城市干道的交叉点、防护堤、桥梁等标高；分析地面坡向、分水岭、汇水面积等情况后，明确地面排水分区等。

2.2　总体规划阶段竖向规划应注意的问题

(1) 在城市用地评定分析时，就应同时注意竖向规划的要求，要尽量做到利用配合地形，地尽其用。要研究工程地质及水文地质情况（如地下水位的高低、河湖水位和洪水水位等），确保城市建设用地安全，避免城市建设工程成本过大。

(2) 竖向规划首先要利用配合地形，不要把改造地形、土地平整看做是主要目的，而应依据地形地貌，合理利用，适当改造。

(3) 在城市干道选线时，要尽量配合自然地形，不要追求道路网的形式而不顾起伏变化的地形。要对自然坡度及地形进行分析，使干道的坡度既符合道路交通的要求又不致填挖土方太多，不要追求道路的过分平直，而不顾地形条件。地形坡度大时，道路一般可与等高线斜交，避免与等高线垂直，亦要注意干道不能没有坡度或坡度太小，以免路面排水困难，或对埋设自流管线不利。干道的标高宜低于附近居住区用地的标高，干道如沿汇水沟选线，对于排除地面水和埋设排水管有利。

(4) 对一些影响城市总体规划方案关系较大的控制点的标高，要全面综合地研究，必要时放大比例尺，做一些规划方案的草图进行比较。如确定通航河道上的桥梁控制标高时，首先对于通航河道的洪水位要定得恰当，然后根据航道等级确定其净空限制，定出桥底标高，然后加上桥梁的结构厚度，确定桥面标高（图 17–7–1）。

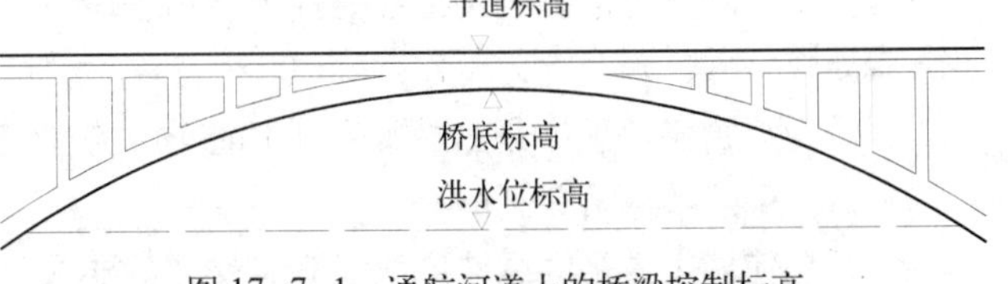

图 17–7–1　通航河道上的桥梁控制标高

资料来源：同济大学李德华．城市规划原理（第三版）．北京：中国建筑工业出版社，2001：360．

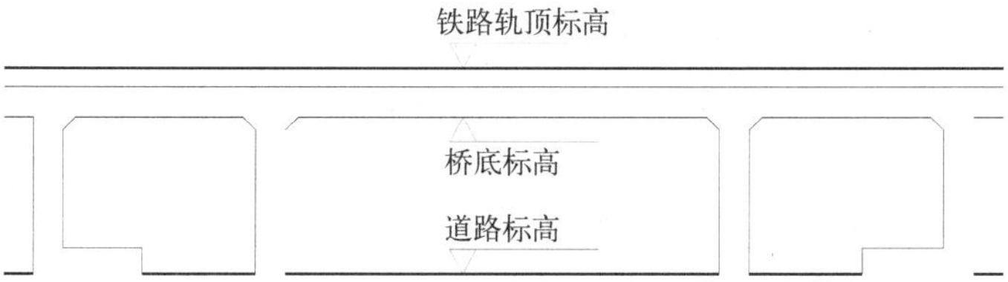

铁路轨顶标高

桥底标高

道路标高

图 17-7-2　铁路与干道立交控制标高

资料来源：同济大学李德华．城市规划原理（第三版）．北京：中国建筑工业出版社，2001：360.

（5）铁路与城市干道的立交控制标高应在城市总体规划阶段确定。铁路坡度及标高一般不易改变。城市干道能否在铁路与城市干道的立交控制标高也要在总体规划阶段确定。铁路坡度及标高一般不易改变。城市干道能否在保证净空限制高度的情况下通过，必要时亦要放大比例尺研究确定。在地形条件限制很严的情况下，有时为了解决合理的标高甚至需要局部调整干道系统（图 17—7—2）。

3　详细规划阶段的竖向规划

3.1　详细规划阶段竖向规划的主要内容

详细规划阶段竖向规划依据城市总体规划和总体竖向规划，结合详细规划范围周边的道路、用地和自然地形地貌，根据规划范围内的用地功能和布局，确定规划区内的道路标高、街坊地面标高、排水分区，以及相应的护坡、挡土墙等工程设施。

3.2　详细规划阶段竖向规划的方法

在详细竖向规划阶段，通常采用等高线法和高程箭头法进行竖向规划。

3.2.1　等高线法

（1）根据规划区的规划结构，根据已定的城市干道网，确定规划区内的道路线路，定出这些道路的红线。对规划区每一条道路做纵断面设计。以已确定的城市干道的交叉口的标高及变坡点的标高，定出支路与干道交叉点的设计标高，并从而求出每一条道路的中心设计标高。

（2）以道路的横断面，求出红线的设计标高。有时，道路红线的设计标高与居住区内自然地形的标高相差较大，在红线内可以做一段斜坡，不必将规划区内的设计标高普遍压低以免挖方太多。

规划区内部的车行道，由外面道路引入时，起点标高根据相接的城市道路的车行道边的设计标高而定。因为在交通上要求不高，允许坡度可以大一些。这样能更好地配合自然地形，减少土石方，定出沿线的设计标高。

（3）在布置建筑物时，应尽量配合原地形，采用多种布置方式，在照顾朝向的条件下，争取与等高线平行，尽量做到不要过大地改动原有的自然等高线，或只改变建筑物基底周围的自然等高线（即定出设计标高）。

要定出建筑物四角的设计标高及室内地坪的设计标高，如建筑物的长边与较密的等高线垂直，也可以错层布置。居住小区内用地坡度较大时，可以建一些挡土墙，形成一些台地，以便布置建筑物，并能保持在底层房屋的前面有一块较平整的室外用地。

(4) 规划区的人行通道的坡度及线型可以更加灵活地配合自然地形，在某些坡度大的地段（例如大于10%），人行通道不一定设计成连续的坡面，可以加一些台阶，台阶一侧做坡道，以便推自行车上下。

(5) 规划区内的地面排水，根据不同的地形条件，采用不同方式。要进行地形分析，划分为几个排水区域，分别向邻近的道路排水。坡度大时要用石砌，以免冲刷，部分也可用沟管，在低处设进水口。

(6) 给水管线的走向和坡度无大的限制，但要注意个别高地的水头高度是否足够；污水管如做成树枝状，其埋设深度应从城市道路上污水管道的衔接处向上推算。

(7) 经过上述步骤，已初步确定了规划区四周的红线标高，再加上规划区内部车行道、房屋四角的设计标高，就可以连接成大片地形的设计等高线。连接时要尽量注意与同样高度的自然等高线相重复，这就意味着该部分用地完全可以不改动原地形。全部作出设计等高线，对经过竖向规划后的全部地形及建筑的空间布局可以一目了然。但在实际应用时，即使是用机械化工具平整土地，也感觉这件事太繁琐。可以按此原理，简化具体做法，即在地面上多标明一些设计标高，而不必连接成设计等高线。还要注意修建后的空间艺术效果，建筑物的高低错落不要过于凌乱，空地要种树，坡地要植草皮。设计等高线（或不用设计等高线而标明一些设计标高）全部标出后，也应估算一下土方平衡，可以用纵横断面法，目的是检查竖向规划的经济合理性。如土方量过大（指绝对数量大、差额大、运距远），也要适当地修改设计等高线（或设计标高），有时要重复修改几次，尽量做到土方量基本就地平衡。

3.2.2　高程箭头法

根据竖向规划设计原则，确定出区内各种建筑物、构筑物的地面标高，道路交叉点、变坡点的标高以及区内地下控制点的标高，将这些点的标高注在规划区竖向规划图上，并以箭头表示规划区内各种类用地的排水方向。

高程箭头法的规划设计工作量较小，图纸制作较快，且易于变动、修改，为规划区竖向设计一般常用的方法。确定标高要有充分经验，有些部位的标高不明确，准确性差。为弥补上述不足，在实际工作中也有采用高程箭头法和局部剖面方法进行规划区的竖向规划设计的（图17—7—3）。

本章小结

城市高效运转需要城市工程系统支撑。本章简明扼要地阐述除城市交通工程系统规划外的城市给水排水、能源、通信、环卫、防灾等工程系统规划的主要任务和内容，主要设施规划要点，以及城市工程管线综合、城市用地竖向规划的主要内容和方法。

复习思考题

1. 以山地城市为例，思考如何构建城市综合防灾体系。
2. 如何理解新能源在城市能源系统中的应用？

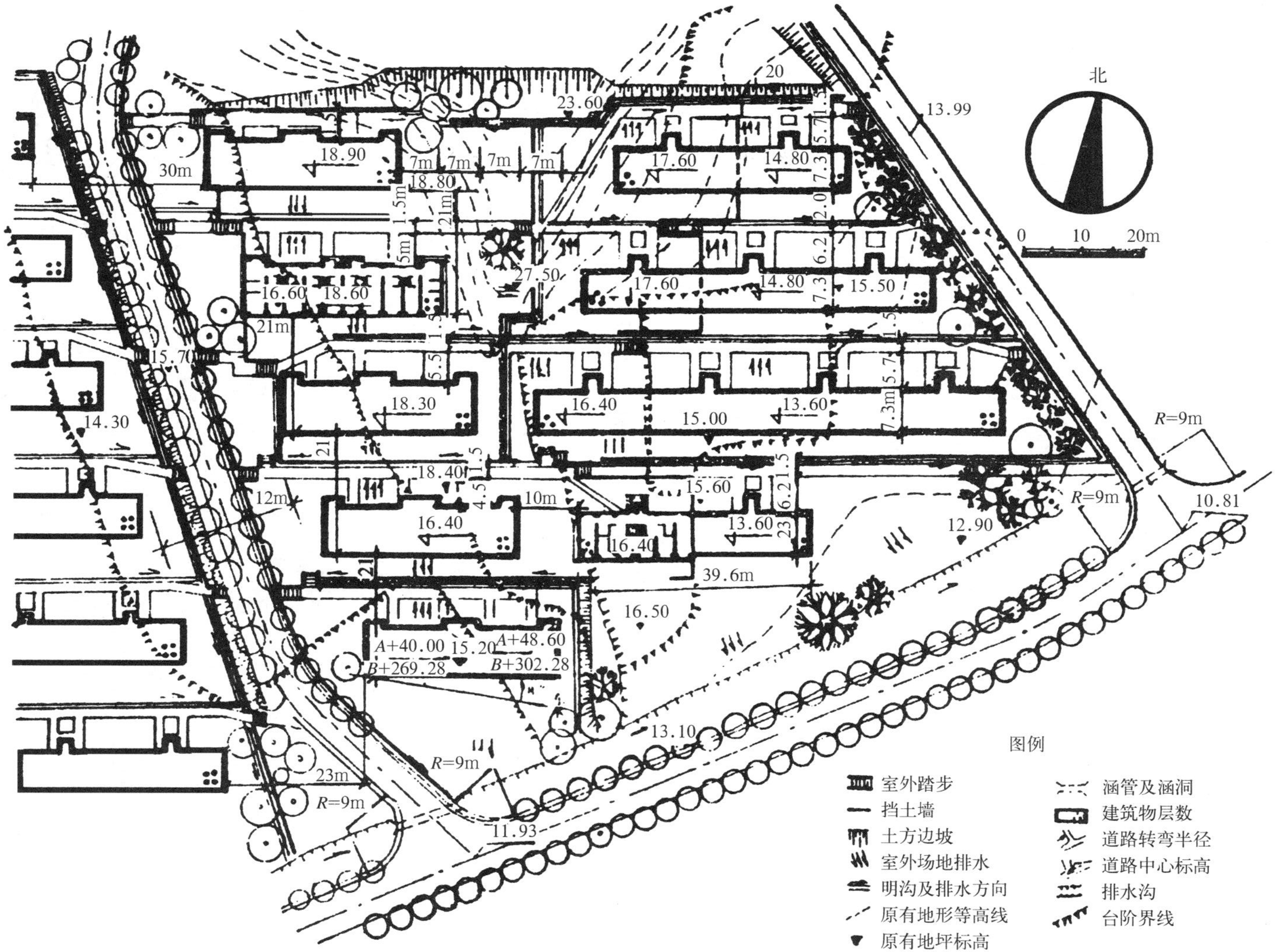

图例

室外踏步
挡土墙
土方边坡
室外场地排水
明沟及排水方向
原有地形等高线
原有地坪标高
涵管及涵洞
建筑物层数
道路转弯半径
道路中心标高
排水沟
台阶界线

图 17-7-3　高程箭头法

资料来源：同济大学李德华．城市规划原理（第三版）．北京：中国建筑工业出版社，2001：363.

第18章　城乡住区规划

本章从住区规划编制的基本任务与内容入手，回顾了住区规划领域的历史演进脉络，从而引出关于住区规划在组成方式、功能结构的原理，具体讲述住区规划设计的一些基本手法及关键性经济技术指标。作为住区规划的一个重要组成部分，城市旧住区更新规划也日益重要。本章亦对这一领域提出了一套调查研究、规划设计的基本思想、方法及设计手段，从而更加整体、全面地构建对住区规划的认识观。

居住是城乡居民生活中至关重要的一个方面。居住功能是城市的主要功能之一，因此，住区规划也是城乡规划重要的组成内容之一。

居民生活包含家居、休憩、养育、教育、健身、交往、甚至工作等活动，需有相应的生活服务配套设施、道路和绿地以及必要的市政基础设施支持。这些都要在居住用地上作出合理安排。城乡住区规划就是围绕城乡的居住功能和要求，根据区位条件和土地使用条件，以人为本，综合各项物质要素和社会要素，创造宜居的居住环境。城乡住区规划和建设的水平，还在很大程

度上反映该地区乃至国家不同时期社会政治、经济、文化和科学技术发展的水平。

第1节 住区规划的任务与编制

1 住区的概念与类型

1.1 住区的概念

住区是城乡居民定居生活的物质空间形态，是关于各种类型、各种规模居住及其环境的总称。从城乡区域范围来看，可划分为城市住区和独立工矿企业和科研基地的住区及乡村住区。城市住区是指在城市、镇的范畴内居住空间形态的统称。按照我国《城市居住区规划设计规范》（GB 50180—93，2002 年版）的划分，城市住区按居住户数或人口规模可分为居住区、居住小区和居住组团（其概念分别见下文 1.3.3“我国城市居住区规划设计规范中住区规模的划分”）。城市住区一般也可与“城市住宅区”通用。

从城市社会学的视角来讨论城市住区，还有“社区”、“邻里”的概念，侧重在居民社会组织、公共设施服务配置和公众参与等方面的讨论。“邻里单位”（又称“邻里单元”），是早期西方研究住区结构单元的一种概念和开发建筑模式将在本章第 2 节 3“住区区规划结构”中讨论。

1.2 住区的类型

住区类型的划分有多种方式，主要包括城乡区域范围、建设条件和住宅层数等方面。

1.2.1 按城乡区域范围不同的划分

（1）城市住区

这类住区在城市土地使用范围之内，是城市功能用地的有机组成部分。在住区内一般可只设置主要为住区服务的公共服务设施。根据具体的用地条件和居住人口规模不同，住区可划分为多种层次。

（2）独立工矿企业和科研基地的住区

这类住区一般主要是为某一个或几个厂矿企业或科研基地的职工及其家属而建设的，因此居住对象比较单一。该住区大多远离城市具有较强的独立性。因此在住区内除了需设置一般所需要的公共服务设施外，还要设置如食品、豆制品等的加工厂、综合性医院等设施。此外，这类住区的公共服务设施往往还要兼为附近农村服务，因此，这类住区公共服务设施的项目和定额指标应比市内住区适当增加。

（3）乡村住区

主要位于农村范围的居住用地，如各种规模的村庄，与农业生产经营具有较为紧密的联系。

1.2.2 按建设条件不同的划分

按建设条件的不同可分为：新建住区和旧住区。新建住区一般按照城市居住区规划设计规范要求进行规划建设，而旧住区情况往往比较复杂，有的

布局需要调整，有的因具有传统的城市格局和建筑风貌，需要加以保护或改造，在实施过程中还要妥善解决原有居民的拆迁、安置等问题（在本章第5节中将对此讨论）。

1.2.3 按住宅层数不同划分

按住宅层数的不同又可分为低层住区、多层住区、中高层住区、高层住区或各种层数混合修建的住区。不同住宅层数住区的建造在房地产开发的投资回报、住区周边外部环境协调，以及住区空间景观塑造方面起着不同的作用。

1.3 住区的规模

1.3.1 影响住区规模的主要因素

住区作为城市功能结构和乡村人居环境的一个有机组成部分，应有其合理的规模。这个合理的规模应符合居住功能、技术经济和管理等方面的要求。住区的规模包括人口及用地两个方面，一般以人口规模作为主要标志。住区的合理规模，主要受以下一些因素决定：

（1）公共设施的经济性和合理的服务半径

商业服务、文化、教育、医疗卫生等公共服务设施，具有与规模相对应的经济性和合理的服务半径，是影响住区人口规模的重要因素。所谓合理的服务半径，是指居民到达公共服务设施的合理步行距离，一般最大为800～1000m。合理的服务半径是影响住区用地规模的重要因素。

（2）城市道路交通的影响

基于机动车模式的城市交通要求城市干道之间保持合理的间距，以保证交通安全、快速和畅通。以此划分的城市地块往往成为决定住区用地规模的一个重要条件。城市干道的合理间距一般应在600～1000m之间，城市干道间用地一般在36～100hm^2，成为大型居住用地开发的基本规模。在路网间距较小的城市，或受到传统城市道路系统和水网系统影响的城市，其用地规模较小，因而其住区规模也相应减少。

（3）城市行政管理体制方面的影响

不同国家不同城市的行政管理制度对住区人口规模单元的划分与管理具有相应的政策，这是影响住区规模的另一个因素。在我国，住区规划和建设不仅为解决人们住的问题，而且还要满足居民的物质文化生活的需要，组织居民的生产（主要指住区内就业岗位）和社会活动等。例如，我国一些大城市街道办事处管辖的人口一般在3～5万人，成为“街道社区”建设与管理的基本单元。

（4）其他影响

住宅层数对住区的人口和用地规模也有较大的影响，主要体现在高容积率开发导致住区人口规模较高。此外，自然地形条件和城市的规模、城市历史街区环境、居民社会心理感受等因素对住区的规模也有一定的影响。

1.3.2 美国城市土地使用规划中所划分的三种不同规模尺度的住区

（1）住宅单体（dwelling）和小组群住宅可以被称为最基本的尺度规模。这一尺度更多是建筑和场地设计的领域。城乡住区规划设计较少直接涉及这种尺度规模。

（2）邻里（neighborhood），具有步行尺度的范围。这一尺度的住区除住宅组群外，还包括商店、银行、学校、社区中心、幼儿园、托儿所等与住宅相关的公共服务设施，以及人行道、自行车道、街道以及换乘站或公交车站等多元化交通网络系统，还包括公共空间环境，如公园、绿地、广场、林荫道、小路、街景和水体等支撑居民日常生活的要素。

（3）都市聚落（urban village），它是由邻里集聚而形成。

更高层次的住区是由城镇和城市组成的区域网络。它是广义的人居环境讨论的范畴，不作为本章所讨论的住区内容。

1.3.3 我国城市居住区规划设计规范中住区规模的划分

根据我国《城市居住区规划设计规范》（GB 50180—93，2002 年版）的划分，城市住区分为居住区、居住小区和居住组团 3 个基本层次，具有相应的居住人口规模。

（1）居住区

一般称城市居住区，泛指不同居住人口规模的居住生活聚居地和特指城市干道或自然分界线所围合，并与居住人口规模（30000 ～ 50000 人）相对应，配建有一整套较完善的、能满足该区居民物质与文化生活所需的公共服务设施的居住生活聚居地。

（2）居住小区

一般称小区，是指被城市道路或自然分界线所围合，并与居住人口规模（10000 ～ 15000 人）相对应，配建有一套能满足该区居民基本的物质与文化生活所需的公共服务设施的居住生活聚居地。

（3）居住组团

一般称组团，指一般被小区道路分隔，并与居住人口规模（1000 ～ 3000 人）相对应，配建有居民所需的基层公共服务设施的居住生活聚居地。

1.3.4 我国社区建设的规模参考

我国大城市社区建设规划对居住社区的人口规模也有相应的规定。例如上海市政府有关部门对城市社区公共服务设施配置提出了指导意见（2005 年），其中指出对应的居住社区人口规模为 5 万人。一些特大城市大型居住社区的居住人口规模可达 8 万人左右，其中配置相应的就业岗位。

2 住区规划的任务

住区规划的任务，是科学合理地创造一个满足日常物质和文化生活需要的安全、卫生、舒适、优美的居住环境，满足特定居住对象的需要。除了布置住宅外，还应当规划布置居民日常生活所需的各类公共服务设施、道路、停车场地、绿地和活动场地、市政工程设施等。较大规模的住区内宜考虑设置适当规模和类型的就业岗位，例如无污染、无干扰的工作场所。

住区规划必须根据总体规划和近期建设的要求，在控制性详细规划的相关指标要求下，对住区内各项建设做好综合全面的安排。住区规划还必须考虑一定时期经济发展水平和居民的文化背景、生活习惯、物质技术条件以及气候、地形和建成现状等条件，同时应注意远近结合，永续发展。

3 住区规划的编制

3.1 编制一个成功住区的重要因素

编制一个成功的住区规划应当在不同规划层面予以重视。应充分考虑住区规划编制的要求，将不同规模住区的组织结构纳入土地使用适用性的统一考虑之中，与城市商业、就业和开放空间之间的关系综合考虑安排。住区规划的编制应根据新建或改建的不同情况区别对待。

编制一个成功住区规划的重要组成因素一般包括：合理地段选址、城市设计框架、住区基地规划布局和住宅建筑设计等方面。住区规模大小、居住对象、住房制度、投资渠道等也都会影响规范的编制。

3.2 住区规划编制的内容

3.2.1 选择、确定用地位置、范围（包括改建范围）

(1) 在城乡地域尺度的范围内考虑住区用地的适当选址，满足城市功能布局、就业岗位和公共设施配置的总体要求。这一层面的考虑应该包括多样的居住类型，来满足不同家庭的居住需求，以及对居住地点选择的要求。

(2) 住区用地适宜性分析

需要对建成区的空地和待改造地区、拟开发地区和计划开发的居住区进行用地适宜性分析。适宜性因素包括：可达性、避免灾害、与公共服务和城镇设施的临近程度、延伸这些服务的成本、基础设施服务能力、可用空间多少等等。还应考虑到对现有住区进行调整以及增加新的住区邻里的适宜性。同时，还应当把规划拟定的公共中心位置、城镇设施、交通系统、开放空间系统，以及基础设施的有效延伸和环境保护等纳入用地适宜性分析。

3.2.2 确定住区要实现的功能和目标

针对特定功能确定构成住区的合适要素，确定将要采用的针对性的设计原则；

根据基地特征、公共中心系统、交通系统、城镇设施系统和开放空间系统等方面的综合分析，确定住区规划的功能和目标，充分研究适宜的邻里类型的空间组合、家庭类型、支撑性服务设施的现状与问题，以及与交通系统、商业及就业中心、开放空间等之间的关系。

根据功能、目标要求和采用的特定原则，提出该住区规划的概念模式和初步方案，并进一步比较修改深化。

3.2.3 确定居住人口数量规模（或户数）和用地的大小

(1) 评估未来住宅和相应服务设施的空间需求，测算初步方案中各类居住单元的容量，并将空间需求分配到初步方案所拟定的未来各类居住单元中，以确定有充足与适宜的空间用于容纳预期的未来人口、经济活动和基础设施。

(2) 估算未来居住人口所需的住宅数量、住宅的套数和类型组合，以容纳土地使用规划和控制性详细规划所提出的未来居住人口控制指标，以及商店、学校、公园等支撑设施，估算不同规模和不同类型家庭的人口比例，并根据家庭类型对住宅进行分类，确定人口密度分类和住宅类型选择对策。

3.2.4 拟定居住建筑的布置方式

3.2.5 拟定公共服务设施（包括允许设置的生产性建筑）的内容、规模、数量、标准、分布和布置方式

3.2.6 拟定各级道路的宽度、断面形式、布置方式，对外出入口位置，泊车量和停泊方式

3.2.7 拟定绿地、活动、休憩等室外场地的数量、分布和布置方式

3.2.8 拟定有关市政工程设施的规划方案

3.2.9 拟定各项技术经济指标和造价估算

3.2.10 对不同阶段的方案进行必要的公众参与和专家咨询，满足经济、社会和生态环境的综合协调要求

第2节 住区的组成、功能与规划结构

1 住区的组成

1.1 住区的组成要素

住区的组成要素包括物质和精神两个方面。

物质要素——由自然和人工两大要素组成。自然要素指地形、地质、水文、气象、植物等；人工要素指各类建筑物以及工程设施等。

精神要素——指社会制度、组织、道德、风尚、风俗习惯、宗教信仰、文化艺术修养等。

1.2 住区的组成内容

根据工程类型基本上可分为以下两类：

1.2.1 建筑工程

主要为居住建筑（包括住宅和单身宿舍），其次是公共建筑、生产性建筑、市政公用设施用房（如泵站、调压站、锅炉房等）以及小品建筑等。

1.2.2 室外工程

包括地上、地下两部分。其内容有：道路工程、绿化工程、工程管线（给水、排水、供电、燃气、供暖等管线和设施等）以及挡土墙、护坡等。

1.3 住区的用地组成

住区的用地根据不同的功能要求，一般可分为以下4类：

1.3.1 住宅用地

住宅建筑基底占地及其四周合理间距内的用地（含宅间绿地和宅间小路等）的总称。其代码用R01表示。

1.3.2 公建用地

与居住人口规模相对应配建的、为居民服务和使用的各类公共设施的用地，包括建筑基底占地及其所属场院、绿地和配建停车场等。其代码用R02表示。

1.3.3 道路用地

指住区范围内的各级道路，包括居住区级道路、小区路、组团路及非公建配建的居民小汽车、单位通勤车等停放场地，其代码用R03表示。其中居住区级道路，是一般用以划分小区的道路，在大城市中通常与城市支路同级。小区路一般用以划分组团的道路。组团路一般为上接小区路、下连宅间小路的道路。

1.3.4　公共绿地

满足规定的日照要求、适合于安排游憩活动设施的、供居民共享的集中绿地，包括住区公园、小游园和组团绿地及其他块状带状绿地等，其代码用R04表示。

除此以外，还有其他用地，是指规划范围内除住区用地以外的各种用地，应包括非直接为本区居民配建的道路用地、其他单位用地、保留的自然村或不可建设用地等。

1.4　住区的环境组成

住区的环境可分为内部居住环境和外部生活环境。

1.4.1　内部居住环境

指住宅的内部环境和住宅楼的公共部分的环境。

1.4.2　外部生活环境

住区的外部环境一般包括以下几个方面：

(1) 空间环境

指各类空间（私密、半私密及公共空间）环境的大小和质量，如绿地的面积和绿化品种的质量、儿童游戏和老年及成年人休息活动的设施内容和质量，各类环境设施的配置水平等；

(2) 空气环境

指空气中有害气体和有害物质的浓度和影响度等。居住空间应能自然通风，尤应注意其在凹口部位的通风问题。采暖制冷期间，在外窗密闭的情况下宜有可以调节的换气装置，补充新鲜空气，并预防和控制生物、化学、放射性等有害物的污染。住宅空气环境健康还包括厨卫通风换气、装修污染等。

(3) 声环境

指噪声的强度。应做好住区防噪规划，集中布置住区内高噪声源，以公共区域作缓冲带，或以绿化作隔离带，并防治生活噪声，减少机动车在住宅组团内穿行。应加强住宅室内防噪隔声措施，制定住户间和户外噪声的隔声对策，并对管道、泵和电梯等采取隔声、隔振措施。

(4) 热环境

包括室内温湿度、外围护结构、采暖制冷，积极利用太阳能、地热、风能等可再生能源。

(5) 光环境

住宅日照标准应符合国家和地方关于住宅日照的基本要求。住宅室内人工照明应根据各功能空间的要求，合理选择电光源，确立灯具方式及安装位置，并确保用电安全。住区室外照明包括道路、广场、绿地、标志、建筑小品等的照明，其光线不应对住宅室内造成不良影响。住宅楼内的公共照明（入口、走廊、楼梯等）应满足居住者行走的安全要求和心理要求。楼外夜间照明应满足人行、车行的安全要求和住区的安全防范要求。

(6) 视觉环境

指住宅相互间的视线干扰程度以及住区内对架空线、晒衣架、室内空调机

位置、阳台等的处理、住区的建筑空间质量和整体色彩等。

(7) 生态环境

指住区自然生态系统和生物种类的多样性、"绿色"生态技术与节能建材的应用、太阳能的应用等。

(8) 邻里和社会环境

指住区环境内的社会风尚、治安、邻里关系、居民的文化水平和修养等。

2 住区的功能

住区应当满足居民的宜居需求，同时促进环境保护、经济效益和社会公平，住区功能强调宜居性。住区的功能包括以下主要方面：

2.1 居住功能

提供令人满意的住房，应与居民生活方式和经济承受能力相一致，包括提供给排水等基本服务，以及燃气、供电和电信等基础设施。安全的居住，其功能是提供一个安全的环境，远离交通事故、暴力、犯罪行为和其他危害。健康的居住，其功能是提供一个能够增进个人和邻里社区健康与福利的环境。

2.2 公共服务和基础设施的高效性

通过公共服务设施和基础设施的合理配置，将公共成本最小化，体现设施配置的高效性。包括市政设施和管网系统的建设维护、垃圾收集、消防和治安、教育、休闲和交通系统等。

2.3 环境保护、维持生态过程

采用对环境友好型的规划建造技术和方法，最大可能地生态、环保、节能、省地，实现对生态过程的维持和改善。

2.4 社会互动功能

通过邻里、社会网络、组织机构、教育系统和环境设施为人际交往提供机会，以促进居民参与游憩、休闲、社交、就业和购物等活动，为各种不同生活方式和年龄段居民提供服务。

2.5 对多样性的包容

充分考虑居住的私密性、体验自然环境的机会、远离紧张的城市环境的场所、社会化等因素，包括居民构成、生活方式、文化和收入水平等方面的多样性，赋予居民以场所感、归属感、自豪感和满足感。

3 住区的规划结构

住区的规划结构，是根据住区的功能要求综合地解决住宅与公共服务设施、道路、公共绿地等相互关系而采取的组织方式。

3.1 住区规划结构的演变

家庭小汽车的发展给传统住区结构带来了根本性的变革。在20世纪以后一些发达资本主义国家的住区规划建设实践，先后对住区规划结构进行了多方面探索。其中最有影响的住区结构模式包括：郊区整体规划社区模式、邻里单位模式、居住开发单元模式、扩大小区模式（居住综合区）、新城市主义模式（公共交通导向开发模式等）。

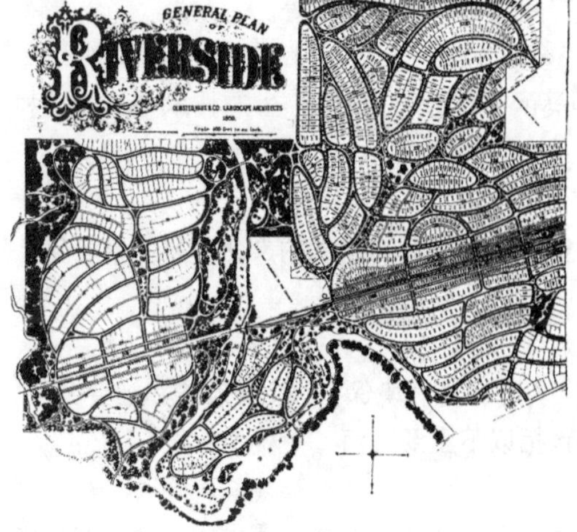

图 18-2-1　郊区整体规划社区模式案例——美国伊利诺州河滨小镇 Riverside(1869) 总平面图（规划师：Frederick Law Olmsted）

资料来源：Franz Schulze & Kevin Harrington (etd.), Chicago's Famous Buildings. The University of Chicago Press. Chicago & London：1993：287.

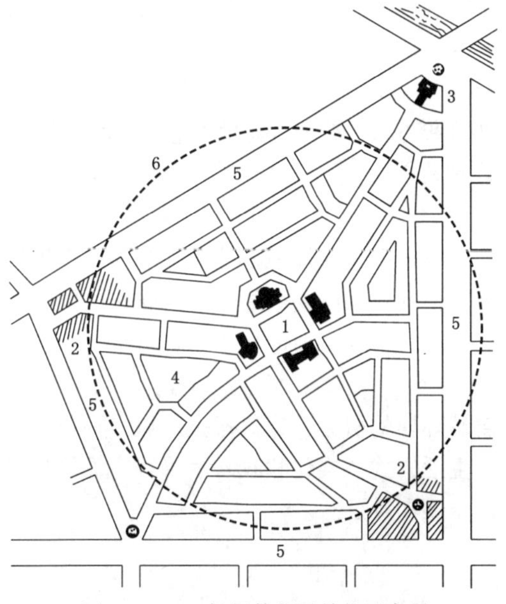

图 18-2-2　佩里的邻里单位示意图

1—邻里中心；2—商业和公寓；3—商店或教堂；4—绿地（占 10%的用地）；5—大街；6—半径 1/4 英里

资料来源：同济大学李德华．城市规划原理（第三版）．北京：中国建筑工业出版社，2001：368.

3.1.1　郊区整体规划社区模式（suburban master–planned community model）

这一模式被称为美国最早的有规划的住区模式，是由奥姆斯特德（Olmsted）和沃克斯（Vaux）于 1868 年为美国伊利诺斯州的河滨小镇（Riverside）提出的设计原则，成为以后一个多世纪许多城镇住区发展的指导方针。它的特征是采用曲线型的街道，尽端式道路，并在交叉口形成三角形的绿化休憩空间，街道两侧充满当地园艺特色的前院草坪，构成了开放空间景观的组成部分。街道树木成行，使得道路在连续转弯时使人产生了新的心理期待。在住区中心，设置了一个由商店和列车换乘站构成的小型商业中心，配置学校、办公楼区、休闲场所，上下班也可乘坐小汽车，并在购物中心、就业中心、学校和其他目的地设置了宽敞的停车场地，保证了机动性和可达性（图 18–2–1）。

3.1.2　邻里单位模式（neighborhood unit model）

这一模式由美国克拉伦斯 · 佩里（Clarence Perry）1929 年提出。它以邻里单位作为组织住区的基本形式，以避免由于汽车的迅速增长对居住环境带来的严重干扰。住区内配置足够的生活服务设施，以丰富居民的公共生活，促进社会交往，密切邻里关系。邻里单位有明确的边界，通过步行网络系统将住宅与小学、休闲设施和少量的社区商业等相互联系，并形成一个开放空间体系，而所有这些都在步行范围内。这一模式提出了规划布局的六条基本原则（图 18–2–2）。

1）邻里单位周围由城市道路所包围，城市道路不穿过邻里单位内部；

2）邻里单位内部道路系统应限制外部车辆穿越。一般应采用尽端式，以保持内部的安静、安全的居住气氛；

3）以小学的合理规模为基础支撑邻里单位的人口规模，使小学生上学不必穿过城市道路，一般邻里单位的规模在 5000 人左右，规模小的 3000 ~ 4000 人；

4）邻里单位的中心建筑是小学校，它与其他的邻里服务设施一起结合中心公共广场或绿地布置；

5）邻里单位占地约 160 英亩（合 64.75hm^2），每英亩 10 户，保证儿童上学距离不超过半英里（0.8km）；

6）邻里单位内的小学附近设有商店、教堂、图书馆和公共活动中心。

克拉伦斯 · 斯坦因（Clarence Stein）和亨利 · 莱特（Henry Wright）以邻里单位理念为指导，规划设计了新泽西州的雷德邦（Radburn），是这一模式的经典案例。

在雷德邦，每个街区都有一套景观化的开放空间和人行交通骨架，以此来避免人车冲突。主要道路沿邻里外围绕行而非穿越通过。住宅的前门都朝向人行绿化开放系统，而后门则朝向停车场地和街道，居民开车到达一处尽端式道路或停车院落，停车，然后进家门，从而形成了人车分流的道路系统。从机动车道下穿的人行系统使居民能够步行到商店、学校和游戏场地和休闲设施，避免了人车混行可能带来的危险，尽端式道路还可以作为活动场地使用。道路系统被组织为一个由服务院落或者尽端路、邻里支路、邻里主路，和主要用于车行并连接购物和就业区的公路等组成的分级体系（参阅本章第 3 节 4.2 住区道路系统的基本形式及图 18—3—36）。

邻里单位的住区规划思想对世界各国城市住区规划建造实践影响深远。第二次世界大战后英国的新城建设中得到了广泛的应用。如英国哈罗新城（图 18—2—3）。

3.1.3　居住开发单元模式（Housing Estate）

在邻里单位被广泛采用的同时，前苏联提出了扩大街坊的规划原则，与邻里单位的理论十分相似。随后不久，各国在住区规划和建设实践中又进一步总结和提出了"居住开发单元"的组织形式，即以城市道路或自然界线（如河流等）划分，并不被城市交通干道所穿越的完整地段。每一居住开发单元内设有一整套居民日常生活所需要的公共服务设施，规模一般以设置小学的最小规模为其人口规模下限的依据，以单元内公共服务设施最大服务半径作为控制用地规模上限的依据。原苏联早在 1958 年批准的"城市规划修建规范"中就明确规定居住开发单元作为构成城市的基本单位，对其规模、居住密度和公共服务设施的项目和内容等都做了详细的规定，对我国从 1950 年代末开始的居住小区建设以及其后的城市住区规划设计规范的制定产生了重要影响。

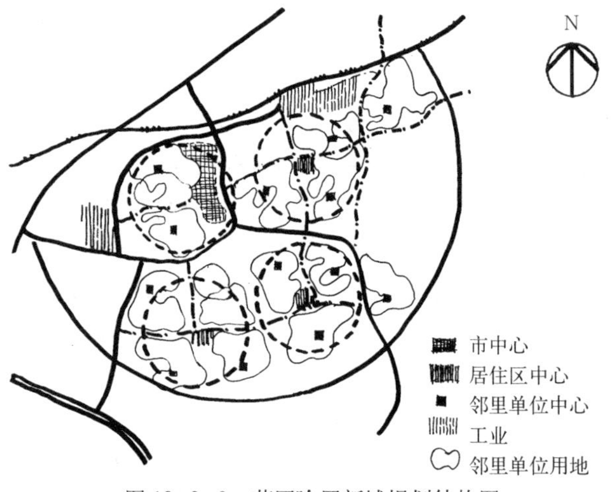

图 18—2—3　英国哈罗新城规划结构图

资料来源：同济大学李德华. 城市规划原理（第三版）. 北京：中国建筑工业出版社，2001：369.

3.1.4　"扩大小区"与"居住综合区"模式

现代城市交通的发展要求进一步加大干道的间距。因城市规模的不断扩大和工作与居住地点分布的不合理造成城市交通越来越紧张和拥挤。随着城市住区改建的艰巨性以及住区规划与建设实践中逐渐暴露出来的问题，如小区内自给自足的公共服务设施在经济上的低效益，居民对使用公共服务设施缺乏选择

的可能性等，都要求住区的组织形式应具有更大的灵活性。"扩大小区"、"居住综合体"和各种性质的"居住综合区"的组织形式应运而生。

"扩大小区"就是在干道间的用地内（一般约 100 ～ 150hm^2）不明确划分居住小区的一种组织形式。其公共服务设施（主要是商业服务设施）结合公交站点布置在扩大小区边缘，即相邻的扩大小区之间，这样居民使用公共服务设施可有选择的余地。如英国的第三代新城密尔顿 · 凯恩斯（Milton Keynes）就作了很好的探索（图 18–2–4）。

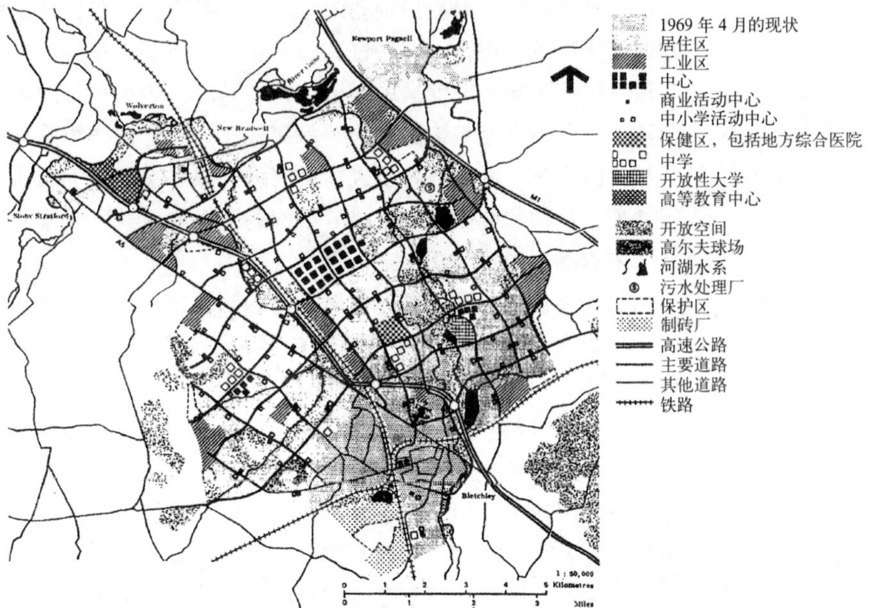

图 18–2–4　英国密尔顿 . 凯恩斯新城用地规划结构图

资料来源：张捷、赵民 . 新城规划的理论与实践——田园城市思想的世纪演绎 . 北京：中国建筑工业出版社 . 2005：107.

"居住综合体"是指将居住建筑与为居民生活服务的公共服务设施组成一体的综合大楼或建筑组合体。这种居住综合体在 1940 年代末 1950 年代初法国建筑师勒 · 柯布西耶设计的马塞公寓中得到了体现。它不仅为居民生活提供方便，而且还试图通过这种居住组织形式促进人们的相互交流和关心。这种居住综合体对节约用地和提高土地的利用效益也是十分有利的。

"居住综合区"是指居住和工作环境布置在一起的一种居住组织形式，有居住与无害工业结合的综合区，有居住与文化、商业服务、行政办公等结合的综合区，居住综合区不仅使居民的生活和工作方便，节省了上下班时间，减轻了城市交通的压力，同时由于不同性质建筑的综合布置，使城市建筑群体空间的组合也更加丰富多彩。

3.1.5　新城市主义模式（New Urbanism）

（1）新城市主义的兴起与发展

"新城市主义"于 1980 年代末期在美国兴起，由安德雷斯 · 杜安伊（Andres Duany）与伊丽莎白 · 普拉特 · 赞伯克（Elizabeth Plater–Zyberk）提出的新传统邻里区开发和由彼得 · 卡尔索普倡导的公共交通导向的邻里区开发。

新城市主义模式提出一个理想邻里的基本设计准则包括：

1）有一个邻里中心和一个明确的边界，每个邻里中心应该被公共空间所界定，并由地方性导向的市政和商业设施来带动；

2）最优规模——由中心到边界的距离为 400m 左右的空间范围；

3）各种功能活动达到一个均衡的混合——居住、购物、工作、就学、礼拜和娱乐；

4）将建筑和交通建构在一个由相互联系的街道组成的精密网络之上；公共空间应该是有形的而不是建造留下的剩余场地，公共空间和公共建筑的安排应优先考虑。

（2）新城市主义模式的设计特征

新传统邻里模式提出了一种人性尺度的、行人友好的、带有公共空间和公共设施的物质环境，以鼓励社会交往和社区感的形成（图 18–2–5）。其主要设计特征为：

1）相对自给自足的步行环境，围绕着核心城镇设施和商店布置住宅；

2）为人行和车行提供更多可选择的通行路线；

3）设计为行人、自行车、游戏以及机动车等共同使用的街道；

4）为了围合街道空间以形成公共空间，建筑的道路退界较少，街道两侧的住宅前廊离人行道也较近。车库设置在住宅的背面并通过后街进入，以减少车库通道缘石打断街道的次数。

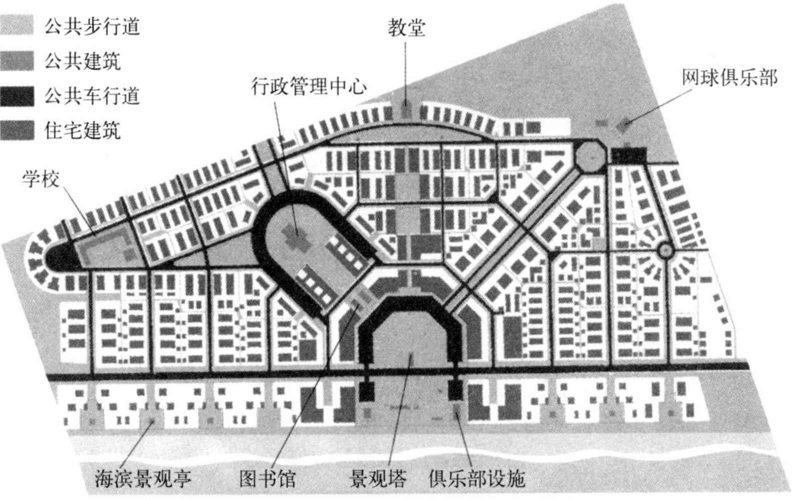

图 18–2–5 美国佛罗里达州海滨城 Seaside 住区规划总平面图

资料来源：Forum. That Small Town Feeling. The Magazine of the Florida Humanities Council. Vol.XX, No.1, Summer 1997.

（3）公共交通导向开发（transit–oriented development，TOD）

彼得·卡尔索普的“交通导向开发”基本模型，即 TOD 模型，利用了运输与土地使用之间的一个基本关系，将开发集中在沿轨道交通线和公交网络的结点上，把大量人流发生点设置在距公交车站很近的步行范围内，鼓励更多的人使用公共交通。在欧洲的一些城市，如斯德哥尔摩和哥本哈根，公交导向开发是区域性发展战略获得成功的关键所在，强调紧凑增长、开放空间和永续性。

1）规划结构特点。一个 TOD 即是一个围绕公交车站将功能密集交织在一起的社区。一个典型的公交导向开发住区规模从 20 ~ 40hm^2 不等，其构成包括：1000 ~ 2000 户以公寓和连排为主的不同类型住宅，住区的核心位置是公共交通站点。最靠近车站的是零售业区、商业服务区、办公楼、餐馆、健身俱乐部、文化设施和公用设施，人性化设计，具有独特的和易识别的位置、形状和体积，以强调各种公共机构和公共空间在社区生活中的重要性。其重点在于将现有郊区环境中彼此孤立的用地整合为可以通过步行到达公交站点的步行尺度开发模式。在商业区附近，有小规模的适于单身、学生和老人等的双联房、连排房和公寓，也有独立式家庭房屋。这种模式可以满足不同收入群体和不同类型家庭，包括年轻的单身族、已婚夫妇、有孩子的家庭、空巢家庭和老人等。

2）混合土地使用与开发密度。TOD 强调土地混合用途，并以公共交通优先为规划原则。居民距离社区中心或公交车站不超过 600m，或 10min 步行路程；公交车站之间的距离在 0.8 ~ 1.6km，车程不超过 10min；区内机动车时速不得超过 25km，内部服务性道路路宽不超过 8.5m。典型的 TOD 规划方案经常包括自社区中心或车站核心区向外的放射形街道，以提高居民的交通效率，因为这些街道缩短了与社区中心的距离，并在设计上加强了中心区的清晰感与个性特点。此外，其居住开发密度是 25 ~ 60 户 / hm^2，接近车站地方的商业用地不少于 10%，市中心 1.6km 范围内不再允许设置其他商业中心。

3.2 影响住区规划结构的主要因素

从住区规划结构的演变过程可以看出，住区组成的规模从小到大，内容由简单到综合今后将随着生产和生活方式的变化而变化。

住区的规划结构主要取决于住区的功能要求，而功能要求必须满足和符合居民的生活需要。因此，居民在住区内活动的规律和特点是影响住区规划结构的决定因素。居民在住区内活动的内容是多种多样的，除了住宅内部的活动，还有商业服务、文教体育、健身、医疗卫生、社会政治等方面的活动，具有一定的活动规律和特点（图 18-2-6）。

为了方便居民的生活，根据以上居民户外活动的规律和特点可以得出：居民日常生活必需的公共服务设施应尽量接近居民；小学生上学不应跨越城市交

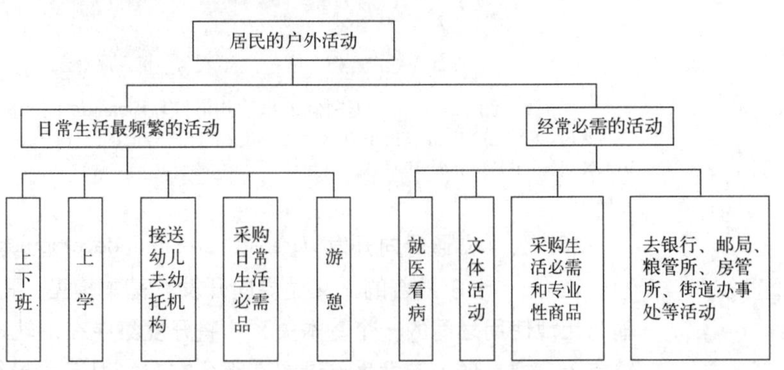

图 18-2-6 居民的户外活动框架图

资料来源：同济大学李德华．城市规划原理（第三版）．北京：中国建筑工业出版社，2001：378．

通干道，以确保安全；以公共交通为主的上下班活动，应保证居民自居住地点至公交车站的距离不大于500m。因此，住区内公共服务设施的布置方式和城市道路（包括公共交通的组织）是影响住区规划结构的两个重要方面，也是住区规划结构需要解决的主要问题。此外，居民行政管理体制、城市规模、自然地形的特点和现状条件等对住区规划结构也有一定的影响。

3.3 住区规划结构的基本形式

规划结构有各种组织形式，可采用居住区－小区－组团、居住区－组团、小区－组团及独立式组团等多种类型。基本的形式有：

3.3.1 以居住小区为规划基本单位来组织住区

以居住小区为规划基本单位组织住区，不仅能保证居民生活的方便、安全和区内的安静，而且还有利于城市道路的分工和交通的组织，并减少城市道路密度。居住小区的规模主要根据基层公共服务设施成套配置的经济合理性、居民使用的安全和方便、城市道路交通以及自然地形条件、住宅层数和人口密度等综合考虑。具体地说，居住小区的规模一般以一个小学的最小规模为其人口规模的下限，而小区公共服务设施的最大服务半径为其用地规模的上限（图18–2–7）。

3.3.2 以居住组团为基本单位组织住区

这种组织方式不划分明确的小区用地范围，住区直接由若干住宅组团组成。其规划结构的方式为：居住区－住宅组团相当于一个居民委员会的规模，一般应设有居委会办公室、卫生站、青少年和老年活动室、服务站、商店、托儿所、儿童或成年人活动休息场地、小块公共绿地、停车场库等，这些项目和内容基本为本居委会居民服务。其他的一些基层公共服务设施则根据不同的特点按服务半径在住区范围内统一考虑，均衡灵活布置（图18–2–8）。

3.3.3 以住宅组团和居住小区为基本单位来组织住区

其规划结构方式为：居住区—居住小区—住宅组团。居住区由若干个居住小区组成，每个小区由2～3个住宅组团组成。

住区的规划结构形式不是一成不变的，随着社会生产的发展、人民生活水平的提高、社会生活组织和生活方式的变化、公共服务设施的不断完善和发展、住区的规划结构方式也会相应地变化（图18–2–9、图18–2–10）。

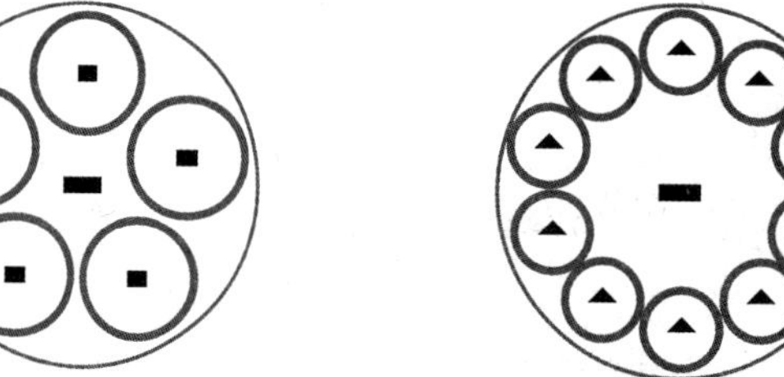

图18–2–7 以居住小区为基本单位

资料来源：同济大学李德华．城市规划原理（第三版）．北京：中国建筑工业出版社，2001：379．

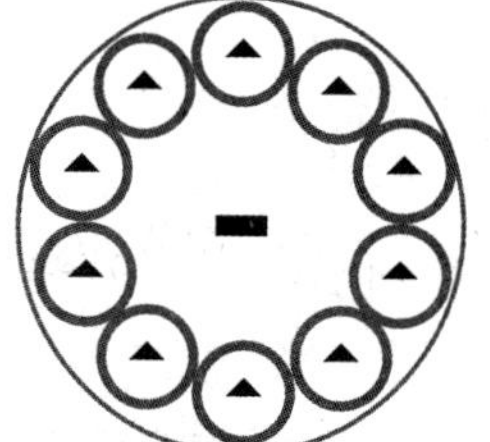

图18–2–8 以居住组团为基本单位

资料来源：同济大学李德华．城市规划原理（第三版）．北京：中国建筑工业出版社，2001：379．

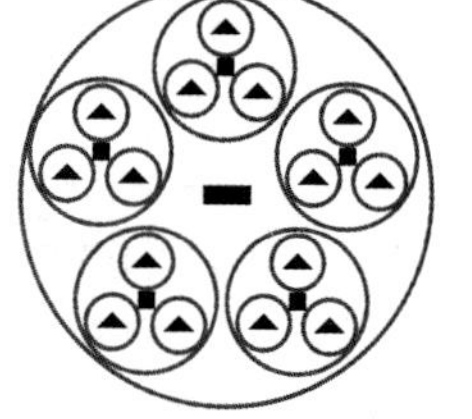

图18–2–9 以住宅组团和居住小区为基本单位

资料来源：同济大学李德华．城市规划原理（第三版）．北京：中国建筑工业出版社，2001：379．

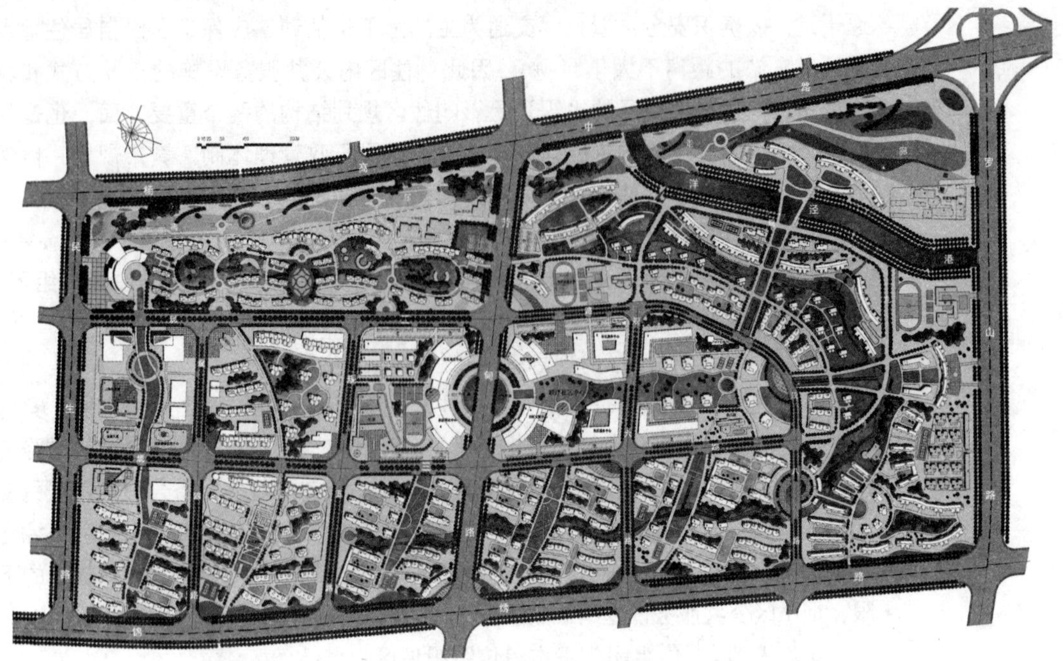

图 18–2–10　某小区规划实例

资料来源：吴志强．联洋社区规划．

第3节　住区的规划设计

住区规划设计是一项综合性、系统性的工作，它不仅涉及工程技术知识，还广泛涉及社会、经济、生态、文化、心理、行为以及美学等领域的综合知识。住区规划设计关系到不同年龄层次和社会阶层的家庭，关系到睦邻环境和城市居住环境的质量，反映了城市经济、社会和文化发展的追求，一定程度上反映了城市文明发展的水平。

1　住区规划设计的基本原则与要求

1.1　基本理念

住区规划设计的对象是居民，因此必须坚持“以人为本”、注重和树立人与自然和谐、永续发展的基本观念。充分考虑社会、经济和环境三方面的综合效益。由于社会需求多元化，经济收入水平差异以及文化程度、职业等的不同，人们对住房与环境的选择也有所不同。特别是在市场经济体制下，人们可以更自由地选择自己的居住环境时，住户对住房与环境的要求更高。因此，住区的规划设计如何适应与满足各种不同层次居民的需求是一个十分现实而又迫切的问题。

1.2　基本原则

住区规划设计的基本原则，包括住区及其环境的整体性、经济性、科学性、生态性、地方性与时代性、超前性与灵活性、领域性与社会性、健康性等。

1.2.1 整体性

整体性的要求包括要符合城市总体规划和控制性详细规划的要求，统一规划、合理布局、因地制宜、综合开发、配套建设。整体性是住区规划设计的灵魂。因为居住建筑作为大量建造的一般性民用建筑，其规划设计，必然会遇到大量重复使用设计的问题，所以，住区的环境特色和个性主要取决其整体性。住区的整体设计必须运用城市设计的思想与方法，对整体环境的空间轮廓、群体组合、单体造型、道路骨架、绿化种植、地面铺砌、环境小品、街道家具、整体色彩等一系列环境设计要素进行整体构思。

1.2.2 经济性

综合考虑所在城市的性质、社会经济、气候、民族、习俗和传统风貌等地方特点和规划用地周围的环境条件，充分利用规划用地内有保留价值的河湖水域、地形地物、植被、道路、建筑物与构筑物等，并将其纳入规划，注重节地、节能、节材、节省维护费用等。为工业化生产、机械化施工和建筑群体、空间环境多样化、商品化经营、社会化管理及分期实施创造条件。

1.2.3 科学性

依靠科技进步，大力研究和应用新技术、新材料、新工艺和新产品。科学技术广泛深入的应用，不仅可以改善住区的功能，提高住区的质量，同时也带来了相应的经济与环境效益，科技进步对住宅产业现代化起重要的作用。

1.2.4 生态性

住区的生态质量对城市生态环境的改善起到重要作用，水绿交融的环境，节能、环保“绿色”建材等已普遍得到社会公众的欢迎，住区生态系统对于低碳人居和永续发展起着重要的支撑作用。

1.2.5 地方性与时代性

充分反映住区当地的气候、地理条件、居民的生活习惯、建筑材料和历史文脉等因素。地方性主要涉及对传统的继承和发展问题，应该承认，一成不变的传统是没有生命力的，正如我国其他的传统文化艺术那样，既要继承，又要创新，因此在研究地方性时必须强调时代性。

1.2.6 超前性与灵活性

一幢建筑物的寿命少则几十年，多则上百年，一个住区及一个城市就更长，因此规划设计必须要有超前的意识。但是人们认识世界的能力毕竟是有限的，而且规划设计还应面对现实，要兼顾当前的实际情况，因此超前性要与灵活性相结合，也就是要求规划设计要有弹性，要留有余地。

1.2.7 领域性与社会性

应该具有较为明确的领域感，住区应该有一个核心或者聚焦点，这个核心应位于相对中心位置并与其他部分形成良好的空间联系，形成较好的领域性。同时，住区规划设计应创造不同层次的交往空间，形成较好的社会性。

1.2.8 健康性

适应居民的活动规律，综合考虑日照、采光、通风、防灾、配建设施及管理要求，创造安全、卫生、方便、舒适、和优美的居住生活环境。在满足住宅建设基本要素的基础上，提升健康要素，保障居住者生理、心理、道德和社会

适应等多层次的健康需求，为老年人、残疾人的生活和社会活动提供条件。即满足居住物质环境的健康性，也应注重居住社会环境的健康性。促进住宅建设永续发展，进一步提高住宅质量，营造出舒适、健康的居住环境。

1.3　住区规划设计的基本要求

1.3.1　使用要求

为居民创造一个生活方便的居住环境，这是住区规划设计最基本的要求。居民的使用要求是多方面的，例如，适应不同的家庭结构，气候特点，选择合适的住宅类型，合理确定公共服务设施的项目、规模及其分布方式，合理地组织居民室外活动、休息场地、绿地和住区的内外交通等。

1.3.2　卫生要求

为居民创造一个卫生、安静的居住环境。要求住区有良好的日照、通风等条件，以及防止噪声的干扰和空气的污染等。

防止来自有害工业的污染，从住区本身来说，主要通过正确选择住区用地。建设用地应选择在适宜健康居住的地区，具有适合建设的工程地质和水文地质的条件，远离污染源，有效控制水污染、大气污染、噪声、电磁辐射、土壤氡浓度超标等的影响。

而在住区内部可能引起空气污染的有：锅炉房的烟尘、炉灶的煤烟、垃圾及车辆交通引起的噪声和灰尘等。为防止和减少这些污染源对住区的污染，除了在规划设计上采取一些必要的措施外，最基本的解决办法是改善采暖方式和改革燃料的品种。在冬季采暖地区，有条件的应尽可能采用集中供暖的方式。

1.3.3　安全要求

为居民创造一个安全的居住环境，必须对各种可能产生的灾害进行分析，使住区规划能有利于防止灾害的发生或减少其危害程度。

（1）防火

为了保证一旦发生火灾时居民的安全，防止火灾的蔓延，建筑物之间要保持一定的防火间距。防火间距的大小主要随建筑物的耐火等级以及建筑物外墙门窗、洞口等情况而异。

（2）防震灾

在地震区，为了把灾害控制到最低程度，在进行住区规划时，必须考虑以下几点：

1）住区用地的选择，应尽量避免布置在沼泽地区、不稳定的填土堆石地段、地质构造复杂的地区（如断层、风化岩层、裂缝等）以及其他地震时有崩塌陷落危险的地区。

2）应考虑适当的安全疏散用地，便于居民避难和搭建临时避震棚屋。安全疏散用地可结合公共绿化用地、学校等公共建筑的室外场地、城市道路的绿化带等统一考虑。除了室外的疏散用地外，还可利用地下室或半地下室作为避震疏散之用。

3）住区内的道路应平缓畅通，便于疏散，并布置在房屋倒拥范围之外。一般认为，房屋倒拥范围，其最远点与房屋的距离大体上不超过房屋高度的一半。

4）住区内各类建筑应考虑国家有关抗震设计要求的建筑设防烈度，并根据国家要求提升住区内中、小学和幼托设施和抗震能力。

（3）防空

住区的防空建筑是整个城镇防空工程的一部分，它的规划必须符合防空工程总体规划的要求。在具体规划设计时应注重“平战结合”的原则。如有的地方平时利用防空建筑物作为居民和青少年的活动室、自行车存放处、汽车泊车库以及商店的仓库、办公等用房。防空地下建筑应与地下工程管网的规划设计密切配合，统一考虑。

1.3.4 经济要求

确定住宅的标准、公共建筑的规模、项目等均需考虑当时当地的建设投资及居住对象的经济状况。降低住区建筑的造价和节约城市用地是住区规划设计的一个重要任务。住区规划的经济合理性主要通过对住区的各项技术经济指标和综合造价等方面的分析来表述。

为了满足住区规划和建设的经济要求，除了用一定的指标数据进行控制外，还应善于运用各种规划布局手法，为住区修建的经济性创造条件。

1.3.5 美观要求

要为居民创造一个优美的居住环境。住区是城乡环境中建设量最多的项目，因此它的规划与建设对城乡的面貌起着很大的影响。优美的居住环境的形成不仅取决于单个住宅或公共服务设施的设计，更重要的取决于建筑群体的组合，建筑群体与环境的结合，通过有机、整体规划设计，反映出生动明朗、大方整洁、优美宜居的环境，既要有地方特色，又要体现时代精神。

2 住宅及其组群的规划布置

住宅及组群的规划布置是住区规划设计的重要内容之一。因为这一内容不仅量多面广，用地比例大，而且在体现城市空间风貌方面起着重要的作用。

2.1 住宅类型的选择

2.1.1 住宅选型的总体要求

1）住宅及其组群的规划，首先要合理地选择和确定住宅类型。住宅选型恰当与否将直接影响居民的使用、住宅建造的成本和城市用地的多少，同时也影响到城市的面貌。因此，为了合理选择住宅类型，就必须从城市规划的角度来研究和分析住宅的类型及其特点，住宅的建筑经济和用地经济的关系等问题。由于住户家庭结构多样，因此，住区包含多种住宅类型、多种户型、多种产权方式，以适应不同阶段和不同收入的家庭需要。

2）住宅内应合理安排各种功能空间，避免各居住空间的相互干扰，保证居住空间的私密性。住宅内部的交往空间，包括单元入口、大堂、楼梯、电梯、前厅、过道、平台、走廊等居住者过往和停留的空间，属半公共半私密空间具有楼内人们活动和交往的公共性和社会性。

3）结构、设备及其管网布置应为住宅的可改造性创造必要的条件，体现灵活性。宜采用大开间结构、竖向干管集中外移、横向支管不穿楼板等技术。

4）住宅套内自然层应避免台阶和错层，设置扶手、护栏、防滑地面和报警装置等设施，以满足老年人、残疾人以及儿童生活活动的安全需要。

2.1.2　住宅的类型及其特点

现代住宅如按不同的使用对象，基本上可分为两大类：第一类是供以家庭为居住的建筑，一般称为住宅；另一类是供单身人居住的建筑，如学校的学生、工矿企业的单身职工等居住的建筑，一般称为单身宿舍或宿舍。住宅与组群的规划设计主要以上述第一类为对象。

第一类以套为基本组成单位的住宅主要有以下几种类型（表 18-3-1）：

住宅类型（以套为基本组成单位）　　表 18-3-1

编号	住宅类型	用地特点
1 2 3	独院式 并联式 联排式	每户一般都有独用院落，层数 1 ~ 3 层，占地较多
4 5 6	梯间式 内廊式 外廊式	一般都用于多层和高层，特别是梯间式用得较多
7	内天井式	是第 4、5 类型住宅的变化形式，由于增加了内天井，住宅进深加大，对节约用地有利，一般多见于层数较低的多层住宅
8	点式（塔式）	是第 4 类型住宅独立式单元的变化形成，适用于多层和高层住宅，由于体型短而活泼，进深大，故具有布置灵活和能丰富群体空间组合的特点，但有些套型的日照条件可能较差
9	跃廊式	是第 5、6 类型的变化形式，一般用于高层住宅

注：低层住宅指 1 ~ 3 层的住宅；多层指 3 层以上至 6 层；中高层住宅为 7 ~ 9 层；而高层住宅为 10 层以上的住宅。
资料来源：同济大学李德华．城市规划原理（第三版）．北京：中国建筑工业出版社，2001：385．

2.1.3　住宅建筑经济和用地经济的关系

住宅建筑经济和用地经济是房地产开发的两个重要组成部分，两者之间关系密切。住宅建筑经济直接影响用地的经济，而用地的经济往往又影响对住宅建筑经济的综合评价，其中用地的经济起主导作用。分析住宅建筑经济的主要依据是每平方米建筑面积的土建造价和平面利用系数、层高、长度、进深等技术参数，而用地经济的主要依据是地价和容积率（或楼面价）等。下面就住宅建筑经济和用地经济比较密切相关的几个因素分别加以分析：

（1）住宅层数与经济性

就住宅建筑本身而言，低层住宅一般比多层住宅造价低，而高层的造价更高，但低层占地大。对于多层住宅，提高层数能降低住宅建筑的每平方米造价。从用地经济的角度来看，提高层数能节约用地，如住宅层数在 3 ~ 5 层时，每提高 1 层，每公顷可相应增加建筑面积 $1000m^2$ 左右。而 6 层以上，效果将显著下降。一般经验认为，6 层住宅无论从建筑造价和节约用地来看都是比较经济的，故得到了广泛采用。由于城市用地日趋紧张，城市住宅普遍向高空发展。我国从 1970 年代中期在一些特大城市开始试建高层住宅，当前城市高层住宅已经非常普遍。由于高层住宅结构形式的改变、电梯的增加以及供水加压设备、防火设施、建材费用和施工成本高等原因，高层住宅的造价也相应提高。

合理提高住宅建筑的层数是提高住宅建筑面积密度、节约用地的主要和最基本的手段和途径。

（2）进深

住宅进深加大，外墙相应缩短。对于在采暖地区外墙需要加厚的情况下，经济效果更好。

（3）长度

住宅长度直接影响建筑造价，因为住宅单元拼接越长，山墙也就越省。根据分析，四单元长住宅比二单元长住宅每平方米居住面积造价省 2.5% ~ 3%，采暖费节省 10% ~ 21%。但住宅长度不宜过长，过长就需要增加伸缩缝和防火墙等，且对通风和抗震也不利。

（4）层高

住宅层高的合理确定不仅影响建筑造价，也直接和节约用地有关，据计算，层高每降低 10cm，能降低造价 1%，节约用地 2%。但是基于住宅健康性的考虑，居室净高不应低于 2.5m。

2.1.4 合理选择住宅类型

合理选择住宅类型一般应考虑以下几个方面：

（1）住宅标准

住宅标准包括面积标准与质量标准两个方面。住宅标准的确定是国家的一项重大技术政策，反映了一定时期国家经济发展和居民的生活水平。因此，从国家到地方，在每个时期都制订了住宅的建筑标准。此外，对于商品住宅的标准应根据不同的居住对象、市场的需求来确定。

（2）套型和套型比

套型——一般指每套住房的面积大小和居室、厅和卫生间的数量。如一室一厅、二室二厅一卫、三室二厅二卫等。

套型比——指各种套型的建造比例。在确定套型比时，应参照当地的人口结构及市场的需求。套型比的平衡一般有三种方法：一是选用多种套型的住宅，套型比在一个单元或一幢住宅内进行平衡；二是选用单一套型住宅，在几幢住宅或更大范围内进行平衡；三是既采用单一套型，又选用多种套型的住宅。为了使住宅对套型比具有更大的灵活性，可选择或设计成套型能灵活变化的平面。

套型设计应以居住生活行为规律为准则，满足居住者生活、生理、心理等需求，实现舒适、健康的居住目标。套型面积取决于功能，除适宜的面积外，还应包括功能空间的细化和设备的配置质量，与日益提高的生活质量和现代生活方式相适应。

（3）确定住宅建筑层数和比例

住宅建筑层数的确定，要综合考虑用地的经济、建筑造价、施工条件、建筑材料的供应、市政工程设施、居民生活水平、居住方便的程度等因素。

（4）适应当地自然气候条件的特点和居民的生活习惯

我国幅员广大，全国自然气候条件相差甚大。南方地区，气候比较炎热，在选择住宅时，首先应考虑居室有良好的朝向和获得较好的自然通风；而在北方地区，气候严寒，主要矛盾是冬季防寒，防风雪。另外，居民的生活习惯也必须充分考虑。

2.1.5 要有利于节约用地，结合地形

住宅建筑单体平面和布局尽量结合地形、利用地形，可从利用住宅单元在开间上的变化达到户型的多样化和适应基地的各种不同情况。为了不占或少占农田，就需要结合不同坡度和朝向的地形对建筑进行错层、跌落、掉层、分层入口等局部处理（图 18–3–1）。

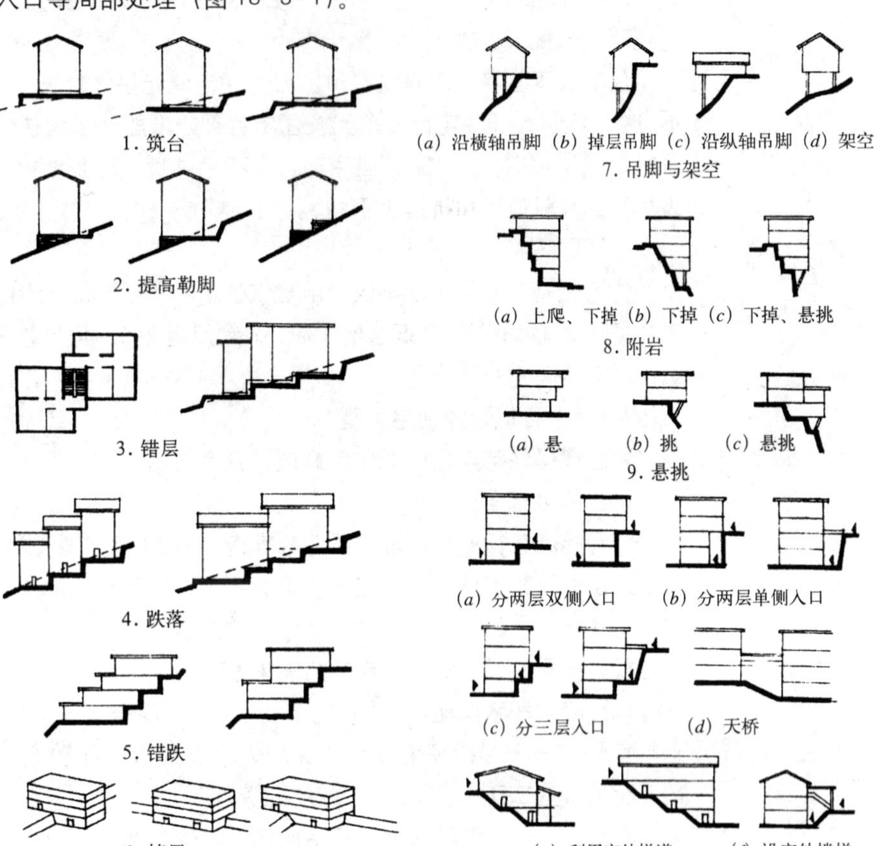

图 18–3–1　山地住宅建筑竖向处理手法

1—筑台—对天然地表开挖和填筑，形成平整台地；2—提高勒脚—将房屋四周勒脚高度调整到同一高度；3—错层—房屋内同一楼层作成不同标高，以适应倾斜的地面；4—跌落—房屋开间单位，与邻旁开间或单元标高不同；5—蹉跌—房屋顺坡势逐层或隔层；6—掉层

资料来源：同济大学李德华．城市规划原理（第三版）．北京：中国建筑工业出版社，2001：387.

2.1.6　考虑城市建筑面貌特色的要求

宜充分研究当地建筑特色，在居住建筑设计中体现独特的地方建筑文化风貌。

2.2　住宅的规划布置

住宅的规划布置应建立在建筑群体组合的基础上，与住区总的规划结构相结合。

2.2.1　住宅群体的组合

（1）住宅群体平面组合的基本形式及其特点

1）行列式布置（图 18–3–2）。建筑按一定朝向和合理间距成排布置的形式。这种布置形式能使绝大多数居室获得良好的日照和通风，是各地广泛采用的一种方式。但如果处理不好，会造成单调、呆板的感觉，容易产生穿越交通的干扰。为了避免以上缺点，在规划布置时常采用山墙错落、单元错开拼接以及用矮墙分隔等手法。

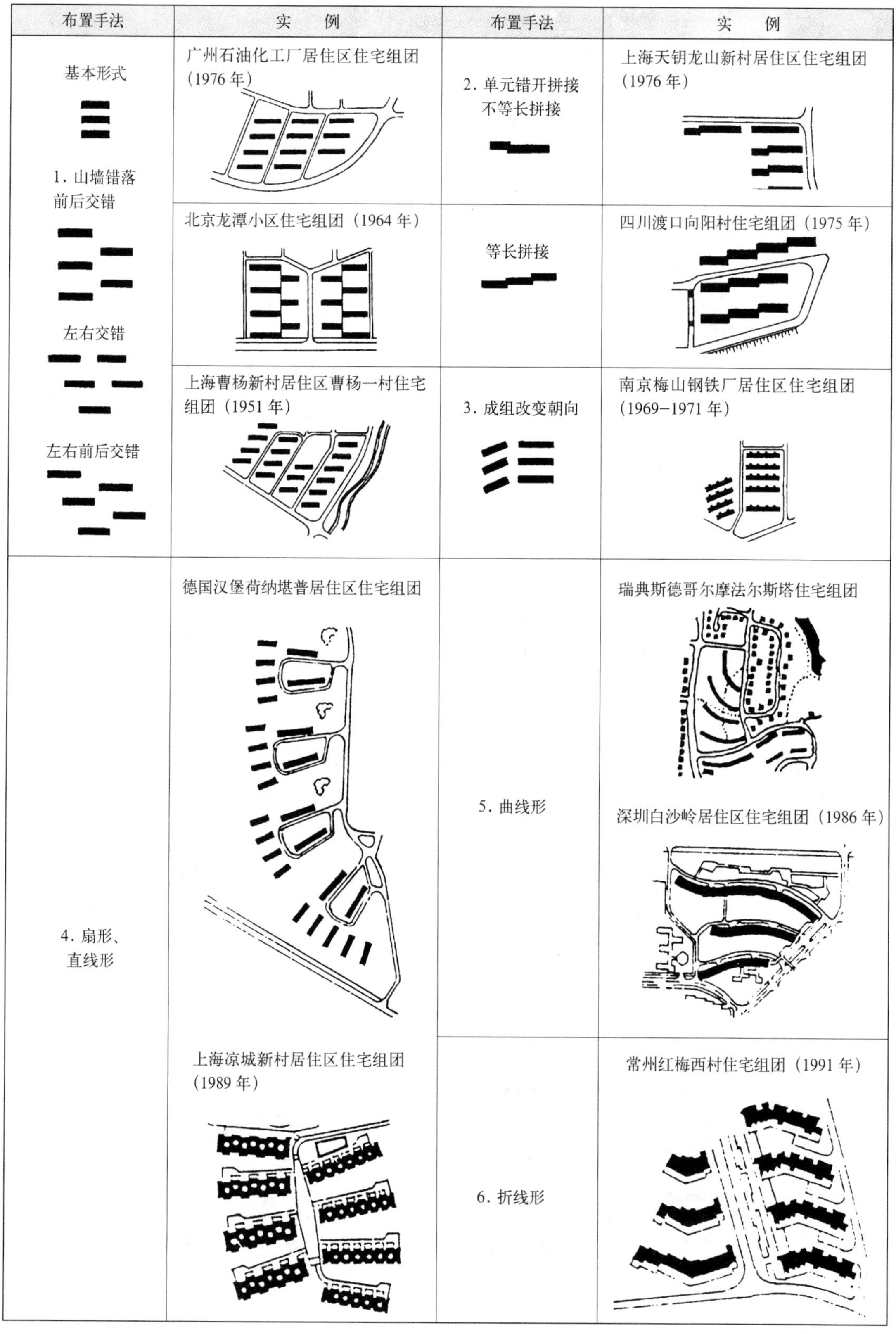

布置手法	实　例	布置手法	实　例
基本形式 1. 山墙错落 前后交错	广州石油化工厂居住区住宅组团（1976 年）	2. 单元错开拼接 不等长拼接	上海天钥龙山新村居住区住宅组团（1976 年）
左右交错	北京龙潭小区住宅组团（1964 年）	等长拼接	四川渡口向阳村住宅组团（1975 年）
左右前后交错	上海曹杨新村居住区曹杨一村住宅组团（1951 年）	3. 成组改变朝向	南京梅山钢铁厂居住区住宅组团（1969−1971 年）
4. 扇形、 直线形	德国汉堡荷纳堪普居住区住宅组团	5. 曲线形	瑞典斯德哥尔摩法尔斯塔住宅组团 深圳白沙岭居住区住宅组团（1986 年）
	上海凉城新村居住区住宅组团（1989 年）	6. 折线形	常州红梅西村住宅组团（1991 年）

图 18−3−2　行列式布置

资料来源：同济大学李德华．城市规划原理（第三版）．北京：中国建筑工业出版社，2001：388．

2）周边式布置（图 18–3–3）

建筑沿街坊或院落周边布置的形式。这种布置形式形成较内向的院落空间，便于组织休息园地，促进邻里交往。对于寒冷及多风沙地区，可阻挡风沙及减少院内积雪。周边布置的形式还有利于节约用地，提高居住建筑面积密度。但是这种布置形式有相当一部分的朝向较差，因此对于湿热地区很难适应，有的还采用转角建筑单元，使结构、施工较为复杂，造价也会增加。另外对于地形起伏较大的地区也会造成较大的土石方工程。

3）混合式布置（图 18–3–4）。为以上两种形式的结合形式，最常见的往往以行列式为主，以少量住宅或公共建筑沿道路或院落周边布置，以形成半开敞式院落。

4）自由式布置（图 18–3–5）。建筑结合地形、在照顾日照、通风等要求的前提下，成组自由灵活地布置。

布置手法	实例	
1. 单周边 	长春第一汽车居住街坊 1953 年建 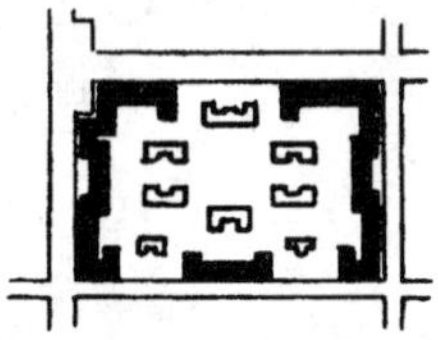	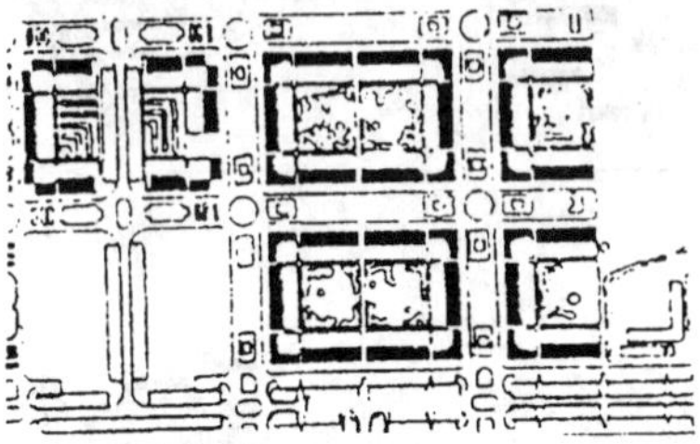 英国密尔顿 . 凯恩斯新城住宅组团
2. 双周边 	北京百万庄居住小区住宅组团 1953 年建 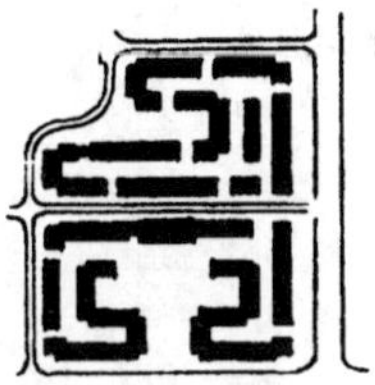	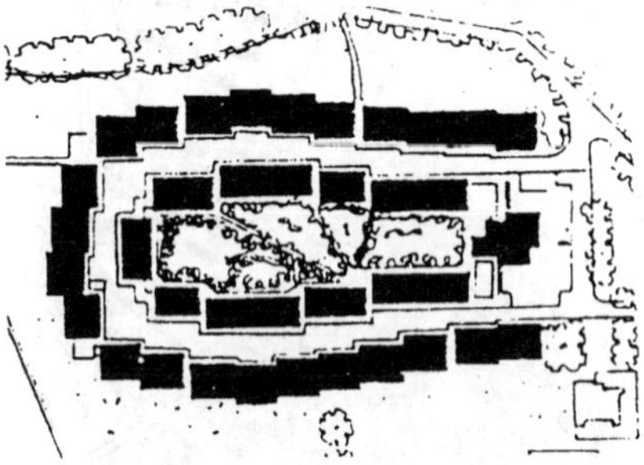 丹麦赫立勃—比克勃尔西诺尔住宅组团
3. 自由周边 	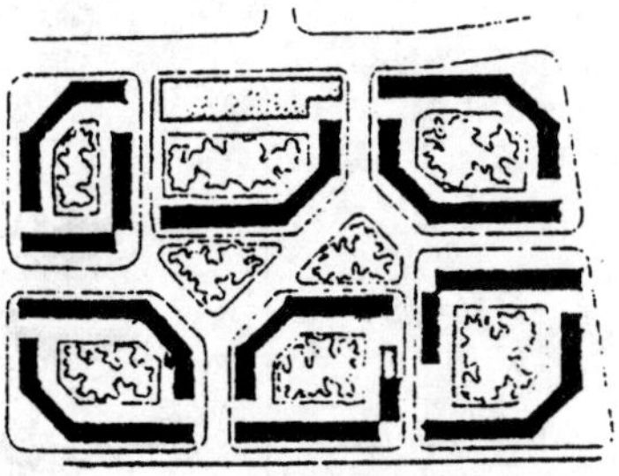 天津子压力住宅组团	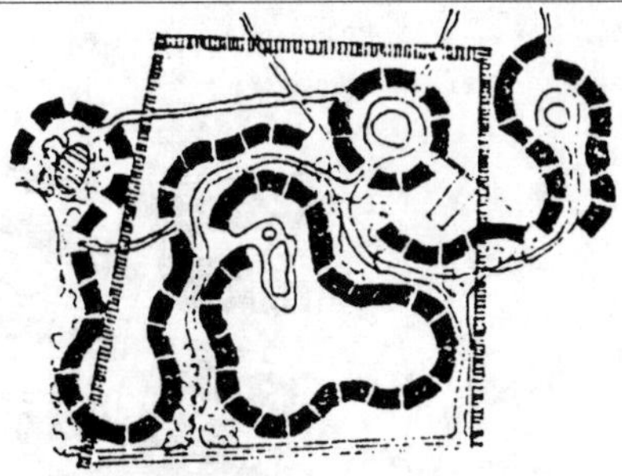 法国巴黎大勃尔恩居住区住宅组团

图 18–3–3　周边式布置

资料来源：同济大学李德华 . 城市规划原理（第三版）. 北京：中国建筑工业出版社，2001：389.

布置手法	实　例
	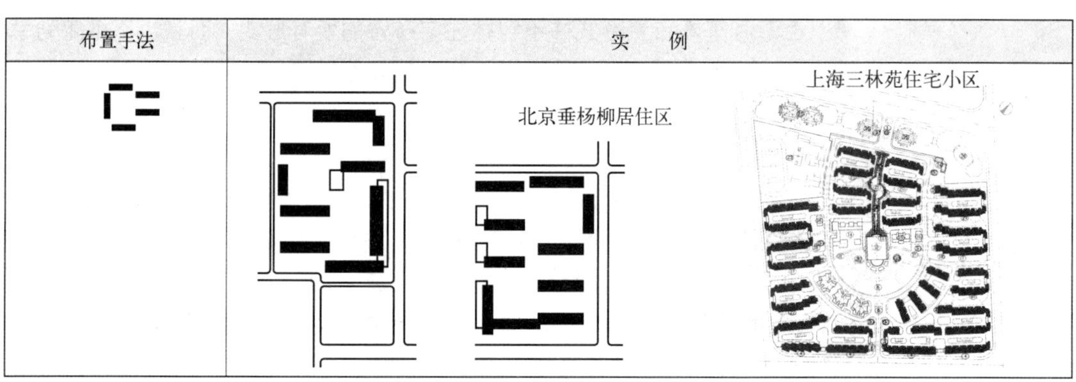

图 18−3−4　混合式布置

资料来源：同济大学李德华．城市规划原理（第三版）．北京：中国建筑工业出版社，2001：390.

上海市建设委员会．上海市居住区建设图集（1951 ~ 1996）．上海：上海科学技术文献出版社．1998：290.

布置手法	实　例
1. 散立 	重庆华一坡住宅组团 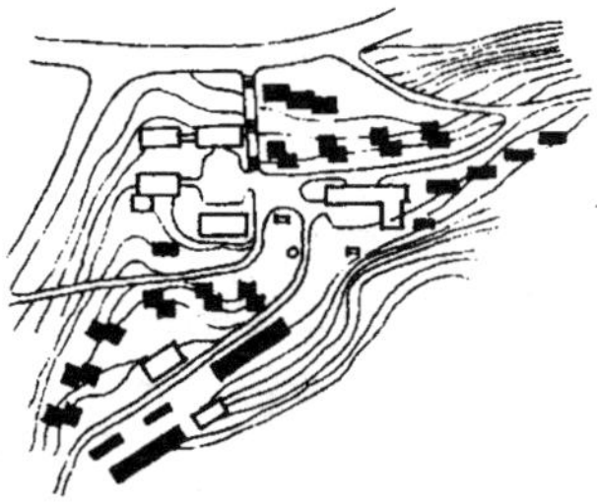
2. 曲线形 	法国鲍皮尼居住小区局部 
3. 曲尺形 	瑞典斯德哥尔摩捏布霍夫居住区的一个小区 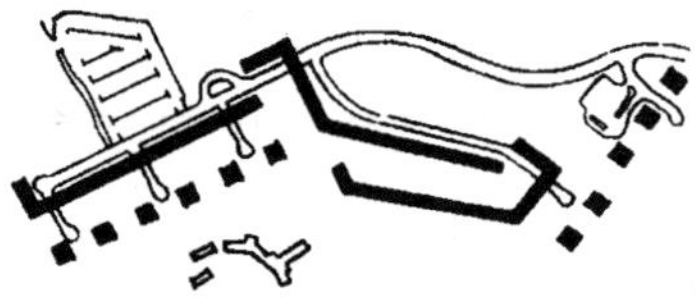
4. 点群形	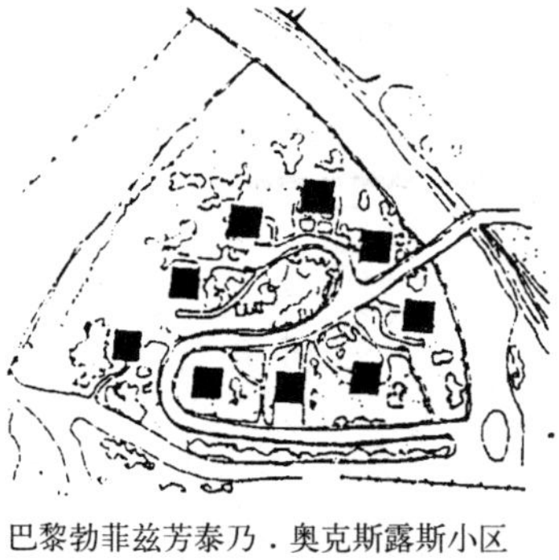 巴黎勃菲兹芳泰乃．奥克斯露斯小区 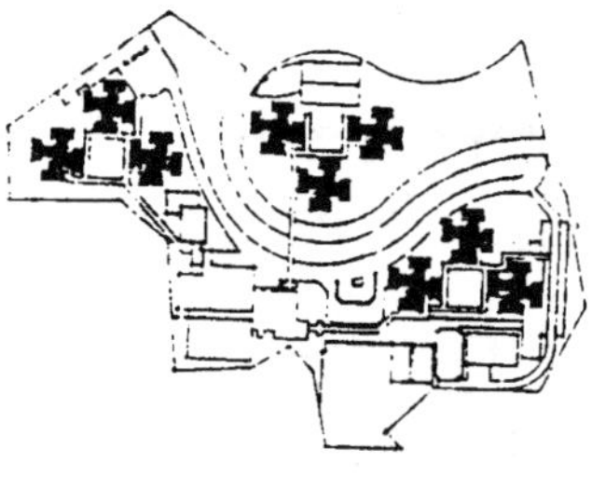 香港惠禾苑住宅组团

图 18−3−5　自由式布置

资料来源：同济大学李德华．城市规划原理（第三版）．北京：中国建筑工业出版社，2001：391.

以上四种基本布置形式并不包括住宅布置的所有形式，而且也不可能列举所有的形式。在进行规划设计时，必须根据具体情况，因地制宜地创造不同的布置形式。

(2) 住宅群体的组合方式

1) 成组成团的组合方式。住宅群体的组合可以由一定规模和数量的住宅（或结合公共建筑）组合成组或成团，作为住区的基本组合单元，有规律地发展使用。这种基本组合单元可以由若干同一类型或不同类型的住宅（或结合公共建筑）组合而成。组团的规模主要受建筑层数、公共建筑配置、自然地形和现状等条件的影响而定。一般为 1000 ～ 2000 人，较大的可达 3000 人。

成组成团的组合方式功能分区明确，组团用地有明确范围，组团之间可用绿地、道路、公共建筑或自然地形进行分隔。这种组合方式也有利于分期建设。即使在一次建设量较小的情况下，也容易使建筑组群在短期内建成，并达到面貌比较统一的效果（图 18–3–6）。

2) 成街成坊的组合方式。成街的组合方式就是以住宅（或结合公共建筑）沿街成组成段的组合方式，而成坊的组合方式就是住宅（或结合公共建筑）以街坊作为整体的一种布置方式。成街的组合方式一般用于城市和住区主要道路的沿线和带形地段的规划。成坊的组合方式一般用于规模不太大的街坊或保留房屋较多的旧居住地段的改建。成街组合是成坊组合中的一部分，两者相辅相成，密切结合；特别在旧住区改建时，不应只考虑沿街的建筑布置，而不考虑整个街坊的规划设计（图 18–3–7）。

3) 整体式组合方式。整体式组合方式是将住宅（或结合公共建筑）用连廊、高架平台等连成一体的布置方式。

住宅群体成组成团和成街成坊的组合方式并不是绝对的，往往这两种方式相互结合使用；在考虑成组成团的组合方式时，也要考虑成街的要求，而在考虑成街成坊的组合方式时，也要注意成组的要求（图 18–3–8）。

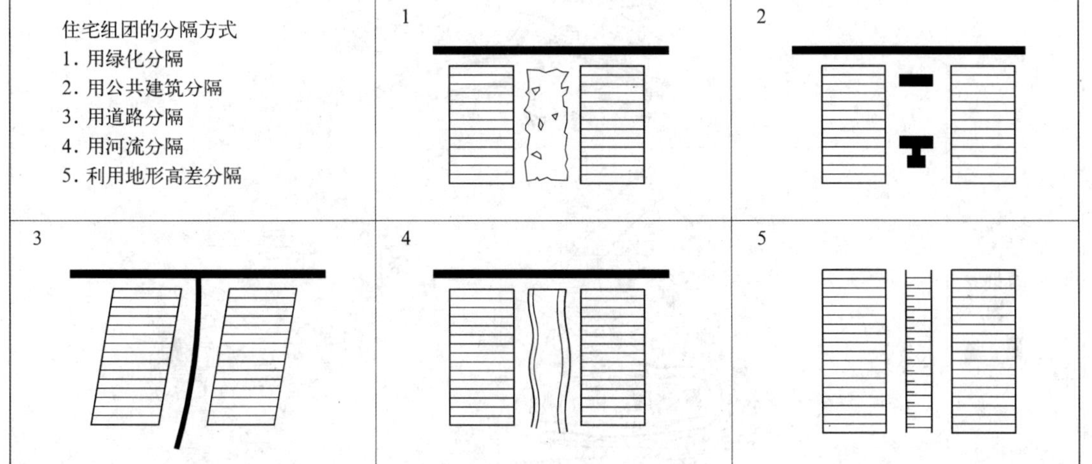

图 18–3–6 住宅组团的分割方式

资料来源：同济大学李德华．城市规划原理（第三版）．北京：中国建筑工业出版社，2001：394．

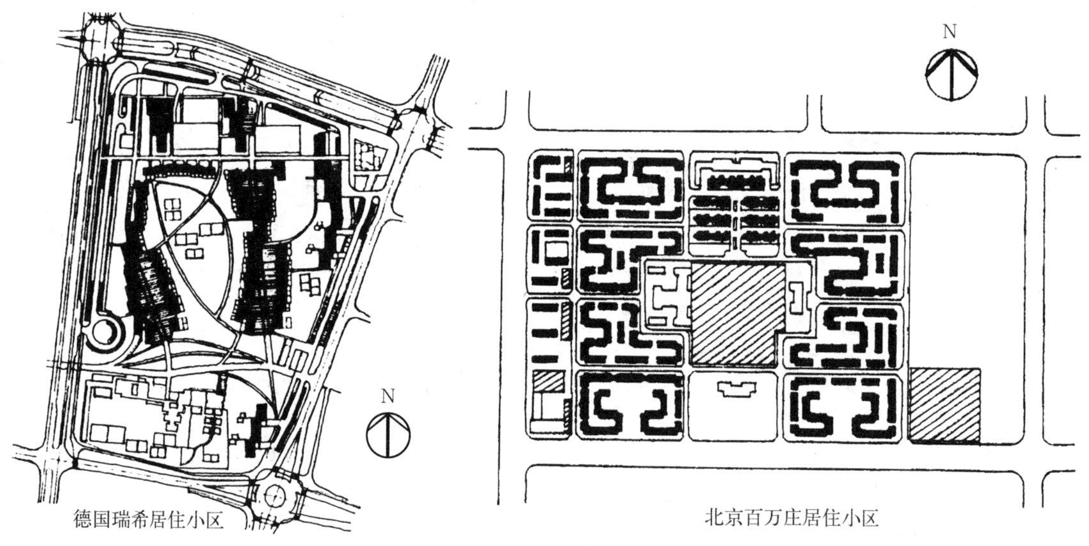

图 18-3-7 成街布置 - 德国瑞希居住小区
资料来源：同济大学李德华．城市规划原理（第三版）．北京：中国建筑工业出版社，2001：394.

图 18-3-8 成坊布置 - 北京百万庄居住小区
资料来源：同济大学李德华．城市规划原理（第三版）．北京：中国建筑工业出版社，2001：395.

（3）住宅群体的空间组合

住宅群体的空间组合就是运用空间构成的原则与方法，将住宅、公共建筑、绿化种植、道路和建筑小品等有机地组成完整统一的建筑空间群体。它不只是为了满足人们对住宅使用的要求，还要符合工程技术、经济以及人们的审美需要。评价一个建筑群体空间组合的好坏，建筑单体设计的水平固然重要，而群体的空间组合往往起着决定性的作用，尤其是采用定型标准设计的大量性住宅的群体组合尤为重要。住宅群体的空间构成方法主要包括：

1）对比。对比是指同一性质物质的显著差别。例如大与小、简单与复杂、高与低、长与短、横与竖、虚与实、色彩的冷与暖、明与暗等的对比。对比的手法是建筑群体空间构图的一个重要的和常用的手段，通过对比，可以达到突出主体建筑或使建筑群体空间富于变化，从而打破单调、沉闷和呆板的感觉。例如，长短对比（图 18-3-9）和高低对比（图 18-3-10）。

2）韵律和节奏。韵律和节奏是指同一形体有规律的重复和交替使用所产生的空间效果（图 18-3-11）。产生韵律和节奏的构成方法常用于沿街或沿河线状布置的建筑群的空间组合。运用简单的重复手段，如果处理不当会造成单调、呆板和枯燥的感觉。例如，有些住区出现一长串同一层数和同一类型住宅的山墙沿街布置，而又不加任何的局部处理。一般来说，简单重复的数量不宜太多。

3）比例和尺度。比例是指建筑物的整体或局部在其长、宽、高的尺寸、体量间的关系，以及建筑的整体与局部、局部与局部、整体与周围环境之间尺寸、体量的关系。尺度的概念则与建筑物的性质、使用对象密切相关。一个建筑应有合适的比例和尺度，同样一组建筑相互之间也应有合适的比例和尺度的关系。

在组织住宅院落空间时，就要考虑住宅高度与院落大小的比例关系和院落

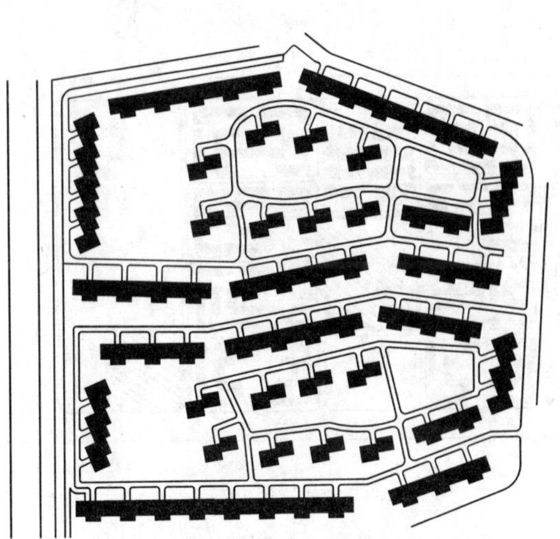

图 18-3-9　长短对比

天津经济技术开发区 4 号路居住区住宅组

资料来源：同济大学李德华．城市规划原理（第三版）．北京：中国建筑工业出版社，2001：396．

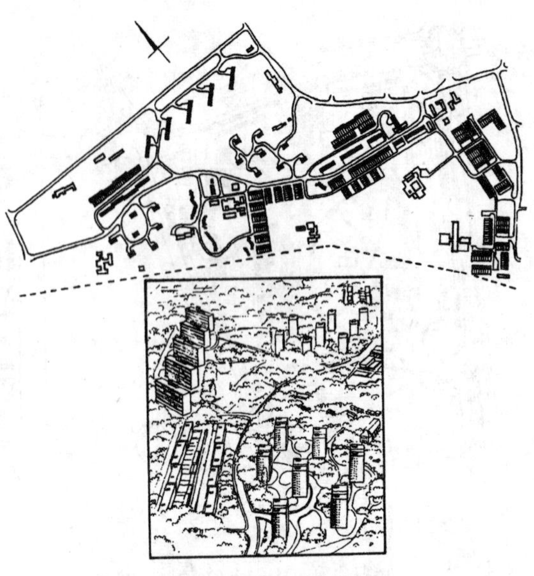

图 18-3-10　高低对比

英国伦敦罗海姆顿小区高层住宅群与低层住宅群的对比

资料来源：同济大学李德华．城市规划原理（第三版）．北京：中国建筑工业出版社，2001：397．

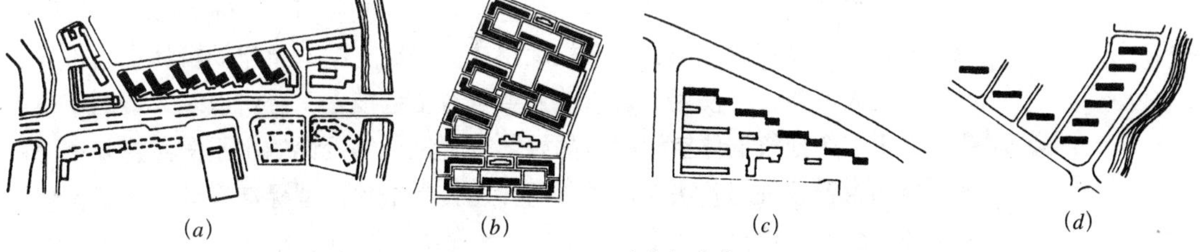

图 18-3-11　韵律与节奏

(*a*) 常州市东风北路改建规划采用 L 形住宅有规律重复布置；(*b*) 北京市夕照寺小区以住宅组有规律地重复布置；(*c*) 上海市石化总厂居住区沿公路以一长一短住宅交替布置；(*d*) 上海市曹阳一村住宅组住宅与道路不平行布置

资料来源：同济大学李德华．城市规划原理（第三版）．北京：中国建筑工业出版社，2001：399．

本身的长宽比例。一般认为建筑高度与院落进深的比例在 1 ：3 左右为宜，而院落的长宽比则不宜悬殊太大，特别应避免住宅之间的空间成为既长又窄的"一线天"，使人感到压抑、沉闷。沿街的群体组合，也应注意街道宽度与两侧建筑高度的比例关系。比例不当会使人感到空旷失落或造成狭窄的感觉。

4）色彩。建筑物色彩是空间构成的一个重要的辅助手段，起着表现形体生动美观的作用。当采用标准设计和工业化生产的大量性住宅建设情况下，色彩的运用更具有十分重要的作用。因为同样类型的住宅可以具有不同的色彩，从而为住宅建筑群组合的多样化提供更为有利的条件。住宅群体的色彩要整体考虑，色调应力求统一协调。对建筑的局部如阳台、栏杆等的色彩可作重点处理，以达到统一中有变化。建筑物的色彩往往与建筑材料密切相关，因此如何充分利用建筑材料的固有色泽，使建筑的色彩（特别是外部色彩）保持持久稳定，减少经常性的维护费用，对于大量性住宅建筑十分重要。

5）绿化。绿化作为组织建筑群体的重要物质要素，在建筑群体的空间组

合中起着联系、分隔、衬托、补充和重点美化等作用。通过运用各种树木、花卉、草地的形态和色彩与建筑、道路等有机的结合，组成生动活泼的建筑群空间。

6）道路。道路线形对建筑群体的空间组合也起着重要的作用。直线形道路两侧建筑若有规律地布置，往往给人以强烈的节奏感。而曲线形的道路则随着人们视点的不断变换，沿街景色也随之不断变化。在道路和建筑的相互关系上，应处理好直线形道路的尽端和曲线形道路转折处的空间关系。

7）建筑小品。在大量性住宅群体的空间组合中一般常用的有围墙、花架、室外座椅等，而在地形起伏的地区则还包括挡土墙、台阶等的细部处理，它对于美化住区面貌有积极的作用。

2.2.2　住宅群体组合与日照、通风和噪声的防治

（1）住宅群体争取日照和防止日晒的规划设计措施

住宅群体争取日照和减少日晒的规划设计措施主要采用建筑的不同组合方式以及利用地形、绿化等手段（图 18–3–12 ～图 18–3–16）。在山地还可利用南向坡地缩小日照间距。

图 18–3–12　上海蕃瓜弄住宅区

资料来源：同济大学李德华．城市规划原理（第三版）．北京：中国建筑工业出版社，2001：400.

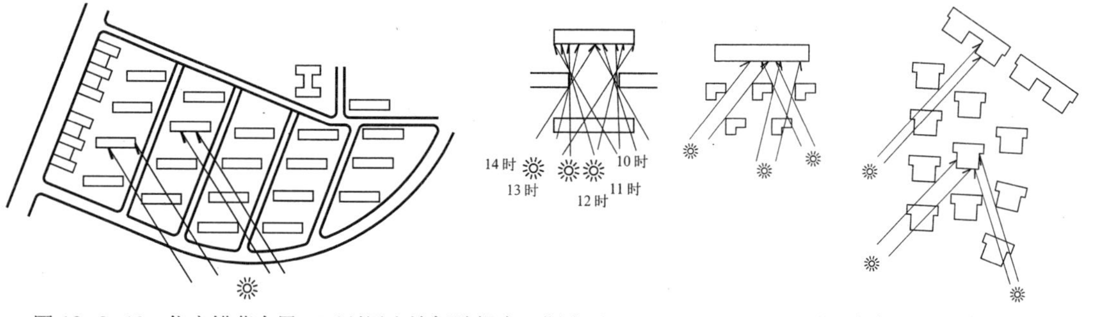

图 18–3–13　住宅错落布置，可利用山墙间隙提高日照水平

资料来源：同济大学李德华．城市规划原理（第三版）．北京：中国建筑工业出版社，2001：400.

图 18–3–14　利用点状住宅以增加日照效果，可适当缩小间距

资料来源：同济大学李德华．城市规划原理（第三版）．北京：中国建筑工业出版社，2001：401.

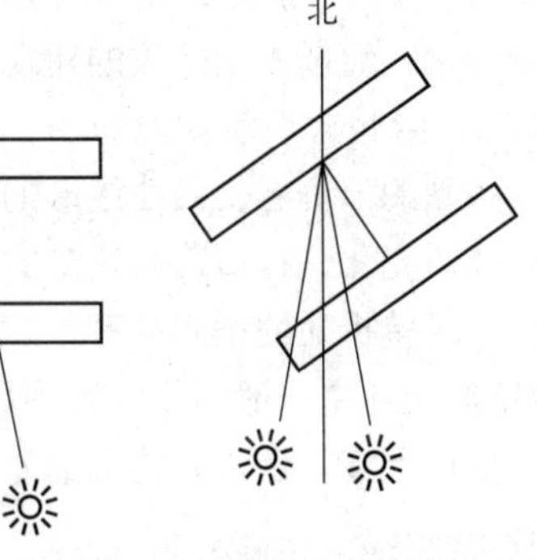

图 18-3-15 将建筑方位偏东（或偏西）布置，等于是加大了间距，增加了底层的日照时间，但阳光入室的照射面积比南向要小
资料来源：同济大学李德华．城市规划原理（第三版）．北京：中国建筑工业出版社，2001：401．

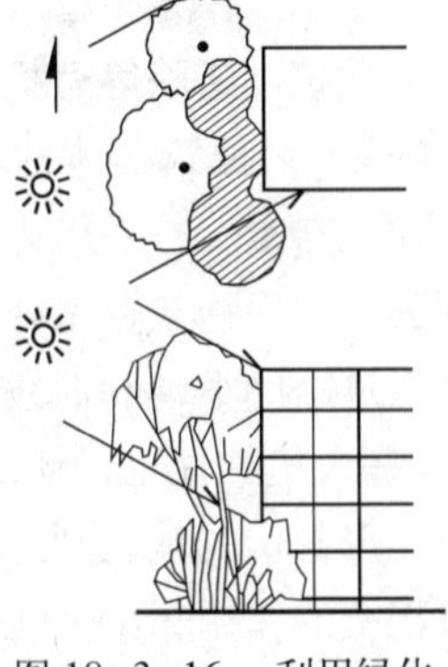
图 18-3-16 利用绿化防止西晒
资料来源：同济大学李德华．城市规划原理（第三版）．北京：中国建筑工业出版社，2001：401．

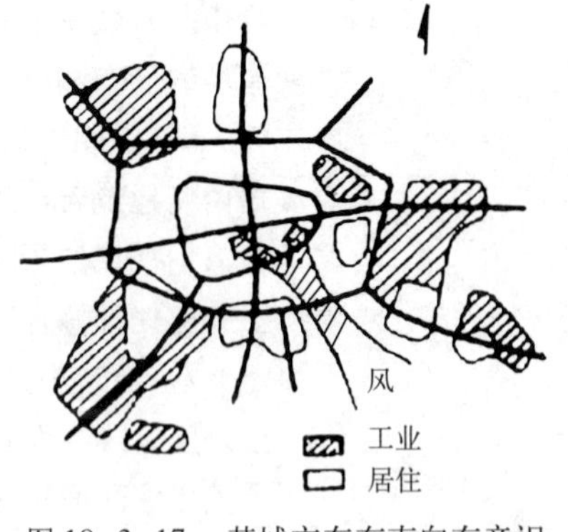

图 18-3-17 某城市在东南向有意识地留有一片菜园，形成“风道”，将风引入市区
资料来源：同济大学李德华．城市规划原理（第三版）．北京：中国建筑工业出版社，2001：402．

(2) 住宅群体提高自然通风和防风效果的规划设计措施

提高住宅群体的自然通风效果的规划设计措施主要是妥善安排城市和住区的规划布局，进行建筑群体的不同组合，充分利用地形和绿化等条件。

1）规划布局住区的位置应选择良好的地形和环境。要避免因地形等条件造成的空气滞留或风速过大。在住区内部，可通过道路、绿地、河湖水面等空间，将风引入，并使其与夏季的主导风向相一致（图 18-3-17）。

2）建筑组合采用错位相设，与风向线角度的组合形式，可以提高通风的效果。

3）利用绿化成片成丛的绿化布置可以阻挡或引导气流，改变建筑环境气流流动的状况。

成片的绿树地带，与附近的建筑地段之间，因两者升降温速度不一，可出现差不多 1m/s 的局地风或林源风。此外成片的绿化可以调节风速范围，或利用林带来阻挡强风的吹袭等（图 18-3-18）。

(3) 住宅群体噪声防治的规划设计措施

通过城市和住区总体的合理布局、建筑群体的不同组合及利用绿化和地形等条件，有利于防止噪声，并采用如限制机动车辆行驶范围、禁止鸣号等适当的防护措施来防止噪声的干扰。

1）合理布局（图 18-3-19），例如将噪声源小学和不怕吵闹的菜场等小区生活服务中心相邻布置，以减少对居住的干扰。

2）利用绿化

绿化具有良好的反射和吸收声音的作用。据测定：绿篱能反射 75% 的噪声。枝叶蓬松的树木，树叶面积与密度越大，吸声越好，如在夏季可吸声 7 ~ 9dB，在秋季落叶后还能平均降低噪声 3 ~ 4dB。当树木成群布置时，在 200 ~ 3000Hz 范围内的声音经过 30m 浓厚的乔木及灌木丛后，可减低 7dB。因此在住区或道路上充分利用绿化材料来阻隔噪声，将可以收到良好的功效（图 18-3-20）。

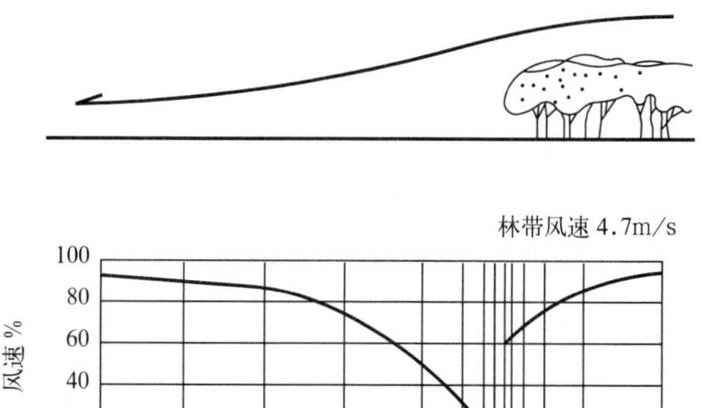

图 18-3-18 绿带防风作用可影响到树木高度的 10 ~ 20 倍，甚至 40 倍的范围

资料来源：同济大学李德华．城市规划原理（第三版）．北京：中国建筑工业出版社，2001：403.

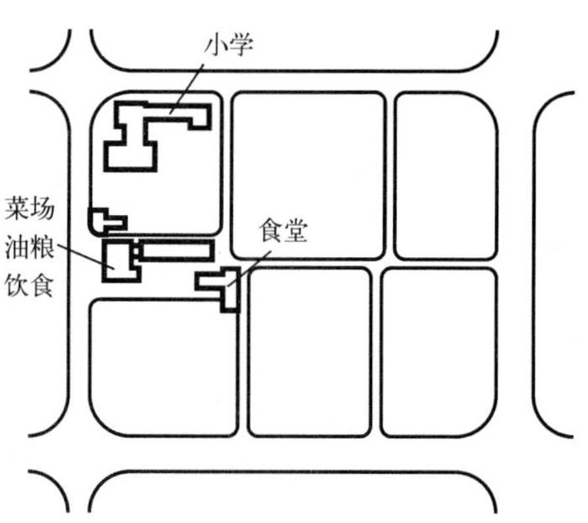

图 18-3-19 合理布局小区示例

资料来源：同济大学李德华．城市规划原理（第三版）．北京：中国建筑工业出版社，2001：403.

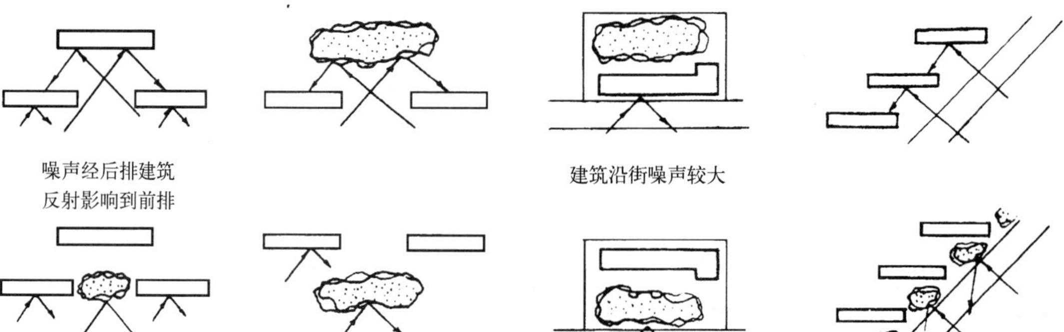

图 18-3-20 利用绿化隔声

资料来源：同济大学李德华．城市规划原理（第三版）．北京：中国建筑工业出版社，2001：405.

3）利用地形

图 18-3-21 是利用地形来防止噪声。

4）利用人工障壁

一般采用吸声或隔声效果较好的材料来做隔声障壁。在一些城市中的高架道路两侧，为了隔离交通噪声，采用轻质的防噪声墙。为了获得较好的降低噪声效果，在很多情况下，往往综合运用多种防治措施。例如采用密植乔灌木绿化带和隔声高围墙等结合的方法。

2.2.3 住宅群体组合与节约用地

通过住区建筑群体的规划布置来提高节约用地的效果，但应当避免不顾使用要求而片面追求节约用地的倾向。

(1) 住宅底层布置公共服务设施

公共服务设施布置在住宅底层可减少住区公共建筑的用地。宜布置在住宅底层的公共服务设施主要是一些对住户干扰不大、且本身对用房和用地无特殊要求的公共服务设施，如小百货商店、居委会等。在一些用地特别紧张

的城市或地段，有时也在住宅底层布置一些需要室外用地或比较吵闹的公共服务设施，如幼托、菜场等，但避免布置干扰较大的娱乐性和餐饮性设施。

(2) 住宅与公共建筑组合（图 18–3–22）

1）利用南北向住宅沿街

山墙一侧的用地布置低层公共服务设施。这种布置方式既保证了住宅的良好朝向，又丰富了城市沿街面貌。其基本的组合方式大致有以下几种：

2）在住宅间距内插建低层公共建筑

3）空间的借用

如住宅北邻或西邻道路、绿地、河流等空间，可以适当提高层数，以达到在不增加用地和在不影响使用的情况下，提高建筑面积密度，但应注意与群体的统一协调（图 18–3–23）。

4）少量住宅东西向布置

少量住宅东西向布置有利于组织院落，布置室外活动场地和小块绿地。东西向布置的住宅类型应与南北向住宅有所区别。在南方地区应考虑防止西晒（图 18–3–24）。

5）高低层住宅混合布置，不仅是提高建筑面积密度的途径之一，而且对于丰富群体面貌有显著的效果（图 18–3–25）。

6）利用地下空间和采用高架平台（图 18–3–26）

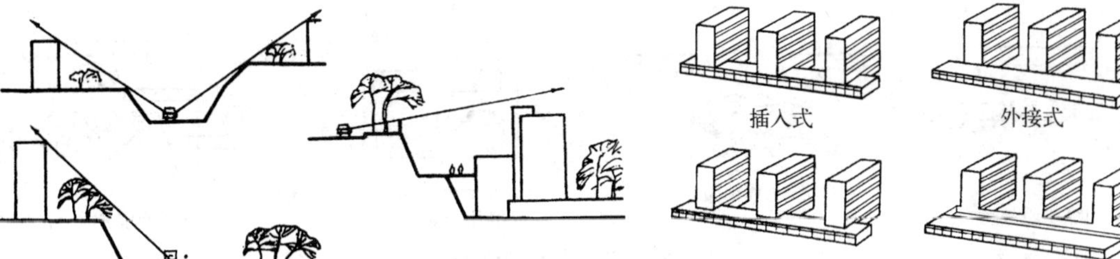

图 18–3–21　利用地形隔声

资料来源：同济大学李德华．城市规划原理（第三版）．北京：中国建筑工业出版社，2001：405．

图 18–3–22　住宅与公共建筑组合方式

资料来源：同济大学李德华．城市规划原理（第三版）．北京：中国建筑工业出版社，2001：407．

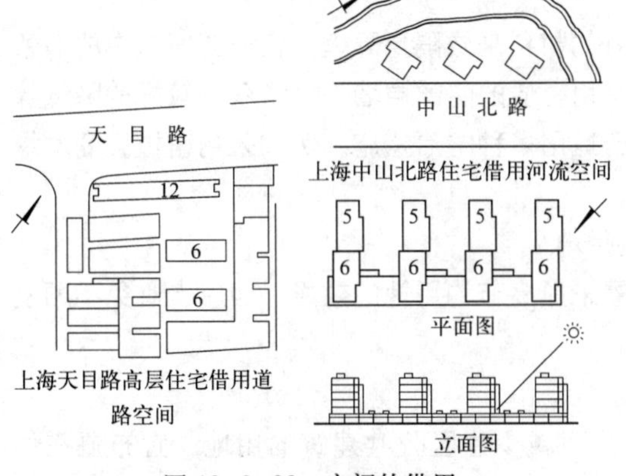

图 18–3–23　空间的借用

资料来源：同济大学李德华．城市规划原理（第三版）．北京：中国建筑工业出版社，2001：408．

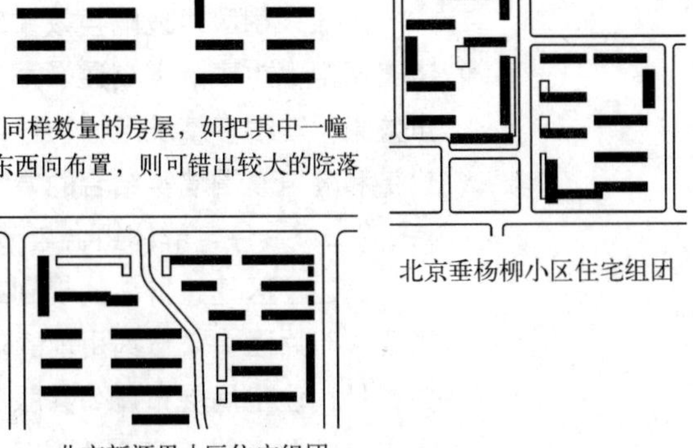

图 18–3–24　少量住宅东西向布置

资料来源：同济大学李德华．城市规划原理（第三版）．北京：中国建筑工业出版社，2001：409．

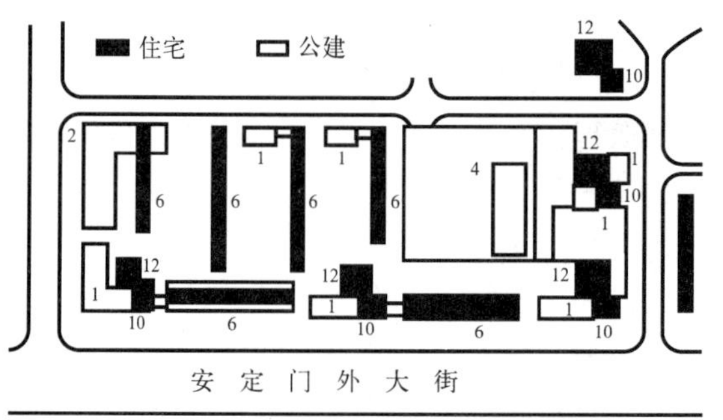

图 18-3-25　北京青年湖小区住宅组团

资料来源：同济大学李德华．城市规划原理（第三版）．北京：中国建筑工业出版社，2001：409．

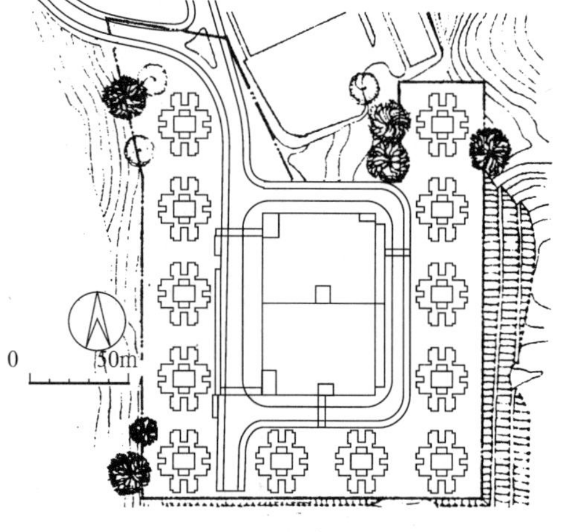

图 18-3-26　利用地下空间和高架平台

资料来源：同济大学李德华．城市规划原理（第三版）．北京：中国建筑工业出版社，2001：410．

3　住区公共服务设施及其用地的规划布置

3.1　住区公共服务设施配置的目的和意义

3.1.1　目的与意义

住区公共服务设施是满足居民基本的物质和精神生活方面的需要，主要为本区居民服务，其总体水平综合反映了居民对物质生活的客观需求和精神生活的追求，也体现了社会对人的关怀程度，是城乡生活文明程度的反映。

3.1.2　住区公共服务设施内容的变化

随着人民生活水平的提高，城乡居民的消费观念逐渐转变，生活方式不断发生变化。住区公共服务设施的内容与项目的设置，取决于居民的消费水平和消费结构、各地的生活习惯、住区周围的公共服务设施的完善程度以及人们社会生活组织的变化等因素。例如，我国在 1964 年制定的住区公共服务设施定额指标的项目有 40 项，1980 年制定的公共服务设施指标的项目达 66 项，1993 年制定的新的指标的项目又增加到 72 项，而在 2002 年修订的《城市居住区规划设计规范》（GB 50180—93）中公共服务设施指标的项目列为 50 项。

人们在日常消费活动中的价值取向日趋多元化和高质化，家务劳动的日益社会化，人口的老龄化，居民闲暇时间增多，旅游、健身、文化娱乐越来越成为生活中不可缺少的部分，新的变化和需求对住区公共服务设施的配置产生影响。

3.1.3　住区公共服务设施与城市的联系

住区公共服务设施的布局应能保证合理的服务范围。有些设施与周边其他城市住区具有一定的联系，具有一定的共享性，应根据住区的所在区位对公共服务设施的服务半径和对象做具体分析。住区应该位于城镇公共设施和基础设施完善的地区，以及能够通过有效新建或者扩建现有设施提升对居民的服务水平，保证更多居民能够公平地享有宜人的环境、服务、购物和就业机会。

3.2　住区公共服务设施的分类和内容

住区内的公共服务设施一般根据使用性质、居民对其使用的频繁程度和营利性质进行分类。

3.2.1　按公共服务设施的使用性质分类

住区公共服务设施，也称配套公建，包括以下八类设施。公共服务设施的配置应符合《城市居住区规划设计规范》（GB 50180—93，2002 年版）中“公共服务设施分级配建表”的要求。

（1）教育——包括托儿所、幼儿园、小学、中学等；

（2）医疗卫生——包括医院、诊所、卫生站等；

（3）文化体育——包括影剧院、俱乐部、图书馆、游泳池、体育场、青少年活动站、老年人活动室、会所等；

（4）商业服务——包括食品、菜场、服装、棉布、鞋帽、家具、五金、交电、眼镜、钟表、书店、药房、饮食店、食堂、理发、浴室、照相、洗染、缝纫、综合修理、服务站、集贸市场、摩托车、小汽车、自行车存放处等；

（5）金融邮电——包括银行、储蓄所、邮电局、邮政所、证券交易所等；

（6）社区服务——居民委员会、派出所、物业管理等社区生活服务设施；

（7）市政公用——包括公共厕所、变电所、消防站、垃圾站、水泵房、煤气调压站等；

（8）行政管理——包括商业管理、街道办事处等行政管理类机构；

3.2.2　按居民对公共服务设施的使用频繁程度分类

（1）居民每日或经常使用的公共服务设施；

（2）居民必要的非经常使用的公共服务设施。

3.2.3　按营利与非营利性分类

在当前社会主义市场经济的体制下，住区公共服务设施又可分为营利性和非营利性两大类。

3.3　公共服务设施指标的制定和计算方法

住区公共服务设施定额指标一般由国家统一制定。有条件的省、市可根据国家的标准制定适合本省、市的定额指标。合理地确定住区公共服务设施指标不仅有关居民的生活，而且涉及投资和城市土地的合理使用。影响住区公共服务设施指标的因素较多，如当前国家的经济水平和居民的经济收入，建造地段原有公共服务设施的可利用程度，或附近农村的实际需要，人口结构以及公共服务设施本身的合理规模效益等。例如，确定幼托设施的指标时，不仅要考虑适龄儿童的比例，还要预计到今后的出生率、入托和入幼率的变化幅度等。公共服务设施指标的制定是一项较复杂和细微的工作，是一项涉及面很广的城市建设的技术政策。只有通过对各行各业的大量调查研究和预测，并不断地总结经验，才能制定出符合一定时期国家经济和人民生活水平的住区公共服务设施的指标体系。

住区公共服务设施定额指标包括建筑面积和用地面积两个方面。其计算方法有“千人指标”、“千户指标”和“民用建筑综合指标”等。我国沿用的以“千人指标”为主。“千人指标”，即每千居民拥有的各项公共服务设施的建筑面积和用地面积。

3.4　公共服务设施的规划布置

3.4.1　规划布置的要求和方式

公共服务设施的规划布置应按照分级（主要根据居民对公共服务设施使用

的频繁程度)、对口(指人口规模)、配套(成套配置)和集中与分散相结合的原则进行,一般与住区的规划结构相适应。

(1) 规划布置的基本要求

1) 便于居民使用。各级公共服务设施应有合理的服务半径,一般为:

居住区级　　800 ～ 1000m;

居住小区级　400 ～ 500m;

居住组团级　150 ～ 200m。

2) 应设在交通比较方便人流比较集中的地段,并要考虑居民上下班的走向。

3) 独立的工矿和科研基地的住区或乡村住区,则应在考虑公共服务设施为附近地区和农村使用方便的同时,还要保持住区内部的安静。

4) 各级公共服务中心宜与相应的公共绿地相邻布置,或靠近河湖水面等一些能较好体现城市建筑面貌的地段。

(2) 规划布置的方式

住区公共服务设施规划布置的方式一般以居住人口规模大小分级布置。

1) 第一级(居住区级):公共服务设施项目主要包括一些专业性的商业服务设施和影剧院、俱乐部、图书馆、医院、街道办事处、派出所、房管所、邮电、银行等为全区居民服务的机构。

2) 第二级(居住小区级):内容主要包括菜站、综合商店、小吃店、物业管理、会所、幼托、中小学等。

3) 第三级(居住组团级):内容主要包括居委会、青少年活动室、老年活动室、服务站、小商店等。

第二级和第三级的公共服务设施都是居民日常必需的,通称为基层公共服务设施,这些公共服务设施可以分成二级,也可不分(图 18–3–27、图 18–3–28)。

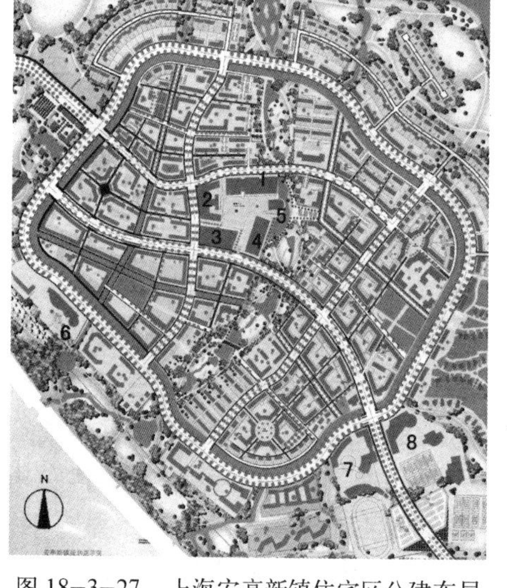

图 18–3–27　上海安亭新镇住宅区公建布局

1—商业中心;2—宾馆酒店;3—超市;4—影视中心;5—教堂;6—医院;7—学校;8—体育馆

资料来源:徐洁、费淳璐、支文军.解读安亭新镇.上海:同济大学出版社.2004:6.

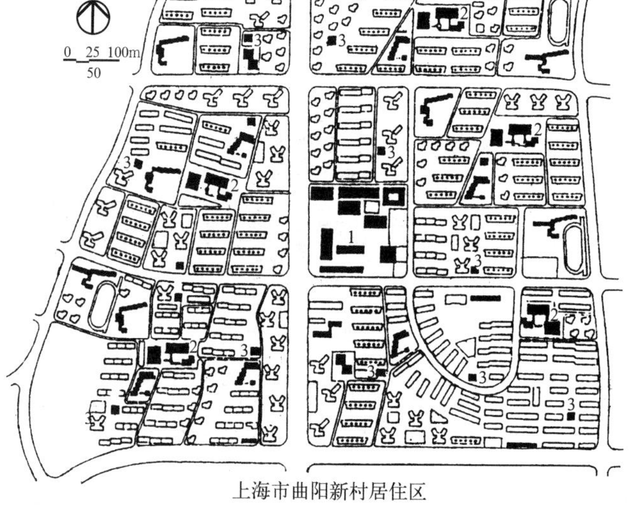

上海市曲阳新村居住区

图 18–3–28　三级布置

资料来源:同济大学李德华.城市规划原理(第三版).北京:中国建筑工业出版社,2001:413.

3.4.2 居住区级公共服务设施的规划布置

(1) 居住区中心的意义

居住区级公共服务设施，一般宜相对集中布置，以形成住区中心，这是形成社区场所感的重要领域。通过这一中心的规划建设，促进社区场所感的创造，提高居民的社区认同感、归属感和自豪感。它不仅为社区居民提供日常生活所需要的各种设施，而且也为居民提供社区交往、休闲娱乐等方面的心理需要。它是社区文化的“厅堂”，是社区文化集中展示的舞台，具有独特的社区可识别性和地方文化。因此，居住区中心的规划设计对社区场所感的创造具有重要的意义。

上海石化总厂居住区中心平面图

上海天山新村居住区中心平面图

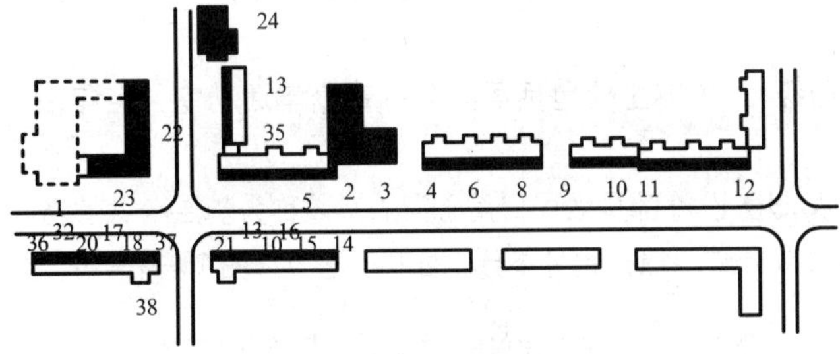

上海闵行居住区中心平面图

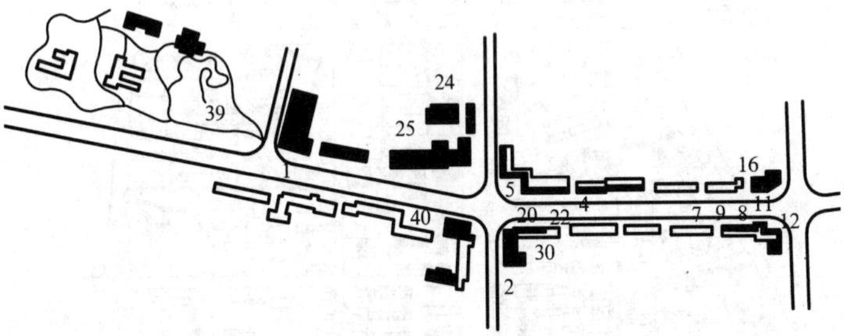

图 18-3-29

1—影剧院；2—饭店；3—小剧场；4—食品店；5—百货店；6—布店；7—鞋帽店；8—服装店；9—照相馆；10—美发中心；11—钟表店；12—五金、交电店；13—银行；14—洗染店；15—药店；16—邮电所；17—陶瓷杂品质；18—书店；19—点心店；20—熟食店；21—油酱店；22—水果店；23—综合服务；24—浴室；25—旅店；26—家具店；27—饮食店；28—玻璃仪器店；29—书店仓库；30—冷饮店；31—糕点店；32—烟糖杂货店；33—清真食品店；34—司机休息处；35—粮店；36—杂货店；37—手工业品店；38—公共厕所；39—公园；40—妇女用品商店

资料来源：同济大学李德华. 城市规划原理（第三版）. 北京：中国建筑工业出版社，2001：417.

(2) 居住区文化类服务设施的布置

应以城市总体规划为依据，并考虑居住区不同的类型和所处的地位。根据国内外居住区规划和建设的实践，居住区文化类服务设施的布置方式大致有以下三种。

1) 沿街线状布置（图 18-3-29）

这种布置方式应根据道路的性质和走向等综合考虑。在交通过于繁忙的城市交通干线上一般不宜布置。在沿城市主要道路或居住区主要道路布置时，如交通量不大，可沿道路两侧布置；当交通量较多时，则宜布置在道路一侧，以减少人流和车流的相互干扰。道路的走向也影响建筑的布置，如当道路为南北走向时，往往产生建筑朝向与沿街面貌要求之间的矛盾。一般应在保证住宅有良好朝向的前提下考虑沿街建筑群体的艺术要求。当公共建筑布置在道路交叉口时，应注意人流和车流的合理组织，一般不宜把有大量人流的公共服务设施布置在交通量大的交叉口。可布置一些吸引人流较少的公共服务设施，并将建筑适当后退，留出小广场，以作人流集散的缓冲。

沿街线状布置公共服务设施，应根据其功能要求和行业特点相对成组集中布置。对一些吸引人流较多且时间集中的项目，如酒店、影剧院等，必须保证有足够供人流集散用的人行道宽度和车辆存放的场地。沿街线状布置公共服务设施时，车行道与人行道最好用绿带分隔，以保证行人的安全，并减少灰尘和汽车噪声的干扰。为了充分保证居民的安全和创造一个富于生活气息的居住区中心，宜采用步行街的形式（图18–3–30）。

2）独立地段成片集中布置（图18–3–31）

独立地段成片集中布置公共服务设施时，也应根据各类服务设施的功能要求和行业特点成组结合，分块布置，在建筑群体的艺术处理上既要考虑沿街立面的要求，又要注意内部空间的组合以及合理地组织人流和货流的线路。

3）沿街和成片集中相结合的布置方式（图18–3–32）

以上三种布置方式各有特点，沿街带状布置是我国传统的布置方式，对改变城市面貌容易取得显著的效果，特别是采用沿街住宅底层商店的方式比较节约用地，但在使用和经营管理方面不如成片集中的布置方式有利。独立地段成片集中布置的形式对改变城市面貌方面可能不如沿街带形布置效果大，且用地也可能多一些，但由于在独立地段建造，因此有可能充分满足各类公共服务设施布置的功能要求，且居民使用和经营管理方便，在大城市交通比较繁忙的情况下，易于组成完整的步行文化商业区。沿街和成片集中相结合的布置方式，则有可能吸取前两种方式的优点。在具体进行规划设计时究竟采用何种布置形式，应根据当地居民的生活习惯、气候条件、建设规模，特别是用地的紧张程度及现状条件等综合考虑。

居住区中心除了考虑平面的规划布置外，还应考虑空间的规划布局。为了充分利用地形、提高城市用地的利用效益以及更紧凑合理地组织交通，居住区中心可分层立体布置。

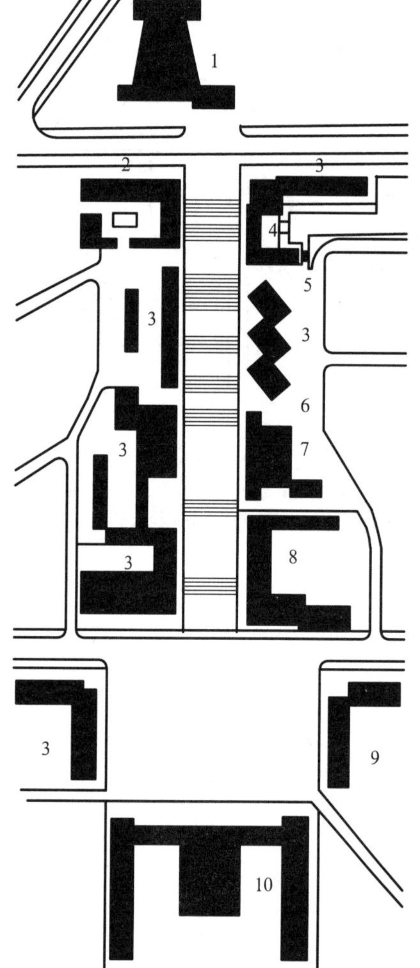

图18–3–30　四川渡口一条步行街
1—市民广场；2—商店；3—步行街；4—停车场；5—市场；6—车库、商铺；7—酒店；8—锅炉房；9—钟塔；10—邮局
资料来源：同济大学李德华. 城市规划原理（第三版）. 北京：中国建筑工业出版社，2001：417.

（3）居住区商业服务类设施的布置方式

在居住区各类公共服务设施中，商业服务设施占有相当的数量，且内容丰富，项目众多。商业服务设施的基本布置方式有两种：一是设在住宅或其他建筑的底层，二是独立设置。

1）住宅底层商业服务设施

住宅底层设置商业服务设施是我国比较常见的布置方式，特别在旧城中大都采用这种方式。由于城市用地日益紧张，为了节约城市用地，住宅底层商店得到广泛的采用。根据调查，住宅底层设置商业服务业设施也存在以下一些问题，如公共服务设施的平面布置受住宅开间、进深、楼梯位置、结构形式等方面的限制，而某些公共建筑经营项目的噪声、气味、烟尘等与居住产生一定的矛盾。因此，在住宅底层布置商业服务设施时，应根据各类商业服务设施的不

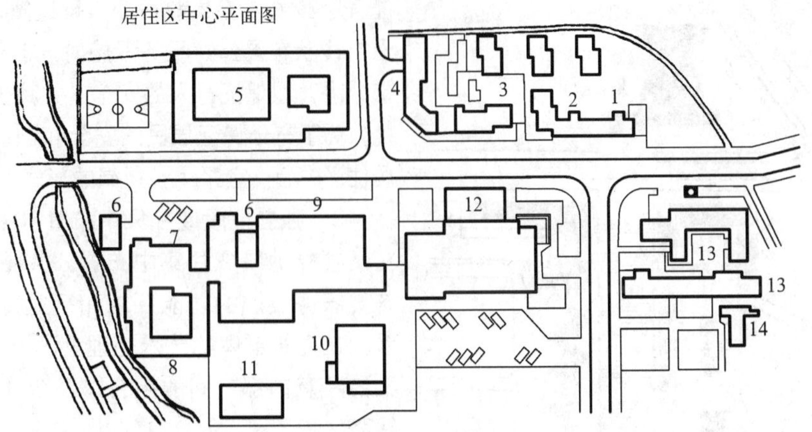

图 18-3-31 上海曹杨新村居住区中心

1—街道委员会；2—派出所；3—人民银行；4—邮电支局；5—文化馆；6—商店；7—饮食店；8—厨房；9—综合商店；10—浴室；11—商业仓库；12—影剧院；13—街道医院；14—接待室

资料来源：同济大学李德华．城市规划原理（第三版）．北京：中国建筑工业出版社，2001：418．

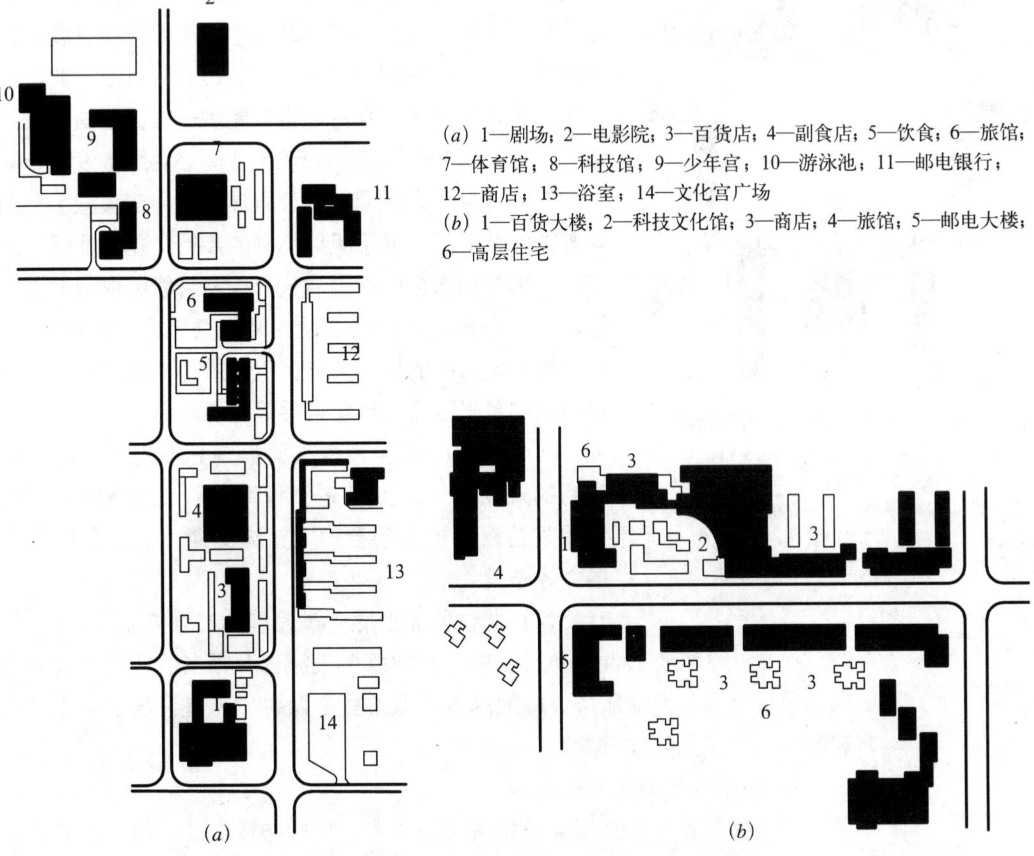

（*a*）1—剧场；2—电影院；3—百货店；4—副食店；5—饮食；6—旅馆；7—体育馆；8—科技馆；9—少年宫；10—游泳池；11—邮电银行；12—商店；13—浴室；14—文化宫广场

（*b*）1—百货大楼；2—科技文化馆；3—商店；4—旅馆；5—邮电大楼；6—高层住宅

图 18-3-32 沿街和成片集中相结合的布置方式

资料来源：同济大学李德华．城市规划原理（第三版）．北京：中国建筑工业出版社，2001：419．

同特点，采取必要的措施，加以妥善解决。有些运输比较繁忙，噪声、气味、烟尘等较大的项目，如饭店、浴室等则不宜布置在住宅底层。表 18-3-2 为住宅底层对商店服务行业的适应性。

住宅底层商店待业适应情况　　表 18-3-2

商店行业	百货	食品	饮食	小吃	理发	邮电银行	家杂用品	综合修配	五金交电	照相	中西药	洗衣	成衣	家具	花席	菜场	油粮	熟食
适应性	○	○	×	△	○	○	○	△	○	○	△	△	○	○	○	×	○	○

注：○适应性良好；△适应性勉强；× 适应性差。

资料来源：同济大学李德华．城市规划原理（第三版）．北京：中国建筑工业出版社，2001：420.

此外，根据对一些受地震影响的城市的调查，住宅底层商店由于底层空间较大，受到破坏的情况比较严重，因此在地震区采用住宅底层商店时必须加强防震的措施。

2）独立设置的商业服务设施

独立设置的商业服务设施可分为综合商场（或超市）和联合商场两类。它们可以布置在同一幢空间较大的建筑内，也可以由几幢建筑结合周围环境加以组合。这种类形在用地上都比住宅底层商店多；优点是平面布置灵活，且能统一柱网，简化结构，有利于建筑的定型化、工业化。这种布置方式由于集中紧凑，便于居民使用。

(4) 社区医疗服务中心

社区医疗服务中心是较大规模住区公共服务设施的重要内容之一。由于本身功能的要求，医院宜布置在比较安静和交通比较方便的地段，以便居民使用和避免救护车对居住区不必要的穿越干扰。居住区应建立住区公共卫生体系，设卫生服务中心，并纳入所在地区公共健康建设与发展规划，其位置应具有较好的可达性。

3.4.3 基层公共服务设施及其用地的规划布置

基层公共服务设施是居民日常必需使用的，须布置在步行能安全、方便到达的范围内。其服务半径，不应超过 400 ~ 500m，其中有些项目的服务范围还应小些。基层公共服务设施又可分为居住小区级和居住组团级两级。

(1) 居住小区级公共服务设施及其用地的规划布置

1）基本要求

居住小区级公共服务设施分为商业服务业设施和儿童教育设施两类。为了便于居民的使用，往往将居住小区级公共服务设施的商业服务设施相对集中布置，以形成居住小区的生活服务中心。其位置应根据住区总的公共服务设施分布系统来考虑，一般可布置在小区的中心地段或小区的主要出入口。其建筑的规划布置，可设在住宅底层，或独立地段联合设置（图 18-3-33）。

0 20 40 60m

小区中心位置图

0 5 10 15 20m

小区中心平面图

图 18-3-33

1—菜场；2—公共厕所；3—油粮店；4—综合商店；5—饭店；6—服务站；7—熟食店

资料来源：同济大学李德华．城市规划原理（第三版）．北京：中国建筑工业出版社，2001：424.

2）中小学的规划布置（图 18–3–34）

中小学是居住小区级公共服务设施中占地面积和建筑面积最大的项目，直接影响居住小区和居住区的规划布局。它们的规划布置一般在居住区和居住小区的规划结构中就应加以考虑。中小学由于占地大、建筑密度低，常作为住宅组群之间空间分隔的主要手段。中小学的规划布置应保证学生（特别是小学生）能就近上学，一般小学的服务半径为 500m 左右，中学为 1000m 左右。学生上学（特别是小学生）不应穿越铁路干线、厂矿生产区、城市交通干道、市中心等人多车杂的地段。中小学的布置一般应设在居住区或小区的边缘，沿次要道路比较僻静的地段，不宜在交通频繁的城市干道或铁路干线附近布置，以免噪声干扰；但同时也应注意学校本身对居民的干扰，应与住宅保持一定的距离，可与其他一些不怕吵闹的公共服务设施相邻布置。此外，中小学都有较大的体育活动场地和室内健身用房，如能

布置方式	实例	
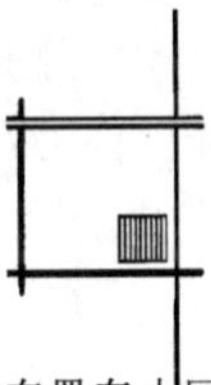 布置在小区一角，服务半径较大，但对居民的干扰少	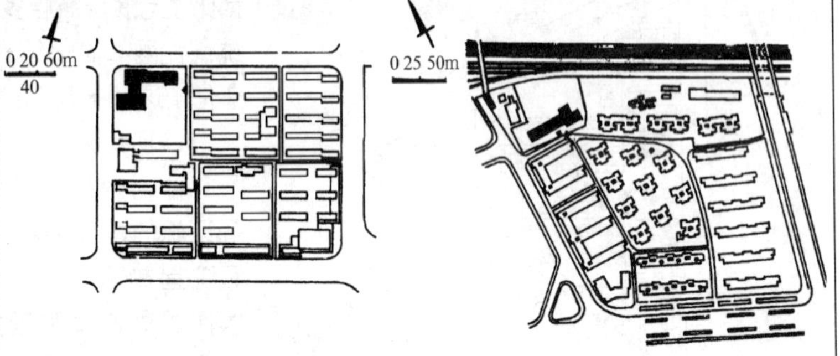 0 20 60m 40	0 25 50m
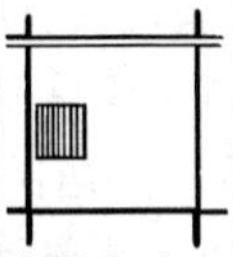 布置在小区一侧，既照顾服务半径，又减少对居民的干扰	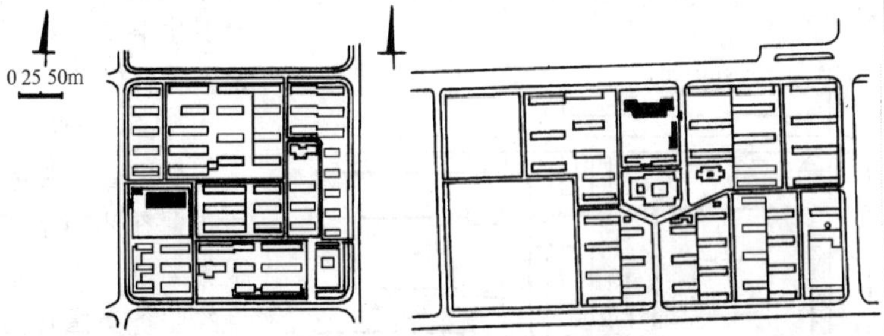 0 25 50m	
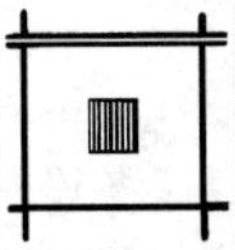 布置在小区中心，服务半径最小，但对居民的干扰较大	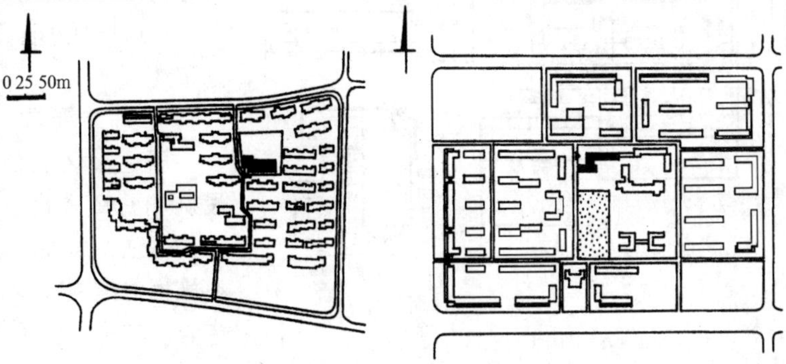 0 25 50m	

图 18–3–34　小学规划布置

资料来源：同济大学李德华．城市规划原理（第三版）．北京：中国建筑工业出版社，2001：425．

在双休日和夜间向本区居民开放，在规划设计时要考虑方便使用与管理。

学校的总平面布置应尽可能使教学楼接近出入口，并保证教室和操场均有良好的朝向，操场用地要有规则。

学校建筑的层数，应以室内外活动的要求、用地的条件、建筑技术经济和相关的国家建设标准而定。大城市由于用地紧张可适当高一些，中小城市可低一些。同时，应充分重视建筑和场地的抗震防灾要求，可能的条件下提高校舍建筑的抗震设防等级。

(2) 居住组团级公共服务设施的规划布置

居住组团相当于一个居民委员会的规模。这一级的公共服务设施一般包括居委会、老年活动室、青少年活动室（包括图书室）、车辆存放处、服务站卫生站、小商店等。这些设施宜相对集中布置，有些可设在住宅底层，也可将它们独立设置。

1）幼托的规划布置（图 18–3–35）

幼托是居住组团级公共服务设施中占地最大的项目，因此也影响居住小区的规划布局。幼托应布置在环境安静、接送方便的单独地段上。

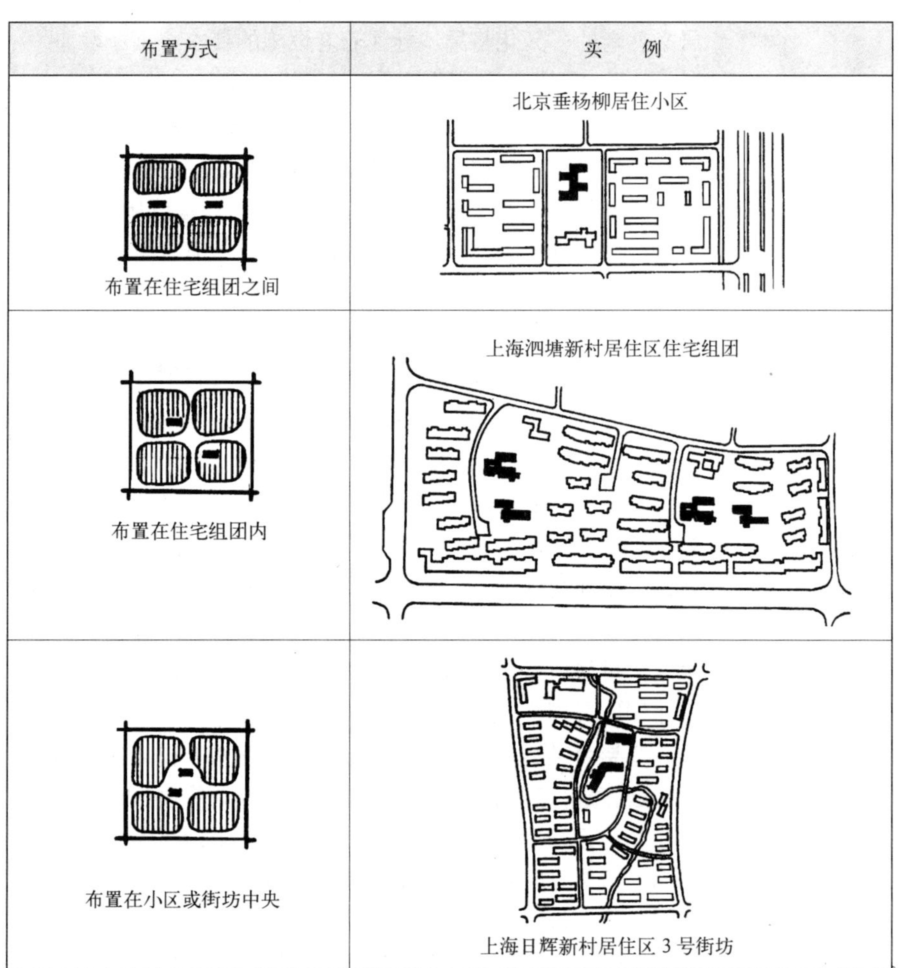

图 18–3–35　幼托规划布置

资料来源：同济大学李德华．城市规划原理（第三版）．北京：中国建筑工业出版社，2001：426.

幼托的总平面布置要保证活动室和室外活动场地有良好的朝向，室外要有一定面积的硬地和活动器械等，以供儿童室外活动。其建筑层数以一二层为宜，在用地较紧张情况下也可考虑局部为3层。

幼托应独立设置，如用地特别紧张必需设在住宅底层时，须将幼托入口与住宅入口分开。另外，在建筑单体设计上还要采取相应措施，如隔声、加设雨篷等，以尽量减少上层住户和幼托之间的相互干扰。幼儿园、托儿所可分开或联合设置，一般以联合设置为好，有利于节约用地。有的由于管理体制上的问题而将幼托分开设置。

2）小商店的规划布置

小商店小型超市的特点是面积小，品种多，布点灵活，面广，服务时间长，深受群众欢迎。在旧市区，这类小商店比较普遍，一般都设在路口，服务半径短（100～150m），使用方便。小商店还可和居住组团级其他设施联合布置。

（3）其他设施

加强住区老年服务设施规划建设，鼓励社会团体创办养老设施。我国一些城市已经进入老龄化社会。各种类型的福利院需求增加，将形成城市、社区和居家养老的多元化格局，社区养老设施的要求将不断增加。

3.5　居住区公共服务设施的建设步骤

3.5.1　居住区级公共服务设施的建设步骤

居住区级公共服务设施的建设，应与住宅建设的步骤一致。首先配置基层公共服务设施，待到一定的人口规模时，再建造居住区级的公共建筑。此外，其建设应根据居住区的建设速度来定。一般有以下两种方式：

（1）按规划预留用地，分期建造，逐步实现。对于建设期限较长的居住区可采用这种方式。

（2）按规划预留用地，待到一定人口规模时，一次基本建成。这种方式适用于居住区建设期限较短的情况。

3.5.2　基层公共服务设施配置的基本要求和步骤

基层公共服务设施是和居民日常生活最密切相关的一些公共服务设施。如果缺少就会造成居民生活的不方便，因此配置一定要齐全。但由于住宅建设量、建设速度和所处地段的不同，在配置步骤和要求上要有所区别。建设量大而快的，可在住宅建设的同时按规划一次建成。建设量小，而在短期内又不扩建的地区，可采取各项内容暂时合并，借用住宅的办法进行过渡，但公共服务设施的比例则要相应予以提高。

基层公共服务设施的配置，首先要考虑方便居民的生活，另外也要考虑经营管理合理，节约投资和用地等，并适当为今后生活逐步提高留有余地。

如附近原有设施可利用时，基层公共服务设施的面积或项目可相应减少，如地处偏僻且要兼为附近地区和农村服务时，基层公共服务设施的面积应适当增加，内容也可扩大升级。

3.6　住区公共服务设施配置的新要求

3.6.1　公益性与营利性服务设施的需求变化

住区公益性公共服务设施的需求趋势不断增加。在公益性设施中，教育设施的需求以提升质量为主，老人设施和社区文化设施的需求将会越来越多元。市场经济体制下，在营利性公共设施中，服务型商业设施的需求趋势将会强于零售型商业设施，并出现了休闲服务和信息服务等新的需求类型。

3.6.2 空间配置的市场化导向

公共服务设施空间配置的特点也随着市场经济而发生结构性的变化。作为形成住区物质空间结构重要特征的社区中心，通常的做法是将公共服务设施配置在居住地的几何中心位置，以强化服务半径的需要和社区中心场所居民交往的需要。然而，随着市场经济效益的原则，布置的结构发生了变化。开发商要把最具市场潜力的区位租售给能够支付最高地价的商业用途，商家们则要竞争能够吸引最多顾客的"市口"才能获得最大利润。商业服务中心集中于外向式空间布局，既可以满足小区内部的居民需求，又能够吸引更多的过路顾客。

3.6.3 土地复合利用

合理利用住区内的公共设施资源和土地资源，充分利用时间差，提高住区公共设施和土地资源的利用率。例如，企业单位的场地空间在非生产时间向居民开放，学校的教室向社区开放办夜校和寒暑假班，学校的操场在课余时间和休假日向社区居民开放，学校操场可以尝试对临近住区的停车需求进行地下空间开发利用的研究，以缓解停车压力。

3.7 住区就业设施的规划布置

住区产业的就业人员主要来自本居住区的居民，因此居民上下班方便（一般步行可以到达），且能减轻城市道路交通的压力。一些适合住区环境的无污染无干扰的企业、新兴的信息科技和创意产业或围绕家务劳动社会化的企业设在住区内，增加了住区居民就业的多元化选择机会。

3.7.1 居住区工业的性质和内容

居住区工业应是无污染，无噪声，占地较小，运输量不大的无害工业或现代科技类企业，一般应以为人民生活服务的项目为主，参加居住区工业生产的人员，以在本居住区的居民为宜。

3.7.2 住区产业的分布和布置方式

(1) 住区产业分布方式

住区产业根据生产的特点和内容可采取集中与分散相结合的分布方式。如一些只限于手工操作，不需固定生产设备的产品，像编织包袋、刺绣等，可分散加工；而需要有一定生产设备，或加工过程有若干连续工序的产品，则应集中生产。住区产业一般分为街道（居住区）和居民委员会（居住小区）两级分布，即大一些的居住区工业由街道统一直接管理，小一些的加工组由 1 ～ 2 个居委会设一个。

(2) 住区产业的布置方式

住区产业如规模较大，设备大而多，且要有一定的建筑空间，或是生产过程对居民生活有一定干扰的厂房，一般宜在单独的地段上布置。位置的选择，应注意消除对居民的干扰，尽量利用居住区的边缘和零星地段。或者与其他生产服务设施结合，组成综合楼的形式，也可利用新建住宅底层作为产业用房，但必须是无干扰性的项目类型。

住区产业是住区规划设计中有待进一步实践和研究的新问题，市场经济体制下土地混合与复合使用，信息科技发展和创意产业的兴起，家务劳动社会化的推进，使得居住和产业多元功能的共存成为可能。

4 住区道路和交通的规划布置

住区道路是城市道路的延续，是居住空间和环境的一部分。车行道、人行道和自行车道应该紧密联系、形成网络。它既是交通空间，又是生活空间。住区道路可以营造社区的氛围，使之成为公共环境的核心，机动车道、路边停车带、人行道、自行车道，提供了居民交往与游戏场所等社会活动空间，为人车提供了多用途的公共空间。住区道路作为公共开放空间的一部分，是住区环境设计的重要组成。

住区体系应该与多元化的交通系统相整合，不仅要关注机动车的便捷与可达要求，还要尊重居民使用步行、自行车和公共交通工具等交通方式的意愿，满足居民出行便利性要求。

4.1 居住区道路的功能和分级

4.1.1 按照功能要求划分

（1）住区日常生活方面的交通活动，是主要的，也是大量的。我国目前以步行、自行车交通、私家小汽车为主；在一些规模较大的居住区内，还会通行公共汽车，还要考虑通行出租车、私人摩托车的问题。

（2）通行清除垃圾、递送邮件等市政公用车辆。

（3）住区内公共服务设施和工厂的货运车辆通行。

（4）满足铺设各种工程管线的需要。

（5）道路的走向和线形是组织居住区建筑群体景观的重要手段，也是居民相互交往的重要场所（特别是一些以步行为主的道路）。

除了以上一些日常的功能要求外，还要考虑一些特殊情况，如供救护、消防和搬运家具等车辆的通行。

4.1.2 住区道路分级

（1）第一级 居住区级道路——居住区的主要道路，用以解决居住区内外交通的联系。道路红线宽度不宜小于 20m。

（2）第二级 居住小区级道路——居住区的次要道路，用以解决居住区内部的交通联系。路面宽 6 ~ 9m，建筑控制线之间的宽度，需敷设供热管线的不宜小于 14m；无供热管线的不宜小于 10m；

（3）第三级 组团级道路——居住区内的支路，用以解决住宅组群的内外交通联系。路面宽 3 ~ 5m；建筑控制线之间的宽度，需敷设供热管线的不宜小于 10m；无供热管线的不宜小于 8m；

（4）第四级 宅前小路——通向各户或各单元门前的小路，路面宽不宜小于 2.5m。

此外，住区内还可有专供步行的林荫步道，其宽度根据规划设计的要求而定。

4.1.3 住区道路规划设计的基本要求

（1）住区内部道路主要为本住区服务。

住区道路系统应根据功能要求进行分级。为了保证住区内居民的安全和安宁，不应有过境交通穿越住区，特别是居住小区。同时，不宜有过多的车道出口通向城市交通干道。机动车道对外出入口间距不应小于150m。可用平行于城市交通干道的地方性通道来解决居住区通向城市交通干道出口过多的矛盾。

（2）道路走向要便于居民上下班，尽量减少反向交通。住宅与最近的公共交通站之间的距离不宜大于500m。

（3）应充分利用和结合地形，如尽可能结合自然分水线和汇水线，以利雨水排除。在南方多河地区，道路宜与河流平行或垂直布置，以减少桥梁和涵洞的投资。在丘陵地区则应注意减少土石方工程量，以节约投资。

（4）在进行旧住区改建时，应充分利用原有道路和工程设施。

（5）车行道一般应通至住宅建筑的入口处，建筑物外墙面与人行道边缘的距离应不小于1.5m，与车行道边缘的距离不小于3m。

（6）小区内主要道路至少应有两个出入口；居住区内主要道路至少应有两个方向与外围道路相连；沿街建筑物长度超过150m时，应设不小于4m×4m的消防车通道。人行出口间距不宜超过80m，当建筑物长度超过80m时，应在底层加设人行通道；居住区内尽端式道路的长度不宜大于120m，并应在尽端设不小于12m×12m的回车场地。

（7）如车道宽度为单车道时，则每隔150m左右应设置车辆互让处。

（8）道路宽度应考虑工程管线的合理敷设。

（9）道路的线形、断面等应与整个住区规划结构和建筑群体的布置有机地结合。

（10）应考虑为残疾人设置无障碍通道。

4.2　住区道路系统的基本形式

住区道路系统的规划设计与住区内外动、静态交通的组织密切相关，与居民的出行方式和拥有的私人交通工具密切相关，同时应根据地形、现状条件、住宅特征和规划结构及景观要求等因素综合考虑。

住区内动态交通组织可分为“人车分行”、“人车混行”和“人车共存”的道路系统三种基本形式。

4.2.1　人车交通分行的道路系统

这种形式是由车行和步行两套独立的道路系统所组成。1933年在美国新泽西州的雷德朋（Radburn，NJ）新镇规划中首次采用并实施，雷德朋新镇规划面积500hm^2，人口2.5万，分三个邻里单位；实际建成为30hm^2，人口1500人。这种人车分行的道路系统较好地解决了私人小汽车和人行的矛盾，之后，在私人小汽车较多的国家和地区被广为采用，并称为“雷德朋”系统（图18–3–36）。

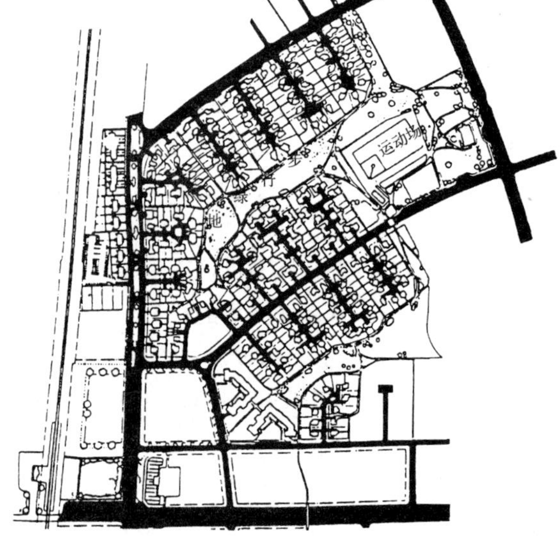

图18–3–36　“雷德朋”道路系统

资料来源：同济大学李德华．城市规划原理（第三版）．北京：中国建筑工业出版社，2001：433.

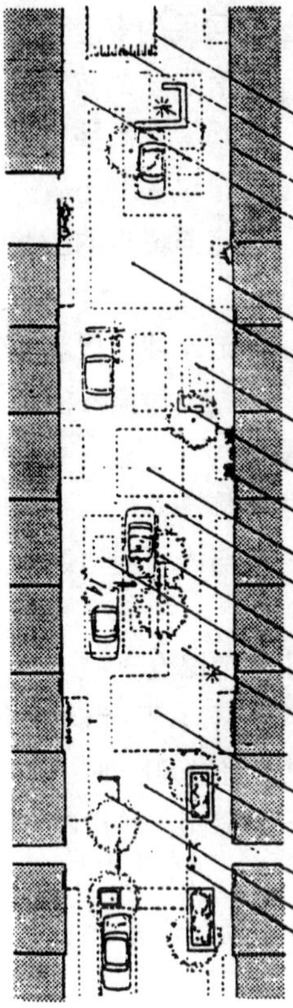

绿石线不连续（不要太长）
个人专用汽车进出口
围绕着低矮街灯的长椅
利用各种铺设材料的路面
个人用通道
道路的弯曲部分
可以坐在空着的停车场或游戏于其间
长椅和游具
配合个人的需求，与住宅正面种树
道路的弯曲部分
显示路面［不连续］的标示
树木
［停车场］的清楚标示
道路的狭隘部分
道路的弯曲部分
高度及腰以上之植树围篱
住宅与住宅之间可以游戏的空间
利用障碍物防止停车的部位
汽车集放位置的规划

图 18–3–37　生活化道路

资料来源：同济大学李德华．城市规划原理（第三版）．北京：中国建筑工业出版社，2001：435．

4.2.2　人车混行的道路系统

“人车混行”是住区内最常见的住区交通组织方式，这种方式在私人小汽车数量不多的国家和地区比较适合，特别对一些居民以自行车和公共交通出行为主的城市更为适用。

4.2.3　人车共存的道路系统

1970 年在荷兰的德尔沃特最先采用，被称为 Woonerf 的“人车共存”的道路系统，以后在德国、日本等其他一些国家被广泛采用。这种道路系统更加强调人性化的环境设计，认为人车不应是对立的，而应是共存的，将交通空间与生活空间作为一个整体，使街道重新恢复生机。这一类型探讨了小汽车使用和儿童游戏之间冲突的解决办法，其手段不是交通分流，而是重新设计街道，使两种行为得以共存，认为使各种类型的道路使用者都能公平地使用道路进行活动是改善城市环境的关键因素。研究表明，通过将汽车速度降低到步行者的速度时，汽车产生的危害，如交通事故、噪声和振动等也大为减轻。实践证明，只要城市过境交通和与住区无关车辆不进入住区内部，并对道路的设施采用多弯线形、缩小车行宽度、不同的路面铺砌、路障、驼峰以及各种交通管制手段等技术措施，人行和车行是完全可以合道共存的，图 18–3–37 是生活化道路的设计示例。

4.3　住区道路规划设计的经济性

道路的造价占住区室外工程造价的比重较大。因此在规划设计中，在满足使用要求的前提下，应考虑如何缩短单位面积的道路长度和道路面积。道路的经济性一般用道路线密度（道路长度 /hm^2）和道路面积密度（道路面积 /hm^2）（%）来表示。

居住小区或街坊面积增大时，单位面积的坊外道路长度及面积造价均有显著下降；小区和街坊形状的影响也很大，正方形的较长方形的经济。

居住小区和街坊面积的大小对单位面积的坊内道路长度、面积和造价影响不大，而道路网形式和布置手法对指标影响较大，如采用尽端式道路均匀布置，则指标显著下降。

4.4　住区内静态交通的组织

住区内静态交通组织是指各类交通工具的停放方式，一般应以方便、经济、安全为原则，采用集中与分散相结合的布置方式，并根据住区的不同情况可采用室外、室内、半地下或地下等多种停车方式。

合理组织住区内部动静交通，设置足够的停车位，防止机动车造成的环境污染和安全隐患。建设连续贯通的步行通道和无障碍设施，利于步行健身，以及老年人和残疾人通行。

4.4.1　自行车存车设施的规划布置

自行车应有足够的建筑室内空间存放。可建造集中自行车房、住宅建筑人防设施，以及利用住宅底层架空等多种方式停放自行车。

4.4.2　家庭小汽车停车设施规划布置

(1) 私家机动车的趋势

现代城市家庭的小汽车使用是一个趋势。小汽车的最大优势是“门到门”的便利。随着人们生活水平的提高，住区居民小汽车拥有量不断上升，给住区停车带来了空前的压力。

(2) 集中与分散相结合

集中停放小汽车会给住户带来不同程度的影响，但小汽车的集中比分散节约用地，因为它最大可能地共用了回转车道。住区的小汽车可以与公共建筑中心及场地、绿地结合起来综合考虑。以停车楼或地下，半地下停车库的方式较为有效（图 18–3–38）。有必要在邻里或组团内结合绿地考虑设置若干面积的泊车位，一方面解决临时停车用地，另一方面，考虑到分布相对较偏的住户的实际困难，并通过市场化的方式，与集中停车方式相补充。

(3) 机动车停车位的标准

根据《城市居住区规划设计规范》(GB 50180—93，2002 年)，居住区内必须配套设置居民汽车（含通勤车）停车场、停车库，并应符合下列规定：

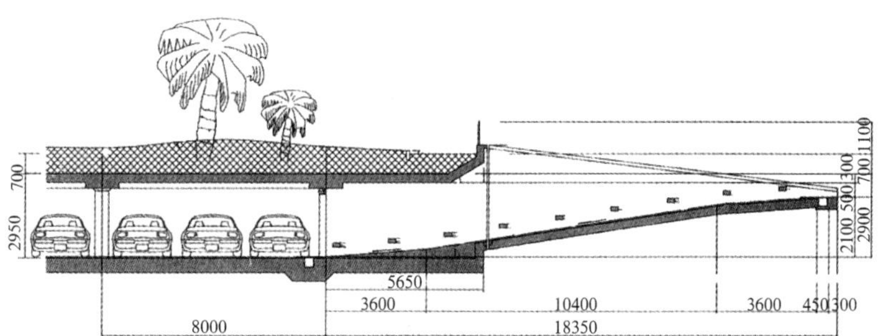

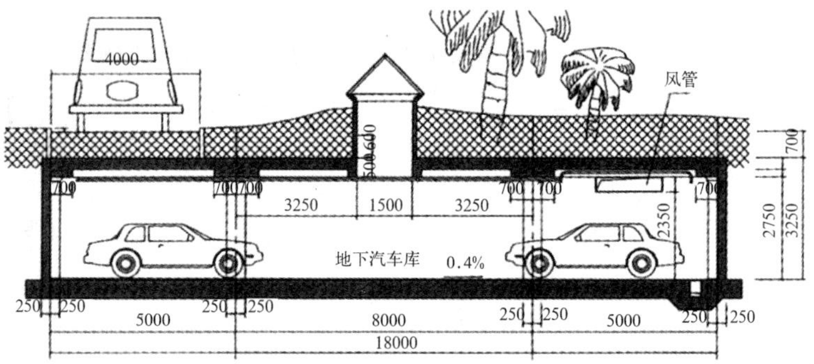

图 18–3–38　某住宅小区地下停车库剖面示意图

资料来源：李宁．城市住区地下停车空间组织分析．建筑学报，2006(10)：27–28.

居民汽车停车场停车率不应小于10%；

居住区内地面停车率（居住区内居民汽车的停车位数量于居民住户数的比率）不宜超过10%；

居民停车场、库的布置应方便居民使用，服务半径不宜大于150m；

居民停车场、库的布置应留有必要的发展余地。

我国一些大城市针对住区机动车停车问题，也相应制定了地方标准。例如，《上海市城市规划管理技术规定（土地使用建筑管理）》（上海市人民政府令第12号，2003年）对汽车停车场（库）设置标准作出规定，中心城以及内外环线之间新建住区，汽车停车率应不小于0.6辆/户；浦西内环线以内已建成住区（包括历史文化风貌保护区），应视周边地区配套情况，充分挖掘现有的空间资源，适当配置、逐年增加，但不得低于0.2辆/户；郊区汽车停车率，应高于中心城地区20%。同时指出：社区停车场（库）建设，应尽量少占地面空间，采取地面和地上及地下（半地下）结合的停车方式，设置各类停车场（库），也可利用部分建筑的底层架空层停车，或设置与公建相结合的多层停车场（库）。停车场（库）的服务半径一般为150m左右。

5　住区绿地规划布置

5.1　住区绿地及其功能

5.1.1　住区绿地规划的作用

住区绿地是城市绿地系统的重要组成部分，它面广量大，且与居民关系密切，对改善居民生活环境和城市生态环境也具有重要作用。

通过住区绿地系统规划布局，详细设计包括道路和其他小径、广场、绿地等在内的公共空间系统，注重公共空间与私密空间的关系（规模、尺度、尊重街道和其他公共空间），创造地标、对景、视廊、远景、边缘、肌理等视觉与形象要素，并注意各要素之间的联系，丰富住区景观，提升住区生态环境品质。

5.1.2　住区绿地的功能

（1）改善小气候

在一般情况下，夏季树荫下的空气温度比露天的空气温度低3℃～4℃，在草地上的空气温度比沥青地面的空气温度要低2℃～3℃。

（2）净化空气

绿色植物通过光合作用，能吸收二氧化碳，放出氧气，通常$1hm^2$阔叶林每天消耗二氧化碳1t，放出0.73t氧气。如按一个成年人每天约呼出二氧化碳0.9kg，吸入0.75kg氧气计算，则平均每人需城市绿地$10m^2$。

（3）遮阳

浓密的树冠，可在炎热季节里遮阳，降低太阳的辐射热。

（4）隔声

在一般情况下，绿化可起到一定的防噪声功能，如9m宽的乔、灌木混合绿带可减少9dB。

（5）防风、防尘

绿化能阻挡风沙，吸附尘埃。据测定，有绿化的街道上距地面 1.5m 处空气的含尘量比没有绿化的低 56.7%。

(6) 杀菌、防病

许多植物的分泌物有杀菌的作用，如树脂、橡胶等能杀死空气中的葡萄杆菌，一般情况下，城市马路空气中含菌量比公园要多 5 倍。

(7) 提供户外活动场地、满足健身需要，美化居住环境

一个优美的绿化环境有助于人们消除疲劳，振奋精神，可为居民创造宜人的游憩交往场所。

5.2 住区绿地的组成与标准

5.2.1 住区绿地系统的组成

(1) 公共绿地

是指住区内居民公共使用的绿化用地。如住区公园、游园、林荫道、住宅组团的小块绿地等。

(2) 公共建筑和公用设施附属绿地

指住区内的学校、幼托、医院、门诊所、锅炉房等用地内的绿化。

(3) 宅旁和庭院绿地

指住宅四旁绿地。

(4) 街道绿地

指住区内各种道路的行道树池等绿地。

5.2.2 住区绿地的指标

住区的绿地指标由平均每人公共绿地面积和绿地率（绿地占住区总用地的比例）所组成。根据现行我国城市住区规划设计规范的规定，住区内公共绿地的总指标应根据人口规模分别达到：住宅组团不少于 $0.5m^2$／人，居住小区（含组团）不少于 $1m^2$／人，住区（含小区与组团）不少于 $1.5m^2$／人。对绿地率的要求新区不低于 30%，旧区改建不低于 25%。

5.2.3 住区绿地规划的基本要求

(1) 根据住区的功能组织和居民对绿地的使用要求采取集中与分散，重点与一般及点、线、面相结合的原则，以形成完整统一的住区绿地系统，并与城市总的绿地系统相协调（表 18–3–3）。

住区各类公共绿地的规划设计要求 表 18–3–3

分级	住宅组团级	居住小区级	居住区级
类型	儿童和老人游戏、休息场	小游园	居住区公园
使用对象		小区居民	居住区公园
设施内容	幼儿游戏设施、座凳椅、树木、花卉、草地等	儿童游戏设施、老年和成年人活动休息场地、运动场地、座凳椅、树木、花卉、凉亭、水池、雕塑等	儿童游戏设施运动场地、老年和成年人活动场地、树木草地、花卉、水面、凉亭、休息廊、座凳椅、雕塑等
用地面积	大于 $4000m^2$	大于 $4000m^2$	大于 $10000m^2$
步行距离	3 ~ 4min	5 ~ 8min	8 ~ 15min
布置要求	灵活布置	园内有一定的功能划分	园内有明确的功能划分

资料来源：同济大学李德华．城市规划原理（第三版）．北京：中国建筑工业出版社，2001：447.

(2) 尽可能利用劣地、坡地、洼地进行绿化，以节约用地。对建设用地中原有的绿化、湖河水面等自然条件要充分利用。

(3) 应注意美化居住环境的要求。

(4) 住区绿化是面广量大的绿化工程，不应追求名贵的花木树种，应以经济、易长、易管为原则，在住区的重要地段可少量种植一些形态优美、具有色、香和地方特色的花木或大树，使整个住区的绿化环境能保持四季常青的景色。

5.3　住区公共绿地的规划布置

住区内绿地，包括公共绿地、宅旁绿地、配套公建所属绿地和道路绿地，其中包括了满足当地植树绿化覆土要求、方便居民出入的地下或半地下建筑的屋顶绿地。

5.3.1　公共绿地

根据居民的使用要求、住区的用地条件以及所处的自然环境等因素，住区公共绿地可采用两级或三级的布置方式。另外，还可结合文化商业服务中心和人流过往比较集中的地段设置小花园或街头小游园。

(1) 居住区公园

主要供本区居民就近使用，面积约 $1hm^2$ 左右。居住区公园除供居民游憩外，还可设置一些文体活动方面的内容。居住区公园的位置要适中，居民步行到达距离不宜超过 800m，最好与居住区文化商业中心结合布置。居住区公园也可与体育场地和设施相邻布置。在一些独立的工矿企业的居住区，居住区公园及体育场地和设施应考虑单身青年职工的使用方便。居住区公园应由专人管理。

(2) 居住小区游园

主要供居民就近使用，面积 $0.5hm^2$ 为宜，居民步行到达距离不宜超过 400m 左右，内部可设置一些比较简单的游憩和文体设施。居住小区游园的位置最好与居住小区的公共中心结合布置，方便居民使用。

(3) 小块公共绿地

通常是结合住宅组团布置。小块公共绿地是居民最接近的休息和活动场所，它主要供住宅组团内的居民（特别是老年人和儿童）使用。小块公共绿地的内容设置可根据具体情况灵活布置，有的以休息为主，有的以儿童活动为主，有的则以装饰观赏为主。

小块公共绿地结合成年人休息和儿童活动场、青少年活动场布置时，应注意不同的使用要求，避免相互干扰。

5.3.2　宅旁绿地

住区内住宅四旁的绿化用地有着相当大的面积。宅旁绿地主要满足居民休息及幼儿活动等需要。宅旁绿地的布置方式随居住建筑的类型、层数、间距及建筑组合形式等的不同而异。在住宅四旁还由于向阳、背阳和住宅平面组成的情况不同应有不同的布置。如低层联立式住宅，宅前用地可以划分成院落，由住户自行布置，院落可围以绿篱、栅栏或矮墙；多层住宅的前后绿地可以组成公共活动的绿化空间，也可将部分绿地用围墙分隔，作为底层住户的独用院

落；高层住宅的前后绿地，由于住宅间距较大，空间比较开敞，一般作为公共活动的场地（图 18–3–39）。

5.3.3　配建公建所属绿地

配建公建所属绿地首先应满足本身的功能需要，同时应结合周围环境的要求。如图 18–3–40 幼儿园的绿化布置，东侧的树丛对住宅起了防止西晒和阻隔噪声的作用，西边的树丛则分隔了幼儿园院落与相邻公共绿地的空间。

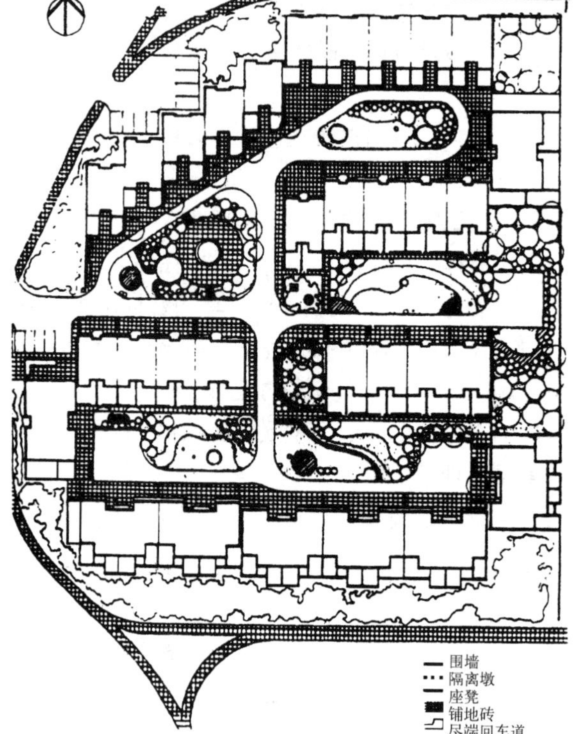

图 18–3–39　北京恩济里居住小区的宅旁绿地
资料来源：同济大学李德华．城市规划原理（第三版）．北京：中国建筑工业出版社，2001：449．

5.3.4　道路绿地

道路绿化是普遍绿化的一种方式。它对住区的通风、调节气温、减少交通噪声以及美化街景等有良好的作用，且占地少，遮阴效果好，管理方便。住区道路绿化的布置要根据道路的断面组成、走向和地上地下管线敷设的情况而定。住区主要道路和居民上下班必经之路的两侧应绿树成荫，这对南方炎热地区尤为重要。道路靠近住宅时，要注意树木对住宅通风、日照和采光的影响。行道树带宽一般不应小于 1.5m。当人行道较窄、而人流又较大时，可采用树池的方式。树池的最小尺寸为 1.2m×1.2m。在道路交叉口的视距三角形内，不应栽植高大乔、灌木，以免妨碍行车司机的视线。

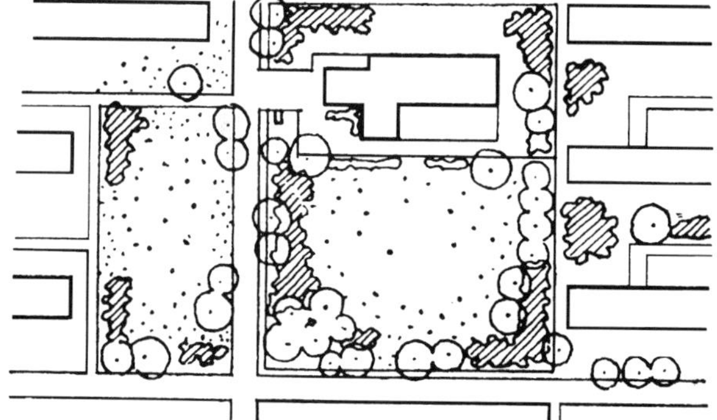

图 18–3–40　幼儿园的绿化布置
资料来源：同济大学李德华．城市规划原理（第三版）．北京：中国建筑工业出版社，2001：448．

住区内除了上述四种绿化用地外，还可通过对住宅建筑墙面、阳台和屋顶平台等的绿化来增加居住环境的绿化效果。

5.4　住区绿化的树种选择和植物配置

5.4.1　植物配置的作用

住区绿化材料的选择和配置对绿化的功能、经济和美化环境有着直接关系。绿化树种的选择与配置是绿化专业一项细致的设计工作，也是住区规划设计中应予配合和考虑的问题。绿化的规划布置与植物配置在目的与内容上一致，方可达到预期的绿化效果。

5.4.2　植物配置的原则

（1）对于大量而普遍的绿化，宜选择易管、易长、少修剪、少虫害、具有地方特色的优良树种，一般以乔木为主，也可考虑一些有经济价值的植物。在一些重点绿化地段，如住区入口处或公共活动中心，则可选种一些观赏性的乔灌木或少量花卉。

(2) 应考虑绿化功能的需要，行道树宜选用遮阳效果好的落叶乔木，儿童游戏场和青少年活动场地忌用有毒或带刺植物，而体育运动场地则避免采用大量扬花、落果、落花的树木等。

(3) 为了迅速形成住区的绿化面貌，特别在新建住区，树种可采用速生或慢生相结合，以速生为主。

(4) 住区绿化树种配置应考虑四季景色的变化，可采用乔木与灌木、常绿与落叶以及不同树姿和色彩变化的树种，搭配组合，以丰富居住环境。

绿地地形应有利于植物生长和排水。植物以乔、灌、草的合理比例配置，以乔木为主。住区主要道路两侧及开阔地宜种植高大乔木。植物种类选择应适地适种，不应种植对人体有害、对空气有污染和有毒的植物。

住宅设计应有利于人与自然的充分接触，鼓励发展阳台绿化、墙面绿化和屋顶绿化，扩充宅前绿地，改善绿地种植质量。

(5) 住区各类绿化种植与建筑物、管线和构筑物的间距（表 18–3–4）。

种植树木与建筑物、构筑物、管线的水平距离 **表 18–3–4**

名称	最小间距		名称	最小间距	
	至乔木中心	至灌木中心		至乔木中心	至灌木中心
有窗建筑物外墙	3.0	1.5	给水管、闸门	1.5	不限
无窗建筑物外墙	2.0	1.5	污水管、雨水管	1.0	不限
道理侧面，挡土墙脚、陡坡	1.0	0.5	电力电缆	1.5	
人行道边	0.75	0.5	热力管	2.0	1.0
高 2m 以下围墙	1.0	0.75	弱点电缆沟、电力电信杆、路灯电杆	2.0	
体育场地	3.0	3.0	消防龙头	1.2	1.2
排水明沟边缘	1.0	0.5	燃气管	1.5	1.5
测量水准点	2.0	2.0			

资料来源：同济大学李德华．城市规划原理（第三版）．北京：中国建筑工业出版社，2001：450.

6 住区外部环境规划设计

6.1 设计内容与基本要求

6.1.1 住区外部环境设计的作用

住区外部环境的质量对居住生活的质量十分重要，越来越受到人们的重视，居民在选择住房的观念中，其外部环境已成为选购住房的一个重要因素。

6.1.2 住区外部环境设计的内容

(1) 住区整体环境的色彩，包括建筑的外部色彩；

(2) 绿地的设计；

(3) 道路与广场的铺设材料和方式；

(4) 各类场地和设施的设计（儿童游戏场、老年活动休息健身场地、青少年体育活动场地、小汽车存车场等）；

(5) 竖向设计；

(6) 室外照明设计；

(7) 环境设施小品的布置和造型设计（或选配）。

6.1.3 环境设施小品主要包括以下一些内容

(1) 建筑小品——休息亭、廊、书报亭、售货亭、钟塔、门卫房等；

(2) 装饰性小品——雕塑、喷水池、叠石、壁画、花台、花盆等；

(3) 公用设施小品——电话亭、自行车或小汽车停车棚、垃圾箱、废物箱、公共厕所、各类指示标牌等；

(4) 市政设施构筑等；

(5) 工程设施小品——斜坡和护坡、堤岸、台阶、挡土墙、道路缘石、雨水口、路障、驼峰、窨井盖、管线支架等；

(6) 铺地——车行道、步行道、停车场、休息广场的铺地；

(7) 游憩健身设施小品——戏水池、儿童游戏器械、沙坑、座椅、座凳、桌子、体育场地、健身器械等。应为健身设施提供相应空间，满足健身的要求并为居民交往创造条件。健身设施的配置应考虑不同年龄、性别、民族以及经济收入等特点，注重老人、儿童为主体的健身设施小品，并考虑慢性疾病患者或残疾人等功能障碍患者进行康复锻炼的设施。

6.1.4 住区外部环境设计的基本要求

(1) 整体性——即符合住区外部环境整体设计要求以及总的设计构思；

(2) 生态性——生态效益；

(3) 实用性——满足使用要求；

(4) 艺术性——美观的要求；

(5) 趣味性——是指要有生活情趣，特别是一些儿童游戏器械对此要求更强烈，以适应儿童的心理要求；

(6) 地方性——如绿化的树种要适合当地的气候条件，小品的造型、色彩和图案等的设计能体现地方和民族的特色；

(7) 大量性——符合工业化生产的要求；

(8) 经济性——要控制与住宅综合造价的适当比例；

(9) 健康性——符合健康标准的设计要求。

6.2 住区内各类室外场地的规划设计

6.2.1 儿童游戏场地

儿童在住区总人口中占有相当的比例。他们的成长与住区环境，特别是室外活动环境关系十分密切。因此，在住区为儿童们创造良好的室外游戏场所，对促进儿童智力和身心的健康发展有着十分重要的作用。很多国家对修建儿童游戏场地十分重视，将儿童游戏场地的建设作为国家的一项政策，成为住区规划建设中不可分割的一部分。

(1) 规划布置

儿童游戏场地是住区绿化系统中的一个组成内容，因此，它的规划布置应

与住区内居民公共使用的各类绿地相结合。由于儿童年龄和性别的不同，其体力、活动量、甚至兴趣爱好等也随之而异，在规划布置时，应考虑不同年龄儿童的特点和需要，一般可分为幼儿（2 岁以下）、学龄前儿童（3 ~ 6 岁）、学龄儿童（6 ~ 12 岁）三个年龄组。幼儿一般不能独立活动，需由人带领，活动量也较小，可与成年、老年人休息活动场地结合布置;学龄前儿童的活动量、能力、胆量都不大，有强烈的依恋家长的心理，所以场地宜在住宅近旁，最好在家长从户内通过窗口视线能及的范围内，或与成年、老年人休息活动场地结合布置；学龄儿童随着年龄、体力和知识的增长，活动范围也随之扩大，对住户的噪声干扰也较大，因此在规划布置时最好与住宅有一定的距离，以减少对住户的干扰。但场地不宜太大，以免儿童过于集中。此外，儿童游戏场地的规划布置必须考虑使用方便（合理的服务半径）与安全，以及场地本身的日照、通风、防风、防晒和防尘等要求。

（2）儿童游戏场地的面积指标

参考国内外有关资料，建议各类儿童游戏场地的用地指标控制在 0.1m²/每居民（表 18–3–5）。

各类儿童游戏场地的定额指标与布置要求　　表 18–3–5

名称	年龄面积（岁）	位置	场地规模面积（m²）	内容	服务户数	离住宅入口距离面积（m）	平均每人面积（m²）
幼儿园、学龄前儿童游戏场	< 3 3 ~ 6	住户能照看到的范围住宅入口附近	100 ~ 150	硬地、座凳、沙坑沙地等	60 ~ 120	≯ 50	0.03 ~ 0.04
学龄儿童游戏场	6 ~ 12	结合公共绿地布置	400 ~ 500	多功能游戏器械、游戏雕塑、戏水池、沙场等	400 ~ 600	200 ~ 250	0.20 ~ 0.25
青少年活动场地	12 ~ 16	结合小区公共绿地布置	600 ~ 1200	运动器械、多功能球场	800 ~ 1000	400 ~ 500	0.20 ~ 0.25

资料来源：同济大学李德华．城市规划原理（第三版）．北京：中国建筑工业出版社，2001：454．

6.2.2　成年和老年人休息、健身活动场地

住区应为成年和老年人创造良好的室外休息、健身活动场地也是十分重要的，随着人口老龄化的趋势，这一需求显得更为突出。成年和老年人的室外活动主要是打拳、练功养神、聊天、社交、下棋、晒太阳、乘凉等。成年和老年人休息、健身活动场地宜布置在环境比较安静、景色较为优美的地段，一般可结合居民公共使用的绿地单独设置，也可与儿童游戏场地结合布置。

6.2.3　晒衣场地

居民晾晒衣物是日常生活之必需，特别是湿度较大的地区或季节尤为重要。目前住区内居民的晒衣问题主要通过住宅设计来解决，如利用阳台或在窗台装置晒衣架，还有的利用屋顶作为晒衣场等。但在一些城市，仍然有居民保持这一生活方式。当有大件或多量衣物需要曝晒时，往往会感到地方不够，需利用室外场地来解决。

室外晒衣场地的布置应考虑：就近、方便、能随时看管；阳光充分、曝晒时间长；防风、防灰尘、避免污染。有条件时，可在场地四周围以栅栏，以便管理。

6.2.4 垃圾贮运场地

住区内的垃圾主要是生活垃圾，这些垃圾的集收和运送一般有以下几种方式：

（1）居民将垃圾送至垃圾站或集收点，然后由垃圾集收车定时运走；

（2）居民将垃圾装入塑料袋内送至垃圾集收站，然后由垃圾集收车送至转运站；

（3）采用自动化的风动垃圾清理系统来清除垃圾，即将垃圾沿地下管道直接送至垃圾处理厂或垃圾集中站。

（4）为保护环境、废物充分利用，垃圾应推广分类收集。

多层住宅不应设垃圾道；高层住宅不宜设垃圾道，宜在每层设易清洗的垃圾收集间。推行袋装垃圾，分类收运。住区垃圾房应隐蔽、密闭，保证垃圾不外漏，且有风道或排风设施及冲洗、排水设施。垃圾处置宜压缩外运，有机垃圾宜采用生化处理。

6.3 住区室外水体环境

住区外部环境包括除了建筑物之外的自然和人工的环境。公园绿地应尽可能地保留住区建设前在场地内就存在的天然地形、水系、植栽等原来的自然形态。绿地是提高住区生态环境质量的重要元素。

6.3.1 排水系统

住区排水系统应实行雨污分流，设有完善的污水收集、处理和排放等设施。住宅排水系统的选择，应根据排水性质及污染程度，结合室外排水体制和有利于综合利用与处理等要求确定。

6.3.2 雨水收集

在缺水地区，应将住区内屋面和路面的雨水，经收集、处理、储存，再作为杂用水回用，或将径流引入住区中水处理站作为中水水源之一。对不便收集的雨水，宜通过绿地和渗水型地面铺材经土壤渗透净化后涵养地下水，以促进水土保持。

6.3.3 景观水

景观水应自然融汇在绿化和建筑之间，岸型曲线流畅，水面与地面接近，应注意亲水空间的安全性。景观用水应为流动循环水。水景类景观环境用水的再生水水质标准应符合相应的规定，可通过物理方式、化学方式、微生物方式或生态方式进行水处理。有中水系统的住区应利用中水。

住区内原有的水体保留也十分重要。水体除了雨水的汇集、造景等功能外，还具有特别的人性化功能。因为水具有流动的特征，是生命与活力的象征。它同时又具有亲和性，缓解建筑环境的压力，给居民心理上带来放松舒适的感受，从而为创造和谐的居住氛围打下基础。在具体设计方面，大水面以不规则为宜，从而反映自然水体意象。点状处理的小水面宜几何化形态，反映人工造景的匠心。

6.4　住区环境设施小品的规划设计

住区环境设施小品是居民室外活动必不可少的内容，它们对美化住区环境和满足居民的精神生活起着十分重要的作用。

6.4.1　建筑小品

休息亭、廊等建筑小品，大多结合住区内的公共绿地布置，也可布置在儿童游戏场地内，用以遮阳和休息；景观钟塔可结合建筑物设置，也可单独设置在公共绿地或人行休息广场。

6.4.2　装饰小品

装饰小品是美化住区环境的重要内容，它们主要结合各级公共绿地和公共活动中心布置。水池和喷水池还可调节小气候。装饰性小品除了能活泼和丰富住区面貌外又可成为居住区、居住小区和住宅组团的主要标志。

6.4.3　公用设施小品

公用设施小品名目和数量繁多，它们的规划设计在主要满足使用要求的前提下，其造型和色彩等都应精心地考虑。特别如垃圾箱、废物筒等，它们与居民的生活密切相关，既要方便群众，但又不能设置过多；照明灯具根据不同的功能要求有街道、广场和庭园等照明灯具之分，其造型、高度和规划布置应视不同的功能和艺术等要求而异；公用设施是现代城市住区生活中不可缺少的内容，它给人们带来方便的同时，又给住区增添美的装饰。

6.4.4　游憩设施小品

游憩设施小品主要结合公共绿地、人行步道、广场等布置，其中供儿童游戏的器械，则布置在儿童游戏场地。为成人、老年人则应设置健身器械。

桌、椅、凳等游憩小品又称“室外家具”，一般结合儿童、成年或老年人休息活动场地布置，也可布置在林荫步道或人行休息广场内。

6.4.5　工程设施小品

工程设施小品的布置应首先符合工程技术方面的要求。在地形起伏的地区常常需要设置挡墙、护坡、坡道和踏步等工程设施，这些设施如能巧妙地利用和结合地形，并适当加以艺术处理，往往能给住区面貌增添特色。

6.4.6　铺地

道路和广场所占的用地在住区内占有相当的比例，因此它们的铺装材料和铺砌方式将在很大程度上影响住区的面貌。铺地设计是现代城市住区环境设计的重要组成部分。铺地的材料、色彩的铺砌方式应根据不同的功能要求与环境的整体艺术效果进行处理。

第4节　住区规划的技术经济指标

住区是城市重要组成部分，在用地上、建设量上都占有较高的比重，因此研究和分析住区规划和建设的经济性对充分发挥投资效果，提高城市土地的利用效益都具有十分重要的意义。住区规划的技术经济分析，一般包括用地分析、综合技术经济指标的比较及造价的估算等几个方面。

1 用地平衡表

1.1 用地平衡表的作用

1）对土地使用现状进行分析，作为调整用地和制定规划的依据之一；

2）进行方案比较，检验设计方案用地分配的经济性和合理性；

3）审批居住区规划设计方案的依据之一。

1.2 用地平衡表的内容（表 18–4–1）

居住区用地平衡表 表 18–4–1

项目		面积（hm^2）	所占比例（%）	人均面积（m^2/人）
一、居住区用地（R）		▲	100	▲
1	住宅用地（R01）	▲	▲	▲
2	公建用地（R02）	▲	▲	▲
3	道路用地（R03）	▲	▲	▲
4	公共绿地（R04）	▲	▲	▲
二、其他用地（E）		△	—	—
居住区规划总用地		△	—	—

注："▲"为参与居住区用地平衡的项目。

资料来源：《城市居住区规划设计规范》（GB 50180–93，2002 年版）．北京：中国建筑工业出版社，2002：35.

1.3 各项用地界限划分的技术性规定

根据我国《城市居住区规划设计规范》（GB 50180—93，2002 年版）的规定，各项用地的界限划分和计算遵照以下标准：

1.3.1 居住区用地范围的确定

居住区以道路为界时，如属城市干道或公路，则以道路红线为界，如属居住区干道时，以道路中心线为界；与其他用地相邻时，以用地边界线为界；与天然障碍物或人工障碍物相毗邻时，以障碍物地点边线为界；居住区内的非居住用地或居住区级以上的公共建筑用地应扣除。

1.3.2 规划总用地范围应按下列规定

(1) 当规划总用地周界为城市道路、居住区（级）道路、小路或自然分界线时，用地范围划至道路中心线或自然分界线；

(2) 当规划总用地与其他用地相邻，用地范围划至双方交界处。

1.3.3 住宅用地范围的确定

以居住区内部道路红线为界，宅前宅后小路属住宅用地；如住宅与公共绿地相邻，没有道路或其他明确界线时；通常在住宅的长边以住宅的 1/2 高度计算，住宅的两侧一般按 3 ～ 6m 计算；与公共服务设施相邻的，以公共服务设施的用地边界为界；如公共服务设施无明确的界限时，则按住宅的要求进行计算。

1.3.4 公共服务设施用地范围的确定

有明确用地界线的公共服务设施按基地界线划定，无明确界限的公共服务设施，可按建筑物基底占用土地及建筑四周实际所需利用的土地划定界限。

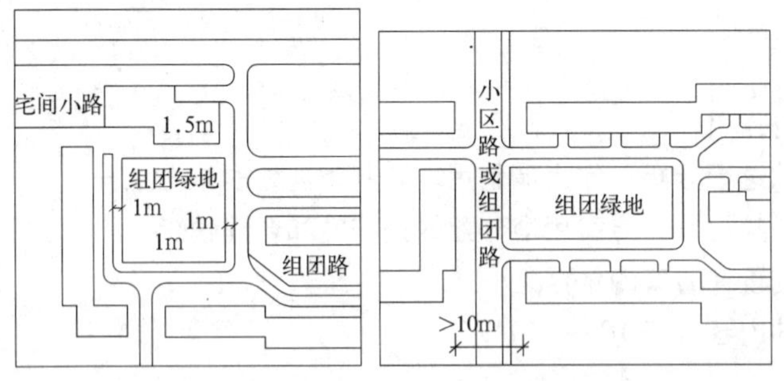

院落式组团绿地距宅间路、组团路和小区路路边 1m，距房屋角墙 1.5m　　开敞型院落式组团绿地至少有一个面向小区路或建筑控制线宽度不小于 10m 的组团级主路敞开

图 18-4-1

资料来源：同济大学李德华．城市规划原理（第三版）．北京：中国建筑工业出版社，2001：459．

1.3.5　住宅底层为公共服务设施时用地范围的确定

当公共服务设施在住宅建筑底层时，将其建筑基底及建筑物周围用地按住宅和公共服务设施项目各占该幢建筑总面积的比例分摊，并分别计入住宅用地或公共服务设施用地内；当公共服务设施突出于上部住宅或占有专用场地与院落时，突出部分的建筑基底、因公共服务设施需要后退红线的用地及专用场地的面积均应计入公共服务设施用地内。

1.3.6　道路用地范围的确定

城市道路一般不计入居住区的道路用地，居住区道路作为居住区用地界线时，以道路红线的一半计算；小区道路和住宅组团道路按道路路面宽度计算，其中包括人行便道；公共停车场、回车场以设计的占地面积计入道路用地，宅前宅后小路不计入道路用地；公共服务设施用地界限外的人行道和车行道均按道路用地计算，属于公共服务设施专用的道路不计入道路用地。

1.3.7　公共绿地范围的确定

公共绿地指规划中确定的居住区公园、小区公园、住宅组团绿地，不包括住宅日照间距之内的绿地、公共服务设施所属绿地和非居住区范围内的绿地。院落式组团绿地、开敞式组团绿地的用地界线的划定参照图 18-4-1。

2　综合技术经济指标

2.1　组成内容

除了居住区规划总用地指标外，综合技术经济指标还包括的内容见表 18-4-2。

住区综合技术经济指标　　表 18-4-2

项目	居住户数（套）	居住人数	户均人口	总建筑面积	住宅建筑面积	住宅平均层数	高层住宅比例	中高层住宅比例	住宅建筑净密度	住宅建筑面积毛密度	住宅建筑面积净密度	人口净密度
单位	户（套）	人	人／户	万 m^2	万 m^2	层	%	%	%	m^2/hm^2	m^2/hm^2	人／hm^2
项目	住宅建筑套密度（毛）	住宅建筑套密度（净）	人口毛密度	居住区建筑面积毛宽度（容积率）	停车率	停车位	地面停车率	地面停车位	总建筑密度	绿地率	拆建比	
单位	套／hm^2	套／hm_2	人／hm^2	万 m^2/hm^2	%	辆	%	辆	%	%	—	

资料来源：《城市居住区规划设计规范》（GB 50180—93，2002 年版）．北京：中国建筑工业出版社，2002：30-31．

2.2 主要技术经济指标

2.2.1 平均层数

是指各种住宅层数的平均值。一般按各种住宅层数建筑面积与基底面积之比进行计算。其计算公式如下：

$$住宅平均层数=\frac{住宅总建筑面积}{住宅基地总面积}（层）$$

【例】已知各种层数住宅的建筑面积，

$$\left.\begin{array}{l}3\text{ 层为 }8594.7m^2\\4\text{ 层为 }133813.0m^2\\5\text{ 层为 }1203.5m^2\end{array}\right\}\text{总建筑面积为 }143611.2m^2$$

各种层数基底面积：

$$\left.\begin{array}{l}三层=\dfrac{8594.7}{3}=2864.9m^2\\四层=\dfrac{133813.0}{4}=33453.3m^2\\五层=\dfrac{1203.5}{5}=240.7m^2\end{array}\right\}\text{总的基底面积 }36558.9m^2$$

$$\therefore 平均层数=\frac{143611.2}{36558.9}=3.6\text{ 层}$$

2.2.2 住宅建筑净密度

$$住宅建筑净密度=\frac{住宅建筑基底总面积}{住宅用地面积}（\%）$$

住宅建筑净密度主要取决于房屋布置对气候、防水、防震、地形条件和院落使用等要求。因此，住宅建筑净密度与房屋间距、建筑层数、层高、房屋排列方式等有关，在同样条件下，一般住宅层数愈高，住宅建筑净密度愈低。

2.2.3 住宅建筑面积净密度

$$住宅建筑面积净密度=\frac{住宅总面积}{住宅用地面积}（m^2/hm^2）$$

2.2.4 住宅建筑面积毛密度

$$住宅建筑面积毛密度=\frac{住宅总建筑面积}{居住用地面积}（m^2/hm^2）$$

2.2.5 人口净密度

$$人口净密度=\frac{规划总人口}{住宅用地总面积}（人/hm^2）$$

2.2.6 人口毛密度

$$人口毛密度=\frac{规划总人口}{居住用地总面积}（人/hm^2）$$

2.2.7 容积率（又称建筑面积毛密度）

$$容积率=\frac{总建筑面积}{总用地面积}$$，即总建筑面积（毛）密度

2.2.8 住宅用地指标

住宅用地指标决定于4个因素：

（1）住宅居住面积定额（m^2/人）；

（2）住宅居住面积密度（m^2/人）；

（3）住宅建筑密度（%）；

（4）平均层数。

$$平均每人住宅用地=\frac{平均每人居住面积定额}{层数 \times 住宅建筑密度 \times 平在系数}（m^2/人）$$

$$或=\frac{每人居住面积定额 \times 住宅用地面积}{住宅总面积}（m^2/人）$$

2.3 住区总造价的估算

2.3.1 住区的造价

住区的造价主要包括地价、建筑造价、室外市政设施、绿地工程和外部环境设施造价等。此外，勘察、设计、监理、营销策划、广告、利息以及各种相关的税费也都属于成本之内。住区总造价的综合指标一般以每平方米居住建筑面积的综合造价为主要指标。

2.3.2 住区用地的特性

土地在资本主义国家作为商品可以买卖，因此有明确的价格，有些国家城市中心区的地价惊人昂贵。我国大陆地区虽然不存在土地买卖，但在市场经济体制下实行土地的有偿使用，特别是实行城市土地批租政策以来，土地的应用价值也随之起着越来越大的作用。地价对居住区建设的总成本，特别是对每平方米居住建筑面积的综合成本通常起着决定性作用。

2.3.3 建筑造价

建筑造价包括住宅与配套公共服务设施的造价，住宅造价一般与住宅层数密切相关，如一般的不设电梯的多层住宅的造价只有高层住宅造价的1/2左右。虽然高层住宅造价高于多层住宅，但高层住宅能节约用地，提高土地的利用效益，减少室外市政工程设施投资及征地拆迁等费用。

2.3.4 室外工程造价

住区室外市政设施工程和外部环境设施费用是指住区内的各种管线和设施，如给水排水、供电、供暖、燃气、电信（电话、电视、电脑等）等管线与设施以及绿化种植、道路铺砌、环境设施小品等。

3 住区规划建设的定额指标

由于住区的建设量大、投资多、占地广，且与居民的生活密切相关，因此，为了合理地使用资金和城市用地，我国和其他一些国家都对住区的规划和建设制定了一系列控制性的定额指标。住区定额指标是城市规划和建设的定额指标的重要组成内容，这些定额指标的制定也是国家一项重要的技术经济政策。我国解放后曾多次颁布过有关城市规划与建设的各项定额指标，其中也包括与住区有关的各项定额指标。

住区规划的定额指标一般包括用地、建筑面积、造价等内容。

3.1 用地的定额指标

住区用地的指标是指住区的总用地和各类用地的分项指标，按平均每居民多少平方米来计算，表 18–4–3 和表 18–4–4 是原建设部 2002 年颁布修订的居住区用地平衡控制指标和人均居住用地控制指标。

居住区用地平衡控制指标（%） 表 18–4–3

用地构成	居住区	小区	组团
1. 住宅用地（R01）	50 ~ 60	55 ~ 65	70 ~ 80
2. 公建用地（R02）	15 ~ 25	12 ~ 22	6 ~ 12
3. 道路用地（R03）	10 ~ 18	9 ~ 17	7 ~ 15
4. 公共绿地（R04）	7.5 ~ 18	5 ~ 15	3 ~ 6
居住区用地（R）	100	100	100

资料来源：《城市居住区规划设计规范》（GB 50180–93，2002 年版）. 北京：中国建筑工业出版社，2002：7.

人均居住用地控制指标（m^2／人） 表 18–4–4

居住规模	层数	建筑气候区划		
		Ⅰ、Ⅱ、Ⅵ、Ⅶ	Ⅲ、Ⅴ	Ⅳ
居住区	低层	33 ~ 47	30 ~ 43	28 ~ 40
	多层	20 ~ 28	19 ~ 27	18 ~ 25
	多层、高层	17 ~ 26	17 ~ 26	17 ~ 26
小区	低层	30 ~ 43	28 ~ 40	26 ~ 37
	多层	20 ~ 28	19 ~ 26	18 ~ 25
	中高层	17 ~ 24	15 ~ 22	14 ~ 20
	高层	10 ~ 15	10 ~ 15	10 ~ 15
组团	低层	25 ~ 35	23 ~ 32	21 ~ 30
	多层	16 ~ 23	15 ~ 22	14 ~ 20
	中高层	14 ~ 20	13 ~ 18	12 ~ 16
	高层	8 ~ 11	8 ~ 11	8 ~ 11

注：本表各项指标按每户 3.2 人计算。

资料来源：《城市居住区规划设计规范》（GB 50180–93，2002 年版）. 北京：中国建筑工业出版社，2002：7.

3.2　建筑面积的定额指标

建筑面积主要是指住宅和住区内各类配套的公共服务设施的建筑面积。长期以来，住宅建筑面积的定额指标按平均每人居住面积进行计算。市场经济体制下，住宅套型大小的规定也将逐渐面向市场。但是，作为特殊社会经济和文化商品的住宅，基于土地节约和社会公平等方面的原则，国家对住宅建筑面积指标提出相应的规定，以控制奢华和浪费等市场无序，确保城市住房建设的健康、永续发展。

住区内的各类配套公共服务设施的建筑面积的定额指标包括总的公共服务设施建筑面积定额指标和各分项的定额指标，参见《城市居住区规划设计规范》(GB 50180—93，2002 年版)。

3.3　造价指标

我国实行土地有偿使用制度，对住区的综合造价影响较大，加上建设费用各地标准水平不一，参差甚大。因此，住宅建筑的造价指标受市场影响大。

4　社区公共服务设施配置标准的发展

随着我国城镇化进程加快，城市人口老龄化增加，再加上我国区域发展条件和生活水平的差异，在住区公共服务设施配置标准方面具有需求和标准方面的差别。例如，养老设施相对不足；近年来城市居民对群众性体育运动设施的需求越来越大。同时，随着我国城市街道办事处部分职责转向社区，亟待成立社区各类公共服务中心及相配套的社区公共服务设施。因此，在我国一些大城市，率先提出了关于城市社区公共设施配置标准的研究和改革。其中，上海市 2003 年提出了对社区公共服务设施配置的指导意见，对公共服务设施特别是对群众性体育设施、老年服务设施的配置提出了明确的要求和规定。

4.1　社区公共服务设施配置的基本要求

4.1.1　配置的目标

社区公共服务设施配置的目标。建设布局合理、配套齐全、设施共享、环境优美、交通方便、综合利用、便于管理，适宜国内外各类人士生活、学习和创业的和谐社区。

4.1.2　配置的基本要求

(1) 以人为本，便民利民。社区级公共服务半径为步行 10min 左右 (0.8 ~ 1.2km)，服务范围约为 2 ~ 4.5km^2。

(2) 科学、合理、有效。根据控制性单元规划确定的规划指标和社区居民实际需求，按照居住人口 5 万人左右规模配置社区公共服务设施标准。

4.2　大城市居住社区公共服务设施设置基本指标建议

4.2.1　行政事务类（单位：建筑面积／5 万人）

1）社区（街道）办事处：1000 ~ 1600m^2；

2）社区综合服务中心（助劳、助残、社会保障等）：600 ~ 800m^2；

3）社区行政事务受理中心：1000 ~ 1500m^2；

4）社区行政投诉受理中心：400 ~ 600m^2；

5）社区警务中心：2000m^2；

6）社区行政综合执法协调中心（劳动监察、食品监督、文化稽查等）：500 ~ 800m^2；

7）社区党工委：1000m^2。

4.2.2 公共福利类（单位：建筑面积／5万人）

1）福利院：3000m^2；

2）托老所：1500m^2 3处。

4.2.3 公共设施类（单位：室外用地面积／5万人）

1）公共绿地（公园绿地、开敞绿地）：25000m^2（或10000m^2开敞公共绿地3个）；

2）社会停车场（中心城区新建居住建筑基地，汽车停车率按不少于0.6辆／户配置；中心城建成区汽车停车率按不少于0.2 ~ 0.4辆／户配置；郊区汽车停车率高于中心城新建居住建筑基地20%配置）；

3）公共活动场（体操、健身、集体舞）：6000 ~ 8000m^2（或不少于3000m^2运动场3个）；

4）室外体育运动场（篮球、排球、网球、羽毛球等）：5500m^2（或不少于2000m^2活动场3个）。

4.2.4 公共卫生类：（单位：建筑面积／5万人）

1）社区公共卫生服务中心：3500 ~ 5000m^2；

2）药店（中药、西药）：500m^2（或300m^2两个，或150m^2 4个）。

4.2.5 文化体育类：（单位：建筑面积／5万人）

1）室内社区文化活动中心（图书馆、文化馆、科技馆、小型剧场、放映室及青少年活动中心）：4500 ~ 7000m^2；

2）室内综合健身馆（综合设置健身活动）：1800m^2（或不少于1000m^2 2个）。

4.2.6 教育幼托类：（单位：建筑面积／5万人）

1）高级中学：每3 ~ 5万人设1处（每处12000 ~ 20000m^2）；

2）初级中学：每1 ~ 2万人设1处（每处7000 ~ 12000m^2）；

3）小学：每1 ~ 2万人设置1处（每处6000 ~ 10000m^2）；

4）幼儿园、托儿所：每1 ~ 2万人设置1处（每处1000 ~ 1500m^2或600 ~ 800m^2设两处）；

5）社区学校：结合社区文化活动中心配置。

4.2.7 商业设施类：（单位：建筑面积／5万人）

1）餐饮店：1000m^2（或600m^2分设2处，或400m^2 3处）；

2）菜市场：4000m^2（或2500m^2以上分设2处）。

4.2.8 居委会设施类（单位：m^2／千人）

1）社区居委会：100 ~ 200m^2；

2）社区居委会医疗卫生点（站）：50m^2；

3）居委会老年活动室（党员活动中心）：200 ~ 300m^2。

第5节 城市旧住区的更新规划

城市的发展是一个不断新陈代谢的过程。城市中各组成内容本身或相互之间由于历史的、自然的或人为的原因而造成功能失调、衰退、甚至被破坏，需要进行不断的调整、维修、改善、更新或改建，使其恢复正常的效能，这个过程一般统称为城市的更新或再开发，而城市住区的更新或再开发则是旧城再开发的重要组成内容。

1 城市旧住区更新的原则

1.1 城市旧住区的主要问题

1.1.1 城市旧住区的概念

城市旧住区是指城市中具有一定历史年代，住宅建筑、公共配套设施和住区外部环境需要更新改造的住区。这些旧住区中，既有历史上不断形成的在城市中非经规划的居住地段、街区，也有我国建国以后陆续规划建造的但因种种原因需要更新改造的住区。

1.1.2 城市旧住区的主要问题

总体来看，城市旧住区因面广、量大、投资多等种种原因，更新任务繁重。城市旧居住区存在的主要问题包括：

（1）布局混乱，工厂和居住混杂，犬牙交错，道路分工不明，交通不畅；

（2）房屋质量较差，缺少户外公共绿地和各类活动场地，城市基础设施陈旧且超载，不能适应城市现代化的要求；

（3）交通拥挤，居住人口密度较高，居住拥挤，合住户、困难户、缺房户多，住宅成套率低，住宅建筑密度高。

1.2 城市旧住区更新的特征

城市旧居住区的再开发不同于一般在空地上新建的住区，它有其自己的特殊性，主要表现以下几个方面：

1.2.1 复杂性

旧住区再开发的复杂性不仅在于需要对再开发地区现状的物质环境（包括地上和地下）进行细致深入的调查和分析，而且还涉及大量社会的、历史的和政策方面的（如私房政策、居民动迁等）一些其他问题。

1.2.2 长期性和阶段性

城市是在不断发展的，而人们生活水平的提高和科学技术的进步也不断地对城市建设提出新的要求。由于住区是大量建造的，它的各项建设标准都受到一定时期国家经济水平的制约，而建设标准又随着经济水平的提高而改变，这就决定了旧居住区的再开发的阶段性和长期性。

1.2.3 综合性

城市旧住区的再开发涉及城市总体规划和控制性详细规划，如更新地区的人口密度需要考虑城市人口的疏解（特别是城市中心区的再开发），建筑层数的确定要考虑附近名胜古迹的保护和城市基础设施的适应情况等；对于一些富有传统特色的旧住区的再开发，除了考虑其本身的经济效益外，还要充分研究其历史和艺术的保留价值和城市与建筑文化的环境效益。由此可见，旧住区的再开发是一项比新建更为困难的工作。

1.3 城市旧住区更新的原则

我国 2008 年 1 月 1 日开始施行的《城乡规划法》第三十一条明确规定："旧城区的改建，应当保护历史文化遗产和传统风貌，合理确定拆迁和建设规模，有计划地对危房集中、基础设施落后等地段进行改建。历史文化名城、名镇、名村的保护以及受保护建筑物的维护和使用，应当遵守有关法律、行政法规和国务院的规定。"这一规定可以成为我国城市旧住区更新的指导原则和操作依据。

2 城市旧住区更新改造的方式

旧住区更新改造方式受到一定时期的经济水平、技术条件和环境现状等的制约，根据不同的更新改造要求可分为维修改善、更新、整治和改建等几种方式。

2.1 维修改善

是指一些经常性的维修保护和局部的改善措施，具体包括以下一些内容：

2.1.1 维修改善旧住宅和住区的公共建筑

旧住宅和公共建设在我国还占有相当大的比重，在条件尚可的情况下加以维修改善，延长其使用年限，对缓和住房的紧张状况起着较重要的作用。房屋的维修改善措施应根据其结构类型、损坏程度、使用年限、建筑与周围环境的关系以及该地区近远期再开发的要求区别对待。

2.1.2 旧住区室外环境的改善

包括整顿旧住区的道路和交通，整修路面，整顿道路系统（拓宽、封闭、拉直、开辟、打通、废弃或改变道路性质等），增辟公交线路或增设公交站点；增设市政公用设施——增设公共给水站、公厕、公用电话、路灯、垃圾箱等；改善环境卫生——减少城市噪声干扰和其他的污染。

2.2 更新与整治规划

2.2.1 更新

更新是指对旧住宅和建筑在保留其外形基本不变的前提下进行内部现代化更新。这种方式一般适用于房屋结构质量较好或外观造型有较大保留价值的建筑或地段。对现状住区的改变应该反映城镇整体层面对住宅类型、商业服务、公共设施的需求，并对住区居民的价值观、生活方式、行为模式以及现有物质环境的特征等予以重视。

更新的规划设计一般通过住宅单元成套化改造、内填式开发、现有住区邻里的保护、功能不足邻里的复兴、非居住空间的转型，以及加入新的住区邻里模块等多种方式来适应现状建成环境。

2.2.2 整治

旧住区的整治规划是指对一些质量较好的住区进行调整、充实和完善，

特别对于规划建设年代较早的住区，限于当时建设条件、经济水平以及管理等方面的原因，在经过一段时间的使用以后，产生了一系列的问题，迫切需要加以解决。这些问题主要有以下几个方面。

(1) 土地使用不经济和不合理，需要合理调整和提高土地的使用效益。如早期修建的住宅一般建筑间距偏大，建筑密度较低，因此如房屋结构允许时，可考虑适当加层，以充分发挥用地的潜力；在住区内原先规划的用地，有的被改变用途，甚至被有碍居住环境的单位或设施所占用，对此应采取相应的措施，以保证住区用地的合理使用。

(2) 公共服务设施不足，居民使用不便，需要充实和提高。一些住区内各单位自成系统，各自为政，分散建设，无统一规划，有些因生活水平的提高和情况的变化，对公共服务设施有了新的要求，如自行车、摩托车、小汽车等的存放、老年人活动用房和居住区工业用房等，需要在现有基础上加以充实提高。

(3) 市政工程和公用设施有的潜力还没有充分发挥，有的则相反，水压不足，排水不畅，交通不便，需要进一步改善。

(4) 住区公共绿地不断被占用，各类居民室外活动场地需要进一步完善和充实。

(5) 为了加强安全管理，需要加设围墙、门卫、安保等设施。

2.3　改建

旧住区的改建是指较大规模改造建设，有的甚至是进行重建。这种方式往往工程量大、投资多、时间长、问题复杂。根据改建地区的具体条件和改建需要可分为局部改建、道路沿线改建和成片集中改建等几种方式。

2.3.1　局部改建

局部改建是指在大部分建筑质量较好需要保留或保护的居住地区，对部分质量较差的建筑进行拆除重建，或利用旧住区的一些空地进行插建。局部改建虽然只对整个旧住区作局部的改建，但它涉及的问题有时可能是全局性的。例如，利用空地插建住宅虽然能增加建筑面积，但插建过多，不注意留出必要的公共绿地和居民室外的活动场地，或不考虑该地区现有市政和公共服务设施的服务能力，势必降低该地区的居住质量。又如，拆旧建新时往往为了增加面积而提高建筑层数，这在条件许可的情况下对于提高城市土地利用效益是有利的，但是在古建筑保护区附近，新建房屋的高度就要服从整个保护区空间规划的要求，因此在进行局部改建时必须考虑：

(1) 制定局部改建规划时，应以该地区范围的控制性详细规划为依据，明确对局部地区的改建要求，确定相应的技术经济和规划建筑艺术等方面的要求。

(2) 局部改建宜相对集中力量成组成群地改造，以利施工组织和建筑面貌的统一。

(3) 在局部拆建和插换时，有时为了就地安置拆迁户和合理利用土地，对新建住宅的套户型、平面组成、住户面积分配标准和建筑的形状等有一定的要求，往往不能一般地套用定型设计图纸，须单独设计。

（4）要适当处理新建房屋与原有建筑在外观上的相互关系，对建筑的体型、立面、色彩等方面要注意新旧协调，有时还要全面考虑与周围环境的关系。特别是在一些风景城市和历史名城的著名风景点、建筑保护区进行局部改建时，建筑的规划布置、层数、体型、色彩等应与周围的环境协调。

2.3.2　道路沿线改建

道路沿线改建一般是为满足城市交通发展（需开辟或拓宽道路）或改造市容的需要，有时两者兼有。道路沿线改建应考虑以下几点：

（1）应根据该道路在城市总体规划中所确定的性质、红线宽度、交通状况和道路沿线的现状（包括建筑、人防、地下管线等）以及街坊内部的改造要求统一规划，综合设计。

（2）沿街建筑的项目、规模、层数、标准主要取决于该地区或整个城市的总体要求，考虑土地混和使用性质的要求。而建筑的规划布置手法应视道路的性质和交通的组织方式而异。如对于交通性干道，一般不宜过多地将商业服务和文化娱乐设施等沿线布置，以避免大量人流和车流的相互干扰。但如将公共服务设施集中布置在道路一侧，可减少人车相互干扰，如因各种原因需在两侧布置时，则应采用人行天桥、地下人行过道、或将部分车道转入地下或架空，形成步行街，以保证交通与行人的安全。沿街住宅的布置首先应满足住宅对日照、通风及防止交通噪声干扰等要求。为防止噪声的干扰，在规划布置上可后退道路红线，或沿街布置低层商店、车库，或设置隔声障壁（绿化或防噪声墙）等。

（3）道路沿线改建时应考虑街道宽度与两侧建筑高度的适当比例和沿街建筑空间的组织。

（4）道路沿线改建应集中力量一次建成，如限于资金和拆迁困难等原因，可分段、成组地建设，以有利于形成完整、谐调的沿街建筑群体（图18–5–1）。

（5）道路改建时的选线既要考虑拆迁少，又不能过分迁就现状，要作深入的调查和分析比较。

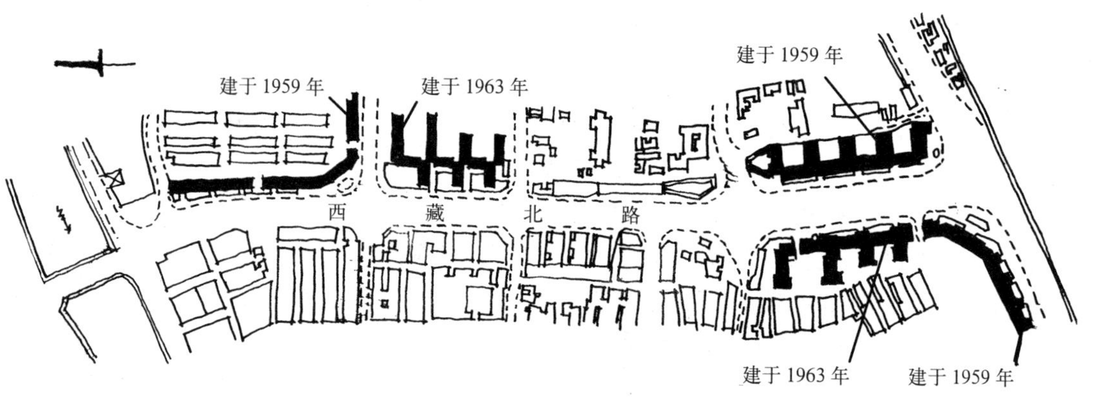

图 18–5–1　上海西藏北路成组成段改建

资料来源：同济大学李德华．城市规划原理（第三版）．北京：中国建筑工业出版社，2001：470．

2.3.3 成片集中改建

成片集中改建的旧住区，一般房屋质量普遍较差，有的已无法进行维修，或能继续维修，但在经济上得不偿失。此外，因受地震、火灾等自然或人为灾害严重破坏的居住地区也可能采取这种改建方式。成片集中改建能较大地改变旧区的面貌和改善居民的居住条件，但一次投资较大。

3 城市旧住区更新规划的调查研究

3.1 旧住区更新规划调查研究方法

调查研究工作对旧住区的更新或再开发特别重要。旧住区的调查研究是一项十分繁杂、细致的工作，必须依靠当地群众，分系统、分地段、资料信息收集与用地调查相结合，可采用发调查表格、开座谈会、现场调查和观测等各种方式，掌握确切的资料，对旧住区的质量进行综合评价，建立更新地区的现状资料档案，备作查考和规划的依据。

3.2 旧住区更新规划调查内容

调查的内容视更新或再开发地区的具体情况和要求而有所侧重，一般包括以下几个方面：

3.2.1 土地使用状况调查

土地使用现状包括各类用地的使用性质、使用单位、分布、范围和相互关系，可通过图、表表示。此外，了解各项用地存在的问题及各单位今后发展的要求。

3.2.2 建筑现状调查

各类建筑的使用性质、面积、层数、质量（可按结构类型、使用年限、设备标准、损坏程度等拟定鉴别的等级）、历史价值、产权所属等，可以用图、表表示。结合土地使用现状，分析建筑密度和建筑面积密度。此外，全面或选择典型地段调查那些需要保留或更新的住宅平面组成。

3.2.3 居住人口状况调查

包括更新，地区的总人口、人口的年龄以及性别构成，总户数和户型的组成，出生率和人口发展的预测。并结合用地和建筑调查，分析人口密度和居住水平（按困难户、缺房户等详细划分）。更新改造地区居民的职业、工作地点、经济收入、生活习惯等。

3.2.4 配套公共设施调查

包括各类公共服务设施的项目、规模（包括建筑和用地面积）、服务半径、服务质量等，存在的问题和发展要求。

3.2.5 市政公用设施现状调查

包括给排水、供电、供热、供燃气等状况，各种地上、地下管线的架空和埋设位置、架设高度、埋深和管径大小等，道路现状的断面、线型和路面构造，规划红线宽度和断面，交通状况（交通量和公共交通线路以及站点位置等）。上述内容可用图来表示。此外，如有人防工程、桥梁、河道及其驳岸和其他工程设施也须作详细的调查。

3.2.6 旧住区产业现状调查

工厂的生产情况，原料和成品的运输方式、运输量、生产过程是否对周围环境产生污染（如废气、噪声等），工厂生产发展的要求以及迁移的条件等。

3.2.7 生态环境质量调查

地区内大气被污染情况、噪声状况、原有保留住宅的日照和通风条件等。

3.2.8 改造资金筹措

建设资金来源政府集资和各单位自筹资金的数量，以及其他可能集资的力量。

3.2.9 社区文化与社会网络

包括更新改造地区的社区文化活动特色、社区邻里组织和公众参与的程度，充分了解居民的更新改造意愿。

3.2.10 行政区划范围与改造权限

4 城市旧住区更新规划中的若干问题

4.1 用地的调整

4.1.1 用地调整的必要性

由于城市旧居住区大部分是历史上逐渐形成的，有的还由于种种原因而造成布局混乱、土地使用很不合理等情况，因此在进行旧住区的更新改造时，首先要合理地调整用地性质。但是用地性质的调整常常遇到各种困难，其中最突出的是土地的“单位所有”。土地的单位所有不仅严重影响用地的合理调整，而且也不利于土地的综合利用，不利于提高城市用地的使用效益。

4.1.2 调整用地的原则

(1) 居住用地宜相对成片集中，以便组织居民生活和经济合理地布置公共服务设施；

(2) 有利于工厂企业等单位的生产与管理；

(3) 打破用地单位所有界限，综合利用城市土地，以提高土地的利用效益；

(4) 利用市场机制和手段合理进行用地置换。

4.2 住户的再安置

4.2.1 住户再安置的重要性

这是一项十分繁复和细致的工作，它不仅涉及广大群众的切身利益，而且再安置的快慢直接影响更新改造的速度，因此必须按照有关的政策和法令（如土地使用、私房的拆迁补偿等）认真细致地进行，既要满足居民的合理要求，又要对个别不合理的要求作耐心的说服，必要时可通过法律解决。

4.2.2 再安置的方式

(1) 一次搬迁，即直接安置到新建住宅，这是较理想的方式。但采用这种方式需要有一批周转住宅房源，这在城市住房十分紧缺的情况下是比较困难的。而且如果周转房源离城市中心较远，居民往往不愿搬迁，最好能在改建地区就近解决。在旧住区改造中也采用居民回迁的方式，受到居民欢迎。

(2) 两次搬迁，又称临时过渡的方式。在缺乏周转房源的情况下，可采取就近搭建简易的临时周转住房，或采用市场手段解决暂时安置，一般时间不宜太长，以免造成居民生活长期不便。

4.2.3　旧住区居民再安置的多元化方式

采取包括货币安置、住房安置等多元化方式，提供原住户居民多种途径以满足不同收入家庭的多元化需求，维护原有的或努力再造新的社会网络，有效避免居住社会隔离现象。

4.3　具有历史价值的住宅、地段和传统民居的保护和保留

我国历史悠久，拥有丰富的城市建筑遗产，很多具有我国民族和地方特色的民居及住区不仅是我国城市建设和建筑文化艺术宝库中的重要组成部分，同时在世界城市建设和建筑史上也占有重要的地位。因此，对这些建筑和地区的改建，除了要考虑其建筑和环境质量外，更重要的是衡量其保护和保留的价值。

4.4　城市低收入家庭住房规划建设

4.4.1　市场经济体制下住房政策的特征

商品化住房政策促进了城市用地结构调整，遵循土地市场价值规律；促进了城市房地产产业的迅猛发展，成为国家经济建设中的支柱产业。但是同时，住房商品化以经济效益为导向，加剧居住社会隔离现象的发生。因此，应重视对城市低收入家庭住房的规划建设，包括经济适用房、廉租房的规划建设。

4.4.2　城市低收入家庭住房规划布局总体要求

《城市规划编制办法》（2006 年 4 月 1 日施行）第三十一条有关中心城区规划应当包括内容中指出："研究住房需求，确定住房政策、建设标准和居住用地布局；重点确定经济适用房、普通商品住房等满足中低收入人群住房需求的居住用地布局及标准"。这一原则，成为住区规划建设关怀低收入家庭住房要求的重要支撑。

本章小结

本章住区规划从编制的基本任务与内容入手，回顾了住区规划领域的历史演进脉络，引出关于住区规划在组成方式、功能结构上的原理，并具体讲述住区规划设计的一些基本手法及关键性经济技术指标。在住区规划设计中，按照构成系统又分别从住宅组群模式、公共服务设施、道路交通、住区绿地等具体讲解其中的关键性要素，并提供一些基本的组织模式以及相关的住区规划案例作为参考。作为城市住区规划的一个重要组成部分，城市旧住区更新规划也日益重要。文章篇末亦对这一领域提出了一套调查研究、规划设计的基本思想方法及设计手段，从而更加整体、更加全面地构建对住区规划的认识观。

复习思考题

1. 住区规划结构有哪些基本形式？分别适用于什么类型的住区？

2. 如何确定住区公共服务设施的配置规模与布局方式？未来的住区建设中公共服务设施的配置与布局将产生哪些新的趋势？

3. 城市住区更新规划中应注意哪些问题？它对于城市更新具有什么意义？

第19章　城市设计

本章立足城市设计的相关理论和方法，着重介绍了城市公共空间、城市中心、城市广场、城市街道、城市滨水区五个部分的城市设计思想、方法及相关实例，力求从空间关系、时间过程以及政策框架三个层面分别予以介绍，本章最后还介绍了作为公共政策的城市设计，重点谈及城市设计的管理控制、公众参与以及政策内容等方面，最终解释城市设计的含义，是根据城市发展的总体目标，融合社会、经济、文化、心理等主要元素，对空间要素作出形态的安排，制定出指导空间形态设计的政策性安排。

第1节　城市设计的含义与作用

1　城市设计的含义

城市设计一词虽然在 1940 年代才被提出，但是城市设计已经有两千多年的历史。从古代到现代，世界上许多国家的城市建设在工程技术上及建筑艺术上都达到了极高水平。具体表现在对城市选址、城市道路及重要建筑的布局与设计方面都有全面考虑，它包括了城市规划、城市设计与建筑设计的内涵。从城市建设遗产可以看到历史上有不少城市的建造是根据城市设计思考完成的。

在早期阶段，城市设计来源于建筑设计；以美学原则为基础；以物质空间为对象；但城市设计与建筑研究对象、研究方法以及目标系统不同。然而，单纯以塑造物质环境为目的的城市设计不能解决社会的诸多矛盾，在城市发展的过程中，不能起到良好的管理与控制作用，学者们反思并追溯城市设计更为本质的内涵。因此，城市设计的定义是在不断深化中发展的。城市设计概念的演化，大致经历了从注重视觉艺术与物质形态，关注行为、心理、社会和生态要素，到优化城市综合环境质量目标的过程。当前，城市设计越来越多的从人、社会、文化、环境等方面来建立评价标准。通过各种政策、标准和设计审查来管理较大地区范围的环境特色和空间质量的作法，成为城市设计的重要内容（图 19–1–1）。

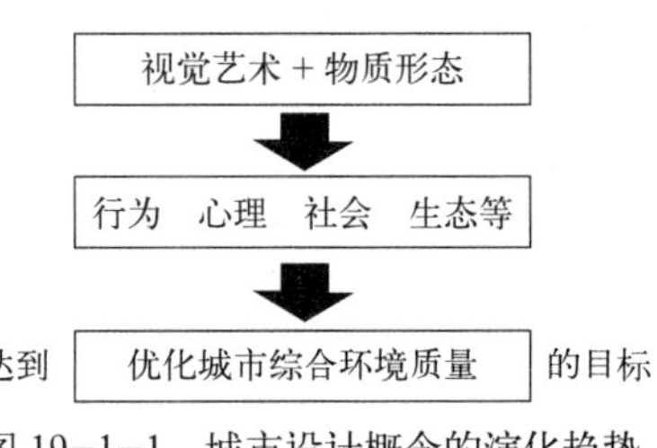

图 19–1–1　城市设计概念的演化趋势
资料来源：王伟强．城市设计概论课程．城市设计概论（2009）．

城市设计作为专义名词，其含义也有不同的解释。据《中国大百科全书（建筑、园林、城市规划卷）》的解释，城市设计是“对城市体形环境所进行的设计”。《简明不列颠百科全书》的解释是“对城市环境形态所作的各种合理处理和艺术安排”。《中国大百科全书（建筑 · 园林 · 城市规划卷）》的解释是“对城市体形环境所进行的设计。”美国凯文 · 林奇（Kelvin Lynch）认为“城市设计专门研究城市环境的可能形式”。英国建筑师弗 · 吉伯德（Frederick Gibberd）对城市设计的表述更为具体，他认为：“城市设计主要是研究空间的构成和特征”；“城市设计的最基本特征是将不同的物体联合，使之成为一个新的设计，设计者不仅必须考虑物体本身的设计，而且要考虑一个物体与其他物体之间的关系”；“城市设计的目的不仅是考虑这个构图有恰当的功能，而且要考虑它有令人愉快的外貌”，依上述各种解释，城市设计的含义可概括为：“对城市形体及三维空间环境的设计”。

而乔纳森 · 巴奈特（J.Barnett）在《作为公共政策的城市设计》一书中进一步提出“城市设计本身不只是形体空间设计，而是一个城市塑造的过程，是一连串每天都在进行的决策制定过程的产物”；“城市设计是设计城市而不是设计建筑，是作为公共政策的连续决策过程”。戴维 · 戈斯林（David Cosling）则在《都市设计概念》一书中阐述其观点“城市设计应是一种解决经济、政治、社会和物质形式问题的手段”。

根据上述城市设计概念的演化与发展情况，我们对城市设计的定义概括总结为：城市设计，是根据城市发展的总体目标，融合社会、经济、文化、心理等主要元素，对空间要素做出形态的安排，制定出指导空间形态设计的政策性安排。

2　城市设计的作用

城市设计不同于城市规划和建筑设计，它可以广义地理解为设计城市，即对城市各种物质要素，诸如地形、水体、房屋、道路、广场及绿地等进行综合设计。包括使用功能、工程技术及空间环境的艺术处理。最初，城市建设常常由于在城市规划、建筑设计及其他工程设计之间缺乏衔接环节，导致城市体形空间环境的不良，这个环节就需要做城市设计。它具有承上启下的作用，从城市空间总体构图引导项目设计。城市设计的重要作用还表现在为人类创造更亲切美好的人工与自然结合的城市生活空间环境，促进人的居住文明和精神文明的提高。

而如今城市设计已经理解为优化城市综合环境质量的综合性安排，已经成为贯穿于我国法定城市规划的各个阶段的始终（表 19–1–1）。另外，在战略规划、城市整体风貌设计、历史名城（街区）保护规划、城市规划的管理等扩展的规划工作领域中，城市设计也致力于城市空间结构的改造、新街区建设、居民生活改善等目标，侧重于城市的不同方面，作用于城市的不同要素，发挥着其独特的作用。而不同阶段的城市设计，其研究对象、尺度、成果表达也是不同的。

3　城市设计与相关学科的关系

城市设计是在相关学科领域内发展起来的，因而与其他相关学科和实践领域有着密切的相互关系。随着城市设计涵义的丰富，也越来越多地融入了其他专业和学科的内容[1]。城市设计在各学科之间架起了一座知识性桥梁，并创造了平等对话的机会。

我国法定城市规划体系的内容　　表 19–1–1

		内容	工作重点	研究对象	工作尺度
城市规划	城市设计贯穿于各阶段	城市与区域规划	研究生产力布局区域性基础设施，统筹城乡空间关系，协调城市间区域性结构关系	城市群及城市县城范围	1：100000 ~1：10000
		城市总体规划	研究城市规划期内的人口，社会，空间发展目标及关系。 统筹城市各类土地利用及基础设施规划，协调城市近期，远期发展与目标	城市（县）市镇域范围	1：50000 ~1：5000
		城市分区规划	以城市各相对独立的各功能区为对象，研究落实总体规划的各项要求，处理好人口，土地利用与各类基础设施的相关内容	城市功能片区	1：20000 ~1：5000
		控制性详细规划	对局部地区的建设所进行的规划控制确定土地利用，开发容量，建筑高度，覆盖率，绿化率，容积率及城市基础设施，建筑退让红线	建设项目	1：5000 ~1：2000
		修建性详细规划	对局部地区建设项目进行的规划安排，确定土地利用性质，项目规模，开发容量，建筑形态及相互关系，空间的群体关系，建筑高度，覆盖率，绿化率	建设项目	1：2000 ~1：500

资料来源：王伟强．城市设计概论课程．城市设计概论（2009）．

首先，城市设计是从建筑和城市规划中分离出来的，和这两门学科有密切的联系。城市规划主要表现为一种资源调配的过程，更具体一些，它是对土地使用、交通和市政设施网络的组织，目的是使城市有效运作并且创造有序而宜人的环境。建筑学是关于建筑的设计和建造的学科，作为职业它往往有特定的业主、特定的基地且实施的周期较短。建筑学与城市规划的知识范畴彼此交叉，并没有清晰的界限，城市设计正处于这两者的交叉点上。

同时，城市设计与景观建筑学、交通工程等学科也有密切配合。特别是同样从建筑学派生出来的景观建筑学与城市设计有不少交叠的领域。

而且，由于自身的特点与复杂性，城市设计必须在社会学、政治经济学的背景下来考察。一方面，城市设计强调的场所、精神都具有强烈的社会性；另一方面，城市设计的参与者不仅仅有建筑师和规划师，还有市民、政府、业主等多种角色的参与。各方利益产生的一系列博弈，使得城市设计与政治经济学不可分割。

3.1 与城市规划的关系

城市设计贯穿于城市规划的各阶段及各层次，既有分析与策划内容，又有具体形体表达的内容。城市设计是以人为中心的从总体环境出发的规划设计工作。其目的在于恢复与保持城市中个体环境质量的连续性与一致性，改善城市的整体形象和环境美观，提高人们的生活质量，它是城市规划的延伸和具体化。

（1）区域－城市系统阶段。①从区域的角度构筑城市结构。如产业布局，空间结构，交通系统，城市组团，及政治，经济倾斜政策；②从区域的角度进行大范围的自然环境设计，区域景观，生态系统。

（2）城市总体规划阶段。城市总体规划是制订城市发展规划的最高层次。此阶段的城市设计应着重于：①城市整体社会文化氛围的研究与策划；②实现城市性质与城市形象的衔接；③进行城市尺度的物质框架景观规划；④进行城市尺度三维空间形态概念规划。同时，制定有关社会经济政策，尤其是具体的市容景观实施管理条例，促进城市文化风貌与景观的形成，确定城市设计实施的保障机制。

（3）详细规划阶段。详细规划是城市设计涉足最多的层次。可以分为：①群体建筑空间的设计；②单体细部设计及周边环境的设计。注重的为：局部地段的设计应是组成城市整体文化风貌与景观的有机元素。

3.2 与建筑学的关系

城市设计与建筑学的联系可以体现在：①定位、定量、定形、定调；②城市设计与建筑设计的融合；③建筑师的“城市设计观”。但是，城市设计不同于建筑学的简单扩大，它不仅仅是一个结果，还存在一个时间跨度的问题。同时，还涉及政策和社会要素等非物质的因素，超越了建筑学的范畴。巴奈特提出了城市设计是“设计城市而非设计建筑物”这一著名观点。

城市设计与建筑设计之间可以作如下比较：①城市设计从城市整体出发，将设计对象作为城市综合环境中的一个组成部分，强调设计对象与周围环境的和谐统一；②建筑设计注重三维建筑空间的设计，而城市设计溶入了时间维度，实施时间跨度大，需要注重城市历史传统的延续性；③城市设计不是多个建筑的简单叠加，不是扩大化的建筑设计，从这个角度出发，可以通俗地表达为“1+1>2”的效应；④城市设计强调功能、社会与艺术并重。

第2节　城市设计的内容及类型

1　城市设计的内容

1.1　空间关系

城市设计的对象既包含城市的自然环境、人工环境，也包含城市发展中涉及的人文环境。

城市设计的空间内容主要包括土地利用、交通和停车系统、建筑的体量和形式及开敞空间的环境设计。土地利用的设计是在城市规划的基础上细化，安排不同性质的内容，并考虑地形和现状因素。建筑体量和形式取决于建设项目的功能和使用要求。要考虑容积率、建筑密度、建筑高度、体量、尺度、比例及建筑风格等。交通和停车系统的功能性很强，技术复杂，占用城市较大空间，对城市整体形象的影响也很大。开敞空间包括广场、公园绿地、运动场、步行街、庭院及建筑文物保护区等。环境设计要适应城市生活方式和市民心理，形成建筑地段和建筑群体的内涵和形式特征。城市设计不仅要组织物质空间，而且要创造有吸引力的活动空间环境，特别是要把购物、餐饮、观光游览、休息和娱乐等各种活动结合起来。

1.2　时间过程

城市设计既与空间有关又与时间有关，因为它的构成元素不但在空间中分布，而且在不同的时间由不同的人建造完成。一方面，由于人们在时空中的活动是不断变换的，所以在不同时段环境有不同的用途。因此，城市设计需要理解空间中的时间周期以及不同社会活动的时间组织。另一方面，尽管环境随着时间改变，但保持某种程度的延续性和稳定性还是很重要的。城市设计需要设计和组织这样的环境，允许无法避免的时间流逝。另外，城市社会与环境每时每刻都在变化。城市设计方案、政策等具体内容也应随着时间逐步实施调整。

1.3　政策框架

作为一种管理手段，城市设计的目的是制定一系列指导城市建设的政策框架，在此基础上进行建筑或环境的进一步设计与建设。因此，城市设计必须依靠公共政策手段反映社会和经济需求，需要研究与策划城市整体社会文化氛围，制定有关的社会经济政策。尤其是具体的市容景观实施管理条例，促进城市文化风貌与景观的形成，确定城市设计实施的保障机制。

2　城市设计的类型

根据设计对象的用地范围和功能特征，城市设计可以分为下列类型：①城市总体空间设计；②城市开发区设计；③城市中心设计；④城市广场设计；

⑤城市干道和商业街设计；⑥城市滨水区设计；⑦城市居住区设计；⑧城市园林绿地设计；⑨城市地下空间设计；⑩城市旧区保护与更新设计；⑪大学校园及科技研究园设计；⑫博览中心设计；⑬建设项目的细部空间设计。

3　城市设计的层次性

一个城市形态形成的过程，是一连串的决策制定过程的产物。同样，城市设计是对城市形象的全方位设计，城市设计绝不是单纯的形体设计，而更应看做是思想与手法并蓄的过程。城市设计的层次性是由这些过程所决定的。城市设计的层次性表现为：

（1）城市设计的目标具有多重性：设计一个精美的物质形式及有生机的空间；制定完善的管理程序及设计实施导则；振兴经济，并实现政治目标；促进城市永续发展。

（2）城市设计的内容具有多重性：对城市物质形体空间设计；对城市整体社会文化氛围设计；形成与运作机制的设计。

（3）城市设计的理论体系具有多重性：城市设计理论的发展已突破了功能性理论的范畴，而形成功能性理论、规范性理论、决策理论三个部分。它们一起构成一个整体，三个理论的组成，侧重点不同，如不加区别则无法清晰的掌握城市设计的过程。

（4）城市设计的工作范畴具有多重性：过去对城市设计的理解是详细规划之下的范畴，当今逐渐发展为城市设计研究大到整个城市或区域小到具体的局部地段及场址的物质与社会问题。

第3节　城市设计的基本理论与方法

1　城市空间设计理论

图兰西克（Roger Trancik）在《找寻失落的空间——都市设计理论》[2]一书中，根据现代城市空间的变迁以及历史实例的研究，归纳出三种研究城市空间形态的城市设计理论，分别为图底理论（Figure—Ground Theory）、连接理论（Linkage Theory）、场所理论（Place Theory）。同时对应地将这三种理论又归纳为三种关系，即形态关系、拓扑关系和类型关系。

1.1　图底理论

图底理论从分析建筑实体（Solid mass；图；figure）和开放虚体（Open voids；底；ground）之间的相对比例关系着手，试图通过对城市物质空间的组织加以分析，明确城市形态的空间结构和空间等级，确定城市的积极空间和消极空间。通过比较不同时期城市图底关系的变化，从而分析城市空间发展的规律及方向。

空间设计中运用图－底法，可以借着操作模式实际形状的比例增减变化，决定其图－底的关系。城市的实体与虚体是一组对应的二元关系，虚实相生，共同构成有机的整体。城市虚体必须可以和城市实体空间分割及融合，以提供

图 19-3-1　罗马纳沃纳（Navona）广场地区
图片来源：http://www.theblueroom.net.au/storage/nolli_06.jpg?_SQUARESPACE_CACHEVERSION=1259109446056.

技能上及视觉上的延续性。建筑物与外部空间形成密不可分、相互结合的关系，如此才能创造出一个整体及人性的城市（图 19-3-1）。

每个都市环境中，实体与虚体都有一个既定的模式。传统城市的三种实体形态分别为：①公共纪念物或机构；②主要城市街坊外廓及场地；③界定边缘的建筑物。城市外部空间则具有五种机能各异的主要城市虚体形态：①私密空间和公共通道上的入口前庭；②街坊内廓虚体则为办私密性过渡空间；③与街坊外廓相对的容纳城市公共生活的街道和广场网络；④与城市建筑形式相反的公园及庭园；⑤与河流、河岸、湿地等主要水域特色有关的线形开放空间系统。

1.2　连接理论

连接理论注重以“线”（lines）连接各个城市空间要素。这些线包括街道、人行步道、线形开放空间，或其他实际连接城市各单元的连接元素，从而组织起一个连接系统和网络，进而建立有秩序的空间结构。在连接理论中，最重要的是视动态交通线为创造城市形态的原动力，因此移动系统和基础设施的效率往往比界定外部空间形态更受关注。

连接关系的建立可以分为两个层面：物质层面和内在动因。在物质层面上，连接表现为用“线”将客体要素加以组织及联系，从而使彼此孤立的要素之间产生关联，进而共同形成一个“关联域”；由于“线”的连接与沟通作用，关联域也就是原来彼此不相干的元素形成相对稳定的有序结构，从而空间的秩序被建立起来。从内在动因而言，通常不仅仅是联系线本身，更重要的是线上的各种“流”，如人流、交通流、物质流、能源流、信息流等内在组织的作用，将各空间要素联系成为一个整体。

连接理论是 1960 年代最受欢迎的设计思潮，丹下健三是该理论的先驱，槇文彦对此理论亦作出重要贡献。而在槇文彦著名的“集体形态之研究”一文中，将这种连接关系视为外部空间的最重要的特征及法则。他提出了城市空间分为三种不同形态，即：组合形态、超大形态及组群形态。在城市设计时，连接是控制建筑物及空间配置的关键。尽管连接理论在界定二元空间方向时，又是无法获得令人满意的结果，但它对理解整体城市形态结构仍是大有裨益的（图 19-3-2）。

1.3　场所理论

场所理论比图底理论及连接理论更进一步的将人性需求、文化、历史及自然环境等因素列入考虑的范畴。场所理论结合独特形式及环境详细特性的研究，使实质空间更为丰富。本质上，场所理论是根据实质空间的文化及人文特色进行城市设计的。不论是以抽象或实质的观点而言，“空间”是由可进行实质连接、有固定范围或有意义的虚体所组成。“空间”之所以能成为“场所”的主要原因，是由空间的文化属性所赋予及决定的。正如，诺伯格舒尔

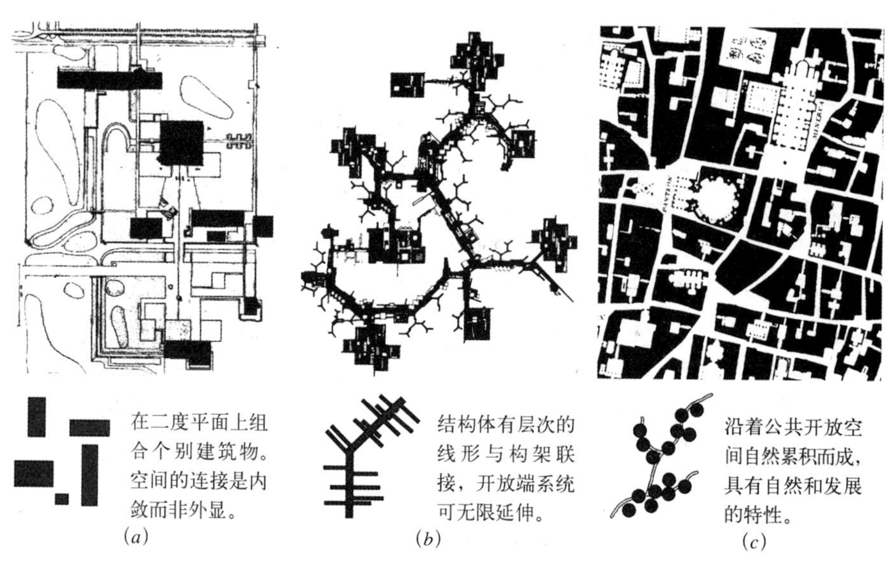

图 19–3–2　城市空间的三种形态

(*a*) 组合形态；(*b*) 超大形态；(*c*) 组群形态

资料来源：(美) Roger Trancik 著．找寻失落的空间——都市设计理论 [M]．谢庆达译．中国台北：田园城市文化事业有限公司，2002：92，104，108–109．

茨(Norberg Schulz)在《场所精神——迈向建筑现象学》一书中精辟地指出："场所就是具有特殊风格的空间。自古以来，场所精神就如同一个具有完整人格的人，如何培养面对及处理日常生活的能力。就建筑而言，意指如何将场所精神具象化、视觉化。建筑师的工作就是创造一个适宜人们聚居的有意义的空间。"(图 19–3–3)。

图 19–3–3　英国巴斯

英国巴斯城核心部分的基本空间设计理念包括一个圆形广场 (The Circus) 及皇家月弯 (Royal Crescent)。所创造的不仅是简单的几何形体，它反映所处的环境，并融入周围环境之中，建立独特形式，成为一个特殊的场所。

资料来源：(美) Roger Trancik 著．找寻失落的空间——都市设计理论 [M]．谢庆达译．中国台北：田园城市文化事业有限公司，2002：107．

2　城市设计的方法

城市设计的方法大致可以分为：①调查的方法。包括基础资料收集、视觉调查、问卷调查、硬地区和软地区的识别等；②评价的方法。包括加权法、层次分析法、模糊评价法、判别法、列表法等；③空间设计的方法。包括典范思维设计方法、程序思维设计方法、叙事思维设计方法等；④反馈的方法。政府部门评估、专家顾问方式、社会评论方式、群众反映等。

3　城市设计的过程

城市总是处在不断的变化中，并没有一种最终的形态和结构。而随着城市设计思想的发展和成熟，人们也逐渐认识到城市设计作为一种过程的特性。早在 1976 年《城市设计评论》1 月刊中就提到"城市设计活动寻求一种形体设计所依据的政策框架。它处理城市肌理中的主要元素之间的关系。它通过空间上的分配和不同人在不同时间的建设达到在实践和空间上的延伸。在这个意义上，城市设计参与城市形态发展的管理"[3]。这里已经把城市设计的目标从物质形式的"结果"发展为控制管理的"过程"[4]。

宏观上，城市设计过程有两种不同的形式：①不自知的设计。正在进行的相对较小规模的累积，通常包括试验和修正、决策和干预几个步骤。许多城镇以这种方式缓慢和渐进地发展，从来没有作为整体进行设计。这种情况所引致的环境受到今天的高度评价。由于城市变化的步伐相对缓慢和范围相对较小，因此这样也是可行的。目前还无法评论的是，许多当代城市环境也以这种特别和局部的方式发展，没有专门规划和设计。②自知的设计。通过开发和设计方案，计划和政策，不同的关系被有意识的整合、平衡和控制。一般有以下阶段：简要定位－设计－实施－实施后评价。每一个阶段代表一系列复杂的活动。尽管这通常被概念化为一个线性的过程，事实上，它是不断循环和反复的[5]。这里，如果设计决策过程是循环的，则暴露出来的缺陷就可望在下一个循环中得到纠正（图 19-3-4）。

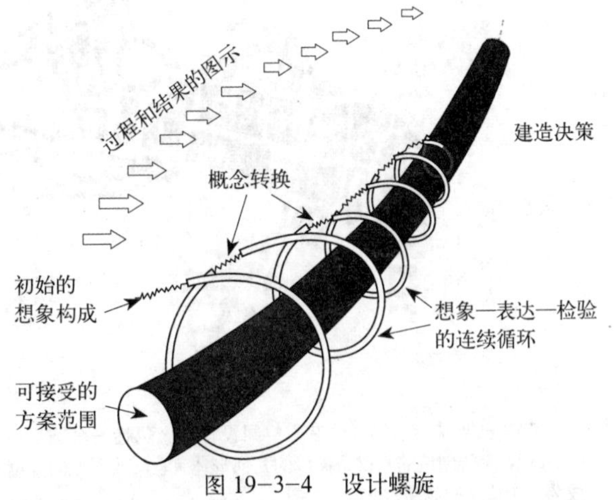

图 19-3-4　设计螺旋

资料来源：John Zeisel，1981．转引自：(英) Matthew Carmona，Tim Heath，Taner Oc，Steven Tiesdell 编著．城市设计的维度[M]．冯江，袁粤等译．江苏：江苏科学技术出版社，2005：53．

第4节 城市公共空间

在城市设计针对的空间范畴中，相当一部分学者更将城市设计的对象界定于城市的公共空间，F· 蒂勃兹就主张城市设计是公共领域的物质设计。原牛津理工学院的P· 拉伊（R.T.Lai）认为，"城市设计是建筑形式与开放空间在社区环境中的合成"，强调的也是集中社区公共生活的开放空间，建筑形式只是作为开放空间的界面。在类似的观点中，C· 芒蒂恩（C.Moughtin）更为深入地指出，"城市设计就是设计和组织相对于私人领域的城市领域（urban realm），除非私人领域影响到公共空间的情况"，因为私人领域的设计无论在学术研究还是在实践活动中都是建筑师分内的事。对城市设计的理解仍应以公共空间的塑造为主，这样才可能真正有效地发挥作用[6]。

1 城市公共空间的概念、作用与类型

城市公共空间狭义的概念是指那些供城市居民日常生活和社会生活公共使用的室外空间。它包括街道、广场、居住区户外场地、公园、体育场地等。其广义概念，则可以扩大到公共设施用地的空间，例如城市中心区、商业区、滨水区、城市绿地等，而佐金（S.Zukin）将公共空间理解为包容物质安全、地理社区、社会社区、文化识别性多个内容的容器，她认为公共空间是城市活动的容器[7]。

公共空间具有"物质"和"社会"的双重属性。公共空间的物质性，强调的是公共空间"质的成分"，更多的涉及三维和设计层面，更注重公共空间"开放性"的外在形式和物质性功能，是对城市的体型环境特征的展示。然而，我们对城市与生活的认知、体验，往往并不是单纯的物质形式，而是对种种文化与社会意识的总和，公共空间在当今社会也越来越多的由多重意义的、互相交涉的社会空间所架构，表现出明显的社会属性，反映着城市的性质、经济特点、传统文化，等等。公共空间的社会内涵主要包含以下三个方面：①"公共性"。为了提升空间的价值、避免"公地的悲剧"[8]，为公众使用的公共空间越来越多地蕴含着公共性的问题，人们对于公共领域、公共主体等都给予了极大的关注。文森特 · 莫斯可（Vincent Mosco）等人将公共的内涵界定为"实行民主的一系列社会过程，也就是促进整个经济、政治、社会和文化决策过程中的平等和最大可能的参与。"②"生产性"。"空间性不仅是被生产出来的结果而且是再生产者"[9]，空间具有强烈的生产性，这就产生了利益分配的问题，而公共空间顾名思义，保障的必然是"公共"的利益。③"公平与公正"。简 · 雅各布斯（Jane Jacobs）在《美国大城市的生与死》中这样阐释："都市规划的精神，最重要在于要了解都市本身的运作方式，以及人如何在内里生活。"由市民直接享用公共空间，最终也应该由市民来当家话事。公共领域对于民主、平等是必不可少的过程，是公众参与社会政治、经济和文化生活的体现[10]。

公共空间具有开放性、可达性、大众性、功能性多项特质[11]，方便人们到达、休憩和日常使用，具有提供活动和感受场所、有机组织城市空间和人的

行为、构成城市景观和维护生态环境、交通运输、城市防灾等。公共空间承载的多层面内容使其成为城市建成环境的重要载体：①活动的设施与场所。根据居民的生活需求，在城市公共空间可以进行交通、商业交易、表演、展览、体育竞赛、运动健身、消闲、观光游览、节日集会及人际交往等各类活动。②文脉的传承与发展。历史上那些富有生机的公共空间是城市文化底蕴和精神风貌的最好载体，而今天的公共空间营造也更多的融合了城市的文化特色、人文背景，更加注重结合自然资源、传统景观、公共艺术等来深层次的塑造城市建成环境。③价值的创造与提升。公共空间的营造有助于提高环境品质、提升城市形象、加强城市活力，也是对城市价值的延伸与放大。而如今，还出现了网络这样的虚拟空间，人们可以拥有好几个ID，可以在网络上讨论和发表看法，甚至影响到国家的政治生活，网络成为新型的公共空间形式，并对实体的公共空间产生影响和冲击。

2 城市公共空间的构成要素及规划设计

城市公共空间由建筑物、道路、广场、绿地与地面环境设施等要素构成。城市公共空间一般是在城市经济与社会发展的过程中，由于居民生活的需要逐步建设形成。

城市公共空间除有各种使用功能要求外，其数量与城市的性质、人口规模有紧密关系。城市人口越多，城市公共空间的需求量也越大，功能也更复杂。城市人口规模大，也有条件设置更内容丰富的公共空间。

城市公共空间规划设计的内容很多，包括总体布局和具体设计。它与城市规划编制的各阶段有着密切的关系，在城市总体规划、详细规划和修建设计阶段都应当做相应的规划研究。城市公共空间的规划设计在本质上属于城市设计范畴，需要做城市设计，其目的是创造功能良好、城市空间富有特色的环境。城市公共空间的重点是城市中心、广场、街道、公共绿地、城市滨水区等。

3 城市中心

3.1 城市中心的类型及构成

城市中心是城市居民社会生活集中的地方。城市居民社会生活多方面的需要和城市的多种功能，导致产生各种类型和不同规模、等级的城市中心。从功能来分，有行政、经济、生活及文化中心。按照城市规模分，小城镇一般有一个市中心即能满足各方面的要求；大、中城市除全市中心之外，还有分区中心、居住区中心等。全市中心也可同时有几个不同功能的中心，形成城市中心体系。

3.1.1 城市中心类型

城市中心因服务范围和性质的不同而有不同的类型。

根据公共活动的功能和性质，城市有行政管理、经济、商业、文化、娱乐、游览等活动的要求。有的是一个中心兼有多方面的功能，也有的是突出不同功能和性质的中心。

从所服务的地区范围来分，有为全市服务的市中心，有分别为城市各区服务的区中心，有为居住区服务的居住区中心。在不同层次的中心，设置相应层次的公共服务设施。在一般情况下，城市有几个分区时，可设置市中心和区中心。如市中心在某一区内，则该区可不必设置区中心，上一层次的中心可结合考虑下一层次中心的内容和要求。

3.1.2 城市中心的构成

城市中心应有各类建筑物、各类活动场地、道路、绿地等设施。这些内容可组织成一个广场，或组织在一条道路上，也可以在街道、广场上联合布置，形成一片建筑群体。大城市的中心构成甚至可以扩展到若干街坊和一系列的街道、广场，形成中心区。

城市中心的建筑群以及由建筑群为主体形成的空间环境，不仅要满足市场活动功能上的要求，还要能满足精神和心理上的需要。因为，城市中心创造了具有强烈城市气氛的活动空间，为市民提供了活跃的社会活动场所。人们可以感受城市的性格和生活气息，形成城市的独特的吸引力。同时，城市中心往往也是该城市的标识性地区。

3.2 城市中心布局

城市中心的布局包括各级中心的分布、性质、内容、规模、用地组织与布置。各级中心的分布、性质和规模须根据城市发展总体规划的用地布局，考虑城市发展的现状、交通、自然条件以及市民不同层次与使用频率的要求。

3.2.1 满足居民活动不同层次的需要

居民生活对中心有不同要求。从使用频繁程度来分，有每天使用、日常需要的内容组成的中心，也有间隔一段时间如一周、一月左右需要使用的中心，也有间隔相当长的时间或偶尔一顾的中心。使用频率反映出时间上、生活上不同层次的需要。

不同级别的中心，其服务范围各不相同。高一级的中心，如全市的中心，服务范围最大，内容也较齐全。居住区的中心，内容则较少，服务的面也仅限于居住区本身。

3.2.2 中心位置选择

中心的位置须根据城市总体规划布局，通盘考虑后确定，在具体工作中应注意以下几点：

（1）利用原有基础

旧城都有历史上形成的中心地段，有的是商业、服务业及文化娱乐设施集中的大街；有的是交通集散的枢纽点，如车站、码头。行政中心都在政府办公机构集中的地段形成。原有城市中心地段须充分利用。例如，北京市天安门广场、东西长安街东单到西单一带，是在历史条件下改建成的市中心地区，它能够满足人们的政治、经济、文化娱乐、瞻仰游览等活动的要求。北京市新规划的各个区中心也考虑了依托原有的建筑基础，选择了朝阳门外大街、阜成门外、鼓楼、海淀旧区等地点发展。

上海市中心区及区中心的发展也是依托原有的商业街和商业区。例如，南京路、淮海路、北四川路、徐家汇、人民广场都是全市和分区的重要中心区。浦东陆家嘴发展成为新的金融中心区，它与浦西的外滩共同构筑了城市中心商

务区（CBD）。许多城市也都在原有中心的基础上扩大。例如，南京的新街口、鼓楼和夫子庙，天津的和平路、劝业场，成都的熙春路，苏州的观前街等，都在邻近地段扩大城市中心用地。

在扩建、改建城市中，必须调查研究原有各级中心的实际情况、发展条件，同时分析城市发展对城市中心的建设要求。对原有设施应分析情况，合理地组织到规划中来。如果由于城市的发展，认为原有中心的位置不适当，扩大改建的条件不足，也可考虑重选新址。

（2）中心位置的选择

各级、各类中心都是为居民服务的，从交通要求考虑，它们的位置应选在被服务的居民能便捷到达的地段。但是，中心的位置往往受自然条件、原有道路等条件的制约，并不一定都处在服务范围的几何中心。

由于大城市人口众多，为减少人口过分集中于市中心区，应在各个分区选择合适的地点，增设分区中心。图 19–4–1 为北京市中心和区中心的分布图。

各级中心须具备良好的交通条件。市中心和区中心必须有方便的公共客运交通的连接，并靠近城市交通干道。居住区和居住小区的中心同样要选择位置适中，接近交通干道的地段。要考虑居民上、下班时顺路使用的方便和更多的选择性。

（3）适应永续发展的需要

城市各级中心的位置应与城市用地发展相适应，远近结合。市中心的位置既要在近期比较适中，又要在远期趋向于合理，在布局上保持一定的灵活性。各级中心各组成部分的修建时间往往有先后，应注意中心在不同时期都能有比较完整的面貌。

（4）考虑城市设计的要求

城市中心地点的选择不仅要分布合理并形成系统，还要根据城市设计原则考虑城市空间景观构成，使城市中心成为城市空间艺术面貌的集中点。

3.2.3 中心的交通组织

各级中心既要有良好的交通条件，又要避免交通拥挤，人车互相干扰。为了符合行车安全和交通通畅的要求，必须组织好市及区中心的人、车及客运、货运交通。

市中心、区中心要与城市各分区及主要车站、码头等保持便捷的联系。在旧城基础上发展起来的中心，一般建筑较密集，开敞空间有限，人、车密集，而且还有历史上形成的有艺术、文物价值的建筑，吸引大量人流。为了解决交通矛盾，在交通组织上应考虑以下各点：

（1）市中心是居民活动大量集中的地方，在这个范围内的交通以步行为主。为了接纳和疏散大量人流，必须有便捷的公

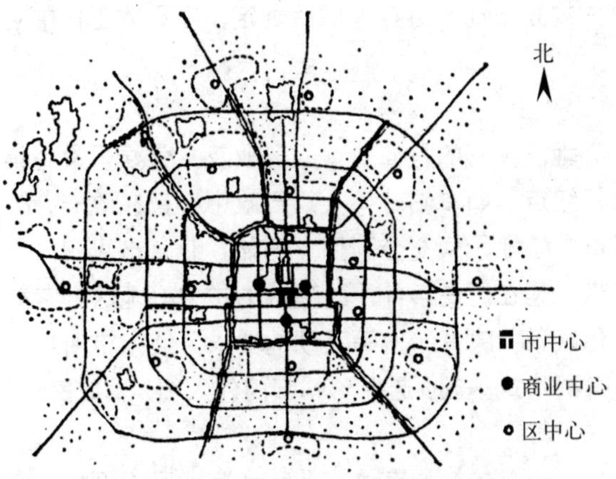

图 19–4–1 北京市中心分布图

资料来源：同济大学李德华．城市规划原理（第三版）．北京：中国建筑工业出版社，2001：502.

共交通联系。

(2) 疏解与中心活动无关的车行交通。如有大量过境交通通过时，可开辟与市中心主干道相平行的交通性道路，在干道上建造高架路，或在市中心地区外围开辟环行道路，还应控制车辆的通行时间和方向。

(3) 中心区四周布置足够的停车设施。

(4) 发展立体交通，建设步行天桥或隧道，以减少人车冲突。

(5) 中心区规模相当大时，可划定一定范围作为步行区。

3.3 城市中心的空间组织

3.3.1 功能与审美的要求

城市中心空间规划首先应满足各种使用功能的要求，如办事、购物、饮食、住宿、文化娱乐、社交、休息、观光等活动，必须配置相应的建筑物和足够的各种场地。

城市中心空间的规划不仅要处理好土地使用和交通联系，而且还要考虑公共活动中心空间的尺度、建筑形体和市景，也就是中心建筑空间和城市面貌的塑造应考虑审美要求。在小的城市或在大城市的旧城中心，建筑体量一般较小，其他组成部分，如街道、广场等的尺度也较小，其所形成的城市中心、建筑空间往往比较适度，体现了传统的尺度概念和视觉要求。

工业化引起的城市发展，使城市中的活动要求增多，并导致城市建设尺度的扩大。现代城市的规划与建设，加强了城市设计和城市环境的概念。在城市中心的空间规划设计中，必须重视整体性和综合性、可接近性和识别性，以及空间连续与变化的效果。现代城市中心往往是一组多种功能的建筑群体，应结合交通和环境进行综合设计。统一规划，统一设计，统一建设，可以使中心建设得更好（图 19–4–2）。

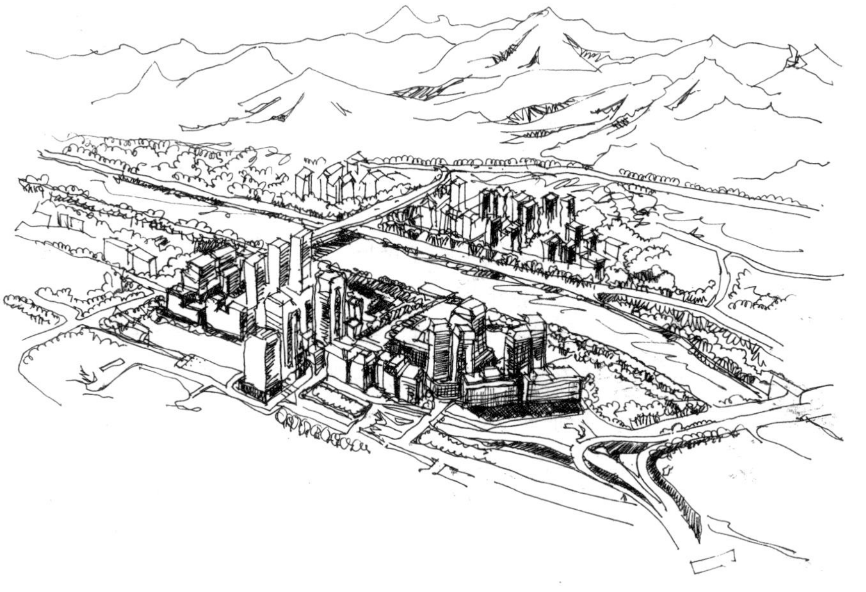

图 19–4–2　香港沙田区中心鸟瞰

资料来源：同济大学李德华．城市规划原理（第三版）．北京：中国建筑工业出版社，2001：504．

整体性是把建筑、交通、各类场地以及建筑小品等设计作为一个整体统一考虑。综合性是指不同的功能组合在一个建筑体内，增强服务的效率，也指物质使用、社会、经济、文化各方面的综合。公共活动中心的空间组织既要使居民能方便地到达和使用，使各组成部分间紧密连接以及具有亲切感，同时，也要有一定的特点和个性，反映出地方的风格。

3.3.2　城市中心建筑空间组织的原则

城市中心建筑空间组织的原则之一是运用轴线法则。可以有一条轴线或几条主、次的轴线。轴线可以把中心不同的部分联系起来，成为一个整体，轴线也能把城市中的各个中心联系起来，把街道和广场等串联起来。

中心建筑空间组织的原则之二是统一考虑建筑室内和室外空间，地面、高架和地下空间，专用和公用空间，车行和人行的空间，以及各空间之间的环境协调。要使整个建筑空间和环境丰富多彩，引人入胜。

建筑物的造型和装修，它们和其他组成部分的材料、质感、色彩等都是中心地区空间构图与表现的要素，要重视这些要素的和谐与对比作用。建筑小品、雕塑、喷水以及街道、广场、庭园的所有设施，也是中心空间组织的组成部分，并能起极好的点缀和组景的作用。建筑及绿地艺术照明可美化城市夜景。

3.4　中心商务区

中心商务区（CBD，central business district）在概念上与商业区有所区别，中心商务区是指城市中商务活动集中的地区。一般只是在工业与商业经济基础强大，商务和金融活动量大，并且在国际商贸和金融流通中有重要地位的大城市才有以金融、贸易及管理为主的中心商务区。中心商务区是城市经济、金融、商业、文化和娱乐活动的集中地，众多的建筑办公大楼、旅馆、酒楼、文化及娱乐场所都集中于此。它为城市提供了大量的就业岗位和就业场所。

中心商务区一般位于城市在历史上成形的城市中心地段，并经过商业贸易与经济高度发展阶段才能够形成。例如上海，自鸦片战争后辟为港口商埠，经过一百年，发展到 1940 年代，黄浦江西侧外滩地区才形成上海市的中心商务区。1949 年以后，由于上海市对国外商贸、金融功能的衰退，中心商务功能也随之消亡。1988 年国务院决定开放、开发浦东新区，并在陆家嘴发展金融中心及浦西黄浦区再开发，是振兴上海市经济和重建上海中心商务区的重要决策与措施。

3.5　商业区与购物市场

3.5.1　城市商业区的形成及演变

商业活动是城市的重要功能之一，居民购买日常生活必需品如粮食、蔬菜、食品、家用器具、衣物及杂货等，是有规律的活动。早在农业与手工业经济社会商业活动已有发展，形成了零售和批发的集市贸易，并在城镇出现了市场、商店和商业街。唐长安在城区布置供商业贸易集中活动的西市与东市。宋初东京汴梁仍承袭汉唐旧制设市场，但随着商品经济的发展，到北宋后期城镇出现了商业网点和商业街，从名画《清明上河图》可看出当时的汴梁街市的繁荣景象。南宋时的临安（今杭州）的手工业、商业十分发达，各种官私店铺遍布全城坊巷，形成分行业集中营业的行业街市。与商业相适应的各种服务行业如酒楼、茶馆、客栈、瓦子、浴室等也同步发展，成为临安商业网的重要组成部分。城镇出现商业区是社会经济发展的必然结果，工业生产进一步促进商业区的发展。我国和西方的城市都是一样。

欧洲在工业革命开始以后，城市发展迅速，出于改善城市卫生、防火安全和建筑管理的需要，出现了城市分区的思想。最早规定城市分区建设的是1894年德国法兰克福（Frankfurt），将城市分为工业区、商业区、住宅区与混建区。其后在各国的城市建设和规划中也开始采用商业区的规划概念和手法。

3.5.2 商业区的内容、分布及形式

现代城市商业区是各种商业活动集中的地方，以商品零售为主体以及与它相配套的餐饮、旅宿、文化及娱乐服务，也可有金融、贸易及管理行业。商业区内一般有大量商业和服务业的用房，如百货大楼、购物中心、专卖商店、银行、保险公司、证券交易所、商业办公楼、旅馆、酒楼、剧院、歌舞厅、娱乐总会等。

商业区的分布与规模取决于居民购物与城市经济活动的需求。人口众多、居住密集的城市，商业区的规模较大。根据商业区服务的人口规模和影响范围，大、中城市可有市级与区级商业区，小城市通常只有市级商业区，在居住区及街坊布置商业网点，其规模不够形成商业区。

商业区一般分布在城市中心和分区中心的地段，靠近城市干道的地方。须有良好的交通连接，使居民可以方便地到达。商业建筑分布形式有两种，一种是沿街发展，另一种是占用整个街坊开发。现代城市商业区的规划设计，多采用两种形式的组合，成街成坊的发展。西方国家的城市一般都有较发达的商业区，例如，美国城市的闹市区，德国城市的商业区。商业区是城市居民和外来人口经济活动、文化娱乐活动及社会生活最频繁集中的地方，也是最能反映城市活力、城市文化、城市建筑风貌和城市特色的地方，而步行商业街（区）是商业区最典型的形式。

3.5.3 购物市场

市场是最古老的一种商品交易场所。市场的出现较城市早，市场是由集市贸易发展而形成的。现在不论在我国或者国外的城镇仍有各种市场存在。从市场的性质分析，有交易农副产品、水产品、果品及食品的专业市场，有专门销售家用杂货、小商品、服装、家用电器、建材等各类商品的专业市场，还有综合性的大型市场和专营批发的市场。由于商品零售要考虑方便居民购买和大宗商品交易的需要，城市各类市场已经成为城市商业活动空间不可缺少的部分。

自发形成的市场往往占用城市道路的两侧用地或者在一片空地集市，特别是农副产品的销售主要在清晨到午前，这种市场具有明显的农业经济特点。在现代城市建设和城市规划中应安排各类市场用地。市场可以露天设置，或布置在一个大空间的建筑物中，也可以采用露天与室内相结合的布局。

3.6 城市中心实例

3.6.1 上海市中心

上海作为有近百年历史的商埠城市，市中心历来在黄浦江西岸外滩与南京东路两侧地段。根据上海市经济发展战略及城市总体规划，上海市中心仍旧定

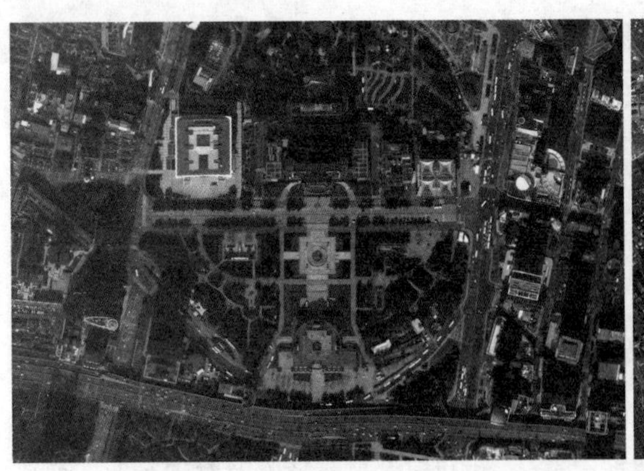

图 19-4-3　上海市人民广场平面图
资料来源：google earth，2010.

图 19-4-4　上海市陆家嘴开发区
资料来源：google earth，2010.

位在这个区域，但范围扩大到浦东陆家嘴开发区。中心范围东起浦东陆家嘴，西至人民广场，并以南京东路为市中心发展轴线。陆家嘴与浦西外滩一带集中了大量金融机构、银行、证券交易所、保险公司及商业贸易机构，形成金融商贸区。

南京东路外滩到黄河路全长 1900m，是上海市最主要的商业街，集中了大量百货公司、专卖店、商场、旅馆、餐饮、旅游观光等服务与文化娱乐设施。南京东路已改建为步行街，街道上设置了许多环境设施和绿地，成为一个很有特色，魅力独具的商业街。黄河路南为人民公园和人民广场，广场内布置市政府、博物馆、大剧院等重要公共建筑及大面积绿地，是集行政办公、市民休闲、文化娱乐为一体以及节日集会的场所（图 19-4-3）。

1991 年 4 月，时任上海市市长朱镕基与法国政府公共工程部正式签署的会谈纪要明确提出："中法两国合作组织陆家嘴金融中心区规划国际设计竞赛"。1992 年 11 月，经挑选的英国罗杰斯、法国贝罗、意大利福克萨斯、日本伊东丰雄、中国上海联合设计小组五家正式提交了有关陆家嘴中心地区（CBD）规划国际咨询设计方案，并进行了国际专家评审会。方案深化之后确定了核心区、高层带、滨江区、步行结构和绿地共四个层面的空间层次。在核心区结合 88 层金茂大厦的选址，设置"三足鼎立"的超高层建筑区，同时结合高层建筑和中心绿地形成中国传统的"阴阳太极"美学概念对比，共筑陆家嘴 CBD 特有的标志性景观。1993 年 8 月最终批准的陆家嘴中心区占地 171hm^2，规划建筑面积 418 万 m^2，平均毛容积率 2.44，CBD 内形成五大功能组团[12]（图 19-4-4、图 19-4-5）。

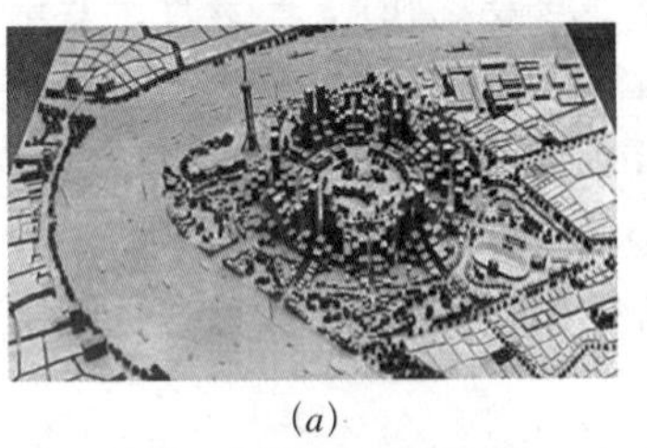

(*a*)

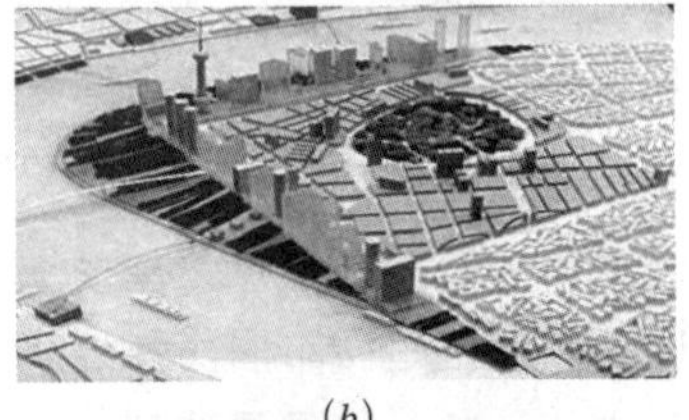

(*b*)

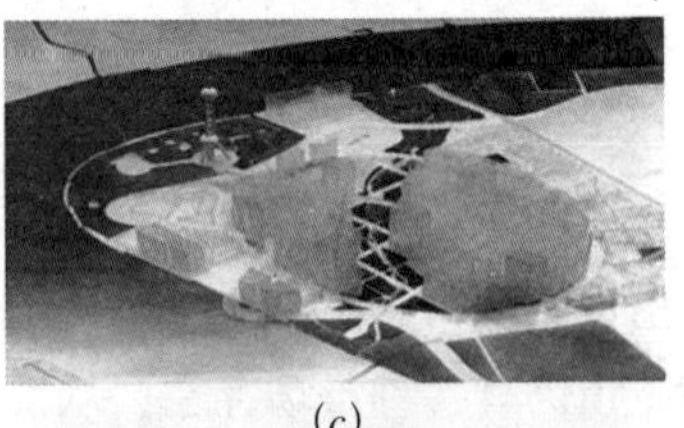

(*c*)

(*d*)

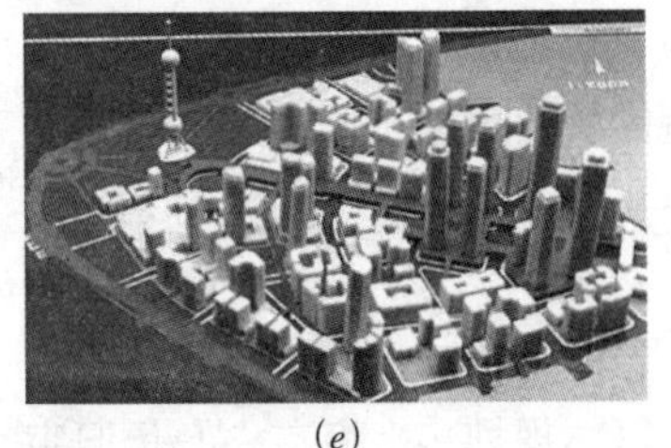

(*e*)

图 19-4-5　陆家嘴中心地区规划国际咨询设计方案
(*a*) Richard Rogers 方案；(*b*) 法国贝罗方案；(*c*) 福克萨斯方案；(*d*) 伊东丰雄方案；(*e*) 中国联合设计小组方案
资料来源：陆家嘴公司公布的图片资料，2004.

3.6.2 英国伦敦斯特文内几新镇中心规划

斯特文内几是大伦敦外围的一个新镇，原始规划的人口规模为 6 万人。这个中心是英国新镇中心具有代表性的一个，中心区内步行交通与汽车交通完全分开，是英国新镇中第一个禁止汽车行驶的步行中心区。镇中心用地呈长方形，通行汽车的道路布置在镇中心的四周，市中心设有一条南北向的步行商业街，向东有两条支路，西侧有一个市政广场，广场西侧设有公共汽车站。步行街的两侧布置有 2 层和 3 层商店，商店背面与通车道路连接。

1960 年代，由于小汽车交通的发展，在镇中心南、北干道上增设高架道路，让过境车辆通行，减少对中心的干扰。新镇中心各种设施齐全，能满足市民各种社会活动的需求。中心区的建筑造型统一协调，市政广场上布置喷水及钟楼，建筑细部处理也很精致。缺陷是原设计的广场尺度偏小，大量居民活动感到拥挤（图 19–4–6）。

3.6.3 东京新宿副中心规划

新宿副中心位于东京市中心以西约 15km，面积约 96hm^2，是一个多功能综合性副中心，白天可容纳 30 万人工作和活动。新宿采用多层空间布局，立体化道路系统引入市中心，在地下设置商业街及其他公共建筑。地面采用多功能综合性建筑，将旅馆、餐馆、超级市场、剧场、游乐场所及办公楼组织在一幢或一群建筑物中。新宿主要分三个区：超高层街区建筑区、西门口广场区及中央公园区。超高层建筑其规划布局原则是步行与汽车交通分离，保障行人安全。每个街区原则上建设一幢超高层建筑，高度不超过 250m。新区内道路宽度 30 ~ 40m。道路交叉口均为立体交叉。东西向道路在地面层，南北向为高架道路，建筑物与不同标高的道路直接连通，上下层道路人行道之间有阶梯相连，不必跨越车行道（图 19–4–7）。

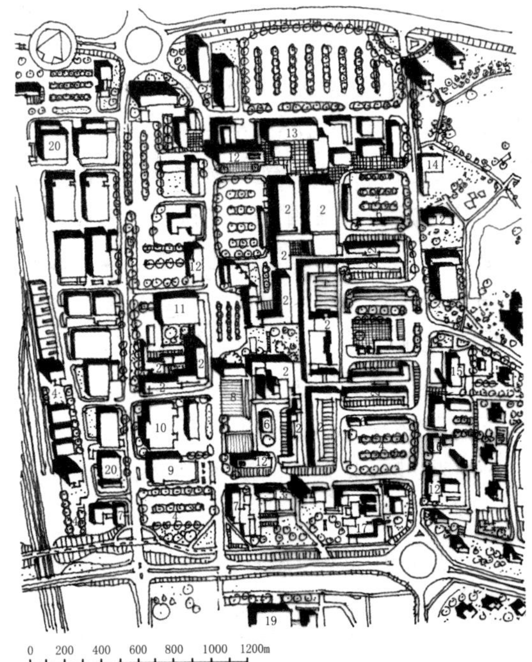

图 19–4–6 英国伦敦斯特文内几新镇中心规划平面图（1950 年方案）

1—城市广场；2—商店、百货公司；3—步行路；4—停车场；5—市场；6—停车场、商店；7—酒店；8—邮局；9—停车场；10—公共停车场；11—餐厅；12 事务所；13—行政建筑；14—电影院；15—教堂；16—消防队；17—警察局；18—图书馆、保健中心；19—定时制补习学校；20—仓库；21—火车站

资料来源：同济大学李德华. 城市规划原理（第三版）. 北京：中国建筑工业出版社，2001：508.

西门口广场区采用立体布局，是公交车站和组织公共交通的空间。地下一层乘客步行通道和商业街，地下 2 层停车场，地下 3 层停车场设附属用房。新宿火车站是东京最繁忙的转换站，附近有 9 条线路，50 条公共汽车线，每天进出车站的乘客估计约 200 万。车站周围已经形成特大商业中心和娱乐中心。

中央公园区规划为 3 个不同的标高区。利用路面高差，用步行桥把不同桥高联系起来。公园地下设地下水池和变电所，以供应本区的需要。

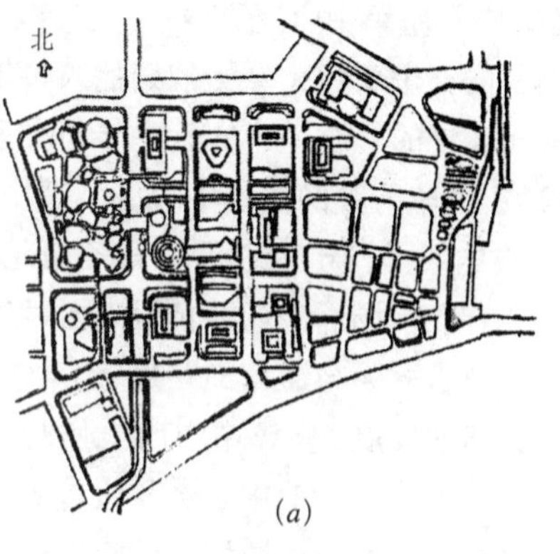

(a)

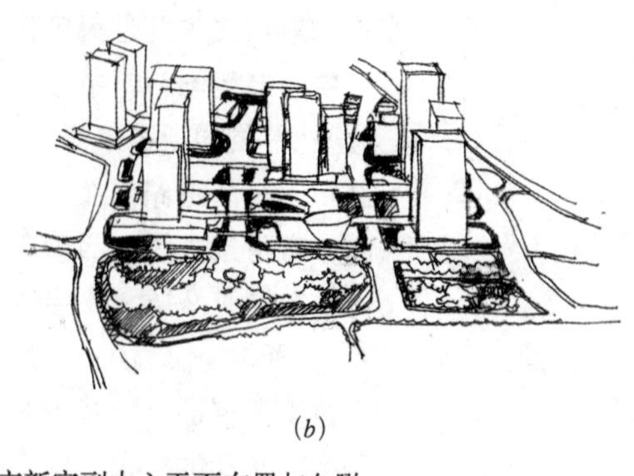

(b)

图 19-4-7 日本东京新宿副中心平面布置与鸟瞰

(a) 平面布置图；(b) 鸟瞰图

资料来源：同济大学李德华．城市规划原理（第三版）．北京：中国建筑工业出版社，2001：510.

3.6.4 美国华盛顿市中心规划

华盛顿市中心是一个在城市规划和建设管理上都十分成功的良好范例。中心布局的构思寓意立法、行政、司法三权分立。市中心核心区有两条轴带，东西向轴带从国会大厦向西，经华盛顿纪念塔、倒影池到林肯纪念堂，全长约2.3km，两旁是一条宽阔的林荫带和草坪。林荫带两侧布置了政府办公楼、博物馆和美术馆。南北向轴带从白宫向南，经椭圆广场到华盛顿纪念塔，再跨潮沙湖，可达杰斐逊纪念堂，全长约1.15km。整个核心区是一座大花园，风景十分优美。重要的建筑物如最高法院、国会图书馆布置在国会大厦东侧，形成一组建筑群体。肯尼迪表演艺术中心建在波托马克河东岸，水门以南，位置显著。在建设过程中，为了保证中心区政府重要建筑物的统一协调和主次分明，对建筑物的高度有严格规定，最高不得超过33.5m，即不得超过国会大厦的高度。实践表明，这一规定发挥了重要作用（图 19-4-8）。

图 19-4-8 华盛顿市中心平面图

资料来源：google earth，2010.

3.6.5 德国柏林波茨坦广场／索尼中心

波茨坦广场／索尼中心是欧洲大陆几十年来规模罕见的多功能城市再开发工程。波茨坦广场曾经是柏林历史上最繁华的商业中心和最重要的交通枢纽，但第二次世界大战中在盟军的炮火轰炸下成为一片废墟。1961年建成的柏林墙从中间穿过，从此波茨坦广场被一分为二，成为冷战中东西德乃至东西欧分裂的标志，给这个场

所带来又一层历史和政治的记忆断层。1989 年，柏林墙轰然而倒，这里再次成为国际关注的焦点。1991 年东西德合并后，波茨坦广场成为新政府在城市建设乃至国家形象建设的重大举措。柏林市政府与两家世界著名的跨国企业奔驰公司与索尼公司进行了一次非常成功的政府与民间的合作开发。规划建设了一个全新的商业区，被认为是欧洲近年来最大规模的市中心开发项目。

1990 年，柏林议会为波茨坦广场项目成立了特别的工作小组，并举办了设计竞赛，来解决建设地块可能产生的冲突。同时，为了防止失去波茨坦广场开发的控制权，而使城市面貌成为私营公司和自由市场的牺牲品，“严肃的重建”(Critical Reconstruction) 这一纲领被制定，内容涉及对街道模式、建筑控制等多项内容。1991 年柏林建筑师黑莫和萨特的方案成为中选方案，用来指导各个地块的建设。这个方案以柏林的历史街区模式和柏林政府的重建纲领为指导原则，把城市结构重点放在两条从波茨坦广场发射出去的大街上，以传统的“街道／街区／广场”构成的建筑肌理协调波茨坦广场的各个地块，采用 50m×50m 的标准尺度统一不同建筑类型的体量，还规定建筑的高度为 35m，试图重新找回欧洲传统的紧凑而丰富的城市空间形式。

在此基础上，奔驰公司为波茨坦广场举行了国际城市设计竞赛，以获得更深入的方案。最后伦佐 · 皮亚诺的城市设计方案，并由福斯特、罗杰斯、矶崎新、莫尼欧等建筑师合作完成建筑设计。在制定城市方针的基础上，皮亚诺的规划针对传统的城市街区，将大规模的办公空间与居住、零售商业以及休闲娱乐设施相结合。在“现代化不能破坏城市风貌”的前提下，他为这个区域设计了密度大而视觉多变的城市广场，以此来平衡公共与私密的区间。设计中还关注永续性原则，建筑能源和水处理方面体现了生态理念[13]（图 19–4–9）。

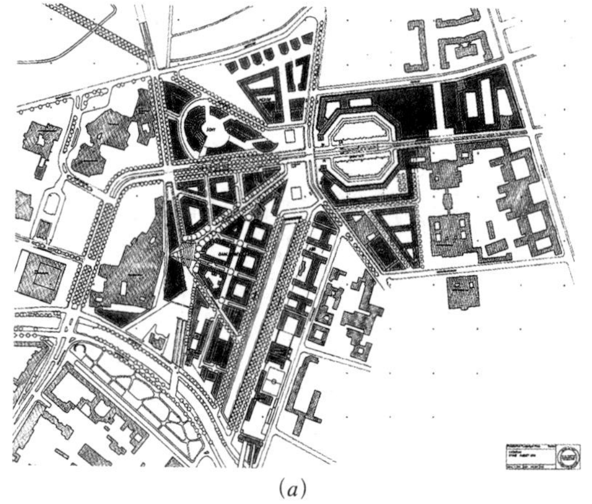

(*a*)

(*b*)

图 19–4–9　波茨坦广场总平面图及鸟瞰

(*a*) 完全建成后的波茨坦广场总平面图；(*b*) 2002 年建设中的波茨坦广场鸟瞰

资料来源：（美）加里 · 赫克，林中杰著．全球化时代的城市设计 [M]．时匡译．北京：中国建筑工业出版社，2006：142–143．

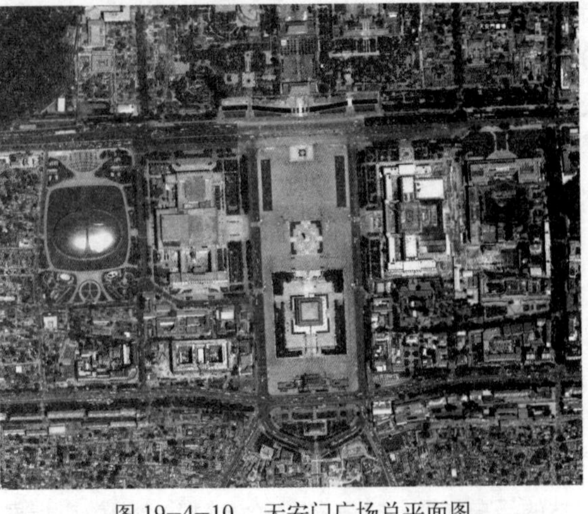

图 19-4-10　天安门广场总平面图

资料来源：google earth，2010.

4　城市广场

4.1　广场在城市中的作用

广场是由于城市功能上的要求而设置的，是供人们活动的空间。城市广场通常是城市居民社会生活的中心，广场上可进行集会、交通集散、居民游览休憩、商业服务及文化宣传等。广场旁一般都布置着城市中的重要建筑物，广场上布置设施和绿地，能集中地表现城市空间环境面貌。如北京的天安门广场，既有政治和历史的意义，又有丰富的艺术面貌，（图 19-4-10）。上海市人民广场是市民生活、节日集会和游览观光的地方。

在城市总体规划中，对广场的布局应作系统的安排，而广场的数量、面积的大小、分布则取决于城市的性质、规模和广场功能。

城市广场是城市居民社会生活的中心，其周围常常分布着行政、文化、娱乐、商业及其他公共建筑。在城市中心广场可以举行节日的群众集会庆祝活动。城市广场的分布在城市总体规划阶段确定，广场应与城市干道和街道相连接。城市广场通常是汽车、自行车与步行交通集中地，应该根据各种交通性质、交通量加以组织，避免过境车流穿越广场。

广场平面布置和造型应通过城市设计进行研究，广场四周的建筑高度、体量应与广场尺度相协调。在广场上布置建筑物、喷水、雕塑、照明设施、花坛、座椅及种树可以丰富广场空间，提高艺术性。

4.2　广场分类

广场是由城市功能的需要而产生的，并且随着时代的变化不断发展。城市广场的分类由于出发点不同可有各种分类。按照历史时期分类有古代广场、中世纪广场、文艺复兴时期广场、17 世纪及 18 世纪广场及现代广场。按照广场的主要功能分类有市民广场（civic square）、市场广场、建筑广场、纪念性广场、生活广场、交通广场等。按照形态分类有规整形广场、不规整性广场及广场群。按照广场构成要素分析可分为建筑广场、雕塑广场、水上广场、绿化广场等。

广场的设置和演变受到各种因素的影响，在众多因素之中首要因素是功能。从古代到现代，广场就是城市居民社会生活空间，设在城市中心，是城市不可缺少的部分。随着现代社会的发展和市民心理的需要，应该满足多种功能的要求。在编制城市规划时，常常以主要功能定性，在城市布置不同性质的广场。

4.3　不同性质的广场

4.3.1　市民广场

市民广场多设在市中心区，通常它就是市中心广场。在市民广场四周布置

市政府及其他行政管理办公建筑，也可布置图书馆、文化宫、博物馆、展览馆等公共建筑。市民广场平时供市民休息、游览，节日举行集会活动。广场应与城市干道有良好的衔接，能容纳疏导车行和步行交通，保障集会时人车集散。广场应考虑各种活动空间，场地划分，通道布置需要与主要建筑物有良好的关系。可以采用轴线手法或者自由空间构图布置建筑。广场应注意朝向，以朝南为最理想。市民广场上还应布置有使用功能和装饰美化作用的环境设施及绿化，以加强广场气氛，丰富广场景观（图 19–4–11）。

4.3.2　建筑广场和纪念广场

为衬托重要建筑或作为建筑物组成部分布置的广场为建筑广场。如巴黎罗浮宫广场（图 19–4–12）、纽约洛克菲洛中心广场（图 19–4–13）等。

为纪念有历史意义的事件和人物，如长征中的遵义会址、南京雨花台烈士陵园可设置纪念性广场。在建筑广场及纪念性广场上可布置雕塑、喷水、碑记等各种环境设施，要特别重视这类广场的比例尺度、空间构图及观赏视线、视角的要求。

图 19–4–11　加拿大卡尔加里市中心广场

资料来源：同济大学李德华．城市规划原理（第三版）．北京：中国建筑工业出版社，2001：519．

图 19–4–12　巴黎罗浮宫广场

资料来源：google earth，2010．

(a)

(b)

图 19–4–13　纽约洛克菲勒中心广场

(a) 洛克菲勒中心广场平面图；(b) 洛克菲勒中心广场景象

资料来源：http://www.essential-new-york-city-guide.com/images/rockefeller-center-ice-skating-rink4.jpg.

4.3.3　商业广场

城市商店、餐饮、旅馆、市场及文化娱乐设施集中的商业街区常常是人流最集中的地方。为了疏散人流和满足建筑上的要求，需要布置商业广场，我国有许多城市有历史上形成的商业广场，如苏州市的北局广场、玄妙观前广场，南京的夫子庙，上海城隍庙。国外城市的商业广场已纳入步行商业街及步行商业区系统，布置商业广场十分普遍。

4.3.4　生活广场

生活广场与居民日常生活关系最为密切，一般设置在居住区、居住小区或街坊内。面积较小，主要供居民休息、健身锻炼及儿童游戏活动使用。生活广场应布置各种活动设施，并布置较多绿地。

4.3.5　交通广场

交通广场分两类：一类是道路交叉的扩大，疏导多条道路交汇所产生的不同流向的车流与人流交通。另一类是交通集散广场，主要解决人流、车流的交通集散，如影、剧院前的广场，体育场，展览馆前的广场，工矿企业的厂前广场，交通枢纽站站前广场等，均起着交通集散的使用。在这些广场中，有的偏重于解决人流的集散，有的偏重于解决车流、货流的集散，有的对人、车、货流的解决均有要求。交通集散广场车流和人流应很好地组织，以保证广场上的车辆和行人互不干扰，畅通无阻。广场要有足够的行车面积、停车面积和行人活动面积，其大小根据广场上车辆及行人的数量决定。在广场建筑物的附近设置公共交通停车、汽车停车场时，其具体位置应与建筑物的出入口协调，以免人、车混杂，或车流交叉过多，使交通阻塞。

交通枢纽站前广场上，当客货运站合设时，交通较为复杂，在这种情况下，主要应解决人流、车流、货流三大流线的相互关系，尽可能减少三者的交叉干扰。一般应为货运设置通向站房的独立出人口和连接城市交通干道的单独路线。长途公共汽车站往往与铁路车站的广场相连接。为了合理地组织站前交通，特别要使站房的出入口与城市公共交通车站和停车场等的位置配合好，以便在最少数量的流向交叉条件下，使广场上的步行人流和车流通畅元阻，并注意步行人流线路与车流线路尽量不相交混。在可能条件下，可考虑修建地下人行隧道或高架桥，使旅客直接从站房到达公共交通车站的站台或广场对面的人行道上去。站前广场上的建筑，除车站站房及其他有关交通设施外，还有邮电、旅馆、餐厅、货等服务设施，可组成富有表现力的城市大门建筑群，丰富城市面貌，给旅客留下深刻的印象。码头前广场其性质与铁路车站广场基本上相同，其布局原则上与铁路车站广场相似。

影剧院和体育馆、展览馆前的广场应主要考虑人流集散。这些广场上的建筑，往往是城市中体型较完美的公共建筑，在组成城市艺术面貌上，起一定的作用。桥头广场主要是解决人流、车流的交通组织，保证车流通畅，行人安全。

城市广场，有的性质比较单一，有的则兼有多种功能，在规划布置时，应根据广场的有关功能，分别主次，进行综合考虑。

4.4　不同形状的广场

广场因内容要求、客观条件的不同而有不同的规划处理手法。

4.4.1 规则形广场

广场的形状比较严整对称，有比较明显的纵横轴线，广场上的主要建筑物往往布置在主轴线的主要位置上。

(1) 方形广场

在广场本身的平面布局上，可根据城市道路的走向、主要建筑物的位置和朝向来表现广场的朝向。随着广场长度比的不同，带给人们的感觉也不同。巴黎旺多姆广场（Place de Vendome）（图 19–4–14）。始建于 17 世纪，平面接近方形（长 141m，宽 126m），有一条道路居中穿过，为南北轴线；横越中心点有东西轴线。中心点原有路易十四的骑马铜像，法国大革命被拆除，后被拿破仑为自己建造的纪功柱的代替，纪功柱高 41m。广场四周是统一形式的 3 层古典主义建筑，底层为券柱廊，廊后为商店。广场为封闭型，建筑统一、和谐，中心突出。纪功柱成为各条道路的对景。这样的广场要组织好交通，使行人活动避免交通的干扰。而过去欧洲历史上以教堂为主要建筑的广场，因配合教堂的纵向高耸的体形，多以纵向为轴线。如意大利维基凡诺（Vigevano）城的杜卡广场（Plazza Ducale）是一个较长的矩形广场（长 124m，宽 40m）（图 19–4–15），建于 15 世纪，是保存完整的早期文艺复具时期广场。广场三面被 2 层建筑围合，仅一侧有道路通过，封闭感好。建筑的底层为券柱廊，呈长条形，与高塔形成强烈的透视效果。该广场在使用上能满足现代城市生活的要求，具很大吸引力。

(2) 梯形广场

由于广场的平面为梯形，因此，有明显的方向，容易突出主体建筑。广场只有一条纵向主轴线时，主要建筑布置在主轴线上，如布置在梯形的短底边上，容易获得主要建筑的宏伟效果；如布置在梯形的长底边上，容易获得主要建筑

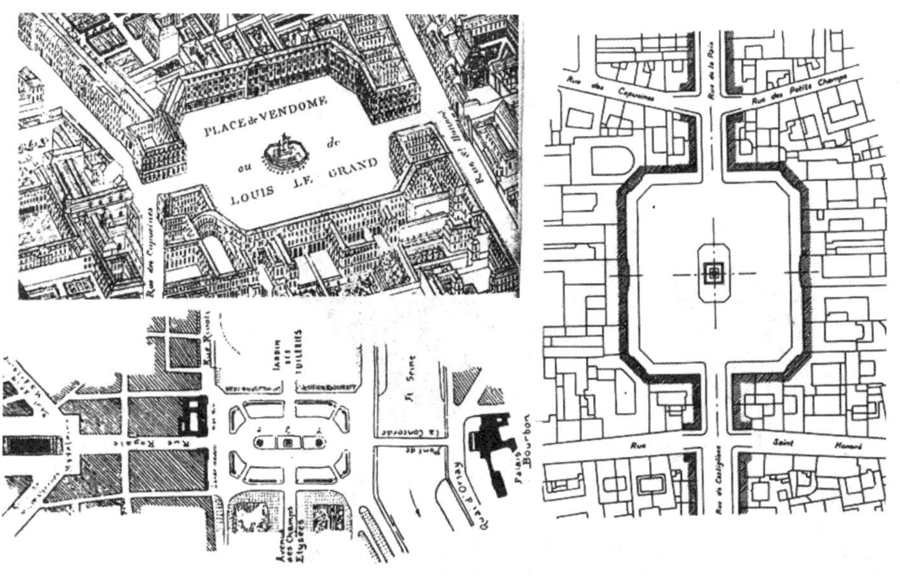

图 19–4–14 巴黎旺道姆广场平面及鸟瞰

资料来源：王伟强．城市设计概论课程．物质性第三章—广场．2009．

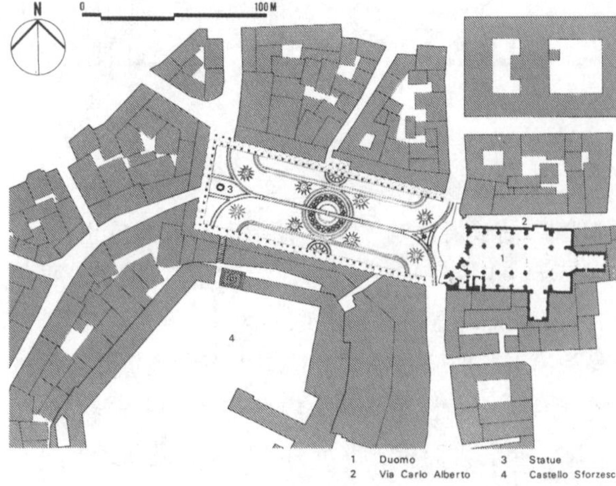

(*a*)

(*b*)

图 19-4-15　意大利威吉瓦诺的杜卡广场

(*a*) 杜卡广场平面图；(*b*) 杜卡广场鸟瞰

资料来源：http://www. castit. it/media/castellodelmese/vigevano1. jpg.

图 19-4-16　罗马的卡皮多广场

资料来源：google earth，2010.

与人较近的效果。还可以利用梯形的透视感，使人在视觉上对梯形广场有矩形广场感。

罗马的卡皮多广场（Plazza del Campidoglio）图 19-4-16 是罗马市政广场，建于 16 ~ 17 世纪。广场呈梯形，进深 79m，两侧宽分别为 60m 及 40m，西侧主入口有大阶梯由下向上。广场正面布置一排雕像，中心布置骑像。建筑布局在视觉上突出中心，使建筑物产生向前的动感，表现出巴洛克城市空间特征。

(3) 圆形和椭圆形广场

圆形广场、椭圆形广场基本上和正方形广场、长方形广场有些近似，广场四周的建筑，面向广场的立面往往应按圆弧形设计，方能形成圆形或椭圆形的广场空间。图 19-4-17 是罗马圣彼得教堂前广场。建于 17 世纪，由一个梯形广场及一个长圆形广场组合构成，是一个有代表性的巴洛克式广场。广场总进深 327m，长圆形广场长径与短径分别为 286m 及 214m。梯形广场进深 113m，梯形短边与长边分别 113m 及 136m。长圆形广场中央建有记功柱，其两侧布置喷泉。圣彼德广场与教堂是一个整体，广场的性质既是一个宗教广场，又是一个建筑广场。

4.4.2　不规则形广场

由于用地条件，城市在历史上的发展和建筑物的体形要求，会产生不规则形广场。不规则形广场不同于规则形广场，平面形式较自由。如意大利威尼斯圣马可广场（Plazza San Marco）、佛罗伦萨的西诺里广场（Piazza della Signoria）及锡耶纳的坎波广场（Plazza del Campo）都是很有特色的不规整形广场。

不规则形广场的平面布置、空间组织、比例尺度及处理手法必须因地

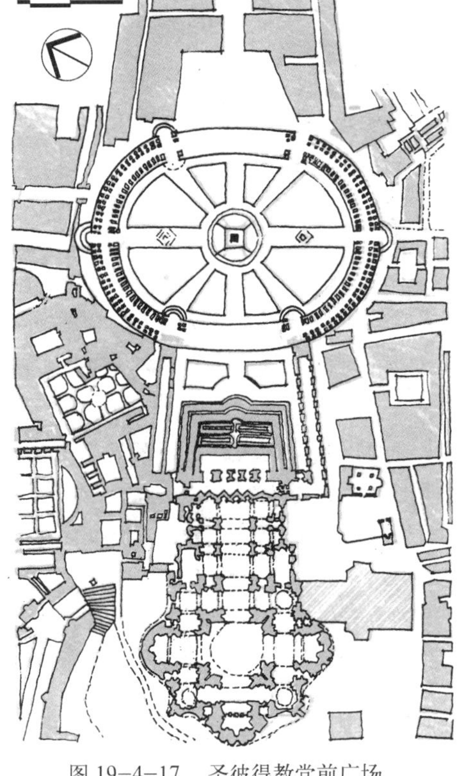

图 19-4-17 圣彼得教堂前广场

资料来源：同济大学李德华．城市规划原理（第三版）．北京：中国建筑工业出版社，2001：519.

制宜。在山区，由于平地不可多得，有时在几个不同标高的台地上，也可组织不规整形广场。广场的规划布置，不是孤立在城市之中，而是城市的有机组成部分。有时，一个广场不能满足有关功能的要求，而设置了各种不同功能的广场，形成了广场群。广场群应考虑广场之间的有序联系，形成统一协调的整体。总之，广场的规划布置应根据具体情况具体处理。

圣马可广场（图 19-4-18）建于 14 ~ 16 世纪，南面迎海，是城市中心广场及城市的宗教、行政和商业中心。圣马可广场平面由三个梯形组成，广场中心建筑是圣马可教堂。教堂正面是主广场，广场为封闭式，长 175m，两端宽分别为 90m 和 56m。次广场在教堂南面，朝向亚德里亚海，南端的两根纪念柱既限定广场界面，又成为广场的特征之一。教堂北面的小广场是市民游憩、社交聚会的场所。广场的建筑物建于不同的历史年代，虽然建筑风格各异，但能相互协调。建于教堂西南角附近的钟楼高 100m，在城市空间构图上起了控制全局的作用，成为城市的标志。

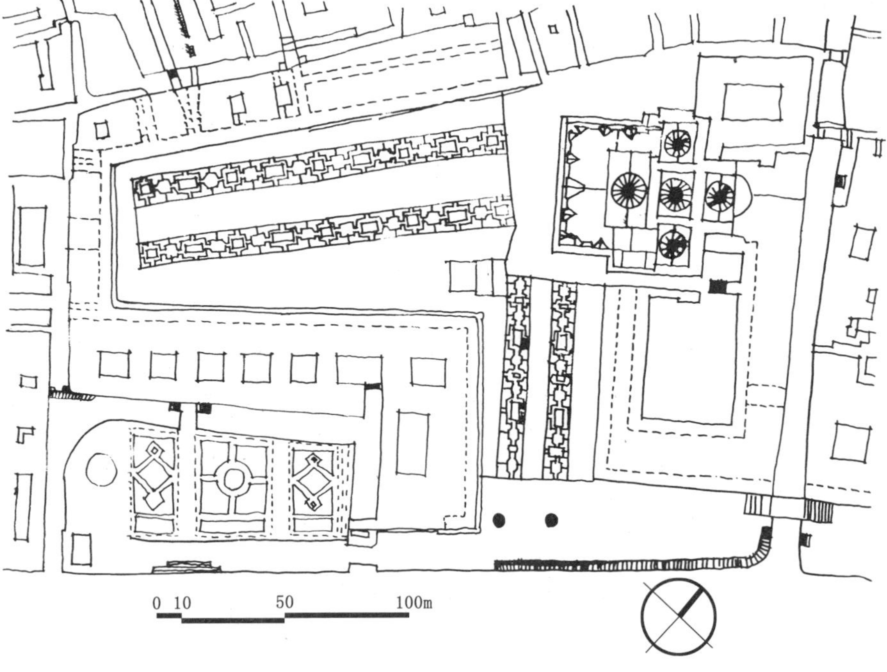

图 19-4-18 意大利威尼斯圣马可广场

资料来源：同济大学李德华．城市规划原理（第三版）．北京：中国建筑工业出版社，2001：520.

4.5　广场的规划设计

4.5.1　广场的面积与比例尺度

(1) 广场的面积

广场面积的大小形状的确定取决于功能要求、观赏要求及客观条件等方面的因素。

功能要求方面，如交通的广场，取决于交通流量的大小、车流运行规律和交通组织方式等。集会游行广场，取决于集会时需要容纳的人数及游行行列的宽度，它在规定的游行时间内能使参加游行的队伍顺利通行。影剧院、体育馆、展览馆前的集散广场，取决于在许可的集聚和疏散时间内能满足人流与车流的组织与通过。此外，广场面积还应满足相应的附属设施的场地，如停车场、绿化种植、公用设施等。

观赏要求方面，应考虑人们在广场上，对广场上的建筑物及其纪念性、装饰性建筑物等有良好的视线、视距。在体形高大的建筑物的主要立面方向，宜相应地配置较大的广场。如建筑物的四面都有较好的造型，则在其四周需适当地配置场地，或利用朝向该建筑物的城市街道来显示该建筑物的面貌。但建筑物的体形与广场间的比例关系，可因不同的要求，用不同的手法来处理。有时在较小的广场上，布置较高大的建筑物，只要处理得宜，也能显示出建筑物更高大的效果。

广场面积的大小，还取决于用地条件、环境条件、历史条件、生活习惯条件等客观情况。如山地城市的广场，或在旧城市中开辟广场，或由于广场上有历史艺术价值的建筑和设施需要保存，广场的面积就受到客观条件的限制。又如气候暖和地区，广场上的公共活动较多，则要求广场有较大的面积。

(2) 广场的尺度比例

广场的尺度比例有较多的内容，包括广场的用地形状；各边的长度尺寸之比；广场大小与广场上的建筑物的体量之比；广场上各组成部之间相互的比例关系；广场的整个组成内容与周围环境，如地形地势、城市道路以及其他建筑群等的相互的比例关系。广场的比例关系不是固定不变的，例如，天安门广场的宽为500m，两侧的建筑，人民大会堂、革命历史博物馆的高度均在30～40m之间，其高宽比约为1：12。这样的比例会使人感到空旷，但由于广场中布置了人民英雄纪念碑、大型喷泉、灯柱、栏杆、花坛、草地，特别又建立了毛主席纪念堂，丰富了广场内容，增加了广场层次，一定程度上弱化了空旷感，达到舒展明朗的效果。广场的尺度应根据广场的功能要求、广场的规模与人的活动要求而定。大广场中的组成部分应有较大的尺度，小广场中的组成部分应有较小的尺度。踏步、石级、栏杆、人行道的宽度，则应根据人的活动要求处理。车行道宽度、停车场地的面积等要符合人和交通工具的尺度。

(3) 广场的界面围合

界面围合是广场空间的重要品质。广场的角部越少开敞，周围建筑物越多，其界面往往越连续，广场围合的感觉就越强。而广场周围建筑屋顶轮廓线的特征、高度的统一性以及空间本身的形状等也影响着广场的界面围合。巴黎旺道姆广场（参见图19–4–14）、罗马波波洛广场（参见图19–4–21）等都是具有

良好界面围合的广场实例。

4.5.2 广场的空间组织

广场空间组织主要应满足人们活动的需要及观赏的要求。观赏又有动静之分。人们的视点固定在一处的观赏是静态观赏；人们由这一空间转移到另一空间的观赏，便产生了位移景异的动态观赏。在广场的空间组织中，要考虑动态空间的组织要求。

人们在广场上观赏，人的视平线能延伸到广场以外的远处，空间是开敞的。如果人的视平线被四周的屏障遮挡，则广场的空间是比较闭合的。开敞空间中，使人视野开阔、壮观、豪放，特别是在较小的广场上，组织开敞空间，可减低广场的狭隘感。闭合空间中，环境较安静，四周景物呈现眼前，给人的感染力较强。在实际工作中，可适当开合并用，使开中有合，合中有开。广场上有较开阔的地区，也有较幽静的地区。

广场空间的安排要与广场性质、规模及广场上的建筑和设施相适应。广场空间的划分，应有主有从、有大有小、有开有合、有节奏地组合，以衬托不同景观的需要。如有纪念性质的烈士陵园的广场空间，一般采用对称、严谨、封闭的处理手法，并以轴线引导人们前进，空间的变化宜少，节奏宜缓，希望造成肃穆的气氛。游息观赏性的广场空间，可多变换，快节奏，收放自由，并在其中增设小品，造成活泼气氛。

4.5.3 广场上建筑物和设施的布置

建筑物是组成广场的重要要素。广场上除主要建筑外，还有其他建筑和各种设施。这些建筑和设施应在广场上组成有机的整体，主从分明。满足各组成部分的功能要求，并合理地解决交通路线、景观视线和分期建设问题。

广场中纪念性建筑的位置选择要根据纪念建筑物的造型和广场的形状来确定。纪念物是纪念碑时，无明显的正背关系，可从四面来观赏，宜布置在方形、圆形、矩形等广场的中心。当广场为单向人口时，或纪念性建筑物为雕像时，则纪念性建筑物宜迎向主要人口。当广场面向水面时，布置纪念性建筑物的灵活性较大，可面水、可背水、可立于广场中央、可立于临水的堤岸上，或以主要建筑为背景，或以水面为背景，突出纪念性建筑物。在不对称的广场中，纪念性建筑物的布置应使广场空间构图取得平衡。纪念性建筑物的布置应不妨碍交通，并使人们有良好的观赏角度，同时其布置还需要有良好的背景，使它的轮廓、色彩、气氛等更加突出，以增强艺术效果。

广场上的照明灯柱与扩音设备等设施，应与建筑、纪念性建筑物协调。亭、廊、坐椅、宣传栏等小品体量虽小，但与人活动的尺度比较接近，有较大的观赏效果。它们的位置应不影响交通和主要的观赏视线。

4.5.4 广场的交通流线组织

有的广场还须考虑广场内的交通流线组织，以及城市交通与广场内各组成部分之间的交通组织，其中以交通集散广场更为复杂。组织交通的目的，主要在于使车流通畅，行人安全，方便管理。广场内行人活动区域，要限制车辆通行。

4.5.5 广场的地面铺装与绿化

广场的地面是根据不同的要求而铺装的，如集会广场需有足够的面积容纳

参加集会的人数，游行广场要考虑游行行列的宽度及重型车辆通过的要求。其他广场亦须考虑人行、车行的不同要求。广场的地面铺装要有适宜的排水坡度，能顺利的解决场面的排水问题。有时因铺装材料、施工技术和艺术处理等的要求，广场地面上须划分网格或各式图案，增强广场的尺度感。铺装材料的色彩、网格图案应与广场上的建筑，特别是主要建筑和纪念性建筑物密切结合，以起引导、衬托的作用。广场上主要建筑前或纪念性建筑物四周应作重点处理．以示一般与特殊之别。在铺装时，要同时考虑地下沟管的埋设，沟管的位置要不影响场地的使用和便于检修。

绿化种植是美化广场的重要手段，它不仅能增加广场的表现力，还具有一定的改善生态环境的作用。在规整形的广场中多采用规则式的绿化布置，在不规整形的广场中采用自由式的绿化布置，在靠近建筑物的地区宜采用规则式的绿化布置。绿化布置应不遮挡主要视线，不妨碍交通，并与建筑组成优美的景观。绿化也可以遮挡不良的视线和地区的障景。应该大量种植草地、花卉、灌木和乔木，考虑四季色彩的变化，丰富广场的景色。

4.5.6 城市中原有广场的利用改造

旧城市中存留下来的广场，往往是经过不同的时期、不同的要求、改建扩建而成。新城市中规划的广场，也要有一定的时间方能形成，有时因时间的推移，也会有新的要求，而产生改建、扩建的问题。对旧广场的改建、扩建或复原整修，都应充分利用原有基础。

北京的天安门广场，就是经过不同的时代、不同的要求，改建、扩建而成今天的面貌。天安门广场源起明代，清时为一丁字形闭合广场，广场之北为主要建筑天安门，南面为对景建筑大清门、正阳门，左右为长安左门、长安右门，周围用红墙封闭。北面靠红墙处为金水河，其余靠红墙处为千步廊。这里戒备森严，是封建王朝宣示威武的地方。随着封建王朝的崩溃，并通过改造，解决了天安门广场的交通问题，沟通了东西长安街和北京东西城区的交通，新中国成立后对天安门广场进行改建和扩建，首先在广场中建立了人民英雄纪念碑，1959 年对广场进行了规划。在东西两侧分别建立了中国革命博物馆、中国历史博物馆和人民大会堂。1977 年又建立了毛主席纪念堂。成为历史上的重要场所（图 19–4–19）。

图 19–4–19 天安门广场区域鸟瞰

资料来源：http://www.yzdsb.com.cn/pic/0/10/09/12/10091269_553845.jpg

威尼斯的圣马可广场，原为 9 世纪圣马可教堂的堂前庭前院，后在不同时期中经过改造，特别是 16、17 世纪的改造，奠定了今日的面貌。由于广场上的建筑是不同时期建立的，所以它们间的关系，不是平行、对称、严谨的关系，而是将不同风格的各个时期的建筑和谐地统一起来，使它具有特殊的面貌。

对旧广场的利用、改造，要有全局的观点，不仅使过去的设施继续为今天服务，而且用不同的手法，把不同时代的建设，不同风格的作品统一到今天的规划设计中来。

4.6 广场实例

4.6.1 最美的客厅：锡耶纳坎波广场

坎波（Campo）广场位于市中心，锡耶纳几个区在地理位置上的共同焦点。广场呈不规则形，是一个全部被建筑围合的广场，拥有非常好的界面。市政厅建于广场南部。在市政厅对面，西北侧呈扇形平面，广场地面用砖石铺砌，形如扇形，由西北向东南倾斜，创造了排水与视线的良好条件。广场市政厅侧面高耸钟塔，与4层建筑形成强烈对比。广场周边的建筑既包含城市历史性的要素，又有城市生活的发生，因此活动性很强。锡耶纳的主要城市街道均在坎波广场上会合，经过窄小的街道进入开阔的广场，使广场具有戏剧性的美学效果。广场上重要建筑物的细部处理均考虑从广场内不同位置观赏时的视觉艺术效果。

坎波广场拥有强烈的中心性、开放性和可达性。直到今天，它仍然是该城市的一个巨大的生活起居室。如今坎波广场仍保留了传统的赛马活动，吸引着全世界的旅游者前往观光欣赏（图19–4–20）。

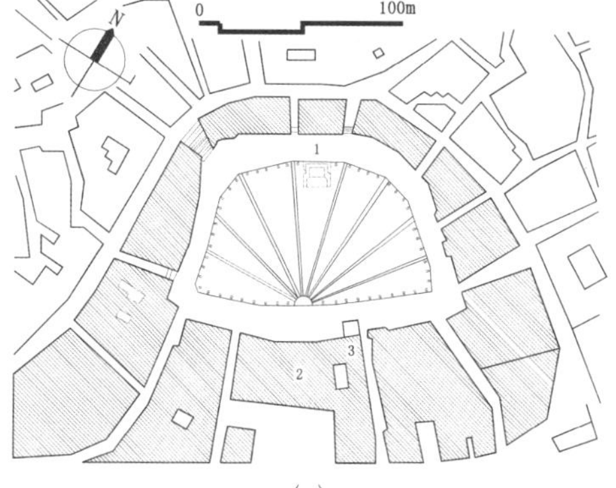

(*a*)

(*b*)

图 19–4–20 锡耶纳的坎波广场

(*a*) 坎波广场平面；(*b*) 坎波广场区域鸟瞰

资料来源：同济大学李德华. 城市规划原理（第三版）. 北京：中国建筑工业出版社，2001：520.

4.6.2 城市的入口：罗马波波洛广场

波波洛广场（Piazza del Popolo）又称人民共和广场，是一个广场作为城市入口的优秀范例，位于罗马北端波波洛城门南侧。在铁路出现之前，它一直是罗马市北来北往的门户，交通位置十分重要。自从穿越性交通管制措施执行以后，该入口仅开放计程车与部分人行进出，市民广场的重要性不复往日，最后成为罗马城市结构中的广场之一。今天，它是平裘花园的一个漂亮入口和三条街道的交汇处（图19–4–21）。

1586年丰塔纳为罗马教皇西克斯图斯五世树立的红色花岗岩的埃及方尖碑位于椭圆形的广场空间中央，被安置在科尔索大道、巴布诺大道与里培塔大道三条轴线的交汇处，是广场上的视觉焦点。门户本身、创建于1099年圣玛丽亚·德尔·波波洛教堂位于广场北侧，广场南侧为1662年开始建造的双子教堂，由于教堂坐落在中心轴线科尔索大道两侧，更加强调其重要性。教堂同时是广场与街道的一部分，并且将方尖碑、街道、广场紧紧串接在一起。

随着历史的演进，尽管整座出入口都被重新修整过，门的位置并未因为广场的缓慢发展而有所改变；相反的，它成为广场成形的基础，且创造了属于自己不变的精神[14]。

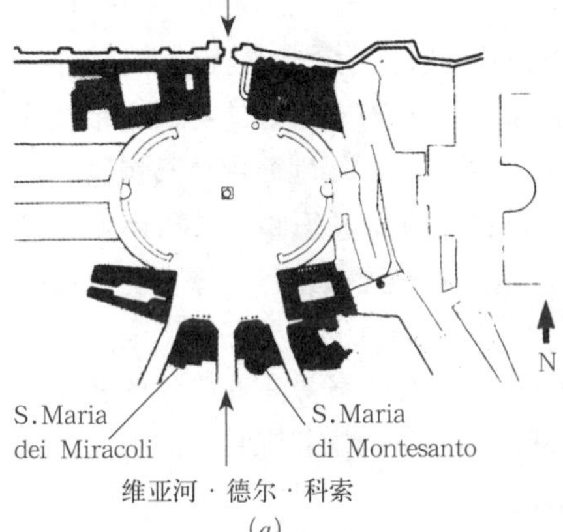

(*a*)

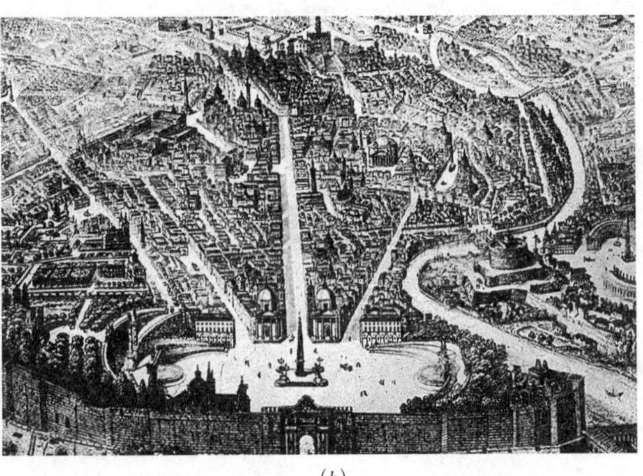
(*b*)

图 19–4–21　波波洛广场

(*a*) 波波洛广场平面；(*b*) 作为罗马门户的波波洛广场及结构轴线

资料来源：(英) 克里夫 · 莫夫汀．都市设计——街道与广场[M]．王淑宜译．中国台北：创兴出版社有限公司，1999：138．http://instruct1．cit．cornell．edu/lanar524/renaissance．html．

4.6.3　空间的连接：佛罗伦萨德拉 · 西尼奥拉广场

6个世纪以来，德拉 · 西尼奥拉广场一直扮演着佛罗伦萨市政中心的角色。本质上，这是一座中世纪形式的广场，街道不固定地从不同角度进入，然而，却没有任何一个视野可以直接穿透广场。就西堤的定义来说，这是一个完全包被型广场。在这个城市中心有三座重要的建筑物：韦基奥宫广场，洛贾 · 阿德拉兹凉亭（佣兵凉亭）和广场北部的乌菲齐宫。而主要广场是由两个独特但相互交错的空间所组成。在两个广场空间的边界中心点上放置了骑马雕像，作为广场分界，其轴线平行于韦基奥宫的轴线，并延续到大教堂的穹顶；海王星喷泉处于两广场的支点。雕像、喷泉、边界一起所限定的两个十字的中心性，强化了广场中心性的关系。

洛贾 · 阿德拉兹凉亭作为空间过渡，是通往乌菲齐宫的开口。乌菲齐宫围合的长条形小空间，则是空间组群中的第三个广场，原本的设计是作为佛罗伦萨市民中心面前一点活动的舞台，后来变成了美丽雕塑的展示空间，广场平面跟周边建筑紧密结合，具有良好的组合关系。而广场不规则的形式，起到了连接性的作用，强调了进入狭长的长廊，一直过渡到河边，整体的建筑界面非常连续[15]（图 19–4–22）。

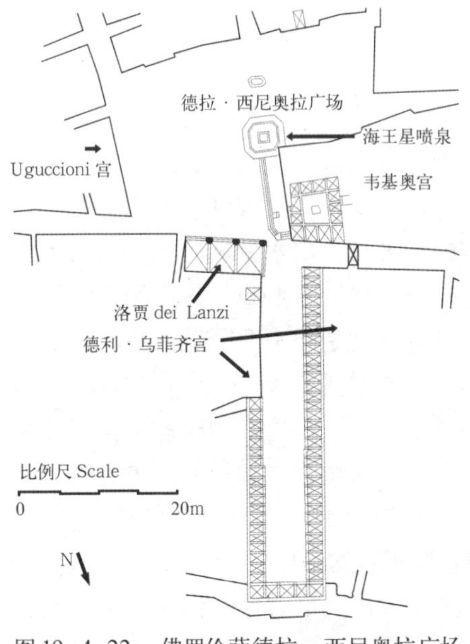

图 19–4–22　佛罗伦萨德拉 · 西尼奥拉广场

资料来源：(英) 克里夫 · 莫夫汀．王淑宜译．都市设计——街道与广场．中国台北：创兴出版社有限公司，1999：162．

4.6.4　功能的复合：纽约洛克菲洛中心广场

洛克菲勒中心广场建成于 1936 年，是美国城市中公认为最有活力、最受人们欢迎的公共活动空间之一。中心由十几栋建筑组合而成，空间构图生动，环境外部富于变化，中心布局上同时满足了城市景观和人们进行商业、文化娱乐活动的需要，被称为城中之城。在 70 层主体建筑 RCA 大厦前有一个下沉式的广场，广场底部下降约 4m，与中心其他建筑的地下商场、剧场及第五大道相连通。该广场的魅力首先是由于地面高差而产生的，采用下沉的形式能吸引人们的注意。广场的中轴线垂直进入广场的道路成为“峡谷花园”。在广场中轴线尽端，是金黄色的火神普罗米修斯雕像和喷水池。它以褐色花岗石墙面为背景，成为广场的视觉中心，四周旗杆上飘扬着各国国旗。下沉式广场的北部是该中心一条较宽的步行商业街，街心花园有座椅等设施供人休憩。

从城市设计角度看，广场下沉式处理可以躲避城市道路的噪声与视觉干扰，在城市中心区为人们创造出比较安静的环境气氛。广场虽然规模较小，但使用效率却很高。每逢夏季就支起凉棚，棚下支起咖啡座，棚顶布满鲜花；冬季则又变为溜冰场。环绕广场的地下层里均设高级餐馆，就餐的游人可透过落地大玻璃窗看到广场上进行的各种活动。

洛克菲勒中心创造了繁华市中心建筑群中富有生气、集功能与艺术为一体的新的广场空间形式，是现代城市广场设计走向功能复合化的典型案例，其成功经验为许多后来的城市广场设计提供了参考[16]（参见图 19–4–13）。

4.6.5 成功的再设计：里昂沃土广场

公共空间质量的提高能成为城市开发或再开发的促进剂。1980 年代期间，法国第三大城市里昂的城市当局启动了一系列规划和设计的倡议——里昂 2010 计划。这一系列的公共工程由许多国际知名的建筑师承揽，是针对市内七个公共空间，诸多配套规划公共空间管理大纲的组成部分。沃土广场是其中的一个项目，坐落在里昂最市中心的地区。它有很长的历史，但是它现在的形式是在 17 世纪建造的。广场曾经用作市场、法场以及行政管理中心。它所含元素的性质和植根于它们的历史赋予了沃土广场独特的个性。

1990 年，经过铺砌的广场直接与三面的建筑物紧靠在一起，第四面有一条窄街道把广场与建筑物隔开。有轨电车仍然沿着这条街道行驶，为广场注入活力。包围广场的建筑物本身就是伟大历史的记录：圣彼埃尔修道院、里昂 Ville 旅馆、博物馆、银行和商业建筑等。广场的南边是喷泉“自由水池”，它象征着流淌的加伦河。

1990 年代，车流如织的里昂市中心地区机动车停车成为尖锐的问题，因此有了在广场地下建一个停车场的决策。设计的目标是创建一个新的场所，代表着 1990 年代风貌的同时也代表着广场的遗产价值。不动一砖一瓦而改变了一切是设计的原则；水体和灯光是设计的元素。沃土广场仍是一个铺砌的空间，但是发生了巨大的改变。为了安装 69 个小水柱和照明喷泉，“自由水池”被移到了广场的对面。圣彼埃尔修道院外立面的对面竖立起一排立柱，是广场所含元素的唯一变化。广场南面的街道有一条边界线，不同的表面材料把街道与广场的其余部分区分开。沿着这一侧持续不断的交通，为广场增加了匆忙的气息。停车场的入口在广场的封闭元素之外，对广场不产生影响。外围的咖啡馆和饭馆直接把门开向广场。广场是旅游的中心，这里的咖啡馆和餐馆是吸引游人的主要因素，而这里的游人本身又成为吸引他人的因素。

评论家认为广场的再设计是伟大的艺术成功（Broto，2000）。它已经是，并将永远是里昂的中心，因此在该市的公共区域中成为重要的，或最重要的元素，因为它给了城市一个身份的象征[17]（图 19—4—23）。

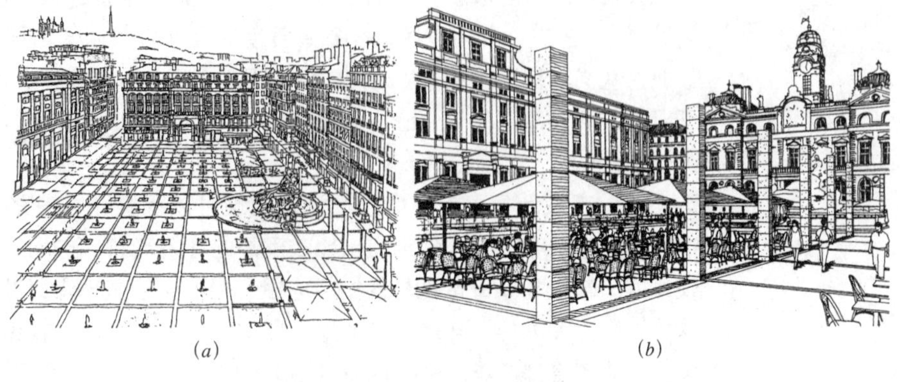
(a)　(b)

图 19—4—23　里昂沃土广场

(a) 从 Ville 旅馆俯瞰广场的草图；(b) 广场日间功能草图

资料来源：(澳) 乔恩 · 兰著．城市设计[M]．黄阿宁译．沈阳：辽宁科学技术出版社，2008：96．

5　城市街道

5.1　街道的功能与作用

街道是一种基本的城市线性开放空间，它既承担了交通运输的任务，同时又为城市居民提供了公共活动的场所，不同类型的街道往往具有不同的功能侧重。街道是我们生活环境中很重要的组成部分，街道设计和街景设计从来就是城市设计关注的基本客体对象。然而，街道往往被视为汽车的动线，而被忽视了其成为场所的功能。亚历山大认为“街道应该是提供停留的地方，不该只用于通行。”1950 年代，“Team 10”则提出了在现代城市空间结构背景下的“空中街道”设想，试图恢复被人们所遗忘的街道概念。简 · 雅各布斯认为“街道及其两边的人行道，作为一个城市的主要公共空间，是非常重要的器官”。

实际上，除了是城市的自然构成元素之外，街道还是一种社会因素。可以从多种方式对街道进行分析，例如谁拥有、谁使用、谁掌控；建造它的目的以及它的社会和经济功能的转变。一方面，街道作为两栋建筑物的联系纽带，方便了步行者的运动，也方便了进货及一些特殊使用。另一方面，街道也可以作为一个相互交流的场所，包括娱乐、对话、表演和举行典礼仪式等。同时，街道的功能还制约着人与车相交作用的明确的形式。人车完全分离，可能对于街道的生机与发展活力是有害的，但欧洲许多以人行为主的市中心区却是非常成功。这些步行区之所以成功，有赖于地区本身所提供的各种吸引力，使得大多数行人有了逗留在街上的动机。私人或公共交通工具的可达性，也是一个重要的影响条件。整合周边地区的停车问题，高速车行路线与人行路线分离，显然是必要的[18]。

5.2　街道的类型

按内涵区分街道的类型：①符合工程标准的街道。如工程师所设计的交通

路线为每小时如此之多的车流量提供服务，这无疑把街道降低到了下水道的层次，一条有助于排放高速车流的下水管。②值得纪念的街道。林奇所要求的值得纪念的街道，有起点和终点，沿着长度设有各种确定的地点或节点，以作各种特殊用途或活动；这种道路可大可小，有着成对比的元素，但最重要的是，它在连接的地点必须为观者提供刺激和值得纪念的印象。③具有场所或外部空间功能的街道。必须拥有类似公共广场一样的封闭性特质，其绝对度量必须维持在合理的比例范围内。可能拥有三种主要元素：出入口、场所本身，以及一个终点或出口[19]。

按功能划分街道的类型：①交通的街道。可以划分为主干路、次干路、支路。TRD，大运量交通，公共交通专用线等也都属于交通类型的街道。②社会交往的街道；③商业型街道；④兼容的街道。

5.3 街道的长度与比例

5.3.1 街道的长度

西特建议街道的连续不间断长度的上限大概是1500m（约1英里），认为超出这个范围人们就会失去尺度感。长的街景是预备着用于特殊街道、重大的庆典及有国事的公共道路。这种庄严的街道可以使一个首都城市增色。而微不足道的小尺度街道多是用于普通的事务。甚至是阿尔伯蒂这个严格古典主义者，也称颂小尺度和扭曲的街道。另外，街道不仅只是通道，也有着一系列相互关联的地点，以供人停留而非只是路过一下。林奇认为街道是被一系列节点所激活的路径，这些节点是其他道路和它的交叉点。

5.3.2 街道的比例

在街道设计中，比例的定义已经逾越对原有的长、宽、高三者比例的理解，扩大为包含街道各部分的相互关系及其和总体构成之间的比例。街道的宽度和周围建筑高度的比例对设计很重要。而根据芦原义信观察，如果设街道的宽度为D，建筑外墙的高度为H，则当$D/H>1$时，随着比值的减小会产生接近之感，超过2时则产生宽阔之感；当$D/H<1$时，随着比值的减小会产生接近之感；当$D/H=1$时，高度与宽度之间存在着一种匀称之感，显然$D/H=1$是空间性质的一个转折点[20]（图19-4-24）。

除尺度和比例等要素外，天气及其建筑物的形式的影响也是非常重要的。如果城市处于寒冷地带，街道应设置得愈宽，以使街道的两边都可以沐浴到阳

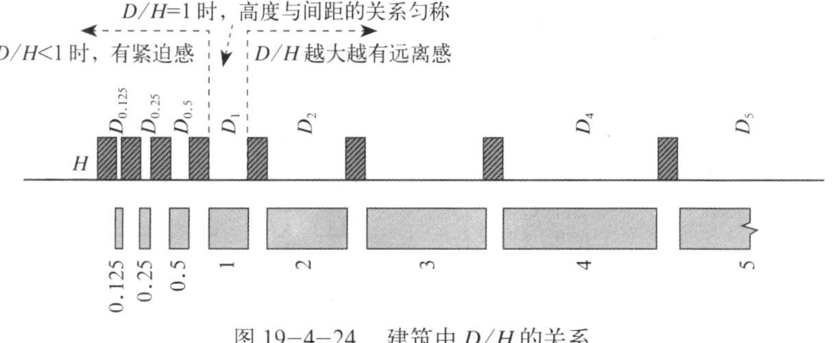

图19-4-24 建筑中D/H的关系

资料来源：（日）芦原义信．街道的美学[M]．2006：47．

光；如果城市处于热带国家，街道应该狭窄，两边建筑物应该高，这样形成的阴影和街道的狭窄可以调和当地的炎热，更加有利于人们的健康[21]。

5.4 街道的规划设计

5.4.1 街道空间设计的基本要求

普林茨对街道空间进行了的分析（图 19–4–25）。

街道空间的设计需满足的基本要求[22]：

（1）满足交通和可达性

无论是街道，抑或道路，首先是作为一地至另一地的联系的通道或土地分隔利用而出现的，因此保证人和车辆安全、舒适地通行就很重要：①处理好人、车交通的关系；②处理好步行道、车行道、绿带、停车带、街道交接点、人行横道以及街道家具各部分的关系；③街道应按多维空间考虑，应注意要尽量使人们在同一层面上运动；④由于人们有走近路的习惯，街道的设计除了应具备美观和趣味性之外，还应能与行进的主要目标配合，尽可能地将主要目标安排在街道内人的流动线上，减少过分曲折迂回；⑤由于街道在不同地段中人流、车流的活动情况不同，所以其横剖面宽窄应有所不同。所以最好是将街道分成不同段落，并对其进行功能、人流和车流疏密程度的研究，并相应决定其宽窄变化。

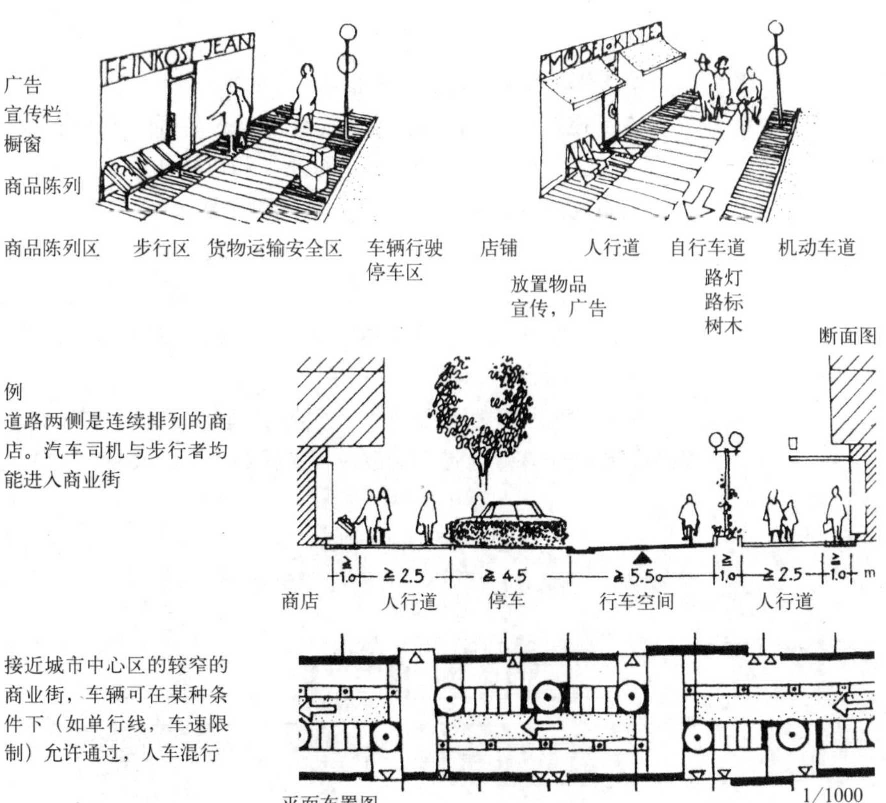

图 19–4–25 普林茨对街道空间的分析

资料来源：普林茨．D 著．城市景观设计方法 [M]．李维荣译．天津：天津大学出版社，1992：128．

令出色的街道与众不同的是，它们容许人们以优雅而合理的速度从城市的一处移动到另一处，不论步行还是驾车。还有另一种街道可达性需要考虑：人们必须能便捷到达街道。一方面，这与街道所处位置有很大关系，尤其当街道是构建城市和社区的框架时。另一方面，可达性还涉及公众到达沿街地点的问题，不论通过交叉口、横跨街道还是公共路径。此外，还应考虑到对于残疾人而言的另一种可达性。很多最出色的街道都有供残疾人休息的场所。

(2) 步行优先的原则

在城市中的许多地段，尤其是中心区和商业区、游览观光的重要地段，要充分发挥土地的综合利用价值。创造和培育人们交流的场所，就必须鼓励步行方式并在城市设计中贯彻步行优先的原则，建立一个具有吸引力的步道连接系统。这也是美国等发达国家在城市中心区复兴和旧城改造中取得成功的重要经验之一。1980 年，在日本东京召开的“我的城市构想”座谈会上，人们提出了街道建设的 3 项基本目标：“①能安心居住的街道；②有美好生活的街道；③被看做是自己故乡的街道。”这三项目标都是与人的步行方式密切相关的。

(3) 物质环境的舒适

最出色的街道是舒适的，至少在设施方面做到尽可能舒适。它们利用各种要素提供适宜的保护，但并没有避开或者忽视自然环境。我们不可能指望阿拉斯加的城市在冬季也很温暖，但它可以在当地的环境下尽量暖和些，而不是比它本来的温度更低。好的城市街道能够避风，在城市街道上，风力只占城外开阔地的 25%～40%，除非建筑的布局和高度加快了风速。与气候相关的舒适度特征是可以合理量化的，它们完全有理由成为出色街道的组成部分。过去敏锐的设计者在规划街道时了解到这种需求，不过常常是出于直觉。现在有可能通过对未来街道环境的量度和预测比以前做得更好。

(4) 空间范围的界定

出色的街道有空间范围的界定。它们有边界，通常是这样或那样的墙体明确标识出街道的边缘，使街道脱颖而出，把人们的目光吸引到街道上来，从而使它成为一个场所。街道的界定体现在两个方面：垂直方向与水平方向，前者同建筑、墙体或树木的高度有关，后者受界定物的长度和间距的影响最大。也会有些界定物出现在街道的尽端，既是竖向的又是水平的。竖向的界定既与比例有关，也受绝对数量的影响。一条街道越宽，用来界定它的体量和高度也越大，直到某些底宽的街道宽阔到以至于不管边界建筑高度如何，都不再有真正意义上的街道感。而许多出色的街道都是绿树成行的，并且它们在界定街道中的作用与建筑是同等重要的。另一个因素对街道空间的界定也很重要：即沿街建筑的间距，密集的建筑比稀疏的建筑更能有效地界定街道空间。

5.4.2 街道设计的一致性

出色的街道上的建筑物彼此十分和谐，体现出相互的尊重，却不千篇一律。其协调性的决定因素则往往在于借助一系列特征的强调，来体现相互之间以及对街道整体的尊重。而影响街道设计的一致性的因素有许多种，其中以沿街的建筑物形式最为重要。当建筑的三维形式感很强烈的时候，建筑体量成为视觉景象的主角，空间就会丧失其重要性。沿街建筑有着变化的形式、风格和处理方式时，空间也就失去了其鲜明特征。吉伯德提出："街道不是在建造正面，而是营造一个空间；同时，街道也可以扩展成较宽的空间如广场、围场"。其次，使用通用的材料、细部和建筑元素能加强街道感。而更重要的是开发时，共同屋檐线的指定，以及相似性间距尺寸的引用。如果只是在一定范围内变化，依旧可以维持街道景观的整体性，并且避免单调无聊。然而，对于组构街道的个别建筑物，并不需要绝对的相似，通常只要地面层有一个强烈的主题能组合整体就足够了。典型的方法是在建筑的较低层，引用柱廊或拱，可以使购物者免受风雨之苦，同时具有建筑元素的功能，将混杂凌乱的建筑体整合在一起。

体现街道一致性与完整性的一个优秀的例子就是牛津亥街（High Street）图 19–4–26，这是一条曲线形的街道，与其他几条主要道路一起，在卡尔菲斯处以直角相交。从卡尔菲斯开始，亥街是笔直的，但自圣玛丽至麦达伦桥，则是弯曲的。牛津亥街优美的曲线，可能是为了方便连接一个设计好的社区终点和一条横穿的重要河流，或者是为了小心穿越沿着古代人行道两侧的现有私人产业。无论导致目前模式的理由为何，其结果是产生一连串美丽的街景画面，到处都有尖塔、塔楼从低矮的建筑中窜出。汤玛士・夏普（Thomas Sharp）认为这条街道"是英国最为典型的伟大艺术作品。"[23]

5.4.3　轴线规划

除了方格平面外，直线街道也常常和轴线型的城市设计相结合。其中有两个杰出的案例，一个是由西克斯图斯五世所主导设计的罗马，另一个则是奥斯曼为拿破仑三世所规划的巴黎。西克斯图斯五世极力发展一个通路架构，让朝圣者可以自由地从一个教堂走到另一个教堂。西克斯图斯五世所规划的宗教游

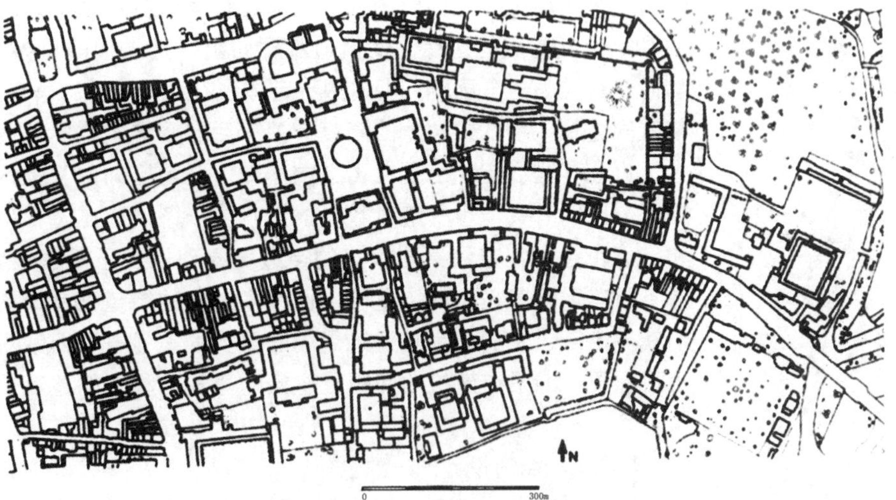

图 19–4–26　伦敦的牛津亥街

资料来源：（英）克里夫・莫夫汀．都市设计——街道与广场[M]．王淑宜译．中国台北：创兴出版社有限公司，1999：217．

行路线，为后期的建筑发展与现今所见遗址，奠定了良好的模式。奥斯曼也考虑了动线，但在比例中却以军队的快速移动为考量，以维持城市的秩序，其设计也为城市街道设计留下了卓越的典范。

而约翰 · 纳什等所受令设计的伦敦摄政街（图 19-4-27），联系了摄政公园到圣詹姆士公园，再沿着林荫道，到达白金汉宫，这个区域的开发成为欧洲城市设计的杰作。波特兰广场是这条新街道的最北端起点，并预告了摄政街街道序列的壮丽入口。往南，纳什让这条路通过一个圆环横穿了牛津街，圆环不仅定义了一个重要结点，又便于转向。而从四分区开始，街道以 90° 在波卡地里圆形广场处再次转弯，在此街道转为直线，再越过滑铁卢宫的新广场，直通卡尔顿官邸。自从纳什完成了这条街道以后，已经经历了很多改变，但从摄政公园到白金汉宫的道路主体上保持了其原有路线和城市风貌。这其中体现了好的城市设计并不脱离周边建筑质量而独立存在的。[24]

5.4.4 街道地面景观

地面景观是和谐、有机整体的重要组成部分。在街道空间中有两种主要的地面类型——“硬质”元素和“软质”元素。

硬质的地面景观是“硬质”元素的核心内容。地面景观能明确地被设计来增强空间的审美特征，其尺度感可以来自所用材料的尺度、不同材料的式样，或者两者的结合。地面景观的式样常常起着打破大的尺度、把硬的表面变得更易于管理、更符合人体尺度的重要美学功能；地面景观的图案则能强化街道的线形特征，通过以视觉上动态的图案提供方向感来强调其“路径”

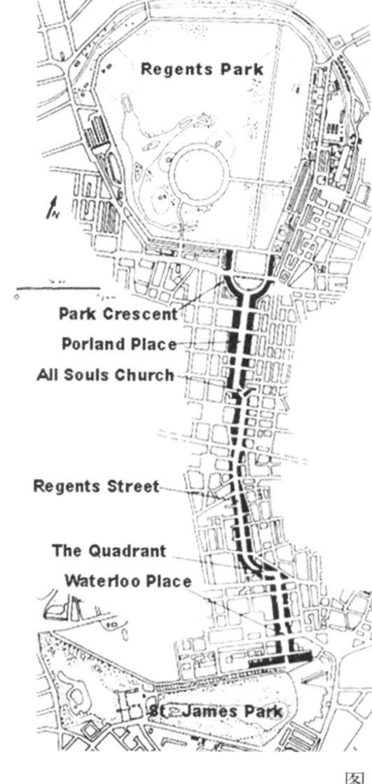

图 19-4-27 伦敦摄政街

资料来源：（英）克里夫 · 莫夫汀. 都市设计——街道与广场 [M]. 王淑宜译. 中国台北：创兴出版社有限公司，1999：229.

特征，街道家具的质量和组织是衡量城市空间质量最基本的标准，还可以强调空间的“场所”特性。街道家具则是与地面景观不同的“硬质”元素，可以包括灯柱、电话亭、长椅、喷泉、公共汽车站等，公共艺术也是街道家具的一种形式。

软质的景观设计属于“软质”元素，是创造街道特色和个性的决定性因素之一。软质景观是硬质景观的一种对比和衬托，并增加了人体尺度感。树和其他的植物表现季节的变化，可以提高城市环境在时间上的可识别性，在提供或增强连续性和围合感、增加不同环境的一致性和结构方面也起着重要的美学作用。在所有的城市环境中都应积极地配置树木，应联系城市景观的整体效果来进行树木的选择和定位。[25]

5.5 步行商业街（区）

5.5.1 步行商业街的定义与功能

步行是市民最普遍的行为活动方式。人们的步行系统是组织城市空间的重要元素。步行系统包括步行商业街、林荫道、空中的和地下的步行街（道），其中步行商业街是步行系统中最典型的内容。

当人们在公共场所擦肩而过，是一种最重要的基本社会交流之一，而步行街就隐含了这种功能。步行街（区）是城市开放空间的一个特殊分支，它从属于城市的人行步道系统，是现代城市空间环境的重要组成部分。步行街不仅是美化规划的一部分，而且是支持城市商业活动和有机活力的重要构成。确立以人为核心的观念是现代步行街规划设计的基础。同时，步行街建设的成功与否还关系到城市中某特定地段的发展，乃至整个城市的生活状态。

街道空间自古就是“步行者的天堂”。而今天，对街道回归的更多重视，步行街（区）——作为一种最富有活力的街道开放空间——已经成为城市设计中最基本的要素构成之一。[26]

5.5.2 步行商业街的发展

第二次世界大战以后，在欧美的一些经济发达国家中，城市商业街和商业区的步行化有很大发展，不仅改建城市原有商业街，而且在城市外围新建了购物中心（shopping mall）。在布局形态上，从人车混行的传统商业大街发展到将汽车交通分开的步行商业街和林荫步行商业区。从单一的地面层购物商店发展到地上、地下空间综合开发的商业建筑群体，发展了步行天桥连通商业大楼和地下商业街系统。解决了宽阔商业大道上行人穿街和繁忙汽车交通互相干扰的矛盾。

步行商业街与城市在历史上自然发展的步行商业街有所不同。二战以后发展的步行商业街增加了新要求和新内容，向多功能方向发展。步行商业街和步行商业区不仅要处理好商业购物的功能，而且还要考虑观光旅游、消闲和展示城市风貌。步行商业街和步行商业区应具备购物方便、功能多样、环境宜人、新颖有魅力的特点。

欧洲最早开发步行商业街的城市是德国埃森（Essen）。1927 年，当地政府就对繁华的林贝克大街采取了封闭汽车交通的措施，成为欧洲最早的一条步行商业街。第二次世界大战结束以后，埃森重建旧城时，恢复并扩大了步行商业街的范围，特别重视对有历史价值的建筑物的恢复和使用及步行街空间环境的创造。1950 年代～ 1960 年代在欧洲的其他一些国家，也设计和建设了一批有创造性和有特色的步行商业街区。例如，荷兰鹿特丹中心区林邦（Lijnbann）步行街，英国考文垂（Coventry）旧城中心步行区，英国哈罗（Harlow）新城市中心步行区，瑞典斯德哥尔摩卫星城魏林比（V · Ilingby）中心步行广场及德国慕尼黑旧城中心步行商业街等。美国在 1960 年代～ 1970 年代，也在许多城市建造林荫步行商业街。林荫步行商业街一般都在原有城市道路上改建，有三种类型：全步行林荫商业街、限制车行的步行林荫商业街及准步行林荫商业街。全步行林荫商业街是禁止汽车通行，对街道进行全面改造，去掉车行道，改为步行路面，增加绿化，布置环境设施，如座椅、休息廊、路灯、雕塑及水池，装修店面。限制车行的步行林荫商业街是改造原有街道横断面，减小车行道，扩大步行道，或车行道只允许公交车辆通行，在人行道上增加绿化和各种环境设施。准步行林荫商业街是限制汽车通行量和停车量，拓宽人行道，增加环境设施。图 19–4–28 是全步行林荫商业街——美国路易斯维尔江河市区步行林荫商业街。图 19–4–29 是限制车行的步行林荫商业街——美国明尼亚波利斯尼柯利步行林荫商业街，图 19–4–30 是准步行林荫商业街。

我国城市在 1980 年代初开始设计和建设步行商业街。例如，合肥七桂堂步行商业街（图 19–4–31）、徐州市彭城路步行商业街 1984 年（图 19–4–32）、1999 年建成北京王府井及上海南京路步行商业街。

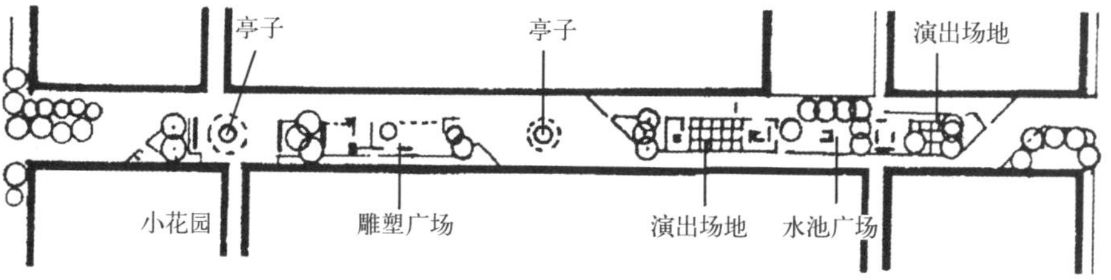

图 19–4–28　美国路易斯维尔江河市区步行林荫商业街

资料来源：同济大学李德华．城市规划原理（第三版）．北京：中国建筑工业出版社，2001：493．

图 19–4–29　美国明尼亚波利斯的尼柯利、步行林荫商业街图

资料来源：百度图片．

图 19–4–30　美国栗子街步行林荫商业街

资料来源：百度图片．

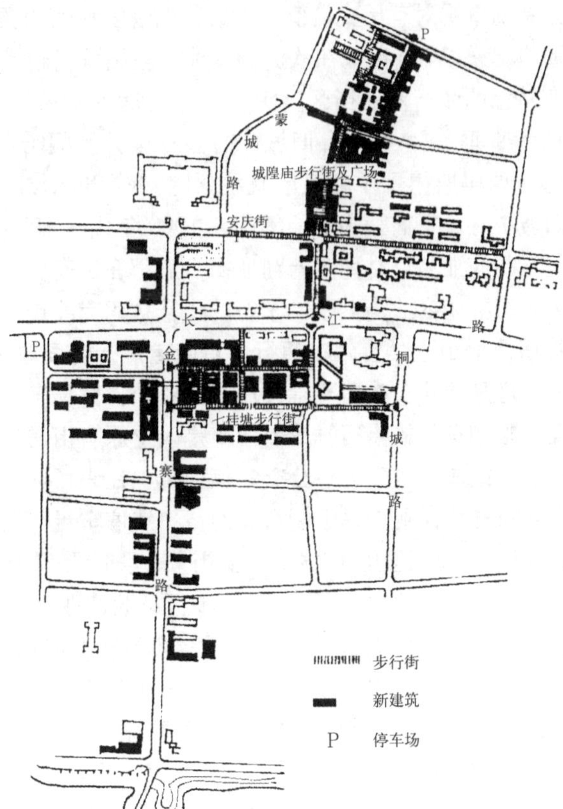

图 19-4-31　合肥七桂堂商业街平面图
资料来源：同济大学李德华．城市规划原理（第三版）．北京：中国建筑工业出版社，2001：495．

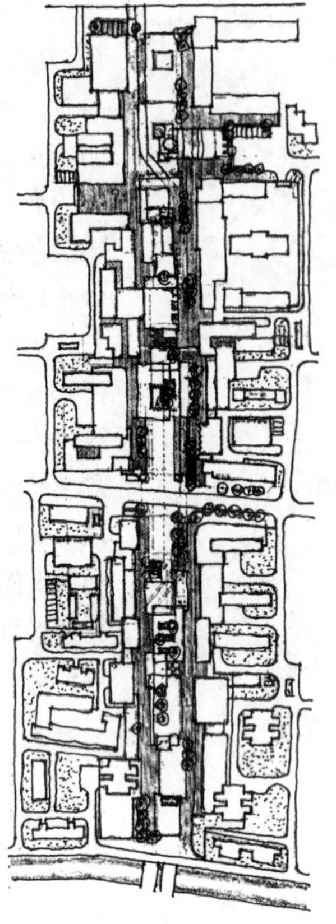

图 19-4-32　徐州市彭城路步行商业街
资料来源：同济大学李德华．城市规划原理（第三版）．北京：中国建筑工业出版社，2001：496．

5.5.3　步行商业街的设计要点

步行街（区）的设计，最关键的是城市环境的整体连续性、人性化、类型选择和细部的设计。从城市设计的角度来，步行要素应有助于基本城市要素的相互作用，强有力地联系现存的空间环境和行为格局，并有效地与城市未来的物质形态变化相联系。

概括起来，步行街有以下优点：①社会效益——它提供了步行、休憩、社交聚会的场所，增进了人际交流和地域认同感；②经济效益——促进城市社区经济的繁荣；③环境效益——减少空气和视觉的污染，较少交通噪声，并使建筑环境更富于人情味；④交通方面——步行道可减少车辆，并减轻汽车对人活动环境所产生的压力。

5.6　街道（区）实例

5.6.1　废墟中的重建开发：英国考文垂中心步行区

图 19-4-33 是结合战争期间毁掉的房屋重建并开发的步行街，在步行街的周围设置了 1700 辆汽车停车位，中心广场在步行商业区的一端。广场把商业区与文化中心联结起来。广场不仅环境优美，而且组织了二层平台的

步行交通。

5.6.2　两层空间的利用：瑞典斯德哥尔摩魏林比中心区

瑞典斯德哥尔摩魏林比中心区的性质和功能与哈罗新城中心属同一种类型，但在设计手法上扩展到两层空间的利用，中心区结合铁路车站布置，地面层形成一个 700m × 800m 的步行平台，这种手法对许多城市旧区改建有深远影响（图 19–4–34）。

5.6.3　特色地段的整治：上海市南京东路步行商业街

南京东路步行街地区东起河南路，西至西藏路，全长约 1050m。南北分别以平行南京东路的九江路、天津路为界，两侧纵深约 200m。原南京东路上行驶的车辆交通转移到九江路和天津路上，地铁二号线在人民公园及河南中路设站，解决了步行街的公共交通问题（图 19–4–35、图 19–4–36）。

南京东路步行街建设，除对两侧街面建筑进行改建，在街道上布置环境设施外，还增加了三处较大面积的开放空间布置绿地，分别位于西藏中路以西、浙江中路、福建中路及河南中路，使得步行街更具特色。

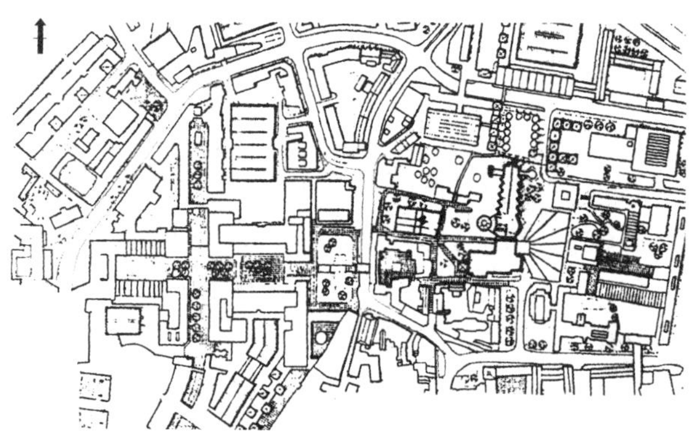

图 19–4–33　英国考文垂中心步行区

资料来源：同济大学李德华．城市规划原理（第三版）．北京：中国建筑工业出版社，2001：497．

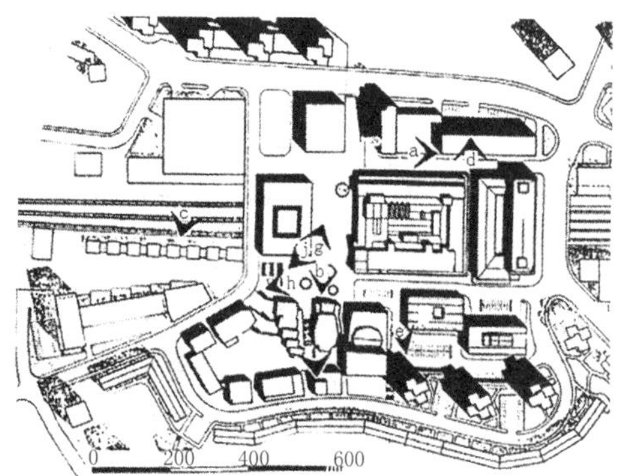

图 19–4–34　瑞典斯德哥尔摩魏林比中心区

资料来源：同济大学李德华．城市规划原理（第三版）．北京：中国建筑工业出版社，2001：497．

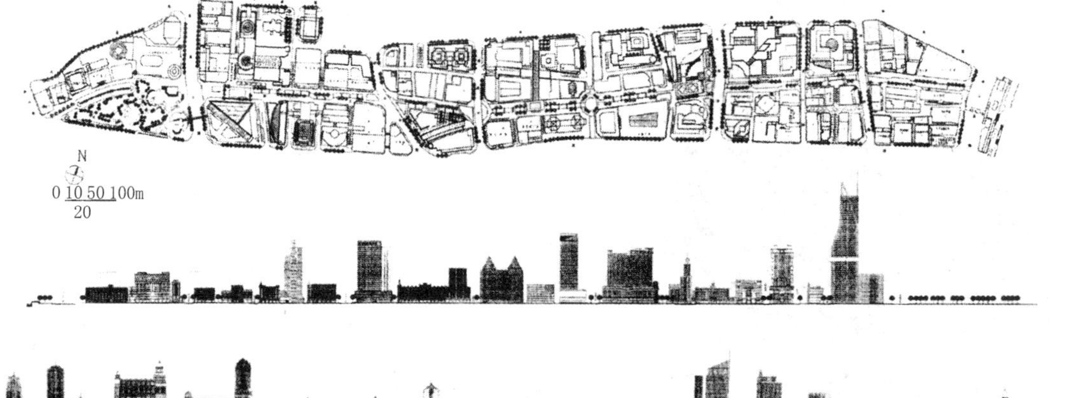

图 19–4–35　上海市南京东路步行商业街平面图及两侧建筑立面

资料来源：同济大学李德华．城市规划原理（第三版）．北京：中国建筑工业出版社，2001：499．

图 19-4-36 上海市南京东路步行商业街
资料来源：郑时龄，王伟强．南京路城市设计．

5.6.4 街区的更新改造：重庆杨家坪步行商业街区

重庆杨家坪地区地处成渝经济走廊的前沿阵地，是重庆西部的重要交通枢纽，工业基础雄厚，交通便捷，人口密集，辐射面宽。杨家坪商圈是重庆五大商圈之一，而杨家坪步行街所在地区属于杨家坪商圈的核心部分。

2001 年开始的杨家坪步行街的规划和改造建设，是当时九龙坡区城镇化战略的一号工程。一方面，承担着塑造城市副中心和九龙坡区“退二进三”产业结构调整的重任，杨家坪中心地带的商业业态和购物环境亟需进一步提升和改善；另一方面，杨家坪商圈中心地段被 5 条交通干线隔断，交通条件差，商圈发展受到了极大限制，改造也是缓解交通环境的迫切要求。

杨家坪步行街的城市设计范围为 18.9hm^2，步行区环境景观设计范围为 6 万 m^2。整体城市设计结构为：“三元步行系统 + 内聚结构核心”，三元步行系统包括城市型步行系统、生态型步行系统、购物廊步行系统。设计上注重城市环境的整体连续性、人性化、类型选择和细部的设计，系统组织步行要素，以强有力地构建街区的空间环境和行为格局。改造建设突出人文景观，力图完美体现购物与生态、休闲和文化的和谐统一，为该区人民提供一个集旅游、休闲、购物、生态于一体的生活环境，美化城市形象、扩展城市功能、塑造城市品牌，并为城市的产业结构转型作出贡献。目前，杨家坪商圈拥有营业面积超过 1 万 m^2 的大型商场、专卖店 6 家，超市 4 家，其商业区的综合服务和中心功能已经形成。如今，该区域已成为重庆市主城区现代金融商贸副中心，也是市民购物游憩休闲的城市标志性公共空间（图 19-4-37）。

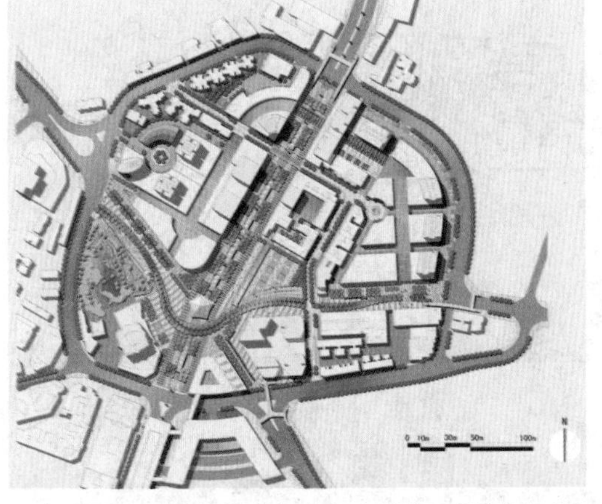

图 19-4-37 重庆杨家坪步行商业街区规划平面图
资料来源：同济大学建筑设计研究院．重庆杨家坪步行商业街区城市设计．

6 城市滨水区

6.1 滨水区在城市中的作用

很多城镇和城市临水而筑，围绕水来组织城市空间。当水被视为结构性元素时，它具有构建城市的作用，从而成为城市设计的重要内容。滨水区往往成为商业、工业和交通的焦点，可以唤起历史的记忆，并在城市肌理中将之强调出来。而滨水区的重建，则意味着为水体自身找到一个新的功能，即找到城市重建的推动力或者是滨水区存在的目的和理由。

城市滨水区作为"城市中陆域与水域相连的一定区域的总称"，一般由水域、水际线、陆域三部分组成。城市滨水区是城市独特的资源，在一定的时期和条件下，它往往是城市活动空间的核心，也是城市空间结构的重要组成部分。城市滨水区揭示了水岸边缘的传承，也证实了经济的发展机遇与科技的变革，应实现多种交通功能模式、城市的发展、开放的用地、海岸线的稳定以及公众的参与等多重目标。[27]

6.2 滨水区的规划设计

滨水区对于城市发展长期的主导地位来源于它在执行城市发展战略中表现出的独特价值、弹性和适应能力。通过对滨水区的开发活动可以更科学合理地配置资源、建立秩序、营造氛围，并对周边地区产生强大的带动作用，从而使城市形成自己的特色，提升城市竞争力。[28]

6.2.1 滨水区的开放性

水体本身是不可建设的，其空间具有开放性，这使得滨水区自然地成为城市重要的公共空间。滨水区往往具有向公共开放的界面，可以赋予公众平等享有的权利，构成了城市的特色和活力区域。在城市设计方面，通常力求用一个开敞空间体系将滨水区和原市区联结起来，并保持通向水边的视线走廊的通畅，使滨水区与城市主要功能区域的发展实现有效互动。

6.2.2 滨水区的共享性

在规划设计时确保滨水地区的共享性是一个重要原则。让全体市民共同享受滨水地区不仅有社会效益上的考量，而且有经济效益上的考量。在城市设计中，将连续的公共空间沿整个水边地带布置，是保证滨水地区的共享性的好方法。而短视的做法则是将滨水区岸线划开并出让给滨水区的投资者，从而容易损害滨水区的公共使用功能，造成人们的公共活动与滨水区域的隔离，降低滨水区的活力和品质。

6.2.3 滨水区的交通组织

滨水区往往是陆域边缘，处于交通末梢。因此，滨水区的交通组织就显得尤为重要。如果处理不好，会影响整个区域的可达性以及活力的营造。在滨水区交通系统的组织上，应布置便捷的公交系统和步行系统，将市区和滨水区连接起来。另外，在城市设计中考虑滨水区水上活动的组织，是将陆上和水上项目结合在一起的有效办法，可以吸引更多的陆上游客，丰富旅游的内容，因为水上活动项目本身也是陆上游客观赏的对象，反之亦然。

6.2.4 滨水区对城市营销的作用

滨水区由于其空间具有的开放性，可以充分、完整地展示城市天际线，对于城市整体形象的塑造具有非常重要的作用。例如，香港维多利亚湾就勾勒出了城市美丽且富有特色的天际线，自身也成为了城市名片。另外，文化也是保持滨水区魅力和竞争力的不竭源泉。滨水区的历史建筑、文化遗产甚至历史地段，浓缩了时代印记，具有重要价值，有助于滨水区特色性的建构。在增强滨水区活力的同时，还可以促进旅游和经济发展。

6.2.5 滨水区的防洪及环保

滨水区由于紧靠水体，往往会受到湖水、洪水等自然灾害的威胁。开发滨水地区，必须和水文部门密切合作，认真研究开发工程可能对海水、湖水的潮汛及泄洪能力的影响。而提高滨水区及水体自身的环境质量也对滨水区开发有举足轻重的影响。成功的经验证明，很多城市从水体的治理着手，有效推进了滨水区进一步的开发和投资。[29]

6.3 滨水区实例

6.3.1 中心商务区滨水设计：纽约炮台公园区

纽约炮台公园区（Battery Park）是美国下曼哈顿区西面填海而成的 $37hm^2$ 的用地。该区涉及办公面积 55 万 m^2，住宅 1.4 万户，高级酒店与影城综合体、高中、图书馆各一个，博物馆若干。1969 年项目启动时规划方案的概念为“巨构城市”——纪念性尺度的建筑、清晰的结构、宏伟的城市景观和开阔的公共空间。但考虑到交通设施造价高昂、巨型结构与原有城市肌理格格不入、市区街道被阻挡通往河面等，因此方案不断被修改。直至 1979 年，库珀和埃克斯塔制定其规划设计，提倡融入既有城市结构并延续其设计灵感的文脉主义。

炮台公园区是回归传统的城市设计的方法，即以街道和广场为中心元素形成混合功能的城市街区。其用地被分解成较小的地块，以鼓励更多的开发商和建筑师参与到这个项目中，并进行循序渐进的建设。同时，滨水区条件被充分利用，设置河滨步行道、港湾以及众多绿地公园。足够用地被保留用来优先建设公共空间和公园，高达 40% 的土地被投入室外公共空间的建设。每处公共空间不求大但求实用，分散于各个分区，通过滨水步行道相互联系，并由不同地块的不同景观建筑师与艺术家根据不同主题设计，展现出丰富景观效果。另外，贯彻设计准则控制建筑体量、尺度和材料，但准则本身又具足够的灵活性。在 25 年的建设期内，炮台公园管理局的管理和详尽的规划设计，一起为整个地区的建筑风格和城市空间的连贯性和可识别性作出了巨大的贡献，使炮台公园区获得了市民的认同感（图 19–4–38）。[30]

6.3.2 滨水区的重塑与复兴：伦敦金丝雀码头

金丝雀码头（Canary Wharf）是伦敦市在 1980 年代末 1990 年代初在原废弃的泰晤士河港区基地上建设的全新的国际中央商务区。作为英国自 1970 年代的新城运动之后最具影响的城市建设项目，它是大型城市商业开发的典型案例，也是通过城市设计重塑城市空间、带动城市复兴的代表作。金丝雀码头位于伦敦城以东的码头开发区的狗岛区中部，距伦敦市区 4 公里，三面被泰晤士河环绕，面积 $35hm^2$。业主与开发商为奥林匹克与约克公司／金丝雀码头发展公司，其主要的规划设计者为 SOM。

图 19-4-38　2004 年炮台公园区总平面及全景鸟瞰
资料来源：（美）加里 · 赫克，林中杰著 . 全球化时代的城市设计 [M]. 时匡 . 北京：中国建筑工业出版社，2006：58.

金丝雀码头规划设计要点主要包括：①空间结构：强调严谨的构图和轴线关系；中央三幢超高层办公楼作为地标；沿河为整齐的中高层办公和金融交易建筑，两排建筑之间为一系列公共空间，空间封闭且内聚。②交通系统：双层林荫大道环绕全岛，分隔人行系统；与伦敦相联系的地铁与轻轨南北向从基地中央穿过。③开放空间：林荫大道从中央东西向贯穿地块，形成主轴线，并串联起 4 个不同形状的城市广场。轴线两侧建筑对外部空间限定十分严谨。④规划的多样性：规划的 26 个地块分别由不同的建筑师在 SOM 制定的总体规划和立面建议方案的基础上进行设计。1990 年业主委托弗瑞德 · 科特（Fred Koetter）对总规作补充：利用对角线元素打破过于严谨的几何性；在建筑立面上要求底层变得丰富，并特意引入码头区原有的典型建筑元素。⑤景观小品：规划制定详细的规范，如规定柱廊、拱廊、庭院等空间形态，以及建筑的尺度、后退、材料和立面处理等细部。

金丝雀码头是利用公共政策引导私人投资进行城市改造的大胆尝试。在城市设计上，它为英国的城市发展带来了观念性的变化。突破了原有“城镇景观”理论的局限，适应了经济全球化时代快速的城市扩张的需求。但是，金丝雀码头的开发建设也曾一度陷入困境，城市基础设施建设曾滞后数年。其规划设计也存在一些缺陷，例如河滨区域的可及性不强，沿河景观没有得到充分利用，城市功能偏单一等。但整体而言，SOM 的总体规划展示了金丝雀码头的城市意象和空间特质，有效地协调了个体建筑间的关系并将其整合成为有机的组群，使这个项目在 10 多年的建设过程中能保持其形态上的连贯性（图 19-4-39）。[31]

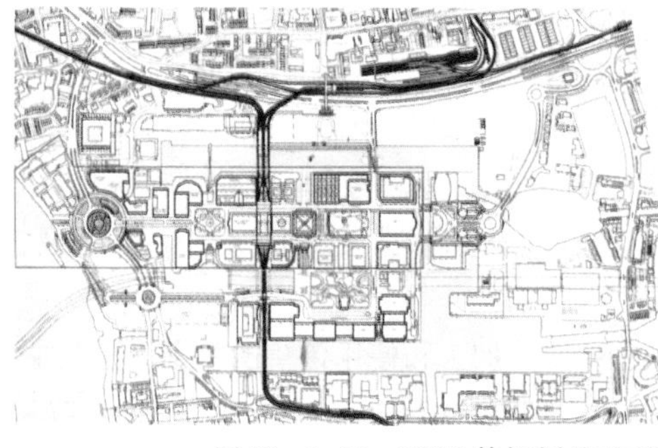

图 19-4-39　SOM 的规划总平面图及建成的金丝雀码头鸟瞰
资料来源：（美）加里 · 赫克，林中杰著 . 全球化时代的城市设计 [M]. 时匡 . 2006：128，129.

第5节 作为公共政策的城市设计

1 城市设计是一种公共政策

城市设计是一种公共政策。作为公共参与的媒介，它是一个多元参与决策的公共过程。实质上，现代城市设计包含了城市物质环境设计和社会系统设计双重层面：作为物质环境设计，城市设计表现为由多阶段所组成的设计“求解”过程；而作为社会系统设计，它又表现为政治的、经济的、法律的连续决策过程和执行过程。这种过程的属性，使得现代城市设计更侧重于通过一系列的调控体系来对城市体形环境及城市公共空间的建设进行控制和干预，进而塑造理想的城市。

巴奈特1974年出版的《作为公共政策的城市设计》指出“设计城市而不设计建筑物”、“日常的决策过程，才是城市设计真正的媒介”，他认为城市设计是公共性规划控制管理的总合，提出“城市设计是一个城市塑造的过程，要注重城市形成的连续性，使城市设计成为一个既有创意又有发展弹性的过程”，“通过一个日复一日的连续的决策的过程创造出来，而不是为了建立完美的终极理论和理想蓝图”。一个成功的城市设计，往往是不同利益集团各种需求折衷的结果。城市设计在其中扮演服务角色，提供专业技术来支持市民对城市空间、环境的想法，并通过专业协作，落实到可操作的内容。因此，城市设计应体现公众的基本权利与价值。在编制与管理过程中，城市设计的核心内容是公平和效率的统一。

2 城市设计的管理控制

城市设计的管理是从宏观到微观对城市建设进行管理。所谓宏观，是指从城市的整体格局、形态结构等系统入手，协调城市规划，使城市形成良好的形态环境，发挥最大的综合效能，因而在时间和空间上都是一项宏大的系统管理工程；所谓微观，则体现了城市设计要针对各项建设工程在涉及形态环境的多方面具体内容进行有效地引导和控制，它又是一种实际操作的管理工作[32]。

城市设计的管理工作是始终渗透在从城市设计的编制、评价和审定到实施的整个运作过程中，这种全方位运作过程赋予城市设计的运作组织管理多方面的职能和角色。

（1）委托和协助城市设计的编制。

（2）组织对城市设计成果的评价和审定。

（3）对城市设计进行实施操作、监督维护和信息反馈。

在法治社会环境中，城市设计控制需要以设计活动为基础的，并进而通过法律认可或社会团体约定形成管理语言，才能在城市建设过程起到作用。现代城市设计的管理控制语言正日益强化，起到一个中间媒介及控制的作用。可以分为：

（1）控制。是“在获取、加工和使用信息的基础上控制主体使被控制客体进行合乎目的的工作”。在城市设计的运作中，“控制”的内容包含三个方面：一、城市发展和社会要素对城市设计形成的过程和作用的控制；二、城市设计在运作过

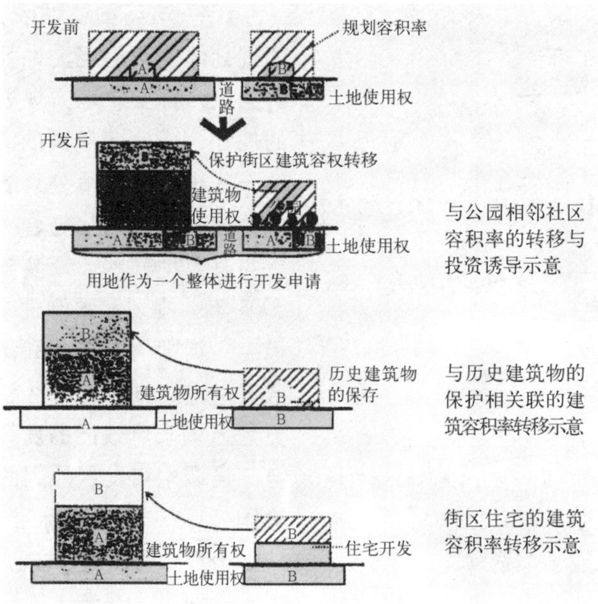

图 19-5-1　上海经外滩城市设计中提出的容积率（开发权）转移

上海北外滩城市设计案提出开发手段可通过发展权转移来诱导开发商在承担道路、公园、市政设施建设等同时，在不违反城市形态原则的前提下，获得更高的容积率，其中包括与相邻街区共同开发相关联的发展权转移，如公园相邻的街区通过参与公园之开发可获相应开发定量增加；与景观形成及历史建筑物的保护相关联的发展权转移等。

资料来源：庄宇．城市设计的运作[M]．上海：同济大学出版社，2004：173．

程中的自我调整的“自控制”；三、城市设计对后续具体的工程设计及其实施的控制。

（2）激励。是指为实现既定目标而进行的激发和奖励。城市设计运作中的激发和奖励。开发权转移（Transter Development Rights）就是城市设计中一种典型的“激励”手段（图 19–5–1）。

（3）保障。在城市设计运作中使用控制、激励等实施手段，必须要具备强有力的保障，才能保证城市设计的意图贯穿于城市建设过程予以实施。保障作用主要来自法律保障、行政组织保障、经济保障三个方面。

3　城市设计和公众参与

3.1　规划设计中的公众参与

从 1950 年代起，经过约 20 年的探索建筑，城市设计以及规划领域的“参与性设计”成为世界的潮流也成为现代城市设计中一个重要议题，公众参与作为通往公平公正的最为直接和重要的手段也越来越得到大力的宣扬。而至少从 1960 年开始，物质空间规划中的社区参与办法就已经开始形成，并且通过不同程度的参与或“参与梯度”形成其自身的特征。1965 年，荷兰建筑师哈布瑞根提出了住宅建设的“支撑体”系统，后又扩展到城市设计（1973）。他把城市物质构成更广义地命名为“组织体”，而把广义的基础设施、道路、建筑物承重结构命名为“骨架”。组织体决定该地区环境特色和人群组织模式，设计可由居民来共同参与决定[33]。1969 年谢莉 · 安斯汀在《市民参与阶梯》中对公众参与的阶段和特征进行了概括，其总结的参与三个层次八种形式成为对公众参与程度的经典衡量标准。约翰 · 福里德曼则认为：“社会应当具有相当的民主，各个行动团体可以承担一定的具体任务，进而构成根大的社会网络，团体内部相互对话，对外部的巨大抗争力，城市规划的实践应该通过一系列社会运动的网络结构明确地定义自身。”并应该追求“明确的价值观”[34]。

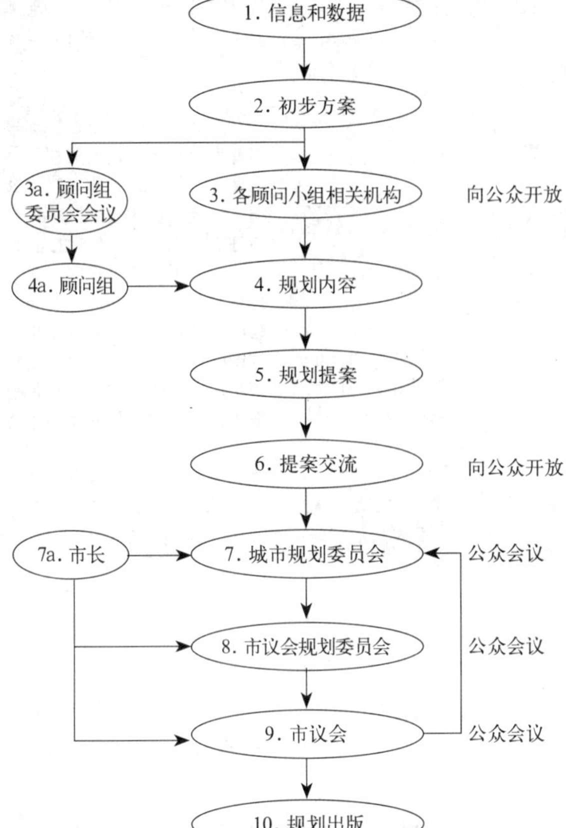

图 19–5–2　公众参与在美国规划决策程序中的体现

图中所列的程序中，规定向公众开放的有第 3、6、7、8、9 步骤，而且其中第 7、8、9 步骤作为公众会议、听证会的形式进行。

资料来源：杨贵庆．试析当今美国城市规划的公众参与[J]．国外城市规划，2002，2:68．

1947 年英国“城乡规划法”所创立的规划体制就已经允许社会公众发表他们的意见，并要求地方规划部门公布所编制的规划。1971 年英国的“城市规划法”中的一些规定则使得公众参与通过与城市规划的体系和程序相结合，在规划中建立了更为有效地开展公众参与的机制[35]。而以 2004 年“规划和强制性收购法”的颁布为标志，英国的城市规划体系发生了重大的改变：规划体系结合地方政府架构的变化，更为强调政府效能的发挥和社会公众的参与，强调永续发展原则的贯彻执行[36]。在美国，1926 年的“标准区划授权法”和 1928 年的“城市总体规划授权法”中也都有对规划中公众参与的要求。1951 年纽约曼哈顿区区长华格纳首次创设了社区规划议会提供了社区参与的机制[37]。而从 1956 年的联邦高速公路法案，到 1970 年代的环境法规，再到 1990 年代的新联邦交通法，对公众参与城市规划的程度、内容都进行了不断深化。而在美国大城市的规划决策程序中（图 19–5–2），公众参与也占了较为重要的地位。可以说，从规划方案的开始到提出，顾问咨询组和任何感兴趣的社会团体都可以发表意见，使得公众参与在规划决策体制中得以保证。

如今，以社区为基本单元的公众参与的模式较为成熟，公众参与在城市设计、历史街区保护、社区规划建设、永续的生态城市建设等方面都得到发展，在规划的立项、编制、审批、实施等层面也得到充分应用。如何让公众参与更具效力、更多的规划设计实践成为当前研究的重点。

3.2　公众参与的方法与效力

在城市设计过程中，公众参与可通过多种形式进行：专家研讨法、公众听证会、市民特别工作组举办方案展览以及关于规划设计的公众论坛等。其中，有的适用于确定价值和目标，例如居民顾问委员会、意愿调查、邻里规划议会等；有的适于方案选择，例如公众投票复决、社区专业协助、比赛模拟等；有的适用于实施方案，例如市民雇员、市民培训等；还有的适于方案反馈和修改，例如巡访中心、热线、还有远景设想等。另外，为了帮助公众理解城市设计实践的公共过程，媒介也可以起到相当重要的作用[38]。

公众参与在推动规划和设计内容从工程技术向公共政策转型的过程中，在城市设计实践的各个阶段都可以发挥非常重要的作用：①确定问题、需要以及重要价值。②发现思想和解决问题。③收集人们对建议的反应和反馈。④各备选方案的评估。⑤解决冲突、协商意见[39]。公众参与的组织还直接影响着城市设计的可操作性和实施效果。

3.3 我国的公众参与问题

引入与发展公众对规划设计过程的参与是当前我国城市规划设计发展的重要内容。今天社会主义市场体制的建立必将伴随一个重要过程，那就是规划和设计决策将更多地采用“自下而上”而不是以往的“自上而下”的路径。然而，与发达国家相比，我国的公众参与设计还有相当大的距离。这样的状况也是我国社会经济发展阶段的反映。一方面根深蒂固的传统观念导致群众对参与决策的意识仍很淡薄，大多数参与性设计还是在半公开化的过程中进行；另一方面，公众参与的重要性和必要性尚未被建设决策者和设计者所深刻认识[40]。当前，亟需将公众参与作为设计过程中必要的程序，并拓展和加强法规的保障。重要的城市设计项目还应经过人民代表大会讨论，并论证其可行性。这一过程将会随着我国民主法制的建设与发展同步成长。

我国目前公众参与可行的具体做法主要包括：① 2007 年颁布的《城乡规划法》，规定人大代表、政协委员作为公众的代表可以参与规划设计的讨论和审查。并强调城乡规划制定、实施全过程的公众参与，将公众参与纳入规划制定和修改的程序，提出了规划公开的原则规定，确立了公众的知情权作为基本权利，明确了公众表达意见的途径，并对违反公众参与原则的行为进行处罚[41]。②专家顾问咨询的方式，即组织有关专家或科协的专门学会对拟建项目和城市设计政策法令进行评审，这种方式目前在我国许多城市，特别是大城市实施得比较好，也比较容易为城市建设决策者所接受。③组织城市规划设计方案公示展览会，或通过其他宣传媒体介绍规划设计，让市民畅所欲言，发表见解。

4 城市设计的政策内容

4.1 城市设计的法制化途径

历史表明，城市设计的理论、实践与政策是相互促进的。任何一个有组织的城市设计活动，都是在某种形式的建设法规和条例下进行的，并结合实践的反馈来改善、调整原有的法规。“理论上的规划专业知识，如果缺乏社会决定，则作用甚微。如果没有合适的立法形式的引导，则城市规划只能停留在图纸上”(Morris，1982)。如今，城市建设立法的重要性已经为更多的人所关注。而城市设计法令规范也是确保城市设计实施效率的决定性因素。从美、日、英等国运作多年且相当成熟的城市设计制度来看，其法令的建立与落实都相当完备，如：土地使用分区控制、城市设计指导纲要、建筑特殊控制、公共参与城市设计程序，以及弹性的法令工具，如：开发权转移、计划单元整体开发、特定专用区管制等，英国的社区设计指导，以及日本的建筑规定、地区开发制度等。

美国的城市设计导则通过与区划法的密切配合，对城市整体形态及公共空间环境进行有效的控制和引导。其中，区划法主要是对城市形态进行一些硬性规定，而设计导则体现为规划调控的弹性原则，两者相辅相成，形成对

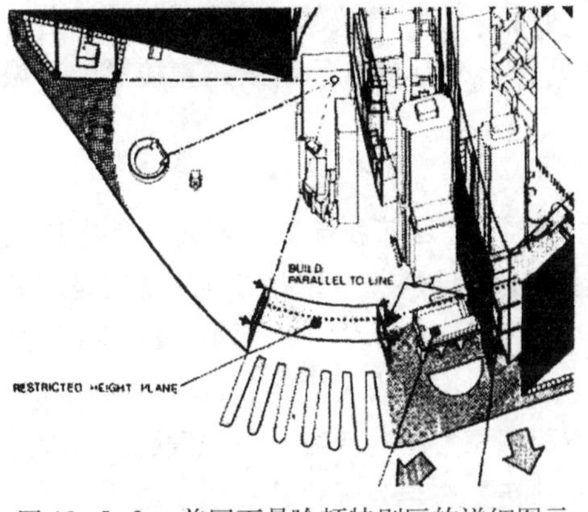

图 19-5-3　美国下曼哈顿特别区的详细图示
显示在法令控制下如何界定符合公共利益的节点，并将建筑留给开发者和建筑师去建设。
资料来源：王伟强．城市设计概论课程，城市设计的政策性（2009）.

城市形态及公共环境进行引导和控制的机制（图19-5-3）。在德国与法国的规划体系中，也都制定了战略性规划，以引导大尺度空间规划与设计决策，涉及重要的开敞空间、景观、历史保护及基础设施。在地段层面上，常常还有更详细的规划设计作为补充，可以为每个区域或地块制定详细的图则。这些图则涵盖布局、高度、密度、景观、停车、建筑红线与外观等各个方面。英国的城市设计政策则包括了城市景观、城市形态、公共空间、使用活动等各个方面，同时还涉及城市设计的运作程序、实施方式以及检验评估等阶段。很大程度上是由中央政府建立规划程序，地方规划部门对其进行解读。政府最近转而依据城市设计质量进行设计控制，《经由设计——规划体系中的城市设计：走向更好的实践》一书正是这种情况的概括。作者详细地制定了一个“思考机器”（或者说矩阵），作为明确的联系目标与形态的手段，虽然它并不包括在最后列出的导则之内。

在我国当前的城市建设体制下，尚没有确立城市设计制度并为之立法。2007年新颁布的《城乡规划法》也并未提及城市设计。但《城乡规划法》较1989年颁布的《城市规划法》而言，更注重城乡规划的公共政策属性[42]，同时还强调了城乡规划综合调控的地位和作用，并健全了对行政权力的监督制约机制和公众参与机制。而我国2005年颁布的《城市规划编制办法》虽然提出控制性详细规划应当包括“提出各地块的建筑体量、体型、色彩等城市设计指导原则”，但对城市设计的编制的内容、层次和深度均无明确规定。从我国目前的城市设计来看，城市设计工作的法制化需要进行三方面的工作：其一，城市设计通过贯穿于我国法定规划的各阶段来实现其法律地位，尤其是通过与控制性详细规划的结合来体现。应加强城市设计借助地块图则、设计导则等内容对法定规划的渗透与结合。其二，是城市设计专业规范，包括：城市设计与建筑规划的准则、特殊城市设计目标的奖励内容规范；其三，是城市设计相关的法律法规，包括：城市设计运作程序、城市设计组织规范、城市设计技术规定。

4.2　城市设计政策成果内容[43]

4.2.1　城市设计政策法令

设计政策是城市设计的主要成果之一。它既包括设计实施、维护管理及投资程序中的规章条例，也是为整个设计过程服务的一个行动框架和对社会经济背景的一种响应。同时它又是保证城市设计从图纸文本转向现实的设计策略，它主要体现在有关城市设计目标、构思、空间结构、原则、条例等内容的总体描述中。加拿大首都渥太华成立了权威性的城市设计决策机构——“国家首都委员会”（NCC），对一系列有待建设的设计项目及其可行性制定了一整套设计政策。而波特兰享有美国规划、设计最成功城市的美誉（Punter，1999）。这种名誉部分地来自于该城市清晰、有效的政策框架，此框架由一份城市空间设计策略及一组城市中心区基本设计导则组成[44]（图19-5-4）。

项目：________________

文件代码：________________

日期：________________

可应用性	遵守	不遵守	
			A. 波特兰的个性特征
□	□	□	A1. 结合河流进行设计使之与城市成为一体
□	□	□	A2. 突出波特兰的主题
□	□	□	A3. 尊重波特兰的街区结构
□	□	□	A4. 使用统一的元素
□	□	□	A5. 强化、修饰并鉴别地段
□	□	□	A6. 再利用或复原或修复建筑
□	□	□	A7. 构建及维持城市空间的围合感
□	□	□	A8. 增强城市景观建设，强化工作阶段与相关行动
□	□	□	A9. 强化入口通道
			B. 步行
□	□	□	B1. 加强与扩大步行体系
□	□	□	B2. 保护行人
□	□	□	B3. 架桥跨越人行障碍
□	□	□	B4. 提供购物与景观场所
□	□	□	B5. 开辟广场、公园与开敞空间，使之成功地为市民服务
□	□	□	B6. 考虑日照、阴影、眩光、反射、风雨等因素
□	□	□	B7. 结合无障碍设计
			C. 项目设计
□	□	□	C1. 尊重建筑完整性
□	□	□	C2. 考虑景观因素
□	□	□	C3. 可适应性设计
□	□	□	C4. 通过设计使建筑与公共空间之间能够优雅地过渡
□	□	□	C5. 设计角落空间以形成积极的空间交点
□	□	□	C6. 使建筑周边步行道平面标高有所差异
□	□	□	C7. 创造灵活的步行道空间
□	□	□	C8. 要特别注意受蚕食的问题
□	□	□	C9. 将屋顶空间与人的活动结合
□	□	□	C10. 提高开发项目的持久性与质量

图 19-5-4　波特兰市城市中心基本设计导则列表

资料来源：（英）Matthew Carmona 等编著，城市设计的维度 [M]，2005：241.

4.2.2　城市设计编制

由于这种成果可以直接诉诸人的视觉，所以它是最常见的，也是通常使用最多的城市设计成果形式。实际上，城市设计方案就是设计政策法令的三度描述。而在不同的国家、不同的文化背景，其具体做法会有一些差异。传统城市设计有两种规划产品，即与形体环境有关的远景总图和能描述一般社区政策的综合性规划。“终端式”总图成果在战后初期一度非常盛行，1960

年代以后逐渐衰微，因为它过于刚性，无法应对本质上是动态演进的城市形态这样一个事实。不过，用城市设计规划来表达未来城市空间可能出现的形体还是具有积极的现实意义的。日本横滨港湾地区城市设计、美国旧金山城区城市设计、我国的深圳市中心区城市设计等均有三度空间形体的成果内容和图示表述。

当代的城市规划设计者日益意识到，规划设计应导向一项现实行动和过程，强调过程和规划的双重性，这样就可能在规划和它的实施之间架设沟通的桥梁。现代城市设计方案是为可能实施的政策的意向来准备的，它包括实施政策的措施手段、目的和可行性研究，如 1986 年完成的美国丹佛中心区城市设计就附带了一本比设计文本更厚的城市设计行动计划。

4.2.3 城市设计导则

城市设计最基本的，也是最有特色的成果形式是设计导则。由于城市设计以公共利益作为设计目标，因此，为了控制不同的机构和民间开发者的城市开发活动，在开发设计的评价和审查时，就必须以遵循城市设计目标（一般也可将此列入城市设计导则中的总则部分）和城市设计导则为标准。通过导则来保证开发实施的环境品质和空间整体性，也即对城市某特定地段、特定设计要素甚至全城的城市建设提出基于整体的综合设计要求。因为城市设计政策和规划还不足以驾驭城市空间环境中的特定要素。

设计导则同时又可为某特定设计要素，如为某外部空间、建筑物组合方式、街景等表达多种可供选择的形式，其本质是保证设计质量。导则内容不仅可有地段范围的特定性，而且还可有侧重某要素（如层高、密度、天际线等）的准则。从技术上讲，良好完善的城市设计导则应同时包括导则的用途和目标、较小的和次要的问题分类、应用可行性和范例，这四方面不可偏废。同时，导则是跨学科共同研究得出的成果，它具有相当的开放性和覆盖面，否则设计导则就会与传统城市设计那种封闭式规划控制手段如出一辙。

为了应对人口增长和城市扩展的压力，提升香港作为国际都市的建成环境品质，香港规划当局进行了城市设计导则的最新研究工作，分别在 2000 年 5 月和 2001 年 9 月发表了香港城市设计导则的公众咨询文件。根据第一轮公众咨询的反馈意见，城市设计导则的第二轮公众咨询文件围绕五项主要议题：①香港各个区域的高度轮廓（图）；②滨水地带发展；③城市景观（涉及开放空间、历史建筑保存、坡地建筑）；④步行环境（步行交通和街道景观）；⑤缓解道路交通所产生的噪声和空气污染。香港城市设计导则的公众咨询文件表明，作为公共政策的城市设计控制既是专业技术过程，更是民主政治过程。作为一项特别重要也是颇有争议的设计控制议题，城市设计导则专门讨论了维多利亚港两岸的山体轮廓的视域保护范围，以使其免受滨水地带发展可能造成的不利影响，并且提出了可供考虑的控制策略和实施机制（图 19—5—5）。

4.2.4 我国的城市设计政策内容

在我国当前的实践中，为了与现行的城市规划体制相衔接配套，有些城市设计案例与控制性详细规划进行了有机结合，并增加了定量控制的内容，但作

导 则	图 示
新发展应与新镇的独特景观和地形相呼应，保留通向背景山体和水域的视廊和风道。	
采取逐级降低建筑高度的方式，尊重并与低层建筑形成整合关系，利用社区中心和学校等低层建筑，作为城市中心的视觉和空间缓冲界面。	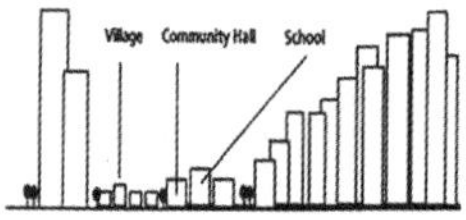 Village Community Hall School
新发展应与周围环境保持和谐，特别是在新镇的边缘部位。	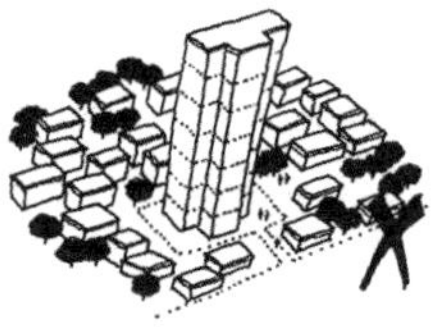
在市政和商业中心或者节点等适当部位设置地标建筑。	
以高密度的中心地区到低密度的边缘地区，采取合乎条理的建筑高度轮廓的缓差。	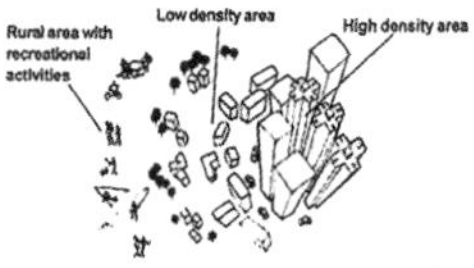 Rural area with recreational activities; Low density area; High density area

(*a*)

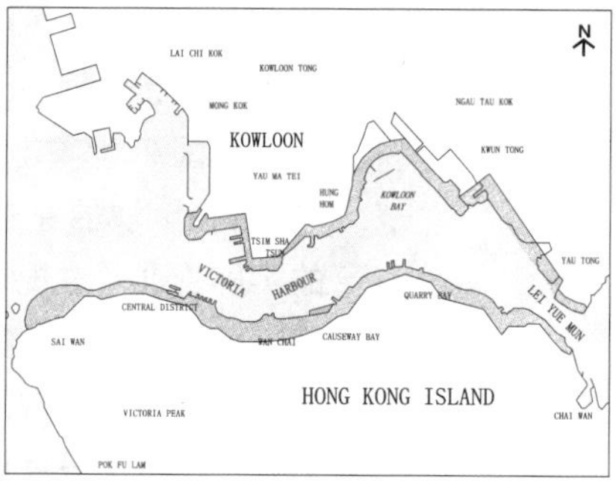

(*b*)

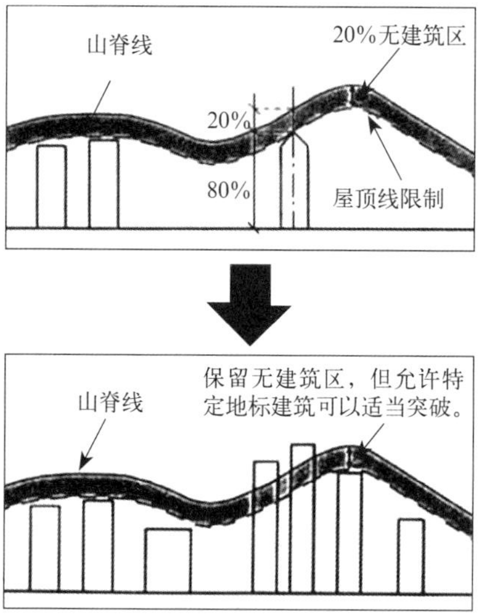

(*c*)

议题	陈述或建议	征询公众意见
方法	(1) 1991年的都会规划导则可以作为保护山体轮廓的考虑起点。 (2) 在适当部位，根据个案所具有的特定突出效果，可以允许放宽高度限制的灵活性。 (3) 基于公众的可达性和认知度，选择观景视点。 (4) 在著名旅游点的观景视点应当得到保护。 (5) 如有可能并且得到公众的广泛支持，保护具有突出特征的所有山体轮廓。 (6) 避免私人土地的开发容积率受到损失。 (7) 考虑土地使用、区位和对于保护山体轮廓的影响，允许在战略性部位设置高层建筑节点。	如果规章性措施是必要的，应当如何确定维多利亚港两岸发展的整体高度轮廓？
规章	1991年的都会规划导则提出了保护山体轮廓的视域范围，但只是指导性而不是强制性的。目前，维多利亚港两岸的有些建筑高度已经突破了都会规划的导则。 控制视廊范围内的建筑高度有如下几种备选方法： (1) 引入新的法规，确定建筑高度的上限。 (2) 在既有的法定规划(OZPs)中，确定视域范围内的建筑高度或层数限制，同时可以加上适度放宽的条款。 (3) 由于大的基地较有可能产生高层建筑（如果建筑密度较低的话），可以在既有的法定规划中，适当控制这些大基地的建筑密度下限，低于建筑密度下限的开发项目必须得到规划委员会的许可。 (4) 超过一定高度的新开发项目必须呈报规划委员会，评价对于山体轮廓保护的视觉影响，而不必在法定规划中规定高度或层数控制。	您是否仍然想要依据导则来保护山体轮廓的视域范围？ 是否有必要引入规章性措施来控制建筑高度？ 您认为哪类规章性措施更为合适？ 您还有其他建议吗？
机构	另一种方式是将滨水地区划为特别设计审议区，城市设计导则可以作为设计审议的参照依据。规划委员会可以将滨水地区的设计审议作为法定规划和开发控制过程的组成部分，特别考虑滨水开发项目对于山体轮廓的视域范围的影响，以及设置作为滨水地标的超高层建筑的理由。 另外，滨水发展项目可以由专门的设计审议小组受理，有各类专业人士参与，也许可以下属规划委员会。并且，还有必要对于设置监督滨水发展项目的合适机制进行调查。	您是否赞同将维多利亚港周边的滨水地区划为特别设计控制区？ 您是否认为滨水地区的发展项目应由规划委员会进行设计审议，作为既有的法定规划过程？ 您是否认为滨水地区的发展项目应由专门的设计审议小组来受理？设计审议小组的职能是指导性还是决策性的？设计审议小组是否应当下属规划委员会。 您还有其他建议吗？

(*d*)

图 19–5–5
香港的城市设计导则内容示例
(*a*) 香港各个区域的高度轮廓；
(*b*) 滨水区作为特别设计控制区的建议范围；
(*c*) 香港城市设计导则的公众咨询议题之一；
(*d*) 如何保护山体轮廓线
资料来源：香港特别行政区规划署．城市设计指引(2009)．

为城市设计，其量的确定仍然是以人为中心，并且是以三度空间结构和城市景观的描述为依据的。

我国 2005 年颁布的《城市规划编制办法》提出控制性详细规划应当包括“提出各地块的建筑体量、体型、色彩等城市设计指导原则”。我国城市设计的实施管理通过规划编制体系框架中的控制性详细规划实现对接的，控制性详细规划是城市设计实施可链接的法律体系。而在城市设计与控制性详细规划的结合中，针对控规的指令性与引导性指标，城市设计更加强调和侧重的是加强引导性。城市设计应重点控制和引导城市空间环境体系，并主要通过控制建筑的风格形式、后退红线、建筑高度、建筑色彩等具体手段来实现，重点地段还会控制建筑基地线、裙房控制线、主体建筑控制线、建筑架空控制线等（图 19–5–6）。

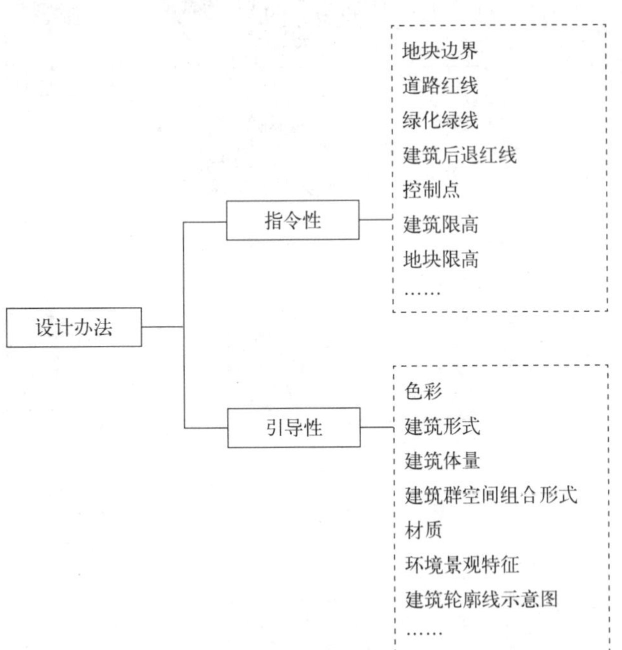

图 19–5–6　设计控制办法

资料来源：王伟强．城市设计概论课程．城市设计的政策性．2009．

值得一提的是，城市色彩直接体现城市个性，展示城市形象，体现了城市品位，也是矫正城市建筑无序状态的重要手段，越来越成为城市设计不可忽视的元素。城市设计可以通过地域特有景观和文化资源的发掘，来进行有针对性的色彩专题研究，制定适合规划区域独特的文化内涵和景观特征的色彩导引，延续城市文脉、营造区域整体和谐色彩。

以《城乡规划法》解说、《城市规划编制办法》、《城市规划编制办法实施细则》、《上海市城市详细规划编制审批办法》以及《深圳市法定图则编制技术规定》（修订版）的控制内容的比较分析，见表 19–5–1。

我国主要规划法规控制内容比较分析　　表 19–5–1

类别	控制内容		指标性质	解说 2008[①]	办法 2005[②]	细则 1995[③]	上海详规 1998[④]	深圳法定图则 2003[⑤]
地块划分	地块划分		规定					
	地块规划控制原则		导引					
	地块规划设计要点		导引					
	最小地块规模		规定					
土地利用	用地性质		规定					
	用地界线		规定					
	用地面积		规定					
	地块适建要求		规定					
	交通出入口方位		规定					
	地下空间开发要求		导引					
环境容量	人口容量		导引					
	容积率		规定					
	建筑密度		规定					
	绿地率		规定					
	其他环境要求		导引					
城市形态	建筑形态	建筑后退红线	规定					
		建筑间距	规定					
		建筑控制高度	规定					
		容积率奖励和补偿	导引					
		历史建筑保护要求	导引					
		建筑风格	导引					
		建筑形式	导引					
		建筑色彩	导引					
	公共空间要求	建筑高度	规定					
		建筑体量	导引					
		沿路建筑高度	规定					
		沿路建筑贴线要求	规定					
		广告表示设置要求	导引					
		绿化布置要求	导引					
		其他空间控制要求	导引					

续表

类别		控制内容	指标性质	解说 2008①	办法 2005②	细则 1995③	上海详规 1998④	深圳法定图则 2003⑤
设施配套	市政设施	管线走向、管径、控制坐标点、标高	规定					
	公共设施	教育	规定					
		医疗卫生	规定					
		行政管理	规定					
		商业服务	规定					
		文娱体育	规定					
	交通设施	红线位置、线型、断面、走向	规定					
		控制点坐标和标高	规定					
		停车场地与泊位	规定					
		公交站点	导引					
		人行步道系统	导引					

资料来源：王伟强．城市设计概论课程．城市设计的政策性．2009．

注：①《城乡规划法》解说（2008）；
②《城市规划编制办法》(2005)；
③《城市规划编制办法实施细则》(1995)；
④《上海市城市详细规划编制审批办法》(1998)；
⑤《深圳市法定图则编制技术规定》(修订版)(2003)。

注 释

[1] 参见：刘宛．城市设计实践论[M]．北京：中国建筑工业出版社，2006：48．

[2] 参见：（美）Roger Trancik．找寻失落的空间——都市设计理论[M]．谢庆达译．中国台北：田园城市文化事业有限公司，1997：99-112．

[3] 参见：Urban Design Review 1976，转引自 Shirvani，Hamid，The Urban Design Process[M]．Van Nostrand Reinhold Company，Inc.，1985：2．

[4] 参见：刘宛．城市设计实践论[M]．北京：中国建筑工业出版社，2006：31．

[5] 参见：（英）Matthew Carmona，Tim Heath，Taner Oc，Steven Tiesdell 编著．冯江，袁粤等译．城市设计的维度[M]．江苏：江苏科学技术出版社，2005：2-53．

[6] 参见：刘宛．城市设计实践论[M]．北京：中国建筑工业出版社，2006：16-17．

[7] 参见：Zukin，Sharon．1995．The Cultures of Cities [M]．Oxford：Blackwell．

[8] 参见加勒特 · 哈丁（Garret Hardin）“公地的悲剧”(the tragedy of the commons，1968)：在一个对所有牧民开放的“公共牧场”公地上，人畜数目与牧场的负载能力维持了大致的平衡。然而有一天，某个牧人思忖，如果我多养一头牲畜，正面效用是我个人可以从中获利，负面效应是将多消耗公地的资源，但损失将由大家共同承担。于是理

性的牧人得出结论，对他来说明智的做法是多加一头牲畜，再多加一头，再多加一头……没有理由阻止其他牧人也这样想，这是每个分享公地的、具有理性的牧人都能够作出的。但这个结论隐藏着重大的灾难，即人们看不到全局，只一味地想在有限世界上无限增加他的畜群。每个人都追求他自己的最大利益，相信自己在公地上的自由，最终必然是所有人的毁灭，公地自由只能带来全体牧人的毁灭。

[9] 20世纪的现代法国思想大师、城市社会学理论的重要奠基人昂利·列斐伏尔（Henri Lefebvre）在《空间的生产》（The Production of Space）一书中指出了空间的社会生产性：空间性不仅是被生产出来的结果而且是再生产者。人类就是一种独特的空间性单元：一方面，我们的行为和思想塑造着我们周遭的空间，但与此同时我们的集体性、社会性也产生了巨大的空间和场所。

[10] 参见：王伟强，莫霞．公共空间营造与城市品牌营销[J]．设计新潮，2007，12：133.

[11] “一般而论，开放空间具有四方面的特质：开放性，除建筑物以外的所有能够被公众使用的空间；可达性，任何人可以方便进入和到达；大众性，服务对象应是社会公众，而非少数人享受；功能性，开放空间并不仅仅是观赏之用，而且要能让人们休憩和日常使用，有机组织城市空间和人的行为”。参见：王建国．城市设计[M]．南京：东南大学出版社，2004.

[12] 五大功能组团分别为：以中国人民银行、汇丰银行、中银大厦等中心绿地周边项目为重心的国际银行楼群组团；以金茂大厦、上海证券交易所为主体的中外贸易机构要素市场组团；以东方明珠、香格里拉酒店、正大广场为核心的休憩旅游景点组团；以仁恒、世茂、汤臣、鹏利等滨江为代表的顶级江景住宅园区组团；以陆家嘴中心区西区地块为重心的跨国公司区域总部大厦组团。

[13] 参见：（美）加里·赫克，林中杰著．全球化时代的城市设计[M]．时匡译．北京：中国建筑工业出版社，2006：135.

[14] 参见：（英）克里夫·莫夫汀．都市设计——街道与广场[M]．王淑宜译．中国台北：创兴出版社有限公司，1999：138–142.

[15] 参见：（英）克里夫·莫夫汀．都市设计——街道与广场[M]．王淑宜译．中国台北：创兴出版社有限公司，1999：162–165.

[16] 参见：王建国．城市设计[M]．南京：东南大学出版社，2004：141.

[17] 参见：（澳）乔恩·兰著．黄阿宁译．城市设计[M]．沈阳：辽宁科学技术出版社，2008：94.

[18] 参见：（英）克里夫·莫夫汀．街道与广场[M]．张永刚等译．北京：中国建筑工业出版社，2004：140–143.

[19] 参见：（英）克里夫·莫夫汀．街道与广场[M]．张永刚等译．北京：中国建筑工业出版社，2004：143–145.

[20] 参见：（日）芦原义信．街道的美学[M]．天津：百花文艺出版社，2006：47.

[21] 参见：（英）克里夫·莫夫汀．街道与广场[M]．张永刚等译．北京：中国建筑工业出版社，2004：152.

[22] 以下内容综合参考：王建国．城市设计[M]．南京：东南大学出版社，2004：128–129；（美）唐纳德·沃特森，艾伦·布拉特斯，罗伯特·G·谢卜利编著．刘海龙，郭凌云，城市设计手册[M]．俞孔坚译．北京：中国建筑工业出版社，2006：

594–602；（英）克里夫 · 莫夫汀．都市设计——街道与广场[M]．王淑宜译．中国台北：创兴出版社有限公司，1999：202–232．

[23] 本部分内容主要参考：（英）克里夫 · 莫夫汀．都市设计——街道与广场[M]．王淑宜译．中国台北：创兴出版社有限公司，1999：202–205，216–218．

[24] 本部分内容主要参考：（英）克里夫 · 莫夫汀．都市设计——街道与广场[M]．王淑宜译．中国台北：中国创兴出版社有限公司，1999：223–224，229–232．

[25] 参见：（英）Matthew Carmona，Tim Heath，Taner Oc，Steven Tiesdell 编著．城市设计的维度[M]．冯江，袁粤等译．江苏：江苏科学技术出版社，2005：151–156．

[26] 参见：王建国．城市设计[M]．南京：东南大学出版社，2004：107．

[27] 参见：（美）城市土地研究学会编．都市滨水区规划[M]．马青等译．沈阳：辽宁科学出版社，2007：50．

[28] 参见：孙施文，王喆．城市滨水区发展与城市竞争力关系研究[J]．规划师，2004，8（20）：5–9．

[29] 参见：张庭伟等编著．城市滨水区设计与开发[M]．上海：同济大学出版社．2002：19–25．

[30] 参见：张庭伟等编著．城市滨水区设计与开发[M]．上海：同济大学出版社．2002：38．（美）加里 · 赫克，林中杰著．全球化时代的城市设计[M]．时匡译．北京：中国建筑工业出版社，2006：49–65．

[31] 参见：（美）加里 · 赫克，林中杰著．全球化时代的城市设计[M]．时匡译．北京：中国建筑工业出版社，2006：123．

[32] 本章节内容主要参考：庄宇．城市设计的运作[M]．上海：同济大学出版社，2004：54–57，79–80．

[33] 参见：王建国．城市设计[M]．南京：东南大学出版社，2004：236–237．

[34] 参见：王建国．城市设计[M]．南京：东南大学出版社，2004：237．

[35] 参见：周江评，孙明洁．城市规划和发展决策中的公众参与——西方有关文献及其启示．国外城市规划[J]．2005（4）：41–48．

[36] 此内容在之后的1982年《城乡规划条例》the Town and Country Planning（Structure and Local Plans）Regulations、1984的第22号通告（Circular 22/84）中也有重复的规定。

[37] 参见：Explanatory Notes to Planning And Compulsory Purchase Act，2004．http://www．opsi．gov．uk/acts/acts2004/en/ukpgaen_20040005_en_1．htm．

[38] 1989年纽约市宪章再次修订，制定了统一土地使用审查程序和一套完整的开发审查程序与社区理事会对都市计划委员会审查事项表达意见、公听、投票流程以及提交推荐方案的标准流程。

[39] 参见：刘宛．城市设计实践论[M]．北京：中国建筑工业出版社，2006：305．

[40] 参见：刘宛．城市设计实践论[M]．北京：中国建筑工业出版社，2006：304．

[41] 参见：王建国．城市设计[M]．南京：东南大学出版社，2004：239–240．

[42] 参见：城市规划网．解读《中华人民共和国城乡规划法》．2008–01–12．来源：西海都市报．http://info．upla．cn/html/2008/01–12/88953．shtml．

[43]《城乡规划法》（2007）明确指出"为了加强城乡规划管理，协调城乡空间布局，改善人

居环境，促进城乡经济社会全面、协调、可持续发展，制定本法。以后，城乡规划将更加重视资源节约、环境保护、文化与自然遗产保护；促进公共财政首先拨到基础设施、公共设施项目；强调城乡规划制定、实施全过程的公众参与；保证公平，明确了有关赔偿或补偿责任”。

[44] 以下内容重点参考：王建国．城市设计[M]．南京：东南大学出版社，2004：244，247．

[45] 参见：（英） Matthew Carmona，Tim Heath，Taner Oc，Steven Tiesdell 编著．城市设计的维度[M]．冯江，袁粤等译．江苏：江苏科学技术出版社，2005：241．

本章小结

作为公共政策的城市设计，是根据城市发展的总体目标、融合社会、经济、文化、心理等主要元素，对空间要素做出形态的安排，制定出指导空间形态设计的政策性安排。基于此，本章最后又重点论述了城市设计的管理体制、公众参与以及政策设计等方面的内容。

复习思考题

1. 城市设计的主要内容是什么？它与城市规划之间有什么样的关系？
2. 在城市公共空间的设计中，应重点考虑哪些因素？
3. 作为公共政策的城市设计，具有怎样的内涵与特征？
4. 如何判定一个优秀的城市设计？

第20章　城市遗产保护与城市复兴

本章首先介绍了城市文化遗产保护的原真性、完整性和永续性的原则，阐明了城市文化遗产保护的重要意义。从欧、美、日等国文化遗产保护的概况、国际遗产保护运动的兴起和文化遗产保护宪章等方面介绍了城市文化遗产的保护历程、保护理论及规划实践。围绕中国的历史保护制度与法规建设，着重阐述了历史文化名城、历史文化街区和历史建筑保护规划的基本方法，包括历史文化名城的申报条件、历史文化街区的范围划定和历史建筑的利用方式等内容。最后，介绍了包含再开发、整治改善和保护在内的国外城市更新的基本方式，对第二次世界大战后旧城更新带来的城市问题进行了反思，指出从旧城更新走向城市复兴是城市发展转型的必然选择。

第1节　城市文化遗产保护的原则与意义

1　从文物保护到文化遗产保护

文物是人类在历史发展过程中留存下来的遗物、遗迹。文物古迹从一定层面上反映了不同历史时期各地域的社会活动、意识形态、人与自然的关系以及生态

环境状况。文物古迹的保护，对于人们认识自己的历史和创造力量，揭示人类社会发展的客观规律，认识并促进当代和未来社会的发展具有重要的意义。

按照《中华人民共和国文物保护法》（以下简称《文物保护法》）的有关条款规定，受国家保护的文物包括：①具有历史、艺术、科学价值的古文化遗址、古墓葬、古建筑、石窟寺和石刻、壁画；②与重大历史事件、革命运动或者著名人物有关的以及具有重要纪念意义、教育意义或者史料价值的近代现代重要史迹、实物、代表性建筑；③历史上各时代珍贵的艺术品、工艺美术品；④历史上各时代重要的文献资料以及具有历史、艺术、科学价值的手稿和图书资料等；⑤反映历史上各时代、各民族社会制度、社会生产、社会生活的代表性实物。此外，具有科学价值的古脊椎动物化石和古人类化石同文物一样受国家保护。

与文物相比，文化遗产的概念与范畴有很大的拓展。文化遗产不仅包含人类历史上遗留的物质遗存，还包含一切与人类发展过程相关的知识、技术、习俗等无形文化资产。2005年国务院《关于加强文化遗产保护的通知》指出："文化遗产包括物质文化遗产和非物质文化遗产。物质文化遗产是具有历史、艺术和科学价值的文物，包括古遗址、古墓葬、古建筑、石窟寺、石刻、壁画、近代现代重要史迹及代表性建筑等不可移动文物，历史上各时代的重要实物、艺术品、文献、手稿、图书资料等可移动文物；以及在建筑式样、分布均匀或与环境景色结合方面具有突出普遍价值的历史文化名城（街区、村镇）。非物质文化遗产是指各种以非物质形态存在的与群众生活密切相关、世代相承的传统文化表现形式，包括口头传统、传统表演艺术、民俗活动和礼仪与节庆、有关自然界和宇宙的民间传统知识和实践、传统手工艺技能等以及与上述传统文化表现形式相关的文化空间。"

依据《文物保护法》、《历史文化名城名镇名村保护条例》（以下简称《名城保护条例》）等相关法规和文件精神，我国文化遗产的基本构成可以用表20–1–1的形式简明表示。

我国文化遗产的基本构成一览表　　　　**表20–1–1**

大类		小类		具体内容
物质文化遗产（有形文化遗产）		历史文化名城、名镇、名村		传统格局、历史风貌、空间尺度、历史环境、自然景观等
		历史文化街区		保存文物古迹丰富、历史建筑集中成片、传统格局和历史风貌具有一定规模的地区
	不可移动文物	全国重点文物保护单位		古文化遗址、古墓葬、古建筑、石窟寺、石刻、壁画、近代现代重要史迹和代表性建筑
		省级文物保护单位		
		市级文物保护单位		
		县级文物保护单位		
		登记不可移动文物		尚未核定公布的文物保护单位
		历史建筑		反映历史风貌和地方特色的建、构筑物
	可移动文物	珍贵文物	一级文物	各时代重要实物、艺术品、文献、手稿、图书资料、代表性实物等
			二级文物	
			三级文物	
		一般文物		
非物质文化遗产（无形文化遗产）		国家级非物质文化遗产		口头传统、传统表演艺术、民俗活动和礼仪与节庆活动 民间传统知识和实践、传统手工艺技能 文化空间
		省级非物质文化遗产		
		市、县级非物质文化遗产		

资料来源：本书编写小组自绘．

2 文化遗产分类的国际标准

国际古迹遗址理事会（The International Council on Monuments and Sites，缩写为 ICOMOS）于 1965 年在波兰华沙成立，是由世界各国文化遗产专业人士组成的、文化遗产保护领域唯一的全球性非政府组织。该组织成员包括建筑师、考古学家、艺术史学者、工程师、历史学家、城市规划师等，借助于跨学科的学术交流，为保护建筑遗产、历史城镇、文化景观、考古遗址等不同类型的文化遗产，在制定标准、完善措施、改进技术等方面共同努力。

1978 年在莫斯科召开的第五届大会上通过的《国际古迹遗址理事会章程》第三条中，对城市文化遗产的主要类别作出了如下定义：

“古迹／纪念物”（monuments）一词应包括在历史、艺术、建筑、科学或人类学方面具有价值的一切建筑物（及其环境、相关固定陈设和内容）。这一定义应包括古迹的雕刻与绘画、具有考古性质的物品或建筑物、题记、洞窟以及具有类似特征的所有综合物。

“建筑群”（groups of buildings）一词应包括无论是城市还是乡村，独立的或是相连的一切建筑及其环境，这些建筑在景观中由于其建筑风格、协调性或所处位置而具有历史、艺术、科学、社会或人类学方面的价值。

“遗址／场所”（sites）一词应包括一切地貌的风景和地区，人造物或人与自然的联合制品，包括在考古、历史、美学、人类学或人种学方面具有价值的历史公园与庭园。

上述“纪念物”、“遗址／场所”及“建筑群”等词汇不应包括：①存放在古迹内的博物馆藏品；②博物馆保存的，或考古、历史遗址博物馆展出的考古藏品；③露天博物馆。

在国际保护领域，近年来文化遗产的保护理念得到进一步的拓展。保护对象由遗产本体扩展到周边环境、遗产廊道、文化景观，遗产类型由静态向动态扩展，保护范围形态由点、线、面扩展到遗产区域。下面将联合国教科文组织（UNESCO）等国际机构对物质形态相关主要文化遗产类型的定义分述如下：

（1）建筑遗产：建筑遗产不仅包括品质超群的单体建筑及其周边环境，而且包括城镇或乡村的所有具有历史和文化意义的地区。建筑遗产的保护应该成为城市和区域规划不可缺少的部分。区域规划政策必须考虑建筑遗产的保护，并有利于保护。而且，建筑遗产保护可为经济衰退地区带来新的活力，可以遏制旧区人口减少，并阻止旧建筑衰败和资源浪费。

（2）乡土建筑遗产：乡土建筑是社区自己建造房屋的一种传统的和自然的方式。为了对社会的和环境的约束作出反应，乡土建筑包含必要的变化和不断适应的连续过程。乡土建筑遗产在人类的情感和自豪中占有重要的地位。它已经被公认为有特征的和有魅力的社会产物。乡土建成环境看起来是不拘于形式的，但却是有秩序的。它是功能性的，同时又是美丽和有趣味的。它是那个时代生活的聚焦点，同时又是社会史的记录。它是人类的作品，也是时代的创造物。如果不重视保存这些组成人类自身生活核心的传统文化形态，将无法体现人类遗产的价值。

（3）产业遗产：产业遗产是指近代工业革命以来的文明遗存，它们具有历史的、科技的、社会的、建筑的或科学的价值。这些遗存包括建筑，机械，车间，工厂、选矿和冶炼的矿场、矿区，货栈仓库，能源生产、输送和利用的场所，运输及基础设施，以及与产业活动相关的社会活动场所，如住宅、宗教和教育设施等。

（4）文化景观：文化景观是人和自然共同的作品，是人与所在自然环境多样的互动，具有丰富的形式。对文化景观的保护有利于永续的土地利用，有利于生物多样性的保护。文化景观根据其特征分为三类：①人类主动设计的景观，包括庭园和公园等，美学和使用往往是其重要的建造原因，这些景观有时会和宗教或其他古迹关联。②有机进化的景观，是人类社会、经济、管理、宗教作用形成的结果，是对其所在自然环境顺应和适应的结果。③关联和联想的文化景观，其重点在于自然元素在宗教、艺术和文化上的强烈联系，而文化上的物质实证退居到次要地位。

（5）文化线路：文化线路是一种陆上道路、水路或者混合类型的通道，其形态特征的定型和形成基于它自身的动态发展和功能演变。它展示了人类迁徙和交流的特殊的文化现象，代表了一定时间内国家和地区内部或国家和地区之间人的交往和文化传播。文化线路提出了一个新的保护规范，认为遗产的保护应该超越地域的界限，综合考虑遗产的价值，反映了认同文化遗产背景环境和相关区域整体价值重要性的趋势。

（6）20世纪遗产：20世纪遗产主要指产生于20世纪、年代不甚久远（如不足50年历史）的建筑、建成环境和文化景观。它包括所有样式和功能的建筑（新建筑、乡土建筑、再利用建筑实例），城市集合体（邻里小区、新城），城市公园、庭院和景观，艺术作品，家具，室内设计或大型工业设计，土木工程（道路、桥梁、水利设施、港口、工业综合体），纪念性场所，以及建筑档案、文献资料等。在考虑20世纪遗产的建构时应考虑到遗产的动态概念，必须注意到永续发展框架下的当前和未来的生活，这一概念还需要以社区的普遍期望为基础进行项目评定，特别关注人居环境、经济活动和文化生活。

3 文化遗产保护的基本原则

3.1 文化遗产保护的原真性原则

在文化遗产的保护原则方面，世界遗产委员会（The World Heritage Committee，缩写为WHC）认为：原真性（authenticity）是定义、评估、监控世界文化遗产的基本原则，这已在国际文化保护领域达成广泛的共识。专业领域特别关注发掘世界文化的多样性以及对多样性的众多描述，这些描述涵盖了历史纪念物、历史文化街区、文化景观直至无形文化遗产。

保护各种形式和各历史时期的文化遗产要基于遗产的价值。人们理解这些价值的能力部分地依赖于与这些价值有关的信息源的可信性与真实性。对这些信息源的认识与理解，与文化遗产初始的和后续的特征与意义相关，是全面评估原真性的必要基础。

文物古迹和历史环境不仅提供直观的外表和建筑形式的信息，同时又是历

史信息的物化载体，历史信息包括今天尚未认识、而于明天可能被认识的文化和科技信息。文物古迹和历史环境是不可再生的文化资源，因而保护是第一位的，必须切实保护。在一些历史城市中，把重建、仿造古建筑、仿古街等当作一种保护方式，实际是对文化遗产保护的误解。这些城市新建的仿古建筑和"明清街"，并不含有任何真实的历史信息，却给人造成错觉，甚至会产生"以假乱真"的负面效果，冲淡和影响对历史名城中真实历史遗存的保护。

在城乡建设发展进程中，要采取必要的措施确保对历史建筑以及周边环境尽可能少的改变，必须寻求适当、协调的新用途，或者按最初的目的继续使用它们。无论如何，文化遗产易于识别的历史品质或固有特征不应改变或受到威胁，所有的历史建筑将作为它们那个时代的产物而能够被识别，这是历史保护的基本要求。

3.2　文化遗产保护的完整性原则

"环境"是指对历史地区动态或静态的景观发生影响的自然的或人工的背景，或者是在空间上有直接联系或通过社会、经济和文化的纽带相联系的自然的或人工的背景。过去的一段时间内，完整性（integrity）只是评估自然遗产价值和保护状况的重要指标，随着文化遗产与自然遗产保护工作的深入，文化遗产保护的完整性问题引起了人们越来越多的关注。

众所周知，任何历史遗存均与其周围的环境同时存在，失去了原有环境，就会影响对其历史信息的正确理解。从这一意义上讲，原真性也可以说是描述场所、建筑或活动与其原型相比较的相对完整的概念。遗憾的是多年来只有一些主要的纪念性建筑得以保护和修缮，而纪念物的周边环境则被忽视了，然而周边环境一旦遭到削弱，纪念物的许多特征将会丧失，文物古迹的历史价值或纪念意义也将在一定程度上受损。

1964 年的《威尼斯宪章》指出"古迹的保护意味着对一定范围环境的保护。凡现存的传统环境必须予以保持，决不允许任何导致群体和颜色关系改变的新建、拆除或改动行为"。"古迹遗址必须成为专门照管对象，以保护其完整性（integrity），并确保用适当的方式进行清理和开放展示"，这是在国际宪章中较早提出保护历史古迹及环境完整性的文件。

2005 年 10 月，在西安召开的国际古迹遗址理事会（ICOMOS）第 15 届大会通过的《关于历史建筑、古遗址和历史地区周边环境保护的西安宣言》（以下简称《西安宣言》），提出了文化遗产保护的新理念，将文化遗产的保护范围扩大到遗产周边环境（setting）以及环境所包含的一切历史的、社会的、精神的、习俗的、经济的和文化的活动。也就是说，过去建筑遗产保护虽然也关心周边环境，但多数情况下这一"环境"还是物质实体的，或者是基于空间或视觉上的关联性的。《西安宣言》中指出，除实体和视觉方面的含义外，环境还包括与自然环境之间的相互作用；过去的或现在的社会和精神活动、习俗、传统认知和创造并形成了环境空间中的其他形式的无形文化遗产，它们创造并形成了环境空间以及当前动态的文化、社会、经济背景。

3.3　文化遗产保护的永续性原则

保护是指对历史建筑、传统民居和历史街区等文化遗产及其景观环境的改

善、修复和控制，即为降低文化遗产和历史环境衰败的速度而对变化进行的动态管理。作为人类共同财富的文化遗产，随着时间的推移其价值会越来越高。因而，保护工作将是一项长期的社会事业，一定要在法律制度、资金、教育、人员等方面通盘考虑。

永续性原则要求我们认识到遗产保护的长期性和连续性，随着对文化遗产及所包含的信息、价值的认识的提高，文化遗产已被视为社会持续发展不可再生的战略资源。而文化遗产所承载的文化与社会意义也更加普遍、更加深刻，与当今社会的关联程度更为密切，与其有关的知识、信息的传播讨论以及对其保护利用的社会参与也将更为普遍。

而且，永续发展与文化遗产保护的理念及实践，反映了人类理性在不同领域的互为推动。当世界城市走过了物质更新、经济发展阶段在向人文时代迈进的时候，永续发展不再是环境与土地资源、能源结构与利用效果、生产模式与消费模式等的强制型节制，永续发展的城市也不再是由简单指标来界定，而是强调城市内在运作机制的永续性，即城市建设的人性化。城市遗产保护不是单纯的文物古迹保护，而是更多地立足于对城市自然环境、历史变迁轨迹的尊重，重新认识并充分利用“自然—经济—社会”复合系统中的现有资源，不断丰富城市的文化内涵和生命价值。

4　城市文化遗产保护的意义

4.1　文化遗产是城市历史的见证与记忆

城市是人类社会物质文明和精神文明的结晶，也是一种文化现象。城市既是历史文化的载体，又是社会经济的文化景观。保持城镇景观的连续性，保护乡土建筑的地方特色，保存街巷空间的记忆，是人类现代文明发展的需要，是永续发展的具体行动。

文化遗产是城市历史的见证，保护城市遗产就是保护城市的文化记忆。城市的发展演变过程犹如人的成长历程，有其诞生、发展、消亡的过程，而文化遗产反映了城市发展的历史过程，这些文化遗产既包括体现不同时期特有风貌的地上不可移动文物及建筑，也包括遗留于地下反映不同时代人们生活足迹的遗迹和遗物。这些无所不在的历史建筑和文物遗存以其独特性、不可复制和不可再生性，往往成为一个城市独一无二的发展见证，甚至成为一个城市的重要象征。

随着经济全球化和现代化进程的加快，我国的文化生态正在发生巨大变化，文化遗产及其生存环境受到严重威胁。不少历史文化名城、历史文化街区、古镇、古村落、古建筑、古遗址及风景名胜区整体风貌遭到破坏。由于过度开发和不合理利用，许多重要文化遗产正在消亡。在文化遗存相对丰富的少数民族聚居地区，由于人们生活环境和条件的变迁，民族或区域文化特色消失加快。文物非法交易，盗窃和盗掘古遗址、古墓葬，以及走私文物的违法犯罪活动在一些地区还没有得到有效遏制，大量珍贵文物流失境外。因此，加强文化遗产保护刻不容缓。地方人民政府要从对国家和历史负责的高度，从维护国家文化安全的高度，充分认识保护文化遗产的重要性，进一步增强责任感和紧迫感，

切实做好文化遗产的保护工作。

4.2 文化遗产是城市建设发展的资源

文化遗产是人类文明的结晶，是人类共有的财富。文化遗产又是不可再生的社会资本。保护文化遗产被认为是社会文明进步的标志。今天，文化遗产对社会生活的影响力正在迅速扩大，从公众到个人、从政府到媒体，社会的遗产意识正不断高涨。对于与遗产有关的物质环境的规划管理正日益引起人们的重视，成为遗产保护的核心内容。

在永续发展理论的演进过程中，人们对“资源”的认识已不再局限于自然资源，而是包含文化资产、景观资源、人类资本（human capital）在内的更为完整的构成。文物古迹、历史建筑、历史街区等文化遗产资源，具有多方面的资源效应，在城市形象宣传、乡土情结的维系、文化身份的认同、和谐人居环境的构建等多方面具有综合性价值。保护城乡文化遗产还可以为发展文化观光、旅游休闲创造条件。世界上留存有丰富文化遗产的地方，往往是旅游业十分发达的地区。保护好各地的有形文化遗产和无形文化遗产，可以为振兴地方经济与地方文化发挥积极作用。在现代化建设过程中，越来越多的历史文化名城由文化遗产带动的文化创意、旅游观光、休闲娱乐等相关产业正成为当地经济发展的重要支柱。

4.3 文化遗产保护是塑造城市特色的基础

城市文化遗产保护是建设塑造现代城市特色的基础。城市特色是指一座城市的内涵和外在表现明显区别于其他城市的个性特征。城市特色是一种具有生命力的东西，是一城市区别于他城市的可识别、可认知的重要标志形象。一座现代化的城市，除了要有时代气息外，更要传承地方文化传统。保护城市文化遗产，对于维护和塑造城市特色有着更加迫切现实的意义。

城市建筑不单是为使用功能而建造的，它还是地方文化和生活艺术的直接反映。世界上所有魅力城市都有着历史上形成的丰富多彩的城市形态，而且这些城市的历史建筑和城市景观形成了完整的表达建筑和城市意象的符号体系。对历史环境的破坏会使一座城镇面目全非，失去场所精神和文化内涵，以致变得没有个性、毫无魅力。保护一种文化赖以生存的物质环境，用文化进化可以适应的速度和规模对其进行改造，是维护城市特色的基础。不能以城市现代化的名义重塑城市物质环境，甚至破坏历史环境，从而导致城市特色的丧失和地域文化的衰减。

4.4 文化遗产保护是城市永续发展的需要

保护文化遗产是延续城市历史文脉，实现社会和谐稳定和永续发展的需要。正因为如此，切实保护与合理利用文化遗产已成为当今世界各国城市建设的战略性发展方向。城市在历史发展过程中形成的历史建筑、传统风貌和街巷形态，是维持一定地域社区结构的物质基础，而这些历史环境和宜人社区，又是联系世世代代生活于此的人们的精神纽带。

我国文化遗产蕴涵着中华民族特有的精神价值、思维方式、想象力，体现着中华民族的生命力和创造力，是各民族智慧的结晶，也是全人类文明的瑰宝。保护文化遗产，保持民族文化的传承，是连接民族情感纽带、增进民族团结和

维护国家统一及社会稳定的重要文化基础，也是维护世界文化多样性和创造性，促进人类共同发展的前提。加强文化遗产保护，是建设社会主义先进文化，贯彻落实科学发展观和构建社会主义和谐社会的必然选择。

第2节 城市文化遗产的保护历程及国际宪章

1 国外城市文化遗产保护的概况

1.1 战后城市遗产保护的进程

城市文化遗产保护源自纪念物（monument）的保护。希腊通过立法进行保护开展较早，1834年有了第一部保护古迹的法律。19世纪末以来，世界各国陆续开始通过现代立法保护国家的文物古迹。

英国1882年颁布了《古纪念物法》（Ancient Monument Act），1900年颁布第二部《古纪念物法》扩大了古迹的保护对象，1953年颁布了《历史建筑与古纪念物法》（Historic Buildings and Ancient Monument Act）；法国1887年颁布了《历史纪念物法》，1913年颁布新的《历史纪念物法》，1930年颁布了《景观地法》，1943年制定了《历史纪念物周边环境法》；日本1897年制定了《古社寺保存法》，1919年制定了《史迹名胜天然纪念物保存法》，1929年制定了《国宝保存法》，1950年整合上述三项法律制定了综合性保护大法《文化财保护法》；美国1906年制定了《古物保护法》（Antiquities Act），1935年颁布了《历史古迹和建筑法》（Historic Sites and Buildings Act）。

在英国，对历史建筑进行登录保护的考虑，最早出现在1944年的《城乡规划法》中，但正式确立登录制度框架的还是1947年的《城乡规划法》。该法明确规定了城市规划中的公共权优先于建筑所有者的财产权，不经过财产所有者的同意，没有相应的补偿措施就可以进行历史建筑的登录。1968年由环境部主持，选派了特别顾问对巴斯、奇彻斯特、彻斯特和约克四个古城进行了保护研究，并于1969年完成，其中彻斯特的成绩较为显著。在此基础上，于1970年和1973年进行了两期保护规划的试点，取得了良好的效果。

英国的建筑登录制度是城市规划法规体系中的重要环节，而不仅仅是对某些特定建筑的保护措施。对登录建筑并不采取像文物古迹那样的“冻结式”保护，而是允许进行适当的改变。历史建筑应该是其建成后所有变更结果的综合反映，从中可以找到历史信息的真实性，但对登录建筑的任何变动均要得到相关管理部门的许可。

法国于1943年制定的《历史纪念物周边环境法》规定，一旦一座建筑根据《历史纪念物法》列级或登录保护，对其周边范围的保护即刻生效，在其半径500m范围内的建设都将受到一定的制约。1962年制定针对保护区的《马尔罗法》（Malraux Act），由此确立了保护区的概念。在实际操作过程中，“保护区”是由一个被称作保护与价值重现规划（PSMV）的一系列法规和规划图所确定的，以促进对“保护区”的风貌保护和活力再现。1983年颁布《建筑和城市遗产保护法》，划定设立“城市、建筑遗产保护区”，1993年改订为《建筑、

城市和风景遗产保护法》，将保护范围扩大到城市遗产与自然景观相关的区域，即建筑、城市和风景遗产保护区（ZPPAUP）。

德国则从 1959 年起开始鼓励各地在建设规划中以试点的方式，优先考虑“整建翻新旧城区”的适当措施。而后，联邦政府直接资助了少数城市研究和示范项目。1971 年，随着《城市建设促进法》付诸实施，地方性的城市更新和发展试点经验推广至全国。联邦和各州政府都依法开始制订有关促进城市发展、保存和更新具体措施的年度计划。至 1970 年代末，内城居住环境的改善已成为德国城市更新政策的焦点。今天，德国的历史保护活动已成为社会生活的一个组成部分。历史建筑在城乡社会生活中起着积极的作用，历史建筑的历史文化意义受到极大重视，并且被认为是城市和乡村基本的、不可变景观风貌的基本构成要素。

意大利的许多历史名城如博洛尼亚、米兰、都灵、热那亚、罗马等，都在《内罗毕建议》通过后按照其方针制订了老城改造以及与之相联系的城市建设和功能改造计划，其内容不仅涉及市中心，也涉及具有历史意义的郊区地区。

1960 年代以后，伴随着战后大规模的住宅重建和新建，城市中的大量历史环境迅速消失，导致了人们怀旧情绪的加重和保护意识的增强。1970 年代则是欧洲历史城市保护中最有意义的时期，这是与当时的经济背景相联系的。石油危机以及由此引发的经济问题，导致新的开发项目受到一定影响，也促使人们开始思考充分地利用旧城区的原有设施和现有资源。

1975 年欧洲议会为振兴处于萧条和衰退中的欧洲历史城市和保护文物古迹，发起了“欧洲建筑遗产年”活动。当年欧洲议会部长委员会通过的《关于建筑遗产的欧洲宪章》，指明了建筑遗产保护的现实意义，特别强调建筑遗产是“人类记忆”的重要部分，它提供了一个均衡和完美生活所不能或缺的环境条件。城镇历史地区的保护必须作为整个规划政策中的一部分；这些地区具有历史的、艺术的、实用的价值，应该受到特殊的对待，不能把它从原有环境中分离出来，而要把它看做是整体的一部分，而且应尽量尊重它们的文化价值。作为“欧洲建筑遗产年”的重要事件欧洲建筑遗产大会在阿姆斯特丹举行，此次会议通过的《阿姆斯特丹宣言》中指出：在城市的规划中，文物建筑和历史地区的保护至少要放在与交通问题同等重要的地位。上述两份文件都对“整体性保护”（Integrated Consevation）的思想与方法作了充分的阐述。从此，整体性保护的理念和实践探索在欧洲开始走向成熟。

1.2 欧洲城市遗产保护的基本特征

经历了战后 60 多年的发展，遗产保护已成为欧洲先进工业国家的主流思潮。由保护可供人们欣赏的艺术品，发展到保护各种作为社会、文化见证的历史建筑及环境，进而保护与人们当前生活休戚相关的历史街区乃至整个历史城镇。由保护物质实体发展到非物质形态的城镇传统文化等更加广泛的保护领域。这种现象反映出人类现代文明发展的必然趋势，保护与发展已成为世界各国的共同目标。历史保护取代了战后的城市更新，成为社区建设发展的主要方式。

从保护对象来看，过去只有杰出的、在历史上或艺术史上占有重要地位的

文物古迹、代表性作品以及名人故居等优秀的历史遗产才被考虑保护。现在许多由于时光流逝而获得文化意义的一般建筑物、各历史时期的构筑物、社会发展的见证实物以及非物质形态的无形文化遗产等都被列为保护对象。

从保护范围上看，保护已不再限于文物古迹、历史建筑本身，而是扩大到周边环境和自然环境，从单一的文化艺术作品扩大到与人们日常生活密切相关的历史街区、历史城镇和村落，也就是说从点的保护扩大到历史地区乃至城市整体的历史环境保护。

在历史保护的深度方面，过去对文物建筑、历史地段和历史城镇的保护，注重物质实体方面。而现在除物质环境外，已开始保护具有浓郁地方特色的典型社会环境和民族文化传统，保护和发掘构成城镇精神文明的、更广泛的内容。也就是说，从单体的保护演进到对自然环境、历史环境、人文环境进行综合性的整体保护。

在保护的方法上，由过去的单纯文物考古和建筑修复演进为多学科参与的综合行为，采用各种技术手段，进行调查、鉴定、保护、展示、开发、利用，具有多学科、综合性和多样化的特点。传统文化的保护也从建筑师、规划师、文物专家的技术行为转变为具有广泛的公众参与的历史保护运动。历史城镇保护规划已演变成为一个市民参与的过程，这是因为历史保护不只是技术问题，还涉及社区结构和均衡发展等社会问题。

总之，欧洲的文化遗产保护脱胎于纪念物保护，但其后的演变已远远超越了历史建筑的范畴。不仅保护的对象不断扩展，而且保护的对策也变得更为多样与成熟。历史保护已成为城市政府的发展政策，城市规划的重要价值取向。保护已从纯粹纪念性关注走向规划意义上的关注，从物质形态的解决转而为在一个更大的系统内寻找对策（这个系统涉及经济、社会、环境、生态等诸多的领域）。历史保护也由处于边缘地位而成长为一门有着相当独立性和综合性的、日益科学化的学科分支，并被纳入国际和各个国家立法、教育、城市建设与规划的各个政策体系中去。保护工作由少数专家的呼吁、支持，演变为全体民众参与的保护运动。

1.3 美国历史保护的概况

美国早期的历史保护是跟爱国主义有关的。美国是一个移民社会，需要用它的历史、它的古迹来团结人民。籍由保护文物古迹让一般民众认同美国开国的精神以及美国的生活方式。在美国，最重要的、现在也是作为一级保护对象的，是与为自由和国家独立而牺牲的英雄有关的史迹，独立战争、南北战争的战场，名人故居等。

1906 年，颁布《古物保护法》。1916 年，成立国家公园管理局，管理国家公园内的文物古迹和历史资源。在 1920 年以前，主要以单体建筑的保存为主，为维护纪念物（monuments）的历史景观，对周围建筑的高度实行控制。

1935 年，颁布《历史古迹和建筑法》，进入历史环境保护的起步期。1930 年代开始，各地方政府开始制定保护条例，其中著名的有 1931 年颁布的《查尔斯顿老城及历史地区区划条例》。

1966 年颁布《国家历史保护法》，奠定了美国历史环境保护的基石。《国家历史保护法》，是关于历史环境保护综合性政策、措施的基本法律，是美国历史环境保护的根本依据。该法确立了以历史性场所国家登录制度为基础的美国历史环境保护制度体系。

《国家历史保护法》指出，历史性场所国家登录是指国家级机构列出的、值得保护的历史性场所名录，是该法制定的巨大历史保护计划中的核心内容。在联邦、部落、州、地方各级政府以及民众的协助下，内政部国家公园管理局负责管理历史性场所的国家登录工作。

在美国的历史、建筑、考古、工程技术及文化方面有重要意义，在场所、设计、环境、材料、工艺、氛围以及关联性上具有完整性的历史地段、史迹、建筑物、构筑物、物件，有 50 年以上历史者，即可进行登录。通过国家登录，唤起全民的关心，也促使联邦政府在开发建设、公共设施建设中更加关注历史环境保护。

1.4　日本的历史环境保护

在日本，1950 年制定的《文化财保护法》奠定了文化财保护制度的基石。日本文化财的概念包含了不动产、动产和无形文化资产三大类别。按照《文化财保护法》所实施直接保护的文化财分为六类，即：有形文化财、无形文化财、民俗文化财、纪念物、文化景观和传统建造物群。

历史环境是指由与土地密切相关的文化遗产所构成的、一定范围的整体物质环境。在日本，历史环境被认为是理解国家和民族历史不可或缺的组成部分，也是创造生活环境的基本要素，对社区生活环境的形成极其重要。为保护地域的历史环境，成片保护京都、奈良、镰仓等历史古都的传统风貌，1966 年颁布了《关于位于古都的历史风土保存的特别措施法》（简称《古都保存法》）。"历史风土"是指"在历史上有意义的建造物、遗迹等与周围的自然环境已成为一体，具体体现并构成了古都传统和文化的土地状况"。根据历史风土保存地区保护规划，在城市规划中可以划定"历史风土特别保存的地区"，对该地区的开发建设行为实施特别控制措施，以对古都寺庙、陵墓、遗址及周边自然环境，即历史风土进行整体性保护。

1975 年 7 月，日本对《文化财保护法》进行了一次大的修订，增设"传统建造物群"为新的一类文化财，设立"传统建造物群保存地区"。传统建造物保存地区的选定，以市町村等地方自治体为主开展。文部大臣只是在市町村申报的基础上，选定传统建造物保存地区的全体或部分作为全国重要传统建造物保存地区。

1996 年 10 月，针对近现代历史建筑的建设性破坏严重的现象，对《文化财保护法》又进行了一次大修改，导入"文化财登录制度"，增设"登录有形文化财"为一类新的保护对象。标志历史环境保护运动从单一、僵硬的保护方式走向柔软综合性保护。随着历史环境保护进程的推进，日本的历史环境保护从历史建筑单体保存，延伸至历史资产再生利用，再到城镇内新建筑规划设计充分考虑与传统风貌协调，使每个城镇呈现出和谐的特色景观。通过保护视觉环境、日常生活环境来关注城市的历史景观，提升城市的文化品质。

2 国际遗产保护运动的兴起

2.1 《世界遗产公约》的诞生

在第一次世界大战和第二次世界大战期间，欧洲许多古老的城镇和一些重要的文化遗址遭到严重的破坏。第二次世界大战结束以后，人类的遗产依然不断地受到来自自然灾害、环境污染、开发建设和地域贫困等方面的威胁。快速、过度和不当的旅游开发导致大量的纪念物、遗产地甚至名城古镇商业化、庸俗化和空洞化。事实上，对文化遗产的最大威胁来自世界上许多人对遗产的无知和忽视。

针对两次世界大战期间文化遗产所遭受到的破坏，第一次世界大战结束后成立的国际联盟（即联合国的前身）开始寻求保护文化遗产的有效方法。国际联盟呼吁，世界各国要互相尊重彼此的遗产，合作保护人类的文化遗产。第二次世界大战结束后联合国成立，为拯救具有特殊意义的文化遗产，该组织发起了声势浩大的保护运动，起草国际公约保护人类遗产。其中专门针对战时文化遗产保护的《关于在武装冲突情况下保护文化财产的海牙公约》（简称《海牙公约》），就是一例。

第二次世界大战结束之后，迅猛如潮的现代化进程给人类的居住环境和文化遗产带来了巨大的压力和破坏。为了使物质文明的进步与环境保护相协调，为了全人类的永续发展，联合国教科文组织（UNESCO）成员国于1972年倡导并缔结了《保护世界文化和自然遗产公约》（以下简称《世界遗产公约》）。

《世界遗产公约》以一种崭新的概念为基础，开辟了遗产保护领域的新天地，肯定了属于全人类的世界文化遗产和自然遗产的存在，并指出人类只是世界自然和文化史上一切伟大里程碑的托管者。公约的宗旨是“建立一个依据现代科学方法制定的永久有效的制度，共同保护具有突出普遍价值的文化和自然遗产”。强调“缔约国本国领土内的文化和自然遗产的确认、保护、保存、展出和移交给后代，主要是该国的责任”。公约规定设立世界遗产委员会，并由该委员会公布《世界遗产名录》和《濒危世界遗产名录》。世界遗产的登录工作并不是一种单纯的学术活动，而是一项具有司法性、技术性和实用性的国际任务，其目的是动员世界各国人民团结一致，积极保护人类共同的文化遗产和自然遗产。

2.2 文化遗产和自然遗产

《世界遗产公约》指出，以下各项被视为文化遗产：

（1）纪念物（monuments）：从历史、艺术或科学角度看，具有突出的普遍价值的建筑物、雕刻和绘画，具有考古意义的素材或遗构、铭文、洞窟以及其他有特征的组合体。

（2）建筑群（groups of buildings）：从历史、艺术或科学角度看，在景观的建筑式样、同一性、场所性方面具有突出的普遍价值，由独立的或有关联的建筑物组成的建筑群。

（3）古迹遗址（sites）：从历史、美学、人种学或人类学角度看，具有突

出的普遍价值的人工物或人与自然的共同创造物和地区（包括考古遗址）。

自然遗产包括以下各项：

（1）从美学或科学的角度看，具有突出的普遍价值的由自然和生物结构或这类结构群所组成的自然面貌。

（2）从科学或保护的角度看，具有突出的普遍价值的地质、自然地理结构以及明确划定过的濒临危机的动植物物种生境区。

（3）从科学、保护或自然美的角度看，具有突出的普遍价值的天然名胜或明确划定的自然区域。

2.3　世界遗产的登录标准

世界遗产委员会第6届特别会议通过了2005年版《实施〈保护世界文化和自然遗产公约〉的操作指南》(Operational Guidelines for the Implementation of the World Heritage Convention)，根据该操作指南第77条的规定，列入《世界遗产名录》的各项遗产，应符合下列一项或多项标准：

（1）代表人类创造精神的杰作；

（2）体现了在一段时期内或世界某一文化区域内重要的价值观交流，对建筑、技术、古迹艺术、城镇规划或景观设计的发展产生过重大影响；

（3）能为现存的或已消逝的文明或文化传统提供独特的或至少是特殊的见证；

（4）是一种建筑、建筑群、技术整体或景观的杰出范例，展现历史上一个（或几个）重要发展阶段；

（5）是传统人类聚居、土地使用或海洋开发的杰出范例，代表一种（或几种）文化或者人类与环境的相互作用，特别是由于不可扭转的变化的影响而脆弱易损；

（6）与具有突出的普遍意义的事件、文化传统、观点、信仰、艺术作品或文学作品有直接或实质的联系（委员会认为本标准最好与其他标准一起使用）；

（7）绝妙的自然现象或具有罕见自然美的地区；

（8）是地球演化史中重要阶段的突出例证，包括生命记载和地貌演变中的地质发展过程或显著的地质或地貌特征；

（9）突出代表了陆地、淡水、海岸和海洋生态系统及动植物群落演变、发展的生态和生理过程；

（10）是生物多样性原地保护的最重要的自然栖息地，包括从科学或保护角度具有突出的普遍价值的濒危物种栖息地。

3　文化遗产保护相关国际宪章

3.1　两部《雅典宪章》

1931年10月21日至30日，"第一届历史纪念物建筑师及技师国际会议"在雅典召开，来自23个国家的120名代表出席了会议。"雅典会议"就保护学科及普遍原理、管理与法规措施、古迹的审美意义、修复技术和材料、古迹的老化问题、国际合作等议题进行了充分讨论。

会上通过了《关于历史性纪念物修复的雅典宪章》，简称《雅典宪章》。其

主要精神包括：通过创立一个定期的、持久的保护体系有计划地保护古建筑，摒弃整体重建的做法，以避免可能出现的危险；提出尊重过去的历史和艺术作品，在不排斥任何一个特定时期风格的前提下，进行历史纪念物的保护修缮，事实上否定了风格性修复的做法；赞成谨慎地运用所有已掌握的现代技术资源，强调这样的加固工作应尽可能地隐藏起来，以保证修复后的纪念物原有外观和特征得以保留；所使用的新材料必须是可识别的；应注意对历史纪念物周边地区的保护，新建筑的选址应尊重城市特征和周边景观，特别是当其邻近文物古迹时，应给予周边环境特别考虑；一些特殊的建筑群和景色如画的眺望景观也需要加以保护。

有关历史纪念物修复的《雅典宪章》，也是后来国际古迹遗址理事会通过的《威尼斯宪章》的原型和基础，《雅典宪章》中所确立的主要的保护修复理念和原则得到了继承和发扬。

1933 年，国际现代建筑协会（CIAM）第四次会议上通过了另一份《雅典宪章》。这份确立现代城市规划的基本原则的文件，提出的“居住、工作、游憩、交通”等功能分区的理性主义规划思想已为建筑界所熟悉。宪章针对历史遗产也提出了相应的建议，如“好的建筑，不管是建筑单体还是建筑群，都应该得到保护免受损毁”；“建筑保护的基础在于它应该作为早期文化的表达和符合公共利益的保留”；“以艺术审美的借口，在历史地区内采用过去的建筑风格建造新建筑是灾难性的，无论以何种形式延续或引导这一习惯都是无法容忍的”。而该宪章针对“历史遗产”的建议，在理论研究和实际工作中却未能像功能分区理论那样产生广泛的影响。

3.2　作为国际准则的《威尼斯宪章》

1964 年 5 月，意大利政府邀请来自 61 个国家的 600 多名建筑师、技术人员在威尼斯举行“第二届历史纪念物建筑师及技师国际会议”，讨论通过了《国际古迹保护与修复宪章》（简称《威尼斯宪章》）。

面对社会发展的复杂化和多样化，《威尼斯宪章》对 1931 年的《雅典宪章》进行了重新审阅和修订，其主要内容参照了意大利的保护范式。尽管其重点依然放在纪念物的保护方面，但此时“历史纪念物”的概念不仅包括单体建筑物，而且包括能从中找出一种独特的文明、一种有意义的发展或一个历史事件见证的城市或乡村环境。不仅适用于伟大的艺术作品，而且适用于随时光流逝而获得文化意义的一些较为朴实的作品。

《威尼斯宪章》更多地关注于历史性纪念物保护的原真性和整体性，宪章开篇即明确申明：“世世代代人民的历史古迹，饱含着过去岁月的信息留存至今，成为人们古老的活的见证。人们越来越意识到人类价值的统一性，并把古代遗迹看做共同的遗产，认识到为后代保护这些古迹的共同责任。传递它们真实性的全部信息是我们的职责”，“古建筑的保护与修复指导原则应在国际上得到公认并作出规定，这一点至关重要”。

《威尼斯宪章》强调古迹的保护意味着对一定范围环境的保护。凡现存的传统环境必须予以保持，决不允许任何导致群体和色彩关系改变的新建、拆除或改动行为。“古迹遗址必须成为专门照管对象，以保护其完整性，并确保以

恰当的方式进行清理和展示开放”。

宪章针对第二次世界大战后欧洲在保护中过分强调风格修复所带来的问题，强调指出“修复过程是一个高度专业性的工作，其目的旨在保存和展示古迹的美学与历史价值，并以尊重原始材料和确凿文献为依据。一旦出现臆测，必须立即予以停止。此外，任何不可避免的添加都必须与该建筑的构成有所区别，并且必须看得出是当代的东西。无论在任何情况下，修复之前及之后必须对古迹进行考古及历史研究”。

1965 年，《威尼斯宪章》由国际古迹遗址理事会认定为文化遗产保护方面重要的国际宪章、国际上古迹保护的权威性文献，它所确立的保护文物古迹的价值观及基于这一价值观的方法论，为人们普遍服膺，迄今不失其先进性和成熟性。在国际会议上和学术著作中，直到目前还未见到对《威尼斯宪章》保护原则和理念的异议。自《威尼斯宪章》采纳后，文化遗产保护工作在国际上引起普遍重视，并对后来一系列关于历史地区和历史城市保护的宪章、建议等产生了重要的影响，成为文化遗产保护的纲领性文件。事实上，《威尼斯宪章》已成为联合国教科文组织处理国际文化遗产事务的准则，评估世界文化遗产的主要参照基准。

3.3 《佛罗伦萨宪章》与《华盛顿宪章》

自《威尼斯宪章》伊始，文物古迹的概念被扩展了，包括历史园林、历史地区、历史城市等亦被纳入古迹保护的范畴。1976 年 10 月联合国教科文组织第十九届会议在内罗毕通过了《关于历史地区的保护及其当代作用的建议》（简称《内罗毕建议》）。建议指出：历史地区是各地人类日常环境的组成部分，它们代表着形成其过去的生动见证，提供了与社会多样化相对应的生活背景的多样化。同时，历史地区为文化、宗教及社会活动的多样化和财富提供了最确切的见证，保护历史地区并使它们与现代社会生活相结合是城市规划和土地开发的基本因素。历史地区应当在城市发展和土地开发中“予以精心保存，维持不变”。

这些保护理念的形成无疑对历史园林的保护有重要的意义，1981 年 5 月国际古迹遗址理事会与国际风景园林师联合会（IFLA）共同设立的国际历史园林委员会在佛罗伦萨召开会议，起草了一份历史园林与景观保护宪章，即《佛罗伦萨宪章》。其于 1982 年由国际古迹遗址理事会登记采纳，作为《威尼斯宪章》的附件。

《佛罗伦萨宪章》开宗明义地指出：“作为古迹，历史园林必须根据《威尼斯宪章》的精神予以保存。然而，既然它是一个活的古迹，其保存必须根据特定的规则进行，此乃本宪章之议题。”同时对历史园林维护、保护和修复的原真性与完整性作了明确的规定：“历史园林的保存取决于对其鉴别和登录情况。对它们需要采取几种行动，即维护、保护和修复。在某些特殊情况下，重建方式也会得到推荐。历史园林的原真性不仅依赖于它各部分的设计和尺度，同样依赖于它的装饰特征和它每一部分所采用的植物和无机材料”。“在对历史园林或其中任何一部分的维护、保护、修复和重建工作中，必须同时处理其所有的构成特征。把各种处理孤立开来将会损坏其完整性，

在对历史园林或其中任何一部分的维护、保护、修复和重建工作中，必须同时处理其所有”。

受《内罗毕建议》的影响，1987 年，国际古迹遗址理事会通过了《保护历史城镇与城区宪章》，即《华盛顿宪章》，它虽然只是针对保护历史城镇与街区而写的，却是总结了《威尼斯宪章》后 20 多年科学成果的一份集大成的文件。作为《威尼斯宪章》的重要补充，详细规定了保护历史城镇和城区的原则、目标和方法，对历史城市保护具有重要指导意义。

《华盛顿宪章》指出：值得保存的特性包括历史城镇和城区的特征以及表明这种特征的一切物质的和精神的组成部分，这些文化财产无论其等级多低，均构成人类的记忆。它们的损害会威胁到历史城镇和历史地区的原真性。

因此，“为了最有效地实施，历史城镇和其他历史城区的保护，应成为经济与社会发展政策、各层面的城市和区域规划的完整组成部分”。“居民的参与对保护规划的成功起着重大的作用，应加以鼓励”，因为“历史城镇和城区的保护首先关系到它们的居民”。

“保护规划的目的应旨在确保历史城镇和历史地区作为一个整体的和谐关系”，“保护规划应得到该历史地区居民的支持”，而且，历史城市和历史地区的“住宅改善应是保护的基本目标之一”。

3.4 其他相关宪章及文件

1973 年，第一届国际产业纪念物大会（FICCIM）的召开，引起了国际社会对于产业遗产的关注。1978 年国际产业遗产保护委员会（TICCIH）宣告成立，成为世界上第一个致力于促进产业遗产保护的国际组织，同时也是国际古迹遗址理事会产业遗产保护方面的专门咨询机构。2003 年 7 月，在俄罗斯下塔吉尔召开的国际产业遗产保护委员会大会上，通过了专注于保护产业遗产的《关于产业遗产的下塔吉尔宪章》（简称《下塔吉尔宪章》），宪章阐述了产业遗产的定义，指出了产业遗产的价值以及认定、记录和研究的重要性，并就立法保护、维修保护、教育培训、宣传展示等方面提出了原则、规范和方法的指导性意见。

《下塔吉尔宪章》指出，产业遗产应当被视作普遍意义上文化遗产的整体组成部分。而且，对产业遗产的法定保护应当考虑其特殊性，要能够保护好机器设备、地下基础、固定构筑物、建筑综合体和复合体以及产业景观。对废弃的产业区，在考虑其生态价值的同时也要重视其潜在的历史研究价值。为了防止重要产业遗址因关闭而导致其重要构件的移动和破坏，应当建立快速反应的机制。有相应能力的专业权威人士应当被赋予法定的权利，必要时应介入受到威胁的产业遗址保护工作中。

如果说宪章和宣言更多的是统一了有关国际文化遗产的保护理念，解决了逐渐出现的一些重大问题，那么国际古迹遗址理事会所通过的一系列决议和原则，便是文化遗产保护工作中的技术性导则。如《关于在古建筑群中引入现代建筑的布达佩斯决议》（1972 年）、《关于保护历史性小城镇的 Bruges 决议》（1975 年）、《关于古建筑、建筑群、古迹保护教育与培训的指南》（1993 年）、《关于原真性的奈良文件》（1994 年）、《历史性木结构保护原则》（1999 年）等。

1994年的《关于原真性的奈良文件》，对文化遗产保护中涉及的重要的、具有争议的原真性原则作了具体研究、解释和阐述，特别关注发掘世界文化的多样性以及对多样性的众多描述，这些描述涵盖纪念物、历史地段、文化景观以及无形文化遗产。

1999年，由国际古迹遗址理事会国际科学委员会起草的《关于文化旅游的国际宪章》问世，取代了1976年版的《文化旅游宪章》。在旅游开发日益兴旺的今天，这份关于文化旅游的原则和管理指南有着积极的现实意义。与此同时，另一份重要的文件《关于乡土建筑遗产的宪章》也在国际古迹遗址理事会大会上通过。在世界文化、社会、经济转型过程中的同一化背景下，乡土建筑处于十分脆弱的境地中，此份文件作为《威尼斯宪章》的补充，提出了乡土建成环境的标准、乡土建筑的保护原则及保护实践中的指导方针。

2004年，通过了《关于文化遗产地解释的宪章》。宪章的目的是为了明确文化遗产地解释的基本目标和原则，因为它关系到遗产的原真性、知识的完整性、社会责任以及对文化意义和文脉关系的尊重。宪章同时也承认文化遗产的解释会引起争议，允许不一致看法的存在。

2005年10月通过的《西安宣言》将历史建筑、古遗址和历史地区的环境界定为直接的环境和扩展的环境，它是作为或构成遗产重要性和独特性的组成部分。宣言指出："不同规模的历史建筑、古遗址和历史地区，包括历史城市和城市景观、地景、海洋景观、文化线路和考古遗址，其重要性和独特性来自人们所理解的其社会、精神、历史、艺术、审美、自然、科学或其他文化价值，也来自于它们与物质的、视觉的、精神的以及其他文化背景和环境之间的重要联系"。

第3节　中国的历史保护制度与法规建设

1　古物古迹保护的滥觞

我们的祖先很早就开始注意收藏古董、古物，由珍惜古董、古物来认识历史文化的行为，也可看做早期的古物保存。与此同时，由于较早认识到建筑和城池的象征意义与精神作用，改朝换代时对宫殿、城池等人工建筑的破坏拆毁，也就成为惯常的做法。汉代项羽火烧秦咸阳"大火三月不灭"即是典型的例子。1840年鸦片战争以后，西方列强的入侵，使中华民族的文物古迹遭到巨大的破坏，大量珍贵文物被掠夺至海外。

我国现代意义上的文物保护立法始于20世纪初。光绪三十二年（1906年），清政府设立民政部，拟定《保存古物推广办法》，并通令各省执行。光绪三十四年（1908年）颁布《城镇乡地方自治章程》，将"保存古迹"与"救贫事业、贫民工艺、救生会、救火会"等作为"城镇乡之善举"，列为城镇乡的"自治事宜"。这是我国历史上最早涉及古物、古迹保存的法律。

民国五年（1916年3月），北洋政府内务部颁发《为切实保存前代文物古迹致各省民政长训令》。同年10月，该部又颁发《保存古物暂行办法》，要求

各地对待古物应“一面认真调查，一面切实保管”。民国十七年（1928 年 9 月），南京国民政府内政部颁布《名胜古迹古物保存条例》，同年设立“中央古物保管委员会”。民国十九年（1930 年 6 月 2 日），国民政府颁布《古物保存法》，明确在考古学、历史学、古生物学等方面有价值的古物为保护对象。1931 年 7 月 3 日，颁布《古物保存法施行细则》，1932 年国民政府设立“中央古物保管委员会”，并制定了《中央古物保管委员会组织条例》。

这些法令和机构是我国历史上最早的文物保护法规和古迹保护的专门机构，是国家实施文物保护与管理的滥觞。由于时局动荡，尽管中央古物保管委员会在文物保护方面做了一些有益的工作，但没有形成长期稳定的管理机制，地方政府也没有设置相应的文物管理机构，保护法规基本没有得到执行，各地大量文物仍处于管理不善的状况。

2 文物保护制度的创立

1949 年之后，新中国的文物保护制度就是在这样的基础上逐步建立起来的。随着国家工农业的发展，各项基本建设工程的进行以及法制的不断完善，制定文物保护相关法规被提上日程。从 1950 年起，针对战争造成的大量文物破坏及文物流失现象，中央人民政府通过颁布有关法令、法规，设置中央和地方管理机构等一系列措施，加强了对文物古迹的保护管理。

1961 年 3 月 4 日，国务院发布《文物保护管理暂行条例》以及《关于进一步加强文物保护和管理工作的指示》。

《文物保护管理暂行条例》指出：“各级人民委员会对于所辖境内的文物负有保护责任。”“第一条”一切文物保护单位的保护和管理，都由所在地、县、市人民委员会负责。“第二条”确定了国家保护的文物范围，包括以下五类（第二条）：

（1）与重大历史事件、革命运动和重要人物有关的、具有纪念意义和史料价值的建筑物、遗址、纪念物等；

（2）具有历史、艺术、科学价值的古文化遗址、古墓葬、古建筑、石窟寺、石刻等；

（3）各时代有价值的艺术品、工艺美术品；

（4）革命文献资料以及具有历史、艺术和科学价值的古旧图书资料；

（5）反映各时代社会制度、社会生产、社会生活的代表性实物。

暂行条例规定“各级人民委员会在制定生产建设规划和城市建设规划的时候，应当将所辖地区内的各级文物保护单位纳入规划，加以保护”（第六条）。

依照《文物保护管理暂行条例》建立重点文物保护单位制度，将具有重大历史、艺术、科学价值的革命遗址、革命纪念建筑、石窟寺、古建筑、古遗址、古墓葬、石刻等重点文物保护单位的名单公之于世，并由国家和各级人民政府负责保护。1961 年 3 月，国务院公布了第一批 180 处全国重点文物保护单位。

1963 年，文化部颁布《文物保护单位保护管理暂行办法》、《革命纪念建筑、历史纪念建筑、古建筑、石窟寺修缮暂行管理办法》；1964 年国务院批准《古遗址、古墓葬调查、发掘暂行管理办法》，对《文物保护管理暂行条例》作了补充和完善。这些法规的起步建设，标志着我国文物保护制度的基本创立。

3　文物保护制度的完善

始于1966年的“文化大革命”，使刚刚建立起的国家文物保护制度遭到毁灭性的破坏，以“破四旧”为代表的一系列革命运动，使文物古迹遭受了前所未有的、广泛的人为破坏，以致形成了一种忽视传统文化的“破旧立新”的社会倾向，在今后的岁月中产生了不良影响。直到1970年代中期，文物保护工作才得以逐步恢复。1979年颁布的《中华人民共和国刑法》第173条、第174条制定了对违反文物保护法规者追究刑事责任的条款。1980年，国务院批转国家文物局、建委《关于加强古建筑和文物古迹保护管理工作的请示报告》，发布《关于加强历史文物保护工作的通知》等重要文件。

1982年11月19日全国人大常委会第25次会议通过的《中华人民共和国文物保护法》，奠定了国家文物保护法律制度的基础，标志着我国文物保护制度的创立。

《文物保护法》将文物分为古文化遗址、古墓葬、古建筑、石窟寺、石刻，历史纪念物，艺术品、工艺美术品，文献资料，各类代表性实物等五大类。在建立文物保护基本制度外，开始注意到文物古迹与周边环境的关系，规定“各级文物保护单位，分别由省、自治区、直辖市人民政府和县、自治县、市人民政府划定必要的保护范围，作出标志说明”（第九条）；“根据保护文物的实际需要，经省、自治区、直辖市人民政府批准，可以在文物保护单位的周围划出一定的建设控制地带”（第十二条）。

《文物保护法》是我国文化领域里的第一部专门法律，从1982年开始实施以来，只在1991年对第三十条、第三十一条作了部分修改。实践证明，这部法律对于提高全民族的文物保护意识，加强文物保护工作，都起到了重要的作用。

2002年修订后的《文物保护法》，条款比1982年法有大幅度的增加。1982年法全文只有33条，新法为80条，增加了近一倍半。此次《文物保护法》的修订在内容上是一次全面深入的修改与完善。如何正确处理经济建设与文物保护的关系，如何正确处理文物保护与利用的关系，是新的历史时期文物法制建设亟待解决的问题。修订工作紧扣这一主题，在保留1982年《文物保护法》基本原则和规制的基础上，对其内容作了大幅度修改，使其更符合文物工作与社会经济发展的实际要求，更具有可操作性。

在《文物保护法》“总则”中确定了“文物工作贯彻保护为主、抢救第一、合理利用、加强管理的方针”（第四条），这一方针既遵循文物保护的客观规律，又符合我国国情；既强调了对文物的切实保护，又考虑到推动文物的适度开发、合理利用。修订后的《文物保护法》进一步规范了保护与利用的关系：保护和抢救是第一位的，利用是以保护、抢救为前提的，是在合理范围内的利用，是有限度的利用。

新法规定，“国有不可移动文物不得转让、抵押。建立博物馆、保管所或者辟为参观游览场所的国有文物保护单位，不得作为企业资产经营”（第二十四条）。要求“各级人民政府应当重视文物保护，正确处理经济建设、社

会发展与文物保护的关系，确保文物安全。基本建设、旅游发展必须遵守文物保护工作的方针，其活动不得对文物造成损害”（第九条）。

在新修订的《文物保护法》公布施行半年后，国务院公布了《中华人民共和国文物保护法实施条例》，实施条例于 2003 年 7 月 1 日起施行（表 20–3–1）。

我国文化遗产保护相关法规建设进程一览表　　表 20–3–1

分期	主要法规的颁布与制定		
	法律	行政法规	部门规章
古物古迹保护滥觞（1900 ~ 1949 年之前）	1930 年《古物保存法》	1928 年《名胜古迹古物保存条例》 1931 年《古物保存法施行细则》	1906 年《保存古物推广办法》 1916 年《保存古物暂行办法》
保护制度的萌芽期（1949 ~ 1977 年）		1961 年《文物保护管理暂行条例》	1963 年《文物保护单位保护管理暂行办法》 1963 年《关于革命纪念建筑、历史纪念建筑、古建筑石窟寺修缮暂行管理办法》 1964 年《古遗址古墓葬调查发掘暂行管理办法》
保护制度的创立期（1978 ~ 1999 年）	1982 年《文物保护法》 1991 年《文物保护法》修订	1989 年《水下文物保护条例》 1997 年《传统工艺美术保护条例》	1989 年《考古涉外工作管理办法》 1992 年《文物保护法实施细则》
保护制度的发展与完善期（2000 年之后）	2002 年《文物保护法》修订 2007 年《文物保护法》修订	2003 年《文物保护法实施条例》 2006 年《长城保护条例》 2006 年《风景名胜区条例》 2008 年《历史文化名城名镇名村保护条例》	2001 年《国家重点文物保护专项补助经费使用管理办法》 2003 年《城市紫线管理办法》 2003 年《文物保护工程管理办法》 2006 年《世界文化遗产保护管理办法》 2006 年《国家级非物质文化遗产保护与管理暂行办法》 2006 年《古人类化石和古脊椎动物化石保护管理办法》

资料来源：本书编写小组自绘 .

4　历史文化名城制度的建设

1980 年代，随着国家实施改革开放政策，经济得以迅猛发展，城市进入空前规模的开发建设阶段。新区建设、旧城改造以及城市基础设施的更新等导致的历史文化环境，尤其是城市传统风貌、历史景观在短时间内发生了突变，说明我国的文化遗产保护进入到一个更为广泛也更为严峻的时期，所面临的保护问题也从文物建筑开始转向城市历史环境。

1982 年 2 月，国务院转批国家建委、城建总局、文物局《关于保护我国历史文化名城的请示的通知》，公布了北京等 24 座城市为首批国家历史文化名城，标志着“历史文化名城”制度正式启动。1986 年 12 月又公布了上海等第二批 38 座国家历史文化名城，1994 年 1 月再次公布了第三批哈尔滨等 37 座国家历史文化名城。2001 年增补河北山海关和湖南凤凰、2004 年增补河南濮阳、2005 年增补安徽安庆为国家历史文化名城，2007 年增补山东泰安、海南海口、浙江金华、安徽绩溪、新疆吐鲁番和特克斯、江苏无锡，2009 年 1 月增补江苏南通为国家历史文化名城。至此，国家历史文化名城总数累计

达110个（表20–3–2）。

2002年修订的《文物保护法》增设了历史文化街区保护制度，规定“保存文物特别丰富并且具有重大历史价值或者革命纪念意义的城镇、街道、村庄，

国家历史文化名城一览表　　表20–3–2

序号	行政区划	第一批（1982年2月公布）	第二批（1986年12月公布）	第三批（1994年1月公布）	增补	小计
1	北京	北京				1
2	天津		天津			1
3	河北	承德	保定	正定、邯郸	山海关(2001年8月10日)	5
4	山西	大同	平遥	祁县、新绛、代县		5
5	内蒙古		呼和浩特			1
6	山东	曲阜	济南	青岛、聊城、邹城、临淄	泰安（2007年3月9日）	7
7	广东	广州	潮州	肇庆、佛山、梅州、雷州		6
8	广西	桂林		柳州		2
9	海南			琼山*	海口（2007年3月13日）	1
10	陕西	西安、延安	榆林、韩城	咸阳、汉中		6
11	甘肃		武威、张掖、敦煌	天水		4
12	青海			同仁		1
13	宁夏		银川			1
14	新疆		喀什		吐鲁番(2007年4月27日) 特克斯（2007年5月6日）	3
15	辽宁		沈阳			1
16	吉林			吉林、集安		2
17	黑龙江			哈尔滨		1
18	上海		上海			1
19	江苏	南京、扬州、苏州	镇江、常熟、淮安、徐州		无锡（2007年9月15日） 南通（2009年1月2日）	9
20	浙江	杭州、绍兴	宁波	衢州、临海	金华（2007年3月18日）	6
21	安徽		亳州、寿县、歙县		安庆（2005年4月14日） 绩溪（2007年3月18日）	5
22	福建	泉州	福州、漳州	长汀		4
23	江西	景德镇	南昌	赣州		3
24	河南	洛阳、开封	安阳、南阳、商丘	郑州、浚县	濮阳（2004年10月1日）	8
25	湖北	江陵	武汉、襄樊	钟祥、随州		5
26	湖南	长沙		岳阳	凤凰（2001年12月27日）	3
27	重庆		重庆			1
28	四川	成都	阆中、自贡、宜宾	乐山、都江堰、泸州		7
29	贵州	遵义	镇远			2
30	云南	昆明、大理	丽江	建水、巍山		5
31	西藏	拉萨	日喀则	江孜		3
	合计	24	38	37	11	110

*“琼山”和“海口”因合并，“琼山”不再出现在历史文化名城名单中。

资料来源：本书编写小组自绘．

由省、自治区、直辖市人民政府核定公布为历史文化街区、村镇，并报国务院备案”（第十四条）。同时还规定，“历史文化名城的布局、环境、历史风貌等遭到严重破坏的，由国务院撤销其历史文化名城称号；历史文化城镇、街道、村庄的布局、环境、历史风貌等遭到严重破坏的，由省、自治区、直辖市人民政府撤销其历史文化街区、村镇称号；对负有责任的主管人员和其他直接责任人员依法给予行政处分”（第六十九条），即取消了历史文化名城（名镇、名村）称号的终身制。

2008 年 4 月，国务院公布了《历史文化名城名镇名村保护条例》（以下简称《名城保护条例》），2008 年 7 月 1 日起执行，条例共 6 章 48 条。条例的制定旨在加强历史文化名城、名镇、名村的保护与管理，继承中华民族优秀文化遗产，正确处理经济发展和文化遗产保护的关系。

《名城保护条例》明确规定历史文化名城、名镇、名村应当整体保护，应当遵循科学规划、严格保护的原则，保持和延续其传统格局和历史风貌，不得改变与其相互依存的自然景观和环境。在保护范围内的建设活动应当符合保护规划，不得损害文化遗产的真实性和完整性，不得对其传统格局和历史风貌造成破坏性影响。

从 1980 年代初至今，历史文化名城保护制度经过近 30 年的发展，从规划、立法、管理、学术研究及人才培养等多方面不断发展与完善，在理论和实践方面积累一些富有中国特色的保护经验。历史文化名城的保护内容也由单体文物保护向历史环境及历史街区扩展，由城市总体布局等物质空间结构的保持向城市特色与文脉延续等方面拓展，基本形成了以历史文化名城保护为重要内容、与文物保护制度相结合的城市遗产保护体系。

第4节　城市遗产保护规划的基本方法

1　历史文化名城保护规划

1.1　申报历史文化名城的条件

《文物保护法》将历史文化名城定义为“保存文物特别丰富，具有重大历史价值和革命意义的城市”。应该指出，“历史文化名城”这一概念是作为我国对文化遗产传承方式和政府的保护策略而提出的，具有明显的中国特色和实践意义。从法律角度而言，“历史文化名城”是由国家（或省级人民政府）确认的、具有法定保护意义的历史城市；从保护角度而言，是首先需要建立完整的历史文化保护体系，把“保护”这一主题纳入城市建设每一过程之中；从政策角度而言，必须在城市总体规划中制订专项保护规划，在政府制定的经济、法律、行政政策中，体现城市文化遗产保护的精神。

随着历史文化名城保护规划工作的深入，关于历史文化名城的标准得到进一步明确。1986 年，国务院批转城乡建设环境保护部、文化部《关于请公布第二批国家历史文化名城名单报告的通知》时，要求在具体审定申报历史文化名城的工作中要掌握以下几点原则：

第一，不但要看城市的历史，还要着重看当前是否保存有较为丰富、完好的文物古迹和具有重大的历史、科学、艺术价值。

第二，历史文化名城和文物保护单位是有区别的。作为历史文化名城的现状格局和风貌应保留着历史特色，并具有一定的代表城市传统风貌的街区。

第三，文物古迹主要分布在城市市区或郊区，保护和合理使用这些文化遗产对该城市的性质、布局、建设方针有重要影响。

《名城保护条例》第七条明确了申报国家历史文化名城、名镇、名村的条件，具体为：①保存文物特别丰富；②历史建筑集中成片；③保留着传统格局和历史风貌；④历史上曾经作为政治、经济、文化、交通中心或者军事要地，或者发生过重要历史事件，或者其传统产业、历史上建设的重大工程对本地区的发展产生过重要影响，或者能够集中反映本地区建筑的文化特色、民族特色。

而且，申报历史文化名城的，在所申报的历史文化名城保护范围内还应当有两个以上的历史文化街区。

1.2　历史名城的保护内容与规划重点

2005 年 7 月 15 日发布、2005 年 10 月 1 日实施的国家标准《历史文化名城保护规划规范》（GB 50357—2005），是为确保我国文化遗产得到切实的保护，使文化遗产的保护规划及其实施管理工作科学、合理、有效进行，制定的适用于历史文化名城、历史文化街区和文物保护单位的保护规划的技术性规范。该规范为名城保护规划的编制修订以及名城保护规划的审批工作提供了依据。对确保保护规划的科学合理和可操作性，对各地制订相应的保护政策和实施措施，具有规范指导作用。

城市文化遗产保护不只是单纯的文物古迹保护，历史文化名城保护的内容有两个方面，在物质性要素方面主要包括：历史城区的格局风貌和景观风貌；与名城历史发展和文化传统形成有联系的自然环境景观；反映名城空间特征和传统风貌的历史地段和历史建筑群；城区外保存完好的历史村镇，各级文物保护单位；非物质性要素即无形文化遗产，包括地方民俗、民间工艺、节庆活动、传统风俗等内容（表 20-4-1）。

保护规划的主要内容应包括：①制订历史文化名城的保护原则、保护内容和保护重点；②合理确定历史城区的保护范围，制订保持、延续古城格局和传统风貌的总体策略与保护措施；③合理划定历史文化街区的核心保护范围和建设控制地带，制订相应的保护措施、开发强度和建设控制要求；④确认需要保

历史文化名城的保护对象　　表 20-4-1

保护对象	物质要素	历史文化名城的格局和风貌
		与历史文化密切相关的自然地貌、水系、风景名胜、古树名木
		反映历史风貌的建筑群、历史街区、名镇名村等
		各级文物保护单位、登记不可移动文物、历史建筑等
	非物质要素	民俗精华、传统工艺、传统文化等

资料来源：本书编写小组根据《历史文化名城保护规划规范》（GB 50357—2005）整理．

护的传统民居、近现代建筑等历史建筑；⑤制订保护规划分期实施方案，确定对影响名城历史风貌实施整治的重点地段，包括需要整治、改造的建筑、街巷和地区等。

名城保护规划应从城市总体发展的高度采取战略性措施，为名城的保护创造条件。历史文化名城这一概念本身即反映了城市的特定性质，保护作为一种总的指导思想和原则，应在城市总体规划中得到充分体现。

1.3　城市历史环境的整体保护

1.3.1　历史城区空间格局的保护

城市历史环境的整体保护侧重于历史性景观的保护，它包含历史城区空间格局的保护、城市布局的适度调整和历史城区周边环境的控制等内容。

历史城区空间格局保护是城市整体景观环境保护的重点。历史城区空间格局一方面是城市受自然环境制约的结果，另一方面也反映出城市社会文化与历史发展进程方面的差异和特点。构成历史城区空间格局的要素通常包括以下的内容：河网水系、山体坡地等地理地貌环境特征，城市的街道骨架、街巷尺度、天际轮廓线、城市轴线等，标志性建筑物、构筑物以及地域特色明显的传统居住建筑。这些需要保护的要素既可能是历史的或传统的，也可能是现代的，关键是看它在表现城市特征和构成城市景观方面的作用。

城市空间格局保护的重点在历史城区，根据城市的不同情况也往往扩展至城市的整个城区范围。在法国西部城市布雷斯特（Breast）的“建筑、城市与风景遗产保护区”（ZPPAUP）中，便将整个中心城区以及周围的自然景观地带纳入保护区界线之内（图 20-4-1）。

1.3.2　城市布局的适度调整

从城市总体发展策略和城市总体规划空间布局的层面，研究确定历史城区保护与城市发展的关系，并合理地落实到城市建设与发展的总体空间布局上，是保护城市历史环境，并延续包括文物、历史地段和历史城区活力的重要环节。归纳起来，在城市空间布局层面处理城市发展与城市文化遗产保护关系的方式有两种，即开辟新区和新旧相融并存。

图 20-4-1　法国布雷斯特保护区范围图

注：图中实线表示历史建筑 500m 半径保护范围；虚线表示 ZPPAUP 保护范围。

资料来源：同济大学李德华．城市规划原理（第三版）．北京：中国建筑工业出版社，2001：547．

开辟新区或在历史城区以外进行新的建设，以减轻历史城区的压力，是当前协调城市文化遗产保护与城市发展的一种方式，是一种希望避免保护与发展相冲突的战略性规划。如我国苏州城区东侧的工业园区和西侧的开发区，云南丽江老城西侧的新区以及法国巴黎的拉德芳斯新区等。

城市人口的增长、经济活动的拓展、城市规模的扩大、交通流量的增加，对业已处于饱和状态的历史城区势必构成巨大的冲击。从城市总体战略布局上，将新的建设和新的功能引向历史城区以外，有可能在总体布局上，为保护城市文化遗产，尤其是保护城市的整体环境创造有利的条件，其作用可以概括为以下三方面：

(1) 有利于合理定位历史城区的主体功能与性质，将不适宜在历史城区内继续发展的功能调整出去，减少因此而造成的对历史城区环境的影响，发挥历史城区在居住、文化和旅游等方面独特的优势。

(2) 减轻超饱和的人口和建筑容量对历史城区历史文化环境的直接破坏，改善历史城区居民的居住环境条件。

(3) 有利于缓解历史城区的交通压力，避免以拓宽道路来解决城市交通问题，以保持历史城区的空间尺度。

将新的建筑形态和城市空间融入原有的城市空间格局中，以求整个城市在形态和功能的新旧交替中得到发展，则是一种新旧并存的城市发展战略，如法国巴黎的中心城区、德国的慕尼黑和中国的北京旧城等。这种以新旧并存的方式处理城市保护与发展关系的做法，应该基于这样一种观念，即在保持城市纹理的连续性和逻辑性的前提下，考虑介入现代城市要素的协调性。新旧并存是一种有利于保持城市发展整体性和历史城区持续发展的城市发展战略，它的意义不仅在于空间景观方面，还在于城市内部机能的协调发展。

不论采用哪种方式，不论是在历史城区还是在历史地段，或多或少地都会有新的建筑和城市空间要素介入，编制一个合理的规划，并进行有效的控制和管理，对平衡与协调新旧关系是有益的。在历史城区和历史地段中，以及保护建筑周围地区，任何以破坏或降低城市特色为代价的改变都不应该被采纳，只有当改造方案被认为是保持或突出了城市原有的特征时，这样的改变才能被规划许可。因为作为独一无二的历史文化资源，它是城市进一步发展的优势和基础所在。

1.3.3 历史城区周边环境的控制

历史城区的周边环境，是城市特征和文化形成及发展的基础，改变或脱离其原有的生存环境，城市的历史文化价值将大大丧失，其特征也会逐渐被磨灭。因此，保护城市外围的环境，特别是自然风景，保持自然与城市之间的协调关系，对保护城市文化遗产，并使其在发展中继续生存具有重要的意义。

与体现自然风景有关的要素均应属于城市外围环境控制需要考虑的内容，它们包括农田、树木、水域、地形、自然村落等。在城市外围环境控制范围内，所有的自然风景要素都不能被破坏，对改善自然环境与景观的生态型改造工程在其中实施应予以鼓励，对现有的居民点和其他人工设施应控制在原来的建设范围之内，限制其扩大规模。

1.4 历史城区的建筑高度控制

建筑高度控制规划是历史文化名城保护规划的重要内容，也是保护名城风貌的重要措施。对风貌完整的历史文化名城实施整体高度控制，有利于保持名城的景观特征和独特魅力，避免在历史城区出现视觉环境污染。对保护范围内的建筑高度进行控制的目的是对保护对象周边的景观环境进行保护；对视线通廊内建筑的高度进行控制的目的是保护名城整体上的视觉关联性；对名城的建筑高度进行整体上的分区控制的目的是为了保持历史城区的空间尺度和整体景观。

历史文化名城内划定的历史文化街区，是名城传统特色风貌的集中地段。一般而言，历史文化街区内的历史建筑多为低层房屋，因此要维持这种宜人的

尺度和空间轮廓线，必须在保护区范围内制订建筑高度的控制规划。在保护区外有时也有高度控制的要求，这是保护名城环境景观的需要。有时考虑眺望点之间视线通廊的要求；有时是保证景观节点通视的需要；有时是为了保持城市与城外山峦等自然景观之间的联系。许多名城由于没有控制好新建筑的高度，造成了原有优美的传统风貌或天际轮廓线的破坏。

历史城区建筑高度控制的确定，主要依据如下：第一，根据保护规划总体要求及名城现状的具体情况及大范围内名城的空间轮廓的要求，提出几个空间层次的高度控制。第二，通过视线分析，满足各个保护对象对周围环境的要求，使景区与周围环境协调统一。在历史文化名城内，许多特色景观为人们所欣赏。为保障观赏这些历史景观的视线走廊的通视要求，划出相应的建筑高度控制区。视线通廊是标志性历史景观之间保持通视的前提条件，也是体验名城风貌的重要景观通道，视线分析是视线通廊内建筑高度控制的主要依据。应通过视点高度和观景范围的确定，作出平面视角范围和竖向视角范围的视线分析，以此为据确定视线通廊内的建筑高度控制规定。

建筑高度控制的规定指标，除了规定建筑檐口高度外，还要规定建筑或构筑物的总高度，并注明包括屋顶上的附属设施如水箱等。将各文物古迹、历史建筑、标志景观的保护范围所要求的高度控制，各景点之间的视线通廊控制，以及传统街巷、河道两侧的高度控制进行整合。再依据历史文化名城保护的总体要求，对历史街区、自然风景区的不同控制高度进行划定，两项内容叠加、综合，并参照现状地形、地貌，以及其他建设开发控制规划进行适当调整，最后制定出历史城区的建筑高度控制规定。

1.5　潮州历史文化名城保护规划案例

1.5.1　规划思路

广东潮州是国务院公布的第二批国家级历史文化名城。潮州历史文化名城保护规划本着协调处理好保护与更新的关系，由发展的角度认识历史名城保护的意义，从建城历史、城址变迁、文化民俗、城市格局、文物遗址分布、传统建筑与历史街区等六个方面进行全面的考察分析，归纳综合出潮州名城的风貌特色以及体现风貌特色的物质空间载体，进一步综合制订城市空间结构保护规划、文物保护等级与保护范围规划、古城区建筑高度控制规划等内容。

为了使名城保护规划具有可操作性，并实现改善生活环境的目标，保护规划与控制性详细规划同步进行，以利相互协调、互为补充。规划亦对古城区的交通道路、土地使用、环境质量、人口密度等关系生活品质的项目进行了深入的调查，同时对旅游业和房地产业等与城市经济发展和城市开发有关的经济情况进行了分析研究，并综合反映在土地使用调整、开发容量控制等方面，并综合多项因素后最后确定古城区建筑高度控制规划。

1.5.2　保护框架规划

(1) 保护框架的自然环境要素为“三山一水护古城”的自然环境特征。人工环境要素为“外曲内方”、“四横三纵”的城市空间格局。人文环境要素反映在社会活动、生活习俗、文化艺术和生活情趣等方面。

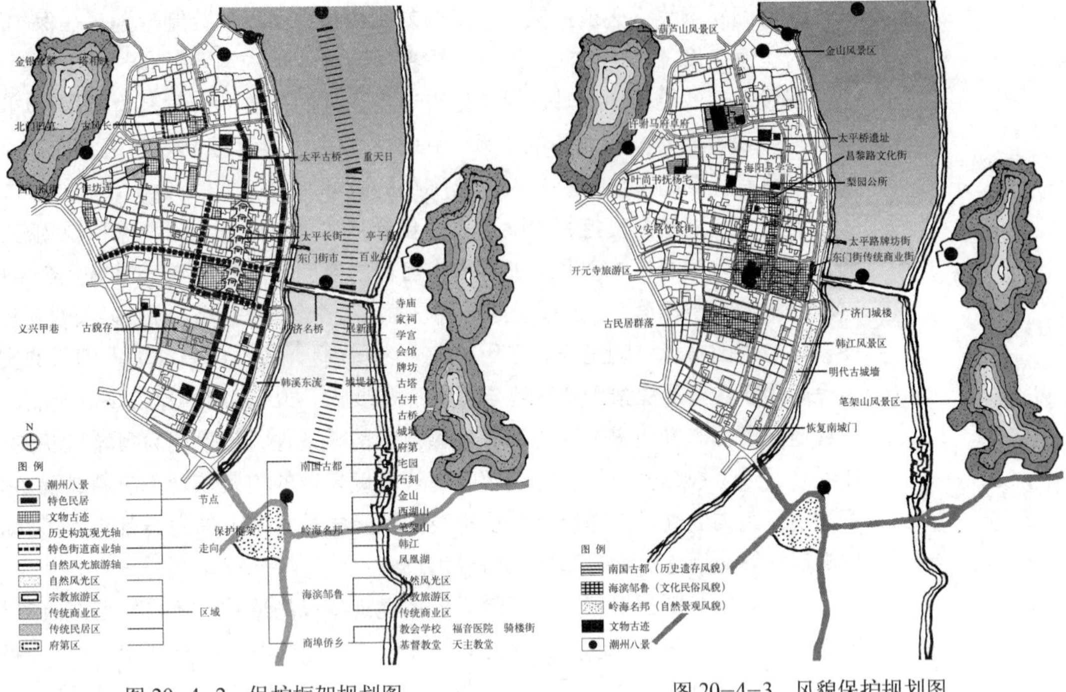

图 20-4-2 保护框架规划图

资料来源：同济大学李德华．城市规划原理（第三版）．北京：中国建筑工业出版社，2001：549．

图 20-4-3 风貌保护规划图

资料来源：同济大学李德华．城市规划原理（第三版）．北京：中国建筑工业出版社，2001：550．

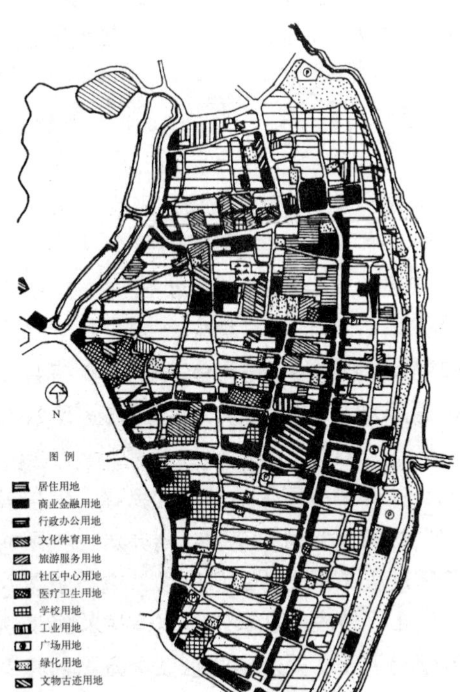

图 20-4-4 土地使用规划图

资料来源：同济大学李德华．城市规划原理（第三版）．北京：中国建筑工业出版社，2001：551．

（2）保护框架由节点、轴线和区域及其相互间的空间关系构成。“点”包括三山、寺院、庵祠、牌坊、古塔、古桥、古树、古井等。“轴线”有赣江、古城墙、牌坊街和骑楼等。区域有“东财西丁、南富北贵”的历史地段和其他历史城区。

（3）保护框架的内涵为“岭海名邦”、“海滨邹鲁”、“南国古郡”、“商埠侨乡”等四个方面（图 20-4-2）。

1.5.3 古城风貌保护规划

潮州古城的风貌资源分为自然景观风貌、历史遗存风貌和文化民俗风貌三大类，体现了“岭海名邦”、“南国古都”、“海滨邹鲁”的特点，构成自然景观风貌区、历史遗存风貌区和文化民俗风貌区（图 20-4-3）。

1.5.4 保护等级与保护范围规划

（1）各类文物保护单位的保护参照国家文物保护法规规定，根据各文物保护单位周围实际的环境状况，合理划定保护范围和建设控制地带，明确了各级保护范围，并制定了相应的保护和建设规定（图 20-4-4）。

（2）古城区各类保护等级的确定和范围的划定，以各类文物保护单位的保护要求为基础，确定了四级

图 20–4–5 保护范围规划图

资料来源：同济大学李德华．城市规划原理（第三版）．北京：中国建筑工业出版社，2001：552.

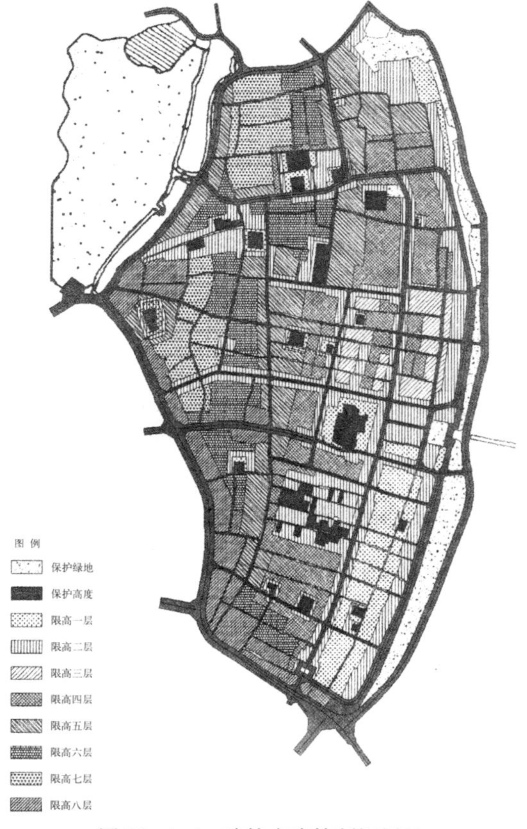

图 20–4–6 建筑高度控制规划图

资料来源：同济大学李德华．城市规划原理（第三版）．北京：中国建筑工业出版社，2001：553.

保护范围，除文保单位的各级保护范围外，另划定了古城区环境协调范围和区域控制范围（图 20–4–5）。

1.5.5 建筑高度控制规划

建筑高度控制规划的依据来自四个方面，一是各级各类保护区与保护范围的要求，二是各景观点视线通廊的分析，三是古城轮廓线和街道景观的要求，四是控制性详细规划有关建筑容量分析的结果（图 20–4–6）。

2 历史文化街区保护规划

2.1 历史文化街区的基本特征

历史文化街区，是指保存文物特别丰富，历史建筑集中成片，能够较完整和真实地体现传统格局和历史风貌，并具有一定规模的区域。历史文化街区是历史文化名城特色与风貌的重要组成部分，历史文化街区的保护是为了在整体上保持和延续名城传统风貌。2002 年修订的《文物保护法》采用"历史文化街区"这一专有名词，历史文化保护区、历史街区等名词被逐步取代。2008 年 8 月 1 日施行的《历史文化名城名镇名村保护条例》进一步强调了历史文化街区在历史名城中的地位和作用，并对历史文化街区整体保护提出了控制要求，对历史文化街区保护制度的建设与完善将起到积极的作用。

历史文化街区是以保存着真实的历史信息的物质环境为主体构成的，以保存有一定数量和比重的历史建筑为基本特征，历史建、构筑物是构成历史文化街区整体风貌的主体要素。历史文化街区内的历史建筑和历史环境要素可以是不同时代的，但必须是真实的历史实物，而不是重建和仿造的建筑。

一般情况下，城市的历史文化街区应具有以下基本特征：

(1) 保留有一定比例的真实历史遗存物，携带着真实的历史信息。反映历史风貌的建筑、街巷等是历史原物，而不是仿古建造的。整个地区内会有一些后代改动的建筑存在，但所占比例较少且与历史风貌基本协调。

(2) 具有较完整的历史风貌，能反映某历史时期某一民族及某个地方的鲜明特色，在该地区的历史文化上占有重要地位。代表这一地区历史发展脉络和集中反映地区特色的建筑群，其中或许每一座建筑都达不到文物的等级标准，但从整体环境上看，却具有完整而鲜明的风貌特征，是这一地区的历史见证。

(3) 历史文化街区应在城镇生活中仍起着重要的作用，是生生不息的、具有活力的生活社区，这就决定了历史文化街区不但记载了过去城市的大量文化信息，而且还不断并继续记载着当今城市发展的新信息。历史文化街区不仅包括有形的建筑物及构筑物，还包括蕴涵其中的“无形文化资产”，如世代生活在这一地区的人们所形成的价值观念、生活方式、组织结构、风俗习惯等，从某种意义上讲，“无形文化资产”更能表现历史文化街区特殊的文化价值。

2.2 历史文化街区的范围划定

历史文化街区的范围划定应遵守以下原则：一是保护历史的真实性，要尽可能多地保护真实的历史遗存，对历史建筑积极维护、修缮，不要因其破旧就认为没有使用价值而拆毁，也不可将仿古造假当成保护的手段。二是维护风貌的完整性，要保存整体的环境风貌，不但包括建筑物，还包括街巷、古树、小桥、院墙、河溪、驳岸等构成环境风貌的各类因素。三是保持生活的延续性，应改善居住环境条件让居民能够继续在此居住生活，应尽可能维持原有的功能或植入适当的新的功能，促进地区的经济复兴。

历史文化街区一般应包含：各级文物保护单位、登记不可移动文物和历史建筑、传统风貌建、构筑物，街巷空间、河道景观、古树名木等历史环境。为了保护历史景观和历史环境的完整性，在此范围内，对各种建设行为必须严格审批，其建设活动应以维修、整理、修复及内部设施更新为主。新建筑的外观造型、体量、材料、色彩、高度都应与传统风貌相适应，较大的建筑活动和环境变化应实行专家委员会审定制度。

考虑到保护管理条例的可操作性，保护范围的层次设定不宜过于繁琐。范围划定应考虑历史建、构筑物边界或建筑物所在地块边界，地貌、植被等自然环境的整体性、景观的完整性，并结合道路、河流等明显的地物地貌标志，兼顾行政管辖界线划定。

保护范围的划定应兼顾两个方面的要求：历史文化街区以内是建设行为受到严格限制的地区，也是实施环境整治、施行特别经济优惠政策的范围，所以划定的规模不宜过大。历史文化街区要求有相对的风貌完整性，要求能具备相对完整的社会结构体系，因此范围划定亦不宜过小。之所以强调有一定规模、

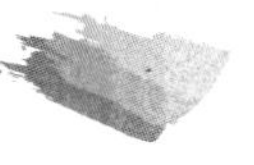

在人的视线所及范围内风貌基本一致，是因为只有达到一定规模才能形成环境氛围，保持历史景观的协调统一。

为保护和协调历史文化街区的整体风貌，可根据实际需要在历史文化街区外围划定环境协调区。该范围内各种建设活动，应在建设规划、文物管理等有关部门的指导下进行，以取得与保护对象之间的空间景观过渡与环境风貌的协调。

与文物保护单位以及历史建筑一样，历史文化街区的保护范围也是人为确定的。在城市规划中划定历史文化街区，是保护城市遗产的一种方法。显然，历史文化街区保护规划的内容和方法，同样适用于历史城区甚至整个历史城市，其目的是为了更好地保护城市中留存下来的精华，真实地反映城市的历史脉络，集中展示城市的景观特色。

2.3 历史文化街区的保护内容

历史文化街区的保护内容包括建筑，街巷等公共和半公共空间及其界面，私密和半私密性院落，围墙、门楼、过街楼、牌坊、植物、铺地、河道和水体等构成历史风貌特色的物质要素。一般可归纳为建筑保护、街巷格局、空间肌理及景观界面保持等三方面的内容。

2.3.1 历史建筑

在历史文化街区中，有两类建筑需要重点保护，一类是必须保护的各级文物保护单位，它们必须符合文物保护单位的保护要求；另一类是反映地区历史风貌和地方特色的建筑。后一类保护建筑的数量在历史文化街区中占绝大多数，它们的保护应该结合居民生活的改善进行，以保持地段的生活活力。

对后一类建筑的保护方式一般概括为整体保存和局部保存两种。整体保存是指在不改变被保护建筑原有特征的基础上，对建筑的外观和内部进行修缮、整治，对建筑整体结构进行加固，对损坏部分进行修复。局部保存是指保留被保护建筑中体现历史风貌的最主要要素，如立面、屋顶、墙面材料和建筑构件等。针对不同的情况保留部分要素，并对保留的部分进行修缮，同时对建筑进行不改变原有形象特征的改建。

保护建筑的现状以及在地段中的位置在很大程度上决定着不同保护方式的采用，对各保护建筑选择恰当的保护方式，对整个地段的保护效果往往会产生重要的影响。

2.3.2 街巷格局

历史文化街区的街巷格局是构成城市纹理并体现该地段乃至整个城市个性的重要要素，因此在历史文化街区的保护过程中，街巷格局的保持和街巷系统的整理十分重要。

保持街巷的格局应该考虑街巷布局与形态、街巷功能和街巷空间及景观三个基本方面。街巷的布局与形态主要包含街巷网络的平面布局特征、主次街巷的相互连接关系、街巷的分级体系和街巷空间的层次关系。一般情况下，历史文化街区的街巷形态不应改变，同时历史文化街区街巷的功能应该在原有的主体功能的基础上予以扩展，历史文化街区街巷的尺度、界面和空间标志物应该给予保持和保留。

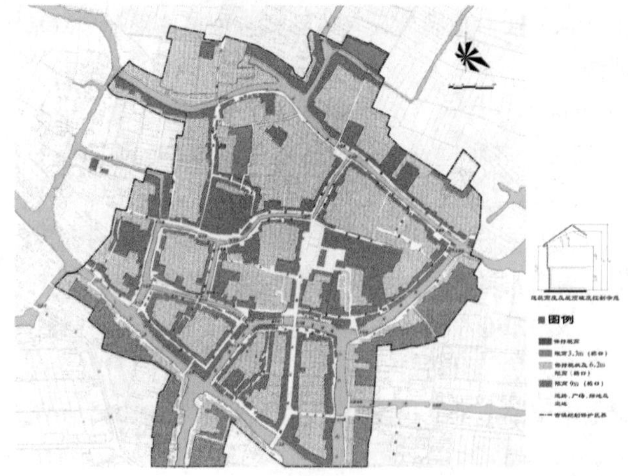

图 20-4-7　江苏同里历史文化名镇中心区建筑保护规划图
资料来源：江苏同里历史文化名镇保护规划．上海同济城市规划设计研究院．

图 20-4-8　江苏同里历史文化名镇中心区空间景观规划图
资料来源：江苏同里历史文化名镇保护规划．上海同济城市规划设计研究院．

(*a*)

(*b*)

图 20-4-9　巴黎圣安托万地区（Faubourg Saint-Antoine）
(*a*) 为现行的土地利用规划对沿街建筑退界的要求；(*b*) 为建议进行修改的退界规定。修改目的是为了保持街道界面现有的连续性
资料来源：同济大学李德华．城市规划原理（第三版）．北京：中国建筑工业出版社，2001：542．

2.3.3　空间肌理及景观界面

空间肌理及景观界面是体现一个城市风貌特征的重要部分，也是组成城市纹理的重要要素，两者是相辅相成的。空间肌理由城市各个层次的空间关系与形态、各种空间在城市空间肌理及城市生活中的地位与作用以及其中的活动等要素构成。景观界面包括开放空间周围的界面、主要景观视线所及的建筑、自然界面以及街巷界面。它不仅集中表现了一个城市的精华和特点，同时也展示着城市的文化。

在历史文化街区保护规划中，确定需要保护的建筑的原则同样适用于确定需要保护的空间肌理和景观界面。通常情况下，历史文化街区的空间肌理应该予以保持，重要的开放空间和有特征的景观界面应该予以保护，重点在于空间功能和形态、空间联系的结构关系和界面的景观特征的保持。因而，空间肌理和景观界面的保持往往结合建筑保护进行（图 20-4-7、图 20-4-8）。

在特殊土地利用规划中对现行城市土地利用规划的建筑退界进行修改（图 20-4-9）。

2.4　历史文化街区的整治工程

历史文化街区的整治工程应采取逐步整治的方法，切忌大拆大建。历史文化街区中的传统建筑不必像文物保护单位那样一切维持原状，外观按历史面貌保护修整，内部可按现代生活的需要进行更新改造。对有悖于历史风貌的后世建筑可以适当改造，恢复历史原来的风格。历史文化街区的整治工程，应完善地区的基础设施，改善居住环境条件。这些问题不解决，居民难以继续居住，不但会影响到保护的积极性，而且势必导致街区风貌的进一步损毁。

历史文化街区整治规划一般包括：景观环境的整合、基础设施的改造、居

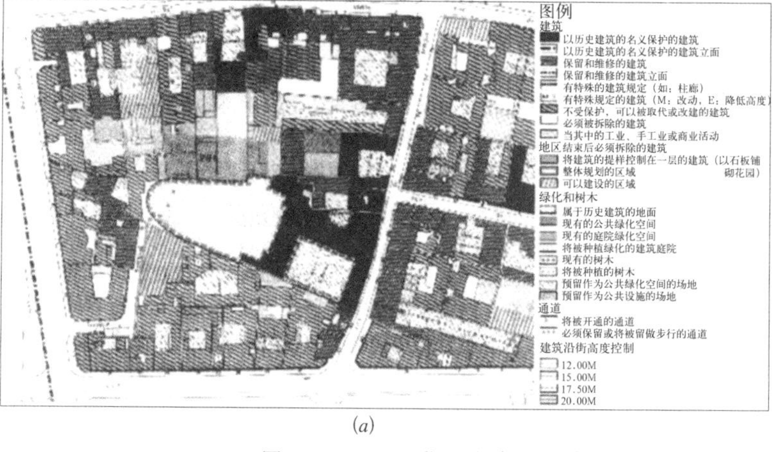

(*a*)

(*b*)

图 20–4–10　巴黎马雷（Marais）保护区规划图（局部）

（*a*）保护区规划，在规划图中，除了确定各种需要保护的对象外，还确定了各类应该拆除的建筑；（*b*）为马雷区中一幢应该被拆除的建筑

资料来源：同济大学李德华．城市规划原理（第三版）．北京：中国建筑工业出版社，2001：544．

(*a*)　　(*b*)

图 20–4–11　法国南特市（Nantes）保护区中一幢新建旅馆

（*a*）外观；（*b*）该旅游的第一个设计方案立面图。由于建筑体量，特别是屋顶形式与周围建筑不协调，因而方案未通过建设许可审批

资料来源：同济大学李德华．城市规划原理（第三版）．北京：中国建筑工业出版社，2001：544．

住环境的改善、地段功能的定位和地段交通的重组等方面的内容。历史文化街区的整治改建是达到历史文化街区保护目标的必要手段（图 20–4–10、图 20–4–11）。

2.4.1　景观环境的整合

对历史文化街区现有的建筑环境进行整治，使历史文化街区的新建和改建建筑与现有的景观整体协调，是历史文化街区建筑环境整合的主要工作。在历史文化街区中，并不是所有的建筑都需要保护，对历史文化街区中现存的各类不合理建、构筑物，包括不符合卫生要求的、不符合消防要求的和不符合景观要求的新旧建筑物和临建、搭建物，应根据不同情况对其采取拆、改、补的方法，使地段的整体景观特征得以充分体现。

历史文化街区和城市的其他地区一样都有新建和改建的需要。历史文化街区的新建和改建建筑应该与现有的建筑尺度相适应，如开间、柱距、层高、高度、面宽和体量等，并在色彩、材料、工艺和形式等方面考虑与现存环境的关系。

一些在历史上十分重要的、对地方或民族文化具有象征性意义的，同时也对考古、科学研究和建筑艺术有重要价值的建、构筑物，由于各种原因现在已经（或基本）被毁，在确实需要且条件允许的情况下可以考虑重建。重建必须在有完整的历史资料和科学研究分析的基础上进行。

2.4.2　基础设施的改造

历史文化街区的基础设施一般较差，就目前的情况而言，我国绝大部分的历史文化街区仍没有良好的排水设施，整个地段管网陈旧、路面破损、积水、雨污合流、电线架空、基础设施不符合基本的规范，普遍存在安全隐患。

历史文化街区基础设施的改造包括供水、供电、排水、供气和取暖等管网，垃圾收集清理，道路路面等街区市政基础设施的改造和完善。

历史文化街区需要保护的居住建筑，其平面布局及内部设施均已陈旧，厨卫设施相当简陋，与现代生活要求不相适应，因此需要对其在平面布局和内部设施方面进行改造，以满足现代生活的需求。建筑物内部的改造，应以不破坏建筑外观的风貌特征和内部的结构特征为原则，重新分割平面，更替与添置设备，对室内环境做适度装修（图 20–4–12）。

2.4.3　居住环境的改善

居住环境的改善除了建筑物内部的改造外，从城市规划的角度还包括居住人口规模的调整和户外居住环境质量的提高。

保持适当的居住人口是历史文化街区维持生存活力的基本条件。过密或过疏的人口密度既不利于保护也不利于城市发展。对居住人口密度过大的历史文化街区，由于在历史文化街区中不可能依靠增加大量新的建筑面积来使该地段的居民达到舒适的居住面积标准和户外环境标准，因此应适当减少居住人口，调整居民结构，迁走一定比例的住户，同时拆除搭建建筑和少量无价值的破损建筑，增加绿地与空地，以保证仍居住在历史文化街区的居民达到一定标准的

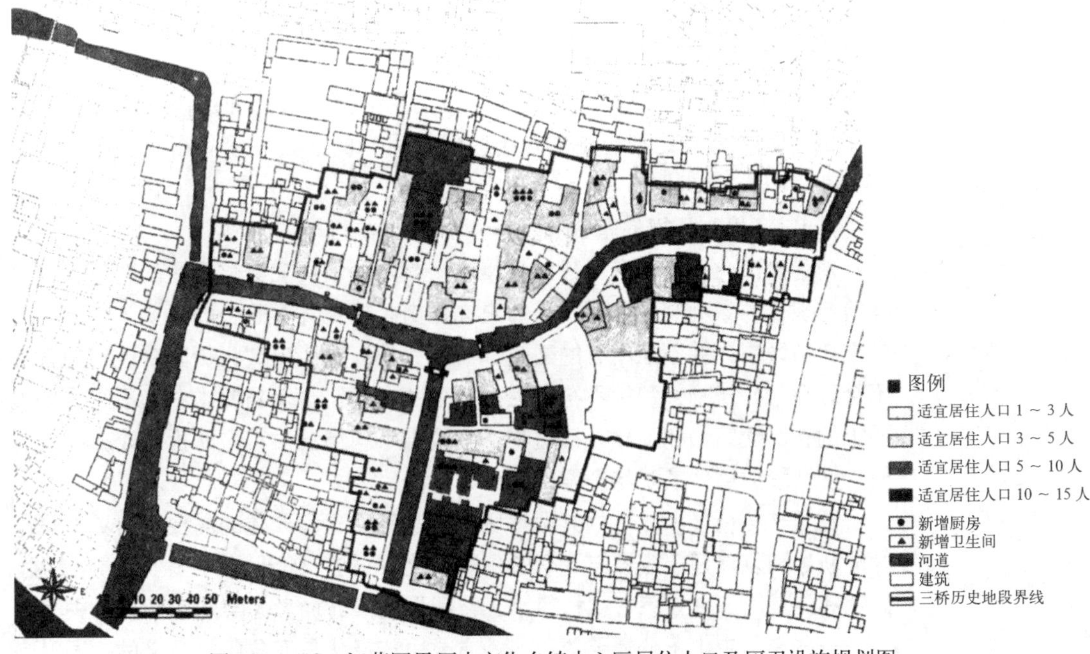

图 20–4–12　江苏同里历史文化名镇中心区居住人口及厨卫设施规划图

资料来源：江苏同里历史文化名镇保护规划．上海同济城市规划设计研究院．

居住质量。而对居住人口密度太低的历史文化街区，则应该考虑如何吸引居民来此居住、工作和消费，恢复历史文化街区的活力。

2.4.4 土地使用的调整

历史文化街区，在不同程度上存在着适应现代城市发展的问题，它关系到历史文化街区的复兴与发展，以及它在城市中的地位和对城市的贡献。因而，如何在城市的发展中保持并发挥历史文化街区的作用，对历史文化街区能否合理有效地予以保护具有十分重要的意义。对城市中历史文化街区的功能应该做重新定位，并通过调整地段的土地使用来逐步实现。

对历史文化街区功能的定位研究，可以从城市的发展历史和今后城市性质的发展方向两个主要方面进行，以最大限度地保持地段的历史文化价值为基点，结合地段的振兴与地区活力的保持，合理地把握历史文化街区的发展方向。

历史文化街区土地使用调整一般有四种途径：保持现有用途，恢复历史用途，部分纳入其他用途和改为新的用途。保持现有用途和恢复历史用途一般常用在以居住用途为主的历史文化街区的保护规划中。在通常情况下，由于城市的发展，历史文化街区的用途或多或少都需要有所改变，在历史文化街区中纳入新的用途是必要的，当然纳入新用途的规模需要有所限制。历史文化街区的主体功能一般不宜被改变，除非原有用途已经完全不适应现在的要求，才采用完全改变为新用途的做法。无论采取何种方式，将历史文化街区完全转变为博物馆式的游览景区是不可取的。

2.4.5 地段交通的组织

在一些人口密集、交通拥挤的历史文化街区，交通工具的改变常使原来的街巷无法适应。解决这一问题的原则是疏导交通，在满足居民对现代化交通需求和保持历史文化街区的历史文化环境特征之间寻求平衡。一般采取的解决方案是最大限度地将交通疏导到历史文化街区的外围，或是在街区内利用现有街巷组织单向交通，或是两种措施并用，以保持历史文化街区的空间景观特征。一般不主张采用拓宽原有街巷、开辟新的道路和新建停车场的做法来解决交通问题。

3 历史建筑的保护利用

3.1 历史建筑保护的法定要求

2008 年 7 月 1 日施行的《历史文化名城名镇名村保护条例》，首次在全国范围内明确要求保护“经城市、县人民政府确定公布的具有一定保护价值，能够反映历史风貌和地方特色”的历史建筑，即针对文物保护单位和登记不可移动文物以外的建、构筑物必须采取切实有效的保护措施，改变随意拆除年代不够久远、风格不够突出、还未列入保护清单的各类建、构筑物。

在《历史文化名城名镇名村保护条例》的相关条款中明确了历史建筑保护的措施要求。这些保护措施包括：城市、县人民政府应当确定并公布历史建筑清单，对历史建筑设置保护标志，建立档案；历史建筑的所有权人负责历史建筑的维护和修缮，县级以上地方人民政府可以给予补助；历史建筑有损毁危险，所有权人不具备维护和修缮能力的，当地人民政府应当采取措施进行保护；对历史建筑原则上实施原址保护，必须迁移异地保护或者拆除的，应当经省、自治区、直辖市人民政府确定的保护主管部门会同同级文物主管部门批准；对历史建筑进行外部修缮装饰、添加设施以及改变历史建筑的结构或者使用性质的，应当经城市、县人民政府城乡规划主管部门会同同级文物主管部门批准。

3.2　历史建筑的利用原则

3.2.1　保护与利用相结合

在严格遵循文物保护或历史建筑保护要求的前提下，妥善合理地利用文物建筑或历史建筑，是保护并使其传之久远的一个好方法，它不仅有助于保护，而且赋予历史建筑新的活力。

3.2.2　尽可能保持原功能

保持建筑的原有功能意味着可对建筑进行最少的变更，因而有利于保存文物建筑各方面的价值。

3.2.3　应与恢复周边地段活力相结合

《内罗毕建议》提出，"在保护和修缮的同时，要采取恢复生命力的行动"。为此，许多国家和地区在对文物建筑进行保护、修缮和使用的同时，还制定了专门的政策，以复苏历史建筑及其所在地区的社会生活，使它们在社区和周围地区的社会文化发展中起促进作用，同时把保护和重新利用历史建筑同城市建设过程结合起来，使之具有新的意义。

3.2.4　应合理利用文物建筑

应在严格保护与控制的前提下合理利用文物建筑。不论采用何种利用方式，均应体现保护优先的原则，合理利用应在文物保护单位或历史建筑保护规划的指导下进行。

3.3　历史建筑的利用方式

3.3.1　保持原有的用途

这是最有利于文物建筑保护的利用方式。绝大多数宗教建筑、部分政府行政办公建筑和古典园林都属于这一类型。由于悠久的历史和与之相关联的宗教典故等，使得它们比新建的同类建筑具有更大的吸引力，如欧洲城市的教堂，我国苏州的古典园林、北京的颐和园等。

3.3.2　改变原有的用途

(1) 作为博物馆使用。这种使用方式较普遍，也是使其发挥效益的较好使用方式之一。根据不同的需要和建筑状况规模可大可小，老建筑可能是宫殿、宫邸或民宅。如法国巴黎的卢浮宫博物馆和毕加索美术馆，遍布欧洲大小城市的、利用19世纪以前的建筑改建成的各类博物馆，以及我国北京的故宫博物院和同里镇的历史陈列馆等（图20–4–13、图20–4–14）。

(2) 作为学校、图书馆等文化设施使用。欧洲历史城市的许多学校、图书馆和政府办公楼都是利用古建筑改建而成的，如法国图卢兹市政府（图20–4–15）；我国也不乏其例，如长春地质学院的教学楼、北京图书馆、上海美术馆等，即为其中的成功案例。

(3) 作为旅游设施使用。对保护等级较低的文物，可作为旅馆、餐馆、公园及开放的游览景点使用。如英国沙福克城中的麦芽糖作坊被改造成为度假旅馆等。

图 20-4-13 法国雷恩市（Rennes）一座被改建为展览馆的保护建筑

资料来源：同济大学李德华．城市规划原理（第三版）．北京：中国建筑工业出版社，2001：536．

内景

外景

图 20-4-14 苏州同里镇一座由镇级文物控制单位改建而成的历史文物陈列馆

资料来源：Google 图片，2010．

图 20-4-15 法国图卢兹（Toulouse）市政府建筑及广场

资料来源：google earth，2010．

图 20–4–16　位于巴黎市中心区的古城墙遗址
资料来源：Google 图片，2010.

图 20–4–17　位于柏林市中心在第二次世界大战中被毁坏的大教堂
资料来源：Google 图片，2010.

3.3.3　留作城市的景观标志

有些文物保护单位或历史建筑，由于各种原因而不能或不宜继续保持原有用途，但它却代表了城市发展历史中重要的阶段或事件，代表了某一时期的建筑艺术或技术的成就。对这类文物应该维护其既有状况，保留作为城市的景观标志，以时刻让人们感受到城市发展的历史脉络，也可作为纪念、凭吊、观光的场所。如法国巴黎的古城墙（图 20–4–16），德国柏林市中心的大教堂（图 20–4–17）等。

3.4　其他需要保护的建筑

除了必须对文物保护单位按《文物保持法》的规定进行保护外，对城市中其他需要保护建筑的确定，应该以是否对保持城市空间景观的连续性和逻辑性、是否具有潜在的历史、文化、建筑和艺术方面的价值为目标。也就是将建筑根据它在城市环境中所起的作用，看是否有更好的替代可能，如果没有或暂时没有，则不应该拆除，而应该予以保护。这些被保护建筑既可能是古老的，也可能是现代的。

这样的情况在城市中是大量存在的，什么样的建筑需要保护，也并没有一个统一的标准，需要在规划中细致观察和分析。就单体建筑而言，可能并不具备像文物保护单位那样大的价值，保护它们的意义在于它们对构成和表现城市某一方面或某二地段的特征起着不可替代的作用。这些需要保护的建筑可能是某种建筑类型，如北京的四合院和上海的里弄住宅等。也可能是某一或某几个时期的建筑物或建筑的一部分，如在法国巴黎的蒙夫达赫（Moffetard）地区，除了列级保护的文物建筑之外，其他 19 世纪以前（包括 19 世纪）的建筑物也是被保护的（图 20–4–18）。在法国波尔多，有许多传统的住宅类型也是被保护的（图 20–4–19）。像这样的一些需要保护的建筑可能散布在城市的不同角落，也可能以不同的规模集中在城市的某些区域。

对于这类保护建筑是不应该被拆除的，也不应该对被保护的部分进行不适当的改变。在保护建筑和未被列为保护建筑的周边地区进行建设，新建筑的高度、形式、材料和色彩均应受到不同程度的控制和引导。

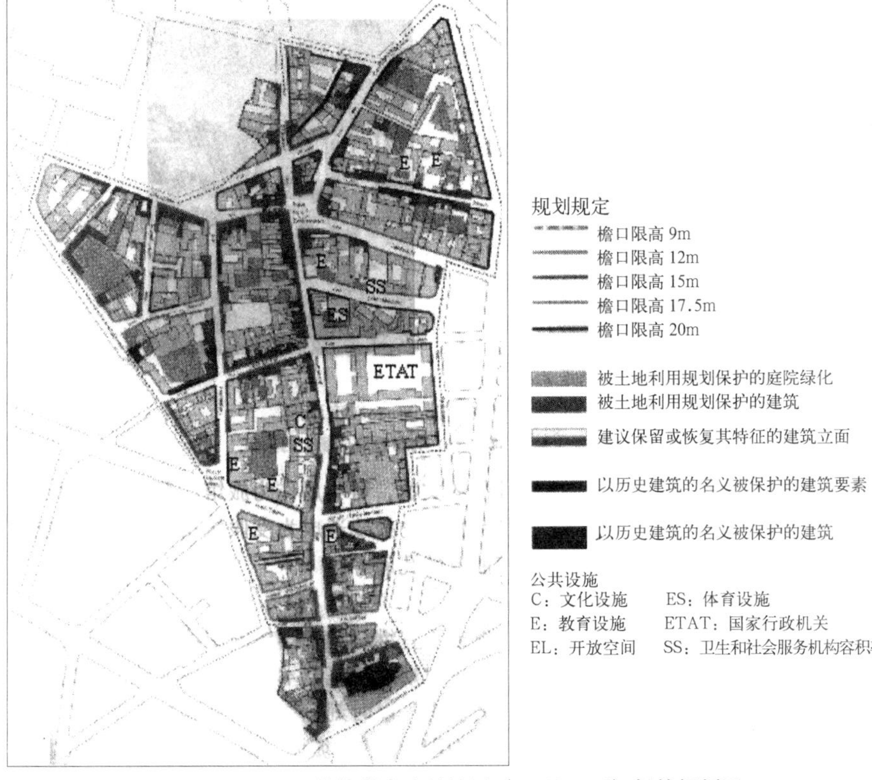

图 20-4-18　巴黎的蒙夫达赫地区（Moffetard）保护规划图

资料来源：同济大学李德华．城市规划原理（第三版）．北京：中国建筑工业出版社，2001：538．

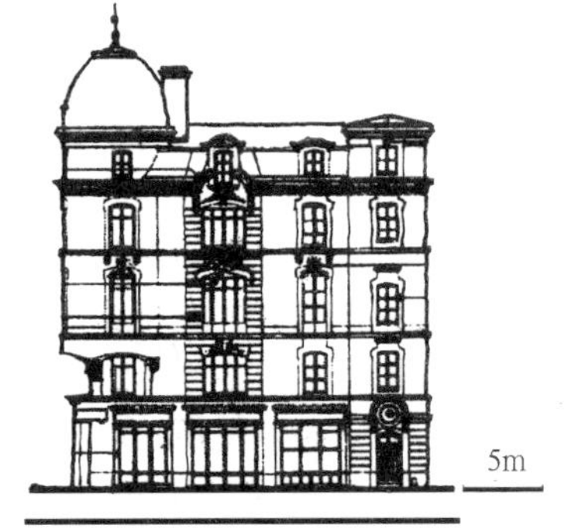

图 20-4-19　法国波尔多建于 1850 ~ 1900 年的被保护的住宅建筑类型

资料来源：同济大学李德华．城市规划原理（第三版）．北京：中国建筑工业出版社，2001：539．

4　从城市更新走向城市复兴

4.1　城市更新产生的背景

城市更新（urban renewal）是一种将城市中已经不适应现代城市社会生活的地区做必要的、有计划的改建活动。1958 年 8 月，在荷兰召开的第一次城市更新研讨会上，对城市更新的概念做了这样的说明："生活在城市中的人，对于自己所居住的建筑物、周围的环境或出行、购物、娱乐及其他生活活动有各种不同的期望或不满，对自己所居住的房屋的修理改造，对街道、公园、绿地

和不良住宅区等环境的改善，对形成舒适的生活环境和美丽的市容抱有很大的希望，并要求及早施行，包括所有这些内容在内的城市建设活动就是城市更新”。

在欧美各国，城市更新起源于二战后对不良住宅区的改造，随后逐渐扩展至对城市其他功能地区，并将其重点落在城市中土地使用功能需要转换的地区，如废弃的码头、仓储区和需要搬迁的铁路站场区、工业区等。

城市更新的目标是针对解决城市中影响甚至阻碍城市发展的城市问题，这些城市问题的产生既有环境方面的原因，也包括经济和社会方面的原因。由于自然的和人为的各种原因，城市中不同程度地会出现环境状况不良的地区，导致这些不良地区出现的原因主要有：①人口密度增高；②建筑物老化；③公共服务设施和休憩设施不足；④卫生状况差；⑤交通混杂；⑥火灾和疾病发生率高；⑦土地和物业价格下降；⑧不同功能相互干扰严重等。

生活环境不良的地区不但影响居民的生活，也损害了城市形象，以至于导致城市或城市中的某些地区对人的吸引力减弱。一方面，土地和物业不能实现其应有的价值，原有的人口结构和人与人之间的社会关系发生变化，从而导致社会问题的发生。另一方面，随着城市的发展，城市原有的某些功能在现在看来处于不恰当的位置，结果既影响了该地区及周围的城市环境，也破坏了城市整体形象的完整性和城市功能在空间上的延续性，阻碍了城市进行合理的发展布局。

4.2　城市更新的主要方式

城市更新的方式可分为再开发（redevelopment）、整治改善（rehabilitation）及保护（conservation）三种。再开发或重建，是将城市土地上的建筑予以拆除，并对土地进行与城市发展相适应的新的合理使用。整治改善是对建筑物的全部或一部分予以改造或更新设施，使其能够继续使用。保护，是对仍适合于继续使用的建筑，通过修缮、修整等活动，使其继续保持或改善现有的状况。

4.2.1　再开发

再开发的对象是指建筑物、公共服务设施市政设施等有关城市生活环境要素的质量全面恶化的地区。这些要素已无法通过其他方式，使其重新适应当前城市生活的要求。这种不适应，不仅降低了居民的生活品质，甚至会阻碍正常的经济活动和城市的进一步发展。因而，必须拆除原有的建筑物，并对整个地区重新考虑合理的使用方案。建筑物的用途和规模、公共活动空间的保留或设置、街道的拓宽或新建、停车场地的设置以及城市空间景观等，都应在旧区改建规划中统一考虑。应对现状作充分的基础调查，包括该地区自身的情况以及相邻地区的情况。重建是一种最为彻底的更新方式，但这种方式在城市空间环境和景观方面、在社会结构和社会环境的变动方面均可能产生有利和不利的影响，同时在投资方面也更具有风险，因而只有在确定没有其他可行的更新方式时才可采用。

4.2.2　整治改善

整治改善的对象是建筑物和其他市政设施尚可使用，但由于缺乏维护而产生设施老化、建筑破损、环境不佳的地区。对整治改善地区也必须作详细的调查和分析，大致可细分为以下三种情况：

（1）若建筑物经维修、改建和更新设备后，尚可在相当长的时期内继续使用的，则应对建筑物进行不同程度的改建。

（2）若建筑物经维修、改建和更新设备后仍无法使用，或建筑物密度过大，土地或建筑物的使用不当，或因土地或建筑物的使用不当而造成交通混乱、停车场地不足、通行受到影响等情况时，则应对造成上述各种问题的原因通过各种方式予以解决，如拆除部分建筑物，改变建筑和土地的用途等。

（3）若该地区的主要问题是公共服务设施的缺乏或布局不当时，则应增加或重新调整公共服务设施的配置与布局。

整治改善的方式比重建需要的时间短，也可减轻安置居民的压力，投入的资金也较少，这种方式适用于需要更新但仍可恢复并无须重建的地区或建筑物。整治改善的目的不只限于防止其继续衰败，更是为了全面改善旧城地区的生活居住环境。

4.2.3 保护

保护适用于历史建筑或环境状况保持良好的历史地区。保护是社会结构变动最小、环境能耗最低的"更新"方式，也是一种预防性的措施，适用于历史城市和历史城区。

历史地区保护更多关心的是外部环境，强调保护延续地区居民的生活。所以要保护好历史城区的传统风貌和整体环境，保护真实历史遗存。要鼓励居民积极参与，建设和改善地段内的基础设施，改善居民住房条件，以适应现代化生活的需要。保护除对物质形态环境进行改善之外，还应就限制建筑密度、人口密度、建筑物用途及其合理分配和布局等提出具体的规定。

以上虽将城市更新的方式分为三类，但在城市更新的实际操作中应视地区的具体情况，将这几种方式结合起来使用。

4.3 城市更新的问题反思

第二次世界大战后，欧美一些国家的城市都曾经历过"城市更新"。由于大规模更新改造计划缺少弹性和选择性，结果是城市更新不但未能取得预期的效果，反而使许多历史城市或历史地区受到了破坏。在美国实施城市更新计划的后期还出现了第一次城市危机。1973 年，尼克松政府不得不宣布结束城市更新计划，以"住房与社区发展计划"取而代之。同样地，英国在战后重建中也经历了一个推土机时代（Age of the Bulldozer），但在1970年代也进行了调整。在西方社会的城市规划中，如今已很少再采取旧城重建（Reconstruction）、改建更新（Renovation）等方式，而采用城市复兴、旧区再生（Regeneration）和整修（Refurbishment）等新的策略（表 20—4—2）。

发达国家所走过的弯路，充分说明了对历史城区采取怎样的改建规划政策，绝非仅仅关系到城市历史文化的保护问题，它会影响到社会经济的全面发展。

（1）英美早期大规模地清除贫民窟，代之以毫无特色的"国际式"高楼建筑，破坏了原有的街区风貌及邻里之间和睦的社区关系。同时，过高的开发强度带来更大的建筑容量和项目规模，给城市交通和城区环境带来更大的压力。

（2）英美旧城更新通过强化中心区的土地利用，旧街区地段通过市场化的地价机制吸引了赢利能力较高的产业（如金融保险业、大型商业设施、高级写字楼等）。但是，这种更新方式将原有居民住宅和混杂其中的中小商业排斥到城市的其他地区，使得城市多样性受到较大的破坏。

西方城市更新政策的发展历程 表 20-4-2

时期/政策类型	1950年代/城市重建(Reconstruction)	1960年代/城市复苏(Revitalization)	1970年代/城市更新 (Renewal)	1980年代/城市再开发(Redevelopment)	1990年代/城市复兴 (Regeneration)
主要战略导向	城市旧区重建、扩张和城市向郊区蔓延	沿公路发展，郊区和边缘地区增长迅速；开始了一些恢复式更新旧城的实验	集中就地更新和街区更新项目；继续延续边缘地区的开发	大量大规模开发和再开发项目；示范项目；城镇之外的项目	政策和实践趋向于采用比较综合的形式，强调全方位处理城市问题
促进机构和利益者	国家、地方政府；私人部门开发商和合同承包人	向公共和私人部门之间协调方向发展	私人部门功能增加，地方政府分权	强调私人部门和专门政府机构的作用，合作开发	合作伙伴模式占主导地位
行动的空间层次	重点在地方和地段层次	出现区域层次的活动	区域和地方并举，后期强调地方	早期注重地段，后期强调地方发展	重新引入战略规划，区域活动增加
资金	公共部门投资以及一定程度的私人参与	私人投资影响继续增长	公共部门资源约束，私人投资增加	私人部门支配了一些公共基金	公共、私人和自愿部门相对平衡
社会	改善住宅和生活标准	改善社会福利	社区行动和提高社区能力	社区自助，国家支持相当有限	强调社区的作用
建成环境	内城地区拆除重建和开发边缘地区	继续20世纪50年代的做法，同时开始现存地区的恢复建设	老城区的大规模翻新	大规模拆除重建，新开发示范项目	与20世纪80年代相比规模适度开发，历史遗产保护
环境	景观和公园	有选择地改善	改善环境和一定程度更新	增长关注大范围环境	引入永续发展的环境观念

资料来源：Lichfield. Centenary history.Methodist Church，1992.

(3) 在中心城区的经济复兴尚未取得明显成效的同时，城市改造却在很大程度上有违城市政策的初衷，损害了社会公正，加剧了城市与郊区之间、社会不同收入阶层之间在居住上的隔离，以及在社会生活方面的不平。

4.4 城市复兴规划的未来

城市复兴 (Urban regeneration) 提出的背景源于因郊区化而产生的中心城区吸引力下降、人口和就业外迁以及因后工业化产业结构调整而导致传统工业地区的衰落，旨在重新恢复衰落地区的吸引力和活力。Regeneration 一词来源于生物学，是指有机体坏损组织的恢复和重新生长。它被引入到城市规划和城市政策的话语系统中，意在强调在新的社会经济条件下，在中央政府作用减弱的情况下，促使地方和社区在经济和社会方面具有自我发展、自我更新的含义。牛津词典将"城市复兴"定义为：①为一个地区、工业或机构带来新的活力；②发展新的组织。

城市复兴可以看做是政府通过干预来扭转市场无法阻止的城市退化，同时也强调城市复兴在地区环境塑造中的重要性，使地区对居民和投资者更具吸引力。城市复兴政策的目标就是为城市中心区或旧区带来新的活力，发展能够为治愈城市创伤提供新的社会、政治或经济组织。

城市复兴目标包括：应该通过解决经济增长中的障碍、减少失业率，使社区和居民从依赖转变为相对独立，保持长期的稳定；改善生活居住环境，使之对居民和投资者更具吸引力，促进现有商业的繁荣；通过打破贫困的怪圈，激发贫困地区人们的潜力，使社会中的每个人对能影响他们的事物有更多的参与决策权力，并能够抓住城市复兴带来的经济机会；实行有助于提高人们居住满意度和更宽广的政府目标的永续发展。

为此，需要创造更多的参与机会，创建更多平等的社区。作为当代英美城市复兴中最常采用的一种参与式的、自下而上的更新方式，"社区规划"

(community based planning) 或称“社区开发”(community development) 正在成为许多城市旧区规划的关注重点。

此外，伴随着城市产业的升级和转型，工业遗产集中区、城市滨水地区、码头仓储区、铁路站场区等，也将成为城市复兴规划必须重点考虑的区域。而一个好的城市复兴规划，需要市民、行政部门、开发商、专业人士共同努力，并针对规划政策、城市设计、改造项目等相关环节“约法三章”才有可能出现。

本章小结

文化遗产是城市发展历程的真确见证和普通市民的集体记忆，是不可再生的文化资源。历史保护包含对文物古迹、历史建筑、历史街区以及传统风貌进行修复、改善、控制引导和日常管理，在保护规划及工程实践中，原真性、完整性已成为定义、评估、监控文化遗产的基本原则。作为人类现代文明发展的需要，城市保护正在成为实现经济、社会、环境永续发展目标的不可或缺的行动。城市政府和居民应把保护文化遗产并使之与时代生活融为一体作为自己的义务。

西方的城市遗产保护脱胎于纪念物保护，但已远远超越了历史建筑保护的范畴。遗产保护已成为城市政府的发展政策，城市规划中的重要价值取向。保护规划的目的旨在确保历史城镇或历史地区作为一个整体的和谐关系，历史地区的居住条件改善是保护的基本目标。

中国的历史文化名城应当整体保护，应当遵循科学规划、严格保护的原则，保护和延续其传统格局和历史风貌，保持其相互依存的自然景观和背景环境。历史文化名城反映了城市的重要特质，历史城镇保护必须作为经济和社会发展政策、以及城镇建设规划的不可分割的部分。保护规划应从城镇总体发展的战略高度采取措施、创造条件。遗产保护作为指导思想和基本原则，应在城市总体规划中得到充分体现。历史文化街区是反映名城传统风貌的重要地段，街区保护工程应采取逐步整治、改善的渐进方式，切忌大拆大建。

城市更新是针对旧城区中已完全不适应现代生活的地区作必要的、有计划的改建，而实现旧城区的整体复兴需要更为完善和全面的公共政策和规划手段，从旧城更新走向城市复兴将成为未来城市发展转型的必然选择。

复习思考题

1. 城市文化遗产保护的基本原则有哪些？它对于城市的可持续发展具有怎样的意义？

2. 结合国外案例，谈谈我国在城市遗产保护方面存在的不足以及未来的改进方向。

3. 划定历史街区需考虑的因素有哪些？其保护整治工程涉及的主要内容有哪些？

4. 从城市更新走向城市复兴，应处理好哪些关键性问题？

第5篇

城市规划的实施

本书的第 3 篇和第 4 篇分别介绍了城市规划中纵向层面系统中的不同规划和横向专业系统的专项规划，至此读者已经对城市规划纵横系统构成的各类规划有了比较完整和全面的了解，并建立了规划系统和规划网络的整体思想。

第 5 篇将在前四篇的基础上，集中讨论城市规划实施中的开发实务和规划管理理论与方法，详细介绍城市开发规划的基本概论、模式、类型以及方法，展示城市规划行政管理的基本原则、管理结构等内容，这些工作是整个规划系统中间不可缺失的重要组成部分，对一个成熟的城市规划工作者来说，本篇介绍的内容属于必备的专业知识。在规划实践操作中，更应该把本篇所介绍的规划管理知识、思想方法和理论贯彻到城市规划各个层面和各个专项规划编制的工作过程中间。规划成果将引导开发管理、公共投资以及城市更新的决策，而规划管理的实际操作模式和管理体制以及管理机制，又反过来影响规划编制的思想方法、组织模式和编制成果的具体要求。作为城市规划编制成果，城市规划必须由一系列特定行动所组成的开发管理程序，来加以强化和补充，以推动规划的实施。

第21章　城市开发规划

本章介绍了城市开发的一般方法和过程，重点阐述的是城市规划与城市开发的关系，城市规划对城市开发的影响。一个优秀的城市规划方案应该考虑城市开发的各个方面，对城市开发起到非常积极的指导意义；只有遵循城市规划进行的城市开发活动，才能以较小的经济成本，获得更理想的经济、社会和环境发展的效益。

第1节　城市开发概况

我国改革开放以来城市开发过程中的经验和教训，既是对传统规划理念的挑战和冲击，又为城市规划管理者深化和拓展规划理论、繁荣城市规划事业提供了历史性机遇。

1　城市开发概述

1.1　城市开发的概念

城市开发(urban development)是以城市土地使用为核心的一种经济性活动，

主要以城市物业（土地和房屋）、城市基础设施（市政公用设施与公共服务设施）为对象，通过资金和劳动的投入，形成与城市功能相适应的城市物质空间品质，并通过直接提供服务，或经过交换、分配、消费等环节，实现一定的经济效益、社会利益或环境效益的目标。

城市的发展过程是一个不断建设、更新、改造，亦即新陈代谢的过程。城市开发作为城市自我生长、自我整合的机制，始终存在于城市发展之中。城市开发的目标是由具体的物业和设施的开发来实现的，城市开发与具体的物业开发和设施开发的关系是整体与局部、一般与个别的关系。

1.2 城市开发的必要性

城市开发的意义在于城市结构和城市功能的互动调节作用。当城市开发所实现的城市结构与城市功能相适应后，经济、社会仍处于不断发展之中，城市功能不断创新或生成，而既有的城市结构凭借自身的弹性和内部调整能力，借助于局部开发，达到与新功能的相互适应。随着经济、社会发展新阶段的来临、发展瓶颈的突破、经济的结构性调整，城市原有结构对于维系城市功能缺乏充分的效用时，城市系统就会出现紧张和困难。通过对“存量资源”优化配置，城市重新建构结构和功能，以达到新的功能——结构平衡。

1.2.1 城市社会经济发展的需要

城市作为经济和社会活动的集约化空间形式，具有聚集效益和规模经济的优势。随着国民经济的不断发展，尤其在经济快速发展时期，大量的经济活动向城市集中，人口向城市集中，城市的规模与数量不断扩展，城市开发活动为社会经济活动提供了发展空间。

1.2.2 城市结构和功能的更新的需要

(1) 物质建设性置换

既包括从非城市物业（如农田）转变为城市物业（如居住区）；也包括将城市的危房、旧房、简屋等拆除，代之以新的建筑物。这种直接的物质建设性置换的经济意义十分明显，即政府和开发商为了满足市场对房地产物业增量的需求，或使已丧失经济价值的物业通过物质性置换而重具价值。当然，城市政府实施的危旧房改造计划还有更深层的社会、政治的考虑和目标。例如，上海实施的“两湾一宅”成片危、旧、简屋改造工程，其主要着眼点是社会效益，但这并不排斥这种物质建设性置换本身的巨大经济价值。

(2) 功能性置换

即对城市一部分物业的使用功能加以调整。随着经济、社会的发展，时间的推移，城市中的一些存量物业的既有功能消失了，而另有一些功能需要扩展，并且不断还有新的功能产生，某些新增的功能有可能在存量物业中获得发展的空间，而不一定必须通过新的建设来满足功能的需求。这种对存量物业资产的重新利用过程就是功能性置换。物业的功能性置换就是对存量资源进行优化再配置，从而发挥稀缺资源的应有价值。资源价值的回归过程，就是城市物业的功能性置换的过程。

(3) 土地级差收益性置换

城市土地处于不同的区位，有不同的市场价值。随着经济、社会的发展、

城市的开发建设，土地区位条件在不断变化之中，市场对不同区位土地的需求及土地价格的空间级差也在不断发生变化。从经济意义上讲，城市土地级差收益性置换的本质是，将城市土地作为资本来加以运作，使之收益最大化，这是置换的内在动力。

2　城市开发的类型

2.1　新开发与再开发

按照原有土地属性的不同，城市开发分为新开发与再开发。新开发是将土地从其他用途（如农业用途）转化为城市用途的开发过程；再开发是城市空间的物质性置换过程，往往伴随功能变更的过程，如单一功能变更为综合功能，或者居住功能变更为商业功能，同时往往以高密度发展代替低密度发展。

由于城市人口、用地功能的扩大形成，以原有母城为依托向周边发展，新开发又分为四种方式：外延式、跨越式、聚合式和内涵式。

外延式开发有两种形式：第一种俗称“摊大饼”，如早期上海的城市发展，还有诸如伦敦、洛杉矶等大城市无不有此经历；另一种是轴线发展，即为沿交通轴（公路、铁路）发展，典型的如 1950 年代兰州的双轴、合肥的三轴发展形式。

跨越式开发亦有两种形式：其一是卫星城，一个母城带若干个小城，如上海中心城与“一城九镇”的关系；其二是组团式，主要由产业分工、重大设施建设和城市地理条件限制所引起，如 1940 ~ 1960 年代的南通，1950 年代的淮北，以及 1970 年代的盘锦。

聚合式开发表现为城市功能区和组团的聚合，有代表性的案例如蚌埠城区与机场地区的关系、1990 年代盘锦组团合并发展。

将建筑物更新后转变用途或经改造后提高效用，也是城市开发的一种类型，可以称为内涵式开发，既区别于新开发也区别于推倒重建的再开发。在北京、上海、青岛等一些城市，建筑物经过更新和改造以后改变用途的成功的开发项目亦不少，实现了内涵式的集约化发展。

一般来说，新开发和再开发的时空分布规律是：从城市的生长期到成熟期，新开发活动递减，再开发活动递增；从城市的中心区到边缘区，新开发活动递增，而再开发活动递减。

2.2　公共开发和商业性开发

公共开发机构主要是政府；商业性开发主要为专业房地产开发公司，当然其他社会机构和业主本身都可能参与开发。

相应的，城市空间也可以分为两类：公共空间和非公共空间。公共空间包括公共绿地、道路和其他公共设施的用地，通常是公共的开发领域；非公共空间则指各类产业活动和居住活动的用地，一般是非公共的开发范畴。

公共开发在城市开发中起着主导作用，公共空间构成了城市空间的发展框架，为各种非公共开发活动既提供了可能性也规定了约束性。所以，公共开发又被称作第一性开发活动，非公共开发则被称作第二性开发活动。在一些发达国家，政府的市政工程和高速公路发展计划直接影响非公共开发者的开发决策。根据英国1970年代的统计资料，公共开发约占开发总投资的50%。

除了提供基础设施和公共设施以外，政府还参与那些关系到经济和社会发展的整体和长远利益的开发项目，如社会福利住宅、城市更新和工业园区等，这些开发项目往往是非公共开发者难以胜任的。新加坡在这方面比较突出，80%左右的住房和工业用地是由政府开发的，对国家的经济和社会发展起了极其重要的作用。我国各地城市政府部门所实施的“安居工程”，以及各类经济技术开发区的开发也是这方面的成功例子。公共开发和非公共开发在决策的出发点和依据上有着根本的差别。公共开发的决策以公共利益为取向，把经济和社会发展的整体和长远目标作为决策依据；非公共开发的决策以自身的利益为目标，项目效益的高低和风险的大小是决策的依据，这是极其自然和无可厚非的。

商业性开发和非商业性开发取决于开发活动的目的。公共开发一般是非商业性开发。在非公共开发中，如果开发者是业主本身，以使用为主要目的，也属于非商业性开发。如果开发的目的是为了出售或者出租不动产而获得利润，则称为商业性开发。

我国近几年来城市建设的实践表明，为了实现城市开发的综合效益，公共开发在城市开发中必须发挥主导作用。公共开发与商业性开发的相互协调是城市实现集约化发展的又一个重要课题。

2.3　功能区开发的分类

按照开发区的主要功能分，城市开发又可以分为城市生活区开发、城市产业区开发、城市中心区开发等开发形式。

2.4　其他开发类型分类

从城市开发过程看，可以将开发分为土地开发和建筑物业开发两种类型。土地开发包括道路和市政基础设施、场地平整和清理，通常称之为“七通一平”或基地开发。土地开发是建筑物业开发的先决条件。在城市新区的成片开发中，首先是基地开发，然后是地块出让和建筑物业开发。

3　城市开发的主导力量

在计划经济时期，城市开发活动完全由政府来组织进行，政府负责城市开发的投资、经营和管理。随着市场经济体制的建立和不断完善，城市开发投资主体多元化，原先政府的投资经营领域越来越多地引入了市场机制，开发的投资、经营、管理职能逐渐独立，市场经济条件下政府由原先裁判员兼运动员的角色逐渐转变为较为单纯的裁判员角色，这是发展趋势。

城市开发作为影响城市发展的重大活动，政府需要确立城市开发的游戏规则、制定城市开发规划、协调组织开发的全过程，并不同程度地参与到开发的投资经营过程中。我国人多地少，土地是国家重要的、难以再生的资源，在目前经济社会快速发展，高速工业化、城镇化及体制转型时期，土地成为政府调控经济社会发展的重要手段。从这个意义上说，政府仍然是城市开发的主导力量，是城市开发的宏观主体与调控主体。相对而言，不同所有制形式、不同规模的城市开发商们行使城市的实质性开发，它们构成了城市开发的微观主体和实施主体。

4　城市开发目标和任务

大城市开发目标选择往往分成两个层面：总体目标和具体目标。

总体目标选择的原则有两个：①确保城市的永续发展；②确保城市开发的最佳效果。

总体目标是一般的、高度概括的，可分为几大类别，如社会、经济、环境等。如上海市总体城市开发的目标是建设国际级城市、历史文化名城等。

城市开发的总体目标确定以后就要制订具体目标。城市开发的具体目标要落实到城市空间的某一部分，例如中心区、边缘区、经济技术开发区、高新园区和大学园区等。

具体目标设定具体任务，明确为了达到目标要做的事情，这是按照能付诸行动的具体计划来确定的。各项任务都要消耗资源，因而各项任务中都包含在有限资源上的竞争考量。例如改善公共交通质量或者执行一项高速干道建设计划以适应汽车拥有量的增加。通常只有在较深入地审视被规划的系统以后才能提出任务。

大多数城市和地区开发都有复合目标、多项对象、多项任务，要把所有这些建设计划综合成统一的开发方案。

第2节　城市土地开发

1　城市土地开发概述

1.1　城市土地开发的必要性

城市的进一步发展，客观上要求对原有的经济结构、社会结构和空间结构进行调整，使其布局更趋合理，以便适应现代社会生产力不断发展和人们生活环境不断改善的要求。因此，城市的扩展和改造就成为一种必然的趋势。然而，城市的扩展和改造，必须首先对城市土地进行开发，城市土地开发是城市经济、社会发展的前提和基础，是城市建设的前期工程，城市各项建设事业在此基础上才能顺利地发展起来。所以，城市要发展，土地开发必须先行。

城市土地开发是指为适应城市经济、社会、文化发展的需要，对土地进行投资、建设和改造，提高土地质量和价值的过程。

1.2　城市土地开发的类型

城市土地开发的对象是具有一定开发潜力和开发价值的土地，主要包括土地的后备资源和已开发利用的低利用率的土地。它是以土地为对象，以城市建设为目标的。因此，城市土地开发的结果一般体现在两方面：一是城市建成区面积的增加；二是原有城市建成区的功能提高以及基础设施和生态环境的改善。

就城市开发的客体而言，城市土地开发类型大致有以下四种：

1.2.1 通过围海、围湖造地等方式，开拓并增加土地，并把这些土地用于城市建设；

1.2.2 将废弃、闲置的土地（如河滩盐碱地、荒山等）经过平整开发用于各项建设，变为城市建设用地或开发为小城镇等；

1.2.3 改变原有土地的使用功能（主要是农田），通过投资，进行各项基础设施建设，将低效利用变为高效利用，提高土地使用价值和价值；

1.2.4 对已经或开始衰落的城市中的某一区域（如城市产业衰弱地区），进行新的投资和建设，使之重新发展和繁荣。

上述四种情况中，前三种是将非城市用地开发为城市用地，也称为将“生地”转变为“熟地”。后一种是城市土地再开发利用。

城市土地的新开发和再开发的时空分布与城市发展周期有关。

1.3 城市土地开发的特点

城市自身的发展是城市土地开发的动力。城市经济、社会、文化的建设和发展，如城市人口增加、产业结构调整，必然会产生对土地新的需求，或者原有土地不适合新的发展需求，或者原有土地质量不能满足改变后的土地用途的要求等问题。因此，城市土地开发都是为了适应城市改造更新和发展的需要而进行的。城市土地开发具有如下一些特点：

1.3.1 城市土地数量的增加与质量的提高。城市土地开发不仅增加被开发土地的自身价值，而且会极大地提高城市土地总价值。

1.3.2 城市基础设施和公用事业的建设和完善，以及城市生态环境的改善和城市景观的增加。

1.3.3 城市空间结构、社会结构和经济结构的改变。城市开发将提高居民的生活质量和城市的生态环境质量，使城市更加现代化。因此，城市开发过程就是城市自身的发展过程。

根据以上城市土地开发的特点，对于城市土地开发，就不能理解为是一次性完成土地用途的改变，而是反复进行的。

城市土地开发，是城市各项开发和建设事业中最重要的一项基础性建设。做好城市土地开发工作，不仅可以合理地利用城市土地，充分发挥城市土地的经济效益，而且对于改善城市的投资结构和环境，提高整个城市的经济效益、社会效益和环境效益，积累城市建设资金，正确处理好城乡之间的关系，有着十分重要的意义。

1.4 城市土地开发的目标

城市土地合理开发是在特定时期、特定地区条件下，对土地资源的开发、利用和管理，城市土地在城市的不同经济部门之间、各个不同的项目之间合理配置，并通过组织、协调人的关系以及人与资源、环境的关系，以期经济效益、社会效益、生态效益达到最佳。

城市土地开发的目标，在很多土地经济著作中都是将其表述为使土地开发的经济效益、社会效益和生态效益最大化，实现公平、效率和环境的统一，保证人口、资源、环境和社会协调发展。

1.5　城市土地开发的原则

城市土地不仅是一种财产，是一种社会关系的客体，它还是一种自然物质。因此，城市土地有着自身的发展规模。它的开发利用，除了受社会主义基本经济规律和社会主义市场经济规律制约外，还受土地自然发展规律和生态规律的制约。这就决定了对城市土地的开发不仅要按照社会主义初级阶段的经济规律要求去调整土地经济关系，而且还要根据土地的自然发展规律以及生产力发展程度和城镇化的要求，进行合理开发和利用。

所谓合理开发利用，就是必须根据土地经济的规律和土地本身的自然规律，有效地对土地进行保护、开发、整治和利用，提高土地利用效益，使土地生态效益、经济效益和社会效益得到有机的统一。因此，对城市土地进行合理开发，必须遵循以下原则：

第一，生态先行原则。在城市土地资源转化为城市土地资产的开发过程中，必须重视人文生态的客观规律，以保护城市的生态为前提，使土地开发符合生态和景观的要求。城市土地是自然地理的综合体，因此，必须有利于保护自然生态环境，保护土地使用价值的耐久性和其他自然有用性，不能破坏土地的生态平衡。

第二，规划先行原则。城市土地开发必须按照土地规划要求进行。城市土地的开发是实现城市发展规划的重要手段，而城市的土地开发规划又是进行城市土地开发的依据和“龙头”。

第三，立体开发原则。城市土地开发必须根据土地的适宜性，实行大深度的立体开发，最大限度地发挥其功能。开发中，不能仅仅着眼于城市土地在外延上的扩大，应重视城市土地内涵上的集约利用，因地制宜，从而保证土地的永续利用。还必须同时考虑对土地地下空间的开发和利用以及土地地上空间的合理规划及开发利用，使城市土地达到最佳空间结构和高效化的利用。

第四，整体原则。城市土地开发必须是对城市土地的整体利用，维护和保障城市的整体利益和公众的利益。由于开发的根本目的在于为改善城市的生产环境和生活环境，促进社会经济发展服务。

城市土地开发必须遵循以上四个原则，而且必须在开发中达到统一。不能以偏概全，更不能为了短期利益而忽视了长远目标，也不能为了局部个别利益而破坏城市整体利益及合理布局和发展，损害城市景观和环境。

2　城市土地开发模式

城市土地开发的目的，是为了提高城市土地利用率和增加土地的使用功能。而城市土地的使用，主要是利用其承载力。城市土地的位置差异，又是城市土地经济的首要影响因素。因此，城市土地开发实质上是对城市土地使用强度及位置的开发和利用并由此取得一定经济效益的经济活动。由于城市各种经济活动的相互依存和相互作用，决定了城市内各功能区界限的相互交错，并使每个功能区占有一定面积、处在一定位置上，从而使各功能区位置、大小或位移具有此消彼长的关系，它对城市土地的开发、利用会提出不同的需求。所以，在实际开发中，各种形式的开发不能单独进行，而一定是相互交错、相互联系、涉及方方面面的。

从城市土地的利用、对城市空间的发展形成以及土地开发的效益来看，城市土地开发的方式可以分为综合开发、成片区域开发和项目梯度开发三种。

2.1 城市土地的综合开发

城市土地的综合开发，也叫房地产综合开发，包括土地开发、基础设施开发和房屋开发三个部分。这种开发方式是根据城市总体规划和社会经济发展计划的要求，选择一定区域内的用地，按照规划要求的使用性质，实行“统一规划、统一征地、统一设计、统一施工、统一配套、统一管理”的原则，有计划、有步骤地进行开发建设。

综合开发的内容，一是对规划设计、征地拆迁、土地开发、组织施工、验收交用各个环节做到衔接紧密、互相配合和协调发展，以求缩短工期，取得良好的经济效益。二是对新开发区和旧城再开发区的工业、交通、住宅、科教文卫、商业服务、市政工程、园林绿化等所需用地，根据需要和可能，分轻重缓急，统筹安排，配套建设，分期交付使用，这是一项综合性的生产活动。

综合开发的特点在于：首先，在开发内容上做到统筹协调。即通过对各项目的综合平衡，最合理地安排交通、电力、通信、给水排水、供气、消防等诸种设施与主要用地功能之间的比例关系和开发秩序，避免各项开发投资因互相干扰而降低效益。其次，在开发规模上做到合理适度。通过综合开发，合理安排互补功能用地的充足空间，实现规模经济，提高土地的利用系数。如将城市中不同性质、不同用途的各个分散的社会生活空间组织在一起，形成一个完整的街区或一组紧凑的建筑群体，使城市向高空、地面、地下三向空间发展，构成一个流动连续的空间体系。再次，在开发效益上，做到兼顾综合。通过综合开发，能直接影响到城市开发的社会效益、经济效益、生态效益甚至景观效益。如合肥金寨路北段1.05km长的旧街改造，只用了40天时间，拆除破陋房4.1万m^2，在一年时间里，新建44幢共15.7万m^2的楼房，不仅根本改善了原有的1582户居民的居住条件，还提供了8.5万m^2的住宅和商店。

2.2 城市土地的成片区域开发

城市土地成片区域开发，是指在依法取得国有土地使用权后，依照规划对土地进行综合性的开发建设后，进行土地的经营活动。这里所指的开发建设分为两个层次：一是首先要进行基础设施的建设，通过“七通一平”最后形成各类建设用地所必备的基本条件；二是在建设公用设施的基础上，还必须建设与生产及各种经营活动和生活相配套的各类服务设施，改善投资环境，为投资者使用土地创造条件。而经营活动是指在开发建设以后，转让土地使用权，出售或出租地上建筑物和经营公用事业，如有偿供电、供水、供气等。一般来说城市土地的成片开发以政府行为为主，具有相当大的面积。具体究竟以多少面积为界限，应按各地实际情况而定。如福建省内部掌握在1.5km^2以上，辽宁省规定在1km^2以上，上海则没有明确规定，只要符合前两个条件就行了。

城市土地的成片区域开发，最初是在沿海开放城市和经济技术开发区所出现的利用外资来投资进行城市土地开发的一种方式，现已成为城市进行新城区开发和旧城区改造的主要方式之一。这种开发很多时候带有明显的专业功能指向，一般包括工业开发区、商业住宅区、金融贸易区、高科技科学园区、旅游经济区、大学园区等的开发建设。

由于城市土地成片区域开发所批租土地不同于宗地批租出让，其出让土地面积大，使用年限长，因此，在采取这种方式进行土地开发时，必须注意以下几点：

其一，资金投入要有明确的法律规定。即要明确开发土地项目投资者的出资比例、到资期限，投资额必须与建设规模相适应，扩大规模或增加投资项目应相应增加投资。

其二，开发期限的法律规定。为防止投资者占地不开发，影响土地效益，应视开发规模的大小确定开发期限，在合同规定的开发期限内没有完成投资开发的，收回未开发的部分用地并追究违约责任。

其三，要以项目带动开发。即必须依据开发区域将来的发展规模、产业结构、功能分区和项目要求，来确定引进的具体各类项目，防止出现没有项目投资，甚至只追求眼前利益而使投资者圈地后炒卖地皮的现象。

其四，要限制牟取暴利。对地价进行认真评估和测算，既要考虑国家利益不受损失，也要让投资者有利可图。在土地使用过程中所产生的社会投资引起的增值，国家应通过征收增值税来合理安排土地所有者与使用者的利益分配。

2.3　城市土地的项目梯度开发

这是指依据原有城市功能、适应用地结构的重新组合、利用土地级差效益而改变土地低效益利用的一种开发活动。从土地开发布局和调整土地使用功能的角度，项目梯度开发又具体可分为以下几种方式：

第一，以点连成片，相对集中开发改造。这主要是对于某些原有结构不合理、功能不全或已不适合发展需要的旧区，进行土地使用性质的调整、改造。例如，这种开发活动表现在住宅区的改造或新建上，则有小区式，即被改造的用地规模及人口达到小区规模；成坊式，即以街坊为单位的改造；成群式，即以街道为单位，采用镶边式改造；点式，建筑量小于1万m^2的改造。概括起来，就是点、线、面。小区式、成坊式、成街式和点式都有相对集中改造之意，各点、线、面之间又统一全局考虑，瞻前顾后，存在着互相效应关系。它对组织完善的居住环境、土地利用调整和市政工程配套是有利的。典型案例如上海田子坊。

第二，以点带面滚动梯度型开发改造，即通过集中对某一地段、地区重点先进行开发改造，提高其使用功能和区位价值，然后以此为中心，进行辐射式带动相关周边地段和地区的开发改造。这种开发形式表现为以一些重大市政建设项目及城市基础设施的改造为契机，来增加土地利用系数和调整土地使用功能，合理布局城市的空间结构，满足城市的社会功能要求。典型案例如上海新天地。

第三，以项目为契机，分片开发改造。即以某一个或几个建设项目为中心，进行城市土地的开发改造，逐渐形成新的商业街、居住小区、工业街坊以及新兴卫星城，从而合理填补充实原有城市；增加城市功能，适应城市现代化发展的需要。典型案例如武汉新城。

运用这一方式的前提是加强城市规划管理和土地利用规划，严格按照规划进行，严格审批程序，按区位分期分批集中开发；同时在具体实施时，必须按照先地下、后地上、统一规划、统一领导、统一建设的科学开发原则进行，防止随意插建、见缝插针式的无序开发。

3 城市土地开发效益及评价

衡量、比较和判断应采用哪一种开发模式最优、最合理的标准，应该是城市土地开发效益的高低。城市土地开发效益是由城市土地开发的生态环境效益、经济效益和社会效益综合构成的。

对城市土地开发效益评价的目的和意义就在于：一是选择最优的开发模式，尽可能做到将经济效益的提高与生态环境效益、社会效益的改善相结合；二是为提高开发决策的科学性、防止无效投资提供依据；三是检验开发方案在科学技术上的可行性和经济上的合理性，以期进一步提高开发的综合效益。

城市土地开发的最终目的，是为了促使土地资源的最优配置和最经济利用，从而推动社会经济的发展、繁荣和人民生活水平的提高，因此，要求开发的三个效益之间应是互为依存、互为制约和协调发展的。以牺牲其中一方面的效益来谋求不完全的、片面效益的做法是不妥的。坚持三个效益的统一，获得综合效益是城市土地开发的核心问题。

4 城市土地资产经营

4.1 城市土地资产经营概述

将城市土地资产真正按照资产经营的一般原理进行经营，考虑土地资产的保值和增值，是近年来才得到认真研究和实施的。它是随着我国社会主义市场经济体制的不断完善，经营城市理念建立起来以后才提出来的。其重要的标志，是我国各地建立起了城市土地储备制度和机构。

城市土地是重要的生产要素，也是城市综合竞争力的载体之一，是城市政府拥有的最大的国有资产，为增强城市综合竞争力提供了资源性基础和竞争力平台。它的规范运作，能够实现保值增值，从而为城市发展建设带来源源不断的资金来源。当今中国最大的国有资产就是土地资产，在各种生产要素中，最活跃的、最有潜力的也是土地资产。据测算，全国的国有资产约33万亿元，而土地资产就占了25万亿元。要使有限的城市空间发挥最大的效用，增强城市竞争力，就必须高度重视对稀缺城市土地资本的经营，合理规划和利用城市土地，努力提高土地资本的利用效率、地域空间的生态环境效益和社会效益。

城市土地经营是指在市场经济条件下，政府以土地所有者代表的身份，用经营手段运作土地资本，从而实现整个城市社会经济的协调发展和土地资本效

益的最大化。城市土地经营是一个系统工程。城市土地经营是城市经营的重要组成部分，实行城市土地经营，有利于从机制上摆脱计划经济时期城市基础设施建设只有投入没有产出的困境，形成“投入—产出—再投入”的良性循环；有利于按照市场规律有效配置土地资源，实现土地供应市场化、土地资源资产化、土地利用集约化，从根本上落实保护耕地的基本国策；有利于增强政府调控能力，增加政府财政收入，积聚城市建设资金，加快推进城镇化进程和现代化建设。

4.2　土地资产经营的重点

政府在城市土地经营中起到了核心和关键作用。要经营好城市土地，首先要重点做好以下几方面的工作。

4.2.1　城市规划和功能的优化是提升城市土地经营效率的基础

城市土地价格受其区位的直接影响，城市规划和功能的优化，是城市级差地租和级差地价形成的条件，从而是提升城市土地经营效率的基础。应加强对规划的编制研究和实施工作，进一步发挥规划对城市土地利用的调控作用。在计划经济时代，政府对土地的控制手段主要是计划和审批，而在市场经济条件下，控制土地利用的手段是土地利用总体规划和城市规划，土地利用总体规划和城市规划的水平，直接影响到城市土地的管理水平、土地利用效率、城市环境的改善、城市功能的完善。市县政府必须重视规划的编制和实施，真正发挥规划对城市土地利用的控制作用。

4.2.2　建立统一协调的土地经营机构是城市土地经营的前提

政府在城市土地运作中是双重身份。一方面代表国家行使土地所有权的职能，且有对土地资产经营和收益的权利。另一方面，又依法行使行政管理权，对城市土地行使规划、许可、登记等权力。目前，政府土地行政主管部门实际上行使着这两种职能。但是，由于土地利用涉及规划、市政、园林、财政、工业、交通等各个部门，规划和经营城市土地需要各部门的协调。因此，应当成立以市政府主要负责人为领导的城市土地部门，负责城市土地经营中的协调工作。土地是重要的资产，要使土地资产发挥最大的效益，按照政企分开的原则，必须有独立于行政机关的专门机构来对土地资产进行收购、储备、开发、筹划和出让等工作，可以设立隶属政府的土地专营公司，将土地按商业运作。土地运营的收益归政府所有。这样构筑城市土地经营委员会领导下国土局和土地经营公司组成的城市土地资本运营的体系。

4.2.3　严格执行建设用地供应控制是城市土地经营的关键

城市土地的供求关系是城市土地市场和房地产市场运行的基础性关系。城市土地的价格高低与城市土地的供地总量密切相关。为此，我们必须严格执行土地利用总体规划和计划，严格执行建设用地供应总量控制制度，控制增量建设用地供应量。城市土地在供应上不仅要注重控制总量，而且要把握好供地的时间阶段和区位安排。运用土地供求和价值规律打好“时间差”和“空间差”，进而使城市土地经营的成本最低，产生的效率最大。城市政府要高度垄断和统一建设用地特别是经营性用地的供地渠道，对新增建设用地，要采取统一征用、统一提供的方式。

4.2.4 健全和完善城市土地交易制度和土地市场是城市土地经营的重要平台

城市政府要切实按照有关法律法规的要求，建立健全经营性用地的各种交易制度。要使城市土地运营规范，必须尽快建立和完善城市土地运营的各项制度和配套措施，包括土地的招标、拍卖或实行挂牌公告方式交易的运作机制，城市土地交易许可制度和城市土地交易申报制度，城市土地使用权市场交易信息披露制度，城市地价管理制度，城市土地市场中介组织的执业制度以及土地监察管理体制等。配合城市土地经营，应当建立城市土地发展基金，基金的来源可以是财政拨款、土地收益和银行贷款等，土地发展基金的设立对经营城市国有土地和调控土地市场至关重要。

5 土地收购储备制度

建立起城市土地储备制度和机构，是近年来我国地方政府土地管理部门探索盘活存量土地，转变土地利用方式的新举措。1996 年，上海建立了我国第一家土地收购储备机构——上海土地发展中心，以后杭州、南通等地也开始试行这种新的土地管理机制，随之，全国各地纷纷建立土地收购储备机构，以土地收购储备制度促进我国土地使用制度改革的深化，使城市土地资产经营进入了一个新时期。

城市土地收购储备制度，是指城市政府依照法律程序，运用市场机制，按照土地利用总体规划和城市规划的要求，对通过收回、收购、置换、征用等方式取得的土地进行前期开发、整理，并予储存，以供应和调控城市各类建设用地的需求，确保政府切实垄断土地一级市场的一种管理制度。城市土地收购储备制度的建立，是我国土地管理重视耕地保护，强调城市土地集约利用，控制城市土地供应总量，盘活城市土地存量的一种必然选择。通过土地收购储备，使闲置的土地得到合理利用，优先使用。收购储备只是建立起城市土地供应的“仓库”，它是手段，不是目的；其目的是要促进城市土地的合理利用和集约利用，实现城市土地资产的保值和增值。根据国内外土地收购储备制度的经验，土地储备机制运行模式由三个主要环节构成：

一是收购。通过收购，实现土地使用权由集体或城市其他使用者手中向政府集中。现阶段，我国城市土地收购应主要包括以下几种形式：①“征”，征用。通过征用，将列入城市发展规划的集体土地转为国有土地，使之成为城市建设用地。②“收”，回收。按《土地管理法》、《城市房地产管理法》规定，两年内没有使用的土地、改变用途的土地、单位搬迁及违法使用的土地，政府可以依法将土地使用权无偿收回。③“购”，收购。对于部分地段好、级差高、但使用不合理的土地，可以通过市场交易的方式从原土地使用者手中购回土地使用权，重新开发后，调整土地使用功能。④“换”，置换。运用价值杠杆，实现不同土地使用权的置换，使政府达到收回土地使用权的目的。

二是储备。储备一般包括两部分内容：①对收回土地的开发或再开发。政府在取得土地使用权后，可以委托专门的机构或单位，对土地实施开发或再开发，使生地、毛地变成熟地。②储备。储备时间的长短，根据城市发展对土地的需求和政府财力的承受能力等情况确定。据有关资料，一般城市土地的储备期为2～3年，较长的达7～10年。土地储备期间，可以短期出租或利用以增加收益。

三是出让。储备中的土地可以根据城市经济和房地产开发的需要有计划地进入市场。进入市场的方式可以是协议，可以是招标，也可以是拍卖。随着土地市场行为的逐渐规范，出让的方式应逐渐转为招标和拍卖，以最大限度地实现土地的价值。

由此可见，城市土地收购储备的过程，是土地资产经营的过程。政府实行土地储备，对土地进行统一规划、统一开发、统一出让，能够有效地控制城市用地供应总量，以供给引导需求。它有利于城市规划的实施，也有利于控制城市土地市场价格，防止房地产投资过热而产生泡沫经济，危害国民经济的持续稳定发展。

通过土地收购储备，政府可以充分地进行土地利用规划和营销策划、招标和拍卖，实现土地资产的保值和增值。城市土地收购储备，从制度上消除了土地隐形交易的土壤，有利于清理整顿土地市场，防止国有资产流失，减少政府的官僚主义和腐败。土地收购储备，实现土地资产的增值，也提高了政府按照市场经济规则，从原土地使用者手中收回土地的能力，有利于土地权属的合理转移，并做到公平和效率的统一。城市土地收购储备，低价进，高价出，可以使政府充分享受到城市社会经济发展带来的土地资产增值效益，实现以较低的土地成本进行城市基础设施和生态环境建设，有利于提高城市环境的质量和城市综合竞争力。

第3节 城市再开发

1 城市再开发的概念

城市再开发是指对城市已开发地区进行具有一定规模的更新改造的开发活动。近年，在欧美、日本及我国一部分已进入或正进入后工业化社会的城市，面对城市人口波动、经济结构调整以及社会环境变迁，为重振城市活力，恢复城市在国家或区域社会经济发展中的牵引作用，提出了“城市再开发”的策略，并特别强调“城市空间持续再生”(Sustainable Urban Regeneration)的理念。

“城市再开发”的含义不仅是对现状或过去的保存或复原，它强调的是在正确把握未来变化的基础上，更新城市的功能，改善城市人居环境，恢复或维持许多城市已经失去或正在失去的作为“时代牵引力”的功能。

2 城市中心区再开发

一些欧美国家围绕1960～1970年代出现的城市中心区衰败现象采取再开发方法，政府投入大量资金将建设重点转移到内城建设中，提出复兴城市中心区的目标并逐步付诸实施，采取了一系列再开发方法和措施。我国则在 1990 年代后期一些经济发达的城市也开始进行了有计划的城市中心区再开发活动。主要反映在如下几方面：

(1) 对人的活动空间的重视

复兴城市中心区的一个重要措施是积极营造以人为中心的环境和空间，以人性化的街道景观增加城市中心区公共空间的魅力。常用措施如设置步行街区，提供公共活动空间，开发绿色开放空间。

(2) 商业与旅游开发

复兴城市中心区的一个重要措施是增加商业与服务功能，开辟城市旅游功能，提高城市活力。

(3) 调整功能，发展创智产业

(4) 居住区与社区改善

为了增强城市活力，许多城市采取积极的再开发措施进行城市中心区的社区改善。增强居民归属感，促成良好的邻里关系，改善社区环境和恢复城市中心区活力。

(5) 历史建筑的保护与城市历史文化保护

大部分城市中心都存在大量有吸引力的优秀古建筑，通过旧建筑的改造利用，保护城市历史文化。许多城市采取鼓励措施支持改造、利用老建筑，如将银行改成饭馆，小学校作为技术办公室，老别墅改成文化中心，弃置的监狱变成酒吧，甚至赋予无用的燃气站以新的内容，将其变成高质量的旅店、游泳池等，起到了复兴中心区的作用。

3 城市工业区再开发

3.1 城市工业区再开发的概念

城市工业区再开发，指把城市内部的纯粹制造工业区改造转换为其他属性的功能用地，这种转化既可以是一般制造业升级为都市工业或高新技术产业的功能升级，也可以是一般制造业转化为城市现代服务业的功能升级。

3.2 城市工业区再开发常用模式

3.2.1 工业区转化为知识创新区

例如上海的老工业基地杨浦区在黄浦江岸线 15.5km 区域内，企业老厂房达 100 多万 m^2。杨浦区通过建设滨江创意产业园，打造知识新区，逐步推动这一地区的功能改造。滨江创意产业园以知识产权园建设为核心，促进这些具有历史文化底蕴的旧厂房、旧仓库的再生，建成了集环境设计、建筑设计、工业设计、音像设计、服装设计、软件设计等原创设计于一体的现代服务业集聚基地。

3.2.2 工业区转化为现代服务业

再如成都东郊老工业区把工业企业向市郊分散迁移，在原位置发展第三产业，将东郊的城市功能由工业为主调整为“生活居住、物流配送、金融商贸、科技产业、旅游休闲”。通过搬迁改造，促进了成都产业的升级和递进分工，提升了城市整体形象，一大批企业重新焕发出活力。

3.2.3　工业区改造为居住区

这是一种最为常见的开发模式，随着城市扩大，原有工业用地的区位升级，土地的级差效益提升，很大一部分老工业基地都改造为新型居住用地。

3.2.4　普通工业区升级都市工业区

通过淘汰旧工业，积极发展新型工业，实现工业升级。

第4节　城市空间开发时序

城市作为一个系统，它的发展肯定会有相应的时空边界。从空间上看，城市空间发展可以大到整个区域的城镇空间体系，小到一个邻里单元；从时间上看，城市空间的形成也不是一蹴而就的，它的形成是多个发展阶段的叠合，它可能是上百年甚至是上千年的演化过程。因此，可以将城市开发看做是对城市发展作出的时、空两个维度上的安排。空间维度上的安排包括城市平面用地规模区域的扩大，和垂直方向上向空中和地下的延伸；时间维度上的安排则是根据现实的情况，分时段对空间上安排的逐一落实，即城市平面区域和垂直方向上如何分阶段发展到预定的状态。仅有空间维度上的美好蓝图，缺乏时间维度上的安排，城市的开发还会处于一种无序的状态。达不到城市规划的蓝图目标。由此，为保证城市开发的顺利展开，时、空维度的安排必须做到紧密联系。

1　时序规划

1.1　时序规划的一般概念

城市空间开发的时序规划，是一种动态的规划手段，是把空间开发的诸多因素：开发面积、高度、现金流量和时间序列有机结合起来，在综合评价城市的历史发展进程、正视城市的现实状况和科学预测未来城市发展规模和定位等的基础上，按照时间轴的形式，确定不同历史时期所对应的城市空间立体（面积与高度）开发和资金投入的规划。它是对空间和现金流量按照时间序列所作出的城市空间全面开发规划。

1.2　时序规划的原则

1.2.1　循序渐进，逐步发展。城市空间开发量不仅要与经济发展总规模一致，也要和经济发展的过程一致，年开发量应与年资金可能投入量一致。城市开发前期资金比较短缺，但随着经济不断发展，城市开发资金可逐步增加。

1.2.2　长期规划，超前设计，计划投资，及时开发。由于城市空间开发周期长，为了适应经济发展的需要，必须长远考虑，超前设计，以便为投资计划提供依据，保证及时开发。

1.2.3　合理安排建设与改造的次序。对于经济发展水平相对较低的城市，开发资金缺乏，开发量又较大，规划中近期以开发低成本的新区为主；对于经济发展水平相对较高的城市新区建设和旧区改造结合，应使新老城区协调发展。

1.2.4　协调发展。不同时段的开发应尽量保证城市开发区域与城市整体结构的结合，体现历史的延续性，又要与城市总体规划结构协调一致，保持开发区域与外围地区良好的结构关系。

1.3　时序规划的方法

在时序规划的方法上，有定性评价和定量评价之分。定性评价多用于最初阶段的分析，是定量评价的必要补充。与定性评价相比，定量评价在城市开发时序中运用更广泛，结论也更精确。

1.3.1　定性分析法

很多学者以定性的方法对开发时序进行了评价，其中尤其对第一时序即优先开发等级的方法论述又占了绝对的比例，认为应优先开发那些比较优势明显、区位良好、交通便利、效益高、对城市开发全局能产生重大影响的区域。有些学者从比较优势理论的角度出发，认为区域旅游地开发的时序优先地区应具有下述条件：区位优越、具有鲜明特点、市场竞争力强和区域内具备开发的各种条件。又有学者对定性的方法进行了具体化，指出开发区域特征描述要分层次，突出重点才能成为城市开发和投资结构分析的依据。

1.3.2　定量分析法

在城市空间开发规划中，时间上定量的方法主要包括三种：目标法、趋势法和相关因素法。目标法是根据确定的目标制订分年度的计划，是一种自远而近的规划方法。趋势法是根据过去的发展速度推算每年发展的计划，是一种自近而远的规划方法。相关因素法是根据其相关因素的发展确定城市空间需求的方法。

1.4　时序规划方法选择的要求

时序规划是一项高度复杂的具有挑战性的系统工作，在进行时序规划时要考虑下列基本要求，使时序规划工作具有科学性、客观性、准确性、可操作性、持续性和战略性。

力争使用以定量为主、定性为辅的评价方法。在时序规划的方法运用上，一般可以分为定性评价和定量评价两种。定性评价简单明了，突出了开发区域的主要优势和劣势，但常存在着一定的文学夸张和片面性，在科学性上难免欠精确，对开发的实际操作性指导作用也不足。相对定性评价而言，定量评价一般考虑比较系统全面，可以使评价有脉可理，使决策因素数量化，具有精确性高、可操作性强等优点。因此，进行时序评价时，应该在定性感性评价的基础上，以定量评价为主，定性评价为辅，、二者相互耦合。

运用动态的观点，贯彻永续发展观。时序开发是建立在一定的经济、社会、环境等背景基础之上的，而这些背景往往随着时间的推移而改变，是以空间时序规划只在一定的时段内有效。因此，时序规划必须具有动态的观点，与时俱进，用发展的和进步的眼光对城市开发的前景作出积极、全面和正确的规划。永续是各种形式城市开发的最终目标，时序规划的最终目标也是使城市开发良性循环，实现城市的永续发展。

时序规划是在三维规划的基础上发展而来的，是对三维规划的补充和发展。

2　土地开发的时序规划

2.1　土地开发时序规划的目标

土地是城市的主要资源，而且是不可再生的，进行土地开发的时序规划是为了保证城市的永续发展。因此规划的主要目标如下：

（1）长期稳定的土地供应，保证城市社会与经济的发展有足够的空间。

（2）与经济发展相协调。为了在规划期内获得足够城市开发资金和稳定的来源，根据经济发展的计划制订相应的土地开发时序规划。

2.2　土地空间开发时序模式研究

2.2.1　以点连成片，相对集中开发

该模式主要针对于某些原有结构不合理、功能不全或已不适合发展需要的旧区，进行土地使用性质的调整、改造。该模式首先选择条件相对成熟的一个或几个点，进行先期开发。这些点一般空间距离较近，且产权、使用权相对集中，能够提供相对集中开发的条件。由此对这些点的先期开发，既可做到功能上的更新，又可在空间上形成“准片状”的趋势，形成“规模效应”，带动整个区域的开发“势头”，周边的点在先期开发的带动下，将陆续融入开发之中。

例如：这种开发活动表现在住宅区的改造和新建上，则有小区式，即被改造的用地规模及人口达到小区规模；成坊式，即以街坊为单位的改造；成群式，即以街道为单位，采用镶边式改造；点式，建筑量小于1万m^2的改造。概括起来，就是点、线、面。小区式、成坊式、成街式和点式都有相对集中改造之意，各点、线、面之间又统一全局考虑，瞻前顾后，存在着互相效应关系。它们对组织完善的居住环境、土地利用调整和市政工程配套是有利的。

2.2.2　以点带面滚动梯度型开发

即通过集中对某一地段、地区重点先进行开发改造，提高其使用功能和区位价值，然后以此为中心，进行辐射式带动相关周边地段和地区的开发改造。这种开发形式表现为以一些重大市政建设项目及城市基础设施的改造为契机，来增加土地利用系数和调整土地使用功能，合理城市布局的空间结构，满足城市的社会功能要求。如通过疏通拓宽道路、建造高架公路、地铁、立交桥等重要构筑物、商店、宾馆、车站等，从而带动周围布局的重新调整、开发和疏通，形成新的、具有高效经济效益的土地利用格局，促进地区经济的发展，实现土地与建筑物的有效利用。如上海天目西路恒丰路地区，总用地面积达124hm^2，原有房屋大多是棚户简屋，市政公用设施薄弱。铁路新客站的建成，不仅拆迁居民7000多户及单位200多个，而且建造了包括面积4.5万m^2的高架候车室、南北两个共8.6万m^2的广场在内的整套车站设施，并扩建改造了整个地区。其中建成了中亚饭店、长安大厦等几个宾馆和邮政大厦，环龙商场以及航空、轮船售票大楼等，并将周围四个街坊改造成环境良好的新居住区。此外，还相继拓宽和辟建天目西路等四条相邻的主要马路，各项公用事业管线及下水系统亦得到更新和完善，从而使这一地区成了既是上海最大的陆上交通枢纽，又是商业服务、经济贸易中心和新型的居住区。

2.2.3　以项目为契机，分片开发

即以某一个或几个建设项目为中心，进行城市土地的开发改造，逐渐形成新的商业街、居住小区、工业街坊以及新兴卫星城，从而合理填补充实原有城市，增加城市功能、适应城市现代化发展的需要。以年产 300 万 t 能力的大型钢铁联合企业为重点项目的上海宝山钢铁总厂为例，它是新中国成立以来最大的建设项目，距上海市区 26km，占地 12km^2。现已建成 70 万 kW 的电厂 1 座，蓄水量为 1087 万 m^3 的水库 1 座，铁路线 778km，市政设施包括道路 133km、桥梁 75 座、排水泵 9 座以及排水管网 69.1km；与此同时，还开发建设了友谊路等 3 个居住小区，建有住宅 98.8 万 m^2，公有建筑 15 万 m^2，另有高级宾馆、综合性医院、文化宫、影剧院、中小学、各类型商店及新卫星城镇的同步建成，它与原有的蕴藻浜工业区构成了上海卫星城中规模最大、人口较多的钢铁工业新城，既调整了城市布局，又疏解了市区人口，促进了城乡一体化建设。

2.2.4　上述三种开发时序模式的特点

第一，能集中资金开发一片、建设一片、收效一片。由于这种开发能够充分利用原有的城市基础设施，因此，开发时间短，投资少，节约资金，且收效快，投资效益明显，符合量力而行、实事求是的开发原则。

第二，便于市政基础设施的成片改造，能较好地满足规划设计意图；改善城市市政系统的功能以及增加整个城市的市政容量，从而迅速改观一片地区的市容环境，增加经济效益和提高土地使用价值。

第三，这种开发把旧区改造与居住条件的改善和土地开发与经济建设结合起来，既提高了土地的综合利用率，发展了城市经济；又给城市居民创造了一个舒适优美的工作生活环境，较为直接地满足了居民对居住的需要。

第四，有利于城市朝多中心组合的现代化方向发展，发展多功能综合区，改善城市原有不合理的空间布局及城市环境质量。

第五，有利于实行居住区、工业区、金融商业贸易区等与改造区的统一建设，既可以分期实施、配套建设、配套管理、配套交付使用，又可以科学地安排各项服务设施，注意自然环境变化，从整体上协调发展了城市空间，改善了城市环境。

3　城市开发资金的时序规划

城市开发是资金密集型产业，因此，资金融通是重要课题。当前，城市开发的主要资金来源由三方面构成，其一是政府拨款，其二是银行贷款，其三是自筹资金。如何筹集资金，合理运用资金，这就是资金时序规划的目的。

不同的时序规划，产生不同的项目投入需求，也直接导致不同的项目产出。

经过时序规划，确定了项目土地开发的规模和先后顺序，在未来的开发过程中贯彻时序规划，必将要求开发主体对项目的投入规模和金额作出决策，而项目的预期产出与现实投入之间的比较结果，则是衡量相应时序规划效益与可行性的最直接标准。

3.1　资金的时间价值

之所以考察项目投入与产出的资金在时间上体现出来的价值，是因为任

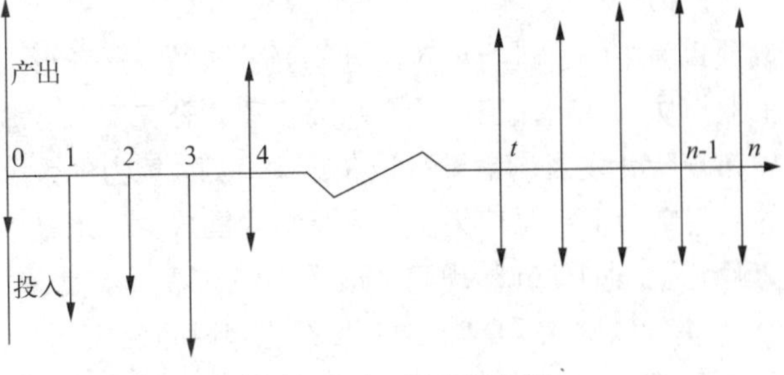

图 21-4-1　现金流量图

注：横轴为时间轴，表示一个从 0 开始到 n 的时间序列，每个刻度表示一个计息期，一般为年；箭头向上表示现金流入，箭头向下表示现金流出，箭头的长度与出入金额成正比。

资料来源：夏南凯等. 城市经济与城市开发. 北京：中国建筑工业出版社，2001：299.

何开发项目的建设与运行，任何技术方案的实施，都有一个时间上的延续过程。

对于投资者来说，资金的投入与收益的获取往往构成一个时间上有先有后的现金流量序列。要客观地评价一个建设项目或技术方案的经济效果，不仅要考虑现金流出与现金流入的数额，还必须考虑每笔现金流量发生的时间（图 21-4-1）。

资金时间价值的大小取决于多方面的因素，从投资的角度来看主要有：

（1）投资收益率，即单位投资所能取得的收益。

（2）通货膨胀因素，即对因风险的存在可能带来的损失所应做的补偿。

（3）风险因素，即对因货币贬值造成的损失所应做的补偿。

在项目投资经济效益分析中，资金的利息和资金的利润是具体体现资金时间价值的两个方面，是衡量资金时间价值的绝对尺度，利率和投资收益率是衡量资金时间价值的相对尺度。事实上利率也是一种投资收益率，可认为是较稳定的风险较小的投资收益率。资金时间价值的计算方法与利息的计算方法相同。

3.2　项目经济效益动态评价的基本概念与指标

时序规划针对项目的经济效益，采用动态评价的方法，不仅计入资金的时间价值，而且考察项目在整个寿命期内收入与支出的全部经济数据。所以它较传统的三维静态指标更全面、更科学。

——项目投入成本：一般来说，土地开发项目的投入成本由以下几项构成：

（1）拆迁费用；

（2）土地使用费用；

（3）土地使用税；

（4）房屋建设费；

（5）市政公用设施配套费；

（6）勘察设计费；

（7）管理费用等。

——项目产出收益：一般包括：

（1）项目直接产出；

（2）项目补贴；

（3）折旧费用。

——年净现金流量。

——投资偿还期。

——净现值。

——净现值率。

——内部收益率。

4　可实施方案比较

汇总列表比较各时序规划的投入产出结果，确定最佳可行的城市开发资金的时序规划推荐方案。

（1）投入产出汇总列表

根据来源资金的比例和贷款偿还的方式、各种税金的不同缴纳方式，确定出贷款偿还额和税金交纳额，同时考虑项目的各项投入与产出值，进行汇总制表。

（2）可实施方案比较

将时序规划方案对应的各自投入产出汇总表进行比较，确定最佳可行方案。

第5节　城市开发策划

为了更好地进行开发活动，很多大型城市开发项目都会进行城市开发的策划工作。事实证明，好的开发策划对指导城市开发的规划有很好的指导意义，对于开发运作有很好的指导意义，对开发区招商有很好的促进作用。

1　策划的原则

城市开发的策划一般遵循如下原则。

1.1　整体策划原则

1860年代人们开始对城市进行综合开发。英国于第二次世界大战后通过了《新城法》，在各地组织开发公司，对城市进行综合开发；日本政府在1955年制定了《日本住宅公用法》，组织开发机构进行住宅的综合开发；法国、新加坡等国家也运用宏观调控或经济诱导的方法，来引导城市的综合开发。

城市作为一个有机体，各项用地与建筑物之间的合理关系要通过科学的规划来实现，只有这样才会有利于城市的发展。如果没有统一规划，必将导致盲目发展，从而引发住宅质量失调、交通拥挤、环境恶化等问题产生。在整体规划中，要强调城市建设的全局性、长期性和系统性。

1.2　效益主导原则

城市开发是城市发展的一种外在表现，目的在于满足城市运营的多种需求。经济、社会的发展推动了城市开发，城市开发又促进了经济、社会的发展。

就房地产开发公司而言，其首要目的是通过实施开发过程来获取直接的经济效益。但城市是一个有机联系的整体，城市的发展不能只着眼于经济利益，还应兼顾社会与环境效益，做到城市的永续发展。

在我国现阶段的城市开发中，策划主要是指在建设项目正式投入开发前所进行的背景研究、市场调查、市场研究、功能定位、策略制定等一系列工作，对按市场规律运作的开发公司而言，城市开发策划是彻头彻尾的市场策划，有了市场需求，才会有开发，发展商为满足市场需求而开发项目，然后通过这个

项目的出租或出售到达终点——获得市场回报。为了获得最大利润，开发策划必须紧紧地抓住市场需求，而对市场需求的满足程度将直接影响到开发商的经济利润，项目策划的目的和意义则是争取更好地满足市场需求。

1.3 动态性原则

动态性是城市系统和各子系统的基本特征。市场化的需求也正是策划的动态性的根本所在。在商品经济社会中，各类房地产开发、经营、管理等企业要实现自己的经营目标，制订出合理的生产计划，首要前提是必须充分明了社会各方面、各层次的需求和同行业的竞争情况。特别在消费导向的市场条件下，社会需求的变化快，差异性大，并向多元化、个性化发展，社会消费倾向和需求动态对企业经营方向、决策起着重要的调节作用。通过策划，一方面使项目开发保持高度的市场反应机制与能力，另一方面激励项目向设计的科学化方向发展，并通过相应手段规避一些不必要的市场风险，提高项目的市场适应程度。策划活动应该能够与现实条件的发展变化相适应，具备随机应变的能力，并能够预测对象的变化，掌握适应形势的主动性，在变化中调整策划方案，使之具有动态适应的能力。

1.4 客观现实原则

我国在计划经济时代，城市开发是一种政府指令性行为，没有市场参与，没有竞争机制，不需要市场营销，自然也不会有城市开发策划。但随着市场经济体制的逐步建立，越来越多的城市开发项目被投入到市场环境中，市场经济固有的竞争机制和人们对经济利益的不懈追求，使得房地产营销在城市开发中的地位越来越重要，而项目策划则是整个房地产营销过程的核心步骤。同时，项目的实施是建筑在客观事实基础之上的，需要一步步的完成。策划不是空中楼阁、天马行空，要以客观实际为依据，秉行客观现实原则。

1.5 可行性原则

可行性原则是指策划方案可被实施并能取得科学有效的成果。它要求可行性研究贯穿于策划的全过程，可以经受经济、利益、科学与法律四个方面的检验。

2 城市开发策划的目标

策划的目标即决策。通过对策划对象的研究作出的策划，就是为对该策划对象“做什么”作出的决断，即决策。

进行开发策划的目标就是获得对开发各个阶段工作的策划方案——即进行决策。开发中开发方式的选择、资金的筹措、规划设计的确定都存在多个选择，各自具有优劣与特点，决策过程就是对多种可能性的筛选与确定，从自身条件的实现状况入手，充分发挥自身具有的优势，在政策法规所允许的条件下，选择最能够实现开发目标的行动方针。得到的这一系列决策结果，就是策划的目标。

对于不同的开发者其所作出的决策，即策划的目标，是很不相同的。

政府作为管理者所确定的生活区开发策略应该是与企业开发所制定的开发策略相区别的，政府应当通过对生活区开发策略的制定对开发企业的具体开发行为加以引导和控制。政府是代表公共利益的一方，因此其做策划时考虑更多的是整个社会利益的最大化，人们的利益最重要。而开发企业如果是通过竞争而获得开发权的民间企业，那么，其是以谋取个人或集体最大利润为目标的，所以相应的决策的目标也会有差异，更多的是考虑目标人群的利益。如果开发企业作为政府的派出机构，其目的是受政府所支配的，因此与政府决策结果相似。

当然，不可否认，政府并不是完全不考虑经济利益的，没有资金，在很多时候发展就成了一句空话，但是，经济利益只是政府决策时考虑的一个因素，不是最重要的因素。

一般来说城市开发的目标有经济目标、社会目标、空间目标三大类。

3 策划的内容与步骤

3.1 策划的主体内容

城市开发的策划主要包括的内容有：市场分析、功能策划、文化策划、空间策划和行动方法策划。

3.1.1 市场分析

市场分析是整个城市开发策划的灵魂，主要涉及项目的定位。通俗地讲，项目定位就是经营一个什么样的项目，其完整含义可以表示为：通过市场调查及研究，确定项目所面向的市场范围，并围绕这一市场而将项目的功能、形象做特别的有针对性的规定。项目定位通常包括三方面内容：市场定位、功能定位和身份定位。市场定位实际上就是确定目标购买者和目标使用者；功能定位则是在市场定位的基础上，对目标人群的要求进行细分，在功能上予以满足；身份定位是为了使目标客户群能从项目上找到归属感、自豪感、荣誉感，使项目本身具有符合目标人群的“身份”，体现出一定的个性特征。

3.1.2 功能策划

功能策划主要是侧重于城市土地的使用和布局结构，对城市土地的利用方式进行概念性构思。从政府经营城市的角度，充分发挥城市有限土地资源的经济潜力。考虑多种用地的使用功能组合方案，对其进行技术经济比较，取得最优的方案。功能策划，可应用于城市规划的不同层面。事实上，我们在每一层面的规划上，在规划编制之前，都有一个策划的过程，即方案的构思。概念性规划，虽然还没有规范的编制标准，但大都是对特定地区或基地功能的一种策划。

3.1.3 文化策划

文化策划是对城市开发项目的一种文化内涵的挖掘。中国拥有悠久的历史和渊源的文化，中国人具有尊重历史、继承优秀文化传统的良好品质。中国城市大都历史悠久，有各自独特的文脉特征，是形成城市特色的宝贵素材。对开发项目的文化策划，是从文化方面形成项目特色，使人们对项目形成认同感、归属感。文化策划在风景旅游区的策划中应用最多，利用文物古迹、名人遗踪，形成文化主题。

3.1.4 空间策划

城市的空间从根本上可分为建筑空间和开放空间。同时由于用地性质的不

同，形成的城市空间也不同。即使是同一性质的用地，如居住用地，也可创造出低密度、中密度和高层高密度等不同的空间。通常是与其区位有关，基本是由市中心至边缘区，建筑由高至低。空间策划主要研究公共空间的数量和定位，指导规划设计师在功能和布局上体现对象的要求和特色。

3.2　城市开发项目策划步骤

城市开发项目的每一个环节都不是完全独立的，环节与环节之间有着密切的相互关联。因而，在城市开发项目操作中，所有环节的操作节奏都应该有一个统一的、协调的安排。这种全局性的安排往往是环环相扣的，任何一个环节的超前和脱节都有可能带来不必要的损失。因此开发项目策划一般主要包括以下几个方面的内容。

3.2.1　调查分析

调查分析是城市开发策划的基础，它是一种收集资料、消化资料的过程，主要包括以下几点：

（1）收集资料。策划创意并非“空中楼阁”，它是理性的积淀在某种情况下以一种感性的思维模式激发出来的意识表现，而收集资料阶段正是创意原材料的积累，它为策划的成功提供素材，把握市场方向。

（2）分析资料。将搜集来的资料反复过目，用心思考，从各个角度来观察、分析。把资料结合在一起，找出事物的必然联系，将它们重新组合，并将那些零碎和不完整的想法初步地表达出来。

3.2.2　制定目标

经过了调查与分析，根据项目的自身条件，合理制定目标，既要具有可操作性，又要超前具有永续发展的可能。在不同的地区投资不同的物业会有不同的开发方案。

制定目标的主要任务是对所开发产品的定位问题，明确一些可利用的竞争优势，选择若干个适用优势，有效地向市场表明开发项目的定位观念。通常可有多种可能定位，例如，“低价定位”、“优质定位”、“优良环境品质定位”、“优质服务定位”等。

3.2.3　寻找切入点进行创意

对目标进行包装，形成一个引人注目的形象，简洁的宣传词、动人的目标介绍、漂亮的空间形象。在当前的房地产开发，尤其是住宅的开发中，各个房地产公司各显所能，在创意上投入巨大，用一种被市场、消费者认同的方式与强大的感染力，将产品的卖点、品牌及企业理念、深层次消费需求，准确而撼人心魄地传达给消费者，在打动消费者的同时，驱使其实现购买行为，最终达到开发目的。

3.2.4　行动路线设定

是将以上各个步骤落实的关键一步。一闪而过的概念是隐藏在潜意识中的事物浮现在意识上的一种状态，要根据符合项目特性、品牌个性、目标消费群心理、广告目标等商业性的创意宗旨，经过整理总结、加工充实、修改调整，形成并发展这个创意，使它具有实际应用价值，最终完成一个集商业性与欣赏性于一体的行动路线。将整理调整而得出的创意用语言或图画等形式表现出来，表现形式充分发挥创意的本意，并尽量使其相得益彰。最终目标不能一蹴而就，必须合理地设定行动路线，有计划地按部实施。

3.2.5　成果与效益评估

策划的成功与否，需要有一定的标准来衡量它。一般要从经济、社会、环境多个方面进行综合评价。目前策划最多地应用在住宅房地产开发中，最重视的是开发方案的经济效益评价。常用的方法有三种：①净现值法；②内部收益率法；③投资回收期法。

4　策划的方法

4.1　理性方法

应用于城市开发策划时，可依据这种逻辑关系来分析案例的内在逻辑，利用已知的规律，推出计划得到的结果。例如：一般来讲，城市中心区具有区位优势，而商业开发项目要求有较好的区位，因此选择城市中心区进行商业开发项目；城市中心区边缘环境优美、生活方便，居住开发项目注重生活环境的营造，因此选择城市中心区边缘进行居住区的开发。

4.2　感性方法

发散：把与目标有关的外界因素排列出来，找出关键因素。

细分：对目标的内部因素进行划分，找出关键点。类似于哲学上的矛盾及矛盾的主要方面原理，找出目标中的关键目标因素，抓住矛盾的主要方面，问题即可迎刃而解。

碰撞：对各种因素进行排列组合，产生新概念。独立地对待每个因素，可能对问题的解决毫无帮助。这时我们可以把两个甚至几个因素放在一起来研究，诸因素之间碰撞，可能会擦出意想不到的灵感火花。

逆向思维：对一般人根据经验认定的事物进行研究，问一个为什么，找出不同的结论或结果。逆向思维是转换思维路线的典型方法，是一种不守常规的思维方式。反其道而行之，常常会有“柳暗花明又一村”的惊喜。

综上所述，无论理性方法或非理性方法都是在进行项目开发策划时的工具。策划成功的关键还是对项目透彻的分析以及丰富的知识和敏捷的思维。

第6节　城市开发的组织与管理

1　城市开发组织管理

开发组织管理体系是指在城市开发过程中有内在联系和相互协调统一的组织系统，是贯穿于城市开发全过程的一个系统。由于城市开发是城市复杂大系统的子系统，科学的开发组织体系模式，才能促使城市开发的高效运作，是实现城市永续发展的必备条件之一。

我国城市开发经过一段时间的探索，在借鉴国外管理经验的基础上，初步形成了具有中国特色的开发组织管理体系模式。由于我国开发区类型、层次不尽相同，因此在组织管理体系的模式方面也并不完全一致。下面，我们通过

城市开发区的开发组织管理体系来论述一般意义上的城市开发组织管理体系。一般而言，我国的城市开发区组织管理模式大致可分为行政主导型、“公司制”以及混合型三大类。

1.1　行政主导型管理模式

所谓行政主导型管理模式，也就是在开发区的管理过程中，突出强调政府行政部门在开发区管理中的主导作用，由所在地区的城市政府或政府业务部门进行直接管理。行政主导型管理模式根据开发区管委会的职能强弱又可分为“纵向协调型”管理模式和“集中管理型”管理模式两种。

1.1.1　“纵向协调型”管理模式

“纵向协调型”管理模式强调由所在城市的政府全面领导开发区的建设与管理。所在城市的人民政府设置开发区管理委员会或开发区办公室，管委会（办公室）成员由原政府行业或主管部门的主要负责人组成，开发区各类企业的行业管理和日常管理仍由原行业主管部门履行，开发区管委会只负责在各部门之间进行协调，不直接参与开发区的日常建设管理和经营管理。直接参与管理的有市土地管理、科委、计划经贸、规划建设、环境保护、海关商检以及财政税务等部门。而所在的区县政府主要负责开发区的行政管理、公安、消防、文化、教育、环境卫生、计划生育、商业网点管理等工作（图 21–6–1）。

我国哈尔滨高新技术产业开发区的管理模式就属于“纵向协调型”中的一个典型。哈尔滨高新技术产业开发区在刚刚设立之时，市直有关部门就在开发区相继设立了工商、财政、国税、地税、规划、土地、房产和劳动保险分局等派出机构，同时金融、保险等部门也在开发区设立分支机构，而该开发区的管理委员会则是由 40 多个部门的主要负责人组成，由市长兼任管委会主任，管委会下设办公室，由管委会代表市政府对开发区实施领导和管理。后来，该区又把高新区管理办公室更名为管理委员会，并在管理委员会下面设置了办公室、政策研究室、人事劳动局、计划财政局、招商局、企业发展局、外资企业管理局和基建规划局八个职能部门。

采用“纵向协调型”管理模式的优点是：有利于城市政府的宏观调控，开发区能在城市政府以及有关职能部门统一协调下，比较准确完整地执行路线、方针、政策，使开发区的发展格局与城市的整体经济发展保持一致，开发区的开发建设不会脱离城市的整体规划轨道而片面发展。

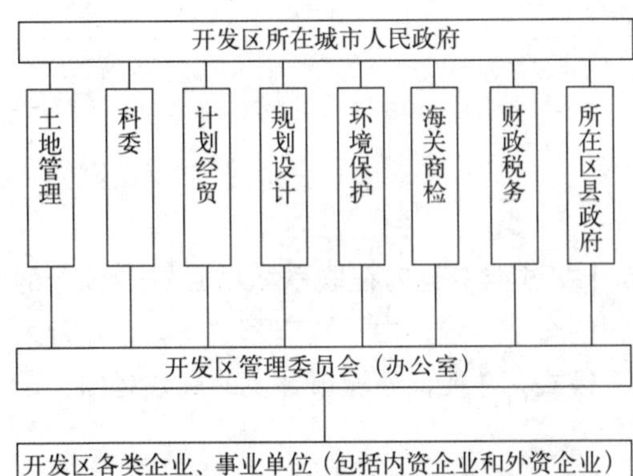

图 21–6–1　“纵向协调型”管理模式
资料来源：朱永新等．中国开发区组织管理体制与地方政府机构改革［M］．天津：天津人民出版社，2001：102.

采用“纵向协调型”管理模式的弊端主要是：这种管理模式基本上还是采用原来政府组织管理体系中的条块管理模式，开发区管理委员会权限很少，不利于开发区的大胆创新和试验。同时，管理委员会在许多职能部门的多重管理之下，会造成相互推诿和相互扯皮的现象，造成管理工作效率的低下。

1.1.2　“集中管理型”管理模式

“集中管理型”模式是我国大多数开发区

所采用的管理模式。这种管理模式一般由市政府在开发区设立专门的派出机构——开发区管理委员会来全面管理开发区的建设和发展。与“纵向协调型”管理模式相比较，这种管理模式中的开发区管理委员会具有较大的经济管理权限和相应的行政职能。管理委员会可自行设置规划、土地、项目审批、财政、税务、劳动人事、工商行政等部门，这些部门可享受城市的各级管理部门的权限，全面实施对开发区的管理。集中管理型管理模式按照封闭程度的不同，又可以分为全封闭型和半封闭型两种。全封闭型主要是在保税区中使用，保税区中的经济运行和管理与所在城市完全隔离，按照国际惯例运行和管理。而半封闭型则主要是在经济技术开发区、高新技术产业开发区、旅游度假区以及边境经济合作区中采用。半封闭型集中管理在保证管委会相对独立的前提下，还必须接受市主管部门的必要指导和制约，与城市发展保持大体一致。

如苏州高新技术产业开发区就是实行的“集中管理型”管理模式。苏州高新技术产业开发区由市政府的派出机构——新区管理委员会统一领导。苏州新区管理委员会下面设置了办公室、规划局、招商局、劳动人事局、公安局、国土房产局、经济贸易局、科技发展局、农村管理局、社会事业局、建设管理局、财政税务局以及工商行政管理局等职能部门。在这种管理模式之下，苏州高新技术产业开发区的机构设置大为减少，数量只有市政府相应机构的十分之一左右，这就使得机构的职能具有较强的综合性，如办公室兼有文秘、宣传、外事、政策、统计、行政、文档、接待以及信息等职能。在党政关系上，苏州市高新技术产业开发区实行“两块牌子，一套班子”，对重大问题实行“大办公会议制度”，由工委、管委会集体研究解决。党政之间既分工又合作，工委负责干部队伍建设，勤政廉政；管委会全面负责行政管理、经济管理和社会管理。工委书记、管委会主任由苏州市副市长兼任，不设人大和政协。在决策机构和执行机构上，坚持在管委会统一领导下，按权责一致原则，合理分工，各司其职。在管委会下的职能机构之间，管委会要求各部门目标一致，按统一的准则工作，实行“重大问题追究制度”，对于涉及若干部门的工作，管委会实行“专题班子工作制”，确定分管领导与部门，其他部门密切配合，减少了部门之间的摩擦，提高了工作效率。从以苏州高新技术产业开发区为例的“集中管理型”模式来看，其优点还是显而易见的，主要表现在：

(1) 由于开发区管理委员会拥有较大的经济管理权和部分社会事务管理权，以及拥有经济管理和社会体制方面的新运行体制、运行机制的试验权，因此，“集中管理型”模式的管理委员会能勇于创新，不断探索，成为组织管理体系改革和其他改革的重要渠道。

(2) 由于管理委员会摆脱了“纵向协调型”管理模式下市级职能部门的牵制和约束，能够及时果断地处理区内发生的重大问题，合理安排开发区的各项活动以及发展目标，提高工作效率，有利于开发区的整体规划和协调发展。

(3) 由于管理委员会下面的职能部门受管委会的统一领导，摆脱了上级职能部门和管理委员会的双层领导机制，同时管委会下的职能部门能够相互沟通、协调一致，避免了部门之间的相互扯皮的现象，提高了工作效率。

“集中管理型”管理模式的不足之处主要表现在：

（1）由于开发区相对独立，受城市主管部门的控制力较弱，这样易使开发区的发展脱离城市的整体发展目标和发展规划。

（2）这种管理模式可能会导致开发区与老城区在人才以及资源方面的竞争，使老城区的发展受到影响。因此，开发区采用“集中管理型”管理模式，城市的主管部门必须加强对开发区的宏观调控，尤其是开发区与老城区的发展协调问题，保证城市的总体发展规划。

1.2 “公司制”管理模式

“公司制”管理模式又称为企业型管理模式或无管委会管理模式。这种管理模式主要是以企业作为开发区的开发者与管理者。这种组织管理模式目前在县、乡（镇）级的开发区建设中使用较多。一般是由县、乡（镇）政府划出一块区域设立开发区，县、乡（镇）政府不设立派出机构——管理委员会，而是通过建立经济贸易发展开发总公司作为经济法人，来组织区内的经济活动，并由经济贸易发展开发总公司承担部分政府职能，如协调职能等。总公司直接向县、乡（镇）政府负责，实行承包经营，担负土地开发、项目招标、建设管理、企业管理、行业管理和规划管理六种职能，而开发区的其他管理事务，如劳动人事、财务税收、工商行政、公共安全等，主要还是依靠政府的相关职能部门。

我国深圳科技工业园区就是采用的“公司制”管理模式。科技工业园区的各项具体事务均由总公司负责。总公司设有政策研究室、技术发展部、企业管理部、规划设计部、土地开发部、计划服务部、总经理办公室、人事培训部、管理服务公司以及民间科技企业开发服务中心等管理服务机构。总公司的职能主要包括：负责园区的统一规划，审批入园的企业，统一收缴园区各企业的税款，向政府部门填交报表；经营和管理园区内的房地产，进行土地与基础设施建设，然后出售或租赁给入园企业；引导园区内企业的发展方向。总公司和园内企业都是独立法人，不存在领导关系，主要是经济上的合同关系。采用“公司制”管理模式的优点表现在：

（1）有利于政企分开，使开发区政府从大量的行政事务中解脱出来，提高工作效率，增加管理机构对市场信息的敏锐性；

（2）有利于总公司经济实力的增强，有利于运用经济杠杆进行开发区建设；

（3）有利于开发区整体建设的速度和经济效益的提高。

采用“公司制”管理模式的弊端主要表现在：

（1）总公司作为经济组织，缺乏必要的政府行政权力，如征地、规划、项目审批以及劳动人事等，行政协调能力不强，权威性不及政府部门，影响了管理效力的发挥，只能在较小型的开发区中适用。

（2）“公司制”管理模式，在我国现行行政组织管理体系下，很容易使管理手段和管理方法陷入老框框。另外，由于开发区所在政府一般要分管部分社会事务，但相应的行政部门会认为整个开发区是由开发区发展总公司开发管理的，往往会造成社会事务管理的死角。

（3）由于开发区发展总公司是一个企业，因而必定会采取各种手段面向国

内外市场，以达到其盈利的目的，其一切经营活动的目的就是为了追求经济效益的最大化，可能会损害社会效益和环境效益。

1.3 混合型管理模式

混合型管理模式是介于行政主导型和公司制管理模式之间的一种管理模式，或者是采用两者结合的方式来管理开发区的一种管理模式。混合型管理模式在我国又有政企合一和政企分开两种具体的模式。

1.3.1 “政企合一型”管理模式

政企合一型管理模式类似地方的行政管理模式，它是在管委会下设一个发展总公司。管委会负责决策、职能管理以及服务性工作，而下设的发展总公司一般是负责开发区内的基础设施建设，这种发展总公司虽然有的是经济实体，但管理行为很大程度上仍然是行政性的。管委会和总公司在人员设置上相互混合，管委会主任和发展总公司总经理通常是互相兼任，即是通常所说的“两块牌子，一套班子”。在这种管理模式之下，政府的管理具有双重性质，不仅行使审批、规划、协调等行政职权，同时还负责资金筹措、开发建设等具体经营事务，而开发区的总公司和专业公司基本上没有自我决策权。我国南通开发区就是采用的政企合一型管理模式。南通开发区实行“两块牌子，一套班子”，统一领导，统一规划，统一开发，统一管理，开发区总公司直属管理委员会，主要负责开发区的建设事务。

采用政企合一型管理模式的开发区，在建立初期对开发区建设具有一定的推动作用，它有利于管委会和总公司各司其职，既发挥政府的行政职能，同时又发挥总公司的经济杠杆功能。但是，由于管委会管理的最大特征是具有统一性和权威性，开发区总公司和专业公司基本上没有决策自主权。随着开发区的进一步发展，其弊端更是易见：

(1) 开发区管委会不仅负责宏观决策，同时还要负责具体的微观管理，容易导致政企不分，管委会管理权力过分集中，使管委会精力分散，降低管理的效率。

(2) 总公司的作用不能充分发挥，公司缺乏活力，形同虚设。

(3) 由于受自身利益驱动，很难对所有企业一视同仁，实行国民待遇。

1.3.2 “政企分开型”管理模式

在政企分开管理模式下，管委会作为地方政府的派出机构行使政府管理职权，不直接运用行政权力干预企业的经营活动，只起监督协调作用，而开发区的所有公司（包括总公司和专业公司）作为独立的经济法人，实现企业内部的自我管理，从而实现政府的行政权与企业的经营权相分离。政企分开模式，目前为我国大多数开发区所采用，根据具体情况不同，又可以分为四种类别。

(1) 管委会与总公司并存

开发区既设有管委会，又设有开发区总公司，管委会主要负责宏观决策，监督、协调和项目审批，总公司负责开发区项目引进，经营各种基础设施。广州开发区、天津开发区、常州开发区等均属这一类别。常州开发区（常州高新技术开发区）的总公司与管委会是并行的具有独立法人资格的经济实体。总公

司的主要职能是招商、引资、合资合作和负责项目实施。管委会下设办公室、经济体制改革办公室、财政局、劳动人事局、经济发展局、地方行政管理局、国土规划局、工商财政局等机构，管委会行使对区内土地统一规划、审批进区企业、企业登记管理等职能。

(2) 管委会与专业公司并存

开发区在设立管委会的同时，又设立各种专业公司，由专业公司负责各项基础设施的开发经营和项目引进。如福州马尾开发区、昆山开发区等。苏州昆山技术开发区是靠自费开发取得显著成功的典型，开发区采用“小政府，多专业公司”的管理模式。在管委会下设了办公室、项目开发部、规划部、动迁部、建设科、劳动人事科、财务科等机构。管委会的主要职能是管理开发区的行政事务，制订开发区的总体规划、年度计划及有关行政规章制度，对开发区的土地进行统一规划管理，统筹安排并审批开发区的投资建设项目，监督检查进出口工作和国家政策法令的执行情况，依法处理涉外事务，管理开发区的财政收支和财政规划等。而昆山开发区各类专业公司都是自主经营、自我开发、自我约束、自我发展的独立经济实体，如中国江苏国际经济技术合作公司昆山分公司、工业开发投资总公司、经营开发公司、物资公司、建设事业公司、工贸实业公司等。各类专业公司都有各自的服务领域，如建设实业公司，是一个以进行开发区基础建设为主的经济实体，兼营房地产业务。而工贸实业公司则是一个工贸结合、技贸结合的经济实体，主要职能是洽谈外引内联项目，组织销售、代购、代销进出口业务，研究掌握经济情报，进行市场预测，为企业提供市场信息。

(3) 管委会与联合公司并存

在这种管理模式中，管委会是作为政府派出的机构行使管理职权，而负责开发区建设及项目引进的总公司一般是由开发区管委会同其他企业共同出资建立的内联型股份制第一篇开发区管理综述公司。这样可以充分利用大企业的雄厚资金、先进技术及管理经验来弥补开发区自身的不足，依靠国内实力雄厚的大公司作为合资开发的伙伴，以股份制形式建立联合公司，不仅可以部分解决开发区在近期内的资金困难，而且拓宽了开发区的信息渠道和出口产品的销售渠道，加快了开发区的开发建设速度，其经营、管理充分体现政企分开的原则。如宁波开发区就是实行的管委会与联合公司并存的管理模式。

(4) 管委会与中外合资公司并存

这种模式是中新合作创办的苏州工业园区的创新。苏州工业园区设立管委会，作为苏州市政府的派出机构，自主行使园区的行政管理职能，管理园区的公共行政管理事务。而基础设施的开发建设、招商引资则以中新双方财团(公司)组成的合资公司中新苏州工业园区开发有限公司为主体，其中新方占有65%的股权，中国财团占35%的股权[1]。

实行政企分开模式不仅体现了“小政府、大企业”的原则，还有利于充分发挥政府的行政职能，同时利用实力雄厚的企业资金和先进的技术管理经验来弥补开发区自身的不足，有利于充分发挥企业的经济职能，使二者相互促进、相互配合，推动开发区的开发建设工作和经营管理工作有条不紊地进行。

不过，这种模式也有其不足的方面，特别是在开发区初创阶段实行政企分开模式，有可能难以集中有限的人力、物力、财力于开发区的建设。我国绝大部分开发区处于初创阶段，配套机制尚不完善，管理手段还不充分。在这种情况下，实行政企分开模式，对区内经济发展和布局在管理上仍有相当难度，仍难以彻底摆脱旧体制的束缚，易于分散开发区创建的力量。同时，在我国整个行政条块分割的情况下，开发区管委会易同政府各有关部门之间产生矛盾，尤其在级别相当的部门之间，要么互相推诿，要么分庭抗礼，有的开发区还出现权力不能落实的现象。

我国的城市开发的组织管理模式经过不断探索和改进，在机构设置、职能地位等方面都已基本形成稳定的机制。在以上分析的三种组织管理模式中，每种组织管理模式都各有利弊，但是，目前在我国开发区管理模式的运行之中，管理效率最高、权威性最强、应用最广的还可能是第一种管理模式——行政主导型管理模式，这是由我国目前的国情和开发区的建设现状决定的。随着开发区建设的不断深入，以及政府宏观管理体制的改革，开发区管理模式应该按照国际通行的惯例和社会主义市场经济体制的要求逐步加以完善。

2 城市开发的调控

2.1 规划控制

虽然土地供应控制是城市空间调控的最有效手段，但城市规划与土地利用密不可分。土地使用权作为特殊商品，从一定意义上说，其使用价值是规划赋予的。一块土地供应前，必须首先明确土地的用途和使用条件。规划决定着一宗土地是什么用途、有什么限制条件、周边乃至整个城市的环境如何，在这些前提下才能形成一宗土地价值的完整内涵和价格，投资商才能决定是否对它发生兴趣。就一个城市而言，有一个高起点的总体规划、分区规划、控制性详细规划和实施蓝图，并保证严格实施，就能营造城市的品牌形象，创造富于吸引力的投资环境，凝聚人气和资本，才能提升土地的价值和价格。因此，规划控制是搞好城市土地供应控制的先决条件。

2.1.1 建筑控制

包括建筑类型、建筑高度、容积率、建筑密度等。

2.1.2 环境容量控制

包括自然环境即山、水、绿和人文环境即历史、文化。在规划上主要调控的手段有人口密度、绿化率、空地率等。人口密度规定建设用地上的人口聚集量；绿地率和空地率表示公共绿地和开放空间在建设用地中所占的比例。

城市的许多资源是非常脆弱而且是不可再生的，如生态资源、土地资源、水资源、历史文化资源等。因此在规划调控中，根据所在区域的自然和人文情况，对人口密度、绿化率、空地率作出适当限制。

2.1.3 设施配套控制

即对建设用地上的公共设施和市政设施建设提出定量配置要求。

2.1.4　形体景观控制

主要是通过城市设计的手段和方法，对开发活动从景观构成上提出了要求，对建筑的风格、色彩、轮廓空间组合等方面进行控制。

2.2　建设过程管理

2.2.1　财税调控

财税调控是对城市开发控制的一个重要手段，对于发展急需项目采取鼓励政策：如减免税收、减少收费等方法，以促进城市合理开发。常用的方法有减税、退税、免税等。

2.2.2　政府投入控制

政府制定的城市规划是城市发展的美好蓝图，要使之成为现实，仅仅依靠市场的自发力量是远远不够的，必须有政府投入。而政府投入主要表现在前期的投入，如前期规划（总体规划、分区规划、控制性详细规划等）、基础设施投资等。

2.3　法制控制

法制是一种强制控制手段，是保证城市开发顺利进行的基本方法，一般有国家法规和地方法规两大类法制控制。它们的作用有三个，一是对违法建设、违法开发进行强制处理；二是规定了开发的方法和程序；三是对违法主体进行处罚。

2.4　市场调节

鉴于我国人口多、国土面积紧张、资金流动性大等原因，国家还通过土地市场和金融市场的管理来调节城市开发的节奏。

2.5　公众参与的调控机制

公民团体（civil　society）也是城市管治中的重要角色之一。公民团体的参与可以有助于形成完善的监督机制，减少政府决策的失误，使政府更好服务于社会，使城市开发更适应社会发展的需要。

注　释

[1] 2001年开始进行股权调整，改为中方财团占有65%的股权。

本章小结

城市开发是一个在政府组织下进行的以空间发展为目标的大规模经济活动。本章介绍了城市开发的一般方法和过程，重点介绍了城市规划与城市开发的关系，城市规划对城市开发的影响作用。一个优秀的城市规划方案应该考虑城市开发的各个方面，对城市开发可以有非常积极的指导意义；只有遵循城市规划进行的城市开发活动，才能以较小的经济成本，获得更理想的经济、社会和环境发展的效益。

复习思考题

1. 调查一个城市公共开发或商业开发项目，分析其土地开发模式及开发效益。

2. 试列举 1 ～ 2 个城市中心区和城市工业区再开发案例，并分析其成功或失败的原因。

3. 针对你正在进行的课程设计项目制订一个开发时序规划。

第22章 城市规划管理

本章对城市规划管理所涉及的具体工作、基本的工作程序和行政法相关原则进行了介绍。城市规划实施管理，包括建设用地、建设工程项目管理和监督又构成了最为日常的规划管理工作，既对城市规划的实施与落实关系重大，又是政府行政行为的重要组成部分。因此，按照行政法的原则依法行政是城市规划管理工作的基本要求。

第1节 城市规划管理的主要工作内容

1 城市规划编制的组织

《城乡规划法》赋予地方各级政府编制不同级别城乡规划的权力，而具体的规划编制组织工作则是由各级城乡规划管理部门来承担的。

规划管理部门根据各级政府的工作计划，定期开展战略性的规划编制工作，并履行相应的报批程序。战略性的规划，如区域规划、总体规划是在宏观层面指导城乡发展和城乡空间布局的重要依据。这些规划涉及问题重大，牵涉范围广，编制与修订程序复杂，需要规划管理部门投入大量的组织与协调精力。

这些战略性规划的宏观性、指导性的内容，需要通过下层次的规划不断推进，逐步落实到可以直接规范具体建设行为开展的操作性规划。比如，城市总体规划是城市发展和建设的总纲，需要通过近期建设规划来对近期建设进行总体性的安排，通过控制性详细规划来对具体的建设行为进行规范。

就我国现有的城市规划编制体系而言，近期建设规划依据城市总体规划，结合国民经济和社会发展规划以及土地利用总体规划和年度计划，以重要基础设施、公共服务和中低收入居民住房建设以及生态环境保护为重点内容，明确近期建设的时序、发展方向和空间布局。通过组织编制近期建设规划可以明确城市总体规划的实施步骤和时序安排，有序推进城市总体规划的实施。

在建设项目管理中，控制性详细规划具有决定性的作用。根据《城乡规划法》的有关规定，未编制控制性详细规划就不得进行国有土地使用权的出让，也不得进行规划的许可。因此，组织编制控制性详细规划是城市规划部门的重要工作内容。

2　城市规划实施的管理

城市规划进行土地使用和建设项目管理主要是对各项建设活动实行审批或许可、监督检查以及对违法建设行为进行查处等管理工作。通过对各项建设活动进行规划管理，保证各项建设能够符合城市规划的内容和要求，使各项建设对城市规划实施作出贡献，并限制和杜绝超出经法定程序批准的规划所确定的内容，保证法定规划得到全面和有效的实施。

3　城市规划实施的组织

政府根据城市发展的阶段和能力，针对城市面临的实际问题，确定城市规划实施的原则和具体行动步骤，推进城市规划的实施。我国《城乡规划法》第二十八条明确规定："地方各级人民政府应当根据当地经济社会发展水平，量力而行，尊重群众意愿，有计划、分步骤地组织实施城乡规划。"对于城市、镇以及乡、村庄规划实施组织，《城乡规划法》第二十九条明确了具体要求："城市的建设和发展，应当优先安排基础设施以及公共服务设施的建设，妥善处理新区开发与旧区改建的关系，统筹兼顾进城务工人员生活和周边农村经济社会发展、村民生产与生活的需要"，"镇的建设和发展，应当结合农村经济社会发展和产业结构调整，优先安排供水、排水、供电、供气、道路、通信、广播电视等基础设施和学校、卫生院、文化站、幼儿园、福利院等公共服务设施的建设，为周边农村提供服务"，"乡、村庄的建设和发展，应当因地制宜、节约用地，发挥村民自治组织的作用，引导村民合理进行建设，改善农村生产、生活条件。"由国家的法律规定可以看到，政府是组织城市规划实施的主体。

在基本原则和具体要求的指导下，规划实施组织工作的开展还涉及确定城市建设开展的时序、规模和布局等。《城乡规划法》第三十和三十一条规定："城

市新区的开发和建设，应当合理确定建设规模和时序，充分利用现有市政基础设施和公共服务设施，严格保护自然资源和生态环境，体现地方特色”，“在城市总体规划、镇总体规划确定的建设用地范围以外，不得设立各类开发区和城市新区”，“旧城区的改建，应当保护历史文化遗产和传统风貌，合理确定拆迁和建设规模，有计划地对危房集中、基础设施落后等地段进行改建。”

4 参与政府公共决策

城市规划作为专注于城市空间的公共政策，与其他政府公共政策有着密切的关联性，需要通过跨部门的相关政策措施才能得以实现。因此，城市规划部门需要参与制定影响城市建设和发展行为的公共政策。城市规划的实施是一项全社会的事业，城市建设的各项活动是由相对分散的各类团体、机构、组织等按照各自的准则进行决策和实施的。为了保证各项建设活动能够统一到法定规划所确定的方向、目标和具体内容上，从而保证规划的有效实现，政府就需要运用政策性的手段来动员和组织各类社会建设活动，从而保证在功能类型、时序安排与空间结构等方面的协同，比如促进、鼓励某类项目在某些地区的集中或者限制某类项目在该地区建设等，对一些生态敏感区、规划的绿化隔离带或者其他需要保护的地区制定财政转移政策，或者对历史保护街区居民按规划要求改建住房予以补贴等。政府公共政策的范围非常广泛，从产业政策到文化政策，从人口政策到交通政策等，都与城市规划的实施紧密相关，而这些政策的制定都应当能够促进和保证城市规划的有效实施。

5 建设项目协调

除了政府部门政策层面的相互协同之外，政府投资和各政府部门所承担的各项公共设施、基础设施建设不仅可以保证城市规划所确定的相关内容得以实现，而且能够带动和影响私人部门的投资开发行为，推进地区整体的开发。比如，由政府部门投资建设的中小学、公园绿地、城市道路以及各类公共设施和市政基础设施的建设，应当根据城市规划所确定的发展方向和时序，从而可以引导本地区的房地产开发，并由此决定一定范围内的房地产开发的时序、建设规模等。同样，在各类城市开发建设的过程中，需要充分考虑各项设施配置的时序性，比如居住区建设中，各类公共性设施的建设和住房的开发建设应当同步、各项公共性设施之间应当协同，否则就会出现建好了住宅但由于公共设施和市政基础设施缺乏，或者只有部分公共设施可以使用等，都会对居民的生活带来不便，就会使地区整体的开发受到影响。

第2节 城市规划管理中的行政行为

1 城市规划管理应遵循的行政法制原则

行政法制原则也即是行政法基本原则，它是贯穿于行政法之中，指导行政法制定和实施的基本准则。城市规划行政与立法作为国家整个行政与行政法体系的一个组成部分，也要学习、研究、贯彻行政法的基本原则。对于什么是我国行政法的基本原则，法学界还有不同看法。对城市规划行政而言，必不可少的有行政合法原则、行政合理原则、行政效率原则、行政统一原则和行政公开原则。

1.1 行政合法原则

行政法首要的和基本的原则是行政合法性原则，它是社会主义法制原则在行政管理中的体现和具体化。行政合法性原则的核心是依法行政，其主要内容是：

（1）任何行政法律关系的主体都必须严格执行和遵守法律，在法定范围内依照法律规定办事。

（2）任何行政法律关系的主体都不能够享有不受行政法调节的特权，权利的享受和义务的免除都必须有明文的法律依据。

（3）国家行政机关进行行政管理必须有明文的法律依据。一般来说，一个国家的法律对行政机关行为的规定与行政相对人的规定不一样。对于行政机构来说，只有法律规定能力的行为，才能为之，即“法无授权不得行、法有授权必须行”。而对于行政相对人来说，只要法律不禁止的行为都可以为之，只有法律明文禁止的行为才不能为之。因为行政权力是一种公共权力，它以影响公民的权益为特征。为了防止行政机关行使权力时侵犯公民的合法权益，就必须对行政权力的使用范围加以设定。

（4）任何违反行政法律规范的行为都是行政违法行为，它自发生之日起就不具有法律效力。一切行政违法主体和个人都必须承担相应的法律责任。

1.2 行政合理原则

如果说行政合法原则解决了行政机关行政行为合法性的问题，那么行政合理原则的宗旨在于解决行政机关行政行为的合理性问题。这就是要求行政机关的行政行为在合法的范围之内还必须做到合理。

行政合理原则的具体要求是：行政机关在行使自由裁量权时，不仅应事实清楚，在法律、法规规定的条件和范围内作出行政决定，而且要求这种决定符合立法目的。

行政合理原则的存在有其客观基础，行政行为固然应该合法，但是任何法律的内容都是有限的。由于现代国家行政活动呈现多样性和复杂性，特别是像城市规划行政这类管理的专业性、技术性因素很多，立法机关没有可能来制定详尽的、周密的、切实可行的法律规范。为了保证对国家的有效管理，行政机关需要享有一定程度的自由裁量权。行政机关需要有根据具体情况，灵活应对复杂局面的行为选择权。此时，行政机关应在法定的原则指导下，在法律规定的幅度内，运用自由裁量权，采取适当的措施或作出合适的决定。

赋予国家行政机关以自由裁量权，是为了使国家行政机关能够将普遍性的法律、法规应用于具体的、个别的事例。但必须对自由裁量权利的使用加以必要控制，以防止泛用。所以现代行政法制普遍接受了行政合理的原则。

行政合理原则的具体要求是：行政主体的行政行为在合法的范围内还必须合理。合理的具体要求是：行政行为要符合客观规律；行政行为要符合国家和

人民的利益；行政行为要有充分的客观依据；行政行为要符合正义和公正。

在某些特殊的紧急情况下，出于国家安全、社会秩序或公共利益的需要，行政机关可以采取超越法定要求和正常秩序的措施。例如，抢险工程可以先施工后补办规划许可证。

不合理的行政行为属于不适当的行为，做出不合理行政行为的行政机关必须承担相应的法律责任。

1.3　行政效率原则

遵循依法行政的种种要求并不意味着可以降低行政效率。廉洁、高效是人民群众对政府的要求，提高行政效率是国家行政改革的基本目标之一。为追求效率，行政管理机关一般都采用岗位负责制。在法律规定的范围内决策，按法定的程序办事，遵守操作规则，将大大提高行政效率，有助于避免失误和不公，并可减少行政争议。值得注意的是，讲究行政效率并不是意味着可以不按客观规律办事。遵循客观规律，遵循基本建设的必要审批程序，是提高行政效率的先决条件。

1.4　行政统一原则

行政统一原则分为三项内容。

（1）行政权统一

我国实行人民代表大会制度和权力分工原则，行政权由行政机关统一行使。

（2）行政法制统一

行政法制的统一是指行政法律制度的统一。我国行政法律规范由多级主体制定。这就要求各级主体所制定的行政法律规范的内容要相互协调、衔接，不能相互抵触和冲突；不同的主体制定不同效力等级的行政法律规范要遵守立法的内在等级秩序。此外，城市规划的建设管理要与已批准的城市规划相统一。

（3）行政行为统一

行政权力的属性要求在行政机关内部下级服从上级，地方服从中央。一个国家的管理是否有效，取决于它的行政行为是否统一。行政统一原则要求政府上下级之间要有良好的信息沟通渠道，要做到政令畅通、令行禁止；公务员的行为要与行政机关一致。

1.5　行政公开原则

《中华人民共和国宪法》在总纲中规定“中华人民共和国的一切权力属于人民”。人民依照法律规定，通过各种途径和形式，管理国家事务，管理经济和文化事业，管理社会事务。行政公开原则是社会主义民主与法制原则在行政法上的体现，我国行政公开的原则是：

国家行政机关的各种职权行为除法律特别规定的外，应一律向社会公开。具体要求为：

（1）行政立法程序、行政决策程序、行政裁决程序和行政诉讼程序公开。

（2）一切行政法规、规章和规范性文件必须向社会公开，未经公布者不能发生法律效力，更不能作为行政处理的依据。

(3) 国家行政机关及公务员在进行行政处理时，必须把处理的主体、处理的程序、处理的依据、处理的结果公开，接受相对人的监督，并告知相对人对不服处理的申诉或起诉的时限和方式。

(4) 行政相对人向行政主体了解有关的法律、法规、规章、政策时，行政主体有提供和解释的义务。

2　城市规划行政行为的内容

行政行为是一种依法的行为，所以行政行为的内容必然都是对权利和义务的规定，即行政行为对一定权利和义务或法律事实作出了怎样的影响。在城市规划的整个编制、实施过程中，城市规划行政行为的主要内容有以下几个方面。

2.1　设定权利和设定义务

城市规划行政中设定权利是指规划行政主体依法制定规范性文件、组织编制和审批法定规划，或通过许可管理，赋予相对方某种权利和权能。所谓权利是指能够从事某种活动或行为的一种能力，如建设单位根据已批准的规划，在获得建设用地规划许可证后可申请用地，在获得建设工程规划许可证后可申请办理开工手续。所谓权能是指能够从事某种活动的资格，如获得城市规划设计资格证书后，规划设计单位才有资格从事城市规划设计工作。

城市规划行政中设定义务是指，规划行政主体要求相对方为一定行为或不为一定行为。在城市规划管理中有大量涉及设定义务的行政行为。如在办理的“建设项目选址意见书”中提出规划设计条件，即是要求建设方为一定行为和不为一定行为；编制和审批城市规划则是规定了土地的一定使用方式和不可使用的方式，如确定一块土地为公共绿地的用途即为禁止这块土地的其他的使用方式；对违法建设工程的处罚则可以是设定拆除违法建筑的义务，并可设定交纳罚款的义务。

2.2　撤销权利和免除义务

撤销权利是指，行政行为主体依法撤销或剥夺相对方既得或已设定的法律上的权能和权利。如吊销规划许可证、吊销规划设计资格证书、责令停工等，都是对权利的撤销或剥夺。免除义务是指，行政主体免除相对人所负有的作为或不作为的义务。免除作为义务称“免除”，免除不作为义务称“许可”。前者如免除某些规划管理的规费，后者如允许某项建设或规划条件变更。规划许可在法律意义上属于免除不作为义务的范畴，对于城市规划而言，在没有获得规划批准以前不得擅自建设，这是法定的不作为义务，建设单位和个人都必须履行。而获得规划许可证则是获得了免除不作为的义务，可依法进行建设活动。

2.3　变更法律地位

变更法律地位是指，行政主体依法对相对方原有的法定地位加以变化和更改，导致原来所享有的权利或承担义务的扩大或缩小。例如对城市规划设计单位资格等级升或降；通过调整规划，对相对方使用的土地的规划性质作出改变，如将工业用地改为商业用地。这些变化都将导致相对方权利和义务的变化。

2.4　确认法律事实

确认法律事实是指，行政主体依法对相对方的法律地位、法律关系和法律

事实进行甄别，给予确定、认可、证明的具体行政行为。在城市规划行政管理工作中，根据《中华人民共和国城乡规划法》及其配套法规，确认性的行政行为是很多的。例如建设单位在申请“建设用地规划许可证”和“建设工程规划许可证”时，必须附送有关文件、图纸、资料，使城市规划行政主体对其申请资格和申请条件进行确认；对违法建设工程作出处罚，也是先要对违法建设的事实加以认定，确认违法的法律事实。

2.5　赋予特定物以某种法律性质

赋予特定物以法律性质是指，行政主体对特定物原不具有的法律性质加以设定，并因此对他人产生法律效果。如城市规划行政主体将城市中的某些地段划为历史街区加以保护，则开发将受限制；在机场周围划定净空控制区，则控制区内的建筑高度将受特殊控制。

3　城市规划行政行为的分类

从不同的角度可对城市规划行政行为作不同类型的划分，从而有助于深入理解行政行为的多方面含义。

3.1　抽象行政行为与具体行政行为

以行为运用的对象为标准，可将行政行为划分为抽象行政行为和具体行政行为。城市规划的抽象行政行为是指，人民政府或其规划行政主管部门制定普遍性的行为规则的行为，表现为制定城市规划的规章、规范性文件，以及制定法定城市规划文本和图则等，它适用于不特定的人和事。城市规划的具体行政行为是指对规划管理的具体事项作出处理决定，如核发“一书两证”（即建设项目选址意见书，建设用地规划许可证和建设工程规划许可证）。

由于抽象行政行为的结果是抽象规范的产生，因此，抽象行政行为中的相当一部分是行政立法行为，应当按照行政立法程序进行。

3.2　羁束行政行为与自由裁量行政行为

行政行为以受法律规范拘束的程度为标准，可分为羁束行政行为与自由裁量行政行为。羁束行政行为是指法律明确规定了行政行为的范围、条件、程度、方法等，行政机关没有自由选择的余地，只能严格依照法律作出的行政行为。自由裁量行政行为是指法律仅仅规定行政行为的范围、条件、幅度和种类等，由行政机关根据实际情况决定如何适用法律而作出的行政行为。例如，规划的编制、审批程序，规划实施的管理程序，在规划法及其配套法规、规章上有明确的规定，必须据以执行。而在城市规划的具体实施中，由于法定规划的深度不够，或者规划中仅作了原则性的规定，规划实施管理中有一定的选择余地，可采用个案审定的方式来处理。这里体现的是规划行政管理的自由裁量权限。

在我国的城市规划行政管理中，目前存在着过多的自由裁量行政行为，导致开发建设活动的无序。随着城乡规划法制的健全、城市规划编制审批的完善，以及依法治国大环境的进一步改善，今后应逐步增加规划建设管理的羁束性依据，缩小自由裁量的范围和幅度。

3.3　要式行政行为与非要式行政行为

以行政行为是否必须具备一定的形式为标准，可以将行政行为划分为要式

行政行为和非要式行政行为。要式行政行为是指必须依法定方式进行，或者必须具备法定形式才能产生法律效力的行政行为。非要式行政行为指法律不要求某种特定的方式或形式，只需口头表示即可生效的行政行为。在城市规划行政管理活动中，基本上都是要式行政行为，如对规划的批复、核发建设用地规划许可证、对违法建设工程发出停工通知书或行政处罚决定书等行政行为等，都有明确、严格的法定程序和形式。

3.4 依职权行政行为与依申请行政行为

根据行政主体实施行为的动因不同，可将行政行为划分为依职权行政行为和依申请行政行为。城市规划管理中的依职权行政行为是指，城市规划行政主体根据有关法律、法规赋予的职权，无须相对人请求而主动为之的行政行为。如组织编制城市规划、制定城市规划管理的规范性文件、对城市规划实施进行监督检查和作出处罚等，这些都是城市规划行政机关的职责，应主动为之。应作为而不作为即构成失职。依申请行政行为是指，行政机关须有相对人的申请方能依法实施的行为，如根据建设单位或者个人的申请，提出规划设计要求、核发建设工程规划许可证。对于依申请规划行政行为，法律、法规不要求城市规划行政主体主动为之，只有当相对人依法提出申请后，规划行政主体才产生作为的义务，如果规划行政主体拒绝申请或不予答复，则可能构成失职。

3.5 单方行政行为与双方行政行为

以行政行为成立时参与意思表示的当事人是一方还是双方为标准，可将行政行为划分为单方行政行为和双方行政行为。出于国家行政管理的需要，行政行为大都是单方行政行为。城市规划管理中的行政行为绝大多数也是只要规划行政主体单方意思表示即可成立的行政行为，无需征得相对一方当事人的同意，如规划批复、核发许可证、行政处罚等。双方行政行为是指相对方当事人参与意思表示，行政主体和相对人意思表示一致时，行政行为方能成立，如行政合同。城市土地出让的做法具有双方行政行为的特征，因为土地出让合同中含有规划设计要求，签订合同是双方意思的表达，合同签订后即具有法律效力，行政行为成立。

4 城市规划行政行为的特征

行政行为是行政主体行使国家行政权力，对国家行政事务进行管理并产生法律效果的行为。我国宪法和法律赋予了中央和地方人民政府领导和管理城乡建设的职权，城市规划是城乡建设工作的重要环节。政府及其城市规划行政主管部门根据法律、法规授权行使城市规划行政管理权限。城市规划行政行为有下列特征。

（1）是规划行政主体的行为

城市人民政府及其规划行政主管部门是城市规划行政法律关系中依法代表国家行使规划行政管理职权的当事人。受行政机关委托的机构或个人所实施的行为，视同委托行政机关的行为。

（2）是规划行政主体对城市规划进行管理的行为

并非城市规划部门实施的所有行为都是行政行为。行政主体为了维持自身机构的正常运转，还要实施很多民事行为和内部管理行为，这些都不是行政行为。

只有行政主体行使国家行政权力对公共事务进行的管理行为，才称为行政行为。

（3）是产生法律效果的行为

这是指对城市规划行政相对方的权利义务的发生、变更或消失，对相对方的权益产生影响。如核发给行政相对方建设用地规划许可证，相对方就有了申请用地的权利；对违法建设处以罚款，就产生了相对方交纳一定款项的义务。规划行政机关的宣传、调查、指导等行为不直接产生法律效果，不是行政法意义上的行政行为，但也是其职权行为，有积极意义。这种方式已得到广泛应用。

5　城市规划行政行为合法的条件

只有符合一定条件的行政行为才是合法的行政行为，合法的行政行为才能产生一定的法律效力。合法的城市规划行政行为必须满足以下条件。

（1）行为的主体合法

实施城市规划行政的主体是否具有法律、法规授权的规划行政主体资格，是规划管理行政行为有效成立的首要条件。

（2）行为的权限合法

行政行为的权限合法是指，行政主体只能在法律、法规规定的权限内实施管理行为。城市规划的内容十分广泛，跨度很大，从组织编制省、自治区、直辖市的城镇体系规划到组织编制建制镇的总体规划，从城市总体规划的审批到规划实施的管理。任何城市规划行政主体都不享有城市规划行政的全部权限。同时，城市规划行政还涉及与计划、土地、房地产、绿化、环卫、环保等行政主管部门行政权限的衔接。国家把行政职权分别授予不同职能、不同级别的行政主体，每个行政主体只能在自己的法定职权范围内行政，超越职权的行政行为是无效的行为。

（3）行政行为的内容合法

行政行为内容合法，首先是指行政行为必须有合法的依据，且事实清楚。城市规划行政行为应当符合现行的规划法律、法规、规章的规定，以及有关的技术标准；城市规划实施管理的行政还应符合经批准的城市规划。其次，城市规划行政行为必须符合规划立法的目的及规划编制的原则，搞清事实，考虑相关因素，不得滥用自由裁量权。在现代意义上，即使行政行为形式上“合法”，但显失公正的不合理行政行为也属不合法的行政行为。

（4）行政行为符合法定程序

程序是保证行政行为正当、合法的必要条件。城市规划行政行为必须按法定程序进行，才能合法成立。城乡规划法律、法规以及相关法律、法规中已经明确规定的城市规划行政管理中各个环节的法定程序，必须严格遵守。

（5）行政行为符合法定形式

行为符合法定形式是指法律、法规明确规定某些行政行为必须具备一定形式时，行政主体所实施的行为只有符合这些规定，才能成立。例如，城市规划实施管理中应使用标准的各类文书；对规划实施进行监督检查，有关执法人员必须出示证件，责令违法建设工程停工要发出“停工通知书”。

6　城市规划行政行为的效力

行政行为的效力即行政行为的法律效力。有效成立的城市规划行政行为具有确定力、拘束力和执行力。

（1）确定力

行政行为的确定力是指行政行为有效成立后，非依法律不得变更或撤销。例如《城乡规划法》中规定，对城市总体规划修改中“涉及城市性质、规模、发展方向和总体布局重大变更的，须经同级人民代表大会或者其常务委员会审查同意后报原批准机关审批”。另外，确定力还指行政行为的效力不受行政主体变动的影响，即使原作出具体行政行为的城市规划行政主体被撤销或合并，也不影响该行政行为的效力。而城市规划行政主体需要改变或撤销已经生效的行政行为，必须经过作出决定的相同的法定程序。

（2）拘束力

行政行为的拘束力是指行政行为的约束力。它包括两个方面：一是对行政主体自身的拘束力。城市规划行政行为成立后，无论是管辖该事务的主体，还是它的上级行政主体或下级行政主体，以及其他行政主管部门，都要受其内容的拘束，不得作出与之相抵触或相互矛盾的另一行政行为；二是对相对方的拘束力，相对方一方面享有该行政行为所赋予的权利，同时也必须完全履行行政行为所设定的义务。

（3）执行力

行政行为的执行力是指行政行为有效成立后，行政主体有权采取一定的手段，使该行政行为的内容得以完全实现。城市规划行政行为虽是以规划行政主体的名义作出，但这是国家意志的体现，其目的在于维护社会公共利益，因此具有运用国家强制力予以实施的能力。《城乡规划法》规定，受处罚的违法建设工程当事人，在接到处罚通告后逾期不申请复议，也不向人民法院起诉，又不履行处罚决定的，由作出处罚决定的机关申请人民法院强制执行。

第3节　城市规划实施管理

1　城市规划实施的管理

城市规划进行土地使用和建设项目管理主要是对各项建设活动实行审批或许可、监督检查以及对违法建设行为进行查处等管理工作。通过对各项建设活动进行规划管理，保证各项建设能够符合城市规划的内容和要求，使各项建设对城市规划实施作出贡献，并限制和杜绝超出经法定程序批准的规划所确定的内容，保证法定规划得到全面和有效的实施。

根据《城乡规划法》的有关规定，现行的城市规划实施管理的手段主要包括：建设用地的管理、建设工程管理，以及建设项目的监督检查（表22—3—1）。

城市规划实施管理工作事项 表 22-3-1

城镇建筑工程	行政许可事项	核发《建设项目选址意见书（城镇建筑工程）》
		核发《建设用地规划许可证（城镇建筑工程）》
		核发《建设工程规划许可证（城镇建筑工程）》
		核发《建设用地规划许可证（土地储备前期整理）》
		核发《规划许可有效期延续（城镇建筑工程）》
	行政服务事项	核发《建设项目规划条件（土地储备前期整理）》
		核发《建设项目规划条件（土地储备供应）》
		核发《建设项目规划条件（自有用地）》
		核发《建设项目规划条件（授权供地）》
	规划监督	核发《规划核验【城镇建筑工程（验收）】》
		核发《规划核验【城镇建筑工程（验线）】》
		市政基础设施工程
		核发《建设项目规划条件（土地储备基础设施建设）》
乡村建设项目	行政许可事项	核发《乡村建设规划许可（一般建设项目）》
	行政服务事项	核发《乡村建设规划条件（一般建设项目）》
		核发《乡村建设工程设计方案（一般建设项目）》

资料来源：北京市规划委员会官方网站 http：//www.bjghw.gov.cn/.

1.1 建设用地的管理

在建设用地的管理中，根据获得土地使用权的方式不同，分为两种情况：

一是对于以划拨方式提供国有土地使用权的建设项目，建设单位在报送有关部门批准或者核准前，应当向城乡规划主管部门申请核发“建设项目选址意见书”；经有关部门批准、核准、备案后，建设单位应当向城市、县人民政府城乡规划主管部门提出建设用地规划许可申请，由城市、县人民政府城乡规划主管部门依据控制性详细规划核定建设用地的位置、面积、允许建设的范围，核发“建设用地规划许可证”；建设单位在取得“建设用地规划许可证”后，方可向县级以上地方人民政府土地主管部门申请用地，经县级以上人民政府审批后，由土地主管部门划拨土地。

二是对于以出让方式提供国有土地使用权的建设项目，城市、县人民政府城乡规划主管部门应当依据控制性详细规划，提出出让地块的位置、使用性质、开发强度等规划条件，作为国有土地使用权出让合同的组成部分；以出让方式取得国有土地使用权的建设项目，在签订国有土地使用权出让合同后，建设单位应当持建设项目的批准、核准、备案文件和国有土地使用权出让合同，向城市、县人民政府城乡规划主管部门领取“建设用地规划许可证”。

此外，在乡、村庄规划区内进行乡镇企业、乡村公共设施和公益事业建设以及农村村民住宅建设，不得占用农用地；确需占用农用地的，应当依照《中华人民共和国土地管理法》有关规定办理农用地转用审批手续后，由城市、县人民政府城乡规划主管部门核发“乡村建设规划许可证”。建设单位或者个人在取得“乡村建设规划许可证”后，方可办理用地审批手续。

1.2 建设工程管理

在城市、镇规划区内进行建筑物、构筑物、道路、管线和其他工程建设的，建设单位或者个人应当向城市、县人民政府城乡规划主管部门或者省、自治区、直辖市人民政府确定的镇人民政府申请办理“建设工程规划许可证”。

在乡、村庄规划区内进行乡镇企业、乡村公共设施和公益事业建设的，建设单位或者个人应当向乡、镇人民政府提出申请，由乡、镇人民政府报城市、县人民政府城乡规划主管部门核发“乡村建设规划许可证”。

城乡规划主管部门在建设工程完工后需按照国务院规定对建设工程是否符合规划条件予以核实。未经核实或者经核实不符合规划条件的，建设单位不得组织竣工验收。建设单位在竣工验收后6个月内向城乡规划主管部门报送有关竣工验收资料。

1.3 建设项目的监督检查

城乡规划主管部门对各项建设活动进行监督检查，并有权要求有关单位和人员提供与监督事项有关的文件、资料；要求有关单位和人员就监督事项涉及的问题作出解释和说明，并根据需要进入现场进行勘测；责令有关单位和人员停止违反有关城乡规划的法律、法规的行为。

对于未取得建设工程规划许可证或者未按照建设工程规划许可证的规定进行建设的，由县级以上地方人民政府城乡规划主管部门责令停止建设；尚可采取改正措施消除对规划实施的影响的，限期改正，处以建设工程造价5%以上10%以下的罚款；无法采取改正措施消除影响的，限期拆除，不能拆除的，没收实物或者违法收入，可以并处以建设工程造价10%以下的罚款。

在乡、村庄规划区内未依法取得乡村建设规划许可证或者未按照乡村建设规划许可证的规定进行建设的，由乡、镇人民政府责令停止建设、限期改正；逾期不改正的，可以拆除。

城乡规划主管部门作出责令停止建设或者限期拆除的决定后，当事人不停止建设或者逾期不拆除的，建设工程所在地县级以上地方人民政府可以责成有关部门采取查封施工现场、强制拆除等措施。

对于违反法律规定并构成犯罪的，可依法追究刑事责任。

2 城市规划实施的监督检查

城市规划实施监督是对城市规划的整个实施过程的监督检查，其中包括了对城市规划实施的组织、城市规划实施的管理以及经法定规划的执行情况等所实行的监督检查。在规划实施的监督检查中，主要包括以下几个方面：

2.1 行政监督检查

行政监督检查是指各级人民政府及城市规划主管部门对城市规划实施的全过程实行的监督管理。城市规划实施的行政监督检查主要包括两部分内容：

一是各级人民政府及其城市规划主管部门对城市规划编制、审批、实施、修改的监督检查。其中包括对是否依法组织编制法定规划，是否按法定程序编

制、审批、修改城市规划，是否委托具有相应资质等级的单位编制城市规划的规划编制组织机构进行监督检查；对本级或下级城市规划主管部门核发选址意见书、建设用地规划许可证、建设工程规划许可证、乡村建设规划许可证的规划管理行为进行监督检查；对修建性详细规划、建设工程设计方案总平面的公布及其修改是否听取利害相关人的意见等管理程序进行监督检查；对各类违法建设活动的查处进行监督检查等。县级以上人民政府对本级或下级人民政府有关部门在建设项目审批、土地使用权出让以及划拨国有土地使用权的过程中是否遵守《城乡规划法》的规定等进行监督检查。

二是对各项建设活动的开展及其与城市规划实施之间的关系进行监督管理。后者与上述的"城市规划实施的管理"中的对建设项目实施的监督检查内容一致。

2.2　立法机构的监督检查

《城乡规划法》规定，地方各级人民政府应当向本级人民代表大会常务委员会或者乡、镇人民代表大会报告城乡规划的实施情况，并接受监督。省域城镇体系规划、城市总体规划、镇总体规划的组织编制机关，应定期对规划实施情况进行评估，向本级人民代表大会常务委员会、镇人民代表大会和原审批机关提出评估报告并附具征求公众意见的情况。

另一方面，城市人民代表大会或其常委会有权对城市规划的实施情况进行定期或不定期的检查，就实施城市规划的进展、城市规划实施管理的执法情况提出批评和意见，并督促城市人民政府加以改进或完善。

2.3　社会监督

社会监督是指城市中的所有机构、单位和个人对城市规划实施的组织和管理等行为的监督，其中包括了对城市规划实施管理各个阶段的工作内容和规划实施过程中各个环节的执法行为和相关程序的监督。

根据《城乡规划法》的规定，任何单位和个人都有权就涉及其利害关系的建设活动是否符合规划的要求向城乡规划主管部门查询。

任何单位和个人都有权向城乡规划主管部门或者其他有关部门举报或者控告违反城乡规划的行为。城乡规划主管部门或者其他有关部门对举报或者控告，应当及时受理并组织核查、处理。

本章小结

本章对城市规划管理所涉及的具体工作、基本的工作程序和行政法相关原则进行了介绍。城市规划管理是城市规划得以贯彻和落实的重要保障，城市规划能否有效地实施，与城市规划管理的关系十分密切。城市规划实施管理工作面广量大，其所主要涉及的工作包括城市规划编制组织、城市规划实施的管理、城市规划实施的组织、参与政府公共决策，以及建设项目协调等。可以说，具体到每一个地方，其城乡规划系统整体运转就是在法律法规的指导下，由城市规划管理部门所协同和调配得以开展的。城市规划实施管理，包括建设用地、建设工程项目管理和实施监督检查又构成了最为日常的规划管理工作，既对城市规划的实施与落实关系重大，又是政府行政行为的重要组成部分。因此，按照行政法的原则依法行政是城市规划管理工作的基本要求。

复习思考题

1. 试从你了解的城市建设现象入手，思考当前城市规划自由裁量行政行为存在的问题。

2. 试举一例违法建设行为，并指出城市规划管理部门应当采取的处罚措施。

参考文献 Bibliography

第 1 章　城市与城镇化

[1] FAINSTEIN S. and S. Campbell. Readings in Urban Theory (2nd edition) [M]. Blackwell Publishing, 2002.

[2] BENEVOLO L. The History of City. MIT Press, 1980.（意）贝纳沃罗．世界城市史 [M]．薛钟灵，余靖芝等译．北京：科学出版社，2000.

[3] MUMFORD L. The City in History：Its Origins，Its Transformation and Its Prospects. Harcourt Brace International，1968．刘易斯·芒福德．城市发展史：起源、演变和前景 [M]．宋俊岭，倪文彦译．北京：中国建筑工业出版社，2004.

[4] SCHINZ A. The Magic Square：Cities in Ancient China，1996．（德）阿尔弗雷德·申茨．幻方——中国古代的城市 [M]．梅青译，吴志强审．北京：中国建筑工业出版社，2008.

[5] HALL P. Urban and Regional Planning. Forth Edition. Routledge，1992．（英）彼得·霍尔．城市和区域规划（原著第四版）[M]．邹德慈，李浩，陈熳莎译．北京：中国建筑工业出版社，2008.

[6] HALL P. Cities of Tomorrow：An Intellectual History of Urban Planning and Design in Twentieth Century. Blackwell，2002．（英）彼得·霍尔．明日之城 [M]．童明译．上海：同济大学出版社，2009.

[7] KOSTOF S. The City Shaped：Urban Patterns and Meanings Through History. Thames & Hudson，1991 斯皮罗·科斯托夫．城市的形成——历史进程中的城市模式和城市意义 [M]．单皓译．北京：中国建筑工业出版，2005.

[8] United Nations Center for Human Settlement. An Urbanizing World：Global Report on Human Settlement1996，1996．联合国人居中心．城市化的世界：全球人类住区报告 1996 [M]．沈建国等译．北京：中国建筑工业出版社，1999.

[9] 陈易．城市建设中的可持续发展理论 [M]．上海：同济大学出版社，2004.

[10] 崔功豪等．区域·城市·规划 [M]．北京：中国建筑工业出版社，2004.

[11] 董鉴泓．中国城市建设史（第三版）[M]．北京：中国建筑工业出版社，2004.

[12] 仇保兴．应对机遇与挑战：中国城镇化战略研究主要问题与对策（第二版）[M]．北京：中国建筑工业出版社，2009.

[13] 沈玉麟．外国城市建设史 [M]．北京：中国建筑工业出版社，1989.

[14] 同济大学，重庆建筑工程学院，武汉建筑材料工业学院．城市规划原理（第一版）[M]．北京：中国建筑工业出版社，1981.

[15] 吴良镛．城市·中国大百科全书（建筑、园林、城市规划）．北京：大百科全书出版社，1988.

[16] 周一星．城市地理学 [M]．北京：商务印书馆，1995.

[17] 周一星．城市地理求索 [M]．北京：商务印书馆，2010.

[18] 庄林德，张京祥．中国城市发展与建设史 [M]．南京：东南大学出版社，2003.

第 2 章 城市规划思想发展

[1] Akademie fuer Raumforschung und Landesplanung. Handwoerterbuch der Raumordnung [M]. Verlage der ARL，1995.

[2] Akademie fuer Raumforschung und Landesplanung. Methoden und Instrumente raumlicher Planung Handbuch [M]. Verlage der ARL，1998.

[3] ALLMENDINGER P. and M. Chapman. Planning Beyond 2000[M]. Chichester：John Wiley & Sons Ltd，1999.

[4] ALLMEDINGER P.，Alan Prior and Jeremy Raemaekers. Introduction to Planning Practice [M]. Chichester：John Wiley & Sons Ltd，2000.

[5] ALTERMAN R. Nation-level Planning in Democratic Countries [M]. Liverpool University Press，2000.

[6] BARNETT J. Planning for a New Century：the Regional Agenda[M]. Island Press，2001.

[7] BRIDGE G. and S. Watson. A Companion to the City [M]. Blackwell，2000.

[8] CALTHORPE P. and W. Fulton. The Regional City[M]. Island Press，2001.

[9] CAMPBELL S. and S. S. Fainstein. Readings in Planning Theory(second edition) [M]. Blackwell Publishing，2003.

[10] Ebenezer Howard. Garden Cities of To-morrow. London：S. Sonnenschein & Co.，Ltd，1902.（英）埃比尼泽·霍华德. 明日的田园城市 [M]. 金经元译. 北京：商务印书馆，2000.

[11] GREED C. Introducing Planning. Continuum International Publishing Group，2000（英）克莱拉·葛利德. 规划引介 [M]. 王雅娟，张尚武译. 北京：中国建筑工业出版社，2007.

[12] HALL P. & C. Ward. Sociable Cities：the Legacy of Ebenezer Howard. John Wiley & Sons，1998. 彼得·霍尔，科林·沃德. 社会城市——埃比尼泽·霍华德的遗产 [M]. 黄怡译. 北京：中国建筑工业出版社，2009.

[13] HOHN U. Stadtplanung in Japan [M]. Dortmunder Vertrieb fur Bau-und Planungsliteratur，2000.

[14] HOTZAN J. dtv-Atlas Stadt：Von den ersten Gruendungen bis zur modernen Stadtplanung[M]. Deutscher Taschenbuch Verlag GmbH & Co. KG，1994.

[15] KNOX P. L. & P. J. Taylor. World Cities in a World System [M]. Cambridge University Press，1995.

[16] KULTERMANN U. Die Architektur im 20. Jahrhundert [M]. Spinger-verlag/Wien，2003.

[17] JACOBS J. The Death and Life of Great American Cities. New York：Random House. 1961.（美）简·雅各布斯. 美国大城市的死与生 [M]. 金衡山译. 南京：译林出版社，2005.

[18] ORUM A. M. and Xiangming CHEN. The World of Cities Places in Comparative and Historical Perspective [M]. Blackwell，2003.

[19] PETERSON J. A. The Birth of City Planning in the United States，1840-1917[M]. The Johns Hopkins University Press，2003.

[20] SASSEN S. The Global City (New York, London, Tokyo) [M]. Princeton University Press, 1991.

[21] SOJA E. W. Postmetropolis Critical Studies of Cities and Regions [M]. Blackwell, 2002.

[22] STIGLITZ J. Globalization and Its Discontents. Penguin Books, 2002.

[23] TAYLOR N. Urban Planning Theory Since 1945. Newcastle：Sage, 1998.（英）尼格尔·泰勒. 1945年后西方城市规划理论的流变 [M]. 李白玉，陈贞译. 北京：中国建筑工业出版社，2006.

[24] 陈秉钊. 当代城市规划导论 [M]. 北京：中国建筑工业出版社，2003.

[25] 渡边俊一. 都市计画的诞生 [M]. 日本：柏书房株式会社，2000.

[26] 都市计画用语研究会. 都市计画用语事典 [M]. 日本：株式会社，2004.

[27] 金经元. 近现代人本主义城市规划思想家 [M]. 北京：中国城市出版社，1998.

[28] 李志伟，周晓东，宿恩明，田立臣，刘秀春. 城市规划原理 [M]. 北京：中国建筑工业出版社，1997.

[29] 孙施文. 现代城市规划理论 [M]. 北京：中国建筑工业出版社，2007.

[30] 谭纵波. 城市规划 [M]. 北京：清华大学出版社，2005.

[31] 吴志强. 百年西方城市规划理论史纲导论 [J]. 城市规划汇刊，2000，2.

[32] 吴良镛. 世纪之交的凝思：建筑学的未来 [M]. 北京：清华大学出版社，1999.

[33] 吴良镛. 建筑·城市·人居环境 [M]. 石家庄：河北教育出版社，2003.

第 3 章　城乡规划体制

[1] ADAMS C. D. (1994) Urban P1anning and the Development Process [M]. London：UCL Press, 1994.

[2] ALBERS G. Stadtplanung [M]. Wissenschaftliche Buchgesellschaft, Darmstadt, 1992.

[3] BRACKEN I. Urban Planning Methods：Research and Policy Analysis[M]. Methuen&Co, 1981.

[4] BOOTH P. Controlling Development：Certainty and Discretion in Europe[M]. the USA, and Hong Kong. London：UCL Press, 1996.

[5] BERKE P. R., D. R. Godschalk, and E. J. Kaiser, with D. A. Rodriguez. Urban LandUse Planning (5th edition). University of Illinois Press, 2006.（美）菲利普·伯克等. 城市土地使用规划（原著第五版）[M]. 吴志强译制组译. 北京：中国建筑工业出版社，2009.

[6] BRAAM Von Werne. Stadtplanung Aufgabenbereiche Planungsmethodik Rechtsgrundlagen[M]. neu bearbeitete und erweiterte Auflage, 1993.

[7] BOKEMANN D. Theorie der Raumplanung [M]. R. Oldenbourg Verlag Munchen Wien, 1999.

[8] CHAPIN F. S. Jr. Urban Land Use Planning [M]. Harper & Brothers, 1957.

[9] CHAPIN F. S. Jr. Urban Land Use Planning (2nd edition) [M]. Urbana, Chicago, London：University of Illinois Press, 1965.

[10] CHAPIN F. S. Jr. and E. J. Kaiser. Urban Land Use Planning (3rd edition) [M]. Urbana, Chicago, London：University of Illinois Press, 1979.

[11] CULLINGWORTH J. B. The Political Culture of Planning：American Land Use Planning in Comparative Perspective [M]. London：Routledge, 1993.

[12] CULLINGWORTH J. B. & V. Nadin. Town and Country Planning in the UK (14th edition), London：Routledge, 2006.

[13] CULLINGWORTH J. B. & R. Caves. Planning in the USA：Policies, Issues and Processes (3rd edition) [M]. London：Routledge, 2008.

[14] DANIELS T., J. W. Keller & M. B. Lapping. The Small Town Planning Handbook[M]. Chicago：American Planning Association, 1995.

[15] Edgar van Schayck Ministerialrat. A D. Stadtebau kurz und bundig [M]. Dusseldorf：Werner Verlag

GmbH&Co. KG, 1999.

[16] KAISER E., D. R. Godschalk and F. S. Chapin, Jr. Urban Land Use Planning (4th edition) [M]. University of Illinois Press, 1995.

[17] Ekkehard Hangarter Architekt BDA. Grundlagen der Bauleitplanung Der Bebauungsplan [M]. Dusseldorf: Werner Verlag GmbH & Co. KG, 1996.

[18] FREESTONE R. (Edition). Urban Planning in a Changing World: The Twentieth Century Experience [M]. London: E & FN Spon., 2000.

[19] FRIEDMANN J. Planning in the Public Domain: From Knowledge to Action [M]. Princeton University Press, 1987.

[20] HALL P. Great Planning Disasters [M]. London: Weidenfield & Nicolson, 1980.

[21] HAM C. & M. Hil. The Policy Process in the Modern Capitalist State (2nd edition) [M]. Hemel Hempstead: Harvester Wheatsheaf, 1993.

[22] HEAP D. An Outline of Planning Law [M]. London: Sweet and Maxwell. 1987.

[23] KHUBLALL N. and Yuan B. Development Control and Planning Law in Singapore [M]. Singapore: Longman, 1991.

[24] LEVY J.B.Contemporary Urban Planning (5th edition),2002(美)约翰·利维.现代城市规划(原著第五版)[M]. 孙景秋等译. 北京：中国人民大学出版社，2003.

[25] Ministry of Construction, Government of Japan, 1996. Urban Land Use Planning System in Japan [M]. Tokyo, 1996.

[26] MUELLER K. Einfuehrung in die Stadtplanung (Band 1-3) [M]. Stuttgart: W. Kohlhammer Druckerei GmbH+Co, 1996.

[27] NEWMAN P. & A. Thornley. Urban Planning in Europe: International Competition, National Systems and Planning Projects [M]. London: Routledge, 1996.

[28] WAKEFORD R. (1990) American Development Control: Parallels and Paradoxes from an English Perspective [M]. London: HMSO, 1990.

[29] 渡部与四郎. 都市计划·地域计划 [M]. 技报堂出版株式会社，1983.

[30] 高桥强，有田薄之，今井敏行，佐藤洋平等. 农村计画学 [M]. 东京：农业土木学会，1992.

[31] 卢惠民，陈立天. 香港城市规划导论 [M]. 中国香港：三联书店（香港）有限公司，1998.

[32] 钱学陶，都市计划学导论 [M]. 中国台湾：茂荣图书公司，1978.

[33] 仇保兴. 追求繁荣与舒适——转型期间城市规划、建设与管理的若干策略（第二版）[M]. 北京：中国建筑工业出版社，2007.

[34] 仇保兴. 中国城市化进程中的城市规划变革 [M]. 上海：同济大学出版社，2005.

[35] 施鸿志. 都市规划. 中国台湾高雄：复文出版社，1997.

[36] 唐星霖. 公共行政学：历史与思想 [M]. 广州：中山大学出版社，2000.

[37] 王纪鲲. 都市计划概论 [M]. 东京：东大图书公司，1978.

[38] 吴良镛. 人居环境科学导论 [M]. 北京：中国建筑工业出版社，2001.

[39] 张庭伟. 中美城市建设和规划比较研究 [M]. 北京：中国建筑工业出版社，2007.

[40] 卓健，刘玉民. 法国城市规划的地方分权——1919—2000 年法国城市规划体系发展演变综述 [J]. 国外城市规划，2004，5.

第 4 章　城市规划的价值观

[1] WCED. Our Common Future[M]. Oxford: Oxford University Press, 1987.

[2] UN-Habitat. Harmonious Cities: State of The World's Cities 2008/2009. London: Earthscan. 2008. 联合国人居署. 和谐城市：世界城市状况报告 2008/2009 [M]. 吴志强译制组译. 北京：中国建筑工业出版社，2008.

[3] 仇保兴. 和谐与创新——快速城镇化过程中的问题、危机与对策 [M]. 北京：中国建筑工业出版社，2006.

[4] 吴志强，陈秉钊，唐子来. 21 世纪的城市建筑：走向三大和谐 [J]. 城市规划，1999，10.

[5] 吴志强. 21 世纪城市规划师宣言（草案）[J]，城市规划汇刊，1998，4.

[6] 吴志强. 百年现代城市规划中不变的精神和责任 [J]，城市规划，1999，1.

[7] 吴志强. 世博规划中关于"和谐城市"的哲学思考 [J]，时代建筑，2005，5.

[8] 张京祥. 社会整体价值错位中规划师角色的思考——职业道德的迷失与再树 [J]. 城市规划，2004，1: 34-35.

第 5 章 生态与环境

[1] REGISTER R. Eco Cities [J]. CONTEX (a Quarterly of Human Sustainable Culture). Vol. 8, winter, 1984.

[2] REGISTER R. Eco-city Berkeley Building Cities for a Healthier Future. CA North Atlantic books, 1987. 理查德. 瑞杰斯特. 生态城市伯克利：为一个健康的未来建设城市 [M]. 沈清基，沈贻译. 北京：中国建筑工业出版社，2005.

[3] RESS W. E. Ecological footprint and appropriated carrying capacity: What urban economics leaves out [M]. Environment and urbanization, 1992.

[4] （英）迈克·詹克斯，伊丽莎白·伯顿，凯蒂·威廉姆斯. 紧缩城市——一种可持续发展的城市形态 [M]. 周玉鹏译. 北京：中国建筑工业出版社，2004.

[5] 陈易. 生态与人居——可持续发展的模式 [D]. 同济大学博士学位论文，1996.

[6] 何强，井文涌，王栩亭. 环境学导论 [M]. 北京：清华大学出版社，1994.

[7] 刘先觉. 生态建筑学 [M]. 北京：中国建筑工业出版社，2009.

[8] 全国城市规划执业制度管理委员会. 城市规划相关知识（下）[M]. 北京：中国建筑工业出版社，2000.

[9] 全国城市规划执业制度管理委员会. 科学发展观与城市规划 [M]. 北京：中国计划出版社，2007.

[10] 王祥荣. 生态与环境 - 城市可持续发展与生态环境调控新论 [M]. 南京：东南大学出版社，2000.

[11] 王祥荣等. 中国城市生态环境问题报告 [M]. 南京：江苏人民出版社，凤凰出版传媒集团，2005.

[12] 张远传. 社会本体论 [M]. 武汉：武汉大学出版社，1999.

[13] 中国市长协会. 中国城市发展报告 [M]. 北京：商务印书馆，2001.

第 6 章 经济与产业

[1] 约翰·弗里德曼. 规划全球城市：内生式发展模式 [J]. 城市规划汇刊. 李泳译，2004，4.

[2] 曼纽尔·卡斯特. 流动空间 [J]. 国外城市规划. 王志弘译，2006，5.

[3] 陈建华. 我国国际化城市产业转型与空间重构研究 [J]. 社会科学，2009，9.

[4] 戴伯勋，沈宏达. 现代产业经济学 [M]. 北京：北京经济管理出版社，2001.

[5] 邓静，孟庆民. 新城市发展理论评述 [J]. 城市发展研究，2001，1.

[6] 李红卫，吴志强，易晓峰，彭涛. Global-Region：全球化背景下的城市区域现象 [J]. 城市规划，2006，8.

[7] 罗震东，张京祥. 全球城市区域视角下的长江三角洲演化特征与趋势 [J]. 城市发展研究，2009，9.

[8] 年福华，姚士谋，陈振光. 试论城市群区域内的网络化组织 [J]. 地理科学，2002，5.

[9] 沈丽珍，顾朝林. 区域流动空间整合与全球城市网络构建 [J]. 地理科学，2009，6.

[10] 袁瑞娟，宁越敏．全球化与发展中国家城市研究 [J]．城市规划汇刊，1999，5．
[11] 赵涛．经济长波论 [M]．北京：中国人民大学出版社，1988．
[12] 赵民，陶小马．城市发展和城市规划的经济学原理 [M]．北京：高等教育出版社，2001．
[13] 甄峰，刘晓霞，刘慧．信息技术影响下的区域城市网络：城市研究的新方向 [J]．人文地理，2007，2．

第 7 章　人口与社会

[1] 刘佳燕．城市规划中的价值选择与社会目标 [J]．北京规划建设，2008，6．
[2] 黄剑，戴慎志，毛媛媛．浅析西方社会影响评价及其对城市规划的作用 [J]．国际城市规划，2009，5．

第 8 章　历史与文化

[1] （德）E. 策勒尔．古希腊哲学史纲 [M]．翁绍军译．济南：山东人民出版社，2007．
[2] MUMFORD L．The Culture of Cities．Secker & Warburg，1945．(美)刘易斯·芒福德．城市文化 [M]．宋俊岭译．北京：中国建筑工业出版社，2009．
[3] （英）R.D. Lewis．文化的冲突与共荣 [M]．关世杰译．北京：新华出版社，2002．
[4] 陈恒．希腊化研究 [M]．北京：商务印书馆，2006．
[5] 何邕健，张秀芹，毛蒋兴．城市文化与城市建设互动影响研究 [J]．规划师，2006，11．
[6] 毛曦．城市史研究的范围与方法——试论历史地理学、古都学及城市史学之关系 [J]．史林，2009，4．
[7] 王恩涌编著．文化地理学导论：人、地、文化 [M]．北京：高等教育出版社，1991．
[8] 周劲松，张秀芹，何邕健．城市规划诠释城市文化的基本原理及方法探讨 [J]．城市，2006，2．

第 9 章　技术与信息

[1] KRUECKEBERG D．A．& A．L．Silvers．Urban Planning Analysis：Methods and Models [M]．John Wiley & Sons Ltd，1974．
[2] ESNARD A．，P．R．Berke，D．R．Godschalk，and E．J．Kaiser．Hypothetical City Workbook Ⅲ [M]．Chicago：University of Illinois Press，2006．
[3] (日)都市计画教育研究会．都市计画教科书 [M]．日本：株式会社彰国社，1994．
[4] (日)日本建筑学会．建筑都市计画调查分析方法 [M]．日本：株式会社 井上书院，1987．
[5] (日)青山吉隆．图说城市区域规划 [M]．王雷，蒋恩，罗敏译，王德校译．上海：同济大学出版社，2005．
[6] 比尔·希利尔．场所艺术与空间科学 [J]．世界建筑，2005，11．
[7] 冯正民，林桢家．都市及区域分析方法 [M]．中国台湾：建都文化事业股份有限公司，2000．
[8] 田光明．情景分析法 [J]．晋图学刊，2008，3．
[9] 宋小冬，钮心毅．地理信息系统实习教程 [M]．北京：科学出版社，2007．
[10] 叶嘉安，宋小冬，钮心毅，黎夏．地理信息与规划支撑系统 [M]．北京：科学出版社，2006．
[11] 张军民，陈有川．城市规划编制过程中的常用方法 [M]．武汉：华中科技大学出版社，2008．
[12] 张文和，孙选中．技术进步与城市发展 [J]．科学技术与辩证法，1987，4．

第 10 章　城市规划的类型与编制内容

[1] 赵民，陈有华．城市规划概论 [M]．上海：上海科学技术出版社，2000．

第 11 章　城市用地分类及其适用性评价

[1] KIVELL P．Land and the City：Patterns and Processes of Urban Change [M]．Routledge，1993．
[2] (加)梁鹤年．简明土地利用规划 [M]．谢俊奇，郑振源等译．北京：地质出版社，2003．

第 12 章　城乡区域规划

[1] 崔功豪．区域分析与区域规划（第二版）[M]．北京：高等教育出版社，2006．

[2] 崔功豪．当代区域规划导论 [M]．南京：东南大学出版社，2006．

[3] 顾朝林．中国城市地理学 [M]．北京：商务印书馆，1999．

[4] 顾朝林等．城市群规划的理论与方法 [J]．城市规划，2007，10．

[5] 胡序威．区域与城市研究 [M]．北京：科学出版社，1998．

[6] 胡序威．中国区域规划的演变与展望 [J]．地理学报，2006，6．

[7] 胡序威．中国沿海城镇密集地区空间集聚与扩散研究 [M]．北京：科学出版社，2000．

[8] 毛其智．联邦德国的“空间规划”制度 [J]．国外城市规划，1990，4．

[9] 牛慧恩等．试论我国战略规划编制与管理中存在的问题 [J]．城市规划，2003，2．

[10] 彭震伟．区域研究与区域规划 [M]．上海：同济大学出版社，1998．

[11] 魏清泉．区域规划原理和方法 [M]．广州：中山大学出版社，1994．

[12] 吴殿廷．区域经济学 [M]．北京：科学出版社，2003．

[13] 姚士谋．区域与城市发展论 [M]．合肥：中国科学技术大学出版社，2004．

[14] 姚士谋等．中国城市群（第三版）[M]．合肥：中国科学技术大学出版社，2006．

[15] 张松．21 世纪日本国土规划的动向和启示 [J]．城市规划，2002，6．

[16] 周干峙．城市及其区域——一个开放的特殊复杂的巨系统 [J]．城市规划，1997，2．

第 13 章　总体规划

[1] THOMSON J．M．城市布局与交通规划 [M]．倪文彦译．北京：中国建筑工业出版社，1982．

[2] HALL P．World Cities．Littlehampton Book Services Ltd，1966．（英）彼得·霍尔．世界大城市 [M]．中国科学院地理研究所译．北京：中国建筑工业出版社，1982．

[3] 董光器．城市总体规划（第三版）．南京：东南大学出版社，2009．

[4] 阮仪三．城市建设与规划基础理论 [M]．天津：天津科学技术出版社，1992．

[5] 中国城市规划设计研究院．战略规划 [M]．北京：中国建筑工业出版社，2006．

[6] 邹德慈．城市规划导论 [M]．北京：中国建筑工业出版社，2002．

第 14 章　控制性详细规划

[1] 夏南凯，田宝江，王耀武．控制性详细规划 [M]．上海：同济大学出版社，2005．

第 15 章　城市交通与道路系统

[1] 潘海啸．上海世博交通规划概念研究 [J]．城市规划学刊，2005，1．

[2] 徐循初，汤宇卿．城市道路与交通规划 [M]．北京：中国建筑工业出版社，2005．

第 16 章　城市生态与环境规划

[1] UNESCO．Final Report，MAB Report Series，No．57，Suzdal，1984．

[2] （日）都市计划教育研究会．都市计划教科书（第 2 版）[M]．彰国社，1994．

[3] 日本都市计划学会．都市计划图集 [M]．技报堂出版株式会社，1978．

[4] （日）加藤晃，竹内伝史．新．都市计划概论 [M]．东京：共立出版株式会社，2004．

[5] 傅博，城市生态规划的研究范围探讨 [J]．城市规划汇刊，2002，1．

[6] 贾建中．城市绿地规划设计 [M]．北京：中国林业出版社，2001．

[7] 李京生，系长浩司．上海生态城市的开发模式 [J]．BIO-CITY，2002．

[8] 李敏．现代城市绿地系统规划 [M]. 北京：中国建筑工业出版社，2002.
[9] 李卫锋，王仰麟，蒋依依等. 城市地域生态调控的空间途径——以深圳市为例 [J]. 生态学报，2003，9.
[10] 李铮生 . 城市园林绿地规划与设计 [M]. 北京：中国建筑工业出版社，2006.
[11] 欧阳志云，王如松．生态规划的回顾与展望 [J]．自然资源学报，1995，3.
[12] 曲格平主编，环境科学词典 [M]．上海：上海辞书出版社，1994.
[13] 尚金城等，城市环境规划 [M]．北京：高等教育出版社，2008.
[14] 沈清基．城市生态与城市环境 [M]．上海：同济大学出版社，1998.
[15] 沈清基，论城市规划的生态学化——兼论城市规划与城市生态规划的关系 [J]．规划师，2000，3.
[16] 谭纵波．城市规划 [M]．北京：清华大学出版社，2005.
[17] 王立科．美国生态规划的发展（二）——斯坦纳的理论与方法 [J]．广东园林，2005，6.
[18] 王如松，城市生态调控方法 [M]．北京：气象出版社，2000.
[19] 杨少俊，刘孝富，舒俭民．城市土地生态适宜性评价理论与方法 [J]．生态环境学报，2009，1.
[20] 杨志峰，徐琳瑜．城市生态规划学 [M]．北京：北京师范大学出版社，2008.

第 17 章　城市工程系统规划

[1] 戴慎志．城市工程系统规划 [M]（第二版）．北京：中国建筑工业出版社，2008.
[2] 清华大学建筑与城市研究所．城市规划——理论 · 方法 · 实践 [M]．北京：地震出版社，1992.
[3] 王炳坤．城市规划中的工程规划（修订版）[M]．天津：天津大学出版社．2001.

第 18 章　城乡住区规划

[1] 唐子来．居住小区服务设施的需求形态：趋势推断和实证研究 [J]．城市规划，1999，5.
[2] 杨贵庆．城市社会心理学 [M]．上海：同济大学出版社，2000.
[3] 张捷，赵民等．新城规划的理论与实践 [M]．北京：中国建筑工业出版社，2007.
[4] 中国建筑设计研究院．健康住宅建设技术要点 [M]．北京：中国建筑工业出版社，2006.
[5] 周俭．城市住宅区规划原理 [M]．上海：同济大学出版社，1999.

第 19 章　城市设计

[1] CARMONA M.，T. Heath，T. Oc，S. Tiesdell. Public Places，Urban Spaces（英）卡莫纳等．城市设计的维度 [M]．冯江等译．南京：江苏科学技术出版社，2005.
[2] Lynch K. A Theory of Good City Form. MIT Press，1984.（美）凯文 · 林奇．城市形态 [M]．林庆怡等译．北京：华夏出版社，2001.
[3] Lynch K. The Image of the City. MIT Press. 1960.（美）凯文 · 林奇．城市意象 [M]．方益萍，何晓军译．北京：华夏出版社，2001.
[4] Moughtin J. C. Urban Design：Street and Square. Architecture Press，2003.（英）克里夫 · 芒夫汀．街道与广场 [M]．张永刚等译．北京：中国建筑工业出版社，2004.
[5] PUNTER J. Design Guideline in American Cities. Liverpool University Press，1999.
[6] 上海市建设委员会．上海市居住区建设图集（1951—1996）．上海：上海科学技术文献出版社，1998.
[7] 徐洁，费淳璐，支文军．解读安亭新镇．上海：同济大学出版社，2004.
[8] Forum. That Small Town Feeling. The Magazine of the Florida Humanities Council. Vol.XX, No.1, Summer 1997.
[9] TRANCIK R. Finding Lost Space：Theories of Urban Design. John Wiley & Sons，1986.（美）特兰西克．找寻失落的空间——都市设计理论 [M]. 谢庆达译. 中国台北：田园城市文化事业有限公司. 1997.

[10]（澳）乔恩·兰．城市设计 [M]．黄阿宁译．沈阳：辽宁科学技术出版社，2008．
[11] 时匡，加里·赫克，林中杰．全球化时代的城市设计 [M]．北京：中国建筑工业出版社，2006．
[12] 王建国．城市设计 [M]．北京：中国建筑工业出版社，2009．
[13] 庄宇．城市设计的运作 [M]．上海：同济大学出版社，2004．

第 20 章　城市遗产保护与城市复兴

[1] ROBERTS P．& SYKES H．Urban Regeneration：A Handbook．Sage，1999．（英）彼得·罗伯茨，休·塞克斯．城市更新手册 [M]．叶齐茂，倪晓晖译．北京：中国建筑工业出版社，2009．
[2] 西村幸夫．历史街区研究会．城市风景规划：欧美景观控制方法与实务 [M]．张松，蔡敦达译．上海：上海科学技术出版社，2005．
[3] 单霁翔．城市化发展与文化遗产保护 [M]．天津：天津大学出版社，2006．
[4] 单霁翔．从"文物保护"走向"文化遗产保护" [M]．天津：天津大学出版社，2008．
[5] 罗哲文．罗哲文历史文化名城与古建筑保护文集 [M]．北京：中国建筑工业出版社，2003．
[6] 阮仪三．城市遗产保护论 [M]．上海：上海科学技术出版社，2005．
[7] 王景慧，阮仪三，王林．历史文化名城保护理论与规划 [M]．上海：同济大学出版社，1999．
[8] 徐嵩龄．第三国策：论中国文化与自然遗产保护 [M]．北京：科学出版社，2005．
[9] 张松．历史城市保护学导论——文化遗产和历史环境保护的一种整体性方法 [M]．上海：上海科学技术出版社，2001．
[10] 张松．城市文化遗产保护国际宪章和国内法规选编 [M]．上海：同济大学出版社，2007．
[11] 郑时龄．上海城市的更新与改造 [M]．上海：同济大学出版社，1996．
[12] 郑孝燮．留住我国建筑文化的记忆 [M]．北京：中国建筑工业出版社，2007．
[13] 周俭，张恺．在城市上建造城市：法国城市历史遗产保护实践 [M]．北京：中国建筑工业出版社，2003．
[14] 朱晓明．当代英国建筑遗产保护 [M]．上海：同济大学出版社，2007．

第 21 章　城市开发规划

[1] 马文军．城市开发策划 [M]．北京：中国建筑工业出版社，2005．
[2] 唐忠．中国城镇土地开发利用模式比较研究 [M]．北京：中国经济出版社，2005．
[3] 夏南凯，王耀武，张林兵，鲁塞．城市经济与城市开发 [M]．北京：中国建筑工业出版社，2003．
[4] 夏南凯．城市开发导论（第二版）[M]．上海：同济大学出版社，2008．
[5] 潘守文．城市土地开发与管理 [M]．北京：中国建筑工业出版社，2006．

第 22 章　城市规划管理

[1] DUNN W．N．Policy Analysis：An Introduction (2nd edition)．1994．（美）威廉·邓恩．公共政策分析导论 [M]．谢明等译．北京：中国人民大学出版社，1994．
[2] FISCHER F. Evaluating Public Policy. Nelson-Hall，1995.（美）弗兰克·费希尔. 公共政策评估 [M]. 吴爱明等译．北京：中国人民大学出版社，2003．
[3] DYE T．R．Understanding Public Policy (13rd edition)．Pearson Education，2010．(美)托马斯·戴伊．理解公共政策（原著第十一版）[M]．彭勃等译．北京：华夏出版社，2004．
[4] 耿慧志．城乡规划管理与规划标准方法实例及政策法规 [M]．北京：中国建筑工业出版社，2009．
[5] 任志远．21 世纪城市规划管理 [M]．南京：东南大学出版社，2007．
[6] 孙施文．城市规划法规读本 [M]．上海：同济大学出版社，1999．
[7] 王国恩．城市规划管理与法规 [M]．北京：中国建筑工业出版社，2003．

后 记

—— Afterword ——

今天，中国城市规划的研究对象其涉及面广，几乎包含了世界城市规划界的各个方面问题。我相信，能解决中国的城市化和城市发展问题的规划，也一定能为世界城市问题的解决作出重大的贡献，不仅仅是对发展中国家的城市问题解决可以作出借鉴和贡献，而且也是对发达国家的城市研究具有重要意义。为此在这么一个关键的发展阶段，原理的修编也从过去大量被动引用国外规划理论，到今天应该好好地观察脚下这片土地，思考有多少规划理论能够对世界做出贡献。我们应该有信心也有责任探索中国城市规划的发展问题，讨论中国的城市规划的原理，思考中国本身的问题对于世界的意义。

在《城市规划原理》第四版的修编过程中，我们采用了两代城市规划学者共同协作的联合修编模式，26位教授历经三年多的辛勤工作，做了无数次的沟通和交流，终于付梓印刷。

在此首先感谢我国老一辈城市规划学者对这本书几十年的努力，他们对此版的修编做了长期不懈的思考和努力，为中年一代组织和修编本版的工作，确立了指导思想和理论框架，并对各个章节需要修订的内容做了详尽的指点。李德华教授、董鉴泓教授、陶松龄教授、邓述平教授、朱锡金教授、王仲谷教授、宗林教授、陈秉钊教授等老教授不仅为这版的修订铺垫了第三版的坚实基础，也在第四版的修编中奉献了智慧和知识。与他们一次次的当面请教，都感受到他们对本书第四版修编工作给予的极大的关注和关心。

第四版《城市规划原理》的修编，也集中了城市规划中年学者的最新思想探索，集聚了国内外前沿研究成果，反映了各方向上的最新世界动态。李京生教授、赵民教授、王德教授、张冠增教授、宋小冬教授、彭震伟教授、张尚武教授、夏南凯教授、潘海啸教授、沈清基教授、戴慎志教授、杨贵庆教授、王伟强教授、张松教授、周俭教授、唐子来教授在各自负责的章节修编中都投入了巨大的精力，将各自在学术研究中的最新成果融进了新版的《城市规划原理》中。

在整个修编过程中，年轻一代的博士生和硕士生们也牺牲了大量的节假时间，尤其是杨迎旭、干靓、刘朝晖、陈秋林、于泓、柏旸、孙江宁、陈卫龙、车洁舲、马春庆、仇勇懿、吕荟、钱川、陈锦清、陈浩、王建军、王伟、叶钟楠、申硕璞、邓雪湲、姬凌云、彭坤焘，他们从资料查阅、图纸绘制到文稿输入与稿件整理都投入了热情和时间，也特别感谢田丹和曾运中在我主编工作中的帮助和支持。

最后，特别令我感动的是中国建筑工业出版社的编辑们，正是她们的努力才使本书得以及时出版。

2010年夏